Nr. 15
S. 5693–6072

1963
10. April

Chemisches Zentralblatt

Vollständiges Repertorium für alle Zweige der reinen und angewandten Chemie

1830 gegründet. 1897—1945 von der Deutschen Chemischen Gesellschaft fortgeführt. Im Auftrage der Deutschen Akademie der Wissenschaften zu Berlin, der Chemischen Gesellschaft in der DDR, der Akademie der Wissenschaften zu Göttingen und der Gesellschaft Deutscher Chemiker (in der BRD)

herausgegeben von Prof. Dr. Heinrich Bertsch und Prof. Dr. Dr. h. c. Wilhelm Klemm

134. Jahrgang
1963

Chefredakteure: Dr. Eugen Klever und Prof. Dr.-Ing. Eberhard Leibnitz

Akademie-Verlag GmbH., Berlin – Verlag Chemie, GmbH., Weinheim/Bergstr.

Inhalt

Sprachenbezeichnung in den Referaten des Chemischen Zentralblattes

(Abkürzungen laut DIN-Normblatt 1502, Beiblatt 1)

Albanisch	= alb.	Griechisch	= griech.	Rumänisch	= rum.
Bulgarisch	= bulg.	Irisch	= ir.	Russisch	= russ.
Chinesisch	= chin.	Italienisch	= ital.	Schwedisch	= schwed.
Dänisch	= dän.	Japanisch	= jap.	Serbokroatisch	= serbokroat.
Deutsch	= dt.	Lateinisch	= lat.	Slowakisch	= slowak.
Englisch	= engl.	Litauisch	= litau.	Slowenisch	= slowen.
Estnisch	= estn.	Niederländisch	= niederl.	Spanisch	= span.
Finnisch	= finn.	Norwegisch	= norw.	Tschechisch	= tschech.
Flämisch	= fläm.	Persisch	= pers.	Türkisch	= türk.
Französisch	= franz.	Polnisch	= pol.	Ukrainisch	= ukrain.
		Portugiesisch	= port.	Ungarisch	= ung.

CHEMISCHES ZENTRALBLATT

VOLLSTÄNDIGES REPERTORIUM FÜR ALLE ZWEIGE DER REINEN UND ANGEWANDTEN CHEMIE

1830 gegründet
1897—1945 von der Deutschen Chemischen Gesellschaft fortgeführt

Im Auftrage der Deutschen Akademie der Wissenschaften zu Berlin,
der Chemischen Gesellschaft in der DDR,
der Akademie der Wissenschaften zu Göttingen
und der Gesellschaft Deutscher Chemiker (in der BRD)
herausgegeben von

Prof. Dr. **Heinrich Bertsch** und Prof. Dr. Dr. h. c. **Wilhelm Klemm**

134. JAHRGANG

1963

SEITE 4581—6072

Chefredakteure: Dr. Eugen Klever und Prof. Dr.-Ing. Eberhard Leibnitz

1963

AKADEMIE-VERLAG GMBH · BERLIN
VERLAG CHEMIE · GMBH · WEINHEIM/BERGSTR.

Heft-Nr.	Seitenzahl	Ausgabedatum
13/I	4581—4936	27. März 1963
13/II	4937—5320	27. März 1963
14	5321—5692	3. April 1963
15	5693—6072	10. April 1963

Herausgeber: Prof. Dr. Heinrich Bertsch, Berlin, u. Prof. Dr. Dr. h. c. Wilhelm Klemm, Münster. Chefredakteure und verantwortlich für den Inhalt: Dr. Eugen Klever, Berlin 30, Geisbergstr. 39, Fernsprecher: 249541, und Prof. Dr.-Ing. Eberhard Leibnitz, Berlin N 4, Schiffbauerdamm 19, Fernsprecher: 425571.

Verlag: Akademie-Verlag GmbH, Berlin W 8, Leipziger Str. 3—4 (Fernsprecher: 220441, Telex-Nr. 011773, Postscheckkonto Berlin 35021), und Verlag Chemie, GmbH, Weinheim/Bergstr. (Fernsprecher: Weinheim 3635 [Sammelnummer]; Fernschreiber: 0465516 chemieverl wnh; Postscheckkonten: Frankfurt/M. 145314 u. Berlin [West] 7430). Bestellnummer: 1007/134. Das Chemische Zentralblatt erscheint wöchentlich. Preis des Jahrganges einschl. Autoren-, Patent-, Sach- u. Formelregister: DM 1200,—; einseitig bedruckte Ausgabe: DM 1350,—. Abgabe der Zeitschrift nur mit sämtlichen Registern. Abbestellungen nur bis spätestens 6 Wochen vor Ablauf des Kalenderjahres.

Satz u. Druck: VEB Leipziger Druckhaus, Leipzig, III/18/203. 3/63.
Veröffentlicht unter der Lizenznummer 1273 des Presseamtes beim Vorsitzenden des Ministerrates.
Printed in Germany.

Abkürzungsverzeichnis

A	Ampère
A.	Äthylalkohol
Å	Ångström
a	Jahr (nur für Dimensionen)
Abb.	Abbildung(en)
abs.	absolut(e)
Ae.	Diäthyläther
akt.	aktiv(e)
allg.	allgemein(e)
App.	Apparat(e), Apparatur(en)
asymm.	asymmetrisch(e)
at	Atmosphäre, technisch
atm	Atmosphäre, physikalisch
Atomgew.	Atomgewicht
ausg.	ausgegeben
AZ.	Acetylzahl
bar	Bar
bes.	besonders, besondere, insbesondere
Best.	Bestimmung(en)
Bibl.	Bibliographie(n)
bin.	binär
Bldg.	Bildung(en)
bzgl.	bezüglich
Bzl.	Benzol
Bzn.	Benzin
bzw.	beziehungsweise
C.	Chem. Zentralblatt (nur bei Zitaten)
c	Curie
ca.	zirka
cal	Calorie (Grammcalorie)
Chlf.	Chloroform
const	constans
cP	Centipoise
cSt	Centistokes
D_4^{20}	Dichte (bei 20° gemessen u. bezogen auf Wasser von 4°)
D	Debye
d	Tag (nur für Dimensionen)
DAB.	Deutsches Arzneibuch
dad. gek.	dadurch gekennzeichnet
Darst.	Darstellung(en)
Deriv.	Derivat
Derivv.	Derivate
Dest.	Destillation(en)
dest.	destillieren, destilliert(e)
d. h.	das heißt
DK	Dielektrizitätskonstante
DL	Dosis letalis
DTA	Differentielle Thermoanalyse
$E_{1\,cm}^{1\%}$	Extinktion (1%ige Lsg.; 1 cm Schichtdicke)
Eig.	Eigenschaft
Eigg.	Eigenschaften
Einfl.	Einfluß, Einflüsse
Einw.	Einwirkung(en)
EMK	Elektromotorische Kraft
Entw.	Entwicklung(en)
Ep.	Erstarrungspunkt
Epp.	Erstarrungspunkte
eV	Elektronenvolt
evtl.	eventuell
EZ.	Esterzahl
°F	Grad Fahrenheit
F.	Schmelzpunkt
FF.	Schmelzpunkte
Fl.	Flüssigkeit
Fll.	Flüssigkeiten
fl.	flüssig(e)
g	Gramm
Geh.	Gehalt(e)
gek.	gekennzeichnet(e)
gesätt.	gesättigt(e)
Geschw.	Geschwindigkeit(en)
Gew.	Gewicht(e)
ggf.	gegebenenfalls
Ggw.	Gegenwart
h	Stunde (nur für Dimensionen)
Herst.	Herstellung(en)
Hz	Hertz
I.E.	Internationale Einheit
i.m.	intramuskulär(e)
inakt.	inaktiv(e)
I.P.	Isoelektrischer Punkt
IR	Infrarot (Ultrarot)
i.v.	intravenös(e)
J	Joule
JZ.	Jodzahl
°K	Grad Kelvin
kcal	Kilogrammcalorie
Koeff.	Koeffizient(en)
Koll.	Kolloid(e)
koll.	kolloid(e), kolloidal(e)
Kondens.	Kondensation(en)
Konst.	Konstante(n)
konst.	konstant(e)
Konstit.	Konstitution(en)
Konz.	Konzentration
Konzz.	Konzentrationen
konz.	konzentriert(e)
korr.	korrigiert(e)
Kp.	Siedepunkt
Kpp.	Siedepunkte
krist.	kristallisiert(e)
KW-Stoff	Kohlenwasserstoff
KW-Stoffe	Kohlenwasserstoffe
Labor.	Laboratorium, Laboratorien
l. c.	loco citato
Leg.	Legierung
Legg.	Legierungen
lösl.	löslich(e)
log	Logarithmus (allgemein)
Lsg.	Lösung
Lsgg.	Lösungen
Lsgm.	Lösungsmittel (Ein- u. Mehrzahl)
m	Meter
m	molar (Konzentrationsangabe)
Meth.	Methode(n)
Min.	Minute(n) (allgemein)
min	Minute (nur für Dimensionen)
Mitt.	Mitteilung(en)
mkr.	mikroskopisch(e)
ml	Milliliter
mμ	Millimikron
Mol	Grammolekül(e)
Mol.	Molekül
Moll.	Moleküle
mol.	molekular(e)
Molgew.	Molekulargewicht(e)
Mol.-Refr.	Molekularrefraktion(en)
n	normal (Konzentrationsangabe)
n-	normal (Isomerieangabe)
n_D^{20}	Brechungsindex (bei 20° u. D-Linie)
nachst.	nachstehend(e)
Nachw.	Nachweis(e)
Nd.	Niederschlag
Ndd.	Niederschläge
Oe	Oerstedt
opt.-akt.	optisch-aktiv(e)
p	Pond
PAe.	Petroläther
pH	Wasserstoffionenkonzentration (negativer dekad. Logarithmus)
pK	Dissoziationskonstante (negativer Logarithmus)
ppm	parts per million
Präp.	Präparat
Präpp.	Präparate
prim.	primär(e)
Prior.	Priorität(en), Unionspriorität(en)
Prod.	Produkt
Prodd.	Produkte
qual.	qualitativ(e)
quant.	quantitativ(e)

quart.	quartär(e) (Bindigkeit)
quatern.	quaternär(e)
°R	Grad Réaumur
r	Internationale Röntgeneinheit
rac.	racemisch(e)
rad	Einheit der absorbierten Strahlendosis
°Rank.	Grad Rankine
Red.	Reduktion
Redd.	Reduktionen
red.	reduziert(e)
Ref.	Referat
Reff.	Referate
rem	roentgen-equivalent-men
rep	roentgen-equivalent-physical
R_F	Retentionsfaktor (anteilmäßige Steighöhe)
RhZ.	Rhodanzahl
Rk.	Reaktion
Rkk.	Reaktionen
S	Sedimentationskonstante
s	Sekunde (nur für Dimensionen)
s.	siehe
schm.	schmelzend(e)
sd.	siedend(e)
Sek.	Sekunde(n), allgemein
sek.	sekundär(e)
sog.	sogenannt(e)
Spezif.Gew.	Spezifisches Gewicht
Std.	Stunde(n) (allgemein)

std.	stündig(e)
symm.	symmetrisch(e)
Synth.	Synthese(n)
Syst.	System(e)
SZ.	Säurezahl
t	Tonne, metrisch
Temp.	Temperatur(en)
tern.	ternär(e)
tert.	tertiär(e)
u.	und
u.a.	und andere, unter anderem
u. dgl.	und dergleichen
U/min	Umdrehungen pro Minute
ungesätt.	ungesättigt(e)
unlösl.	unlöslich(e)
unsymm.	unsymmetrisch(e)
Unters.	Untersuchung
Unterss.	Untersuchungen
USP.	United States Pharmacopeia
usw.	und so weiter
UV	Ultraviolett
V	Volt
Val	Grammäquivalent
Verb.	Verbindung
Verbb.	Verbindungen
verd.	verdünnt(e)
Verf.	Verfahren (Einzahl)
Verff.	Verfahren (Mehrzahl)
Verh.	Verhalten
Vers.	Versuch
Verss.	Versuche
Verw.	Verwendung(en)
Vf.	Verfasser(in) (Einzahl)
Vff.	Verfasser(innen) (Mehrzahl)

Vgl.	Vergleich(e)
vgl.	vergleiche
Vol.	Volumen, Volumina
Vork.	Vorkommen (Ein- u. Mehrzahl)
vorl. Mitt.	vorläufige Mitteilung(en)
Vorr.	Vorrichtung(en)
vorst.	vorstehend(e)
VZ.	Verseifungszahl
W	Watt
W.	Wasser
Wrkg.	Wirkung(en)
wss.	wässerig(e)
X	X-Einheit
z.B.	zum Beispiel
Zers.	Zersetzung(en)
z.T.	zum Teil
Zus.	Zusammensetzung(en)
♂	männlich (im biolog. Sinne)
♀	weiblich (im biolog. Sinne)
°	Grad Celsius
%ig.	prozentig
‰ig.	promillig
~	angenähert, etwa gleich mit, rund
≧	gleich oder größer als
≦	gleich oder kleiner als
>	größer als
<	kleiner als
≙	entspricht
∞	unendlich
∅	Durchmesser

Griech. Abkürzungen

$[\alpha]_D^{20}$	Opt. Drehung, spezifische (gemessen mit D-Linie bei 20°)
λ	Wellenlänge
λ_{max}	maximale Wellenlänge
λ_{min}	minimale Wellenlänge
μ	Mikrometer (auch Mikron genannt)
μg	Mikrogramm (auch Gamma genannt)
Ω	Ohm

Kurzzeichen der Vorsätze für Einheiten

T	Tera-	10^{12} Einheiten
G	Giga-	10^{9} Einheiten
M	Mega-	10^{6} Einheiten
k	Kilo-	10^{3} Einheiten
h	Hekto-	10^{2} Einheiten
da	Deka-	10^{1} Einheiten
d	Dezi-	10^{-1} Einheiten
c	Zenti-	10^{-2} Einheiten
m	Milli-	10^{-3} Einheiten
μ	Mikro-	10^{-6} Einheiten
n	Nano-	10^{-9} Einheiten
p	Pico-	10^{-12} Einheiten

Patent-Abkürzungen

D.A.S.	Deutsche Auslegeschrift
D.B.P.	Deutsches Bundes-Pat.
D.P. [DDR]	Deutsches [DDR] Patent
D.R.P.	Deutsches Reichs-Pat.
A.P.	Amerikanisches Patent
Aust.P.	Australisches Patent
Belg.P.	Belgisches Patent
Can.P.	Canadisches Patent
Dän.P.	Dänisches Patent
E.P.	Englisches Patent
Finn.P.	Finnisches Patent
F.P.	Französisches Patent
Holl.P.	Holländisches Patent
Ind.P.	Indisches Patent
It.P.	Italienisches Patent
Jap.A.S.	Japan. Auslegeschrift
Jug.P.	Jugoslawisches Patent
Norw.P.	Norwegisches Patent
Oe.P.	Österreichisch. Patent
Poln.P.	Polnisches Patent
Schwed.P.	Schwedisches Patent
Schwz.P.	Schweizer Patent
Tschech.P.	Tschechoslowakisches Patent
UdSSR.P.	Sowjetisches Patent
Ung.P.	Ungarisches Patent

Für die fachliche Rechtschreibung in den Referaten und Registern des Chemischen Zentralblattes ist die 2. Auflage (Verlag Chemie GmbH Weinheim/Bergstr. u. VDI-Verlag GmbH Düsseldorf; 1959) der „Rechtschreibung der technischen und chemischen Fremdwörter“ von Jansen-Mackensen bestimmend.

Dr. Eugen Klever und Prof. Dr.-Ing. Eberhard Leibnitz, Chefredakteure

Chemisches Zentralblatt

1963 Bibliographien Nr. 15

Neue Bücher

A. Allgemeine, physikalische und anorganische Chemie

Frank Albert Cotton, Advanced inorganic chemistry. New York: Interscience dist. Wiley. 1962. (959 S. m. Abb.) $ 14.50.

Peter Josef William Debye, Topics in chemical physics. Amsterdam: Elsevier dist. New York: Amer. Elsevier. 1962. (277 S. m. Abb.) $ 11.—.

H. Eyring, ed., Annual review of physical chemistry. Vol. 13. Palo Alto (California): Annual Revs. 1962. (528 S. m. Abb.) $ 7.—.

Hermann Hartmann und **Carl Johan Ballhausen,** eds., Theoretica chimica Acta. Vol. 1, Fasc. 1. Berlin, Göttingen, Heidelberg: Springer. 1962. 8°. Einzelbd. DM 48,—.

N. P. Klepikov et **S. N. Sokolov,** Analysis and planning of experiments by the method of maximum likelihood. Oxford, New York, Paris. Pergamon Press. 1962. (X + 127 S. m. Abb.) 8°.

O. D. Kurilenko, Physikalische Chemie. Kiew: Gosstechisdat der UkrainSSR. 1962. (399 S. m. Abb.) 90 Kop. [Ukrain.]

George Porter, Chemistry for the modern world. London: Harrap. 1962. (XI + 116 S. m. Abb. u. Diagr.) 8 s. 6 d.

Jocelyn Field Thorpe, Dictionary of applied chemistry. Vol. 5. 4th edit. New York: Wiley. 1962. (610 S. m. Abb.) $ 20.—.

R. Walden, Chimie générale. Paris: E. Belin. 1962. 17,90 NF.

—, Jahrbuch für Chemiker und Physiker. 1963. München: Süddeutscher Verl. 1962. (304 S.) DM 7,50.

A_1. Kernphysik und Kernchemie

É. Étienne, édit., Conférence internationale d'Aix-en-Provence sur les particules élémentaires, 14—20 septembre 1961. 2 vols. Comptes rendus. Saclay: C.E.N. 1962. 1: (512 S. m. Abb.) 2: (210 S. m. Abb.) 50 NF.

Heinrich Fassbender, Hrsg., Einführung in die Meßtechnik der Kernstrahlung und die Anwendung der Radioisotope. 2., neubearb. u. erw. Aufl. Stuttgart: Thieme. 1962. (XVIII + 420 S. m. 240 Abb. u. 26 Tab.) 8°. DM 49,50.

G. N. Lochanin u. a. Schutzausrüstungen und Vorrichtungen für die Arbeit mit radioaktiven Stoffen. Moskau: Gosatom-Verlag. 1961. (132 S.) DM 2,25.

Adalbert Rakow, Tabelle zur Identifizierung unbekannter Gammaspektren. München: K. Thiemig. 1962. (69 S.) 8° = Thiemig-Taschenbücher. Bd. 2. DM 12,50.

H. A. Stoddart and **B. J. Wilson,** Nucleon-nucleon scattering 1957 to 1961: a bibliography. London: H.M.S.O. 1961. (26 S.) 4 s.

Christian Weissmantel, Radioisotope in Forschung, Technik und Medizin. Leipzig: Deutscher Verl. für Grundstoffindustrie. 1962. (48 S. m. 22 Abb.) 8°. DM —,80.

—, Atom 1962. London: H.M.S.O. 1962. 2 s. 6 d.

—, Physics of fast and intermediate reactors· proceedings of the Seminar on the Physics of Fast and Intermediate Reactors sponsored by the International Atomic Energy Agency and held in Vienna, 3—11 August 1961. Vol. 2 and 3. Vienna: International Atomic Energy Agency; London: H.M.S.O. 1962. 2: (407 S. m. Tab. u. Diagr.) 54 s. 3: (617 S. m. Abb., Tab. u. Diagr.) 72 s.

A_2. Optisches Verhalten der Materie

H. H. Jaffe and **Milton Orchin,** Theory and applications of ultraviolet spectroscopy. New York, London: Wiley. 1962. (XV + 624 S. m. Abb., Tab. u. Diagr.) 5 £. 13 s.

A_3. Elektrizität. Magnetismus. Elektrochemie

Ronald Wilfrid Gurney, Ions in solution. New York: Dover. 1962. (203 S. m. Abb.) $ 1.50.

Ronald Wilfrid Gurney, Ionic processes in solution. New York: Dover. 1962. (275 S. m. Abb.) $ 1.75.

Jaroslav Heyrovský, Polarografie (Polarographie). Praha: Verl. der Tschechoslowakischen Akademie der Wissenschaften. 1962. (178 S.) Kčs 12.—.

Jaroslav Heyrovský, Bibliography of publications dealing with the polarographic method in 1961. Praha: Verl. der Tschechoslowakischen Akademie der Wissenschaften. 1962. (96 S.) Kčs 6.—.

Franco Jona and **Gen Shirane**, Ferroelectric crystals. Oxford, London: Pergamon. 1962. (X + 402 S. m. Abb., Tab. u. Diagr.) 84 s.

Eckart Kneller, Ferromagnetismus. Berlin, Göttingen, Heidelberg: Springer. 1962. (XX + 792 S. m. 603 Abb.) 4°. DM 126,—.

Friedrich Oehme, Dielektrische Meßmethoden zur quantitativen Analyse und für chemische Strukturbestimmungen. 2., erw. Aufl. Weinheim/Bergstr.: Verl. Chemie. 1962. 8° = Monographien zu Angewandte Chemie und Chemie-Ingenieur-Technik. Nr. 70.

Jørgen Lykke Olsen, Electron transport in metals. New York: Interscience dist. Wiley. 1962. (121 S. m. Abb.) = Interscience tracts on physics and astronomy, 12. $ 2.50.

—, Progress in dielectrics; vol. 4. New York: Academic. 1962. (311 S. m. Abb.) $ 12.—.

—, Contributi teorici e sperimentali di polarografia. Vol. V. S. 1., s. t., 1960. (315 S. m. Abb.) L. 2500.—.

A_4. Thermodynamik. Thermochemie

John Alfred Valentine Butler, Chemical thermodynamics. 5th edit. London: Macmillan; St. Martin's P. 1962. (XVII + 601 S. m. Tab. u. Diagr.) 25 s.

N. A. Landija, Die Berechnung des Hochtemperatur-Wärmeinhalts fester anorganischer Stoffe nach der Standard-Entropie. Tbilissi, Verl. der Akad. der Wiss. der GrusinSSR. 1962. (222 S. m. graph. Darst.; 1 Bl. Skizzen) 1 Rbl. 10 Kop. [Russ.]

Carlo Padovani, Stechiometria della combustione. Milano: La goliardica. 1960. (II + 123 S.) L. 1000.

A_5. Kolloidchemie. Grenzschichtforschung

David William Stephens, Gas/liquid and liquid/interfaces. 2 vols. Warrington (Lancs.): Joseph Crosfield. 1962.

A_6. Strukturforschung

Heinz Müller, Präparation von technisch-physikalischen Objekten für die elektronenmikroskopische Untersuchung. Leipzig: Akademische Verl. Ges. 1962. (XV + 333 S. m. 111 Abb. u. 13 Tab.) 8°. DM 28,—.

William M. Mueller, ed., Advances in X-ray analysis; vol. 5. New York: Plenum. 1962. (564 S. m. Abb.) $ 17.50.

Bernard Pullman, The modern theory of molecular structure. New York: Dover. 1962. (87 S, m. Abb.) $ 1.—.

A. V. Shubnikov and **N. N. Sheftal'**, eds., Growth of crystals, vol. 3. Reports of the second conference on crystal growth, Moscow, March, 23, — April 1, 1959. Translated from Russian. New York: Consultants. 1962. (357 S. m. Abb.) $ 25.—.

A_7. Gleichgewichte. Kinetik

I. B. Berssuker und **A. W. Ablow**, Die chemische Bindung in Komplexverbindungen. Kischinew: Schtiinza. 1962. (208 S. m. Zeichng.) 81 Kop. [Russ.]

John N. Bradley, Shock waves in chemistry and physics. New York: Wiley. 1962. (369 S. m. Abb.) $ 11.—.

D. D. Eley, **P. W. Selwood** and **Paul W. Weisz**, eds., Advances in catalysis and related subjects. Vol. 13. New York, London: Academic P. 1962. (XIV + 458 S. m. Abb., Tab. u. Diagr.) 5 £. 7 s. 6 d.

Zdeněk Spurný, Radiační chemie. (Strahlenchemie). In tschechisch. Praha: Verl. der Tschechoslowakischen Akademie der Wissenschaften. 1962. (120 S.) Kčs 18.70.

Andrew Streitwieser jun., Solvolytic displacement reactions. New York: McGraw-Hill. 1962. (214 S. m. Abb.) $ 5.—.

A_8. Präparative anorganische Chemie. Komplexverbindungen Metallorganische Verbindungen

Aleksei Aleksandrovich Beus, Beryllium. San Francisco: Freeman. 1962. (161 S. m. Abb.) $ 5.—.
—, Gallium. Marseille: S.F.I.A. 1962. 4°.

A_9. Mineralogische und geologische Chemie

William Alexander Deer and others, Rock-forming minerals. Vol. 5: Non-silicates. London: Longmans. 1962. (X + 371 S. m. Tab. u. Diagr.) 95 s.

Johannes Erich Hiller, Die mineralischen Rohstoffe. Stuttgart: Schweizerbart. 1962. (VI + 359 S. m. 2 Abb.) 8°. DM 56,—.

Henry Brewer Milner, Sedimentary petrography. 2 vols. 4th rev. edit. New York: Macmillan. 1962. 1: (643 S. m. Abb.) 2: (715 S. m. Abb.) set $ 35.—.

A. Swineford, ed., Clarp and clay minerals. Vol. 9. London: Pergamon Pr. 1962. 105 s.

B. Allgemeine und theoretische organische Chemie

T. I. Temnikowa, Lehrgang über die theoretischen Grundlagen der organischen Chemie. 2. überarb. u. vervollst. Ausg. Leningrad: Gosschimisdat. 1962. (948 S. m. Abb.) 2 Rbl. 36 Kop. [russ.]

D. Makromolekulare Chemie

Sch. Ssadron, D. Schugar, G. Gobind Korana u. a. Die Nucleinsäuren. Moskau: Verl. der ausländ. Literatur. 1962. (455 S. m. Zeichng.; 1 Bl. Abb.) 3 Rbl. 7 Kop. [russ.]

E_1. Allgemeine Biologie und Biochemie

—, Oligo-éléments (Les). Riom: Laboratoires T. E.-Riom. 1961. (II + 228 S. m. Abb.) 8°.

—, Società italiane di biologia sperimentale: XXIX assemblea generale; fisiologia: XII congresso nazionale; biochimica: VI riunione nazionale. Montecatini Terme, 6—7—8 ottobre 1960. Firenze: Tip. Giuntina. 1960. (189 S.)

E_2. Enzymologie. Gärung

Badi Mochayedi, Action des enzymes de la rue. Bordeaux: E. Drouillard. 1962. (41 S.) 8°.

Urs Peter Veragut, Der Fermenthemmer Trasylol im experimentellen Verbrühungsschock der Ratte. Basel. 1962. (12 S. m. Abb.) 8° = SA. aus: Helvetica chirurgica acta, 29, 1962, Fasc. 1/2.

E_4. Pflanzenchemie. Pflanzenphysiologie. Pflanzenpathologie

André Loué, Étude des carences et déficiences en potassium, calcium et magnésium chez le caféier Robusta. Paris: Institut français du café et du cacao. 1962. (48 S. m. Abb.) 4°. 12 NF.

Paul Emile Pilet et **Gérald Collet,** Méthode d'analyse du catabolisme auxinique. Lausanne: Zwahlen. 1962. (20 S. m. Abb.) 8°.

Domenico Sonanini, Botanische und chemische Untersuchung einer Datura-Art der Sectio Brugmansia Pers. Diss. pharm. Bern. 1962. (79 S. m. Abb.) 8°.

E_5. Tierchemie. Tierphysiologie. Tierpathologie

Philippe Angelle, Le phosphore et ses composés dans les caries dentaires expérimentales. Zürich. 1962. (80 S.) 8°.

Claude Bernheim, Neuere Ergebnisse über den Cholesterinstoffwechsel an Hand der klinischen Erprobung von Triparanol. Zürich. 1962. (23 S.) 8° = SA. aus: Therapeutische Umschau, 19, 1962, Nr. 4.

Josef Bischofberger, Untersuchungen über die elektrophoretisch trennbaren Eiweißfraktionen und den Glykoproteidgehalt einiger Rattenorgane. Freiburg/Schweiz. 1961. (VIII + 90 S. m. Abb.) 8°.

Robert Fröhlich, Das Verhalten des Bluteiweißbildes im Ablauf der Sarkoidose. Zürich. 1962. (30 S. m. Abb.) 8° = SA. aus: Schweizerische Zeitschrift für Tuberkulose und Pneumonologie, 18, 1961, Nr. 6.

Hans Rudolf Geiger, Untersuchungen über freie Aminosäuren während der Adultentwicklung von Culex pipiens und Culex fatigans und deren Einfluß auf die Eireifung. Zürich. 1961. (48 S. m. Abb.) 8°.

Jürg Girard, Über immunologische Wachstumshormonbestimmungen im Serum von Kindern, Erwachsenen und beim hypophysären Zwergwuchs. Basel. 1962. (16 S. m. Abb.) 8° = SA. aus: Schweizerische medizinische Wochenschrift, 92, 1962, Nr. 14.

Ernst Schumacher, Über die Wirkung einiger Sulfonamide und Antibiotika auf die Infusorien und die Gärgasbildung im Panseninhalt des Rindes. Zürich. 1962. (49 S. m. Abb.) 8° = SA. aus: Schweizer Archiv für Tierheilkunde, 104, 1962.

Franz Thomas Steck, Die Übertragung von Gammaglobulin auf das neugeborene Kalb mit dem Colostrum. Bern. 1962. (29 S. m. Abb.) 8° = SA. aus: Schweizer Archiv für Tierheilkunde, 104.

E_6. Pharmakologie. Therapie. Toxikologie. Hygiene

Michel Malagié, Hygiène et sécurité dans les industries alimentaires. 4. Chocolateries, confiserie. (32 S. m. Abb.) 0,70 NF. 5. Industrie laitières. (60 S. m. Abb.) 6. Brasseries. (44 S. m. Abb.) 1.33 NF. Paris: Institut national de sécurité pour la prévention des accidents du travail et des maladies professionnelles. 1960.

Fernand Perler, Therapeutische Versuche mit „Vetidrex" beim Euter- und Wundödem der Kühe. Bern. 1962. (52 S.) 8°.

Victor Raymond et **André Vallaud,** L'Oxyde de carbone et l'oxycarbonisme. 2e édit. Paris: Institut national de sécurité pour la prévention des accidents du travail et des maladies professionnelles. 1962. (419 S. m. Abb.) 8°.

—, Acquisitions récentes en anesthésie-réanimation. Paris: Les Monographies médicales et scientifiques. 1961. (80 S.) 8°.

G. Analyse. Laboratorium

A. Ss. Andrejew, Je. I. Denissow, Je. L. Grinsaid u. a., Analytische Chemie. Grundlegende Methoden der quantitativen Analyse. Leningrad. 1962. (174 S. m. Abb.) 50 Kop. [Russ.]

Handbuch der mikrochemischen Methoden. Herausgegeb. von F. Hecht u. M. K. Zacherl. Band III: Anorganische chromatographische Methoden: Anorganische Chromatographie und Elektrophorese. Von M. Lederer, H. Michl, K. Schlögl u. A. Siegel. Mit 73 Abb. — Gaschromatographische Methoden in der anorganischen Analyse. Von G. Kainz. Mit 33 Abb. Wien: Springer-Verlag 1961 (IV + 225 S.) DM 67,—.

Der vorliegende 3. Band des Handbuches der mikrochem. Meth. faßt die schon recht umfangreiche Literatur auf dem Gebiet der anorgan. Chromatographie zusammen. Im 1. Teil werden die theoret. Grundlagen der Adsorptions-, Verteilungs- u. Ionenaustauschchromatographie u. der Papierelektrophorese behandelt u. die Arbeitsmeth. an Hand zahlreicher Abb. beschrieben. Allgemeine Ergebnisse mit Hilfe dieser Trennmeth. wurden vorwiegend tabellar. zusammengestellt u. durch einige systemat. Analysengänge ergänzt. In den speziellen Kapiteln werden vor allem die Trennungen gebracht, die bestimmte Gruppen des Periodensyst. betreffen. Der 2. Teil umfaßt die gaschromatograph. Meth. in der anorgan. Analyse. Neben der Theorie u. den apparativen Anordnungen sowie der Auswertung der Chromatogramme werden Anwendungen der Gaschromatographie zur Analyse gasförmiger u. fl. anorgan. Stoffe beschrieben. I. Wilke

R. Lévy — B. Cousin, Méthodes Sélectionnées de Micronanalyse Organique Quantitative, Volume I: Le laboratoire de microanalyse Balances et pesées microanalytiques Prélèvements microanalytiques, Paris: Dunod 1961 (X + 122 S.) 15 NF.

Dieser 1. Band einer Reihe über ausgewählte Meth. der quant. organ. Mikroanalyse beschreibt in 3 Kapiteln: Das mikroanalyt. Labor., seine personelle u. instrumentelle Ausrüstung sowie die Arbeitsorganisation, die Mikrowaagen u. Wägetechnik unter Berücksichtigung der Wägefehler, ferner die Probenvorbereitung, insbesondere für hygroskop., instabile u. leicht flüchtige Substanzen. Zahlreiche Abb. vervollständigen diese handliche Einführung in die organ. Mikroanalyse. I. Wilke

H_1. Allgemeine chemische Technologie

Sergio Carrà, Lezioni di impianti industriali chimici I°. Milano: Libr. editrice di A. Noguerol. 1961. (143 S. m. Abb.)

—, Chemical age directory and who's who. London: Benn. 1962. (5 + 351 S.) 45 s.

H_4. Wasser. Abwasser

—, Öle und Detergentien im Wasser und Abwasser. Möglichkeiten ihrer Zurückhaltung und Reinigung. München: Oldenbourg. 1962. (313 S. m. 92 Abb. u. 18 Tab.) 8° = Münchner Beiträge zur Abwasser-, Fischerei- und Flußbiologie. Bd. 9. DM 68,—.

Ausgewertete Bibliographie-Fachzeitschriften

Belgien	Bibliographie de Belgique — Belgische Bibliographie
ČSSR	Bibliography of Publications Dealing with the Polarography Method [Praha]
	Bulletin — Die Neuesten Forschungsergebnisse der Tschechoslowakischen Wissenschaft
	Nové Knihy (Neue Bücher)
	Novinky (Neuheiten)
Dänemark	Danske Bogmarked
Deutschland	Börsenblatt für den Deutschen Buchhandel — Frankfurter Ausgabe
	Börsenblatt für den Deutschen Buchhandel — Leipziger Ausgabe
	Deutsche Bibliographie. Wöchentliches Verzeichnis. Ausgabe II. [Frankfurt/Main]
	Deutsche Nationalbibliographie. Reihe A: Neuerscheinungen des Buchhandels [Leipzig]
England	British National Bibliography
Frankreich	Bibliographie de la France
Griechenland	Greek Bibliography [Athen]
Italien	Bibliografia Nazionale Italiana
Niederlande	Nieuwsblad voor de Boekhandel
Österreich	Österreichische Bibliographie
Schweiz	Schweizer Buch. Serie A und Serie B
UdSSR	Bücherverzeichnis des Jahres (Книжная летопись)
	Neue Bücher (Новые книги)
USA	Publishers' Weekly

Namenregister

Patentregister

Chemisches Zentralblatt

1963 Nr. 15 10. April

Geschichte. Unterricht

Otto Bayer. Richard Wegler. (Arch. Pharmaz. **295/67,** XIII—XVI, Nov. 1962; dt.) — Glückwunschadresse zum 60. Geburtstag des Mitglieds des Vorstands u. Leiters des Wissenschaftlichen Hauptlaboratoriums der Farbenfabriken Bayer AG, Prof. Dr. Dr. h. c. Dr. E. h. Dr. h. c. Otto Bayer (geb. 4/11. 1902 in Frankfurt/Main); Würdigung seines wissenschaftlichen Werkes u. seiner Verdienste bei der Förderung des chem. Nachwuchses u. der wissenschaftlichen Dokumentation. — Bild.
A. Blaschette. 1 □

Werner Fischer zum 60. Geburtstag. Otto Jübermann und Rudolf Bock. (Z. analyt. Chem. **190,** 1—3, 1962; dt.) — Kurzer Lebenslauf u. Aufzählung der Arbeiten von Prof. Dr. W. Fischer, bes. auf dem Gebiet der analyt. Chemie; Bild.
Gerhard Schulze. 1 □

Pierre Chevenard 1888—1960. G. Chaudron. (Bull. Soc. franç. Minéralog. Cristallogr. **84,** 1—2, Jan./März 1961; franz.) — Nachruf auf den am 15. August 1960 verstorbenen Mineralogen u. Metallurgen. C. Gottfried. 1

F. P. Dwyer. A. Sargeson. (Nature [London] **195,** 1253, 29/9. 1962; engl.) — Nachruf auf den Leiter der Abteilung für Anorgan.-Biolog. Chemie an der Australian National University (gest. 22/6. 1962 in Canberra); bes. bekannt durch Arbeiten über die Stereochemie von Schwermetallkomplexen mit organ. Liganden.
A. Blaschette. 1 □

Duc Armand de Gramont. Jean Laval. (C. R. hebd. Séances Acad. Sci. **255,** 1669—74, 8/10. 1962; franz.) — Nachruf auf den franz. Physiker (geb. 29/9. 1879; gest. 2/8. 1962); hervorragende Arbeiten auf dem Gebiet der Aerodynamik, der Piezoelektrizität u. der Optik. A. Blaschette. 1 □

Professor Dr. Hugo Karma. In memoriam. A. Nordal. (Medd. norsk farmac. Selsk. **22,** 82—83, April 1960; Blindern; norw.) — Nachruf auf den am 14/4. 1960 im Alter von 64 Jahren verstorbenen finn. Pharmakologen. — Bild. R. K. Müller. 1 □

Sergei Sacharowitsch Makarow. Anonym. (Nachr. Akad. Wiss. UdSSR, Abt. chem. Wiss. **1962,** 731—32, April; russ.) — Nachruf auf Prof. Makarow (geb. 14/11. 1898, gest. 26/7. 1961), Lebensabriß u. Würdigung seiner Arbeiten auf dem Gebiete der anorgan. Chemie (natürliche u. synthet. Salzsysteme). — Bild. Ch. Weiske. 1 □

Professor Dr. A. Splittgerber. E. A. Ulrich. (Vom Wasser **27,** 9—10, **1960;** dt.) — Nachruf u. biograph. Würdigung des am 5/1. 1960 verstorbenen Wasserfachmannes. H. Czech. 1 □

Siegfried Strugger. F. Schwanitz. (Atompraxis **8,** 73, März 1962; Jülich, Kernforsch.-Anlage, Inst. für Biol.; dt.) — Nachruf auf Prof. Dr. phil. Dr. med h. c. S. Strugger (geb. 9/4. 1906 in Völkermarkt/Kärnten, gest. 11/2. 1961), Begründer u. erster Direktor des Inst. für Biologie der Kernforschungsanlage Jülich. Kurzer Lebensabriß. — Bild. Ch. Weiske. 1 □

Remigius Fresenius. W. Fresenius. (Z. analyt. Chem. **192,** 3—14, 1962; Wiesbaden; dt.) — Lebensweg u. Würdigung der Arbeiten von R. Fresenius (1818—1897) auf dem Gebiet der analyt. Chemie. Gerhard Schulze. 1 □

Fritz Haber — seine Beziehungen zu Jena und zum Zeiss-Werk. Ernst Wandersleb. (Jenaer Rdsch. **5,** 109—13, Juni 1960; dt.) A. Blaschette. 1 □

Sir Frederick Gowland Hopkins. B. C. Guha. (Sci. and Cult. [Calcutta] **27,** 535—36, Nov. 1961; engl.) — Würdigung zum 100. Geburtstag des engl. Biochemikers u. Nobelpreisträger für Physiologie u. Medizin 1929 (geb. 20/6. 1861 in Eastbourne; gest. 1947); Arbeiten über natürliche Pterine, die Biochemie der Harnsäure, über halogenierte Eiweiße, Tryptophan, Milchsäure-Bldg. im Muskel, Vitamine, Glutathion u. a. S-Verbb., Glyoxalase. — Bild. A. Blaschette. 1 □

M. W. Lomonossow (1711—1765). Anonym. (Ukrain. chem. J. **27,** 699—703, 1961; russ.) — Lebensabriß zur Erinnerung an den 250. Geburtstag von Lomonossow. — Bild. Ch. Weiske. 1 □

Nikolai Dmitrijewitsch Zelinsky. B. A. Kasanski. (Nachr. Akad. Wiss. UdSSR, Abt. chem. Wiss. **1961,** 193—96, Febr.; russ.) — Kurze Würdigung der Arbeiten von

N. D. Zelinsky (geb. 6/2. 1861 in Tiraspol, gest. 31/8. 1953 in Moskau) anläßlich seines 100. Geburtstages. Zelinsky ist bekannt durch seine Veröffentlichungen auf dem Gebiet der ungesätt. KW-Stoffe. Ch. Weiske. 1□

Theorie und Experiment in der Chemie. H. N. Parton. (J. New Zealand Inst. Chem. **23**, 143—56, Okt. 1959; Dunedin, Univ. of Otago; engl.) — An 2 Beispielen (NH_3-Synth.; Abtrennung von *Transuranen* aus Kernbrennstoffen) wird die Bedeutung theoret. Voraussetzungen für die prakt. Entw. industrieller Prozesse gezeigt. A. Blaschette. 2□

Auswirkung der Geräteentwicklung auf den Fortschritt der Chemie. Harry Melville. (Nature [London] **196**, 405—09, 3/11. 1962; Royal Soc., Dep. of Sci. and Ind. Res.; engl.) — Übersicht über die Entw. neuer experimenteller Meth. seit 1940, bes. auf dem Gebiet der Strukturforschung, der Rk.-Kinetik u. der analyt. Chemie. A. Blaschette. 2□

Die chemische Analyse von der Frühzeit der menschlichen Kultur bis zur Gegenwart. 1. Mitt. **Die trockene Analyse oder die Probierkunst.** Wilhelm Geilmann. (Z. analyt. Chem. **192**, 14—27, 1962; Mainz; dt.) — Vf. behandelt Ursprung u. Entw. der dokimatist. Analyse sowie die alten Verff. der Au–Ag-Trennung, die klass. Lötrohranalyse u. die Flammen-Rkk. von Bunsen u. bespricht die sich auf diese alten Verff. stützenden neueren Entw. der klass. Probier-Meth. (mikrodokimast. Verff. von Haber u. Mitarbeitern, Perlenfärbungen mit geringsten Substanzmengen, Feuerprobe auf Pt-Metalle u. Sn, Best. kleiner Hg-Mengen nach Stock sowie die Verdampfungsanalyse in ihren verschiedenen Anwendungen). — 53 Literaturangaben. Gerhard Schulze. 2□

Der Beitrag Agricolas zur Probierkunde der Erze. H. Abrecht. (Chimia [Zürich] **9**, 277—78, 15/11. 1955; dt.) Ch. Weiske. 2□

Weitere Bemerkungen zu Versuchen von H. Moissan, J. B. Hannay und Sir Charles Parsons zur Darstellung von Diamanten im Laboratorium. Kathleen Lonsdale. (Nature [London] **196**, 104—06, 13/10. 1962; London, Univ. Coll.; engl.) A. Blaschette. 2□

Aus alten Apotheken. Helge Søgaard. (Arch. Pharmac. og Chem. **67** (**117**), 1278—98, 17/12. 1960; Århus, Den gamle By, farmacihist. afd.; dän.) — Als Beispiele aus der Geschichte der Pharmazie bespricht Vf. die Verw. von Skorpionen, NaCl, Terra sigillata u. die allg. Entw. der pharmazeut. Forschung. — 88 Literaturangaben. R. K. Müller. 2□

Shenshen, ein Arzneimittel aus dem Fernen Osten. Regina Zielińska-Sowicka. (Farmacja polska **16**, 260—62, 10/7. 1961; pol.) — Übersicht über die Geschichte des Heilmittels *Ginseng*. — 11 Literaturangaben. F. Urban. 2□

Herstellung von brandwiderstehenden Mitteln in der mittelalterlichen arabischen Literatur. Mohamed Yahia Haschmi. (Chemiker-Ztg./Chem. Apparatur **83**, 508 bis 510, 5/8. 1959; Aleppo, Syrien; dt.) A. Klein. 2□

Farbstoffe und Färben in der Konföderation. Sidney M. Edelstein. (Amer. Dyestuff Reporter **51**, 35—39, 16/4. 1962; engl.) — Zur Zeit des amerikan. Bürgerkriegs standen den Südstaaten nur wenige synthet. Farbstoffe zur Verfügung. Man war auf natürliche Farbstoffe angewiesen, von denen Indigo der wichtigste war. Die Herst. dieses u. anderer Farbstoffe in Haushalten wird beschrieben. Für Rot wurden Cochenille u. Krapp, für Gelb u. Braun amerikan. Schwarzeiche verwendet. Ein Handbuch weist über 150 verschiedene, zur Darst. von Farbstoffen benutzte Pflanzen u. Bäume nach. Rezepte aus alten Büchern werden angeführt. Die einzige damalige Textilfabrik u. Färberei der Konföderation, die Eagle Mill, bildet heute eines der Hauptwerke von Reeves Brothers. L. Jentgen. 2□

Explosionsgefahr von Mischungen aus Aluminium und flüssigem Sauerstoff. Calvin M. Austin, Charles S. Rohrer und Ralph L. Seifert. (J. chem. Educat. **36**, 54—57, Febr. 1959; Crane, Ind., Naval Ammunition Depot; Bloomington, Ind., Indiana Univ.; engl.) — Unterss. über Mischungen aus Al u. fl. Luft. Die Mischungen explodieren bei Wärmezündung mit ungeheurer Brisanz u. sind deshalb auf keinen Fall als Vorlesungs-Verss. zu verwenden. Ch. Weiske. 6□

Bemerkung zur Arbeit von Austin über die „Explosionsgefahr von Mischungen aus Aluminium und flüssigem Sauerstoff". Jack De Ment. (J. chem. Educat. **36**, 308, Juni 1959; Portland, Oreg., De Ment Labor.; engl.) — Vf. berichtet, veranlaßt durch den Aufsatz von Austin u. Mitarbeitern (vgl. vorst. Ref.), über eine Explosion eines Gemisches von Al-Pulver mit techn. Ölsäure nach Schütteln in einer Glasflasche bei Raumtemperatur. Ch. Weiske. 6□

A. Allgemeine, physikalische und anorganische Chemie

Variationsprinzipien für Vielkanal-Streusysteme. L. M. Delves. (Nuclear Physics [Amsterdam] **29**, 326–34, Jan. 1962; Kensington, Univ. of New South Wales, Appl. Math. Dep.; engl.) — Die Variationsprinzipien für die Streumatrix bei beliebig komplizierten Stößen von zusammengesetzten Syst. werden gegeben. M. Wiedemann. 10□

Die Singularitäten der t-Matrix nach einer kanonischen Transformation. R. Balian und M. L. Mehta. (Nuclear Physics [Amsterdam] **31**, 587–99, April 1962; Saclay, Gif-sur-Yvette, S. & O., Centre d'Études Nucl.; engl.) — Vf. gibt für den Fall einer Paar-Wechselwrkg. eine geometr. Interpretation der Variationsgleichungen der kanon. Transformations-Meth. u. ein Kriterium zur Unterscheidung zwischen ihren Lsgg. an. Es kann eine t-Matrix definiert werden, die nicht-singulär ist, wenn alle Quasiteilchenenergien positiv sind. H. Schroeder. 10□

Eine einheitliche Feldtheorie der Gravitation und des Elektromagnetismus. F. H. J. Cornish. (Proc. Roy. Soc. [London], Ser. A **270**, 501–16, 1962; Leeds, Univ., Dep. of Math.; engl.) — Modifizierung der Born-Infeld-Theorie, in welcher die Symmetrie zwischen magnetostat. u. elektrostat. Syst. aufgehoben ist u. keine Lösungen existieren, die magnet. Polen entsprechen. A. Blaschette. 10□

Anomale Eigenschaften der Vektorfelder in Wechselwirkung mit dem Dirac-Strom. B. Jouvet. (Nuovo Cimento [10] **26**, 283–97, 16/10. 1962; Paris, Coll. de France, Labor. de Phys. Atom. et Mol.; engl.) — Feldtheoret. Betrachtung.
Gerhard Schmidt. 10□

A_1. Kernphysik und Kernchemie

Kosmische Strahlung: Die Primärteilchen. J. G. Wilson. (Contemporary Physics **1**, 204–19, Febr. 1960; Leeds, Univ.; engl.) — Beobachtungen der prim. Höhenstrahlen zeigen, daß das Sonnen-Syst. einem isotropen Fluß von Protonen u. schwereren Nucleonen ausgesetzt ist. Als Quellen für diese Teilchen kommen die turbulenten Wolken in Betracht, die bei der Eruption von Supernovae gebildet werden. L. Roth. 85□

Forbush-Abnahme des Flusses schwerer primärer Kerne der Höhenstrahlung am 12. Mai und 12. Juli 1959. S. Biswas. (J. geophys. Res. **66**, 2653–57, Sept. 1961; Minneapolis, Minn., Univ. of Minnesota, School of Phys.; engl.) — Emulsionsstapel wurden auf 7 Ballonflügen der Höhenstrahlung ausgesetzt u. der Fluß der Teilchen mit $Z \geqslant 3$ bestimmt. Auf die obere Grenze der Atmosphäre extrapoliert wurde ein Fluß von 21,2 bzw. 17,5 Teilchen/cm^2 s sterad erhalten, die Forbush-Abnahme betrug 53 bzw. 43%. M. Wiedemann. 85□

Winkelverteilung der durch primäre schwere Kerne erzeugten Jets. Elena Balea, Erwin M. Friedländer, Constanta Potoceanu und Maria Sahini. (C. R. hebd. Séances Acad. Sci. **251**, 1487–89, 10/10. 1960; Bucarest, Inst. de Physique atom., Labor. de Rayons cosm.; franz.) — 53 Jets, die durch prim. Höhenstrahlkerne mit $Z \geqslant 2$ erzeugt wurden, wurden analysiert. Der größte Teil der Kern-Kern-Stöße dürfte auf einzelne Stöße von Nucleonen mit zur Mesonenwolke von Nucleonen gehörenden Mesonen zurückzuführen sein. M. Wiedemann. 85□

Eine sich auf das Feuerballmodell gründende Untersuchung von Jets. K. Imaeda. (Nuovo Cimento [10] **26**, 417–39, 1/11. 1962; Dublin, Dublin Inst. for Advanc. Stud., School of Cosmic Phys.; engl.) — Vers. einer Analyse von 227 Jets mit Energien zwischen 10^{10} u. mehreren 10^{14} eV. Gerhard Schmidt. 85□

Analyse der durch hochenergetische Höhenstrahlen erzeugten Schauer nach dem Modell angeregter Nucleonen. L. A. Ssanko, Sh. Ss. Takibajew und P. A. Ussik. (J. exp. theoret. Physik [UdSSR] **41**, 139–45, Juli 1961; Inst. für Kernphys. der Akad. der Wiss. der KasachSSR; russ., Auszug: engl.) — Die Auslösung von Schauern durch Nucleonen mit über 10^{11} eV in Emulsionen wurde analysiert. Die Winkelverteilung der angeregten Nucleonen ist anisotrop, die Multiplizität wurde in Abhängigkeit vom Winkel bestimmt. M. Wiedemann. 85□

Der magnetische Höhenstrahlspektrograph für hohe Energien in Manchester. J. E. R. Holmes, B. G. Owen und A. L. Rodgers. (Proc. physic. Soc. **78**, 496–504, 1/10. 1961; Manchester, Univ., Dep. of Phys.; engl.) — Der Manchester-Spektrograph wurde verbessert, so daß jetzt an einzelnen Höhenstrahlteilchen noch Impulse von 1000 GeV/c nachgewiesen werden können. M. Wiedemann. 85□

Messungen des Impulsspektrums und des Ladungsverhältnisses von Höhenstrahlmyonen auf Seehöhe im Impulsbereich 10–1000 GeV/c. J. E. R. Holmes, B. G. Owen und A. L. Rodgers. (Proc. physic. Soc. **78**, 505–15, 1/10. 1961; engl.) — Vgl.

vorst. Referat. — Auf 57° geomagnet. Breite wurde das Impulsspektrum einzelner Myonen bestimmt, die auf Seehöhe in der Nord-Süd-Ebene ankamen. Dabei wurden 1800 Teilchen mit mehr als 10 GeV/c erfaßt. M. Wiedemann. 85□

Winkelverteilung von μ-Mesonen beim π-μ-Zerfall. A. O. Waissenberg, E. D. Kolganowa und S. W. Minerwina. (J. exp. theoret. Physik [UdSSR] **41,** 106—09, Juli 1961; Inst. für theoret. u. exp. Phys. der Akad. der Wiss. der UdSSR; russ., Auszug: engl.) — Eine Emulsionskammer wurde dem 150-MeV-π^+-Bündel ausgesetzt, insgesamt wurden ca. 2000 $\pi \to \mu$-Zerfälle beobachtet. Ihre Winkelverteilung war isotrop. Auf die Winkelverteilung haben Verzerrungseffekte in der Emulsion oder im Mikroskop keinen Einfluß. Die Fehler, die zu Abweichungen von der Isotropie führen können, werden erörtert. M. Wiedemann. 90□

Einfang von μ^--Mesonen im Kohlenstoff unter $^{12}B^*$-Bildung. A. O. Waissenberg. (J. exp. theoret. Physik [UdSSR] **41,** 109—12, Juli 1961; russ., Auszug; engl.) — Beim Einfang von μ^- in die leichten Kerne der photograph. Emulsion wurden ca. 500 zweizackige Sterne beobachtet. Es wurden nur 2 Elektronen mit $\geqslant$25 keV festgestellt, die Wahrscheinlichkeit der Emission eines Auger-Elektrons beim Myoneneinfang liegt bei 0,1%. 9 Sterne konnten nach $\mu^- + {}^{12}C \to {}^{12}B^* + \gamma$, ${}^{12}B^* \to {}^{8}Li + {}^{4}He$ identifiziert werden. Die Wahrscheinlichkeit dieser Rk. je Einfang in den C-Kern ergibt sich zu $2 \cdot 10^{-3}$. Das Aufbrechen von ^{12}B sollte von angeregten Niveaus mit ca. 19—26 MeV aus erfolgen. M. Wiedemann. 90□

Die Erzeugung und Eigenschaften von Mesonen bei hohen Energien. F. A. Brisbout, C. Gauld, J. Lehane, C. B. A. Mc Cusker, J. Malos, K. Nishikawa und L. G. van Loon. (Nuclear Physics [Amsterdam] **26,** 634—48, Sept. 1961; Sydney, Univ., School of Phys., Nucl. Dep.; engl.) — Ein 10-Liter-Block von Ilford-K5-Emulsionen wurde 4½ Std. auf 38,4 km geflogen. Das transversale Impulsspektrum der sek. Schauerteilchen zeigte 2 Maxima, bei 0,4 (Pionen) u. bei 2,0 GeV/c (keine Pionen). Der Wechselwrkg.-Querschnitt der sek. Pionen ist nach der freien Weglänge von 48 cm wesentlich kleiner als der geometr. Wert. Die Multiplizität bei den Rkk. in den Emulsionen ist höher als bei Protonen. M. Wiedemann. 90□

Einmesonenbeitrag bei der Photoerzeugung von π^--Mesonen an Protonen. L. W. Laperaschwili und Ss. G. Matinjan. (J. exp. theoret. Physik [UdSSR] **41,** 272—75, Juli 1961; Inst. für Phys. der Akad. der Wiss. der GrusinSSR; russ., Auszug: engl.) — Die Berechnung des Wrkg.-Querschnittes der Rk. $\gamma + p \to \pi^+ + \pi^- + p$ nach der Theorie von Drell kann mit den Experimenten in Einklang gebracht werden, wenn die Absorption eines virtuellen Mesons beachtet wird. M. Wiedemann. 90□

Wechselwirkung von π-Mesonen in der statistischen Theorie von Fermi. W. Ss. Baraschenkow. (J. exp. theoret. Physik [UdSSR] **40,** 1313—15, Mai 1961; russ., Auszug: engl.) — Unter der Annahme einer Pion-Pion-Wechselwrkg. werden Energiespektren u. Impulsverteilung der bei unelast. NN-Stößen erzeugten Pionen u. Protonen berechnet. Ein Vgl. mit dem Experiment gibt keine Bestätigung der $\pi\pi$-Wechselwirkung. M. Wiedemann. 90□

Integralgleichungen der $\pi\pi$-Streuung und die Probleme der Konvergenz der Amplitudenentwicklung. Ja. Fischer und Ss. Tschulli. (J. exp. theoret. Physik [UdSSR] **41,** 256—62, Juli 1961; Verein. Inst. für Kernforsch.; russ., Auszug: engl.) — Für die $\pi\pi$-Streuung wird gezeigt, wie für den reellen Teil im Falle niedriger Energien rasche Konvergenz erzielt werden kann. M. Wiedemann. 90□

Über die Grenzwerte der Amplitude der $\pi^\pm$-p-Streuung. W. P. Kanawetz, I. I. Lewintow und B. W. Morosow. (J. exp. theoret. Physik [UdSSR] **41,** 146—53, Juli 1961; russ., Auszug: engl.) — Mittels geeigneter Dispersionsbeziehungen wird das asymptot. Verh. der Amplitude auf der Basis der experimentellen Daten abgeschätzt. M. Wiedemann. 90□

Wechselwirkung von 78-MeV-π^+-Mesonen in Propan. R. G. Ssalukwadse und D. Njagu. (J. exp. theoret. Physik [UdSSR] **41,** 78—80, Juli 1961; Verein. Inst. für Kernforsch.; russ., Auszug: engl.) — Mittels einer Propanblasenkammer wurde die Wechselwrkg. von (78 ± 3)-MeV-π^+ mit *H* u. *C* untersucht. Auf 2582 Aufnahmen wurden 400 Wechselwrkg. beobachtet. Die Streuquerschnitte in H u. C ergaben sich zu 36 bzw. 166 mbarn, der Absorptionsquerschnitt in C zu 180 + 20 mbarn. M. Wiedemann. 90□

Über den Zerfall $K^+ \to \pi^+ + \pi^0 + e^+ + e^-$. I. G. Iwanter. (J. exp. theoret. Physik [UdSSR] **41,** 244—46, Juli 1961; Inst. für naturwiss. Informat. der Akad. der Wiss. der UdSSR; russ., Auszug: engl.) — Für die Wahrscheinlichkeit des obigen Zerfalls wird das Integral der Wahrscheinlichkeitsdichte der Bremsstrahlung ermittelt. Die Verteilung der effektiven Massen der beiden Pionen wird abgeleitet. M. Wiedemann. 90□

Erzeugung von $Y^0(\Lambda, \Sigma^0)$-Hyperonen und K^0-Mesonen an leichten Kernen durch π^--Mesonen mit 2,8 GeV/c. Ja. Ja. Schalamow, W. A. Schebanow und A. F. Graschin. (J. exp. theoret. Physik [UdSSR] **40,** 1302—12, Mai 1961; Inst. für theoret. u. exp. Phys. der Akad. der Wiss. der UdSSR; russ., Auszug: engl.) — Eine mit Freon ($C_3F_5Cl_3$) gefüllte Blasenkammer wurde ohne Magnetfeld dem 2,8-GeV/c-Bündel der π^- ausgesetzt. Unter 60000 stereoskop. Aufnahmen fanden sich 2000 Wechselwirkungen. Die Erzeugungsquerschnitte für Y^0 (Λ, Σ^0) u. K^0 betrugen 2,5 $\pm$ 0,5 bzw. 7 $\pm$ 1% des totalen Wrkg.-Querschnittes für unelast. Prozesse. Die Wrkg.-Querschnitte für $\pi^- + \pi^+ \rightarrow K^0 + \bar{K}^0$ u. $\pi^- + K^{0,+} \rightarrow \pi^{-,0} + K^0$ werden zu ca. 2 bzw. $\geqslant$ 10 mbarn abgeschätzt. M. Wiedemann. 90☐

Notiz über die $\pi\Lambda$-Resonanz. A. L. Ljubimow. (J. exp. theoret. Physik [UdSSR] **40,** 1520—22, Mai 1961; Verein. Inst. für Kernforsch.; russ.) — Der Wrkg.-Querschnitt für $K^- + p \rightarrow \Lambda + \pi^0$ wird im Zusammenhang mit der Beziehung zwischen der Resonanz im Pion–Hyperon-Syst. u. der Amplitude der Kp^--Streuung behandelt. M. Wiedemann. 90☐

Ein neue Teilchenresonanzen einschließendes statistisches Modell bei Anwendung auf die $\bar{\Lambda}$-p-Vernichtung. M. E. Arons. (Nuovo Cimento [10] **26,** 560—74, 1/11. 1962; Rochester, N.Y., Univ. of Rochester, Dep. of Phys. and Astronom.; engl.) — Vf. berechnet für die $\bar{\Lambda}$-p-Vernichtungs-Rk. die mittlere Pionenmultiplizität u. die relative Erzeugung von 3 K unter verschiedenen Annahmen. Gerhard Schmidt. 90☐

Der Erzeugungsquerschnitt von Hyperkernen in Photoemulsionen durch 9-GeV-Protonen. I. B. Berkowitsch, A. P. Shdanow, F. G. Lepechin und S. Ss. Chochlowa. (J. exp. theoret. Physik [UdSSR] **41,** 75—77, Juli 1961; Strahlungs-Inst. der Akad. der Wiss. der UdSSR; russ., Auszug: engl.) — Eine Emulsionskammer mit NIKFI-P-400 wurde im Synchrophasotron mit 9-GeV-Protonen bestrahlt, 443 Doppelsterne wurden gefunden. Hiervon erwiesen sich 18 als Zerfälle von Hyperkernen ohne Mesonen u. 2 als meson.; die Ladungsverteilung war folgende: 2 mit $Z = 1$, 3 mit $Z = 2$, 6 mit $Z = 3$ u. 9 mit $Z > 3$. Die Winkelverteilung zeigte Bevorzugung der Emision nach vorwärts. Der Querschnitt für die Erzeugung der Hyperkerne ergab sich zu (0,2 $\pm$ 0,1) mbarn. M. Wiedemann. 90☐

Bemerkungen über die Massenformel im Sakata-Modell. Ken-ichi Matumoto. (Progr. theoret. Physics [Kyoto] **25,** 1047—49, Juni 1961; Kyoto, Kyoto Univ., Res. Inst. for Fundament. Phys.; engl.) — Vf. analysiert die Stabilität der nach dem Sakata-Modell, das sämtliche Teilchen als aus Proton, Neutron u. Λ zusammengesetzt auffaßt, u. der entsprechenden Massenformel zu erwartenden Teilchen, die experimentell noch nicht beobachtet wurden. M. Wiedemann. 90☐

Über die Lösungen in Kugelkoordinaten der allgemeinen Gleichungen für Teilchen mit Spin. André Jolivet. (C. R. hebd. Séances Acad. Sci. **255,** 2055—57, 22/10. 1962; Paris, Inst. Henri Poincaré, Labor. de Théories phys.; franz.) A. Blaschette. 90☐

Lösungen in Kugelkoordinaten der irreduzierbaren Wellengleichung zur Beschreibung eines Teilchens vom maximalen Gesamtspin 2. André Jolivet. (C. R. hebd. Séances Acad. Sci. **255,** 2235—37, 29/10. 1962; franz.) — Vgl. vorst. Referat. A. Blaschette. 90☐

Eine empirische Regelmäßigkeit der schwachen Wechselwirkungen. F. Chilton. (Nuovo Cimento [10] **26,** 628—32, 1/11. 1962; Seattle, Wash., Univ., of Washington, Dep. of Phys.; engl.) — Wiedergabe einer empir. Beobachtung, die sich aus einer Unters. der $|\Delta T| = 1/2$-Regel bei den schwachen Wechselwrkg. ergibt. Gerhard Schmidt. 90☐

Streuung energiearmer Photonen an einem System mit dem Spin 1/2. W. A. Petrunkin. (J. exp. theoret. Physik [UdSSR] **40,** 1148—54, April 1961; Physik. Lebedew-Inst. der Akad. der Wiss. der UdSSR; russ., Auszug: engl.) — Für den Streuquerschnitt energiearmer Photonen an einem Spin 1/2-Syst. wird ein Ausdruck abgeleitet, der bis zu Gliedern exakt ist, die in der Frequenz quadrat. sind. In die Formeln gehen Ladung, Masse, anomales Moment des Syst., elektr. u. magnet. Polarisierbarkeiten u. mittlerer Radius der Ladungsverteilung ein. M. Wiedemann. 90☐

Über die Rolle von Einmesonen-Poldiagrammen bei Streuung von γ-Quanten durch Protonen. L. I. Lapiduss und Guan-Tschshao-Tschshou. (J. exp. theoret. Physik [UdSSR] **41,** 294—302, Juli 1961; Verein. Inst. für Kernforsch.; russ., Auszug: engl.) — Vgl. C. **1961,** 2504. — Um die Bedeutung des Beitrages des π^0-Zerfalls zum Wrkg.-Querschnitt der Streuung von γ durch Protonen richtig abzuschätzen, ist das Vorzeichen des Pols der γ–N-Streuung bzgl. des π^0-Zerfalls von wesentlicher Bedeutung. M. Wiedemann. 90☐

Winkelkorrelationen bei unelastischer Streuung hochenergetischer Nucleonen. G. L. Wyssotzki. (J. exp. theoret. Physik [UdSSR] **40**, 1399–1403. Mai 1961; Physik.-techn. Inst. der Akad. der Wiss. der UkrainSSR; russ., Auszug: engl.) — In der Impulsapproximation für kleine Winkel werden die Winkelkorrelationen bei der unelast. Streuung energiereicher Nucleonen an Kernen mit dem Spin u. Isospin Null berechnet. M. Wiedemann. 90□

Winkelverteilung der n–p-Streuung bei 14,1 MeV. Teruo Nakamura. (J. physic. Soc. Japan **15**, 1359–66, Aug. 1960; Kyoto, Kyoto Univ., Fac. of Sci., Dep. of Phys.; engl.) — Vf. erhält die Winkelverteilung für die Streuung von Neutronen an Protonen bei 14,1 MeV durch Beobachtung der Rückstoßprotonen unter Verw. eines Zählerteleskops. Die bei Streuwinkeln von 165, 146, 118 u. 89° (Schwerpunkts-Syst.) erhaltenen Daten werden mit statist. Fehlern von ca. 1% angegeben. Aus dem Verhältnis der Querschnitte bei 180 u. 90° wird die Anisotropie der Winkelverteilung eindeutig bestätigt. Die abs. Werte der differentiellen Querschnitte bei verschiedenen Winkeln werden unter Verw. des aus Durchlässigkeitsmessungen erhaltenen totalen Querschnitts von 689 ±,5 mbarn normalisiert. Gerhard Schmidt. 90□

Über die Streuung von 0,8- und 2,8-MeV-Neutronen unter kleinen Winkeln. Ju. A. Alexandrow, G. W. Anikin und A. Ss. Ssoldatow. (J. exp. theoret. Physik [UdSSR] **40**, 1878–79, Juni 1961; russ.) — Bei der Unters. der Streuung von Neutronen mit einer mittleren Energie von 2 MeV unter einem Winkel von 8–10° wurde neben der Schwinger-Streuung (1948) bei U u. Pu ein weiterer Streueffekt beobachtet. Vff. stellen graph. die Energieabhängigkeit des Effektes im Intervall 3–25° dar. Bei der Energie von ca. 2,8 MeV wird nach dem Abzug der Schwinger-Streuung ein Anwachsen der Streuquerschnitte der U- u. Th-Kerne im Gebiet < 10° verzeichnet, während bei ca. 0,8 MeV eine Übereinstimmung mit der Schwinger-Streuung vorhanden ist. G. Ewald. 90□

Winkelverteilung von Neutronen mit einer Anfangsenergie von 14 MeV bei der unelastischen Streuung an Kohlenstoff, Stickstoff und Schwefel. W. W. Bobyr, L. Ja. Grona und W. I. Strishak. (J. exp. theoret. Physik [UdSSR] **41**, 24–25, Juli 1961; Inst. für Phys. der Akad. der Wiss. der UkrainSSR; russ., Auszug: engl.) — Die Neutronen wurden unter Anregung der ersten Niveaus von 4,44, 2,31 u. 2,24 MeV an ^{12}C, ^{14}N (in Form von fl. N_2) u. ^{32}S gestreut. Zum Nachw. der Neutronen diente ein Scintillationsspektrometer. Die Wirkungsquerschnitte wurden in Abhängigkeit von den Winkeln bestimmt, die Kurven sind mit den Vorhersagen des Modells der direkten Wechselwrkg. im Einklang. M. Wiedemann. 90□

Zeitabhängige Energiespektren für thermische Neutronen in einem einatomigen schweren Gas. S. N. Purohit. (Nuclear Sci. Engng. **9**, 305–13, März 1961; Oak Ridge, Tenn., Oak Ridge Nat. Labor.; engl.) — Das Verh. der nach dem Mehrgruppenformalismus entwickelten asymptot. Energiespektren wird für Be u. Graphit während der letzten Stufe der Neutronenthermalisierung untersucht. Gerhard Schmidt. 90□

Eine Methode zur Mitteilung der Kernkonstanten zur Berechnung eines schnellen Reaktors über die Neutronenwerte. A. I. Novozhilov und S. B. Shikhov. (Reactor Sci. Technol. **16**, 137–41, März 1962; engl. — C. **1961**, 10817.) E. Klever. 90□

Numerisches Näherungsverfahren zur Berechnung von unregelmäßig aufgebauten Reaktorgittern mit einer oder mehreren Neutronengruppen. H. Borgwaldt und H. Harder. (Atomkernenergie **5**, 406–12, Nov. 1960; Oberhausen, Deutsche Babcockwerke, Atomabt.; dt.) — Zur Berechnung solcher Anordnungen nach Ein- oder Mehrgruppen-Meth. werden Beziehungen abgeleitet, welche näherungsweise zwischen den Neutronenquellen in einer Zelle, den durch ihre Grenzflächen eintretenden, gerichteten Strömen u. den aus der Zelle austretenden, gerichteten Strömen bestehen. Gerhard Schmidt. 90□

Versuche zum Auffinden von schwellennahen Anomalien in der Energieabhängigkeit des totalen Wirkungsquerschnittes von Protonen. I. M. Wassilewski, Ju. D. Prokoschkin und W. I. Rykalin. (J. exp. theoret. Physik [UdSSR] **40**, 1524–25, Mai 1961; Verein. Inst. für Kernforsch.; russ.) — Mittels einer Differentialionisationskammer wird der Gesamtwirkungsquerschnitt von Protonen des Phasotrons bestimmt. Im Bereich von 490–640 MeV fanden sich keine Anomalien in der Energieabhängigkeit, innerhalb der Fehlergrenzen war der Wirkungsquerschnitt konstant. M. Wiedemann. 90□

Korrelation der normalen Komponenten der Polarisation für die pp-Streuung bei 650 MeV. 1. Mitt. B. M. Golowin, W. P. Dshelepow und R. Ja. Sulkarnejew.

(J. exp. theoret. Physik [UdSSR] **41,** 83—88, Juli 1961; Verein. Inst. für Kernforsch.; russ., Auszug: engl.) — Der Korrelations-Koeff. zwischen den normalen Komponenten der Polarisation wurde für einen Streuwinkel von 90° im Schwerpunkts-Syst. in der elast. pp-Streuung bei 650 MeV zu 0,93 ± 0,19 ermittelt. Die 650-MeV-Protonen fielen auf ein Target aus fl. H_2, zum Nachw. dienten Scintillatoren. M. Wiedemann. 90 □

Unelastische Streuung des Protons an ^{4}He. Y. Sakamoto. (Nuovo Cimento [10] **25,** 565—71, 1/8. 1962; Kyoto, Univ. of Kyoto, Yoshida Coll.; engl.) — Berechnung des am 22-MeV-Niveau in ^{4}He unelast. gestreuten 180-MeV-Protons unter der Annahme von $J = 2^-$ u. $T = 0$ für das angeregte Niveau. Die Polarisationen zeigen negative Werte. Gerhard Schmidt. 90 □

Winkelverteilung der an Nickel- und Zirkoniumisotopen elastisch gestreuten 6,8-MeV-Protonen. A. K. Walter, I. I. Saljubowski, A. P. Kljutscharew, W. A. Lutzik, B. F. Orlenko, M. W. Passetschnik, W. Ss. Prokopenko und N. N. Putscherow. (J. exp. theoret. Physik [UdSSR] **41,** 71—74, 1961; Inst. für Phys. der Akad. der Wiss. der UkrainSSR, Phys.-Techn. Inst.; russ., Auszug: engl.) — Die angereicherten Isotope ^{64}Ni (79,8%), ^{90}Zr (96,1), ^{91}Zr (73,5), ^{92}Zr (88,6) u. ^{96}Zr (31,3) wurden mit 6,8-MeV-Protonen bestrahlt. Die Winkelverteilung der elast. gestreuten Protonen unterschied sich bei den verschiedenen Isotopen eines Elementes beträchtlich. M. Wiedemann. 90 □

Die Form des Atomkerns und die angeregten Zustände mit dem Spin Null. A. S. Davydov, V. S. Rostovsky und A. A. Chaban. (Nuclear Physics [Amsterdam] **27,** 134—43, Sept. 1961; Moskau, Univ., Dep. of Phys.; engl.) — Die kollektiven angeregten Zustände, die der Rotation, den β- u. γ-Oscillationen der Oberfläche gerader Kerne entsprechen, werden behandelt, für E0- u. E2-Übergänge werden die Wahrscheinlichkeiten berechnet. M. Wiedemann. 95 □

Theorie der kollektiven Anregungen sphärischer Kerne mit teilweiser Anwendung auf den Riesendipolzustand. Jerzy Sawicki und Toshio Soda. (Nuclear Physics [Amsterdam] **28,** 270—92, Dez. 1961; Erratum: **31,** 690, April 1962; Berkeley, Calif., Univ. of California; engl.) — Vff. übertragen das Syst. von Bewegungsgleichungen für die Komponenten der Einteilchendichtematrix auf ein endliches Syst. von Fermionen, die durch eine Zweikörper-„Rest"-Kraft miteinander in Wechselwrkg. stehen. H. Schroeder. 95 □

Spektroskopische Untersuchung von Schwingungszuständen niedriger Energie sphärischer Kerne. Shiro Yoshida. (Nuclear Physics [Amsterdam] **38,** 380—419, Nov. 1962; Pittsburgh, Pa., Univ. of Pittsburgh, Radiat. Labor.; engl.) — Die theoret. Unterss. werden auf der Basis neuerer Theorien der Kernstruktur durchgeführt, wobei von der Quasiteilchenapproximation ausgegangen wird. Gerhard Schmidt. 95 □

Anwendung der Methoden der optischen Spektroskopie zur Untersuchung von Atomkerneigenschaften. N. I. Kalitejewski, M. P. Tschaika und E. Je. Fradkin. (Nachr. Leningrader Univ. **16,** Nr. 4, Ser. Physik. Chem. Nr. 1, 25—33, 1961; russ., Auszug: engl.) — Vff. weisen an Hand der Berechnung der Spins von ^{176}Lu, ^{233}U u. ^{157}Gd die Gleichwertigkeit der opt. Spektroskopie (Interferometrie) für die Best. von Spin, magnet. Moment u. Quadrupolmoment aus der Hyperfeinstruktur nach. Bei der Best. des magnet. Momentes sind Resonanz-Meth. überlegen u. radiospektroskop. Messungen gleichwertig. Für das magnet. Moment u. das Quadrupolmoment werden Korrekturformeln angegeben. Für die Einelektronen-Syst. beträgt der Gesamtfehler der theoret. Berechnung des kernmagnet. Moments 5—10% u. des Quadrupolmoments 15—25%. G. Ewald. 95 □

Energieniveaus von ^{11}B in dem vereinheitlichten Modell. A. B. Clegg. (Nuclear Physics [Amsterdam] **38,** 353—60, Nov. 1962; Oxford, Clarendon Labor.; engl.) — Vf. beschreibt das vereinheitlichte Modell des Energieniveauschemas von ^{11}B unter Berücksichtigung der Mischung von Zuständen des gleichen Drehimpulses aus verschiedenen Banden. Das resultierende Spektrum kann das systemat. Verh. der Rkk. ^{11}B(p, p') u. ^{12}C(p, 2p) erklären, die beide durch Nucleonen von 150—200 MeV induziert worden sind. Gerhard Schmidt. 95 □

Neutronen-$d^n_{5/2}$-Konfigurationen bei Zr-Isotopen. Igal Talmi. (Physic. Rev. [2] **126,** 2116—19, 15/5. 1962; Princeton, N.J., Princeton Univ., Palmer Phys. Labor.; engl.) — Analyse der Energieniveaus von Neutronen-$2d^n_{5/2}$-Konfigurationen nach Schalenmodellmethoden. Gerhard Schmidt. 95 □

Vorzeichen des magnetischen Momentes von ^{8}Li. Donald Connor und Tung Tsang. (Physic. Rev. [2] **126,** 1506—07, 15/5. 1962; Argonne, Ill., Argonne Nat. Labor.; engl.) — In Übereinstimmung mit der theoret. Erwartung wird das Vorzeichen des magnet. Dipolmomentes von ^{8}Li experimentell für positiv gefunden. Gerhard Schmidt. 95 □

Kernmoment von ^{61}Ni. Lawrence H. Bennett und Ralph L. Streever jun. (Physic. Rev. [2] **126,** 2141—42, 15/6. 1962; Washington, D. C., Nat. Bur. of Stand; engl.) — Aus einer Neubest. des Elektronenspin-Resonanzspektrums von Ni in MgO u. Ni in Ge wird geschlossen, daß der bisher geschätzte Wert von 0,3 Kernmagnetonen für das Kernmoment von ^{61}Ni in 0,9 Kernmagnetonen geändert werden muß. Gerhard Schmidt. 95□

Kernmagnetische Resonanz in ^{175}Lu. A. H. Reddoch und G. J. Ritter. (Physic. Rev. [2] **126,** 1493—95, 15/5. 1962; Ottawa, Nat. Res. Council, Div. of Pure Chem., Div. of Pure Phys.; engl.) — Aus Beobachtungen in $LuBi_{12}$ u. LuSb ergibt sich das kernmagnet. Moment von ^{175}Lu zu 2,230 ± 0,011 Kernmagnetonen. Gerhard Schmidt. 95□

Elektrisches Quadrupolmoment des 14,4-keV-Zustandes von ^{57}Fe. C. E. Johnson, W. Marshall und G. J. Perlow. (Physic. Rev. [2] **126,** 1503—06, 15/5. 1962; Harwell, A.E.R.A.; engl.) — Aus einer Messung des Mössbauer-Absorptionsspektrums von $FeSiF_6 \cdot 6\,H_2O$ für polarisierte 14,4-keV-Strahlung wird das Quadrupolmoment des ersten angeregten Zustandes von ^{57}Fe zu ± 0,12 ± 0,01 barn abgeleitet. Gerhard Schmidt. 95□

Winkelkorrelationen in statistischen Kernreaktionen. W. M. Strutinski. (J. exp. theoret. Physik [UdSSR] **40,** 1794—1802, Juni 1961; russ., Auszug: engl.) — Mit Hilfe von quasiklass. Berechnungs-Meth. leitet Vf. Formeln für die Berechnung der Korrelation zwischen den Emissionsrichtungen von 2 Teilchen ab, die nacheinander durch einen Kern mit einem großen Drehimpuls emittiert werden. Es werden Ausdrücke für die Winkelkorrelation zwischen den Emissionsrichtungen von Teilchen u. Spalt-Prodd. abgeleitet, die die Emission eines Teilchen begleiten. G. Ewald. 103□

Die Anwendung Bornscher Näherungsrechnungen verzerrter Wellen auf die Analyse einiger (d, p)-Winkelverteilungen. H. D. Scott. (Nuclear Physics [Amsterdam] **27,** 490—506, Okt. 1961; Liverpool, Univ., Dep. of Phys.; engl.) — Vf. analysiert die Ergebnisse von Protonen-Winkelverteilungs-Verss. beim Beschuß von ^{23}*Na*, ^{58}*Ni* u. ^{60}*Ni* mit 9-MeV-Deuteronen. H. Schroeder. 103□

Stripping mit 28-MeV-Deuteronen. R. J. Slobodrian. (Physic. Rev. [2] **126,** 1059—64, 1/5. 1962; Buenos Aires, Co. Nac. de Energia Atom., Synchrocyclotron Labor.; engl.) — Vf. untersucht eine (d, t)- u. mehrere (d, p)-Rkk. unter Verw. von 28-MeV-Deuteronen, wobei die ausgelösten Teilchen mit einem Scintillationsspektrometer analysiert werden. Für die Rkk. ^{7}*Li*(d, t)^{6}Li, ^{9}*Be*(d, p)^{10}Be, ^{9}Be(d, p)^{10}Be* — 3,37 MeV, ^{10}*B*(d, p)^{11}B, ^{12}*C*(d, p)^{13}C u. ^{12}C(d, p)^{13}C* — 3,68 MeV werden die abs. differentiellen Querschnitte gemessen. Die Winkelverteilungen der nachst. Rkk. werden durch Überlagerung der theoret. Kurven von $l = 1$ u. $l = 3$ wiedergegeben: ^{9}Be(d, p)^{10}Be mit einem Wechselwirkungsradius a = 3,5 fermi, ^{9}Be(d, p)^{10}Be* — 3,37 MeV mit a = 3,8 fermi, ^{10}B(d, p)^{11}B mit a = 3,6 fermi u. ^{12}C(d, p)^{13}C mit a = 3,5 fermi. Sämtliche Winkelverteilungen zeigen ein direktes Rk.-Verhalten. Da bei großem Winkel kein signifikanter Anstieg im Querschnitt auftritt, kann geschlossen werden, daß, wenn überhaupt, nur ein kleiner Beitrag von Compoundkern- u. Austauschprozessen sowie vom Stripping schwerer Teilchen herrührt. Gerhard Schmidt. 103□

Differentielle Querschnitte für die Reaktionen ^{12}C(^{6}Li, α)^{14}N und ^{12}C(^{7}Li, α)^{15}N. Russell K. Hobbie und Fred F. Forbes. (Physic. Rev. [2] **126,** 2137—41, 15/6. 1962; Minneapolis, Minn., Univ. of Minnesota, School of Phys.; engl.) — Vff. bestimmen die differentiellen Querschnitte für die Rkk. ^{12}C(^{6}Li, α)^{14}N u. ^{12}C(^{7}Li, α)^{15}N mit den Restkernen in ihren Grund- oder ersten angeregten Zuständen. Die Winkelverteilungen werden unter Labor.-Winkeln zwischen 10 u. 160° in 10°-Stufen für Beschußenergien von 3,3, 3,5, 3,7, 3,9 u. 4,1 MeV gemessen. Der totale Querschnitt für den 2,31-MeV-T = 1-Zustand von ^{14}N ist 0,1mbarn bei 4,0 MeV, verglichen mit einem Querschnitt von 2,9 mbarn für den Grundzustand. Die Verletzung der Isospin-Auswahlregel rührt wahrscheinlich von der Mischung der verschiedenen Isospinzustände im Compoundkern ^{18}*F* her. Die differentiellen Querschnitte für die anderen Niveaus zeigen ein Verh., das für einen Mechanismus der direkten Wechselwrkg. spricht. Gerhard Schmidt. 103□

Untersuchung der Struktur von ^{12}C mittels der totalen Zerfälle nach ^{12}C(p, p′)3α. A. Samman und P. Cüer. (J. Physique Radium **19,** 13—15, Jan. 1958; Strasbourg, Fac. des Sci., Labor. de Phys. Corpuscul.; franz.) — Mittels Protonen von 180 u. 340 MeV wurden in G5-Kernemulsionen 106 Sterne erhalten, die dem Zerfall von ^{12}C in 3α-Teilchen entsprechen. Aus den geometr. Konfigurationen wurden die Ausgangsenergie des knocked-on-α-Teilchens u. das Energiespektrum ermittelt. Für den ^{8}Be-Kern ergeben sich Anregungsenergien von 5,8 MeV. M. Wiedemann. 103□

Zerfall des ^{12}C-Kerns durch 22–24-MeV-α-Teilchen. S. S. Vasilyev, V. V. Komarov und A. M. Popova. (Nuclear Physics [Amsterdam] **38**, 344–48, Okt. 1962; Moscow, Moscow State Univ., Nucl. Res. Inst.; engl.) — Vff. untersuchen den Zerfall des ^{12}C-Kerns in 3 α-Teilchen unter der Einw. von α-Teilchen mit Energien von 22 bis 24 MeV, um den Rk.-Mechanismus zu bestimmen. Hierzu werden die räumlichen u. energet. Verteilungen der Zerfalls-Prodd. sowie die Anregungsenergien der möglichen Zwischenkerne ^{12}C u. ^{8}Be angegeben. Aus den Verss. kann geschlossen werden, daß der überwiegende Rk.-Mechanismus in dem Zerfall des ^{16}O-Kerns in 4 α-Teilchen mit der Resonanzwechselwrkg. von α-Teilchen im Endzustand besteht.
Gerhard Schmidt. 103□

Winkelkorrelationen für die Reaktion ^{13}C(^{3}He, α,γ)^{12}C. H. D. Holmgren und E. A. Wolicki. (Nuclear Physics [Amsterdam] **38**, 489–503, Nov. 1962; Washington, D. C., US Naval Res. Labor., Nucleon. Div.; engl.) — Vff. untersuchen die Winkelkorrelationen zwischen den α-Teilchen des ersten angeregten Zustandes aus der Rk. ^{13}C(^{3}He, α)^{12}C u. den nachfolgenden 4,43-MeV-γ-Strahlen als Funktionen des Emissionswinkels der γ-Strahlen für α-Teilchen, die unter Labor.-Winkeln von 10, 25, 40, 90 u. 128° bei einer Beschußenergie von 4,50 MeV (Van de Graaff) emittiert worden sind. Die Korrelationsfunktionen werden formelmäßig wiedergegeben. Das Verh. des in der Formel auftretenden cos 4Θ-Terms ist mit einem pickup-Modell für die Rk. im Einklang. Weitere mögliche Wechselwrkg.-Modelle mit direktem Austausch werden diskutiert.
Gerhard Schmidt. 103□

Winkelverteilungen der Protonen für (α, p)-Reaktionen an ^{12}C, ^{27}Al und ^{31}P. A. J. Lieber, F. H. Schmidt und J. B. Gerhart. (Physic. Rev. [2] **126**, 1496–1502, 15/5. 1962; Seattle, Wash., Univ. of Washington, Dep. of Phys.; engl.) — Vff. messen die Winkelverteilungen der Protonen, die einfachen u. mehrfachen Anregungsniveaus entsprechen, für die Rkk. ^{12}C(α, p)^{15}N, ^{27}Al(α, p)^{30}Si u. ^{31}P(α, p)^{34}S unter Verw. von 24-MeV-α-Teilchen. Die Verteilungen, die dem Grundzustand u. dem drittangeregten Zustand von ^{15}N u. dem Grundzustand u. erstangeregten Zustand von ^{34}S entsprechen, zeigen ausgeprägte beugungsähnliche Struktur. Die für den Grundzustand u. drittangeregten Zustand von ^{15}N erhaltenen totalen Querschnitte sind groß im Vgl. zu denen für Übergänge tiefliegender Niveaus bei den Rkk. an P u. Al. Diese wiederum haben viel größere Querschnitte als diejenigen für die Rkk. ^{23}Na(α, p)^{26}Mg, ^{19}F(α, p)^{22}Ne u. ^{35}Cl(α, p)^{38}Ar. Gerhard Schmidt. 103□

Notiz zu den Wirkungsquerschnitten für ^{47}Ti(n, p)^{47}Sc und ^{58}Ni(n, p)^{58}Co. A. Trier. (Z. Naturforsch. **17a**, 275–77, März 1962; Santiago, Univ. de Chile, Inst. de Fís. y Mat.; engl.) — Vf berechnete unter Annahme eines statist. Modells für den Compoundkern die Wirkungsquerschnitte nach angegebenen Gleichungen für 2–5 MeV Neutronenenergie. Die Übereinstimmung ist besser als bei Annahme statist. Modelle für den Compound- u. Restkern, aber nicht befriedigend. E. Schiewer. 103□

Verdampfung koinzidenter Protonen bei α + ^{58}Ni-Reaktionen. D. Bodansky, R. K. Cole, W. G. Cross, C. R. Gruhn und I. Halpern. (Physic. Rev. [2] **126**, 1082 bis 1096, 1/5. 1962; Seattle, Wash., Univ. of Washington; engl.) — Vff. untersuchen Kern-Rkk., bei denen durch Beschuß von Ni-Isotopen mit α-Teilchen zwei oder mehr Protonen emittiert werden. Die umfassendsten Daten werden mit einem ^{58}Ni-Target für 32-MeV-α-Teilchen erhalten. Mit Hilfe einer Koinzidenzanordnung werden die beiden Protonen beobachtet. Die Energiekorrelationen u. -verteilungen, die Winkelkorrelationen u. -verteilungen sowie die Ausbeuten werden mit Vorhersagen verglichen, die sich auf die statist. Theorie gründen. Aus der weitgehenden Übereinstimmung wird geschlossen, daß die meisten der beobachteten Ereignisse von der Verdampfung aus einem angeregten Compoundkern herrühren. Für ^{58}Ni bei 32-MeV-α-Teilchen ergibt sich der Querschnitt für Compoundkernereignisse, bei denen zwei oder mehr Protonen verdampft werden, zu 560 ± 50 mbarn, ein Wert, der über $^1/_3$ des totalen Rk.-Querschnitts liegt.
Gerhard Schmidt. 103□

Übergänge,die dem Zerfall von ^{75}Se folgen. Mathilde de Croës und Gunnar Bäckström. (Ark. Fysik **16**, Nr. 47, 567–79, 1960; engl.) — Mit einem doppelfokussierenden Spektrometer werden das Konversionselektronen- u. γ-Spektrum beim Zerfall von ^{75}Se neu bestimmt. Die Konversions-Koeff. werden relativ zum 279-keV-Übergang in ^{203}Tl ermittelt. Die Multipolarität ergibt sich zu reiner M1-Strahlung mit einer maximalen E0-Beimischung von $6 \cdot 10^{-3}$. Die Konversions-Koeff. stützen im allg. frühere Spinzuordnungen. Zwei zusätzliche Übergänge werden beobachtet, die mit den bekannten Niveaus in Einklang gebracht werden können Gerhard Schmidt. 103□

Der Zerfall von ^{75}Se. W. F. Edwards und C. J. Gallagher jun. (Nuclear Physics [Amsterdam] **26**, 649–57, Sept. 1961; engl.) — In ^{74}Se angereichertes SeO_2

wurde mit Neutronen bestrahlt. Die Energien u. die relativen Intensitäten der γ-Strahlungen u. Konversionselektronen nach dem Zerfall von ^{75}Se zu ^{75}*As* wurden bestimmt, die Konversions-Koeff. u. Multipolaritäten sind tabelliert. Es wurden γ-Energien von 24,3, 66,05, 96,74, 121,12, 135,99, 198,60, 264,62, 279,57, 304,0 u. 400,7 keV festgestellt. Für den 279,57-keV-(M1 + E2)-Übergang wurde ein Mischungsparameter von 0,50 $\pm$ 0,06 bestimmt. M. Wiedemann. 103□

Die Halbwertszeit von Strontium-89. R. G. Osmond und M. J. Owers. (J. inorg. nuclear Chem. **9,** 96—98, Jan. 1959; London, Roy. Arsenal, U.K.A.E.A. Res. Group, Woolwich Outstation; engl.) — Die Halbwertszeit von ^{89}Sr wurde nach einem ausführlich beschriebenen Verf. zu 50,30 $\pm$ 0,18 Tagen in guter Übereinstimmung mit den von Kjelberg u. Pappas sowie Herrmann u. Straßmann gemessenen Werten bestimmt. H. Böhm. 103□

Niederenergetische γ-Strahlung beim Einfang thermischer Neutronen in Rhodium. Gerd Buschhorn. (Z. Naturforsch. **17a,** 241—48, März 1962; München, TH, Labor. für Techn. Phys.; dt.) — Die niederenerget. γ-Strahlung, die beim Einfang langsamer Neutronen durch ^{103}Rh entsteht, wurde mit Hilfe eines γ-Spektrometers mit gebogenem Quarzkristall untersucht. Die ermittelten Energien u. abs. Intensitäten für 39 γ-Strahlen im Bereich von 20—400 keV sind tabelliert. Aus den abgebildeten Scintillationsspektren wurde außer dem bekannten 51,4-keV-E1-γ-Übergang für ^{104m}Rh mit der Halbwertszeit 4,4 Min. ein bisher unbekannter γ-Übergang bei 97,1 keV mit der gleichen Halbwertszeit ermittelt, dessen Multipolordnung E1, E2 oder höchstens M1 ist. Mit Hilfe Ritzscher Kombinationen konnte ein ergänztes Termschema von ^{104}Rh entwickelt werden.
E. Schiewer. 103□

Untersuchung der Cadmiumisotope. 6. Mitt. β- und γ-Spektroskopie von ^{112}Ag. Hikaru Inoue, Jian-Zhi Ruan, Satoshi Yasukawa und Yasukazu Yoshizawa. (Nuclear Physics [Amsterdam] **38,** 50—62, Okt. 1962; Osaka, Osaka Univ., Fac. of Sci., Dep. of Phys.; engl.) — 5. vgl. C. **1963,** 2703. — Vff. untersuchen mit einem magnet. β-Spektrometer u. Scintillationsspektrometern die β- u. γ-Strahlen aus ^{112}Ag. Die Halbwertszeit wird zu 3,14 $\pm$ 0,05 Std. bestimmt. Die maximalen Energien u. relativen Intensitäten der β-Strahlen sind 3,94 $\pm$ 0,04 MeV (54%), 3,35 $\pm$ 0,08 MeV (22%) u. 1,96 $\pm$ 0,10 MeV (10%). Innere Konversionselektronen, die den 0,610-, 0,621-, 0,648- u. 0,689-MeV-γ-Strahlen entsprechen, u. weitere ungewisse Konversionselektronen werden beobachtet. Insgesamt werden 26-γ-Strahlen festgestellt. Ein Zerfallsschema von ^{112}Ag wird aufgestellt. Gerhard Schmidt. 103□

Neue radioaktive Isotope der Seltenerdmetalle. F. D. S. Butement und P. Glentworth. (J. inorg. nuclear Chem. **15,** 205—09, Okt. 1960; Liverpool, Univ., Dep. of Inorg. and Physic. Chem.; engl.) — Durch (p, xn)-Spallations-Rkk. an Seltenen Erden ergeben sich die neuen Radioisotope: ^{167}*Lu* (54 Min.), ^{161}*Tm* (32 Min.) u. ^{163}*Tm* (2,0 Std.), die durch Elektroneneinfang zerfallen. Das früher beschriebene Yb-Isotop unbekannter Masse (85 Min.) ist wahrscheinlich ^{164}*Yb*. Ein neues durch Elektroneneinfang zerfallendes Tb-Isotop mit $T_{1/2} > 3$a wird ^{153}Tb zugeordnet. H.-D. Freyer. 103□

Zerfallsschema von ^{156}Eu. Kumari S. Y. Ambiye, S. D. Bhagwat, M. C. Joshi, R. P. Sharma und B. N. Subbarao. (Proc. Indian Acad. Sci., Sect. A **52,** 157—63, Okt. 1960; Colaba, Bombay, Tata Inst. of Fundamental Res.; engl.) — Es wurden Unterss. der Zerfalls-Eigg. von ^{156}Eu, das aus angereichertem ^{154}Sm (99%) durch doppelten Neutroneneinfang hergestellt wurde, durchgeführt. Folgende β-Energiegruppen wurden gefunden (in keV): 2450 $\pm$ 30, 1180 $\pm$ 30, 720 $\pm$ 60 u. 480 $\pm$ 30. γ–e- u. γ–γ-Koinzidenzspektren wurden gemessen u. ein Zerfallsschema mit folgenden Niveaus aufgestellt (in keV): 2180, 2050, 1830, 1540, 1360, 1140, 290 (4^+) u. 89 (2^+).
H. Schroeder. 103□

Niveauschema von ^{185}Re. Nadine Marty und Michel Vergnes. (J. Physique Radium **18,** 233—38, April 1957; Coll. de France, Labor. de Phys. et Chim. Nucl.; franz.) — Koinzidenzmessungen mit 2 Scintillationsspektrometern ergeben, daß die nachst. Photonen in Kaskade emittiert werden: 592 u 125 keV, 160 u. 718 keV, 233 u. 646 keV sowie 160 u. 592 keV. Das Niveauschema von ^{185}Re mit den möglichen Spinwerten wird aus den Zerfällen von ^{185}Os u. ^{185}W sowie aus der Coulomb-Anregung von ^{185}Re abgeleitet. Gerhard Schmidt. 103□

Das konkurrierende Auftreten von Spallation und Spaltung in Astat-Compoundkernen, die durch Beschuß mit schweren Ionen gebildet worden sind. T. Darrah Thomas, Glen E. Gordon, Robert M. Latimer und Glenn T. Seaborg. (Physic. Rev. [2] **126,** 1805—10, 1/6. 1962; Berkeley, Calif., Univ. of California, Dep. of Chem., Lawrence Radiat. Labor.; engl.) — Experimentelle u. theoret. Best. der Querschnitte

für Neutronenverdampfungs-Rkk. an Compoundkernen, die durch Beschuß von ^{197}Au mit ^{14}C-Ionen u. von *Pt* mit ^{14}N-Ionen gebildet worden sind.
Gerhard Schmidt. 103□

Über die Ladungsverteilung von Fragmenten bei der Kernspaltung. P. A. Goritschew, O. W. Loshkin und N. A. Perfilow. (J. exp. theoret. Physik [UdSSR] **41,** 35—37, Juli 1961; Strahlungs-Inst. der Akad. der Wiss. der UdSSR; russ., Auszug: engl.) — Durch Messung der integralen Bahnbreite in der Emulsion mit einer automat. photometr. Anordnung wurde die Häufigkeit der einzelnen Fragmente Be, B, C u. N bei der Spaltung von *Ag* u. *Br* mit 9-GeV-Protonen bestimmt. Dabei wurden kleine u. große Ladungsübertragungen auf den Kern, Vorwärts- u. Rückwärtsrichtung der Emission sowie die Emission von 2 oder mehr Fragmenten bei einer Spaltung berücksichtigt. Die Fragmentverteilung erwies sich jedoch als prakt. unabhängig von allen diesen Größen.
M. Wiedemann. 103□

Durch energiearme monochromatische γ-Strahlen induzierte Spaltung von ^{232}Th und ^{238}U. H. G. De Carvalho, A. Manfredini, U. Muchnik, M. Severi, H. Bösch, J. Lang, R. Müller und W. Wölfli. (Nuovo Cimento [10] **25,** 534—41, 1/8. 1962; Roma, Univ., Ist. di Fis., Ist. Naz. di Fis. Nucl., Sez. di Roma; Zürich, ETH, Labor. für Kernphys.; engl.) — Vff. bestimmen die Photospaltquerschnitte von ^{232}Th u. ^{238}U mit Ilford-K0-Emulsionen bei 6,61 MeV. Durch neue Verff. in der Behandlung der Kernemulsionen wird eine intensive Quelle für diskrete γ-Strahlen bis zu 11 MeV erhalten.
Gerhard Schmidt. 103□

Die Resonanz-Spaltintegrale von ^{235}U, ^{239}Pu und ^{241}Pu. J. Hardy jun., D. Klein und G. G. Smith. (Nuclear Sci. Engng. **9,** 341—45, März 1961; Pittsburgh, Pa., Westinghouse Electr. Corp., Bettis Atom. Power Labor.; engl.) — Nach der Cd-Verhältnis-Meth. bestimmen Vff. die Resonanzintegrale mit einer 0,5-eV-cutoff-Energie zu 274 ± 16, 327 ± 22 u. 557 ± 33 barn für ^{235}U, ^{239}Pu bzw. ^{241}Pu. Gerhard Schmidt. 103□

Der Abbrand von Natururan in einem homogenen Reaktor. V. Bartošek. (J. nuclear Energy **15,** 214—19, Dez. 1961; engl.) — Der Abbrand in einem Reaktor mit umlaufendem U wird als eine Funktion der Anfangsparameter des Syst. angegeben; die Bedingung für die Wahrscheinlichkeit des Neutroneneinfangs in ^{238}U bei maximalem Abbrand wird bestimmt. Gerhard Schmidt. 110□

Die Verwendung von Plutonium in Reaktoren. M. B. Waldron. (Nuclear Power **6,** Nr. 63, 58—62, Juli 1961; Harwell, Atomic Energy Res. Establ., Plutonium Metallurg. Group; engl.) — Übersicht über die Pu-Verw. als Reaktorbrennstoff in verschiedenen Ländern (England, USA, Canada, Frankreich, UdSSR) u. über die Formen, in denen Pu verwendet wird (Legg., keram. u. Dispersionsbrennstoffe).
H. Schroeder. 110□

Kernmaterialien. Derzeitige Situation und Ausblick. M. Salesse. (Atomwirtschaft **6,** 225—29, April 1961; Paris, CEA, Dep. de Metallurg.; dt.) — Übersicht über die Eigg. u. Anwendungsmöglichkeiten bes. wichtiger Baumaterialien für den Atomsektor (Be, Mg, Al, Zr u. Stahl) sowie Hinweise auf wichtige Kernbrennstoffe wie metall. U u. seine Legg., UO_2 u. Cermets unter besonderer Berücksichtigung des Entw.-Standes u. der -Richtung in Frankreich. H. Schroeder. 110□

Materialien für Regelungsorgane im Reaktor. Jaroslav Vrtěl. (Jaderná Energie **6,** 9—15, Jan. 1960; Praha, Státní výzk. úst. mat. a technol.; tschech.) — Materialien für Kontrollstäbe müssen einen hohen Neutronenabsorptionsquerschnitt, geringe Neutronenstreuung, hohen F., Strahlungsbeständigkeit, hohe mechan. Festigkeit bei der Arbeits-Temp., Korrosionsfestigkeit usw. aufweisen. Diese Eigg. werden für Hf, Sm, Eu, Gd, Cd, B u. ihre Legg. (auch B-haltige rostfreie Stähle) geprüft. Bei der Absorption von Neutronen durch ^{10}B entsteht He, das in B–Ti-Legg. Lunker bildet, aber nicht in B-Stahl. R. K. Müller. 110□

Zählen, Messen und Registrieren in der Strahlungsmeßtechnik. R. Plesch. (Arch. techn. Messen ind. Meßtechn. **1961,** R 73—R 76, Mai; Karlsruhe; dt.) — Die Messung von Impulsraten in der Strahlungsmeßtechnik kann entweder integrierend oder durch Zählung erfolgen. Die beiden Meth. werden rechner. unter dem Gesichtspunkt des statist. Fehlers, der Meßzeit u. der Beobachtung von zeitlichen Schwankungen der Impulsrate diskutiert u. die für den Einzelfall optimale Meßtechnik behandelt.
W. Reusse. 112□

Eine Blasenkammer mit schnellem Cyclus. L. Bertanza, P. Franzini, I. Mannelli und G. V. Silvestrini. (Nuclear Instruments Methods [Amsterdam] **9,** 354—56, 1960; Pisa, Univ., Ist. di Fis.; Ist. Naz. di Fis. Nucl.; engl.) — Es wird eine 1,12-Liter-Blasenkammer mit Propan–Äthan-Füllung beschrieben, die bei Zimmer-Temp. u. 21 at Gleichgewichtsdruck arbeitet. Die Kammer kann 4—5 Expansionen pro Sek. leisten.
L. Roth. 112□

Ein einfaches Zusatzgerät zum Betrieb einer Eichionisationskammer. F. Hawliczek. (Atompraxis **8,** 63—65, Febr. 1962; Wien-Lainz, Krankenhaus, Sonderabt. für Strahlentherapie; dt.) — Entw. einer einfachen präzis arbeitenden Meßanordnung, die auf dem Prinzip der Entladung der Kammerkapazität beruht. Die Genauigkeit dieser Meth. beträgt $\pm 0{,}5\%$. Gerhard Schmidt. 112□

Lichtumwandler für Čerenkov-Strahlung. E. Heiberg und J. Marshall. (Rev. sci. Instruments **27,** 618—19, Aug. 1956; Chicago, Ill., Univ. of Chicago, Enrico Fermi Inst. for Nucl. Studies; engl.) — Vff. beschreiben die Verw. von luminescierenden Stoffen als Lichtumwandler zur Steigerung der Impulshöhe des in einem Photomultiplier beobachteten Čerenkov-Lichtes. W. Menz. 112□

Die Schätzung der Auflösungszeit einer Zähleinrichtung. G. R. Martin. (Nuclear Instruments Methods [Amsterdam] **13,** 263, Sept. 1961; Durham City, Univ. of Durham, Londonderry Labor. for Radiochem.; engl.) — Entw. einer Prüfmeth. für die Auflösungszeit u. Anwendung der Meth. auf einen β-Proportionalzähler mit ^{56}Mn als Strahlenquelle. Gerhard Schmidt. 112□

Nichtlineares Ansprechen von NaJ(Tl) auf Photonen. D. Engelkemeir. (Rev. sci. Instruments **27,** 589—91, Aug. 1956; Lemont, Ill., Argonne Nat. Labor.; engl.) — Das Ansprechen eines NaJ-Scintillationszählers auf Photonen weist im Energiebereich zwischen 10 u. 1500 keV eine bedeutende Nichtlinearität auf. Die Ansprechkurven einiger verschieden dimensionierter Kristalle werden gegeben. W. Menz. 112□

Beschreibung und Untersuchung einer Wismut-Spaltkammer als Detektor für Neutronen hoher Energie. L. Kowalski. (J. Physique Radium **21,** 779—82, Nov. 1960; Orsay, Fac. des Sci., Labor. de Phys. Nucl.; franz.) — Als Monitor für den Neutronenfluß aus dem Beschuß eines Be-Targets mit den Protonen des Synchrocyclotrons wurde eine mit Bi-Platten beschickte Spaltkammer entwickelt. Der Schwellenwert für das Ansprechen liegt bei 14 MeV, der Wrkg.-Querschnitt für 120 (150)-MeV-Neutronen liegt bei 36 (50) mbarn. Die Kammer ist mit Ar + 2% N_2 gefüllt, die Spannung an den Elektroden ist 800 V. Für γ-Strahlen von ^{60}Co ist sie unempfindlich. W. Reusse. 112□

Die Messung der γ-Strahlendosis aus der Änderung der optischen Aktivität einiger Kohlenhydrate. S. V. Starodubtsev, Sh. A. Abliayev und V. V. Generalova. (Reactor Sci. Technol. **16,** 175—77, März 1962; engl. — C. **1961,** 10824.) E. Klever. 112□

Die mittlere freie Weglänge für α-Teilchen in photographischer Emulsion. R. L. English. (Nuovo Cimento [10] **19,** 1269, 16/3. 1961; St. Louis, Mo., Washington Univ., Dep. of Phys.; engl.) — Tabellar. Mitt. der Meßwerte. In Zusammenstellung mit den Ergebnissen anderer Autoren ergibt sich als am besten anzunehmender Wert $\lambda = (19{,}2 \pm 0{,}4)$ cm für 600 MeV/Nucleon. L. Roth. 112□

Untersuchung der beschleunigten Li-Ionen nach der Methode der photographischen Platte. J. P. Lonchamp. (J. Physique Radium **18,** 239—46, April 1957; Strasbourg, Labor. de Phys. Corpuscul.; franz.) — Ausgehend von der Protonengruppe als Reichweite- u. Energiestandard in der Emulsionstechnik werden die Bahnlängen beschleunigter ^{7}Li-Ionen sowie der ^{2}H-, ^{3}H- u. ^{4}He-Gruppen bei verschiedenen Entfernungen der photograph. Platte von der Strahlenquelle vermessen. Gerhard Schmidt. 112□

A_2. Optisches Verhalten der Materie

Entweichen von Gasen vom Mond. E. J. Öpik und S. F. Singer. (J. geophys. Res. **65,** 3065—70, Okt. 1960; College Park, Md., Univ. of Maryland, Phys. Dep.; engl.) — Im Gegensatz zur klass. Theorie einer Exosphäre werden auch die schwersten Gase, wie z. B. Kr u. Xe vom Mond nicht zurückgehalten, weil infolge ionisierender Einfl. der UV-Strahlung der Sonne elektr. Kräfte maßgebender werden als Schwerkräfte. Diskutiert wird das therm. Entweichen aus einer dicken Atmosphäre mit einer heißen oberen Schicht u. das Entweichen aus einer dünnen Atmosphäre, die sich der Temp. der Oberfläche angepaßt hat, bei der es sich aber noch nicht um eine Exosphäre handelt. Berechnet wurde außerdem die Geschw. des Entweichens von Photoelektronen u. von Ionen. Nachdem sich die Atmosphäre bis zu einer Exosphäre verd. hat, tritt ein weiterer Mechanismus des Entweichens der schweren Gase auf. Es ist anzunehmen, daß der Mond infolge der großen Intensität der UV-Strahlung der Sonne auf ein Potential von ca. 20 V aufgeladen ist u. dadurch eine Abstoßung ionisierter Ionen erfolgt. Vff. schließen daher, daß sehr wenig Wahrscheinlichkeit besteht, daß leichte oder schwere Gase, die vom Mond entwickelt werden, zurückgehalten werden. Das Gas in der Nähe des Mondes kann nur vom interplanetar. Raum selbst kommen. C. Gottfried. 113

Transäquatoriale Rückstrahlbeobachtungen von magnetisch gesteuerter Ionisation. J. A. Thomas. (Nature [London] **191,** 792, 19/8. 1961; Brisbane, Univ. of Queensland, Phys. Dep.; engl.) — Es wurde gefunden, daß 95% von Nachmittagsechos aus einer nordöstlichen Richtung aus Höhen zwischen 6—12000 km zurückkehrten.
C. Gottfried. 113

Über die Anwendung des Prinzips der Kontaktphotographie bei der Untersuchung schwacher Lichtströme. I. W. Wolkow, W. F. Jessipow und P. W. Schtscheglow. (Ber. Akad. Wiss. UdSSR **129,** 288—89, 1 Tafel, 11/11. 1959; Astronom. Sternberg-Inst.; russ.) — Für die Unters. schwach leuchtender Objekte in der Astronomie u. Geophysik wird die Verw. eines „Photokontaktrohrs" empfohlen. In einem Vakuumballon ist eine halbdurchsichtige Photokathode, eine Elektronenoptik u. ein Fluorescenzschirm (auf einem 20—30 μ starken Glimmerplättchen) montiert; auf letzteren wird ein Kinofilm mit der Photoemulsion gepreßt. Vff. beschreiben Messungen des Nachthimmelspektrums unter Anwendung einer mit Trockeneis gekühlten Cs-Oxid-Photokathode im Gebiet 0,8—1,2 μ. Gegenüber der üblichen Photographie wird eine 10fache Empfindlichkeit erreicht. Meist genügt ein Schirm von 10 mm. R. K. Müller. 113□

Potentialkurven für BeH^+ und CH^+. Shirley M. Read, Joseph T. Vanderslice und František Jenč. (J. chem. Physics **37,** 205—06, 1/7. 1962; College Park, Md., Univ. of Maryland, Inst. for Mol. Phys.; Praha, Czechoslov. Acad. of Sci., Inst. of Org. Chem. and Biochem.; engl.) — Berechnungen nach der Rydberg-Klein-Rees-Meth. für die Zustände $X\,^1\Sigma^+$ u. $A\,^1\Sigma^+$ von BeH^+ u. den $A\,^1\Pi$-Zustand von CH^+ u. Vgl. mit quantentheoret. Berechnungen. A. Blaschette. 114□

Die Messung schwacher Absorption durch Moleküle. O. Oldenberg, D. G. Bills und N. P. Carleton. (J. opt. Soc. America **51,** 526—30, Mai 1961; Cambridge, Mass., Harvard Univ., Lyman Labor. of Phys.; engl.) — Ein Doppelstrahlabsorptionsspektrometer zur Messung kleiner Mol.-Konzz. speziell im metastabilen Zustand wurde entwickelt. J. Heinze. 118□

Spektrum des Funkendurchschlages in der Luft. Árpád Bardócz. (Magyar fizik. Folyóirat [Ung. Z. physik.] **10,** 1—13, Jan. 1962; Budapest, TU, Lehrst. für Feinmechanik u. Optik; ung.) — Das Spektrum des Funkendurchschlages wurde mit großer Zeitgenauigkeit (10^{-8} Sek.) aufgelöst u. 3 überlagerte Spektren, ein kontinuierliches, ein Linien- u. ein Bandenspektrum, beobachtet. Die Spektrallinien sind ausgebreitet u. in ihrer Wellenlänge verschoben. Diese Erscheinungen, wie auch das kontinuierliche Spektrum, sind Folge der hohen Temp. u. großen Ionen-Konz. im Durchschlagskanal u. des wegen der hohen Raumstärke auftretenden Stark-Effektes. Die starke Wellenlängenverschiebung einiger Linien läßt folgern, daß im Funkenkanal ein sehr hoher Druck herrscht. Es muß angenommen werden, daß die Mol.-Banden außerhalb des Funkenkanals entstehen, wo hierzu die Anregungsverhältnisse günstig sind.
J. Plank. 118

Chemisch induzierte Schwingungsanregung: Durch die atomare Flamme von $H + O_3$ hervorgerufene Emission des Hydroxylradikals im Bereich 1—3 Mikron. David Garvin, H. P. Broida und H. J. Kostkowski. (J. chem. Physics **37,** 193, 1/7. 1962; Washington, D.C., Nat. Bur. of Stand.; engl.) — Berichtigung zu C. **1959,** 16224. Die negative Bldg.-Geschw. von OH (v = 2) ist kein Beweis für die Rk. $OH + H_2 \rightarrow H_2O + H$. A. Blaschette. 118□

Linienbreite im NH_3-Spektrum. J. A. Fulford. (Nature [London] **188,** 1097—98, 24/12. 1960; London, Canada, Univ. of Western Ontario, Dep. of Phys.; engl.) — Der die Genauigkeit begrenzende Faktor in der Van Vleck-Weisskopf-Gleichung $\gamma_m = f\,(J, K)\cdot A/\Delta\nu$ ist die Größe $\Delta\nu$. Durch Entw. eines verbesserten Mikrowellenspektrometers konnten genauere Intensitätsmessungen von Absorptionslinien durchgeführt werden. Die experimentellen Werte von γ_m ergaben für $\Delta\nu = 25{,}7 \pm 0{,}2$ MHz/Torr bei 27°. M. Vogelmann. 118□

Absorptionsspektren magnetisch normaler Ni(II)-Komplexe. Claudio Furlani. (Z. physik. Chem., Frankf. Ausg. [N. F.] **10,** 291—305, März 1957; Frankfurt/M., Univ., Inst. für phys. Chem.; dt.) — Vgl. C. **1960,** 13915. — Absorptionsspektren einiger magnet. normaler $[Ni(H_2O)_6]^{2+}$- u. $[Ni(NH_3)_6]^{2+}$-Komplexe wurden untersucht u. die experimentellen Befunde mit den Ergebnissen quantenmechan. Rechnungen verglichen. Es wird eine Zuordnung der intensiven Banden, die Triplett–Triplett-Übergängen entsprechen, u. der schwachen Interkombinationsbanden vorgeschlagen. Zahl u. Lage der beiden Arten von Banden zeigen befriedigende Übereinstimmung der theoret. u. experimentellen Daten. Beim Übergang von H_2O- zum NH_3-Komplex werden die intensiven Banden nach kurzen Wellenlängen verschoben, während die Interkombinationsbanden z. T. eine Verschiebung in entgegengesetzter Richtung erfahren. Geringe Unterschiede zwischen den Absorptionsspektren verschieden hydratisierter Salze des Ni^{2+} werden diskutiert u. teilweise auf Unregelmäßigkeiten in der Struktur der Verbb. zurückgeführt. Die Multiplettaufspaltung bei den Triplettermen des Ni(II)-Komplexions wird qual. auf theoret. Wege behandelt. W. Kästner. 118☐

Absorptionsspektren von Phthalocyanintetra-(4)-sulfonsäure und ihren Metallkomplexen. Hiroshi Kobayashi, Yasuo Torii und Naomi Fukuda. (J. chem. Soc. Japan, pure Chem. Sect. [Nippon Kagaku Zassi] **81**, 694—98, Mai 1960; Tôkyô-Meguroku, Tôkyô-Kôgyô-Daigaku, Muki-Kagaku-Kyôsitu; jap., Auszug: engl. S. A 50.) — Die Absorptionsspektren von *Phthalocyanintetra-(4)-sulfonsäure* (**I**) sowie von deren *Mn(II)*-, *Fe(II)*-, *Co(II)*-, *Ni(II)*-, *Cu(II)*- u. *Zn(II)*-Komplexen werden in wss. Lsgg. im UV- u. sichtbaren Bereich abgemessen. Sie zeigen in W. die gemischten Spektren vom monomeren u. assoziierten Zustand, während in den Lsgg. der neutralen grenzflächenakt. Mittel (Polyoxyäthylenglykolätherreihe) nur die Spektren der Monomeren beobachtet werden. Die Spektren von **I** sowie die von **I**-Metallkomplexen sind den der entsprechenden Verbb. der nichtsulfonierten Phthalocyaninreihe (**II**) sehr ähnlich, obgleich zwischen den Spektren des **I**-Fe(II)- u. des **II**-Fe(II)-Komplexes ein deutlicher Unterschied beobachtet wird. Die Spektren in den Lsgg. der grenzflächenakt. Mittel hängen von den Bedingungen des Vorbereitens u. der Dauer des Stehenlassens stark ab, was offenbar auf dem Unterschied des Assoziationsgrades u. der mkr. Struktur der Micelle beruht; diese Erscheinungen werden bes. bei **I** deutlich beobachtet. Die Zuordnung der Elektronenspektren von Phthalocyanin wird angegeben. E. Maekawa. 118

Bestimmung der Oscillatorstärke der Strahlen der grünen Serie von Cu_2O bei tiefen Temperaturen. J. B. Grun, M. Sieskind und S. Nikitine. (J. Physique Radium **22**, 176—78, März 1961; Strasbourg, Univ., Inst. de Phys., Labor. de Spectroscopie et d'Optique du Corps Solide; franz.) — Vgl. C. **1963**, 2327. — Mit spektroskop. Meth. wurde die grüne Serie der Absorptionslinien in Cu_2O-Kristallen bei Temp. bis herunter zu der des fl. He untersucht. Die Oscillatorstärke, das Maximum des Absorptions-Koeff. u. die Breite der ersten Linien (n = 2) der grünen Serie wurden bestimmt. J. M. Spaeth. 118☐

Spektral- und Totalemission von Rokide C auf Molybdän bei Temperaturen über 1800° F. Robert D. Allen. (J. Amer. ceram. Soc. **44**, 374, 1/7. 1961; Azusa, Calif., Aerojet-Gen. Corp., Structural Mater. Div.; engl.) — Rokide C (**I**) besitzt die Zus. Cr_2O_3 82,94; SiO_2 8,39; Al_2O_3 3,16; MgO 2,96; CaO 2,18; Fe_2O_3 0,78; TiO_2 0,16; Na_2O 0,28%. **I** wurde auf Mo-Stäbe aufgetragen, in Schutzgasatmosphäre erhitzt u. dann auf therm., chem. u. spektrale Eigg. untersucht, wobei für Schichtstärken von 2 u. 3 mils keine wesentlichen Unterschiede in der Strahlung festzustellen waren. Die Totalemission lag zwischen 0,93 bei 0,002 u. 0,96 bei 0,003 in. Dicke. L. Kühnert. 118☐

Vergleichende Doppelbrechungs-Dispersions-Methode. Je. A. Kusnetzow. (Nachr. Moskauer Univ., Ser. IV **16**, Nr. 5, 67—77, Sept./Okt. 1961; russ.) — Vf. zeigt die Zuordnung der Dispersion der Doppelbrechung zum Geh. der in den Mineralen (bes. Amphibolen) vorherrschenden Elemente. Graph. Darst. der Dispersions-Koeff. für Hornblenden, Aktinolith u. Apatit bei verschiedenen Wellenlängen. M. Hähnert. 119☐

Exciton-Spektren und ihre magnetooptischen Effekte. R. G. Wheeler und J. O. Dimmock. (Trans. New York Acad. Sci. [2] **23**, 593—608, Mai 1961; New Haven, Conn., Yale Univ., Sloane Phys. Labor.; engl.) — Es werden Beziehungen aufgestellt, mit denen bei Einkristallen mit bekannter DK aus den Absorptionsspektren auf die Masse-Eigg. u. die g-Werte der Excitonenzustände geschlossen werden kann. Die Zusammenhänge zwischen der Kristallsymmetrie u. der Excitonenzustandssymmetrie werden behandelt. Die Excitonenenergie wird in Abhängigkeit von der Anisotropie dargestellt. Die Absorptionsspektren eines CdSe-Kristalles bei der Temp. des fl. He werden auf Aussagen über die Grundzustandsexcitonen untersucht. Die opt. Dichte wird in Abhängigkeit von der Excitonenenergie (cm^{-1}) u. die Excitonenenergie in Abhängigkeit von der Richtung u. Stärke des Magnetfeldes bestimmt u. graph. dargestellt. Die theoret. Werte stimmen mit den experimentellen nahezu überein. H. Schibilla. 119☐

Magnetooptischer Kerr-Effekt in Nickel-Eisen-Filmen. 1. Mitt. Experimenteller Teil. P. H. Lissberger. (J. opt. Soc. America **51**, 948—56, Sept. 1961; Manchester, Assoc. Electr. Ind.; engl.) — Durch Aufdanipfen wurden Filme der Leg. 83% Ni + 17% F hergestellt u. mit 300 Oe magnetisiert, ihre Dicke lag bei 1200 Å. Der magnetoopt. Kerr-Effekt kann bei verschiedenen Orientierungen der Magnetisierung relativ zur Einfallsebene des Lichtes u. zur Ebene der reflektierenden Oberfläche als polarer, longitudinaler u. transversaler Effekt gemessen werden. Er wird durch eine aufgedampfte ZnS-Schicht wesentlich verstärkt, ist jedoch dann stark von deren Dicke abhängig. Die

Dispersionskurve für den Effekt an derartigen Filmen (FeNi + ZnS) wurde von 4200 bis 6600 Å aufgenommen. Der Effekt dürfte zur Speicherung in Rechen-Syst. geeignet sein. M. Wiedemann. 119□

Magnetooptischer Kerr-Effekt in Nickel-Eisen-Filmen. 2. Mitt. Theoretischer Teil. P. H. Lissberger. (J. opt. Soc. America **51**, 957—66, Sept. 1961; engl.) — 1. vgl. vorst. Referat. — Der auf den Detektor fallende Strahlungsfluß wird aus den Eigg. der Quelle, der Polarisatoren u. der Filmproben berechnet. Es wird nach der Meth. der multiplen Strahlsummation eine allg. Theorie der Modifikation des Kerr-Effektes in einer ferromagnet. Oberfläche durch eine antireflektierende dielektr. Schicht entwickelt. Die experimentellen Dispersionskurven können damit gut wiedergegeben werden. M. Wiedemann. 119□

Über die Beobachtung von Weißschen Bereichen in polykristallinem Material durch die vergrößerte magneto-optische Kerr-Drehung. J. Kranz und W. Drechsel. (Z. Physik **150**, 632—39, 8/4. 1958; München, Univ., I. Phys. Inst.; dt.) — Im Anschluß an eine frühere Arbeit von Kranz (C. **1957**, 3727) wird die Vergrößerung der Kerr-Drehung durch dielektr. Aufdampfschichten auf ferromagnet. Oberflächen weiter untersucht. Verss. mit aufgedampften *ZnS*-Schichten bestimmter Dicke auf polierte ferromagnet. Proben ergaben dabei durch Vielfachreflexionen in der Schicht u. durch Interferenz-Wrkg. eine so starke Vergrößerung der magnetoopt. Kerr-Drehung linear polarisierten, monochromat. Lichtes, daß bei meridionaler Magnetisierung der Probe eine saubere Beobachtung der Weißschen Elementarbereiche möglich wird. Diese kann durch photograph. Registrierung oder auch durch visuelle Beobachtung unmittelbar bei der Magnetisierung erfolgen. H. Fahlenbrach. 119□

Lösungsmitteleffekte in der Infrarotspektroskopie. A. D. Buckingham. (Proc. Roy. Soc. [London], Ser. A **248**, 169—82, 11/11. 1958; Oxford, Univ., Phys. Chem. Labor.; engl.) — Vgl. C. **1961**, 3226. — Theoret. Behandlung der Einfl. des Lsgm. auf das Schwingungsspektrum des gelösten Mol. unter Ansatz der Wechselwrkg.-Energie als Potenzreihe in dessen Normalkoordinaten. H.-J. Eichhoff. 120□

Ramanspektroskopische Untersuchungen an geschmolzenem Kaliumhydrogensulfat und Schwingungsfrequenzen der S_2O_7-Gruppen. G. E. Walrafen, D. E. Irish und T. F. Young. (J. chem. Physics **37**, 662—70, 1/8. 1962; Murray Hill, N.J., Bell Teleph. Labor., Inc.; Chicago, Ill., Univ. of Chicago, George Herbert Jones Chem. Labor.; engl.) — Die Raman-Intensitäten u. -Frequenzen (100—1400 cm^{-1}) von geschmolzenem $KHSO_4$ bei 300—700° deuten auf die Rkk. $2\,HSO_4^- \rightarrow S_2O_7^{2-} + H_2O$ u. $S_2O_7^{2-} \rightarrow SO_4^{2-} + SO_3$. Zwischen 300 u. 620° sinkt die HSO_4^--Konz. rasch ab; die $S_2O_7^{2-}$-Konz. erreicht bei 500° ein Maximum u. fällt oberhalb dieser Temp. unter gleichzeitigem Erscheinen der Raman-Linien des SO_4^{2-} ab. Aus der Analyse der gasförmigen u. erstarrten Rk.-Prodd. folgt, daß die SO_4^{2-}-Bldg. unter SO_3-Entw. erfolgt. Die Unterschiede der Raman-Frequenzen u. -Polarisationen des HSO_4^- in der Schmelze (vom F. bis 620°) u. in wss. Lsgg. von $KHSO_4$ u. H_2SO_4 werden auf unterschiedliche H-Brückenbindungen zurückgeführt. Aus der Anzahl u. Polarisation der Raman-Linien des $S_2O_7^{2-}$ in der Schmelze u. ihrem Vgl. mit den entsprechenden IR-Banden des festen Salzes folgt, daß eine diedr. Punktgruppe (D_{3d}, D_{3h} oder D_3) auszuschließen ist; wahrscheinlicher ist eine Struktur der Symmetrie C_2 (leicht verzerrte C_{2v}-Struktur). Die Schwingungen des $S_2O_7^{2-}$ werden zugeordnet u. mit denen von $HS_2O_7^-$ u. $H_2S_2O_7$ verglichen. A. Blaschette. 120□

Untersuchung des Dekaborans durch Infrarotspektrographie. Le Sech und P. Garrigues. (Chim. analytique [4] **43**, 174—77, April 1961; Le Bouchet, Centre d'Études; franz.) — Das IR-Spektrum von festem, in Vaseline dispergiertem $B_{10}H_{14}$ wird im Bereich 400—4000 cm^{-1} ermittelt u. mit dem von Keller u. Johnston (C. **1954**, 6422) mitgeteilten Spektrum sowie den Spektren von B_5H_9 u. B_2H_6 verglichen. Die Hauptbanden bei 718, 763, 858, 1008 u. 1551 cm^{-1} werden einer B—H-Deformationsschwingung (parallel zur Symmetrieachse des Mol.), einer weiteren Deformationsschwingung, einer B–H-Apexgruppe, einer Skelettschwingung des $B_{10}H_{14}$ u. einer Schwingung der B···H—B-Brücke zugeordnet. Das IR-Spektrum eignet sich zur halbquant. Best. von $B_{10}H_{14}$ in Gemischen mit höheren Boranen oder Oxydations-Prodd. bzw. in Lsg. (CS_2; Bande bei 718 cm^{-1} bes. geeignet). A. Leibbrandt. 120□

Präparative und spektroskopische Untersuchungen an Tetrametaphosphimsäure und ihren Derivaten. 3. Mitt. Tetrametaphosphimsäure, ihr Hydrat und die Deuteriumverbindungen. E. Steger und K. Lunkwitz. (Z. anorg. allg. Chem. **316**, 293—304, Aug. 1962; Dresden, TH, Inst. für anorg. u. anorg.-techn. Chem.; dt.) — 2. vgl. C. **1962**, 15521. — Die IR-Spektren von $(PO_2HNH)_4$ (**I**), $(PO_2DND)_4$ (**II**), $(PO_2HNH)_4 \cdot 2\,H_2O$ (**III**) u. $(PO_2DND)_4 \cdot 2\,D_2O$ (**IV**) werden mitgeteilt. **III** läßt sich bei 100° im Vakuum über P_4O_{10}

zu I entwässern, jedoch selbst bei 150° u. feinteiligem **III** ist die Entwässerung nur 97% ig. Bereits nach 10 Min. langer Wasser-Einw. ist I vollständig in **III** übergegangen. Die Spektren der Verbb. zeigen zwischen 3500 u. 1800 cm^{-1} breite Banden, von starken H-Brücken stammend. Die Spektren der (mittels D_2O) deuterierten Verbb. **II** u. **IV** zeigen Verschiebungsquotienten von 1,3 (a), 1,1 (b) u. 0,98 bzw. 1,00 (c). a tritt im Bereich der NH- u. OH-Banden oberhalb 2210 bzw. 1500 cm^{-1} auf. Sie sind durch den Tunneleffekt bedingt aufgespalten; für die NH-Brücken wird ein asymm., die OH-Brücken ein symm. Verlauf der beiden Potentialminima diskutiert. a tritt auch für γ(NH..) u. γ(OH..) auf, während δ(OH..) u. δ(NH..) sich nach b verschieben. Zu b gehören auch die asymm. u. symm. D—NH—P-Valenzschwingungen. Nach c ändern sich die PO_2...H-Frequenzen. Die Frequenzlage spricht für einen den Salzen entsprechenden Bindungsausgleich der POOH-Gruppen. Die Spektren werden mit denen der Metaphosphate verglichen; alle entsprechenden Schwingungen zeigen niedrigere Wellenzahlen. Für die P—N—P-Brücke werden erhöhte Bindungsgrade angenommen. Hinweise für eine Oxoniumsalzstruktur der Hydrate fanden sich nicht. H. Bürger. 120□

Die Schwingungsfrequenzen von Trimethylamin-Galliumhydrid und -Galliumdeuterid. N. N. Greenwood, A. Storr und M. G. H. Wallbridge. (Proc. chem. Soc. [London] **1962,** 249, Juli; Newcastle-upon-Tyne King's Coll., Dep. of Chem.; engl.) — Die IR-Spektren von gasförmigem $(CH_3)_3N \cdot GaH_3$ (**I**) u. $(CH_3)_3N \cdot GaD_3$ (**II**) zwischen 3000 u. 400 cm^{-1} bei 3 Torr werden mitgeteilt, die Ga—H(D)- u. N—Ga-Frequenzen den 6 Grundschwingungen des tetraedr. Mol. zugeordnet. Die Spektren von **I** u. **II** zeigen Verwandtschaft mit denen der entsprechenden Al-Verbindung. — **I** wurde aus $(CH_3)_3NHCl$ u. $LiGaH_4$ als farblose Nadeln vom F. 70,5° erhalten; **II**, F. 68,1°. H. Bürger. 120□

Einfluß der Nachbargruppen auf die Frequenz der Ge—H-Valenzschwingung. Raymonde Mathis, J. Satgé und F. Mathis. (Spectrochim. Acta [London] **18,** 1463—72, Nov. 1962; Toulouse, Fac. des Sci., Labor. de Chim.-Agrég., Labor. des Organo-métalliques; franz.) — Vgl. C. **1962,** 18364. — Die ν(Ge—H)-Frequenz (ca. 2000 cm^{-1}) wird an nachst. reinen fl. Verbb. bzw. an ihren Lsgg. in Heptan oder CCl_4 gemessen u. mit der ν(Si—H)-Frequenz (ca. 2100 cm^{-1}) verglichen: *n*-$C_4H_9GeH_3$, *n*-$C_5H_{11}GeH_3$, *n*-$C_7H_{15}GeH_3$, *n*-$C_8H_{17}GeH_3$, $(n\text{-}C_4H_9)_2GeClH$, $(C_2H_5)_2GeClH$, $(n\text{-}C_4H_9)_2 \cdot GeBrH$, $(C_2H_5)_2GeJH$, $(n\text{-}C_4H_9)_2GeJH$, $(CH_3)_3GeH$, $(C_2H_5)_2GeH_2$, $(n\text{-}C_4H_9)_2GeH_2$, $(n\text{-}C_5H_{11})_2 \cdot GeH_2$, $(n\text{-}C_6H_{13})_2GeH_2$, $(n\text{-}C_7H_{15})_2GeH_2$, $(n\text{-}C_8H_{17})_2GeH_2$, $(n\text{-}C_4H_9)_2(C_6H_5)GeH$, $(C_6H_5 \cdot CH_2)_2(n\text{-}C_7H_{15})GeH$, $(n\text{-}C_4H_9)_2(N{\equiv}C{-}CH_2CH_2)GeH$, $(n\text{-}C_4H_9)_2(CH_2{=}CH{-}CH_2)GeH$, $(n\text{-}C_4H_9)_2(C_6H_5CH_2)GeH$, $(C_2H_5)_3GeH$, $(n\text{-}C_4H_9)_3GeH$, $(n\text{-}C_3H_7)_3GeH$, $(n\text{-}C_4H_9)_2(CH_3{-}CO{-}CH_2CH_2)GeH$, $(iso\text{-}C_3H_7)_3GeH$. Die Frequenz sinkt in dieser Reihenfolge von 2063 auf 1989 cm^{-1} (reine Verbb.). Erhöhend wirken —I-Substituenten am Ge-Atom, erniedrigend +I-Substituenten. Der Substituenteneffekt ist additiv u. eignet sich zur Abschätzung des induktiven Effekts. In Verbb. vom Typ RR'R"GeH gilt annähernd die Beziehung $\nu(Ge{-}H)\ [cm^{-1}] = 2008 + 16{,}5\,\Sigma\,\sigma^*$ (σ^* = Taft-Koeff. der Liganden R, R' u. R"). A. Blaschette. 120□

Über die Struktur der Komplexverbindungen von Zinnchlorid mit Estern. A. Dembitzki, T. Ssumarokowa und M. Ussanowitsch. (Ber. Akad. Wiss. UdSSR **137,** 1357—60, 21/4. 1961; Akad. der Wiss. der KasachSSR, Chem. Inst.; russ.) — Raman-Spektren von $SnCl_4$ in Methylformiat, -acetat u. -propionat bei verschiedenen Mischungsverhältnissen (wiedergegeben werden die Spektren von $SnCl_4$). Bei der Zugabe von $SnCl_4$ zu den Estern nimmt die Intensität der Schwingung der freien Carbonylgruppe (1730 cm^{-1}) langsam ab u. verschwindet bei 33,3 Mol-% $SnCl_4$ vollständig, wobei eine neue Doppelschwingung bei niedrigeren Frequenzen auftritt, die der komplex gebundenen Carbonylgruppe in den Verbb. $SnCl_4 \cdot 2\ RCOOR'$ zugeordnet wird. Aus den Linienverschiebungen wird eine Möglichkeit der elektrolyt. Dissoziation (Alkylkationen) abgeleitet u. im Zusammenhang mit der Alkylierung von cycl. KW-Stoffen durch Ester in Ggw. von $SnCl_4$ diskutiert. H. Jäger. 120□

Infrarot- und Raman-Spektren einiger Zinnalkyle. C. R. Dillard und J. R. Lawson. (J. opt. Soc. America **50,** 1271—74, Dez. 1960; Nashville, Tenn., Tennessee A. and I. State Univ., Dep. of Chem. and Phys.; engl.) — Vff. bestimmten die IR-Spektren im Bereich 2—25 μ von *Tetramethyl-* (**I**), *Trimethyläthyl-*, *Dimethyldiäthyl-*, *Methyltriäthyl-* u. *Tetraäthylzinn* (**II**) sowie die Raman-Spektren von **I** u. **II**. Die erhaltenen Daten werden mit Hilfe einer einfachen Punktgruppensymmetrie erklärt unter der Annahme, daß sich die Alkylradikale wie „Punktmassen" verhalten. M.-L. Klaar. 120□

Schwingungsspektren einiger Alkyl- und Alkylalkenylstannane [Sn(IV)]. N. A. Tschumajewski. (Ber. Akad. Wiss. UdSSR **141,** 168—71, 1/11. 1961; Akad. der Wiss. der UdSSR, Inst. für elementorgan. Verbb.; russ.) — Die Raman- u. IR-Spektren

(Bereich 3000—400 cm^{-1}) von *Bleitetraäthyl* (I) u. folgenden Stannanen wurden untersucht: *Tetramethyl-* (III), *Trimethylvinyl-*, *Trimethylallyl-*, *Tetraäthyl-* (IV), *Triäthylallyl-*, *Diäthyldivinyl-*, *Triäthyl-* (II) u. *Diäthylvinylchlorstannan*. Die IR-Spektrendiagramme aller untersuchten Verbb. sowie die Raman-Spektren von I, III u. IV werden angegeben. II zeigt die ν(Sn—H) bei 1820 cm^{-1}. Somit verringert sich die Frequenz der ν(M—H) in der Reihe M = C, Si, Ge, Sn von 2900 auf 1820 cm^{-1}, daraus ergeben sich näherungsweise die Kraft-Konst. der Bindungen Ge—H u. Sn—H zu $4{,}3 \cdot 10^6$ bzw. $3{,}8 \cdot 10^6$ cm^{-2}. Die Frequenz der H—C—Sn-Winkeldeformation liegt bei 1195—1183 cm^{-1}, I zeigt eine entsprechende Frequenz bei 1158. Die ν(C=C) u. ν(=CH_2) der Vinylgruppe treten bei 1580 u. 3050—3045, der Allylgruppe bei 1628 u. 3080 cm^{-1} auf. ν(Sn—C) entspricht für die Gruppierungen $Sn(Alkyl)_{4(3)}$ 3—2 Frequenzen im Bereich 528—495, für die Gruppierungen $Sn(Vinyl; Allyl)_{1(2)}$ 1—2 Frequenzen bei 480—462 cm^{-1}. Bei I werden für ν(Pb—C) die Raman-Frequenzen 443 u. 458 sowie die IR-Bande 460 cm^{-1} zugeordnet. U.-L. Rau. 120□

Infrarotspektrum und Struktur des deuterierten Propen-Komplexes $K[PtCl_3 \cdot (C_3D_6)], H_2O$. D. M. Adams und J. Chatt. (J. chem. Soc. [London] **1962**, 2821—22, Juli; Frythe, Welwyn, Herts., ICI Ltd., Heavy Org. Chem. Div., Akers Res. Labor.; engl.) — Zur Bestätigung der Lage der C=C-Valenzschwingung in $K[PtCl_3(C_3H_6)] \cdot H_2O$ (I) nahe 1500 (cm^{-1}) wurde $K[PtCl_3(C_3D_6)] \cdot H_2O$ (II) dargestellt, IR-spektroskop. zwischen 2,5 u. 50 μ untersucht u. mit I verglichen. ν(C=C) verschiebt sich von 1504 (I) nach 1416 (II), ist also keine CH-Schwingung. Banden bei 320 werden ν(Pt—Cl) zugeordnet, solche bei 393 u. 370 Olefintorsionsschwingungen.

Versuche: $C_3H_2D_6Cl_3KOPt$ (II), gelbe Kristalle, aus 2,5 g K_2PtCl_4, 12,5 ml 3%ig. HCl in D_2O, Evakuieren, Kondensieren von 0,33 Liter C_3D_6 bei —196°, 3 Wochen langes Schütteln im Rohr bei Raum-Temp., Kühlen (0°), Filtrieren, Trocknen, Umkristallisation aus 3%ig. wss. HCl, Auslesen der gelben Kristalle. H. Bürger. 120□

Koordinationskomplexe des Butadiens mit Platin(II), Palladium(II) und Kupfer(I). P. J. Hendra und D. B. Powell. (Spectrochim. Acta [London] **18**, 1195—99, Sept. 1962; Englefield Green, Surrey, Univ. of London, Royal Holloway Coll.; London, Sir John Cass Coll.; engl.) — Die IR-Spektren der Komplexe $K_2[Pt_2Cl_6(C_4H_6)]$, $PtCl_4 \cdot (NH_3)_2(C_4H_6)$, $PdCl_2(C_4H_6)_2$ u. $Cu_2Cl_2(C_4H_6)$ sowie von C_4H_6 werden im Bereich von 4000—400 cm^{-1} aufgenommen u. hinsichtlich der Strukturen der Verbb. ausgewertet. Gerhard Schulze. 120□

Die Infrarot-Spektren von Pyridin-Komplexen und Pyridinium-Salzen. N. S. Gill, R. H. Nuttal, D. E. Scaife und D. W. A. Sharp. (J. inorg. nuclear Chem. **18**, 79—87, März 1961; London, Imp. Coll., Inorg. Chem. Res. Labor.; Univ. Coll., William Ramsay and Ralph Forster Labor.; engl.) — Vff. vergleichen die IR-Spektren (400 bis 2000 cm^{-1}) von Pyridin (**A**), Pyridin–Übergangsmetall-Komplexen (**B**) u. Pyridiniumsalzen (**C**) miteinander u. ordnen die Grundschwingungen (teilweise nach N-Deuterierung durch Umkristallisation von Pyridiniumtetrafluoroborat aus D_2O) den Spektren von nachst. Verbb. zu. *Pyridin* (*py*), $Mnpy_2Cl_2$, $Mnpy_2Br_2$, $Mnpy_2J_2$, $Fepy_4(NCS)_2$, $Copy_2Cl_2$, $Copy_2Br_2$, $Copy_2J_2$, $Copy_2(NCS)_2$, $Copy_4(NCS)_2$, $Nipy_2Cl_2$, $Nipy_4(NCS)_2$, $Nipy_4Br_2$, $Nipy_4J_2$, $Cupy_2Cl_2$, $Cupy_2Br_2$, $Cupy_2(NCS)_2$, $Cupy_4(BF_4)_2$, $Agpy_2(BF_4)$, $Znpy_2Cl_2$, $Znpy_2J_2$, $Znpy_2(NCS)_2$, $Cdpy_2(NCS)_2$, $Cdpy_4(BF_4)_2$, $Hgpy_2(BF_4)_2$, $(pyH)BF_4$, $(pyH)_2MnCl_4$, $(pyH)_2CoCl_4$, $(pyD)BF_4$. **B** u. bes. **C** unterscheiden sich von **A** neben Verschiebungen durch eine zusätzliche schwache Bande zwischen 1235 u. 1250 cm^{-1}, **C** zusätzlich durch weitere Banden. Nur die Banden bei 625 u. 420 cm^{-1} in **B** sind von der Art des Zentralatoms abhängig. Die aus den Spektren abgeleitete konst. Elektronendichte von **A** u. **B** macht eine Rückbindung des Metalls zum **A** wahrscheinlich. Metall-N-Schwingungen wurden nicht beobachtet. In **C** werden prinzipiell die gleichen Frequenzen wie in **A** u. **B** beobachtet. H. Bürger. 120□

Die Struktur von Bis-[pyridin]-metalldihalogenid-Komplexen. N. S. Gill und R. S. Nyholm. (J. inorg. nuclear Chem. **18**, 88—97, März 1961; engl.) — Vgl. vorst. Referat. — Vff. untersuchten mit Hilfe magnet., spektroskop. u. röntgenograph. Meth. die Koordinationsverhältnisse von Komplexen $Me^{II}py_2X_2$ (py = Pyridin, X = Halogen). Es treten 5 verschiedene Typen auf: a) oktaedr. polymer sind $Fepy_2Cl_2$, *violettes* $Copy_2Cl_2$, $Mnpy_2Cl_2$, $Mnpy_2Br_2$ u. $Nipy_2Cl_2$; b) ähnlich aufgebaut, jedoch mit teilweise größeren Me—X-Abständen, sind $Crpy_2Cl_2$, $Cupy_2Cl_2$, $Cupy_2Br_2$; c) tetraedr. sind *blaues* $Copy_2Cl_2$, $Copy_2Br_2$ (I), $Copy_2J_2$ (II), $Znpy_2Cl_2$ u. $Znpy_2J_2$; d) planar quadrat. treten $Pdpy_2Cl_2$ u. $Ptpy_2Cl_2$ auf; e) ein gestörter tetraedr. Aufbau wird für $Snpy_2Cl_2$ u. $Pbpy_2Cl_2$ angenommen. I bildet an feuchter Luft ein violettes *Dihydrat*, für das oktaedr. Koordination angenommen wird. Beim Lösen in Nitrobenzol gibt es sein H_2O ab. I u. II bilden keine oktaedr. polymere Modifikation. H. Bürger. 120□

Dispersion von Mikrowellen in Sauerstoff. Prem Swarup und S. K. Garg. (Indian J. Physics Proc. Indian Assoc. Cultivat. Sci. **35/44**, 28—33, Jan. 1961; Allahabad, Univ., Inst. of Appl. Phys.; engl.) — Vff. berechneten die Dispersion von Mikrowellen in der Nähe von 2 cm^{-1} für gasförmiges O_2 auf der Grundlage der von Van Vleck u. Weißkopf (Rev. mod. Physics **17**, [1945], 227) gegebenen Ausdrücke für die durch Zusammenstoß verbreiterten Mikrowellenspektrallinien. Berechnet u. graph. wiedergegeben sind Kurven für Drücke von $^1/_4$; 1; 2; 10; 25 u. 50 at in einem breiten Frequenzband für Resonanz- u. Nichtresonanzfälle. Der berechnete Wert der stat. magnet. Susceptibilität bei einer Atmosphäre u. bei 20° mit $1{,}78 \cdot 10^{-6}$ stimmt gut mit dem von Birnbaum u. Mitarbeitern (vgl. C. **1956**, 9086) experimentell bestimmten Wert von $1{,}8 \cdot 10^{-6}$ überein. C. Gottfried. 121

Mikrowellenspektrum von Methyldifluorarsin. Leonard J. Nugent und C. D. Cornwell. (J. chem. Physics **37**, 523—34, 1/8. 1962; Washington, D.C., Nat. Bur. of Stand.; Madison, Wis., Univ. of Wisconsin, Dep. of Chem.; engl.) — Analyse des bei —78° ($p = 2 \cdot 10^{-2}$ Torr) u. 10—33 kMHz erhaltenen Spektrums von CH_3AsF_2, F. —37 bis —31°. Drei Q-Zweige ($K_c = 5 \rightarrow 4$, $6 \rightarrow 5$, $7 \rightarrow 6$) u. zwei R-Übergänge werden mit einem Hamilton-Operator behandelt, in dem Glieder für die Gesamtrotation, die innere Rotation, die Kernquadrupolkopplung u. die Zentrifugalverzerrung auftreten. Die Störungsrechnungen für die innere Rotation werden in gewissen Fällen bis zur 5. Ordnung durchgeführt. Die reziproken Trägheitsmomente ergeben sich zu $A = 5414{,}49 \pm 0{,}15$, $B = 5381{,}28 \pm 0{,}15$, $C = 3871{,}88 \pm 0{,}15$ MHz. Die b-Achse steht senkrecht auf der Symmetrieebene. Höhe der (sinusförmigen) Potentialschwelle der inneren Rotationsbehinderung: 463 ± 6 cm^{-1}; Quadrupolkopplungs-Konst. des ^{75}As: $eQq_{cc} = -220 \pm 4$ MHz bzw. $\eta_0 = (q_{bb} - q_{aa})/q_{cc} = -1{,}20 \pm 0{,}05$; Bindungslängen: C—H 1,095 (angenommen), C—As $1{,}92 \pm 0{,}10$, As—F $1{,}74 \pm 0{,}06$ Å; Bindungswinkel: H—C—H $109° \pm 2°$, C—As—F $95°50' \pm 20'$, F—As—F $96° \pm 4°$. A. Blaschette. 121 □

Absorption der Strahlung hoher Frequenz (6 und 11 MHz) in wäßrigen und alkoholischen (Methanol)-Lösungen von Alkalichloriden. A. G. Anikin, Ja. I. Gerassimow und I. W. Gordejew. (Nachr. Moskauer Univ., Ser. II **16**, Nr. 1, 42—47, Jan./Febr. 1961; Labor. für chem. Thermodynamik; russ.) — An Lsgg. von *LiCl*, *NaCl* u. *KCl* in W. u. in CH_3OH mit Konzz. von 10^{-1} bis 10^{-5} Mol/Liter wurde die Erwärmung bei der Absorption von 6- u. 11-MHz-Strahlung u. aus der Konz.-Abhängigkeit die Konz. der maximalen Absorption bestimmt. Hieraus wurde die Konz. ermittelt, bei der Resonanz zwischen der Eigenfrequenz der Ionen u. der des Spannungsvektors des elektr. Feldes vorliegt. Die Ionen-Konst. wurden ermittelt, auf sie ist der Einfl. des Lsgm. beträchtlich. M. Wiedemann. 121 □

NH_3-Maser; Versuche, Ergebnisse, Anwendungen. J. Bonanomi, J. de Prins, J. Herrmann, P. Kartaschoff und J. Rossel. (Arch. des Sci., Sonderh. **10 (162)**, 187—93, 1957; Neuchâtel, Univ., Inst. de Phys.; Labor. Suisse des Rech. Horlogères; franz.) — Vgl. C. **1957**, 12066. — Analyse der Funktionscharakteristiken von NH_3-Molekularoscillatoren. Es wurden bes. die Kriterien zur Messung der Frequenz u. der sie beeinflussenden Faktoren untersucht. Die Struktur der Hyperfeinkomponenten der Linie (3,3) wird mit gesteigerter Auflösung ($2\,\Delta\nu = 2$ kHz) betrachtet. Es wurde eine Frequenzstabilität von $2 \cdot 10^{-10}$ erhalten. Eine vergleichende Unters. von Maser- u. astronom. Zeitmessungen wird angestellt. J.-M. Spaeth. 121 □

Charakteristik eines Ammoniak-Strahl-Masers. Koichi Shimoda. (J. physic. Soc. Japan **16**, 1728—39, Sept. 1961; Tokyo, Japan, Univ., Fac. of Sci., Dep. of Phys.; engl.) — Vgl. Shimoda, C. **1959**, 11136. — App. u. Arbeitsbedingungen eines NH_3-Strahl-Masers mit besonderer Berücksichtigung der J = 3-, K = 2-Linie werden beschrieben. Der Maser mit einer 8poligen Fokussierung beginnt bei der 3,2-Linie bei einer Fokussierspannung von 5,6 kV zu oscillieren, wenn ein Fluß von ca. $1{,}2 \cdot 10^{18}$ Moll./s verwendet wird. G. Winkhaus. 121 □

Der Einfluß des Phosphor-Einbettungsmittels auf die Leistung von Elektroluminescenzzellen. Gabriel P. Katona. (J. electrochem. Soc. **109**, 695—99, Aug. 1962; Corning, N.Y., Corning Glass Works; engl.) — Unterss. des Einfl. der dielektr. Eigg. des Einbettungsmittels (I; Aceton, Bzl., Ricinusöl, Glycerin) für einen ZnS:Cu, Cl-Elektroluminescenzphosphor mit grüner Emission auf das innere elektr. Feld, die Emissionsintensität u. die Leistung (L) ergeben, daß eine Zunahme der DK ein zunehmend höheres inneres Feld hervorruft. Durch I mit einer DK > 50 ergeben sich keine Vorteile. Bei niedriger DK läßt sich bei Verw. von Verbb. mit höherem dielektr. Verlust ($> 0{,}5$) eine verstärkte Emission mit wesentlich größerer Helligkeit erreichen, ohne daß notwendigerweise eine Abnahme von L eintritt. Bei Verlusttangenten von 0,01 bis ca. 0,5 ändert sich die Emission nur geringfügig. Maximale L wird bei ident. DK-Werten des **I** u. des Phosphors erreicht. P. Frenzel. 125□

Elektroluminescenzemissionsspektren von ZnS-Einkristallen. E. Alexander und I. T. Steinberger. (J. electrochem. Soc. **109**, 870—72, Sept. 1962; Jerusalem, Israel, Hebrew Univ. of Jerusalem, Dep. of Phys.; engl.) — Unterss. der Potential (E)-Abhängigkeit der Elektroluminescenzemissionsspektren von Cu-aktivierten ZnS-Einkristallen zeigen, daß die spektrale Verteilung für einen Kristall bei gegebener Frequenz u. verschiedenen E-Werten sehr ähnlich ist. Mit zunehmendem E erfolgt eine Verschiebung des gesamten Spektrums in Richtung kürzerer Wellenlängen in der Größenordnung von ca. 10^{-2} nm/V. Vff. erörtern die Ergebnisse hinsichtlich des Modells von Klasens (Nature [London] **158,** [1946]. 306) u. Schön (Z. Naturforsch. **6a,** [1951], 287). P. Frenzel. 125□

Abklingen der Kathodoluminescenz und strahlungslose Vorgänge in Mangan-aktivierten Phosphoren. G. F. J. Garlick und M. Sayer. (J. electrochem. Soc. **109,** 678—82, Aug. 1962; Hull, Yorks., Univ., Phys. Dep.; Vancouver, B.C., Canada, Univ. of Brit. Columbia, Phys. Dep.; engl.) — Die Kathodoluminescenzspektren u. Abklingvorgänge von Einkristallen (**A**), aufgedampften (**B**) u. pulverförmigen Schichten (**C**) aus Mn-aktiviertem *CaF_2* u. *Zn-Silicat* werden in Abhängigkeit von der prim. Elektronenenergie u. -dichte untersucht. Die Emissionsspektren ändern sich bei verschiedener Anregung nicht, die Werte der Abkling-Konst. δ für **C** bleiben ebenfalls konst., während δ für **A** u. **B** mit abnehmender Energie zunimmt. Vff. deuten dieses Verh. durch Auger-Rekombination, die zu einer Wechselwrkg. zwischen Luminescenzzentren u. der Elektronendichte im Leitungsband bei niedrigen Primärspannungen führt. Es wird gezeigt, daß hierbei die Geschw. strahlungsloser Elektronenrekombinationen im Leitungsband des Wirtsgitters gering sein muß. Diese Bedingung ist für **A** u. **B**, nicht jedoch für mikrokristalline **C** erfüllt. P. Frenzel. 125□

Thermoluminescenzmessungen mit schnellem Erhitzen. N. M. Johnson, W. F. Ammentorp und Farrington Daniels. (Amer. Mineralogist **46,** 447—50, März/April 1961; Univ. of Wisconsin, Dep. of Chem.; engl.) — Vff beschreiben eine App., mit der man Erhitzungs-Geschw. von 20—30° pro Sek. (falls erforderlich bis 90° pro Sek.) erreichen kann. Erste Vers.-Ergebnisse für *NaCl* bei verschiedenen Erhitzungs-Geschw. sind graph. wiedergegeben. C. Gottfried. 125

Temperaturabhängigkeit der Ultraviolett-Luminescenz in β-$Ca_3(PO_4)_2$:Tl. H. Witzmann, J. Buhrow und J. Kosch. (Z. physik. Chem. [Leipzig] **219,** 266—68, 1962; Greifswald, Univ., Inst. für Phys. Chem.; dt.) — Es wurde die Intensität des Maximums der UV-Emission (3250 Å) von *β-$Ca_3(PO_4)_2$* (I), dem 0,2—25 Gew.-% *Tl* als Aktivator zugesetzt waren, im Temp.-Bereich —200 bis 400° ermittelt. Die Intensität sinkt mit steigendem Tl-Geh. u. steigender Temperatur. Unterhalb 0° ist die Intensität jedoch unabhängig von Temp. u. Tl-Gehalt. Bei isomorpher Aufweitung bzw. Verkleinerung des **I**-Gitters durch partielle Substitution von Sr oder Zn für Ca verlagert sich das Maximum der Emission beim Kationenverhältnis Ca/Sr = 0,2 kontinuierlich bis zu 3600 Å bzw. bei Zn/Ca = 0,1 bis zu 3150 Å. Auch in diesen Syst. wirkt sich die Aktivator-Konz. ähnlich wie beim **I**-Gitter als Parameter auf die Temp.-Löschung aus. Claus Fischer. 125□

Zwei ungewöhnliche Effekte an in H_2 geglühten CaO:Mn, Li-Phosphoren. P. M. Jaffe. (J electrochem. Soc. **109,** 872—74, Sept. 1962; Bloomfield, N.J., Westinghouse Electr Co., Res. Dep.; engl.) — In H_2 geglühte CaO:Mn, Li-Phosphore (I) zeigen eine neue blaue Emission (blau + orangefarben), die auf Druckanwendung (DA) durch Schleifen, Kratzen oder Reiben zurückgeführt wird (Druckeffekt) sowie eine vorübergehende Stimulation der Mn-Emission bei 3650 Å nach Anregung bei 2537 Å (Stimulationseffekt, SE), der wahrscheinlich nur bei vorausgehender DA auftritt. Ein SE wird auch bei Verss. ionisierender (Röntgen-) Strahlung an Stelle der UV-Bestrahlung festgestellt; ähnliche Effekte sind bei Verw. von Na u. K an Stelle von Li zu beobachten. Die **I** zeigen ohne DA orangefarbene Fluorescenz u. Phosphorescenz nach Anregung bei 2537, nicht aber bei 3650 Å. In N_2 geglühte **I** emittieren nicht; bei DA wird nur die blaue Emission (2537 Å), aber keine Stimulation beobachtet. Weiterhin werden CaO:Mn-, CaO:Li-, SrO:Mn- u. SrO:Li-Phosphore untersucht. Die Ergebnisse legen nahe, daß die orangefarbene Emission auf Mn, die blaue bei DA auf ein ein- oder 3wertiges Kation zurückzuführen ist. Für den SE sind wahrscheinlich Mn u. Li verantwortlich. P. Frenzel. 125□

Asymmetrisch verbreiterte Emissionslinien in den Sonoluminescenzspektren wäßriger Salzlösungen. Ernst Heim. (Z. angew. Physik **12,** 423—24, Sept. 1960; Karlsruhe, TH, Inst. für phys. Chem. u. Elektrochem.; dt.) — In Fortsetzung früherer

Unterss. von Günther u. Mitarbeitern (vgl. C. **1959**, 16920) berichtet Vf., daß es ihm gelungen ist, die l. c. beschriebene einseitige Abschattierung der im Spektrum der Sonoluminescenz einer mit Xe gesätt. 2n NaCl-Lsg. auftretenden Na—D-Linien quant. zu erfassen. C. Gottfried. 125

A_3. Elektrizität. Magnetismus. Elektrochemie

Einige Fragen der Bewegung von Elektronen in starken elektrischen und magnetischen Feldern. A. Teschabajew. (Nachr. Akad. Wiss. UsbekSSR, Ser. physik.-math. Wiss. **1962**, Nr. 1, 53—59; Taschkent, Lenin-Univ.; russ., Auszug: usbek.) — Vf. zeigt theoret., daß ein Magnetfeld zur Verkürzung der freien Weglänge eines Elektrons in Richtung des elektr. Feldes führt. Das Elektron nimmt im Magnetfeld in der gleichen Zeit u. bei einem gleichen elektr. Feld weniger Energie auf als in Abwesenheit des Magnetfeldes. Vf. bestimmt theoret. die Bedingungen, bei denen ein Elektron die maximale Energie in Abhängigkeit von den Feldern E u. H erreicht. Vf. untersucht außerdem theoret. den Energieübertragungsmechanismus bei der Stoßionisation, d. h. er berechnet die Parameter der Wahrscheinlichkeit des freien Fluges eines Elektrons über die Weglänge l ohne Zusammenstoß. G. Ewald. 131 □

Beweglichkeit gasförmiger Ionen in schwachen elektrischen Feldern. Edward A. Mason und Homer W. Schamp jun. (Ann. Physics **4**, 233—70, Juli 1958; College Park, Md., Univ. of Maryland, Inst. for Mol. Phys.; engl.) — Die Meth. nach Kihara (C. **1955**, 7148) wird angewandt, um höhere Näherungen der Beweglichkeit von Gasionen als Funktion der Temp. u. des elektr. Feldes zu erhalten. Es wird kein Ladungsaustausch zwischen Ionen u. Moll. angenommen, Cluster-Bldg. u. Quanteneffekte werden vernachlässigt. Die Stoßintegrale werden für ein Kraftgesetz ermittelt, das ladungsinduzierte Dipole u. Quadrupole, Dispersionskräfte u. ein Abstoßungsintegral umfaßt. Experimentelle Daten werden analysiert u. im allg. gute Übereinstimmung mit der Theorie erhalten, z. B. für das Syst. He_2^+-He. M. Wiedemann. 131 □

Exakte Elektroden für die Bildung eines gekrümmten Raumladungsbündels. 2. Mitt. R. J. Lomax. (J. Electronics and Control [1] **7**, 482—90, Dez. 1959; Cambridge, Univ., Peterhouse; engl.) — 1. vgl. C. **1962**, 8890. — Erweiterung des l. c. angegebenen Verf. zur Berechnung der Elektrodenformen, welche eine stationäre Raumladungsströmung vom Pierce-Typus mit gekrümmten Stromlinien gestatten. Es ist hierbei nicht nötig, daß der Potential- u. Feldverlauf längs der Bündelbegrenzung als explizite Funktionen gegeben sind. Es genügt vielmehr, wenn sie durch Differentialgleichungen definiert sind, auch wenn deren Lösung nicht in geschlossener Form möglich ist. Dies wird am Beispiel der von Walker u. Ivey gegebenen Lösung für die Raumladungsströmung zwischen gegeneinander geneigten ebenen Elektroden demonstriert. F. Lenz. 131 □

Über die Zerfallszeit des Kathodenflecks an Quecksilber. W. M. Mantrow. (J. techn. Physik [UdSSR] **30**, 672—73, Juni 1960; Allgemeines elektrotechn. Lenin-Inst.; russ.) — Durch direkte Beobachtung auf dem Schirm des Oszillographen wurde die Zerfallszeit des Kathodenflecks auf Hg zu 10^{-6} bis 10^{-7} s bestimmt. Dies stimmt auch mit einer Berechnung überein, in die die Feldstärke an der Hg-Oberfläche, der Kathodenfall u. die Dichte des Elektronen- sowie Ionenstroms eingehen. M. Wiedemann. 131 □

Eine massenspektrometrische Untersuchung von rotem Phosphor. Jean-Denis Carette und Larkin Kerwin. (Canad. J. Physics **39**, 1300—19, Sept. 1961; Québec, Univ. Laval, Centre de Rech. en Phys.; franz.) — Es wird eine Verdampfungs-Vorr. für feste Proben beschrieben, mit der die Temp. schnell zwischen 100 u. 800°, mit einer Einstellgenauigkeit von $\pm 3°$, verändert werden kann. Eine Li-Analyse mit dieser Vorr. ergibt für das Verhältnis $^7Li/^6Li$ 12,42 u. weist gleichzeitig nach, daß keine Massenveränderung durch die Anordnung verursacht wird. Aus der Analyse von rotem P werden folgende Ergebnisse angeführt: die Anzahl der Ionen P^+, P_2^+, P_3^+, P_4^+ u. P_8^+ in Abhängigkeit von der Temp. u. der Energie der Beschußelektronen, die Ionisationskurven, die Bldg.-Rkk. u. Energiewerte, der Nachw. von doppelt geladenen Ionen, von negativen Ionen u. von Aston-Bändern sowie die Sublimationswärmen. Aus diesen Ergebnissen wird entnommen, daß alle Proben direkt aus dem festen Zustand sublimieren. H. Schibilla. 131 □

Der Einfluß eines starken magnetischen Feldes auf die Dielektrizitätskonstante einer diamagnetischen Flüssigkeit. A. D. Buckingham. (Proc. physic. Soc., Sect. B **70**, 753—60, 1/8. 1957; Oxford, Univ., Phys. Chem. Labor.; engl.) — Vf. leitete eine Formel ab, die eine Beziehung zwischen der DK u. dem Quadrat der magnet. Feldstärke herstellt. Aus der Theorie ergibt sich, daß die Änderung der DK nichtpolarer Substanzen sehr klein ist, aber in polaren Fll. meßbar sein sollte. In einer polaren Substanz steht der Hauptbeitrag zur Änderung der DK mit der Anisotropie des diamagnet. Susceptibilitätstensors in Beziehung u. ist proportional dem Quadrat des mol. elektr. Dipolmoments. Es werden außerdem Beziehungen zwischen dem Effekt u. der elektr. u. magnet. Doppelbrechung abgeleitet. C. Gottfried. 132

Thermoelektrische Eigenschaften chromhaltiger Stähle nach verschiedenen thermischen Vorbehandlungen. I. A. Kusnetzow. (Metallphysik u. Metallkunde [UdSSR] **10**, 191—99, Aug. 1960; Uraler Gorki-Univ.; russ.) — Die Unterss. von Thermo-EMK, magnet. u. elektr. Eigg. der Chromstähle SchCh6, SchCh9, SchCh15, SchCh15SsG, Ch12M u. Ch12F1 nach verschiedenen therm. Behandlungen (Tempern, Härten u. Beruhigen) zeigen eine starke Abhängigkeit dieser Eigg. von der Zus. u. der Behandlungsart des Stahls, wobei Thermo-EMK u. magnet. Sättigung bei Härten u. Beruhigen des Stahls prinzipiell gleiche Veränderungen erfahren. Die Eigg. können zur Kontrolle der therm. Behandlung von Stahl u. zur Identifizierung der Stahlsorten herangezogen werden. Die bei der therm. Behandlung auftretenden Phasenveränderungen des Stahls werden diskutiert. H. Jäger. 133□

Analyse von Wechselstrom-Impedanz-Messungen an Photoleitern mit blokkierenden Schichten mit Hilfe der Maxwell-Wagner-Theorie. Peter Mark und Hartmut P. Kallmann. (Physics Chem. Solids **23**, 1067—78, Aug. 1962; Cambridge, Mass., Polaroid Corp.; New York, N.Y., Univ.; engl.) — Photoleitende Pulver bestehen aus gutleitenden Körnern u. hochohmigen Korngrenzen. Mit Wechselstrom-Impedanz-Messungen u. der Maxwell-Wagner-Theorie ist es möglich, Aussagen über den Widerstand der Körner u. der Korngrenzen zu erhalten. Dabei geht das Verhältnis Korngrenzendicke zu Korndurchmesser nicht in die Rechnung ein. Es wird gefunden, daß bei *(Zn, Cd)S*-Phosphoren bei Lichteinstrahlung die einzelnen Körner verschiedene Leitfähigkeiten haben. In 2 Phosphoren wird der Leitfähigkeitsabfall nach Beendigung der Lichtanregung gemessen. Man erhält ein 1/t-Gesetz (t = Zeit) über ein großes Leitfähigkeitsintervall. K. H. Hardtl. 135□

Zur Frage neuer Möglichkeiten der Verstärkung durch Trägerbewegungen in Halbleitern. 1. Mitt. Eberhard Groschwitz. (Z. angew. Physik **12**, 370—82, Aug. 1960; München, Wernerwerk für Bauelemente der Siemens & Halske AG.; dt.) — Es wird ein Begriffs-Syst. aufgebaut, in welchem halbleiterphysikal., zugleich nachrichtentechn. interessante Gesichtspunkte u. Möglichkeiten diskutiert werden können. Es kann ein Halbleiterbauelement möglich werden, welches die Verstärkung mit hochfrequenten Kollektivbewegungen u. Plasmaeffekten der beweglichen Ladungsträger bewirkt. Bei diesem Bauelement wirkt der Halbleiter als Verstärker bzw. Generator, als Träger u. Empfänger der Information; etwa in dem Frequenzbereich zwischen mm- u. längsten IR-Wellen. Die Ladungsträger befinden sich vorzugsweise in solchen Energieniveaus, daß ihre effektive Masse negativ wird. Es wird zunächst die Bewegung eines Elektrons im ungestörten Kristallgitter beschrieben, wobei die effektive Elektronenmasse negativ werden kann. Darauf werden die quantenmechan. Verhältnisse bei dieser Bewegung präzisiert u. die elektrodynam. Gesichtspunkte der Voraussetzungen für die Verstärkung mit Ladungsträgern negativer effektiver Masse herausgearbeitet. Es werden Beispiele für parametr. gesteuerte hochfrequente Trägerbewegungen gebracht, wobei die Frage, wieweit die physikal. Parameter bekannter Halbleiter die Voraussetzungen der Beispiele erfüllen, offenbleibt. Es folgt ein Vgl. der genannten parametr. gesteuerten Vorgänge mit den ähnlichen in einem klass. parametr. Schwingungskreis. Die thermodynam. Gesichtspunkte der oben angeführten Voraussetzungen werden diskutiert u. die Realisierung der Verstärkung mit Ladungsträgern negativer effektiver Masse behandelt. H. Böhm. 135□

Zur Frage neuer Möglichkeiten der Verstärkung durch Trägerbewegungen in Halbleitern. 2. Mitt. Eberhard Groschwitz. (Z. angew. Physik **12**, 400—10, Sept. 1960; dt.) — 1. vgl. vorst. Referat. — Die Frage der Verstärkung hochfrequenter Kollektiv-Trägerbewegungen, d. h. der von den kollektiven Verstärkungsmechanismen abweichenden, unter bestimmten Voraussetzungen (bei räumlich u. zeitlich period. Störungen des quasineutralen Gleichgewichtes) möglichen Verstärkung kollektiver Schwingungszustände (im kürzestwelligen Mikrowellenbereich) der Ladungsträger wird behandelt. Diese makroskop. Vorgänge im nichtentarteten Elektronengas können durch ein Syst. von sechs klass. Grundgleichungen beschrieben werden. Die Driftgeschw. der kollektiv schwingenden Träger liegt über der therm., ihre Strömung wird als „rasante" Strömung bezeichnet. Es werden der Wechselwrkg.-Mechanismus zwischen der rasanten Grundströmung der Ladungsträger u. ihrer Raumladungswelle sowie das Zustandekommen der hochfrequenten Kollektivbewegung der Träger beschrieben. Die Plasmaschwingungen im Halbleiter unterscheiden sich physikal. von den z. B. beim Durchtritt mittelschneller Elektronen durch Metallfolien angefachten. Die Dispersionsrelation gibt den für die Verstärkung wichtigen Zusammenhang zwischen der oben zitierten Wechselwrkg. u. der Frequenz eines der Strömung aufgeprägten Signals wieder. Die Unterschiede des auf Grund der im vorhergehenden behandelten Relationen möglichen Mikrowellen-Halbleiter-Plasmaverstärkers gegen andere Mikrowellenverstärker vom Maser-Typ werden aufgezeigt u. der Inhalt beider Arbeitsteile in einer ausführlichen Zusammenfassung komprimiert. — 54 Literaturangaben. H. Böhm. 135□

Einfluß von Leitfähigkeitsgradienten auf galvanomagnetische Effekte in Halbleitern. R. T. Bate und A. C. Beer. (J. appl. Physics **32**, 800—05, Mai 1961; Columbus, Ohio, Battelle Memorial Inst.; engl.) — Vff. berichten über Unterss. des Einfl. makroskop. räumlicher Änderungen des Tensors der magnet. Leitfähigkeit auf die galvanomagnet. Effekte. Für das Grenzwertproblem der Kontinuitätsgleichung in einem inhomogenen Halbleiter wird eine Näherungslösung entwickelt. Aus den Ergebnissen werden Aussagen über den Einfl. eines Ladungsträger-Konz.-Gradienten auf die magnet. Widerstandsänderung gemacht. Diese Einfl. sind bes. für entartete Halbleiter u. intermetall. III—V-Verbb. vom n-Typ von Bedeutung, bei denen die intrinsike magnet. Widerstandsänderung klein ist. Bei starken Feldern können selbst kleine Gradienten der Ladungsträger-Konz. die Feldabhängigkeit der magnet. Widerstandsänderung völlig ändern. Experimentelle Ergebnisse an n-*InSb* zeigen, daß ferner Querströme auftreten u. ebenfalls die magnet. Widerstandsänderung beeinflussen. Weiterhin diskutieren Vff. den Einfl. inhomogener magnet. Felder. G. M. Neumann. 135□

Einfluß von Diskontinuitäten der magnetischen Leitfähigkeitsänderung auf die galvanomagnetischen Effekte in Indiumantimonid. R. T. Bate, J. C. Bell und A. C. Beer. (J. appl. Physics **32**, 806—14, Mai 1961; engl.) — Vgl. vorst. Referat. — Vff. berichten über anomale galvanomagnet. Effekte in n-InSb, die mit räumlichen Diskontinuitäten der Ladungsträger-Konz. verknüpft sind. Diese Diskontinuitäten entstehen durch anisotrope Segregation von Verunreinigungen während des Kristallwachstums. In einem Fall wurde eine Zunahme des Hall-Effektes bei 20000 Gauß auf das Doppelte des Wertes bei schwachem Feld beobachtet. Bes. die magnet. Widerstandsänderung erweist sich als sehr empfindlich gegen Inhomogenitäten; so kann sie in inhomogenen Proben 100mal größer sein als in homogenen Proben. Negative magnet. Widerstandsänderungen wurden ebenfalls beobachtet. Die beobachteten Effekte lassen sich an Hand eines einfachen Modells qual. erklären u. vorhersagen.
G. M. Neumann. 135□

Gleichgewichtsverdampfungsverfahren zur Steuerung der Zusammensetzung dünner Filme, die durch Reduktion von Halogeniden hergestellt wurden. H. C. Theuerer. (J. electrochem. Soc. **109**, 742—43, Aug. 1962; Murray Hill, N.J., Bell Telephone, Inc.; engl.) — Eine genaue Steuerung der Zus. durch Halogenid-Red. mit H_2 hergestellter dünner Halbleiter- oder Metallschichten wird an Stelle direkter Dosierung der Einzelkomponenten durch eine Gleichgewichts-Verdampfungs-Meth. erreicht. Vf. beschreibt eine geeignete App., bei der unter Verw. eines Trägergases (H_2) über der Oberfläche einer Fl.-Säule der die Komponenten enthaltenden Lsg. eine Dampfphase gesteuerter Zus. unter Vermeidung von Wärme-Einfl. u. mechan. Rühren erhalten wird. Die Zus. der Gasphase, die der der vorgelegten Lsg. entspricht, ist auch bei geringen Änderungen der Geschw. des Trägergasstromes, der Temp. u. des Konz.-Gradienten in der Nähe der Fl.-Oberfläche konstant. Letzterer kann mit Hilfe einer Glasfritte gesteuert werden. Bei Erhöhung der Verdampfungs-Geschw. tritt eine Störung des Gleichgewichtes ein, die Konz. der Komponente mit niedrigerem (höherem) Dampfdruck nimmt zu (ab). Die Änderung der Zus. der Dampfphase erfolgt nur während einer Übergangsperiode, das Gleichgewicht stellt sich erneut ein. Hierdurch ist es möglich, Si bei der Red. von $SiCl_4$ so abzuscheiden, daß pn-Übergänge entstehen. P. Frenzel. 135□

Die magnetische Susceptibilität der Defektelektronen in Silicium und Germanium. D. Geist. (Z. Physik **157**, 490—98, 1960; Köln, Univ., II. Physikal. Inst.; dt.) — Vgl. C. **1962**, 2261. — Während man für Si aus den Cyclotronmassenparametern für 4^0 K eine starke diamagnet. Susceptibilität errechnet, fand Vf. bei Löcherdichten in Si von 10^{18}—10^{19} cm^{-3} bei 297 u. 141^0 K eine kleine paramagnet. Susceptibilität. Dafür dürfte der nichtparabol. Verlauf eines Zweiges des Valenzbandes verantwortlich sein. Löcher in Ge (bei Dichten von $4 \cdot 10^{17}$ u. $4 \cdot 10^{19}$ cm^{-3}) haben eine diamagnet. Susceptibilität, die viel kleiner ist, als man nach den Cyclotronresonanz-Massenparametern erwarten sollte. Neutrale B-Atome tragen bei B-Konz. unter 10^{18} cm^{-3} bei 141^0 K merklich zur Susceptibilität bei. D. Jörchel. 135□

Zwischenbandstreuung in n-Germanium. Marshall I. Nathan, William Paul und Harvey Brooks. (Physic. Rev. [2] **124,** 391—407, 15/10. 1961; Cambridge, Mass., Harvard Univ., Div. of Engng. and Appl. Phys.; engl.) — Die Druckabhängigkeit der elektr. Leitfähigkeit des n-Ge wurde bis zu Drücken von 30000 kg/cm² zwischen 273 u. 350° K gemessen. Eine zufriedenstellende Erklärung der Ergebnisse konnte durch Annahme zweier verschiedener Minima im Leitungsband zwischen 0,15 u. 0,21 eV bei 350° K erreicht werden. Der kleinere Wertebereich ist leicht bevorzugt. Die Minima höherer Energie liegen in der [1 0 0]-Richtung des reziproken Raums u. ähneln in ihren Eigg. der tiefsten Gruppe von Minima des Si. Die Lagenänderungen der beiden Minima mit dem Druck werden ermittelt. Die Änderungen der mittleren Elektronenbeweglichkeit mit dem Druck werden durch Übergang von Elektronen zwischen einzelnen Zuständen u. durch einen zusätzlichen Erholungsprozeß beschrieben, der Träger von einer Art Minima zu der anderen Art befördert. Die Wrkg. des Drucks auf die effektiven Massen, die elast. Konst. u. das Deformationspotential werden kurz beschrieben. H. Roschkowski. 135□

Beobachtung von Quanteneffekten, die mit der Cyclotronresonanz im Valenzband des Germaniums zusammenhängen. Wladimir Mercouroff. (C. R. hebd. Séances Acad. Sci. **253,** 2502—04, 27/11. 1961; franz.) — Vgl. C. **1962,** 8876. — Nach einer Theorie von Luttinger (C. **1958,** 3799) werden Quantenübergänge in den ersten Landauschen Energieniveaus des Valenzbandes von Ge erwartet, wobei die Landau-Niveaus im Magnetfeld entstehen u. bei der Cyclotron-Resonanz bei Bestrahlung zu Quantenübergängen veranlaßt werden. Solche Quantensprünge konnten bei der Unters. der Mikrowellen-Spektroskopie bei Temp. von 1,6° u. 4,2° K beobachtet werden.
H. Fahlenbrach. 135□

Mischkristallbildung von Antimon, Arsen und Wismut in Germanium aus einem Versuch der Sättigung durch Diffusion. F. A. Trumbore, W. G. Spitzer, R. A. Logan und C. L. Luke. (J. electrochem. Soc. **109,** 734—38, Aug. 1962; Murray Hill, N.J., Bell Telephone Labor., Inc.; engl.) — Vff. untersuchen mit Hilfe von chem., opt. u. elektr. Messungen die Mischkristall-Bldg. (MK) zwischen Ge u. As, Sb sowie Bi bei einem Langzeit-Diffusionsversuch. Hierzu werden undotierte Ge-Einkristalle mit der hochreinen Dotierungskomponente (>99,9999%) im evakuierten Quarzrohr (ca. 10^{-6} Torr) eingeschmolzen u. während 97 Tagen bei 865 ± 5° zur Diffusion gebracht. Ge wird, bes. in Ggw. von As, in beträchtlicher Menge über die Dampfphase transportiert. Die Ladungsträger-Konz. (durch Best. des Minimums des Reflexionsvermögens bzw. aus Hall-Messungen) sowie die Konz. der Beimischung beträgt für Sb $(1,08 \pm 0,07)\cdot 10^{9}$ (cm^{-3}) bzw. $1,02\cdot 10^{19}$ (cm^{-3}) u. $9,5\cdot 10^{18}$ (Atome/cm^3); für Bi—; $3,5\cdot 10^{16}$; —; für As 5,0 ($\cdot 10^{19}$); 4,8; 7,3; für As, das 30 Min. lang bei 850 ± 5° erhitzt u. mit N_2 abgeschreckt wurde, 7,5; 7,4; —. Der wahrscheinlichste Wert der Gleichgewichts-MK für das Syst. Sb–Ge ist vermutlich $(1,00 \pm 0,05)\cdot 10^{19}$ Atome/cm^3. Die Auftragungen von log k gegen 1/T (k Verteilungs-Koeff.) sowie die daraus abgeleiteten Solidus linien werden mitgeteilt u. mit früheren Werten verglichen. Vff. nehmen an, daß die ermittelten Werte die zur Zeit genauesten Gleichgewichts-MK-Werte für beliebige Beimischungen in Ge u. Si, ausgenommen schnell diffundierende Stoffe, wie Cu, Li usw., darstellen. Der Wert für Sb stimmt gut mit früheren Ergebnissen überein, der für As weicht um den Faktor 2 ab, während die Werte für Bi–Ge nicht so schlüssig erscheinen. P. Frenzel. 135□

Seebeck-Effekt in Mg_2Si-Einkristallen. M. W. Heller und G. C. Danielson. (Physics Chem. Solids **23,** 501—10, Juni 1962; Ames, Iowa, Univ., Inst. for Atom. Res. and Dep. of Phys.; engl.) — Thermokraft, spezif. elektr. Widerstand u. Hall-Koeff. von Mg_2Si-Einkristallen verschiedener Dotierung werden zwischen 7 u. 1000° K gemessen. Es zeigt sich, daß bei tiefen Temp. sowohl n- als auch p-leitende Proben ein stark ausgeprägtes Maximum der Thermokraft aufweisen. Dieses Maximum wird durch den „phonon-drag"-Effekt beschrieben. Der Beitrag zur Thermokraft durch „phonon-drag" wird proportional zu $T^{-3,0}$ gefunden. Aus den Messungen ergeben sich die effektiven Massen zu $0,5\,m_0$ für Elektronen u. zu $2\,m_0$ für Löcher. Die Temp.-Abhängigkeit der Beweglichkeit erweist sich für Elektronen über 100° K proportional zu $T^{-5/2}$ (Streuung an opt. Phononen), für Löcher proportional zu $T^{-3/2}$ (Streuung an opt. Phononen u. Störstellen). Die Beweglichkeiten liegen bei Raum-Temp. zwischen 50—500 cm^2/Vs, das Beweglichkeitsverhältnis μ_n/μ_p ist 3,5 u. temperaturunabhängig.
K. H. Härdtl. 135□

Verhalten von Mangan in GaAs. L. J. Vieland. (J. appl. Physics **33,** 2007—08, Juni 1962; Somerville, N.J., Radio Corp. of America, Semiconductor and Materials Div.; engl.) — Vf. berichtet über Hall-Effekt-Messungen an Mn-dotiertem GaAs. Es wurde ein einfaches Acceptorniveau mit einer Ionisationsenergie von 0,1 eV gefunden. Die Ionisationsenergie u. der Segregations-Koeff., $k_s = 0,05$, scheinen über den Konz.-Bereich von $6\cdot 10^{17}$—$1\cdot 10^{20}$/cm^3 unabhängig von der Zus. zu sein. D. Noack. 135□

Nernst-Effekt in n-GaAs. R. O. Carlson, S. J. Silverman und H. Ehrenreich. (Physics Chem. Solids **23**, 422—24, April 1962; Schenectady, N.Y., Gen. Electr. Res. Labor.; engl.) — Es werden Nernst-Effekt, Hall-Koeff. u. Thermokraft von zwei n-leitenden GaAs-Proben zwischen 300 u. 850° gemessen. Der Nernst-Koeff. ist für beide Proben positiv u. nimmt mit der Temp. leicht ab. Daraus läßt sich ein Streufaktor r zwischen + 0,7 u. + 0,4 errechnen. Es wird geschlossen, daß bei tiefen Temp. Streuung an ionisierten Störstellen u. bei hohen Temp. Streuung an opt. Phononen vorherrscht. Die Abnahme des Nernst-Koeff. mit der Temp. wird mit einer Zunahme der intervalley-Streuung erklärt. K. H. Härdtl. 135□

Über die Defektstruktur von Ta_2O_5. Per Kofstad. (J. electrochem. Soc. **109**, 776—81, Sept. 1962; Blindern, Oslo, Central Inst. for Ind. Res.; engl.) — Mit Hilfe von Best. der spezif. elektr. Leitfähigkeit von Ta_2O_5 (I) in Abhängigkeit vom O_2-Partialdruck wird dessen Defektstruktur untersucht. I hat einen engen Homogenitätsbereich, im Bereich von 1 at O_2 bis 1 at CO (ca. 10^{-15}—10^{-16} at O_2) ändert sich x in Ta_2O_{5-x} bei 1200—1400° um 0,005—0,006. Die partielle molare Freie Dissoziationsenergie für x = 0,005 beträgt bei 1500° K ca. 100 kcal/Mol. I ist bei ca. 1 at O_2 p-leitend, bei niedrigeren O_2-Drücken n-leitend. Messungen der Thermo-EMK in Abhängigkeit vom O_2-Druck bestätigen, daß Maxima der Widerstandskurven Änderungen des Leitungstyps entsprechen. Die Aktivierungsenergie E der Eigenleitfähigkeit beträgt 1,79 eV entsprechend einer verbotenen Zone von 3,58 eV, E für die Ladungsträger-Konz. ist ca. 75 kcal/Mol. Anomales σ-Verh. bei 1380° wird auf die Hochtemp.-Form von I zurückgeführt. Die Defektstruktur wird durch O-Ionen auf Zwischengitterplätzen (p-Leitung) u. O-Lücken (n-Leitung) erklärt. Die Bldg.-Wärme für letztere beträgt $\geqq$ 150 kcal/Mol. Auf den Einfl. von Verunreinigungen wird hingewiesen. P. Frenzel. 135□

Elektrische Eigenschaften von TlSe. Ryuichi Mori und Kimio Hashimoto. (J. physic. Soc. Japan **16**, 1797—98, Sept. 1961; Hukuoka, Kyasyu Univ., Fac. of Sci., Dep. of Phys.; engl.) — An TlSe-Einkristallen wurde im Temp.-Bereich von 100°—450° K der elektr. Widerstand u. der Hall-Effekt gemessen. W. Franke. 135□

Mechanische Verluste von Li-dotierten NiO-Halbleitern. S. van Houten. (Physics Chem. Solids **23**, 1045—48, Aug. 1962; Eindhoven, Philips Res. Labor.; engl.) — Die mechan. Verluste des NiO mit 10 Atom-% Li werden mit Hilfe von piezoelektr. Pb-Zirkonat-Titanat-Scheiben, an die die NiO-Proben befestigt sind, als Funktion der Temp. (100—250° K) u. der Frequenz (74,5—462 kHz) gemessen. Vf. findet deutlich ausgeprägte Maxima der mechan. Verluste, deren Lage von Temp. u. Frequenz abhängt, u. gibt folgende Erklärung: Durch die Li-Zugabe von 10 Atom-% werden auch 10% der Ni^{2+}-Ionen zu Ni^{3+}-Ionen. Der Leitungsvorgang im NiO wird mit dem Ladungsaustausch jeweils benachbarter Ni^{2+}–Ni^{3+}-Ionenpaare beschrieben. Bei der Meßtemp. befindet sich jedoch ein großer Teil der Ni^{3+}-Ionen in unmittelbarer Nachbarschaft der Li-Ionen. Je nach Richtung der angelegen Zugspannung orientieren sich diese Ni^{3+}–Li^{+}-Ionenpaare in die energet. günstigste Lage. Genau wie bei dem elektr. Leitungsvorgang kommt diese Orientierung durch den Ladungsaustausch von Ni^{2+}–Ni^{3+}-Paaren zustande. Aus der Lage der gefundenen Maxima kann man die Beweglichkeit der Ladungsträger u. deren Aktivierungsenergie bestimmen. Beide Größen werden in sehr guter Übereinstimmung mit den aus den elektr. Leitfähigkeitsmessungen bekannten Werten gefunden. K. H. Härdtl. 135□

Protonen, Dipole und Ladungsträger in Rutil. A. von Hippel, J. Kalnajs und W. B. Westphal. (Physics Chem. Solids **23**, 779—99, 1 Tafel, Juni 1962; Cambridge, Mass., MIT, Labor. for Insulation Res.; engl.) — Aus dem IR-Spektrum von TiO_2-Kristallen wird der Nachw. von H^+-Ionen erbracht, die meist schon bei der Kristallzüchtung nach Verneuil eingebaut werden. Die H^+-Ionen sitzen auf bestimmten Zwischengitterplätzen zwischen jeweils 2 O^{2-}-Ionen. Durch Tempern in H_2 bzw. in O_2 kann die Konz. dieser H^+-Ionen variiert werden. Durch Messungen dielektr. Relaxationen (10—10^5 Hz) wurden Polarisationseffekte durch Raumladungen nachgewiesen. Reines TiO_2 ist ein Isolator mit einem Bandabstand von ca. 3 eV. Mit der gleichen Energie können Elektronen therm. ins Leitfähigkeitsband gehoben werden. Bei hohen Temp. ist diese Elektronendichte im 3d-Band genügend groß, um ein breites Absorptionsspektrum im sichtbaren u. IR-Spektralgebiet nachweisbar zu machen. Die Leitfähigkeit ist stark anisotrop. Sie ist in Richtung der c-Achse um einige Potenzen höher, da hier ununterbrochene Ketten von Ti-Ionen vorliegen. Bei einer Red. der Proben steigt die Leitfähigkeit an (1—100 Ω^{-1} cm^{-1}) u. die Anisotropie verschwindet. Gleichzeitig tritt eine Absorptionsbande bei 1,5 μ auf, die durch Sauerstoffleerstellen u. Ti^{3+}-Ionen hervorgerufen wird. K. H. Härdtl. 135□

Eine Untersuchung über mit Neodym substituierten Yttrium-Eisengranat. T. H. Ramsey jun., H. Steinfink und E. J. Weiss. (Physics Chem. Solids **23**, 1105 bis 1110, Aug. 1962; Austin, Tex., Univ.; engl.) — Vff. zeigen, daß im Y-Fe-Granat ($3\,Y_2O_3 \cdot 5\,Fe_2O_3$) Y mit maximal 1,95 Nd substituiert werden kann. Der spezif. elektr. Widerstand der Mischkristallreihe ist stark von der Sinteratmosphäre abhängig u. schwankt zwischen 10^6—10^{11} Ω cm. Die Curie-Temp. nimmt von 275 für Nd = 0 auf 295° für Nd = 1,95 zu. Ebenso steigt die Sättigungsmagnetisierung von 1750 Gauß für Nd = 0 auf 2100 Gauß für Nd = 1,7. K. H. Härdtl. 135□

Excitonensymmetrie in Cu_2O. R. J. Elliott. (Physic. Rev. [2] **124**, 340—45, 15/10. 1961; Berkeley, Calif., Univ. of California, Dep. of Phys.; engl.) — Die Anisotropie der 1s-Excitonenlinie in Cu_2O, die durch Quadrupolstrahlung beobachtet wird, zeigt, daß das Exciton dem Typ Γ_{25}^+ angehört. Die Einzelheiten der anisotropen Absorptions-Eigg. des Zeeman- u. Stark-Effekts werden vorausgesagt u. mit dem Experiment verglichen. Die Anisotropie der indirekten Absorptionskanten gestattet, die Symmetrie des Phonons u. weiterhin die Natur der Bindung u. der Leitbänder von Cu_2O zu bestimmen. Die Ergebnisse scheinen mit einem aufgespaltenen Spin–Bahn-Valenzband von Cu 3d- u. einem Leitband von Cu 4s-Funktionen übereinzustimmen. Schätzungen der o-p-Excitonenspaltung u. der Stark-Aufspaltung unter Druck für dieses Modell sind von der richtigen Größenordnung, jedoch kleiner als die beobachteten.
H. Roschkowski. 135□

Ableitung der Boltzmann-Transportgleichung für unelastische Stöße. P. N. Argyres. (Physics Chem. Solids **19**, 66—72, April 1961; Lexington, Mass., MIT, Lincoln Labor.; engl.) — Analog zur Meth. von Kohn u. Luttinger (C. **1958**, 5575) leitet Vf. quantenmechan. die Boltzmann-Transportgleichung für unelast. Stöße freier Elektronen in Festkörpern ab. Die Streuung der Fermi-Dirac-Teilchen ist im Stoßterm der Transportgleichung nur auf unbesetzte Zustände beschränkt.
Herbert Müller. 136□

Temperaturverteilung in Festkörpern mit elektrischer Wärmeerzeugung und temperaturabhängigen Eigenschaften. R. P. Stein und M. U. Gutstein. (Chem. Engng. Progr., Symposium Ser. **56**, 167—76, 1960; New York, N.Y., Columbia Univ.; engl.) — Wenn die Temp.-Abhängigkeit der elektr. Leitfähigkeit in Betracht gezogen werden muß, wird die Berechnung der Temp.-Verteilung in Festkörpern selbst einfacher Gestalt, in denen durch einen Stromfluß eine Erwärmung vor sich geht, beträchtlich erschwert. Vff. ermitteln für den speziellen Fall der Temp.-Abhängigkeit der therm. Leitfähigkeit u. der Wärmeerzeugung pro Vol.-Einheit in einem isotropen Festkörper, der von unendlich langen konzentr. zylindr. Oberflächen begrenzt ist, analyt. Lösungen des Problems u. leiten hiervon einfache Kriterien dafür ab, wann eine Temp.-Abhängigkeit berücksichtigt werden muß. Im einzelnen werden die flache Platte, der zylindr. Stab u. der Hohlzylinder betrachtet. Es läßt sich zeigen, daß bei nahezu sämtlichen Metallen Temp.-Änderungen in der Größenordnung von einigen hundert Grad erforderlich sind, ehe der Einfl. der Temp.-Abhängigkeit der elektr. Leitfähigkeit merklich wird. Für alle untersuchten Fälle werden geeignete numer. Rechen-Verff. speziell für Überschlagsrechnungen der Temp.-Verteilungen angegeben, wenn sowohl die Temp.-Abhängigkeit der elektr. als auch der therm. Leitfähigkeit berücksichtigt werden soll.
Wolfgang Wagner. 136□

Temperaturabhängigkeit der elektrischen Leitfähigkeit und des Hall-Effektes von metallischem Gadolinium. N. W. Wolkenstein und G. W. Fedorow. (Nachr. Akad. Wiss. [UdSSR] physik. Ser. **25**, 1379—82, Nov. 1961; Inst. für Metallphysik der Akad. der Wiss. der UdSSR; russ.) — Vff. untersuchen die elektr. u. galvanomagnet. Eigg. eines ferromagnet. Elementes mit einer nicht abgeschlossenen 4f-Schale–Gadolinium. Es wird die Abhängigkeit des spontanen (R_s) u. des normalen (R_0) Hall-Effektes von der Temp. bestimmt. Das Maximum von R_s liegt bei der Curie-Temperatur (ca. 270°). Vff. untersuchten die Abhängigkeit des Widerstandes von der Temp. im Gebiet $< 280°$. Sie verglichen die Abhängigkeit des Hall-Effektes von der Temp. für Gd mit der für Ni. Das Maximum ist bei Gd ca. 20fach größer als bei Ni. Die elektron. Struktur hat aber keinen Einfl. auf den Charakter des spontanen Hall-Effektes, vergrößert jedoch seinen abs. Wert. Vff. beweisen, daß dieser Effekt mit der Spin–Schale-Wechselwrkg. verbunden ist. G. Ewald. 136□

Die thermische und elektrische Leitfähigkeit von Titan und seinen Legierungen. R. W. Powell und R. P. Tye. (J. less-common Metals [Amsterdam] **3**, 226—33, Juni 1961; Teddington, Middlesex, Nat. Phys. Labor., Bas. Phys. Div.; engl.) — Die therm. Leitfähigkeit (K) u. der spezif. Widerstand (ϱ) von 3 Ti-Proben verschiedenen Reinheitsgrades sowie von einigen Ti-Al-Sn-, Ti-Al-Mn- u. Ti-Al-Mo-Sn-Si-Legg. mit einem

Geh. von 2—5% an jedem Fremdmetall wurden im Temp.-Bereich 20—500° gemessen. Die Lorenz-Funktion K·ϱ/T nimmt mit steigender Temp. in verschiedenem Maße ab; ihr Wert liegt bei den Ti-Proben zwischen 3,3 u. 3,0, bei den Legg. zwischen 4,1 u. 3,0. Der Zusammenhang zwischen den drei Größen läßt sich durch die Gerade $K = 2{,}39 \cdot 10^{-8}\, T/\varrho + 0{,}0292$ darstellen. W. Betcke. 136□

Die thermische und elektrische Leitfähigkeit von Zirkonium und einigen Zirkoniumlegierungen. R. W. Powell und R. P. Tye. (J. less common Metals [Amsterdam] 3, 202—15, Juni 1961; engl.) — Vgl. vorst. Referat. — Der spezif. Widerstand (ϱ) wurde von einer nach der van Arkel-Meth. (A), einer aus der Graphitschmelze (B) u. einer aus der Bogenschmelze gewonnenen Zr-Probe zwischen 0 u. 1000°, von einer Zr-Leg. mit ca. 10% Nb, sowie von Zr-Legg. mit ca. 7,6% Mo, 1,5% Al u. 1—7% Sn zwischen 0 u. 600° gemessen. Die therm. Leitfähigkeit (K) wurde von den Zr-Proben zwischen 50 u. 800°, von den Legg. im allg. zwischen 50 u. 250°, von einer 1,65% Sn- u. von der Nb-Leg. bis >600° untersucht. Bei den Zr-Proben steigt ϱ bis ca. 400° linear mit der Temp. (T) an. Scharfe Maxima bei 855,4°/135,4 μΩ (A) bzw. 886°/142 μΩ (B) zeigen den α→β-Phasenübergang an. Die Temp.-Kurve von K liegt bei Zr fast waagerecht mit einem flachen Minimum um 400°. Die Lorenz-Funktion ($L = K \cdot \varrho/T$) nimmt bei A zwischen 50 u. 550° von 3,03 auf $2{,}80 \cdot 10^{-8}$, bei B zwischen 50 u. 750° von $3{,}10 \cdot 10^{-8}$ auf $2{,}55 \cdot 10^{-8}$ ab. Die Nb- u. die 6,7%ig. Sn-Leg. zeigen für ϱ nur einen geringen Temp.-Anstieg; bei der Mo-Leg. ist ϱ bis 400° temperaturunabhängig. Bei den Sn-Legg. nimmt ϱ (bei 25°) mit wachsendem Sn-Geh. zu. K steigt bei den Legg. bis 250° linear mit der Temp. an, bei der Mo-Leg. ist der Anstieg am steilsten. Bei höheren Temp. erleiden die Legg. Phasenumwandlungen. Durch Tempern bei höherer Temp. ändert sich das Temp.-Verh. von K. Bei den Zr–Sn-Legg. nimmt K mit wachsendem Sn-Geh. stark ab. L nimmt bei den Legg. in ähnlicher Weise wie bei Zr mit steigender Temp. ab. Zwischen 50 u. 250° läßt sich der Zusammenhang zwischen K, ϱ u. T gut durch die Gleichung $K = 2{,}503 \cdot 10^{-8} \cdot T/\varrho + 0{,}0223$ ausdrücken. W. Betcke. 136□

Supraleitfähigkeit von Nb–Mo-Legierungen unter 1° K. J. K. Hulm und R. D. Blaugher, T. H. Geballe und B. T. Matthias. (Physic. Rev. Letters 7, 302—03, 15/10. 1961; Murray Hill, N.J., Bell Telephone Labor.; engl.) — An Proben des Nb–Mo-Syst. mit Zus. von ca. 35—45 Atom-% Mo wird nachgewiesen, daß der beobachtete lineare Zusammenhang zwischen T_c u. der Zus. bis unter 1° K extrapoliert werden kann. Diese Tatsache stimmt nicht mit der vereinfachten Bardeen-Cooper-Schrieffer-Theorie überein {$T_c = 0{,}855\, \Theta \exp[-1/N(O)V]$; Θ = Debye-Temp., N(O) = Dichte der Zustände der Fermi-Oberflächen u. V = positives Wechselwrkg.-Potential, das den supraleitenden Zustand bewirkt}. Die möglichen Gründe hierfür werden diskutiert. H. Schibilla. 136□

Der elektrische Widerstand von mit Wasserstoff beladenen Nickeldrähten. D. J. van Ooijen. (Physics Chem. Solids 23, 1173—75, Aug. 1962; Eindhoven, Philips Res. Labor.; engl.) — Drähte aus reinem Ni mit einem ∅ von 0,5 mm werden 1 Std. in 0,1 n wss. Lsg. von H_2SO_4 mit H_2 beladen. Dabei wird ein Widerstandsanstieg beobachtet, der mit den folgenden 3 Effekten beschrieben wird: 1. Bldg. von Nickelhydrid, 2. Lsg. von H in Ni, 3. Erzeugung von Fehlstellen durch Kaltverformung. K. H. Härdtl. 136□

Untersuchung des elektrischen Widerstandes, der als Folge der atomaren Fehlordnung in der Nähe des Umwandlungspunktes Unordnung–Ordnung herrscht. M. T. Béal. (Physics Chem. Solids 23, 339—44, April 1962; Orsay, Fac. des Sci., Labor. de Phys. des Solides, Groupe II; franz.) — Theoret. Arbeit, die sich mit der Diskussion von Näherungsrechnungen für den elektr. Widerstand u. den Ordnungsgrad von β-*CuZn*-Legg. in der Nähe der Umwandlungs-Temp. befaßt. Es wird gezeigt, daß die Meth. von De Gennes u. Friedel bei tiefen Temp. genauer ist als die direkte Entw. mit 1/T. K. H. Härdtl. 136□

Die Sichtbarmachung der Magnetisierung in durchsichtigen magnetischen Kristallen. J. F. Dillon jun. (Annu. Rep. Board Regents Smithsonian Instn. 1960, 385—404, 8 Tafeln, 1961; Murray Hill, N.J., Bell Telephone Labor.; engl.) — Bei einer Reihe von ferrimagnet. Granaten erleichtert die Durchsichtigkeit die exakte Prüfung der modernen theoret. Vorstellungen von den Elementarbereichen u. ihren Änderungen bei der Magnetisierung. Sie sind daher für Demonstrationen der Grundlagen des Ferromagnetismus besonders geeignet. Das wird an einer Reihe von Beispielen gezeigt. H. Fahlenbrach. 137

Magnetomechanische Chladni-Figuren. Über eine Anisotropie des ΔE-Effekts. Hans-Christoph Siegmann. (Z. Physik 165, 369—86, 1961; München, Univ., 1. Phys. Inst.; dt.) — Die akust. Eigenfrequenzen kreisförmiger ferromagnet. Platten werden durch Magnetisierung geändert. Magnetomechan. Chladni-Figuren erhält man durch Auftragen solcher relativer Frequenzänderungen $\Delta \nu / \nu_0$ in Abhängigkeit vom Material u. vom Winkel zwischen Feldrichtung u. Knotendurchmesser im Polardiagramm. Der ΔE-Effekt war abhängig von der Richtung der mechan. Spannungen zur Feldrichtung u. damit anisotrop. Die Messungen wurden an Ni-Platten verschiedener Koerzitivkräfte u. an Fe–Ni-Legg. mit Ni-Geh. von 36, 46 u. 78% durchgeführt. Dabei bestimmte die Anisotropie des ΔE-Effekts die lineare Sättigungsmagnetostriktion, wobei die Temp.-Abhängigkeit besonders einfach zu ermitteln war. Mit dieser ΔE-Anisotropie konnten ferner auch Besonderheiten im Feld- u. Temp.-Verlauf des Torsionsmoduls erklärt werden. Ferner erklärt sich damit auch der Unterschied des E-Moduls, der bei Biegungs- bzw. Dehnungs-Verss. auftrat. Im Magnetfeld ist die Poissonsche Gleichung ungültig.

H. Fahlenbrach. 137 □

Keimbildungsuntersuchungen an dünnen magnetischen MnBi-Filmen. Ludwig Mayer. (J. appl. Physics, Suppl. zu **31**, Nr. 5, 384S—385S, Mai 1960; Minneapolis, Minn., Gen. Mills, Inc., Mechan. Div.; engl.) — Vf. nimmt Bezug auf eine frühere Arbeit (vgl. C. **1961**, 5695) u. berichtet über Verss. zur Feststellung der Keim-Bldg.-Wahrscheinlichkeit in dünnen ferromagnet. MnBi-Filmen. Zu diesem Zweck wurden 2 Typen von Filmen nach der von Williams u. Mitarbeitern (vgl. C. **1958**, 12023) beschriebenen Meth. dargestellt. Der eine Typ enthielt einen Film, der gleichförmig auf einer runden Glasscheibe von einem Ø von 25 mm niedergeschlagen worden war. Der zweite Typ bestand aus einer 2dimensionalen Anordnung kleiner Quadrate ($0{,}4 \times 0{,}4$ mm^2) dieser MnBi-Doppelschicht, die durch Verdampfen durch ein Gitter dargestellt worden war. Beide Filme wurden derselben Wärmebehandlung unterworfen. Aus den Verss. war ersichtlich, daß gleichförmig magnet. MnBi-Filme nur von einigen wenigen regellos verteilten Keimplätzen wachsen. Weitere Verss. ergaben, daß 100%ig. Keim-Bldg. dann eintritt, wenn die umzuwandelnde MnBi-Schicht auf einen schon magnet. MnBi-Film niedergeschlagen wird. Das magnet. Feld dieses vormagnetisierten MnBi-Filmsubstrates ist die Ursache für die Entw. extrem großer Bereiche, die hohe Keim-Bldg.-Ausbeute scheint jedoch von dem Kontakt mit dem schon fertigen MnBi-Filmsubstrat herzurühren.

C. Gottfried. 137

Teilrotation bei dünnen Permalloy-Schichten. S. Methfessel, S. Middelhoek und H. Thomas. (J. appl. Physics **32**, 1959—63, Okt. 1961; Zürich, Schweiz, IBM Res. Labor.; engl.) — An Permalloy-Aufdampfschichten mit verschiedenen Koerzitivkräften (H_c) u. Anisotropiefeldern (H_K) wird die Ummagnetisierung unter einem Winkel zur Richtung leichter Magnetisierung untersucht. Dabei zeigten die gemessenen Hysteresekurven, daß „umgekehrte" Schichten ($H_c > H_K$) keine Seltenheit sind. Vielmehr besitzt jede Schicht eine solche Inversion in einem bestimmten Sektor von Feldrichtungen. In diesem Inversionsektor gibt es zwei krit. Feldwerte. Aus Bildern von Bitterschen Streifen entnimmt man, daß der kleinere krit. Feldwert einem Teildrehprozeß zukommt, der von einer Aufspaltung der Schicht in viele kleine Elementarbereiche begleitet ist. Der höhere krit. Feldwert ist durch Wandverschiebungen bedingt. Mit den lokalen Werten des Anisotropiefeldes, der Anisotropierichtung, der inneren Austausch-Wechselwrkg. u. des Streufeldes lassen sich die Magnetisierungsprozesse qual. verständlich machen.

H. Fahlenbrach. 137 □

Messung der Hystereseverluste im rotierenden Magnetfeld in dünnen Filmen. N. I. Ssudakow, M. K. Ssawtschenko, Je. K. Sagirowa und I. I. Starosstin. (Nachr. Akad. Wiss. UdSSR, physik. Ser. **25**, 643—46, Mai 1961; Inst. für Buntmetalle, Inst. für Physik, Sibir. Abt. der Akad. der Wiss. der UdSSR; russ.) — Nach der Meth. der Drehmomente wurden an Permalloyfilmen von 400, 800 u. 1300 Å, die durch Verdampfung gewonnen waren u. 80% Ni, 17% Fe u. 3% Mo enthielten, der Hysterese-Verlust im rotierenden Magnetfeld u. die Anisotropie bestimmt. Die Periode der Sinuskurven der Momente änderte sich im Bereich der magnet. Feldstärke von 50—8500 Oe nicht. Die Änderung der maximalen Momente bei Erhöhung der Feldstärke verlief wie im Falle der kristallograph. Anisotropie. Mit zunehmender Filmdicke stiegen das maximale Moment u. der Hystereseverlust an. Mit zunehmender Feldstärke nahm der Hystereseverlust zu.

M. Wiedemann. 137 □

Domänenstruktur einachsiger ferromagnetischer Filme. W. W. Kobelew und A. A. Korssunski. (Nachr. Akad. Wiss. UdSSR, physik. Ser. **25**, 628—33, Mai 1961; Inst. für Präzisionsmechanik u. Rechentechnik der Akad. der Wiss. der UdSSR; russ.) — An Permalloy-Ferromagnetika mit 80—83% Ni wurde die Domänenstruktur mittels Messung des magneto-opt. Kerr-Effekts untersucht. Die Filme waren aufgestäubt worden. Als Lichtquelle diente eine Kr–Xe-Lampe hohen Drucks. Das Magnetfeld betrug 0—1,95 Oe. Die Hystereseschleife wurde ebenfalls aufgenommen. Die Neigung der Domänengrenzen gegenüber der Magnetisierungsachse wurde bestimmt. Sie spricht dafür, daß in erster Näherung die Umkehr der Magnetisierung innerhalb einer Domäne vom Vorliegen u. der Bewegung der Grenzen zwischen den Domänen unabhängig ist. M. Wiedemann. 137□

Keimbildung und Barkhausen-Effekt in ferromagnetischen Filmen. W. F. Iwlew und W. Ss. Prokopenko. (Nachr. Akad. Wiss. UdSSR, physik. Ser. **25**, 606—09, Mai 1961; Pädagog. Inst.; russ.) — Die Beziehung zwischen der Keim-Bldg. u. dem Barkhausen-Effekt wurde in aufgedampften ferromagnet. zylindr. Filmen untersucht. Jeder Barkhausen-Sprung scheint mit der Bldg. eines Keims mit umgekehrter Magnetisierung verbunden zu sein. Die Verteilung der Sprünge nach der Dauer, nach der Größe, nach dem Feld mit einem Maximum bei ca. 39,5 Oe, ferner die Abhängigkeit ihrer Zahl von der Änderungs-Geschw. des Magnetfelds wurden untersucht. M. Wiedemann. 137□

Barkhausen-Effekt in dünnen Molybdän–Permalloy-Filmen. N. M. Ssalanski, A. M. Roditschew und M. K. Ssawtschenko. (Nachr. Akad. Wiss. UdSSR, physik. Ser. **25**, 602—05, Mai 1961; Sibir. Abt. der Akad. der Wiss. der UdSSR, Inst. für Physik; russ.) — Filme aus 80% Ni, 17% Fe u. 3% Mo, die durch Aufdampfen hergestellt worden waren, eine Fläche von 25 × 2 mm u. eine Dicke von 600—1200 Å besaßen, wurden durch Änderung des Stroms in einem Solenoid magnetisiert u. mittels Verstärker der Barkhausen-Effekt untersucht. Die Verteilung der Sprünge nach dem Moment m gehorchte $N = N_0 \exp(-\alpha\sqrt{m})$; bei der Abhängigkeit der Zahl der Sprünge von der Schichtdicke ergab sich ein krit. Wert von 350 Å, der aber größer als eine Domäne sein dürfte. Die Verteilung nach dem Feld zeigte Maxima u. Minima, ferner wurde die Abhängigkeit von der Änderungs-Geschw. des magnet. Feldes bestimmt. M. Wiedemann. 137□

Untersuchung der Dauer der Barkhausen-Sprünge in einem Eisenfilm. G. M. Roditschew und P. D. Kim. (Nachr. Akad. Wiss. UdSSR, physik. Ser. **25**, 610—13, Mai 1961; Polytechn. Inst.; russ.) — Mittels einer Röhrenanordnung wurde bei Eisenfilmen von ca. 2000 Å Dicke die Häufigkeitsverteilung der Dauer der Barkhausen-Sprünge gemessen. Das Maximum der differentiellen Verteilung lag bei 0,5 μs, die Zahl der Sprünge mit mehr als 1,5 μs Dauer war gering. Bei einem massiven Eisenstück geringen Durchmessers lag das Maximum der Dauer bei 1 μs. M. Wiedemann. 137□

Zur Theorie der Ummagnetisierung von dünnen Filmen in starken Feldern. A. M. Roditschew. (Nachr. Akad. Wiss. UdSSR, physik. Ser. **25**, 614—18, Mai 1961; russ.) — Die Theorie der Ummagnetisierung in einer einheitlichen Umwandlung wird entwickelt u. verschiedene Sonderfälle durchgerechnet. Eine Reihe experimenteller Fakten widersprechen der kohärenten einheitlichen Umwandlung. M. Wiedemann 137□

Magnetische Anisotropie von Aufdampf-Schichten. 1. Mitt. Im Magnetfeld aufgedampfte Eisenschichten. Minoru Takahashi, Denjiro Watanabe, Tetsuzo Sasagawa, Tatsuo Kono und Shiro Ogawa. (J. physic. Soc. Japan **16**, 1913—23, Okt. 1961; Sendai, Tohoku Univ., Res. Inst. for Iron, Steel and Other Metals; engl.) — Vgl. C. **1962**, 1892. — Mit dem Drehmagneten wird die induzierte magnet. Anisotropie nach dem Aufdampfen von Fe-Schichten auf Si-Oxidträger im Magnetfeld H_d untersucht. Dabei wurde gefunden, daß die Richtung leichtester Magnetisierung von Probe zu Probe verschieden ist u. nicht mit der Magnetfeldrichtung beim Aufdampfen übereinstimmt. Auch die Konst. K_μ der induzierten einachsigen Anisotropie hängt nicht von H_d ab. K_μ hängt von der Schichtdicke nicht in einfacher Form ab, nimmt aber mit zunehmender Träger-Temp. bis 300° beim Aufdampfen ab. Bei Träger-Temp. oberhalb 300° nimmt K_μ jedoch wieder zu. K_μ kann durch Magnetfeldtempern zum Verschwinden gebracht werden. Aus den Messungen ergeben sich Werte der Rotationshysteresеintegrale zwischen 1,3 u. 2,4 für alle Proben. Eine Diskussion der Ergebnisse läßt als wahrscheinlichsten Grund für die induzierte Anisotropie eine Orientierungsüberstruktur von Gitterfehlstellen erkennen. H. Fahlenbrach. 137□

Die kritischen Temperaturen binärer Legierungen mit einer magnetischen Komponente. G. M. Bell und W. M. Fairbairn. (Philos. Mag. [8] **6**, 907—27, Juli 1961; Manchester, Coll. of Sci. and Technol., Dep. of Math.; engl.) — Bin. Legg. AB mit N_A ferromagnet. u. N_B unmagnet. Atomen auf $N_A + N_B$ Gitterplätzen werden im Hinblick auf den Heisenberg-Austausch zwischen nächstbenachbarten A–A-Paaren u. die A–B- u. B–B-Wechselwrkg.-Energien betrachtet. Dabei wird der Einfl. lokaler Ordnungen auf die Curie (Θ) u. Néel-Temp. (T_N) für geglühte u. abgeschreckte Zustände untersucht. Dabei wird die statist. Näherung erster Ordnung nach Bethe benutzt. Obgleich die Atommomente der A-Atome als konst. u. die der B-Atome als null angenommen wurden, sind Θ u. T_N von der chem. Zus. je nach A–B-Wechselwrkg. u. Wärmebehandlungszustand verschieden abhängig. Bei den abgeschreckten Legg. verschwindet die spontane Magnetisierung unterhalb einer bestimmten Konz. c der A-Atome. c hängt von der Abschreck-Temp. ab. Auch für die geglühten Legg. sind bei bestimmten A–B-Wechselwrkg. unmagnet. Zustände vorhanden. Analoge Verhältnisse liegen vor, wenn A antiferromagnet. ist. Die Theorie wird an Hand einiger experimenteller Ergebnisse diskutiert. H. Fahlenbrach. 137 □

Magnetischer Wärmebehandlungseffekt bei Kobalt. Takashi Sambongi und Tadayasu Mitui. (J. physic. Soc. Japan **16**, 1478, Juli 1961; Hokkaido Univ., Fac. of Sci., Dep. of Phys.; engl.) — Zur Deutung der von Takahashi u. Kono (C. **1961**, 9688) an Co gefundenen, durch Magnetfeldbehandlung induzierten einachsigen Anisotropie werden neue Verss. an Kreisscheiben aus polykristallinem Co mit dem Drehmagneten durchgeführt. Die Proben wurden 2 Std. lang bei 600° geglüht u. danach in einem Magnetfeld von 8000 Oe langsam (5°/Min.) abgekühlt. Zwischen 90 u. 700° K wird ferner die Temp.-Abhängigkeit der durch das Magnetfeld induzierten einachsigen Anisotropie im Vgl. zur Kristallanisotropie gemessen. Danach hängt die induzierte einachsige Anisotropie eindeutig mit der Umwandlung bei 417° zusammen. Das Magnetfeld erzeugt am Umwandlungspunkt Stapelfehler, die als Keime für hexagonale Kristallite so gerichtet sind, daß die (1 1 1)-Ebenen des kub. flächenzentrierten Gitters parallel zu (0 0 0 1)-Ebenen des hexagonalen Gitters liegen u. damit in Richtung des Magnetfeldes eine Kristallorientierung des hexagonalen Gitters hervorrufen, wobei Spannungen von untergeordneter Bedeutung sind. H. Fahlenbrach. 137 □

Über den Einfluß elektrolytischer Wasserstoffbeladung auf die Magnetisierung von Nickel. Hermann Joh. Bauer und Elmar Schmidbauer. (Z. Physik **164**, 367—73, 4/9. 1961; München, Univ., 1. Phys. Inst.; dt.) — Vgl. C. **1962**, 15853. — Die elektrolyt. Beladung von Ni mit H bis zu einer Anreicherung von 0,7 Atomen H auf 1 Atom Ni führt zu einem erheblichen Rückgang der Sättigungsmagnetisierung u. zu einer starken Verformung der Hystereseschleifen. Mit der bereits unterhalb von Zimmer-Temp. auftretenden Desorption nimmt der Ferromagnetismus wieder zu. Da die Adsorptions- u. Desorptionsverhältnisse des H bei Ni u. Pd einander sehr verwandt sind, wird der Verlust der Sättigungsmagnetisierung von Ni auch durch eine Auffüllung der 3d-Schale mit dem Elektron des H-Atoms erklärt. Außerdem tritt bei der H-Beladung des Ni eine Gitteraufweitung u. damit eine Änderung des Austauschintegrals auf. H. Fahlenbrach. 137 □

Die Sättigungsmagnetisierung der Monoboride von Mn, Fe und Co. N. Lundquist und H. P. Myers. (Ark. Fysik **20**, 463—71, 1961; Tystberga, Sweden, AB Atomenergie; engl.) — Zwischen —195° u. den Curie-Punkten werden die Sättigungsmagnetisierungen σ_s von CrB, MnB, CoB, FeB u. NiB gemessen. CrB u. NiB waren unmagnet., MnB, CoB bzw. FeB ferromagnet. mit Curie-Temp. von 305, 204 bzw. 321°. In der gleichen Reihenfolge wurden, extrapoliert auf 0° K, folgende σ_s-Werte gemessen: 163; 22 bzw. 93,8 erg/g Oe, entsprechend den Atommomenten $\mu_B = 1{,}92$; 0,28 bzw. 1,12. Bei den Mischboriden der Zus. $Mn_xCr_{1-x}B$ u. $Mn_xFe_{1-x}B$ wird gezeigt, daß die μ_B-Werte pro Übergangselement sich linear mit der Elektronenzahl ändern. Das gilt auch für MnB, CoB u. FeB. Die Ergebnisse werden mit einem Mottschen Zweibändermodell diskutiert. Eine Erklärung ist damit möglich, wenn die 3 Außenelektronen ($2p^2 + 3s^1$) des B zu einem gemeinsamen Band beitragen. Nach diesem theoret. Bild müßte CrB wegen des ungefüllten 3d-Bandes stark paramagnet. sein. NiB dagegen sollte wegen des gefüllten 3d-Bandes nur einen sehr schwachen Spin-Paramagnetismus zeigen. H. Fahlenbrach. 137 □

Einige Untersuchungen über den Gedächtniseffekt bei α-Fe_2O_3. Masako Iwata, Takao Iwata und Mikio Yamamoto. (J. physic. Soc. Japan **16**, 2072—73, Okt. 1961; Sendai, Tohoku Univ., Res. Inst. for Iron, Steel and other Metals; engl.) — Als Beitrag zu dem merkwürdigen Gedächtniseffekt von α-Fe_2O_3, wonach die Remanenz nach Temp.-Zyklen um den Umwandlungspunkt bei —15° von dem Wert des Ausgangszustandes abzuhängen scheint, werden Verss. an sehr reinen α-Fe_2O_3-Pulvern, die in O_2-Atmosphäre bei 1100° gesintert wurden, durchgeführt. Dabei zeigte sich, daß der bei sehr tiefen Temp. auftretende Parasitenferromagnetismus für den Gedächtniseffekt verantwortlich ist. Dieser Parasitenferromagnetismus hängt von der Remanenz bei Raum-Temp. vor der Abkühlung ab. Diese Remanenz kann bei —192° erst durch ein Magnetfeld größer als 50 kOe beeinflußt werden. Zu einer vollen Ummagnetisierung bei —192° K gehören sogar Magnetfelder von mehr als 150 kOe. Bei 90 kOe Gegenfeld u. —192° verschwindet die bei Raum-Temp. angenommene Remanenz. H. Fahlenbrach. 137 □

Thermoremanente Magnetisierung. 1. Mitt. Experimente an Eindomänen-Körnern. C. W. F. Everitt. (Philos. Mag. [8] **6**, 713—26, Juni 1961; London, Imp. Coll.; engl.) — An feinkörnigen Pulvern aus Hämatit u. Maghaemit (Ti- u. Al-Geh.) mit Korngrößen von 0,01—0,1 μ, die also aus nur einem Elementarbereich bestehen, werden zur Prüfung der Gültigkeit der Néelschen Theorie die Einfl. magnet. Wechselfelder auf die thermoremanente Magnetisierung j_T untersucht. Dabei konnten die Beziehungen der Néelschen Theorie zwischen der Koerzitivkraft u. die Blockierungs-Temp. vollauf bestätigt werden. Ferner wird die Theorie in der Weise bestätigt, daß j_T/j_s (j_s = spontane Magnetisierung) proportional zum hyperbol. Tangens des Magnetfeldes war. Entgegen den Erwartungen der Theorie war jedoch j_T/j_s unabhängig von der Koerzitivkraft. Die Blockierungs-Temp. war bis zu 50 Oe ferner unabhängig vom Magnetfeld. H. Fahlenbrach. 137 □

Einfluß von γ-Strahlung auf die Anfangspermeabilität einiger Ferromagnete. E. Trinkler. (Nachr. Akad. Wiss. LettSSR **1961**, Nr. 2, 95—98, Inst. für Physik der Akad. der Wiss. der LettSSR; russ.) — Ni-Zn-Ferrit (Fe_2O_3 67%, ZnO 23% u. NiO 10%) sowie Mg-Zn-Ferrit (Fe_2O_3 71%, ZnO 10%, MgO 19%) wurden bei Zimmer-Temp. u. bei —196° mit einer Co-Quelle von 300 r/s über 2—3 Std. lang bestrahlt. Die Anfangspermeabilität wurde bei schwachen Feldern (0,01 Oe) u. 400 Hz mit einer Brücke gemessen. Es wurde eine Abnahme infolge der Bestrahlung um ca. 20% beobachtet. Ferner nahm die Geschw. der Ummagnetisierung ab. M. Wiedemann. 137 □

Ferromagnetische Resonanz eines Einkristalls aus Europium-Eisengranat. Tomonao Miyadai, Hisao Takata, Yuzo Shichijo und Nobura Tsuya. (J. physic. Soc. Japan **15**, 1354, Juli 1960; Musashino-shi, Tokyo, Nippon Telegraph and Telephone Public. Corp., Electr. Communicat. Labor.; Sendai, Tohoku Univ., Res. Inst. of Electr. Communicat.; engl.) — In einer früheren Unters. (C. **1961**, 16010) wurde an polykristallinem $Eu_3Fe_5O_{12}$ eine starke Temp.-Abhängigkeit der Linienbreite der ferrimagnet. Resonanz gefunden, die jetzt an Einkristallen 0,55 mm Ø untersucht wird. Gemessen wird bei der Mikrowellenfrequenz von 18320 MHz u. bei Temp. von 170 bis 570° K. Die g-Werte sind bei Raum-Temp. kleiner u. zeigen eine stärkere Temp.-Abhängigkeit als die von Polykristallen. Die Linienbreite ist bis auf 10% Ungenauigkeit unabhängig von der kristallograph. Richtung. Die gefundenen Ergebnisse lassen sich recht gut mit einer neueren Theorie Kittels (C. **1960**, 8772) erklären u. bestätigen die Annahme dieser Theorie, daß die Spins der Ionen der Seltenen Erden durch die umgebenden Fe^{3+}-Ionen gedämpft werden. H. Fahlenbrach. 137 □

Über das Energiespektrum der Stromträger in Ferro- und Antiferromagnetika. Je. K. Kudinow und A. G. Ssamoilowitsch. (Nachr. Akad. Wiss. UdSSR, physik. Ser. **25**, 1339—42, Nov. 1961; Inst. für Halbleiter der Akad. der Wiss. der UdSSR; russ.) — Einige antiferromagnet. Stoffe zeigen beim Durchgang durch den Curie-Punkt eine Veränderung der Leitfähigkeit vom Halbleiter zum Metall. Vff. berechnen die Abhängigkeit der Breite der Zone polarer Zustände mit einem Anregungszustand von der Magnetisierung u. betrachten dabei einen Kristall mit einem überzähligen Elektron. Die Berechnungen zeigen, daß sich beim Übergang aus dem antiferromagnet. in den paramagnet. Zustand die Breite dieser Zone vergrößert u. ein Übergang von der Halbleiterfähigkeit in die metall. Leitfähigkeit möglich ist. Beim Übergang vom ferromagnet. in den paramagnet. Zustand verengt sich diese Zone u. es ist der umgekehrte Übergang in der Leitfähigkeit möglich. G. Ewald. 137 □

Magnetoelastische Eigenschaften des Terbiums und Holmiums. K. P. Below, R. S. Lewitin und Ss. A. Nikitin. (Nachr. Akad. Wiss. UdSSR, physik. Ser. **25**, 1382—84, Nov. 1961; Moskau, Lomonossow-Univ., Physikal. Fak.; russ.) — Tb ist zwischen 223° K u. dem Curie-Punkt (234° K) schwach antiferromagnetisch. Vff. beobachten bei der Temp. < 230° K eine Anomalie des Young-Moduls u. bei 223° K ein Maximum der inneren Reibung. Die genauere Aufnahme der Anomalie des Young-Moduls zeigt eine Aufteilung: Bei 234° K eine größere u. bei 223° K eine kleinere Anomalie Vff. untersuchen die Magnetostriktion im Bereich 85—208° K u. stellen eine ständige Abnahme bei ansteigender Temp. fest. Für Ho wurde im Gebiet des Curie-Punktes (196° K) die Temp.-Abhängigkeit des Elastizitätsmoduls u. der inneren Reibung aufgenommen. Bei 196° K zeigt sich eine Anomalie des Elastizitätsmoduls u. des Young-Moduls als auch des Verschiebungsmoduls. Vff. verbinden diese Eigg. mit dem Spin-Verh. der Seltenen Erden. G. Ewald. 137 □

Magnetomechanische Dämpfung von Chrom. M. E. de Morton. (Philos. Mag. [8] **6**, 825—31, Juli 1961; Maribyrnong, Victoria, Australia, Australian Defence Sci. Serv., Defence Stand. Labor.; engl.) — In Übereinstimmung mit magnet. Unterss. anderer Autoren wird aus Unterss. der magnetomechan. Hysterese geschlossen, daß

Cr antiferromagnet. ist u. einen Néel-Punkt bei 40° besitzt. Unterhalb 40° wird eine von der Temp. u. der Spannungsamplitude abhängige Dämpfungshysterese beobachtet. Bei diesen Temp. wird ferner eine starke Erniedrigung der Abhängigkeit von der Spannungsamplitude beobachtet, wenn eine mechan. Zugspannung überlagert wird.
H. Fahlenbrach. 137 □

Röntgenographische und magnetische Untersuchungen des Systems Mangan-Germanium. Tetuo Ohoyama. (J. physic. Soc. Japan **16,** 1995–2002, Okt. 1961; Tokyo, Metropolitan Univ., Fac. of Sci., Dep. of Phys.; engl.) — An Pulvern aus Mn-Ge-Legg. mit Ge-Geh. von 21,8–35,7 Atom-% wird mit Hilfe der Röntgenstrahlbeugung eine Phasenanalyse durchgeführt. Dabei werden vier verschiedene Phasen gefunden, u. zwar zwischen 22 u. 23,5% Ge ε bzw. ε_1 bei hohen bzw. tiefen Temp., ζ bei hohen Temp. u. 28% Ge u. $\varkappa$ bei tiefen Temp. u. 28,6% Ge. An den 4 Phasen werden die magnet. Eigg. gemessen. Die $\varkappa$-Phase ist unterhalb 710° K ferrimagnetisch. Außerdem wechselt die spontane Magnetisierung bei 395° K das Vorzeichen. Die ζ-Phase krist. hexagonal mit a = $7{,}18_6$ u. c = $13{,}0_8$ Å, ihre magnet. Eigg. sind anomal, es wird bei der ε-Phase (A3-Typ, a = $2{,}67_2$, c = $4{,}31_0$) Antiferromagnetismus vermutet. Die ε_1-Phase krist. tetragonal (A 6), a = $3{,}80_3$, c = $3{,}61_8$ u. ist, wie die $\varkappa$-Phase, deren Kristallstruktur nicht feststeht, ferrimagnetisch. Alle Zellparameter zeigen mit der Zus. geringe Veränderungen.
H. Fahlenbrach. 137 □

Magnetische Anisotropie von $KCoF_3$ und $KNiF_3$. Kazuyoshi Hirakawa, Takasu Hashimoto und Kinshiro Hirakawa. (J. physic. Soc. Japan **16,** 1934–39, Okt. 1961; Fukuoka, Kyushu Univ., Fac. of Sci., Dep. of Phys.; engl.) — Mit der Drehmagnet-Meth. wird zwischen 78 u. 300° K die magnet. Anisotropie von Einkristallen aus $KCoF_3$ u. $KNiF_3$ bestimmt. Im antiferromagnet. Zustand kann die Winkel (Θ)-Abhängigkeit des Drehmoments T im Magnetfeld der Intensität H durch die Beziehung: $T = C_1H^2 \sin 2\,\Theta - C_2H^4 \sin 4\,\Theta$ (C_1 u. C_2 = Konst.) gut beschrieben werden, wenn die Kristalle in Richtung der Würfelkanten im Drehmagneten aufgehängt werden. Bei $KCoF_3$ ist das 4 Θ-Glied verschwindend klein. Bei $KNiF_3$ ist dieses Glied dagegen vorherrschend, wenn keine äußeren mechan. Spannungen einwirken. Die Ergebnisse können recht gut theoret. beschrieben werden, wenn man die c-Achse der Kristalle als antiferromagnet. Vorzugsrichtung ansieht. Das Auftreten des 4 Θ-Terms bei $KNiF_3$ wird reversiblen Wandverschiebungen der antiferromagnet. Elementarbereiche zugeschrieben.
H. Fahlenbrach. 137 □

Über die Koexistenz von seignetteleektrischen und ferrimagnetischen Zuständen. G. A. Smolenski, W. A. Issupow, N. N. Krainik und A. I. Agranowskaja. (Nachr. Akad. Wiss. UdSSR, physik. Ser. **25,** 1333–39, Nov. 1961; Inst. für Halbleiter der Akad. der Wiss. der UdSSR; russ.) — In Stoffen mit der Struktur ABO_3 vom Typ des Perowskit existiert eine Ausrichtung des elektr. u. magnet. Feldes, so daß mit der gleichzeitigen Existenz von seignetteelektr. u. ferromagnet. Eigg. gerechnet werden kann. Ausgehend von der Polarisierbarkeit des Ions A, von der Gitterordnung im Teilgitter B bei festen Lsgg. u. vom magnet. Moment des Verb.-Typs ABO_3 kommen Vff. zum Schluß, daß die seignetteelektr. festen Lsgg. $(1 - x)\,Pb(Fe_{2/3}W_{1/3})O_3 - xPb\cdot(Mg_{1/2}W_{1/2})O_3$ magnet. Eigg. haben müssen. Vff. untersuchen diese Stoffe, die sie durch Sintern der entsprechenden Oxide bei 900–920° herstellen. Die vollkommen geordnete feste Lsg. hat die Formel $Pb(Fe_{3/6(1-x)}Mg_{3/6x})(Fe_{1/6(1-x)}W_{1/6(2+x)})O_3$. Bei x = 0···0,88 ist die feste Lsg. seignetteelektr., bei x > 0,88 ist sie antiseignetteelektrisch. Die Abhängigkeit der Susceptibilität $1:\chi = f(T)$ ist charakterist. für einen ferrimagnet. Stoff. Der Phasenübergang zum diamagnet. Zustand ist unscharf. Vff. berechnen für diese Stoffe für verschiedene x das magnet. Moment u. die Curie-Temperatur. Bei x = 0,3 u. 0,4 zeigt sich eine gute Übereinstimmung mit dem Experiment, bei x = 0,2 zeigt sich eine starke Abweichung.
G. Ewald. 137 □

Theorie des Diamagnetismus unter Verwendung molekularer Elektronenzustände. 1. Mitt. Ein approximatives LCAO-Schema. J. A. Pople. (J. chem. Physics **37,** 53–59, 1/7. 1962; Pittsburgh, Pa., Carnegie Inst. of Technol., Dep. of Chem.; engl.) — Nach der Meth. des unabhängigen Elektrons wird eine MO-Theorie für das diamagnet. Verh. von Elektronen in Ggw. eines äußeren Magnetfeldes entwickelt. Es ergibt sich ein allg. Ausdruck für den Tensor der diamagnet. Susceptibilität als Summe atomarer Beiträge. Jeder dieser Beiträge besteht aus einem diamagnet. Glied vom Langevin-Typ u. einem paramagnet. Anteil, in dem die Struktureigenheiten der angeregten Elektronenzustände zum Ausdruck kommen. Dieses zweite Glied kann näherungsweise durch atomare Ladungsdichten, Bindungsordnungen u. mittlere Elektronenanregungsenergien ausgedrückt werden. Die Meth. eignet sich zur ausführlichen Deutung der bei der empir. Berechnung der diamagnet. Susceptibilitäten großer Moll. benutzten Pascal-

Konstanten. Sie wird außerdem auf die Theorie der kernmagnet. Abschirmung angewendet u. führt zu einem Ausdruck für die Abschirmungskonstante.

A. Blaschette. 137□

Theorie des Diamagnetismus unter Verwendung molekularer Elektronenzustände. 2. Mitt. **Berechnung der Pascal-Konstanten für einige nichtcyclische Moleküle.** J. A. Pople. (J. chem. Physics **37**, 60—66, 1/7. 1962; engl.) — 1. vgl. vorst. Referat. — Vorst. Theorie wird zur Berechnung der Pascal-Konst. einiger einfacher Moll. aus H-, C-, N-, O- u. F-Atomen benutzt. Für gesätt. Moll. (Paraffine, Amine, Alkohole, Äther, Fluorkohlenwasserstoffe) ergeben sich befriedigende relative Werte der atomaren Beiträge zur diamagnet. Susceptibilität, die numer. Übereinstimmung ist hingegen schlecht. Positive Korrekturen im Pascal-Schema werden von der Theorie für C=C- u. C=O-, nicht aber für C≡C-Bindungen gefordert, in Übereinstimmung mit den empir. Regeln. Weiterhin liefert sie einige Voraussagen bzgl. der diamagnet. Anisotropien.

A. Blaschette. 137□

Kubischer Beitrag zur paramagnetischen Elektronenresonanz von Mn^{2+} in $MgCl_2$. Hiroaki Matsumoto, Kuniya Fukuda, Masumi Takeshima und Yoichi Uchida. (J. physic. Soc. Japan **16**, 1791, Sept. 1961; Kyoto, Japan, Kyoto Univ., Fac. of Sci., Dep. of Phys.; engl.) — Neuere Unterss. der paramagnet. Resonanz von Mn^{2+} (1,13 Mol-%) in einem $MgCl_2$-Einkristall ergaben einen kub. Symmetrieterm in der Spin-Hamilton-Gleichung u. erforderten die Korrektur früher (C. **1962**, 17654) angegebener Werte der Parameter. Die berechneten Linienformen stimmten gut mit der Beobachtung überein, u. der für den Parameter x abgeleitete Wert zeigte befriedigende Übereinstimmung mit Werten, die nach bekannten Theorien aus dem kub. Feldparameter Dq für Mn^{2+} in $MnCl_2$, in dem das Ligandenfeld für Mn^{2+} das gleiche wie in $MgCl_2$ ist, erhalten wurden. Aus der räumlichen Verteilung von Cl^- u. der 3d-Elektronen des Mn^{2+} wurde mit einer Slater-Wellenfunktion Dq zu 800 cm^{-1} ermittelt, u. aus dem elektrostat. Potential benachbarter Ionen wurde der axiale Feldparameter des Mn^{2+} zu $\Delta = 13{,}7 \cdot 10^3$ cm^{-1} berechnet. $MgCl_2$ mit 4,93 Mol-% Mn^{2+} zeigte eine breite Linie. Die Verbreiterung deutet auf eine ungleichmäßige Verteilung des Mn^{2+} bei höheren Konzz. im $MgCl_2$-Einkristall hin.

G. Winkhaus. 137□

Die Temperaturabhängigkeit der Form der paramagnetischen Resonanz-Linien. 2. Mitt. Malcolm McMillan und W. Opechowski. (Canad. J. Physics **39**, 1369—76, Sept. 1961; Vancouver, B.C., Univ. of British Columbia, Dep. of Phys.; engl.) — 1. vgl. C. **1961**, 14186. — Bei genügend tiefen Temp. wird die Temp.-Abhängigkeit der Form der Linien der paramagnet. Resonanzabsorption von Kristallen in der Hauptachse durch die Temp.-Abhängigkeit der Besetzungszahlen der Energieniveaus des Syst. der in Wechselwrkg. stehenden paramagnet. Ionen bestimmt. Die Theorie dieser Zusammenhänge wird jetzt auf den Fall anisotroper Austauschwechselwrkg. u. willkürlicher Formen der paramagnet. Kristalle ausgedehnt.

H. Fahlenbrach. 137□

Eine automatische Einrichtung für die Untersuchung der Parameteränderungen der Absorptionskurve der paramagnetischen Elektronenresonanz auf Meterwellen. Oto Štirand. (Českoslov. Časopis Fysiku **11**, 15—24, 1961; Praha, Fys. Ústav Českoslov. akad. ved; tschech.) — Die Einrichtung besteht aus zwei Helmholtzschen Spulen (Ø 200 mm), zwischen welche die Probe mit der Sonde gegeben wird. Die Sonde stellt im Grunde die Spule eines autodynen Oscillators dar, welche zugleich als Gitterdetektor arbeitet. Die weiteren Teile der App. sind Verstärker, eine automat. Einrichtung zur Regelung des Magnetfeldes (Potentiometer mit Servomotor) u. Schreiber (Block- u. Schaltschema). Bei der Unters. der Zers. einer K-Lsg. in NH_3 war es möglich, Konzz. von 0,00015 Mol K/Liter NH_3 zu registrieren.

J. Tůmová. 137□

Ein X-Band-Spektrometer zum Nachweis paramagnetischer Resonanzen. Werner Stieler. (Z. angew. Physik **10**, 89—95, Febr. 1958; Gießen, Univ., Phys. Inst.) — Zum Nachw. paramagnet. Resonanzen wird ein X-Bandspektrometer entwickelt, das als Brückenspektrometer aufgebaut u. eine Frequenzstabilisierung besitzt, mit der der Dispersionseffekt automat. eliminiert wird. Mit dem Gerät wird der Verlauf der 1. Ableitung der Absorption mit einer Empfindlichkeit von $1{,}9 \cdot 10^{14}$ Elektronenspins registriert. Untersucht wird ferner der Einfl. der Resonatorankopplung u. des Vol. der Probe auf die Größe der Absorptionsamplitude. Bei einigen organ. Stoffen u. bei NaCl-Kristallen konnte mit dem Gerät eine Abhängigkeit der magnet. Eigg. von der Bestrahlung mit Elektronen beobachtet werden.

H. Fahlenbrach. 137□

Grenzleitfähigkeit von Lyonium- und Lyationen. Martin Kilpatrick. (Canad. J. Chem. **37**, 173—77, Jan. 1959; Chicago, Ill., Illinois Inst. of Technol., Dep. of Chem.; engl.) — Unterss. der Protonenbeweglichkeiten in H_2O-CH_3OH, H_2O-D_2O u. H_2O-H_2O_2

als Lsgm. zeigen, daß in den gemischten Lsgm. die relative Acidität u. Basizität der konkurrierenden Teilchen zu berücksichtigen ist. Die Abnahme der Äquivalentleitfähigkeit verd. $HClO_4$-Lsgg. beim Ersatz von W. durch H_2O_2 bzgl. der für KCl im gleichen Lsgm. führt Vf. auf eine teilweise Unterdrückung des Protonenaustausches zurück. Für stark saure nichtwss. Lsgm. mit hoher DK, wie *HF*, *HCN* u. *HCOOH*, ist die direkte Best. der Grenzleitfähigkeit (Λ) schwierig. Bei wasserfreiem HF scheint Λ des Lyoniumions angenähert gleich Λ von K^+ zu sein, während das Lyation einen höheren Λ-Wert als andere stabile Anionen aufweist. Die höhere Protonenbeweglichkeit in *Eis* führt zu der Annahme, daß bei Annäherung der Leitfähigkeit an die von elektron. Halbleitern Syst. mit H-Bindungen vorliegen. P. Frenzel. 138□

Analyse von Leitfähigkeitswerten für 1—1-Ionophore. Raymond M. Fuoss und Filippo Accascina. (Proc. nat. Acad. Sci. USA **45**, 1383—89, Sept. 1959; Roma, Univ. di Roma, Ist. di Chim. Fis.; engl.) — Vff. untersuchen theoret. am Beispiel von *Tetramethyl-* (I) u. *Tetraäthylammoniumpikrat* (II) in Methanol–Butanol-Gemischen den Zusammenhang zwischen Äquivalentleitfähigkeit u. Mol.-Parametern, erörtern Möglichkeiten zur Berechnung des Ionenparameters u. teilen Grenzleitfähigkeiten u. Assoziations-Konst. mit. Die Ionenradien für I betragen $R_\infty^+ = 1{,}81$ (Å), $R_\infty^- = 2{,}72$, für II 2,30 bzw. 3,04. Mit abnehmender DK des Mediums nimmt die Assoziation zu. P. Frenzel. 138□

Messung der Ionenbeweglichkeit in Natriumjodid-Lösungen unter Anwendung von radioaktiven Isotopen. Edith Inzelt-Gerber und Sándor Lengyel. (Magyar Kémiai Folyóirat [Ung. Chem. Z.] **68**, 151—56, April 1962; Budapest, L. Eötvös Univ., Lehrstuhl für phys. Chem. u. Radiologie; ung.) — Mit der Meth. der Vff. können Ionenbeweglichkeiten u. Überführungszahlen in höchstkonz. Lsgg. bestimmt werden. Die genannten Größen wurden in NaJ-Lsgg. im Konz.-Gebiet 0,1—8,76 Mol/Liter gemessen. Die Summe beider Ionenbeweglichkeiten stimmte innerhalb der Vers.-Fehler (maximal 2,5—5,58%) mit den entsprechenden Literaturwerten überein. Aus den Ionenleitfähigkeiten wurden die Überführungszahlen berechnet. I. Náray-Szabó. 138

Direkte Bestimmung der Diffusionskoeffizienten von Ionen. G. Jangg und H. Arlt. (Z. anorg. allg. Chem. **318**, 63—71, 1962; Wien, TH, Inst. für chem. Technol. anorgan. Stoffe; dt.) — Die direkte Best. der Ionendiffusions-Koeff. ϑ ist auch bei hohen Konzz. c mit Hilfe einer modifizierten Diaphragmazelle nach McBain möglich. Die gegenseitige Beeinflussung der Wanderung von Kationen u. Anionen in der Zelle herkömmlicher Bauart kann verhindert werden, indem die Lsg. des zu untersuchenden Ions gegen eine gleichkonz. Lsg. eines Salzes mit einem dem untersuchten Ion möglichst ähnlichen Ion u. dem gleichen Gegenion diffundiert. Gründliche Durchmischung der Lsgg. in den Diffusionsräumen wird durch Thermokonvektion mit Hilfe eines an der Außenwand angebrachten, von kaltem W. durchströmten Glasrohrs erzwungen. Unterss. an Cu^{2+} u. Cd^{2+} (0,01—1,0m; 25 u. 50°; Gegen-Lsg. $ZnSO_4$-Lsg. gleicher Konz.; Temp.-Koeff. 2,5%/Grad), $[Cu(NH_3)_4]^{2+}$ (I) u. $[Cd(NH_3)_4]^{2+}$ (II; 0,05, 0,02 u. 0,01m je 20 Mol NH_3/Mol; 25°; Zn-Ammin-Lsg. gleicher Konz.; —) u. Vgl. mit berechneten u. früher mitgeteilten Werten zeigen, daß für D auch in konzentrierteren Lsgg. genaue Werte erhalten werden. Trägt man D nach Fuoss u. Onsager gegen $\sqrt{c}$ auf, so ergeben sich im ganzen Konz.-Bereich Geraden. Die Diffusions-Geschw. von I u. II ist in Übereinstimmung mit früheren Beobachtungen größer als die von Cu^{2+} u. Cd^{2+}, was auf die starke Hydratisierung der letzteren zurückgeführt wird. P. Frenzel. 138□

Die Aktivitätskoeffizienten von Ammoniumperchlorat in Wasser bei 25°. O. E. Esval und S. Y. Tyree jun. (J. physic. Chem. **66**, 940—42, Mai 1962; Chapel Hill, N.C., Univ. of North Carolina, Dep. of Chem.; engl.) — Die Aktivitäts-Koeff. wss. Lsgg. von NH_4ClO_4 bei 25° wurden aus den durch Vgl. mit isopiest. KCl-Lsgg. bestimmten osmot. Koeff. bestimmt. Die gefundenen Werte entsprechen gut der Debye-Hückel-Gleichung u. geben ein å von 1,84 Å, das für den Einfl. von Größen außer den geringen Hydratationsenergien von Kation u. Anion spricht. Im log $\gamma/\sqrt{m}$-Diagramm liegen die Werte für NH_4ClO_4 unter denen von NH_4NO_3. H. Bürger. 139□

Ionisationskonstanten einiger Perfluoralkylquecksilberhydroxide und -halogenide. H. B. Powell und J. J. Lagowski. (J. chem. Soc. [London] **1962**, 2047—49, Mai; Austin, Tex., Univ. of Texas; engl.) — Die pK-Werte wss. Lsgg. von *Perfluoralkylquecksilberhydroxiden* (I), *-chloriden*, *-bromiden* u. *-jodiden* wurden potentiometr. durch Titration von OH^- mit $HClO_4$ bestimmt. Sie betragen bei 25 ± 0,2°, nahezu unabhängig von der Länge des Perfluoralkylrestes, für I 10,50—10,76, Chloride 5,56—5,78; Bromide 7,16—7,24 u. Jodide 9,63—9,96. Die Verbb. sind, verglichen mit Alkylquecksilberhalogeniden, nur wenig stärker dissoziiert. Sie bilden mit Halogeniddonatoren Komplexionen des Typs $R_FHgX_3^{2-}$ u. $R_FHgX_2^-$, was auch aus der hohen Löslichkeit von Silberoxid in ihrer Ggw. hervorgeht. Zur Darst. von I bewährte sich am besten die Rk. von wss. Ag_2O mit R_FHgJ; 25—40% Ausbeute. FF. von I: $R_F = CF_3$, 259—260°; C_2F_5, 222—225°; C_3F_7, 229—230°. H. Bürger. 139□

Ruhepotentiale im System Platin-Sauerstoff-Säure. James P. Hoare. (J. electrochem. Soc. **109,** 858—65, Sept. 1962; Warren, Mich., Gen. Motors Co., Res. Labor.; engl.) — Das Ruhepotential einer perlenförmigen Pt-Elektrode in mit O_2 beschickter 2n H_2SO_4 (+ Na_2SO_4) bei 24° wird in Abhängigkeit vom pH-Wert, vom O_2-Partialdruck u. der Elektrodenvorbehandlung untersucht. Die Herst. einer α-Pd-Bezugselektrode wird beschrieben. Vf. nimmt an, daß das theoret. Gleichgewichtspotential des O von + 1,229 V (bzgl. Normal-H-Elektrode) in einem beliebigen Syst. nicht erreicht werden kann, da zwischen allen bekannten Elektronenleitern u. O_2 Wechselwrkg. eintreten, wodurch nur ein Mischpotential beobachtet wird. Solche Syst. befinden sich nicht im Gleichgewicht, sondern in einem stationären Zustand. Unter hochreinen Bedingungen u. durch anod. Vorbehandlung der Elektrode mit anschließender H_2-Sättigung erhält man ein reproduzierbares Potential von 1060 ± 15 mV. Das Syst. ist irreversibel, da Adsorptionsvorgänge vorliegen. Das sich nach 10—12 Std. einstellende Ruhepotential wird als Mischpotential angesehen, das durch die Rkk. $O_2 + 4\,H^+ + 4\,e^- = 2\,H_2O$ u. $PtO^* + 2\,H^+ + 2\,e^- = Pt + H_2O$ (PtO^* hydratisiertes Oberflächenoxid, H^+ hydratisiertes Proton in Lsg.) bestimmt wird. Das Potential des Paares Pt/PtO scheint eher 0,88 als 0,98 V zu betragen. Vermutlich entsteht H_2O_2 im Elektrolyten. Bei genügend hohen H_2O_2-Konzz. wird die Rk. $O_2 + 2\,H^+ + 2\,e^- = H_2O_2$ geschwindigkeitsbestimmend. Hierbei entsteht eine O-Elektrode hoher Reversibilität. P. Frenzel. 140□

Bestimmung der Dicke von Zinn-Nickel-Überzügen. N. T. Kudrjawzew, K. M. Tjutina und I. W. Tschwankin. (Betriebs-Lab. [UdSSR] **26,** 301—02, 1960; Moskau, Chem.-Technol. Mendelejew-Inst.; russ.) — Die Best. erfolgt durch elektrolyt. Auflösung der Überzüge nach der volumetr. Fl.-Strahl-Meth. [Einw. eines Fl.-Strahls aus einer Bürette, die als Kathode dient, auf die Probe (Anode)] mit 0,03n HCl. Vff. untersuchten die Auflösung von Überzügen mit 65% Sn u. bis 30 μ Dicke.
H. Jäger. 141□

Einige Betrachtungen über die Bedeutung der Protonentunnelung bei bestimmten Ladungsübertragungsvorgängen. B. E. Conway. (Canad. J. Chem. **37,** 178—89, Jan. 1959; Ottawa, Ontario, Univ. of Ottawa, Dep. of Chem.; engl.) — Vf. beschreibt ein kombiniertes Dest.- u. elektrolyt. Verf. zur Herst. von ultrahochreinem *D_2O* u. *W.*, bestimmt die Gleichstrom- u. Wechselstromleitfähigkeit von D_2O- u. H_2O-Eis u. berechnet das Isotopenverhältnis der Leitfähigkeit. Der Protonentransport scheint durch Protonentunnelung zu erfolgen. Weiterhin wird die Tunnelungswahrscheinlichkeit für die H^+- u. D^+-Entladung an Hg in saurer Lsg. nach der Eckartschen Theorie berechnet. Bei mittleren Überspannungen (η) gilt die Tafel-Gleichung, bei niedrigen η wird wie bei der klass. Behandlung eine lineare Stromspannungsabhängigkeit gefunden. Die Berechnung der H/D-Trennfaktoren bei der Tunnelung ergibt, daß diese bei mittleren u. hohen η den klass. abgeleiteten Werten entsprechen. Lediglich bei niedrigen H_2- u. D_2-Entw.-Geschw. ergeben sich hohe Trennfaktoren. Die Neigungen der Tafel-Geraden sind bei Tunnelung höher (0,2—0,3) als beim klass. Mechanismus (0,12). Vf. schließt, daß beide Mechanismen gleichzeitig ablaufen können u. zu den mitunter beobachteten anomalen b-Konst. der Tafel-Gleichung führen. P. Frenzel. 142□

Elektrochemischer Beweis für zweiatomiges Tellur. S. A. Awad. (J. electrochem. Soc. **109,** 865—70, Sept. 1962; Heliopolis, Cairo, Egypt, Ain-Shams-Univ., Univ. Coll. of Cairo, Chem. Dep.; engl.) — Unterss. der Überspannung an Te-Kathoden in 0,005—0,5n $Ba(OH)_2$ (I)- u. 0,5n NH_3 (II)-Lsgg. werden durch die Bldg. von Te_2^{2-}-Ionen bei der Auflösung von Te erklärt. Die Auflösungs-Geschw. wird in II-Lsg. u. 0,005 bis 0,01n I-Lsg. durch die Entladung der Kationen, bei höherer I-Konz. durch die elektrochem. Rk., für die 2 verschiedene Tafel-Neigungen im linear-logarithm. Bereich beobachtet werden, bestimmt. Für die Anzahl λ der Elektronen, die für den vollständigen Ablauf eines Vorganges der geschwindigkeitsbestimmenden Rk. benötigt werden, stellt man unerwartete Werte von 2 für die Entladung u. 4 für den elektrochem. Mechanismus fest. Vf. schlägt daher einen modifizierten Mechanismus unter Annahme von Te_2 vor, der beiden Tafel-Neigungen u. den gefundenen λ-Werten befriedigend genügt, sofern die ersten Vorgänge des Entladungs- u. elektrochem. Mechanismus als potentialunabhängig angenommen werden. P. Frenzel. 142□

Das elektrochemische Verhalten des Germaniums. I. W. Borowkow. (J. physik. Chem. UdSSR] **34,** 2682—86, Dez. 1960; Leningrad; russ., Auszug: engl.) — Die Abhängigkeit zwischen dem stationären Potential (φ) des Ge u. der H^+-Konz. des Elektrolyts (1n HCl,

KCl u. KOH) ergibt sich aus der Formel: $\varphi = a - b \cdot pH$ (a u. b = Konst.; a = −0,042 mV). Die Kinetik der H_2-Ausscheidung am Ge zeigt Übereinstimmung mit der Theorie der gehemmten Entladung. Der Verlust der Aktivität der Ge-Elektrode wird durch die unvollständige kathod. Red. des $Ge(OH)_2^{2+}$ oder des GeO hervorgerufen (Passivierung der Elektrode). S. Baryschnikow. 142

Voltammetrische Untersuchung des Systems Ag/Ag(I) in trockenem Tetrahydrofuran. Janine Badoz-Lambling und Masaroni Sato. (C. R. hebd. Séances Acad. Sci. **254**, 3354–56, 7/5. 1962; Paris, École Sup. de Phys. et Chim. Ind., Labor. de Chim. analyt.; franz.) — Vff. untersuchten in THF die elektrochem. Oxydation von Ag in einem $LiClO_4$-Elektrolyten. Aus den Potentialkurven bei Zusatz von Cl^- u. Br^- wurden die pK-Werte der Rk. $AgClO_4 + LiX \rightleftharpoons AgX\downarrow + LiClO_4$ zu pK_{Cl} 16,5 u. pK_{Br} 19 bestimmt, d. h. in THF sind die Silberhalogenide weniger lösl. als in W.; sie geben bei der potentiometr. Titration in 10^{-4} m Lsg. Potentialsprünge von 0,4 V.
H. Bürger. 142 □

Reduktion von Europium und Terbium an tropfender Quecksilber-Elektrode. Akio Iwase. (J. chem. Soc. Japan, pure Chem. Sect. [Nippon Kagaku Zasshi] **81**, 739 bis 744, Mai 1960; Yamagata-Daigaku, Bunri-Gakubu; jap., Auszug: engl. S. A 53.) — Polarogramme von *Eu^{3+}* u. *Tb^{3+}* werden in 0,1 m *LiCl* unter Zusatz von *Gelatine* (0,01%) bei pH 2–5 u. 25° gemessen. Eu^{3+} zeigt eine 2stufige Welle; die erste u. die zweite Stufe entsprechen den Redd. $Eu^{3+} \rightarrow Eu^{2+}$ (Halbwellenpotential −0,670 V bei pH 4,0, gegen Standardkalomelelektrode) u. $Eu^{2+} \rightarrow Eu^0$ (−1,945 V bei pH 4,0). Tb^{3+} zeigt dagegen nur eine 1stufige Welle (−1,818 V bei pH 3,0), die getrennt von der Wasserstoffwelle erscheint. Das Halbwellenpotential der ersten Stufe von Eu^{3+} sowie das der polarograph. Welle von Tb^{3+} werden zwischen pH 4,5 u. 2,5 negativer, wobei sich die Elektroden-Rk. der ersten Stufe von Eu^{3+} von reversibel zu irreversibel u. die der polarograph. Welle von Tb^{3+} von irreversibel zu reversibel ändern. Die zweite Stufe von Eu^{3+} beruht auf der reversiblen Elektroden-Rk. u. wird durch pH-Änderung wenig beeinflußt. Der Grenzstrom wird in beiden Fällen durch Diffusion bestimmt u. die Diffusionsstrom-Konst. beträgt 1,50 ± 0,01 (Eu^{3+}, erste Stufe), 3,02 ± 0,03 (Eu^{3+}, zweite Stufe) u. 4,49 ± 0,05 (Tb^{3+}). Diese Werte stimmen mit den auf Grund der Äquivalentleitfähigkeit von Dy^{3+} bei unendlicher Verdünnung nach Ilkovič für die Red. $Eu^{3+} \rightleftharpoons Eu^{2+}$, $Eu^{2+} \rightarrow Eu^0$ u. $Tb^{3+} \rightarrow Tb^0$ annähernd berechneten gut überein u. Vf. schließt, daß die polarograph. Welle von Tb^{3+} der Red. bis zu der Stufe von Tb^0 entspricht. E. Maekawa. 142

Wasserstoff-Überspannung am Quecksilber bei der Chloralkali-Elektrolyse. Gerhard Hauck. (Chemie-Ing.-Techn. **34**, 369–71, Mai 1962; Lülsdorf, Dynamit Nobel AG, Werk Feldmühle; dt.) — Es wurde der Einfl. einzelner Elemente in KCl-Solen auf die H_2-Überspannung durch Abscheidung an einem Hg-Tropfen bei −1,9 V untersucht. An dem kleinen Tropfen reichern sich die Störelemente an u. katalysieren die H_2-Abscheidung, die mit einem Mikroskop beobachtet wurde. Im einzelnen wurden Mo-, V-, Ge-, Cr-, Co- u. W-Salze untersucht. Andere Salze verursachen keine bes. Effekte. Es wurde versucht, die Störelemente, die in geringsten Konzz. vorliegen (bis zu 10^{-7} m), durch anod. Amalgamvoltammetrie qual. u. quant. zu bestimmen. Dies gelang bisher für Cr, Ge u. Co. W. D. Krüger/Berlin. 142 □

Probleme zur theoretischen Behandlung der Vorgänge an passivierbaren Metallanoden. K. J. Vetter. (Chemie-Ing.-Techn. **34**, 362–68, Mai 1962; Berlin-Dahlem, MPG, Fritz-Haber-Inst.; dt.) — Es werden für einige anod. Redoxprozesse, bes. Cl_2- u. O_2-Entw., die Korrosions- u. Überspannungsverhältnisse bei verschiedenen techn. Anodenmaterialien erörtert. Die maximale Korrosion im akt. Zustand wird mit u. ohne Komplex-Bldg. auf der Grundlage diskutiert, daß Diffusionsvorgänge begrenzend sind. Hierbei wird auch die Bldg. von porösen Deckschichten bei schwerer lösl. Korrosions-Prodd. berücksichtigt. Die Korrosion im passiven Zustand als Eig. der porenfreien Passivschicht u. das Flade-Potential für den Übergang akt./passiv u. dessen Eigg. werden behandelt. Der Einfl. von pH-Wert u. Komplexbildner auf die passive Korrosion wird untersucht. An passiven Elektroden können Anodenprozesse nur ablaufen, wenn die Passivschicht eine ausreichende Elektronenleitfähigkeit hat. Dies ist bei Al, Ti u Ta nicht der Fall. Weiter wurden Anodenmaterialien aus Cr, Fe, Ni, Pb, Pt, Pd u. Fe/Cr-Legg. untersucht. Die Überspannung an passiven Anoden ist eine Eig. der Passivschicht an der elektrolytseitigen Phasengrenze. Halbleiter u. Graphit werden als Anodenmaterialien gesondert diskutiert. W. D. Krüger/Berlin. 143 □

Untersuchung der Passivierung von Zink in Chromatlösungen. E. I. Lewitina. (J. physik. Chem. [UdSSR] **34**, 2075–81, Sept. 1960; russ., Auszug: engl.) — Das Wachstum der passivierenden Schicht auf der Zn-Oberfläche in Chromat-Lsgg. ist vom pH der Lsg. u. ihrem Geh. an SO_4^{2-} u. Cr(III) abhängig. In Ggw. von SO_4^{2-} u. Abnahme des pH werden die Löslichkeit der Cr(III)-Verbb. u. die Stärke der Deckschicht erhöht.

Bei Lsgg., die > 15 g/Liter H_2SO_4 enthalten, nimmt das Gew. der Deckschicht ebenfalls ab. Bei sonst gleichen Verhältnissen ist die Dicke der Deckschicht bei gleichzeitiger Ggw. von Cr(III) u. Cr(VI) größer als in Ggw. von Cr(VI) allein. Durch Erhitzen der passivierten Probe in W. wird der Film dehydratisiert, so daß Risse entstehen. Bei Temp.-Erhöhung der Lsg. nimmt die Filmdicke ab. S. Baryschnikow. 143

Kinetik der Übergangszustände bei der Bildung anodischer Oxidfilme auf Tantal in verdünnter Schwefelsäure. L. Young. (Proc. Roy. Soc. [London], Ser. A **263**, 395—406, 19/9. 1961; Vancouver, B.C., Univ. of British Columbia, Brit. Columbia Res. Council; engl.) — Vgl. C. **1961**, 1820. — Bei Anlegung eines starken elektr. Feldes an einen Film, in dem die Konz. c der Frenkel-Defekte viel niedriger als die ist, die durch das Feld im Gleichgewicht erzeugt wird, nimmt der als zu c proportional angenommene Ionenstrom i zunächst langsam, dann viel schneller bis zu einem Gleichgewichtswert zu. Unterss. an Oxidfilmen, die durch anod. Oxydation von Ta in 0,2n H_2SO_4 hergestellt wurden, weisen auf die Bldg. beweglicher Ionen durch einen autokatalyt. kaskadenartigen Vorgang hin, bei dem von diesen Ionen aus dem Gitter auf Zwischengitterplätze gestoßen werden. Die Aktivierungsenergie W für die Ionenbeweglichkeit wird zu 1,28 ± 0,1 eV abgeschätzt. Die anomale Temp.-Abhängigkeit von d E/log i (E elektr. Feldstärke, i Ionenstrom) führt Vf. auf eine nichtlineare Abnahme von W mit E zurück, wobei neben dem linearen ein quadrat. Glied auftritt. P. Frenzel. 143□

Der Mechanismus der elektrochemischen Korrosion von Metallen unter Isolationsschichten. 1. Mitt. Kinetik der Zerstörung von Isolationsüberzügen auf Metallen in Elektrolyten. N. D. Tomaschow, Ju. N. Michailowski und W. W. Leonow. (J. physik. Chem. [UdSSR] **35**, 367—71, Febr. 1961; Inst. für phys. Chem. der Akad. der Wiss. der UdSSR; russ., Auszug: engl.) — Die Unters. des Zerstörungsmechanismus dünner Bitumen-, Paraffin-, Bakelitisolationsfilme auf Metalloberflächen (Pt, Cu, Fe) in Elektrolyten (NaCl) zeigen, daß der Verlust der Isolations-Eigg. der Filme u. der Anfang des Korrosionsprozesses im wesentlichen mit dem Eindringen des Elektrolyts in die Mikroporen u. Defekte des Films bis an die Oberfläche des Metalles, nicht aber mit dem Quellen des Filmes verbunden ist. Die elektrochem. Natur des Metalles ist einer der wichtigsten Faktoren der Zerstörung des Isolationsfilmes Die mit dem Korrosionspotential im gegebenen Elektrolyt verbundene spontane Zerstörung des Filmes (seine Perforation durch Elektrolytionen; Entstehung von kathod. Bereichen im Film selbst) wird gleichfalls erörtert. S. Baryschnikow. 143

Der Mechanismus der elektrochemischen Korrosion von Metallen unter Isolationsschichten. 2. Mitt. Kinetik des Kathodenprozesses bei der Korrosion von Metallen unter Isolierungen. N. D. Tomaschow, Ju. N. Michailowski und W. W. Leonow. (J. physik. Chem. [UdSSR] **35**, 588—93, März 1961; russ., Auszug: engl.) —1. vgl. vorst. Referat. — Die Erleichterung der Kathoden-Rk. an isolierten Elektroden (mit Bitumen, Bakelit u. Nitrocellulose belegt), die bei bestimmten Potentialen auftritt, ist mit dem Auftreten der elektron. Leitfähigkeit des Filmes verbunden. Gleichzeitig wird ein irreversibler Prozeß der elektrochem. Perforation des Filmes durch akt. Ionen im elektr. Strom beobachtet. Der mögliche Korrosionsmechanismus von Metallen unter porösen Korrosionsschichten wird erörtert. Es wird gezeigt, daß auf Metallen mit stationärem, sich im elektron. Leitfähigkeitsbereich befindlichen Potential, der kathod. Prozeß sowohl an der Oberfläche des Metalles (unter den Poren der Schutzschicht) als auch in den dünnsten Teilen der Isolationsschicht auftreten kann.
S. Baryschnikow. 143

Der Mechanismus der elektrochemischen Korrosion von Metallen unter Isolationsschichten. 3. Mitt. Untersuchung der Funktion von Makrokorrosionspaaren, die sich bei der teilweisen Isolierung der Oberfläche des Metalls durch dünne Schutzhäute bilden. N. D. Tomaschow, Ju. N. Michailowski und W. W. Leonow. (J. physik. Chem. [UdSSR] **35**, 736—41, April 1961; russ., Auszug: engl.) — 2. vgl. vorst. Referat. — Untersucht wurde die Arbeit von Makropaaren aus isolierten u. nichtisolierten Metallen. Es wird gezeigt, daß, unabhängig von der Natur der Isolationsschicht am Metall, die isolierte Elektrode gekoppelt mit einer nichtisolierten stets Kathode ist. Der Korrosionsstrom der Paare nimmt in der Reihe Cu–Al–Fe–Zn zu. Die Ggw. einer geschlossenen Schicht an der Metalloberfläche verschiebt das stationäre Potential der Elektrode zur positiven Seite (z. B. bei Fe ohne Überzug in 0,5n NaCl + 0,016n H_2O_2 von −0.410 zu +0,440 bei Fe mit 10 μ starker Nitrocellulosechicht) u. lokalisiert die Korrosion in den Poren u. Defekten der Schutzschicht. Die Beständigkeit der Isolationsüberzüge ist von ihrer Zus. u. dem Korrosionspotential des Metalles im elektrolyt. Medium abhängig. S. Baryschnikow. 143

A_4. Thermodynamik. Thermochemie

Weitbereichskorrelationen in einem abgeschlossenen System mit Anwendungen auf nichtuniforme fluide Stoffe. J. L. Lebowitz und J. K. Percus. (Physic. Rev. [2] **122**, 1675—91, 15/6. 1961; New York, N.Y., Yeshiva Univ., Grad. School of Sci.; New York Univ., Inst. of Math. Sci.; engl.) A. Blaschette. 146□

Korrekturen der Hochdruck-Skala. Alfred Bobrowsky. (Nature [London] **196**, 159—60, 13/10. 1962; Woodbridge, N.J., Pressure Technol. Corp. of America; engl.) — Die Druckkalibrierung mit Hilfe der bei diskontinuierlichen Vol.-Änderungen bekannter Materialien (Bi, Cs) auftretenden Druckänderungen wird durch die relativen Abmessungen u. physikal. Eigg. der Behälter u. Kalibrierproben beeinflußt (Abweichungen bis zu mehreren %). A. Blaschette. 148□

Beziehung zwischen den durch Ultraschall gemessenen Eigenschaften und den Koeffizienten in der Zustandsgleichung für den festen Zustand. William C. Overton jun. (J. chem. Physics **37**, 116—19, 1/7. 1962; Washington, D.C., U. S. Naval Res. Labor.; engl.) — Auf klass.-thermodynam. Weg ergibt sich eine Beziehung zwischen den Druckableitungen des isothermen bzw. adiabat. Moduls B_T bzw. B_S (bulk moduli), mit deren Hilfe $(\partial B_T/\partial p)_{T, p=0}$ aus dem experimentellen Wert von $(\partial B_S/\partial p)_T$ u. den nur von der Temp. abhängigen thermodynam. Eigg. erhalten werden kann. Obwohl nach thermodynam. Voraussagen $B_T < B_S$ sein soll, findet Vf. für *Cu, Ag, Au, Al, NaCl* u. *Na* $(\partial B_T/\partial p)_T > (\partial B_S/\partial p)_T$. Die Koeff. a_1 u. a_2 der Zustandsgleichung $\Delta V/V = -a_1 p + a_2 p^2 + \cdots$ werden aus experimentellen Ultraschalldaten ermittelt u. mit den durch Hochdruck-Meth. erhaltenen Werten verglichen (gute Übereinstimmung nur bei a_1). A. Blaschette. 148□

Tieftemperaturgrenze von Grüneisens Gamma bei Germanium und Silicium. W. B. Daniels. (Physic. Rev. Letters **8**, 3—4, 1/1. 1962; Princeton, N.J., Princeton Univ.; engl.) — Aus den Messungen der therm. Expansion von Ge, Si u. InSb bei tiefen Temp. erhielt Gibbons (C. **1959**, 6376) eine Abhängigkeit vom Grüneisen-Faktor γ gegen T/Θ_∞, die für Si u. InSb, aber nicht für Ge, im untersuchten Temp.-Bereich ein Minimum durchläuft. Vf. nimmt an, daß die Debye-Temp. temperaturunabhängig ist u. stellt für sehr tiefe Temp. die Beziehung $-\gamma = d \ln \Theta / d \ln V$ auf, nach der für $T/\Theta_\infty = 0$ die γ_0-Werte für Ge 0,492 u. Si 0,250 berechnet wurden. Nach diesen berechneten Werten für γ_0 kann im Gegensatz zur Gibbons-Extrapolation ein gleichartiges Verh. von Ge, Si u. InSb abgeleitet werden. K. Ross. 148□

Daten zur Temperaturabhängigkeit des Kompressionsmoduls reiner Metalle. Karl-Heinz Schramm. (Z. Metallkunde **53**, 316—20, Mai 1962; Frankfurt/Main, Battelle-Inst. e. V.; dt.) — Mit Hilfe des Ausdehnungs-Koeff. wurde die Temp.-Abhängigkeit des Kompressionsmoduls von *Al, Sb, Ba, Pb, Cd, Ca, Cr, Fe, Au, In, Ir, Co, Cu, La, Mg, Mn, Mo, Ni, Nb, Pd, Pt, Re, Rh, Ag, Ta, Tl, Th, Ti, Bi, W, Zn, Sn* u. *Zr* berechnet. F. Vier. 148□

Die Dichte von flüssigem Wismut und von verdünnten Kupferlösungen in flüssigem Wismut. S. W. Strauss und L. E. Richards. (J. nuclear Mater. [Amsterdam] **5**, 12—16, Jan. 1962; Washington, D.C., U. S. Naval Res. Labor., Phys. Metallurg. Branch, Metallurg. Div.; engl.) — Mit Hilfe einer modifizierten Archimedesschen Meth. wurde die Dichte von fl. Bi (99,999%) zwischen 400 u. 800° bestimmt; sie läßt sich durch folgende Temp.-Funktion beschreiben (D. in g/cm³, T in Grad C; Genauigkeit $\pm 0{,}0075$): $D. = 10{,}3940 - 1{,}2361 \cdot 10^{-3} \cdot T$. Aus den gemessenen Dichten (790—810°) von fl. Bi-Cu-Lsgg. (**I**, 7 Proben zwischen 0,353 u. 3,442 Atom-% Cu) folgt, daß das Mol.-Vol. (MV) von **I**, das aus den Dichten berechnet wird, niedriger ist als das MV, das sich mit Hilfe der Mischungsregel errechnet. Das Partial-MV des Lsgm. (fl. Bi) unterscheidet sich nicht wesentlich von seinem MV. Das Partial-MV des gelösten Metalles (Cu) hat bei hoher Verdünnung annähernd den Wert Null. Ähnliches tritt auch im Falle der Lsgg. Pb-Ni u. Pb-Cu auf. G. Gattow. 148□

Die Dichte von Chlorwasserstoff bis 400° und 2000 bar. K. Mangold und E. U. Franck. (Z. Elektrochem., Ber. Bunsenges. physik. Chem. **66**, 260—66, April 1962; Göttingen, Univ., Inst. für Phys. Chem.; dt.) — Vff. untersuchten die Dichte von HCl im Temp.-Bereich von 60—400° bei Drücken von 200—2000 bar. Die App. wird beschrieben. Das Meßgefäß ist ein aus einer hochwarmfesten Fe-Cr-Ni-Co-Leg. gefertigter Autoklav, er erwies sich als hinreichend korrosionsfest. Oberhalb 400° waren nur Hartporzellan u. gesintertes Al_2O_3 bis 750° u. 2000 bar korrosionsbeständig, die aber Riß-Bldg. während des Aufheizens zeigten. Die Meßwerte u. daraus errechnete Kompressions-Koeff. $z = pv/RT$ werden tabellar. wiedergegeben. Der mittlere Fehler der z-Werte liegt bei 1,6%. Die mittlere Kompressibilität von fl. HCl bei 20° fällt zwischen 300 u. 1800 bar von $380 \cdot 10^{-6}$ auf $53 \cdot 10^{-6}$ bar^{-1}. Mehrere Zustandsgleichungen werden auf ihre Brauchbarkeit für HCl zwischen 100 u. 400° geprüft. Mit angepaßten Konst. ($a = 7{,}24 \cdot 10^7$ cm³·bar·Grad$^{1/2}$·Mol^{-2}; $b = 25{,}6$ cm³·mol^{-1}) gibt die Gleichung von Redlich u. Kwong oberhalb 200° u. 300 bar die Meßwerte mit nicht mehr als 4% Abweichung wieder. D. Papenfuß. 148□

Thermische Diffusion von binären Gasmischungen. S. C. Saxena und S. M. Dave. (Rev. mod. Physics **33**, 148—52, April 1961; Bombay, Atomic Energy Establ. Trombay, Chem. Div.; engl.) — Theoret. Behandlung der therm. Diffusionsfaktoren bin. Mischungen, bei denen eine Komponente nur in Spuren vorhanden ist. Die abgeleiteten Beziehungen sind für die Auswertung von Diffusionsdaten hinsichtlich der intermol. Potentialenergien von Bedeutung. Wolfgang Wagner. 149□

Untersuchungen über binäre Diffusion der Gaspaare O_2–Ar, O_2–Xe und O_2–He. R. Paul und I. B. Srivastava. (Indian J. Physics Proc. Indian Assoc. Cultivat. Sci. **35 (44)**, 465—74, Sept. 1961; Calcutta, Ind. Assoc. for the Cult. of Sci.; engl.) — Mit Hilfe des von Ney u. Armistead [1947] beschriebenen Diffusions-App. aus 2 Glaskolben, die durch eine Präzisionscapillare miteinander verbunden sind, bestimmen Vff. die gemischten Diffusions-Koeff. von O_2–*Ar*, O_2–*Xe* u. O_2–*He* bei —30, 0, 30 u. 60°. Zur Analyse der Gasproben wurde eine Wärmeleitfähigkeitsmeßzelle verwendet. Die D_{12}-Werte dienten zur Berechnung der Wechselwrkg.-Parameter für das Lennard-Jones-12 : 6-Potential, aus denen dann die Diffusions-Koeff. ermittelt wurden. Zusätzlich wurden aus den gemischten Diffusions-Koeff. sowie anderen Transport-Eigg. der reinen Komponenten die therm. Leitfähigkeiten der untersuchten Mischungen berechnet. Hierbei ergab sich befriedigende Übereinstimmung zu den Versuchsdaten. Wolfgang Wagner. 149□

Untersuchungen über binäre Diffusion der Gaspaare N_2–Ar, N_2–Xe und N_2–He. R. Paul und I. B. Srivastava. (Indian J. Physics Proc. Indian Assoc. Cultivat. Sci. **35 (44)**, 523—29, Okt. 1961; engl.) — Vgl. vorst. Referat. — Analoge Untersuchungen. Wolfgang Wagner. 149□

Thermischer Ausdehnungskoeffizient von festem ^{3}He. Martin J. Klein und Raymond D. Mountain. (Physic. Rev. Letters **5**, 363, 15/10. 1960; Cleveland, Ohio, Case Inst. of Technol., Dep. of Phys.; engl.) — In einer theoret. Abhandlung wird bewiesen, daß, falls durch Kompression mit >130 atm die Spins der ^{3}He-Kerne wie in einem Ferromagnetikum ausgerichtet werden können, der therm. Ausdehnungs-Koeff. bei diesem Phasenübergang sein Vorzeichen ändern u. positiv werden muß. G. Kirschstein. 149□

Die Eigenschaften von Argon am Tripelpunkt. E. A. Guggenheim und M. L. McGlashan. (Molecular Physics **3**, 571—76, Nov. 1960; Reading, Univ., Dep. of Chem.; engl.) — Theoret. Abschätzung der Gesamtenergie von fl. Ar am Tripelpunkt. G. Kirschstein. 149□

Gleichgewichtseigenschaften von kristallinem Argon, Krypton und Xenon. E. A. Guggenheim und M. L. McGlashan. (Molecular Physics **3**, 563—70, Nov. 1960; engl.) — Vgl. vorst. Referat. — Vff. nehmen an, daß für Kr u. Xe dieselbe Potentialgleichung gilt wie für Ar, u. berechnen damit die Temp.-Abhängigkeit des Mol-Vol., der Entropie u. der Enthalpie zwischen dem Tripelpunkt u. ca. 20°K. Die Übereinstimmung mit den Meßwerten ist überraschend gut. Zusätzlich werden einzelne Werte für Ne diskutiert. G. Kirschstein. 149□

Eigenschaften der metallorganischen Verbindungen unter Berücksichtigung des Periodensystems von D. I. Mendelejew. 1. Mitt. **Siedepunkte von Fluor- und anderen Halogenverbindungen.** N. N. Jarowenko. (J. allg. Chem. [UdSSR] **28 (90)**, 2506—09, Sept. 1958; russ.) — Das Verhältnis der Unterschiede der Kpp. von organ. Cl- u. F-Verbb. zu denjenigen der Kpp. von Br- u. Cl-Verbb. $(t_{Cl} - t_F)/t_{Br} - t_{Cl})$ ist annähernd konst. (1,59—1,92, Mittel 1,71). Der Wert ist derselbe wie der des Unterschiedes der Atomrefraktionen der Halogene: $(AR_{Cl} - AR_F)/(AR_{Br} - AR_{Cl})$. Auf dieser Grundlage kann man aus den AR auf die Kpp. verschiedener organ. Halogen-Verbb. schließen, was an Halogenmethanen, -äthanen, -äthylenen, -propylenen, -alkoholen, -aldehyden, -carbonsäure u. Säurechloriden belegt wird. Aber auch für anorgan. Halogen-Verbb. der I., II., III., IV., V. u. VI. Gruppe des Perioden-Syst. gilt diese Beziehung. Ein Nomogramm für solche Berechnungen wird gegeben. R. K. Müller. 150□

Über „Abweichungen" vom Raoultschen Gesetz. M. Ussanowitsch. (Ber. Akad. Wiss. [UdSSR] **128**, 561—63, 21/9. 1959; Inst. für chem. Wiss. der Akad. der Wiss. der KasachSSR; russ.) — Vgl. C. **1959**, 5039. — Vff. betrachtet „Abweichungen" vom Raoultschen Gesetz, die sich im Verlauf der Dampfdruckkurven u. bei kryoskop. Molgew.-Best. infolge Molekularassoziation bemerkbar machen. Bei allen Betrachtungen wird ideales Verh. der Lsgg. vorausgesetzt. G. Rudakoff. 150□

Bestimmung der Verdampfungsgeschwindigkeit und des Koeffizienten der Eigendiffusion mittels der Methode des Isotopenaustausches zwischen zwei Proben. J. Kučera. (Českoslov. Časopis Fysiku 11, 1—6, 1961; Brno, Labor. pro studium vlastností kovů Českoslov. akad. věd; tschech.) — Mathemat. Lösung der Frage des Isotopenaustausches unter der Annahme, daß der Austausch zwischen 2 mit den Grundflächen sich zugewandten halbzylindr. Proben stattfindet, wobei n Schichten der Oberflächenatome teilnehmen. Es werden Formeln für die Berechnung der Verdampfungs-Geschw. u. des Eigendiffusions-Koeff. aus den Meßwerten der Acceptoraktivität als Funktion der Zeit aufgestellt. Die Anzahl der Atomschichten an der Oberfläche, die an der Verdampfung teilnehmen, kann abgeschätzt werden. Weiter wird eine Lösung des Problems unter der Voraussetzung angeführt, daß die Oberfläche des Donators bedeutend kleiner als die des Accetpors ist. J. Tůmová. 150□

Mechanismus des Siedens unter der Einwirkung eines elektrischen Feldes. Emmanuel Bonjour und Jacques Verdier. (C. R. hebd. Séances Acad. Sci. **251**, 924—26, 17/8. 1960; Grenoble, Centre d'Et. Nucléaires, Labor. de Phys.-Chim. et Basses Températures; franz.) — Vff. berichten über Beobachtungen von dielektr. Fll. in Ggw. eines elektr. Feldes, u. zeigen, daß neben der Elektrokonvektionskraft eine elektromechan. Wrkg. beim Sieden auf die Blasen infolge des Unterschiedes der DK. zwischen der Gasphase u. der fl. Phase ausgeübt wird. Diese Deutung konnte durch Verss. an bei normalem Druck sd. *Freon 12* u. einem elektr. Feld von Null bzw. 110 kV/cm bestätigt werden.
C. Gottfried. 150

Molekulare Diffusionsvermögen bei der Destillation. Alberto Paratella. (Chim. e Ind. [Milano] **43**, 251—55, März 1961; Padova, Univ., Ist. di Impianti chim.; ital.) — Die „therm. Dest." ist der „Kontakt-Dest." überlegen wegen des vorteilhaften Mechanismus des Wärme- u. Stoffaustausches zwischen der fl. u. Dampfphase. Zur quant. Auswertung der beiden Prozesse wurden die mol. Diffusionsvermögen (DF) einiger schon experimentell untersuchter bin. Syst. (n-Heptan–Toluol, CCl_4–Toluol u. NH_3–W.) betrachtet. Die Verw. der mol. DF erklärt ausreichend das empir. Verh. des „Wirkungsgrades" des gesamten Dest.-Prozesses (Diagramme). — 17 Literaturangaben.
G. Platzer. 150□

Der Einfluß des Wärmetransports auf den Massentransport bei der Rektifikation binärer Gemische. Éli Ruckenstein. (C. R. hebd. Séances Acad. Sci. **253**, 1204, 11/9. 1961; Bucarest, Inst. Polytechn.; franz.) — Berichtigung zu C. **1961**, 17115.
A. Blaschette. 150□

Beitrag zur Untersuchung von wässrigen Lithiumbromid-Lösungen für Absorptionskältemaschinen. Maria A. Biancifiori. (Rend. Ist. super. Sanità **24**, 275—80, 1961; Roma, Ist. super. di Sanità, Labor. d'Ingegneria; ital.) - Vff. untersuchen das vollständige Erstarrungsdiagramm des Syst. W.–LiBr, dessen Kenntnis bei der Berechnung u. Projektierung von mit dieser Lsg. betriebenen u. für die Klimatisierung verwendeten Absorptionskältemacshinen bes. wichtig ist. Das Enthalpie-Konz.-Diagramm, das bisher nur bei Temp. $> 0^0$ bekannt ist, wird theoret. bis $-65{,}6^0$ (Temp. des Eutektikums) vervollständigt. Die Isothermen werden von der Erstarrungskurve unter Berücksichtigung der Bldg. u. des Existenzbereichs der verschiedenen Hydrate (LiBr–H_2O, LiBr–2 H_2O, LiBr–3 H_2O u. LiBr–5 H_2O) abgegrenzt. G. Platzer. 150□

Spezifische Wärme von festem ^{3}He. E. C. Heltemes und C. A. Swenson. (Physic. Rev. Letters **7**, 363—65, 15/11. 1961; Ames, Iowa, Iowa State Univ., Inst. for Atom. Res. and Dep. of Phys.; engl.) — Im Temp.-Bereich von 0,3—2^{0}K wurde die spezif. Wärme von festem ^{3}*He* beider Phasen (α u. β) gemessen. Bei tiefen Temp. ergab sich eine Anomalie, deren vollständige Deutung jedoch nicht möglich war. Die Grüneisen-Konst. ist innerhalb der Meßgenauigkeit für beide Phasen von ^{3}He u. ^{4}He gleich. Bei der α-Phase des ^{3}He tritt mit steigender Temp. eine sehr große positive Abweichung von einer T^3-Abhängigkeit der spezif. Wärme auf. Die Abweichung ist eine Funktion des Vol. u. läßt sich in Form einer charakterist. Temp. darstellen.
Wolfgang Wagner. 151□

Die Messung kleiner Wärmekapazitäten im Temperaturbereich von 1—10^0 K. Jean Müller. (Helv. physica Acta **33**, 514—16, 1/10. 1960; Zürich, ETH, Labor. für Festkörperphys.; dt.) — Beschreibung der Meßapp., die bei Verss. mit Sn u. einer La-Gd-Leg. befriedigende Resultate erbrachte. G. Kirschstein. 151□

Anomale spezifische Wärme von fehlgeordneten Festkörpern. Herbert B. Rosenstock. (Physics Chem. Solids **23**, 659—64, Juni 1962; Washington, D. C., US Naval Res. Labor.; engl.) — Die Berechnung der thermodynam. u. opt. Eigg. von Festkörpern setzt die Kenntnis des gesamten Spektrums von Gitterschwingungen voraus. Einen Teil des Schwingungsspektrums stellen die akust. oder elast. Wellen dar, die sehr große

Wellenlängen aufweisen, d. h., die Bewegung aller Atome eines beträchtlichen Bereiches erfolgt in Phase. Die Wellen-Eigg. können daher aus den makroskop. Eigg. des Festkörpers ohne Berücksichtigung atomarer Kräfte berechnet werden. Langwellige Schwingungen bestimmen bes. bei tiefen Temp. die spezif. Wärme, so daß unabhängig vom Ordnungszustand die spezif. Wärmen erhalten werden sollten. Da sich eine Fehlordnung jedoch nur über atomare Bereiche erstreckt u. sich makroskop. Beobachtungen entzieht, wird für fehlgeordnete Festkörper ein Modell der Kraft-Konst.-Verteilung angegeben, in dem bes. die in Fehlstellen befindlichen Atome zu den langwelligen Schwingungen u. damit den spezif. Wärmen beitragen, während mechan. Eigg. nur unwesentlich beeinflußt werden. Das Verh. von Quarz/Quarzglas sowie Klathraten wird diskutiert. Herbert Müller. 151□

Thermodynamische Eigenschaften von Thoriumdioxid von 298—1200° K. Andrew C. Victor und Thomas B. Douglas. (J. Res. nat. Bur. Standards, A **65**, 105—11, März/April 1961; Washington, D. C.; engl.) — Mit Hilfe eines Bunsenschen Eiscalorimeters wurde die Molwärme von ThO_2 zwischen 323 u. 1173°K gemessen. Die Ergebnisse lassen sich durch die Gleichung $C_p^0 = 17{,}057 + 18{,}06 \cdot 10^{-4}T - 2{,}5166 \cdot 10^5/T^2$ darstellen. Bei 298°K ergibt sich gute Übereinstimmung zu Literaturwerten. Nach dieser Gleichung erhält man für einige thermodynam. Funktionen folgende Beziehungen (Gültigkeitsbereich 298—1200°K): $H_T^0 - H_{0^\circ K}^0 = 17{,}0601\,T + 9{,}028 \cdot 10^{-4}T^2 + 2{,}5166 \cdot 10^5/T - 3486{,}55$; $S_T^0 - S_0^0 = 39{,}2826 \log T + 18{,}056 \cdot 10^{-4}T + 1{,}2583 \cdot 10^5/T^2 - 83{,}5645$; $-(F_T^0 - H_{0^\circ K}^0)/T = 39{,}2826 \log T + 9{,}028 \cdot 10^{-4}T - 1{,}2583 \cdot 10^5/T^2 + 3486{,}55/T - 100{,}6246$. Wolfgang Wagner. 151□

Die spezifische Wärme von reinem Kupfer und einiger verdünnter Kupfer-Eisen-Legierungen, die bei tiefen Temperaturen ein Minimum des elektrischen Widerstandes aufweisen. J. P. Franck, F. D. Manchester und Douglas L. Martin. (Proc. Roy. Soc. [London], Ser. A **263**, 494—507, 10/10. 1961; Ottawa, Canada, Nat. Res. Council, Div. of Pure Phys.; engl.) — Im Temp.-Bereich von 0,4—30°K wurden die spezif. Wärmen von reinem *Cu* sowie einiger verd. Legg. von *Fe* mit *Cu* (mit ca. 0,05, 0,1 u. 0,2 Atom-% Fe) gemessen. Parallel dazu wurden die elektr. Widerstände der Fe-Cu-Legg. von 0,4 bis ca. 80°K ermittelt. Alle Legg. zeigen Anomalien im Verlauf der spezif. Wärme, die sich vermutlich über den gesamten Bereich von 0°K bis zum Minimum des elektr. Widerstandes erstrecken. Der Entropiewert für die Anomalie liegt dicht in der Nähe von R·ln2 pro Mol Fe. Daraus kann geschlossen werden, daß nur 2 Energiezustände der Fe-Ionen zur Erscheinung des Minimums des elektr. Widerstandes beitragen. Die Ergebnisse werden unter den Gesichtspunkten der bestehenden Theorien über das Widerstandsminimum diskutiert. Wolfgang Wagner. 151□

Eine Bemerkung zu den Schmelzwärmen von Calcium-, Strontium- und Bariumnitrat. O. J. Kleppa. (Physics Chem. Solids **23**, 819, Juni 1962; Chicago, Ill., Univ. of Chicago, Inst. for Study of Metals, Dep. of Chem.; engl.) — Durch Extrapolation der Lsg.-Wärmen von $Ca(NO_3)_2$ (I), $Sr(NO_3)_2$ (II) bzw. $Ba(NO_3)_2$ (III), die bei Temp. bestimmt wurden, bei denen die Nitrate stabil sind (350—450°), werden die entsprechenden Schmelzwärmen ΔH_f u. -entropien ΔS_f erhalten. Die Werte sind für **I** F. 561°, $\Delta H_f = 5{,}7$ (kcal/Mol), $\Delta S_f = 6{,}8$ (cal/Grad Mol), für **II** F. 645°, $\Delta H_f = 10{,}6$, $\Delta S_f = 11{,}6$ u. für **III** F. 592°, $\Delta H_f = 9{,}9$, $\Delta S_f = 11{,}5$. Die Unterschiede der Schmelzvorgänge von **I** bzw. **II** u. **III** werden diskutiert. Herbert Müller. 155□

Löslichkeit von Kohlendioxid in Fluorwasserstoffsäure-Lösungen: Korrektur auf den „Standardzustand" für die Verbrennungscalorimetrie von organischen Fluorverbindungen. J. D. Cox und A. J. Head. (Trans. Faraday Soc. **58**, 1839—45, Sept. 1962; Teddington, Middlesex, D.S.I.R., Nat. Chem. Labor.; engl.) — Vff. bestimmten die Löslichkeiten von CO_2 (I) in H_2O sowie in 2,5m u. 5,0m wss. HF-Lsgg. zwischen 19,8 u. 29,9°; die Temp.-Funktionen der Gleichgewichts-Konst. lassen sich durch nachst. Gleichungen beschreiben (T in °K): $\log_{10} K = -4{,}8945 + 1023{,}3/T$ (in H_2O), $= -4{,}5545 + 925{,}8/T$ (für 2,5m HF) u. $= -4{,}6814 + 971{,}6/T$ (für 5,0m HF). Die Lsg.-Wärmen ΔU von **I** bei 25° betragen —4090 cal/Mol (in H_2O), —3840 (in 1,0m HF), —3680 (2,0), —3640 (3,0), —3710 (4,0) u. —3850 (5,0). G. Gattow. 156□

Verbrennungswärme von Borazin, $B_3N_3H_6$. Marthada V. Kilday, Walter H. Johnson und Edward J. Prosen. (J. Res. nat. Bur. Standards, A **65**, 101—04, März/April 1961; Washington, D.C.; engl.) — Die Verbrennungswärme von $B_3N_3H_6$ entsprechend der Rk. $B_3N_3H_6 + 15/4\,O_2 + 3/2\,H_2O \rightarrow 3\,H_3BO_3 + 3/2\,N_2$ beträgt $\Delta H_{298}^0 = -552{,}90 \pm 3{,}0$ kcal/Mol. Daraus ergibt sich die Bldg.-Enthalpie des fl. (gasförmigen) Borazins zu $\Delta H_{f(298)}^0 = -131{,}1 \pm 3{,}2$ $(-124{,}1 \pm 3{,}2)$ kcal/Mol. Wolfgang Wagner. 156□

Hydrolysen- und Bildungswärme von Kaliumborhydrid. Walter H. Johnson, Richard H. Schumm, Isa H. Wilson und Edward J. Prosen. (J. Res. nat. Bur. Standards, A **65**, 97—99, März/April 1961; engl.) — Aus Messungen der Lsg.-Wärmen von KBH_4 in 0,060m HCl sowie der Hydrolysen-Prodd. wurde durch Kombination mit Literaturdaten für die Rk. $KBH_4 + HCl + 3\,H_2O \rightarrow KCl + H_3BO_3 + 4\,H_2$ eine Enthalpieänderung von $\Delta H^0_{298} = -84{,}62 \pm 0{,}44$ kcal/Mol erhalten. Zusammen mit den bekannten Bldg.-Wärmen von HCl, H_2O, KCl u. H_3BO_3 ergibt sich hieraus die Bldg.-Enthalpie zu $\Delta H^0_{f(r)298} = -54{,}70 \pm 0{,}55$ kcal/Mol. Wolfgang Wagner. 156□

Zersetzungswärme von Kaliumperchlorat. Walter H. Johnson und Alexis A. Gilliland. (J. Res. nat. Bur. Standards, A **65**, 63—65, Jan./Febr. 1961; engl.) — Die mit Hilfe einer Verbrennung von Benzoesäure in O_2 in einem Bombencalorimeter ausgelöste Zers. von $KClO_4$ in KCl u. O_2 wurde untersucht. Die Zers. ist danach mit einer Enthalpieänderung von $\Delta H^0_{298} = -0{,}96 \pm 0{,}10$ kcal/Mol verbunden. Mit der bekannten Bldg.-Wärme des KCl ergibt sich daraus die Bldg.-Enthalpie des $KClO_4$ zu $\Delta H^0_{f(298)} = -103{,}22 \pm 0{,}10$ kcal/Mol. Wolfgang Wagner. 156□

Über die ersten Lösungswärmen flüssiger Übergangsmetalle der 4. Periode in flüssigem Silicium. P. W. Geld und Ju. M. Gertman. (Metallphysik u. Metallkunde [UdSSR] **10**, 299—300, Aug. 1960; Uraler Polytechn. Kirow-Inst.; russ.) — Die Mischungswärmen von Ti, V, Cr, Mn, Fe, Co u. Ni mit Si werden bei 1500—1550° calorimetr. bestimmt. In der Reihe der ersten Lsg.-Wärmen (L) der fl. Metalle in fl. Si tritt bei Cr ein Minimum u. bei Co ein Maximum auf. Für die im festen Zustand isotypen Monosilicide von Mn, Fe, Co u. Ni gilt $L = -58{,}5 \pm 3{,}25\,z$ (kcal/g-Atom; z = Ordnungszahl des Metalls). L ist ebenso abhängig von dem elektronegativen Charakter der Metalle (χ, Minimum bei Cr). Die Beziehung zwischen L, z u. χ ist nicht zu verallgemeinern. H. Jäger. 156□

Bildungsenthalpien und Freie Bildungsenthalpien von Gibbsit, Kaolinit, Halloysit und Dickit. R. Barany und K. K. Kelley. (U. S. Dep. Interior, Bur. Mines, Rep. Invest. **1961**, Nr. 5825, 1—13; Berkeley, Calif., Bur. of Mines, Berkeley Thermodynam. Labor.; engl.) — Durch Best. der Lsg.-Wärmen in wss. HF bei 73,7° wurden die thermochem. Daten von natürlichen *Gibbsit* $Al_2O_3 \cdot 3\,H_2O$ (I), *Kaolinit* $Al_2Si_2O_7 \cdot 2\,H_2O$ (II), *Halloysit* $Al_2Si_2O_7 \cdot 2\,H_2O$ (III) u. *Dickit* $Al_2Si_2O_7 \cdot 2\,H_2O$ (IV) ermittelt. Bldg.-Enthalpie aus den Elementen u. aus den Oxiden (α-Al_2O_3, Quarz, fl. H_2O) bei 25,0° für **I**: $\Delta H_{298,15} = -612{,}8 \pm 0{,}3$ u. $-7{,}4 \pm 0{,}4$; **II**: $-964{,}7 \pm 0{,}7$ u. $-7{,}1 \pm 0{,}5$; **III**: $-960{,}2 \pm 0{,}7$ u. $-2{,}7 \pm 0{,}5$; **IV**: $-964{,}4 \pm 0{,}7$ u. $-6{,}8 \pm 0{,}5$ kcal/Mol. Freie Bldg.-Enthalpie aus den Elementen u. aus den Oxiden bei 25,0° für **I**: $\Delta G^0_{298,15} = -547{,}0 \pm 0{,}3$ u. $+1{,}2 \pm 0{,}4$; **II**: $-888{,}1 \pm 0{,}7$ u. $-2{,}0 \pm 0{,}5$; **III**: $-883{,}6 \pm 0{,}7$ u. $+2{,}4 \pm 0{,}5$; **IV**: $-887{,}4 \pm 0{,}7$ u. $-1{,}3 \pm 0{,}5$ kcal/Mol. Aus den thermochem. Daten wird auf die natürlichen Bldg.-Bedingungen der Minerale geschlossen u. ihre Entstehung diskutiert.
G. Gattow. 156□

Der Dampfdruck von Zinkselenid. W. J. Wösten und M. G. Geers. (J. physic. Chem. **66**, 1252—53, Juli 1962; Hague, Netherlands, Nat. Def. Res. Organiz. TNO, Phys. Labor.; engl.) — In einer früher beschriebenen App. (vgl. Wösten, C. **1962**, 10750) wurden die Dampfdrücke von ZnSe (I) zwischen 1060 u. 1393° K nach der Mitführungs-Meth. (N_2-Gas) bestimmt. Das Gleichgewicht $2\,ZnSe_{(fest)} \rightleftharpoons 2\,Zn_{(Gas)} + Se_{2(Gas)}$ wird durch die Gleichung (p in atm, T in °K) $RT\ln(p^2_{Zn} \cdot p_{Se_2}) = -185{,}000 + 99{,}5\,T$ wiedergegeben. Für die Rk.-Enthalpie u. -Entropie bei 1220° K folgt: $\Delta H = +185 \pm 3$ kcal/2 Mol **I** u. $\Delta S = 99{,}5 \pm 2{,}3$ cal/Grad · 2 Mol **I**. Die Standardwerte der Bldg.-Enthalpie u. -Entropie wurden zu $\Delta H^0 = 47$ kcal/Mol u. $S^0 = 14{,}6$ cal/Grad · Mol berechnet u. der F. von **I** zu $1520 \pm 20°$ experimentell ermittelt. G. Gattow. 156□

Eine DTA-Untersuchung der Dehydratation der Seltenerdmetall(III)-sulfathydrate. Die Dehydratationswärmen. W. W. Wendlandt und T. D. George. (J. inorg. nuclear Chem. **19**, 245—50, Okt. 1961; Lubbock, Tex., Texas Technol. Coll., Dep. of Chem.; engl.) — Die Dehydratation von $Me_2(SO_4)_3 \cdot n\text{-}H_2O$ (Me = La, Ce, Pr, Nd, Sm, Eu, Gd, Ho, Tb, Dy, Er, Tm, Yb, Lu, Y) wurde mit Hilfe der DTA untersucht. Während die leichteren Elemente La bis Sm drei endotherme Dehydratationsspitzen aufweisen, beobachtet man bei den schwereren Elementen außer Yb nur 2 Spitzen. Die Sulfathydrate der leichteren Elemente werden unterhalb 350° vollständig entwässert, während dies bei den schwereren bereits unterhalb 300° der Fall ist. Die Dehydratationswärme lag zwischen 68 (kcal/Mol) für $Ce_2(SO_4)_3 \cdot 5\,H_2O$ u. 152 für $Yb_2(SO_4)_3 \cdot 11\,H_2O$.
G. Talsky. 156□

Die thermodynamischen Eigenschaften von VC bei hohen Temperaturen. S. Fujishiro und N. A. Gokcen. (J. electrochem. Soc. **109**, 835—38, Sept. 1962; Tokyo, Fuji Iron and Steel, Co.; El Segundo, Calif., Aerospace Corp.; engl.) — Der Gleichgewichtsdampfdruck von gasförmigem (g) V über VC (fest) + Graphit wird mit Hilfe einer Knudsen-Graphitzelle im Bereich von 2346—2545° K bestimmt. Die Werte folgen im Bereich von 2400 ± 200° K der Beziehung $\log P_v$ [atm] = —(30700/T) + 7,63. Die Rk.-Wärme für VC (fest) = C + V (g) beträgt 145,4 ± 3 (kcal), die Standard-Bldg.-Wärme von VC —22,7 ± 5 bei 298,15° K. P. Frenzel. 156□

Thermodynamische Grundlagen der Reduktion von Eisenoxiden. Luiz C. Corrêa da Silva. (Bol. Assoc. brasil. Metais **16**, 617—40, Juli 1960; São Paulo, Inst. de Pesquisas Tecnol., Escola Politécn.; port.) — Auf Grund der thermodynam. Daten aller in Frage kommenden Komponenten wird die Thermodynamik des Syst. *C–Fe–O* erörtert u. das Diagramm der Oxydo-Red. im Syst. *Fe–C–O* mit demjenigen des Syst. Fe–H–O verglichen. Das tern. Diagramm C–Fe–O setzt sich aus dem bin. Diagramm C–O u. dem pseudobin. Diagramm C–Fe–O zusammen. Die Gleichgewichtsbedingungen beruhen auf der Projektion des C–Fe–O-Diagramms auf das C–O-Diagramm. Einige Fehler der in der Literatur vorliegenden Oxydations-Red.-Diagramme werden korrigiert. R. K. Müller. 156□

Über die Thermodynamik der Ferritbildung. B. Je. Lewin und L. I. Kontorowitsch. (Nachr. Akad. Wiss. UdSSR, physik. Ser. **23**, 419, März 1959; russ.) — Vgl. Smolkow u. Ssimanow, C. **1963**, 4607. — Aus der thermodynam. Analyse der Ferritisierungs-Rkk. ergibt sich, daß die Bldg. von Ferriten in fester Phase durch ein Syst. ohne Freiheitsgrade gek. ist. Die Wahrscheinlichkeit der Bldg. von $MgFe_2O_4$ aus den Oxiden besteht thermodynam. bei Temp. $\leqslant$298° K. In Ggw. von Beimengungen kann ein Syst. mit mehreren Freiheitsgraden vorliegen u. die Wahrscheinlichkeit der Ferrit-Bldg. durch mehrere thermodynam. Charakteristiken bestimmt werden. R. K. Müller. 156□

Thermodynamik der Bildung und Wanderung von Fehlstellen in Kupfer(I)-oxid. Michael O'Keeffe und Walter J. Moore. (J. chem. Physics **36**, 3009—13, 1/6. 1962; Bloomington, Ind., Indiana Univ., Chem. Labor.; engl.) — Mit Hilfe einer Quarzfadenmikrowaage wurde bei 970 u. 1026° die Anzahl y der g-Atome von überschüssigem O_2 pro Mol polykristallinem Cu_2O (I) bestimmt; der Zusammenhang zwischen y u. dem O_2-Druck sowie der Temp. läßt sich durch die Beziehung $\log y = 0,27 \log p(O_2) - 21,7/RT + 0,29$ beschreiben [T in °K, $p(O_2)$ in Torr]. Die Bldg.-Entropie von Leerstellen beträgt 12,1 cal/Grad. Das p-T-Diagramm von **I** u. das T-x-Diagramm (x = O/Cu) des Syst. Cu–O_2 sind graph. wiedergegeben. G. Gattow. 156□

Derivatographische Untersuchung des Tetramminkupfer(II)-sulfats. Teréz Pfeifer-Flóra. (Magyar Kémiai Folyóirat [Ung. Z. Chem.] **68**, 156—59, April 1962; Veszprém, Forsch.-Inst. für chem. Schwerind.; ung.) — Die therm. Zers. von $[Cu(NH_3)_4]SO_4 \cdot H_2O$ wurde in dem Derivatographen von Paulik, Paulik u. Erdey untersucht. Es wurde festgestellt, daß bei der Erhitzung zunächst zwei Moll. NH_3, dann das W. u. endlich 2mal je ein Mol. NH_3 entweichen. Die Enthalpiewerte der Einzelprozesse wurden ermittelt. $CuSO_4 \cdot 5\,H_2O$ zersetzt sich beim Erhitzen in 4 Stufen, es entweichen nacheinander 1, 1, 2 u. 1 Mol. Wasser. I. Náray-Szabó. 156

Eine thermodynamische Untersuchung über die Ionisation des 1.2-Diaminopropans und seiner Kupferkomplexe in wässriger Lösung. Reino Näsänen, Paavo Meriläinen und Marjatta Koskinen. (Suomen Kemistilehti B **35**, 59—61, 1962; Helsinki, Univ., Dep. of Chem.; engl.) — Die Dissoziations-Konst. von 2fach protoniertem 1.2-Diaminopropan $(H_2L)^{2+}$ u. die Stabilitäts-Konst. seiner Cu-Komplexe werden zwischen 10 u. 55° bestimmt. Die Meßwerte lassen sich durch Gleichungen des allg. Typs. $\log k = A_1/T + A_2 + A_3T$ wiedergegeben. Die thermodynam. Größen ΔG^0 ΔH^0 u. ΔS^0 werden für die Rkk. $H_2L^{2+} \rightleftharpoons HL^+ + H^+$ (19,02 ± 0,01 kcal/Mol, 11,1 ± 0,1 kcal/Mol, + 6,9 ± 0,3 cal/Grad·Mol), $HL^+ \rightleftharpoons L + H^+$ (13,39 ± 0,02, 11,8 ± 0,2, — 5,4 ± 0,7), $Cu^{2+} + L \rightleftharpoons CuL^{2+}$ (—14,43 ± 0,02, —13,0 ± 0,3, + 4,7 ± 1,1) u. $CuL^{2+} + L \rightleftharpoons CuL_2^{2+}$ (—12,39 ± 0,01, —13,2 ± 0,2, — 2,7 ± 0,7) berechnet. Die ΔH^0-Werte sind für die aufeinanderfolgenden Dissoziationsstufen nahezu gleich. Die Differenz bei den ΔG^0-Werten für die aufeinander folgenden Stufen ist hauptsächlich auf die Entropieänderung zurückzuführen. D. Papenfuß. 156□

Stöchiometrie, Spektren und Mechanismus der Lichtemission bei Diboran-Stickstoffmonoxid-Explosionen. Walter Roth. (J. chem. Physics **28**, 668—70, April 1958; Schenectady, N.Y., Gen. Electr. Res. Labor.; engl.) — Gemische von B_2H_6 u. n·NO wurden mit einer Zündkerze in einem mit Quarzfenstern versehenen Stahlzylinder gezündet. Aus IR- u. massenspektroskop. Unterss. folgt, daß sich für verschiedene n die Prodd. N_2, H_2, B_2O_3 (n = 3), N_2 u. H_3BO_3 (n = 6) u. N_2, O_2 u. H_3BO_3 (n = 8—12) bilden. Die Emissionsspektren zwischen 3000 u. 7000 Å sind für n = 3 u. 6 nahezu gleich u. zeigen vornehmlich die B_2O_3-Fluktuationen, die ein intensiv emittierendes Kontinuum überlagern. Die höchste Lichtausbeute wurde bei n = 6 gefunden. Dabei ist die Intensität eine lineare Funktion der Quadratwurzel des Druckes. Die Möglichkeit einer Rk. von B_2H_6 entstammendem H_2 mit NO sowie die Ursachen des kontinuierlichen Spektrums werden diskutiert. H. Bürger. 157□

Flammengeschwindigkeiten in schwingenden Gasen in einem Rohr. K. Krishna Prasad, K. Mahadevan und H. A. Havemann. (J. Indian Inst. Sci. **43,** 26—43, Jan. 1961; Bangalore, Indian Inst. of Sci.; engl.) — Die Geschw. einer von einem offenen Ende eines Rohres abbrennenden Flamme wurde unter dem Einfl. von Schwingungen untersucht. Mit dem Auftreten von Schwingungen ergeben sich, unabhängig von der Zus. der brennbaren Mischung, höhere Flammengeschwindigkeiten. Diese nehmen etwa linear mit der Schwingungsfrequenz zu, wobei der Absolutwert des Anstieges durch die Zus. des brennbaren Gemisches bestimmt wird. Brennstoffreiche Mischungen zeigen mit der Amplitude steigende Flammen-Geschw., magere Mischungen erreichen bei einer krit. Amplitude ein Maximum der Flammengeschwindigkeit. Wolfgang Wagner. 157□

Die Viscosität und Wärmeleitfähigkeit von atomarem Wasserstoff. A. Dalgarno und F. J. Smith. (Proc. Roy. Soc. [London], Ser. A **267,** 417—23, 1962; Belfast, Queen's Univ., Dep. of Appl. Math.; engl.) — Die Viscosität u. Wärmeleitfähigkeit von atomarem Wasserstoff wurde nach der klass. Streutheorie für Temp. bis zu 10^{50} K berechnet. Ein Vgl. mit den Quantenberechnungen von Buckingham u. Fox (C. **1963,** 1967) zeigt, daß die klass. Theorie für Temp. $>100^0$ K genügend genau ist. Ch. Weiske. 158□

Beobachtungen zur thermischen Leitfähigkeit von Kohlendioxidgas. Julius Sumner Miller. (Amer. J. Physics **29,** 549, Aug. 1961; El Camino Coll.; engl.) — Wegen der geringen therm. Leitfähigkeit von CO_2-Gas kann sich Trockeneis ziemlich lange auf heißem Metall halten, ohne zu schmelzen. J. M. Spaeth. 158□

Wärmeleitfähigkeit von Germanium von 3—1020° K. Glen A. Slack und C. Glassbrenner. (Physic. Rev. [2] **120,** 782—89, 1/11. 1960; Schenectady, N.Y., Gen. Electric Res. Labor.; engl.) — Vff. berichten über eine Best. der Wärmeleitfähigkeit von Ge nach der longitudinalen Wärmefluß-Meth. im Temp.-Bereich von 3—1020° K, u. nach einer Radialfluß-Meth. im Temp.-Bereich von 300—1020° K. Die Daten werden im Gebiet zwischen 3 u. 10° K durch Kombination von Wand- u. Isotopenstreuung, bei der alle Phonon–Phonon-Prozesse vernachlässigt werden können, gedeutet. Im weiteren Temp.-Bereich bis 940° K wird die Wärme durch Phononen transportiert, während das scharfe Ansteigen der Wärmeleitfähigkeit oberhalb 940° K auf einen zweiten Leitungsmechanismus über Elektronen–Leerstellen-Paare deutet. G. M. Neumann. 158□

Bestimmung des Wärmeleitfähigkeitskoeffizienten von Metallen im Bereich hoher Temperaturen. W. W. Lebedew. (Metallphysik u. Metallkunde [UdSSR] **10,** 187—90, Aug. 1960; Akad. der Wiss. der UkrainSSR, Phys.-Techn.-Inst.; russ.) — Ableitung einer Beziehung, die die Berechnung von λ aus dem spezif. Widerstand u. der Temp.-Verteilung im Mittelstück eines kurzen Stabes ermöglicht. Vf. bestimmte λ von *Mo*-Stäben bei 900—2200° u. fand gute Übereinstimmung mit der abgeleiteten Beziehung. H. Jäger. 158□

Wärmeübertragung beim transversalen Umfließen eines einzelnen Zylinders durch geschmolzenes Natrium. A. A. Andreyevskii. (J. nuclear Energy, Part B **1,** 263—64, Febr. 1961; engl. — C. **1960,** 16010.) E. Klever. 158□

Ultraschalldispersion in dissoziierendem Distickstofftetroxid. Harvey Blend. (J. acoust. Soc. America **34,** 129—30, Jan. 1962; Los Angeles, Calif., Univ., Phys. Dep.; engl.) — Die Schall-Geschw. in dissoziierendem N_2O_4 wurde bei 20—800 kHz, 10—700 Torr (Frequenz/Druck-Verhältnisse 0,0217—60,8 MHz/atm) u. 0—50° gemessen. Bei 20° u. 100 Torr ergab sich eine Geschw.-Änderung von 4% im gesamten Frequenzbereich; die Relaxationszeit war 1,72 μs. W. Betcke. 159□

Über die Änderung der Schallgeschwindigkeit in Wasser mit der Temperatur. Constantin Salceanu. (C. R. hebd. Séances Acad. Sci. **245,** 1371—74, 21/10. 1957; franz.) — Vf. bestimmte die Schall-Geschw. in W. zwischen 27 u. 81°. Es wurde ein Maximum von 1560 m/s bei 62° gefunden. Diese Temp. liegt ca. 10° höher als die, bei der der Kompressibilitäts-Koeff. des W. ein Minimum hat. C. Gottfried. 159

Messung der Verzerrung von endlichen Ultraschallwellen in Flüssigkeiten nach einer Impuls-Methode. R. P. Ryan, A. G. Lutsch und R. T. Beyer. (J. acoust. Soc. America **34,** 31—35, Jan. 1962; Rhode Island, Brown Univ., Dep. of Phys.; engl.) — Mit Hilfe eines Hochfrequenzimpulsgenerators werden 2,58-MHz-Schallimpulse erzeugt, an denen die fortschreitende Verzerrung von Schallwellen in Fll. mit endlicher Amplitude gemessen wird. Die Impulse sind kurz genug zur Vermeidung von Reflexion u. lang genug zur Gewährleistung kontinuierlicher Wellenbedingungen. Der harmon. Geh. der Wellen wird durch Fourier-Analyse von Wellenphotogrammen oder mit Hilfe eines Heterodynanalysators bestimmt. Bei einer sinusförmigen Welle in W. mit einer Druckamplitude von 3,0 oder 6,0 atm läßt sich aus den Kurven die Schwächung der Grundschwingung u. die Schwächung u. Verstärkung bis zur vierten Oberschwingung bis zu einer Fortpflanzungsdistanz von 40 cm entnehmen. W. Betcke. 159□

A_5. Kolloidchemie. Grenzschichtforschung

Über die polymere Natur des 5/6-basischen Aluminiumchlorids und die Möglichkeit der Existenz von Aluminiumoxidchloriden höherer Basizität. E. A. Lewitzki, W. N. Maximow und I. Ju. Martschenko. (Ber. Akad. Wiss. UdSSR **139** 884—87, 1/8. 1961; russ.) — Die Viscosität von $Al_2(OH)_5Cl$ (**I**)-Lsgg. bei 20° steigt mit der **I**-Konz. (0—6 g/Liter). Aus der Viscosität bei unendlicher Verdünnung wird auf den polymeren Charakter von **I** geschlossen. Die mechan. Eigg. von **I** ändern sich mit der Temp. (0—110°) sprunghaft bei 20 u. 85°. Bei 25° ist **I** hochelast. u. bei 90° zähflüssig. Bei potentiometr. Unterss. wird gefunden, daß ein Teil des Al beim Alterungsprozeß maskiert wird u. nicht mit NaOH titriert werden kann. Hochbas. Al-Chloride (OH/Al $>$2,5) sind im Gegensatz zu **I** keine individuellen Verbb. sondern Polymere. W.-D. Heußner. 162□

Untersuchung über Imprägnierprozesse. 1. Mitt. Capillares Eindringen im Modell poröser Körper. A. N. Brasslawski. (J. angew. Chem. [UdSSR] **34**, 800—05, April 1961; Lesgaft-Inst., Lehrst. für Chem.; russ.) — An Vers.-Modellen mit künstlichen Capillaren mit den verschiedensten Querschnitten wird gezeigt, daß die Steighöhe bei Capillaren mit größerem Querschnitt anfangs größer ist, als bei kleinen. Doch ist die Endhöhe bei den kleinen Capillaren höher. Der Anstieg ist von der Form des Querschnitts unabhängig. J. v. Schroeder. 165□

Einfluß elektrostatischer Felder auf die Oberflächenspannung von Salzlösungen G. M. Schmid, R. M. Hurd und E. S. Snavely jun. (J. electrochem. Soc. **109**, 852—58, Sept. 1962; Austin, Tex., Texas Res. Assoc.; engl.) — Die Oberflächenspannung γ an der Grenzfläche Luft/NaCl-Lsg. (0—3,5%) beim Anlegen eines elektr. Feldes bis zu 6700 V/cm wird mit Hilfe eines Wäge-Verf. gemessen. Unabhängig von der Polarität setzen elektr. Felder γ herab. Ist die Elektrode in der Luft positiv, so ist $\Delta\gamma$ geringer als bei einer negativen Elektrode. Der Potentialabfall an der Grenzfläche ist geringer, als früher angenommen wurde, es erfolgt nur geringe Orientierung der H_2O-Dipole, wobei H luftseitig ausgerichtet ist. Die Wrkg. des elektr. Feldes setzt vorwiegend am Na^+ ein. Vff. zeigen, daß der Unterschied der Adsorptionsenergien für Kationen u. Anionen an der Grenzfläche zu vernachlässigen ist. Berechnungen mit Hilfe einer modifizierten Gibbsschen Gleichung unter Annahme einer diffusen Doppelschicht an der Grenzfläche führen zu um 2 Größenordnungen höheren Oberflächenunregelmäßigkeiten. Geht man unter Vernachlässigung der diffusen Schicht allein von einer inneren Doppelschicht aus, so erhält man Werte, die mit den nach der Gibbsschen Gleichung berechneten übereinstimmen. P. Frenzel. 166□

Verhältnis zwischen der Dispersion von Calciumcarbonat in den wässerigen Lösungen verschiedener nicht-ionischer grenzflächenaktiver Substanzen und deren HLB-Werten (hydrophil-lipophiles Gleichgewicht). Teruo Matsumura und Koichiro Iwasaki. (J. chem. Soc. Japan, ind. Chem. Sect. [Kōgyō Kagaku Zassi] **63**, 970—73, Juni 1960; Tôkyô-Sumitaku, Raion-Hamigaki K. K.; jap., Auszug: engl. S. A53.) — *$CaCO_3$*-Pulver wird am besten in den wss. Lsgg. der nichtion. grenzflächenakt. Substanzen mit den HLB-Werten 9—14 dispergiert. Die mehr hydrophilen nichtion. grenzflächenakt. Substanzen, deren HLB-Werte mehr als 15 betragen, eignen sich nicht als Dispersionsmittel von $CaCO_3$. E. Maekawa. 166□

Unterschied der elektrischen Leitfähigkeit von kationischen und anionischen grenzflächenaktiven Stoffen. Tamotsu Kondo und Kenjiro Meguro. (J. chem. Soc. Japan, pure Chem. Sect. [Nippon Kagaku Zassi] **81**, 1047—49, Juli 1960; Tôkyô-Nerimaku; jap.) — Die elektr. Leitfähigkeit der wss. Lsg. einer anion. grenzflächenakt. Verb. mit verschiedenen Gegenionen nimmt mit steigender Beweglichkeit der Gegenionen zu u. die Reihenfolge der Leitfähigkeit bleibt unverändert, obgleich die Konz. der Lsg. oberhalb bzw. unterhalb der krit. Micellen-Konz. liegt. Andererseits stimmt die Reihenfolge der elektr. Leitfähigkeit eines kation. grenzflächenakt. Mittels mit verschiedenen Gegenionen unterhalb der krit. Micelle-Konz. ungefähr mit der der Beweglichkeit der Gegenionen überein, während die Übereinstimmung beider Reihen oberhalb der krit. Micelle-Konz. nicht mehr beobachtet wird. Vff. schließen, daß die anion. Gegenionen nicht nur durch die Coulombsche Kraft, sondern auch durch die Wechselwrkg. zwischen den kation. Micellen u. den in den Gegenionen durch die Micelleionen induzierten Dipolen an der Micelleoberfläche gebunden werden, u. daß die Leitfähigkeit der konz. Lsgg. von der Menge der an der Micelleoberfläche gebundenen anion. Gegenionen abhängt. E. Maekawa. 167 □

Das Verhalten einiger schwerlöslicher Salze in wässeriger Gelatine-Lösung. Bozo Tezak, Ranko Wolf und Stanka Kratohvil. (J. Chim. physique Physico-Chim. biol. **55**, 307—14, April 1958; Zagreb, Univ., Fac. des Sci., Labor. de Chim. Phys.; franz.) — Um die gegenseitige Beeinflussung der zahlreichen Faktoren, die bei den Diffusionserscheinungen an Ndd. eine Rolle spielen, zu vermeiden, wurde der Prozeß der Nd.-Bldg. in abgeschlossenen Syst. untersucht, wobei eine Konz.-Reihe angesetzt wurde, wie sie im Laufe des Diffusionsvorgangs auftritt. Im wesentlichen wurde der Einfl. der Gelatine auf die wss. Syst. mit $AgCl$, $Ag_2Cr_2O_7$ + $NaCl$ + HNO_3 u. $FeCl_3$ + $NaCl$ + HCl oder $NaOH$ diskutiert. Es wurde gezeigt, daß schon geringe Konz.-Änderungen einer Komponente eines Syst. eine wesentliche Veränderung der verschiedenen Strukturerscheinungen hervorrufen. Für das Syst. $FeCl_3$ + NaCl + HCl oder NaOH in wss. Gelatine-Lsg. wurde versucht, die verschiedenen bestimmenden Faktoren in einem 3dimensionalen Diagramm (Turbidität—Konz.—pH) darzustellen. Die weiteren Vers.-Ergebnisse wurden in Tyndall-Diagrammen dargestellt. H. Fries. 171 □

Einfluß von Kaliumoxid auf die Viscosität der Schmelzen des Systems Calciumoxid–Aluminiumoxid–Siliciumdioxid im Gebiet, das der Zusammensetzung der primären Hochofenschlacken entspricht. I. I. Gultjai, N. L. Shilo, A. W. Rudnewa, G. A. Ssokolow und L. M. Zylew. (Nachr. Akad. Wiss. UdSSR, Abt. techn. Wiss. **1959**, Nr. 2, 3—7, März/April; russ.) — Bei Zusatz von K_2O zu geschmolzenen Schlacken aus K_2O, CaO, Al_2O_3 u. SiO_2 mit 16% Al wird die Viscosität u. die Kristallisations-Temp. bei allen untersuchten CaO:SiO_2-Verhältnissen erhöht, was auf die Bldg. von alkal. Kaliophilit, $K_2O \cdot Al_2O_3 \cdot 2\,SiO_2$, zurückzuführen ist. Else Heinemann. 172

Stabilität von Mineralsuspensionen. 1. Mitt. Emm. Voyatzakis, D. Jannakoudakis und G. Vassilikiotis. (Praktika Akad. Athenon **33**, 284—91, 1958, herausgeg. 1959; griech., Auszug: franz.) — Die Stabilität von Oker von der Gascogne u. von Nigrita (Ost-Mazedonien) in oberflächenakt. Lsgg. der Detergentien Levapon, Teepol, Avolan u. Seife wurde untersucht. Levapon u. die Seifen-Lsg. erhöhen die Stabilität beträchtlich. Beide Okerproben reagieren gleich, wenn die silicat. Substanz vorher entfernt ist. F. Ensslin. 174 □

Stabilität von Mineralsuspensionen. 2. Mitt. Emm. Voyatzakis, D. Jannakoudakis und G. Vassilikiotis. (Praktika Akad. Athenon **33**, 292—98, 1958, herausgeg. 1959; griech., Auszug: franz.) — 1. vgl. vorst. Ref.; 3. vgl. C. **1962**, 16586. — Zur Messung der Sedimentation von Oker in oberflächenakt. Lsgg. wird ein App. beschrieben, der die sedimentierte Menge direkt zu wägen gestattet. Der Oker von Gascogne hat eine sehr einheitliche Korngröße, während in dem griech. Oker sehr viel Über- u. Unterkorn vorhanden ist. F. Ensslin. 174 □

Die Wechselwirkung zwischen einem starren Körper und einem Strom von freien Molekülen. 3. Mitt. **Beziehungen zwischen den Wechselwirkungskoeffizienten und der Verweilzeit der Moleküle auf der Oberfläche.** Silvio Nocilla. (Atti Accad. Sci. Torino, Cl. Sci. fisiche, mat. natur. **94 (1)**, 782—95, 1960; Ufficio europeo, A.R.D.C.; ital.) — 2. vgl. Atti Accad. Sci. Torino, Cl. Sci. fisiche, mat. natur. **94 (1)**, [1960], 595. — Es wurde eine allg. Formel für die Verweilzeit (VZ) von Moll. auf der Oberfläche ausgearbeitet u. gezeigt, daß die VZ-Werte, die aus den unterschiedlichen Geschw. gefolgert werden, aus einer linearen Beziehung zu den von Devienne (J. aeronaut. Sci. **24**, [1957], 403) im Falle des nach außen strahlenden ebenen Plättchens experimentell gefundenen Werten des Gesamt-Vgl.-Koeff. α resultieren (Diagramme).
G. Platzer. 176 □

Stufenweise Adsorption von Krypton auf Nickel. D. C. Fox und M. J. Katz. (J. physic. Chem. **65**, 1045—47, Juni 1961; Fort Monmouth, N.J., U. S. Army Signal Res. and Developm. Labor.; engl.) — Durch therm. Zers. von Ni-Carbonyl bzw. durch Wasserstoff-Red. von Ni-Ionen aus der Lsg. wurde Ni-Pulver hergestellt u. an diesem die Adsorption von Kr sowie nach BET die Oberfläche in Abhängigkeit von der Sinter-Temp. untersucht. Bereits zwischen 200 u. 400° nehmen die Oberflächen kontinuierlich ab, obwohl bei diesen Temp. noch kein Sintern zu erwarten ist; die bei 78° K aufgenommenen Isothermen zeigen jedoch noch keine Formänderung. Bei 500° tritt die 1. gut definierte Stufe auf, die bei 600° noch weiter ausgeprägt ist. Die Wendepunkte vor u. hinter den Plateaus liegen bei relativen Drücken von ca. 0,3 u. 0,8, bezogen auf den Sättigungsdampfdruck von festem Kr. Das 2. Plateau tritt bei etwa der doppelten

Bedeckung einer Monoschicht auf. Aus morpholog. Unterss. schließen Vff., daß die Änderungen der Isothermen auf Änderungen in der Energieverteilung der Kristallitoberflächen zurückzuführen sind. H. Liepack. 176 □

Mitfällung von Spaltprodukten an Eisen(III)-hydroxid. Masayoshi Ishibashi, Tsunenobu Shigematsu, Takanobu Ishida und Mutsuo Koyama. (Bull. Inst. chem. Res., Kyoto Univ. **38**, 145—50, Mai 1960; Ishibashi Labor.; engl.) — Quant. Unterss. des Mitfällungsvermögens von $Fe(OH)_3$ für U-Spalt-Prodd., wobei die Verw. allg. Meth. bei verschiedenen pH-Werten u. die des Fe(III)-EDTA-Komplexes in Ggw. von H_2O_2 ausgewertet u. das Verh. der Seltenerdmetalle u. ^{90}Sr eingehend überprüft wurden. U. Drehmann. 176

Drei neue Aspekte der Gas-Flüssigkeits-Chromatographie. Paul Chovin. (Bull. Soc. chim. France **1961**, 875—81, Mai; Paris, Labor. Municip.; franz.) — Fortschrittsbericht: Trennfaktor S nach Purnell; Adsorption des Gelösten an der Oberfläche des Fl.-Films; Retentionsindices. G. v. Waldeyer-Hartz. 177 □

Konzentrierung von trägerfreiem ^{32}P durch Adsorption an Aluminiumoxid. Slobodanka R. Veljković und Slavko Milenković. (Bull. Inst. nuclear Sci. „Boris Kidrich" **10**, 61—69, 1960; Inst. of Nucl. Sci. „Boris Kidrich", Labor. of Phys. Chem.; engl.) — Kleinste Phosphat-Konzz. mit ^{32}P, die durch Neutronenbestrahlung von $MgSO_4 \cdot 7\ H_2O$ gewonnen wurden, konnten unter verschiedenen Bedingungen fast quant. an Al_2O_3 von den Grammengen des Bestrahlungsmaterials isoliert werden. Bei Elution mit Ammoniak unter Zusatz von H_2O_2 konnten um 25% höhere Ausbeuten an ^{32}P erhalten werden als bei anderen Methoden. U. Drehmann. 177

Abtrennung des ^{32}P von ^{35}S und einigen anderen Anionen an MgO. Slobodanka R. Veljković und Slavko M. Milenković. (Bull. Inst. nuclear Sci. „Boris Kidrich" **10**, 71—74, 1960; engl.) — Vgl. vorst. Referat. — Zur Prüfung der Trenn-Wrkg. von MgO für trägerfreien ^{32}P von trägerfreiem ^{35}S u. Sulfationen durchgeführte Verss. ergaben Maximalausbeuten von $>80\%$ ^{32}P bei Verw. von 25—50 mg MgO u. einer Mischungsdauer von 180 Minuten. Nach Entfernung des Mg aus der salzsauren Lsg. des Adsorbenten mit Dowex-50 wurde ^{32}P quant. eluiert. U. Drehmann. 177

Abtrennung des trägerfreien ^{32}P von elementarem Schwefel an einer Silicagel-Säule. Olga Ž. Jovanović-Kovačević. (Bull. Inst. nuclear Sci. „Boris Kidrich" **10**, 51—59, 1 Tafel, 1960; Inst. of Nucl. Sci. „Boris Kidrich", Labor. of Phys. Chem.; engl.) — Schnell u. einfach konnte trägerfreier ^{32}P aus elementarem Schwefel, der vor der Bestrahlung mit schnellen Neutronen in die α-Form übergeführt wurde, gewonnen werden. Nach Adsorption aus der CS_2-Lsg. des Bestrahlungsguts an Silicagel, das besonders vorbehandelt war, wurde ^{32}P mit 5n Salpetersäure eluiert. U. Drehmann. 177

Schnelle Trennung von Nucliden in Spaltprodukten und ihre Bestimmung durch die fokussierende chromatographische Methode. Mutsuaki Shinagawa, Yoshiyuki Kiso und Akira Oyoshi. (Bull. chem. Soc. Japan **34**, 137—38, Jan. 1961; Hiroshima, Univ., Fac. of Sci., Dep. of Analyt. Chem; engl.) — Mit Hilfe der fokussierenden chromatograph. Meth. wurde die Trennung verschiedener Nuclide (^{137}Cs, ^{95}Zr, ^{144}Ce, ^{90}Y, ^{106}Ru u. ^{90}Sr) in Spalt-Prodd. in wenigen Min. möglich. Als Komplexbildner in der Kathoden-Fl. dienten 0,1 m Citronen-, Oxal-, Malon-, Äpfel-, Malein-, Milch-, Bernstein- u. Weinsäure, 0,05m Na-Triphosphat, 0,01 m EDTA oder NTA; Anoden-Fl. war HCl. Die quant. Trennung gelang mit einem Fehler von $\pm 5\%$. G. Heller. 177 □

Ionenaustauschreaktionen bei einigen Ionen von Sauerstoffsäuren der VI. Gruppe des Periodensystems. Akira Iguchi. (Sci. Pap. Coll. gen. Educat., Univ. Tokyo **8**, 157—64, Dez. 1958; Tokyo, Univ. of Tokyo, Coll. of Gen. Educ., Chem. Inst.; engl.) — Die Verteilungs-Koeff. für SO_4^{2-}, SO_3^{2-}, $S_2O_3^{2-}$, $S_nO_6^{2-}$; SeO_3^{2-}, TeO_3^{2-}; CrO_4^{2-}, MoO_4^{2-} u. WO_4^{2-} wurden gemessen u. verglichen. Das Auswaschmittel war $NaNO_3$, dem in wechselnden Mengen A. zugesetzt wurde. Dabei ergab sich, daß der Verteilungs-Koeff. um so größer ist, je kleiner das Atom-Gew. des Zentralatom ist, je geringer die Hydratation des Anions ist u. je mehr S-Atome bei Polysulfaten im Anion vorhanden sind. P. Dodel. 177 □

Die Trennung von Chromat von Dichromat und von Chromat von Sulfat durch Anionenaustauscherharze. Akira Iguchi. (Sci. Pap. Coll. gen. Educat., Univ. Tokyo **8**, 145—55, Dez. 1958; engl.) — Vgl. vorst. Referat. — Stark bas. Anionenaustauscherharze (Dowex 1-X 8) werden bei 15° von CrO_4^{2-} u. $Cr_2O_7^{2-}$ nicht angegriffen. Chromat hat einen sehr hohen Verteilungs-Koeff., daher wird mit NaCl-Lsg. nur CrO_4^{2-} eluiert. Bei Zusatz von 30% A. zur NaCl-Lsg. wird CrO_4^{2-} noch leichter eluiert. Zur Trennung Chromat von Sulfat wird mit saurer NaCl-Lsg. nur SO_4^{2-} eluiert; dann mit ammoniakal. NaCl-Lsg. auch CrO_4^{2-}. P. Dodel. 177 □

Kationenaustauscheigenschaften der Ammoniumsalze von Heteropolysäuren. J. van Smit, J. J. Jacobs und W. Robb. (J. inorg. nuclear Chem. **12,** 95—103, 1959; Pretoria, South African Council for Sci. and Ind. Res., Nat. Chem. Res. Labor.; engl.) — In sauren Lsgg. (pH 2,0 ± 0,1) werden nur jene Metallionen mit den NH_4-Ionen einer Heteropolysäure (I) [NH_4-Molybdatophosphat (II), Molybdatoarsenat (III), -Molybdatosilicat (IV), -Wolframatophosphat, -Wolframatoarsenat, -Wolframatosilicat (V), 8-Hydroxychinoliniummolybdatophosphat (VI)] in bedeutendem Maße ausgetauscht, die mit I in W. unlösl. Salze bilden. Dies sind die größeren Alkaliionen K, Rb u. Cs sowie die einwertigen Ionen Ag, Hg(I) u. Tl(I), mehrwertige Ionen werden in saurem Medium nicht nennenswert ausgetauscht. In 0,1 n NH_4NO_3-Lsgg. wurden für diese Ionen die Verteilungs-Koeff. bestimmt, sie zeigen eine bemerkenswert hohe Selektivität der NH_4-Salze von I in bezug auf diese Ionen. Die Selektivitäts-Koeff. von Alkaliionenpaaren sind für II 10mal so groß wie für das organ. Harz Dowex-50. Wegen ihrer Löslichkeit können IV u. V nicht als Ionenaustauscher zur Trennung von Ionen verwendet werden, bei VI findet der Austausch nur an der Oberfläche statt. Bei III werden je nach Darst.-Meth. Prodd. unterschiedlicher Farbe u. physikal. Eigg. erhalten, die in ihrer Adsorptionsfähigkeit gegenüber Cs große Unterschiede aufweisen. Aus röntgenograph. Unterss. geht hervor, daß diese Unterschiede im Ionenaustausch-Verh. auf die Bldg. verschiedener kristallograph. Komponenten bei den verschiedenen Darst.-Verff. zurückgeführt werden müssen. P. Scharner. 177□

Kationenaustausch an Ammoniummolybdatophosphat. 1. Mitt. **Die Alkalimetalle.** J. van Smit, W. Robb und J. J. Jacobs. (J. inorg. nuclear Chem. **12,** 104—12, 1959; engl.) — Vgl. vorst. Referat. — Ammoniummolybdatophosphat (I) läßt sich als vollständig reversibler, billiger u. leicht herstellbarer Kationenaustauscher zur chromatograph. Trennung der Alkaliionen Na, K, Rb u. Cs von einander in neutralen oder sauren Elektrolyt-Lsgg. (NH_4^+-) verwenden; in reinem W. peptisiert I langsam. Da I nur in sehr feinen Kristallen erhalten werden kann, werden große Säulen mit günstigen Durchfluß-Geschw. am besten aus Gemischen von I u. Asbest (II) hergestellt. Die Trennung der Alkalien kann mit I wirksamer durchgeführt werden als mit Säulen konventioneller organ. Ionenaustauscher. Bei der Trennung eines Alkaliionenpaares kann eine kleine Menge des stärker adsorbierten Alkaliions selektiv aus Lsgg. adsorbiert werden, die von dem schwächer adsorbierten Ion ein Vielfaches der maximalen Adsorptionskapazität des Austauschers enthalten können (z. B. Trennung von 104 mg Na u. 1,02 mg K an 1,48 g I u. 0,74 g II). Für den Austausch zwischen Rb- u. NH_4-Ionen an I gilt das Massenwirkungsgesetz. Durchbruchskurven für den Rb–NH_4- u. Cs–NH_4-Austausch an I gleichen den mit stark bas. organ. Harzen erhaltenen Kurven. Die Sättigungsaustauschkapazität von I für Rb u. Cs beträgt nur ca. $^2/_3$ des theoret. Wertes unter der Annahme, daß alle NH_4-Ionen austauschbar sind. P. Scharner. 177□

Ionenaustausch durch Alginsäure. 1. Mitt. **Selektive ionenaustauschende Wirkung der Alginsäure auf verschiedene Metallionen.** Takeo Takahashi und Satoru Emura. (J. chem. Soc. Japan, ind. Chem. Sect. [Kōgyō Kagaku Zassi] **63,** 1022—24, Juni 1960; Tiba, Tôkyô-Daigaku, Seisan-Gizyutu-Kenkyûzyo; jap., Auszug: engl. S. A 56.) — Die ionenaustauschende Fähigkeit der Alginsäure (I) wird bei verschiedenen pH-Werten gemessen u. mit der der Ionenaustauscher IRC-50 u. IRC-120 verglichen. Die Menge von an I durch den Ionenaustausch unter beliebigen Bedingungen adsorbierten Ionen ist in der Reihenfolge *Co(II)* < *Ni(II)* < *Zn(II)* < *Cu(II)* ≪ *Fe(III)* zunehmend groß [Unterschiede zwischen Co(II), Ni(II) u. Zn(II) sind relativ klein]. Die Trennung des Cu(II) von anderen 2wertigen Ionen scheint unter optimalen Bedingungen möglich zu sein. E. Maekawa. 177□

Ionenaustausch durch Alginsäure. 2. Mitt. **Selektive ionenaustauschende Wirkung der Alginate auf verschiedene Metallionen.** Takeo Takahashi und Satoru Emura. (J. chem. Soc. Japan, ind. Chem. Sect. [Kōgyō Kagaku Zassi] **63,** 1025—26, Juni 1960; jap., Auszug: engl. S. A 56) — 1. vgl. vorst. Referat. — Die ionenaustauschende Wrkg. von Ca- (I) u. Na-Alginat (II) auf *Fe(III)*, *Cu(II)*, *Co(II)*, *Ni(II)* u. *Zn(II)* wurde bei verschiedenen pH-Werten gemessen u. mit der der Alginsäure (III) verglichen. Die Salze zeigen im allg. größere ionenaustauschende Fähigkeit als III selbst u. die Menge an adsorbierten Ionen ist in 0,06n Nitrat-Lsgg. in der Reihenfolge III, I, II zunehmend groß. Nimmt die Konz. der Metallsalze ab, so findet Auflösung von II statt. Fe(III) wird auf jeden Fall am stärksten, u. die 2wertigen Ionen werden in der Reihenfolge [Co(II), Ni(II)] < [Zn(II), Cu(II)] an II bzw. Co(II) < Ni(II) < Zn(II) < Cu(II) an I zunehmend stark adsorbiert. E. Maekawa. 177□

Ionenaustausch durch Alginsäure. 3. Mitt. **Verwendung der Alginsäure zur Behandlung des radioaktiven Abwassers.** Takeo Takahashi und Satoru Emura. (J. chem. Soc. Japan, ind. Chem. Sect. [Kōgyō Kagaku Zassi] **63,** 1027—30, Juni 1960;

jap., Auszug: engl. S. A56.) — 2. vgl. vorst. Referat. — Alginsäure (I), Ca-Alginat u. auch die Abfälle bei der Darst. von I aus den Meerpflanzen erweisen sich als fähig, unter optimalen Bedingungen mehr als 98% des gelösten radioinakt. Sr- sowie ^{90}Sr-Ions aus W. durch Ionenaustausch zu beseitigen, u. sind offenbar zur prakt. Behandlung des radioakt. Abwassers verwendbar. E. Maekawa. 177□

Die Kationenaustauschwirkung des Calciumalginats in Alkalisalzlösungen. Shingo Miyake. (J. chem. Soc. Japan, ind. Chem. Sect. [Kôgyô Kagaku Zassi] **61**, 212—14, Febr. 1958; Tokyo-Kôtô, Taihô-Kôgyô; jap.) — Vgl. C. **1959**, 2374. — Ca-Alginat tauscht Kationen in den Lsgg. der Alkalisalze aus. Die Menge der ausgetauschten Kationen nimmt im allg. in der nachst. Reihenfolge der Anionen ab: SO_4^{2-}; $CH_3CO_2^-$; Cl^-; NO_3^-; ClO_3^-. Der Riementang, laminaria saccharia, zeigt ähnliche, jedoch meist schwächere Wirkung. In wss. Na_2CO_3 oder $NaOH$ tauscht aber Riementang größere Mengen Kationen als Ca-Alginat aus. Zugleich geht Alginsäure in die Lösung. Auch in den neutralen Lsgg. löst sich Alginsäure langsam, wobei die mit niedrigerem Polymerisationsgrad wahrscheinlich schneller in die Lsg. geht. E. Maekawa. 177

A_6. Strukturforschung

Eine Untersuchung über verformungsfreies Schneiden von Metalleinkristallen. Mikio Yamamoto und Jirô Watanabé. (Sci. Rep. Res. Inst. Tôhoku Univ., Ser. A **8**, 230—42, Juni 1956; Res. Inst. for Iron, Steel and Other Metals; engl.) — Vff. beschreiben einen App. zum verformungsfreien Schneiden von Metalleinkristallen, dessen Prinzip in der Führung eines gespannten Fadens (Vinylchlorid oder Saran), der mit einem geeigneten Ätzmittel angefeuchtet ist, über den Kristall besteht. In einigen Schneide-Verss. an Sn-, Zn-, Fe-, Ni-, Al-, Bi- u. Cu-Kristallen wurde zumeist wss. Königswasser (1:1) oder wss. HNO_3 (1:1), für Ni u. Al auch gesätt. wss. Lsgg. von $FeCl_3 \cdot 6\,H_2O$, daneben für Al auch 1%ig. u. 5%ig. KOH verwandt. Die Schnittflächen sind z. T. rauh. C. Gottfried. 181

Zur Nomenklatur der Gitterkomplexe. C. Hermann. (Z. Kristallogr., Kristallgeometr., Kristallphysik, Kristallchem. **113**, 142—54, April 1960; Marburg, Univ., Kristallograph. Inst.; dt.) — Eine Nomenklatur für nonvariante u. monovariante Gitterkomplexe sowie eine behelfsmäßige Bezeichnung für Komplexe mit mehr Freiheitsgraden wird vorgeschlagen. C. Gottfried. 181

Methode der kleinsten Quadrate und Wahl des Ursprungs in polaren Raumgruppen. David H. Templeton. (Z. Kristallogr., Kristallgeometr., Kristallphysik, Kristallchem. **113**, 234—40, April 1960; Berkeley, Calif., Univ., Dep. of Chem. and Lawrence Radiat. Labor.; engl.) — Theoret. Untersuchung. C. Gottfried. 181

Neutronenbeugung durch Kristalle. Kathleen Lonsdale. (Rend. Seminario Fac. Sci. Univ. Cagliari **29**, 43—54, 1960; engl.) — Kurzvorlesung über Bedeutung u. Entw.-Tendenzen der Neutronenbeugung an Festkörpern. H. Moenke. 181□

Beitrag zur Bestimmung der Molekülstruktur aus spektroskopischen Daten. Victor W. Laurie. (J. chem. Physics **28**, 704—06, April 1958; Cambridge, Mass., Harvard Univ., Dep. of Chem.; engl.) — Die durch Isotopensubstitution des Wasserstoffs hervorgerufenen Änderungen der „effektiven" Bindungslängen u. -winkel werden theoret. untersucht. In gewissen Fällen hängt dieser Effekt von Schwingungen der schweren Atome u. weniger von denen der Wasserstoffe ab. Eine Meth. zur Berechnung dieses Effekts unter Verw. eines dem an ebenen Moll. beobachteten „Quanteneffekts" ähnlichen Parameters wird beschrieben. Einige rechner. Ergebnisse werden angegeben u. mit experimentellen Werten anderer Autoren verglichen. Die Bindungswinkel vergrößern, die Bindungslängen verkleinern sich bei der H–D-Substitution. M. Schüle. 182□

Quantenmechanische Berechnung der Protonenaffinität. N. A. Ismailov, J. A. Krugliak, R. Gáspár und I. Tamássy-Lentei. (Acta physica Acad. Sci. hung. **13**, 203—10, 1961; Charkow, Gorki-Univ., Lehrstuhl für Phys. Chem.; Debrecen, Kossuth Univ., Inst. für theoret. Phys.; russ., Auszug: engl.) — Auf der Grundlage des verallgemeinerten Atommodells wurden die Energien der Syst. HF, F^-, HO^-, O^{2-}, HO, O^-, H_2O u. H_3O^+, die Protonenaffinitäten der Ionen F^-, O^{2-}, O^-, HO^- u. des H_2O-Mol. sowie die Bldg.-Enthalpie des W. aus den Ionen OH^- u. H_3O^+ berechnet. G. Rudakoff. 182□

Approximierte Wellenfunktionen von freien Ionen und Ionen im Kristall. M. I. Petraschen, I. W. Abarenkow und N. N. Krisstofel. (Nachr. Leningrader Univ. **15**, Nr. 3, Ser. Physik Chem. Nr. 16, 7—21, 1960; russ.; Auszug: engl.) — Es wird eine einfache Meth. zur angenäherten Berechnung der Wellenfunktion eines Elektrons eines

Ions in einem Kristall beschrieben, die auf der Annahme beruht, daß die Elektronen sich in einem bestimmten effektiven Kristallfeld bewegen. Die Anwendung der Meth. setzt die Kenntnis der entsprechenden Wellenfunktionen freier Ionen voraus, die nach einer halbempir. Meth. erhalten werden können. In Tabellen werden die Berechnungsergebnisse für Ca, Tl^+, Cl^-, F^-, Na^+, K^+ u. Li^+ mitgeteilt. R. K. Müller. 182□

Elektronenverteilung in Cu_2O-Kristallen. Tadasu Suzuki. (J. physic. Soc. Japan **16**, 501—09, März 1961; Tokyo, Univ., Coll. of Gen. Educat., Inst. of Phys.; engl.) — Zur Unters. des elektron. Zustandes des Sauerstoffs in kristallinem Cu_2O wurde der Atomformfaktor u. die Elektronenverteilung untersucht. Zur Best. des Atomformfaktors wurden Intensitätsmessungen mit Hilfe eines Proportionalzählers durchgeführt. Die Elektronenverteilungen wurden durch 3dimensionale Fourier-Synth. erhalten. Der mit Bezug auf den Atomformfaktor von Cu bestimmte Atomformfaktor von O wurde mit theoret. Werten von O^{2-}, O u. O^{2+} verglichen. Der beobachtete Wert entsprach am besten dem des O^{2-}, jedoch ist eine kleine Abweichung von dem idealen O^{2-}-Zustand, z. B. ein Zustand von $O^{1,85-}$, möglich. Die Elektronenverteilungen waren um jedes Atom fast kugelförmig mit Ausnahme der Überlappung der Elektronenwolke zwischen benachbarten Cu- u. O-Atomen. C. Gottfried. 182

Über das teigige Schmelzen und die Fähigkeit zur Glasbildung von Oxiden. Vittorio Garino-Canina. (C. R. hebd. Séances Acad. Sci. **252**, 1807—09, 20/3. 1961; franz.) — Oxide, die zur Glas-Bldg. fähig sind, zeigen teigiges Schmelzen (SiO_2, GeO_2, P_2O_3, B_2O_3). Vf. berechnete für X_2O (X = Li, Na, K, Rb); YO (Y = Be, Mg, Ca, Sr, Ba, Zn, Cd); Z_2O_3 (Z = Al, Ga, In) AO_2 (A = Si, Ge, Sn, Pb, Ti, Zr); E_2O_5 (E = P, As, Sb, Bi, V, Nb) u. GO_3 (G = Mo, W) das Verhältnis des nicht besetzten Gitterraums V_v zu dem der Kationen-Voll. V_c. Für die glasbildenden Oxide ist das Verhältnis V_v/V_c von der Größenordnung 10 oder 10^2, für die übrigen Oxide kleiner; außerdem sind in den glasbildenden Oxiden die Kationen stärker geladen. Außerdem kann die Fähigkeit der Glas-Bldg. der Oxide mit der Möglichkeit der Ausbldg. Frenkelscher Fehlordnungen im Gitter zusammenhängen. C. Gottfried. 186

Aktivitäten und Struktur einiger Borosilicat-Schmelzen. W. J. Napp und H. Flood. (Geochim. cosmochim. Acta [London] **23**, 61—77, April 1961; Los Angeles, Calif., Univ. of California, Dep. of Engng.; engl.) — Aus den Strukturmodellen von einigen Ca-Borosilicatschmelzen werden einfache Ausdrücke für die Aktivitäten (A) als Funktion der Zus. entwickelt u. deren Anwendbarkeit mit Gefrierpunktserniedrigungsdaten aus Phasendiagrammen überprüft. Behandelt werden Schmelzen verschiedener Zus. in den bereits bekannten Syst. $Ca_2B_2O_5$-$Ca(BO_2)_2$, $Ca_3(BO_3)_2$-Ca_2SiO_4, $Ca(BO_2)_2$-$CaSiO_3$ u. $Ca_2B_2O_5$-$CaSiO_3$ bei verschiedenen Temperaturen. Es zeigt sich, daß die Gruppenmodelle bei Annahme von Ringen u. Ketten in der Schmelze anwendbar sind, die einfachen Ionenmodelle können bei Vorliegen isolierter einfacher Ionen von Nutzen sein. G. Gattow. 186□

Wachstumsgeschwindigkeit einer Kristallnadel in einer unterkühlten Schmelze. D. Je. Temkin. (Ber. Akad. Wiss. UdSSR **132**, 1307—10, 21/6. 1960; Zentr. Forsch.-Inst. für Eisenhüttenkunde, Inst. für neue metallurg. Technol.; russ.) — Die Gleichung für die Bewegungs-Geschw. v einer Kristallnadeln in einer unterkühlten Schmelze in Abhängigkeit vom Unterkühlungsgrad, der Kristallisationswärme u. den Koeff. der Temp.-Leitfähigkeit u. der spezif. Wärme der Schmelze wird dahin erweitert, daß der nichtisotherme Charakter der Nadeloberfläche berücksichtigt wird, wodurch der Wert von v sich verkleinert. Die wahrscheinlichste Form der Nadel ist die, bei der v maximal ist. Sonder- u. Grenzfälle werden in Gleichungen behandelt. Zum Vgl. werden Verss. der Literatur über das Wachsen von Sn-Dendriten herangezogen. R. K. Müller. 190□

Über die Geschwindigkeit der Kristallisation von Gips aus seinen übersättigten Lösungen bei verschiedenen Temperaturen. I. I. Korolkow, S. A. Tjagunowa und Je. F. Lichonoss. (J. angew. Chem. [UdSSR] **34**, 120—25, Jan. 1961; russ.) — Die Kristallisations-Geschw. bei 38—90° des bei der Neutralisation von schwefelsauren Holzhydrolysaten mit Kalkmilch in Ggw. einer konst. Menge von $CaSO_4 \cdot 2\,H_2O$ (Impfung) sich bildenden Gipses wurde untersucht. Die lineare Abhängigkeit des lg des Überschusses an gelöstem Gips von der Kristallisationsdauer wird gezeigt. S. Baryschnikow. 190

Einwirkung der thermischen Vorgeschichte der Schmelze auf die Kristallisation von Fluorphlogopit. Shigeharu Naka und Tôkiti Noda. (J. chem. Soc. Japan, ind. Chem. Sect. [Kogyo Kagaku Zassi] **63**, 946—49, Juni 1960; Nagoya-Kôgyô-Gizyutu-Sikenzyo u. Nagoya-Daigaku, Kôgakubu; jap., Auszug: engl. S. A 51.) — Die nur kurz auf Temp. oberhalb des F. erhitzte Schmelze des Fluorphlogopits krist. nach der

Abkühlungskurve relativ leicht beim Abkühlen. Die Kristallisation findet mit steigender Temp. sowie zunehmender Dauer des Erhitzens der Schmelze schwieriger statt. Durch sehr langes Erhitzen der Schmelze auf hohe Temp. krist. sie wieder leicht. Beim kurzen Erhitzen bleiben noch die Kristallkeime in der Schmelze, welche während des Erhitzens der Schmelze u. bes. schnell bei höherer Temp. verschwinden. Vff. nehmen an, daß isolierte $(SiO_4)^{4-}$-Tetraeder-Ionen in der Schmelze bei sehr langem Erhitzen auftreten u. beim Abkühlen als Kristallisationskeime wirken. E. Maekawa. 190□

Einwirkung der thermischen Vorgeschichte der Schmelze auf die ausgeschiedenen Kristalle von Fluorphlogopit. Shigeharu Naka und Tôkiti Noda. (J. chem. Soc. Japan, ind. Chem. Sect. [Kogyo Kagaku Zassi] **63**, 950—53, Juni 1960; jap., Auszug: engl. S. A51—A52.) — Vgl. vorst. Referat. — Aus der kurz (5 Min.) u. auf relativ niedrige Temp. (ca. 1400°) erhitzten Schmelze des Fluorphlogopits (I) fallen beim Abkühlen relativ große I-Kristalle aus. Aus der ca. 10 Min. erhitzten Schmelze fallen feine I-Kristalle, welche Kristalle von Chondrodit enthalten, während durch noch verlängertes (ca. 20 Min.) Erhitzen Gemische aus Chondroditkristallen u. glasiger Phase erhalten werden. Die stärker erhitzte (z. B. 20 Min. auf 1450°) Schmelze läßt jedoch feine I-Kristalle u. daneben wenig Chondrodit ausfallen. Wenn der ausgeschiedene Chondrodit mit dem fl. Rückstand lange auf 1250° erhitzt wird, bilden sich I-Kristalle. E. Maekawa. 190□

Einwirkung von Kaliumfluorid auf die Kristallisation von Fluorphlogopit. Shigeharu Naka und Tôkiti Noda. (J. chem. Soc. Japan, ind. Chem. Sect. [Kogyo Kagaku Zassi] **63**, 954—56, Juni 1960; jap., Auszug: engl. S. A52.) — Vgl. vorst. Referat. — Der F. von Fluorphlogopit (1375°) wird durch Zusatz von KF niedriger (bei einem KF-Geh. von 5%, bezogen auf das Gemisch, 1369°, 10% 1362°, 20% ca. 1290°). Die Schmelze des Gemisches mit 5%ig. KF-Geh. wird wie der reine Fluorphlogopit selbst leicht unterkühlt, während die des Gemisches mit 10%ig. KF-Geh. kaum mehr unterkühlt wird. Beim Abkühlen der Schmelze der Gemische, die KF zu 5—10% enthalten, findet die Kristallisation zwischen 1300 u. 1270° stark exotherm statt. E. Maekawa. 190□

Wachstum von Galliumphosphidkristallen durch Transport des Jodids in der Dampfphase. A. S. Roy. (J. electrochem. Soc. **109**, 750—51, Aug. 1962; Murray Hill, N.J., Bell Telephone, Inc.; engl.) — GaP-Einkristalle (I) mit Abmessungen bis zu 2 mm werden aus der Dampfphase zwischen 780 u. 935° etwa bei Atmosphärendruck im abgeschmolzenen SiO_2-Rohr, das ca. 0,5 g polykristallines GaP (II), H_2 u. J_2 (anfängliches Mol-Verhältnis 8:7:1) enthielt, gezüchtet. Größere I erhält man bei geringen Temp.-Gradienten. Die Transport-Geschw. V nimmt mit erhöhter Temp. von II zu. Bei einer Temp.-Differenz von 50° zwischen II u. dem kälteren Rohrende u. II-Temp. von 850 u. 950° beträgt V 25 bzw. 75 mg/h. I haftet fest am SiO_2. Bei der Umkehrung des Transportvorganges bilden sich in Neben-Rkk. Ga-Phosphat u. α-SiO_2-Kristalle (ca. 0,1 mm groß). Die Verunreinigungen an Ca, Mg, Al, Si, Fe u. Ni liegen <50 ppm. I ist stets n-leitend, was auf Si als akt. Beimischung hinweist. P. Frenzel. 190□

Über die Natur des Kontaktschmelzens von Alkalihalogenidkristallen. P. A. Ssawinzew, W. Je. Aweritschewa und W. Ja. Slenko. (Ber. Akad. Wiss. UdSSR **127**, 828—30, 1/8. 1959; russ.) — Röntgendiagramme von KCl–NaCl-Pulvern zeigen bis 600° Linien der Komponenten, die bei 635° durch Linien der festen Lsg. ersetzt werden. Eutekt. Gemische von KCl u. KJ zeigen bei keiner Temp. (20—580°) die Bldg. einer homogenen festen Lsg. an. Bei $t \leq 300°$ erhält man die Linien der Komponenten, bei $t \geq 500°$ beobachtet man deren Verschiebung, was auf die Bldg. fester Lsgg. von KCl in KJ u. KJ in KCl hindeutet. Die Diffusion wurde an Einkristallen KCl–KBr, NaCl–NaBr u. KCl–KJ untersucht, u. zwar bei Temp., die nahe bei der Temp. des Kontaktschmelzens lagen. Es zeigte sich, daß dem Kontaktschmelzen Diffusionsprozesse vorangehen, wobei sowohl feste Lsgg. (KCl–NaCl, KCl–KBr, NaCl–NaBr) als auch Eutektika gebildet werden (KCl–KJ; Bldg.-Wärme 180 kcal/Mol). G. Rudakoff. 190□

Analytische Lösungen für einige Zonenschmelzprobleme. H. Reiss und E. Helfand. (J. appl. Physics **32**, 228—32, Febr. 1961; Murray Hill, N.J., Bell Telephone Labor., Inc.; engl.) — Vff. leiteten eine Formel ab, mit deren Hilfe man bei einer willkürlichen Verteilung der gelösten Komponente die Verteilung dieser Komponente nach einer beliebigen Anzahl von Durchläufen der geschmolzenen Zone berechnen kann. C. Gottfried. 190

Skizzierung von Schichtstreifungen in Silicium durch elektrochemische Goldplattierung. S. J. Silverman und D. R. Benn. (J. electrochem. Soc. **105**, 170—72, März 1958, Allentown, Pa., Bell Telephone Labor.; engl.) — Schichtstreifungen in Si-Einkristallen werden durch Eintauchen der mit Carborund-Pulver geriebenen, trockenen Probe in eine Lsg. von 10 (g) $K[Au(CN)_2]$ u. 200 KOH in 1 Liter salzfreiem W. von

30—70° im Strahlenbereich einer IR-Lampe nachgewiesen. Nach der Gleichung $2\,K[Au(CN)_2] + 4\,KOH + Si \rightarrow 2\,Au + K_2SiO_3 + 4\,KCN + H_2 + H_2O$ erfolgt eine Au-Ausscheidung auf der Si-Oberfläche. Der Rk.-Verlauf wird erörtert. W. Wesly. 190□

Mikroskopische Bestimmung der Anordnung der Atome in Versetzungen. B. A. Grinberg und A. N. Orlow. (Metallphysik u. Metallkunde [UdSSR] **11**, 481—88, April 1961; Inst. für Metallphys. der Akad. der Wiss. der UdSSR; russ.) — Meth. zur Best. von Konfigurationsgleichgewichten bei Atomen wird vorgeschlagen, nach der sich die Wechselwikg.-Energien zwischen Atomen durch eine Morse-Funktion beschreiben lassen. In Versetzungen ist diese Energie annähernd der einer Atombindung; die Versetzungsbreite beträgt ca. 6 Atomabstände. Das Beispiel berücksichtigt den Fall, in welchem die Morse-Konst. für kub. Übergangsmetalle gilt. W.-D. Heußner. 190□

Beobachtungen an geladenen Versetzungen in Ionenkristallen. J. Vennik, G. Remaut und W. Dekeyser. (Philos. Mag. [8] **6**, 997—1001, Aug. 1961; Ghent, Belgium, Labor. voor Kristallografie en Studie van Vaste Stoffen; engl.) — Vff. beschreiben neue Unterss. über geladene Versetzungen in NaCl- u. LiF-Kristallen. Bei veränderlicher Dauer der elast. Verformungen konnte festgestellt werden, daß die Proben bereits im elast. Bereich einen elektr. Effekt geben, der in engem Zusammenhang mit der Bewegung der (negativ geladenen) Versetzungen steht. W. Sobieski. 190□

Beweglichkeit von Leerstellenpaaren in Ionenkristallen. K. Tharmalingam und A. B. Lidiard. (Philos. Mag. [8] **6**, 1157—62, Sept. 1961; Reading, Berkshire, Univ., Dep. of Phys.; engl.) — Unter Benutzung der Approximation eines stat. Gitters berechnen Vff. die Aktivierungsenergien für Bewegungen von Leerstellenpaaren in *NaCl*- bzw. *KCl*-Kristallen u. finden durch Vgl. ihrer Werte mit denen von Guccione u. Mitarbeitern, daß sie vergleichbar oder größer als die für Bewegungen von Einzelleerstellen sind. Die Beweglichkeit von Leerstellenpaaren in Alkalihalogeniden ist geringer oder gleich denen einzelner Leerstellen. Danach müßte eine Revision der Theorien über die Anhäufung von Farbzentren bei tiefen Temp. erfolgen. W. Sobieski. 190□

Kristall- und Molekülstruktur von tetramerem Phosphornitriddimethylamid (Oktakis-[dimethylamino]-cyclotetraphosphazatetraen). G. J. Bullen. (J. chem. Soc. [London] **1962**, 3193—3203, Aug.; London, Univ., Birkbeck Coll., Dep. of Chem., Crystallogr. Labor.; engl.) — $P_4N_4[N(CH_3)_2]_8$ in Form tetragonaler Prismen u. Bisphenoide wurde mittels Weissenberg-Aufnahmen (geschätzte Intensitäten) unter Auswertung von 754 unabhängigen Reflexen untersucht: $a = b = 13{,}00 \pm 0{,}01$, $c = 8{,}59 \pm 0{,}01$ Å, $D_{ber.}$ 1,218, $D_{pyk.}$ 1,219, Z = 2, Raumgruppe $I\bar{4}$. Die Atomlagen wurden aus Patterson-Projektionen durch Fourier-Analysen u. nach der Meth. der kleinsten Quadrate bestimmt. Von den acht P–N-Bindungen sind je vier kristallograph. äquivalent. Sie bilden einen gewellten Achtring mit nahezu ident. Abständen; die exocycl. P—N-Abstände sind hiervon deutlich verschieden, jedoch kürzer als für eine Einfachbindung erwartet. Hierfür werden π-Bindungsanteile u. Elektronendonor-Eigg. der exocycl. N-Atome diskutiert. Die $PN(CH_3)_2$-Gruppe ist nahezu planar. Die Bindungsabstände u. -winkel sind angegeben. H. Bürger. 195□

Änderung der Struktur von Alumosilicagel beim Rösten. Koemon Funaki und Tetsuo Gejô. (J. chem. Soc. Japan, ind. Chem. Sect. [Kogyo Kagaku Zassi] **63**, 1166—72, Juli 1960; Tôkyô-Meguro, Tôkyô-Kôgyô-Daigaku; jap., Auszug: engl. S. A63.) — *Alumosilicagel* (Al_2O_3/SiO_2 $^1/_{12} \sim 2{,}5$) wird aus 3n *Na-Silicat* u. 3n $Al_2(SO_4)_3$ hergestellt u. seine Strukturänderung beim Rösten durch DTA in einem Temp.-Bereich von 100—800° untersucht. Das Prod., in dem das Verhältnis Al_2O_3/SiO_2 ca. 0,5 ist, besteht aus einer bisher nicht beschriebenen Verb. (I), welche unterhalb 500° nach dem Röntgenstrahlenbeugungsdiagramm amorph ist, oberhalb 500° in eine andere Struktur (II) u. oberhalb 800° in den stabilen *Mullit* übergeht. I ist vermutlich *Metakaolin* (III) oder eine Verb., deren Struktur im Vgl. mit III in noch größerer Unordnung ist, während II eine dem III ähnliche, jedoch etwas stabilere Verb. ist. Die Prodd., in denen Al_2O_3/SiO_2 größer als 0,5 ist, bestehen aus I u. Al_2O_3, während die mit höheren SiO_2-Geh. Gemische aus I u. Silicagel sind. E. Maekawa. 195□

Die „verbotenen" Reflexe von Diamant, Silicium und Germanium. M. Renninger. (Z. Kristallogr., Kristallgeometrie, Kristallphysik, Kristallchem. **113**, 99—103, April 1960; Marburg, Univ., Kristallograph. Inst.; dt.) — Vf. maß die abs. Streuamplituden für die „verbotenen" (2 2 2)-Reflexe von Si u. Ge u. verglich sie mit den früher an Diamant erhaltenen Ergebnissen. C. Gottfried. 195

Neutronographische Bestimmung der kubischen PbF_2-Modifikation. I. I. Jamsin, Ju. S. Nosik und N. W. Below. (Ber. Akad. Wiss. UdSSR **138**, 110—11, 1/5. 1961;

Akad. der Wiss. der UdSSR, Inst. für Kristallograph.; russ.) — Die röntgenograph. Unters. der sich bei hohen Temp. bildenden kub. Modifikation des PbF_2 vom Strukturtyp des CaF_2 ist durch den großen Unterschied der Ordnungszahlen ($Z_{Pb} = 82$; $Z_F = 9$) erschwert. Dagegen sind die, die Amplituden der kohärenten Kernstreuung beschreibenden Streulängen von gleicher Größenordnung ($b_F = +0,55 \cdot 10^{-12}$ cm; $b_{Pb} = +0,96 \cdot 10^{-12}$ cm). Die Intensitäten von 32 Reflexen wurden gemessen u. mit den berechneten Strukturamplituden u. Strukturfaktoren verglichen. Die gute Übereinstimmung zwischen Intensitäten u. Strukturamplituden weist auf vorwiegend dynam. Charakter der Streuung hin. F. Lenz. 195□

Kristallographische und differentialthermoanalytische Untersuchungen an den Dekahydraten von Natriumselenat und -chromat. Andrea Alietti. (Atti Accad. naz. Lincei, Rend., Cl. Sci. fisiche, mat. natur. [8] **29**, 95—103, Juli/Aug. 1960; Modena, Univ., Ist. di Miner.; ital.) — Vf. untersuchte goniometr., opt., röntgenograph. u. mit DTA $Na_2SeO_4 \cdot 10\,H_2O$ (I) u. $Na_2CrO_4 \cdot 10\,H_2O$ (II). Die goniometr. Messungen bestätigten die bereits bekannte monoklin-prismat. Symmetrie. Opt. wurde für I 2 V = +88°, b : β u. a : α = 12° gemessen, für II 2 V = +83° 56'. Dreh- u. Weissenberg-Aufnahmen lieferten für I die Zelldimensionen a = 11,65 (Å); b = 10,62; c = 13,06; β = 107°30' ± 10'; Raumgruppe C_{2h}^5–$P2_1/c$; mit D = 1,584 ist Z = 4. II hat a = 11,60 (Å), b = 10,55; c = 12,99; β = 107° 30' ± 18'; Raumgruppe C_{2h}^5–$P2_1/c$; mit D = 1,483 ist Z = 4. Die Daten der Pulverdiagramme beider Verbb. sind wiedergegeben. Bei I erfolgt die Umwandlung des Dekahydrats in das wasserfreie Salz bei einer wenig über 30° liegenden Temp., doch setzt die Entwässerung schon um 20° ein u. schreitet, langsamer werdend, von außen nach innen fort. Das Pulverdiagramm des entwässerten I erwies sich als ident. mit einer auf 650° erhitzten Probe. Ein Minimum der DTA-Kurve bei 47° wird auf die Absorption der Lösungswärme zurückgeführt; das exotherme Maximum bei 100° zeigt die Kristallisation des wasserfreien Salzes an u. das endotherme Minimum bei 114° wird dem Verlust des abgeschiedenen W. zugeschrieben. Bei II erfolgt die Umwandlung des Dekahydrates in das wasserfreie Salz in der Reihenfolge $Na_2CrO_4 \cdot 10\,H_2O \xrightleftharpoons{19^\circ} Na_2CrO_4 \cdot 6\,H_2O \xrightleftharpoons{25,9^\circ} Na_2CrO_4 \cdot 4\,H_2O \xrightleftharpoons{62,8^\circ} Na_2CrO_4$, was auch deutlich auf den erhaltenen DTA-Kurven des Deka- u. Tetrahydrates zum Ausdruck kommt. Ein auf der DTA-Kurve des wasserfreien Salzes bei 440° auftretendes endothermes Minimum entspricht der Umwandlung der orthoromb. α- in die hexagonale β-Phase. C. Gottfried. 195

Elektronographische Untersuchung von Fe_3O_4. G. G. Dworjankina und S. G. Pinsker. (Ber. Akad. Wiss. UdSSR **132**, 110—13, 1/5. 1960; Akad. der Wiss. der UdSSR, Inst. für Kristallograph. u. Inst. für anorg. Chem. der Sibir. Abt. der Akad. der Wiss. der UdSSR; russ.) — Aus Elektronenbeugungsaufnahmen von Fe_3O_4-Filmen wurde die Gitterkonst. zu 8,40 ± 0,01 Å bestimmt. Die experimentellen u. die für die Raumgruppe O_h^7—Fd 3 m berechneten φ Werte ergeben gute Übereinstimmung mit der Spinellstruktur des Magnetits, wobei der Sauerstoffparameter u = 0,258 ± 0,002 beträgt. H. Jäger. 195□

Berechnung der Schichtstruktur in Kristallen von Dimethylglyoximatonickel nach der Theorie dichtgepackter Moleküle. P. M. Sorki und M. A. Porai-Koschitz. (Ber. Akad. Wiss. UdSSR **138**, 355—57, 11/5. 1961; Moskau, Lomonossow-Univ.; russ.) — Graph. Best. des Flächenbedarfs für ein Mol. bei der period. Packung von als eben angenommenen Bis-[dimethylglyoximato]-nickel-Moll. in einer Ebene in Abhängigkeit von der relativen Orientierung der Nachbarmoleküle. Die beiden Fälle, daß die flächenhafte Elementarzelle eines bzw. 2 Moll. enthält, werden behandelt. Der minimale Flächenbedarf (176,5 Å² für 2 Moll.) d. h., die dichteste Packung ergibt sich für eine Struktur, die der realen sehr nahekommt. F. Lenz. 195□

Hochdrucksynthese und Gitterkonstanten von normalem Kupfercarbonat. C. W. F. T. Pistorius. (Experientia [Basel] **16**, 447—48, 15/10. 1960; Los Angeles, Calif., Univ. of California, Inst. of Geophys.; engl.) — Wasserfreies $CuCO_3$ wurde in geringen Mengen aus bas. Cu-Carbonaten unter 450 bar CO_2-Druck bei 180° gewonnen. Röntgenograph. Unterss. ergaben die Raumgruppe R $\bar{3}$ c. a_{rh} = 5,856 Å, α = 48° 11'. Z = 2. D_{ber} = 3,99 g·cm⁻³. Ernst Schulte. 195□

Die Kristallstruktur von Yoderit. S. G. Fleet und H. D. Megaw. (Acta crystallogr. [Copenhagen] **15**, 721—28, 10/7. 1962; Cambridge, Cavendish Labor., Crystallographic Labor.; engl.) — Yoderit (I) hat die empir. Formel: $[Mg_2Ca_{0,2}(Fe^{2+}, Fe^{3+})_{0,5}Al_{5,3}] \cdot Si_4O_{17,6}(OH)_{2,4}$. Es tritt in Paragenese mit Cyanit auf. Unter Ignorierung einiger sehr schwacher zusätzlicher Reflexe wurde die Struktur bestimmt. I krist. monoklin, Raumgruppe $P2_1/m$, a = 8,035 ± 0,003; b = 5,805 ± 0,001; c = 7,346 ± 0,002 Å; β = 105° 38' ± 4', Z = 1. Die Atomparameter sind angegeben. Die Struktur besteht aus parallel zur y-Achse liegenden Ketten von AO_6-Oktaedern mit gemeinsamen Kanten, die von isolierten SiO_4-Tetraedern u. trigonalen AO_5-Bipyramiden begleitet sind. Die A-Plätze sind meist von Al bzw. Mg besetzt. Die Packung der O-Atome ist der im Cyanit ähnlich. Zwei H-Atome der Zelle wurden lokalisiert. Walter Franke. 195□

Gitteränderungen in wärmebehandelten Plagioklasen. Die Existenz von Monalbit bei Zimmertemperatur. William L. Brown. (Z. Kristallogr., Kristallgeometrie, Kristallphysik, Kristallchem. **113**, 297—329, April 1960; Zürich, ETH, Inst. für Kristallographie u. Petrographie; engl.) — Vgl. C. **1960**, 15676. — Die reziproken Gitterwinkel der Tieftemp.-Plagioklase mit An_0–An_{100} ändern sich mit zunehmendem An-Geh. in einer einfach-regelmäßigen Weise. Die gleiche Regelmäßigkeit zeigte ein *Tiefalbit*, wenn er bei hohen Temp. erhitzt wird, bis ein Hochalbitzustand mit $\alpha^* \approx 86{,}0^0$ u. $\gamma^* \approx 88{,}0^0$ erreicht ist. Bei längerem Erhitzen bis zu 1140° wandelt sich unter kontinuierlicher Änderung der Gitter-Konst. der hochalbitartige Zustand über einen analbitartigen in einen Monalbit um, der bis zur Zimmer-Temp. stabil ist. Die bei Raum-Temp. gemessenen Gitter-Konst. des Monalbits sind denen eines Alkalifeldspates der Analbit-Sanidin-Serie ähnlich, u. die Gitter-Konst. intermediärer Zustände sind solchen K-haltiger Analbite ähnlich. Die monoklin-trikline displacide Tranformation des reinen $NaAlSi_3O_8$ kann, je nach Vorbehandlung, bei Temp. nahe dem F. bis herunter zu solchen unterhalb Raum-Temp. auftreten. Es wird angenommen, daß diese neu aufgefundenen Eigenschaftsänderungen auf Änderungen des Al/Si-Ordnungsgrades beruhen u. daß die spezielle chem. Zus. nur von untergeordnetem Einfl. auf die Gittergeometrie ist. C. Gottfried. 195

Beitrag zur Untersuchung der spanischen Mineralien. 1. Mitt. Röntgenographische Charakterisierung der Sepiolithe. Jesús Galván, M. Martin de los Rios und J. L. Amorós. (Publ. Dep. Cristalogr. Mineralog. [Madrid] **1959/60**, Nr. 6, 427—44; Madrid, Univ. de Madrid, Cat. des Crist. y Miner.; Mus. Nac. de Ciencas Naturales, Sec. de Miner.; span.) — Es werden Pulverdiagramme von 11 verschiedenen Sepiolithen ($2\,MgO \cdot 3\,SiO_2 \cdot 2\,H_2O$) der Provinzen Madrid u. Toledo angegeben. Sie sind teilweise durch Quarz, Dolomit, Calcit, Gips u. Palygorskit verunreinigt. Durch Vgl. der verschiedenen Proben werden die charakterist. Interferenzlinien für Sepiolith bei 12; 3,35 u. zwischen 1,38—0,97 gefunden. Lag ein Sepiolith vor, bei dem die Umwandlung Vermiculit–Sepiolith noch nicht total erfolgt war, so verschob sich die Interferenzlinie bei 12 auf 13,24 bzw. 14,25 (Vicálvaro u. Getafe, Provinz Madrid). K. Huste. 195□

Thermische Oxydation von GaAs. Henry T. Minden. (J. electrochem. Soc. **109**, 733, Aug. 1962; Syracuse, N.Y., Gen. Electr. Co.; engl.) — GaAs (I)-Proben werden in reinem O_2 bei einer Strömungs-Geschw. von ca. 1,3 Liter/Min. auf 600—900° erhitzt. Oxidfilme mit einer Schichtdicke von 1000 bis ca. 6000 Å zeigen typ. Interferenzfarben, dünnere oder dickere Schichten sind golden bzw. braun. Bei 800° hergestellte sind weiß, offensichtlich kristallin u. von wachsartigem Aussehen. Zugabe von Wasserdampf zum O_2 ist bis 800° ohne Einfl., >800° entstehen nichthaftende, weiße, kristalline Flecken, die zusammenwachsen. An den (1 1 0)-Flächen erfolgt langsamere u. gleichmäßigere Oxydation als an den (1 1 1)-Flächen. Bei polykristallinen Oberflächen werden Unterschiede zwischen den einzelnen Körnern festgestellt, während sich n- u. p-leitendes I nicht unterschiedlich verhält. Röntgenograph. wird unabhängig von Schichtdicke u. Oxydations-Temp. nur *β-Ga_2O_3* identifiziert. Maskierungs-Verss. mit anschließender Eindiffusion von Zn sowie längeres Erhitzen von oxydiertem u. nichtoxydiertem I bei 950° in Ar-Atmosphäre ergeben, daß der mikrokristalline Oxidfilm wahrscheinlich eine umfassende Korngrenzendiffusion zur I-Oberfläche erlaubt u. daß die Diffusion von As aus I nicht verhindert wird. Vf. schließt, daß die therm. Oxydation zur Maskierung von I nicht geeignet ist. P. Frenzel. 196

Methode zur Abhebung von dünnen Oxidfilmen von der Oberfläche des Titans und Untersuchung ihrer Struktur. N. D. Tomaschow, R. M. Altowski und M. Ja. Kuschnerew. (Betriebs-Lab. [UdSSR] 26, 298—301, 1960; Akad. der Wiss. der UdSSR, Inst. für phys. Chem.; russ.) — Die auf Ti u. Ti-Legg. (WT1, WT3, WT5, WT3—1) in wasserfreier Atmosphäre entstehenden mkr. heterogenen Oxidfilme von 18,9 Å Dicke werden durch Einw. von 5% Br_2 in Methanol abgelöst. Elektronograph. wurden die Phasen *TiO* u. *Ti_3O_5* sowie gebildetes *$TiBr_4$* nachgewiesen, während Röntgenogramme nur die Linien von Ti u. Ti_3O_5 zeigen. H. Jäger. 196□

Die Reduktion von Kupferoxiden durch molekularen Wasserstoff. Y. N. Trehan. (Z. anorg. allg. Chem. **318**, 107—12, 1962: Poona, India, Nat. Chem. Labor.; engl.) — Untersucht wird die Bldg. von Cu-Filmen bei der Red. von Cu_2O- u. Cu(I)/Cu(II)-Mischoxidschichten, die die Flächen (1 0 0), (1 1 0) u. (1 1 1) bzw. polykrist. Proben von elementarem Cu bedecken. Während aus Cu_2O Metallfilme entstehen, bildet sich aus orientierten wie unorientierten CuO-Schichten stets polykristallines Cu. Dieser Unterschied wird auf die unterschiedlichen Lagen der Cu-Ionen in den beiden Oxidgittern u. auf die geringe Beweglichkeit der Cu-Atome bei der Red.-Temp. (ca. 300°) zurückgeführt. F. M. Friedrich-Anderseck. 196□

Reaktionsgeschwindigkeit und Wachstumsformen bei der Reaktion zwischen Silber und Schwefelwasserstoff. 2. Mitt. Der Einfluß von Temperatur und Gasdruck. James Drott. (Ark. Kemi **16,** 333—46, 1961; Uppsala, Univ., Inst. of Chem.; engl.) — 1. vgl. C. **1962,** 15511. — Bis ca. 30° ist die Geschw. der Rk. zwischen Ag u. H_2S vom H_2S-Druck unabhängig u. nur geringfügig temperaturabhängig. Vermutlich ist der geschwindigkeitsbestimmende Vorgang die Diffusion an der Ag_2S-Oberfläche. Bei höheren Temp. (bis 93°) hängt die Rk.-Geschw. stark vom H_2S-Druck ab. Für die verschiedenen Mechanismen wurden Aktivierungsenergien berechnet. Zwischen den Wachstumsformen des Rk.-Prod. bei tieferen u. höheren Temp. besteht ein auffallender Unterschied. Whiskers wuchsen im allg. nur dann, wenn die Oberflächendiffusion geschwindigkeitsbestimmend war. Beim Wachstum bei Temp. $>75°$ zeigten die elektronenmkr. Aufnahmen eine helixartige Struktur. K. Maier. 196□

Ionenstrahlungsschäden an Metallfilmen im Innern eines Elektronenmikroskops. D. W. Pashley und A. E. B. Presland. (Philos. Mag. [8] **6,** 1003—12, Aug. 1961; Hinxton Hall, Cambridge, T. J. Res. Labor.; engl.) — Die Ursache für das Entstehen von kleinen punkt- u. schleifenförmigen Gebilden auf dünnen *Au*-Einkristallfilmen beim Einbringen in ein Elektronenmikroskop wurde untersucht u. der Beweis erbracht, daß sie durch Beschuß mit energiereichen negativen Ionen aus dem *W*-Draht des Elektronenstrahlers entstehen, obwohl letztere nicht identifiziert werden konnten. Bei Umhüllung des *W*-Drahtes mit einem Standardoxidstrahler läßt sich der Grad der Strahlungsschäden durch Ionen stark erhöhen. Die Tempercharakteristik zeigt, daß oberhalb 300—350° die Mehrzahl der Punktfehler ausheilt u. kleine tetraederförmige Schichtfehler entstehen. — Die untersuchten Fehler durch Ionenbestrahlung sind den Primäreffekten beim Bestrahlen mit anderen Partikeln (z. B. Neutronen) sehr ähnlich. W. Sobieski. 196□

Die Theorie der Komplexe von Metallionen mit nicht abgeschlossenen Untergruppen. 4. Mitt. Die Ligandenfeldtheorie der Metalle mit nicht abgeschlossenen Untergruppen. Béla Lakatos. (Magyar tudományos Akad., kém. tudományok Osztályának Közleményei [Ung. Akad. Wiss., Ber. Abt. chem. Wiss.] **16,** 207—25, Sept. 1961; Szeged, Univ., Inst. für analyt. u. anorg. Chem.; ung.) — 3. vgl. C. **1962,** 15139. — Die Theorie wird kurz zusammengefaßt. Sie gibt eine einfache u. anschauliche Deutung der Überlappung der die metall Bänder aufbauenden Atombahnen sowie deren Auffüllung durch Elektronen. Die Theorie ermöglicht die Deutung der Gitterstruktur u. der Eigg. der Metalle. I. Náray-Szabó. 197

Untersuchung über Substrukturen von Zinn unter Verwendung des gebogenen Quarz-Monochromators vom Transmissionstyp. Röntgenuntersuchungen über Substrukturen in Zinneinkristallen. 4. Mitt. Masashige Koyama. (Nippon Kinzoku Gakkai-Si [J. Japan Inst. Metals] **25,** 584—88, 1961; jap., Auszug: engl.) — 3. vgl. C. **1960,** 13294. — Die Substrukturen in Einkristallen, die aus der Schmelze gezüchtet wurden, werden mit Röntgenstrahlen unter Verw. eines Quarz-Monochromators vom Transmissionstyp ermittelt. Die Röntgenreflexionslinie des zuletzt erstarrten Probenanteils ist am schärfsten u. geradesten, wogegen die des zuerst erstarrten Anteils breiter als die anderen u. mehrmals unterbrochen ist. Die Breite der Reflexionslinien steigt mit der Wachstums-Geschw. der Kristalle. W. Wesly. 197□

Die bevorzugten Wachstumsrichtungen metallischer Kristalle aus der Schmelze. W. O. Jessin. (Metallphysik u. Metallkunde [UdSSR] **10,** 233—39, Aug. 1960; Akad. der Wiss. der UdSSR, Inst. für Metallphys.; russ.) —Vf. berechnete die Wahrscheinlichkeit des Erscheinens dimerer Kristallkeime der Flächen $(\bar{1}\,\bar{1}\,\bar{1})$ u. $(\bar{1}\,0\,0)$ des flächenzentrierten *Pb*-Gitters als Funktion der Unterkühlung der Schmelze. Die dichtestgepacktenFlächen eines Kristallgitters besitzen die größte relative Wachstums-Geschw. in stark unterkühlten u. die geringste in nahe dem Gleichgewicht befindlichen Schmelzen reiner Metalle. H. Jäger. 197□

Über die Änderung der Mikrostruktur von Uran bei der cyclischen Wärmebehandlung. 2. Mitt. R. I. Garber, S. Ja. Saliwadny und W. M. Michailowski. (Metallphysik u. Metallkunde [UdSSR] **11,** 889—92, Juni 1961; Physik.-Techn. Inst. der Akad. der Wiss. der UkrainSSR; russ.) — Mittels Mikrophotographie wurde der Einfl. der cycl. Wärmebehandlung bei 100—600° auf die Abmessungen, die Form u. die Struktur von Uranproben untersucht. Nach 2000 Cyclen sank der Korndurchmesser von 25 auf 18μ, das Relief zeigte Oberflächenrauhigkeiten von einigen 10μ. Es dürfte sich um Deformation u. Rekristallisation der Körner handeln. M. Wiedemann. 197□

Über die Kristallstruktur einiger Phasen in Magnesiumlegierungen mit Cer und Neodym. M. Ss. Beletzki und Je. L. Galperin. (Metallphysik u. Metallkunde [UdSSR] **11**, 698—703, 1 Tafel, Mai 1961; Leningrad, Allunionswiss. Al-Mg-Forsch.-Inst.; russ.) — In Mg-Legg. mit bis zu 45% Nd werden die Phasen Mg_9Nd u. Mg_3Nd gebildet. Die χ-Modifikation wird auch in abgeschreckten Mg-Legg. mit über 35% Ce beobachtet. β-Mg_9Ce u. β-Mg_9Nd sind kub. mit a = 14,604 bzw. 14,578 ± 0,005 Å. Von Mg_9Ce existieren die β- u. die β'-Modifikation u. von Mg_9Nd β- u. die χ-Modifikation.
H. Hochstein. 197□

Der Isobaren-Punkt in ternären flüssigen Systemen. Marc Van Lancker und Franz Halla. (J. Inst. Metals **89**, 293—95, April 1961; engl.) — Vgl. C. **1954**, 9231. — In mehreren tern. Syst. M–A–B (Na–Pb–Hg, Zn–Cd–Sn, Zn–Cd–Sb, Cd–Pb–Bi) zeigen die Aktivitätskurven $a_m = a_m (N_m)$ (N_m = Molenbruch) einen gemeinsamen Schnittpunkt, unabhängig von dem Verhältnis der Molenbrüche N_A u. N_B der beiden in M gelösten Bestandteile. Ein solcher Punkt wird als der „Isobaren-Punkt" bezeichnet. Die Verf.-Werte zeigen, daß es zum Auftreten eines solchen Punktes genügt, wenn die Grenzkurven für die beiden bin. Teil-Syst. a_mA–M (N_m) u. a_mB–M (N_m) sich beim Auftragen auf das gleiche Achsen-Syst. schneiden. Der Isobaren-Punkt im tern. Syst. scheint daher durch die beiden bin. Teil-Syst. bestimmt zu werden. In den Syst., in denen ein solcher Punkt auftritt, kann er als ein Standardpunkt zum Untersuchen der gesamten Familie der Aktivitätskurven u. zur Aufdeckung von Verf.-Fehlern dienen.
H. Hochstein. 197□

Das Dreistoffsystem Zirkonium–Silicium–Bor. E. Parthé und J. T. Norton. (Mh. Chem. **91**, 1127—33, 1960; Cambridge, Mass., MIT; dt.) — Das. Syst. Zr–Si–B wurde vorzugsweise röntgenograph. untersucht u. bei 1400° ein Schnitt des tern. Phasendiagramms aufgenommen. Als einzige tern. Phase wurde diejenige beobachtet, über die Nowotny u. Mitarbeiter früher berichtet hatten; sie besitzt $D 8_8$-Struktur u. entspricht mit ca. 5 Atom-% B der Formel $Zr_5(Si, B)_3$. Diese Verb. kann als feste Lsg. von B in der hypothet. bin. Zr_5Si_3-Phase mit ca. 5 Atom-% B angesehen werden. Eines der wichtigsten Merkmale des Syst. Zr–Si–B ist die große Stabilität der bin. Phase ZrB_2 in bezug auf die anderen Phasen. Das Syst. wird mit anderen Syst. Me–Si–B verglichen.
Ernst Schulte. 197□

Beiträge zu den Nowotny-Phasen. Edwin Parthé. (Powder metallurgy Bull. **8** 23—34, Juni 1957; engl.) — Vgl. vorst. Referat. — Vgl. C. **1959**, 47. — Die Herst. von Me_5Si_3-Proben wird beschrieben u. das Syst. *Mo–Si–C* behandelt. Die Bldg. einer Nowotny-Phase (N') mit niedrigem C-, N- oder O-Geh. sowie deren Zus. u. Eigg. werden erörtert. Es wird über N' von Germaniden berichtet u. die Strukturunterschiede zwischen T 1-, T 2- u. $D 8_8$-Phasen u. dem NiAs-Gitter werden besprochen. Atomaustauschvorgänge in N' werden erklärt u. eine empir. Regel zur Berechnung der Zus. der N' wird mitgeteilt. Es zeigt sich, daß N' tern. Silicid- oder Germanidphasen mit der $D 8_8$-Struktur sind, welche durch geringe C-, N-, O- oder B-Geh. stabilisiert sind. Die Zus. der N' ist nicht konstant. Der Anteil an C-, N-, O- oder B-Atomen, der zur Stabilisierung von N' erforderlich ist, nimmt innerhalb jeder Gruppe des Period. Syst. mit der Periodenzahl der Metallkomponente zu. Der erforderliche Geh. an C-, N-, O- oder B-Atomen nimmt ebenso innerhalb jeder Periode mit der Gruppenzahl der Metallkomponente zu. Für $Me_5 \cdot Si_3(C)$-Phasen wird eine empir. Formel vorgeschlagen: C = 25 (1 — K/n), worin n die Gruppennummer des Metalles u. K eine Konst. bedeutet. N' treten nicht in allen tern. Syst. Me–Si–X (X = C, N, O oder B) auf, die Neigung zu ihrer Bldg. nimmt in der Reihenfolge O, N, B, C zu. Sie zeigen beim Vgl. mit anderen Silicidphasen einen größeren Homogenitätsbereich. Die Phase hat die allg. Formel: $Me_6(Me, Si)_4(Si, C)_6$. Wenn Verunreinigungen nicht vermieden werden, dann können N' reine Silicide verdecken. Dieses Verdecken tritt nur in metallreichen Siliciden auf. — 27 Literaturangaben.
H. Hochstein. 197□

Die Kristallstruktur einiger hafniumhaltiger Phasen. H. Boller, H. Nowotny und A. Wittmann. (Mh. Chem. **91**, 1174—84, 1960; Wien, Univ. u. TH, Inst. für Phys. Chem.; dt.) — Im Syst. Hf–Al werden neben der Laves-Phase $HfAl_2$ die Kristallarten $HfAl_3$, $\sim Hf_{0,75}Al$ u. Hf_4Al_3 nachgewiesen. $HfAl_2$ krist. im C-14-Typ mit a = $5{,}22_3$ (kX), c = $8{,}63_9$. $HfAl_3$ krist. sowohl im $ZrAl_3$-Typ mit a = $3{,}97_4$, c = $17{,}1_2$ als auch im $TiAl_3$-Typ mit a = $5{,}54_4$, c = $8{,}87_0$. Hf_4Al_3 ist isotyp mit Zr_4Al_3 mit a = $5{,}32_0$, c = $5{,}40_3$. Ein beobachtetes Hf_5Al_3 wird als metalloidstabilisierte Phase angesehen, sie tritt als $D 8_8$-Typ auf. Im Bereich von 60 Atom-% Hf wurde eine weitere metastabile Phase festgestellt. Bei Hf_3Al scheint eine Ordnungsphase vorzuliegen. Hf löst Al. Im Syst. Hf–Sn wird neben Hf_5Sn_3 noch $HfSn_2$, sowie im Mittelbereich eine Phase, die der analogen

Hf–Al-Phase strukturell ähnlich ist, nachgewiesen. *$HfSn_2$* ist isotoyp mit $CrSi_2$, a = 5,47₆, c = 7,61₀. *Hf_5Sn_3* mit a = 8,35₉, c = 5,72₅ gehört zum D 8_8-Typ. Für alle Verbb. sind die indizierten $\sin^2 \vartheta$-Werte u. Intensitäten angegeben. Hf löst in beträchtlichem Maße Sn. Ernst Schulte. 197□

Eine Untersuchung über die Anlaßkinetik von Martensit in binären Cu–Al-Legierungen. Norihiko Nakanishi und Hiroyasu Mitani. (Bull. Univ. Osaka Prefect., Ser A **10**, 125–37, 1961; Coll. of Engng.; engl.) — Die in bin. Cu–Al-Legg. beobachtete isotherme martensit. $\beta \rightarrow \beta'$-Umwandlung wird in Beziehung auf das Anlaß-Verh. des Martensits zur Ermittlung einer Ordnungsregel untersucht. Die Temp.–Zeit–Umwandlungs-Schaubilder beim Anlassen werden durch Messungen der spezif. Wärme u. der Dilatation, sowie durch mkr. Beobachtung u. Röntgenanalyse erhalten. Beim isothermen Anlassen der Cu–Al-Legg. oberhalb von 400° zeigt sich dabei ein Ordnungsvorgang, der jedoch unter 400° verschwindet. Der Prozeß, durch den die $\gamma' \rightarrow \beta_1$-Umwandlung während des Anlassens von γ'-Martensit nicht festgestellt werden kann, wird erläutert. H. Hochstein. 197

Untersuchung der Anfangsstadien der Entstehung einer Diffusionsporosität in den Legierungen L 62 und N80Ch20 durch Kleinwinkelstreuung von Röntgenstrahlen. W. L. Kalichman und Ja. Ss. Umanski. (Ber. Akad. Wiss. UdSSR **132**, 108–09, 1 Tafel, 1/5. 1960; Moskau, Stalin-Stahl-Inst.; russ.) — Aus α-Messing (L 62) u. Nichrom (N80·Ch20) wurden durch Erhitzen im Vakuum die flüchtigen Komponenten entfernt. Die bei der Kleinwinkelstreuung von Röntgenstrahlen durch derartige Objekte auftretenden Effekte werden mitgeteilt. H. Jäger. 197□

Anisotrope Diffusion von Kupfer in Wismuttellurid. R. O. Carlson. (Physics Chem. Solids **13**, 65–70, Mai 1960; Schenectady, N.Y., Gen. Electr. Res. Labor.; engl.) — Die Best. der Diffusions-Koeff. mit Hilfe von radioakt. Cu ergab parallel zur Schichtstruktur des Bi_2Te_3 ca. 10^{-6} cm²/s, senkrecht dazu ca. $3 \cdot 10^{-15}$ cm²/s. Es wird angenommen, daß zwischen benachbarten Te-Schichten (···Te–Bi–Te–Bi–Te—Te–Bi–Te···) ein großer Schichtabstand vorliegt u. relativ schwache elektrostat. Bindungskräfte wirken, so daß die Diffusion hier leichter verläuft. In der anderen Richtung erschweren die kovalenten u. ion. Bindungen zwischen Cu u. Te die Durchdringung. J. Krausse. 197□

Diffusion und Löslichkeit von Sauerstoff in Silber. Walter Eichenauer und Gudrun Müller. (Z. Metallkunde **53**, 321–24, Mai 1962; Darmstadt, TH, Eduard-Zintl-Inst.; dt.) — Diffusion u. Löslichkeit von O_2 in Ag wurde aus dem zeitlichen Verlauf der O_2-Abgabe von Ag-Proben bei 412–862° bestimmt. Für die Löslichkeit wurde eine Interpolationsformel aufgestellt. Der Vorgang verläuft nach dem Sievertschen Quadratwurzelgesetz. O_2 löst sich wahrscheinlich unter Aufspaltung seines Mol. im Ag. Unter 500° wird eine höhere Löslichkeit infolge Adsorption von O_2 vorgetäuscht. Für den Diffusions-Koeff. von O im Ag gilt folgende Beziehung: $D = 2{,}72 \cdot 10^{-2} \cdot \exp(-11000/RT)$ cm²/s. Die verhältnismäßig niedrige Aktivierungsenergie von 11 kcal/g-Atom deutet auf eine Diffusion des O über Zwischengitterplätze hin. F. Vier. 197□

Röntgenographische und mechanische Untersuchung der variablen Struktur in der Legierung AgCd (50 Atom-%). Ss. T. Schawlo und N. A. Kossowzowa. (Metallphysik u. Metallkunde [UdSSR] **11**, 635–38, April 1961; Charkow, Skoworod-Inst. für Pädagogik; russ.) — In der Leg. AgCd (50 Atom-%) lassen sich im Hochvakuum unmittelbare Übergänge von einer unregelmäßigen β-Phase in eine regelmäßig geordnete β'-Phase beobachten, die bei Temp. von 210–20° eintreten. Nach Glühen bei 460° u. Aushärtung im Ölbad läßt sich ferner eine β_1-Phase gewinnen. Röntgenunterss. zeigen eine bes. starke Abnahme intensiver Linien in der Spektrenreihe $\beta \rightarrow \beta' \rightarrow \beta_1$. Durch Härte-Best. der 3 Phasen wird für die regelmäßige β'-Phase die Mikrohärte von 22,3 kg/mm² (β: 18,2 u. β_1: 20,4 kg/mm²) ermittelt. Die gemessene Streckgrenze von 29 bis 30 kg/mm² ist bei der β'-Phase stark von der Belastungs-Geschw. abhängig. W.-D. Heußner. 197□

Durch Neutronenbestrahlung in einem Magnetfeld in einer 50%igen Fe–Ni-Legierung hervorgerufene Orientierungsüberstrukturen. J. Paulevé und D. Dautreppe. (J. Physique Radium **22**, 39 S, April 1961; franz.) — In einem Magnetfeld bei einer zur Erzielung einer schnellen Diffusion erhöhten Temp. geglühte Fe–Ni-Legg. mit 50% Ni besitzen eine gleichaxiale Anisitropie infolge Bldg. einer Orientierungsüberstruktur. Proben aus derselben Leg., die in einem Magnetfeld durch Neutronen bestrahlt werden, besitzen die gleiche Anisotropie. Diese Anisotropie erreicht viel höhere Werte als sie durch andere bekannte Verff. erreichbar sind. Dies steht in Übereinstimmung mit der Feinstrukturtheorie, die eine bestimmte Änderung der Überstrukturenergie annimmt. Es werden auf Grund der Unters.-Ergebnisse Angaben über die Anisotropieenergie in

Abhängigkeit von der Dosis der schnellen Neutronen bei 25° sowie über die Energieabgabe der Überstruktur nach einer Bestrahlung bei 25° oder bei 200° gemacht.
H. Hochstein. 197□

Der Einfluß von Neutronenbestrahlung auf die Phasenumwandlungen in Chromstählen. B. Weiss-Hollerwöger. (Nukleonik [Berlin] **2**, 222–27, Nov. 1960; Wien, Univ., 2. Phys. Inst.; dt.) — Zur Unters. des Einfl. der Neutronenbestrahlung auf die Phasenumwandlungen von Cr-Stählen mit 1,26 (%) C, 0,36 Mn, 0,42 Si, 5,40 Cr, 0,012 Co, 0,01 Ta + Nb, 0,014 P, 0,018 S wurde die Austenit → Martensit-Umwandlung bei tiefen Temp. von −5° bis −150° durchgeführt. Außerdem wurden die Stabilisationserscheinungen sowie das Anlaß-Verh. untersucht. Dabei wurden die Proben im Reaktor mit Dosen von 10^{16}, 10^{17}, $5 \cdot 10^{17}$ u. 10^{18} n/cm² bestrahlt u. dann durch vergleichende Messungen mit unbestrahlten Proben die Änderungen festgestellt. Mit Hilfe der Thermodynamik u. der Strain–Embryo-Theorie von Cohen wird eine Deutung der Ergebnisse versucht. Es ergibt sich, daß bei der Bestrahlung durch Frenkel-Defekt u. Thermal-Spikes Spannungszentren erzeugt werden, die Keime bilden können u. so zur Martensit-Bldg. führen. Die Bestrahlung kann aber auch in der Nähe von schon vorhandenen Keimen zur Bldg. von Spannungszentren führen. Auch die Stabilisationserscheinungen sind mit der Strain–Embryo-Theorie befriedigend zu erklären. Es zeigt sich, daß die Austenit–Martensit-Umwandlung durch die Bestrahlung im untersuchten Cr-Stahl begünstigt u. durch hohe Daten schon bei Raum-Temp. eine beträchtliche Menge Martensit während der Bestrahlung gebildet wird. Gleichzeitig wird auch ein Stabilisationseffekt des Austenits durch die Bestrahlung festgestellt. Beim Anlassen hatten die mit einer Dosis von 10^{18} n/cm² bestrahlten Proben ein anderes Verh. wie die unbestrahlten. H. Hochstein. 197□

Der kristallographische Verlauf von Eisennitrid-Ausscheidungen im Ferrit. Wolfgang Pitsch. (Arch. Eisenhüttenwes. **32**, 573–79, Aug. 1961; Düsseldorf, MPI für Eisenforsch.; dt.) — Vgl. C. **1962**, 17325. — Angegeben werden diejenigen Umwandlungsvorgänge, die die Bldg. von Fe-Nitriden mit den kristallograph. Eigg. vollständig beschreiben. Danach bildet sich das α''-Nitrid (Fe_8N) einfach durch eine Konz.-Anreicherung der N-Atome im Ferritgitter durch Diffusion, wobei die N-Atome eine bestimmte Überstruktur bilden. Der Bldg.-Vorgang des γ'-Nitrids (Fe_4N) besteht im wesentlichen aus einer martensit. Umwandlung des Fe-Gitters von seiner kub.-raumzentrierten Anordnung im Ferrit in eine kub.-flächenzentrierte Anordnung im γ'-Nitrid. Die dabei stattfindenden Atomverschiebungen lassen sich beschreiben durch 1. eine Bain-Deformation, 2. eine Scherung im Syst. $(1\,1\,1)_{\gamma'}\,[1\,1\,\bar{2}]_{\gamma'}$ um 8,3° u. 3. eine Lageänderung des γ'-Gitters durch zwei kleine, starre Drehungen um insgesamt ca. 10°. Dieser Umwandlungsvorgang ist seinem Wesen nach genau der gleiche wie der einer Austenit–Martensit-Umwandlung. Er wurde deshalb als „martensit." bezeichnet. H. Hochstein. 197□

Mechanismus der Martensitumwandlung bei Eisenlegierungen. Michiyasu Doi. (Bol. Assoc. brasil. Metais **16**, 497–518, Juli 1960; São Paulo, Inst. de Pesquisas Tecnol.; port.) — Vgl. C. **1960**, 1432; C. **1962**, 7311. — Vf. entwickelt einen Mechanismus der Martensitumwandlung, wonach diese auf dem Gleiten von Gitteranomalien an der Phasengrenzfläche beruht. Es wird am Beispiel der Fe-Leg. mit 30% Ni gezeigt, daß aus der gefundenen Kinematik die bei Martensit beobachtete Gleitebene abgeleitet werden kann. R. K. Müller. 197□

Über die Dendritstruktur von Primärkristalliten im Stahlblock. N. K. Ipatow. (Metallphysik u. Metallkunde [UdSSR] **11**, 759–65, Mai 1961; Dnepropetrowsk, Ukrain. Polytechn. Inst. für Fernunterricht; russ.) — Der dendrit. Aufbau von Primärkristalliten in einem Stahl wird durch Ätzen sichtbar gemacht. In der Außenzone körniger Kristalle u. in der ihr folgenden Zone mit rein stengelartigen Kristallen ist ein dendrit. Aufbau weder metallograph. noch auf autoradiograph. Wege nachzuweisen. Die verbreitete Ansicht, daß der Charakter der Primärkristallisation im Stahlblock einheitlich u. für alle Zonen dendrit. ist, kann daher nicht in vollem Umfange aufrechterhalten werden. H. Hochstein. 197□

Über Phasenumwandlungen in Stählen der Übergangsklasse. W. I. Prosswirin, Je. L. Winogradskaja und G. A. Moltschanowa. (Metallphysik u. Metallkunde [UdSSR] **11**, 775–81, Mai 1961; Inst. für Automatik u. Mechanik der Akad. der Wiss. der LettSSR; russ.) — Untersucht werden die Phasenumwandlungen sowie der Charakter der Ausscheidungshärtung der Stahlgruppe der martensit. → austenit. Übergangsklasse (Stahl St 1, 2 u. 3), von denen Stahl St 1 in der Nähe der martensit. u. Stahl St 3 in der Nähe der austenit. Klasse liegt, während St 2 eine Mittelstellung einnimmt. Die Stähle unterscheiden sich bei gleichen C-, Cr- u. Mo-Geh. nur durch ihre Ni- u. Al-Geh. u. bestehen aus 0,07 (%) C, 0,07 Mn, 0,4 Si, 12,5 Cr, 7,8–8,8 Ni, 1,4–1,1 Al. Bei der Er-

mittlung des Einfl. der Härtungs-Temp. wird festgestellt, daß eine Erhöhung dieser Temp. von 850—1050° im Stahl St 1 eine fast vollständige Auflösung der Sekundärphasen bewirkt u. die Mikrohärte der Austenitbereiche von 168 auf 244 Einheiten stieg. Stahl St 3, der nach der Abschreckung von 850° 50% Restaustenit bei gleicher Mikrohärte besaß, wird bei Abschreckung von 950° u. höher wesentlich weicher, was mit der geringen Menge des sich bildenden Martensits zusammenhängt. Der Restaustenit ist in diesen Stählen unbeständig u. neigt bei Tiefkühlung zur Umwandlung in Martensit. Alle Stähle wurden nach Unterkühlung bis auf —194° u. nachfolgender Stufenerhitzung auf 350, 500, 650 u. 800° auf ihre Härte untersucht. Je vollständiger sich die martensit. Umwandlung vollzog, desto intensiver war bei 500° die Härtung. Ferner wurden die Stähle im gehärteten Zustand einer 1—36 std. Erwärmung bei 400, 450, 500, 700 u. 800° unterworfen. Ein Teil der Proben wurde vor dieser Erwärmung einer Tiefkühlung bis —194° (20 Min. Haltezeit) unterworfen. Die Intensität der Ausscheidungshärtung bei 400—500° nimmt mit der Temp.-Erhöhung sowie auch mit der Erhöhung der Menge des sich bildenden Martensits während der Härtung oder Tiefkühlung zu.
H. Hochstein. 197□

Über den Mechanismus der Umkristallisation bei Erhitzen von Stahl. B. A. Leontjew und T. I. Iwanissenko. (Metallphysik u. Metallkunde [UdSSR] **11**, 746—51, 1 Tafel, Mai 1961; Metallurg. Shdanow-Inst.; russ.) — Durch metallograph. u. röntgenograph. Meth. wird der Mechanismus der Umkristallisation bei der Erhitzung der beiden gehärteten Stähle 60ChG mit 0,61 (%) C, 0,81 Mn, 0,35 Si, 0,023 S, 0,022 P, 1,17 Cr, 0,14 Ni u. 5ChNW mit 0,51 C, 0,63 Mn, 0,20 Si, 0,022 S, 0,011 P, 0,66 Cr, 1,55 Ni u. 0,60 W untersucht. In Abhängigkeit von der Erhitzungs-Geschw. ist die Umkristallisation entweder mit einer Primärrekristallisation (langsame Erhitzung) oder mit einer Sammelrekristallisation des Austenits (beschleunigte Erhitzung) verbunden.
H. Hochstein. 197□

Einige Besonderheiten der Kaltwalztextur-Verteilung von Transformatorenstahl (Gesamtabnahme 92%). I. P. Kudrjawzew. (Metallphysik u. Metallkunde [UdSSR] **10**, Nr. 1, 29—36, Juli 1960; Uraler Polytechn. Kirow-Inst.; russ.) — Die Unters.-Ergebnisse von Möller u. Stäblein (C. **1959**, 1371) über die Texturverteilung über den Querschnitt eines kaltgewalzten Transformatorenstahles werden krit. erörtert u. es wird gezeigt, daß die Abhängigkeit der Intensität reflektierter Röntgenstrahlen I vom Winkel γ zwischen der Normalen zur Walzebene u. der Normalen zur kristallograph. Ebene (200) die Funktion der Verteilung der Kornorientierung p (γ) wiedergibt. Die Funktion I (γ) für die inneren u. äußeren Schichten der kaltgewalzten Leg. mit 3% Si im Falle einer Gesamtabnahme von 92% wird angegeben. Die Berechnung der Kurven des mechan. Moments, das der Probe durch ein äußeres Magnetfeld erteilt worden ist, wird mitgeteilt. Die erhaltenen theoret. Werte von δ A_2 u. δ A_4 beim Übergang von der äußeren Schicht zur inneren stehen in Übereinstimmung mit den experimentell erhaltenen Ergebnissen.
H. Hochstein. 197□

Besonderheiten der Feinstruktur von Deformationsbanden in technischem Eisen. B. Ss. Kassatkin. (Metallphysik u. Metallkunde [UdSSR] **11**, 766—74, Mai 1961; Paton-Inst. für Elektroschweißung der Akad. der Wiss. der UkrainSSR; russ.) — Die Ergebnisse einer experimentellen Unters. der Feinstruktur von Verformungslinien im techn. Fe, die bei einer Verformung unter Bedingungen entstehen, die in der Nähe des Sprödzustandes liegen, werden mitgeteilt. Es wird gezeigt, daß es zwei Arten solcher Linien gibt. Es wird angenommen, daß sich die eine Art der Verformungslinien als Resultat einer Kombination von Zwillings-Bldg. u. Verschiebung bildet. Diese Streifen können bedingt als Zwillings-Trennschichten bezeichnet werden Die anderen Streifen bilden sich infolge einer plast. Verformung durch Kröpfung u. stellen Biegestreifen dar
H. Hochstein. 197□

Spannungsrelaxation im α-Eisen bei niedrigen Temperaturen. P. Feltham. (Philos. Mag. [8] **6**, 847—50, Juli 1961; Leeds, Univ., Dep. of Metallurgy; engl.) — Die Relaxation der angelegten Zugspannung σ bei Verformungen von bis zu 2% wurde bei 77—358° K an einem im Vakuum angelassenen α-Fe mit 0,1% C untersucht. Die Relaxation war logarithm. u. die Kurvenneigungen nahmen von 19,7 kg/cm² bei 358° K auf 313 kg/cm² bei 77° K zu. Die Relation $Q_J(1 - T/T_m) = 2{,}3\,kT(\sigma_y - \sigma_g)/S$, die früher für die Spannungsrelaxation in Cu abgeleitet wurde, in welcher T_m die Schmelz-Temp., σ_y die Zugstreckgrenze u. σ_g den temperaturabhängigen Teil der Streckgrenze bedeuten, erwies sich auch auf das α-Fe als anwendbar bei einem Q_J-Wert von 6,4 kcal/g-Atom.
H. Hochstein. 200□

Einfluß der Härtungstemperatur auf die innere Reibung von kohlenstoffhaltigem Stahl. W. R. Schuschanija und Ss. A. Golowin. (Metallphysik u. Metallkunde

[UdSSR] **11,** 809—11, Mai 1961, Tulsk, Mechan Inst.; russ) — Messungen der inneren Reibung in einem gehärteten Stahl ermöglichen die Best des Bereiches der krit Punkte bei der Stahlerhitzung, des Charakters der Veränderung des Schubmodells beim Anlassen während der Messung sowie des Einfl. der Strukturbesonderheiten des von verschiedenen Temp. abgeschreckten Stahls auf die Relaxationsprozesse.
H. Hochstein. 200☐

Unterschied der Ermüdungserscheinungen bei hoher und niedriger Zugbeanspruchung. N. E. Frost. (Nature [London] **192,** 446—47, 4/11. 1961; East Kilbride, Nat. Engng Labor., Mater. Group; engl.) — Vf. bespricht Ergebnisse verschiedener Autoren aus Zug-Verss. an Cu, Al u. Flußstahl u. vergleicht sie mit einer eigenen Theorie der Rißbildung. — 12 Literaturangaben. R. Esenwein. 200☐

Thermische und mechanische Einwirkung einer Kavitationszone auf die Oberfläche eines Metalls. W. W. Gawranek, D. N. Bolschutkin und W. I. Seldowitsch. (Metallphysik u. Metallkunde [UdSSR] **10,** 262—68, Aug. 1960; Charkow, Polytechn. Lenin-Inst.; russ.) — Mit einem Magnetostriktionsvibrator (7,5 kHz) werden period. Drücke bis 550 kg/cm² von ca. 10^{-5} s auf ca. 10^{-5} mm² erreicht, wobei an den Berührungsstellen der Kavitationsblasen mit dem Metall Temp. von 300—500° auftreten. Die Kavitationserosion von Duraluminium (D 1) u. Stahl (U 7) in W. wurde an Hand der Mikrohärte (M), röntgenograph. u. gravimetr. verfolgt. Duraluminium zeigt zunächst eine Zunahme u. danach eine Abnahme der M, was als künstliche Alterung unter dem Einfl. der Kavitations-Temp. aufzufassen ist. Die statist. Auswertung der M nach verschiedener Kavitationsdauer bei gehärtetem Stahl zeigt gleichzeitig eine Tendenz der Abnahme u. eine Tendenz der Zunahme der Mikrohärte. Die Erosions-Geschw. von unterhalb 400° angelassenen Stählen ist konst., höher angelassener Stahl wird stärker erodiert. Die Kavitation kommt einem Anlaßprozeß bei 470° gleich; im Röntgenogramm der Stähle treten nach der Kavitationsbehandlung schärfere Linien auf. H. Jäger. 200☐

Versprödung an Korngrenzen durch Gleichgewichtsausscheidungen. J. H. Westbrook und D. L. Wood. (Nature [London] **192,** 1280—81, 30/12. 1961; Schenectady, N.Y., General Electr. Res. Labor.; engl.) — Durch Mikrohärteprüfungen an Fe (O, S), Al-Bronze (Al), Beryllіden, Siliciden, AgMg, NiAl, Ni_3Al, σ-CoCr, NiTi(O, N) (in Klammern die Verunreinigungen) wird gezeigt, daß eine Härtezunahme im Korngrenzenbereich durch Gleichgewichtsausscheidungen gegenüber dem Korninneren auftritt. Die Ausscheidung ist abhängig von der Temp. u. tritt in einigen Fällen bei hohen Temp. nicht auf. Sie wird durch Spuren anderer Verunreinigungen beeinflußt. In intermetall. Verbb. tritt Korngrenzenhärtung nur auf, wenn ein stöchiometr. Überschuß eines chem. akt. Elements vorhanden ist. Die Ausscheidung u. ihre Auflösung verlaufen äußerst schnell entlang einem „Kurzschluß"-Diffusionsweg. Die Versprödung führen Vff. auf die Bldg. einer Grenze der Versetzungsausbreitung durch verfestigte Bezirke an den Korngrenzen zurück. R. Esenwein. 200☐

Kristalline Feinstruktur und Mechanismus der plastischen Deformation fester Lösungen auf Kupferbasis. L. N. Gussewa und A. A. Babareko. (Metallphysik u. Metallkunde [UdSSR] **10,** 269—71, Aug. 1960; Akad. der Wiss. der UdSSR, Inst. für Metallurg.; russ.) — Vgl. C. **1961,** 10854. — Es wurde die Linienverbreiterung auf den Röntgenogrammen von *Cu* u. von festen Lsgg. von *Zn* (10,25 Atom-%), *Al* (4, 6, 13) u. *Sn* (5, 7) in Cu nach plast. Deformation gemessen. Mit steigender Konz. der zweiten Komponente tritt eine gegenüber reinem Cu zusätzliche Linienverbreiterung auf. Die Breite der kohärenten Streuung nimmt bei den festen Lsgg. gegenüber reinem Cu mit zunehmendem Leg.-Anteil u. Unterschied in den Größen der Atom-Gew. der Komponenten stark ab. In den festen Lsgg. scheint ein anderer Mechanismus der plast. Deformation als im reinen Cu vorzuliegen. H. Jäger. 200☐

Über Meiklejohns und Skodas Arbeit „Dispersionshärtung". D. Dew-Hughes. (Acta metallurg. [New York] **8,** 816—17, Nov. 1960; Poughkeepsie, N.Y., IBM Res. Center; engl.) — Vf. erklärt die von Meiklejohn u. Skoda (C. **1961,** 13461) beobachtete Abhängigkeit der Streckgrenze von der Teilchengröße, dem Abstand zwischen Teilchenzentren u. der Vers.-Temp., wenn *Hg* vom F. auf die Vers.-Temp. abgekühlt wird; dann entwickeln sich Verformungen infolge verschiedener Kontraktion der Hg- u. *Fe*-Teilchen. Unter der Annahme, daß diese Verformungen durch die Bldg. von Versetzungsschleifen aufgehoben werden, kommt Vf. rechner. zu demselben Ergebnis wie Meiklejohn u. Skoda. C. Gottfried. 200

Ermüdung unter regellosen Belastungen. A. N. May. (Nature [London] **192,** 158—59, 14/10. 1961; Cambridge, Mass., Brooklyn Crystallograph. Labor.; engl.) — Vgl. C. **1961,** 14567. — Vf. untersuchte krit. die von Freudenthal u. Heller (vgl.

J. Aerospace Sci. **26**, [1959], 431) an Al-Legg. durchgeführten Ermüdungs-Unterss. an Hand des von ihm (vgl. C. **1961**, 5353) vorgeschlagenen Ermüdungsmodells.
C. Gottfried. 200

Resistometrische und calorimetrische Untersuchungen von Alterungserscheinungen in abgeschrecktem Aluminium. G. Borelius und L. E. Larsson. (Ark. Fysik **20**, 403—13, 1961; Stockholm, Royal Inst. of Technol.; engl.) — Es werden in einer ausführlichen Darst. die Ergebnisse von resistometr. u. calorimetr. Unterss. an reinem Aluminium nach Abschreckung angegeben u. mit den von Vff. früher bei abgeschreckten Al-Legg. gefundenen Erscheinungen verglichen. J.-M. Spaeth. 200□

Über die Temperaturabhängigkeit der Fließspannung in abgeschreckten Aluminiumkristallen. L. E. Tanner. (Acta metallurg. [New York] **8**, 730—32, Okt. 1960; Cambridge, Mass., Mfg. Labor., Inc., Res. Div.; engl.) — Vf. nimmt Bezug auf Unterss. von Cottrell u. Stokes (vgl. C. **1957**, 1368) u. von Basinski (vgl. C. **1960**, 4763) über die Temp.-Abhängigkeit der Fließspannung in einkristallinem u. polykristallinem, gut angelassenem Al u. berichtet über analoge Messungen an abgeschreckten Proben, die bei 78, 200, 273 u. 293° K verformt worden waren. Die Meßtechnik war bereits früher von Tanner u. Madin (vgl. C. **1960**, 3468) beschrieben worden. Es wurde gefunden, daß sich die abgeschreckten Kristalle nicht nur ähnlich wie die angelassenen Kristalle verhalten, d. h. das Fließspannungsverhältnis für je 2 Temp. war unabhängig von der Verformung konst., sondern es waren auch die numer. Werte für dieses Verhältnis nahezu identisch. C. Gottfried. 200

Stapelfehlerenergie und thermisch aktiviertes Fließen von Silber-Einkristallen. Manfred Ahlers und Peter Haasen. (Z. Metallkunde **53**, 302—09, Mai 1962; Göttingen, Univ., Inst. für Metallphys.; dt.) — Die plast. Verformung von Ag-Einkristallen wurde im Zug zwischen 80 u. 400° K bei verschiedenen Verformungs-Geschw. untersucht. Die Temp.- u. Geschw.-Abhängigkeit der krit. Schubspannung beruht auf der starken Spannungsabhängigkeit von Aktivierungsenergie u. Aktivierungsvolumen. Die Ergebnisse können mit dem Durchschneiden des Versetzungswaldes durch Gleitversetzungen erklärt werden. Die Stapelfehlerenergie, bestimmt aus der Geschwindigkeitsabhängigkeit des Beginns der dynam. Erholung, betrug bei 202 u. 296° K 65 ± 8 erg/cm². — 37 Literaturangaben. F. Vier. 200□

Über die Erhöhung der inneren Reibung im Uran bei Veränderung seiner Temperatur. Ju. N. Ssokurski und Ju. W. Bobkow. (Atomenergie [UdSSR] **9**, 392—98, Nov. 1960; russ.) — Vff. leiten einen halbquant. Ausdruck für die Abhängigkeit der Zunahme der inneren Reibung in U von der Erwärmungs-Geschw., der Frequenz u. der Amplitude der Torsionsschwingungen der Probe ab. Der Effekt tritt nur bei einer kontinuierlichen Temp.-Erhöhung auf (C. **1961**, 18623). Die Temp.-Abhängigkeit ist zunächst linear u. erreicht bei höheren Temp. einen Grenzwert. Die Experimente stimmen mit den Berechnungen überein. Die Verss. wurden mit 2 U-Proben [0,037 (0,049) Gew.-% C, 2,1 (8,3)$\cdot 10^{-3}$ Fe, 4,5 (1,4)$\cdot 10^{-2}$ Si, — (1,4)$\cdot 10^{-2}$ Al] durchgeführt. Sie wurden vorher entweder während 2 Std. bei 850° erwärmt u. mit W. abgeschreckt oder während 4 Std. auf 600° abgekühlt; Temp.-Erhöhung von 20—120°. Auf den Zuwachs der inneren Reibung hat im Anfangsstadium der Erwärmung die Vorbehandlung der Probe einen Einfluß. G. Ewald. 200□

Deformationseffekte in kaltverformten Metallen, die mit charakteristischen Versetzungen verbunden sind, und die Verbreiterung von Röntgeninterferenzlinien. 1. Mitt. Ein Fall elastischer Isotropie. K. P. Rjaboschapka und L. W. Tichonow. (Metallphysik u. Metallkunde [UdSSR] **11**, 489—95, April 1961; Inst. für Metallphys. der Akad. der Wiss. der UkrainSSR; russ.) — Näherungsberechnung von Deformationseffekten, die auf Kanten u. Schraubenversetzungen in elast. isotropen Metallen mit kub. Gitter beruhen. Die mittleren quadrat. Deformationen sind eine Funktion der elast. Eigg. des Materials, der Versetzungsdichte u. des orientierenden Faktors G = f(h k l). Die für *W* durchgeführten Berechnungen stehen in guter Übereinstimmung mit experimentellen Werten von Röntgenanalysen. W.-D. Heußner. 200□

Viscoelastische Eigenschaften von amorphem Selen. A. Eisenberg und A. V. Tobolsky. (J. Polymer Sci. **61**, 483—95, Okt. 1962; Princeton, N.J., Princeton Univ., Frick Chem. Labor.; engl.) — Unterss. mittels Spannungsrelaxation, Kriech-Verh. sowie nach einem neuen Verfahren. Es wurden eine allg. Kurve sowie Maximalwerte für die Relaxationszeit bei einigen Temp. erhalten. Der Glastransformationspunkt wurde zu 31,0 ± 0,5° bestimmt, unabhängig vom vorherigen Temp.-Verlauf. Die Temp.-Abhängigkeit der Viscosität η verläuft analog zu der organ. Polymerer u. gehorcht der W.L.F.-Gleichung. Die Spannungsrelaxation in amorphem Se verläuft daher wie in organ. Polymeren über eine Diffusionsbewegung der Ketten.
G. M. Neumann. 200□

Änderung dynamischer Eigenschaften einiger Kaolinmineralien durch Erhitzung. Shigeru Mochida, Isao Kawasaki und Yoichi Nishimura. (Bull. chem. Soc. Japan **32**, 319—24, April 1959; Toshima, Kita-ku, Tokyo, Tombow Pencil Mfg. Ltd.; engl.) — Vier japan. Kaolintone von bekannter Zus. u. DTA wurden nach Erhitzung auf bestimmte Temp. zwischen 500 u. 1250° in geschlossenen Graphittiegeln oder an freier Luft, auf Raum-Temp. abgekühlt, einer Prüfung der scheinbaren u. abs. Dichte sowie der Bindungsfestigkeit unterworfen. Es zeigte sich, daß alle Tone bei 500—800° einen Tiefpunkt ihrer Dichten u. bei 1000—1100° einen Maximalwert derselben aufwiesen. Bei 1000—1100° lagen auch die Maximalwerte ihrer Festigkeiten, während das Verhältnis der abs. zur scheinbaren Dichte, als Füllungsverhältnis bezeichnet, bei ca. 800° ein Minimum zwischen 60 u. 70% besaß u. ebenfalls bei 1100° einen Höchstwert zwischen 72,5 u. 92,5%. R. Kaiser. 200□

Energieverbrauch bei der Zerkleinerung einzelner Teilchen. Richard A. Zeleny und Edgar L. Piret. (Ind. Engng. Chem., Process Design Development **1**, 37—41, Jan. 1962; Minneapolis, Minn., Univ. of Minnesota; engl.) — Es wird ein Pendelhammer-Calorimeter beschrieben, das es gestattet, die bei der Zerkleinerung von Zylindern, Kugeln u. Würfeln aus Glas u. natürlichem Quarz auftretende Wärmeenergie zu messen. Die zugeführte Energie wird zu 0—50% bei der plast. Verformung der Hammerflächen verbraucht. Der größte Anteil wird in Wärme umgesetzt. Die für die Bldg. neuer Oberfläche aufgewendete Energie betrug in allen Fällen ca. 77000 erg/cm². Zwischen neuer Oberfläche u. der in der Probe erzeugten Wärmemenge besteht eine lineare Beziehung. Die Oberflächenenergie von Glas u. Quarz beträgt maximal 5000 erg/cm².
Peter Jacob. 200□

A₇. Gleichgewichte. Kinetik

Anwendung eines Digital-Rechners zur Lösung eines komplexen chemischen Gleichgewichts. John W. Swinnerton und Warren W. Miller. (J. chem. Educat. **36**, 485—88, Okt. 1959; University Park, Pa., Pennsylvania State Univ.; engl.)
E. Klever. 221□

Die Grenzen der Salzskryoskopie für die Untersuchung komplexer Arten in wässeriger Lösung. R. Stuart Tobias. (J. inorg. nuclear Chem. **19**, 348—58, Okt. 1961; Minneapolis, Minn., Univ. of Minnesota, Dep. of Chem.; engl.) — Die Gültigkeit der Annahmen in der Theorie u. in der Anwendung der Salzkryoskopie bei der Unters. geladener Poly- u. Einkernkomplexe wurde geprüft. Die Ergebnisse der Salzkryoskopie wurden mit denen verschiedener anderer Meth. verglichen. Es scheint, daß die kryoskop. Meth. für Komplexe mit mehr als 3 oder 4 Metallatomen nur begrenzten Wert besitzt, u. daß man durch die EMK-Messung bessere Resultate erzielt. G. Talsky. 223□

Untersuchung von Komplexverbindungen des Erbiums mit Trihydroxyglutarsäure. M. I. Gromowa, Ja. I. Chilman und W. M. Peschkowa. (Nachr. Moskauer Univ., Ser. II **16**, Nr. 6, 41—46, Nov./Dez. 1961; russ.) — Die Komplex-Bldg. von *Erbium* mit *Citronen-* (**I**) u. *Trihydroxyglutarsäure* (**II**) wird spektrophotometr., durch pH-Titration u. durch thermogravimetr. Analyse untersucht. Im pH-Bereich >8 wird sowohl für den Komplex von **I** mit Er als auch von **II** mit Er eine Zus. von Er: Säure wie 1:2 gefunden.
G. Engelhardt. 223□

Beobachtungen an den Seltenerdmetallen. 70. Mitt. **Einige charakteristische Eigenschaften der Äthylendiamintetraessigsäure-, N-Hydroxyäthyläthylendiamintriessigsäure- und 1.2-Diaminocyclohexantetraessigsäurechelate von gewissen Seltenerdmetallionen.** T. Moeller und E. P. Horwitz. (J. inorg. nuclear Chem. **12**, 49—59, 1959; Urbana, Ill., Univ. of Illinois, Noyes Chem. Labor.; engl.) — 69. vgl. J. inorg. nuclear Chem. **10**, [1959], 148; 68. vgl. C. **1960**, 9833. — Chelate der Form Ln(HEDTA)·x H_2O u. Ba[Ln(DCTA)]$_2$·y H_2O [H_3(HEDTA) = N-Hydroxyäthyläthylendiamintriessigsäure; H_4(DCTA) = 1.2-Diaminocyclohexantetraessigsäure, Ln = Nd, Sm, Eu, Gd u. Y, x = 5 (Sm u. Eu) bzw. 6 (Nd, Gd, Y), y = 10 (Sm, Gd), 7 (Nd), 9 (Eu) bzw. 13 (Y)] wurden aus ihren wss. Lsgg. durch Fällung mit Isopropanol bzw. A. isoliert. Sie sind in W. leicht, in Alkoholen u. den üblichen organ. Lsgm. nicht löslich. Die Verbb. jeder Reihe sind untereinander isomorph. Aus den Werten für die magnet. Suszeptibilitäten geht hervor, daß die 4f-Elektronen dieser u. der entsprechenden Äthylendiamintetraacetat-Chelate an der Bindung nicht beteiligt sind. Die Absorptionsspektren zeigen, daß zwischen Änderungen des Absorptions-Verh. u. der Chelatstabilität keine Beziehungen bestehen. Die Dehydratation von Ba[Nd(DCTA)]$_2$·7 H_2O beginnt bei ca. 50°, die Zers. des organ. Teils bei ca. 200°; die Dehydratation von Sm(HEDTA)·5 H_2O

beginnt bei ca. 80°, die Zers. bei ca. 250°. IR- u. Dehydratations-Unterss. deuten darauf hin, daß bei Verbb. der Form Ln(HEDTA)·x H_2O fünf Koordinationsstellen von dem chelatbildenden Agens u. die sechste vom W. besetzt sind. P. Scharner. 223□

Spektrophotometrische Untersuchung der Zusammensetzung der Bromid- und Jodidkomplexe des Kobalts. B. F. Dshurinski und I. W. Tananajew. (Ber. Akad. Wiss. UdSSR **140**, 374—76, 11/9. 1961; russ.) — In nachst. wasserfreien Schmelzen der Syst. $XBr-CoBr_2$ u. $XJ-CoJ_2$ (X = Cs, Rb, K) konnte spektroskop. die Existenz von Halogenokomplex-Verbb. der allg. Zus. $Me_4[CoY_6]$ u. $Me_2[CoY_4]$ (Y = Br, J) nachgewiesen werden (Absorption in nm): $[CoBr_6]^{4-}$ 625; $[CoBr_4]^{2-}$ 725; $[CoJ_4]^{2-}$ 790. W.-D. Heußner. 223□

Kupfer(II)-, Kobalt(II)- und Nickel(II)-Komplexe verschiedener Antihistaminverbindungen: Ihre Stabilitäten und thermodynamischen Werte. A. C. Andrews, T. D. Lyons und T. D. O'Brien. (J. chem. Soc. [London] **1962**, 1776—80, Mai; Manhattan, Kans., Kansas State Univ., Dep. of Chem.; engl.) — Vff. ermittelten mit Hilfe der potentiometr. Titrations-Meth. von Bjerrum die Gesamtstabilitäts-Konst. K_{st} bei 0 u. 25° sowie $-\Delta G$, ΔS u. ΔH der Cu(II)-, Co(II)- u. Ni(II)-Komplexe von 9 handelsüblichen Antihistaminen: *Antistin*, 2-(N-Benzylanilinomethyl)-imidazoliniumchlorid: (Ionisations-Konst.) pK_1 10,13 (25°); 11,09 (0°); pK_2 2,45 (25°); 2,37 (0°); *Ni*-(Komplex): log K_{st} 7,70 (25°); 7,14 (0°); $-\Delta G$ 10,6 (kcal/Mol) (25°), 8,9 (0°); ΔS 66,0 (Entropieeinheiten); ΔH 9,1 (kcal/Mol); *Co* log K_{st} 7,64; 6,90; $-\Delta G$ 10,4, 8,6; ΔS 72,0; ΔH 11,0; *Cu* log K_{st} 12,30; 13,14; $-\Delta G$ 16,8; 16,4; ΔS 14,4; ΔH $-12{,}5$. — *Benadryl*, N.N-Dimethyl-2-diphenylmethoxyäthylammoniumchlorid: pK_1 9,12; 9,67; *Ni* log K_{st} 6,52; 6,94; $-\Delta G$ 8,9; 8,7; ΔS 8,8; ΔH $-6{,}3$; *Co* log K_{st} 6,54; 6,66; $-\Delta G$ 8,9; 8,3; ΔS 24,0; ΔH $-1{,}8$; *Cu* log K_{st} 10,50; 11,02; $-\Delta G$ 14,3; 13,8; ΔS 22,0; ΔH $-7{,}8$. — *Neohetraminhydrochlorid*, 2'-[(2-Dimethylaminoäthyl)-(4''-methoxybenzyl)-amino]-pyrimidiniumchlorid: pK_1 8,94; 9,66; *Ni* log K_{st} 8,32; 7,24; $-\Delta G$ 11,4; 9,1; ΔS 92,4; ΔH 16,2; *Co* log K_{st} 6,30; 6,60; $-\Delta G$ 8,6; 8,3; ΔS 14,0; ΔH $-4{,}4$. — (—)-*Noradrenalin*, (—)-*2*-Amino-1-(3.4-dihydroxyphenyl)-äthanol: pK_1 9,98; 10,69; pK_2 8,82; 9,34; pK_3 3,30 (25°); *Ni* log K_{st} 8,00; 9,50; $-\Delta G$ 10,9; 11,9; ΔS $-38{,}4$; ΔH $-22{,}4$; *Co* log K_{st} 7,36; 8,64; $-\Delta G$ 10,1; 10,8; ΔS $-30{,}0$; ΔH $-19{,}0$; *Cu*- log K_{st} 16,32; 18,38; $-\Delta G$ 22,3; 23,0; ΔS $-26{,}8$; ΔH $-30{,}3$. — (+)-*Adrenalin*: pK_1 9,96; 10,57; pK_2 8,64; 9,17; *Ni* log K_{st} 9,26; 9,00; $-\Delta G$ 12,6; 11,3; ΔS 55,6; ΔH 3,9; *Co* log K_{st} 10,06; 9,60; $-\Delta G$ 13,7; 12,0; ΔS 69,2; ΔH 6,9; *Cu* log K_{st} 18,44; 20,30; $-\Delta G$ 25,2; 25,4; ΔS $-8{,}4$; ΔH $-27{,}7$. — *Chlortrimetonmaleat*, N.N-Dimethyl-3-p-chlorphenyl-3.2'-pyridylpropylammoniummaleat: pK_1 9,13; 9,48; *Cu* log K_{st} 9,26; 11,14; $-\Delta G$ 12,6; 13,9; ΔS $-52{,}0$; ΔH $-24{,}8$. — *Pyribenzaminhydrochlorid(I)*, 2-[N-Benzyl-(2'-dimethylaminoäthyl)-amino]-pyridinhydrochlorid: pK_1 8,15; 8,70; *Ni* log K_{st} 6,94; 5,84; $-\Delta G$ 9,5; 7,3; ΔS 86,8; ΔH 16,4; *Co* log K_{st} 6,34; 5,84; $-\Delta G$ 8,7; 7,3; ΔS 54,0; ΔH 7,5; *Cu* log K_{st} 8,80; 8,98; $-\Delta G$ 12,0; 11,2; ΔS 32,0; ΔH $-2{,}5$. — *Trimetonmaleat*, N.N-Dimethyl-3-phenyl-3.2'-pyridylpropylammoniummaleat: pK_1 8,83; 9,40; *Cu* log K_{st} 10,04; 11,14; $-\Delta G$ 13,7; 13,9; ΔS $-9{,}2$; ΔH $-16{,}4$. — (—)-*Adrenalin*: pK_1 10,02; 10,98; pK_2 8,78; 9,61; pK_3 2,58; 2,75; *Ni* log K_{st} 8,40; 8,90; $-\Delta G$ 11,5; 11,1; ΔS 13,6; ΔH $-7{,}4$; *Co* log K_{st} 8,94; 10,30; $-\Delta G$ 12,2; 12,9; ΔS $-26{,}8$; ΔH $-20{,}2$; *Cu* log K_{st} 17,72; 19,06; $-\Delta G$ 24,2; 23,8; ΔS 14,4; ΔH $-19{,}9$. — In jedem Falle wird ein stabiler Komplex gebildet; die Stabilitäts-Konst. der Cu(II)-Komplexe sind allg. entschieden größer als die der anderen Metallionen. Die Ionisations-Konst. stimmen mit Ausnahme von I mit denen von Lordi u. Christian (C. **1960**, 564) gut überein. Es erscheint möglich, daß die Freie Energie zur Bldg. der Komplexe bei gegebenen Metallionen als Index für die Wirksamkeit verschiedener Antihistamine benutzt werden kann. P. Scharner. 223□

Elutionskurven als Methode zur Untersuchung des Zustandes einer Substanz in Lösung. W. I. Paramonowa, W. I. Altynow, W. B. Kolytschew und A. W. Sharkow. (Nachr. Leningrader Univ. **15**, Nr. 3, Ser. Physik Chem. Nr. 16, 74—79, 1960; russ., Auszug: engl.) — Bei der Elution der in einer Säule von Kationen- u. Anionenaustauschern zurückerhaltenen Komponenten von Lsgg., bes. solchen von radioakt. Elementen in Mikrokonzz., wird die Aufzeichnung von „Elutionskurven" empfohlen, die die Abhängigkeit der Konz. des zu untersuchenden Elements im Eluat vom Vol. der durch die Säule geleiteten Lsg. wiedergeben. Mittels dieser Kurve ist eine halbquant. Best. des Lsg.-Zustandes (Kation, neutraler oder anion. Komplex sowie von koll. Formen) des Elements möglich. Vff. erläutern die Elutionskurven von Zr in 2n $HClO_4$, ^{95}Nb in 0,1m $H_2C_2O_4$ + 1m $NaNO_3$ + 0,8n HNO_3, in 2n HNO_3, in 1m $NaNO_3$, in 2n $HClO_4$ sowie 1n $HClO_4$ + 1n HNO_3. R. K. Müller. 224□

Mechanismus der Hydration von Magnesiazement. Übersättigung von Magnesiumoxid in der Magnesiumchloridlösung und deren pH-Wert. Jun-ichi Kasai, Masayuki Ichiba und Manjiro Nakahara. (J. chem. Soc. Japan, ind. Chem. Sect. [Kōgyō

Kagaku Zasshi] **63**, 1182—84, Juli 1960; Tôkyô-Tiyodaku, Nippon-Daigaku, Rikôgakubu; jap., Auszug: engl. S. A64.) — MgO löst sich in MgCl-Lsgg. unter Bldg. stark übersätt. Lsgg., der Übersättigungsgrad steigt zuerst beim Stehen der Gemische, nimmt jedoch dann langsam ab. Je höher die Konz. der $MgCl_2$-Lsg. ist, desto höher ist der Übersättigungsgrad des MgO. Der pH-Wert der $MgCl_2$-Lsg. ändert sich nur wenig bei der Auflösung von MgO sowie bei der Übersättigung mit MgO. Vff. schließen, daß MgO in den übersätt. Lsgg. kaum in Mg^{2+} u. OH^- dissoziiert ist, sondern mit $MgCl_2$ Komplexe vor der Bldg. des Doppelsalzes, $3\,MgO \cdot MgCl_2 \cdot 12\,H_2O$, bildet. E. Maekawa. 224□

Chloridionenübergänge in Phenylphosphoroxidchlorid. 4. Mitt. Spektrophotometrische Untersuchungen an Lösungen von Triphenylchlormethan. M. Baaz, V. Gutmann und J. R. Masaguer. (Mh. Chem. **92**, 582—89, 19/7. 1961; Wien, TH, Inst. für Anorg. u. Allg. Chem.; dt.) — 3. vgl. Mh. Chem. **92**, [1961], 164. — $ZnCl_2$, BCl_3, $FeCl_3$, $TiCl_4$, $SnCl_4$ u. $SbCl_5$ reagieren in Phenylphosphoroxidchlorid mit Triphenylchlormethan im Verhältnis 1 : 1, wobei sich ein Ionisationsgleichgewicht einstellt: $(C_6H_5)_3CCl + MeCl_n \rightleftharpoons [(C_6H_5)_3C]^+[MeCl_{n+1}]^-$. Die Acceptorstärken gegenüber Cl-Ionen nehmen in $C_6H_5POCl_2$ in der Reihenfolge $FeCl_3 > SbCl_5 > SnCl_4 > BCl_3 > ZnCl_2 \sim TiCl_4 > AlCl_3 \sim HgCl_2 > SbCl_3 > PCl_5$ ab. Die Spektren der angegebenen Metallchlorid-Lsgg. mit $(C_6H_5)_3CCl$ in $C_6H_5POCl_2$ wurden im Bereich von 360—480 mμ aufgenommen u. mit $(C_6H_5)_3COH$ in H_2SO_4 verglichen. Mit der Meth. der kontinuierlichen Variation wurde das Rk.-Verhältnis zwischen $(C_6H_5)_3CCl$ u. den Metallchloriden untersucht. M. Schüle. 224□

Das Verhalten von Triphenylchlormethan gegenüber Acceptorchloriden in Phosphoroxidchlorid und Tributylphosphat. M. Baaz, V. Gutmann und J. R. Masaguer. (Mh. Chem. **92**, 590—99, 19/7. 1961; dt.) — Vgl. vorst. Referat. — In $POCl_3$ reagiert $(C_6H_5)_3CCl$ mit den Acceptoren $ZnCl_2$, $AlCl_3$, $FeCl_3$, BCl_3, $TiCl_4$, $SnCl_4$ u. $SbCl_5$ im Verhältnis 1 : 1 unter Bldg. von Ionen-Verbb. des Typs $[(C_6H_5)_3C]^+[MeCl_{n+1}]^-$. Die Acceptorstärken nehmen in der Reihenfolge $FeCl_3 > SbCl_5 \sim BCl_3 \sim SnCl_4 \geq TiCl_4 > AlCl_3 > ZnCl_2 > HgCl_2 > SbCl_3 > PCl_5$ ab. Die dabei auftretenden Färbungen wurden im Bereich von 350—480 mμ gemessen u. mit dem Spektrum von $(C_6H_5)_3COH$ in H_2SO_4 verglichen. Die Verss. wurden gleichfalls mit Tributylphosphat, wobei keine Ionisation nachgewiesen werden konnte, u. in $(C_6H_5)POCl_2$ durchgeführt, deren Ergebnisse verglichen u. es wurde der Einfl. des Lsgm. auf die Ionisation diskutiert. M. Schüle. 224□

Hydrolytische und photolytische Reaktionen in dem System: Wasser–Salzsäure–Uranylchlorid–Phosphorsäurebutylester. A. S. Kertes und M. Halpern. (J. inorg. nuclear Chem. **19**, 359—62, Okt. 1961; Jerusalem, Hebrew Univ., Dep. of Inorg. and Anal. Chem.; engl.) — Vgl. C. **1962**, 14056. — Bei der Extraktion von U(VI)-Verbb. aus saurer wss. Lsg. mit organ. Lsgm. wird vielfach eine Verfärbung u. Zers. unter Bldg. eines Niederschlages festgestellt. Vff. führen dies auf die Hydrolyse der Phosphorsäureester u. anschließende photosensibilisierte Red. des U(VI) zurück. Die Ester selbst reagieren nicht. So findet in Ggw. von HNO_3 an Stelle von HCl oder HBr bei der Extraktion mit Phosphorsäureestern keine Zers. statt, was auf die 250mal geringere Verseifungs-Geschw. der Ester durch HNO_3 zurückgeführt wird. G. Talsky. 224□

Über die Berechnung von absoluten Reaktionsgeschwindigkeiten. O. K. Dawtjan. (J. physik. Chem. [UdSSR] **35**, 1944—50, Sept. 1961; Odessa, Metschnikow-Univ.; russ., Auszug: engl.) — Berechnung von Geschw.-Konst. ohne Berücksichtigung der Eigg. des aktivierten Komplexes auf Grund eines Gleichgewichtes zwischen verschiedenen Schwingungszuständen der Ausgangsstoffe u. aktivierter Konfigurationen, die sich im Gebiet der Energiemulde befinden. Für eine Reihe bimolekularer Rkk. des Types $A + BC \rightarrow AB + C$ ($H + o\text{-}H_2$, $D + p\text{-}D_2$, $H + DH$ u. a.) wurden bessere Ergebnisse erzielt als es mit den üblichen Meth. möglich ist. Wolfram Köhler. 225□

Bestimmung der Dissoziationsgeschwindigkeit von Wasserstoff im Stoßwellenrohr. John P. Rink. (J. chem. Physics **36**, 262—65, 1/1. 1962; Los Alamos, N.Mex., Univ. of California, Los Alamos Sci. Labor.; engl.) — In Edelgas/H_2-Mischungen (9,98—94,72% Xe; 50,13—85,15% Kr; 90,15% Ar) wird für die drei Rkk. $H_2 + M \underset{k_r}{\overset{k_d}{\rightleftharpoons}} 2\,H + M$ (M = Edelgas; H_2; H) zwischen 2800—5000° K mit einem Röntgenstrahldensitometer die Dissoziation von H_2 in Stoßwellen untersucht. Zur Best. der Dissoziations-Geschw. werden die experimentell ermittelten Dichteprofile mit berechneten verglichen, die sich von der Stoßwelle bis zum Gleichgewichtsbereich erstrecken: $k_{r(Xe)} = k_{r(Kr)} = k_{r(Ar)} = 1{,}5 \cdot 10^{18}\,T^{-1}$ ($\pm$ 30%); $k_{r(H_2)} = 3 \cdot 10^{18}\,T^{-1}$ ($\pm$ 50%); $k_{r(H)} = 1 \cdot 10^{19}\,T^{-1}$ ($\pm$ 50%) $cm^6 \cdot Mol^{-2}\,s^{-1}$. Die Temp.-Abhängigkeit konnte nicht bestimmt werden. Die Geschw.-Koeff. sind ca. 2mal größer als die entsprechenden Werte für O_2. F. Huber. 225□

Die Geschwindigkeit der Oxydation des Nitritions durch einige Peroxide. John O. Edwards und John J. Mueller. (Inorg. Chem. [Washington] **1**, 696—99, Aug. 1962; Providence, R.I., Brown Univ., Metcalf Chem. Labor.; engl.) — Die Kinetik der nach $XOOH + NO_2^- \rightarrow XOH + NO_3^-$ verlaufenden Rkk. von NO_2^- mit *Peroxoessigsäure* (**I**), *Peroxomonoschwefelsäure* (**II**) bzw. H_2O_2 (**III**) wurde spektrophotometr. (NO_2^--Maximum bei 357 nm) verfolgt. Die Rk. mit **I** ist erster Ordnung bzgl. $[NO_2^-]$ u. bzgl. [**I**]; die bei pH 5,0—6,7 unveränderte Geschw.-Konst. k_2 steigt bei pH $\leq$ 4,5 (Protonisierung des NO_2^-) u. sinkt bei pH $\geq$ 7,7 (Zers. von **I**). Die Ionenstärke μ ist ohne Einfl. auf k_2. Bei 25°, pH 6,0 u. $\mu = 0,2$ ist $k_2 = 0,0328$ Liter/Mol·s. Aus der Temp.-Abhängigkeit (5—30°) folgt $E_a = 13,7$, $\Delta G^* = 19,5$, $\Delta H^* = 13,1$ kcal/Mol, $\Delta S^* = -22$ cal/Mol·Grad. Für die weniger gut untersuchten Rkk. mit **II** ($k_2 = 0,310$ bei 25°; $E_a = 13,2$; $\Delta H^* = 12,6$; $\Delta S^* = -20$) u. **III** ($k_2 = 3 \cdot 10^{-7}$; lineare Abhängigkeit nur von $[NO_2^-]$) wird ebenso wie für den Mechanismus der Umsetzung mit **I** ein nucleophiler Angriff der Peroxoverbb. am NO_2^- diskutiert. A. Blaschette. 225□

Die Hydrolyse von Chloramin in alkalischer Lösung. M. Anbar und G. Yagil. (J. Amer. chem. Soc. **84**, 1790—96, 20/5. 1962; Rehovoth, Israel, Weizmann Inst. of Sci., Isotope Dep.; engl.) — Das Primärprod. der alkal. Hydrolyse (pH > 11) von NH_2Cl (**I**) in wss. Lsg. ist NH_2OH (**II**): (a) **I** + OH^- → **II** + Cl^-. Vff. interpretieren diese Rk. als nucleophilen Angriff von OH^- auf **I**. **II** läßt sich aus Hydrolysaten mit Diacetylmonoxim/Ni nur in Ausbeuten < 5% abfangen, da es mit **I** weiterreagiert, u. zwar in Lsgg. > 10^{-2} m an **I** bevorzugt nach **I** + 2 **II** + OH^- → N_2 + NH_3 + 3 H_2O + Cl^- bzw. 2 **I** + **II** + 2 OH^- → N_2 + NH_3 + 3 H_2O + 2 Cl^-, in verdünnteren Lsgg. ($2 \cdot 10^{-3}$ m) hauptsächlich unter N_2O-Bldg. nach **I** + **II** + OH^- → ½ N_2O (**III**) + NH_3 + $^3/_2$ H_2O + Cl^-. Für die prim. Bldg. von **II** spricht auch der Zerfall von **I** in Ggw. von O_2 zu *Peroxonitrit*. Es wurden keine Hinweise auf die Bldg. von OCl^- bei der Hydrolyse von **I** gefunden. Die Geschw.-Konst. k_1 der Rk. a steigt mit zunehmendem pH-Wert, die Hydrolyse ist 1. Ordnung bzgl. **I**. Zwischen pH 11 u. 14 ist k_1 der OH^--Konz., oberhalb pH 14 ist log k_1 dem pH-Wert proportional. NH_3 u. D_2O wirken schwach positiv katalytisch. Aus Messungen von k_1 bei verschiedenen Temp. (0—60°) wird eine Aktivierungsenergie von 20,8 kcal/Mol, ein Frequenzfaktor von $2,8 \cdot 10^{11}$ s^{-1} u. eine Aktivierungsentropie bei 25° von −6,4 Entropieeinheiten errechnet. Durch Markierung mit ^3H wurde festgestellt, daß zwischen **I** u. W. in 1 Min. bei 22° nahezu vollständiger, zwischen $(CH_3)_2NCl$ (**IV**) u. W. unter gleichen Bedingungen prakt. kein H-Austausch stattfindet. **IV** hydrolysiert ähnlich wie **I** unter Bldg. von $(CH_3)_2NOH$, das mit H_2SO_4 schließlich CH_2O u. H_2NCH_3 gibt. H. Bürger. 225□

Die Kinetik der Hydrazinbildung aus Chloramin und Ammoniak. G. Yagil und M. Anbar. (J. Amer. chem. Soc. **84**, 1797—1803, 20/5. 1962; engl.) — Vgl. vorst. Referat. — Die N_2H_4 (**I**)-Bldg. aus NH_2Cl (**II**) u. NH_3 (**III**) in wss. Lsgg. zwischen pH 11 u. 9 an KOH ist eine Rk. 1. Ordnung bzgl. [**II**] u. [**III**]. Bei höherer Konz. beeinflußt **I** wegen seiner Rk. mit **II** (Rk.-Geschw. liegt in der Größenordnung der **I**-Bldg. aus **II** u. **III**) für pH < 13 die Kinetik. Oberhalb OH^--Konzz. von 0,5m muß die Hydrolyse von **II** berücksichtigt werden, O_2 u. Gelatine sind ohne kinet. Wirkung. OH^- wirkt bei pH > 13,7 positiv katalyt., u. zwar ist log k_1 (Rk.-Geschw.-Konst. der Hydrazin-Bldg.) proportional der H_--Funktion nach Schwarzenbach. Oberhalb pH 13 sinkt die Ausbeute an **I** von 70 auf 30%; **I** bildet sich also nach einer OH^--katalysierten u. pH-unabhänigen Reaktion. Durch Messungen bei verschiedenen Temp. wurden die Werte k_n u. k_b (basenunabhängig u. basenkatalysiert) für den Rk.-Ablauf nach $R = k_n[NH_2Cl][NH_3] + k_b[NH_2Cl][NH_3]$ für $H_- = 15,13$ zu $1,5 \cdot 10^9$ exp. (−17700/RT) u. $5,6 \cdot 10^7$ exp. (−16300/RT) bestimmt. Deuterierung von **II** u. **III** beschleunigt die Rk., Cl^- u. PO_4^{3-} sind ohne Wirkung. Die Rk. von Mono-, Di- u. Trimethylamin mit **II** verläuft ähnlich u. gibt methylsubstituierte Hydrazine in hohen Ausbeuten, wobei k_n u. k_b in der Reihenfolge **III** — CH_3NH_2 — $(CH_3)_2NH$ — $(CH_3)_3N$ ansteigen. Aus Rkk. von methylsubstituierten Chloraminen mit **III** läßt sich eine abnehmende Rk.-Freudigkeit in der Folge **II** — $CH_3 \cdot NHCl$ — $(CH_3)_2NCl$ ableiten. Als Mechanismus der basenunabhängigen Rk. wird ein nucleophiler Angriff von **III** auf **II** angenommen, für die basenkatalysierte eine vorherige Bldg. des sehr reaktionsfähigen $NHCl^-$, das durch **III** oder Amine nucleophil substituiert wird. NH wird als Zwischenstufe ausgeschlossen. H. Bürger. 225□

Ultraschalluntersuchungen an chemisch aktiven flüssigen Medien. 2. Mitt. **Wässerige SO_2-Lösungen.** M. Krishnamurthi und M. Suryanarayana. (Acustica [Stuttgart] **11**, 347—51, 1961; Bangalore, Indian Inst. of Sci., Director's Res. Labor.; Hyderabad, Nizam Coll., Phys. Dep.; engl.) — 1. vgl. C. **1963**, 2353. — Die Ultraschallabsorption in verd. wss. SO_2-Lsgg. wurde bei 28° u. 2—15 MHz mit Impuls-Meth. gemessen. Die beobachteten Relaxationserscheinungen werden dem dynam. Gleichgewicht

$H_2SO_3 \rightleftharpoons H^+ + HSO_3^-$ zugeschrieben, was durch analoge Messungen an wss. *$KHSO_3$*-, *$NaHSO_3$*- u. *Na_2SO_3*-Lsgg. bestätigt wird. In Lsgg. von SO_2 in Bzl., A. bzw. Nitrobenzol treten sie nicht auf. Die Abnahme der nach der Theorie von Tabuchi (C. **1958**, 1214) berechneten Geschw.-Konst. der Ionenassoziation mit steigender Ionenstärke der Lsg. deutet darauf hin, daß es sich um eine Rk. zwischen entgegengesetzt geladenen Ionen handelt. A. Blaschette. 225□

Hydrolyse von Natriumdisulfat. Heinz K. Hofmeister und John R. Van Wazer. (Inorg. Chem. [Washington] **1**, 811—12, Nov. 1962; St. Louis, Mo., Monsanto Chem. Co., Res. and Engng. Div.; engl.) — Die Hydrolyse von $Na_2S_2O_7$, aus $NaHSO_4$ in 3 Tagen bei 150—200° dargestellt, folgt in reinem W. einem Geschw.-Gesetz erster Ordnung mit der Halbwertszeit 1,7 Min. u. der Aktivierungsenergie 11,3 kcal. Die Geschw.-Konst. ist bei pH 1—10 unabhängig vom pH-Wert. Bei Zusatz von Dioxan wird die Rk.-Geschw. bedeutend schneller herabgesetzt, als eine Rk. zweiter Ordnung zwischen $S_2O_7^{2-}$ u. H_2O erwarten ließe; wahrscheinlich erfolgt bevorzugte Solvatisierung des $S_2O_7^{2-}$ durch Dioxan. A. Blaschette. 225□

Untersuchungen über Amidoschwefelsäure und verwandte Verbindungen. 1. Mitt. **Kinetik und Mechanismus der Hydrolyse von Amidoschwefelsäure.** B. E. Fleischfresser und I. Lauder. (Austral. J. Chem. **15**, 242—50, Mai 1962; Brisbane, Univ. of Queensland, Dep. of Chem.; engl.) — Die Hydrolyse der Amidoschwefelsäure (**I**), **I** + $H_2O \rightarrow NH_4HSO_4$ (1), ist sowohl in rein wss. Lsg. (a) als auch in wss. $HClO_4$ (b) u. wss. Aceton (c) im wesentlichen eine Rk. 1. Ordnung. Die geringen Abweichungen im Falle (a) führen Vff. auf Schwankungen des Dissoziationsgrades von **I** auf Grund der Abnahme der **I**- u. Zunahme der H^+-Ionen-Konz. zurück. Für c) bei $[H_2O] = 1{,}26-0{,}36$ m, ist die Geschw.-Konst. bei 35° ($k = \text{ca. } 1{,}1 \cdot 10^{-5}\ s^{-1}$) ca. 1000 mal so groß wie die entsprechende im Falle a): $k = 9{,}7 \cdot 10^{-9}\ s^{-1}$. Da die geringe Polarität des Acetons die Zwitterionenstruktur von **I**, $^+NH_3SO_3^-$, begünstigt, nehmen Vff. an, daß die Hydrolyse über den langsamen unimol. Zerfall $^+NH_3SO_3^- \rightarrow NH_3 + SO_3$ u. die schnellere Rk. $SO_3 + H_2O \rightarrow H_2SO_4$ erfolgt. Im Falle b) (1 m $HClO_4$) beträgt die Aktivierungsenergie 30,6 kcal/Mol, die Aktivierungsentropie bei 94,9° 4,0 cal/Grad·Mol. H. Kuckertz. 225□

Untersuchungen über Amidoschwefelsäure und verwandte Verbindungen. 2. Mitt. **Kinetik und Mechanismus der Hydrolyse von Trimethylamin- und Triäthylamin-Schwefeltrioxid-Addukten.** B. E. Fleischfresser und I. Lauder. (Austral. J. Chem. **15**, 251—60, Mai 1962; engl.) — 1. vgl. vorst. Referat. — Die Hydrolyse der beiden Trialkylamin–SO_3-Addukte (**A**), $R_3N^+ \cdot SO_3^- + H_2O \rightarrow R_3NH^+ + HSO_4^-$ (1), verläuft in W. u. wss. Aceton (**B**) als Rk. 1. Ordnung u. ist nicht säurekatalysiert. Die geringfügige Beeinflussung der Rk.-Geschw. ($R=CH_3$) durch Cl^-, Br^- u. J^- führen Vff. auf normale Salzeffekte zurück. In Anwesenheit von F^- hingegen vermindert sich bei 95° die Geschw. der Säure-Bldg. nach (1) ($R = C_2H_5$) auf $^1/_7$. Dies wird auf die schnelle Bldg. eines Fluorosulfations, $(C_2H_5)_3N^+ \cdot SO_3^- + F^- \rightarrow (C_2H_5)_3N + SO_3F^-$, zurückgeführt, welches nur langsam hydrolysiert wird: $SO_3F^- + H_2O \rightarrow H_2SO_4 + F^-$. In **B** sind die Geschw.-Konst. von der H_2O-Konz. abhängig. In wss. Alkali erfolgt die **A**-Hydrolyse als Rk. 2. Ordnung gemäß $R_3N^+ \cdot SO_3^- + 2\,OH^- \rightarrow R_3N + SO_4^{2-} + H_2O$ wesentlich schneller. Vff. nehmen an, daß die Hydrolyse sowohl in W. als auch in **B** durch Angriff von H_2O auf das S-Atom des **A** in bimol. Rk. erfolgt. Bei dieser Annahme ist für **A** bei 35° $k_{OH^-}/k_{H_2O} = \text{ca. } 10^6$. Bei 35° sind die Geschw.-Konst. der $(CH_3)_3N^+ \cdot SO_3^-$ (**I**)-Hydrolyse in **B** ca. 550 mal bzw. die des $(C_2H_5)_3N^+ \cdot SO_3^-$ (**II**) ca. 6900 mal größer als die entsprechenden in H_2O. Dieses wird einmal auf die geringere Polarität des Acetons gegenüber W. (vgl. vorst. Ref.), zum anderen auf Abnahme der Ladungen an **II** gegenüber **I** zurückgeführt.
H. Kuckertz. 225□

Die Natur der elektrophilen Deuteriumaustauschreaktion von Dekaboran mit Deuteriumchlorid. John A. Dupont und M. Frederick Hawthorne. (J. Amer. chem. Soc. **84**, 1804—08, 20/5. 1962; Huntsville, Ala., Rohm & Haas Co., Redstone Arsenal Res. Div.; engl.) — $B_{10}H_{14}$ (**I**) tauscht in CS_2 bei 26 ± 0,1° mit überschüssigem DCl (**II**) in Ggw. von 0,66 Val $AlCl_3$ in ca. 20 Std. leicht vier H-Atome gegen D aus. Durch ^{11}B-kernmagnet. Resonanz wurde festgestellt, daß unter elektrophilen Bedingungen die D-Atome von **I** in 1-, 2-, 3- u. 4-Stellung eingebaut werden. Bis zu 90%ig. Umsatz ist die Austausch-Rk. 1. Ordnung. **II** in Dioxan verhält sich basenkatalysiert u. tauscht in 45 Std. die Brücken-H-Atome, in weiteren 400 Std. die restlichen (5, 6, 7, 8, 9, 10) aus. $AlCl_3$-katalysiertes **II** ist ein wirkungsvolleres elektrophiles Agens als ein CH_3^+-Ion u. substituiert deswegen weniger selektiv als dieses, worauf die Unterschiede in der Stellung von CH_3 u. D im substituierten **I**-Mol. beruhen. Für den Substitutionsmechanismus wird eine erhöhte Koordinationszahl der BH_2(1, 2, 3, 4)-B-Atome angenommen.
H. Bürger. 225□

Die Polymerisation von Kieselsäure. A. Audsley und J. Aveston. (J. chem. Soc. [London] **1962,** 2320—29, Juni; Teddington, Middlesex, Nat. Chem. Labor.; engl.) — Vff. untersuchten mit Hilfe von Lichtstreuung, Ultrazentrifugierung u. Viscositätsmessungen die Polymerisation von Kieselsäure in wss. Lsg. bei 24,5°. Sie stellten fest, daß die Zunahme des Molgew. mit der Zeit sowie die Verbreiterung der Molgew.-Verteilung nach 8 Tagen einen Polymerisationsmechanismus wahrscheinlich machen, demzufolge 2 OH-Gruppen des Monomeren bevorzugt kondensieren u. alle Oligomeren gleich an dem Kondens.-Prozeß teilnehmen. Die Anzahl der auftretenden Verzweigungen reicht aus, ein sphär. Kieselsäure-Mol. zu bilden. H. Bürger. 225□

Die Eigenschaften von Kupfersalz-Lösungen in Pyridin und Chinolin. M. Parris und R. J. P. Williams. (Discuss. Faraday Soc. Nr. **29,** 240—48, 1960; Oxford, Inorgan. Chem. Dep.; engl.) — Die Red. von Cu(II)-Ionen durch H_2 wird in Pyridin u. Chinolin durch Cu(I)-Salze in homogener Phase katalysiert. Die Red.-Geschw. hängt von der Cu(II)-Konz., dem anwesenden Anion u. von Art u. Stellung der Substituenten im Pyridin- u. Chinolin-Mol. ab. Die Red. in Pyridin wird durch Essigsäure inhibiert, desgleichen durch überschüssigen Salicylaldehyd bei Verw. des Cu-Salzes dieser Verbindung. Weitere Anionen wurden in Form ihrer Cu-Salze getestet, bes. substituierte Benzoate u. Salicylaldehyd-Verbindungen. Inhibierend wirken ferner Phenanthroline (**I**). Beim Verhältnis **I** zu Cu wie 2:1 findet prakt. keine Red. mehr statt; bis zum Verhältnis 1:1 ist der Einfl. dagegen gering. In 4-Methylchinolin tritt keine Red. ein, 2-Methylpyridin verhält sich wie Pyridin, in 3- u. 4-Cyanopyridin wurde beschleunigter Rk.-Ablauf beobachtet. Die Redoxpotentiale des Cu^{2+}/Cu^{+}-Ionenpaares werden unter verschiedenen Bedingungen bestimmt, sowie die Absorptionsspektren der Komplexe gemessen. Als prim. Schritt der Red. wird die Bldg. von $Cu^{I}H_2$ angenommen; $Cu^{I}H_2$ reagiert mit Cu^{II} zu $Cu^{I}H$, das sich wieder mit Cu^{II} umsetzt. Die Kinetik der Rkk. wird diskutiert. H.-E. Seyfarth. 225□

Isotopenaustausch von Platin zwischen $[Pt(en)_2]^{2+}$ und $[Pt(en)_2Cl_2]^{2+}$. L. T. Cox, S. B. Collins und D. S. Martin jun. (J. inorg. nuclear Chem. **17,** 383—85, Juni 1961; Ames, Iowa, Iowa State Univ., Inst. for Atomic Res. and Dep. of Chem.; engl.) — Aus der Halbwertszeit des Isotopenaustausches von ^{195}Pt zwischen $[Pt(en)_2]^{2+}$ (**I**) u. trans-$[Pt(en)_2Cl_2]^{2+}$ (**II**), die als Chloride vorliegen, ergeben sich die Geschw.-Konst. $k = 12{,}1\ s^{-1} \cdot Mol^{-2}$ (25°) u. $k = 6{,}4\ s^{-1} \cdot Mol^{-2}$ (15°). Untersucht wurden Lsgg., die 0,000833 —0,005 Mol **I** u. 0,001—0,005 Mol **II** enthielten. F. M. Friedrich-Anderseck. 225□

Dampftransport von Festkörpern durch Dampfphasenreaktionen. G. Mandel. (Physics Chem. Solids **23,** 587—98, Juni 1962; Yorktown Heights, N.Y., IBM Corp., Thomas J. Watson Res. Center; engl.) — Vf. erweitert die Quasigleichgewichtstheorie des Transports von Festkörpern S über die Gasphase mit Hilfe eines chem. reagierenden Transportmittels A_{gas} auf mit endlicher Geschw. ablaufende Grenzflächen-Rkk.; die entsprechende Transport-Rk. ist $S_{fest} + aA_{gas} \rightleftharpoons bB_{gas} + cC_{gas} + dD_{gas} \cdots$ mit B, C, D usw. als gasförmige Rk.-Produkte. Die Diffusions-Koeff. (k) sollen unabhängig von der Lage von S u. der Temp. sein, obwohl B, C, D usw. verschiedene k haben können. Die Enthalpie der Transport-Rk. ist verglichen mit RT groß u. relativ temperaturunabhängig u. die Gleichgewichts-Konst. weist entweder sehr große oder sehr kleine Werte auf. Außerdem wird die angegebene Transport-Rk. als einzige chem. Rk. zugelassen. Der Transport in der Gasphase erfolgt nur über die Diffusion. Die stationäre Transport-Geschw. wird über die Quasigleichgewichts-Geschw. angegeben, die bei Vorliegen kleiner Temp.-Gradienten mit einem aus den Geschw.-Konst. der Grenzflächen-Rkk. erhaltenen Faktor multipliziert wird. Aussagen über Grenzflächen-Rk.-Geschw. werden aus der Druck- u. Temp.-Abhängigkeit der stationären Transport-Geschw. erhalten. Herbert Müller. 225□

Diffusion und der Dampftransport von Festkörpern. R. F. Lever und G. Mandel. (Physics Chem. Solids **23,** 599—600, Juni 1962; engl.) — Vgl. vorst. Referat. — Die Anwendung der von Curtiss und Hirschfelder [1949] angegebenen allg. Strömungsgleichung für ein Vielkomponentengasgemisch auf die Gleichungen für den stationären Zustand von Gasphasentransport-Rkk. führt auf die Gleichung für den Diffusionsstrom $F_j = (D_j/R\,T)\,\partial p_j/\partial x$ (D_j = Diffusions-Koeff. u. p_j = Partialdruck der Komponente j, x Ortskoordinate). D_j läßt sich einfach auf die Diffusions-Koeff. einer bin. Gasmischung zurückführen. Herbert Müller. 225□

Sauerstoffaustausch zwischen Kieselsäure und Dampf unter hohem Druck. W. G. Spitzer und J. R. Ligenza. (Physics Chem. Solids **17,** 196—202, Jan. 1961; Murray Hill, N.J., Bell Telephone Labor.; engl.) — $Si^{16}O_2$ wurde bei 923°K u. 35—150 atm $D_2^{18}O$ ausgesetzt. Hierbei wurde an Hand der Verschiebung der 9μ-Bande IR-spektroskop. festgestellt, daß der Austausch $Si^{16}O_2 + D_2{}^{18}O \rightleftharpoons Si^{16}O^{18}O + D_2{}^{16}O$ bei 35 atm dem Zeitgesetz $S = S_\infty (1 - e^{-\alpha t})$ (S = Verschiebung der IR-Bande, $\alpha = 0{,}031$ min^{-1}) folgt u. die Druckabhängigkeit durch $S = S_\infty (1 - e^{-\beta p})$ ($\beta = 0{,}0085$ atm^{-1}) gegeben ist. Der Austauschgrad ist von der Diffusionstiefe unabhängig. Die Temp.-Abhängigkeit des Austausches zeigt einen S-förmigen Verlauf; bei 700° K prakt. kein, bei 1100° K prakt. vollständiger Austausch. Austauschmechanismen werden ausführlich diskutiert. Aus kinet. Ergebnissen wird ein Austausch über H_2O-Moll. ohne Zwischenstufen angenommen. H. Bürger. 225 □

Umsetzung von Wasserstoff mit Urantrioxid. W. G. Wlassow und W. N. Strekalowski. (Ber. Akad. Wiss. UdSSR **134**, 1384—86, 21/10. 1960; Uraler Polytechn. Kirow-Inst.; russ.) — Vff. untersuchten die Kinetik der Red. von UO_3 mit H_2 bei 350—500° u. 50—400 Torr. Bei konst. Temp. gehorcht die Rk.-Geschw. v im Anfangsstadium der Gleichung $v = k \cdot p_{H_2}{}^{1/2}$. Die scheinbare Aktivierungsenergie ist 20,8 kcal/Mol. Im folgenden Rk.-Stadium entspricht die Rk.-Geschw. der Gleichung $v = k_1 \cdot p_{H_2}$. Das O:N-Verhältnis des Red.-Prod. nach 2 Std. ist 2,09 (500°) u. 2,83 (350°); $p_{H_2} = 200$ Torr. S. Baryschnikow. 225

Zur Morphologie der Reaktionsschichten bei Reaktionen im System Ag_2S–Sb_2S_3 in Gegenwart von Schwefeldampf. Hans Rickert und Carl Wagner. (Z. Elektrochem., Ber. Bunsenges. physik. Chem. **66**, 502—07, 1962; Göttingen, MPI für Phys. Chem.; dt.) — Vff. untersuchten die Umsetzung zwischen gepreßten Tabletten von Ag_2S (**I**) u. Sb_2S_3 (**II**) u. zwischen denen von Ag_3SbS_3 (**III**) u. **II** in Ggw. von S-Dampf bei 400°. Das als Rk.-Prod. entstehende $AgSbS_2$ (**IV**) bildet sich nicht nur zwischen den Ausgangsstoffen, sondern auch auf einem großen Teil der Oberfläche von **II**. Die seitliche Ausbreitung der Rk.-Zone wird durch Wanderung von Ag^+- u. Sb^{3+}-Ionen u. Elektronen in **IV** u. S-Transport über die Gasphase gedeutet. Es wurde experimentell durch Markierungs-Verss. (Glasfaden von ca. 10 μ ∅ zwischen den Tabletten) sichergestellt, daß bei der Bldg. von **IV** zwischen **I** u. **II** bzw. zwischen **II** u. **III** nur mit einer Wanderung von Ag^+- u. Sb^{3+}-Ionen in **IV** zu rechnen ist; die Wanderung von S ist prakt. zu vernachlässigen. G. Gattow. 225 □

Einfluß der relativen Luftfeuchtigkeit auf die H_2O_2-Bildung bei der atmosphärischen Korrosion des Magnesiums und Aluminiums. I. L. Roich und D. M. Rafalowitsch. (J. angew. Chem. [UdSSR] **34**, 864—70, April 1961; russ.) — Vff. untersuchten — mit Hilfe einer photograph. Meth. — die Abhängigkeit der durch Metall ausgeschiedenen H_2O_2-Menge von der relativen Luftfeuchtigkeit φ. In den ersten 15 Min. der atmosphär. Korrosion des Mg u. Al u. bei Veränderungen der relativen Luftfeuchtigkeit φ von 0—90% erhöht sich die Menge des ausgeschiedenen H_2O_2 (p) mit dem Zuwachs von φ. Zwischen log p u. φ existiert eine lineare Abhängigkeit. Die Kinetik der H_2O_2-Entw. wurde auch während der ersten Std. der Oxydation von Metall an der Luft im φ-Bereich von 0—60% studiert. Zwischen p u. der Zeit t existiert eine parabol. Abhängigkeit. Bei einem kleineren φ-Wert als 60% kann die Abhängigkeit p von t — im Bereich von 0—3 Std. u. 3—6 Std. — durch parabol. Gleichungen mit unterschiedlichen Koeff. ausgedrückt werden. — 15 Literaturangaben. C. Kozák. 225 □

Die Zersetzungskinetik von Kupferhydrid in Gegenwart von Elektrolyten. J. C. Warf. (J. inorg. nuclear Chem. **19**, 304—13, Okt. 1961; Djakarta, Univ. of Indonesia, Dep. of Chem.; engl.) — Die Zers. von CuH in die Elemente verläuft nach einer Rk. erster Ordnung u. wird stark durch Elektrolyte beeinflußt. Diejenigen Elektrolyte, die nicht mit Cu(I) reagieren, beeinflussen die Geschw. relativ wenig; dagegen zeigen jene einen starken Einfl. auf die Zers., die sich mit Cu(I) umsetzen. Niedrige Konzz. von Chloriden, Bromiden u. Jodiden verhindern die Zers., höhere beschleunigen sie. Auch Hydroxide u. Fluoride rufen starke Rk.-Beschleunigung hervor. Der Rk.-Mechanismus ist hier kompliziert, einige Ergebnisse deuten auf zwei nebeneinander ablaufende Rkk. erster Ordnung hin, wovon die eine eine wesentlich kürzere Halbwertszeit als die andere aufweist. Vf. erklärt die Stabilisierung der CuH-Teilchen durch Adsorption der Ionen an der Oberfläche; die Zers. wird auf den Entzug von Cu-Atomen unter Bldg. von Komplexionen zurückgeführt, wofür eine höhere Ionen-Konz. erforderlich ist. G. Talsky. 225 □

Uranyloxalataktinometer für die Mikrophotochemie. K. Porter und D. H. Volman. (J. Amer. chem. Soc. **84**, 2011—12, 20/5. 1962; Davis, Calif., Univ. of California, Dep. of Chem.; engl.) — Vff. entwickelten eine vereinfachte Meth. der Uranyloxalat (**I**)-Aktinometrie, die auf der Best. des beim photochem. Zerfall von **I** gebildeten CO beruht. 10 μLiter der Probe-Lsg. von **I** mit einem 10fachen Überschuß an Oxalsäure wurden in 1 mm Quarzröhrchen eingeschmolzen, bestrahlt (2537 Å) u. der Röhrcheninhalt in eine gaschromatograph. Säule eingebracht. CO wurde mit Hilfe eines Flammenionisationsdetektors nach katalyt. Hydrierung zu Methan bestimmt. Bei $9.5 \cdot 10^{-4}$m Anfangs-Konzz. an **I** ist die Quantenausbeute der CO-Bldg. bis zu 60%ig. Zers. des Oxalats von der Bestrahlungsdauer unabhängig; die Geschw. der CO-Bldg. ist von der Konz. an I linear abhängig. Bei einer Quantenausbeute von 0,60 für die Oxalat-Zers. wurde für die CO-Bldg. in den verwendeten Aktinometer-Lsgg. eine Quantenausbeute von 0,17 $\pm$ 0,02 bestimmt. Die Meth. ist 50—1000 mal empfindlicher als die colorimetr. oder titrimetr. Meth. u. ca. 3 mal so empfindlich wie das Malachitgrün-Leukocyanid-Aktinometer. P. Scharner. 226□

Strahlenwirkung von γ-Strahlen auf Germaniumoxidfilme. A. A. Kisst, Je. M. Lobanow, W. I. Swjagin und I. N. Bartnitzki. (Nachr. Akad. Wiss. UsbekSSR, Ser. physik.-math. Wiss. **1962,** Nr. 1, 88—90; Akad. der Wiss. der UsbekSSR; russ.) — Vff. bestimmen quant. *GeO* u. *GeO*$_2$ im Oberflächenfilm des Ge nach der polarograph. Methode. Die Oxide werden auf dem Ge durch Ätzung u. durch Bestrahlung mit γ-Strahlen hergestellt. Die Integraldosen betragen 20, 60, 100, 150 u. $200 \cdot 10^6$ r. Nach der Bestrahlung von mit einem Standardmittel geätztem Ge wurde kein zweiwertiges Ge gefunden, wohl aber ein Abnehmen des vierwertigen Ge festgestellt. Wie weitere Unters. mit dem Ätzmittel Nr. 5 zeigten, ist die Oxidhaut des Ge im Verhältnis 1:1 aus GeO u. GeO_2 zusammengesetzt. G. Ewald. 226□

Photosubstitutionsreaktionen einiger Cr(III)-Komplexe. A. W. Adamson. (J. inorg. nuclear Chem. **13,** 275—85, Mai 1960; Los Angeles, Calif., Univ. of Southern California, Dep. of Chem.; engl.) — Zwischen $[Cr(H_2O)_6]^{3+}$-Ionen u. SCN^-- (I) bzw. Cl^--Ionen u. ebenso zwischen $[Cr(NH_3)_5(H_2O)]^{3+}$- u. I-Ionen finden photochem. Substitutions-Rkk. 2. Ordnung statt. Es werden quant. Ausbeuten u. Geschw.-Konst. (GK) für Hin- u. Rück-Rkk. für den Bereich 400—575 nm, im Falle des 1. Syst. auch für verschiedene Temp. angegeben. Zugaben von Cr(II) zum 1. Syst. bzw. Rohrzucker zum 2. Syst. erhöhen die GK. Ein Mechanismus für Prozesse 2. Ordnung wird vorgeschlagen, der auf der Bldg. eines Ionenpaares beruht, das anschließend zum Ligandenaustausch zwischen äußerer u. innerer Sphäre führt. Für die I enthaltenden Syst. werden die Pseudogleichgewichts-Konst. für die photostationären Zustände nach langer Bestrahlung berechnet. Da diese von der Wellenlänge abhängt, sind die Syst. photochromer Natur. D. Hoene. 226□

Retention von ^{56}Mn in neutronenbestrahltem Kaliumpermanganat. Hirotoshi Sano. (Bull. chem. Soc. Japan **33,** 1738—39, Dez. 1960; Hongo, Tokyo, Univ., Fac. of Sci., Dep. of Chem.; engl.) — Vf. bestrahlt $KMnO_4$-Kristalle bei verschiedenen Temp. mit 10^7 n/cm$^2 \cdot$s während 2—3 Std. u. untersucht die Temp.-Abhängigkeit der Retention. Diese ergab sich bei —196° zu 23—23,8%, bei —72° zu 21—23,2%, bei 25° zu 20—21,6% u. im Bereich 90—190° zu ca. 38,8%. Die Lagerungs Temp. bestrahlter Proben beeinflußt dagegen kaum die Retention. F.-M. Friedrich-Anderseck. 226□

Bestrahlungseffekte an Katalysatoren. Ellison H. Taylor. (Nucleonics [New York] **20,** 53—58, Jan. 1962; Oak Ridge, Tenn., Oak Ridge Nat. Labor., Chem. Dep.; engl.) — Vf. betrachtet den Einfl. der Bestrahlung mit Elektronen, schweren Teilchen, Röntgen- u. γ-Strahlung auf die Wirksamkeit von Katalysatoren u. beschreibt einige Anwendungsmöglichkeiten. — 24 Literaturangaben. H. Schroeder. 227□

Untersuchungen an Eisenkatalysatoren. 4. Mitt. **Einwirkung verschiedener Promotoren auf die Reduktionsgeschwindigkeit von Eisenoxidkatalysatoren mit Wasserstoff.** Shigeaki Kasaoka und Yoshio Murata. (J. chem. Soc. Japan, ind. Chem. Sect. [Kōgyō Kagaku Zassi] **63,** 1190—98, Juli 1960; Sakai, Ôsaka-Huritu-Daigaku, Kôgakubu; jap., Auszug: engl. S. A 64—65.) — 3. vgl. C. **1961,** 1843. — Die Red.-Geschw. von α-Fe_2O_3 wird im H_2-Strom in Ggw. von verschiedenen Promotoren, K_2CO_3, MgO, Al_2O_3, Cr_2O_3, B_2O_3 u. CuO, sowie von Kieselgur (als Träger) bei 300—800° gemessen. Die Red.-Geschw. von α-Fe_2O_3 nimmt durch Eintauchen des Katalysators in eine Lsg. von K_2CO_3 bzw. H_3BO_3 oder $(NH_4)_2Cr_2O_7$ u. durch Erhitzen auf 330° ab. Andererseits vergrößert Al_2O_3 bzw. Cr_2O_3 die Oberfläche des α-Fe_2O_3 u. beschleunigt die Red.-Rk. $Fe_2O_3 \rightarrow Fe_3O_4$ auch bei niedriger Temperatur. Die Red. $Fe_3O_4 \rightarrow FeO \rightarrow Fe$ wird durch K_2CO_3, MgO oder Kieselgur nur wenig beschleunigt u. durch B_2O_3, Cr_2O_3 oder Al_2O_3 stark gehemmt. Obgleich das geschmolzene Fe_3O_4 viel langsamer als Fe_2O_3 red. wird, zeigen Alkalien sowie Al_2O_3 im Vgl. mit der Red. von Fe_2O_3 ähnlichen Einfl. auf die Red. $Fe_3O_4 \rightarrow FeO \rightarrow Fe$. E. Maekawa. 227□

Untersuchungen des Katalysators für die Konversion des Wassergases. 1. Mitt. **Katalytische Aktivität verschiedener Ferrite.** Miyoshi Fukudome und Kazuhito Kusano. (J. chem. Soc. Japan, ind. Chem. Sect. [Kōgyō Kagaku Zassi] **63,** 1186 bis 1190, Juli 1960; Miyazaki-Daigaku, Kôgakubu; jap., Auszug: engl. S. A 64.) — Äquimol. Gemische aus α-$Fe_2O_3 \cdot nH_2O$ u. *CoO* bzw. *NiO*, *ZnO*, *MnCO*$_3$, *MgO* oder *FeO* werden durch Pressen zu Tabletten geformt u. auf 1000—1200° erhitzt. Obgleich die meisten bin. Gemische nur wenig akt. als Katalysator für die Konversion des Wassergases sind, zeigen die Katalysatoren, die $CoO \cdot Fe_2O_3$ oder $NiO \cdot Fe_2O_3$ als Hauptbestandteil enthalten, hohe katalyt. Aktivität; z. B. wird mit den $CoO \cdot Fe_2O_3$-Katalysatoren ein Konversionsgrad von 90% schon bei 300° erreicht. Die katalyt. Aktivität der Katalysatoren nimmt während der ersten Stufe der Rk. zu, die der Red. der Katalysatoren mit dem Wassergas entspricht. Die Aktivitätsabnahme der Katalysatoren während der Rk. scheint nicht auf dem Sintern zu beruhen. E. Maekawa. 227□

Aktivität und Stabilität der aus sauren Ausgangsprodukten hergestellten Vanadin-Katalysatoren. Go Okamoto, Haruo Kobayashi und Yuzo Chihara. (J. chem. Soc. Japan, ind. Chem. Sect. [Kōgyō Kagaku Zassi] **63,** 924—28, Mai 1960; Sapporo, Hokkaidô-Daigaku, Kôgakubu; jap., Auszug: engl. S. A 50.) — *V_2O_5-Katalysatoren* werden aus einem Gemisch aus V_2O_5 u. *$KHSO_4$* (K/V 2,7) durch Erhitzen auf 300—400°, Kneten des pulverisierten Gemisches mit Kieselgur (10 Teile auf einen Teil V_2O_5) u. wenig W., u. Backen der getrockneten Paste bei 400—800° hergestellt. Sie zeigen große katalyt. Aktivität auf die SO_2-Oxydation sowie genügende Stabilität; die Aktivität sowie die Stabilität hängen wenig von den Darst.-Bedingungen ab. $KHSO_4$ kann durch *$K_2S_2O_7$* bzw. *$K_2S_2O_8$* oder *$K_2SO_4 + x\ H_2SO_4$* ersetzt werden. Das Molverhältnis SO_3/K nimmt nach Verw. der Katalysatoren zur SO_2-Oxydation annähernd einen Wert von 1 an. Vff. schließen, daß die katalyt. akt. Substanz ein geschmolzenes Gemisch aus V_2O_5 u. $K_2S_2O_7$ ist. E. Maekawa. 227□

A_8. Präparative anorganische Chemie. Komplexverbindungen. Metallorganische Verbindungen

Nitrosodifluoramin (F_2NNO). Charles B. Colburn und Frederic A. Johnson. (Inorg. Chem. [Washington] **1,** 715—17, Aug. 1962; Huntsville, Ala., Rohm & Haas Co., Redstone Arsenal Res. Div.; engl.) — Fl. N_2F_4 ist normalerweise hell- bis dunkelpurpurfarben. Die farbgebende Komponente wurde als *Nitrosodifluoramin F_2NNO* (I) erkannt; sie ist noch in Konzz. von 0,1% erkennbar (λ_{max} 570 nm). I entsteht, wenn ein Gemisch von 1 Vol. N_2F_4 u. 10 Vol. NO nach Durchströmen einer 300° heißen Rohrwendel in fl. N_2 ausgefroren u. überschüssiges NO durch Abpumpen bei der Temp. des fl. O_2 entfernt wird. Beim Erwärmen auf Raum-Temp. zerfällt I in N_2F_4 u. NO, das Gleichgewicht $2\ I \rightleftarrows N_2F_4 + 2\ NO$ ist schon bei —70° nachweisbar. Das ^{19}F-KMR-Signal ist gegen $CF_3 \cdot COOH$ um —5736 Hz verschoben. P. Sartori. 246□

Die Chemie der Hydroxofluoroanionen. Grihapati Mitra. (Proc. Sympos. Chem. Co-ordinat. Compounds, Agra, India **1959,** Nr. 1, 111—17, 1960; Bombay, Trombay, Atom. Energy Establ., Radiochem. Labor.; engl.) — Kurze Übersicht. — 20 Literaturangaben. A. Blaschette. 246□

Das System Kohlendioxid-Schwefelwasserstoff-Methan. 2. Mitt. **Phasenverhalten bei 40° und 160°F.** D. B. Robinson, A. P. Lorenzo und C. A. Macrygeorgos. (Canad. J. chem. Engng. **37,** 212—17, Dez. 1959; Edmonton, Univ., Dep. of Chem. and Petroleum Engng.; engl.) — 1. vgl. C. **1961,** 13097. — Die Gleichgewichtsdaten im Syst. CO_2–H_2S–CH_4 wurden bei Drücken von 400, 1000 u. 1600 lb./in.² abs. bei 40°F u. Drücken von 1000, 1330 u. 1600 lbs./in.² bei 160°F in einer Gleichgewichtszelle nach Robinson u. Bailey aufgenommen. Der Einfl. des Gesamtdrucks u. der Zus. des Syst. auf die Gleichgewichtsverhältnisse werden für 160°F graph. wiedergegeben. Die berechneten Verhältniszahlen der Aktivitäts-Koeff. zeigen, daß die fl. Phase von den Gesetzen einer idealen Lösung abweicht. K.-H. Birr. 253□

Über die Reaktion von Schwefel mit Natriumhydroxid. László Légrádi. (Magyar Kémiai Folyóirat [Ung. Z. Chem.] **68,** 161—64, April 1962; Füzfögyártelep, „Medicolor" Fabrik chem. Prodd.; ung.) — Beim Auflösen von S in NaOH-Lsgg. entstehen Na_2S, Na_2S_x u. $Na_2S_2O_3$ in einem Verhältnis, das von der Menge des verwendeten S u. evtl. Oxydation abhängt. Kennzeichnend ist der sog. Polysulfidgrad P (g Polysulfid-S/g Sulfid-S). Ist P = 2,7 ($Na_2S_{3,7}$), entsteht eine Lsg. von Polysulfid theoret. Zus.; ist P < 2,7, ist die Menge von S^{2-} u. $S_2O_3^{2-}$ kleiner, die des S_x^{2-} größer als der theoret. Wert; ist P > 2,7, ist die Menge von S^{2-} u. $S_2O_3^{2-}$ größer als die theoretische. Erwärmt man Lsgg. mit P < 2,7 in Abwesenheit von Luft, wird die theoret. Zus. annähernd erreicht. Dabei wachsen die Mengen von S^{2-} u. $S_2O_3^{2-}$ vorerst in fast gleichem Ausmaß, anschließend vergrößert sich nur die Menge von $S_2O_3^{2-}$ weiter. J. Kis. 253

Zur Chemie und Konstitution borsaurer Salze. 7. Mitt. **Zur Existenz eines kristallisierten $Ca(BO_2)_2 \cdot 2H_2O$.** Hans-Albert Lehmann und Ingrid Günther. (Z. anorg. allg. Chem. **318,** 217—19, 1962; Dresden, TU, Inst. für anorg. u. anorg. techn. Chem.; dt.) — 6. vgl. C. **1962,** 15152. — Verss., auf hydrothermalem Weg bei Temp. zwischen 100 u.

190° ein krist. $Ca(BO_2)_2 \cdot 2\, H_2O$ darzustellen, führten stets zu einem Gemisch aus $CaHBO_3$ u. Pandermit. Dabei ist es gleichgültig, ob von den bei 105° amorph anfallenden, noch ca. 2 Mol H_2O enthaltenden Entwässerungs-Prodd. der Verbb. $Ca(BO_2)_2 \cdot 6$ (4) H_2O oder den Komponenten ausgegangen wird. U. Skurnia. 258□

Ein neues System stabiler freier Radikale. Grant Urry, Eugene P. Schram und S. I. Weissman. (J. Amer. chem. Soc. **84**, 2654—55, 5/7. 1962; Lafayette, Ind., Purdue Univ., Dep. of Chem.; St. Louis, Mo., Washington Univ.; engl.) — Bei der spontanen Disproportionierung von B_2Cl_4 entstehen neben BCl_3, B_4Cl_4 u. einem klaren, gelben, bei Raum-Temp. im Vakuum wenig flüchtigen Festkörper die Verbb. $B_{12}Cl_{11}$ (I) u. $(B_{1,0}Cl_{0,9-1,1})_x$, Molgew. 650—750 (**II**). Daneben bildet sich ein weißer Festkörper der Zus. $(B_{1,0}Cl_{0,6})_x$. **II** ist dunkelpurpurfarben, F. 185°, bei 45° im Vakuum flüchtig. Sein ESR-Spektrum zeigt eine breite Absorption, aufgelöst in vier 50 Gauß breite Linien mit dem Zentrum bei g = 2,034. Im IR-Spektrum findet sich eine breite Absorption bei 8,5—11 μ mit zwei wenig aufgelösten Maxima bei 9,4 u. 9,95 μ. **I** ist tiefrot, krist., F. 115 ± 1°, bei 100° im Vakuum flüchtig; im ESR-Spektrum findet sich bei g = 2,011 eine 25 Gauß breite Absorption ohne Hyperfeinstruktur. Im IR-Spektrum liegt neben der Absorption von **II** noch bei 11,02 μ eine der BCl_2-Gruppe zugeschriebene Bande; Absorptionsmaxima liegen bei 420 u. 310 mμ. Selbst bei 80° wird **I** von Säuren nur langsam u. unvollständig zersetzt; mit OH^- reagiert es nach $2\,I + 14\,OH^- \rightarrow 3\,H_2 + 4\,BO_2^- + 2\,B_{10}Cl_8(OH)_2^{2-} + 2\,H_2O + 6\,Cl^-$; aus solchen Hydrolysaten fallen K- u. $(CH_3)_4N$-Salze, in denen die für **I** angenommene Käfigstruktur beibehalten ist. **I** reagiert in Cyclopentan mit $(CH_3)_3N$ unter Entfärbung zu $I \cdot 2\,N(CH_3)_3$. H. Bürger. 258□

Isomere des $B_{20}H_{18}^{2-}$. Anthony R. Pitochelli, William N. Lipscomb und M. Frederick Hawthorne. (J. Amer. chem. Soc. **84**, 3026—27, 5/8. 1962; Huntsville, Ala., Rohm & Haas Co., Redstone Arsenal Res. Div.; Cambridge, Mass., Harvard Univ., Dep. of Chem.; Riverside, Calif., Univ. of California, Dep. of Chem.; engl.) — Bei der Oxydation des $[(C_2H_5)_3NH]^+$ (**I**)-*Salzes* von $[B_{10}H_{10}]^{2-}$ (**II**) mit 2 Val einer kalten, angesäuerten, wss. Ce^{4+}-Lsg. entsteht ein Nd. eines **I**-Salzes eines $B_{20}H_{18}^{2-}$-*Ions* **B**, welches von dem zentrosymm. $B_{20}H_{18}^{2-}$-Ion **A** verschieden ist, welches durch Oxydation von **II** mit Fe^{3+} entsteht. **B** wird in wss. Lsg. durch katalyt. Mengen HCl in **A** umgewandelt. Als Struktur wird eine Verknüpfung von zwei B_{10}-Einheiten durch symm. (**B**, IR-Bande 1890 cm^{-1}) bzw. unsymm. (**A**, 2500 cm^{-1}) H-Brücken diskutiert. Das **I**-Salz von **B**, $C_{12}H_{50}B_{20}N_2$, Fp. 203—204°, zeigt Ionenaggregation; **I**-Salz von **A**: Fp. 173—174°. F. Huber. 258□

Dimethylaminodifluorphosphin-Tetraboran-8, $F_2PN(CH_3)_2 \cdot B_4H_8$, ein stabiles Addukt von B_4H_8. Gary Ter Haar, Sr. Mary Albert Fleming und Robert W. Parry. (J. Amer. chem. Soc. **84**, 1767, 5/5. 1962; Ann Arbor, Mich., Univ. of Michigan, Dep. of Chem.; engl.) — In einem Vakuum-Syst. stellten Vff. nach $B_4H_8CO + F_2PN(CH_3)_2 \rightarrow CO + (CH_3)_2NPF_2 \cdot B_4O_8$ (**I**, F. — 18°) bei —20° ein bis über 55° stabiles Addukt von B_4H_8 her, in dem sie eine koordinative P—B-Bindung annehmen. Der Dampfdruck von **I** folgt der Beziehung log P [Torr] = —1727/T + 6,128; die Verdampfungswärme wurde auf 8000 cal geschätzt. Ch. Zechel. 258□

Neuartige Synthese eines trimeren P–N-Ringsystems. E. W. Abel und G. Willey. (Proc. chem. Soc. [London] **1962**, 308, Sept.; Bristol, Univ., Dep. of Phys. and Inorg. Chem.; engl.) — Die Rk. $PCl_3 + C_2H_5N[Si(CH_3)_3]_2 \rightarrow 2\,(CH_3)_3SiCl + {}^1/_3\,[-(C_2H_5)\cdot\overline{N}-\overline{P}(Cl)-]_3$ (**I**) führt mit 50% Ausbeute zu *Cyclo-tri-[N-äthyl-P-chlorphosphazan]* (**I**), $Kp._{0,2}$ 128—130°, n_D^{20} 1,5732, $D._4^{20}$ 1,371, einer farblosen, stabilen, aber sauerstoff- u. feuchtigkeitsempfindlichen, an der Luft rauchenden Flüssigkeit. In Neben-Rkk. bilden sich in geringen Mengen eine tiefersd. Fl. (Dimeres?) u. ein hellgelbes Wachs (höheres Ring-Syst. oder Polymeres?). **I** ist isomer mit $[-\overline{N}{=}P(Cl)(C_2H_5)-]_3$; sein IR-Spektrum enthält jedoch nicht die charakterist. P=N-Valenzschwingung. U. Wannagat. 264□

Wirkung des Erhitzens von Natriumcyanid. C. N. R. Rao und A. G. Turner jun. (Chem. and Ind. **1958**, 1436—37, 1/11.; Lafayette, Ind., Purdue Univ., Dep. of Chem.; engl.) — Nach mehrstd. Erhitzen von NaCN bei 110, 235, 350, 455 u. 525° an der Luft (mit u. ohne CO_2) werden durch röntgenograph. u. IR-spektrometr. Unterss. Veränderungen in der Substanz festgestellt, die nicht von Phasenumwandlungen, sondern von chem. Rkk. unter Beteiligung von O_2 herrühren. Das entstandene Prod. ist beständig gegen Hydrolyse u. Oxydation u. scheint aus *NaNCO* zu bestehen. W. Sobieski. 274□

Zur Untersuchung von Gleichgewichten zwischen Alkalimetallen und Erdalkalihalogeniden. Franz Matthes und Klaus Meister. (Z. Chem. **1**, 367—70, 1961; Leuna-Merseburg, TH für Chem., Inst. für Chemiemetalle u. Dtsch. Solvay-Werke AG in Verw., Chem. Fabrik Osternienburg; dt.) — Bei der Unters. des Syst. $2\,Na + CaCl_2 \rightleftharpoons$

Ca + 2 NaCl kamen Lorenz u. Winzer [1929], Rinck [1932] u. Suski (C. **1960,** 4427) zu verschiedenen Ergebnissen. Vff. diskutierten diese Arbeiten u. kommen zu dem Schluß, daß die Ergebnisse sich nicht widersprechen u. nicht gegen die Phasenregel verstoßen. H.-G. Moslé. 280□

Darstellung von Organometall- und -nichtmetallverbindungen aus Heptafluor-2-jodpropan und ihre Eigenschaften. R. D. Chambers, W. K. R. Musgrave und J. Savory. (J. chem. Soc. [London] **1962,** 1993—99, Mai; Durham, Univ., Sci. Labor.; engl.) — JF (Mischung von J_2 u. JF_5) überführt $CF_3CF{=}CF_2$ (**I**) in $(CF_3)_2CFJ$ (**II**), das analog $JCF_2CF_2CF_3$ (**III**) bei —78° mit C_6H_5MgBr bzw. C_4H_9Li in die Organometall-Verbb. *$(CF_3)_2CFMgBr$* (**IV**) bzw. *$(CF_3)_2CFLi$* (**V**) übergeht, die sich beide bei Raum-Temp. zu **I** zersetzen. Im Gegensatz zu **III** bilden **IV** u. **V** mit $3nH_2SO_4$ oder A. kein oder wenig Heptafluorpropan, sondern wegen des leicht F^- eliminierenden Anions $CF_3CFCF_3^-$ Hexafluorpropen. **IV** u. **V** lassen sich mit Ketonen u. Aldehyden bei —78° in die Alkohole, z. B. *$(CF_3)_2CFC(CH_3)_2OH$* (**VI**) u. *$(CF_3)_2CFCH(C_2H_5)OH$* (**VII**) überführen. Die Perfluorisopropyl-Verbb. sind im Vgl. mit den n-Perfluorpropyl-Verbb. wegen des verringerten induktiven Effekts schwächere Säuren. **V** setzt $(CH_3)_3SiCl$ bei —50° zu bei 250° noch bestimmten *$(CH_3)_3SiCF(CF_3)_2$* (**VIII**), Zn in Dioxan zu *$(CF_3)_2CF \cdot ZnJ$* (**IX**; gegen Benzoylchlorid beständig) um. Hg koppelt im UV-Licht zwei **II**-Moll. zu *$(CF_3)_2CFCF(CF_3)_2$*, Cl chloriert zu *$(CF_3)_2CFCl$*, S reagiert zu *$(CF_3)_2CFS_nCF(CF_3)_2$* mit n = 1, 2 (auch aus HgS u. **II**) u. 3, wobei n = 1 u. 2 nahezu gleiche Kpp., n = 2 an Tritolylphosphat eine geringere Retentionszeit zeigen. Die IR-Spektren der dargestellten Verbb. werden tabellar. angegeben; CF-Valenz- sowie CF- u. C—CF_3-Deformationsschwingungen werden bei 1299—1126, 1009—892 u. 759—713 cm^{-1} beobachtet.

Versuche: *Perfluorisopropyllithium* (**V**), durch gleichzeitiges Zutropfen von 15 g **II** in 50 ml Pentan u. 69,5 ml 0,73n Lsg. von Butyl-Li in Pentan zu 20 ml Pentan bei —78°, Erwärmen auf Raum-Temp.; 1 Std. langes Rückflußerhitzen zersetzte zu 74% **I** u. 80% Butyljodid. Rk. mit 26 ml $3nH_2SO_4$ bzw. A. bei —10° in Pentan sowie Ae. gab 66% **I**. — *Trimethylperfluorisopropylsilan* (**VIII**), $C_6H_9F_7Si$, $Kp._{763}$ 95°, n_D^{20} 1,33837, durch Zutropfen (gleichzeitig) von 0,10 Mol Butyl-Li in 77 ml Ae u. 0,09 Mol $(CH_3)_3SiCl$ in 10 ml Ae. zu Lsg. von 0,10 Mol **II** in 20 ml Ae. bei —50°, Erwärmen in 3 Std. auf Raum-Temp., 3 Std. Rückflußerhitzen (Entw. von 0,05 Mol **I**), Dest., Gasphasenchromatographie (GC) an Siliconelastomerem, 17,5%; daneben 78% Butyljodid. — *Perfluorisopropylmagnesiumbromid* (**IV**), durch Zutropfen von 0,05 Mol C_6H_5MgBr in 50 ml Ae. zu 15 g **II** in 15 ml Ae. bei —78°; gab beim Erwärmen u. Rückflußerhitzen (1 Std.) 70,5% **I** neben 4,0 g unverändertem **II**; Zugabe von 5 g A. in 30 ml Ae. während 25 Min. bei —78°, Erwärmen (20°/Std.), 3 Std. langes Rückflußerhitzen u. GC der flüchtigen Anteile gab 76% **I** u. 9% *2-H-Heptafluorpropan* (**X**); Zugabe von 15 ml $3nH_2SO_4$ bei —30° u. Erwärmen 82% **I**. — *3.4.4.4-Tetrafluor-2-methyl-3-trifluormethylbutanol-(2)* (**VI**), $C_6H_7 \cdot F_7O$, $Kp._{756}$ 109°, n_D^{20} 1,33421, a) durch Zugabe von 0,0676 Mol CH_3Li in 80 ml Ae. u. 12 g Aceton in 20 ml Ae. während 25 Min. zu 20 g **II** in 20 ml Ae. bei —78°, Erwärmen (20°/Std.; Entw. von 1,5 g **I**), Behandeln mit 40 ml $2nH_2SO_4$, Dest., GC (Tritolylphosphat, 150°); 13%; b) durch gleichzeitige Zugabe von 0,05 Mol C_6H_5MgBr in 44,5 ml Ae. u. 10 ml Aceton in 10 ml Ae. zu 15 g **II** in 30 ml Ae. bei —78° während 30 Min., Erwärmen (15°/Std.; Entw. von 1 g **I**); Aufarbeitung wie vorst.; 35%; daneben 1,1 g **II** u. 82,5% Jodbenzol. — *1.1.1.2-Tetrafluor-2-trifluormethylpentanol-(3)* (**VII**), $C_6H_7F_7O$, $Kp._{785}$ 109°, n_D^{20} 1,32875, a) analog **VI** (a) aus 0,07 Mol **II** u. 0,102 Mol Propionaldehyd; 53%; daneben 1,5 g **I** u. 9,5 g unverändertes **I**; b) analog **VI** (b); 17,5%; daneben 77% Jodbenzol u. 3,0 g schwarzes Öl. — *2-Äthyl-3.4.4.4-tetrafluor-3-trifluormethylbutanol-(2)*, $C_7H_9F_7O$, Kp. 126,5°, n_D^{25} 1,34996, analog **VI** (b) aus 0,07 Mol **II**, 0,07 Mol C_6H_5MgBr u. 0,135 Mol Methyläthylketon bei —40°; 24%; daneben 87% Jodbenzol u. 1 g unverändertes **II**. — Analog: *3.4.4.4-Tetrafluor-3-trifluormethylbutanol-(2)*, $C_5H_5F_7O$, Kp. 90°, n_D^{25} 1,31722; 22,7%; daneben 2 g **I**. — *1.1.1.2-Tetrafluor-2-trifluormethylhexanol-(3)*, $C_7H_9F_7O$, Kp. 128,5°, n_D^{20} 1,34407, analog vorst. Verbb. aus 0,20 Mol Butyraldehyd u. 0,10 Mol C_6H_5MgBr u. 0,10 Mol **II** bei —50°; 37%; daneben 82% Jodbenzol. — *Perfluorisopropylzinkjodid* (**IX**), durch Erhitzen von 6,6 g Zn-Staub in 20 ml Dioxan u. 8 ml einer Lsg. von 15 g **II** in 11 ml Dioxan zum Sieden, Zugabe des restlichen **II**, 2 Std. langes Rühren u. Rückflußerhitzen, dabei Entw. von 1,9 g **I** u. 1,0 g **X**; Zers. mit 15 ml 2n NaOH gab 46,5% **X**. Doppelter Ansatz, 2 Std. mit 0,27 Mol Benzoylchlorid in 20 ml Dioxan rückflußerhitzt, gab bei Hydrolyse 6,5 g **X**. — *Bis-[perfluorisopropyl]-Verb.*: *-sulfid*, $C_6F_{14}S$, $Kp._{762}$ 116,0°; *-disulfid*, $C_6F_{14}S_2$, $Kp._{773}$ 119°, n_D^{20} 1,32614; auch durch UV-Bestrahlung von 18 g **II** u. 42 g HgS im Rohr unter Schütteln; GC; 22% neben 4,6 g **II**; *-trisulfid*, $C_6F_{14}S_3$, $Kp._{764}$ 150,0°, n_D^{20} 1,36092, durch Vakuumerhitzen von 20 g **II** u. 28 g S im Rohr während 13 Std. bei 243°; GC (Tritolylphosphat) gab in folgender Reihenfolge·

1,5 g **II**, 34% *-di-*, 11% *-mono-* u. 17,5% *-trisulfid.* — *2-Chlorheptafluorpropan*, C_3ClF_7, durch UV-Bestrahlung von 11,2 g **II** u. 8,6 g Cl_2 im Rohr; GC; 78%.

H. Bürger. 288□

Untersuchung der Phasenumwandlung von Hydroxiden unter verschiedenen Zersetzungsbedingungen von Aluminatlösungen. O. I. Arakeljan, A. N. Ljapunow, A. A. Tschisstjakowa und W. A. Kawina. (Nichteisenmetalle [UdSSR] **33**, Nr. 11, 54—58, Nov. 1960; russ.) — Die Annahme über die Bldg. von *Böhmit* während der Zers. von Aluminat-Lsgg. bei 65° in Ggw. eines Hydrargillit-Keimes sowie die damit zusammenhängende Verfeinerung des Nd. wird durch Verss. nicht bestätigt. Bei einer Temp.-Erhöhung während des Zers.-Prozesses bis auf 95° kann Böhmit die Rolle eines Keimes der Böhmit-Bldg. für Aluminat-Lsgg. sowohl mit niedrigem (α = 1,116) als auch mit hohem Modul (α = 1,73) übernehmen. H. Hochstein. 294□

Über den Vorgang der Kryolithbildung bei der Reaktion von Natriumfluorid mit Aluminiumhydroxid. M. N. Smirnow. (Nichteisenmetalle [UdSSR] **34**, Nr. 10, 59 bis 64, Okt. 1961; russ.) — Die Rk. von *NaF* (**I**) mit $Al(OH)_3$ (**II**) hängt stark von der **II**-Aktivität ab. Diese wird durch die Bedingungen der **II**-Herst. beeinflußt u. bes. durch die Größe der Aggregate bestimmt. Die Verw. von unter normalen Herst.-Bedingungen erhaltenem **II** zur Kryolitherzeugung aus **I**-Lsgg. ist wegen des langsamen Ablaufs dieses Prozesses nicht zweckmäßig. Zur Kryolith-Bldg. kann man entweder das durch Carbonisation von Aluminat-Lsgg. bei 30° erhaltene **II** oder eine Feinfraktion des hergestellten **II** mit einer Aggregatgröße nicht über 12—15 μ verwenden. Die Herst. von Kryolith aus **II** muß bei $\geqq$ 80° unter CO_2-Einführung durchgeführt werden, wenn es nicht in Form von $NaHCO_3$ in der **I**-Lsg. enthalten ist. Die Konz. des **I** muß möglichst groß sein, weil sich die Rk.-Geschw. in quadrat. Abhängigkeit von der **I**-Konz. der Lsg. befindet. Bei der Rk. von **II** mit **I**-Lsgg. bildet sich Kryolith, dessen Zus. der Formel $Na_{11}Al_4F_{23} \cdot H_2O$ entspricht. H. Hochstein. 294□

Bildung von Verbindungen von wasserfreiem Aluminiumchlorid mit Phenolen. Sarju Prasad und Kailash Nath Upadhyaya. (J. Indian chem. Soc. **36**, 772 bis 776, Nov. 1959; Banaras, Hindu-Univ., Chem. Labor.; engl.) — Bei der Umsetzung von wasserfreiem $AlCl_3$ mit Phenolen (X) (α- u. β-Naphthol, o-, m- u. p-Kresol, 1.2.4- u. 1.3.4-Xylenol u. Benzonaphthol) in Bzl. entstehen die Koordinationsverbb. $AlCl_3 \cdot X$ (A) bei Anwendung eines Überschusses an $AlCl_3$ u. $AlCl_3 \cdot 2\,X$ (B) bei einem Unterschuß an $AlCl_3$. Entsprechend bilden Phenole mit mehreren Koordinationsstellen (o-, m- u. p-Aminophenol, o-, m- u. p-Nitrophenol, Brenzcatechin, Resorcin u. Pyrogallol) $2\,AlCl_3 \cdot X$ (A') u. $AlCl_3 \cdot X$ (B'). Es sind schwach gefärbte, amorphe, hygroskop., ziemlich stabile Verbindungen. Die der Reihe A bzw. A' zersetzen sich über 200°, die der Reihe B bzw. B' unter 200°. R. Richter. 294□

Reaktionen von Chloriden der Gruppe Vb mit Bortrichlorid und Galliumtrichlorid. R. R. Holmes. (J. inorg. nuclear Chem. **14**, 179—83, Aug. 1960; Carnegie Inst. of Technol.; Purdue Univ.; engl.) — $PCl_5 \cdot GaCl_3$ wird aus PCl_5 u. $GaCl_3$ in CCl_4-Lsg. erstmalig dargestellt. Ein Vgl. mit $PCl_5 \cdot AlCl_3$ bzw. $PCl_5 \cdot BCl_3$ (**I**) legt die Struktur $[PCl_4^+] \cdot [GaCl_4^-]$ nahe. Aus den Synth. u. dem therm. Verh. von **I** schließt Vf., daß die Rk. von PCl_5 mit BCl_3 nicht aus der ion., sondern aus der trigonal-bipyramidalen Struktur erfolgt. Die Sublimation von **I** oberhalb 300° wird als reversible therm. Dissoziation in Cl_2, PCl u. BCl_3 aufgefaßt. Ein entsprechend abgeänderter Synth.-Weg zu **I** (aus PCl_3, BCl_3 u. Cl_2) führte nicht zu den postulierten Komplexen $AsCl_5 \cdot BCl_3$, $AsCl_5 \cdot GaCl_3$ u. $SbCl_5 \cdot BCl_3$. Unters. des Syst. $SbCl_5/BCl_3$ zeigt sogar, daß letzterer inexistent ist.

Versuche: $PCl_5 \cdot BCl_3$ (**I**), F. ca. 340°, a) man leitet durch eine 4%ig. Lsg. von PCl_5 (4,5 g) in CCl_4 (125 ml) BCl_3, filtriert den weißen Nd. über eine Glasfritte ab u. wäscht ihn mit wenig CCl_4 (unter trockenem N_2); b) es werden in eine mit Zerschlagventil versehene Glasampulle im Vakuum auf 1,63 mMol PCl_5 3,55 m Mol BCl_3 kondensiert, die Ampulle abgeschmolzen, ihr oberer Teil mit Trockeneis gekühlt u. ihr unterer Teil soweit erwärmt, daß PCl_5 durch den BCl_3-Dampf sublimiert, diese Operation mehrfach wiederholt u. anschließend durch das geöffnete Zerschlagventil überschüssiges BCl_3 abgesaugt; c) äquivalente Mengen von BCl_3 u. PCl_3 bilden mit überschüssigem Cl_2 bei —78° **I**, welches in überschüssigem Cl_2 unlösl. ist. — $PCl_5 \cdot AlCl_3$, F. 375—379°. — $PCl_5 \cdot GaCl_3$, F. 368—371°, in einem Trockenkasten werden 4%ig. CCl_4-Lsgg. von PCl_5 (1,44 g) u. $GaCl_3$ (1,22 g) langsam gemischt, der weiße Nd. über eine Glasfritte abfiltriert, mit CCl_4 gewaschen u. in Ampullen abgeschmolzen; 94% Ausbeute.

H. Kuckertz. 295□

Gallium(III)-bromid. N. N. Greenwood und I. J. Worral. (Inorg. Syntheses **6**, 31—33, 1960; Nottingham, Univ.; engl.) — Durch Überleiten von Br_2 im N_2-Strom über erhitztes Ga (Bunsenflamme) entsteht in quant. Ausbeute $GaBr_3$, F. 122,5 ± 0,05°.

P. Golinske. 295□

Gallium(I)-tetrabromogallat(III). N. N. Greenwood und I. J. Worral. (Inorg. Syntheses 6, 33—36, 1960; engl.) — Vgl. vorst. Referat. — Durch Red. von $GaBr_3$ mit etwas weniger als der berechneten Menge Ga bei 180° im Vakuum (24 Std.) entsteht *Gallium(I)-tetrabromogallat(III)*, F. 166°. P. Golinske. 295 □

Das System Indium(I)-bromid-Indium(III)-bromid. P. H. L. Walter, J. Kleinberg und E. Griswold. (J. inorg. nuclear Chem. **19**, 223—28, Okt. 1961; Lawrence, Kans., Univ., Dep. of Chem.; engl.) — Das Syst. InBr–$InBr_3$ wurde kryoskop. u. mit Hilfe von Scherrer-Aufnahmen untersucht. 3 Verbb. wurden gefunden: In_2Br_3 (nach Pauling $In(I)_3\,[In(III)Br_6]$), In_4Br_7 u. $InBr_2$ ($In(I)[In(III)Br_4]$). H.-G. Moslé. 296 □

Bis-[methylcyclopentadienyl]-magnesium, Bis-[methylcyclopentadienyl]-zink und Tris-[methylcyclopentadienyl]-lanthan. W. Strohmeier, H. Landsfeld, F. Gernert und W. Langhäuser. (Z. anorg. allg. Chem. **307**, 120—22, 1960; Würzburg, Univ., Inst. für phys. Chem.; dt.) — Die Darst. u. Eigg. der angegebenen Verbb. werden beschrieben.

Versuche: *Bis-[methylcyclopentadienyl]-magnesium*, $Mg(C_6H_7)_2$, F. 29—30°, aus Mg u. C_2H_5Br (Grignard-Rk.) in Ae. u. Methylcyclopentadien (I) durch Erhitzen am Rückfluß bis zur Beendigung der Äthan-Entw. (5 Std.), Abdest. des Ae., Sublimation in Kolben mit U-Ansatz unter Hochvakuum bei 200; Nadeln, luftempfindlich, mit Alkoholen Zers., lösl. in organ. Lsgm., mit $FeCl_2$ in Tetrahydrofuran entsteht Methylferrocen. — *Bis-[methylcyclopentadienyl]-zink*, $Zn(C_6H_7)_2$, Zers. bei ca. 250°, aus einer Lsg. von $Na(C_6H_7)$ in Ae. (aus I u. Na in Ae. durch Erwärmen) durch Zutropfen von $ZnCl_2$ in Ae. (weißer Nd.), Erhitzen am Rückfluß (3 Std.), Verdampfen des Ae., Hochvakuumsublimation bei 200°; relativ luftbeständig, mit W. langsame Hydrolyse, nur spärlich lösl. in Ae. u. Tetrahydrofuran, in organ. Lsgm. meist unlösl., mit $FeCl_2$ bei längerem Erhitzen Methylferrocenbildung. — *Tris-[methylcyclopentadienyl]-lanthan*, $La(C_6H_7)_3$, F. 155—156°, aus $Na(C_6H_7)$ in Tetrahydrofuran u. $LaCl_3$-Lsg. durch Zusammengeben unter Kühlung, 2std. Erwärmen auf 50°, Abdest. des Lsgm., Hochvakuumsublimation bei 260—280°; luftempfindlich, Zers. mit Methanol, gut lösl. in Äthern, mäßig lösl. in Benzol. H. J. Hartmann. 301 □

Das System MgO–SiO_2–TiO_2. 2. Mitt. **Die Gleichgewichte im festen und geschmolzenen Zustand.** F. Massazza und E. Sirchia. (Chim. e Ind. [Milano] **40**, 460—67, Juni 1958; Cagliari, Univ., Ist. di chim. Appl. ed Ist. di Metallurg. e Metallograf.; ital.) — 1. vgl. C. **1962**, 13324. — Vff. untersuchten mkr. im Syst. MgO–SiO_2–TiO_2 die Gleichgewichte im festen Zustand u. bei der Schmelztemperatur. In dem Syst. treten keine tern. Verbb., sondern nur die bin. Verbb. *2 MgO·SiO₂*, *MgO·SiO₂*, *2 MgO·TiO₂*, *MgO·TiO₂* u. *MgO·2 TiO₂* auf. Es treten zwei tern. Eutektika zwischen MgO·TiO_2, MgO·2 TiO_2, 2 MgO·SiO_2 u. zwischen TiO_2, MgO·2 TiO_2 u. MgO·SiO_2 auf. Die an SiO_2 u. TiO_2 reichen Gemische bilden beim Schmelzen zwei nicht mischbare Flüssigkeiten. Während des Abkühlens verhalten sich die beiden Fll. verschieden. Die an SiO_2 reiche Fl. wandelt sich in ein homogenes Glas um, während die, die weniger reich an SiO_2 ist, je nach der Zus. *Glas + Cristobalit*, Glas + Cristobalit + *Rutil* u. Glas + Rutil bildet. Da das Glas deutlich Entglasungserscheinungen erkennen läßt, ist das Auftreten von MgO·SiO_2 als Entglasungs-Prod. nicht auszuschließen. Die an TiO_2 reiche Fl. liefert beim Abkühlen verschiedene Verbindungen. C. Gottfried. 321

Reaktionen von Orthoestern des Germaniums. 1. Mitt. **Reaktionen von Phenol mit Germaniumtetrachlorid und -tetraäthoxid.** R. C. Mehrotra und G. Chandra. (J. Indian chem. Soc. **39**, 235—39, April 1962; Gorakhpur, U.P., Univ. of Gorakhpur, Chem. Labor.; engl.) — $GeCl_4$ reagiert mit Phenol (I) beim Rückflußkochen in Bzl., desgleichen auch beim Durchleiten von NH_3 durch die benzol. Lsg. unter Bldg. von $Ge(OC_6H_5)_4$ (I, $Kp._{0,1}$ 210°), aus dem durch Umsetzung mit HCl wieder $GeCl_4$ erhalten werden kann. Die Rk. von $Ge(OC_2H_5)_4$ mit Phenol führt in sd. Bzl. gemäß den angewandten Mol-Verhältnissen zu $C_6H_5OGe(OC_2H_5)_3$, $(C_6H_5O)_2Ge(OC_2H_5)_2$, $(C_6H_5O)_3Ge(OC_2H_5)$ u. I, die nach azeotroper Dest. als farblose, monomere Fll. isoliert werden können; bei Vakuum-Dest. erfolgt therm. Disproportion. U. Skurnia. 326 □

Eine neue Synthese von Metall-Heterocyclen. Rudolf Polster. (Liebigs Ann. Chem. **654**, 20—23, April, herausgeg. 15/6. 1962; Ludwigshafen/Rh., Badische Anilin & Soda-Fabrik AG; Hauptlabor.; dt.) — Aluminiumtrialkyle oder Aluminiumdialkylhydride reagieren mit 3.3-Dimethylpentadien-(1.4) (I) gemäß: 2 [iso-C_4H_9]$_2$AlH + 3 I → $(CH_3)_2C[CH_2CH_2{-}Al{-}CH_2CH_2{-}C(CH_3)_2{-}CH_2CH_2]_2$ (II) + 4 iso-C_4H_8. Bei der Hydrolyse von II erhält man nur olefinfreies 3.3-Dimethylpentan. II läßt sich im Hochvakuum ohne Zers. dest. u. zeigt im festen u. geschmolzenem Zustand die phys. Eigg.

eines Hochpolymeren. Bei Zimmer-Temp. liegt es als hartes, vollkommen durchsichtiges Glas vor; beim Erwärmen auf 100° erhält man eine sehr zähe Schmelze, aus der sich lange Fäden ziehen lassen. II ist in Bzl. u. anderen inerten KW-Stoffen löslich. Bei Rk. von II mit $SnCl_4$ wird *Bis-[3.3-dimethylpentamethylen]-zinn* (III) u. mit Di-n-butylzinndichlorid *3.3-Dimethylpentamethylen-di-n-butylzinn* gebildet. Bei Umsetzung von III mit 1 Mol Br_2 entsteht unter Öffnung eines Ringes *3.3-Dimethylpentamethylen-[5-brom-3.3-dimethylpentyl]-zinnbromid*, während mit 2 Mol Br_2 das *Bis-[5-brom-3.3-dimethylpentyl]-zinndibromid* erhalten wird.

Versuche: II, $C_{21}H_{42}Al_2$, Kp.$_{10^{-4}}$ 132—140°, durch Erhitzen von 47 g Aluminiumdiisobutylhydrid u. 32 g I auf 160° (3 Std.), nach Senken der Temp. auf 130° weitere Zugabe von 16 g I innerhalb von 3 Std. u. 1 std. Erhitzen bei 160° u. 0,3 Torr, wobei II als Rückstand in 98%ig. Ausbeute anfällt; nach Dest. völlig farbloses, durchsichtiges, hartes Glas. — *Bis-[3.3-dimethylpentamethylen]-zinn* (III), $C_{14}H_{28}Sn$, Kp.$_{10^{-4}}$ 75—82°, durch Zutropfen von 74 g Ae. u. 162 g $SnCl_4$ zu einer Lsg. von 168 g II in 400 ml Bzl. bei 20—50°, Abziehen des Bzl., Abdest. alles Flüchtigen bei 20—160°/10^{-4} Torr, Verdünnen des Destillates mit 200 ml Ae., Ausschütteln mit verd. HCl, dann mit 10%ig. KF-Lsg. u. Dest.; n_D^{20} 1,5182; 68%. — *3.3-Dimethylpentamethylen-di-n-butylzinn*, $C_{15}H_{32}Sn$, Kp.$_{10^{-4}}$ 71—77°, durch Zutropfen von 60 g Di-n-butylzinnchlorid in 50 ml Bzl. bei 30—50° zu 28 g II in 12 g Ae. u. 20 ml Bzl., 1 std. Erhitzen bei 80° u. Weiterbehandlung analog III; n_D^{20} 1,4948; 65%. — *3.3-Dimethylpentamethylen-[5-brom-3.3-dimethylpentyl]-zinnbromid*, $C_{14}H_{28}Br_2Sn$, Kp.$_{10^{-4}}$ 141—145°, durch Zutropfen (3 Std., 10°) von 14,4 g Br_2 in 150 ml Essigester (IV) zu 28,3 g III in 250 ml IV, Abdest. u. Fraktionieren; farbloses Öl, n_D^{20} 1,5528. — *Bis-[5-brom-3.3-dimethylpentyl]-zinndibromid*, $C_{14}H_{28}Br_4Sn$, durch Zutropfen (4 Std., 0°) von 28,8 g Br_2 in 250 ml IV zu 28,3 g III in 250 ml IV, Erwärmen unter Zusatz von Tierkohle u. Eindampfen des Filtrates bei 10^{-4} Torr u. Raum-Temp.; fast farbloses Öl; n_D^{20} 1,5610; 79%. U. Skurnia. 327□

Metallorganische Synthesen in der Arylreihe. Dietmar Wittenberg. (Liebigs Ann. Chem. **654**, 23—26, April, herausgeg. 15/6. 1962; Ludwigshafen/Rh., Badische Anilin & Soda-Fabrik AG, Hauptlabor.; dt.) — Aktiviertes Al reagiert mit C_6H_5J in verd. Lsg. bei Raum-Temp., mit C_6H_5Br bei 100° u. mit C_6H_5Cl bei Siede-Temp. gemäß $3\,C_6H_5X + 2\,Al \rightarrow C_6H_5AlX_2 + (C_6H_5)_2AlX$. Führt man die Rk. im Druckgefäß bei Temp. > 150° durch, so wird in zunehmendem Maße Biphenyl gebildet. Die Umsetzung des entsprechenden $(C_6H_5)_3Al_2Cl_3$ (I), das in Aromaten leicht lösl. ist, mit PCl_3 liefert $(C_6H_5)_3P$ u. mit $SnCl_4$ je nach angewandtem Mol-Verhältnis $(C_6H_5)SnCl_3$, $(C_6H_5)_2SnCl_2$, $(C_6H_5)_3SnCl$ u. $(C_6H_5)_4Sn$.

Versuche: *$(C_6H_5)_3Al_2Cl_3$* (I), durch 2 std. Vermahlen von 27 g handelsüblichem Al-Grieß u. 2,7 g $AlCl_3$ in Inertgasatmosphäre auf einer Schwingmühle (Stahlkugeln), Spülen des Al mit 500 ml trockenem O_2-freiem C_6H_5Cl in einem Rührkolben u. 22 std. kräftiges Rühren bei 130°; klare, gelb bis hellbraun gefärbte Lsg.; 92% (bezogen auf umgesetztes Al). — Gemisch von *$Na[(C_6H_5)AlCl_3]$* u. *$Na[(C_6H_5)_2AlCl_2]$*, analog I aus 5,4 g Al-Grieß, 11,8 g NaCl u. 350 ml C_6H_5Cl; krist. Rk.-Produkt. — *$(C_6H_5)_3Al_2Br_3$*, aus 5,4 g Al-Grieß, 0,54 g $AlBr_3$, u. 50 g Xylol + 70 g C_6H_5Br (5 Std., 140°); 79%. — *Triphenylphosphin*, Kp.$_{25}$ 250—260°, F. 79° (A.), durch langsames Versetzen einer Lsg. von 1,1 Mol I in C_6H_5Cl mit 1,0 Mol PCl_3, Abdest. des Lsgm., 2 std. Erhitzen des Rückstandes auf 180 bis 200°, vorsichtiges Hydrolysieren, Extrahieren mit Bzl. u. Dest. der getrockneten u. filtrierten Phase; 91,5%. — *Tetraphenylzinn*, F. 220—222°, durch langsames Zufügen einer Lsg. von 0,42 Mol I in C_6H_5Cl zu 0,3 Mol $SnCl_4$, Zugabe von 65 g Ae., Dest. zunächst bei Normaldruck, später unter vermindertem Druck, wobei 155 g Al-Chloridätherat (Kp.$_{10^{-4}}$ 80°) erhalten wird; Waschen des Dest.-Rückstandes mit verd. HCl, W. u. A., Extrahieren mit Bzl. u. Einengen der benzol. Lsg.; 92%. — *Phenylzinntrichlorid*, Kp.$_{10}$ 109 bis 110°, durch Zufügen von 0,42 g I in C_6H_5Cl zu 1,2 Mol $SnCl_4$, Versetzen mit 65 g Ae. u. fraktionierte Dest.; 84%. U. Skurnia. 327□

Die Darstellung einiger Organozinn(IV)-Verbindungen. D. L. Alleston und Alwyn G. Davies. (J. chem. Soc. [London] **1962**, 2050—54, Mai; London, Univ. Coll., William Ramsay and Ralph Forster Labor.; engl.) — Die nachst. Organozinn(IV)-Verbb. (Halogenide, Carboxylate, Alkoxide u. 1 : 1-Chelatkomplexe von Diorganozinndihalogeniden u. 2.2'-Dipyridyl oder 1.10-Phenanthrolin) wurden dargestellt u. charakterisiert.

Versuche: *Dibutylzinndijodid*, $C_8H_{18}J_2Sn$, Kp.$_{0,2}$ 124—134°, aus 15,0 g Dibutylzinnoxid u. 54%ig. HJ (36 ml) u. Bzl.; farblos, n_D^{25} 1,6042; 14,9 g (Ausbeute). — *Dibutylzinndifluorid*, $C_8H_{18}F_2Sn$, F. 157—160° (A.), aus KF in W. u. Dibutylzinndichlorid (I) in A.; 95%. — *Dibutylzinndibromid* (II), $C_8H_{18}Br_2Sn$, Kp.$_{0,04}$ 96—98°, aus Tetrabutylzinn u. Zinntetrabromid (220°, 3 Std.); n_D^{25} 1,5400; 75%. — *Tributylzinnoctanoat*, $C_{20}H_{42}O_2Sn$, F. 55—56°, aus Octansäure u. $NaOC_2H_5$ in A. durch Zugabe von

Tributylzinnchlorid; Nadeln; 88%. — *Dibutylzinndioctanoat*, $C_{24}H_{48}O_4Sn$, Kp.$_{0,01}$ 177 is 178°, a) analog vorst. Verb.; n_D^{24} 1,4673; 93%; b) durch Zugabe von Triäthylamin in Bzl. zu einer Lsg. von I u. Octansäure in Bzl.; 78%. — *Dibutylzinndibenzoat*, $C_{22}H_{28}O_4Sn$, F. 65—67°, Kp.$_{0,005}$ ca. 200° (Bad-Temp.), durch Erhitzen (30 Min., 180°) einer Mischung von $(C_4H_9)_4Sn_2Cl_2O$ u. Benzoesäure; 84%. — *Dibutylzinnacetatbromid*, $C_{10}H_{21}BrO_2Sn$, F. 66—66,5°, durch Mischen äquimol. Mengen von II u. Dibutylzinnacetat in Pentan; nach 20std. Hydrolyse an der Luft *$(C_4H_9)_4Sn_2Br_2O$*, F. 105°. — *Dibutylzinnbromidchlorid*, $(C_4H_9)_2 \cdot SnBr_{0,8}Cl_{1,2}$, F. 31—32°, aus I u. II, weiße Kristalle; 71%. — *$(C_4H_9)_4Sn_2Cl_2O$*, F. 110—113°, a) durch Hydrolyse vorst. Verb. in Ggw. von Triäthylamin; b) durch 2½ std. Rühren (35°) einer Mischung von Na-Octanoat (aus Octansäure u. Na-Butylat) in Butanol u. I in Bzl.; daneben *Butyloctanoat*, Kp.$_{0,01}$ 55,5—63,5°; n_D^{25} 1,4242; 71%. — *Tributylmethoxyzinn*, $C_{13}H_{30}OSn$, Kp.$_{0,06}$ 97—97,5, aus 32,5 g Tributylzinnchlorid (III) u. 2,3 g $NaOCH_3$ in CH_3OH; n_D^{25} 1,4710; 90%. — *Triphenylmethoxyzinn*, $C_{19}H_{18}OSn$, F. 63—65° (Pentan), aus 19,7 g III u. 1,18 g $NaOCH_3$ in CH_3OH; 93%. — *Dibutyldimethoxyzinn*, $C_{10}H_{21}O_2Sn$, Kp.$_{0,05}$ 126—128°, analog vorst. Verb. aus I; n_D^{25} 1,4852; 98%. — Nachst. 2.2'-Dipyridyl- u. 1.10-Phenanthrolin-Komplexe durch Mischen der äther. Lsgg. von Diorganylzinndihalogenid u. 2.2'-Dipyridyl (dipy), bzw. 1.10-Phenanthrolin (phen): *$(C_2H_5)_2SnCl_2$, dipy*, $C_{14}H_{18}Cl_2N_2Sn$, F. 200—201° (Bzl.); glimmerartige Nadeln; 81%, *$(C_2H_5)_2SnCl_2$, phen*, $C_{16}H_{18}Cl_2N_2Sn$, F. 235—236° (A.); diamantartige Kriställchen; 76%. — *$(C_4H_9)_2 \cdot SnCl_2$, dipy*, $C_{18}H_{26}Cl_2N_2Sn$, F. 180° (Bzl.), sublimiert bei 140°/0,01; faserige Nadeln; *$(C_4H_9)_2SnCl_2$, phen*, $C_{20}H_{26}Cl_2N_2Sn$, F. 200° (A.); leuchtende Prismen. — *$(C_4H_9)_2SnBr_2$, dipy*, $C_{18}H_{26}Br_2N_2Sn$, F. 176—177° (Bzl.); kleine Platten; 82%; *$(C_4H_9)_2SnBr_2$. phen*, $C_{20}H_{26}Br_2N_2Sn$, F. 199—200° (A.), kleine Kristalle; 80%. — *$(C_4H_9)_2SnJ_2$, dipy*, $C_{18}H_{26} \cdot J_2N_2Sn$, F. 163° (A.); hellgelbe Nadeln; 80%; *$(C_4H_9)_2SnJ_2$, phen*, $C_{20}H_{26}J_2N_2Sn$, F. 234 bis 236° (A.); hellgelbe Kristalle; 77%. — *$(C_4H_9)_2Sn(CNS)_2$, dipy*, $C_{20}H_{26}N_4S_2Sn$, F. 152,5 bis 153° (Butanol); glänzende Nadeln; 67%. — *$(Oc)_2SnCl_2$, dipy*, (Oc = octyl), $C_{26}H_{42} \cdot Cl_2N_2Sn$, F. 133—133,5° (A.); kleine Kristalle; 59%; *$(Oc)_2SnCl_2$, phen*, $C_{28}H_{42}Cl_2N_2Sn$, F. 101° (A.), sintert bei 73°; glänzende Nadeln. — *$(C_6H_5)_2SnCl_2$, dipy*, $C_{22}H_{18}Cl_2N_2Sn$, F. 243—245° ($CH_3OC_2H_4OH$); federförmige Kristalle; 72%; *$(C_6H_5)_2SnCl_2$, phen*, $C_{24}H_{18} \cdot Cl_2N_2Sn$, F. 235 (Zers.); glänzende Kristalle; 51%. — *2.2'-Dipyridylquecksilber(II)-dichlorid*, F. > 265°, aus Dibutyl-2.2'-dipyridylzinn u. $HgCl_2$ in Aceton; 97%. — *Butyl-2.2'-dipyridylzinntrichlorid*, $C_{14}H_{17}Cl_3N_2Sn$, F. 227—228° (Butanol), aus Butylzinntrichlorid u. dipy in Ae.; weißes Pulver; 97%. — *tert.-Butyl-2.2'-dipyridylzinntribromid*, $C_{14}H_{17}Br_3N_2Sn$, F. > 300°, analog vorst. Verb.; weißes Pulver. — *2.2'-Dipyridylzinn(II)-dichlorid*, $C_{10}H_8Cl_2N_2Sn$, F. 214—216°, aus dipy u. $SnCl_2 \cdot 2\,H_2O$ in Aceton; hellgelb. U. Skurnia. 327□

Titrationskurven der Dekavanadinsäure. R. P. Mitra und A. K. Banerjee. (J. sci. ind. Res. [New Delhi], Sect. B **20**, 129—30, März 1961; Delhi, Delhi Univ., Phys. Chem. Labor.; engl.) — An Hand von konduktometr. u. pH-Messungen an $H_8V_{10}O_{28}$, das einerseits aus wss. $NaVO_3$-Lsgg. mit Hilfe eines Ionenaustauschers, andererseits durch Lösen von V_2O_5 in W. erhalten wurde, wurde auf Grund der Übereinstimmung der Kurven geschlossen, daß es sich in beiden Fällen um dieselbe Verb. handelte. $H_8V_{10}O_{28}$ ist aus 2 hexagonalen Ringen von über V–O–V-Bindungen verbundenen VO_4-Tetraedern aufgebaut; die beiden Ringe besitzen ihrerseits eine V–O–V-Bindung gemeinsam. Mit Hilfe dieser Struktur lassen sich die bei pH 5, 7 u. zwischen 7 u. 9 auftretenden Wendepunkte (4 : 10 : 20 Val KOH) der Titrationskurven deuten. U. Skurnia. 330□

Spektrophotometrische und konduktometrische Untersuchung der Reaktion zwischen Vanadylsulfat und Rochelle-Salz. P. K. Bhattacharya, M. C. Saxena und S. N. Banerji. (J. Indian chem. Soc. **39**, 240—42, April 1962; Saugar, M.P., Univ. of Saugar, Chem. Dep.; engl.) — Die Rk. zwischen $VOSO_4$ u. Rochelle-Salz (Na–K-Tartrat) führt auf Grund von spektrophotometr. u. konduktometr. Messungen bei pH 3,5 zu einem 1 : 1-Komplex mit der wahrscheinlichen Zus. $[VOC_4H_3O_6]^-$ (λ_{max} 775 mμ). Die Dissoziations-Konst. beträgt $5{,}62 \cdot 10^{-6}$ bei 28°. U. Skurnia. 330□

Eine Untersuchung der Komplexbildung zwischen Vanadylsulfat und Kaliumsalicylat. P. K. Bhattacharya und S. N. Banerjee. (J. sci. ind. Res. [New Delhi], Sect. B **20**, 131, März 1961; engl.) — Vgl. vorst. Referat. — An Hand von konduktometr. u. pH-Unterss. der Rk. zwischen $VOSO_4$ u. K-Salicylat wird unter Anwendung der Meth. der kontinuierlichen Variation die Bldg. eines 1 : 2-Komplexes der wahrscheinlichen Zus. *$VO(C_7H_5O_3)_2$* festgestellt. Die Dissoziations-Konst. beträgt $6{,}138 \cdot 10^{-6}$ bei 26°.
U. Skurnia. 330□

Einige wasserlösliche Komplexe von fünfwertigem Niob und Tantal. Fred Fairbrother, Derek Robinson und John B. Taylor. (J. inorg. nuclear Chem. **8**, 296 bis 301, 1958; Manchester, Univ., Dep. of Chem.; engl.) — Vgl. C. **1957**, 6085; **1959**, 3070.) A. Blaschette. 332□

Chrom(VI)-oxidbromid. Chromylverbindungen. 3. Mitt. Hans-Ludwig Krauss und Kurt Stark. (Z. Naturforsch. **17b**, 1—4, Jan. 1962; München, TH, Anorg. Chem. Inst.; dt.) — 2. vgl. Chem. Ber. **94**, [1961], 1205; 4. vgl. C. **1963**, 5388. — Chrom(VI)-oxidbromid, CrO_2Br_2, konnte erstmals in reiner Form durch Rk. von CrO_3 mit fl. $CF_3 \cdot COBr$ bei -130^0 isoliert werden. In Lsg. hatten auch die Umsetzungen von CrO_3 mit CF_3COBr in CCl_4 sowie die von CrO_3/P_2O_5 mit HBr in CCl_4 Erfolg. CrO_2Br_2 ist eine tiefviolette Substanz, die sich bei langsamem Erwärmen bei -65 ± 2^0 unter Br_2-Abgabe zersetzt. Unterhalb -70^0 löst sie sich in indifferenten Lsgm. wie CCl_4 u. CCl_2F_2 mit violetter Farbe. Obwohl die Substanz ein hohes Oxydationsvermögen hat, kann man CF_3COBr in Gegensatz zu CH_3COBr als Bromierungsmittel verwenden; bei -20^0 ist auch nach einigen Tagen keine Redox-Rk. zu beobachten. Auf Grund kryoskop. Best. in CCl_4 ist CrO_2Br_2 unter diesen Bedingungen monomer. Das sichtbare Spektrum der Verb. zeigt ein charakterist. Maximum bei 500 mμ. Im Gegensatz zu früheren Angaben anderer Autoren stellt CrO_2Br_2 in seinen Eigg. ein Analogon zu den übrigen Chromyl-Verbb. dar.

Versuche: *CrO_2Br_2*, F. -65 ± 2^0 (Zers.), a) aus 1 g feingepulvertem CrO_3 in 100 ml CCl_4 u. einer Lsg. von 2 ml fl. CF_3COBr in 20 ml CCl_4 bei -20^0, 4 Min. langes Schütteln, Absaugen durch eine gekühlte Fritte, Umsetzung nicht vollständig; b) durch Aufschlämmen von feingepulvertem CrO_3/P_2O_5-Gemisch (2 : 1) in CCl_4 bei -20^0 u. Einblasen eines Stromes von trockenem HBr durch eine Fritte, erneute Zugabe von CrO_3/P_2O_5-Gemisch im N_2-Gegenstrom u. Filtrieren der Lsg. unter N_2-Überdruck durch gekühlte Fritte; c) durch Umsetzung von trockenem CrO_3 von der Korngröße ½ mm in einer Spezialapp. u. mit bei -125^0 verflüssigtem CF_3COBr u. Abdestillieren in Hochvakuum-App. bei -75^0 von CF_3COBr, $(CF_3CO)_2O$ u. Br_2. Letzte Fraktionen zwischen -75 u. -70^0 fast reines CrO_2Br_2, das mehrmals umsublimiert wird. G. Heller. 335 □

Darstellung von wasserfreien, flüchtigen Metallhalogeniden in geschlossener Apparatur. 3. Mitt. **Umsetzung von Sulfaten mit Alkali- oder Erdalkalihalogeniden.** K. H. Lieser und H. Elias. (Z. anorg. allg. Chem. **316**, 208—19, Juli 1962; Darmstadt, TH, Eduard-Zintl-Inst. für anorg. u. phys. Chem.; dt.) — 2. vgl. C. **1962**, 7075. — Die Darst. von wasserfreien Halogeniden des Fe, Sb, Bi u. Zn aus den Sulfaten u. Alkali- bzw. Erdalkalihalogeniden in einer Hochvakuum-App. (vgl. l. c.) wird beschrieben. Die Wahl des Alkali- bzw. Erdalkalihalogenids richtet sich nach ihrer Zugänglichkeit sowie der thermodynam. errechneten Rk.-Enthalpie.

Versuche: *$ZnCl_2$*, aus $ZnSO_4$ u. LiCl; Rk. beginnt bei 280^0; bei 400^0 in 4—5 Std. 90—95% (Ausbeute). — *$ZnBr_2$* u. *ZnJ_2*, analog aus $ZnSO_4$ u. LiBr (NaJ), Rk.-Beginn 250^0, 90—95% in 4—5 Std. bei 380^0. — *$FeCl_3$*, aus $Fe_2(SO_4)_3$ u. $CaCl_2$, Rk.-Beginn 350^0, 60—70% in 4 Std. bei $370—380^0$; braunschwarz. — *$FeBr_3$*, bei 400^0 in 5—6 Std. bildet sich durch therm. Zers. 40—60% eines Gemisches von 11% $FeBr_3$ u. 89% $FeBr_2$. $Fe_2(SO_4)_3$ u. NaJ reagieren zu J_2 u. *FeJ_2*. — *$SbCl_3$*, aus $Sb_2(SO_4)_3$ u. LiCl, Rk.-Beginn 120^0; 60—70% in 5 Std. bei 380^0, farblose Flüssigkeit. — *$SbBr_3$*, aus $Sb_2(SO_4)_3$ u. LiBr; Rk.-Beginn 170^0; 60—70% in 10 Std. bei 400^0. — *SbJ_3*, aus $Sb_2(SO_4)_3$ u. NaJ, rote Kristalle, die sich oberhalb 200^0 therm. zersetzen; 30—40% in 10 Std. bei 300^0. — *$BiCl_3$*, aus $Bi_2(SO_4)_3$ u. LiCl, farblose Kristalle, Rk.-Beginn unterhalb 200^0, 70—80% in 5 Std. bei $250—280^0$. — *$BiBr_3$*, aus $Bi_2(SO_4)_3$ u. LiBr, zuerst Tröpfchen, später citronengelbe Kristalle, Rk.-Beginn 130^0; 70—80% in 5 Std. bei 380^0. — *BiJ_3*, aus $Bi_2(SO_4)_3$ u. NaJ, schwarzgraue Kristalle oberhalb 110^0; 40% nach 5 Std. bei 350^0; bei 200^0 beginnt J_2-Bildung. H. Bürger. 354 □

Ein flüchtiges Eisenhydroxid. G. R. Belton und F. D. Richardson. (Trans. Faraday Soc. **58**, 1562—72, Aug. 1962; London, Imp. Coll., Nuffield Res. Group in Extraction Metallurgy; engl.) — Spiralen aus Rein-Fe bzw. Fe_2O_3 wurden im H_2/H_2O-Strom auf $1300—1460^0$ erhitzt. Aus dem Gew.-Verlust der Spiralen bzw. des Fe_2O_3 sowie dem Gew. des kondensierten Eisenoxids wurde der (bei Erreichung des Gleichgewichts von der Gas-Geschw. unabhängige) Fe-Transport bei verschiedenen Temp. u. Gas-Zus. bestimmt. Fe in O_2 sowie Magnetit in CO_2 sind nicht flüchtig. Aus Gleichgewichts-Messungen der Rk. $Fe + 2\,H_2O \rightleftharpoons Fe(OH)_2 + H_2$ wird der flüchtigen Fe-Verb. die Zus. *$Fe(OH)_2$* zugeschrieben. Die Freie Enthalpie der Rk. wurde zu 38900—5,80 T cal bestimmt. H. Bürger. 354 □

Untersuchungen über einige ungewöhnliche Hexacyanoferrat-Komplexe. 4. Mitt. **Spektrophotometrische und konduktometrische Untersuchungen über Berylliumhexacyanoferrat.** Wahid U. Malik. (J. Indian chem. Soc. **38**, 293—96, Mai 1961; Aligarh, Muslim Univ., Chem. Labor.; engl.) — 3. vgl. J. sci. ind. Res. [New Delhi], Sect. B **18**, [1959], 463. — Durch Absorptionsmessungen bei 450 mμ u. durch konduktometr. Titrationen bei 30, 60 u. 80^0 wurde die Bldg. der Komplexe *$Be_2[Fe(CN)_6]$* u. *$K_2Be[Fe(CN)_6]$*

(I) aus $K_4[Fe(CN)_6]$- u. $BeCl_2$-Lsgg. bei 30° nachgewiesen, wobei I mit verdünnteren $BeCl_2$-Lsgg. entsteht. Bei 60 u. 80° bildet sich daneben noch $K_2Be[Fe(CN)_6] \cdot K_4[Fe(CN)_6]$.
W. Betcke. 354 □

Untersuchungen über einige ungewöhnliche Hexacyanoferrat-Komplexe. 5. Mitt. **Wechselwirkungen zwischen Be(III) und Cr(II) mit Kaliumhexacyanoferrat(II) und -ferrat(III) bei 80° und amperometrische Bestimmung der Zusammensetzung der Reaktionsprodukte.** Wahid U. Malik. (J. Indian chem. Soc. **38**, 297—302, Mai 1961; engl.) — 4. vgl. vorst. Referat. — Verd. Lsgg. von $Be(NO_3)_2$ u. $CrCl_3$ reagieren erst bei höherer Temp. mit $K_4[Fe(CN)_6]$ (I) unter Bldg. unlösl. Komplexe. Bei der amperometr. Titration von $Be(NO_3)_2$ mit I bei 80° wurde ein Komplex $K_2Be[Fe(CN)_6]$ nachgewiesen, während bei der Zugabe von $Be(NO_3)_2$ zu I $K_2Be_3[Fe(CN)_6]_2$ gebildet wird. Letzteres adsorbiert $[Fe(CN)_6]^{4-}$. Konduktometr. u. potentiometr. Titrationen von $CrCl_3$ mit I führen nicht zu eindeutigen Ergebnissen. Durch amperometr. Titration bei 80° konnte dagegen ein Komplex $KCr[Fe(CN)_6]$ nachgewiesen werden, während unter entsprechenden Bedingungen mit $K_3[Fe(CN)_6]$ $Cr[Fe(CN)_6]$ entsteht. W. Betcke. 354 □

Untersuchungen über einige ungewöhnliche Hexacyanoferrat-Komplexe. 6. Mitt. **Untersuchung über die Hexacyanoferrat(II)- beziehungsweise -(III)-Komplexe von Cu(I), Ti(III und IV), Cr(II) und Mn(III) im Hinblick auf das Redoxpotential.** Wahid U. Malik. (J. Indian chem. Soc. **38**, 303—12, Mai 1961; engl.) — 5. vgl. vorst. Referat. — Die Komplex-Bldg. zwischen Cu(I), Ti(III), Ti(IV), Cr(II) u. Mn(III) u. $K_4[Fe(CN)_6]$ (I) bzw. $K_3[Fe(CN)_6]$ (II) wurde durch amperometr. Titrationen der Kationen mit I bzw. II u. umgekehrt verfolgt. Zur Erklärung der Ergebnisse werden die auf Grund der verschiedenen Redoxpotentiale der Metallionen möglichen Redox-Rkk. herangezogen. — Bei der Titration von Cu(I) mit I wird $K_2Cu^I_2[Fe^{II}(CN)_6]$ gebildet, während mit II als Folge einer Oxydation von Cu(I) zu Cu(II) durch Fe(III) neben $KCu_2^I[Fe(CN)_6]$ auch $K_2Cu^{II}[Fe(CN)_6]$ entsteht. Bei der Titration von I mit $TiCl_3$ werden $KTi[Fe^{II}(CN)_6]$ u. $Ti_4^{III}[Fe(CN)_6]_3$ gebildet, aus II u. Ti(III) entsteht $Ti^{IV}[Fe^{II}(CN)_6]$. Bei der Rk. zwischen $CrCl_2$ u. II entstehen $K_2Cr^{II}[Fe(CN)_6]$, $Cr_2^{II}[Fe(CN)_6]$ u. $Cr_3^{II}[Fe(CN)_6]_2$. Die Rkk. zwischen I bzw. II u. Mn(III) führen zur Bldg. von $Mn^{III}[Fe(CN)_6]$ u. $KMn^{III}[Fe(CN)_6]$.
W. Betcke. 354 □

Untersuchungen über einige ungewöhnliche Hexacyanoferrat-Komplexe. 7. Mitt. **Zusammensetzung von Kobalt(III)-hexacyanoferraten(II)-beziehungsweise -(III) durch elektrometrische Methoden.** M. Ajmal und Wahid U. Malik. (J. Indian chem. Soc. **38**, 313—18, Mai 1961; engl.) — 6. vgl. vorst. Referat. — Durch konduktometr., potentiometr. u. amperometr. Titrationen von Co(III)-Lsgg. mit $K_4[Fe(CN)_6]$ u. umgekehrt konnte die Bldg. von $Co_2^{II}[Fe(CN)_6]$ nachgewiesen werden. Bei der Rk. zwischen Co(III)-Lsgg. u. $K_3[Fe(CN)_6]$ entstehen neben $Co^{III}[Fe(CN)_6]$ noch weitere Komplexe von verschiedener Zus., die als 2 $Co^{III}[Fe(CN)_6] \cdot K_3[Fe(CN)_6]$ u. 2 $Co[Fe(CN)_6] \cdot 3\ K_3[Fe(CN)_6]$ angesehen werden können. W. Betcke. 354 □

Darstellung und Eigenschaften von Polyorganocobaltosiloxanen. C. Schneider und G. Berg. (Makromolekulare Chem. **54**, 171—82, 1962; Frankfurt/M., Battelle-Inst. e.V.; dt.) — Kobalthaltige Organopolysiloxane wurden dargestellt aus $(CH_3)_2Si(OC_2H_5)_2$ u. Co-Acetat bei 180—200° (a), aus *Dinatriumsilandiolaten* u. $CoBr_2$ (I) in THF (b), aus 1 $C_6H_5Si(ONa)_3$ (II) u. 1,5 I (c) sowie 1 II u. 0,5 I u. anschließender Polykondens. mit 1 $(C_6H_5)_2SiCl_2$ (III) bzw. umgekehrt aus 1 II, 1 III u. anschließend Umsetzung mit I (d). Verss., aus $[C_6H_5(OH)_2SiO]_2Co$ [dargestellt aus $C_6H_5Si(OH)_2ONa$ u. I] u. II auch Co-Polysiloxane darzsutellen, gaben nur metallfreie Polysiloxane. Co-Polysiloxane zeigen bei 990—995 cm^{-1} im IR-Spektrum Schwingungen des Bindungs-Syst. Si–O–Co. Die einzelnen Präpp. besitzen unterschiedliche Eigg.: nach (a) dargestellte Verbb. sind nicht linear aufgebaut, sind dunkelblau u. unschmelzbar. Nach b bilden sich in organ. Lsgm. lösl. Harze, die als lineare oder cycl. Polysiloxane betrachtet werden. Sie zersetzen sich bei 350° u. ändern beim Erhitzen mit $AlCl_3$ ihre Eigg. nur wenig. Nach c erhaltene Prodd. sind unlösl. u. unschmelzbar, jedoch erhält man nach d lösl., schmelzbare Harze, für die Bandstruktur angenommen wird. Folgende Na-Silanolate wurden aus dem Silanol u. Na in fl. NH_3 dargestellt: $C_6H_5Si(ONa)_3$, $C_6H_5Si(OH)_2ONa$, $(C_6H_5)_2Si(ONa)_2$, $C_6H_5(CH_3)Si(ONa)_2$ u. $[(CH_3)_2Si(ONa)]_2O$. H. Bürger. 355 □

Untersuchungen über Metallhalogenid-Dioxanate. 2. Mitt. **Dioxanate von Kupfer(II)- und Eisen(III)-chlorid.** S. G. Nair und S. S. Moosath. (Proc. Indian Acad. Sci., Sect. A **50**, 366—41, Nov. 1959; Trivandrum, Univ. of Kerala, Appl. Chem. Dep.; engl.) — 1. vgl. C. **1959**, 11175. — Durch Rk. von CuO mit HCl-Gas in abs. Dioxan (I) wird $CuCl_2 \cdot C_4H_8O_2$ (II) in hellbraunen Nadeln erhalten. II ist schwerlösl. in I, zersetzt sich bei ca. 300° u. bleibt an trockener Luft, bei 2std. Stehen bei Raum-Temp. u. 1 mm

Druck sowie Kristallisation aus abs. A. unverändert. Durch W. wird aus **II** *$CuCl_2 \cdot 2\,H_2O$* gebildet. Ein Kupfer(II)-chloriddidioxanat konnte nicht erhalten werden. Fe_2O_3 gibt mit HCl-Gas in abs. **I** *$FeCl_3 \cdot 3\,C_4H_8O_2$* (**III**) als extrem hygroskop. blaßgrüne dünne Platten, die unter PAe. oder in **I**-Atmosphäre aufbewahrt werden können. Durch W., A. oder Aceton wird **III** zersetzt, aus A. werden bei —20° geringe Mengen von Kristallen der ungefähren Zus. 2 $FeCl_3 \cdot 3\,C_4H_8O_2$ erhalten. **III** gibt im Vakuum **I** ab unter Bldg. von *$2\,FeCl_3 \cdot 3\,C_4H_8O_2$* u. *$FeCl_3 \cdot C_4H_8O_2$*. F. Heller. 358□

Dipyridinsilber(I)-perchlorat. George B. Kaufman und Robert P. Pimrell. (Inorg. Syntheses **6**, 6—8, 1960; Fresno, Calif., Fresno State Coll.; engl.) — Dipyridinsilber(I)-perchlorat, *$[Ag(C_5H_5N)_2]ClO_4$*, F. 150—151°, durch Zugabe von Pyridin zu $AgNO_3$ in W. unter Rühren, Versetzen mit $NaClO_4$ in W., Kühlen auf 10°, Lösen in abs. Chlf./abs. Pyridin (5 : 1), Filtrieren u. Fällen mit abs. Essigester; Ausbeute an Rohprod. 98,1%. P. Golinske. 359□

Die Komplexbildung von Triphenylamin, Triphenylwismut und Azobenzol mit einigen Kupfer- und Silbersalzen. R. H. Nuttall, E. R. Roberts und D. W. A. Sharp. (J. chem. Soc. [London] **1962**, 2854—56, Aug.; London, Imp. Coll. of Sci. and Technol., Inorg. Chem. Res. Labor.; Glasgow, Royal Coll. of Sci. and Technol., Chem. Dep.; engl.) — Die Komplexe *$(C_6H_5)_3N$, $AgClO_4$; $(C_6H_5)_3N$, $AgBF_4$; $[(C_6H_5)_3Sb]_4$, $AgClO_4$; $[(C_6H_5)_3Sb]_4$, $AgBF_4$; $(C_6H_5)_3Bi$, $AgClO_4$; $3(C_6H_5)N_2(C_6H_5)$, $2\,AgClO_4$; $3\,(C_6H_5)N_2(C_6H_5)$, $2\,AgBF_4$* u. *$(C_6H_5)N_2(C_6H_5)$, $CuClO_4$* wurden durch Zugabe von Lsgg. der Liganden zu Lsgg. von $AgClO_4$, $AgBF_4$ oder $CuClO_4$ in Ae. dargestellt. Falls nicht sofort ein Nd. entstand, wurden die Mischungen sanft erwärmt; alle Verbb. sind bei Raum-Temp. nichtexplosiv, aber entzünden sich bei sanftem Erwärmen. Mit Hilfe von Pulveraufnahmen, UV- u. IR-Spektren wurden die Koordinationsverhältnisse in den Komplexen diskutiert. G. Heller. 359□

Amminruthenium(III)-phosphate. B. E. Mayer und J. E. Salmon. (J. chem. Soc. [London] **1962**, 2018—20, Mai; London, Battersea Coll. of Technol., Chem. Dep.; engl.) — Die nachst. angegebenen Ammin–Ru(III)-Komplexe, die PO_4-Gruppen enthalten, wurden isoliert u. die Zus. durch Analyse, Leitfähigkeits-, Ionenaustausch- u. Dehydratations-Unterss. ermittelt. Die Einführung der Phosphatgruppe als Ligand in den Hexammin-, Pentammin- u. Triamminkomplex gelang nicht. Der erhaltene Phosphatotetramminkomplex unterschied sich in seinen Eigg. von dem isomeren Diaquotetramminruthenium(III)-phosphat.

Versuche: Die Komplexe wurden durch Umsetzung der wss. Lsg. des entsprechenden Amminrutheniumchlorides mit Na_2HPO_4 oder NaH_2PO_4, Filtrieren u. Waschen mit verd. NH_3 dargestellt: *$[Ru(NH_3)_6]PO_4$, $2\,H_2O$*, hellgelb; *$[Ru(NH_3)_4PO_4]$, $2\,H_2O$*, aus cis-Dichlorotetramminruthenium(III)-chlorid, hellgelb; *$[Ru(NH_3)_4(H_2O)_2]PO_4$*, analog vorst. Verb., jedoch 1std. Kochen der Rk.-Mischung mit NH_3; *$[Ru(NH_3)_4(NO)(OH)] \cdot HPO_4$, H_2O*, orangegelb u. *$[Ru(NH_3)_5(OH)]HPO_4$, H_2O*, gelb. U. Skurnia. 363□

2.2′-Dipyridyl-Komplexe von Kobalt, Rhodium und Iridium. 2. Mitt. **Niederwertige Rhodiumkomplexe.** B. Martin, W. R. McWhinnie und G. M. Waind. (J. inorg. nuclear Chem. **23**, 207—23, Dez. 1961, herausgeg. April 1962; London, Univ. of London, Queen Mary Coll.; engl.) — 1. vgl. C. **1960**, 12280. — Die rotvioletten Komplexe *$[Rh(I)(dipy)_2]ClO_4 \cdot 3\,H_2O$* (**I**) (dipy = 2.2′-Dipyridyl), *$[Rh(II)(dipy)_2Cl \cdot NO_3 \cdot 2\,H_2O]_n$* (**II**) u. *$[Rh(II)(dipy)_2Cl \cdot ClO_4 \cdot 2\,H_2O]_n$* (**III**) sind diamagnet., während *$Rh(I)(dipy)_2NO_3 \cdot 3\,H_2O$* (**IV**) paramagnet. ist. Aus den IR-Spektren ergeben sich keine Hinweise für eine Red. der Liganden. Aus den UV-Spektren wurde die Ladung des Metallions in diesen u. anderen Dipyridylkomplexen bestimmt. Die sichtbaren Absorptionsspektren aller 4 Verbb. in A. oder W. sind einander sehr ähnlich (λ_{max} 557 mμ), in Pyridin werden die ident. Profile der Spektren von **I** u. **II** zu kürzeren Wellenlängen (λ_{max} 516 mμ) verschoben. **I** u. **II** sind in A. 1 : 1-Elektrolyte. Die krist. Verbb. werden an der Luft schnell oxydiert, ihre Lsgg. sind auch in Abwesenheit von O_2 instabil. Festes **I** ist vermutlich das Perchlorat des tetragonalen trans-$[Rh(dipy)_2(H_2O)_2]^+$-Kations; **IV** kann als aus gleichen Konzz. an Rh(II) u. Rh(0) bestehend oder als cis-Diaquo-bis-[2.2′-dipyridyl]-rhodium(I)-nitrat angesehen werden. **II** u. **III** besitzen vermutlich dimere Strukturen mit Chloridbrücken. Kinet. Unterss. an Lsgg. von **I** in 25%ig., wss. A. zeigen, daß das Lsgm. red. wird. In ungepufferten Lsgg. beträgt dabei die Aktivierungsenergie für **I** 9,2 kcal/Mol, für **II** 10,1 kcal/Mol; die Rk.-Geschw. wird von der Dissoziations-Geschw. des Komplexes bestimmt.

Versuche: *Bis-[2.2′-dipyridyl]-rhodium(I)-perchloratdihydrat* (**I**), durch Red. einer Suspension von 0,2 g Tris-[2.2′-dipyridyl]-rhodium(III)-perchlorat in 25 ml N_2-gesätt. W. u. 1 ml A. mit festem $NaBH_4$ oder frischem Na-Amalgam; μ 0,32 B.M.; rotvioletter Niederschlag. — *Bis-[2.2′-dipyridyl]-rhodium(I)-nitrattrihydrat* (**IV**), durch Suspendieren von 0,2 g Dichloro-bis-[2.2'-dipyridyl]-rhodium(III)-nitrat (**V**) in 24 ml N_2-gesätt. 0,1 m NaOH u. 1 ml A. u. Red. mit 0,3 g $NaBH_4$; nach Zugabe von ca. 5 g $NaNO_3$ Filtration des rotvioletten Nd.; μ 1,86 B.M. — *Chloro-bis-[2.2'-dipyridyl]-rhodium(II)-nitratdihydrat* (**II**), durch 10 Min. lange Red. einer Suspension von 0,2 g **V** in 15 ml N_2-gesätt. A. mit ca. 10 g Na-Amalgam (2%) unter N_2, Zugabe der äthanol. Suspension zu einer wss. $NaNO_3$-Lsg. u. Filtration des rotvioletten Nd.; μ 0,16 B.M. — *Chloro-bis-[2.2'-dipyridyl]-rhodium(II)-perchloratdihydrat* (**III**), wie vorst. Verb. aus dem entsprechenden Perchlorat von **V** u. wss. $NaClO_4$-Lsg.; μ —0,04 B.M. — *Bis-[2.2'-dipyridyl]-kobalt(I)-perchlorat*, durch 10—15 Min. lange Red. einer Suspension von 0,2 g Tris-[2.2'-dipyridyl]-kobalt(II)-perchlorat in 20 ml N_2-gesätt. W. u. 1 ml A. mit ca. 10 g Na-Amalgam (2%), Entfernung des Amalgams, Zugabe von wenig $NaClO_4$ u. Filtration des blauen Nd.; μ 2,89 B.M. — *Bis-[2.2'-dipyridyl]-silber(I)-perchlorat*, durch Zugabe von 0,3 g $AgClO_4$ in 5 ml 25% ig. wss. A. zu 10 ml einer äthanol. Lsg. von 0,5 g 2.2'-Dipyridyl; μ —0,22 B.M.; blaßgelbe Kristalle. P. Scharner. 364□

Die Umsetzung von Bis-[äthylendiamin]-palladium(II)-jodid mit Kalium und Kaliumamid in flüssigem Ammoniak. George W. Watt und Richard Layton. (J. Amer. chem. Soc. **82**, 4465—68, 5/9. 1960; Austin, Tex., Univ. of Texas, Dep. of Chem.; engl.) — Die Rk. von $[Pd(en)_2]J_2$ (**I**, en = Äthylendiamin) mit KNH_2 in fl. NH_3 bei —33,5° ergibt [Pd(en)(en-H)]J (**II**) u. $[Pd(en\text{-}H)_2]$ (**III**). **II** besitzt schwache, **III** starke bas. Eigg., wie durch Rkk. mit W., verd. Säuren u. K_2HgJ_4 nachgewiesen wird. Unter He erfolgt Zers. in H_2, en, Pd u. **I**. Die Red. von **I** u. **II** mit K in fl. NH_3 bei —33,5° ergibt ca. 90% ig. Pd (en-H = $H_2N\cdot CH_2CH_2NH^-$).

Versuche: $[Pd(en)_2]J_2$ (**I**), durch Suspendieren von 3,69 g PdJ_2 in 100 ml W., Zugabe von 5 ml einer 90% ig. en-Lsg., Erwärmen auf dem Wasserbad, Konzentrieren auf 100 ml, Zugabe von 200 ml wasserfreiem A. u. 1std. Abkühlen; 75% (Ausbeute). — *Pd(en)(en-H)J* (**II**), aus **I** u. KNH_2 in fl. NH_3 (Mol-Verhältnis 1 : 1), durch Zutropfen unter Rühren, Abfiltrieren des gelben Prod., Waschen mit NH_3 u. Trocknen bei Raum-Temp. im Vakuum. — $[Pd(en\text{-}H)_2]$ (**III**) aus **I** u. KNH_2 (im Überschuß, bezogen auf das Mol-Verhälnis 1 : 2) analog **II** bei längerem Rühren; hellgelber Festkörper. H.-J. Hartmann. 365□

Laboratoriumsdarstellung von Osmiumtetroxid (OsO_4). J. Kubiš. (Bratislavské Lekárske Listy **35**, **II**, 408—11, 15/10. 1955; Bratislava, LFUK, Úst. pre lekársku chem.; slowak.) — An der beheizten Stelle eines nach unten gebogenen Glasröhrchens wird mit konz. H_2SO_4 u. $CaCl_2$ getrocknetes O_2 über Os-Pulver geleitet u. das entstandene OsO_4 in einem anschließenden Glasrohr, das in einem Eisbad liegt, kondensiert. Die Abgase gehen durch eine Waschflasche mit NaOH. Das Verf. ist als Labor.-Vers. geeignet u. kann auch zur Herst. sehr kleiner Mengen OsO_4 ohne Verlust verwendet werden. R. K. Müller. 366□

Nitro-Komplexe des Osmiums. W. P. Griffith. (J. chem. Soc. [London] **1962**, 3248—50, Aug.; Chicago, Ill., Univ. of Chicago, Dep. of Chem.; engl.) — Die beiden Os(VI)-Komplexe $K_2[OsO_2(OH)_2(NO_2)_2]$ (**I**) u. $K_2[OsO_2(NO_3)(NO_2)_3]$ (**II**) wurden aus OsO_4 u. KNO_2 bzw. OsO_4 u. NO in wss. KNO_2 dargestellt. Die Strukturen von **I** u. **II** werden IR-spektroskop., durch Deuterierung u. Vgl. mit anderen Os-Komplexen festgelegt. Beide sind diamagnet., die Sechswertigkeit des Os wurde durch chem. Rkk. sowie Red. an einer Hg-Tropfelektrode bestätigt. Die Absorption in wss. Lsg. im Sichtbaren u. UV sowie die IR-Spektren (in Nujol) werden mitgeteilt. H. Bürger. 366□

Spektrophotometrische Untersuchung der Osmium-1.2.3-Benzotriazol-Komplexe. R. F. Wilson und L. J. Baye. (J. inorg. nuclear Chem. **13**, 91—94, April 1960; Houston, Tex., Texas Southern Univ., Dep. of Chem.; engl.) — Mit Hilfe der Molar-ratio-Meth. bestimmen Vff. die Zus. der Rk.-Prodd. zwischen Os u. 1.2.3-Benzotriazol. Es treten 2 Komplexe definierter Zus. auf, ein grüner 1 : 2- u. ein roter 1 : 4-Komplex. Durch Ansäuern einer Lsg., die beide Komponenten im Mol-Verhältnis 1 : 2 enthält, mit verd. HNO_3 konnte der grüne Komplex quant. gefällt werden; die Analyse des Nd. entspricht der Formel $Os(OH)_3(C_6H_4N_2NH)_2$. Durch Erwärmen einer Lsg. des roten Komplexes mit Os-Lsg. im Überschuß läßt sich der grüne Komplex erhalten. In analoger Weise konnte der rote Komplex aus dem grünen nicht dargestellt werden. Aus den Beobachtungen schließen Vff., daß die Bldg. des roten Komplexes kinet., die des grünen thermodynam. begünstigt ist. Aus Elektrophorese- u. Ionenaustausch-Unterss. geht hervor, daß der grüne Komplex in beträchtlichem Maße nichtion. Charakter aufweist, während der rote Komplex mehr anion. Verh. zeigt. Letzterer folgt in Lsgg. mit Ligandenüberschuß dem Beerschen Gesetz. Gerhard Schulze. 366□

Aktivierung von Wasserstoff durch einen Übergangsmetallkomplex bei normalen Bedingungen unter Bildung eines stabilen Dihydrids. L. Vaska und John W. Di Luzio. (J. Amer. chem. Soc. **84**, 679—80, 20/2. 1962; Pittsburgh, Pa., Mellon Inst; engl.) —

Vgl. C. **1962,** 1927. — $\{Ir^ICl(CO)[P(C_6H_5)_3]_2\}$ (I) wird in benzol. Lsg. bei 25° durch H_2 (1 atm) zu $\{Ir^{III}H_2Cl(CO)[P(C_6H_5)_3]_2\}$, $C_{37}R_{32}ClIrOP_2$, umgesetzt, was durch IR-Spektrum, Elementaranalyse, Molgew.-Best., Nichtelektrolytcharakter, Diamagnetismus, Deuterierung u. durch Rkk. bewiesen wird: mit HCl in Ae. entsteht $\{Ir^{III}HCl_2(CO)[P(C_6H_5)_3]_2\}$ (III), das auch aus I mit HCl entsteht, mit Cl_2 entsteht $\{Ir^{III}Cl_3(CO)[P(C_6H_5)_3]_2\}$, $C_{37}H_{30}\cdot Cl_3IrOP_2$ (diamagnet., Nichtelektrolyt), das auch aus I mit Cl_2 u. aus II mit HCl gewonnen wird. Diese Rkk. zeigen die Gleichwertigkeit von H_2, HCl u. Cl_2 in der Primär-Rk., d. h. sie reagieren als Lewis-Säuren u. übernehmen von Ir(I) Elektronen für die Bldg. kovalenter Bindungen. G. Heller. 367 □

Platin(II)-chlorid. Alvin J. Cohen. (Inorg. Syntheses **6,** 209—10, 1960; Pasadena, Calif., California Inst. of Technol.; engl.) — *PtCl₂*, durch langsames Erhitzen von 6 g $H_2PtCl_6\cdot 6\,H_2O$ auf 450° (2 Std.) unter Einleiten von trockenem Cl_2, Waschen in W., Filtrieren u. Trocknen im Exsikkator; bräunlichgrünes Pulver; 91% Ausbeute. P. Golinske. 368 □

Die thermische Stabilität von Metallamminen. 3. Mitt. **Platin(III)-ammine.** B. P. Block, E. S. Roth und J. Simkin. (J. inorg. nuclear Chem. **16,** 48—51, Nov. 1960; Wyndmoor, Pa., Pennsalt Chem. Corp., Res. and Developm. Dep.; engl.) — 2. vgl. C. **1963,** 4284. — Die für die therm. Umwandlung von $[Pt(NH_3)_4]Cl_2\cdot H_2O$ (I) in trans-$[Pt(NH_3)_2Cl_2]$ (II) gewöhnlich angewendete Temp. von 250° führt zu einer teilweisen Zers. von II unter Bldg. von metall. Pt. Obwohl die thermogravimetr. Kurve von II 270° als Zers.-Temp. anzeigt, wurde bei konst. gehaltener Temp. von 250° innerhalb von ca. 4 Std. vollständige Zers. beobachtet, auch unter N_2. Der Verlust von H_2O aus I erfolgt $>90°$, jedoch nicht in einem scharf definierten Schritt. Die therm. Umwandlung von I in II ist ohne Zers. bei 195—200° möglich, doch ist dies bereits die krit. Temperatur. W. Betcke. 368 □

Metall-Olefin-Verbindungen. 2. Mitt. **Die Reaktionen von cis-Dijodo-[cyclooctatetraen]-platin(II) mit Grignard-Reagentien.** J. R. Doyle, J. H. Hutchinson, N. C. Baenziger und L. W. Tresselt. (J. Amer. chem. Soc. **83,** 2768—69, 20/6. 1961; Iowa City, Iowa, State Univ., Dep. of Chem.; engl.) — 1. vgl. C. **1960,** 14310. — Durch Rk. von cis-Dijodo-[cyclooctatetraen]-platin(II) (I) mit Alkyl- oder Arylmagnesium-Verbb. wurden Komplexe dargestellt, in denen das Cyclooctatetraen als Brückenligand zwischen 2 Pt-Atomen fungiert. Die Verbb. sind mäßig lösl. in chlorierten KW-Stoffen u. in Bzl., sie reagieren mit Phosphinen u. Aminen unter Aufspaltung u. Austausch des Cyclooctatetraens. — Die Verbb. wurden röntgenograph. u. IR-spektrometr. untersucht.

Versuche: *μ-Cyclooctatetraen-bis-[dimethylplatin(II)]*, $C_{12}H_{20}Pt_2$ (II), durch Grignard-Rk. von 5,53 g I mit 50 mMol Methylmagnesiumjodid, 4std. Aufbewahren bei Raum-Temp., Hydrolysieren in NH_4Cl/Eis-Mischung, Eindampfen der organ. Phase u. Extraktion des Rückstandes mit Methylenchlorid. Das Prod. wird nach Verflüchtigung des Lsgm. aus n-Hexan kristallisiert. Gelbe Nadeln, die sich bei 161—175° zersetzen; 2,0 g (Ausbeute). — *μ-Cyclooctatetraen-bis-[diphenylplatin(II)]*, $C_{32}H_{28}Pt_2$, entsprechend II aus 2,0 g I u. Diphenylmagnesiumjodid, hellgelbe Platten, die sich bei 155—165° zersetzen; 1,20 g. — *Dimethyl-bis-[triphenylphosphin]-platin(II)*, $C_{38}H_{36}P_2Pt$, durch Rk. von II mit Triphenylphosphin. — *Diphenyldipyridinplatin(II)*, $C_{22}H_{20}N_2Pt$, durch Rk. von III mit Pyridin. W. Betcke. 368 □

Olefinkomplexe des Typs $Pt[olefin][P(C_6H_5)_3]_2$. J. Chatt, B. L. Shaw und A. A. Williams. (J. chem. Soc. [London] **1962,** 3269—70, Aug.; Welwyn, Herts., The Frythe, Akers Res. Labors., Imp. Chem. Ind. Ltd., Heavy Org. Chem. Div.; engl.) — cis-Dichloro-bis-[triphenylphosphin]-platin (I) gibt mit *trans-Stilben*, *trans-4.4-Dinitrostilben* u. *Acenaphthylen* planare Pt-Komplexe, jedoch nicht mit Äthylen, Butadien, Hexen-(1), Cyclohexen, Allylalkohol, Styrol u. Tetraphenyläthylen. Die Acetylenliganden ersetzen einander in einer Gleichgewichts-Reaktion. Die Beständigkeit der Komplexe zeigt die Reihenfolge C_2H_2 < Alkylacetylen < Arylacetylen < Nitroarylacetylen.

Versuche: Allg. Darst.-Meth. der *Olefin-bis-[triphenylphosphin]-platinkomplexe*: durch Behandeln einer Suspension von 0,5 g I in 10 ml A. mit 0,5 ml Hydrazinhydrat, Filtrieren, Zugabe des Olefins, Erwärmen auf 60° (Entw. von N_2), Abkühlen, Abfiltrieren der Kristalle, Waschen mit A. u. W. u. Trocknen: (Olefin =) *trans-Stilben* (II), $C_{50}H_{42}P_2Pt$, F. 131—141° (Zers.); aus 0,15 g Olefin 0,39 g farblose Nadeln. — *trans-4.4'-Dinitrostilben* (III), $C_{50}H_{40}N_2O_4P_2Pt$, F. 205—210° (Zers.), a) aus 0,14 g Olefin 0,42 g rote Platten; b) durch Behandeln einer Lsg. von 145 mg II in 1 ml Bzl. u. 10 ml A. mit 50 mg 4.4'-Dinitrostilben u. Erwärmen; 72 mg rote Platten. — *Acenaphthylen* (IV), $C_{48}H_{38}P_2Pt$, F. 160 bis 164° (Zers.); aus 0,5 g Olefin 0,51 g gelbe Platten. — *Phenylacetylen*, aus 0,15 g IV in 2 ml Bzl. u. 10 ml A. durch Erwärmen mit 0,4 ml Phenylacetylen oder aus 0,15 g III in 5 ml Bzl. u. 5 ml A. durch Behandeln mit 0,4 ml Phenylacetylen, Abfiltrieren, Erwärmen mit Bzl., Verdampfen des Bzl. u. Behandeln mit A.; farbloser Komplex; 50 mg. — *Diphenylacetylen*, aus 200 mg **III** in 10 ml Bzl. durch Behandeln mit 50 mg Diphenylacetylen oder aus 144 mg **IV** in 5 ml Bzl. durch Behandeln mit 17,8 mg Diphenylacetylen, 2 Min. langes Kochen, Kühlen, Eindampfen zur Trockne u. Extraktion mit heißem A. — *Acetylen*, aus 150 mg **III** in 10 ml Bzl. u. 10 ml A. durch Schütteln in einer Acetylenatmosphäre bei 25°, Abfiltrieren der orangefarbenen Nadeln u. Eindampfen des Filtrats; cremefarbenes Pulver. G. Heller. 368 □

Die Reaktion verschiedener Liganden mit Anionkomplexen des zweiwertigen Platins und Palladiums, die Halogenbrücken enthalten. S. E. Livingstone und Alice Whitley. (Austral. J. Chem. **15**, 175—80, Mai 1962; Kensington, N.S.W., Univ. of New South Wales, Dep. of Inorg. Chem.; Burwood, N.S.W., Methodist Ladies Coll.; engl.) — Die Rkk. verschiedener Liganden L (NH_3, Pyridin, α-Picolin, Piperidin, Äthylamin, Anilin, p-Nitroanilin, Triphenylphosphin, Methyldiphenylarsin u. Diäthylsulfid) mit Bis-[tetraäthylammonium]-di-μ-halogenotetrahalogenoplatinat(II) u. -palladat(II) $[N(C_2H_5)_4]_2[M_2X_6]$ (M = Pt, Pd; X = Br, J) (C. **1960**, 14988) in aceton. Lsg. werden untersucht. In den reaktionsfähigeren Pd-Komplexen dominiert der Rk.-Weg $[MX_6]^{2-} + 2\,L \rightarrow [ML_2X_2] + [MX_4]^{2-}$, in den Pd-Komplexen $[MX_6]^{2-} + 2\,L \rightarrow 2\,[MLX_3]^-$.

Versuche: 0,002 Mole der Liganden wurden in Aceton gelöst u. zu Lsgg. der Komplexe $[N(C_2H_5)_4]_2[M_2X_6]$ (0,001 Mol) in Aceton gegeben, die Lsgg. der Pt-Komplexe am Rückfluß 1 Std. gekocht, die der Pd-Komplexe nur schwach erwärmt, dann abfiltriert, auf ein kleines Vol. eingedampft, abgekühlt u. die Kristalle isoliert: *Tetraäthylammonium*-Salze nachst. Anionen: *Tribromomonoamminplatinat(II)*, $C_8H_{23}Br_3N_2Pt$; durch Einleiten von NH_3 in die Lsg. von 0,001 Mol $[N(C_2H_5)_4]_2[PtBr_6]$ in Bzl.; blaßgelb; *Trijodomonoamminplatinat(II)*, $C_8H_{23}J_3N_2Pt$; gelb; *Tribromomonopyridinplatinat(II)*, $C_{13}H_{25}Br_3 \cdot N_2Pt$; blaßgelb; *Trijodomonopyridinplatinat(II)*, $C_{13}H_{25}J_3N_2Pt$; braunorange; *Trijodomono-[2-methylpyridin]-platinat(II)*, $C_{14}H_{27}J_3N_2Pt$; braunorange; *Tribromomonopiperidinplatinat(II)-1-Piperidin*, $C_{13}H_{31}Br_3N_2Pt \cdot C_5H_{11}N$; gelb; *Trijodomonopiperidinplatinat(II)-1-Piperidin*, $C_{13}H_{31}J_3N_2Pt \cdot C_5H_{11}N$; gelborange; *Tribromomonoäthylaminplatinat(II)*, $C_{10}H_{27}Br_3N_2Pt$; rotbraun; *Trijodomonoäthylaminplatinat(II)-1.5-Aceton*, $C_{10}H_{27}J_3N_2Pt \cdot 1{,}5\,C_3H_6O$; dunkelgelbbraun; *Tribromomono-[diäthylsulfid]-platinat(II)*, $C_{12}H_{30}Br_3NPtS$; orange; *Trijodomono-[diäthylsulfid]-platinat(II)*, $C_{12}H_{30}J_3NPtS$; rotbraun; *Tribromomono-[diäthylsulfid]-palladat(II)*, $C_{12}H_{30}Br_3NPdS$; orange. — *Dijodo-bis-[anilin]-platin(II)*, $C_{12}H_{14}J_2N_2Pt$; orange; *Dibromo-bis-[methyldiphenylarsin]-platin(II)*, $C_{26}H_{26}As_2Br_2Pt$; gelb; *Dijodo-bis-[methyldiphenylarsin]-platin(II)*, $C_{26}H_{26}As_2J_2Pt$; orange; *Dijodo-bis-[diäthylsulfid]-platin(II)*, $C_8H_{20}J_2PtS_2$; tiefrot; *Dibromodipyridinpalladium(II)*, $C_{10}H_{10}Br_2N_2Pd$; gelborange; *Dijododipyridinpalladium(II)*, $C_{10}H_{10}J_2N_2Pd$; braunorange; *Dijodo-bis-[2-methylpyridin]-palladium(II)*, $C_{12}H_{14}J_2N_2Pd$; rotorange; *Dibromo-bis-[anilin]-palladium(II)*, $C_{12}H_{14}Br_2N_2Pd$; orange; *Dibromo-bis-[methyldiphenylarsin]-palladium(II)*, $C_{26}H_{26}As_2Br_2Pd$; rotorange; *Dijodo-bis-[methyldiphenylarsin]-palladium(II)*, $C_{26}H_{26}As_2 \cdot J_2Pd$; braunorange; *Dijodo-bis-[diäthylsulfid]-palladium(II)*, $C_8H_{20}J_2PdS_2$; dunkelbraun. G. Heller. 368 □

Metallkomplexe der Diphenylviolursäure. R. P. Singh. (Current Sci. **24**, 208, Juni 1955; Delhi, Univ., Chem. Dep.; engl.) — Beim Zusammengeben von wss. konz. Metallsalz-Lsgg. u. gesätt. wss. Lsg. des Ammoniumsalzes der Diphenylviolursäure (HD) entstehen gefärbte Komplexverbindungen. Folgende Verbb. wurden dargestellt u. die Lichtabsorptionsmaxima in aceton. Lsg. mitgeteilt (Reihenfolge der Zahlenangaben: Zers.-Temp.; Absorptionsmaximum in nm): *CuD*: smaragdgrün, 240°, 652 — *CuD₂*: braun, 175°, 473 — *AgD*: violett, 160°, 560 — *AuD₃*: orangebraun, 153°, 485 — *CaD₂*: rosa, 159°, 520 — *BaD₂*: tiefrosa, >290°, 540 — *HgD*: blaßrosa, 180°, 515 — *AlD₃*: carmesinrot, 115°, 550 — *CeD₃*: gelbbraun, >290°, 450 — *TiD₄*: grau, 95°, 420 — *ZrD₂*: gelb, >290°, 450 — *ThD₂*: braun, >290°, 475 — *SnD₂*: rosa, 140°, 520 — *PbD₂*: fleischfarben, 190°, 515 — *CrD₂*: blaugrün, 153°, 645 — *UO₂D₂*: schwefelgelb, 220°, 420 — *FeD₂*: indigoblau, 220°, 630 — *FeD₃*: dunkelblaugrün, 172°, 655 — *CoD₂*: braun, 202°, 485° — *NiD₂*: braun, >290°, 498 — *PtD₄*: rosabraun, 214°, 510 — *BiD₃*: lachsfarben, >290°, 525 — *Cu₃D₄*: olivgrün, 650. G. Krien. 368 □

A_9. Mineralogische und geologische Chemie

Noch einmal „Tracht" und „Habitus". Franz Raaz. (Neues Jb. Minerlog., Mh. **1960**, 70—73, Juni; Wien; dt.) — Vf. nimmt zu den Begriffen Tracht u. Habitus der Kristalle Stellung, wobei er sich mit der histor. Entstehung u. Verw. der Ausdrücke bei einzelnen Autoren auseinandersetzt. J.-E. Hiller. 372 □

Zur Bestimmung des Massenschwächungskoeffizienten. Walter Weiskirchner. (Neues Jb. Mineralog., Mh. **1960,** 257—65, Dez.; Tübingen, Univ., Mineralog. Inst.; dt.) — An Einkornmischungen von *Quarz* u. *Calcit* wurde der Massenschwächungs-Koeff. bestimmt. Er wird mit wachsender Korngröße kleiner, was auf Unregelmäßigkeiten der Packung zurückzuführen ist. Der Unterschied zwischen gefundenem u. wahrem Massenschwächungs-Koeff. steigt mit der Korngröße, Dichte, Leerstellengröße u. dem Massenschwächungskoeffizienten. Es sinkt mit steigender Dicke der durchstrahlten Schicht. J.-E. Hiller. 372□

Verhältnis Thallium zu Rubidium, Cäsium und Kalium in metamorphen Gesteinen, Graniten und Seltenmetallpegmatiten von Ssajan. Ju. Ss. Slepnew. (Geochemie [UdSSR] **1961**, Nr. 4, 359—61; Moskau, Inst. für Miner., Geochem. u. Kristallchem. der Seltenen Elemente der Akad. der Wiss. der UdSSR; russ.) — In Graniten u. Seltenenmetallpegmatiten wird der Tl-Geh. u. sein Verhältnis zu den K-, Rb- u. Cs-Vork. untersucht. Der Tl-Geh. nimmt von den älteren Gesteinen, wie Schiefer u. Paraamphibolit (0,0002%) zu den Graniten (0,0003) u. Pegmatiten (0,0003—0,0008) hin zu. Während der pegmatit. Phase steigt der abs. Tl-Geh. von Mikroklin u. Muskovit (0,0005 bzw. 0,0004) älterer zu denselben Mineralen (0,0017 bzw. 0,0018) jüngerer Generation. Eine erhöhte Tl-Konz. in den Pegmatiten ist für Mikroklin- u. Quarz–Muskovit-Komplexe charakteristisch. Im Vgl. zu K, Rb u. Cs wird Tl während der Na-Metasomatose nicht abgeführt, sondern sammelt sich in Albit (0,0003) sowie in Mikroklin (0,0017) u. Muskovit (0,0018). Das Verhältnis Tl/K ist in den sedimentmetamorphen Gesteinen, Graniten u. Pegmatiten nicht einheitlich. Es beträgt in den Graniten 1 : 11000 u. schwankt in den metamorphen Gesteinen zwischen 1 : 2500—1 : 8150, in den Pegmatiten zwischen 1 : 1000—1 : 6500. Tl/Rb nimmt von Schiefer (1 : 50) über Granit (1 : 83) zu den Pegmatiten (1 : 150) ab. Tl/Cs variiert in den Pegmatiten zwischen 1 : 6—1 : 60. Tl/Rb verändert sich beim Muskovit von 1 : 120 (frühe Phase) bis 1 : 1025 (späte Phase) u. entsprechend im Mikroklin von 1 : 290—1 : 350. Tl/Cs variiert im Muskovit von 1 : 40 bis 1 : 55, im Mikroklin von 1 : 10—1 : 13. H. Noack. 378

Beitrag zur Geochemie des Chroms. F. Fröhlich. (Geochim. cosmochim. Acta [London] **20,** 215—40, Nov. 1960; Göttingen, Univ., Mineralog.-petrograph. Inst.; dt.) — Nach Cr-Best. an 227 Gesteinen u. Mineralien ist Cr in den bas. u. ultrabas. Gesteinen angereichert. Hierbei befindet sich Cr in eigenen Cr-Mineralien, wie *Chromit, Picotit* sowie in *Magnetiten* u. *Pyroxenen.* Der Feldspat enthält fast kein Cr. Der Cr-Geh. nimmt mit steigendem SiO_2-Geh. ab, u. z. B. enthält der Melilithbasalt von Götzenbrühl 34,7% SiO_2 u. 1380 ppm Cr u. der Aaregranit, wie auch andere Granite, 77% SiO_2 u. nur 1 ppm Cr. Bei den Sedimenten haben Bauxite u. Eisenerze hohe Cr-Geh., wobei es sich bei den Bauxiten um eine relative Anreicherung handelt. Die Pelite haben einen gleichmäßigen Cr-Geh., der oft zwischen 70 u. 110 ppm liegt. Der durchschnittliche Cr-Geh. der Sedimente wurde zu 92 ppm berechnet. Er ist zum größten Teil in Glimmern u. Tonmineralien, vor allem *Illit* enthalten. Der mittlere Cr-Geh. der Erdkruste wird mit 90 ppm angegeben. J.-E. Hiller. 378□

Die absolute Häufigkeit von Chromisotopen in Chromit. G. D. Flesch, H. J. Svec und H. G. Staley. (Geochim. cosmochim. Acta [London] **20,** 300—309, Nov. 1960; Ames, Iowa, Inst. for Atomic Res.; Iowa State Univ. of Sci. and Technol., Dep. of Chem.; engl.) — An 18 *Chromit*-Proben aus verschiedenen Lagerstätten wurden die Cr-Isotope bestimmt. Die Zus. in den Chromiten war innerhalb der Fehlergrenzen konst.: $^{50}Cr = 4{,}352$, $^{52}Cr = 83{,}764$, $^{53}Cr = 9{,}509$, $^{54}Cr = 2{,}375\%$. Das Atomgew. für Cr berechnet sich hieraus zu $51{,}9985 \pm 0{,}0013$. J.-E. Hiller. 378□

Isotopischer Beweis für die Entstehung und das Alter der Uranlagerstätten des Blind-River. J. A. Mair, A. D. Maynes, J. E. Patchett und R. D. Russell. (J. geophys. Res. **65,** 341—48, Jan. 1960; Toronto, Univ. of Toronto, Dep. of Phys.; engl.) — Vff. berichten über die Ergebnisse massenspektroskop. Isotopenanalysen von Pb, das sie aus Mineralien der Blind-River-Lagerstätte isolierten. Monazit- u. Zirkon-Pb weist auf ein Alter von 2500 Millionen Jahren hin, während das Uraniniterz ein Alter von nur 1700 Millionen Jahren hat u. das Pb aus Pyrit, Pyrrhotin, Sericit u. Feldspat sich durch anomale Werte des Isotopenverhältnisses auszeichnet. Letztere können durch Aufnahme von radiogenem Pb aus der Pechblende vor 1200—1300 Millionen Jahren gedeutet werden. Das Alter der Sedimentgesteinsmineralien ist nicht größer als 1450 ± 150 Millionen Jahre. Die Ergebnisse lassen sich auch ohne Annahme einer Hauptvererzungsperiode in den letzten 1000 Millionen Jahren verstehen. H. Moenke. 378□

Isotopenzusammensetzung der natürlichen Phosphate. R. W. Teiss, T. Ss. Gromowa und Ss. N. Kotschetkowa. (Ber. Akad. Wiss. UdSSR **122,** 1057—60, 21/10. 1958; Akad. der Wiss. der UdSSR, Vernadsky-Inst. für Geochem. u. anal. Chem.; russ.) — A. v. Wilpert. 378□

Die kristallographische und petrologische Bedeutung der Peristeritentmischung in den sauren Plagioklasen. William L. Brown. (Z. Kristallogr., Kristallgeometrie, Kristallphysik, Kristallchem. **113**, 330—44, April 1960; Zürich, ETH, Inst. für Kristallographie u. Petrographie; engl.) — Vf. untersuchte eine große Anzahl von *Albiten* u. *Oligoklasen* verschiedener Herkunft auf die Beziehungen zwischen Peristeritentmischung, Schiller, sichtbare ($0\bar{8}1$)-Lamellen u. stofflichen Veränderungen. Eine Koexistenz von Plagioklasen „sichtbarer Größe" mit Zus., welche den Peristeritentmischungs-Prodd. entsprechen, wird nicht gefunden. Als Grund hierfür wird angenommen, daß in Gesteinen die An-reiche Entmischungsphase bei tiefer Temp. nicht stabil ist. Vf. behandelt hierauf die Folge von Vorgängen bei der Abkühlung von sauren Plagioklasen der Zus. An_{10-15} unter Gleichgewichtsbedingungen in einem Gestein. Er unterscheidet die folgenden 5 Stufen: Bldg. eines homogenen, aber ungeordneten Kristalls, Übergang in den geordneten Zustand, Beginn der Entmischung, Absonderung der herausgelösten Phasen als submkr. Einheiten u. schließlich Tendenz zu weiterer Absonderung der herausgelösten Phasen in Einheiten mkr. Größe. C. Gottfried. 378

Hydrothermale Säure-Base-Differentiation. D. Ss. Korshinski. (Ber. Akad. Wiss. UdSSR **122**, 267—70, 11/9. 1958; Akad. der Wiss. der UdSSR, Inst. für Geol. der Erzvork., Petrographie, Miner. u. Geochem.; russ.) — Vgl. C. **1962**, 16256. — Neue Theorie über die Genese von Mineralien. Sie soll die Genese früher schwer zu deutender sek. Ablagerungen erklären. A. v. Wilpert. 378□

Über die epigenetischen Neubildungen des Epidots und Zoisits in dem unteren Steinkohlenlager des östlichen Uralabhangs. O. A. Tschernikow. (Ber. Akad. Wiss. UdSSR **122**, 909—11, 11/10. 1958; Erdöl-Inst. der Akad. der Wiss. der UdSSR; russ.) — In den Sand-aleurit. Gesteinen beim Fluß Miass wurden kleine prismat. *Epidot*-Kristalle u. auch unregelmäßige Aggregate vom Brechungsindex $>1{,}70$ sowie kleine rhomboedr. *Zoisit*-Kristalle (anomal indigoblau gefärbt) neben autigenem Albit gefunden, deren gleichzeitiges Auftreten durch Zerstörung der Plagioklase u. Bldg. des Epidots aus dem Anorthitteil durch Anlagerung von Ca, Fe_2O_3 u. H_2O erklärt wird, während Zoisit bei Fe-Mangel entsteht. A. v. Wilpert. 378□

Autigene Albite in Sandsteinen des Ruhrkarbons. H. Kirsch und D. Hallbauer. (Neues Jb. Mineralog., Mh. **1960**, 248—57, Dez.; Essen, Steinkohlenbergbauverein, Forsch.-Inst.; dt.) — In Sandsteinen, die als Nebengesteine der Ruhrkohlenflöze auftreten, wurden die Feldspate untersucht. Neben Detritus-*Andesin* (**I**) u. wenig Detritus-*Natronorthoklas* wurde auch autigener *Albit* beobachtet, der weitgehend idiomorphe Formen aufwies. Er war teilweise auf **I** aufgewachsen u. verdrängte diesen auch. Vermutlich ist er eine relativ frühe Bldg. im Sediment. Der **I**-Geh. liegt zwischen 0—10 Mol-%, meist bei 5%. Der Achsenwinkel 2 V_γ beträgt 76—84°. J.-E. Hiller. 380□

Zur Kenntnis des Betechtinit, (Cu, Fe)$_{10}$PbS$_6$. A. Schüller. (Neues Jb. Mineralog., Mh. **1960**, 121—31, Aug.; Heidelberg; dt.) — *Betechtinit* wurde jetzt in der Cu-Lagerstätte Djeskasgan (UdSSR) gefunden. Die Morphologie der Einkristalle wird beschrieben, D. zwischen 5,96 u. 6,05 gemessen u. zu 5,73 berechnet. Als Summenformel wird $(Cu, Fe)_{10} \cdot PbS_6$ angegeben. Die Raumgruppe ist I m m m — D_{2h}^{25}, die Gitter-Konst. $a = 3{,}86$, $b = 14{,}67$, $c = 22{,}80$ Å, $Z = 4$. Die Kristalle sind nach der a-Achse nadelig, Spaltbarkeit nach (0 1 1). Der größte Teil der Cu-Atome liegt in Zentren verzerrter Tetraeder von S, der Rest in gleichseitigen S-Dreiecken. Diese Dreiecke bilden paarweise parallele Bänder längs der Nadelrichtung. J.-E. Hiller. 380□

Der Cerussit einer Grube in der Gegend von Tripi, nahe Ali Terme (Messina). B. Baldanza und T. Musumeci. (Atti Soc. Peloritana Sci. fisiche, mat. natur. **7**, 153—75, 1 Tafel, 1961; Catania, Univ., Ist. di Miner. e Petrografia; ital.) — Vff. untersuchten goniometr. Cerussitkristalle aus der Sulfiderzgrube von Tripi. Die Meßwerte sind tabellar. wiedergegeben. Bei den häufig gefundenen Zwillingskristallen ist {1 1 0} als Zwillingsebene häufiger als die {1 3 0}-Ebene. C. Gottfried. 380

Chrysotilmorphologie. Morton Maser, Robert V. Rice und H. P. Klug. (Amer. Mineralogist **45**, 680—88, Mai/Juni 1960; Pittsburgh, Pa., Mellon-Inst.; engl.) — Bündel von Chrysotilfasern wurden in Araldítharz eingebettet u. mit einem Diamantmesser geschnitten. Unter dem Elektronenmikroskop ließ sich an diesen Präpp. die typ. Röhrchenmorphologie erkennen. In vielen Fällen waren mehrere konzentr. Röhrchen vorhanden. Zwischen u. innerhalb der Röhrchen wurde amorphes Material beobachtet. J.-E. Hiller. 380□

Diaspor in den Lagerstätten von Payas/Türkei. R. Tschoepke. (Neues Jb. Mineralog., Mh. **1960**, 97—99, Juli; Essen; dt.) — Innig verwachsen mit Eisenerzen wurde in den Lagerstätten von Payas in der Türkei ein Mineral gefunden, das für den

Al_2O_3-Geh. der Erze verantwortlich ist. Röntgenograph. erwies es sich als *Diaspor*, was auch durch andere Beobachtungen unterstützt wird. Doch sind die opt. Konst. anders als üblich: $n_\alpha = 1,709$, $n_\beta = 1,722$, $n_\gamma = 1,739$, $2V = 84^0$. J.-E. Hiller. 380□

Regenerierte Edelopale. E. Hunek. (Neues Jb. Mineralog., Mh. **1960**, 115—16, Juli; Budapest; dt.) — Durch Feuer zerstörte Edelopale des Ungar. Nationalmuseums konnten regeneriert werden, indem sie unter W. bei 700 mm Torr 8—12 Tage lang gehalten wurden. Dabei bekamen ca. 90% den früheren Farbenschimmer wieder. J.-E. Hiller. 380□

Fleischerit und Itoit, zwei neue Germaniummineralien von Tsumeb. C. Frondel und H. Strunz. (Neues Jb. Mineralog., Mh. **1960**, 132—42, Aug.; Cambridge, Mass., Harvard Univ., Dep. of Mineral and Petrogr.; Berlin, TU, Inst. für Mineralog.; dt.) — Ein neues Mineral aus der oberen Oxydationszone von Tsumeb wird *Fleischerit* (I) genannt. Analyse: PbO 63,34, GeO 8,18, Ga_2O_3 0,86, Fe_2O_3 0,05, SO_3 15,06, H_2O^+ 11,35, H_2O^- 0,21%. Daraus ergibt sich die Formel $Pb_3Ge^{2+}[(OH)_4(SO_4)_2]\cdot 4\,H_2O$. I ist hexagonal mit der wahrscheinlichen Raumgruppe $P\,6_3/m\,m\,c$ u. den Gitter-Konst. a = 8,89, c = 10,86 Å, Z = 2, D. 4,59. Brechungsindices: $n_\alpha = 1,776$, $n_\gamma = 1,747$. Die Kristalle bestehen aus Nädelchen, die dünne Überzüge bilden. Begleitminerale sind *Mimetesit*, *Cerussit* u. *Plumbojarosit*. Durch Erhitzen auf ca. 200° wird I unter Wasserverlust u. Oxydation in *Itoit* übergeführt. Dieser kommt als Sekundär-Bldg. ebenfalls in Tsumeb vor. Sein Brechungsindex liegt zwischen 1,84 u. 1,85. Das Pulverdiagramm ist fast ident. mit dem von *Anglesit*, u. es lassen sich die rhomb. Gitter-Konst. a = 8,47, b = 5,38, c = 6,94 Å berechnen. Die Formel ist $Pb_3[GeO_2(OH)_2(SO_4)_2]$. J.-E. Hiller. 380□

Über Salze und Salzgesteine. 1. Mitt. **Röntgenographische Untersuchungen am Koenenit.** Hans-Heinrich Lohse und Hans Burzlaff. (Neues Jb. Mineralog., Mh. **1960**, 80—85, Juni; Kiel, Univ., Mineralog. Petrograph. Inst.; dt.) — Durch mechan. Beanspruchung tritt ein Teil des im *Koenenit* enthaltenen NaCl als selbständige Phase auf. Bei erhöhter Luftfeuchtigkeit u. vorsichtigem Wässern bildet sich das Umwandlungs-Prod. I, das auch natürlich vorkommt. Durch längeres Wässern erhält man das Umwandlungs-Prod. II. Das bisher als Pulverdiagramm des Koenenits publizierte Diagramm ist das des Umwandlungs-Prod. I. J.-E. Hiller. 380□

Die Zusammensetzung des tonerdehaltigen Ludwigits von Crestmore, Kalifornien. Waldemar T. Schaller und Angelina C. Vlisidis. (Amer. Mineralogist **46**, 335—39, März/April 1961; Washington, D.C., U. S. Geol. Surv.; engl.) — Die chem. Analyse von schwarzen Ludwigit-Kristallen aus dem Kalkstein von Crestmore ergab die folgenden Werte: B_2O_3 18,15(%), MgO 40,67; FeO 5,60; MnO 0,02; Al_2O_3 10,97; Fe_2O_3 22,59; TiO_2 1,50; SnO_2 0,24; H_2O^- 0,07; H_2O^+ 0,05; Unlösl. 0,48; D. 3,64. Aus der Analyse errechnet sich die Zus. $(Mg_{3.80}Fe^{2+}_{0.29})(Al_{0.81}Fe^{3+}_{1.06}Ti^{4+}_{0.07}Sn^{4+}_{0.01})B_{1.98}O_{10}$ oder annähernd $Mg_2(Fe^{3+}Al)BO_5$. Der untersuchte Ludwigit hat den höchsten, bisher bekannten Al_2O_3-Geh. irgendeines Gliedes der Reihe Ludwigit–Vonsenit. C. Gottfried. 380

Melilith–Granatit im Fǎgǎraser Gebirge (Rumänien). Radu Dimitrescu. (Neues Jb. Mineralog., Mh. **1961**, 239—40, Okt. 1961; Bukarest, Str. Alexandra Sahia 58; dt.) — Melilith-Granatit kommt am Kontakt zwischen Granatamphiboliten mit glimmerhaltigen Paragneisen am Scroafa Mare-Berg vor. Der Melilith erscheint in Form langer, tafelförmiger Kristalle ($\leqq 2$ mm), farblos, mit Lichtbrechung um 1,67. Die Doppelbrechung ist gering (grauweiße Farben 1. Ordnung). Das Mineral ist einachsig positiv. Außerdem sind im Gestein Granat, Calcit u. akzessor. Titanit vorhanden. Chlorit (aus Granat) Zoisit (aus Melilith) u. Quarz bildeten sich sekundär. Im Syst. SiO_2–Al_2O_3–CaO fällt das Gestein in das Dreieck der Paragenese Gehlenit–Grossular–Calcit. Die Entstehungsweise ist noch nicht geklärt. H. Noack. 380

Millisit in Phosphorit von Homeland, Florida. J. P. Owens, Z. S. Altschuler und Robert Berman. (Amer. Mineralogist **45**, 547—61, Mai/Juni 1960; Washington, D.C., U. S. Geol. Surv.; engl.) — *Millisit*, $(NaK)CaAl_6(PO_4)_4OH_9\cdot 3\,H_2O$, u. *Crandallit*, $CaAl_3(PO_4)_2(OH)_5\cdot H_2O$, werden als wichtige Minerale der Phosphatzone in der Bone Valley-Formation Floridas beschrieben. Sie kommen im Zement der veränderten Phosphate vor. Die Paragenese besteht aus *Quarz*, *Millisit* (I), *Crandallit* (II), *Goethit*, *Kaolinit*, *Wavellit*, als Akzessorien *Zirkon*, *Rutil*, *Sillimanit*, *Ilmenit* u. *Turmalin*. I von den nunmehr bekannten 3 Fundorten haben die gleichen aber von *Wardit* verschiedenen Röntgendiagramme u. als Gitter-Konst. a = 7,00 u. c = 19,07 Å. Die Lichtbrechung in den Aggregaten hat für I den Wert n = 1,63 u. für II n = 1,59—1,61. J.-E. Hiller. 380□

Nakaséit, ein andoritähnliches neues Mineral. Tei-ichi Ito und Hisashi Muraoka. (Z. Kristallogr., Kristallgeometr., Kristallphysik, Kristallchem. **113**, 94—98, April 1960; Tokyo, Univ., Miner. Inst.; engl.) — Vff. untersuchten röntgenograph., chem. u. opt. ein neues Mineral, Nakaséit, von der Nakasé-Grube in Japan. Die chem.

Analyse führte auf die angenäherte Zus. $Pb_4Ag_3CuSb_{12}S_{24}$. Das hellgraue Mineral ist undurchsichtig u. hat Metallglanz. Es wird in HNO_3 (1:1) trüb, braun in 40% ig. KOH u. wird von 1:1-HCl, 20% ig. KCN, 20% ig. $FeCl_3$ u. 5% ig. $HgCl_2$ angegriffen u. wird in Königswasser sofort schwarz. Die Dichte ist 5,30. Die Zelldimensionen des Minerals sind a = 13,02 ± 0,04 (Å); b = 19,18 ± 0,05; c = 102,24 oder 24 x (4,26 ± 0,02); β = 90°; Z = 24. Die Zelldimensionen von Andorit sind a = 12,98 (Å); b = 19,15; c = n 4,26, mit n entweder 12 oder 4 u. 6. Die Zahlen führen zu der Annahme, daß Nakaséit nur eine strukturelle Varietät von Andorit ist. Es wird jedoch trotzdem ein neuer Name vorgeschlagen, da, abgesehen von den Unterschieden in der chem. Zus. der beiden Minerale, das neue Mineral ein sehr kompliziertes verzwillingtes Gitter hat, das sehr verschieden von dem des Andorits ist. Trotz der rechtwinkligen Achsen ist Nakaséit monoklin. C. Gottfried. 380

Norsethit, $BaMg(CO_3)_2$, ein neues Mineral aus der Green-River-Formation, Wyoming. Mary E. Mrose, E. C. T. Chao, Joseph J. Fahey und Charles Milton. (Amer. Mineralogist **46,** 420—29, März/April 1961; Washington, D.C., U. S. Geol. Surv.; engl. — C. **1962,** 6711.) C. Gottfried. 380

Papagoit, ein neues kupferführendes Mineral von Ajo, Arizona. C. Osborne Hutton und Angelina C. Vlisidis. (Amer. Mineralogist **45,** 599—611, Mai/Juni 1960; Stanford, Calif., Univ.; Washington, D.C., U. S. Geol. Surv.; engl.) — Als neues Mineral wird von Ajo, Pima County, Ariz., *Papagoit* beschrieben. Es ist ein himmelblaues, monoklines Mineral mit der Raumgruppe C m, C2 oder C2/m u. den Gitter-Konst. a = 12,91, b = 11,48, c = 4,69 Å, β = 100° 38'. Die stärksten Linien des Pulverdiagramms sind: 2,874, 4,29, 2,204, 2,795, 3,44. Die Kristalle mit einer Länge unter 1 mm sind leicht plattig nach (0 0 1) u. haben die Hauptformen (0 0 1), (4 0 1) u. (1 1 0). Die Morphologie wird beschrieben. Spaltbarkeit ist deutlich nach (1 0 0). Analyse: SiO_2 33,60, Al_2O_3 15,78, MgO 0,09, TiO_2 0,26, FeO 0,27, MnO 0,10, CuO 23,53, CaO 17,02, H_2O^+ 9,01, H_2O^- 0,04%. Daraus ergibt sich die vereinfachte Formel: 4 $(CaCuAl[SiO_3]_2\cdot(OH)_3)$. D. 3,25 (berechnet u. gemessen). Dehydrations-Verss. u. NH_3-Austausch-Verss. zeigen, daß OH u. nicht H_2O vorliegt. Optik: Das Mineral ist deutlich pleochroit., 2achsig negativ. Lichtbrechung: $n\alpha$ = 1,607, $n\beta$ = 1,641, $n\gamma$ = 1,672, 2 V = 78°. J.-E. Hiller. 380□

Rodingit von Cap Bassit (Nordwestsyrien). Vladimir Majer. (Neues Jb. Mineralog., Mh. **1960,** 85—88, Juni; Skoplje; dt.) — Im Gebiet des Kap Bassit wurde am Kontakt eines Plagioklasit-Durchbruchs ein *Rodingit* gefunden. Dieser ist hypidiomorph, körnig u. besteht aus *Prehnit, Diopsid, Hibschit, Titanit, Rutil, Magnetit* u. *Zeolithen.* Die Genese wird durch Metasomatose des Plagioklasits erklärt. J.-E. Hiller. 380□

Saponitvorkommen bei Silver Bay, Minnesota. J. A. Whelan und H. Lepp. (Amer. Mineralogist **46,** 430—33, März/April 1961; Univ. of Utah, Dep. of Miner.; Univ. of Minnesota, Dep. of Miner.; engl.) — Für das Tonmineral Saponit von obiger Fundstelle wird folgende Formel bestimmt: $Mg_{3,0}Al_{0,6}Si_{3,4}O_{10}(OH)_2\cdot n\text{-}H_2O$ mit Ca als austauschbarem Zwischenschichtion. DTA- u. Röntgendaten sowie opt. Angaben werden aufgeführt. Walter Franke. 380□

Sulfoborit in Salzgesteinen der Kaspischen Niederung und des Südurals. W. W. Lobanowa. (Ber. Akad. Wiss. UdSSR **122,** 905—08, 11/10. 1958; Allunions-Forsch.-Inst. für Halurgie; russ.) — In der Kasp. Niederung (Fundorte Inder u. See Tschelkar) sowie im Südural (Shiljansk) wurden im Steinsalz 0,1—7 mm lange Kristalle von *Sulfoborit,* $Mg_6B_4O_{10}(SO_4)_2\cdot 9\ H_2O$ entdeckt. Die größeren Kristalle im Inder waren gut entwickelt, eine Kombination des rhomb. Prismas 1 1 0 mit einer Dipyramide 1 1 1. Die kleineren Kristalle beim Tschelkar waren ähnlich, in Shlijansk sind sie Anhydritähnlich, zweiachsig. Brechungsindices: N_g 1,552—1,554, N_m 1,540—1,541, N_p 1,527 bis 1,529. Die Kristalle sind eine Spät-Bldg. um Mikroeinschlüsse (Hydroboracit, Halit, Sellait). Zus. u. Röntgenogramm werden gebracht. A. v. Wilpert. 380□

Tripel von Murzine. Zihni Sinoimeri. (Bul. Univ. Shtetëror Tiranës, Ser. Shkencat Natyrore [Bull. Inst. Sci. Tirana, Sér. Sci. natur.] **14,** Nr. 3, 3—24, 1960; alb., Auszug: franz.) — Beschreibung eines alban. Vork. von *Tripel,* seiner verschiedenen Modifikationen u. seiner Ausdehnung. R. K. Müller. 380□

Ein Vorkommen von Uranocircit im südlichen Schwarzwald. Kurt Walenta. (Neues Jb. Mineralog., Mh. **1960,** 116—19, Juli; Stuttgart, TH, Inst. für Mineralog. u. Kristallchem.; dt.) — Das Vork. von *Uranocircit* (I) bei Menzenschwand/Südschwarzwald wird beschrieben. Gleichzeitig werden Angaben über den durch Lagerung in trockenen Räumen entstehenden *Meta-Uranocircit* (II) gemacht. **I:** n_X = 1,574, n_Y = 1,583, n_Z = 1,588, 2 V ca. 70°, pleochroitisch. **II:** n_E = 1,611, n_O = 1,623, pleochroitisch. Die Bldg. wird für deszendent-lateral-sekretionär gehalten. J.-E. Hiller. 380□

Morinit-Apatit-Whitlockit. D. Jerome Fisher und Alex Volborth. (Amer. Mineralogist **45**, 645—67, Mai/Juni 1960; Chicago, Ill., Univ. of Chicago; Reno, Nev., Univ. of Nevada; engl.) — Vgl. C. **1963**, 3546. — Durch neue Analysen wird die Formel des *Morinit* bestätigt. Therm. Verss. zeigen, daß er bei 400° irreversibel in eine *Apatit*-Struktur übergeht, gleichgültig, ob in Luft oder im Vakuum erhitzt wurde. Wenn in dünnen Filmen in Luft erhitzt wurde, geht er kurz unter 800° in *Whitlockit* über. Da diese Umwandlungs-Prodd. reich an Na, F u. Al sind, werden sie *Nafal-Apatite* oder *Nafal-Whitlockite* genannt. J.-E. Hiller. 380□

Benennung der wasserhaltigen Magnesiumboratminerale von Boron, Kalifornien. Waldemar T. Schaller und Mary E. Mrose. (Amer. Mineralogist **45**, 732—34, Mai/Juni 1960; Washington, D.C., U. S. Geol. Surv.; engl.) — Vff. weisen darauf hin, daß 2 polymorphe Minerale, $Mg_2B_6O_{11} \cdot 15\,H_2O$ bestehen: Der monokline *Inderit* (**I**) u. der trikline *Kurnakovit*. Der *Lesserit* ist nach neuen Unterss. mit **I** identisch. J.-E. Hiller. 380□

Betrachtungen über die Eigenschaften und die Konstitutionen gewisser uranhaltiger Mineralien. H. Brasseur und H. Potdevin. (Z. Kristallogr., Kristallgeometrie, Kristallphysik, Kristallchem. **113**, 132—41, April 1960; Liège, Univ., Inst. de Cristallographie; franz.) — Bei der Unters. der U-Mineralien *Schoepit*, *Vandendriesscheit*, *Fourmarierit*, *Wölsendorfit* u. *Billietit* u. *Becquerelit* u. der synthet. hergestellten Verbb. *BaO·3 UO₃·5 H₂O* u. *SrO·3 UO₃·5 H₂O* ergibt sich, daß die spezif. Massen, die Brechungsindices u. die Gitter-Konst. kontinuierlich von der Zus. abhängen. Die Eigg. stehen in Beziehung zu einem allg. Bauzusammenhang des $UO_2(OH)_2$, welcher allen Strukturen gemeinsam ist. Neu berechnet wurden die Ionenrefraktionen der „UO_3“-Gruppen. C. Gottfried. 380

Crestmore, in der Vergangenheit und in der Gegenwart. Joseph Murdoch. (Amer. Mineralogist **46**, 245—57, März/April 1961; Los Angeles, Calif., Univ. of California; engl.) — Überblick über die in der kontaktmetamorphen Zone von Crestmore durchgeführten Unterss. u. dort aufgefundenen kontaktmetamorphen Mineralien. C. Gottfried. 380

B. Allgemeine und theoretische organische Chemie

Anharmonizitätskoeffizienten und Resonanzwechselwirkung der inneren Schwingungen der CH-Gruppe. W. D. Bogdanow und M. M. Ssuschtschinski. (Nachr. Akad. Wiss. UdSSR, physik. Ser. **22**, 1067, Sept. 1958; russ.) — Die IR-Spektren von n- u. stark verzweigten Paraffin-KW-Stoffen werden in den Bereichen der CH-Valenzgrundschwingungen 2900 (cm^{-1}), des ersten (5800) u. des zweiten Obertones (8700) u. eines gemischten Tones (4200) aufgenommen u. mit den Raman-Spektren verglichen. Die gemessenen Linien lassen sich CH_2- oder CH_3-Gruppen zuordnen. Die berechneten Werte sind für die CH_2O-Gruppe 2920 als Frequenz der vollsymm. Valenzschwingung u. 2850 als Frequenz des ersten Obertones der inneren Deformationsschwingung. R. K. Müller. B 114□

Quanteneffekt in einem Doppelpotentialminimum und Spektroskopie der Wasserstoffbindung. Je. A. Pschenitschnow und N. D. Ssokolow. (Optik u. Spektroskopie [UdSSR] **11**, 16—23, Juli 1961; russ.) — Mittels der quasiklass. Meth. in Anwendung auf das Gebiet in der Nähe der Spitze der Potentialschwelle werden die Quanteneffekte im Doppelpotentialminimum untersucht. Auf Grund des erhaltenen Modells können einige spektroskop. Gesetzmäßigkeiten der H-Bindung erklärt werden. Für $\Delta\nu = \nu - \nu'$ der O–H-Gruppe von *A*. im Gemisch mit verschiedenen Stoffen ergibt sich (als erste Oberschwingung) beim Gemisch mit *Toluol* 541 (cm^{-1}), *Mesitylen* 531, *Aceton* 517, *Ae.* 436, *Dimethylformamid* 386. R. K. Müller. B 114□

Über fluorescierende aromatische Azine. 3. Mitt. **Untersuchung und Deutung der Elektronenspektren von Azinen.** Albert Weller und Herbert Wolf. (Liebigs Ann. Chem. **657**, 64—79, herausgeg. 28/9. 1962; Stuttgart, TH, Labor. für Phys. Chem.; Freiburg, Univ., Chem. Labor.; dt.) — 2. vgl. C. **1963**, 5825. — Vff. untersuchten die Absorptions- u. Fluorescenzspektren folgender Azine: *Benz-*, *2.2'-Dimethoxybenz-*, *Salicyl-*, *2.2'-Dihydroxy-4.4'.6.6'-tetramethoxybenz-*, *2.2'-Dihydroxy-3.3'.5.5'-tetrabrombenz-*, *2.2'-Dihydroxy-3.3'.5.5'-tetranitrobenz-*, *2.2'-Dihydroxy-3.3'.5.5'-tetra-tert.-butylbenz-* *2.2'-Dihydroxy-3.3'-dimethoxybenz-*, *2.2'-Diaminobenzaldazin*, *2.2'-Dihydroxyacetophenon-*, *2.2'.4.4'.6.6'-Hexahydroxy-3.3'.5.5'-tetraacetylacetophenon-*, *Dehydracetsäure-*, *2.2'.2''.2'''-Tetrahydroxybenzophenon-*, *2.2''-Dihydroxy-2'.2'''-dimethoxybenzophenon-*, *Salicilmon-*, *Dehydracetsäurebenzaldehyd-*, *Dehydracetsäuresalicylaldehyd-*, *o-Vanillin-* [*2-hydroxyacetophenon*]-, *o-Vanillinsalicylaldehyd-*, [*2.2'-Dihydroxybenzophenon*]-*benz-*

aldehyd-, [*2.2'-Dihydroxybenzophenon*]*-o-vanillin-*, [*2.2'-Dihydroxybenzophenon*]*-zimtaldehyd-*, [*2.2'-Dihydroxybenzophenon*]*-*[*3-(p-methoxyphenyl)-1.2-dithiacyclopentenon-(5)*]*-azin*, [*2.2'-Dihydroxybenzil*]*-dibenzaldehyddiazin*, *Bis-*[*2.2'-dihydroxybenzophenon*]*-terephthaldialdehyddiazin* u. von *1.4-Diphenyl-*, *1.4-Bis-*[*o-hydroxyphenyl*]*-*, *1.4-Bis-*[*o-methoxyphenyl*]*-*, *1.4-Bis-*[*o-acetoxyphenyl*]*-butadien-(1.3)*. Die Fluorescenzfähigkeit der aromat. Azine hängt vom Protonierungsgrad der Azingruppe ab. Die ungewöhnlich große Stokessche Verschiebung bei den in o-Stellung zur Azingruppe OH-substituierten Verbb. ist auf einen innermol. Protonenübergang im angeregten Elektronenzustand zurückzuführen. Die Tautomerieverhältnisse der entsprechenden Lactim–Lactam-Gleichgewichte werden an Hand eines einfachen Energietermschemas erläutert.

J. Rothe. B 118◇

Ein neues Näherungsverfahren zur Bestimmung schwacher intermolekularer Wasserstoffbindungen durch Ultraviolettabsorptionsspektroskopie. W. F. Forbes und J. F. Templeton. (Chem. and Ind. **1957**, 77—78, 19/1.; St. John's, Newfoundland, Canada, Memorial Univ. of Newfoundland; engl.) — Die Konz.-Abhängigkeit der UV-Absorption einer Reihe von organ. Verbb. in organ. Lsgm. kann durch die Annahme einer Ausbildung schwacher intermol. H-Bindungen erklärt werden. Es besteht eine quant. Beziehung zwischen dem Grad der Ausbildung von H-Bindungen u. der UV-Absorption. Die Lage des Absorptionsmaximums wird durch die H-Bindungen nicht nennenswert beeinflußt. Für folgende Verbb. in A., Dioxan u. Cyclohexan als Lsgm. sind die Absorptionswerte bei verschiedenen Konzz. tabellar. aufgeführt: *Acetophenon*, *Diphenyl*, *Nitrobenzol*, *Salicylsäure*, *p-Hydroxybenzoesäure*, *Benzoesäure*, *Methylbenzoat*, *o-Aminoacetophenon* u. *Anilin*.

W. Betcke. B 118□

Spektren von Amin–Chloranil-Komplexen. M. A. Slifkin. (Nature [London] **195**, 693—94, 18/8. 1962; Manchester, Univ., Phys. Labor.; engl.) — Die Spektren der Mischungen von *Chloranil* (**I**) mit *Mono-*, *Di-* u. *Triäthylamin* in wss. bzw. wss.-alkohol. Lsg. werden diskutiert. Die intensive Bande im Bereich 315—380 mμ wird weniger auf eine Ladungsverschiebung infolge Komplex-Bldg. zurückgeführt, als vielmehr als die nach längeren Wellenlängen hinverschobene Bande von **I** gedeutet.

W. Betcke. B 118□

Ultraviolettspektren von einigen substituierten Styrolen. Owen H. Wheeler und Celia B. Covarrubias. (Canad. J. Chem. **40**, 1224—26, Juni 1962; Mayaguez, Puerto Rico, Univ., Dep. of Chem.; Mexico, D.F., Univ. Nac. Autonoma de Mexico, Inst. de Quím.; engl.) — Die UV-Spektren von *Styrol* (λ_{max} 249 mμ, ε = 15500) u. nachst. Styrol-Derivv. werden in 95%ig. A. gemessen: [λ_{max} in mμ (ε)] *p-Methoxy-* 275 (19900), n_D^{25} 1,5600; *o-Methoxy-* 253 (6800), n_D^{25} 1,5650; *p-Chlor-* 259 (15600), n_D^{25} 1,5575; *o-Chlor-* 250 (6900), n_D^{25} 1,5595; *p-Brom-* 258 (16700), n_D^{25} 1,5720; *o-Brom-* 254 (4600), n_D^{25} 1,5785; *p-Jod-*, F. 44° (A.), 260 (18650). Rudolf Albrecht. B 118□

Direkte Fluorescenz von mit Anthracen gedopten Einkristallen von Naphthalin. M. Martin-Bouyer und J. Meinnel. (J. Physique Radium **22**, 126—28, Febr. 1961; Rennes, Fac. des Sci.; franz.) — Vff. untersuchten das Fluorescenzspektrum von *Naphthalin* (**II**)-Einkristallen mit geringen Zusätzen von *Anthracen* (**I**) nach UV-Anregung. Je nach der molaren Konz. C von **I** wurden 2 Typen von Spektren erhalten: Für C $\leq 2{,}0 \cdot 10^{-3}$ enthält das Spektrum 3 intensive, gut getrennte u. weitere, weniger deutliche Banden auf der Seite längerer Wellenlängen; für C $\geq 2{,}2 \cdot 10^{-3}$ verschiebt sich das Spektrum nach größeren Wellenlängen u. seine Struktur ist sehr undeutlich. Nach Anregung mit Röntgenstrahlen erhält man ebenfalls 2 Typen von Spektren. Das Nichtauftreten eines **II**-Spektrums ab einer Konz. von C $> 0{,}4 \cdot 10^{-3}$ läßt vermuten, daß Energieübertragung vom Lsgm. auf die gelöste Komponente stattfindet. Ferner wurden die Einkristalle 15 Std. lang mit einer Co-Quelle von 600 C oder 49 Std. lang mit $5 \cdot 10^{11}$ Neutronen/cm² bestrahlt. Hierbei färben sich die Kristalle gelbbraun. Fluorescenzmaxima wurden bei 439; 465; 506; 528 u. 587 mμ nachgewiesen. C. Gottfried. B 118

Die Trennungskomponente in der Synthese organischer Farbstoffe. 9. Mitt. **Absorptionsspektren einiger 1.4- und 1.3-Phenylendisazofarbstoffe.** I. Reichel und A. Demian. (Studii Cercetări [Timişoara], Ştiinţe chim. **5**, Nr. 3—4, 103—14, Juli/Dez. 1958; Timişoara, Baza de Cercetări ştiinţifice a Academiei R.P.R.; rum., Auszug: russ., franz.) — 8. vgl. Studii Cercetări [Timişoara], Ştiinţe chim. **5**, [1958], 87; 7. vgl. C. **1959**, 16169. — Die Absorptionsspektren der durch Kupplung von Salicylsäure, 2-[p-Nitrophenylazo]-1-amino-8-hydroxynaphthalin-3.6-disulfonsäure mit 1.4- bzw. 1.3-Phenylendiamin erhaltenen asymm. Farbstoffe 7-[*p*- (**I**) bzw. 7-[*m-(4-Hydroxy-3-carboxyphenylazo)-phenylazo*]*-2-*[*p-nitrophenylazo*]*-1-amino-8-hydroxynaphthalin-3.6-disulfonsäure* (**II**) werden verglichen mit den Spektren der Halbstrukturen von **I** bzw. **II**, nämlich *5-*[*p-* bzw. *5-*[*m-Aminophenylazo*]*-salicylsäure* u. *7-*[*p-* bzw. *7-*[*m-Aminophenylazo*]*-2-*[*p-nitrophenylazo*]-

1-amino-8-hydroxynaphthalin-3.6-disulfonsäure des äquimol. Gemisches dieser Halbstrukturen sowie der Halbstruktur *7-[p-Hydroxy-m-carboxyphenylazo]-2-[p-nitrophenylazo]-1-amino-8-hydroxynaphthalin-3.6-disulfonsäure*, die sich von den genannten asymm. Farbstoffen nur durch das Fehlen der Mittelkomponente unterscheidet. Die 1.4-Phenylendisazokomponente kann nicht als Trennungskomponente angesehen werden, da sie die gegenseitige Beeinflussung der farbigen Randkomponenten durch Konjugation nicht verhindert, sondern durch Verlängerung des Polyen-Syst. daran teilnimmt. Dem entspricht die langwellige Verschiebung der Absorption u. die grüne Farbe der Verb. **I.** Demgegenüber erwies sich die zentrale 1.3-Phenylendisazokomponente als wirksame Trennungskomponente. Sie unterbricht die Konjugation der Kette u. die farbigen Randkomponenten absorbieren in ihren charakterist. Bereichen. Die grüne Farbe der Verb. **II** ist additiv u. ergibt sich aus der intramol. Vermischung der gelben u. blauen Endkomponenten. W. Schmidt. B 118□

Die Dawydow-Aufspaltung im Spektrum von Anthracenkristallen. A. R. Lacey und L. E. Lyons. (Proc. chem. Soc. [London] **1960,** 414, Dez.; Sydney, Univ., Dep. of Phys. Chem.; engl.) — Der 25400 cm^{-1}-Übergang in *Anthracen* (**I**)-Kristallen wurde zur Best. der Aufspaltung zwischen den nach b u. ac im Kristall polarisierten Komponenten untersucht. Eine fast vollständige Absorption b-polarisierten Lichtes bei einer Wellenlänge, bei der a-polarisiertes Licht durchgelassen wird, bewirkt eine unvollständige Polarisierung, wodurch Verschiebungen der Absorptionskurve hervorgerufen werden können. Der Effekt der „Unreinheit“ des polarisierten Lichtes wächst mit der opt. Dichte des Kristalls. Die ac-polarisierte Bande dagegen wird kaum beeinflußt. Hieraus erklärt sich sowohl die schmale ac-Bande, die lineare Beziehung zwischen opt. Dichte u. Dicke in der ac-, nicht jedoch in der b-Polarisation sowie das ständige Auftreten der ac-Bande bei 25486 ± 7 cm^{-1}. Effekte der b-Polarisation werden ebenfalls teilweise erklärt. Das erste b-Signal, A_b^0, liegt bei $25150 + 1200$ d cm^{-1} (d = Dicke des Kristalls in μ). Der Koeff. 1200 hängt von den Meßbedingungen ab. Die Aufspaltungen betragen für A^0 336 ± 25 cm^{-1} u. für A^1 200 ± 40 cm^{-1}. Die nichtlineare Änderung der opt. Dichte mit der Dicke wird betstätigt u. kann jetzt erklärt werden. Die mol. Zuordnung $A_g \rightarrow B_{2\mu}$ nach der Meth. von Craig u. Hobbins (C. **1958,** 7701) ist nicht möglich. Da andere Meth. jedoch zur selben Zuordnung führen, muß diese beibehalten werden. Folglich gibt die Dawydow-Theorie 1. Ordnung (J. exp. theoret. Physik [UdSSR] **18,** [1948], 210) das falsche Ergebnis. Quadrupol oder Octupolwechselwrkg. wurden nicht einbezogen. Berechnungen, die zu kleineren Werten der Aufspaltung führen, sollten daher immer Terme höherer Ordnung einbeziehen. Die Fluorescenz von I ist als bevorzugt b-polarisiert anzunehmen. H. G. Henkel. B 118□

Der Einfluß von Substituenten 2. Ordnung auf die Ultraviolettspektren der Azulene. W. Treibs und R. Borsdorf. (Z. physik. Chem. [Leipzig] **214,** 206—19, 1960; Leipzig, Karl-Marx-Univ., Inst. für organ. Chem.; dt.) — Vgl. C. **1960,** 470. — Vff. untersuchten die UV-Absorptionsspektren von nachst. 1-Nitroazulenen: *2.4-Dimethyl-7-isopropyl-*, *4.8-Dimethyl-*, *2.4.8-Trimethyl-* u. *4.8-Dimethyl-2-isopropyl-*; von *3-Nitro-1.4-dimethyl-7-isopropylazulen*; von nachst. 1-Acetylazulenen: *2.4-Dimethyl-7-isopropyl-*, *4.8-Dimethyl-*, *2.4.8-Trimethyl-* u. *4.8-Dimethyl-2-isopropyl-*; von *3-Acetyl-1.4-dimethyl-7-isopropylazulen*; von *Azulen-1-aldehyd* u. nachst. Azulen-1-aldehyden: *4.8-*, *4.7-Dimethyl-*, *2.4-Dimethyl-7-isopropyl-*, *2.4.8-Trimethyl-*, *4.8-Dimethyl-2-isopropyl-* sowie nachst. Azulen-3-aldehyden: *1-Methyl-*, *1.4.7-Trimethyl-*, *1.4-Dimethyl-7-isopropyl-*, *1.2.4-Trimethyl-7-isopropyl-*, *1.4.8-Trimethyl-2-isopropyl-*; von *1-Cyanazulen* u. nachst. 1-Cyanazulenen: *3-Methyl-*, *4.7-*, *4.8-Dimethyl-*, *2.4-Dimethyl-7-isopropyl-*, *2.4.8-Trimethyl-*, *4.8-Dimethyl-2-isopropyl-* sowie nachst. 3-Cyanazulenen: *1.4-Dimethyl-7-isopropyl-*, *1.4.7-Trimethyl-*, *1.2.4-Trimethyl-7-isopropyl-*; von *Azulen-1-carbonsäureäthyl(?)-ester* u. von den Äthyl(?)estern nachst. Azulen-1-carbonsäuren: *2.4-Dimethyl-7-isopropyl-*, *4.8-Dimethyl-*, *2.4.8-Trimethyl-*, *4.8-Dimethyl-2-isopropyl-* sowie von *1.4-Dimethyl-7-isopropylazulen-3-carbonsäureäthyl(?)ester*. Für die Einführung der Nitro-, Acetyl-, Aldehyd-, Nitril- u. COOR-Gruppe konnte am Hauptmaximum des Azulens (ca. 300 mμ) eine charakterist. Verschiebung beobachtet werden. Bei den räumlich ausgedehnten Nitro-, Acetyl- u. COOR-Gruppen wird ster. Hinderung durch benachbarte Alkylgruppen festgestellt. M.-L. Klaar. B 118□

Über den Einfluß des Volumens des Moleküls eines gelösten Stoffes auf die Empfänglichkeit seiner Elektronenspektren gegenüber der Wirkung des Lösungsmittels. I. A. Shmyrewa und I. I. Resnikowa. (Optik u. Spektroskopie [UdSSR] **10,** 281—84, Febr. 1961; russ.) — Die Fluorescenz- u. Absorptionsspektren von *4-Amino-N-methyl-* (**I**), *4-Amino-N-cyclohexyl-* (**II**), *3-Amino-N-methyl-* (**III**), *3-Amino-N-phenyl-* (**IV**), *4-Formylamino-N-methyl-* (**V**), *4-Acetylamino-N-methyl-* (**VI**) u. *4-Benzoylamino-N-cyclohexylphthalimid* (**VII**) in verschiedenen organ. Lsgm. werden als Diagramme angegeben.

Die Fluorescenz- sowie Absorptionsspektren von **I** u. **II** in A., Bzl. bzw. Aceton entsprechen trotz der unterschiedlichen Mol.-Größe von **I** u. **II** einander. Analog verhalten sich die Fluorescenz- u. Absorptionsspektren von **III** u. **IV** in Bzl. u. Propanol. Die Fluorescenzspektren von **V** u. **VII** in A. entsprechen einander trotz der doppelten Mol.-Größe von **VII**, während das Spektrum von **VI**, dessen Mol. in der Größe eine Mittelstellung zwischen **V** u. **VII** einnimmt, leicht längerwellig verschoben ist. Die Fluorescenzspektren von **V**—**VII** in Cl_3CCOOH sind untereinander mit zunehmender Mol.-Größe längerwellig verschoben. Die Absorptionsspektren von **V**—**VII** in A. u. Bzl. stimmen untereinander überein. Folglich führt die Vergrößerung chem. verwandter Moll. auf das 1½—2fache zu keiner Änderung der Empfindlichkeit der Spektren unter der Lsgm.-Einwirkung. Verschiebungen bei Mol.-Vergrößerung treten nur, im Gegensatz zur Theorie, ins längerwellige Gebiet auf. Diese Erkenntnisse sprechen gegen die Anwendung der auf dem Onsager-Modell basierenden Theorie zur Erklärung des Mechanismus der Lsgm.-Einw. auf die Elektronenspektren. U.-L. Rau. B 118□

Polarisationen und Zuordnungen von Übergängen: Die Methode der Photoselektion. Andreas C. Albrecht. (J. molecular Spectroscopy **6**, 84—108, Jan. 1961; Ithaca, N.Y., Cornell Univ., Dep. of Chem.; engl.) — Vf. gibt einen Überblick über die Theorie der Polarisation eines Elektronenübergangs, beschreibt die Bedeutung der „gemischten Polarisation" in einer Elektronenabsorptions- oder -emissionsbande u. die verschiedenen Meth. zur Unters. der Polarisationen von Übergängen. Ausführlich wird krit. die Meth. der Photoselektion besprochen unter Einschluß von Unterss. der polarisierten Emission u. polarisierten Photochemie u. unter Anwendung die Ergebnisse von Wittwer u. Zanker (vgl. C. **1960**, 11943) über die UV-Spektren u. die polarisierte Fluorescenz von *Acridin* u. seinem Kation in A. bei —183° sowie die polarisierte Photooxydation u. das UV-Spektrum von *Tetramethyl-p-phenylendiamin* in Propylalkohol–Isopentan bei —196° (vgl. C. **1961**, 6088). Bei gleichzeitigen Messungen der Polarisation von Phosphorescenz u. Fluorescenz erhält man eine zusätzliche Kenntnis über die Anisotropie in der Absorption erhält, die man nicht erhält, wenn nur eine der beiden Messungen durchgeführt wird. C. Gottfried. B 118

Depolarisierung von gestreutem Licht durch Dämpfe von n-Paraffinen und die Additivität der Tensoren der Bindungspolarisierbarkeiten. Joseph Powers, Daniel A. Keedy und Richard S. Stein. (J. chem. Physics **35**, 376—77, Juli 1961; Amherst, Mass., Univ. of Massachusetts, Dep. of Chem.; engl.) — Die Depolarisationswerte ϱ des Lichts an einer Reihe von n-Paraffinen wurde gemessen. C_2H_6 (**I**) ϱ 0,77; C_3H_8 (**II**) 0,94; C_4H_{10} (**III**) 1,02; C_5H_{12} (**IV**) 1,23; C_6H_{14} (**V**) 1,64; C_7H_{16} (**VI**) $2{,}00 \cdot 10^{-2}$ sowie zum Vgl. CO_2 8,47; *Ar* 0,17; N_2 2,48. Die daraus berechneten Werte der Anisotropie der C—C-Bindung Γ_{CC} (A)³: 1,09 (**I**), 1,50 (**II**), 1,42 (**III**), 1,64 (**IV**), 1,84 (**V**), 2,09 (**VI**) zeigen einen steigenden Gang mit wachsender Kettenlänge. Mögliche Gründe dafür sind der abnehmende Einfl. der endständigen CH_3-Gruppe u. die zunehmende Störung des äußeren Feldes durch das innere. B. Krebs. B 119□

Einflüsse von Elektrolyten auf die Rotationsdispersion wässeriger Tartratlösungen. Leonard I. Katzin und Elsie Gulyas. (J. physic. Chem. **66**, 494—500, März 1962; Argonne, Ill., Argonne Nat. Labor., Chem. Div.; engl.) — Vff. zeigen, daß sich die innerhalb eines Bereiches von 6500—2650 Å bestimmten Werte für die Rotationsdispersion wss. *Weinsäure* (**I**)-Lsgg., die HCl sowie die Chloride von Na, Li, Ca, Pr bzw. Th enthalten, oder von *Alkalitartraten*, in der Form einer 2gliedrigen Drudeschen Gleichung darstellen lassen, wobei sich die mit einem elektron. Rechenautomaten verarbeiteten Werte in Einklang mit dem entsprechenden Absorptionsspektrum bringen lassen. Die erzielten Ergebnisse stellen eine Unterstützung der Hypothese dar, derzufolge zwischen den Kationen u. den OH-Gruppen der unionisierten **I** eine direkte Wechselwrkg. besteht. D. Forst. B 119□

Optisches Absorptionsspektrum von γ-bestrahltem kristallinem Glycin. G. W. Chantry und D. H. Whiffen. (Spectrochim. Acta [London] **17**, 367—68, März 1961; Teddington, Middlesex, Nat. Physic. Labor., Basic Phys. Div.; engl.) — Das opt. u. UV-Spektrum sowie das ESR-Spektrum von krist. *Glycin*, das bei Temp. des fl. N_2 mit γ-Strahlen (5 Mrad) bestrahlt worden war, wurden bei Zimmer-Temp. untersucht. Das EMR-Spektrum zeigte $NH_3^+\dot{C}HCO_2^-$ als einziges Radikal, u. im Absorptionsspektrum wurden Maxima bei 2600 u. 3300 Å gefunden (vgl. Dodd, C. **1963**, 5799), die diesem Radikal zugeschrieben werden. In W. sowie nach längerem Erhitzen der Probe auf >160° werden die Radikale zerstört. G. Winkhaus. B 119□

Rayleigh-Streuung des Lichtes durch Nitrobenzollösungen in Hexan. D. K. Beridse und M. I. Schachparonow. (Optik u. Spektroskopie [UdSSR] **10**, 240—48,

Febr. 1961; russ.) — Vff. beschreiben eine photoelektr. Meth. zur Best. der Intensität (I) u. des Depolarisationsgrades (Δ) von Licht, das unter einem Winkel von 90° gestreut wird. Mit dieser Anordnung wurden die I- u. Δ-Werte des Streulichts der Hg-Linien 5780 u. 5460 Å von *Nitrobenzol* (I)-Lsgg. in n-Hexan (II) sowie an reinem **I** u. **II** im Temp.-Bereich 10—45° ermittelt. Die Berechnung von I bei Fluktuation von Anisotropie, Konz. u. Dichte zeigt, daß die im Gebiet der krit. Opalescenz beobachteten Anomalien in Abhängigkeit von I u. Δ von Temp. u. Wellenlänge des Lichtes von den Dimensionen u. Form der Küvette abhängen u. eng mit der vielfachen Streuung verbunden sind. Zur Erlangung zuverlässiger Angaben über die Eigg. der einmaligen Rayleigh-Streuung nahe dem krit. Punkt sind daher Unters.-Meth. erforderlich, bei denen der Einfl. der vielfachen Streuung berücksichtigt wird. I der Anisotropiestreuung, berechnet nach Formeln, die für Fll. u. Gase ohne orientierte Ordnung der Moll. vergleichbar sind, stimmt gut mit dem Experiment im Bereich der mol. **II**-Konz. $\lesssim$0,5 überein. Daraus folgt, daß in reinem **I** sowie in seinen **II**-Lsgg. eine orientierte Ordnung der **I**-Moll. fehlt.
U.-L. Rau. B 119□

Wechselwirkungen oberflächenaktiver Agentien mit Kongorot. Makoto Hayashi. (Bull. chem. Soc. Japan **34**, 119—23, Jan. 1961; Nagasaki, Nagasaki Univ., Dep. of Pharmacol., Fac. of Med.; engl.) — Die Beeinflussung des Kongorot (**I**)-Spektrums von 350—700 mμ durch unterschiedliche oberflächenakt. Zusätze an *Tween 80* (**II**) bzw. *Cetylpyridiniumchlorid* (**III**) wurde zwischen pH 1,45 u. 9,2 untersucht. Aus dem spektralen Verh. des Wechselwrkg.-Prod. zwischen **I** u. **II**, dessen Absorptionsmaximum bei 510 mμ liegt, bei Variierung von pH u. Konz. an **II**, wird angenommen, daß nur eine bas. **I**-Form über die NH_2-Gruppen gegen **II** akt. wirkt. Das Prod. zwischen **I** u. **III** hat ein Maximum bei 460 mμ u. wird bei einem Verhältnis von **I** zu **II** gleich 1/2, das nur wenig pH-abhängig ist, völlig ausgefällt, bei anderen Mengenverhältnissen bleibt es dispergiert. **III** soll über die Sulfogruppen von **I** gebunden sein.
H.-P. Rettig. B 119□

Zusätzliche anomale Lichtwellen in Anthracen im Gebiet der Excitonenabsorption. M. Ss. Brodin und Ss. I. Pekar. (J. exp. theoret. Physik [UdSSR] **38**, 1910 bis 1912, Juni 1960; Akad. der Wiss. der UkrainSSR, Physik. Inst.; russ.) — Vgl. C. **1960**, 12236, 12574; **1961**, 2564. — Auf Grund von abs. Messungen der Lichtintensitäten J nach der Meth. der photograph. Photometrie beim Lichtdurchgang durch *Anthracen*-Kristalle (30 verschiedene Dicken D) wird eine Kurve der opt. Dichte ($-\log J/J_0$) in Abhängigkeit von D (0,05—0,3 μ) bei 20° K für die Frequenz 25108 cm^{-1} mitgeteilt. Die Kurve hat deutlich oscillierenden Charakter mit fast gleichen Intervallen ΔD zwischen den Extremen: Maxima bei 0,072, 0,128, 0,188, 0,245 μ, Minima bei 0,105, 0,168, 0 233 μ. Die Kurve ähnelt der theoret. für die Interfrenz von 2 parallel polarisierten anomalen Wellen u. ist damit ein Beweis für die Existenz der theoret. vorausgesagten zusätzlichen anomalen Wellen im Kristall. R. K. Müller. B 119□

Infrarotabsorption von Acetylenverbindungen. Lösungsmitteleinfluß auf die CC—D-Valenzschwingungsfrequenz von geradkettigen $D_{(1)}$-Alkinen-(1). Bruno Wojtkowiak und René Romanet. (C. R. hebd. Séances Acad. Sci. **251**, 62—64, 4/7. 1960; Caen, Fac. des Sci., Labor. de Chim. gén.; franz.) — Vgl. C. **1961**, 5020. — Vff. bestimmten die ν(CC—D) von *$D_{(1)}$-Octin-(1)* (I) in folgenden Lsgm.: Hexan, CCl_4, CS_2, Bzl., Chlor-, Brom- u. Nitrobenzol, Acetonitril, Octin-(2), Aceton, p-Dioxan, Ae. u. Dibutyläther, ferner von fl. **I** (2593,5 u. 2579,5 cm^{-1}) sowie im Dampfzustand (ν_g 2608,5 ± 1,5 cm^{-1}). Die Daten sind mit den l. c. ermittelten ν(CC—H)-Frequenzen zu vergleichen. Die Verhältnisse $(\Delta\nu_f/\nu_g)_H/(\Delta\nu_f/\nu_g)_D$ betragen sämtlich wenig mehr als 1, wobei $\Delta\nu_f = (\nu_f)_s - \nu_g$ u. $(\nu_f)_s$ die Frequenz der ungestörten Schwingung in einem Lsgm. ist. Aus den Daten der gestörten Schwingungen geht hervor, daß in allen Fällen die Brückenbindung CC—H... viel stärker ist als die homologe CC—D··· Brückenbindung. Wie bei Octin-(1) konnte auch bei **I** im Dampfzustand kein Hinweis für die Bldg. von Additionskomplexen, auch nicht mit Lsgm.-Dämpfen erhalten werden. B. Gnauck. B 120□

Temperaturabhängigkeit der Schwingungsabsorptionsbanden von kristallinem Chloroform und Bromoform. M. P. Lissitza und Ju. P. Zjaschtschenko. (Optik u. Spektroskopie [UdSSR] **10**, 157—64, Febr. 1961; russ.) — Die Änderungen der Grundschwingungen ν_1 3019, ν_4 1212, ν_5 760 (cm^{-1}) von fl. *$CHCl_3$* (**I**) sowie ν_4 1144 u. ν_5 655 von fl. *$CHBr_3$* (**II**) beim Phasenübergang Fl.–Kristall sowie in kristallinem Zustand bis —185° werden quant. durch Angabe von integraler Intensität (S) u. Halbwertsbreite untersucht. Die durch Einfrieren der Fll. erhaltenen Schichten waren polykristallin. Mit Ausnahme von ν_5 von **II** zeigen alle Banden im kristallinen Zustand eine starke S-Verringerung sowie Aufspaltung in 2—3 Komponenten. Die beobachtete Aufspaltung kann nicht nach der Theorie von Bethe [1929] durch Aufhebung der Entartung erklärt werden. Die Gegenüberstellung der erhaltenen Daten mit der Theorie von Dawydow, die die Aufspaltung durch Resonanz-Wechselwrkg. der Moll. im Kristall deutet, führt zu einer teilweisen Übereinstimmung. Jedoch sind vom heutigen Stand dieser Theorie nicht alle Aspekte der Temp.-Abhängigkeit von S zu erklären. Die Schwingung ν_1, die bei fl. II doppelt so intensiv wie die entsprechende Bande von I ist, konnten Vff. bei kristallinen II nicht beobachten. Ein analoges „Einfrieren" von Grundschwingungen wurde auch bei ν_8, ν_9 u. ν_{10} von *Bzl.* beobachtet. Als mögliche Ursache für dieses Auslöschen wird ein Polarisationseffekt angegeben, der durch die vorwiegend parallele Orientierung der Moll.-Gruppierungen (Monoblöcke) in der Kristallschicht zum einfallenden Licht hervorgerufen wird. U.-L. Rau. B 120□

Infrarotspektren der Natriumsalze von einigen primären Nitroparaffinen. Z. Buczkowski und T. Urbánski. (Spectrochim. Acta [London] **18**, 1187—94, Sept. 1962; Warszawa, Poland, Inst. of Technol. [Politechnika]; engl.) — Die IR-Spektren von *Nitroäthan, 1-Nitropropan, -butan, -pentan* u. *-hexan* u. den entsprechenden *Na-Salzen* werden gemessen. Die Na-Salze zeigen 2 Absorptionen von C=N-Valenzschwingungen bei 1600 u. 1660 cm^{-1} u. eine Bande bei 1170 cm^{-1}, die wahrscheinlich der N → O-Schwingung zuzuordnen ist; die Schwingungen der NO_2-Gruppe treten nicht auf. Rudolf Albrecht. B 120□

Infrarotspektrum und Molekülkonfiguration von Glutarsäuredinitril. Ikuo Matsubara. (J. chem. Physics **35**, 373—74, Juli 1961; Otsu, Shiga-ken, Toyo Rayon Co., Central Res. Labor.; engl.) — Das IR-Spektrum von *Glutarsäuredinitril* wurde zwischen 400 u. 1500 cm^{-1} für den fl. u. festen Zustand aufgenommen. Während die Form des Spektrums der fl. Substanz auf 3 Rotationsisomere zurückgeführt wird, lassen sich im festen Zustand je nach Behandlung 2 dieser Isomeren getrennt fixieren. Die erste, metastabile Form entsteht durch rasches Abkühlen der Fl. auf —60°, die zweite irreversibel aus der ersten durch Aufwärmen auf —40°. Auf Grund eines Vgl. mit dem Spektrum von Bis-[glutarsäuredinitril]-Cu(I)-nitrat $[Cu\{NC-(CH_2)_3-CN\}_2]NO_3$ werden die beschriebenen Isomeren den möglichen Konfigurationen zugeordnet. B. Krebs. B 120□

Ein neuer Typ von organischen Derivaten des dreiwertigen Jods, μ-Oxodinitratodiphenyldijod. W. E. Dasent und T. C. Waddington. (Proc. chem. Soc. [London] **1960**, 71, Febr.; Cambridge, Univ., Chemical Labor.; engl.) — Bei Einw. von verd. Salpetersäure auf Jodosobenzol soll nach Willgerodt [1893] Jodosobenzoldinitrat entstehen. Nach der vorliegenden Struktur-Unters. entsteht jedoch *μ-Oxodinitratodiphenyldijod* $C_6H_5-[NO_3]J-O-J[NO_3]-C_6H_5$. Für die vorgeschlagene Zus. u. Struktur spricht die Elementaranalyse, die Molgew.-Best., die acidimetr. Äquivalent-Gew.-Best. u. das IR-Spektrum (Daten u. Vers.-Anordnung).

Versuche: *μ-Oxodinitratodiphenyldijod,* $C_{12}H_{10}J_2N_2O_7$, F. 105—106°, gelbe Kristalle; aus Jodosobenzol oder Jodosobenzoldiacetat durch mit W. oder Essigsäure verd. Salpetersäure. E. Flechsig. B 120□

Untersuchung der Additionsverbindungen von Lewis-Säuren. 18. Mitt. **Darstellung von Estern aus Additionsverbindungen von Benzoyl- und Mesitoylchlorid mit Lewis-Säuren; Infrarotspektren von aus $TiCl_4$ und Methylestern von Methylbenzoesäuren gebildeten Verbindungen.** B. Mori, J. Göhring, D. Cassimatis und B. P. Susz. (Helv. chim. Acta **45**, 77—84, 1/2. 1962; Genève, Univ., Labor. de chim. Phys.; franz.) — 17. vgl. C. **1962**, 15176. — Nach der Meth. von Hill (vgl. C. **1954**, 9976) wurden *Benzoesäuremethylester, 2-Methyl-* (**I**), *2.6-Dimethyl-* (**II**), *2.4.6-Trimethylbenzoesäuremethylester* (**III**) sowie deren *1:1-Additions-Verbb. mit $TiCl_4$* (**IV, V** u. **VI**) dargestellt. **IV** bildet gelbe Kristalle (F. 102°), **V** orangefarbene Kristalle (F. 116°), **VI** tief orangefarbene Kristalle (F. 105°). Vergleicht man die Spektren der Ester mit denen der Additions-Verbb., dann zeigt sich, daß die ν(C=O) in der Additions-Verb. um ca. 155 cm^{-1} niedriger ist. Aus dieser Beobachtung wird auf die Bldg. einer Koordinationsbindung zwischen dem O-Atom der C=O-Gruppe u. dem Metallatom geschlossen. Es nimmt ferner bei den Additions-Verbb. die antisymm. Frequenz $\nu(\Phi-C-O)$ relativ zu den freien Liganden zu. C. Gottfried. B 120

Die N-H-Valenzschwingungsfrequenzen von Anilin in Chloroform. A. G. Moritz. (Spectrochim. Acta [London] **17**, 365—67, März 1961; Adelaide, South Australia, Univ., Dep. of Org. Chem.; engl.) — Das IR-Spektrum von verd. Lsgg. von *Anilin* (**I**) in Chlf. zeigte neben den in CCl_4-Lsg. auftretenden N—H-Frequenzen (3480 u. 3394 cm^{-1}) 2 weitere Banden bei 3454 u. 3376 cm^{-1}, deren Lage u. relative Intensitäten unabhängig von der Konz. der verd. Lsgg. war, in **I**—CCl_4—Chlf.-Mischungen jedoch bzgl. des Intensitätsverhältnisses vom Chlf.-Geh. abhing. Das Ergebnis wird gedeutet durch das Vorliegen eines Gleichgewichts zwischen freien I-Moll. u. I-Moll., die über H-Brücken mit Chlf. in Wechselwrkg. stehen. Die H-Brücken werden durch das H des Chlf. vermittelt. G. Winkhaus. B 120□

Mikrowellenabsorption von Mischungen dipolarer Flüssigkeiten in nichtpolaren Lösungsmitteln. P. K. Kadaba. (J. physic. Chem. **62**, 887—89, Juli 1958; Newark, N.J., Newark Coll. of Engng., Dep. of Electr. Engng.; engl.) — Vf. dehnte die Unterss. von Schallamach (vgl. Trans. Faraday Soc. **42A**, [1946], 180) auf einfachere Fll. aus u. untersucht die Temp.-Abhängigkeit des dielektr. Verlustfaktors ε'' folgender tern. Mischungen in Abhängigkeit von der Konz.: $C_6H_5NO_2$ (I)/$C_2H_5NO_2$ (II) u. *o*-CH_3—$C_6H_4NO_2$ (III)/II in *n*-C_7H_{16}; I/III, III/II u. I/II in *Cyclohexan*; I/III u. C_6H_5CN/*Propionitril* in *n*-$C_{12}H_{26}$. Es zeigt sich, daß zwei Extreme des Verlustfaktors ε'' auftreten, d. h., daß jede polare Fl. ihre Relaxationszeit beibehält. G. M. Neumann. B 121□

Konformationsanalyse. 27. Mitt. Die Konformeren von 2-Fluorcyclohexanon. Norman L. Allinger und Herbert M. Blatter. (J. org. Chemistry **27**, 1523—26, Mai 1962; Detroit, Mich., Wayne State Univ., Dep. of Chem.; engl.) — 26. vgl. C. **1963**, 3925. — Vff. synthetisieren *cis*- (I) u. *trans-2-Fluor-4-tert.-butylcyclohexanon* (II). Die gemessenen Dipolmomente (I 4,35 D; II 2,95 D) in Bzl. bei 25° zeigen im Vgl. mit berechneten Werten, daß sich in I das F-Atom ausschließlich in äquatorialer, in II in axialer Lage befindet. Unter Bezugnahme auf diese festgelegten Syst. wird aus den Dipolmomenten von *2-Fluorcyclohexanon* (III; 3,76 D in Heptan, 4,09 in Bzl., 4,20 in Dioxan) der Anteil der äquatorialen Konformation im Gleichgewicht zu 52% in Heptan, 77% in Bzl. u. 85% in Dioxan berechnet. Die C=O-Valenzschwingungen im IR sind gegenüber denen von 4-tert.-Butylcyclohexanon bei I um 27 cm^{-1}, bei II um 18 cm^{-1} (in CCl_4) gegen höhere Frequenzen verschoben. III zeigt die entsprechende Frequenz bei 1739 cm^{-1} (e-Konformation) mit einer Schulter bei 1730 cm^{-1} (a-Konformation). Die Messung der UV-Spektren in verschiedenen Lsgm. zeigt, daß die Moll. mit dem axialen F-Atom längerwellig als die mit äquatorialem absorbieren.

Versuche: *2-Fluorcyclohexanon* (III), C_6H_9FO, Kp.$_{12}$ 79°, aus 2-Hydroxymethylen-cyclohexanon mit ClO_3F, n_D^{25} 1,4414. — *trans*- (II), $C_{10}H_{17}FO$, Kp.$_3$ 67°, aus 2-[Hydroxymethylen]-4-tert.-butylcyclohexanon (36,4 g) in einer Lsg. von Na (4,6 g) in abs. A. (300 ml) u. Durchleiten von ClO_3F unter Eiskühlung bis Erreichen von pH 7 der Rk.-Lsg. (ca. ½ Std.), Aufnehmen in W. u. Extrahieren mit Ae., n_D^{25} 1,4458; 9% (Ausbeute). *Hydrat*, $C_{10}H_{19}FO_2$, F. 74,5—76,5°, aus II durch Stehen an der Luft; 67%. — *cis-2-Fluor-4-tert.-butylcyclohexanon* (I), $C_{10}H_{17}FO$, F. 39,5—41,5° (n-Pentan), Kp.$_{3,2}$ 100,5—101°, aus vorst. Ansatz durch fraktionierte Dest., n_D^{25} 1,4558; 49%. Rudolf Albrecht. B 123□

Konformationsanalyse. 28. Mitt. 3-Alkylketoneffekt. Norman L. Allinger und Leslie A. Freiberg. (J. Amer. chem. Soc. **84**, 2201—03, 5/6. 1962; engl.) — 27. vgl. vorst. Referat. — Aus dem Gleichgewicht von *cis*- u. *trans-3.5-Dimethylcyclohexanon* wird die Energiedifferenz zwischen einer axialen u. einer äquatorialen Methylgruppe in 3-Stellung zur Carbonylgruppe zu 1,4 kcal/Mol ermittelt. Die auf den 3-Alkyleffekt (vgl. Klyne, C. **1957**, 5508) zurückzuführende Verringerung der Energie beträgt demnach 0,6 kcal/Mol. Dieser Wert stimmt mit einem auf Grund der van der Waalsschen Wechselwrkg. berechneten Wert überein.

Versuche: *cis-3.5-Dimethylcyclohexanon*, Kp.$_{20}$ 74,5—74,8°, aus 3.5-Dimethylphenol durch katalyt. Red. u. folgende Oxydation; n_D^{25} 1,4405.

Rudolf Albrecht. B 123□

Einige Gesetzmäßigkeiten im Charakter der Ausbeutenänderungen in Abhängigkeit von der Lage der Fluorescenzbande für eine Reihe organischer Verbindungen. Je. N. Wiktorowa. (Optik u. Spektroskopie [UdSSR] **10**, 279—81, Febr. 1961; russ.) — Die Abhängigkeit der Fluorescenzquantenausbeute (Q_{Fl}) von der Lage des Maximums (ν_{Fl}) der Fluorescenzbande werden bei *Dimethylnaphtheurhodin* (vgl. C. **1962**, 3762), *3-Dimethylamino-6-monomethylamino-N-methyl-*, *3.6-Bis-[dimethylamino]-N-methyl-*, *3-Dimethylamino-6-amino-N-methyl-* (I), *3.6-Diamino-N-methyl-*, *4-Amino-N-methyl-*, *4-Methoxy-N-methylphthalimid*, *Fluoresceinäthylester* (II), II-*Äthyläther*, *2-Aminoacridin*, *Cyclohexylaminomaleinimid* u. *Aminochlormaleinimid* (III) untersucht. Im Bereich (16000 bis 22000 cm^{-1}) steigt Q_{Fl} mit zunehmender Verschiebung von ν_{Fl} nach der höherfrequenten Seite, wobei verwandte Verbb. ein ähnliches Verh. zeigen. Bei der einen Verb.-Gruppe, z. B. I, wurden beim Wechsel des Lsgm. sprunghafte Änderungen von Q_{Fl} beobachtet, während ν_{Fl} nur geringfügige Verschiebungen zeigt. Die andere Verb.-Gruppe, z. B. III, zeigte dagegen schwächere Änderungen von Q_{Fl} bei größeren Verschiebungen von ν_{Fl} bei Verw. verschiedener Lösungsmittel. U.-L. Rau. B 125□

Polarisation der Phosphorescenz von Organophosphoren. W. A. Pilipowitsch. (Optik u. Spektroskopie [UdSSR] **10**, 209—13, Febr. 1961; russ.) — Die Phosphorescenzspektren von *Äsculin*, *Carbazol*, *Auramin*, *Trypaflavin* (I) u. *Acridingelb* in Zucker, *Fluorescein* in Borsäure sowie I in Gelatine u. gefrorenem A. wurden bei Raum-Temp. u. der Temp. von fl. Luft untersucht u. der Polarisationsgrad bestimmt. Die beobachteten Änderungen des Polarisationsgrades von β- u. α-Phosphorescenz mit der Temp. führen zu Rückschlüssen über die komplizierte Struktur des metastabilen Zustandes. Die Änderungen des Polarisationsgrades der β-Phosphorescenz werden bei I einheitlich in allen 3 Lsgm. beobachtet. U.-L. Rau. B 125□

Das Ionisationspotential des Methylenradikals. E. W. C. Clarke und C. A. McDowell. (Proc. chem. Soc. [London] **1960**, 69, Febr.; Vancouver, Univ. of Brit. Columbia, Dep. of Chem.; engl.) — In der Ionisationskammer eines Massenspektrometers werden die *Methylenradikale*, die durch Zers. von Diazomethan entstehen, durch Elektronenstoß ionisiert. Der sich für das Ionisationspotential ergebende Wert von 11,82 ± 0,05 eV weicht stark ab von dem Wert von 12,69 eV, den Reed (Chem. and Ind. **1959,** 1218) aus thermochem. Daten berechnete. E. Flechsig. B 131□

Messung extrem kurzer Zerfallszeiten organischer Ionen mit dem Feldionisationsmassenspektrometer. H. D. Beckey. (Z. Naturforsch. **16a,** 505—10, Mai 1961; Bonn, Univ., Inst. für Physikal. Chem.; dt.) — Die scharfe Lokalisierung des Entstehungsortes der Mutterionen im Feldionisations-Massenspektrometer ermöglicht die Ausdehnung des Meßbereichs kurzer Zerfallszeiten bis auf einige 10^{-14} s. Vf. leitet eine Gleichung für die Peakform eines durch metastabilen Zerfall gebildeten Fragmentionenstroms ab u. berechnet die Ionenstromprofile (Abb.) für den Zerfall von *Butan* (M = 58) in m = 29 für Zerfalls-Konst. zwischen 10^{13} u. 10^{10} s^{-1}. Für mittlere Lebensdauern von 10^{-13} u. 10^{-12} s sind die Massenlinien in Richtung kleinerer Massen hin verbreitert, während bei 10^{-11} bis 10^{-10} s diese in Richtung größerer Massen verbreitert sind. Durch Abbremsung der Ionen in einem Gegenfeld kann die Linienverbreiterung bei Zerfallszeiten in der Größenordnung 10^{-13} s vergrößert werden. Es wurde die mittlere Lebensdauer des Butanions gegenüber $C_2H_5^+$-Zerfall (M = 29) zu $5{,}3\cdot10^{-14}$ s bestimmt. Die Unters. des *Neopentan* ergab eine Intensität des Mutterions von ca. 3% der des $C_4H_9^+$ (M = 57; im Elektronenstoß-Massenspektrum nur ca. 0,01%). Die mittlere Lebensdauer gegenüber $C_4H_9^+$ beträgt ebenfalls $5{,}3\cdot10^{-14}$ s. Es wurden ferner zahlreiche Bruchstücke mit Zerfallszeiten $>5\cdot10^{-9}$ s mit relativen Intensitäten von ca. 0,1% gefunden. H. Liepack. B 131□

Deutung der Additivitätsbeziehung für die ^{13}C-Protonenkopplung in substituierten Methanen auf Grund der Valenzbindung. H. S. Gutowsky und Cynthia S. Juan. (J. Amer. chem. Soc. **84,** 307—08, 20/1. 1962; Urbana, Ill., Univ. of Illinois, Noyes Chem. Labor.; engl.) — Vff. deuten die von Malinowski (C. **1962,** 5978) angegebene Additivitätsbeziehung $J_{CH}(CHXYZ) = \zeta_X + \zeta_Y + \zeta_Z$ für die Kopplung direkt gebundener ^{13}C—H-Kerne in substituierten Methanen auf Grund einer bekannten Beziehung zwischen J_{CH} u. dem s-Charakter der C-Bahn in der C—H-Bindung.
D. Jörchel. B 137□

NMR-Spektrum hoher Auflösung von flüssigem Propan. P. T. Narasimhan, N. Laine und Max T. Rogers. (J. chem. Physics **28,** 1257—58, Juni 1958; East Lansing, Mich., Michigan State Univ., Kedzie Chem. Labor.; engl.) — Von fl. *Propan* wurde das NMR-Spektrum bei 40 MHz aufgenommen u. mit dem theoret. Spektrum (berechnet nach Anderson, C. **1957,** 5804) verglichen. Für die CH_2- bzw. CH_3-Protonen der $-CH_2-CH_3$-Bindung werden angegeben: $\delta = 13{,}4$ Hz; J = 4,3 Hz.
M. Schüle. B 137□

Elektronenspinresonanz eines bestrahlten Harnstoffoxalateinkristalls. D. V. G. L. Narasimha Rao und Walter Gordy. (J. chem. Physics **35,** 362—68, Juli 1961; Durham, N.C., Duke Univ., Dep. of Phys.; engl.) — Vff. untersuchten mit Hilfe der Elektronenspinresonanz freie Radikale in einem *Harnstoffoxalat*-Einkristall, die sie durch Bestrahlen mit ^{60}Co-γ-Strahlen erzeugten. Bei Zimmer-Temp. wurde nur eine Art von Radikalen gefunden, die nach dem ESR-Spektrum wahrscheinlich die Form $HOOC-\dot{C}H_{(1)}OH_{(2)}$ haben. Das Radikal ist sehr stabil: Über ein Jahr nach Bestrahlung konnte das ESR-Spektrum ungeschwächt beobachtet werden. Der g-Faktor ist nur wenig richtungsabhängig: g_u: 2,0024, g_v: 2,0048, g_w: 2,0047. Kopplung tritt auf mit den mit $H_{(1)}$ u. $H_{(2)}$ bezeichneten H-Kernen mit den 3 Hauptkopplungselementen (in Gauß): $H_{(1)}$: 15,7; 26,5; 8,1. $H_{(2)}$: 6,2; —0,3; 8,3. Bei Bestrahlung u. Betrachtung bei 77° K wurde ein anderes Radikal gefunden, dessen Spektrum nur eine von einem H (wahrscheinlich $H_{(2)}$) herrührende Hyperfeinstruktur besitzt. B. Krebs. B 137□

Eine Elektronenspinresonanzuntersuchung zur Oxydation von Phenolen. A. Fairbourn und E. A. C. Lucken. (Proc. chem. Soc. [London] **1960,** 67—68, Febr.; London, Queen Mary Coll.; engl.) — Auf Grund von ESR-Unterss. nehmen Vff. an, daß die

Oxydation von *2.6-Di-tert.-butylphenol* in alkal. Lsg. wahrscheinlich nach einem Mechanismus verläuft, bei dem das Phenolatanion über die Stufen 2.6-Di-tert.-butylphenoxylradikal, 2.6-Di-tert.-butyl-1.4-benzosemichinon, 3.3'.5.5'-Tetra-tert.-butyl-4.4'-dihydroxydiphenyl u. das entsprechende Semichinon zum 3.3'.5.5'-Tetra-tert.-butyldiphenochinon oxydiert wird. Die Oxydation vom Semichinon zum Chinon in der letzten Stufe erfolgt langsam gegenüber den ersten Rk.-Schritten. E. Flechsig. B 137□

NMR-Spektren und Konformationsanalyse von 4-Alkylcyclohexanolen. Anita H. Lewin und S. Winstein. (J. Amer. chem. Soc. **84,** 2464—65, 20/6. 1962; Los Angeles, Calif., Univ. of California, Dep. of Chem.; engl.) — Die NMR-Spektren von *Cyclohexanol* sowie von *cis-* u. *trans-4-tert.-Butyl-*, *-Isopropyl-*, *-Äthyl-* u. *Methylcyclohexanol* u. den entsprechenden $D_{4(2.2.6.6)}$*-4-Alkylcyclohexanolen* werden in CCl_4 u. $D_{(2)}$-Propanol-(2) gemessen. Die ähnliche Lage der chem. Verschiebung des 1-Protons aller trans-Alkyl-Verbb. zeigt, daß sie fast ausschließlich in der ee-Konformation vorliegen. Die chem. Verschiebungen der cis-Verbb. sind abhängig von der Größe der Alkylgruppe. Die Zuordnung der Resonanzen des axialen bzw. äquatorialen 1-Protons wird dabei aus dem Spektrum der deuterierten tert.-Butyl-Verb. vorgenommen, da dieses infolge des Fehlens von Spin–Spin-Kopplung ein scharfes Singulett liefert. Rudolf Albrecht. B 137□

Nachmessung der Elektronenspinresonanzaufspaltungskonstanten einiger gut bekannter freier Radikale. J. E. Bennett. (Nature [London] **188,** 485—86, 5/11. 1960; Chester, „Shell" Res. Ltd., Thornton Res. Centre; engl.) — Bei der Best. der ESR des *Perinaphthenylradikals* wurden für die Hyperfeinaufspaltungs-Konst. Werte von 6,30 ± 0,1 u. 1,82 ± 0,05 Oe gefunden, die von den von Sogo u. Mitarbeitern (vgl. C. **1958,** 1530) abweichen. Es wurden daher, um die Eichung des Magnetfeldes zu prüfen, die Kopplungs-Konst. (alle in Oe) folgender freier Radikale gemessen: *α.α'-Diphenyl-β-pikrylhydrazyl,* 8,9 ± 0,2; *Phenyl-[2-methylpentanon-(4)-yl-(2)]-stickoxidoxim-N-phenyläther-N-oxid,* 11,9 ± 0,2; *2.6-Di-tert.-butyl-4-[3.5-di-tert.-butyl-4-oxocyclohexadien-(2.5)-ylidenmethyl]-phenoxy,* 5,9 ± 0,1 u. 1,45 ± 0,05; *p-Benzosemichinon* (I), 2,34 ± 0,05; *H-Atom* (II), 512 ± 10. Bei I u. II stimmen die erhaltenen Werte gut mit den in der Literatur angegebenen überein. Ähnliche Übereinstimmung wurde noch für einige andere, nicht angeführte freie Radikale erhalten. H. G. Henkel. B 137□

Über den Mechanismus der Elektroreduktion von Nitrobenzol und einigen seiner Derivate. 1. Mitt. G. A. Martinjuk und A. I. Schlygin. (J. physik. Chem. [UdSSR] **32,** 368—73, Febr. 1958; Moskau, Univ.; russ., Auszug: engl.) — Die elektrolyt. Red. von *Nitrobenzol, p-Nitrophenol* u. *p-Nitroanilin* an platiniertem Pt im Gebiet bis zum reversiblen H-Potential erfolgt über adsorbierten H_2. Bei weiterer kathod. Polarisation beobachtet man eine Abnahme der Geschw. des Prozesses, die sich in einer stetigen Verschiebung nach negativeren Potentialen äußert. Die Adsorptionsfähigkeit nimmt in der genannten Reihe der Verbb. ab, ebenso die Geschw. ihrer Reduktion. Helmut Schäfer. B 141△

Über den Mechanismus der Elektroreduktion von Nitrobenzol und einigen seiner Derivate. 2. Mitt. **Einfluß der Zusammensetzung des Elektrolyten.** G. A. Martinjuk und A. I. Schlygin. (J. physik. Chem. [UdSSR] **32,** 1907—13, Aug. 1958; russ., Auszug: engl.) — 1. vgl. vorst. Ref.; 3. vgl. C. **1963, 3555.** — Es wurde die elektrolyt. Red. von *Nitrobenzol, Phenylhydroxylamin* (I) u. *p-Nitrophenol* an einer Pt-Elektrode in 0,1n H_2SO_4, 0,01n HCl u. 0,1n NaOH untersucht. Die Red. erfolgt nach einem gemischten Mechanismus. In wss. H_2SO_4 verläuft sie vor allem über adsorbierten H_2, in Ggw. von A. vornehmlich nach einem elektron. Mechanismus. A. ist nicht indifferentes Lsgm., sondern begünstigt die Elektro-Red. nach dem elektron. Mechanismus. Die elektrolyt. Red. in Ggw. von A. geht im Sauren besser vonstatten als im Alkalischen. Die Elektro-Red. in saurer Lsg. geht bis zum Anilin (II), wobei die Red. von I zu II, die nach dem elektron. Mechanismus vor sich geht, der geschwindigkeitsbestimmende Prozeß ist. Helmut Schäfer. B 141△

Einfluß von Ultraschall auf die Prozesse der Elektroreduktion und Elektrooxydation. 1. Mitt. **Elektroreduktion von Nitrobenzol an der glatten Platinkathode.** F. I. Kukos und L. I. Antropow. (J. physik. Chem. [UdSSR] **32,** 2294—2300, Okt. 1958; Nowotscherkask, polytechn. Ordshonikidse-Inst.; russ., Auszug: engl.) — Auf den bei der elektrolyt. Red. von *Nitrobenzol* (I) an Pt in wss. oder wss.-alkohol. H_2SO_4 erhaltenen Polarisationskurven (Spannung gegen Stromdichte) wird eine Schulter beobachtet, die in der Nähe des Potentials Null von Pt liegt. Dieser Sprung rührt wahrscheinlich von der Umorientierung der polaren I-Moll. beim Übergang von der positiv zur negativ geladenen Elektrodenoberfläche her. Die Schulter kann auch durch Anlegen von Ultraschall (1,4 MHz, 1,0 W/cm²) unter Bedingungen erzielt werden, unter denen sie ohne Ultraschall nicht beobachtbar ist. Die dieser Schulter entsprechende Potentialdifferenz steigt bei der Einw. von Ultraschall merklich an. Der Einfl. des Ultraschalls beruht wahrscheinlich auf einer besseren Orientierung der polaren I-Moleküle. Die Grenzstromdichte der Red. von I wird durch Ultraschall auf das 10—15fache erhöht.

Helmut Schäfer. B 141△

Untersuchung der Elektroreduktion des Na-Salzes der m-Nitrobenzolsulfonsäure an der Kupferkathode. N. Je. Chomutow und I. W. Kassatonowa. (J. angew. Chem. [UdSSR] **34**, 860—64, April 1961; Moskau, Chem.-technolog. Inst.; russ.) — Der Einfl. der Stromdichte, Temp., H_2SO_4-Konz. u. des Depolarisators auf die kathod. Red. von *m-Nitrobenzolsulfonsäure* u. ihrem Na-Salz an der Cu-Kathode nach der Meth. der Polarisationskurven u. durch Best. der Stromausbeute an Metanilsäure (I) wird untersucht. Hohe Strom- u. I-Ausbeuten erhält man in 1m H_2SO_4-Lsgg., welche — bei Anwendung von Stromdichten, die kleiner als die der Grenzströme sind u. bei Temp. $>70^0$ — nur kleine Konzz. von Depolarisator aufweisen. C. Kozák. B 141□

Die polarographische Reduktion von Benzalanilin. Shin-ichi Ono und Miyoshi Uehara. (J. electrochem. Soc. Japan **27**, E 25—E 27, 1959; Osaka, Prefecture, Univ. of Osaka Prefecture; engl.) — In nicht-wss. Lsgg. verläuft die polarograph. Red. von *Benzalanilin* (I) in einem einzigen Schritt unter Red. der Azomethinbindung zum Benzylanilin (II; $Kp._{12}$ 178—180°), welches auch bei potentiostat. Elektrolyse als Red.-Prod. isoliert wurde. In wss. Lsgg. (pH 6—10) werden zwei Stufen beobachtet, die den Red.-Schritten zu einem Radikal u. weiter zu II entsprechen. Die Stufenhöhen sind in wss. Lsg. infolge beginnender Hydrolyse von I zeitabhängig; aus dem gleichen Grunde wird die zweite Stufe durch die Red. von Benzaldehyd, einem Hydrolyse-Prod. von I, überlagert. E. Moisar. B 142□

Über einige physikalisch-chemische Eigenschaften von Dimethylformamid. B. E. Geller. (J. physik. Chem. [UdSSR] **35**, 2210—16, Okt. 1961; Textil-Inst.; russ., Auszug: engl.) — Von *Formamid* (I), *N.N-Dimethyl-* (II; $Kp._{760}$ 152,5°, n_D^{25} 1,42723, n_c^{25} 1,42560, $D.^{25}$ 0,9443) u. *N.N-Diäthylformamid* (III) wurden folgende Eigg. berechnet bzw. experimentell bestimmt. Dichte: I $\varrho^t = 1,1496$ (1—0,000849 t), II $\varrho^t = 0,9683$ $(1-94,4\cdot10^{-5}$ t), III $\varrho^t = 0,9229$ (1—0,000873 t); Verdampfungswärme am Kp.: I 12 760, II 11 370, III 11 958 (cal/Mol); Aktivierungsenergie des viscosen Fließens: I 1,908, II 1,073, III 1,709 (kcal/Mol); Assoziationswärme (in Bzl. bei 25°): II 255 (cal/Mol); Molwärme (83—323° K): II C_p 6,05 (cal/Grad·Mol bei 83° K), 37,11 (bei 323° K); krit. Daten: II V_{kr} 249 cm³/Mol; p_{kr} 52,5 atm. Es wurden ferner die Kohäsions-Eigg. von I u. der Einfl. der Orientierungspolarisation auf die Kohäsion untersucht. Vf. legt eine Berechnung der Mol.-Dimensionen von I u. II, wie auch eine Erläuterung der hohen Lösungsfähigkeit von I vor. C. Kozák. B 146□

Gibling's Korrekturen. 2. Mitt. A. M. Talati. (J. Indian chem. Soc. **33**, 301—02, April 1956; Vallabhvidyanagar, V. P. Mahavidyalaya, Chem. Dep.; engl.) — 1. vgl. J. Indian chem. Soc. **32**, [1955], 471; vgl. auch C. **1962**, 10035. — Vf. berechnete die Gruppenparachorwerte für die Gruppen $C(CH_2Cl)$, $(C)_2CHCl$ u. $(C)_3CCl$ aus den Parachorwerten von *Äthyl-*, *Isopropyl-* u. *tert.-Butylchlorid.* Die Unterschiede zwischen den Parachorwerten der obigen Gruppen sind ähnlich denen, die Gibbling (vgl. J. chem. Soc. [London] **1944**, 384 u. früher) für $(C)CH_3$, $(C)_2CH_2$ u. $(C)_3CH$ erhalten hatte. Die Ergebnisse wurden mit Bezug auf die Interferenzkorrektur für C—C—Cl diskutiert. C. Gottfried. B 148

Physikalische Eigenschaften der stellungsisomeren n-Dodecanole. G. Geiseler, K. Quitzsch, J. Hesselbach und R. Hüttig. (Z. physik. Chem. [Leipzig] **220**, 79—88, 1962; Leipzig, Karl-Marx-Univ., Phys. Chem. Inst.; dt.) — Vff. berichten über Unterss. der Dichte D., der Viscosität η, des Dampfdruckes p u. der Oberflächenspannung σ der sechs *n-Dodecanole* im Temp.-Bereich von 20—90°. Es wurde gefunden [Ziffer in ( ) gibt Stellung der OH-Gruppe an]: $D._4^{20}$ (1; $Kp._{12}$ 138°, F. 23,6°, n_D^{25} 1,4424) 0,8346 (unterkühlt); $D._4^{20}$ (2; $Kp._{11}$ 129°, n_D^{25} 1,4401) 0,8293; $D._4^{20}$ (3; $Kp._{12}$ 127°, n_D^{25} 1,4402); D_4^{20} (4; $Kp._{11}$ 124°, n_D^{25} 1,4390) 0,8292; $D._4^{20}$ (5; $Kp._{16}$ 133°, n_D^{25} 1,4388) 0,8295; $D._4^{30}$ (6; $Kp._{12}$ 125°, n_D^{25} 1,3486) 0,8201 [g/cm³]. Die Viscositäten wurden mit einem Kugelfallviscosimeter nach Höppler bestimmt u. liegen zwischen 0,131 u. 0,122 Poise bei 30°. Die Dampfdrücke wurden nach der Knudsen-Meth. ermittelt u. gehorchen der Gleichung $\lg p = -A/T + B$. $A\cdot10^{-3}$: (Bezeichnung wie oben) (1) 4,355; (2) 4,442; (3) 4,091; (4) 4,209; (5) 4,149; (6) 4,256. — B: (1) 11,68; (2) 12,16; (3) 11,44; (4) 11,75; (5) 11,53; (6) 11,89. — ΔH_D [kcal]: (1) 19,92; (2) 20,02; (3) 18,71; (4) 19,25; (5) 18,97; (6) 19,46. Die Oberflächenspannung wurde nach dem Prinzip des maximalen Blasendruckes bestimmt. σ_0 [dyn/cm]: (1) 31,25; (2) 30,66; (3) 30,12; (4) 29,34; (5) 29,02; (6) 28,63. — $d\sigma/dt$ [dyn/cm·Grad]: (1) 0,0748; (2) 0,0798; (3) 0,0801; (4) 0,0796; (5) 0,0806; (6) 0,0803. — $K_{Eötvös}$ [erg/Grad]: (1) 2,92; (2) 2,40; (3) 2,41; (4) 2,41; (5) 2,46;

(6) 2,46. An Hand der Daten erörtern Vff. den Einfl. der Stellung der OH-Gruppe in der KW-Stoffkette auf die physikal. Eigg. der Alkohole. — Die sek. Alkohole wurden aus entsprechenden Aldehyden u. Alkylhalogeniden durch Grignard-Synth. hergestellt. G. M. Neumann. B 148□

Thermodynamische Eigenschaften von Gashydraten. 2. Mitt. **Phasengleichgewichte im System H_2S–C_3H_8–H_2O bei —3°.** J. C. Platteeuw und J. H. van der Waals. (Recueil Trav. chim. Pays-Bas **78**, 126—33, Febr. 1959; Amsterdam, Kon./Shell-Labor.; engl.) — 1. vgl. C. **1961**, 10076. — Vff. untersuchen die Gleichgewichte zwischen der Gasphase u. den kondensierten Phasen im Syst. *H_2S* (I)–*Propan* (II)–*H_2O* bei —3°. Es wird gezeigt, daß I u. II Mischhydrate von variabler Zus. bilden. Gasphase u. koexistierende Mischhydrate besitzen einen Minimalpunkt gleicher Zusammensetzung. Die Anwendung der sog. Lösungstheorie der Clathrate, die beim Syst. *CH_4*–II–*H_2O* erfolgreich war, kann den Verlauf der Gleichgewichtskurven in diesem Syst. ebenfalls wiedergeben. Vff. diskutieren ihre Ergebnisse im Zusammenhang mit Arbeiten von v. Stackelberg u. Mitarbeitern (vgl. C. **1955**, 6231). H. Sackmann. B 150□

Über das Flüssigkeit-Dampf-Gleichgewicht Methylformiat–Dimethylformamid. M. Rother, M. Steinbrecher und H. J. Bittrich. (Z. physik. Chem. [Leipzig] **220**, 89—104, 1962; Leuna-Merseburg, TH für Chem., Inst. für Phys. Chem.; dt.) — Vff. berichten über Messungen des Fl.–Dampf-Gleichgewichts des Syst. *Methylformiat–Dimethylformamid* im Druckbereich von 100—760 Torr mit einer Umlauf-Apparatur. Die experimentell nicht direkt bestimmbaren Werte wurden nach dem Verf. von Dühring u. Othmer (vgl. Othmer u. Mitarbeiter, C. **1955**, 3076) ermittelt. Als Konsistenzkriterium wurde die Berechnung der Kondens.-Kurve nach der Othmerschen Differentialgleichung für isobare Bedingungen u. der Vgl. mit den experimentellen Molenbrüchen benutzt. Es zeigt sich, daß im Syst. negative Abweichungen vom Raoultschen Gesetz auftreten. Die Mischungsenthalpie wurde zu ca. 100 cal/Mol abgeschätzt. Für die Exzeß-Vol. ergaben sich schwach negative Werte. G. M. Neumann. B 150□

Über das Überhitzen von Flüssigkeiten. D. B. Sinha und A. K. Jalaluddin. (Indian J. Physics Proc. Indian Assoc. Cultivat. Sci. **35 (44)**, 311—18, Juni 1961; Calcutta, Univ., Dep. of Appl. Phys.; engl.) — Vff. entwickelten eine neue Meth. zur Best. der Überhitzungs-Temp. bei Flüssigkeiten. Mit der beschriebenen Anordnung ist eine minimale Heterogenität der Grenzfläche fl.–fest gewährleistet. Zur Messung wird die Temp. angegeben, bei der der Grenzfilm der Fl. unter kräftigem Aufwallen aufreißt. Die mit *CCl_4*, *$CHCl_3$*, *Aceton*, *Bzl.*, *CH_3OH*, *CS_2*, *Ae.*, *n-Pentan* u. *Äthylbromid* erhaltenen Werte werden mit Literaturangaben verglichen. Die Übereinstimmung zu diesen sowie den aus der van der Waals schen Gleichung abgeleiteten Werten ist gut. Wolfgang Wagner. B 150□

Phasengleichgewichte im System Essigsäure–Stickstoff. G. D. Jefremowa, L. A. Makarewitsch und Je. Ss. Ssokolowa. (Chem. Ind. [UdSSR] **1961**, 563—64, Aug.; russ.) — Nach Erhitzen von *Essigsäure* (I)–*N_2*-Gemischen in zugeschmolzenen Ampullen bis zum Verschwinden der letzten Gasblase oder des letzten Fl.-Tropfens ist in der Gasphase die I-Konz. bei Temp. bis 150°, unabhängig vom N_2-Geh., gleich der Sättigungsdampfdichte von I, selbst wenn der Molenbruch von I im Gas nur 15% beträgt; das Gas-Syst. I–N_2 folgt also dem Daltonschen Gesetz. Bei Temp. > 150° werden die Abweichungen um so größer, je höher der N_2-Geh. im Gas ist, das Daltonsche Gesetz gilt nur bei mindestens 30% I in der Gasphase. In der fl. Phase folgen Lsgg. von N_2 in I dem Henryschen Gesetz (untersucht bis 60 at). Die Henrysche Konst. wird bei 50° zu 4370 (at/Molenbruch), bei 100° zu 3530, bei 150° zu 2500 u. bei 200° zu 2010 errechnet, die Lsg.-Wärme von N_2 in I zu 1800 cal/Mol. R. K. Müller. B 150□

Gleichgewicht Flüssigkeit–Flüssigkeit im System Essigsäure–Wasser–Butan. G. D. Jefremowa und R. O. Prjanikowa. (Chem. Ind. [UdSSR] **1961**, 564—66, Aug.; russ.) — Vgl. C. **1962**, 7837 u. vorst. Referat. — Gemische von *CH_3COOH*, *W.* u. *C_4H_{10}* werden in zugeschmolzenen Ampullen bis zum Verschwinden einer der fl. Phasen unter Verbleib nur einer kleinen Gasblase erhitzt. Der Fl.–Fl.-Gleichgewichtszustand hört bei einem krit. Punkt auf. Die Parameter der krit. Kurven werden in einer Tabelle mitgeteilt u. in Dreieck-Diagrammen der Isothermen für 50, 75, 100, 125, 150, 169, 175 u. 180° dargestellt. Beim Zusatz von CH_3COOH zum Syst. C_4H_{10}–W. nimmt der Gleichgewichtsdruck zunächst zu, nach Erreichen eines Maximums nimmt er bis unter den Druck im Syst. C_4H_{10}–W. ab. Eine Tabelle gibt die Zus. der koexistierenden fl. Phasen. Im bin. Syst. W.–C_4H_{10} bleibt das Dreiphasengleichgewicht Fl.–Fl.–Gas bis 152° bestehen, dann treten krit. Erscheinungen zwischen der leichten Fl.- u. der Gasphase in Ggw. der schweren (wss.) Phase ein. Im tern. Syst. CH_3COOH–W.–C_4H_{10} besteht das Dreiphasengleichgewicht bis 187°. R. K. Müller. B 150□

Ebulliometrie der Gemische Wasser-Propionsäure. Fernand Rivenq. (Bull. Soc. chim. France **1961**, 1392—95, Juli; Toulouse; franz.) — Es wurden die Siedediagramme des Syst. *W.-Propionsäure* bei den Drücken 760, 400, 200 u. 100 Torr experimentell bestimmt. Gleichzeitig wurden die Koordinaten des Azeotrops u. seine Existenzgrenzen genauer festgelegt. Es existiert zwischen 110 u. 120 Torr u. verschwindet bei 110 Torr. Die dazugehörige Temp. entspricht genau dem Kp. des W. bei diesem Druck. Die Ergebnisse stehen im Gegensatz zu denen von Jaulmes u. Mazars [1937].
H. G. Henkel. B 150□

Eine Untersuchung über das System Triäthylamin-Essigsäure. J. Holló, T. Lengyel und H. M. Uzonyi. (Periodica polytechn. [Budapest], Elektrotechn. **4**, 173—82, 1960; Budapest, Polytechn. Univ., Inst. for Agricult. Chem. Technol.; engl.) — Von dem Syst. *Triäthylamin-Essigsäure* wurden in Abhängigkeit von der mol. Zus. das Löslichkeitsdiagramm im Temp.-Bereich 30—130°, das Dampf-Fl. Gleichgewichtsdiagramm für verschiedenem Druck zwischen 47,5 u. 760 Torr sowie das Kp.-Diagramm aufgenommen. Es liegt ein Syst. von extrem nicht-idealem Verhalten vor, so daß Verss., die Experimentalergebnisse mit Hilfe einer allg. Gleichung aus thermodynam. Eigg. der Komponenten zu erhalten, zu keinem befriedigenden Ergebnis führten. Die Bldg. einer Verb. $3\ CH_3COOH \cdot N(C_2H_5)_3$ kann als wahrscheinlich gelten. W. Betcke. B 150□

Untersuchung einiger siliciumorganischer Verbindungen durch die thermographische Methode. A. P. Kreschkow, W. D. Matwejew, W. I. Jelinek und I. I. Ssoutschek. (J. physik. Chem. [UdSSR] **32,** 1937—41, Sept. 1958; Moskau, Mendelejew-Inst. für chem. Technol.; russ., Auszug: engl.) — Vgl. C. **1959,** 12958. — Es wird eine Meth. vorgeschlagen, mit deren Hilfe man graph. die Kpp. einer bestimmten Si-organ. Verb. oder anderer Fll. aus dem Thermogramm einer Mischung mit nichtflüchtigen Bestandteilen ermitteln kann. Die Meth. wird erläutert am Beispiel der Best. des Kp. von *W.* (nichtflüchtiger Zusatz KCl), *A.* (Hydrochinon), *CH_3OH* (Oxalsäure), *Bzl.* (Diphenyl), *Tetraäthoxysilan* (Tetrabutoxysilan oder Indigorückstände), sie versagt bei azeotropen Gemischen u. solchen hoher Flüchtigkeit. G. Engelhardt. B 150□

Enthalpiekonzentrationsdiagramm für das System Harnstoff-Wasser. S. C. Banerjee und L. K. Doraiswamy. (Brit. chem. Engng. **5,** 269, April 1960; engl.) — Das aus Literaturwerten konstruierte Diagramm Enthalpie-Konzz. wss. *Harnstoff*-Lsgg. umfaßt den Bereich von 0—40 Gew.-% Harnstoff u. Enthalpien der Lsgg. von —25 bis +15 cal/g Lsg. sowie den Temp.-Bereich von 0—40°. Wolfgang Wagner. B 156□

Verbrennungswärme von einigen Bicyclanen. M. P. Kosina, Ss. M. Skuratow, Ss. M. Schtecher, I. Je. Ssossnina und M. B. Turowa-Poljak. (J. physik. Chem. [UdSSR] **35,** 2316—21, Okt. 1961; Lomonossow-Univ.; Moskau; russ.) — Die Verbrennungswärmen ΔH_v von *Dicyclopentyl* (I; $Kp._{748}$ 188,5—189°, n_D^{20} 1,4650, $D._4^{20}$ 0,8659) 1513,5 ± 0,7 (kcal/Mol), *Dicyclopentylmethan* (II; $Kp._{12}$ 85,5, n_D^{20} 1,4670, $D._4^{20}$, 0,8675) 1668,7 ± 0,5, *Cyclopentylcyclohexan* (III; $Kp._{752}$ 215—217°, n_D^{20} 1,4722, $D._4^{20}$ 0,8750) 1662,7, *Cyclopentylcycloheptan* ($Kp._{747}$ 238—240°, n_D^{20} 1,4812, $D._4^{20}$ 0,8911) 1826 ± 0,9, *Dicycloheptyl* ($Kp._5$ 121°, n_D^{20} 1,4927, $D._4^{20}$ 0,8653) 2137 ± 0,6 (bei 20°), *trans-β-Methyldekalin* (IV; $Kp._{759}$ 205°, n_D^{20} 1,4684, $D._4^{20}$ 0,8653) 1654,4 ± 0,5 werden calorimetr. bestimmt. Aus diesen Werte u. denen der Monocyclane ergibt sich für die Rk. 2 Monocyclan → Bicyclan + H_2 eine mittlere Enthalpieänderung von $-\Delta H^{25}$ 60,1 u. für die $-\Delta H_v$-Werte von trans-β-Alkyldekalinen $-\Delta H^{25} = 1500{,}3 + 154{,}2 + (n-1)\cdot 156{,}2$. Die Isomerisierungswärme für 25° (fl. Zustand) werden berechnet: **I** → trans-Dekalin —13,2 (kcal/Mol), **III** → **IV** —8,2, **II** → **IV** —14,2. C. Kozák. B 156□

Die Bildung polycyclischer Kohlenwasserstoffe in Diffusionsflammen. J. R. Arthur, B. T. Commins, J. A. S. Gilbert, A. J. Lindsey und D. H. Napier. (Combust. and Flame **2,** 267—72, Sept. 1958; Leatherhead, Surrey, Brit. Cool Utilization Res. Assoc.; engl.) — An „umgekehrten" Diffusionsflammen (das Gemisch $O_2 + N_2$ strömt durch ein Rohr in die Brennstoff-Atmosphäre) von *Äthylen* (**I**) oder *Methan* (**II**) mit Luft oder mit O_2 angereicherter Luft wurden die Verbrennungs-Prodd. chem. untersucht, ebenso die bei der Pyrolyse des *Acetylens* (**III**) anfallenden Prodd., da **III** sich als ein Zwischenprod. der **I**- oder **II**-Verbrennung erwies. 20 polycycl. KW-Stoffe konnten identifiziert werden u. es werden eingehende Überlegungen über die C-Bldg. in Diffusionsflammen angestellt. Obgleich **III** als Zwischenglied bei der Bldg. polycycl. Verbb. eine Rolle zu spielen scheint, konnte gezeigt werden, daß diese nicht allein für die C-Bldg. verantwortlich zu machen sind, sondern daß auch O_2 sowohl bei der Pyrolyse als auch bei den anderen Rkk. eine Rolle spielt. Als Verbrennungs-Prodd. wurden identifiziert: *Naphthalin* [3,5% (in den lösl. Anteilen der sich abscheidenden Prodd. der Flammen von **I**); 0,1% (von **II**); 46,1% (bei der Pyrolyse von **III**)], *2-Methylnaphthalin* (—; 4,1; —)

Acenaphthen (0,2; 0,3; —), *Fluoren* (2,8; 0,2; 14,7); *Phenanthren* (7,5; 14,7; 8,5), *Anthracen* (8,4; 11,6; 2,0), *Pyren* (1,3; 35,5; 5,2), *Fluoranthen* (8,4; 12,4; 3,5), *3-Methylpyren* (0,3; 1,2; vorhanden), *1.2-Benzanthracen* (1,0; 1,0; 3,0), *Naphthacen* (0,9; 0,5; —), *Perylen* (0,03; 0,9; vorhanden), *1.2-Benzpyren* (—; —; 0,7), *3.4-Benzpyren* (4,4; 0,8; 0,6), *1.12-Benzperylen* (—; 8,3; 0,5), *Anthanthren* (0,8; 3,9; vorhanden), *Coronen* (0,6; 2,1; —), *Chrysen* (0,4; —; 1,5), *Acenaphthylen* (59,5; 2,9; 13,7), *Inden* (—; —; vorhanden). Die Summe dieser Prodd. beträgt für jeden Brennstoff 100. Die Anteile polycycl. Verbb. liegen bei **I, II** u. **III** höher als bei Tabakrauch oder Luftverunreinigungen.
E. Roeder. B 157 □

Mehrfachschwingungsrelaxation in gasförmigem Dibrommethan. P. G. Dickens und D. Schofield. (J. chem. Physics **35,** 374—75, Juli 1961; Oxford, Oxford Univ., Inorg. Chem. Labor.; engl.) — Das Relaxations-Verh. von CH_2Br_2 wird an Hand von früheren Ultraschallmessungen krit. diskutiert. Theoret. nach Tanczos (C. **1957,** 6397) berechnete Werte der Relaxation (τ_1: $3{,}5 \cdot 10^{-6}$ s; τ_2: $1{,}9 \cdot 10^{-8}$ s, Anteil der spezif. Wärme: $C_1 = 1{,}630$ R; $C_2 = 0{,}942$ R) bzw. der Absorption werden mit experimentellen (Meyer, C. **1962,** 3771) Werten verglichen. Während bzgl. der Absorption gute Übereinstimmung festgestellt wurde, traten starke Abweichungen zwischen der berechneten Dispersionskurve u. den Werten der Verss. auf. B. Krebs. B 159 □

Die Diffusivitäten assoziierter Verbindungen in Wasser. F. H. Garner und P. J. M. Marchant. (Trans. Instn. chem. Engr. **39,** 397—408, 1961; Birmingham, Univ., Dep. of Chem. Engng.; engl.) — Die Diffusivitäten (Diff., cm^2/s) u. das Prod. Diff.·η (η = Viscosität) einiger assoziierender organ. Fll. (*Äthan-, Propan-1.2-, 2-Äthylhexan-1.3-diol, Glycerin, Benzyl-* u. *Isobutylalkohol*) in W. hinein u. umgekehrt wurde interferometr. konz.- (für Molenbrüche zwischen 0 u. 1) u. z. T. temp.-abhängig (zwischen 15 u. 45°) untersucht. Die Diffusion gehorcht in verd. wss. Lsg. der Theorie von Eyring, in konz. Lsgg. wird sie durch die gegenseitige Rotation der großen Moll. bestimmt. Die Bldg. des akt. Zustands des assoziierten Mol. ist mit einem merklichen Entropieanstieg verbunden. Daraus wird gefolgert, daß nicht alle H-Brücken zerstört werden. Die Diffusion erfolgt wahrscheinlich über einen Komplex des Gelösten mit W. u. nicht durch die Wassermoll. allein. Die Diff. bei unendlicher Verdünnung wurde nach Arnold [1930] berechnet, die Diff. in W. hinein ist danach etwas größer u. die Diff. in die Hydroxyl-Verbb. hinein etwas geringer als die experimentellen Werte. Für die Theorie von Wilke werden modifizierte Korrektionsfaktoren der Assoziationsparameter der Komponenten bei unendlicher Verdünnung gegeben. Die so berechnete Diff. kann dann unter Verw. der regulären Mischungsgesetze zur Best. der Diff. konz. Lsgg. benutzt werden, wobei besser die Werte von Diff: η/T (T = Temp.) als Diff. allein berücksichtigt werden. H.-P. Rettig. B 171 □

Sorption von Methylalkoholdämpfen an dehydratisierenden Katalysatoren in einem weiten Temperaturbereich. I. W. Smirnowa, K. W. Toptschijewa und W. Ss. Jungman. (J. physik. Chem. [UdSSR] **31,** 1337—44, Juni 1957; Moskau, Lomonossow-Univ.; russ.) — Es wurde die Adsorptions–Desorptions-Isothermen von *Methylalkohol*-Dämpfen am Alumosilicat-Katalysator der Zus. 50% Al_2O_3 u. 50% SiO_2, wie auch am Al_2O_3-Katalysator, bei —20, 0, 20, 60, 80 u. 110° untersucht. Bei allen Temp. besitzen die Isothermen eine durch Chemisorption bedingte, nicht reproduzierbare Hysteresis im Gebiet niedrigen Dampfdruckes. Die Anteile der chemisorptiv akt. Oberflächen ist bei allen untersuchten Temp. prakt. gleich für beide Katalysatoren. Diese Tatsache bestätigt die gleiche Natur der chemisorptiv akt. Zentren beider Katalysatoren. Mit wachsender Temp. (von —20 bis +80°) vergrößert sich die Menge von chemisorptiv gebundenem **I**, bei einer gleichzeitigen Senkung der allg. Adsorption. Dabei erhöht sich der Anteil der chemisorptiv akt. Oberfläche bis zum Eintreten der katalyt. Zers. von **I**. Daraus ergibt sich möglicherweise die Identität von katalyt. u. chemisorptiv akt. Zentren der angeführten Katalysatoren. C. Kozák. B 176 □

Über die van der Waalssche Wechselwirkung von Kohlenwasserstoffmolekülen. N. P. Borissowa und M. W. Wolkenstein. (J. Strukturchem. [UdSSR] **2,** 346—49, Mai/Juni 1961; Leningrad, Akad. der Wiss. der UdSSR, Inst. für hochmol. Verbb.; russ.) — Es wurde die van der Waalssche Wechselwrkg. von zwei *Methan*-Moll. bei verschiedenen relativen Anordnungen berechnet. Die mit Hilfe des Hillschen Potentials der Wechselwrkg. von H-Atomen der C–H-Bindung durchgeführte Berechnung der Wechselwrkg. von CH_4–CH_4 steht in guter Übereinstimmung mit dem Versuch. Den Beitrag der ster. Wechselwrkg. H···H zur Barriere der inneren Rotation kann man bei Äthan unberücksichtigt lassen. Die durchgeführten Berechnungen ermöglichen eine Analyse der inneren Rotationsbedingungen. — 14 Literaturangaben. C. Kozák. B 182 □

Theoretische Untersuchung der linearen Paraffine und ihrer Substitutionsderivate. A. Julg. (J. Chim. physique Physico-Chim. biol. **53**, 548—54, Juni 1956; Paris, École Norm. Supér.; franz.) — Vf. behandelt theoret. das Problem der Struktur substituierter Paraffine mit Hilfe der Meth. der Störungen. Es zeigt sich, daß bei den Paraffinen selbst alle C-Atome Träger einer Ladung gleichen Vorzeichens sind, wobei die End-C-Atome am stärksten geladen sind. Die Abschätzung des 1. Ionisationspotentials der Paraffine von *Propan–Hexan* u. *Decan* zeigt, daß für ion. Spaltung die zentralen C—C-Bindungen am anfälligsten sind, während aus den Bindungsindizes der Bruch der endständigen C—C-Bindung bei therm. Spaltung abzulesen ist. Diese Ergebnisse stimmen mit der Erfahrung überein. Angewandt wurde die Meth. noch auf Alkohole u. halogenierte Derivate. Daraus ergibt sich bes. für Paraffine die Polarisierung $C^+—H^-$.
C. Gottfried. B 182

Zur Berechnung des Radius verzweigter Moleküle. Kurt Altenburg. (Kolloid-Z. **178**, 112—19, Okt. 1961; Berlin-Adlershof, Dt. Akad. der Wiss. zu Berlin, Inst. für Kunststoffe; dt.) — Durch Abzählen der verschiedenen zwischen den Atomen vorhandenen Abstände u. Multiplikation mit den entsprechenden quadrat. Mittelwerten der Abstände läßt sich der Radius eines Mol. berechnen. Es werden die Radien der Paraffine bis zu den Octanen (*Äthan, Propan, 2.2-Dimethylpropan*, sowie nachst. Butane: *n-, Iso-, 2-Methyl-, 2.2-, 2.3-Dimethyl-, 2.2.3-Trimethyl-, 2.2.3.3-Tetramethyl-*; Pentane: *n-, 2-, 3-Methyl-, 3-Äthyl-, 2.2-, 2.3-, 2.4-, 3.3-Dimethyl-, 2-Methyl-3-äthyl-, 3-Methyl-3-äthyl-, 2.2.3-, 2.2.4-, 2.3.3-, 2.3.4 Trimethyl-*; Hexane: *n-, 2-, 3-Methyl-, 3-Äthyl-, 2.2-2.3-, 2.4-, 2.5-, 3.3-, 3.4-Dimethyl-*; Heptane: *n-, 2-, 3-, 4-Methyl-* u. *n-Octan*) unter Verw. des Segmentmodells u. des Modells der Valenzwinkelkette berechnet. Wie Vf. zeigt, ist es möglich, verzweigte Makromoll. formal in lineare Ketten zu zerlegen, deren Radien leicht zu bestimmen sind. Mittels einer einfachen Beziehung läßt sich daraus der Radius des Gesamtvol. berechnen. Die Meth. wird am Beispiel eines verzweigten Mol. vom Polymerisationsgrad N = 101 erläutert. P. Olschinka. B 182□

Möglicher Effekt der Ladungsübergangskomplexbildung auf den diedrischen Winkel von Dialkyldisulfiden. S. P. McGlynn, J. Nag-Chaudhuri und M. Good. (J. Amer. chem. Soc. **84**, 9—13, 5/1. 1962; Baton Rouge, La., Louisiana State Univ., Coates Chem. Labor.; engl.) — Vff. zeigen durch einfache Molekularbahn-Betrachtungen, daß eine Vergrößerung des diedr. Winkels der Disulfidgruppe zu erwarten ist, wenn ein Dialkyldisulfid als Elektronendonator in einem Ladungsaustausch-Komplex fungiert. Es wird eine den Effekt begleitende Rotverschiebung der charakterist. S–S-Absorptionsbande bei ca. 2500 Å vorausgesagt. Beobachtungen dieser Rotverschiebung in Lsgg. von Diamyldisulfid u. Diäthyldisulfid (I) mit Jod lieferten eine maximale Verschiebung von 70 Å, während die für den reinen I–Jod-Komplex abgeleitete Verschiebung zu 2000 cm^{-1} berechnet wurde. Mit diesem Wert kann der diedr. Winkel im Komplex 104 oder 76° betragen, wobei 104° aus ster. Gründen bevorzugt ist. Noch nicht eindeutig bewiesen ist die der Betrachtung zugrunde liegende Annahme, die 2500 Å-Absorptionsbande der Disulfidgruppe sei ein $n \rightarrow \sigma^*$-Übergang (Spektren von I in Cyclohexan, A., Acetonitril, W. u. Dampf.) D. Jörchel. B 182□

Bestimmung von Molekülstrukturen aus den Rotationskonstanten des Grundzustandes. C. C. Costain. (J. chem. Physics **29**, 864—74, Okt. 1958; Ottawa, Canada, Nat. Res. Council, Div. of Pure Phys.; engl.) — Nach einem im einzelnen beschriebenen Verf. wurden von folgenden Verbb. u. deren Deuterierungs-Prodd. die Bindungslängen nach der Isotopen-Substitutions-Meth. bestimmt: *HCN*, N_2O, *OCS*, $HC{\equiv}CCN$, $CH_3C{\equiv}CH$, CH_3CN, CH_3NC, CH_3Cl, CH_3Br u. CH_3D. Die Meth. liefert, wie durch Vgl. der Werte mit Gleichgewichtsdaten festgestellt wurde, gute Werte.
M. Schüle. B 182□

Chemische Gleichwertigkeit der Kohlenstoffatome im Tropyliumion. M. Je. Wolpin, D. N. Kurssanow, M. M. Schemjakin, W. I. Maimind und L. A. Neiman. (J. allg. Chem. [UdSSR] **29** (**91**), 3711—16, Nov. 1959; Akad. der Wiss. der UdSSR, Inst. für metallorg. Verbb.; Akad. der med. Wiss. der UdSSR, Inst. für biolog. u. med. Chem.; russ.) — Vgl. C. **1963**, 2055. — $^{14}C_{(CH_2)}$-Cycloheptatrien wird in ^{14}*C-Tropyliumbromid* (I) u. *-perchlorat* (II), diese nach Grignard in *Phenylcycloheptatrien* (III) übergeführt. Die aus III durch Oxydation erhaltene Benzoesäure enthält $^1/_7$ der Radioaktivität von I bzw. II, was die Gleichwertigkeit der C-Atome im Tropyliumion beweist.

Versuche: Gemisch aus ca. 60% $^{14}C_{(CH_2)}$-*Cycloheptatrien* u. 40% $^{14}C_{(CH_3)}$-*Toluol*, Kp. 112,5—114,1°, man gibt zu 2 Liter Bzl. u. 300 ml 50%ig. KOH bei 5—7° portionsweise 150 g $^{14}C_{(CH_3)}$-Nitrosomethylharnstoff, rührt $^1/_4$ Std., trocknet u. bestrahlt die Bzl.-Lsg. mit UV-Licht, bis kein N_2 mehr entwickelt wird (30 Std.); n_D^{20} 1,5121; 3,19 g (Ausbeute). — ^{14}*C-Tropyliumbromid* (I), man tropft zu 2,7 g vorst. Gemisch CCl_4 in 40 Min. unter Eiskühlung 2,4 g Brom in CCl_4, erhitzt 12 Std. auf 60°/8 mm u. 8 Std.

auf 70°/0,2 mm u. krist. den Rückstand bei −50° aus wasserfreiem A. um; 60%. — *Tropyliumperchlorat* (II), man läßt 0,5 g Gemisch u. 5 g PCl_5 in CCl_4 1 Tag stehen, nimmt in W. auf u. fällt mit 60%ig. $HClO_4$ aus. — *^{14}C-Phenylcycloheptatrien* (III), man kocht 1,25 g I (oder II) u. den doppelten Überschuß Phenyl–MgBr in Ae. 20 Min.; 94%. — *$^{14}C_{(COOH)}$-Benzoesäure,* F. 120—122°, man kocht 1,16 g III, 16 g $KMnO_4$, 1 n NaOH u. W. 15 Std.; 130 mg. Helmut Schäfer. B 182△

Die Wärmebewegung in Molekülkristallen: Streuung der Röntgenstrahlen durch Acridin III. J. L. Amorós, A. de Acha und M. L. Canut. (Bull. Soc. franç. Minéralog. Cristallogr. **84,** 40—50, Jan./März 1961; Madrid, C.S.I.C., Dep. de Cristalogr., Sec. de Termodinám. Cristalina; franz.) — Mit Hilfe von Laue-Aufnahmen untersuchten Vff. die therm. Streustrahlung von *Acridin III* bei Zimmer-Temp., dessen Struktur von Phillips (vgl. C. **1957, 4642**) bestimmt worden war. Unter Verw. der früher (vgl. C. **1961,** 10889) entwickelten Theorie wurde direkt der Beitrag der möglichen unabhängigen Bewegungen der Moll. auf die Streuung berechnet. Eine befriedigende Übereinstimmung zwischen Theorie u. Beobachtung ergab sich nur unter der Annahme, daß die 4 Moll. in der Elementarzelle unabhängige Wärmeschwingungen ausführen. Die Debyesche Temp. wurde zu 41° K abgeschätzt. C. Gottfried. B 195

Über die Assoziation von Pyrrol mit Pyridin und seinen Methylderivaten. IR-spektroskopische Untersuchung. Maurice Gomel und Paul Pineau. (C. R. hebd. Séances Acad. Sci. **252,** 2870—71, 8/5. 1961; franz.) — Vgl. C. **1962, 7098.** — Es wurden die Assoziations-Konst. (berechnet für die 1 : 1-Komplexe) in CCl_4 von *Pyrrol* (I) mit *Pyridin* (II), [K] 2,7 ± 0,3 [Liter/Mol], [$\Delta\nu$] 245 ± 20 [cm^{-1}], *4-Methyl-* (III), 4,1 ± 0,4, 265 ± 15 u. *2.4.6-Trimethylpyridin* (**IV**), 4,1 ± 0,4, 300 ± 10, aus der Frequenzerniedrigung $\Delta\nu$ der ν(NH) von I (3495 cm^{-1}) im Assoziat berechnet. Zur Berücksichtigung der Eigenassoziation von I wurden die Konst. nach der Meth. von Fuson u. Mitarbeitern (C. **1959,** 16589 u. früher) berechnet. Die Ergebnisse sind mit denen von Halleux (C. **1961,** 7533) vergleichbar. Die Ggw. der Methylgruppe in **III** bewirkt eine Erhöhung der Assoziation u. eine Verschiebung der NH-Frequenz. **IV** zeigt eine noch stärkere Verschiebung der Frequenz, ohne daß sich jedoch die Assoziations-Konst. verändert, was auf ster. Faktoren zurückgeführt wird. H. G. Henkel. B 223□

Spektraluntersuchung des Lösungsmitteleffektes auf die Aggregation von organischen Farbstoffen. Ch. L. Arwan und N. Je. Saitzewa. (Optik u. Spektroskopie [UdSSR] **10,** 272—76, Febr. 1961; russ.) — Aus dem Intensitätsverhältnis von länger- u. kürzerwelligem Maximum in den Absorptionsspektren von *Rhodamin 6G, Methylenhellblau* u. *Pinacyanoljodid* in verschiedenen Lsgm. schätzen Vff. in erster Näherung den Aggregationsgrad der Farbstoffe ab. Aus dem Einfl. von Farbstoff-Konz. u. DK der Lsgm. auf die Aggregation ergeben sich nachst. Schlußfolgerungen: Ein wesentlicher Einfl. auf die Aggregation ist der chem. Natur des Lsgm. zuzuschreiben, die Größe der DK besitzt keinen bestimmenden Einfluß. Innerhalb der untersuchten organ. Lsgm. wird die stärkste Aggregation in Glycerin u. Äthylenglykol beobachtet, wesentlich geringer ist sie in Acetonitril, Formamid u. Aceton; in Aceton–Wasser-Mischungen findet bei größeren Mengen an W. eine bemerkenswerte Desaggregation statt; andere Alkohole nehmen eine Zwischenstellung ein. Folglich ist den OH-Gruppen der Lsgm.-Moll. eine wesentliche Rolle bei der Aggregation gelöster Farbstoffe zuzuschreiben. W. steht in seiner Wrkg. an der Spitze der genannten Lsgm., bei der Unters. von Gemischen ist die geringe Verwandtschaft von W. zu den organ. Lsgm. zu berücksichtigen. U.-L. Rau. B 223□

Löslichkeit von n-Hexan, Cyclohexan und Benzol in komprimiertem Äthylen. T. P. Shuse, A. Ss. Shurba und Je. A. Jessakow. (Nachr. Akad. Wiss. UdSSR, Abt. chem. Wiss. **1960,** 361—63, Febr.; Akad. der Wiss. der UdSSR, Inst. für Geol. u. Ausbeutung fossiler Brennstoffe; russ.) — Es wurde die Löslichkeit (L) von *n-Hexan, Cyclohexan* u. *Bzl.* in komprimiertem Äthylen bei 30—125° bis 100 at bestimmt. Die Löslichkeitsisothermen für die verschiedenen Temp. werden graph. dargestellt. Für L von n-C_6H_{14} gilt log m (g C_6H_{12}/cm^3 komprimiertes C_2H_4) = (−3,48752 + 0,01368 t) + (0,015136 − 0,00006129 t) P, für Bzl. log m = (−3,5590 + 0,12376 t) + (0,018232 − 0,00020942 t) P zwischen t = 30 u. 75° u. P bis 50 at. Helmut Schäfer. B 224

Löslichkeit von Äthylen in n-Hexan, Cyclohexan und Benzol unter Druck. T. P. Shuse und A. Ss. Shurba. (Nachr. Akad. Wiss. UdSSR, Abt. chem. Wiss. **1960,** 364—66, Febr.; russ.) — Vgl. vorst. Referat. — Es wurde die Löslichkeit von *Äthylen* in fl. *n-Hexan, Cyclohexan* u. *Bzl.* bei 30—150° bis 120 at bestimmt. Die Löslichkeit bei gleicher Temp. u. gleichem Druck fällt in der Reihe n-C_6H_{14}, C_6H_{12} u. Benzol. Die Löslichkeitsisothermen werden graph. angegeben. Helmut Schäfer. B 224

Löslichkeit von Acetylen, Kohlendioxid und höheren Acetylenkohlenwasserstoffen im System Dimethylformamid-Wasser. G. Je. Braude, I. L. Leitess und I. W. Dedowa. (Chem. Ind. [UdSSR] **1961,** 232—35, April; russ.) — Die Löslichkeit von *Acetylen* (**I**), *Methylacetylen* (**II**), *Vinylacetylen* (**III**), *Diacetylen* (**IV**) u. *CO_2* in *Dimethylformamid* (**V**) mit bis zu 15% W. (in einzelnen Fällen bis 23%) wird bei Temp. von 25 bis 100—140° u. Partialdrucken (P) bis 100—400 (mm Hg, bei **I** bis 760) untersucht. In allen Fällen gilt das Henrysche Gesetz K = P/N (N = Molenbruch des Gases in der Lsg.), für **IV** allerdings nur bei hohen Temp. u. bei hohem Wasser-Geh. von **V** (N $\leq$ 0,2). In wasserfreiem **V** ist **IV** sehr gut lösl., bei 25° u. P = 200 ist N = 0,4. In der Regel gilt für **IV** die Gleichung von Kritschewski u. Iljinskaja. Tabellen geben die Henryschen Konst. K für die Syst. **I**-**V**-W., CO_2-**V**-W., **II**-**V**-W., **III**-**V**-W. sowie K u. β für das Syst. **IV**-**V**-W. bei 25—120°, Diagramme der Löslichkeiten in Abhängigkeit vom Wasser-Geh. des **V** u. der Temperatur. Die Lösungswärmen in wasserfreiem **V** sind für CO_2 3300, **I** 4600, **II** 5700, **III** 6500 u. **IV** 7200 cal/Mol. R. K. Müller. B 224□

Umlagerung von Radikalen in Lösung. P. Ch. Freidlina, W. N. Kosst und M. Ja. Chorlina. (Fortschr. Chem. [UdSSR] **31,** 3—38, Jan. 1962; Inst. für element-org. Verbb. der Akad. der Wiss. der UdSSR; russ.) — Allg. Überblick über Umlagerungen von Radikalen in Lsg. unter Wanderung von Atomen oder Atomgruppierungen. — 102 Literaturangaben. G. Froelich. B 225◇

Kinetik der Isomerisierung von Allylbenzol in Gegenwart von glühendem Platin-, Palladium- und Wolframdraht. W. I. Schimuliss, W. M. Grjasnow und A. Je. Tscherkaschin. (Kinetik u. Katalyse [UdSSR] **2,** 127—34, Jan./Febr. 1961; Moskau, Univ., chem. Fak.; russ.) — Es wurde die Isomerisierung von *Allylbenzol* zu Propenylbenzol an auf 880—1360° aufgeheizten Pt-, Pd- u. W-Drähten untersucht. Die Rk. erfolgt nach der 1. Ordnung u. wird prakt. nicht von Crackungen begleitet. Für die scheinbaren Aktivierungsenergien werden anomal hohe Werte (bis zu 100 kcal/Mol) gefunden, was damit erklärt wird, daß auch die Bldg.-Wärme der katalyt. akt. Teilchen, der Metallatome, mit einbegriffen wird, u. zwar solcher, die sich 1. auf der Drahtoberfläche bewegen u. 2. von ihr verdampfen. Für den 1. von diesen beiden Rk.-Mechanismen wurden die Präexponentialfaktoren berechnet, die mit den experimentell gefundenen übereinstimmen. Helmut Schäfer. B 225

Untersuchung der inhibierten Oxydation von 2.4.6-Trimethylheptan. A. L. Butschatschenko, K. Ja. Kaganskaja und M. B. Neiman. (Kinetik u. Katalyse [UdSSR] **2,** 161—64, März/April 1961; Akad. der Wiss. der UdSSR, Inst. für chem. Phys.; russ.) — Vgl. Kinetik u. Katalyse [UdSSR] **2,** [1961], 44. — Es wurde wie l. c. die Kinetik der photochem. Oxydation von *2.4.6-Trimethylheptan* bei 42—78° in Ggw. von Diphenylamin (**I**) als Inhibitor untersucht. Für die Geschw.-Konst. der Rk. von Peroxidradikalen mit **I** wurde der Wert $k_7 = 1{,}0 \cdot 10^{-16} \exp(-3500/RT)$ ($cm^3 s^{-1}$) ermittelt. Bei der Rk. der Peroxidradikale mit **I** u. $D_{(N)}$-**I** wurde ein kinet. Isotopeneffekt von $k_D/k_H = 1{,}3 \pm 0{,}1$ festgestellt. Durch paramagnet. Elektronenresonanz wurde nachgewiesen, daß im Syst. **I**-oxydierter KW-Stoff stabile Diphenylstickstoffradikale existieren. Helmut Schäfer. B 225

Oxydation von Diolefinen am Kupferkatalysator. N. I. Popowa und Je. Je. Wermel. (Kinetik u. Katalyse [UdSSR] **2,** 235—39, März/April 1961; Irkutsk, Akad. der Wiss. der UdSSR, ostsibir. Filiale der chem. Abt., Inst. für Chem.; russ.) — Es wurde die Oxydation von *Piperylen* (**I**, cis-trans-Gemisch) u. *Isopren* am CuO-Kontakt mit Zusätzen von MoO_3 u. WO_3 untersucht. Die Ergebnisse zeigen, daß die Rk. selektiv unter Bldg. ungesätt. Carbonyl-Verbb. verläuft. Als Oxydations-Prod. von **I** wurde *Pentadien-(2.4)-al-(1)* (Kp. 52—53°; n_D^{25} 1,5110, λ_{max} 258,5 Å, A.; *2.4-Dinitrophenylhydrazon,* F. 180—181°) isoliert u. dessen Halbstufenpotential bei der polarograph. Red. bestimmt. **I** kann somit an der Methylgruppe ohne Spaltung von C—C-Bindungen oxydiert werden. Der Einfl. des Katalysators, der Temp. (350—420°), Geh. an KW-Stoffen u. O_2 sowie Vol.-Geschw. auf die Ausbeute an Carbonyl-Verbb. wird tabellar. u. graph. angegeben. Helmut Schäfer. B 225

Katalytische Oxydation aliphatischer Amine mit Wasserstoffperoxid. O. L. Lebedew und Ss. N. Kasarnowski. (J. allg. Chem. [UdSSR] **30 (92),** 1631—35, Mai 1960; Gorki, Polytechn. Inst.; russ.) — Aliphat. Amine u. NH_3 werden durch H_2O_2 in Ggw. von Na-Wolframat unter prim. Bldg. der Anlagerungs-Prodd. von O_2 an die Amine vom Typ der Amin-N-oxide oxydiert. Die Geschw.-Konst. der Oxydation hängt von der Zahl der H-Atome am Aminstickstoff u. der Zahl der Verzweigung der Substituenten ab. — Untersucht wurden: *Methyl-, Di-, Trimethyl-, Äthyl-, Di-, Triäthyl-, n-Propyl-, Di-n-propyl-, Isopropyl-, Diisopropyl-, n-Butyl-, tert.-Butyl-, tert.-Amyl-, Cyclohexyl-, Äthanol-, Di-, Triäthanolamin, Morpholin, Piperidin, Hexamethylenimin,*

NH_3, Benzylamin, Anilin, Na-Glykokollat, Na-Alaninat, ε-Aminocapronsäure, Äthylendiamin, Hydrazin, Hydroxylamin, 2.2.6.6-Tetramethylpiperidin u. *Dicyclohexylamin.* — Zur Oxydation gibt man zu 1,7 mMol des Amins, 0,5 mMol NaOH, 1 mg Trilon B u. 0,041 mMol Na-Wolframat, bei 21° 2,4 mMol H_2O_2 u. füllt mit W. (bei unlösl. Aminen A.) auf 10 ml auf. Bei der Oxydation von NH_3 in Ggw. von Cyclohexanon (I) wurde I-*Oxim* (F. 87—88° aus PAe.; 85%) erhalten, aus Cyclohexylamin *Cyclohexylhydroxylamin* (F. 137—139°; <40%), aus Dicyclohexylamin I u. I-Oxim, aus Trimethylamin *Trimethylaminoxidhydrat* (F. 95—96°; 98%). Bei der Oxydation aller prim. u. sek. Amine bildeten sich *Oxime, Hydroxylamine* oder *Hydroxamsäuren.* Nicht oxydiert wurden Harnstoff, Guanidin u. ε-Caprolactam u. bei Fehlen von Alkali auch nicht Cyclohexylaminhydrochlorid u. Aminosäuren. Helmut Schäfer. B 225

Oxydation von Benzol zu Phenol in der flüssigen Phase in der Nähe der kritischen Temperatur. Je. T. Denissow und N. M. Emanuel. (J. physik. Chem. [UdSSR] **32,** 2374—82, Okt. 1958; Akad. der Wiss. der UdSSR, Inst. für chem. Phys.; russ., Auszug: engl.) — *Bzl.* kann in fl. Phase in der Nähe (230—270°) der krit. Temp. u. bei 50 at zu Phenol (I) oxydiert werden. Für die Initiierung bzw. Stimulierung der Oxydation wurden verschiedene leicht oxydierbare Zusätze (Cyclohexan, Cyclohexanon) u. Katalysatoren (Co-Stearat) sowie Gasinitiierung erprobt. Am geeignetsten für die Oxydation zu I erwies sich die kontinuierliche Gasinitiierung durch NO_2. Die Kinetik der Oxydation stimmt mit der Vorstellung eines Kettenmechanismus u. dessen Hemmung durch die gebildeten Oxydations-Prodd. überein. Die beste Übereinstimmung mit dem Experiment bringt ein Kettenmechanismus, der die Rk. wenig aktiver freier Radikale mit den intermediären Rk.-Prodd. berücksichtigt. Helmut Schäfer. B 225△

Steigerung der Hydroperoxidausbeute beim Initiieren der Oxydation von Cumol mit Wasserstoffperoxid. R. W. Kutscher, Ss. D. Kasmin und W. D. Jenaljew. (Ber. Akad. Wiss. UdSSR **132,** 1348—51, 21/6. 1960; Lwow, Franko-Univ.; russ.) — Vgl. C. **1959,** 1070; C. **1961,** 6818. — Wenn bei der Oxydation von *Cumol* in Emulsion bei 85° zu Beginn der Rk. H_2O_2 eingeführt wird, wird die Rk. nicht beschleunigt u. die Induktionsperiode nicht verkürzt. Bei Einführung von H_2O_2 in einem späteren, schon verlangsamten Stadium der Rk. wird der Prozeß reaktiviert. Durch wiederholte Zugabe von H_2O_2 kann die Ausbeute an Cumolhydroperoxid (I) von 40 auf 80% erhöht werden. Vff. nehmen an, daß H_2O_2 eine Zers. inhibierender Zwischenprodd. u. Abbruch des Kettenprozesses bewirkt. Der Grad der Beschleunigung der I-Bldg. durch H_2O_2 wird dadurch bestimmt, in welchem Umfang die entartet-verzweigte Rk. beim H_2O_2-Zusatz fortgeschritten ist. Wie bei der alkal. Oxydation von Alkylaromaten führt kurze Ozonisierung des O_2 zu erhöhten I-Ausbeuten bei hoher Rk.-Geschw. unter Abnahme der Mengen der Nebenprodukte. R. K. Müller. B 225□

Mit Wasserstoffperoxid initiierte Emulsionsoxydation von alkylaromatischen Kohlenwasserstoffverbindungen. R. W. Kutscher, Ss. D. Kasmin und W. D. Jenaljew. (J. physik. Chem. [UdSSR] **35,** 2322—27, Okt. 1961; Lwow, Franko-Univ.; russ., Auszug: engl.) — Die Wrkg. von H_2O_2 als Initiator bei der Emulsionsoxydation von *Isopropylbenzol* (I), *1.1-Diphenyläthan* (II) u. *1-Phenyl-1-p-tolyläthan* bei 85° hängt ab von der Natur des KW-Stoffes u. der Dauer der H_2O_2-Zugabe. Konst. Initiierung durch H_2O_2 führt zu einer Intensivierung der Oxydation von II u. bei I zu einer Verzögerung. Eine Einführung von H_2O_2 im Moment der Erreichung der Grenz-Konz. von H_2O_2 führt bei allen KW-Stoffen zur Erneuerung der Akkumulation von Peroxiden, was auf die Wechselwrkg. von H_2O_2 mit den gebildeten Inhibitoren zurückgeführt wird. Wenig aktivierte Radikale, die die Rk. im Anfangsstadium nicht initiieren, können die Initiierung im fortgeschrittenem Stadium infolge des Verbrauchs des gebildeten Inhibitors hervorrufen. C. Kozák. B 225□

Die Autoxydation der Alkalialkoholate. 1. Mitt. **Untersuchung der Reaktion.** André Le Berre. (Bull. Soc. chim. France **1961,** 1198—1208, Juni; Conservatoire nat. des Arts et Métiers, Labor. de Chim.; franz.) — Es wird die Autoxydation der *Li-, Na-* u. *K-Salze* folgender Alkohole bei 20° untersucht: *Fluorenol-(9)* (I), *Benzhydrol* (II), *Cyclohexanol* (III), *Isopropanol* (IV), *Benzylalkohol* (V), *Phenyläthylalkohol* (VI), *A.* u. *Methanol* (VII). Die Salze werden durch Umsetzung der Alkohole mit dem entsprechenden Alkalikomplex von Tetraphenyläthylen dargestellt. Außerdem wird die Autoxydation sämtlicher Salze in Ggw. von Li-, Na- bzw. K-tert.-Butylat untersucht. Die Reaktivität der Li-Salze ist sehr viel kleiner als die der Na- u. K-Salze. Lediglich das Li-Salz von I absorbiert schnell O_2, aber in geringerer Menge als das Na- u. K-Salz. Die Autoxydations-Geschw. ist außerdem von der Struktur des Alkohols abhängig. Von den sek. Alkoholen reagiert I am schnellsten. Es folgen III u. IV mit ungefähr gleicher Reaktionsgeschwindigkeit. Die von II ist geringer u. fast konstant. Von den prim. Alkoholen wird V am schnellsten autoxydiert. **VI** verhält sich anfangs gleich. A. wird relativ langsam autoxydiert wogegen **VII** unter diesen Bedingungen keinen O_2 absorbiert. Während bei den aromat. Alkoholen die schnellen Rkk. nach kurzer Zeit vollständig beendet sind, beginnt die Rk. des O_2 mit den Salzen aliphat. u. cycloaliphat. Alkohole zwar ebenfalls schnell, verlangsamt sich danach aber. Der inhibierende Einfl. überflüssigen Alkohols ist bei sek. aliphat. Alkoholen, wie **IV**, stärker als bei sek. aromat. Alkoholen, wie **II**. Er ist noch deutlicher bei einem prim. aromat. Alkohol, wie **V**. Die prim. Alkohole werden grundsätzlich zu den Säuren oxydiert. Daneben entstehen Spuren von Aldehyd u. peroxid. Komponenten. Die sek. Alkohole ergeben die Ketone sowie das Hydrogenperoxid des verwendeten Alkalimetalls. Die Autoxydation der Alkoholate in Ggw. von Alkali-tert.-Butylat zeigt nur geringe Abweichungen. H. G. Henkel. B 225 □

Kinetik der katalytischen Oxydation von Furfurol in der Dampfphase. B. A. Slawinskaja, M. W. Schimanskaja, Ss. A. Giller und I. I. Ioffe. (Kinetik u. Katalyse [UdSSR] **2**, 252—57, März/April 1961; Riga, Akad. der Wiss. der LettSSR, Inst. für org. Synth.; wiss. Woroschilow-Forschungsinst. für org. Zwischenprodd. u. Farbstoffe; russ.) — Es wurde die Kinetik der katalyt. Oxydation von *Furfurol* (**I**) durch Luft zu Maleinanhydrid (**II**) bei 300—350° untersucht. Der Einfl. von Temp., Kontaktzeit, CO-, CO_2- u. O_2-Konz. u. Verd. mit Wasserdampf auf den Konversionsgrad von **I** u. die Ausbeute an **II** werden graph. u. tabellar. angegeben. Die Selektivität der Oxydation von **I** zu **II** wird durch CO erniedrigt, durch Wasserdampf erhöht, wahrscheinlich, weil das Zwischenstadium der Decarbonylierung von **I** beschleunigt wird. Helmut Schäfer. B 225

Die Oxydation mit Peroxodisulfat nach Elbs: Kinetik. E. J. Behrman und Pamela P. Walker. (J. Amer. chem. Soc. **84**, 3454—57, 20/9. 1962; Harvard Med. School, Dep. of Biol. Chem.; Boston, Mass., New England Deaconess Hosp., Cancer Res. Inst.; engl.) — $S_2O_8^{2-}$ in alkal. Lsg. ($[OH^-] = 1-2$m) reagiert mit *2-Hydroxypyridin* bzw. *o-Nitrophenol* zu *2-Hydroxypyridyl-(5)-sulfat* bzw. *4-Nitroresorcinsulfat-(1)*, aus denen durch saure Hydrolyse (6n HCl; 100°) *2.5-Dihydroxypyridin* bzw. *2.5-Dihydroxynitrobenzol* entstehen. Gute Ausbeuten werden bei Verw. eines Überschusses der Monohydroxy-Verb. erhalten. Die Rk. ist 1. Ordnung bzgl. $[S_2O_8^{2-}]$ u. $[ArO^-]$ u. zeigt einen allg. positiven Salzeffekt. Aus der pH-Abhängigkeit der Rk.-Geschw. folgt, daß die Rk. tatsächlich über das Phenolation ArO^- verläuft. Die Temp.-Abhängigkeit der Geschw.-Konst. 2. Ordnung (0,0280 Liter/Mol·min bei 18,5°; 0,204 bei 40,0°) ergibt eine Aktivierungsenergie von 16,3 kcal/Mol. O_2 oder *Allylacetat* (**I**) bewirken keine Inhibition, im Gegensatz zur Oxydation von *Propanol-(2)* durch $S_2O_8^{2-}$, die über SO_4^--Radikale erfolgt u. durch **I** stark inhibiert wird. Die Elbssche Rk. wird als bimol. Ionen-Rk. angesehen, bei der das ArO^--Ion die O—O-Bindung des $S_2O_8^{2-}$ unter Verdrängung eines SO_4^{2-} angreift. Elektronenliefernde Substituenten in ArO^- erhöhen die Rk.-Geschw.; sie steigt in der Reihenfolge (30°; 2m NaOH) *Salicylaldehyd* < *o-Chlorphenol* < *Phenol* < *o-Kresol* < *Guajacol.* A. Blaschette. B 225◇

Physikochemische Eigentümlichkeiten der Oxydation einiger organischer Verbindungen mit Natriumperoxodisulfat. M. I. Amiragowa. (J. physik. Chem. [UdSSR] **35**, 2501—08, Nov. 1961; russ., Auszug: engl.) — Es wurde die Kinetik der Dunkel-Rkk. von *α-Naphthylamin* ($k^{25°}$ $1\cdot10^3$; $k^{60°}$ $3\cdot10$ Liter/Mol·Std.; E_A 5,3 kcal/Mol), *3.6-Diaminoacridin* ($1\cdot10^2$; $2\cdot10^3$; 4,5), *3.6-Diaminophthalimid* ($3{,}5\cdot10^3$; 10^4; 63,3), *3-Dimethylamino-6-aminophthalimid* ($0{,}9\cdot10^{-3}$; —; —), *Rhodamin B* (150; $1{,}7\cdot10^3$; 11) u. *Rhodamin 6 G* (90; 700; 7,5) mit $Na_2S_2O_8$ u. die Kinetik der photochem. Veränderungen von *3-Amino-* ($k^{25°}$ 0,16 Std.$^{-1}$), *3-Amino-N-phenyl-* (0,12), *3.6-Diacetylamino-* (**I**, 4,8) u. *3.6-Diacetylamino-N-methylphthalimid* (**II**, 9,2) in Ggw. von $Na_2S_2O_8$ in wss. Lsg. untersucht. Bei *Acridin, 4-Amino-* u. *3-Methylaminophthalimid* wurden reversible photochem. Veränderungen in Ggw. von $Na_2S_2O_8$ nicht beobachtet. Die maximale Quantenausbeute der Photo-Rk. beträgt für **I** 0,13, **II** 0,25. Die physikochem. Eigentümlichkeiten der Oxydation mit $Na_2S_2O_8$ beweisen, daß seine Wrkg. auf einige Krebsarten mit seiner Fähigkeit, ein effektiver Ersatz für mol. O_2 zu sein, verbunden ist. C. Kozák. B 225 □

Einwirkung von Natriumperoxodisulfat auf Pyrimidinbasen. A. W. Ssawitsch und M. I. Schalnow. (J. physik. Chem. [UdSSR] **35**, 2509—13, Nov. 1961; russ., Auszug: engl.) — Vgl. vorst. Referat. — Es wurde die Kinetik der Rk. von *Uracil* (**I**) u. *1-Allyl-6-aminouracil* (**II**) mit dem gegen Krebsgeschwüre akt. $Na_2S_2O_8$ zwischen 22 u. 60° untersucht. Es wurde die Aktivierungsenergie der Rk. zwischen **II** u. **III** im bimol. Anfangsstadium berechnet; bei pH 6 ist E gleich 26 u. bei pH 3 E gleich 31 (kcal/Mol). Als wirksame Faktoren erscheinen in diesen Rkk. die Prodd. der langsamen therm.

Zers. vom $S_2O_8^{2-}$-Ion in W., d. h., die Radikale SO_4^-, OH u. O. Weder diese, noch die vorst. Arbeit geben eine endgültige Antwort auf die Frage des Wrkg.-Mechanismus des gegen Krebs angewandten Präp. „Sulnat". Jedoch wird vermutet, daß seine Wrkg. auf die Krebszellen mit der Oxydation von Pyrimidinvorläufern der Nucleinsäuren, bes. von I u. seinen Derivv., verbunden ist. C. Kozák. B 225□

Mechanismus der Äthylenhydrierung. Charles M. Selwitz. (Nature [London] **194**, 178, 14/4. 1962; Pittsburgh, Pa., Gulf Res. and Dev. Co., Petrochem. Div.; engl.) — Verss. mit H_2 u. H_2–C_2H_4-Gemischen über mit Pt imprägnierten Kohlelektroden in einer Brennzelle führten zu der Folgerung, daß die Rk. nach dem Twigg-Mechanismus (vgl. C. **1953**, 7512) abläuft. Die Rk. von H_2 auf Äthylenmetall verläuft durch Rk. des mol. H_2 mit dem chemisorbierten C_2H_4. Unters. des *Isobuten*–H_2-Syst. unter gleichen Bedingungen zeigen, daß hier chemisorbiertes H_2 u. C_2H_4 auftreten. G. Talsky. B 255□

Kinetik der Austauschreaktion $CD_3 + CD_4 \rightarrow CD_4 + CD_3$ unter Verwendung von ^{14}C als Indicator. G. A. Creak, F. S. Dainton und K. J. Ivin. (Trans. Faraday Soc. **58**, 326—32, Febr. 1962; Leeds, Univ., Dep. of Phys. Chem.; engl.) — Das Verhältnis der Geschw.-Konst. k für die Wegnahme eines D-Atoms von $^{14}CD_4$ bzw. $(CD_3)_2CO$ durch ein CD_3-Radikal in der Gasphase wurde im Temp.-Bereich von 200—350° durch Bestrahlung von $(CD_3)CO$ mit u. ohne Zusatz von CD_4 bestimmt. Der Rk.-Umsatz wurde durch den ^{14}C-Geh. des nach 2,5 Min. Photolysezeit vorhandenen CD_4 u. des durch Kombination zweier CD_3-Radikale entstehenden C_2D_6 bestimmt. Für die Rk. $CD_3 + {}^{14}CD_4 \rightarrow CD_4 + {}^{14}CD_3$ ergab sich: $\log_{10}k$ (Liter/Mol$^{-1}\cdot$s^{-1}) = 9,6 — (17,8 ± 0,5) kcal·Mol^{-1} pro 2,303RT. Das Ergebnis wurde in Beziehung zur Rk. $CH_3 + {}^{14}CH_4 \rightarrow CH_4 + {}^{14}CH_3$ u. gleichartigen Rkk. mit gemischtem H- u. D-Anteil diskutiert. Zur Darst. von $^{14}CD_4$ wurde D_2O elektrolysiert u. $^{14}CO_2$, das durch Erhitzen von 1 Teil $Ba^{14}CO_3$ mit 5 Teilen Bleichlorid auf 400° dargestellt worden war, mit dem entstandenen D_2 bei 350° in Ggw. von Ru reduziert. W. Penn. B 225□

„Inert"-Effekt von Substituenten beim Einfangen heißer Atome. Robert Odum und Richard Wolfgang. (J. Amer. chem. Soc. **83**, 4668—70, 20/11. 1961; New Haven, Conn., Yale Univ., Sterling Chem. Labor.; engl.) — Das aus dem Kernprozeß ^{3}He(n, p)T entstandene „heiße" T wurde mit verschiedenen Fluormethan-Verbb. zur Rk. gebracht. In CH_4 läßt sich H am leichtesten durch T unter Bldg. von CH_3T mit 28% (Ausbeute) austauschen, in CH_3F weniger leicht mit 12,7%. Beim Austausch in CH_2F_2 werden 5,8% CHF_2T u. aus CHF_3 2,9% CF_3T erhalten. CF_4 ist gegen die Einw. von „heißem" T inert. CH_3–CF_3 wird bei Einw. von „heißem" T teilweise gespalten, wobei CH_3T u. CF_3T im Verhältnis $>$20 : 1 erhalten werden. R. Strufe. B 225

Über die Beteiligung von Halogenkationen beim Mechanismus der Halogenierung organischer Verbindungen. Je. A. Schilow, F. M. Wainstein und A. A. Jassnikow. (Kinetik u. Katalyse [UdSSR] **2**, 214—20, März/April 1961; Kiew, Akad. der Wiss. der UkrainSSR, Inst. für org. Chem.; russ.) — Die gegenwärtige Vorstellung von der Rolle der Chlor-, Brom- u. Jodkationen bei der Halogenierung organ. Verbb. in wss. Lsg. führt bei der Analyse der kinet. Beziehungen zu Widersprüchen. Bes. ist die berechnete Anzahl der Zusammenstöße von Halogenkationen mit organ. Moll. kleiner als für die beobachtete Rk.-Geschw. erforderlich ist. Es wird eine Hypothese vorgeschlagen, nach der sich bei der Bromierung u. Jodierung nicht freie Brom- u. Jodkationen beteiligen, sondern ihre Komplexe mit organ. Moll., die sich im Laufe der Rk. aus den neutralen Moll. bilden. Bei der Chlorierung in wss. Lsg. haben Chlorkationen oder Komplexe mit den Moll. des Substrates keine Bedeutung. Helmut Schäfer. B 225

Fragen der Kinetik und der Reaktionsfähigkeit bei der Halogenierung aromatischer Verbindungen in Gegenwart von Metallhalogeniden. 1. Mitt. Chlorierung mit Eisenchlorid als Katalysator. N. N. Lebedew und I. I. Baltadshi. (Kinetik u. Katalyse [UdSSR] **2**, 197—204, März/April 1961; Moskau, chem.-technol. Mendelejew-Inst.; russ.) — Es wurden die Kinetik u. Rk.-Fähigkeit aromat. Verbb. bei der Chlorierung in Ggw. von $FeCl_3$ untersucht. Die Rk. ist monomol. in bezug auf *Bzl.* u. Cl_2, hat jedoch für $FeCl_3$ eine Ordnung von 1—1,5 in Nitrobenzol (I) u. 3,5—4 in CCl_4 (Aktivierungsenergie E 17,3 ± 0,5 kcal/Mol in CCl_4 mit 12 Vol.% I bei 20—35°). In Gemischen von CCl_4 u. I geht die Rk.-Geschw. der Chlorierung von Bzl. durch ein Minimum, während sich die Rk.-Fähigkeit von *Toluol* u. *Chlorbenzol* im Vgl. mit Bzl. von 6 (CCl_4 mit 12% I) auf 41,7 (CCl_4 mit 92% I) bzw. von 0,15 auf 0,277 erhöht. Die Ergebnisse lassen den Schluß zu, daß die Chlorierung in Abhängigkeit von den Eigg. des Mediums nach 2 verschiedenen Mechanismen erfolgt, die sich einander überlagern können.
Helmut Schäfer. B 225

Nucleophile Substitution aromatischer Heterocyclen in unpolaren Lösungsmitteln. Reaktion von Cyanurchlorid mit Aminen. B. Bitter und H. Zollinger. (Angew.

Chem. **70**, 246—47, 21/4. 1958; Basel, Univ., Inst. für Farbenchem.; dt.) — Es wird die Kinetik der Rk. von *Cyanurchlorid* mit nucleophilen Agentien, bes. mit *aromat. Aminen* in Bzl. untersucht. Mit prim. Aminen verläuft die Umsetzung nicht nach dem einfachen Gesetz 2. Ordnung, sondern weist eine Induktionsperiode auf. Es handelt sich um eine Autokatalyse, bei der das Endprod. den Ablauf beschleunigt. Der Effekt beruht auf dem Amino-H-Atom. Die Rk. wird außerdem durch Brønsted-Säuren (Wirksamkeit: 2-Hydroxypyridin > Essigsäure ~ Chloressigsäure > Benzoesäure > Trichloressigsäure; unwirksam: Phenol, o-, p-Nitrophenol, Pikrinsäure) katalysiert. Die Ergebnisse sind vereinbar mit einem Vielzentrenprozeß, bei dem das Rk.-Prod. bzw. organ. Säuren als bifunktionelle Katalysatoren auftreten. Die Chlorsubstitution wird sowohl in der Benzol- wie in der Triazinreihe durch Zusatz von Lewis-Säuren (z. B. $AlBr_3$) begünstigt.
A. Neubauer. B 225

Spektrophotometrische Untersuchung der Reaktion von Chlorophyll mit Eisenchlorid. Ss. Ss. Butzko und B. Ja. Dain. (J. allg. Chem. [UdSSR] **28** (**90**), 2603—11, Sept. 1958; Akad. der Wiss. der UkrainSSR, Inst. für phys. Chem.; russ.) — Vgl. C. **1960**, 6457. — Bei der Umsetzung von *Chlorophyll a* (**I**) mit $FeCl_3$ in Ae. oder Aceton wird Mg aus **I** durch Fe verdrängt; die Rk. erfolgt langsam mit hohem Temp.-Koeff.; es entsteht Fe(III)-Phäophytin (**II**). In Aceton bildet sich ein graues Zwischenprod. (**III**), dessen Spektrum (starke Banden bei 420 u. 370, schwache bei 605, 565 u. 535 nm) recht stabil ist. Wenn man dem Syst. I–$FeCl_3$–Aceton nach Bldg. von **III** Lsgg. von Chloriden (NaCl, $CaCl_2$ u. a.) zusetzt, bildet sich **I** zurück, dagegen ist die Umwandlung von **III** in **II** nicht reversibel. Bei Ausführung der Rk. mit äquivalenten Mengen $FeCl_3$ u. $FeCl_2$ ist die Zwischenstufe **III** nicht erkennbar, die Rk. **I** → **II** wird beschleunigt u. ist in 10—15 Min. beendet. O_2 hemmt die Rk. stark. Als Hauptursache der Verdrängungs-Rk. werden Ionen $Fe(MgPh)^{3+}$ (Ph = organ. Teil von I) angenommen, die zu FePh bzw. FeClPh zersetzt werden.
R. K. Müller. B 225□

Aktivierte Komplexe von schnellen bimolekularen Reaktionen. Teresa S. Ree, Taikyue Ree, Henry Eyring und Takayuki Fueno. (J. chem. Physics **36**, 281—86, 1/1. 1962; Salt Lake City, Utah, Univ. of Utah, Dep. of Chem.; engl.) — Auf Basis der Theorie der abs. Rk.-Geschw. werden die spezif. Geschw. von Radikalassoziationen u. Ion-Mol.-Rkk. vom Typ $R_1 + R_2 \underset{k_b}{\overset{k_f}{\rightleftharpoons}} R_1R_2$ bzw. $M_1^+(R_1^+) + M_2 = M_3^+(R_3^+) + M_4(R_4)$, z. B. $CH_3 + CH_3 \rightarrow C_2H_6$ bzw. $H_2^+ + H_2 \rightarrow H_3^+ + H$, berechnet u. mit experimentellen Werten verglichen. Im allg. stimmen die berechneten k_f'- mit den beobachteten k_f-Werten bis auf einen Koeff. $\varkappa = 1 - 0{,}1$ ($k_f = \varkappa k_f'$) überein. Die an Hand der thermodynam. Statistik berechnete Gesamtänderung der Entropie der Rück-Rk. ΔS_b stimmt mit der Aktivierungsentropie der Rück-Rk. $\Delta S_b^{\ddagger}$ hinreichend überein. Aus den Ergebnissen wird gefolgert, daß die aktivierten Komplexe von raschen Rkk. lockere Strukturen derart haben, daß die Reaktanten (Radikale oder Ionen) frei rotieren, sich aber nicht unabhängig in den Freiheitsgraden der Translation bewegen können.
J. Richter. B 225◇

Einige Fragen zur Auswahl der Katalysatoren bei der Anlagerung verschiedener Moleküle an Acetylen. R. M. Flid. (Kinetik u. Katalyse [UdSSR] **2**, 66—76, Jan./Febr. 1961; Moskau, Lomonossow-Inst. für chem. Feintechnol.; russ.) — Es werden die Eigg. von Salzen der Metalle der Untergruppen I—V des Periodensyst. u. der Charakter ihrer Rk. mit *Acetylen* u. der anzulagernden Moll. HX betrachtet. Auf Grund dieser Analyse werden die Bedingungen aufgezeigt, die bei der Auswahl selektiver Katalysatoren für die Anlagerung von W., HCl, HCN u. Essigsäure u. bei der Dimerisation zu Vinylacetylen zu beachten sind. — 39 Literaturangaben.
Helmut Schäfer. B 225

Kinetische Untersuchung der Diels-Alder-Reaktion zwischen Anthracen und einigen ungesättigten Estern. Michel Gillois, Jeannine Doucet und Paul Rumpf. (C. R. hebd. Séances Acad. Sci. **246**, 2900—03, 19/5. 1958; Bellevue, C.N.R.S., Centre d'Études et de Rech. de Chim. organ. appl.; franz.) — In Fortsetzung früherer Unterss. (vgl. C. **1958**, 681) untersuchten Vff. spektrophotometr. die Diels-Alder-Rk. zwischen *Anthracen* (in Toluol-Lsg.) einerseits u. *Methyl-* (**I**) u. *Äthylacrylat* (**II**) sowie *Methylmethacrylat* (**III**) u. *Methylcrotonat* (**IV**) andererseits bei verschiedenen Temperaturen. Aus den bei großen Philodien-Konzz. gefundenen k_1-Werten, die diesen Konzz. innerhalb weiter Grenzen proportional sind, werden k_2-Werte berechnet. Daraus ergaben sich folgende Arrhenius-Parameter: **I**: [E] 21,2 [kcal], [log PZ] 6,6; **II**: 21,2, 6,6; **III**: 20,2, 5,5; **IV**: 25,3, 8,4. Zufolge der ident. Werte von I u. II ist ein Einfl. des Alkylrestes nicht vorhanden. Wie bei den Nitrilen (vgl. l. c.) vermindert α-CH_3 E u. log PZ, jedoch weniger stark. β-CH_3 bewirkt dagegen eine deutliche Erhöhung der beiden Konstanten. Eine isokinet. Temp. wurde nicht beobachtet.
C. Gottfried. B 225

Stereochemie und Mechanismus der Dehydratisierung von Cyclohexanderivaten. N. Ja. Grigorjewa und W. F. Kutscherow. (Fortschr. Chem. [UdSSR] **31**, 39—72, Jan. 1962; Zelinsky-Inst. für org. Chem. der Akad. der Wiss. der UdSSR; russ.) — Allg. Überblick. — 241 Literaturangaben. G. Froelich. B 225◇

Zersetzung aromatischer Peroxosäuren in alkalischer wässeriger Lösung. J. F. Goodman, P. Robson und E. R. Wilson. (Trans. Faraday Soc. **58**, 1846—51, Sept. 1962; Newcastle-upon-Tyne, Thomas Hedley and Co. Ltd., Basic Res. Dep.; engl.) — Bei der nichtkatalysierten Zers. von Perbenzoesäuren [*R—C(O)OOH* mit $R = C_6H_5$, $p\text{-}CH_3OC_6H_4$, $p\text{-}CH_3C_6H_4$, $p\text{-}FC_6H_4$, $p\text{-}ClC_6H_4$, $m\text{-}ClC_6H_4$, $p\text{-}NO_2C_6H_4$] in alkal. wss. Lsg. wird die entsprechende Benzoesäure neben wenig Diacylperoxid gebildet. Die Rk. ist 2. Ordnung; ihre Geschw. erreicht ein Maximum, wenn der pH-Wert der Lsg. dem pK-Wert der Peroxosäure entspricht. Bei 0- bzw. 100%ig. Dissoziation der Säuren ist die Geschw. hingegen extrem klein. Hieraus wird auf nucleophilen Angriff des Anions $R—C(O)O_2^-$ am elektrophilen Carbonyl-C der undissoziierten Säure $R—C(O)O_2H$ geschlossen. Elektronenanziehende Substituenten erhöhen den elektrophilen Charakter der O=C-Gruppe, in Übereinstimmung mit der beobachteten Steigerung der Rk.-Geschw. der substituierten Säuren. Ein analoger Mechanismus wird für die Zers. von HSO_5^- u. H_2O_2 vorgeschlagen. A. Blaschette. B 225◇

Untersuchung des Mechanismus von Radikalreaktionen. 5. Mitt. **Zerfall von 4-Nitrobenzoylperoxid in Toluol.** R. I. Miljutinskaja, Ch. Ss. Bagdassarjan und Ju. Kopytowski. (J. physik. Chem. [UdSSR] **32**, 428—32, Febr. 1958; Moskau, physikal.-chem. Karpow-Inst.; russ., Auszug: engl.) — 4. vgl. C. **1959**, 8508. — Unter Verwendung von Toluol als Lsgm., das im Kern oder in der Methylgruppe deuteriert war, wurde festgestellt, daß bei der Zers. von *Bis [p-nitrobenzoyl]-peroxid* zu p-Nitrobenzoesäure die intermediär gebildeten p-Nitrobenzoatradikale Protonen sowohl dem Bzl.-Kern, als auch der Methylgruppe des Lsgm. entreißen. Bei 100° u. einer Peroxid-Konz. von 0,16 m stammen ca. 63% der Protonen aus der Methylgruppe. Der Isotopeneffekt für die Protonenabspaltung aus der Methylgruppe beträgt $k_H/k_D = 1{,}92$. Helmut Schäfer. B 225△

Reversible Blitzausbleichung von Chlorophyll. Edwin W. Abrahamson und Henry Linschitz. (J. chem. Physics **23**, 2198—99, Nov. 1955; Syracuse, N.Y., Syracuse Univ., Dep. of Chem.; engl.) — In Fortsetzung von Unterss. von Livingston u. Mitarbeitern (vgl. C. **1955**, 4550) untersuchten Vff. die reversible Ausbleichung von Lsgg. von *Chlorophyll b* (**I**) in O_2-freiem 95%ig. Methylalkohol unter Blitzbeleuchtung. Nachgewiesen wurde die reversible Abnahme der Hauptabsorptionsmaxima bei 655 u. 470 mμ. Neue Absorptionsbanden treten im fernen Rot (~700 mμ), im Grün (~575 mμ u. im Violett (~405 mμ) auf. Verss. an *Chlorophyll a* lieferten ebenfalls die rote u. grüne Bande. Außerdem wurde die Blitzausbleichung von **I** im feuchten u. trockenen Methylcyclohexan untersucht. In Übereinstimmung mit Beobachtungen von anderer Seite war die Fluorescenz in dem trockenen KW-Stoff sehr gering, u. dieses Absorptionsspektrum zeigte eine neue Bande bei 665 mμ. Nach Blitzbeleuchtung entsprach die Geschw. der Rückkehr der „trocknen Bande“ dem Zerfall der nicht beständigen grünen Bande. Es scheint demnach, daß unter diesen Bedingungen nur ein intermediärer metastabiler Zustand gebildet wird. C. Gottfried. B 226

Durch β-Bestrahlung einer gasförmigen Mischung von n-Pentan und $^{14}CO_2$ erhaltene radioaktive Carbonsäure. Bianca Aliprandi und Fulvio Cacace. (Gazz. chim. ital. **89**, 2268—74, Okt./Nov. 1959; Roma, Univ., Ist. di Chim. farm. e tossicolog., Centro di Chim. nucleare del C.N.R.; ital.) — Vff. beschreiben eine Meth., mit der durch Bestrahlung einer 3:1-Mischung von n-Pentan u. $^{14}CO_2$ mit ^{85}Kr-β-Strahlung in der Gasphase radioakt. Carbonsäuren erhalten werden. Nach Aufarbeitung der bestrahlten Mischung konnten radioakt. *Ameisen-* (**I**), *Essig-*, *Propion-* (**II**), *Butter-*, *Isobutter-*, *2-Methylbutter-* (**III**), *2-Methylvalerian-* (**IV**) u. *Valeriansäure* gaschromatograph. identifiziert werden. Der ^{14}C-Geh. wurde nach Oxydation zu CO_2 u. dessen Fällung als $BaCO_3$ bestimmt. Die höchste Radioaktivität (RA) wurde in **IV** gefunden; die RA von **I** ist sehr gering, die von **II** u. **III** etwas mehr als halb so stark wie die von **IV**. Die relativ hohen RA-Werte zeigen, daß die Markierungs-Meth. zur Darst. von ^{14}C enthaltenden organ. Verbb. benutzt werden kann. G. Platzer. B 226□

Strahlenchemische Umwandlungen organischer Substanzen. 3. Mitt. **Umwandlung von Äthylen unter der Einwirkung von schnellen Elektronen.** B. M. Michailow, W. G. Kisselew und W. Ss. Bogdanow. (Nachr. Akad. Wiss. UdSSR, Abt. chem. Wiss. **1958**, 545—49, Mai; Akad. der Wiss. der UdSSR, Zelinsky-Inst. für org. Chem.; russ.) — Bei der Radiolyse von *Äthylen* mit schnellen Elektronen bilden sich hauptsächlich Butan, Acetylen u. fl. KW-Stoffe. Die Gase enthalten außerdem geringe Mengen

CH_4, *C_2H_6*, Butene, H_2 u. Spuren Propen. Die bis 130° sd. fl. Prodd. bestehen aus aliphat. C_6 u. C_8-KW-Stoffen. Die höheren Fraktionen enthalten Aromaten u. ungesätt. Verbindungen. Die Bldg. der Alkane erfolgt durch gegenseitige Kondens. aliphat. Biradikale mit gerader C-Atomanzahl u. anschließende Hydrierung. Die Energieausbeute der Rk. beträgt ca. 16 Moll./100 eV. Druckerniedrigung vergrößert den Zers.-Grad von C_2H_4, beeinflußt aber nicht den Verlauf der Reaktionen. Die Verdünnung mit N_2 erhöht stark die Umwandlung u. erniedrigt die Ausbeute an gasförmigen KW-Stoffen. Eine Verdünnung mit H_2 beeinflußt die Radiolyse prakt. nicht.

Helmut Schäfer. B 226△

Die Reaktivität von Wasserstoffatomen in der flüssigen Phase. 3. Mitt. Die Reaktionen mit Olefinen. T. J. Hardwick. (J. physic. Chem. **66**, 291—95, Febr. 1962; Pittsburgh, Pa., Gulf Res. & Dev. Co.; engl.) — 2. vgl. C. **1962**, 18393. — Es wurden die Geschw. der Rkk. von H-Atomen mit einer Reihe von Olefinen in n-Hexan-Lsg. bei 23 ± 1° durch Messung des gebildeten H_2 bei Bestrahlung von n-Hexan mit u. ohne gelöstem Olefin bestimmt. Hierbei werden von dem Hexan H-Atome abgetrennt, die entweder mit Hexan-Moll. (RH) nach der Gleichung $H + RH \xrightarrow{k_3} H_2 + R$ reagieren, oder sich an das Olefin (S) nach $H + S \xrightarrow{k_4} HS$ anlagern oder aus dem Olefin ein H-Atom nach $H + S \xrightarrow{k_5} H_2 + R'$ abtrennen. Hierbei gilt die Beziehung: $1/[G_{H_2}(O) - G_{H_2}(S)] = 1/\Delta G_{H_2} = k_3 \cdot RH/k_4\, G_2[S] + (k_5 + k_4)/k_4 \cdot G_2$, wobei $G_{H_2}(S)$ u. $G_{H_2}(O)$ die H_2-Gasausbeuten bei Bestrahlung mit u. ohne Olefin sind. G_2 ist die therm. H-Atomausbeute (= 3,16 für n-Hexan) $1/\Delta G_{H_2}$ ist linear vom Konz.-Verhältnis [RH]/[S] abhängig. Absolutwerte für k_4 u. k_5 wurden unter Verw. des aus Gasphasenmessungen gewonnenen Literaturwertes $k_3 = 4{,}9 \cdot 10^9 \cdot cm^3\, Mol^{-1}\, s^{-1}$ erhalten. Innerhalb eines gleichartigen Olefintyps sind k_4 u. k_5 nahezu konstant. RCH=CHR [*Cyclopenten, Cyclohexen, Penten-(2), Hexen-(2), Hepten-(2)*]: $k_4 \cdot 10^{11} \sim 5{,}2$ $cm^3\, Mol^{-1}\, s^{-1}$; $k_5 \cdot 10^{11} \sim 1{,}26$. RCH=$CH_2$ [*Penten-(1), Hexen-(1), Hepten-(1), Octen-(1), Decen-(1)*]: $k_4 \cdot 10^{11} \sim 7{,}9$; $k_5 \cdot 10^{11} \sim 2{,}4$. R_2C=CH_2 [*2.4.4-Trimethylpenten-(1), 2-Methylbuten-(1), 2-Methylpenten-(1), 2-Methylhepten-(1), 2-Äthylbuten-(1)*]: $k_4 \cdot 10^{11} \sim 11{,}2$; $k_5 \cdot 10^{11} \sim 3{,}4$; Ausnahme: *Vinylcyclohexan* $k_4 \cdot 10^{11} \sim 7{,}6$; $k_5 \cdot 10^{11} \sim 2{,}1$; jedoch stimmt $k_5/k_4 = 0{,}28$ mit dem Durchschnittswert dieser Gruppe (0,31) überein. Bei der Gruppe R_2C=CHR gibt es größere Abweichungen. *Trimethyläthylen*: $k_4 \cdot 10^{11} = 7{,}5$; $k_5 \cdot 10^{11} = 0{,}6$. *2-Methylpenten-(2)*: $k_4 \cdot 10^{11} = 6{,}6$; $k_5 \cdot 10^{11} = 1{,}2$. *3-Äthylpenten-(2)*: $k_4 \cdot 10^{11} = 7{,}1$; $k_5 \cdot 10^{11} = 1{,}8$. Es wird angenommen, daß die Rk.-Fähigkeit des einzigen an der Doppelbindung stehenden H-Atoms von der Art der benachbarten Gruppen abhängt. *Tetramethyläthylen*: $k_4 \cdot 10^{11} = 5{,}5$; $k_5 \cdot 10^{11} < 0{,}1$. Aus der Gleichheit der Werte innerhalb der Gruppe ergibt sich, daß der Stoßquerschnitt des reagierenden Mol.-Teils unabhängig von der Länge u. Struktur der benachbarten Gruppen ist. Ferner ergibt sich, daß nur H-Atome von den an den Doppelbindungen liegenden C-Atomen abgetrennt werden. Die Rk.-Geschw.-Konst. für die Abspaltung von H-Atomen von den Alkylketten liegt unter $10^{10} \cdot cm^3 \cdot Mol^{-1}\, s^{-1}$ (vgl. C. **1962**, 769). Es wurden Vgl. über die Rk.-Fähigkeit von H-Atomen mit der von Methyl-, Trichlormethyl- u. Äthylradikalen sowie mit der von O-Atomen durchgeführt. In den einzelnen Olefingruppen sind die relativen Rk.-Geschw. für H-Atome u. CCl_3-Radikale mit Ausnahme von RCH=CHR gleich.

W. Penn. B 226□

Bildung von Carbonylverbindungen und Schwefelverbindungen bei der Bestrahlung von Aminosäuren. Luis Duran und A. L. Tappel. (Radiat. Res. **9**, 498—501, Nov. 1958; Davis, Calif., Univ. of California; engl.) — Zur Unters. der für den unangenehmen Geruch bestrahlter, eiweißhaltiger Nahrungsmittel verantwortlichen Verbb. wurden folgende *Aminosäuren* (**A**) in wss. Lsgg. bei 20° unter N_2 mit 0,6—2 MeV-γ-Strahlen bestrahlt u. bes. die durch oxydative Desaminierung gebildeten Carbonyl-Verbb. (**B**) quant. bestimmt: *Glycinäthylesterhydrochlorid, Alanin, Serin* (**I**), *Valin, Leucin, Asparaginsäure, Glutaminsäure* (**II**) u. *-hydrochlorid, Cystin, Methionin* (**III**), *Phenylalanin* (**IV**), *Tyrosin, Tryptophan, Histidin* (**V**), *Arginin, Lysinhydrochlorid, Prolin, Hydroxyprolin, Threonin* u. *Glycin* (**VI**). Bes. hohe **B**-Ausbeuten gaben die Hydroxy-**A**. Diese u. aromat. **A** bildeten bei der Bestrahlung gelbe bis braune Färbungen, die aber bei letzteren nicht durch einfache Chinone verursacht wurden. Einen bes. intensiven Geruch entwickelten die Verbb. **I**—**VI** (bes. **III**, schwächer **IV**), der von H_2S u. bes. Mercaptanen (**C**) hervorgerufen wurde. Auch bei den anderen **A** waren weniger die **B** als vielmehr die S-Verbb. für den Geruch verantwortlich. — Ausführlicher wurden bei **III** die Dosisabhängigkeiten der Ausbeuten an H_2S (durch sek. Rkk. entstanden), NH_3, **B** u. **C** untersucht.

K. Prchal. B 226□

Einfluß von Röntgenbestrahlung auf das Absorptionsspektrum im nahen Ultraviolett von ferroelektrischem Triglycinsulfat. D. M. Dodd. (Spectrochim. Acta [London] **16**, 413—18, Mai 1960; Murray Hill, N.J., Bell Telephone Labor., Inc.; engl.)

— Bei der Bestrahlung mit 10^5 r tritt eine schwache Absorptionsbande im Spektrum des kristallinen *Triglycinsulfats* (I) im nahen UV bei 255 mμ auf. Die Intensität der Bande wächst mit der Stärke der Röntgenbestrahlung, bis sie nach einer Bestrahlung mit $3 \cdot 10^6$ r so stark ist, daß eine Verschiebung der Absorptionskante von 255 nach 293 mμ eintritt. Die Ursache der Verschiebung ist chem. Natur u. tritt nicht infolge Bldg. gefärbter Zentren ein, da sie sich mit der Zeit weder bei Raum-Temp. noch beim Erhitzen verändert. Die gasförmigen Zers.-Prodd. der Röntgenbestrahlung des I sind SO_2, CO_2 u. H_2, jedoch sind diese nicht die Ursache für das Auftreten der Bande bei 255 mμ. Die relative Menge der gasförmigen Zers.-Prodd. deutet darauf hin, daß die Röntgenbestrahlung die Decarboxylierung einiger Glycin-Einheiten verursacht u. die Zers. einer geringeren Anzahl von Sulfatgruppen. Die nichtgasförmigen Zers.-Prodd. sind noch nicht identifiziert. Die entsprechenden Effekte bei der Bestrahlung von kristallinem *Glycin* (II) differieren in zwei Hauptpunkten: a) die chem. Veränderungen setzen sich in den Intervallen zwischen der Bestrahlung fort, ihr Ausmaß ist ungefähr umgekehrt proportional der vorangegangenen Strahlungsmenge; b) die Absorptionsgrenze wird kaum beeinflußt. Die früher identifizierten Zers.-Prodd. von II sind nicht die Ursache von zwei der in den erhaltenen Spektren auftretenden Absorptionsbanden. M.-L. Klaar. B 226 □

Eigenzerstörung in radioaktiven Verbindungen. Bert M. Tolbert. (Nucleonics [New York] **18**, Nr. 8, 74—75, Aug. 1960; Boulder, Colo., Univ. of Colorado; engl.) — Vf. erörtert die Selbst-Zers. radioakt. markierter Verbb. bei längerer Lagerung, berechnet Dosisraten der eigenen Strahlung *^3H-, ^{14}C- u. ^{32}P-markierter Verbb.* sowie aus diesen, dem Molgew. u. dem Zers.-Koeff. die zersetzte Menge. Werte für *Bzl.* sowie für eine Verb. mit dem Molgewicht 125 werden mitgeteilt. Möglichkeiten zur Herabsetzung der Zers. sind Auflösen in einem geeigneten, schützenden Lsgm. ,wie Bzl. oder andere aromat. Verbb., auch in nicht reaktiven Estern, Aldehyden, Aceton oder anderen Verbb. mit Doppelbindung, Adsorption der Verb. in sehr dünner bis monomol. Schicht auf einem festen Träger (Papier, Ionenaustauscherharze, Tone, Zeolith), Umwandlung einer strahlungsempfindlichen Verb. in eine stabilere (allg. Jodide, Benzoate, Phenolate), z. B. von Cholinchlorid in Cholinbromid, -jodid oder -acetat sowie Aufbewahrung in der Kälte oder im Vakuum. P. Frenzel. B 226 □

Katalytische Eigenschaften von Yttriumoxid. Umwandlungen von Alkoholen und Kohlenwasserstoffen. A. A. Tolstopjatowa, I. R. Konenko und A. A. Balandin. (Kinetik u. Katalyse [UdSSR] **2**, 135—43, Jan./Febr. 1961; Akad. der Wiss. der UdSSR, Zelinsky-Inst. für org. Chem.; russ.) — Es wurden die katalyt. Eigg. von entwässertem u. wasserhaltigem Y_2O_3 bei der Dehydratisierung u./oder Dehydrierung von *Methanol, A., Propanol, Isopropanol, Butanol* u. *Tetralin* bei ca. 300—500° untersucht. Die Aktivierungsenergien u. Präexponentialfaktoren wurden bestimmt. An der verkohlten Katalysatoroberfläche erhöht sich das Verhältnis der Rk.-Geschw. von Dehydratisierung zu Dehydrierung. Zus. der Gase, die Geschw.-Konst. beider Rkk. u. die Rk.-Bedingungen werden tabellar. angegeben. Helmut Schäfer. B 227

Kontaktkatalytische Umwandlungen von Cyclohexan und Methylcyclohexan in Gegenwart eines natürlichen Glaukonitkatalysators. W. L. Kwirikaschwili. (Mitt. Akad. Wiss. GrusinSSR **27**, 671—78, Dez. 1961; Tbilissi, Akad. der Wiss. der GrusinSSR, Chem. Melikischwili-Inst.; russ.) — Es wurden die katalyt. Umwandlungen von Cyclohexan (I) u. Methylcyclohexan (II) an natürlichem Glaukonitsand bei 500 bis 640° u. einer Vol.-Geschw. von 0,2 unter O_2-Abschluß untersucht. Hauptrichtung der Rk. ist die Dehydrierung von **I** u. **II** zu *Bzl.* bzw. *Toluol.* **II** wird daneben zu Bzl. demethyliert u. dehydriert. Isomerisierung von I u. II unter Ringverengung u. Dehydrierung zu n-Hexan u. n-Heptan wurden nicht beobachtet. Die gasförmigen Rk.-Prodd. bestehen aus H_2, sehr wenig CO u. CO_2 u. geringen Mengen *Äthylen, Propylen* u. *Butylen.* Die Ausbeute an Aromaten beträgt, bezogen auf umgesetztes I bzw. II, 43—56 bzw. 61—68%. Umwandlungsgrad von I u. II, Zus. des Katalysats, Kp., D, n, JZ., Anilinpunkt u. Ausbeute an Katalysat u. Koksanteil werden tabellar. angegeben

Helmut Schäfer. B 227

Kinetik und Mechanismus der katalytischen Oxydation von Naphthalin zu Naphthochinon-(1.4). W. A. Roiter, W. P. Uschakowa, G. P. Korneitschuk und T. G. Skorbilina. (Kinetik u. Katalyse [UdSSR] **2**, 94—102, Jan./Febr. 1961; Akad. der Wiss. der UkrainSSR, Pissarshewski-Inst. für phys. Chem.; russ.) — Es wurde die Kinetik der Oxydation von *Naphthalin* (I) am zusammengesetzten V-K-Sulfat-silicagel-Katalysator bei 330—360° unter Bedingungen untersucht, die eine Diffusionshemmung ausschließen, wobei die I- u. O_2-Konzz. in einem breiten Intervall variiert wurden. Die Aktivierungsenergien für die Bldg. von Naphthochinon-(1.4) (II) u. Phthal-

säureanhydrid (III) betragen 20,0 bzw. 29,0 kcal/Mol. Die Bldg.-Geschw. von II folgt der Beziehung $W_{II} = a[I][O_2]/[II]^{0,6} (1 + b[I])$, die von III $W_{III} = k \cdot [I]^n[O_2]$ mit $n = 0$. Die Analyse der kinet. Daten bestätigt das früher von Vff. (vgl. C. **1959**, 14366) für den V_2O_5-Katalysator angenommene Schema, nach dem I vornehmlich nach parallelen Mechanismen zu II u. III oxydiert wird. Bei sehr kleiner Konz. von I ist eine starke Erhöhung der Oxydations-Geschw. des gebildeten II, d. h. der Folge-Rkk. zu erwarten.
Helmut Schäfer. B 227

C. Präparative organische Chemie. Naturstoffe

Die russische chemische Nomenklatur. 3. Mitt. Gh. Rozmarin. (Bul. Inst. politehn. Iaşi [N. S.] 5 (9). Nr. 3—4, 177—94, 1959; Iaşi, Inst. Politehnic, Catedra de Celuloza, Hirtie si Fibre artificiale; rum.) — Vf. behandelt die allg. Probleme der systemat. Numerierung cycl. Verbb., bes. der räumlichen Isomeren, mit dem Ziel, die sowjet. Ansicht über das Problem der Umgestaltung der organ. chem. Nomenklatur bekannt zu machen. J. Lehmberg. 450□

Notiz über die Verwendung von Glykolsulfit zur Herstellung von Äthylenketalen. Gerhard Hesse und Manfred Förderreuther. (Chem. Ber. **93**, 1249—51, 12/5. 1960; Erlangen, Univ., Inst. für org. Chem.; dt.) — Die Darst. von *Acetalen* bzw. *Ketalen* unter Verw. von Glykolsulfit in Glykol gelingt in Ggw. von wenig HCl als Katalysator. Es handelt sich dabei wahrscheinlich um eine H^+-Ionenkatalyse.

Versuche: *Benzaldehydäthylenacetal*, $C_9H_{10}O_2$, Kp.$_4$ 103°, durch 3std. Kochen von Benzaldehyd, Dioxan, Äthylenglykol u. Glykolsulfit nach kurzem HCl-Einleiten; 72,6% (Ausbeute). — *Cyclohexanonäthylenketal*, Kp.$_{14}$ 63°, analog aus Cyclohexanon; 70,4%. — *Methyläthylketonäthylenketal*, $C_6H_{12}O_2$, Kp. 115°, analog aus Methyläthylketon; 76%. — *Acetessigesteräthylenketal*, Kp.$_{16}$ 95—96°, analog aus Acetessigester; 57,5%. W. Hampel. 460□

Die Darstellung von N-Nitroacylalkylamiden und -diacylimiden mit Hilfe von Distickstoffpentoxid. Jürgen Runge und Wilhelm Treibs. (J. prakt. Chem. [4] **15 (287)**, 223—27, Jan. 1962; Leipzig, Karl-Marx-Univ., Inst. für Organ. Chem.; dt.) — Die Darst. von *N-Nitroamiden* u. *N-Nitroimiden* durch Einw. von N_2O_5 auf Amide u. Imide in inerten Lsgm. wird beschrieben.

Versuche (FF. korr.): *Distickstoffpentoxid*, nach Caesar u. Mitarbeiter (Inorg. Syntheses **3**, [1950], 78). — *N-Nitrosuccinimid*, F. 92—93°, durch 18std. Stehen einer Lsg. von Succinimid u. N_2O_5 in Chlf.; aus A. Blättchen- 62,5% (Ausbeute). — *N-Nitroglutarimid*, $C_5H_6N_2O_4$, F. 98—99°, durch langsames Erwärmen einer Lsg. von Glutarimid u. N_2O_5 in Chlf. von —15 auf 20°; aus Bzl. Blättchen oder Spieße; 88%. — *Glutarsäure*, durch Erhitzen vorst. Verb. mit 2n NaOH; 100%. — *N-Nitrophthalimid*, $C_8H_4N_2O_4$, F. 214° (Zers.), durch 8tägiges Stehen von Phthalimid mit N_2O_5 in Nitromethan; aus Chlf. prismat. Kristalle; 10%. — *N-Nitrobenzoesäure-o-sulfimid*, $C_7H_4N_2O_5S$, Zers. bei 170°, durch 6tägiges Stehen von Saccharin mit N_2O_5 in Nitromethan; aus Nitromethan würfelige Kristalle; 14,7%. — *Benzoesäurenitramid-o-sulfonsäureäthylester*, $C_9H_{10}N_2O_6S$, F. 106—108°, durch 10 Min. langes Kochen vorst. Verb. mit A.; aus Bzl./Cyclohexan quadrat. Platten; 83%. — *1.5-Dinitrobarbitursäure* (I), Zers. bei 120°, durch Umsetzen von Barbitursäure mit N_2O_5 in Chlf. bei —20°, Absaugen u. Lösen in Ae.; 76,5%. *Dioxynat*, $C_8H_{10}N_4O_9$, F. 120° (Zers.); aus Dioxan/CCl_4 Prismen. *5-Brom-Deriv.*, $C_4HBrN_4O_7$, F. 118° (Zers.), durch Bromieren von I in Methanol; aus Bzl./Cyclohexan gelbliche Nadeln; gibt beim Erhitzen mit W. *Brompikrin*; daneben I. — *ε-Nitramino-n-capronsäure* (II), $C_6H_{12}N_2O_4$, F. 77,5—78,5°, durch langsames Erwärmen einer Lsg. von ε-Caprolactam u. N_2O_5 in Chlf. von —20° auf 20°, Extrahieren mit 5n-NaOH, Ansäuern mit verd. H_2SO_4 u. Extrahieren mit Ae.; aus Bzl. oder W. Schuppen; 76%. *Hydrat*, $C_6H_{14}N_2O_5$; aus W. Prismen. — *N-Nitro-2-caprolactam*, analog II durch Eindampfen der Chlf.-Lsg.; viscoses, orangerotes, sich ab 130° zersetzendes Öl; 80%. — *Adipinsäure*, durch Erwärmen von II mit verd. H_2SO_4 u. Oxydation mit $KMnO_4$; daneben *Glutarsäure* u. wenig *Bernsteinsäure*. — *ε-Hydroxy-n-capronsäurehydrazid*, F. 115—116°, durch Erhitzen von II mit verd. H_2SO_4 u. 4std. Kochen mit 50% ig. Hydrazinhydrat. — *δ-Nitramino-n-valeriansäure*, $C_5H_{10}N_2O_4$, F. 86,5°, analog II aus Piperidon-(2) über *N-Nitropiperidon-(2)* [80%]; aus Bzl. Nadeln, aus W. Blättchen oder Nadeln. W. Hampel. 460□

Eine bequeme Synthese von $D_{(\alpha)}$-Vinylcyclohexan. C. G. Overberger, A. Katchman und J. E. Mulvaney. (J. org. Chemistry **25**, 270, Febr. 1960; Brooklyn, N.Y., Polytechnic Inst. of Brooklyn, Dep. of Chem.; engl.) — Durch Red. von Methylcyclohexylketon mit $LiAlD_4$ wird *$D_{(1)}$-1-Cyclohexyläthanol* erhalten u. durch Acetylierung in *$D_{(1)}$-1-Cyclohexyläthylacetat* (**I**) übergeführt. Die Pyrolyse von **I** liefert *$D_{(\alpha)}$-Vinylcyclohexan.*

Versuche: *Methylcyclohexylketon*, Kp.$_{12}$ 66°, durch ½ std. Hydrierung von Methylcyclohexen-(1)-ylketon an Raney-Ni in Methanol bei 500 lbs./in.; n_D^{26} 1,4491; 86% (Ausbeute). — *$D_{(1)}$-1-Cyclohexyläthanol*, $C_8H_{15}DO$, Kp.$_{3,9}$ 65°, durch Zutropfen vorst. Verb. in Ae. zu $LiAlD_4$ in Ae. u. 1 std. Kochen; n_D^{25} 1,4632; 91,5%. — *$D_{(1)}$-1-Cyclohexyläthylacetat* (**I**), $C_{10}H_{17}DO_2$, Kp.$_{4,3}$ 67°, durch tropfenweise Zugabe vorst. Verb. zu Acetylchlorid u. 2 std. Kochen; n_D^{25} 1,4445; 95,3%. — *$D_{(\alpha)}$-Vinylcyclohexan*, $C_8H_{13}D$, Kp. 127,5—128°, durch Pyrolyse von I bei 475° unter N_2; n_D^{25} 1,4441; 71%.

Ch. Kulicke. 480□

Über die Reaktion von 2.4-Dihydroxy-1.4-benzoxazinon-(3) zu Benzoxazolinon. Erkki Honkanen und Artturi I. Virtanen. (Acta chem. scand. **15,** 221—22, 1961; Helsinki, Biochem. Inst., Labor. of the Found. for Chem. Res.; engl.). — Vgl. C. **1962,** 17456. — Beim Erhitzen von 2.4-Dihydroxy-1.4-benzoxazinon-(3) (**I**) in wss. Lsg. entstehen *Benzoxazolinon* u. *Ameisensäure* (**II**). Für die Bldg. von **II** kommen die Atome $C_{(2)}$ u. $C_{(3)}$ in Betracht. Zur Klärung dieser Frage wurde $^{14}C_{(2)}$-**I** aus o-[Methoxymethoxy]-phenylhydroxylamin (**III**) u. $^{14}C_{(2)}$-Dibromacetylchlorid (**IV**) dargestellt, nach dem Erhitzen in wss. Lsg. fand sich die gesamte Aktivität in **II** lokalisiert. **II** stammt also aus dem $C_{(2)}$ von **I**.

Versuche: *$^{14}C_{(2)}$-Dibromacetylchlorid* (**IV**), durch 24 std. Erhitzen von 1,85 mg (0,025 mc) $^{14}C_{(2)}$-Diäthylmalonsäureester, 500 mg inakt. Ester u. 2n HCl auf 50°, Eindampfen im Vakuum, Lösen in 2n HCl, Bromierung bei 5°, Eindampfen, Decarboxylierung bei 130° u. Umsetzung mit $SOCl_2$. — *$^{14}C_{(2)}$-2.4-Dihydroxy-1.4-benzoxazinon-(3)* ($^{14}C_{(2)}$-**I**), analog I nach C. **1961,** 895 aus **III** u. **IV** unter Verkürzung der Rk.-Zeit mit methanol. HCl auf 10 Min. u. der Einw. von NaOH auf 20 Minuten.

H. Nürnberger. 480□

Oxydation von Kohlenwasserstoffen mit konjugierten Doppelbindungen durch organische Persäuren. 3. Mitt. **Über den Mechanismus der Oxydation von 1.3-Dienkohlenwasserstoffen, die asymmetrisch durch Alkylreste substituiert sind, mit Acetylhydroperoxid.** W. I. Panssewitsch-Koljada. (J. allg. Chem. [UdSSR] **30** (92), 3901—07, Dez. 1960; Beloruss. polytechn. Inst.; russ.) — 2. vgl. J. allg. Chem. [UdSSR] **26,** [1956], 2161. — Die bei der Oxydation von 2.4-Dimethylpentadien-(2.4) (**I**) u. 2.4-Dimethylhexadien-(2.4) (**II**) mit Acetylhydroperoxid (**III**) gebildeten *2.4-Dimethyl-5-acetoxy-2.3-oxidopentanol-(4)* (**IV**) u. *2.4-Dimethyl-5-acetoxy-2.3-oxidohexanol-(4)* (**V**) werden durch $ZnCl_2$ an der 3.4-Bindung unter Bldg. von *Isobutyraldehyd* gespalten. Die Oxydation von 2.4.7-Trimethyloctadien-(2.4) (**VI**) mit **III** liefert nach Behandeln mit Essigsäure *2.4.7-Trimethyl-2.3-oxidoocten-(4)* (**VII**) u. *2.4.7-Trimethyl-5-acetoxyocten-(2)-ol-(4)* (**VIII**). **VII** wird an PtO_2 zu *2.4.7-Trimethylocten-(4)-ol-(3)* (**IX**) hydriert, der mit $KMnO_4$ zu *Isovalerian-*, *Isobutter-* u. *Essigsäure* oxydiert wird. **VIII** geht bei der Hydrierung an PtO_2 in *2.4.7-Trimethyl-5-acetoxyoctanol-(4)* (**X**) über, dessen $KMnO_4$-Oxydation zu *Isovaleraldehyd*, *Methylisobutylketon*, *Isovaleriansäure* u. *Essigsäure* führt. — Auf Grund der Vers.-Ergebnisse werden bei der Oxydation von asymm. substituierten Butadienen-(1.3) vom Typ **I**, **II** bzw. **VI** 2 Rk.-Richtungen angenommen: Einmal entstehen 1.2-Oxidobutene-(3) u. 1.2;3.4-Dioxidobutane, zum anderen 3.4-Oxidobutene-(1), die mit Essigsäure in 3-Hydroxy-4-acetoxybutene-(1), dann mit weiterem **III** in 1.2-Oxido-3-hydroxy-4-acetoxybutane übergehen.

Versuche: *Isobutyraldehyd, Dimedon-Deriv.*, F. 150—151° (A.), man erhitzt 2 g **IV** (6 g **V**) mit 0,5 g $ZnCl_2$, leitet die Zers.-Prodd. in eine Dimedon-Lsg. u. erhitzt 2 Std. auf dem sd. Wasserbad. — *2.4.7-Trimethyl-2.3-oxidoocten-(4)* (**VII**), $C_{11}H_{20}O$, Kp.$_2$ 52 bis 53°, man gibt zu 94 g **VI** in dem doppelten Vol. Ae. bei $<$23° 52 g 91,8%ig. **III**; D_4^{20} 0,8342; n_D^{20} 1,4390; 22,4 g. Daneben *2.4.7-Trimethyl-5-acetoxyocten-(2)-ol-(4)* (**VIII**), $C_{13}H_{24}O_3$, Kp.$_{1,5}$ 107—112°; D_4^{20} 0,9623; n_D^{20} 1,4557; 29,1 g. — *2.4.7-Trimethylocten-(4)-ol-(3)* (**IX**), $C_{11}H_{22}O$, Kp.$_2$ 66—68°, durch Hydrierung von 15,9 g **VII** in 40 ml abs. A. an 0,2 g PtO_2 (ca. 3 Std.); D_4^{20} 0,8333; n_D^{20} 1,4361; 5 g. Die Oxydation (4,02 g in 50 ml W. u. 3,3 g $MgSO_4 \cdot 7\,H_2O$ mit 370 ml 1%ig. $KMnO_4$, 25 Tage) liefert aus den sauren Oxydations-Prodd.: *Isovaleriansäure* (*Ag-Salz*, $C_5H_9AgO_2$), *Isobuttersäure* (*Ag-Salz*, $C_4H_7AgO_2$) u. *Essigsäure* (*Ag-Salz*, $C_2H_3AgO_2$). — *2.4.7-Trimethyl-5-acetoxyoctanol-(4)* (**X**), $C_{13}H_{26}O_3$, Kp.$_{2,5}$ 117—120°, durch Hydrierung von 21 g **VIII** in 50 ml abs. A. an 0,12 g PtO_2 (ca. 2 Std.); D_4^{20} 0,9519; n_D^{20} 1,4473; 6,8 g. Die Oxydation mit $KMnO_4$ (6,5 g **X** in 50 ml W. u. langsame Zugabe von 300 ml 1%ig. $KMnO_4$-Lsg.) liefert *Isovaleraldehyd* (*Dimedon-Deriv.*, F. 155°), *Methylisobutylketon* (*Semicarbazon*, F. 130 bis 132°), *Isovaleriansäure* u. *Essigsäure*. Helmut Schäfer. 560

Reduktion von Glycidsäureestern mit Lithiumaluminiumhydrid. H. M. Walborsky und C. Colombini. (J. org. Chemistry **27**, 2387—90, Juli 1962; Tallahassee, Fla., State Univ., Chem. Dep.; engl.) — Eine Anzahl von in 2- u. 3-Stellung substituierten Glycidestern (**A**) wird mit $LiAlH_4$ zu Gemischen von *Propandiolen-(1.2)* (**B**) u. *Propandiolen-(1.3)* (**C**) reduziert. Die Best. der Menge **B** im **B–C**-Gemisch erfolgt durch Rk. des letzteren mit HJO_4. Der Einfl. der Substituenten auf das Mengenverhältnis von **B** u. **C** wird diskutiert; er scheint weitgehend ster. bedingt zu sein.

Versuche: Propandiol-(1.2) (**B**)-Propandiol-(1.3) (**C**)-Gemische, durch Zugabe einer 40%ig. Lsg. des entsprechenden **A** in Ae. zu überschüssigem $LiAlH_4$ in Ae. bei 0°, 6—7 std. Rühren bei Raum-Temp., Ae.-Extraktion des hydrolysierten Rk.-Prod. u. Dest. des Ae.-Rückstands: *3.3-Trimethylen-*, $Kp._{12}$ 120—121°, n_D^{25} 1,4706; 78% (Ausbeute; davon 2% **B**). — *3.3-Tetramethylen-*, $Kp._3$ 101—104°, n_D^{25} 1,4792; 73% (davon 26% **B**). — *3.3-Pentamethylen-*, $Kp._3$ 109—112°, n_D^{25} 1,4857; 92% (davon 4% **C**). — *3.3-Hexamethylen-*, $Kp._3$ 121—126°, n_D^{25} 1,4923; 79% (davon 27% **B**). — *3-Methyl*, $Kp._{12}$ 95—101°, n_D^{25} 1,4385; 73% (davon 49% **B**). — *3-Trifluormethyl-*, $Kp._{34}$ 118°; 33% (ausschließlich **C**). — *3.3-Dimethyl-*, $Kp._{11}$ 97—99°, n_D^{25} 1,4376; 89% (davon 8% **B**). — *3-Phenyl-*, $Kp._1$ 115—120°, n_D^{25} 1,5430; 91% (davon 67% **B**). — *3-Methyl-3-phenyl-*, $Kp._1$ 120—122°, n_D^{25} 1,5351; 87% (davon 25% **B**). — *3.3-Diphenyl-*, F. 87—90°; 85% (davon 12% **B**). — *2-Methyl-*, $Kp._{35}$ 97—100°, n_D^{25} 1,4291; 98% (ausschließlich **B**). — *2.3-Dimethyl-*, $Kp._{30}$ 106—107°, n_D^{25} 1,4182; 80% (davon 95% **B**). — *2.3.3-Trimethyl-*, $Kp._{11}$ 97—99°, n_D^{25} 1,4376; 90% (davon 88% **B**). — *2-Methyl-3-phenyl-*, $Kp._2$ 113—116°, n_D^{25} 1,5214; 92% (ausschließlich **B**). — *2.3-Dimethyl-3-phenyl-*, $Kp._2$ 130—132°, n_D^{25} 1,5300; 82% (davon 11% **B**). — *2-Methyl-3.3-pentamethylen-*, $Kp._1$ 106 bis 110°; 89% (davon 49% **B**). — *2-Methyl-3.3-hexamethylen-*, $Kp._{0,5}$ 104—112°; 91% davon 87% **B**). — *Propandiol-(1.2)* (**I**)-*Propandiol-(1.3)-Gemisch*, $Kp._{15}$ 88—91°; n_D^{25} 1,4260; 56% (davon 92% **I**). Gisela Schreiber. 570□

Untersuchungen über Chemotherapeutica gegen säurefeste Bacillen. 13. Mitt. **Vinylsulfon verwandte Mittel, ihre antibakterielle Wirkung und chemische Reaktionsfähigkeit.** 2. Mitt. Toshio Nambara. (J. pharmac. Soc. Japan [Yakugakuzasshi] **75**, 1560—64, 25/12. 1955; Univ. of Tokyo, Med. Fac., Pharmaceut. Inst.; jap., Auszug: engl.) — 12. bzw. 1. vgl. J. pharmac. Soc. [Yakugakuzasshi] **74**, [1954], 17. — Zum Vgl. mit Mono-β-chloräthansulfonyl-Verbb. werden Bis-[β-chloräthansulfonyl-Derivv. von C_2H_6, Bzl., Toluol u. Naphthalin hergestellt. Ihre bakteriostat. Wrkg. in vitro gegen *Myco. tuberculosis, Staph. aureus* u. *E. coli* wird geprüft. Die bifunktionellen Derivv. zeigen, entgegen den Erwartungen, fast die gleiche antibakterielle Wrkg. wie die monofunktionellen. Bis-[β-chloräthansulfonyl]-Gruppen sind im $NaHCO_3$-Puffer leicht in Bis-[äthylensulfonyl]-Gruppen überführbar. Letztere reagieren mit vielen nucleophilen Reagentien, wie Mercaptanen u. Aminen, unter Bldg. der entsprechenden Bis-β-substituierten Derivate.

Versuche: Äthane: *1.2-Bis-[β-hydroxyäthylmercapto]-* $C_6H_{14}O_2S_2$, F. 64,5 bis 65,5° (Bzl.), nach Rosen u. Reid [1922]. — *1.2-Bis [β-benzoyloxyäthylmercapto]-*, $C_{20}H_{22}O_4S_2$, F. 92—93° (A.), durch Benzoylierung vorst. Verbindung. — *1.2-Bis [β-hydroxyäthansulfonyl]-*, $C_6H_{14}O_6S_2$, F. 115—117,5° (Pyridin), aus 3,5 g vorvorst. Verb., 15 cm^3 Eisessig u. 15 cm^3 30%ig. H_2O_2; 4 g (Ausbeute). — *1.2-Bis [β-benzoyloxyäthansulfonyl]-*, $C_{20}H_{22}O_8S_2$, F. 167° (Eisessig), aus a) vorvorst. Verb. durch Oxydation mit 30%ig. H_2O_2; b) durch Benzoylierung vorst. Verbindung. — *1.2-Bis [β-chloräthansulfonyl]-*, $C_6H_{12}Cl_2O_4S_2$, F. 211,5—212° (Eisessig), aus 2,8 g vorvorst. Verb. u. 15 cm^3 $SOCl_2$ durch 1½ std. Erhitzen; 2,6 g. — Toluole: *3.4-Bis [β-hydroxyäthylmercapto]-* (**I**), $Kp._{0,3}$ 188 bis 190°, aus 3,8 g 3.4-Dimercaptotoluol, 25 cm^3 10%ig. NaNO u. 5 g $ClCH_2CH_2OH$ durch 1 std. Erhitzen u. Essigesterextraktion. — *3.4-Bis [β-chloräthylmercapto]-*, $C_{11}H_{14}Cl_2S_2$, F. 52—53° (A.), aus 4 g der vorst. Verb. u. 20 cm^3 konz. HCl durch 2 std. Kochen u. Ae.-Extraktion; 4,5 g. — *3.4-Bis [β-chloräthansulfonyl]-* (**II**), $C_{11}H_{14}O_4S_2$, F. 125 bis 126,5° (A.), aus 1 g vorst. Verb., 8 cm^3 Eisessig u. 10 cm^3 30%ig. H_2O_2 durch 1 std. Kochen; 0,9 g. — Naphthaline: *1.5-Bis [β-hydroxyäthylmercapto]-*, $C_{14}H_{16}O_2S_2$, F. 87° (A.), aus 1,9 g 1.5-Dimercaptonaphthalin in 50%ig. A. analog **I**; 2,2 g. *Dibenzoyl-Deriv.*, $C_{28}H_{24}O_4S_2$, F. 109,5—110° (Bzl. + Ligroin). — *1.5-Bis [β-chloräthylmercapto]-* (**III**), $C_{14}H_{14}Cl_2S_2$, F. 102—103° (A.), aus 2,5 g vorst. Verb. u. 20 cm^3 konz. HCl durch 5 std. Erhitzen (Bombenrohr); 2,2 g. — *1.5-Bis [β-chloräthansulfonyl]*, $C_{14}H_{14}Cl_2O_4S_2$, F. 250—251° (Zers.). aus 1,4 g vorst. Verb. analog **II**; 1,6 g. — *1.5-Bis [β-methoxyäthansulfonyl]-*, $C_{16}H_{20}O_6S_2$, F. 161° (A.), aus 0,3 g **III**; 0,3 g. — *1.5-Bis [β-äthoxyäthansulfonyl]*, $C_{18}H_{24}O_6S_2$, F. 133—134° (A.), aus **III** analog vorst. Verbindung. — Benzole: *m-Bis [β-hydroxyäthylmercapto]-* (**IV**), $Kp._{0,2}$ 218—220°, $Kp._{0,03}$ 205—207°, aus 5,5 g m-Dimercaptobenzol analog **I**; 6 g. *Dibenzoyl-Deriv.*, $C_{24}H_{22}O_4S_2$, F. 65°. — *p-Bis-[β-hydroxyäthylmercapto]-*, $C_{10}H_{14}O_2S_2$, F. 93° (Chlf.), aus 7,5 g p-Dimercaptobenzol analog I; 11,5 g. *Dibenzoyl-Deriv.*, $C_{24}H_{22}O_4S_2$, F. 87—88° (A.). — *p-Bis-[β-chloräthylmercapto]-* (V), $C_{10}H_{12}Cl_2S_2$, F. 81—82° (A.), aus 5 g der vorst. Verb. analog III; 5,7 g. — *m-Bis-[β-chloräthylmercapto]-*, $C_{10}H_{12}Cl_2S_2$, F. 53—54° (A.), aus 18 g IV in 30 cm³ Chlf. u. 35 g $SOCl_2$ durch 1½ std. Erhitzen; 15,5 g. — *m-Bis-[β-chloräthansulfonyl]-* (VI), $C_{10}H_{12}Cl_2O_4S_2$, F. 118—119° (A.), aus 1 g der Verb. analog II; 0,8 g. — *p-Bis-[β-chloräthansulfonyl]-* (VII), $C_{10}H_{12}Cl_2O_4S_2$, F. 220—221° (Eisessig), aus 0,5 g V analog II; 0,5 g. — *m-Bis-[β-methoxyäthansulfonyl]-*, $C_{12}H_{18}O_6S_2$, F. 118—119,5° (A.), aus 0,5 g VI u. 0,25 g KOH in CH_3OH durch 1—2std. Kochen; 0,3—0,35 g. — *m-Bis-[β-äthoxyäthansulfonyl]-*, $C_{14}H_{22}O_6S_2$, F. 103—104°, analog vorst. Verbindung. — *p-Bis-[β-methoxyäthansulfonyl]-*, $C_{12}H_{18}O_6S_2$, F. 106,5—108° (A.), aus 0,5 g VII analog vorvorst. Verb.; 0,35 g. — *p-Bis-[β-äthoxyäthansulfonyl]-*, $C_{14}H_{22}O_6S_2$, F. 146—147° (A.). — *m-Bis-[äthensulfonyl]-* (VIII), $C_{10}H_{10}O_4S_2$, F. 69—71° (A.), aus a) 1,4 g VI in 60 cm³ Ae. u. 6 cm³ $(C_2H_5)_3N$ durch 1std. Kochen u. Behandeln mit HCl; 0,95 g; b) 0,2 g VI, 0,4 g $NaHCO_3$, 20 cm³ A. u. 15 cm³ W.; 0,1 g. — *m-Bis-[β-anilinoäthansulfonyl]-*, $C_{22}H_{24}N_2O_4S_2$, F. 164—165° (A. + Bzl.), aus 0,4 g vorst. Verb., 0,4 g Anilin u. 5 cm³ A. durch 2std. Kochen; 0,5 g. *Sulfat*, $C_{22}H_{24}N_2O_4S_2 \cdot H_2SO_4$, F. 185° (Zers.; H_2SO_4). — *m-Bis-[β-phenylmercaptoäthansulfonyl]-*, $C_{22}H_{22}O_4S_4$, F. 123—123,5° (A.), aus a) 0,1 g VIII, 0,2 g $NaHCO_3$, 10 cm³ A., 7,5 cm³ W. u. 0,1 cm³ Thiophenol; 0,1 g; b) aus VI analog a); 0,1 g. — *m-Bis-[β-butylmercaptoäthansulfonyl]-*, $C_{18}H_{30}O_4S_4$, F. 84—85° (A.), aus 0,1 cm³ Butylmercaptan u. VIII oder VI analog vorst. Verb.; 0,1 g. — *m-Bis-[β-carboxymethylmercaptoäthansulfonyl]-*, $C_{14}H_{18}O_8S_4$, F. 164—165° (A.), aus 0,2 g VIII, 0,1 cm³ $HSCH_2 \cdot COOH$, 0,4 g $NaHCO_3$, 20 cm³ A. u. 15 cm³ W.; 0,2 g. — *p-Acetamidobenzolsulfonylessigsäureäthylester* (IX), $C_{12}H_{15}NO_5S$, F. 124—125,5° (A.), aus 15 g p-Acetaminobenzolsulfinsäure, 10 g $ClCH_2COOC_2H_5$, 3,3 g NaOH, 80 cm³ A. u. 30 cm³ W. durch 2std. Kochen; 7 g. — *p-Acetamidophenylsulfonylacetamid* (X), $C_{10}H_{12}N_2O_4S$, F. 194,5° (W.), aus 8 g K-p-Acetamidobenzolsulfinat (XI), 4 g $ClCH_2CONH_2$ u. 70 cm³ W. durch 2std. Kochen; 5 g. — *p-Acetamidobenzolsulfonylaceton* (XII), $C_{11}H_{13}NO_4S$, F. 99,5—101° (W.), aus 5 g XI, 2 g $ClCH_2COCH_3$ u. 20 cm³ W. durch 1std. Kochen; 2,5 g. — *α-[p-Acetamidobenzolsulfonyl]-zimtsäureäthylester*, $C_{19}H_{19}NO_5S$, F. 153,5—154,5° (Bzl. + Ligroin), aus 3 g IX, 3 g Benzaldehyd, 12 cm³ Pyridin u. einigen Tropfen Piperidin durch 24std. Stehen bei Zimmer-Temp. u. Einbringen in verd. HCl; 2,3 g. — *α-[p-Acetamidobenzolsulfonyl]-cinnamid*, $C_{17}H_{16}N_2O_4S$, F. 240—241,5° (Zers.; Eisessig), aus 0,6 g X wie vorst.; 0,5 g. — *α-[p-Acetamidophenylsulfonyl]-benzylidenaceton*, $C_{18}H_{17}NO_4S$, F. 161,5—162,5° (A.), aus 0,5 g XII analog vorvorst. Verb.; 0,3 g. — *β-Chloräthyl-2.4-dinitrophenylsulfon*, $C_8H_7ClN_2O_6S$, F. 113—114° (A.), aus 2 g β-Chloräthyl-2.4-dinitrophenylsulfid in 60 cm³ Eisessig durch Zutropfen von 2 g $KMnO_4$ in 60 cm³ W.; 1,8 g. F. Mossner. 600

Die Bestandteile der Mycobakterien. 51. Mitt. Synthesen langkettiger aliphatischer Ketone. β-Diketone mit unverzweigter und mit α-verzweigter Kette. Raoul Toubiana. (C. R. hebd. Séances Acad. Sci. **248**, 247—50, 12/1. 1959; Paris, Inst. de Biol. physicochimique; franz.) — 50. vgl. C. R. hebd. Séances Acad. Sci. **247**, [1958], 2054; vgl. auch C. **1961**, 18706. — Zwei *geradkettige β-Diketone* wurden durch Rk. eines Esters mit einem Methylketon oder durch Hydratisierung eines Äthinylketons dargestellt. Alkylierung gibt ein *α-verzweigtes β-Diketon* u. UV-Spektren der Verbb. sowie von Dotetrakontin-(21)-on-(20), $C_{42}H_{80}O$ u. 21-Eikosyltritetrakontandion-(20.22), $C_{63}H_{124}O_2$, s. Original. Versuche: *Heptatriakontandion-(18.20)*, $C_{37}H_{72}O_2$, F. 75—76°, durch Rk. von Methylheptadecylketon u. Octadecansäureäthylester in Ggw. von Na-Amid; gibt bei Rk. mit Hydroxylamin gleiche Mengen eines *Isoxazols* ($C_{37}H_{71}NO$, F. 70—71°) u. des *Dioxims* ($C_{37}H_{74}N_2O_2$, F. 90—92°). — *Triakonten-(13)-on-(12)*, $C_{30}H_{58}O$, F. 51—52°, durch Rk. von Octadecin-(1)-yl-MgBr mit Laurinaldehyd. — *Triakontin-(13)-on-(12)*, $C_{30}H_{56}O$, F. 40—41°, durch CrO_3-Oxydation vorst. Verb. in Pyridin; gibt mit Hydroxylamin ein *Isoxazol*, $C_{30}H_{57}NO$, F. 54—55°. — *Triakontandion-(12.14)*, $C_{30}H_{58}O_2$, F. 58—59°, durch Hydratisierung vorst. Verb. mit H_2SO_4. — *19-Octadecylheptatriakontandion-(18.20)*, $C_{55}H_{108}O_2$, F. 59—62°, durch Rk. vorst. Verb. in Methylisobutylketon mit Jodoctadecan in Ggw. von K_2CO_3. *Dioxim*, $C_{55}H_{110}N_2O_2$, F. 59—60°. J. Ruhnke. 720□

Aromatische und gehinderte Ketale. Alexej B. Bořkovec. (J. org. Chemistry **26**, 4866—68, Dez. 1961; Hollins, Va., Hollins Coll., Dep. of Chem.; engl.) — Es werden *Ketale* mit sperrigen Alkoxygruppen synthetisiert. Bei der Pyrolyse von Ketalen aliphat. Ketone mit einem α-H-Atom, z. B. 2.2-Dimethoxypropan (I), bes. in Ggw. von sauren Katalysatoren, bilden sich ungesätt. Äther. Dagegen ist Dimethoxydiphenylmethan (II) bei 290° noch stabil. I bildet mit $FeCl_3$ bzw. $SbCl_5$ *Addukte*, die bei Raum-Temp. bereits in Polymere des Isopropenylmethyläthers zerfallen. Die etwas stabileren Addukte von II mit $FeCl_3$ bzw. $SbCl_5$ werden durch Feuchtigkeit zu *Benzophenon* (IV), CH_3OH u. $FeCl_3$ bzw. $SbCl_5$ gespalten. Die aus 2.2-Bis-[β-chloräthoxy]-propan (III) u. sek. Aminen erhältlichen bas. Ketale sind im allg. stabiler als die neutralen. Verss., III mit NH_3

umzusetzen, lieferten nur NH_4Cl u. polymere Prodd., bei deren Hydrolyse u. a. Aceton u. Äthanolamine isoliert wurden. 2.2-Diphenoxypropan ließ sich durch Alkoholaustausch nicht darstellen. Die Rk. von **II** mit Phenol führt, auch mit großem Überschuß an Phenol, bei hoher Temp. oder bei langer Rk.-Dauer, nur zu *Methoxyphenoxydiphenylmethan*; erst nach der Isolierung geht dieses mit Phenol in *Diphenoxydiphenylmethan* über.

Versuche: *2.2-Bis-[β-bromäthoxy]-propan*, $Kp._1$ 64—66°, durch Rk. von **I** u. β-Bromäthanol nach Howard u. Lorette (J. org. Chemistry **25**, [1960], 525); $D.^{25}$ 1,585; n_D^{25} 1,4886; 45% (Ausbeute). — Analog: *2.2-Bis-[γ-chlorpropoxy]-propan*, $Kp._1$ 67—68°; $D.^{25}$ 1,102; n_D^{25} 1,4499; 40%. — *2.2-Bis-[β-nitroisobutoxy]-propan*, F. 88°, $Kp._3$ 131—132°; 65%. — *2.2-Bis-[β-phenäthoxy]-propan*, $Kp._3$ 79—81°; $D.^{25}$ 0,9776; n_D^{20} 1,5172; 84%. — *2.2-Bis-[benzyloxy]-propan*, F. < 10°, $Kp._1$ 125°; n_D^{22} 1,5343; $D.^{25}$ 1,033; 75%. — *2.2-Bis-[β-di-n-butylaminoäthoxy]-propan*, $Kp._2$ 125°, durch 12std. Kochen von **III** u. Di-n-butylamin; $D.^{21}$ 0,8566; $n_D^{21,5}$ 1,4322; 95%. — *Dimethoxydiphenylmethan* (**II**), F. 106,5°, $Kp._1$ 102—105°, aus **I** u. **IV** in Ggw. von CH_3OH; 92%. *$FeCl_3$-Addukt*, aus **II** u. $FeCl_3$ in Hexan; rötliche Nadeln. *$SbCl_5$-Addukt*. — *Bis-[β-chloräthoxy]-diphenylmethan*. F. 57—57,7°, $Kp._{0,5}$ 150—152°, aus **II** u. β-Chloräthanol; 75%. — Analog: *Phenoxymethoxydiphenylmethan*, F. 175,5°, analog vorst. Verb.; 60%. — *Diphenoxydiphenylmethan*, F. 135—136,5°; 14%. — *2.2-Dimethoxypropan* (**I**), *$FeCl_3$-Addukt*, Zers. bei ca. 0°, durch Zugabe von sublimiertem $FeCl_3$ zu **I** in Hexan bei —40° u. langsames Erwärmen auf —10°; rotbraun. *$SbCl_5$-Addukt*, Zers. bei 25°. H. J. Schönherr. 700◇

Hydrazinderivate der Triosen. Günter Henseke, Hans Joachim Binte, Siegfried Schwerin und Gustav Crawack. (Liebigs Ann. Chem. **651**, 162—71, 27/3. 1962; Freiberg, Bergakademie, Inst. für Organ. Chem.; Greifswald, Univ., Inst. für Organ. Chem.; dt.) — Aus Glycerinaldehyd oder aus Glycerosesirup (**G**) entstehen mit Hydrazinbasen *Bis-hydrazone* des *Glyoxals*, *Glyceroseosazone* oder *Tris-hydrazone* u. *Azinhydrazone* des *Mesoxaldialdehyds*. Die Konstit. der Tris-hydrazone wird durch Synth. aus Mesoxaldialdehyd-1.2-bis-hydrazonen bewiesen. Die Verss. zur Cyclisierung von Mesoxaldialdehyd-1.2-bis-[methylphenylhydrazon]-3-phenylhydrazon zu 2-Phenylosotriazol-4-aldehydmethylphenylhydrazon waren erfolglos. Aus Mesoxaldialdehyd-1.2-bis-phenylhydrazon-3-methylphenylhydrazon (**I**) wird lediglich *2-Phenylosotriazol-4-aldehydphenylhydrazon* erhalten, da bei der Osotriazol Bldg. die Abspaltung von Methylanilin gegenüber der von Anilin bevorzugt ist. Die UV-Absorptionsmaxima einiger Bis-hydrazonketazine werden angegeben.

Versuche: *Glyoxal-bis-[methylphenylhydrazon]*, F. 217°, durch 10—15 Min. langes Erhitzen von Glycerosemethylphenylosazon (**II**) u. Hydrazinhydrat-Lsg. in verd. A. in Ggw. von Eisessig auf 100°; aus A. gelbliche Blättchen. — Mesoxaldialdehyd-Derivv.: *-1.2-bis-[methylphenylhydrazon]-3-hydrazon* (**III**), $C_{17}H_{20}N_6$, F. 159°, a) analog vorst. Verb.; aus A. gelbe Nadeln; 58% (Ausbeute); b) durch Zugabe von 80%ig. Hydrazinhydrat-Lsg. u. Eisessig zu **IV** in 80%ig. A. bei 60°; 42%. — *-1.2-bis-[methylphenylhydrazon]-3-acetylhydrazon*, $C_{19}H_{22}N_6O$, F. 181°, durch 24std. Stehen von **III** mit Acetanhydrid in Pyridin; aus Methanol hellgelbe Nadeln; 85%. — *-1.2-bis-[methylphenylhydrazon]-3 benzalhydrazon*, $C_{24}H_{24}N_6$, F. 178°, durch 24std. Stehen von **III** mit Benzaldehyd in A.; aus A. orangefarbene Nadeln; 95%. — *-1.1′.2.2′-tetrakis-[methylphenylhydrazon]-3-aldazin*, $C_{34}H_{36}N_{10}$, F. 240° (Zers.), a) durch ¹/₄std. Erhitzen von **III** mit Eisessig in A. auf 100° u. Neutralisieren mit verd. NaOH; aus wss. Pyridin tiefrote Stäbchen; 51%; b) durch 1std. Stehen von **G**, Methylphenylhydrazin u. Hydrazinhydrat-Lsg. in A./Eisessig u. 5 Min. langes Kochen. — *-1.2.3-tris-[methylphenylhydrazon]*, $C_{24}H_{26}N_6$, F. 126°, durch 15std. Stehen von **G** u. Methylphenylhydrazin in A./Eisessig bei 35°; aus 70%ig. A. orangefarbene Kristalle. — *-1.3-bis-[methylphenylhydrazon]-2-phenylhydrazon* (**VII**), $C_{23}H_{24}N_6$, F. 194°, a) durch 2 Min. langes Kochen von **II** u. Phenylhydrazin in A./Eisessig; aus A. oder Aceton hellgelbe Nadeln; 39%; b) durch 24std. Stehen von **G** mit Methylphenylhydrazin in 50%ig. Essigsäure bei 40° u. Zugabe von Phenylhydrazin in A.; 25%; c) durch 1std. Erhitzen von Glycerinaldehyd, Methylphenylhydrazin u. Phenylhydrazin in 50%ig. Essigsäure auf 100°; 20%; d) durch 2std. Erhitzen von Gycerosephenylosazon mit Methylphenylhydrazin in A./Eisessig auf 100°; 36%; e) durch ¹/₄std. Erhitzen von Glycerinaldehydmethylphenylhydrazon, Phenylhydrazin u. Methylphenylhydrazin in Eisessig/A. auf 100°; 14%; f) durch 10 Min. langes Kochen von **V** mit Methylphenylhydrazin in A. in Ggw. von Essigsäure; 98%. — *-1.3-bis-[propylphenylhydrazon]-2-phenylhydrazon*, $C_{27}H_{32}N_6$, F. 125°, durch 2 Min. langes Kochen von Glycerinaldehyd u. Propylphenylhydrazin in A./Eisessig, Zugabe von Phenylhydrazin, 3std. Erwärmen auf 40° u. 24std. Stehen bei 20°; aus A. hellgelbe Stäbchen; 6%. — *-1.3-bis-[benzylphenylhydrazon]-2-phenylhydrazon*, $C_{35}H_{32}N_6$, F. 215°, a) durch Zugabe von Benzylphenylhydrazin in 50%ig. Essigsäure zu 10 g **G**, 24std. Stehen u. Zugabe von

Phenylhydrazin; aus Aceton hellgelbe Nadeln; 3 g; b) durch 2 Min. langes Erwärmen von Glycerinaldehyd u. Benzylphenylhydrazin in verd. Essigsäure auf 100°, 3std. Stehen bei 40° u. Zugabe von Phenylhydrazin; 14% ; c) durch 2std. Kochen von Glycerinaldehydbenzylphenylhydrazon u. Phenylhydrazin in A. in Ggw. von Essigsäure; 7%. — *-1.2-bis-methylphenylhydrazon* (**IV**), $C_{17}H_{18}N_4O$, F. 130°, durch Oxydation von Fructosemethylphenylhydrazon mit $HJO_4 \cdot 2\,H_2O$ in wss. A. bei 25—30°; aus A. orangerote Blättchen; 52%. — *-methylphenylhydrazon-2-phenylhydrazon* (**V**), $C_{16}H_{16}N_4O$, F. 140°, durch Oxydation von Fructose-1-methylphenyl-2-phenylosazon mit HJO_4 in wss. A. bei 25—30°; aus A. gelbe Stäbchen; 86%. — *-1-methylphenylhydrazon-2-[p-aminosulfonylphenylhydrazon]*, $C_{16}H_{17}N_5O_3S$, F. 234°, aus D-Fructose-1-methylphenyl-2-[p-aminosulfonylphenyl]-osazon analog **V**; aus A. oder A./Pyridin (2 : 1) orangegelbe Stäbchen; 78%. — *-1.2-bis-[p-tolylhydrazon]*, $C_{17}H_{18}N_4O$, F. 199—200°, aus D-Fructose-p-tolylosazon analog **V**; aus A./Pyridin orangefarbene Blättchen; 39%. — *-1-benzylphenylhydrazon-2-phenylhydrazon*, $C_{22}H_{20}N_4O$, F. 151°, aus D-Fructose-1-benzylphenyl-2-phenylosazon analog **V**; aus A. orangefarbene Nadeln; 62%. — *-1.2-bis-[methylphenylhydrazon]-3-phenylhydrazon*, $C_{23}H_{24}N_6$, F. 140—141°, durch Lösen von **IV** in 80%ig. A./Essigsäure u. Zugabe von Phenylhydrazin in A.; aus A. orangegelbe Stäbchen; 83%. — *-1.1'.2.2'-tetrakis-[phenylhydrazon]-3-aldazin*, $C_{30}H_{28}N_{10}$, F. 223°, durch $^1/_2$std. Erwärmen von Mesoxaldialdehyd-1.2-bis-phenylhydrazon (**VI**) mit 80%ig. Hydrazinhydrat-Lsg. in A. in Ggw. von Eisessig, Zugabe von 10%ig. HCl bis zur Rotfärbung u. Zugabe von 10%ig. NaOH bis pH 9; aus Bzl. orangefarbene Balken; 76%. — *-1.1'-bis-[methylphenylhydrazon]-2.2'-bis-[phenylhydrazon]-3-aldazin*, $C_{32}H_{32}N_{10}$, F. 258—259° (Zers.), durch kurzes Kochen von **V** mit Hydrazinhydrat-Lsg. in A. in Ggw. von wenig Essigsäure; aus A./Pyridin oder Bzl. gelbe Nadeln; 51%. *Hydrochlorid*, $C_{32}H_{33}ClN_{10}$, F. 156° (Zers.), durch kurzes Erwärmen von **V** mit Hydrazinhydrat in 10%ig. HCl auf 100°; rote Kristalle; 94%. — *-1.2-bis-[phenylhydrazon]-3-methylphenylhydrazon* (**I**), $C_{22}H_{22}N_6$, F. 179—181°, a) durch $^1/_2$std. Erhitzen von **VI** mit Methylphenylhydrazin in Methanol in Ggw. von Eisessig auf 100°; aus A. gelbe Kristalle; 73%; b) durch $^1/_2$std. Kochen von **V** mit 80%ig. A. in Ggw. von wenig Eisessig u. Zugabe von Phenylhydrazin in A. bei 30°; 35%. — 2-Phenylosotriazol-4-aldehyd-Derivv.: *-methylphenylhydrazon*, $C_{16}H_{15}N_5$, F. 113°, a) durch $^1/_2$std. Kochen von **VII** mit $CuSO_4 \cdot 5\,H_2O$ verd. n-Butanol; aus A. Schuppen; 76%; b) aus 2-Phenylosotriazolaldehyd-(4) u. Methylphenylhydrazin in Essigsäure. — *-phenylhydrazon*, $C_{15}H_{13}N_5$, F. 135—140°, analog vorst. Verb. aus **I**; aus A. bräunliche Blättchen; 46%. — Glyceroson-Derivv.: *-1.1'-bis-[methylphenylhydrazon]-ketazin*, $C_{20}H_{24}N_6O_2$, F. 163° (Zers.), durch 1std. Stehen von 15 g **G**, Methylphenylhydrazin u. Hydrazinhydrat in A./50%ig. Essigsäure u. 5 Min. langes Erhitzen auf 65°; aus Pyridin/A. gelbe Nadeln; 1,3 g. — *-1-methylphenylhydrazon-2-hydrazon*, $C_{10}H_{14}N_4O$, F. 161—162°, analog vorst. Verb. aus 15 g **G** u. 5 Min. langes Erhitzen auf 100°; aus A. gelbe Nadeln; 1,4 g. W. Hampel. 740□

Kondensation von Mesityloxid mit Trioxymethylen durch Magnesium. Joseph Wiemann, Sa-Le-Thi Thuan und Dominique Ramé. (C. R. hebd. Séances Acad. Sci. **249**, 1529—31, 19/10. 1959; franz.) — Bei der Kondens. von Mesityloxid (**I**) mit Trioxymethylen (**II**) in Ggw. von Anionenaustauschern entstehen bei 95° in 10%ig. Ausbeute *5-Methyl-3-ketohexen-(4)-ol-(1)* [**III**, $C_7H_{12}O_2$, Kp.$_{18}$ 108—110°, n_D^{26} 1,4760, $D._4^{25}$ 0,9885. *2.4-Dinitrophenylhydrazon*, $C_{13}H_{15}N_4O_4$, F. 132—134°; 35% (Ausbeute). *Semicarbazon*, F. 235—237°; ca. 5%] u. *2-Methyl-4-keto-3-hydroxymethylpenten-(1)* [**IV**, $C_7H_{12}O_2$, Kp.$_{18}$ 94,5—95°, n_D^{26} 1,4520, $D._4^{25}$ 0,9751; 30%. *2.4-Dinitrophenylhydrazon*, $C_{13}H_{13}N_4O_3$, F. 120—121°, 30%. *Semicarbazon*, F. 223—224°; ca. 5%]. Bei der mehrtägigen Kondens. von **I** u. **II** mit Mg bei 75° werden 25% **III** neben 20% **IV** gewonnen. Außerdem wurde *2-Methyl-3.3-bis-[hydroxymethyl]-4-ketopenten-(1)* (**VII**, F. 66—67°) isoliert. **III** wird durch Raney-Ni zu *5-Methyl-3-ketohexanol-(1)* (**V**) ($C_7H_{14}O_2$, Kp.$_{18}$ 100—101°; n_D^{24} 1,4392; $D._4^{20}$ 0,9427. *2.4-Dinitrophenylhydrazon*, F. 120°; 55%) u. **IV** zu *2-Methyl-4-keto-3-hydroxymethylpentan* (**VI**, $C_7H_{14}O_2$, Kp.$_{18}$ 100—101°, n_D^{24} 1,4346, $D._4^{20}$ 0,9570. *2.4-Dinitrophenylhydrazon*, $C_{13}H_{15}N_4O_3$, F. 109—110°) reduziert. Im Gegensatz zu **III** u. **V** geben **IV** u. **VI** einen positiven Test mit Na-Hypojodit. **IV** liefert bei der Oxydation mit Na-Hypobromit eine ungesätt. *Säure vom Kp.*$_1$ *115°* u. **VI** *α.β-Dimethylbuttersäure*, ($C_6H_{12}O_2$, F. 64°). Die IR-Maxima von **III, IV, V, VI** u. **VII** sind angegeben.
G. Marquard. 740

Lösungsmittelkatalysierte Michael-Reaktion von Malonsäure- und Cyanessigsäurederivaten mit Acrylsäurederivaten in flüssigem Ammoniak. Shigeru Wakamatsu. (J. org. Chemistry **27**, 1285—88, 12/4. 1962; Yokosuka, Japan, Defense Acad., Dep. of Chem.; engl.) — Acrylnitril oder Acrylsäureäthylester können mit Malonsäurediäthylester u. Cyanacetamid u. seinen Monoalkyl-Derivv. in fl. NH_3 unter Bldg. der entsprechenden Michael-Additions-Prodd. ohne Benutzung von Katalysatoren reagieren. Diese Michael-Rk. ist durch die katalyt. Wrkg. des Lsgm. charakterisiert. Wahrscheinlich erfolgt die Bldg. eines Carbanions der akt. Methylenverbindung. Die gleiche Rk. mit Acrylsäureamid gelingt nicht. 19 neue Verbb. werden dargestellt.

Versuche: *4.4-Dicarbäthoxypimelodinitril*, F. 61—63,5° (A.), durch 40 Min. langes Zutropfen von Acrylnitril zu Malonsäurediäthylester in fl. NH_3 bei —50°, 2std. Rühren u. Eindunsten (Meth. **B**); 99% (Ausbeute). — *4-Cyan-4-carbamoylpimelinsäurediäthylester*, F. 118—119° (W.), a) durch 20 Min. langes Zutropfen von Acrylsäureäthylester zu Cyanacetamid in fl. NH_3 bei —50° u. 1std. Rühren (Meth. **B**); 94%; b) nach **A** (s. unten) mit 2 Mol Acrylnitril; 87%. — *2-Isopropyl-2-[β-cyanäthyl]-malonsäureäthylesteramid*, F. 71—73,5° (Ligroin), durch Zugabe von fl. NH_3 zu 2-Isopropylmalonsäurediäthylester u. Acrylnitril in einem gläsernen Druckgefäß, 2std. Stehen bei Raum-Temp., Eindunsten u. Fraktionierung bei 174°/2 Torr (Meth. **A**); 38%. — *4-Cyan-4-carbamoylpimelinsäurediamid*, F. 209,5° (W.), durch 80 Min. langes Stehen von Cyanacetamid u. Acrylsäureäthylester in fl. NH_3 in einem Druckgefäß bei Raum-Temp., Versetzen mit NH_4Cl u. 24std. Stehen (Meth. **A**); 60%. — *2-Benzyl-2-[β-cyanäthyl]-cyanacetamid*, F. 133—135° (A.), durch 2std. Stehen von 2-Benzylcyanacetamid u. Acrylnitril in fl. NH_3 in einem Druckgefäß bei Raum-Temp. u. Eindunsten; 100%. — *2-[β-Carbäthoxyäthyl]-malonsäurediäthylester*, Kp.$_3$ 130°, aus Malonsäurediäthylester u. Acrylsäureäthylester nach **B**; 29%; gibt mit NH_4Cl *2-Carbamoylglutarsäurediamid*, $C_6H_{11}N_3O_3$, F. 180,5—181,5°. — *2-Äthyl-2-[β-cyanäthyl]-malonsäurediäthylester*, F. 47—48° (A.), aus Äthylmalonsäurediäthylester u. Acrylnitril nach **B**; 61%; wenn die Rk. nach **A** durchgeführt wird, entstehen 84% *Äthylmalonsäureäthylesteramid* u. etwas *Äthylmalonsäurediamid*. — *2-Benzyl-2-[β-cyanäthyl]-malonsäurediäthylester*, Kp.$_1$ 176—178°, aus Benzylmalonsäurediäthylester u. Acrylnitril nach **A**; 45%. — *α.γ-Dicyan-α-äthylbuttersäureamid*, F. 111—112,5° (verd. A.), aus Äthylmalonsäurediäthylester u. Acrylnitril nach **A**; 93%. — *2-Cyan-2-äthylglutarsäurediamid*, F. 189—191° (W.), aus Äthylmalonsäurediäthylester u. Acrylsäureäthylester nach **A** u. Ammonolyse mit NH_4Cl; 66%. — *α.γ-Dicyan-α-propylbuttersäureamid*, F. 86—88° (verd. A.), aus Propylmalonsäurediäthylester u. Acrylnitril nach **A**; 88%. — *2-Cyan-2-propylglutarsäureamid*, F. 173—174,5° (verd. A.), aus Propylmalonsäurediäthylester u. Acrylsäureäthylester nach **A** u. Ammonolyse mit NH_4Cl; 88%. — *α.γ-Dicyan-α-isopropylbuttersäureamid*, F. 129—131° (verd. A.), aus Isopropylmalonsäurediäthylester u. Acrylnitril nach **A**; 82%. — *α.γ-Dicyan-α-butylbuttersäureamid*, F. 106—107,5° (verd. A.), aus Butylmalonsäurediäthylester u. Acrylnitril nach **A**; 92%. — *2-Cyan-2-butylglutarsäurediamid*, F. 159—160,5° (A.), aus Butylmalonsäurediäthylester u. Acrylsäureäthylester nach **A** u. Ammonolyse mit NH_4Cl; 97%. — *α.γ-Dicyan-α-isobutylbuttersäureamid*, F. 144,5° (verd. A.), aus Isobutylmalonsäurediäthylester u. Acrylnitril nach **A**; 85%. — *2-Cyan-2-isobutylglutarsäurediamid*, F. 151—152° (verd. A.), aus Isobutylmalonsäurediäthylester u. Acrylsäureäthylester nach **A** u. Ammonolyse mit NH_4Cl; 87%. — *α.γ-Dicyan-α-sek.-butylbuttersäureamid*, F. 110—115° (Bzl.), aus sek.-Butylmalonsäurediäthylester u. Acrylnitril nach **A**; 62%; nach **A** u. Ammonolyse mit NH_4Cl entstehen 75% *sek.-Butylcyanacetamid*. — *α.γ-Dicyan-α-phenylbuttersäureamid*, F. 84,5—87° (Bzl.), aus Phenylmalonsäurediäthylester u. Acrylnitril nach **A**; 86%. — *2-Cyan-2-phenylglutarsäurediamid*, F. 159 bis 160° (A.), aus Phenylmalonsäurediäthylester u. Acrylsäureäthylester nach **A** u. Ammonolyse mit NH_4Cl; 69%. — *2-Cyan-2-benzylglutarsäurediamid*, F. 151,5—153,5° (W.), aus Benzylmalonsäurediäthylester u. Acrylsäureäthylester nach **A** u. Ammonolyse mit NH_4Cl; 74%. P. Golinske. 800□

Lösungsmittelkatalysierte Michael-Reaktion von Nitroparaffinen mit Acrylsäurederivaten in flüssigem Ammoniak. Shigeru Wakamatsu und Kotaro Shimo. (J. org. Chemistry 27, 1609—11, Mai 1962; Yokosuka, Japan, Defense Acad., Dep. of Chem.; engl.) — Vgl. vorst. Referat. — Durch Michael-Kondens. von Nitroparaffinen mit Acrylsäurenitril (I), Acrylsäureäthylester (II) oder Acrylsäureamid (III) entstehen in fl. NH_3 ohne Katalysator in guten Ausbeuten in Abhängigkeit von den Eigg. der Rk.-Partner verschiedene Produkte. Für diese Rk. ist eine katalyt. Wrkg. des Lsgm. charakteristisch. In dieser Arbeit werden acht neue Verbb. beschrieben.

Versuche: *Tris-[β-cyanäthyl]-nitromethan*, $C_{10}H_{12}N_4O_2$, F. 112,5—114° (A./W.), a) durch Rk. von Nitromethan u. I in fl. NH_3 in einem Druckgefäß aus Glas unter Eiskühlung u. ½std. Stehen bei Raum-Temp. (Meth. **A**); 94% (Ausbeute); b) nach **B** (s. unten); 97%. — *4-Nitropimelinsäurediäthylester* (**IV**), $C_{11}H_{19}NO_6$, Kp.$_2$ 160—161°, durch Zutropfen eines Gemisches aus Nitromethan u. **II** zu fl. NH_3 innerhalb von 25 Min. bei —50° u. 1std. Rühren (Meth. **B**); 55%; daneben *4-Nitrobuttersäureäthylester*, $C_6H_{11}NO_4$, Kp.$_2$ 96°; 28%. — *4-Nitropimelinsäurediamid*, $C_7H_{13}N_3O_4$, F. 141—142,5° (A./W.), a) durch Ammonolyse des entsprechenden Esters in fl. NH_3 in Ggw. von NH_4Cl; b) nach

A mit **III**; 12%. — *4-Nitrobutyramid*, $C_4H_8N_2O_3$, F. 88—89,5° (Bzl.), durch Ammonolyse des entsprechenden Esters in Ggw. von NH_4Cl. — *4-Nitropimelinsäuredinitril*, $C_7H_9N_3O_2$, F. 66—67° (Bzl.), nach **B** aus Nitromethan u. **I**; 68%. — *Tris-[β-carbäthoxyäthyl]-nitromethan*, $C_{16}H_{27}NO_8$, Kp.$_{2-3}$ 212—216°, nach **B**; 34%; daneben 56% **IV**. — *4-Methyl-4-nitropimelinsäuredinitril*, $C_8H_{11}N_3O_2$, Kp.$_1$ 210—212°, nach **B**; 77%; daneben *4-Nitropentansäurenitril*; 11%. — *4-Methyl-4-nitropimelinsäurediäthylester*, $C_{12}H_{21}NO_6$, Kp.$_{1-2}$ 152°, nach **B**; 77%; daneben *4-Nitropentansäureäthylester*, $C_7H_{13}NO_4$, Kp.$_1$ 94—95°; 12%. — *4-Methyl-4-nitropimelinsäurediamid*, $C_8H_{15}N_3O_4$, F. 129,5—131° (W.), nach **A**; 57%. — *4-Äthyl-4-nitropimelinsäuredinitril*, $C_9H_{13}N_3O_2$, Kp.$_{2,5-3}$ 216°, a) nach **B** im Verhältnis 1 : 1; 26%; b) nach **B** aus 1 Mol Nitropropan u. 2 Mol **I**; 76%; daneben *4-Nitrohexansäurenitril*, $C_6H_{10}N_2O_2$, Kp.$_3$ 115°; 71%. — *4-Nitrohexansäureäthylester*, $C_8H_{15}NO_4$, Kp.$_{3-4}$ 103—104°, a) nach **B** im Verhältnis 1 : 1; 76%; b) nach **B** aus 1 Mol Nitropropan u. 2 Mol **II**; 44%; daneben *4-Äthyl-4-nitropimelinsäurediäthylester*, $C_{13}H_{23}$·NO_6, Kp.$_{2-3}$ 172—174°; 14% bzw. 52%. — *4-Nitrohexansäureamid*, $C_6H_{12}N_2O_3$, F. 84 bis 85,5° (W.), nach **A**; 71%. — *4-Methyl-4-nitropentansäure, Nitril*, $C_6H_{10}N_2O_2$, Kp.$_4$ 120—121°, nach **B**; 68%. *Äthylester*, $C_8H_{15}NO_4$, Kp.$_3$ 108—110°, nach **B**; 38%. *Amid*, $C_6H_{12}N_2O_3$, F. 77—81° (W.), nach **A**; 51%. P. Golinske. 800□

Spaltung von N-Aryl-N'.N'-dimethylformamidin mit Acylhalogeniden. F. Falk. (J. prakt. Chem. [4] **15 (287)**, 228—43, März 1962; Berlin-Adlershof, DAW, Inst. für Fettchemie; dt.) — N-Aryl-N'.N'-dimethylformamidine addieren bei Raum-Temp. in inerten Lsgm. spontan Säurehalogenide, Dicarbonsäurehalogenide u. Dicarbonsäuremonoesterhalogenide. Die anfallenden Addukte sind wie α-halogenierte Amine als mesomeriestabilisierte Carbenium–Immonium-Salze nach ihrem physikal. u. chem. Verh. zu formulieren. Ihre hydrolyt. Spaltung mit Alkali gestattet eine schnelle Konstit.-Ermittlung der N.N'.N'-trisubstituierten Amidine. Beim Umsatz mit Grignard-Reagentien erhält man disubstituierte *N-Dimethylaminomethane*. Mit anderen metallorgan. Verbb., z. B. Na-Acetessigester oder Na-Malonester, entstehen nach anschließender hydrolyt. Spaltung deren *Formylverbindungen*.

Versuche: *N-Phenyl-N'.N'-dimethylformamidin-Acetylchlorid-Addukt* (**A**), $C_{11}H_{15}$·ClN_2O, durch Zugabe von Acetylchlorid zu N-Phenyl-N'.N'-dimethylformamidin (**III**) in abs. Ae.; 94% (Ausbeute). *Pikrat*, $C_{17}H_{17}N_5O_8$, durch Fällen mit wss. Pikrinsäurelösung. *Hexachloroplatinat* (**I**), $C_{22}H_{30}Cl_6N_4O_2Pt$, Zers. >200°, durch Zugabe von wss. $H_2[PtCl_6]$-Lsg. zu **A** in W., Absaugen u. Trocknen. — *N-Phenyl-N'.N'-dimethylformamidin–Benzoylchlorid-Addukt* (**B**), $C_{16}H_{17}ClN_2O$, analog **A**; 91%. *Pikrat*, $C_{22}H_{19}N_5O_8$, analog **A**-Pikrat. *Hexachloroplatinat* (**II**), $C_{32}H_{34}Cl_6N_4O_2Pt$, aus **B** analog **I**. — *N-Phenyl-N'.N'-dimethylformamidin, Pikrat*, $C_{15}H_{15}N_5O_7$, F. 156—157°, a) durch Kochen von **A** mit wss. Pikrinsäure-Lsg.; aus verd. Methanol oder W. gelbe Nadeln; daneben Essigsäure; b) durch mehrfaches Erhitzen von **A**-Pikrat über 160°; c) durch Erhitzen von **B**-Pikrat mit W.; daneben *Benzoesäure*, F. 121—122°. *Hexachloroplatinat*, $C_{18}H_{26}Cl_6N_4Pt$, Zers. bei 260°, a) aus **III** in Methanol; aus W. orangegelbe Nadeln; b) durch Umkristallisieren von **I** mit W.; c) analog aus **II**. — Anilide: *Acet-* (**IV**), F. 113—114°, durch kurzes Erwärmen von **A** mit verd. NaOH (Meth. **C**); Plättchen; 94%; daneben *Dimethylamin* (**V**). — *Benz-*, F. 160—160,5°, aus **B** nach **B**; 90—95%. — *Propionsäure-*, F. 103—104° (verd. A.), aus dem Addukt von **III** u. Propionsäurechlorid nach **C**; 89%. — *n-Valeriansäure-*, F. 56° (A.), aus dem Addukt von Valeroylchlorid u. **III**; 84%. — *Adipinsäuremonoäthylester-*, F. 44,5° (Ae.), aus Adipinsäuremonoäthylesterchlorid; 75%. — *Bernsteinsäuremonoäthylester-*, F. 56—58° (Ae./PAe.), aus Bernsteinsäuremonoäthylesterchlorid; 74%. — *Sebacinsäuredianililid*, F. 198—199° (A.), aus Sebacinsäuredichlorid; 91%. — *Adipinsäuredianilid*, F. 240° (A.), aus Adipinsäuredichlorid; 86%. — *α-Dimethylaminodiphenylmethan*, $C_{15}H_{17}N$, F. 70—70,5°, durch mehrstd. Stehen von **A** mit Phenyl-MgBr in Ae. u. Wasserdampf-Dest.; aus verd. Aceton oder verd. Methanol Nadeln; 73%. *Pikrat* ($C_{21}H_{20}N_4O_7$, F. 199—199,5°; aus Methanol gelbe Nadeln); daneben 52% **IV**. — *α-Dimethylaminodimethylmethan* (*N.N-Dimethylisopropylamin*), $C_5H_{13}N$, Kp.$_{755}$ 70,5—72,5°, analog vorst. Verb. mit Methyl-MgJ; 71%. *Pikrat*, $C_{11}H_{16}N_4O_7$, F. 183 bis 184°; aus 90%ig. A. gelbe Nadeln. — *Uracil*, $C_4H_4N_2O_2$, F. 237—239°, durch 2std. Erwärmen von **A** u. Na-Acetessigester in abs. Ae., Stehen über Nacht, Eindampfen, Versetzen mit W., Absaugen von **IV** [73%], Zugabe von verd. NaOH, Austreiben von **V**, Eindampfen im Vakuum u. ½std. Erhitzen mit Harnstoff u. 10%ig. Oleum auf 100°; aus W. Nadeln; 28%. — *Triacetylbenzol*, $C_{12}H_{12}O_3$, F. 161—162,5°, analog vorst. Verb., Abtrennen von **IV** u. **V**, Eindampfen im Vakuum, Lösen in wenig W. bei 0°, Zugabe von Eisessig u. mehrtägiges Stehen; Nadelbüschel. — *Formylmalonsäurediäthylester*, $C_8H_{12}O_5$, Kp.$_{15}$ 110—112°, durch Zugabe von Na-Malonester zu **A** in abs. Bzl., 15std. Stehen, Kochen, Eindampfen im Vakuum, 2std. Erwärmen mit W. auf 30—40°, Abtrennen von **IV** [64%], Ansäuern mit verd. H_2SO_4 u. Extrahieren mit Ae.; 32%. W. Hampel. 810□

Oxydation ungesättigter Fettsäuren. 5. Mitt. Reaktion von Palmitölsäuremethylester mit tertiärem Butylchromat. Yutaka Watanabe. (J. chem. Soc. Japan, pure Chem. Sect. [Nippon Kagaku Zassi] **80**, 1187—88, Okt. 1959; Hirosima-Daigaku, Rigakubu; jap., Auszug: engl. S. A 93.) — 4. vgl. C. **1960**, 3183. — Palmitölsäuremethylester wird in Bzl. mit einem Gemisch aus CrO_3, tert.-Butylakohol, Bzl., Eisessig u. Acetanhydrid bei Raum-Temp. in 1 Std. tropfenweise versetzt, das Rk.-Gemisch 30 Std. bei Raum-Temp. umgerührt, mit W. u. Oxalsäure versetzt u. das organ. Prod. mit Bzl. ausgezogen. Aus dem Rk.-Gemisch werden durch Dest. im Vakuum *Myristin-*, *Laurin-*, *Caprin-*, *Nonan-*, *Heptan-* u. *Azelainsäure* isoliert. E. Maekawa. 810□

Michael-Kondensation von γ,δ-ungesättigten β-Ketosäureestern. 1. Mitt. Michaelartige Selbstkondensation von Crotonoylmalonsäurediäthylester. 1. Mitt. Kunizō Ōsugi. (J. pharmac. Soc. Japan [Yakugakuzasshi] **75**, 1549—52, 25/12. 1955; Osaka, Takeda A. G. für pharmazeut. Präpp., Labor.; jap., Auszug: engl.) — Wenn Crotonoylmalonsäurediäthylester (I) unter den Bedingungen der Michael-Kondens. mit C_2H_5ONa in A. behandelt wird, entsteht *β-Methyl-γ-äthoxycarbonylglutarsäurediäthylester*, wird I mit CH_3ONa in viel CH_3OH behandelt, so bildet sich *β-Methyl-γ-methoxycarbonylglutarsäuredimethylester*; in Ggw. von K-tert.-Butylat findet keine Alkoholyse u. keine Bldg. eines Glutarsäureesters statt. In Ggw. von Piperidin in CH_3OH wird *β-Piperidinobuttersäuremethylester* gebildet.

Versuche: *Crotonoylmalonsäurediäthylester* (I), $C_{11}H_{16}O_5$, Kp.$_{1,5}$ 114°, aus 17 g Mg, 350 cm³ A., 30 cm³ Xylol, 5 cm³ CCl_4, 500 cm³ Ae. u. 112,1 g Malonsäurediäthylester durch 20 Min. langes Erhitzen u. Zusatz von 80 g Crotonoylchlorid in 170 cm³ Ae.; n_D^{22} 1,4907; 88,3% (Ausbeute). *Cu-Salz*, $C_{22}H_{30}CuO_{10}$, F. 112°. *2.4-Dinitrophenylhydrazon*, $C_{17}H_{20}N_4O_8$, F. 118°. — *β-Methyl-γ-äthoxycarbonylglutarsäurediäthylester*, $C_{13}H_{22}O_6$, Kp.$_{0,5}$ 120°, aus 18,26 g I in 20 cm³ A., 1,84 g Na in 28 cm³ A., durch 4std. Kochen, 24std. Stehen u. Zusatz von 6,5 g CH_3COOH u. 160 cm³ W.; n_D^{22} 1,4365; 45,7%. — *β-Methyl-γ-carboxyglutarsäure*, $C_7H_{10}O_6$, F. 139° (Chlf./Aceton), a) durch Verseifen von 9,14 g vorst. Verb. mit 10%ig. NaOH; 81,3%; b) durch Verseifen von 5,85 g nachst. Verb. mit 6,3 g KOH u. 6 cm³ W.; 84,2%. — *β-Methyl-γ-methoxycarbonylglutarsäuredimethylester*, $C_{10}H_{16}O_6$, Kp.$_{2,3}$ 110°, aus 1,84 g Na, 28 cm³ A. u. 18,26 g I in 150 cm³ CH_3OH durch 5std. Erhitzen; 67,3%. — *β-Piperidinobuttersäuremethylester*, $C_{10}H_{19}NO_2$, Kp.$_{4,5}$ 83°, aus 9,13 g I, 10 cm³ CH_3OH u. 3,41 g Piperidin durch 10tägiges Stehen bei Zimmer-Temp., Ausäthern u. Ausschütteln mit 10%ig. HCl; 54,1%. *Pikrat*, $C_{16}H_{22}N_4O_9$, F. 85° (A.). — *Malonsäurediäthylester*, $C_7H_{12}O_4$, Kp.$_4$ 61°, aus dem äther. Anteil der vorst. Verb.; 70,3%. F. Mossner. 830

Michael-Kondensation von γ,δ-ungesättigten β-Ketosäureestern. 2. Mitt. Michaelartige Selbstkondensation von Crotonoylmalonsäurediäthylester. 2. Mitt. Kunizō Ōsugi. (J. pharmac. Soc. Japan [Yakugakuzasshi] **75**, 1553—55, 25/12. 1955; jap., Auszug: engl.) — 1. vgl. vorst. Referat. — Wenn Crotonoylmalonsäurediäthylester (I) unter den Bedingungen der Michael-Kondens. in Abwesenheit von Alkoholen behandelt wird, findet keine wesentliche Alkoholyse statt; in Ggw. von Piperidin findet dann keine Rk. statt. Bei Verw. von C_2H_5ONa in Bzl. findet eine intermol. Michael-Kondens. unter Bldg. von vermutlich *3.7-Dimethylcyclooctandion-(1.5)-tetracarbonsäure-(2.6)-tetraäthylester* statt.

Versuche: *Butyroylmalonsäurediäthylester*, $C_{11}H_{18}O_5$, Kp.$_{14}$ 140°, aus 7,6 g I in 50 cm³ A. durch Hydrieren in Ggw. von 0,7 g Pd-Kohle; 78,3% (Ausbeute). F. Mossner. 830

Lactone aus ungesättigten Carbonsäureestern durch Hydroformylierung. J. Falbe und F. Korte. (Angew. Chem. **74**, 900, 21/11. 1962; Schloß Birlinghoven, Siegkreis, Shell Grundlagenforschung GmbH; dt.) — Umsetzung von aliphat. u. alicycl. α,β- u. β,γ-ungesätt. Carbonsäureestern mit CO u. H_2 in Ggw. von $Co_2(CO)_8$, Raney-Co oder Co-Salzen zwischen 200 u. 350° u. 100—300 at liefert gesätt. mono- u. bicycl. *Lactone*. In einigen Fällen kann man auch von den ungesätt. Carbonsäuren ausgehen. Aus Acrylsäureestern entstehen *γ-Butyrolactone*, aus Vinylessigsäureestern *δ-Valerolactone*, aus längerkettigen α,β-ungesätt. Estern Gemische von γ- u. δ-Lactonen. Die Ausgangssubstanzen können durch Alkyl-, Alkylen-, Carbäthoxy- u. andere funktionelle Gruppen substituiert sein. Aus geeigneten alicycl. Estern können *Homologe des Iridomyrmecins* erhalten werden. — Crotonsäuremethylester → *δ-Valerolacton* [72% (Ausbeute)] + *β-Methyl-γ-butyrolacton* (20%). — *β.β-Dimethylacrylsäureester* → *β-Methyl-δ-valerolacton* (88,5%). — Zimtsäureester → *β-Phenyl-γ-butyrolacton* (34%). J. Rothe. 850◇

Die Umsetzung von Isocyanaten mit Orthoestern und Acetalen. H. v. Brachel und R. Merten. (Angew. Chem. **74**, 872, 7/11. 1962; Leverkusen, Farbenfabriken Bayer AG, Wiss. Hauptlabor.; dt.) — In Ggw. von Lewis-Säuren (BF_3, $ZnCl_2$, $AlCl_3$) lagern sich Orthoameisensäuretriäthylester oder Formaldehyddimethylacetal (I) bei 30—70°

mit 70—90% (Ausbeute) an die Isocyanatgruppe zu Carbaminsäureestern an. Intermediär bilden sich vermutlich Carbenium-Oxonium-Ionen. N-Diäthoxymethylcarbaminsäureäthylester (**A**): *N-Methyl-*, Kp.$_{12-14}$ 94—96°, n_D^{20} 1,4202. — *N-n-Propyl-* (**II**), Kp.$_{19}$ 108—111°, n_D^{20} 1,4224. — *N-Phenyl-*, Kp.$_{0,02}$ 95—96°, n_D^{20} 1,4917. — N-Methoxymethylcarbaminsäuremethylester (**B**): *N-Methyl-*, Kp.$_{13}$ 53—55°, n_D^{20} 1,4246. — *N-[3.4-Dichlorphenyl]-*, Kp.$_{0,2}$ 134—136°, n_D^{20} 1,5484. — *N-[2.6-Diäthylphenyl]-*, Kp.$_{0,35}$ 117—118°, n_D^{20} 1,5114. — *N-[2-Chloräthyl]-*, Kp.$_{16}$ 100—102°, n_D^{20} 1,4564. — Die **A** werden in aliphat. Reihe bei >150°, in der aromat. Reihe bei >100° in die Ausgangskomponenten gespalten. Die Acetalgruppierung in den **A** kann verseift oder umacetalisiert oder mit akt. Methyl-Verbb. kondensiert werden. Bei der Verseifung können in der aliphat. Reihe die N-Formylcarbaminsäureäthylester gefaßt werden: *N-Methyl-*, Kp.$_{15}$ 72°. — *N-n-Propyl-*, Kp.$_{15}$ 82°. — *N-n-Propyl-N-[2.5-dioxacyclopentyl]-carbaminsäureäthylester*, Kp.$_{14}$ 131°, aus **II** u. Äthylenglykol, n_D^{20} 1,4440. — *2-Cyan-4-carbäthoxy-4-azahepten-(2)-säureäthylester*, Kp.$_{0,03}$ 126—130°, aus **II** u. Cyanessigester; n_D^{20} 1,4970. — Die **B** addieren bei steigender Menge des sauren Katalysators auch in Ggw. von überschüssigem **I** weiteres Isocyanat zu Methylen-bis-carbaminsäuremethylestern (bei Wahl stöchiometr. Mengen nahezu 100%): *N.N'-Dimethyl-*, Kp.$_{13}$ 120°. — *N.N'-Di-n-propyl-*, **F.** 40°. Die Addtion kann auf die analogen S-Verbb. ausgedehnt werden; so entstehen aus CH_3NCO u. Formaldehyddi-n-butylmercaptal *N-[n-Butylmercaptomethyl]-N-methylthiolcarbaminsäure-n-butylester* (Kp.$_{1,0}$ 132—134°, n_D^{20} 1,5102) u. *Methylen-bis-[N-methylthiolcarbaminsäure-n-butylester]* (Kp.$_{0,1}$ 155—157°, n_D^{20} 1,5172). J. Rothe. 880◇

Untersuchungen zur Trennung von Aminosäuren durch fraktionierte Destillation ihrer Ester. Takaaki Tamura. (Rep. Inst. Sci. Technol., Univ. Tokyo **11**, 35—44, 1957; jap., Auszug: engl.) — Proteinhydrolysate werden mit A. verestert u. mit gasförmigem NH_3 neutralisiert. Fraktionierte Dest. der freien Ester bei 20—5 mm Hg über eine Kolonne mit 20—30 Böden gibt in der 1. Fraktion: *Glycin-* u. *Alaninester*, in der 4. Fraktion: *Prolin-*, *Leucin-* u. *Isoleucinester*. Nach Hydrolyse u. Abtrennung der Leucine vom Prolin ist dieses in reiner Form nur durch Gegenstromverteilung mit n-Butanolwasser zu erhalten. — Die *Ester* des *Phenylalanins*, *Methionins* u. der *Asparagin-* u. *Glutaminsäure* bleiben undest. zurück. Die Meth. ist nicht für analyt. Zwecke geeignet. M. W. Görlich. 950□

Synthese und Reaktionen von Estern aus N-Hydroxyphthalimid und N-geschützten Aminosäuren. G. H. L. Nefkens, G. I. Tesser und R. J. F. Nivard. (Recueil Trav. chim. Pays-Bas **81**, 683—90, Aug. 1962; Nijmegen, R.C., Univ., Labor. of Organ. Chem.; engl.) — Vorl. Mitt. vgl. C. **1961**, 13877. — Aus Carbobenzoxy(Cbo)- oder Phthaloylameisensäuren u. N-Hydroxyphthalimid (**I**) können mit Hilfe von N.N'-Dicyclohexylcarbodiimid (**II**) *Cbo-* bzw. *Phthaloylameisensäure-N-hydroxyphthalimidester* (**A**) hergestellt werden. Die **A** stellen aktivierte Ester dar, die zur Peptid-Synth. verwendet werden können. Eine Racemisierung wurde nicht beobachtet. Durch Rk. der **A** mit z. B. Methanol findet Umesterung statt.

Versuche: *N-Acetoxyphthalimid*, **F.** 178—180° (A.), durch Kochen von **I** mit Acetanhydrid u. Gießen auf Eis; 85% (Ausbeute). — *Phthaloylglycin-N-hydroxyphthalimidester*, **F.** 270° [Dimethylformaid (DMF)/Ae.], durch Rk. von Phthaloylglycin mit $SOCl_2$, Einengen u. Rk. mit **I** u. Triäthylamin: 68%. — Cbo-aminosäure-N-hydroxyphthalimidester: *-glycin-* (**III**), **F.** 124° (A., Toluol oder CCl_4), durch mehrstd. Stehen von Cbo-glycin u. **I** in DMF mit **II** in Essigester bei 0°; 65%. — *-L-leucin-*, **F.** 112° (A.), $[\alpha]_D^{22}$ $-34{,}0°$ (c = 1; Essigsäure); 65%. — *-L-prolin-*, **F.** 109° (A.), $[\alpha]_D^{22}$ $-81{,}9°$ (c = 1; Essigsäure); 70%. — *-DL-phenylalanin-*, **F.** 109% (A., Essigester/PAe.); 73%. — *-L-phenylalanin-*, **F.** 117—119° (A., Essigester/PAe.), $[\alpha]_D^{22}$ $-44{,}6°$ (c = 2; Essigsäure); 79%. — *-S-benzyl-L-cystein-*, **F.** 110—112° (A. oder CCl_4), $[\alpha]_D^{22}$ $-46{,}8°$ (c = 1; Essigsäure); 65%. — *Acetyl-DL-leucin-N-hydroxyphthalimidester*, **F.** 142—143° (A./Toluol), aus Acetyl-L-leucin; 15%. — *Cbo-glycylglycinmethylester*, **F.** 64—65°, a) durch Zugeben von Triäthylamin zu **III** u. Glycinmethylesterhydrochlorid in DMF bei −10°; 86%; b) wie a) in Chlf.; 77%. — *Cbo-L-leucyl-L-leucinmethylester*, **F.** 99°, $[\alpha]_D^{22}$ $+48{,}1°$ (c = 1; DMF); 97%. — *Cbo-glycyl-DL-phenylalaninmethylester*, **F.** 82—83°; 97%. — *Cbo-L-phenylalanylglycinäthylester*, **F.** 106—108°, $[\alpha]_D^{22}$ $-22°$ (c = 1; abs. A.); 96%. — *Cbo-glycyl-L-phenylalanylglycinäthylester*, **F.** 121°, $[\alpha]_D^{22}$ $-12{,}5°$ (c = 2; A.); 82%. — *N-Acetyl-DL-leucylglycinäthylester*, **F.** 118—119°; 98%. E. Schroeder. 950◇

Eine einfache Darstellung von Phthaloylaminosäuren durch milde Phthaloylierung. G. H. L. Nefkens, G. I. Tesser und R. J. F. Nivard. (Recueil Trav. chim. Pays-Bas **79**, 688—98, Juli 1960; Nijmegen, Univ., Med. Dep., Labor. of Physiol. and Organ. Chem.; engl.) — *N-Phthaloylaminosäuren* werden unter milden Bedingungen durch Umsetzen von Aminosäuresalzen mit *N-Carbäthoxyphthalimid* (**I**) in W. dargestellt. Tryptophan reagiert unter diesen Bedingungen nicht. Die Rk.-Mechanismen werden diskutiert.

Versuche: Phthalimide: *N-Carbäthoxy-* (**I**), F. 80° (A. oder Isopropanol), a) durch Zugabe von Chlorkohlensäureäthylester zu einem Gemisch von Phthalimid u. Triäthylamin in Dimethylformamid bei 5—10° u. Verdünnen mit W.; 86% (Ausbeute); b) durch Zugabe von Chlorkohlensäureäthylester zu Phthalimid-K in Dimethylformamid bei 40°, 1 std. Stehen u. Verdünnen mit Wasser. — *N-Carbomethoxy-*, F. 183°, analog **I** nach b). — *N-Carbobenzoxy-*, F. 111° (A.). — *N-Tolylsulfonyl-*, F. 235° (Dimethylformamid). — *N-Phthaloylglycin*, F. 191°, durch Rühren von Glycin in Soda-Lsg. u. Zugabe von **I**; Nadeln; 90,5%. — *N-Phthaloyl-β-alanin*, F. 151,5°; 91,5°. — *N-Phthaloyl-L-glutaminsäure*, F. 160°; $[\alpha]_D^{22}$ +48,3° (c = 3; Dioxan) bzw. +58,8° (c = 1; Dimethylformamid); 65%. — *N-Phthaloyl-DL-phenylalanin*, F. 178°; 90%. — *N-Phthaloyl-DL-serin*, $C_{11}H_9NO_5$, F. 152°; 95%. *Hydrat*, F. 75°. — *N-Phthaloyl-DL-methionin*, $C_{13}H_{13}\cdot NO_4S$, F. 102° (Toluol/PAe.); 96%. — *N-Phthaloyl-L-leucin*, F. 110° (Toluol/PAe.); $[\alpha]_D^{25}$ −25,2° (c = 2; A.); 93%. — *N.N'-Diphthaloyl-L-cystin*, $C_{22}H_{16}N_2O_8S_2$, a) F. 120°; $[\alpha]_D^{22,5}$ −289,7° (c = 1; Dimethylformamid); 92%. Na-Komplex, F. 171°, durch Ansäuern mit Essigsäure statt 6n HCl. — *N-Phthaloyl-L-lysin*, $C_{14}H_{16}N_2O_4$, F. 232°, durch Zugabe von **I** in $NaHCO_3$-Lsg. zu L-Lysinhydrochlorid in verd. NaOH in Ggw. von $CuSO_4$, Abtrennen des Cu-Komplexes, Zers. mit HCl, Abtrennen des *Hydrochlorides* [F. 212°; 85%] u. Versetzen mit $NaHCO_3$-Lsg.; $[\alpha]_D^{22}$ +22,66° (c = 2; Dimethylformamid); 85%. — *N-[α-Phthaloyl]-DL-histidin*, F. 296°; 85%. W. Hampel. 950□

Verwendung von Benzylmercaptocarbonyl-α-aminosäuren bei der durch Papain katalysierten Synthese von acylierten Aminosäurephenylhydraziden. H. Bayard Milne, Stephen L. Razniak, Raymond P. Bayer und Duane W. Fish. (J. Amer. chem. Soc. **82**, 4582—85, 5/9. 1960; Pullman, Wash., Univ. ,Dep. of Chem.; engl.)— Vff. stellen eine Anzahl von *N-Benzylmercaptocarbonyl-α-aminosäuren* (**A**) dar. Die **A** dienen als Substrate für die durch Papain (**VII**) katalysierte Rk. mit Phenylhydrazin (**I**), bei der die den **A** entsprechenden *Phenylhydrazide* entstehen. Die Benzylmercaptocarbonylgruppe kann aus den **A** durch Na in fl. NH_3, durch Erhitzen mit NaOH oder durch Bleitetraacetat (**IX**) abgespalten werden. *N-Benzylmercaptocarbonylglycylglycinäthylester* (**V**) reagiert mit **IX** unter Bldg. von *Hydantoinessigsäure-(3)-äthylester*. *N-Benzylmercaptocarbonylglycinphenylhydrazid* (**VI**) bzw. *N-Benzylmercaptocarbonyl-L-methioninphenylhydrazid* (**VIII**) liefern mit **IX** *3.6-Dioxo-2-phenylhexahydro-1.2.4-triazin* (**II**) bzw. *3.6-Dioxo-2-phenyl-5-[β-methylmercaptoäthyl]-hexahydro-1.2.4-triazin*. **II** gibt mit Acetylchlorid (**III**) ein *Diacetyl-Deriv.* (**IV**). Aus **VI** läßt sich der Phenylhydrazidrest durch Kochen mit $FeCl_3$ in Aceton unter Bldg. von *N-Benzylmercaptocarbonylglycin* (**XIII**) entfernen. Für **II** u. **IV** sind die IR-Banden angegeben.

Versuche: *Chlorthioameisensäure-S-benzylester* (**X**), Kp.$_{22}$ 138°, durch Einrühren von Benzylmercaptan in mit $AlCl_3$ versetztes fl. $COCl_2$, Aufbewahren bei Raum-Temp. bis zur Beendigung der HCl-Entw., Zugabe von Chlf., Abdestillieren des Chlf. aus der filtrierten Lsg. im Vakuum u. Dest. des Chlf.-Rückstandes; 54,4% (Ausbeute). — *Thiocarbaminsäure-S-benzylester*, C_8H_9NOS, F. 123,5—124° (Chlf.), durch Rk. von **X** mit konz. NH_4OH; 90%. — N-Benzylmercaptocarbonyl-α-aminosäuren (**A**), durch Lösen des entsprechenden α-Aminosäureäthylesterhydrochlorids in wenig Chlf., Abkühlen der mit 2 Mol Triäthylamin (**XI**) versetzten Lsg. auf 0°, Einrühren von 1 Mol **X** Zugabe von Ae., Abfiltrieren von **XI**-*Hydrochlorid*, 15 Min. langes Kochen des Ae.-Rückstandes mit Eisessig-konz. HCl (1 : 1), Zugabe von W. u. Stehen in der Kälte zur Kristallisation: *-DL-leucin* (**XII**), $C_{14}H_{19}NO_3S$, F. 96—97°; 42%. — *-glycin* (**XIII**), $C_{10}H_{11}\cdot NO_3S$, F. 150,5—151°; 75%. — *-DL-alanin* (**XIV**), $C_{11}H_{13}NO_3S$, F. 173—175°; 45%. — *-L-alanin*, F. 123—125°; 37,8%. — *-L-tyrosin*, $C_{17}H_{17}NO_4S$, F. 147—148°; 43%. — *-DL-threonin*, $C_{12}H_{15}NO_4S$, F. 95—98°; 47,5%. — *-glycylglycinäthylester* (**V**), $C_{14}H_{18}N_2O_4S$, F. 110—111°; 35%. — N-Benzylmercaptocarbonyl-α-aminosäurephenylhydrazide, durch Lösen der entsprechenden **A** in Na-Acetat- u. Versene-Lsg., Zugabe von 1 Mol **I**-Hydrochlorid u. Cysteinhydrochlorid in W., Einstellen des Gemisches auf pH 4,7, Zugabe von **VII**, Einleiten von N_2 u. Aufbewahren im geschlossenen Gefäß bei 40°: *-glycin-* (**VI**), $C_{16}H_{17}N_3O_2S$, F. 185—186°, aus **XIII** in 2 Tagen; 100% [liefert bei 3 std. Kochen mit $FeCl_3$ in wss. Aceton u. Einengen **XIII** zurück; 94%]. — *-L-alanin-*, $C_{17}H_{19}N_3O_2S$, F. 157—158°, aus **XIV** in 3 Tagen; $[\alpha]_D^{20}$ −85°; 70%. — *-L-leucin-*, $C_{20}H_{25}\cdot N_3O_2S$, a) F. 105—107°, aus **XII** in 4 Tagen; $[\alpha]_D^{20}$ −84°; 44%; b) F. 115—136°, aus **XII** in 7 Tagen; $[\alpha]_D^{20}$ −33,4°; 50%; c) F. 140—144°, aus **XII** in 14 Tagen; $[\alpha]_D^{20}$ −2,9°; 52%; d) F. 120—121°, aus N-Benzylmercaptocarbonyl-L-leucin in 2—4 Tagen; $[\alpha]_D^{20}$ −89°; 91—100%. — *-DL-leucin-*, F. 143—144°, aus **XII** in 25 Tagen; 55%. *-D-leucin-*, F. 120—121, aus N-Benzylmercaptocarbonyl-D-leucin in 4 (25) Tagen; $[\alpha]_D^{20}$ +89°;

9% (40%). — *-L-methionin-* (**VIII**), F. 133—134°, aus N-Benzylmercaptocarbonyl-L-methionin in 1 Tag; $[\alpha]_D^{20}$ —49°; 80%. *-D-methionin-*, F. 133—134°, wie vorst. aus der entsprechenden D-Form in 4 (25) Tagen; $[\alpha]_D^{20}$ +51° (+48°); 6% (35%). — *Hippursäure*, F. 188—189°, a) durch Lösen von **XIII** in fl. NH_3, Zugabe von Na bis zur bleibenden Blaufärbung, Eindunstenlassen u. Umwandlung des erhaltenen *Glycins* (**XV**) in *Hippursäure*; 25,4%; b) durch $^3/_4$std. Erhitzen von **XIII** mit 3n NaOH auf dem Wasserbad, Ansäuern der mit Ae. gewaschenen Lsg. bis zur kongosauren Rk., Waschen mit Chlf., Alkalisieren der sauren Lsg., Einengen u. Behandeln von **XV** analog a); 76%; c) durch 10 Min. langes Erhitzen von **XIII** mit **IX** in wss. A. auf 75—80°, Einengen der abgekühlten, filtrierten Lsg. u. Behandeln von **XV** analog a); 38%. — *DL-Leucin*, durch 2tägiges Aufbewahren von **XII** mit 3n NaOH bei Raum-Temp. u. Einstellen der mit Ae. gewaschenen alkal. Lsg. auf den I.P.; 63,6%. — *Hydantoinessigsäure-(3)-äthylester*, C_7H_{10}·N_2O_4, F. 118—120° (Chlf.–PAe.; Nadeln), durch 10 Min. langes Erhitzen von **V** mit **IX** in wss. A. auf 75—80°, Sättigen der abgekühlten, filtrierten Lsg. mit H_2S u. Einengen der von PbS abfiltrierten Lsg. im Vakuum; 35,9%. — *3.6-Dioxo-2-phenylhexahydro-1.2.4-triazin* (**II**), $C_9H_9N_3O_2$, F. 165,0—166,5° (Chlf.), analog vorst. Verb. aus **VI** u. **IX**; 59,2%. *Diacetyl-Deriv.* (**IV**), $C_{13}H_{13}N_3O_4$, F. 157—158° (Bzl.–PAe.), durch Erhitzen von 0,5 g **II** mit 20 g **III** u. Einengen; 0,22 g. — *3.6-Dioxo-2-phenyl-5-[β-methylmercaptoäthyl]-hexahydro-1.2.4-triazin*, $C_{12}H_{15}N_3O_2S$, F. 122—123,5° (wss. A.), aus **VIII** u. **IX** analog **II**; 75,5%. M. Frohne. 950□

Die tert.-Butoxygruppe, eine neue Hydroxylschutzgruppe zur Verwendung bei Peptidsynthesen mit Hydroxyaminosäuren. H. C. Beyerman und J. S. Bontekoe. (Recueil Trav. chim. Pays-Bas **81**, 691—98, Aug. 1962; Delft, TH, Labor. of Organ. Chem.; engl.) — Vorl. Mitt. vgl. C. **1962**, 812. — Durch säurekatalysierte Addition von Isobuten in CH_2Cl_2 an Carbobenzoxy (Cbo)-serin, -threonin, -tyrosin u. -hydroxyprolin entstehen die entsprechenden *Cbo-O-tert.-butylhydroxyaminosäure-tert.-butylester.* Die Cbo-Gruppe läßt sich anschließend durch katalyt. Hydrierung entfernen. Der O-tert.-Butylrest u. die tert.-Butylestergruppe lassen sich mit Trifluoressigsäure bei Raum-Temp. ohne Racemisierung u. im Fall von Peptiden ohne Spaltung der Peptidbindung entfernen.

Versuche: *Cbo-O-tert.-butyl-L-serin-tert.-butylester* (**I**), durch 16std. Schütteln von Cbo-L-serin mit Isobuten in CH_2Cl_2 in Ggw. von konz. H_2SO_4 u. Extrahieren mit 5%ig. $NaHCO_3$-Lsg.; Öl; 92% (Ausbeute). — *O-tert.-Butyl-L-serin-tert.-butylester*, aus vorst. Verb. mit Pd–$BaSO_4$/H_2; Öl; 82%. *Hydrochlorid*, $C_{11}H_{23}NO_3$·HCl, F. 170° (tert.-Butanol/Ae), aus der Base mit HCl-Gas in Ae.; $[\alpha]_D^{21}$ —6° [c = 1,15; Dimethylformamid (DMF)]; 16std. Stehen der Base mit Trifluoressigsäure bei Raum-Temp. u. Behandeln mit Amberlite IR-4B → *L-Serin*, $C_3H_7NO_3$, F. 218° (Zers.; W./A.), $[\alpha]_D^{21}$ +14,3° (c = 5,1; 1n HCl); 81%. — *Cbo-O-tert.-butyl-L-threonin-tert.-butylester*, aus Cbo-L-threonin analog **I**; Öl; 85,6%. — *O-tert.-Butyl-L-threonin-tert.-butylester*, durch Hydrogenolyse vorst. Verb.; Öl; 85%. *Pikrat*, $C_{18}H_{28}N_4O_{10}$, F. 140° (tert.-Butanol/W.), $[\alpha]_D^{21}$ —6° (c = 2,1; DMF). Die Base gibt mit Trifluoressigsäure *L-Threonin*, $C_4H_9NO_3$, F. 255 bis 260° (Zers.), $[\alpha]_D^{21}$ —31° (c = 1,3; W.); 86%. — *Cbo-O-tert.-butyl-L-tyrosin-tert.-butylester*, aus Cbo-L-tyrosin analog **I**; Öl; 93,5%.— *O-tert.-Butyl-L-tyrosin-tert.-butylester*, durch Hydrogenolyse vorst. Verb.; Öl; 100%. *Hydrochlorid*, $C_{17}H_{27}NO_3$·HCl, F. 154—155°, $[\alpha]_D^{21}$ +42° (c = 1,75; DMF); 83%. Die Base gibt mit Trifluoressigsäure *L-Tyrosin*, F. ca. 300° (Zers.; W./A.), $[\alpha]_D^{21}$ —8,5° (c = 4,0; 6n HCl); 81%. — *Cbo-O-tert.-butyl-L-hydroxyprolin-tert.-butylester*, aus Cbo-L-hydroxyprolin analog **I**; Öl; 90,3%. — *O-tert.-Butyl-L-hydroxyprolin-tert.-butylester*; Öl; 96,2%. *Pikrat*, $C_{19}H_{28}N_4O_{10}$, F. ca. 145° (tert.-Butanol/W.), $[\alpha]_D^{25}$ —17° (c = 2,02; DMF); 83%. Die Base gibt mit Trifluoressigsäure *L-Hydroxyprolin*, F. 269° (Zers.), $[\alpha]_D^{22}$ —75,6° (c = 1,91; W.). E. Schröder. 950◇

Phosphatidylthreonine. 1. Mitt. Synthese von Distearoyl-L-α-glycerylphosphoryl-L-threonin. Erich Baer und Fritz Eckstein. (J. biol. Chemistry **237**, 1449—53, Mai 1962; Toronto, Ontario, Univ., Banting and Best Dep. of Med. Res., Subdep. of Synth. Chem.; engl.) — Distearoyl-L-α-glycerylphosphoryl-L-threonin wurde durch Phosphorylierung von D-α.β-Distearin (**I**) mit $POCl_3$ in Ggw. von Chinolin, anschließende Veresterung mit Carbobenzoxy-L-threoninbenzylester (**II**) u. katalyt. Hydrierung synthetisiert.

Versuche: *Carbobenzoxy-L-threonin*, F. 103—104° (Essigester), durch Carbobenzoxylierung von L-Threonin in W. in Ggw. von MgO bei 0°; $[\alpha]_D$ —5,5° (Eisessig); 75% (Ausbeute). *Cyclohexylammoniumsalz*, $C_{18}H_{28}N_2O_5$, F. 174—175° (Zers.; abs. A.), $[\alpha]_D$ —5,3° (c = 3; W.); 85%. — *Carbobenzoxy-L-threoninbenzylester* (**II**), $C_{19}H_{21}NO_5$, F. 80—81° (Ae./PAe.), a) durch Rk. des vorst. Salzes mit Benzylchlorid u. Triäthylamin in 7 Std. bei 70—75°; $[\alpha]_D$ —13,3° (c = 2,5; Chlf.); 82%; b) aus vorst. Säure analog in 1 Std. bei 75°; 69%. — *O-[Distearoyl-L-α-glycerylphosphoryl]-N-carbobenzoxy-L-threoninbenzylester*, $C_{58}H_{96}NO_{12}P$, F. 68—69°, durch Rk. von I in abs. Bzl. mit $POCl_3$ in Ggw. von Chinolin bei 10—15°, 1std. Stehen bei Raum-Temp., Zugeben von II u. Pyridin in abs. Bzl. in ½ Std., 1tägiges Stehen, Zugeben von W., Extrahieren mit Ae., Extrahieren mit 2n H_2SO_4 u. Chromatographie an SiO_2 mit Bzl. u. Bzl./Ae.; $[\alpha]_D$ +15,0° (c = 4; Chlf.); 14%. — *O-[Distearoyl-L-α-glycerylphosphoryl]-L-threonin*, $C_{43}H_{84}NO_{10}P$, F. 140—141°, durch katalyt. Hydrierung vorst. Verb. in Eisessig in Ggw. von Pd, Einengen u. Lösen in Chlf.; 77,6%. E. Schröder. 950◇

Synthese von zwei optisch-aktiven N-Acetyldipeptiden nach der p-Nitrophenylestermethode. William D. Cash. (J. org. Chemistry **27**, 3329—31, Sept. 1962; New York, N.Y., Cornell Univ., Med. Coll., Dep. of Biochem.; engl.) — Bei der Rk. von N-Acetyl-S-benzyl-L-cystein (I) mit p-Nitrophenol u. N.N'-Dicyclohexylcarbodiimid (**II**) entstand unter Racemisierung *N-Acetyl-S-benzyl-DL-cystein-p-nitrophenylester* (DL-**III**). Für die Darst. der L-Verb. erwies sich Acetylierung von S-Benzyl-L-cystein-p-nitrophenylesterhydrobromid (**IV**) mit Acetanhydrid/Eisessig als geeignet. L-**III** konnte in 49%ig. bzw. 81%ig. Ausbeute zu *N-Acetyl-S-benzyl-L-cysteinylglycinäthylester* bzw. *-L-tyrosinmethylester* umgesetzt werden. Eine Racemisierung wurde hierbei nicht beobachtet.

Versuche: *N-Acetyl-S-benzyl-L-cystein* (I), $C_{12}H_{15}NO_3S$, F. 143,5—145,5° (50%ig. A.), durch Rk. von 2,1 g S-Benzyl-L-cystein in 7n NaOH mit Acetanhydrid u. Ansäuern mit 7n H_2SO_4; $[\alpha]_D^{22}$ —46,1° (c = 1,95%ig. A.); 1,8 g (Ausbeute). — *N-Acetyl-S-benzyl-DL-cystein-p-nitrophenylester* (DL-**III**), $C_{18}H_{18}N_2O_5S$, F. 113—114° (Propanol), durch Rk. von 5,1 g I mit p-Nitrophenol u. **II** in Tetrahydrofuran (THF) bei 5° u. 4std. Stehen bei Raum-Temp.; $[\alpha]_D^{21}$ 0° (c = 1; THF); 5 g. — *S-Benzyl-L-cystein-p-nitrophenylesterhydrobromid* (**IV**), $C_{16}H_{16}N_2O_4S \cdot HBr$, F. 155,5—157° (Eisessig/Ae.), durch 20 Min. lange Rk. der Cbo-Verb. (10 g) mit 4n HBr/Eisessig bei Raum-Temp. u. Fällen mit Ae.; $[\alpha]_D^{21}$ +12,9° (c = 2,1; A.); 8,6 g. — *N-Acetyl-S-benzyl-L-cystein-p-nitrophenylester* (L-**III**), $C_{18}H_{18}N_2O_5S$, F. 115,5—116,5° (Propanol/Hexan), durch 15std. Rk. von 2 g **IV** mit Acetanhydrid in Eisessig bei Raum-Temp.; $[\alpha]_D^{21}$ —28,0° (c = 1; THF); 1,3 g. — *N-Carbobenzoxy-S-benzyl-L-cysteinylglycinäthylester* (**VI**), $C_{22}H_{26}N_2O_5S$, F. 96,5—98° (Essigester), durch 24std. Rk. von 14 g N-Carbobenzoxy-S-benzyl-L-cystein-p-nitrophenylester mit Glycinäthylesterhydrochlord (**V**) in Chlf./Triäthylamin u. **II**; $[\alpha]_D^{25}$ —35,0° (c = 2; A.), —40,6° (c = 4,32; Dioxan); 8,4 g. — *N-Acetyl-S-benzyl-L-cysteinylglycinäthylester*, $C_{16}H_{22}N_2O_4S$, F. 116,5—117,5° (W.), a) durch ¼std. Rk. von 2,15 g **VI** mit 4n HBr/Eisessig bei Raum-Temp., Fällen mit Ae., Behandeln mit 0,5n $KHCO_3$-Lsg./Essigester u. 16std. Stehen mit p-Nitrophenylacetat in Essigester; $[\alpha]_D^{21}$ —43,7° (c = 1; THF); 1,05 g; b) durch 16std. Rk. von 1,12 g L-**III** mit **V** analog **VI**; $[\alpha]_D^{21}$ —44,0° (c = 1; THF); 0,5 g. *DL-Verb.*, $C_{16}H_{22}N_2O_4S$, F. 86,5—87,5°, aus DL-**III**; $[\alpha]_D^{21}$ 0° (c = 1; THF). — *N-Acetyl-S-benzyl-L-cysteinyl-L-tyrosinmethylester*, $C_{22}H_{26}N_2O_5S$, F. 141,5—142,5° (Eisessig/W.), a) durch Decarbobenzoxylierung von 1,57 g N-Carbobenzoxy-S-benzyl-L-cysteinyl-L-tyrosinmethylester [F. 110—112° (Methanol/W.), $[\alpha]_D^{20}$ —27,6° (c = 2,1; Dimethylformamid), $[\alpha]_D^{19}$ —20,8° (c = 2; 95%ig. A.)] mit 4n HBr/Eisessig u. Rk. mit p-Nitrophenylacetat; $[\alpha]_D^{21}$ —20,0° (c = 1; THF); 0,26 g; b) aus 1,12 g L-**III** u. L-Tyrosinmethylester in THF in 3 Tagen; $[\alpha]_D^{20}$ —20,0° (c = 1; THF); 1,05 g. E. Schröder. 950◇

Über die Reaktionsfähigkeit einiger Ketone gegenüber Silanen. Raymond Calas, Norbert Duffaut und Colette Bardot. (C. R. hebd. Séances Acad. Sci. **249**, 1682—84, 28/10. 1959; Bordeaux, Fac. des Sci., Labor. de Chim.; franz.) — Monochloraceton (I) u. Acetoxyaceton (II) wurden durch 40std. UV-Bestrahlung mit $HSiCl_3$ (**VI**) nicht umgesetzt, während Aceton (**IV**) schon nach 1 Std. unter Bldg. von *Isopropoxytrichlorsilan* [95% (Ausbeute)] u. Phenylaceton (**III**) unter Bldg. von *1-Phenylisopropoxytrichlorsilan* ($C_9H_{11}Cl_3OSi$, Kp.$_{15}$ 132°; n_D^{20} 1,4870; $D._4^{20}$ 1,2259; 83%) reagieren. Acetessigsäureäthylester (**V**) lieferte mit Triphenylsilan nach 48std. UV-Bestrahlung *3-Triphenylsiloxybuttersäureäthylester* ($C_{24}H_{26}O_3Si$, F. 85°; 50%). Es wird gezeigt, daß die Neigung zur Anlagerung des Trialkylsilylrestes bei monosubstituierten Acetonen von dem induktiven Effekt der Substituenten (—1) abhängt, während der ster. Effekt gering erscheint. Die Rk.-Fähigkeit steigt mit der abnehmenden Dissoziations-Konst. der Säuren, zu denen sich **I**, **II**, **III**, **IV** u. **V** oxydieren lassen. Methylcyclohexylketon, tert.-Butylmethylketon u. Hexamethylaceton wurden durch 1std. UV-Bestrahlung mit **VI** in 93—95%ig. Ausbeute in folgende Trichlorsilane übergeführt: *1-Cyclohexyläthoxy-* ($C_8H_{15}Cl_3OSi$, Kp.$_{27}$ 115—116°; n_D^{20} 1,4570; $D._4^{20}$ 1,1918), *1.2.2-Trimethylpropoxy-* ($C_6H_{13}Cl_3OSi$, Kp.$_{20}$ 64—65°; n_D^{20} 1,4240; $D._4^{20}$ 1,1427) u. *1-tert.-Butyl-2.2-dimethylpropoxy-* ($C_9H_{19}Cl_3OSi$. Kp. 218—220°, F. 37°). Der indukive Effekt der CH_3-Gruppe (+1) erleichtert die Reaktion. G. Marquard. 980

Isopropenyl- und Vinylverbindungen des drei- und fünfwertigen Antimons. A. N. Nessmejanow, A. Je. Borissow und N. W. Nowikowa. (Nachr. Akad. Wiss. UdSSR, Abt. chem. Wiss. **1961,** 1578—82, Sept.; Inst. für metallorgan. Verbb. der Akad. der Wiss. der UdSSR; russ.) — Die Rk. von Isopropenyl-Li (**I**) mit $SbCl_3$ führt zu *Triisopropenyl-Sb* (**II**), das mit Cl_2 zu *Triisopropenyl-$SbCl_2$* (**III**) reagiert; letzteres läßt sich mit weiterem **I** zu *Pentaisopropenyl-Sb* (**IV**) umsetzen, Bei 180° zerfällt **IV** wieder zu **II**. In analoger Weise werden die entsprechenden *Vinyl-Sb-Verbb.* dargestellt. **II** wird auch durch $TlCl_3$ in **III** umgewandelt.

Versuche: *Triisopropenyl-Sb* (II), $C_9H_{15}Sb$, Kp.$_1$ 40°, $D._4^{20}$ 1,2879, n_D^{20} 1,5479, a) durch Zutropfen von $SbCl_3$ zu I in Ae. bei 5—10° unter N_2 u. 40 Min. langes Rühren; 66% (Ausbeute); b) durch 40 Min. langes Erhitzen von **IV** auf 180°; 88%. — *Triisopropenyl-$SbCl_2$* (**III**), $C_9H_{15}Cl_2Sb$, F. 102,5—104°, a) aus **II** u. $TlCl_3$ in Ae.; 76%; b) durch Einleiten von Cl_2 in die Lsg. von **II** in Chlf. bei 0°; 72%. — *Triisopropenyl-$SbBr_2$*, $C_9H_{15}Br_2Sb$, F. 138°, aus **II** u. Br_2 in Chlf. bei 0°; 73%. — *Triisopropenyl-SbJ_2*, $C_9H_{15}J_2Sb$, F. 162—164°, aus **II** u. J_2 in Ae. bei 0—5°; 67%. — *Pentaisopropenyl-Sb* (**IV**), $C_{15}H_{25}Sb$, F. 60°, durch Zutropfen von **I** in Ae. zu **II** bei —10 bis —15° unter N_2 u. 3std. Rühren bei —5 bis 0°; 69%. — *Tetraisopropenyl-SbBr*, $C_{12}H_{20}BrSb$, F. 125—135°, aus **IV** u. Br_2 in Chlf. bei —5°; 73%. — *Tetraisopropenyl-SbJ*, $C_{12}H_{20}JSb$, F. 163—164°, aus **IV** u. J_2 in Ae.-Chlf.; 80%. — *Trivinyl-Sb* (**V**), C_6H_9Sb, Kp.$_{15}$ 46°, analog **II** aus Vinyl-MgBr u. $SbCl_3$ in Tetrahydrofuran unter N_2; $D._4^{20}$ 1,4341, n_D^{20} 1,5614; 51%. — *Trivinyl-$SbCl_2$*, $C_6H_9Cl_2Sb$, Kp.$_3$ 102,5—103°, $D._4^{20}$ 1,6729, n_D^{20} 1,5875, analog **III** nach a); 68%. — *Trivinyl-$SbBr_2$*, $C_6H_9Br_2Sb$, Kp.$_1$ 117—119°, aus **V** u. Br_2 in Chlf. bei —5 bis 0°; $D._4^{20}$ 2,1153, n_D^{20} 1,6480; 74%. — *Trivinyl-SbJ_2*, $C_6H_9J_2Sb$, F. 35—37°, aus **V** u. J_2 in Ae.; 63%. — *Pentavinyl-Sb*, $C_{10}H_{15}Sb$, aus **V** u. Vinyl-MgBr in Tetrahydrofuran unter N_2; $D._4^{20}$ 1,2986, n_D^{20} 1,5590; 79%. — *Tetravinyl-SbBr*, $C_8H_{12}BrSb$, F. 53—54°, aus vorst. Verb. u. Br_2 in Chlf. bei —5°; 64%. — *Tetravinyl-SbJ*, $C_8H_{12}JSb$, F. 68—70°, analog vorst. Verb.; 80%. H.-E. Toussaint. 980□

Organisch-chemische Reaktionen in flüssigem Ammoniak. 5. Mitt. **Über die Reaktionsfähigkeit von Ätzalkali.** 5. Mitt. Kanji Tokuyama. (Annu. Rep. Shionogi Res. Lab. [Amagasaki, Japan] **7,** 313—17, 1957; Amagasaki, Shionogi Seiyaku Kabushiki Kaisha, Yuki Kagaku-Kenkyushitsu; jap., Auszug: engl.) — 4. vgl. J. pharmac. Soc. Japan [Yakugakuzasshi] **76,** [1956], 897. — Mehrstd. Erhitzen von Diphenylthioäther in Ggw. von NaOH u. fl. NH_3 auf 127° führt nicht zur Spaltung. 12std. Erhitzen von 300 mg 2-Nitrodiphenylthioäther in fl. NH_3 u. NaOH im Chlorbenzolbad mit anschließender alkal. Ae.-Extraktion bzw. Ae.-Extraktion nach Ansäuern mit H_2SO_4 führt zu *Thiophenol* u. nach Behandlung mit Na_2CO_3-Lsg. zu *o-Nitrophenol* (F. 45°). Analog liefert 4-Nitro-2'-carboxydiphenylthioäther (270 mg) *Thiosalicylsäure* [F. 164° (A.); 50 mg] u. *p-Nitrophenol* (F. 115°; 70 mg). 500 mg o-Nitrobrombenzol ergeben 210 mg *o-Nitrophenol* neben etwa *o-Nitroanilin.* 200 mg *p-Nitrophenol* entstehen aus 500 mg p-Nitrobrombenzol, 50 mg *m-Nitrophenol* aus 500 mg m-Nitrobrombenzol, 210 mg *2.4-Dinitrophenol* (F. 114—115°) aus 500 mg 2.4-Dinitrochlorbenzol (6std. Erhitzen auf 127°) u. 220 mg *Pikrinsäure* (F. 122—124°) aus der Rk. von Pikrylchlorid (500 mg) durch 3std. Erhitzen auf 127°. *α-Naphthylamin* entsteht durch 20std. Erhitzen (127°) von α-Bromnaphthalin in fl. NH_3 ohne oder mit NaOH u. anschließende Rk. mit Benzolsulfochlorid. Analog wird *β-Naphthylamin* erhalten. F. Mossner. 1060

Über Sauerstoffradikale. 24. Mitt. **Untersuchungen an Selen-haltigen Aroxylen mittels der Elektronenresonanz.** Eugen Müller, Hartmut B. Stegmann und Klaus Scheffler. (Liebigs Ann. Chem. **657,** 5—12, 28/9. 1962; Tübingen, Univ., Chem. Inst.; dt.) — 23. vgl. Chem. Ber. **95,** [1962], 639; 20. vgl. C. **1992, 6755.** — Vff. stellen Lsgg. Se-haltiger *Aroxyle* her u. zeigen, daß man in den ERP-Spektren unter geeigneten Bedingungen an Hand zusätzlicher, intensitätsschwacher Signalkomponenten Kopplung zwischen dem Einzelelektron u. dem natürlichen ^{77}Se-Isotop mit dem Kernspin I = ½ findet, die auf die Beteiligung des Se bei mindestens einer Grenzform der mesomeren O–C–Se-Radikale hinweist. Die ERP-Spektren werden ausführlich diskutiert.

Versuche (alle Arbeiten mit Radikalen unter hochgereinigtem N_2): *1-Hydroxy-2.6-di-tert.-butylphenylselenocyanat-(4)* (**I**), $C_{15}H_{21}NOSe$, F. 119—121° (PAe.), durch tropfenweise Zugabe von Br_2 in mit KBr gesätt. Methanol zu einer intensiv gerührten Mischung von 2.6-Di-tert.-butylphenol u. KSeCN in mit KBr gesätt. Methanol unter Eiskühlung u. 24std. Stehen bei Raum-Temp.; gelbliche Kristalle; 33% (Ausbeute an Reinsubstanz). — *Zink-[4-hydroxy-3.5-di-tert.-butyl]-selenophenolat* (**II**), durch Versetzen einer methanol. Lsg. vorst. Verb. unter Rühren mit Zn-Staub u. einer Mischung von konz. HCl u. Methanol, Erwärmenlassen auf Raum-Temp. u. 1std. Nachrühren; hellgrau, außerordentlich oxydationsempfindlich; 91%. — *Bis-[4-hydroxy-3.5-di-tert.-butylphenyl]-diselenid* (**III**), $C_{28}H_{42}O_2Se_2$, F. 137,5—138,5° (PAe.), durch Red. von **I** wie vorst. beschrieben, Abtrennung des Zn, Zugabe von verd. HCl, Ausschütteln mit Ae. u. 2std. Oxydation des Rückstandes nach Aufnehmen mit A. u. Versetzen mit etwas NH_3 u. Oxydation mit Luft; orangegelb; 66%. — Alkyl-[4-hydroxy-3.5-di-tert.-butylphenyl]-selenide, durch 4std. Erhitzen einer Suspension von feingepulvertem **II** in dem entsprechenden Alkylhalogenid, ggf. unter Zugabe des entsprechenden Alkohols, unter Rühren u. Einleiten von N_2 zum Sieden; 15—20%: *Methyl-* (**IV**), $C_{15}H_{24}OSe$, F. 72—74° (PAe.), aus **II** u. CH_3J (auch durch Methylierung von **II** mit CH_2N_2). — *tert.-Butyl-* (**V**), $C_{18}H_{30}OSe$, F. 108—110° (PAe.), aus **II** u. $(CH_3)_3CCl$. — *Isopropyl-* (**VI**), $C_{17}H_{28}OSe$, F. 57—58° (PAe.), aus **II** u. $(CH_3)_2CHJ$. — *Phenyl-[4-hydroxy-3.5-di-tert.-butylphenyl]-selenid* (**VII**), $C_{20}H_{26}OSe$, F. 96—98° (PAe.), durch langsames Zugeben von **III** zu einer äther. Lsg. von C_6H_5Li oder einer Lsg. von C_6H_5MgBr in Tetrahydrofuran unter N_2, Erwärmen u. 2std. Kochen; 25%. — Oxydation bzw. Dehydrierung von **IV—VII** zu den entsprechenden, relativ unbeständigen *Aroxylen* gelingt mit alkal. $K_3[Fe(CN)_6]$-Lsg. oder PbO_2. Gerhard Müller/Bitterfeld. 1090◇

Über fluorescierende aromatische Azine. 1. Mitt. Darstellung fluorescenzfähiger o-hydroxylierter Aldazine und Ketazine. Herbert Wolf und Otto Westphal. (Liebigs Ann. Chem. **657**, 39—51, herausgeg. 28/9. 1962; Freiburg/Br., Univ., Chem. Labor.; Freiburg-Zähringen, Dr. A. Wander-Forschungsinst.; dt.) — Vff. beschreiben die Darst. symm. (**S**) u. unsymm. (**U**) *Azine* aromat. o-Hydroxyaldehyde, -ketone u. -1.2-diketone. Zur Gewinnung der **S** sind die üblichen Verf. geeignet. Die **U** erhält man durch Umsetzung von Hydrazonen mit Aldehydanilen. Soweit die verwendeten Hydrazone, wie z. B. die von 2.2′-Dihydroxybenzophenon oder 2.2′-Dihydroxybenzil, nicht leicht in die entsprechenden Azine übergehen, kann man stabile **U** direkt durch Rk. der Hydrazone mit Aldehyden u. Ketonen erhalten. Die Azine mit o-OH-Gruppen können H-Brücken zu den Azin-N-Atomen ausbilden u. fluorescieren bei UV-Bestrahlung mit unterschiedlicher Intensität u. Farbe. Azine ohne o-OH-Gruppen u. vergleichsweise dargestellte Hydrazone aromat. o-Hydroxyaldehyde fluorescieren bei UV-Bestrahlung nicht.

Versuche: *2.2′-Dihydroxy-4.4′.6.6′-tetramethoxybenzaldazin*, $C_{18}H_{20}N_2O_6$, F. 283°, gelbgrüne Nadeln (Dioxan), aus 2-Hydroxy-4.6-dimethoxybenzaldehyd u. 85%ig. $N_2H_4 \cdot H_2O$ (**I**) in A. in Ggw. von CH_3COOH (15 Min. lang kochen); 73% (Ausbeute); gelbgrün (Fluorescenzfarbe der festen Substanz). — *2.2′-Dihydroxy-3.3′.5.5′-tetrabrombenzaldazin*, $C_{14}H_8Br_4N_2O_2$, F. 306°, gelbe Nadeln (Dioxan), aus 3.5-Dibromsalicylaldehyd u. **I** wie vorst.; 87%; rotorange. — *2.2′-Dihydroxy-3.3′.5.5′-tetranitrobenzaldazin*, $C_{14}H_8N_6O_{10}$, F. 308—309°, rötlichgelbe Nadeln (CH_3COOH), aus 3.5-Dinitrosalicylaldehyd u. **I** wie vorst.; 81%; keine. — *2.2′-Dihydroxy-3.3′.5.5′-tetra-tert.-butylbenzaldazin*, $C_{30}H_{44}N_2O_2$, F. 210—211°, gelbstichige Nadelsterne (A.), aus 3.5-Di-tert.-butylsalicylaldehyd u. **I** in CH_3OH (Me; 2 Std. lang bei 180° im Rohr); 72%; rotorange. — *2.2′.4.4′.-6.6′-Hexahydroxy-3.3′.5.5′-tetraacetylacetophenonazin*, $C_{24}H_{24}N_2O_{10}$, F. >320°, gelbgrüne Nadeln (Oxalsäurediäthylester), aus 2.4.6-Triacetylphloroglucin u. abs. N_2H_4 in sd. A. in Ggw. von CH_3COOH (1 Std.); 55%; gelb. — *2.2′.2″.2‴-Tetrahydroxybenzophenonazin*, $C_{26}H_{20}N_2O_4$, F. 350—352°, gelbe Rhomben (Dioxan), aus 2.2′-Dihydroxybenzophenon u. abs. N_2H_4 in sd. A.; 81%; orange. — *2.2″-Dihydroxy-2′.2‴-dimethoxybenzophenonazin*, $C_{28}H_{24}N_2O_4$, F. 263—264°, gelbe Rhomben (Dioxan/W.), aus vorst. Verb. u. CH_2N_2 in Dioxan; 74%; orange. — *Salicilmonazin*, $C_{28}H_{20}N_2O_6$, F. 257°, gelbgrüne Kristalle (Dioxan/Me), durch Erhitzen von Salicildihydrazon (**II**) in 20%ig. CH_3COOH auf 145—155° (20 Std. lang im Rohr); 37%; orange. — *Dehydracetsäurebenzaldehydazin*, $C_{15}H_{14}N_2O_3$, F. 195°, grünstichige Nadeln, aus Dehydracetsäurehydrazon u. Benzalanilin in abs. A. (Stehen bei Raum-Temp., dann 2 Tage im Eisschrank); 83%; gelbgrün. — *Dehydracetsäuresalicylaldehydazin*, $C_{15}H_{14}N_2O_4$, F. 192°, grüngelbe Nadeln, aus Salicylalanilin analog Vorst.; 79%; gelb. — *o-Vanillin-[2-hydroxyacetophenon]-azin*, $C_{16}H_{16}N_2O_3$, F. 219°, gelbe Nadeln, aus o-Vanillinanil u. 2-Hydroxyacetophenonhydrazon in abs. Ae. (Stehen bei Raum-Temp.); 83%; orange. — *o-Vanillinsalicylaldehydazin*, $C_{15}H_{14}N_2O_3$, F. 175—176°, gelbe, grünstichige Nadeln, aus Salicylaldehydhydrazon analog Vorst.; 67%; orange. — *[2.2′-Dihydroxybenzophenon]-benzaldehydazin*, $C_{20}H_{16}N_2O_2$, F. 161—162°, gelbe Rhomben (80%ig. Me), aus 2.2′-Dihydroxybenzophenonhydrazon (**III**) u. Benzaldehyd in CH_3COOH (10 Min. lang bei 150° Bad-Temp.); 65%. — *[2.2′-Dihydroxybenzophenon]-o-vanillinazin*, $C_{21}H_{18}N_2O_4$, F. 222°, orangefarbene Blättchen (Me), aus **III** u. o-Vanillin in sd. Me (20 Min.); 81%; rotorange. — *[2.2′-Dihydroxybenzophenon]-zimtaldehydazin*, $C_{22}H_{18}N_2O_2$, F. 196—197°, gelbe Stäbchen (Me), aus **III** u. Zimtaldehyd in sd. Me (20 Min.); 86%; orange. — *Bis-[2.2′-dihydroxybenzophenon]-terephthalaldehyddiazin*, $C_{34}H_{26}N_4O_4$, F. 235—236°, gelbe Rhomben (Amylalkohol), aus **III** u. Terephthalaldehyd in sd. Me in Ggw. von CH_3COOH (20 Min.); 63%; orange. — *[2.2′-Dihydroxybenzophenon]-[3-(p-methoxyphenyl)-1.2-dithiacyclopentenon-(5)]-azin*, $C_{23}H_{18}N_2O_3S_2$, F. 236°, orangefarbene Rhomben (Butanol), aus **III**

u. Anetholtrithionmethomethylsulfat in sd. CH_3COOH in Ggw. von Pyridin; 67%; keine. — *[2.2'-Dihydroxybenzil]-dibenzaldehyddiazin*, $C_{28}H_{22}N_4O_2$, F. 203—204°, gelbgrüne Säulen (A.), aus **II** u. Benzaldehyd in sd. A. in Ggw. von CH_3COOH (1 Std. lang); 77%; orange. — Hydrazone, aus den Aldehyden bzw. Ketonen (in Ggw. von $CH_3 \cdot COOH$) u. überschüssigem wasserfreiem N_2H_4 in Me: *3.5-Dibromsalicylaldehyd-*, $C_7H_6 \cdot Br_2N_2O$, F. 169°, Nadeln (Me); 70%. — *4.6-Dimethoxysalicylaldehyd-*, $C_9H_{12}N_2O_3$, F. 109 bis 110°, gelbstichige Nadeln (Me); 74%. — *2-Hydroxyacetophenon-*, $C_8H_{10}N_2O$, F. 86°, Nadeln (Me); 81%. — *2.2'-Dihydroxybenzophenon-* (**III**), $C_{13}H_{12}N_2O_2$, F. 131°, Nadeln (A.); 77%. — *2.2'-Dihydroxybenzildi-* (**II**), $C_{14}H_{14}N_4O_2$, F. 228°; gelbliche Nadeln (A.); 72%. J. Rothe. 1100◇

Darstellung von α-[o-Acyloxybenzylidenamino]-β.β.β-trichloräthanol und Acylierung von α-[o-Hydroxybenzylidenamino]-β.β.β-trichloräthanol. Al. Spassow und Iw. Iwanow. (Bull. Inst. chim., Acad. bulg. Sci. **4**, 3—10, 1956; bulg., Auszug: dt.) — Es wird die Darst. von *α-[o-Acyloxybenzylidenamino]-β.β.β-trichloräthanolen* beschrieben.

Versuche: β.β.β-Trichloräthanole: *α-[o-Acetyloxybenzylidenamino]-*, $C_{11}H_{10} \cdot Cl_3NO_3$, F. 159—160° (A.), a) aus 2,7 g α-[o-Hydroxybenzylidenamino]-β.β.β-trichloräthanol u. 2,8 g Acetanhydrid; 62% (Ausbeute); b) aus 1,6 g Acetylsalicylaldehyd u. 2,0 g Chloralammoniak; 60%. — *α-[o-Isobutyryloxybenzylidenamino]-*, $C_{13}H_{14}Cl_3NO_3$, F. 166—166,5° (Zers.; A.), analog vorst. Verb. nach a); 72%. — *α-[o-(α-Bromisobutyryloxy)-benzylidenamino]-*, $C_{13}H_{13}BrCl_3NO_3$, F. 185° (A.), analog nach b); 55%. —. *α-[o-Benzoyloxybenzylidenamino]-*, $C_{16}H_{12}Cl_3NO_3$, F. 162° (Zers.; A.); nach a) 70, nach b) 52%. G. Froelich. 1140◇

Ester von Chinonoximen mit Carbonsäuren. Je. A. Titow und Ss. I. Burmisstrow. (Ukrain. chem. J. [UdSSR] **26**, 744—49, 1960; Dnepropetrowsk, Chem.-Technol. Inst.; russ.) — Die Ester von Chinonoximen mit Carbonsäuren reagieren mit Phenolen in alkal. Lsg. unter Bldg. von Indophenolen (Blaufärbung). Zur Unters. der fungiciden Aktivität u. der Indophenol-Rk. (**A**) wurden 9 Ester durch Zugabe von Pyridin oder besser Triäthylamin (**I**) zur Lsg. von p-Nitrosophenol u. dem Carbonsäurechlorid in Ae. in fast quant. Ausbeuten erhalten. Parallel mit **A** läuft die Hydrolyse der Ester zu Chinonoxim u. Carbonsäure. Beide Vorgänge werden papierchromatograph. nachgewiesen. Je nach der Rk.-Geschw. beider Rkk. tritt **A** auf oder nicht. Ein Teil der Ester gibt nur mit α-Naphthol deutlich **A**. Diese hängt bei N-substituierten Chinoniminen auch vom Oxydationspotential des Chinons ab, z. B. tritt sie nicht auf beim *2.5-Thymochinon-2-oximbenzoat*. Es sind die Färbungen der **A** u. die bei der Verteilungschromatographie erhaltenen R_F-Werte angegeben.

Versuche: 1.4-Benzochinonoxime: *-o-chlorbenzoat*, $C_{13}H_8ClNO_3$, F. 144°, durch Zugabe von o-Chlorbenzoylchlorid in Ae. zur Lsg. von p-Nitrosophenol in trockenem Ae., anschließende Zugabe von **I**, 15 Min. langes Rühren u. Filtrieren; aus A. gelbe Nadeln. — *-benzoat*, F. 174°, analog; aus A. hellgelbe Nadeln. — *-p-toluylat*, $C_{14}H_{11}NO_3$, F. 190°, aus A. gelbe Nadeln. — *-2.4-dichlorbenzoat*, $C_{13}H_7Cl_2NO_3$, F. 159°, a) durch Zugabe von 2.4-Dichlorbenzoylchlorid (**II**) zur Lsg. des trockenen Na-Salzes vom 1.4-Benzochinonoxim (**III**) in A., 15 Min. langes Rühren u. Filtrieren; 84% (Ausbeute); b) durch Zugabe von **I** zur Lsg. von **II** u. **III** in Ae.; aus A. gelbe Nadeln. — *-2.4.5-trichlorbenzoat*, $C_{13}H_6Cl_3NO_3$, F. 178°, durch Zugabe eines Überschusses von **I** zur Lsg. von **III** u. 2.4.5-Trichlorbenzoylchlorid in Ae.; aus Ae. orangeglänzende Platten; aus A. orangegelbe Nadeln. — *-diphenylcarbamat*, $C_{19}H_{14}N_2O_3$, F. 155°, durch Zugabe von **I** zu **III** u. Diphenylcarbamoylchlorid in Ae. u. Abdampfen des Lsgm.; aus A. hellgelbe Nadeln. — *-chloracetat*, $C_8H_6ClNO_3$, F. 139°, durch Zugabe von Chloracetylchlorid in Ae. zu **III** in Ae., anschließende Zugabe von Pyridin, 15 Min. langes Rühren u. Filtrieren; aus A. hellorange Nadeln; 80%. — *-acetat*, F. 107°, analog; aus Ae. hellgelbe Nadeln. — *2.5-Thymochinon-2-oximbenzoat*, F. 110°, aus A. gelbe Nadeln. D. Freytag. 1190□

Reaktion von dimeren Phosphazenen mit Isocyanaten. Eine neue Carbodiimidsynthese. H. Ulrich und A. A. Sayigh. (Angew. Chem. **74**, 900—01, 21/11. 1962; North Haven, Conn., Carwin Co.; dt.) — Rk. von dimeren Phosphazenen (**A**) mit $C_6H_5 \cdot NCO$ (**I**) in o-Dichlorbenzol bei 175—180° lieferte folgende Carbodiimide: *Methylphenyl-*, $Kp._4$ 128°, aus dimerem N-Methyltrichlorphosphazen (**II**) u. **I**; 51% (Ausbeute). — *Diphenyl-*, $Kp._{0,7}$ 119°, aus **I** u. a) dimerem N-Phenyltrichlorphosphazen (**III**; 34%), b) Phenylphosphazoanilid (41%). Die **A** dissoziieren vermutlich vor dem Eintritt der Rk. in die monomeren Phosphazene, die mit **I** zu einem Vierringzwischenprod. reagieren; dieses zerfällt in das Carbodiimid u. *$POCl_3$*. In gleicher Weise reagieren **II** u. **III** mit CS_2 u. CO_2 unter Bldg. von *Isothiocyanaten* u. *Isocyanaten*. J. Rothe. 1280◇

Mögliche antituberkulöse Verbindungen. 9. Mitt. Darstellung von Benzyliden- und Benzylderivaten von 4-Aminodiphenylamin. Vinay S. Misra und Md. Imtiaz

Husain. (J. Indian chem. Soc. **37**, 481—82, Aug. 1960; Lucknow, Univ., Chem. Dep.; engl.) — 8. vgl. C. **1962**, 11537. — 12 neue *4-Benzylidenamino-* u. die entsprechenden *4-Benzylaminodiphenylamine* werden im Hinblick auf ihre mögliche Antituberkulose-Wrkg. dargestellt.

Versuche: Diphenylamine: *4-Benzylidenamino-*, $C_{19}H_{16}N_2$, F. 94—95°, durch ½ std. Kochen des entsprechenden Benzaldehyds mit 4-Aminodiphenylamin in A. u. Umkristallisieren aus A.; 85% (Ausbeute). — *4-[Methylbenzylidenamino]-*, $C_{20}H_{18}N_2$, F. 115°, analog vorst. Verb.; 87%. — *4-[o-Hydroxybenzylidenamino]-*, $C_{19}H_{16}N_2O$, F. 77—79°; 85%. — *4-[m-Hydroxybenzylidenamino]-*, $C_{19}H_{16}N_2O$, F. 128°; 95%. — *4-[p-Hydroxybenzylidenamino]-*, $C_{19}H_{16}N_2O$, F. 187—188°; 88%. — *4-[p-Isopropylbenzylidenamino]-*, $C_{22}H_{22}N_2$, F. 118°; 88%. — *4-[p-Methoxybenzylidenamino]-*, $C_{20}H_{18}N_2O$, F. 110—111°; 85%. — *4-[o-Chlorbenzylidenamino]-*, $C_{19}H_{15}ClN_2$, F. 88°; 91%. — *4-[3-Phenylallylidenamino]-*, $C_{21}H_{18}N_2$, F. 114—115°; 75%. — *4-[3-Methoxy-4-hydroxybenzylidenamino]-*, $C_{20}H_{18}N_2O_2$, F. 121—122°; 78%. — *4-[3.4-Methylendioxybenzylidenamino]-*, $C_{20}H_{16}N_2O_2$, F. 96—98°; 88%. — *4-[β-Naphthylmethylenamino]-*, $C_{23}H_{18}N_2$, F. 145—146°; 80%. — *4-Benzylamino-*, $C_{19}H_{18}N_2$, F. 60—61°, durch 5—6 std. Hydrieren der Schiffschen Basen in Eisessig am Adams-Kontakt bei 60 lbs/sq.in., Aufarbeiten u. Umkristallisieren aus A. oder Aceton; 96%. — *4-[Methylbenzylamino]-*, $C_{20}H_{20}N_2$, F. 84—86°, analog vorst. Verb.; 87%. — *4-[o-Hydroxybenzylamino]-*, $C_{19}H_{18}N_2O$, F. 96 bis 98°; 85%. — *4-[m-Hydroxybenzylamino]-*, $C_{19}H_{18}N_2O$, F. 119°; 98%. — *4-[p-Hydroxybenzylamino]-*, $C_{19}H_{18}N_2O$, F. 130°; 16%. — *4-[p-Isopropylbenzylamino]-*, $C_{22}H_{24}N_2$, F. 54—56°; 60%. — *4-[p-Methoxybenzylamino]-*, $C_{20}H_{20}N_2O$, F. 68°; 50%. — *4-[o-Chlorbenzylamino]-*, $C_{19}H_{17}ClN_2$, F. 78°; 55%. — *4-[3-Phenylallylamino]-*, $C_{21}H_{20}N_2$, F. 60°; 62%. — *4-[3-Methoxy-4-hydroxybenzylamino]-*, $C_{20}H_{20}N_2O_2$, F. 133—135°; 37%. — *4-[3.4-Methylendioxybenzylamino]-*, $C_{20}H_{18}N_2O_2$, F. 83—84°; 90%. — *4-[β-Naphthylmethylamino]-*, $C_{23}H_{20}N_2$, F. 154—155°; 50%. P. Golinske. 1310◇

Neue Amide und ihre Reduktion zu Aminen. M. A. Karim. (J. sci. ind. Res. [New Delhi], Sect. B **19**, 272—73, Juli 1960; Karachi, Central Testing Labor.; engl.) — Die Darst. von *N-[β-(3.4-Dimethoxyphenyl)-äthyl]-cis-3-methoxycyclohexancarbonsäureamid*, *N-[β-(3.4-Dimethoxyphenyl)-äthyl]-cis-3-hydroxycyclohexancarbonsäureamid* u. *N-Äthyl-p-methoxybenzanilid* u. ihre Red. mit $LiAlH_4$ zu den entsprechenden Aminen wird beschrieben. *N-[β-(3.4-Dimethoxyphenyl)-äthyl]-cis-3-methoxycyclohexancarbonsäureamid*, $C_{18}H_{27}NO_4$, F. 94—95° (Bzl.), durch 4 std. Rk. von cis-3-Methoxycyclohexancarbonsäuremethylester mit Homoveratrylamin (**I**) bei 190—200°; 78% (Ausbeute). — *N-[cis-3-Methoxyhexahydrobenzyl]-β-[3.4-dimethoxyphenyl]-äthylamin* (**II**), $C_{18}H_{29}NO_3$ Kp.$_{0,5}$ 160—165°, durch Zutropfen der äther. Lsg. vorst. Verb. zu $LiAlH_4$/Ae. u. 24 std. Kochen; n_D^{22} 1,5270; 78%. — *N-[β-(3.4-Dimethoxyphenyl)-äthyl]-cis-3-hydroxycyclohexancarbonsäureamid*, $C_{17}H_{25}NO_4$, F. 103—104° (Bzl.), durch 1 std. Rk. von cis-3-Hydroxycyclohexancarbonsäure mit **I** bei 180—190°; 84%. — *N-[cis-3-Hydroxyhexahydrobenzyl]-β-[3.4-dimethoxyphenyl]-äthylamin*, $C_{17}H_{27}NO_3$, Kp.$_{0,5}$ 170—175°, aus vorst. Verb. in Tetrahydrofuran analog **II**, jedoch 35 std. Kochen u. Zers. mit wss. Tetrahydrofuran; n_D^{22} 1,5295; 59%. — *N-Äthyl-p-methoxybenzanilid*, $C_{16}H_{17}NO_2$, Kp.$_{0,5}$ 152—155°, durch Rk. von Äthylanilin mit Anisoylchlorid in Ae.; n_D^{22} 1,5251; 68%. — *N-Phenyl-N-[p-methoxybenzyl]-äthylamin*, $C_{16}H_{19}NO$, Kp.$_{0,4}$ 135—137°, aus vorst. Verb. analog **II**, jedoch 30 std. Kochen; n_D^{21} 1,5892; 66%. H.-J. Weigmann. 1310◇

Neue, von Phenyl-[2-hydroxyphenyl]-amin und von 2-exo-[2-Hydroxyphenylamino]-bornan abgeleitete Verbindungen mit antifibrillatorischer Wirkung. Josef Schmitt, Michel Suquet, Georges Callet und Roger Raveux. (Bull. Soc. chim. France **1962**, 444—55, März; Paris, Etabl. Clin. Byla, Centre de Rech.; franz.) — Zur Prüfung auf pharmakolog. Wrkg. wird *Phenyl-[2-hydroxyphenyl]-amin* (**I**) mit Dialkylaminoalkylhalogeniden unter Bldg. von *Phenyl-[2-(dialkylaminoalkyloxy)-phenyl]-aminen* (**A**) umgesetzt, die an einem der aromat. Ringe zusätzlich durch Alkylreste substituiert sein können. Durch Rk. der **A** mit Alkylchloriden entstehen *Phenyl-[2-(dialkylaminoalkyloxy)-phenyl]-alkylamine* (**B**). Mit Säurechloriden liefern die **A** entsprechende *N-Acyl-Derivv.* (**C**). Die **B**, **C** u. ein Teil der **A** werden als *Fumarate, Citrate* oder *Hydrochloride* charakterisiert. Durch Kochen von *N-Phenyl-N-[2-(2-diäthylaminoäthoxy)-phenyl]-acetamid* (**II**) mit KOH in Äthylenglykol oder durch Rk. mit $LiAlH_4$ wird der Acetylrest abgespalten u. *Phenyl-[2-(2-diäthylaminoäthoxy)-phenyl]-amin* (**X**) erhalten. Analoge Umsetzungen wie mit **I** werden mit *2-exo-[2-Hydroxyphenylamino]-bornan* (**III**) durchgeführt. **III** wird aus (+)-Campher (**IV**) u. o-Aminophenol (**V**) über die Stufe des *2-[2-Hydroxyphenylimino]-bornans* (**VI**) u. dessen katalyt. Hydrierung gewonnen. Nimmt man die Red. von **VI** mit $LiAlH_4$ vor, so entsteht ein Prod., in dem vorwiegend das *endo-Isomere* von **III** vorzuliegen scheint. **III** liefert mit 1-Chlor-2-diäthylaminoäthan (**VII**) *2-exo-[2-(2-Diäthylaminoäthoxy)-phenylamino]-bornan* (**VIII**), das auch aus **VI** u. **VII** u. katalyt. Red. des Rk.-Prod. darstellbar ist. Mit Alkylhalogeniden u. mit Acylchloriden bildet **VIII** *N-Alkyl-* u. *N-Acylderivate.* Entsprechende Rkk. werden mit anderen *2-exo-[2-(Dialkylaminoalkyloxy)-phenylamino]-bornanen* durchgeführt. Die beschriebenen *Bornan-Derivv.* lassen sich als *Fumarate, Oxalate* oder *Hydrochloride* charakterisieren. **VIII** setzt sich mit Phosgen zum *N-Chlorformyl-Deriv.* (**IX**) um, dessen Rk. mit Alkoholen bzw. Aminen zu *Carbaminsäure-* bzw. *Harnstoff-Derivv.* führt.

Versuche: 2-Hydroxyphenylamine: *Phenyl-* (**I**), F. 57° (Cyclohexan), durch 48std. Erhitzen von 880 g Brenzcatechin (**XI**), 800 g Anilin, 54 g geschmolzenem $ZnCl_2$ u. 50 ml Xylol auf 185—195° im N_2-Strom unter Abdestillieren des bei der Rk. entstehenden W., Zugabe von Essigester zur abgekühlten Lsg., wiederholtes Waschen der filtrierten Lsg. mit verd. HCl u. W., Einengen, Dest. des Rückstandes im Vakuum u. Stehen der Fraktion vom $Kp._{0,01}$ 160—170° zur Kristallisation; 874 g (Ausbeute). — *o-Tolyl-* (**XII**), $C_{13}H_{13}NO$, F. 63° (PAe.), analog **I** aus **XI** u. o-Toluidin; 40%. — *p-Tolyl-* (**XIII**), F. 58° PAe.), analog **I** aus **XI** u. p-Toluidin; 30%. — *p-Äthylphenyl-* (**XIV**), $Kp._{0,01}$ 147—151°, analog **I** aus **XI** u. p-Äthylanilin; 50%. — *Phenyl-[2-hydroxy-4(oder 5)-propylphenyl]-amin* (**XV**), $Kp._{0,01}$ 160—165°, durch Hydrierung von Eugenol in A. an Pd/Kohle, Entmethylierung des Red.-Prod. zu 1.2-Dihydroxy-4-propylbenzol u. Rk. mit Anilin analog **I** bei 210—230°; 74%. — Aryl-[2-(2-diäthylaminoäthoxy)-phenyl]-amine: *Phenyl-* (**X**), $Kp._{0,03}$ 185° (Bad-Temp.), a) durch 6std. Kochen u. Rühren von 18,5 g **I** u. 13,6 g **VII** in 100 ml Aceton unter Zusatz von 13,8 g K_2CO_3, Einengen der filtrierten Lsg., Aufnehmen des Rückstandes in Ae., Extraktion der Ae.-Lsg. mit verd. Essigsäure u. Alkalisieren der essigsauren Lsg. mit Na_2CO_3-Lsg.; 20,6 g; b) durch 1½ std. Kochen von 2,2 g **II** mit 4 g KOH in 20 ml Äthylenglykol, Verdünnen mit W., Ae.-Extraktion u. Dest. des Ae.-Rückstandes; 1 g; c) durch Zugabe von 6,7 g **II** in Ae. zu 1,6 g $LiAlH_4$ in Ae., 3std. Kochen, Zusatz von Essigester u. von verd. NaOH u. Aufarbeitung der organ. Phase; 5,2 g. *Fumarat,* $C_{18}H_{24}N_2O \cdot C_4H_4O_4$, F. 136° (A.), aus **X** u. Fumarsäure in Äthanol. — *o-Tolyl-*, $Kp._{0,01}$ 170—190°, aus 22,8 g **XII** u. 20 g **VII** analog **X** nach a); 29 g. *Fumarat,* $C_{19}H_{26}N_2O \cdot C_4H_4O_4$, F. 157° (A.). — *p-Tolyl-* (**XVI**), $Kp._{0,01}$ 190°, aus 17,5 g **XIII** u. **VII** analog **X** nach a); 22 g. *Fumarat,* F. 158° (A.). — *p-Äthylphenyl-*, $Kp._{0,01}$ 180°, aus 25 g **XIV** u. **VII** analog **X** nach a); 22,8 g. *Fumarat,* $C_{20}H_{28}N_2O \cdot C_4H_4O_4$, F. 145° (A.). — *Phenyl-[2-(2-diäthylaminoäthoxy)-4 (oder 5)-propylphenyl]-amin,* $Kp._{0,01}$ 180°, a) aus 10 g **XV** u. 6,7 g **VII** analog **X** nach a); 12,45 g; b) durch 15 Min. langes Erhitzen von 10 g **XV** mit $NaNH_2$ in Dimethylformamid auf 80°, Zugabe von **VII**, 2std. Erhitzen auf 80°, Eindampfen der filtrierten Lsg., Aufnehmen in Ae. u. Aufarbeitung analog **X** nach a); 10,8 g. *Fumarat,* $C_{21}H_{30}N_2O \cdot 0{,}5\,C_4H_4O_4$, F. 127 bis 128° (Aceton). — Phenyl-[2-(2-diäthylaminoäthoxy)-phenyl]-alkylamine: *N-Äthyl-*, $Kp._{0,01}$ 170°, durch 2std. Kochen u. Rühren von **X** u. $NaNH_2$ in Xylol, Zutropfen von C_2H_5Br in Xylol, 2std. Kochen, Zugabe von W. u. Ae. zu der erkalteten Lsg. u. Eindampfen der äther. Lsg.; 76%. *Fumarat,* $C_{20}H_{28}N_2O \cdot C_4H_4O_4$, F. 95° (Methyläthylketon); 85%. — *N-Methyl-*, $Kp._{0,03}$ 170°, wie vorst. aus **X** u. CH_3Br; 71,5%. *Fumarat,* $C_{19}H_{26}N_2O \cdot C_4H_4O_4$, F. 129° (Aceton); 36%. — *N-Propyl-*, $Kp._{0,01}$ 170°; 61%. *Fumarat,* $C_{21}H_{30}N_2O \cdot C_4H_4O_4$, F. 108° (Aceton); 74%. — *N-Butyl-*, $C_{22}H_{32}N_2O$, $Kp._{0,03}$ 170°; 73%. *Fumarat,* F. 103° (Essigester); 87%. — *N-Benzyl-*, $Kp._{0,03}$ 200°; 69%. *Fumarat,* $C_{25}H_{30}N_2O \cdot C_4H_4O_4$, F. 119° (Aceton); 72%. — Phenyl-[2-(2-diäthylaminoäthoxy)-phenyl]-acylamine: *N-Formyl-*, $Kp._{0,03}$ 175°, durch Kochen von **X** mit Ameisensäure; 74%. *Citrat,* $C_{19}H_{24}N_2O_2 \cdot C_6H_8O_7$, F. 150° (wss. A.); 79%. — *N-Acetyl-* (**II**), $Kp._{0,03}$ 200°, durch 4½ std. Kochen von **X** mit Acetanhydrid, Zusatz von W., Neutralisieren, Extraktion mit Essigester u. Aufarbeitung der organ. Phase; 93%. *Fumarat,* $C_{20}H_{26}N_2O_2 \cdot C_4H_4O_4$, F. 123° (Isopropanol); 76%. — *N-Propionyl-*, $Kp._{0,03}$ 200°. *Citrat,* $C_{21}H_{28}N_2O_2 \cdot C_6H_8O_7$, F. 123° (Isopropanol); 63%. — *N-Butyryl-*, $C_{22}H_{30} \cdot N_2O_2$, $Kp._{0,03}$ 200—210°, durch 3std. Kochen von **X** mit Butyrylchlorid (**XVII**) u. Aufarbeitung analog **II**; 98%. — *N-Valeroyl-*, $C_{23}H_{32}N_2O_2$, $Kp._{0,03}$ 210°; 98%. — *Phenyl-[2-butyryloxyphenyl]-butyrylamin,* $C_{20}H_{23}NO_3$, F. 88° (Cyclohexan), durch 4std. Kochen von **X** oder **I** mit Buttersäureanhydrid. — *p-Tolyl-[2-(2-diäthylaminoäthoxy)-phenyl]-acetylamin,* $Kp._{0,01}$ 190—200°, aus 5,3 g **XVI** analog **II**; 5,4 g. *Fumarat,* $C_{21}H_{28}N_2O_2 \cdot C_4H_4O_4$, F. 136,5° (Aceton). — Phenyl-[2-(2-dialkylaminoäthoxy)-phenyl]-amine: *-[2-(2-dimethylaminoäthoxy)-phenyl]-*, $Kp._{0,01}$ 160—170°, analog **X** aus **I** u. 1-Chlor-2-dimethylaminoäthan (**XVIII**); 21%. *Fumarat,* $C_{16}H_{20}N_2O \cdot 0{,}5\,C_4H_4O_4$, F. 143° (wss. A.); 68%. *N-Acetyl-Deriv., Hydrochlorid,* $C_{18}H_{22}N_2O_2 \cdot HCl$, F. 178° (Aceton), durch Kochen mit CH_3COCl; 95%. — *-[2-(2-piperidinoäthoxy)-phenyl]-*, $Kp._{0,01}$ 190 bis 200°, analog **X** aus **I** u. 1-Chlor-2-piperidinoäthan (**XX**); 95%. *Fumarat,* $C_{19}H_{24}N_2O \cdot C_4H_4O_4$, F. 161° (wss. A.); 85%. *N-Acetyl-Deriv.*, $Kp._{0,01}$ 190°; 87%. *Citrat,* $C_{21}H_{26}N_2O_2 \cdot C_6H_8O_7$, F. 136° (Aceton–A.); 98%. — *-[2-(2-morpholinoäthoxy)-phenyl]-*, $Kp._{0,01}$ 180°, analog **X** aus **I** u. 1-Chlor-2-morpholinoäthan (**XXI**); 51%. *Fumarat,* $C_{18}H_{22}N_2O_2 \cdot C_4H_4O_4$,

F. 132° (Essigester); 74%. *N-Acetyl-Deriv.*, Kp.$_{0,01}$ 200°; 92%; *Citrat*, $C_{20}H_{24}N_2O_3 \cdot C_6H_8O_7$, F. 124° ($CH_3OH$); 51%. — *Phenyl-[2-(3-dimethylaminopropyloxy)-phenyl]-amin*, Kp.$_{0,01}$ 190°, analog **X** aus **I** u. 1-Chlor-3-dimethylaminopropan (**XXII**); 37%. *Citrat*, $C_{17}H_{22}N_2O \cdot C_6H_8O_7$, F. 128° (A.); 92%. *N-Acetyl-Deriv.*, Kp.$_{0,01}$ 190°; 98%; *Citrat*, $C_{19}H_{24}N_2O_2 \cdot C_6H_8O_7$, F. 122° (Aceton + A.); 73%. — *2-[2-Hydroxyphenylimino]-bornan* (**VI**), $C_{16}H_{21}NO$, F. 92° (Cyclohexan), durch Kochen von 965 g **IV** u. 654 g **V** in 700 ml Xylol in Ggw. von wenig konz. HCl im N_2-Strom unter Abdestillieren des bei der Rk. entstehenden W., Zugabe von Phenol, Abdestillieren von Xylol, **IV** u. Phenol im Vakuum u. Dest. des Rückstandes bei 165—175°/0,01 mm; $[\alpha]_D$ —17,1° (c = 1; A.); 900 g. — *2-exo-[2-Hydroxyphenylamino]-bornan* (**III**), $C_{16}H_{23}NO$, F. 93° (PAe.), durch Hydrierung von 48,6 g **VI** in A. an PtO_2; $[\alpha]_D$ —100,3° (c = 1; A.); 44 g [*Hydrochlorid*, $C_{16}H_{23}NO \cdot HCl$, F. 180° (Isopropanol–Ae.), aus **III** u. äther. HCl]. *2-endo-Isomeres* von **III**, $C_{16}H_{23}NO$, F. 81—82° (PAe.), durch Zugabe von $LiAlH_4$ in Ae. zu 48,5 g **VI** bei 0°, 1 std. Kochen, Zusatz von Essigester u. NH_4Cl-Lsg. u. Dest. der organ. Phase; $[\alpha]_D$ —15° (c = 1; wss. A.); 34,7 g. — *2-exo-[2-(2-Diäthylaminoäthoxy)-phenylimino]-bornan*, Kp.$_{0,01}$ 150—170°, durch 6 std. Kochen u. Rühren von 4,9 g **VI** mit **VII** u. K_2CO_3 in Aceton u. Einengen der filtrierten Lsg.; 4,8 g. *Fumarat*, $C_{22}H_{34}N_2O \cdot C_4H_4O_4$, F. 148° (Aceton–Methyläthylketon). — *2-exo-[2-(2-Diäthylaminoäthoxy)-phenylamino]-bornan* (**VIII**), Kp.$_{0,01}$ 190—200°, a) durch Hydrierung von 3,5 g vorst. *Imino-Verb.* an PtO_2 in Essigsäure, Einengen der filtrierten Lsg., Neutralisation des Rückstandes u. Dest.; 2,7 g; b) durch Kochen u. Rühren von 102,9 g **III** mit **VII** u. K_2CO_3 in Aceton, Filtration u. Einengen; $[\alpha]_D$ —86° (c = 1; A.); 140,4 g. *Fumarat*, $C_{22}H_{36}N_2O \cdot C_4H_4O_4$, F. 128—129° (Aceton). — *N-Äthyl-2-exo-[2-(2-diäthylaminoäthoxy)-phenylamino]-bornan*, Kp.$_{0,03}$ 160 bis 170°, durch 2½ std. Kochen u. Rühren von **VIII** u. $NaNH_2$ in Xylol unter N_2, 3½ std. Kochen mit C_2H_5Br, Filtrieren, Einengen u. Dest. des Rückstandes; 43%. *Fumarat*, $C_{24}H_{40}N_2O \cdot C_4H_4O_4$, F. 140° (Essigester); $[\alpha]_D$ —21° (c = 1; A.); 68%. — N-Acyl-2-exo-[2-(2-diäthylaminoäthoxy)-phenylamino]-bornane: *N-Acetyl-*, $C_{24}H_{38}N_2O_2$, F. 100° (PAe.), durch 3 std. Kochen von **VIII** mit CH_3COCl, Abdestillieren von überschüssigem CH_3COCl, Aufnehmen in wss. Na_2CO_3, Ae.-Extraktion u. Aufarbeitung der organ. Phase; $[\alpha]_D$ —6,8° (c = 1; A.); 79%. — *N-Propionyl-*, Kp.$_{0,01}$ 210°, aus **VIII** u. Propionylchlorid (**XIX**); 98%. *Oxalat*, $C_{25}H_{40}N_2O_2 \cdot C_2H_2O_4$, F. 112—115° (Methyläthylketon–Ae.), $[\alpha]_D$ —32° (c = 1; A.). — *N-Butyryl-*, Kp.$_{0,01}$ 210°, aus **VIII** u. **XVII**. *Oxalat*, $C_{26}H_{42}N_2O_2 \cdot C_2H_2O_4$, F. 125° (Methyläthylketon–Ae.); $[\alpha]_D$ —33° (c = 1; A.); 71%. — *N-Valeroyl-*, Kp.$_{0,01}$ 210°. *Oxalat*, $C_{27}H_{44}N_2O_2 \cdot C_2H_2O_4$, F. 121—124° (Methyläthylketon–Ae.); $[\alpha]_D$ —25° (c = 1; A.); 65%. — *N-Chlorformyl-* (**IX**), *Hydrochlorid*, $C_{23}H_{35}ClN_2O_2 \cdot HCl$, F. 171,5° (Methyläthylketon), durch 1 std. Erhitzen von **VIII** u. $COCl_2$ in Toluol auf 65—70°, 4 std. Erhitzen auf 90° u. Einengen; 93%. — *N-Methoxycarbonyl-*, durch 1 std. Kochen von **IX**-*Hydrochlorid* mit CH_3OH, Einengen, Alkalisieren des Rückstandes, Aufnehmen in Ae. u. Destillation. *Oxalat*, $C_{24}H_{38}N_2O_3 \cdot C_2H_2O_4$, F. 102 bis 150° (Bzl.); $[\alpha]_D$ —32° (c = 1; W.); 44%. — *N-Äthoxycarbonyl-*, wie vorst. aus **IX**-*Hydrochlorid* u. C_2H_5OH. *Oxalat*, $C_{25}H_{40}N_2O_3 \cdot C_2H_2O_4$, F. 138—139° (Essigester); $[\alpha]$ —35° (c = 1; W.); 50%. — *N-Carbamoyl-*, durch 24 std. Aufbewahren von **IX**-*Hydrochlorid* in 7%ig. äthanol. NH_3, Abfiltrieren von NH_4Cl u. Einengen. *Fumarat*, $C_{23}H_{37}N_3O_2 \cdot C_4H_4O_4 \cdot H_2O$, F. 131—132° (Zers.; Aceton); $[\alpha]_D$ —66° (c = 1; A.). — *N-Dimethylaminoformyl-*, $C_{25}H_{41}N_3O_2$, F. 48—50° (PAe.), wie vorst. mit $NH(CH_3)_2$; $[\alpha]_D$ —248° (c = 1; A.). *Dihydrochlorid*, $C_{25}H_{41}N_3O_2 \cdot 2\,HCl \cdot H_2O$, F. 138—139° (Isopropanol–Essigester); 70%. *Monohydrochlorid*, $C_{25}H_{41}N_3O_2 \cdot HCl$, F. 189°; $[\alpha]_D$ —295° (c = 1; W.). — *N-[Pyrrolidinoformyl]-*, $C_{27}H_{43}N_3O_2$, F. 104° (PAe.), durch 2 std. Kochen von **IX**-*Hydrochlorid* mit Pyrrolidin in Aceton, Einengen, Ae.-Extraktion nach Zugabe von Na_2CO_3-Lsg. zum Rückstand u. Abdestillieren des Ae.; $[\alpha]_D$ —152° (c = 1; W.); 76%. *Jodmethylat*, $C_{28}H_{46}JN_3O_2$, F. 208° (Essigester), aus 4 g vorst. Verb. u. CH_3J in Ae.; 4 g. — *N-Morpholinoformyl-*, *Hydrochlorid*, $C_{27}H_{43}N_3O_3 \cdot HCl$, F. 166—170° (Essigester), aus **IX**-*Hydrochlorid* u. Morpholin; $[\alpha]_D$ —226° (c = 1; W.); 55%. — *N-[4-Methylpiperazinoformyl]-*, $C_{28}H_{46}N_4O_2$, Kp.$_{0,01}$ 230°, aus **IX**-*Hydrochlorid* u. 4-Methylpiperazin; $[\alpha]_D$ —169° (c = 1; A.); 64%. — *1-Formamino-2-[2-diäthylaminoäthoxy]-benzol*, Kp.$_{0,01}$ 150°, durch 3 std. Kochen von 10,2 g **VIII** mit HCOOH, Einengen im Vakuum, Dest. des nach Zusatz von Na_2CO_3-Lsg. ausgeschiedenen Öls, Aufnahme des Öls in Ae., Extraktion mit verd. HCl, Alkalisieren der sauren Lsg. u. Dest. des ausgeschiedenen Öls; 3,2 g. *Oxalat*, $C_{13}H_{20}N_2O_2 \cdot C_2H_2O_4$, F. 161—162° (A.), aus 3,2 g vorst. Verb. u. Oxalsäure in Aceton; 2,9 g. — *2-exo-[2-(2-Dimethylaminoäthoxy)-phenylamino]-bornan*, Kp.$_{0,01}$ 190°, analog **VIII** aus **III** u. **XVIII**; 85%. *Fumarat*, $C_{20}H_{32}N_2O \cdot C_4H_4O_4$, F. 176° (wss. A.) $[\alpha]_D$ —53° (c = 0,5; wss. A.); 73%. *N-Propionyl-Deriv.*, *Hydrochlorid*, $C_{23}H_{36}N_2O_2 \cdot HCl$, F. 216° (Aceton), mit **XIX**; $[\alpha]_D$ —34° (c = 1; W.); 66%. — *2-exo-[2-(2-Piperidinoäthoxy)-phenylamino]-bornan*, Kp.$_{0,01}$ 200—210°, analog **VIII** aus **III** u. **XX**; 79%.

Fumarat, $C_{23}H_{36}N_2O \cdot C_4H_4O_4$, F. 149° (A.); $[\alpha]_D$ −52° (c = 1; A.); 65%. *N-Propionyl-Deriv.*, $Kp._{0,01}$ 200—210°, mit **XIX**; 94%. *Oxalat*, $C_{26}H_{40}N_2O_2 \cdot C_2H_2O_4$, F. 198° (Aceton-A.); $[\alpha]_D$ −25° (c = 1; W.); 40%. — *2-exo-[2-(2-Morpholinoäthoxy)-phenylamino]-bornan*, $Kp._{0,01}$ 200°, analog **VIII** aus **III** u. **XXI**; 77%. *Fumarat*, $C_{22}H_{34}N_2O_2 \cdot C_4H_4O_4$, F. 171° (Aceton); $[\alpha]_D$ −50° (c = 0,5; A.); 59%. *N-Propionyl-Deriv.*, $Kp._{0,01}$ 230°; 90%. *Oxalat*, $C_{25}H_{38}N_2O_3 \cdot C_2H_2O_4$, F. 148° (Bzl.), $[\alpha]_D$ −27° (c = 1; W.); 68%. — *2-exo-[2-(3-Dimethylaminopropyloxy)-phenylamino]-bornan*, $Kp._{0,01}$ 190°, analog **VIII** aus **III** u. **XXII**; 53%. *Fumarat*, $C_{21}H_{34}N_2O \cdot 1{,}5\, C_4H_4O_4$, F. 125° (Methyläthylketon); $[\alpha]_D$ −55° (c = 1; A.); 61%. *N-Propionyl-Deriv., Hydrochlorid*, $C_{24}H_{38}N_2O_2 \cdot HCl$, F. 140° (Essigester); $[\alpha]_D$ −21° (c = 1; W.). *Oxalat*, $C_{24}H_{38}N_2O_2 \cdot C_2H_2O_4$, F. 98—99° (Methyläthylketon).
K.-F. Schneider. 1320□

Bromierung einiger aromatischer Organosiliciumverbindungen und Reaktionsfähigkeit der erhaltenen Bromide. Je. A. Tschernyschew und N. G. Tolstikowa. (Nachr. Akad. Wiss. UdSSR, Abt. chem. Wiss. **1960**, 1595—600, Sept.; Zelinsky-Inst. für org. Chem. der Akad. der Wiss. der UdSSR; russ.) — Die Bromierung von Äthylbenzyldichlorsilan (**I**) liefert das *p-Brom-Deriv.*, die von Diäthylbenzylchlorsilan (**II**) vorwiegend das *p-*, daneben das *m-Brom-Deriv.*, die von Trimethylbenzylsilan (**III**), das *p-* u. *m-Brom-Deriv.* im Verhältnis ca. 1:1. Aus Äthyldichlor- (**IV**) u. Triäthyl-β-phenyläthylsilan (**V**) werden nur die *p-Brom-Derivv.* erhalten. Durch Bromierung entsprechender bin. Gemische wurde festgestellt, daß **III** u. Trimethyl-β-phenyläthylsilan schneller als Benzyltrichlorsilan (**VI**), **VI** u. **V** schneller als Bzl. bromiert werden. Die Rk.-Fähigkeit der Verbb. $R_3Si(CH_2)_nC_6H_4Br$-p gegenüber Piperidin nimmt in der Reihe n = 0 > 2 > 1 ab. Die Ergebnisse bestätigen das Vorhandensein eines Konjugationseffektes der Si—C-Bindung mit dem aromat. Kern bei den Trialkylbenzylsilanen u. das Fehlen eines solchen bei den Trichlorbenzylsilanen.

Versuche: *Benzyläthyldichlorsilan* (**I**), $Kp._5$ 97—100°, aus Äthyltrichlorsilan u. Benzyl-MgCl; $D._4^{20}$ 1,1082; n_D^{20} 1,5163; 56%. — *p-Brombenzyläthyldichlorsilan*, $Kp._{4,5}$ 132—135°, man gibt zu 58 g **I** u. einigen Fe-Spänen bei 20° in 3 Std. 42 g Br_2; $D._4^{20}$ 1,4170; n_D^{20} 1,5491; 68% (Ausbeute). — *Benzyldiäthylchlorsilan* (**II**), $Kp._5$ 112°, aus Diäthyldichlorsilan u. Benzyl-MgCl; 63%. — *p-Brombenzyltriäthylsilan*, $Kp._5$ 138—140°, aus vorvorst. Verb. u. Äthyl-MgBr; $D._4^{20}$ 1,5170; n_D^{20} 1,5325; 78%. — Gemisch aus ca. 15% *m-* u. ca. 85% *p-Brombenzyldiäthylchlorsilan*, $Kp._5$ 145—153°, aus **II**; 61%. — *Benzyltrimethylsilan* (**III**), $Kp._{750}$ 184—185°, aus Trimethylchlorsilan u. Benzyl-MgCl; $D._4^{20}$ 0,8660; n_D^{20} 1,4942; 84%. — Gemisch aus je ca. 50% *m-* u. *p-Brombenzyltrimethylsilan*, $Kp._{4,5}$ 90—91°, aus **III**; 67%. — *β-Phenyldiäthyldichlorsilan* (**IV**), $Kp._4$ 106°, durch Anlagerung von Äthyldichlorsilan in Ggw. von H_2PtCl_6 an Styrol; $D._4^{20}$ 1,1149; n_D^{20} 1,5095. — *β-[p-Bromphenyl]-diäthyldichlorsilan*, $Kp._{4,5}$ 135°, aus **IV**; $D._4^{20}$ 1,4351; n_D^{20} 1,5469; 62%. — *β-[p-Bromphenyl]-tetraäthylsilan* $Kp._3$ 131°, aus vorst. Verb. u. Äthyl-MgBr; $D._4^{20}$ 1,1439; n_D^{20} 1,5228; 73%. — *β-Phenyltetraäthylsilan* (**V**), $Kp._{750}$ 264—265°, aus β-Phenyläthyltrichlorsilan u. Äthyl-MgBr; $D._4^{20}$ 0,8863; n_D^{20} 1,4964. — *β-[p-Bromphenyl]-tetraäthylsilan*, $Kp._{3,5}$ 131°, aus 53 g **V** u. 38,5 g Br_2; $D._4^{20}$ 1,1463; n_D^{20} 1,5226; 20,3 g. — *p-Bromphenyltrimethylsilan*, $Kp._{4,5}$ 80°, aus Trimethylchlorsilan u. p-Bromphenyl-MgBr; $D._4^{20}$ 1,2120; n_D^{20} 1,5258; 54%. — *p-Bromphenyltriäthylsilan*, $Kp._{14}$ 149°, aus Triäthylchlorsilan u. p-Bromphenyl-MgBr; $D._4^{20}$ 1,1693; n_D^{20} 1,5314; 68%. — *p-Brombenzyltrimethylsilan*, $Kp._5$ 96°, aus p-Brombenzyltrichlorsilan u. Methyl-MgBr; $D._4^{20}$ 1,1891; n_D^{20} 1,5289; 72%. — *β-[p-Bromphenyl]-äthyltrimethylsilan*, $Kp._5$ 115°, aus β-[p-Bromphenyl]-äthyltrichlorsilan u. Methyl-MgBr; $D._4^{20}$ 1,1662; n_D^{20} 1,5205; 80%.
Helmut Schäfer. 1380

Einige Eigenschaften und Reaktionen des Phenylacetoxysilans. Yasuaki Nakaido und Toshio Takiguchi. (J. org. Chemistry **26**, 4144—45, Okt. 1961; Kiryu, Japan, Gumma Univ., Coll. of Technol., Dep. of Appl. Chem.; engl.) — Durch Umsetzung von Na-Acetat mit Diphenyldichlorsilan (**V**) u. Phenyltrichlorsilan (**VII**) werden *Diphenyldiacetoxysilan* (**I**) bzw. *Phenyltriacetoxysilan* (**II**) gewonnen. Die Daten der IR- u. der Röntgenpulverspektren von **I** u. **II** sind angegeben. Bei der Hydrolyse von **I** in A. mit 0,1 n wss. NaOH werden 92% *Diphenylsilandiol* (**III**), beim Kochen einer Lsg. von **I** in A. ohne Alkali **III** neben *Hexaphenylcyclotrisiloxan* (**IV**), beim 90 std. Kochen von **I** u. **V** in Methylacetat 44% **IV** (F. 187—188°), bei der Umsetzung von **I** in Methylacetat mit Di-K-Diphenylsilanolat in A. **IV** neben *Oktaphenylcyclotetrasiloxan* u. bei der Rk. von **II** in Ae. mit NH_3 *Phenylsilantriol* (**VI**) neben öligen Kondens.-Prodd. gewonnen.

Versuche: *Diphenyldiacetoxysilan* (**I**), F. 66,8—67° (Ae.), aus **V** u. Na-Acetat; prismat. Kristalle; $D._4^{13}$ 1,2740; 68,4% (Ausbeute). — *Phenyltriacetoxysilan* (**II**), F. 29°, analog aus **VII**. — *Phenylsilantriol* (**VI**), $C_6H_8O_3Si$, F. 127—129° (Methylacetat-Hexan), aus 0,14 Mol **II** in 400 ml Ae. u. NH_3; 15%. K. Rühlmann. 1380□

Synthese aromatischer Germaniumverbindungen durch Reaktion von Diarylquecksilber mit Germaniumdijodid. L. I. Jemeljanowa, W. N. Winogradowa, L. G. Makarowa und A. N. Nessmejanow. (Nachr. Akad. Wiss. UdSSR, Abt. chem. Wiss. **1962,** 53—59, Jan.; Inst. für elementorg. Verbb. der Akad. der Wiss. der UdSSR; russ.) — Vgl. C. **1962,** 8588. — Bei der Rk. von GeJ_2 mit Diaryl-Hg-Verbb. werden als Hauptprodd. in 40—75%ig. Ausbeute *Diaryl-Ge-dijodide* nach: $Ar_2Hg + GeJ_2 \rightarrow Ar_2GeJ_2 + Hg$ erhalten. Als Nebenprodd. werden in einigen Fällen *Triaryl-Ge-jodide* u. in geringer Menge *monoarylierte Ge-Verbb.* gebildet.

Versuche: *Diphenylgermaniumdijodid*, F.63—65° (Nitromethan, dann n-Heptan), durch ¼std. Kochen von 3,55 g Diphenyl-Hg (oder Phenyl-HgJ) u. 3,26 g GeJ_2 in 30 ml abs. Toluol, 39% (50,6%; Ausbeute). Daneben: *Triphenylgermaniumjodid*, F. 155 bis 157° (Nitromethan, dann n-Heptan); 37% (31,1%); *Phenylgermaniumtrijodid*; 0,5%; *Phenylquecksilberjodid*, F. 260—262°; *GeO_2*; *Hg*; *Diphenylgermaniumoxid*, F. 283—293°, u. *Phenylgermaniumsäureanhydrid*. — *Di-p-tolylgermaniumoxid* (Dimeres), F. 221,5 bis 222,5° (Bzl.-PAe), durch ¼std. Kochen von 3,29 g Di-p-tolyl-Hg u. 3,26 g GeJ_2 in 30 ml Toluol; nadlige Kristalle; 79%. Daneben 0,21 g *p-Tolylgermaniumsäureanhydrid*, *Hg*, *Hg_2J_2* u. *HgJ_2*. — *Di-o-tolylgermaniumdijodid*, F. 85—86,5° (n-Heptan u. Nitromethan), aus 5,67 g Di-o-tolyl-Hg u. 4,84 g GeJ_2 in 40 ml Toluol (½ Std. kochen); 58,6%. Daneben *Hg*, *Hg^{2+}* u. *Ge^{4+}*. — *Di-m-tolylgermaniumoxid*, F. 83—84° (Trimeres; Heptan u. Nitromethan), aus 25 g Di-m-tolyl-Hg u. 20 g GeJ_2 in 80 ml Toluol (½ Std. kochen); 26,9%. Daneben *Tri-m-tolylgermaniumjodid*, F. 76—77,5°; *Hexa-m-tolyldigermaniumoxid*, F. 125—126°; *m-Tolylgermaniumsäure*, *Hg*, *Hg_2J_2*, *m-Tolyl-HgJ*, F. 156—160°. — *Bis-[p-chlorphenyl]-germaniumdijodid*, F. 67,5—69° (Heptan), aus 8,46 g Bis-[p-chlorphenyl]-Hg u. 6,52 g GeJ_2 in 60 ml Toluol (¼ Std. kochen); 40,4%. Daneben *Tris-[p-chlorphenyl]-germaniumjodid*, F. 133—134,5° (Nitromethan); *Bis-[p-chlorphenyl]-germaniumoxid*, F. 257—262° (Tetrameres), F. 243—247° u. eine nichtschmelzende Form; *p-Chlorphenylgermaniumsäureanhydrid*; *Hg*; *Hg_2J_2*; *p-Chlorphenyl-HgJ*, F. 240—241,5° (Aceton). — *Bis-[o-chlorphenyl]-germaniumdijodid*, F. 124,5—125,5° (Heptan, Nitromethan), aus 4,24 g Bis-[o-chlorphenyl]-Hg u. 3,26 g GeJ_2 in 30 ml Toluol (¼ Std. kochen); 58,3%. Daneben *Hg*. — *Bis-[m-chlorphenyl]-germaniumdijodid*, F. 61—63° (Nitromethan), aus 12,7 g Bis-[m-chlorphenyl]-Hg u. 9,87 g GeJ_2 in 90 ml Toluol (20 Min. kochen); 24,9%. Daneben *m-Chlorphenyl-HgJ*, F. 187—188° (Aceton) u. *Bis-[m-chlorphenyl]-germaniumoxid* (Tetrameres), F. 158—159°. — *Bis-[p-bromphenyl]-germaniumoxid*, nichtschmelzende Form u. F. 282—288° aus 3,26 g GeJ_2 u. 5,13 g Bis-[p-bromphenyl]-Hg in 30 ml Toluol (¼ Std. kochen); 43,1%. Daneben *Hg*; *Hg_2J_2*; *Tris-[p-bromphenyl]-germaniumjodid*, F. 170—171° (Nitromethan) u. *p-Bromphenylgermaniumsäureanhydrid*. — *Bis-[o-bromphenyl]-germaniumdijodid*, F. 155,5—157,5° (Nitromethan–Toluol, Nitromethan), aus 5,13 g Bis-[o-bromphenyl]-Hg u. 3,26 g GeJ_2 in 30 ml Toluol (¼ Std. langes Kochen); 67%. Daneben *Hg*. — *Tris-[p-methoxyphenyl]-germaniumjodid*, F. 114—115° (Heptan, Nitromethan), aus 5,13 g Bis-[p-methoxyphenyl]-Hg u. 6,52 g GeJ_2 in 60 ml Toluol (¼ Std. kochen); 61,6%. Daneben *Bis-[p-methoxyphenyl]-germaniumoxid*, F. 281—301° (Bzl.–Heptan); 9,4%. — *Tris-[p-äthoxyphenyl]-germaniumjodid*, F. 95,5—97° (Heptan), aus 9,97 g Bis-[p-äthoxyphenyl]-Hg u. 7,34 g GeJ_2 in 65 ml Toluol (¼ Std. kochen); 48,3%. Daneben *Hg*, *Hg_2J_2* u. *Bis-[p-äthoxyphenyl]-germaniumoxid*, F. 130—136° (Dimeres; Heptan, Nitromethan) u. F. 177—179° (Tetrameres; Heptan–Toluol). — *Bis-[o-äthoxyphenyl]-germaniumdijodid*, F. 137—138° (Nitromethan), aus 6,1 g Bis-[o-äthoxyphenyl]-Hg u. 4,5 g GeJ_2 in 45 ml Toluol (¼ Std. kochen); 63%. Daneben *Hg* u. *Hg_2J_2*. — *Tri-β-naphthylgermaniumjodid*, F. 174,5—176,5° (Heptan), aus 5,39 g Di-β-naphthyl-Hg u. 3,9 g GeJ_2 in 35 ml Toluol (¼ Std. kochen); 23,5%. Daneben *Hg*, *Hg_2J_2* u. *Di-β-naphthylgermaniumoxid*, F. 211—212,5° (Heptan–Toluol); 4,8%. Helmut Schäfer. 1380

Einige polymere Verbindungen mit einer Propenylkette. Über Polymere des Isosafrols und des Anethols. 2. Mitt. A. Rattu und M. Secci. (Rend. Seminario Fac. Sci. Univ. Cagliari **26,** 118—22, 1956; ital.) — 1. vgl. C. **1958,** 13219. — Zur Polymerisation von Isosafrol (I) wurde frisch destilliertes I bei 123—127° u. einem Druck von 10 mm Hg in Ae. gelöst u. mit wasserfreiem $AlCl_3$ behandelt. Es bildet sich hierbei ein weinrotes viscoses Prod. aus dem nach Abkühlen der Ae. abdestilliert u. der Rückstand mehrmals mit W. gewaschen wurde. Zur Reinigung wurde in Bzl. in der Wärme gelöst u. die Lsg. in PAe. gegossen. Nach mehrmaligem Reinigen wurde eine aschegraue amorphe Substanz vom Schmelzbereich 150—253° erhalten. Eine Molgew.-Best. nach Rast zeigt, daß es sich um *tetrameres Isosafrol*, $C_{40}H_{40}O_8$, handelt. Analog wurde *tetrameres Anethol* als elfenbeingelbes amorphes Prod. vom Schmelzbereich 165—190° erhalten. Die Best. des Sättigungsgrades beider Polymeren nach der Meth. von McIlhiney [1899] mittels Br_2 ergab, daß beide Verbb. gesättigt sind. Zum Nachw. der Ggw. von $C-CH_3$-Gruppen wurde die Oxydations-Meth. von Kuhn u. L'Orsa [1929] angewandt. Gefunden wurden für Poly-I 2,49 C–CH_3-Gruppen u. für Polyanethol 2,40 C–CH_3-Gruppen/Mol. Die Bldg. der beiden Polymeren entspricht demnach der von Müller u. Mitarbeitern [1944] vorgeschlagenen Rk.-Folge. C. Gottfried. 1460

Ringe mittlerer Größe. Michinori Ōki. (Kagaku-no-Ryoiki [J. Jap. Chem.], Sonderh. 27, „Stereochem." **1957,** 145—64, Juli; Tokyo, Univ.; jap.) — Übersicht über Cyclooctatetraen u. dessen Derivv., Rkk. zwischen N u. Carbonyl-C, sowie S, transanulare Rkk., sowie Cyclophane u. verwandte Verbindungen. — 58 Literaturangaben. L. Schuler. 1800□

Oxydation von Methylcyclohexan und dessen Derivaten mit Peressigsäure. Membo Ryang und Shigeru Tsutsumi. (J. chem. Soc. Japan, ind. Chem. Sect. [Kōgyō Kagaku Zassi] **63,** 273—77, Febr. 1960; Osaka-Daigaku, Kôgakubu, Oyôkagaku-Kyôsitu; jap., Auszug: engl. S. A 15.) — Methylcyclohexan (I) wird in Eisessig unter Zusatz von Ammoniummolybdat durch Zutropfen von 30%ig. H_2O_2 bei 85∼90° im Laufe von 10 Std. u. durch weiteres 35std. Rühren des Gemisches bei dieser Temp. oxydiert, wobei ca. 70% **I** zurückgewonnen werden. *Adipinsäure* (**II**) wird als Haupt-Prod. in einer Ausbeute von 3,5% isoliert, daneben werden *Formaldehyd, Aceton, n-Butyraldehyd, 2-Methylcyclohexanon* (**III**), *Glutarsäure, Bernsteinsäure, Oxalsäure, Milchsäure* u. *6-Hydroxyheptansäure* (**IV**) nachgewiesen. Unter Zusatz von konz. H_2SO_4 bilden sich dieselben Prodd. in höheren Ausbeuten, wobei 55% **I** zurückgewonnen werden u. die Ausbeute an **II** 12,5% beträgt. **III** gibt unter denselben Bedingungen auch dieselben Prodd., bes. **IV** in viel höherer Ausbeute. 2-Methylcyclohexanol (**V**) gibt die gleichen Prodd. durch Oxydation mit H_2O_2 in Eisessig. Die Oxydation von **I** verläuft wahrscheinlich über **V** u. **III**. E. Maekawa. 1810□

Eine bequeme Synthese einiger Troponderivate. A. J. Birch, J. M. H. Graves und F. Stansfield. (Proc. chem. Soc. [London] **1962,** 282, Aug.; Manchester, Univ.; Khartoum, Univ.; engl.) — Dihydroanisole können mit CCl_2 bzw. CBr_2 zu ziemlich instabilen *Mono-* oder, bei Verw. eines Überschusses an Dihalocarben, *Diaddukten* reagieren; von den erstgenannten geben einige beim Behandeln mit heißem wss. $AgNO_3$ oder mit sd. 2nmethanol. HCl *Tropone.* 2-Hydroxytropone sind auf diesem Wege direkt nicht zugänglich. — 2.5-Dihydroanisol (**I**) + 1,2 —1,5 Mol CCl_2 bzw. CBr_2 → *1-Methoxy-7.7-dichlor-* (**II**) bzw. *1-Methoxy-7.7-dibrombicyclo-[4.1.0]-hepten-(2)* [**III**; prakt. 100% (Ausbeute); daneben etwas *1-Methoxy-4.4.8.8-tetrachlor-* (**IVa**) bzw. *1-Methoxy-4.4.8.8-tetrabromtricyclo-[5.1.0.0$^{3.5}$]-octan* (**IVb**)]. — **I** + mehr CCl_2 bzw. CBr_2 → **IVa** (F. 100—101°) bzw. **IVb** (F. 138°). — 3.6-Dihydroveratrol + CCl_2 → *1.6-Dimethoxy-7.7-dichlorbicyclo-[4.1.0]-hepten-(2)* (**V**). — **V** + $AgNO_3$ → *3-Hydroxytropon* (65%). — **II** ist gegen Säure stabil u. reagierte nicht mit $AgNO_3$. — **III** + $AgNO_3$ → *Tropon* (75%). — 2.3-Dihydroanisol (**VI**) + CCl_2 → Gemisch aus ca. 20% *3-Methoxy-7.7-dichlorbicyclo-[4.1.0]-hepten-(2)* (gab bei milder Hydrolyse das entsprechende *Keton*) u. *1-Methoxy-7.7-dichlorbicyclo-[4.1.0]-hepten-(4)* (**VII**). — **VII** + 2n methanol. HCl → *Tropon* (35%, bezogen auf **VI**). J. Rothe. 1950□

Bayer-Villiger-Oxydation von α-substituierten Ketonen. Edward E. Smissman und John V. Bergen. (J. org. Chemistry **27,** 2316—18, Juli 1962; Madison, Wis., Univ., Dep. of Pharm. Chem.; engl.) — α-Chlorcyclohexanon (**I**) ergibt bei der Einw. von Trifluorperessigsäure (**II**) *α-Chlor-ε-caprolacton* (**III**) neben wenig *ε-Chlor-ε-caprolacton* (**IV**). **III** läßt sich zu *2-Chlor-6-hydroxyhexansäure,* **IV** zu *Adipinaldehydsäure* hydrolysieren. **III** wird durch Umwandlung in *2.6-Dichlorhexansäuremethylester* u. Rk. des letzteren mit Phthalimidkalium (**V**) in *N.N'-Diphthaloyl-DL-lysinmethylester* übergeführt. α-Phthalimidocyclohexanon (**VI**) liefert mit **II** ausschließlich *ε-Phthalimido-ε-caprolacton,* dessen Konstit. durch Hydrolyse zu *Phthalimid* u. durch Vgl. mit dem aus **III** u. **V** synthetisierten *α-Phthalimido-ε-caprolacton* bewiesen wird. Das durch Dieckmann-Kondens. von β-Methyladipinsäurediäthylester (**VII**) u. Nitrosierung des Rk.-Prod. zugängliche *2-Oximino-4-methylcyclopentanon* liefert mit **II** *β-Methylglutarsäure.* — Aus 1-Phenylpropandion-(1.2)-2-monoxim (**VIII**) entsteht mit **II** neben geringen Mengen *Phenol Benzoesäure* (**XI**).

Versuche: *α-Chlor-ε-caprolacton* (**III**), $C_6H_9ClO_2$, Kp.$_{0,7}$ 85—87°, durch Eintropfen der aus Trifluoracetanhydrid u. 90%ig. H_2O_2 in CH_2Cl_2 bei 0° unter Rühren dargestellten **II**-Lsg. in die Suspension von **I** u. Na_2HPO_4 in CH_2Cl_2 unter Rühren, 2std. Kochen, Waschen der filtrierten CH_2Cl_2-Lsg. mit 10%ig. Soda-Lsg. u. Dest. des CH_2Cl_2-Rückstandes; 62% (Ausbeute); daneben *ε-Chlor-ε-caprolacton* (**IV**), Kp.$_{2,0}$ 87—92°; ca. 9%. — *Adipinaldehydsäure-2.4-dinitrophenylhydrazon-2.4-dinitrophenylhydrazid,* $C_{18}H_{18}N_8O_9$, F. 234—237° (CH_3OH/Chlf.; orangerote Kristalle), durch Rk. von **IV** mit 2.4-Dinitrophenylhydrazin, Chromatographie des abfiltrierten Nd. an Al_2O_3, Elution mit Chlf. u. Einengen des Eluats; daneben *Adipinaldehydsäureäthylester-2.4-dinitrophenylhydrazon*, $C_{14}H_{18}N_4O_6$, F. 58,5—60° (wss. A.; gelbe Kristalle). — *ε-Phthalimido-ε-caprolacton*, $C_{14}H_{13}$· NO_4, F. 168—171° (A.; Nadeln), durch Einrühren der wie oben erhaltenen II-Lsg. in die Suspension von Na_2HPO_4 u. **VI** (vgl. Curtin u. Schmukler, C. **1956**, 4673) bei 0°, 3std. Rühren bei Raum-Temp. u. Aufarbeitung der CH_2Cl_2-Lsg. analog **III**; 43%. — *Phthalimid*, durch Hydrolyse vorst. Verb.; 58%. — *α-Phthalimido-ε-caprolacton*, F. 154 bis 155,6° (A.), durch 1std. Erhitzen äquimol. Mengen **III** u. **V** in Dimethylsulfoxid (**XII**) auf 100—105° unter Rühren. — *2-Äthoxycarbonyl-4-methylcyclopentanon*, $Kp._2$ 77—79°, durch Zugabe von **VII** zu feinverteiltem Na, Versetzen mit Bzl. u. wenig abs. A., Erhitzen auf dem Wasserbad unter gelegentlichem Schütteln, später Kühlen mit Eis bis zur Beendigung der exothermen Rk., 6std. Kochen u. Rühren, Eingießen des erkalteten Gemisches in 10% ig. Essigsäure, Extraktion mit Bzl., Waschen der vereinigten Benzol-Lsgg. mit W., 7% ig. Soda-Lsg. u. W. u. Dest.; 60%. — *2-Oximino-4-methylcyclopentanon*, $C_6H_9NO_2$, F. 104,5—105° (Ae.-Cyclohexan), durch 48std. Aufbewahren vorst. Verb. mit $NaNO_2$ u. wss. NaOH unter N_2 im verschlossenen Gefäß u. unter Lichtausschluß, Zusatz von 20% ig. H_2SO_4 unter Schütteln bis zur kongosauren Rk., Ae.-Extraktion, Einengen der mit 5% ig. $NaHCO_3$-Lsg. u. W. gewaschenen Ae.-Lsg. im Vakuum u. Umfällen aus Ae.-PAe. unter Einleiten von N_2; 32%. — *β-Methylglutarsäure*, durch Einrühren einer in Acetonitril (**X**) bei 0° dargestellten II-Lsg. innerhalb von ½ Std. zu der Suspension von vorst. Verb., Harnstoff (**IX**) u. Na_2HPO_4 in **X** bei 0°, 1½ std. Rühren bei Raum-Temp., Einengen der filtrierten Lsg. im Vakuum, Versetzen des Rückstands mit W., Extraktion mit CH_2Cl_2 u. Chromatographie des CH_2Cl_2-Rückstands an SiO_2. — *Benzoesäure* (**XI**), durch Einrühren der Lsg. von **II** in CH_2Cl_2 in die Suspension von **VIII**, **IX** u. Na_2HPO_4 in CH_2Cl_2 bei 0°, 1std. Rühren bei 25°, Einengen der filtrierten Lsg. im Vakuum u. Chromatographie des Rückstands mit Chlf. an SiO_2; 41%; daneben *Benzoesäure-α-nitroäthylester/2-Nitropropionsäurephenylester-Gemisch*, $C_9H_9NO_4$, $Kp._{1,0}$ 115—120°; 40%; liefert durch 2std. Kochen mit 20% ig. NaOH **XI** (72%) u. *Phenol* (13%). — *2-Chlor-6-hydroxyhexansäuremethylester*, $C_7H_{13}ClO_3$, $Kp._{0,15}$ 100—102°, durch 1std. Kochen von **III** in CH_3OH unter Einleiten von HCl, Einengen im Vakuum u. Dest. des Rückstands unter N_2; 80%. — *2.6-Dichlorhexansäuremethylester*, $C_7H_{12}Cl_2O_2$, $Kp._{1,5}$ 89—92°, durch Rk. vorst. Verb. mit $SOCl_2$ in Pyridin; 47%. — *N.N'-Diphthaloyl-DL-lysinmethylester*, $C_{23}H_{20}N_2O_6$, F. 96—97,5° (A.), a) durch ¾std. Erhitzen vorst. Verb. mit **V** in **XII** auf 90° unter Rühren, Eingießen der abgekühlten Lsg. in W., Chlf.-Extraktion u. Einengen der mit 5% ig. NaOH u. gesätt. NaCl-Lsg. gewaschenen Chlf.-Lsg.; 81%; b) durch Schmelzen von Phthalsäureanhydrid mit DL-Lysinmonohydrochlorid u. Veresterung mit äther. CH_2N_2. Gisela Schreiber. 1960□

Synthese von Cyclononantrion-(1.4.7). Sin'iti Kawai, Sanae Tanaka, Kenji Terai, Masami Tezuka und Tarozaemon Nishiwaki. (Bull. chem. Soc. Japan **33**, 669—74, Mai 1960; Tokyo, Univ. of Educ., Dep. of Chem.; engl.) — *Cyclononantrion-(1.4.7)* (**I**) soll als Vorstufe eines KW-Stoffs, $C_{20}H_{20}$, „*Dodecahedran*" (**II**) dienen, der die Gestalt eines regulären pentagonalen Dodecaeders hat. Dazu müßte **I** mit $CHBr_3$ unter Abspaltung von 3 HBr zu einem sog. *dl-Tricyclon* (**IIIa** u. **IIIb**) kondensiert werden, wobei über letzteres *Hexahydroxydodecahedran* u. *Dodecahedrahexaen* in **II** übergeführt werden soll. Die Synth. von **I** gelang durch Kochen von *2.5-Diäthylfuran-β.β.β'.β'-tetracarbonsäuretetraäthylester* (**IV**) oder *2.5-Diäthylfuran-β.β.β'-tricarbonsäuretriäthylester* (**V**) mit HBr, nachdem die Pyrolyse von *4.7-Dioxodecandisäure* (**VI**) mit $BaCO_3$

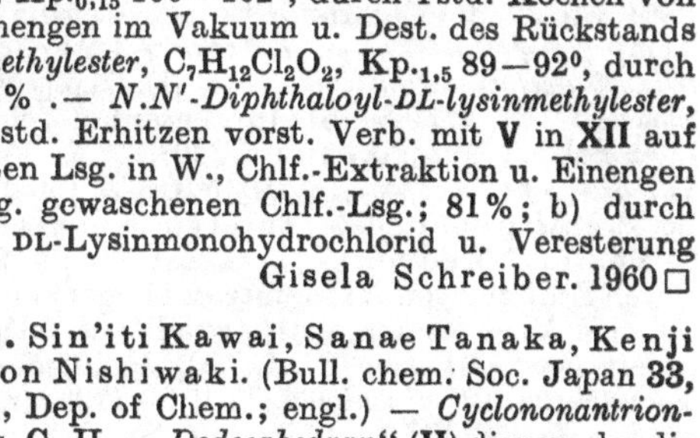

II IIIa IIIb

nicht zum Ziel geführt hatte. **VI** läßt sich durch Erhitzen in *2.5-Diäthylfuran-β.β'-dicarbonsäure* (**VII**) überführen. Aus **VII** wurde nach der Veresterung schließlich durch Jones-Rk. **V** erhalten. *5-Chlormethylfurfurol* (**VIII**) ergab mit Malonsäurediäthylester *2-Äthyl-5-vinylfuran-β.β.β'.β'-tetracarbonsäuretetraäthylester* (**IX**). Durch katalyt. Hydrierung von **IX** mit Pt-Schwarz wurde **IV** erhalten. Das *Trisemicarbazon von* **I** konnte rein dargestellt werden.

Versuche: *2.5-Diäthylfuran-β.β'-dicarbonsäurediäthylester*, $C_{14}H_{20}O_5$, $Kp._3$ 147 bis 148°, aus **VII**, A. u. Bzl. sowie 2 Tropfen H_2SO_4 durch Azeotrop-Dest.; 63% (Ausbeute). — *4.7-Dioxodecandisäurediäthylester*, $C_{14}H_{22}O_6$, F. 46—46,5° (PAe.), neben vorst. Verb.

durch Dest. bei 180°/4 mm Schuppen; 13%. — *2.5-Diäthylfuran-β.β.β'-tricarbonsäuretriäthylester* (**V**), $C_{17}H_{24}O_7$, F. 28—29° (PAe.), Kp.$_{0,15-0,27}$ 132—135°, aus dem Diäthylester von **VII** u. Kohlensäurediäthylester unter Hinzufügen von Na-Äthylat u. abs. Bzl., Eindampfen, Ansäuern mit H_2SO_4 u. Extraktion mit Ae.; Platten; 20%. — *2.5-Diäthylfuran-β.β.β'.β'-tetracarbonsäuretetraäthylester* (**IV**), aus **VIII**, durch Zugabe von Magnesiummalonsäurediäthylester u. Malonsäurediäthylester in A. bei 20°, 1 std. Stehen, Zugabe von Malonsäurediäthylester u. Piperidin, 7½ std. Kochen, Einengen, Ansäuern mit H_2SO_4, Ae.-Extraktion u. 1 std. Hydrieren in A. an Pt-Schwarz; viscoses Öl. — *2.5-Diäthylfuran-β.β.β'-tricarbonsäure, Hydrat*, $C_{11}H_{12}O_7 \cdot H_2O$, F. 102—105° (Zers.), a) durch Erhitzen von **V** mit 20% ig. NaOH; b) aus **IV** wie a); Blättchen aus wss. Methanol. — *2.5-Divinylfuran-β.β.β'.β'-tetracarbonsäure, Hydrat*, $C_{12}H_8O_9 \cdot H_2O$, F. 218° (Zers.), aus dem Ester durch Hydrolyse mit 27% ig. NaOH (1 Std. bei 100°); orangerote Blättchen; 39%. — *Cyclononantrion-(1.4.7)-trisemicarbazon*, $C_{12}H_{21}N_9O_3$, F. 176—176,5° (Zers.), aus **V** u. 48% ig. HBr durch 30 Min. langes Kochen, Zugabe von W. u. Äthylacetat, Eindampfen der organ. Phase u. Überführen der orangeroten Fl. ins Semicarbazon; aus Bzl. Blättchen.

H. Zschunke. 1970◇

Ammonolyse von vicinalen Acetoxychloriden. S. J. Lapporte und L. L. Ferstandig. (J. org. Chemistry **26**, 3681—85, Okt. 1961; Richmond, Calif., California Res. Corp.; engl.) — Die Ammonolyse von vic. *Acetoxyalkylchloriden* verläuft schneller als die der vic. Dichloride u. liefert bei 220° in wasserfreiem NH_3 *Diole*. So entsteht aus trans-2-Acetoxycyclohexylchlorid (**I**) in 77% ig. Ausbeute *cis-Cyclohexandiol-(1.2)* (**VII**), während die Rk. mit wss. NH_4OH *trans-2-Aminocyclohexanol* liefert. Der Rk.-Mechanismus wird diskutiert.

Versuche: *1.2-Dichlordodecan*, $C_{12}H_{24}Cl_2$, Kp.$_5$ 134,5—135°, durch Chlorierung von Dodecen-(1) (**II**) bei 20—25°; n_D^{20} 1,4578. — Chlorhydrine: *Dodecen-(1)-*, Kp.$_7$ 145 bis 147°, durch Chlorieren von **II** in wss. Pyridin bei 20°; n_D^{20} 1,4569. — *Hexen-(1)-*, Kp.$_{12}$ 72 bis 77°; n_D^{20} 1,4475. — *1-Acetoxy-2-chlordodecan* (**III**), Kp.$_{4,5}$ 155—160°, durch 2 bis 5 std. Stehen des Chlorhydrins mit Acetanhydrid in Ggw. von konz. H_2SO_4 bei Raum-Temp.; n_D^{20} 1,4458. — *1-Acetoxy-2-chlorhexan* (**IV**), Kp.$_{12}$ 93—99°; n_D^{20} 1,4330. — *trans-2-Acetoxycyclohexylchlorid* (**I**), Kp.$_{12}$ 100—100,3°; n_D^{20} 1,4644. — Diole-(1.2): *Dodecan-* (**V**), F. 59,8—61° (n-Pentan), durch 3—4 std. Erhitzen von **III** in NH_3/o-Xylol oder Bzl. im Autoklaven auf 220°; 62%. — *Hexan-* (**VI**), Kp.$_{12}$ 112—113°, analog aus **IV**. *Bis-[p-nitrobenzoat]*, $C_{20}H_{20}N_2O_8$, F. 100,2—100,8°. — *cis-Cyclohexan-* (**VII**), F. 95 bis 96,3°, analog aus **I**; 77%; daneben 14% *Acetamid* u. 55% *Acetonitril*. — Gemische aus 1-Amino-2-hydroxy- u. 1-Hydroxy-2-aminoalkan: *-dodecan*, F. 55,8—57,4°, durch Erhitzen von **III** in überschüssigem konz. wss. NH_3 im Autoklaven auf 220°; 70%; daneben **V**. — *-hexan*, analog aus **IV**; ca. 93%; daneben **VI**; Schotten-Baumann-Rk. liefert *Benzoyl-Deriv.* ($C_{13}H_{19}NO_2$, F. 105,5—106°; aus Bzl. Plättchen). — *trans-2-Aminocyclohexanolhydrochlorid*, F. 171—172°, analog aus **I**; 81%; daneben 2% **VII**. *N-Benzoyl-Deriv.*, F. 171,8—172°; aus Bzl. Nadeln.

W. Hampel. 2120□

Vergleichende Untersuchung von [Cyclohexen-(1)-yl]-phenylketon und [Cyclohexen-(1)-yl]-cyclohexylketon. Einwirkung sekundärer Amine. Henriette Rivière und Bianca Tchoubar. (C. R. hebd. Séances Acad. Sci. **250**, 2386—88, 28/3. 1960; franz.) — Durch Halogenwasserstoffabspaltung werden aus α-Halogencyclohexylphenylketon u. -dicyclohexylketon *[Cyclohexen-(1)-yl]-phenylketon* (**I**) u. *[Cyclohexen-(1)-yl]-cyclohexylketon* (**II**) in guten Ausbeuten dargestellt u. diese mit Piperidin (**III**), Dimethyl- (**IV**) u. Diäthylamin (**V**) umgesetzt. Die Ausbeuten der erhaltenen *β-Aminoketone* werden durch die ster. Einfl. der Amino- u. Carbonylsubstituenten bestimmt. Das Rk.-Prod. bei niederer Temp. ist ein *cis-Isomeres*, das bei höherer Temp. zur stabilen *trans-Verb.* isomerisiert.

Versuche: Benzoylcyclohexane: *2-Piperidino-*, $C_{18}H_{25}NO$, F. 81—82° (A. oder PAe.), durch 8tägiges Erwärmen von **I** mit **III**; 45%. — *cis-2-Dimethylamino-*, $C_{15}H_{21}$·NO, F. 75—76° (A. oder PAe.), a) analog aus **I** u. **IV** in 5 Tagen; 70%; b) analog in 3 Tagen; 40%. — *trans-2-Dimethylamino-*, F. 97—98° (A. oder PAe.), aus vorst. Verb. durch Erhitzen mit Dimethylamin auf 100°. — Hexahydrobenzoylcyclohexane: *2-Piperidino-*, $C_{18}H_{31}NO$, F. 90° (A. oder PAe), durch 20tägiges Erwärmen von **II** mit **III**; 5%; b) analog in 3 Monaten; 5%. — *2-Dimethylamino-*, $C_{15}H_{27}NO$, analog aus **II** u. **IV** in 4 Tagen; 25%.

J. Ruhnke. 2140□

Methoden zur Synthese von Polyphenylverbindungen. M. Ss. Schwarzberg und I. L. Kotljarewski. (Fortschr. der Chem. [UdSSR] **29**, 1439—73, Dez. 1960;

Chem. Inst. der Ostsibir. Filiale der Sibir. Abt. der Akad. der Wiss. der UdSSR; russ.) — Überblick. — 329 Literaturangaben. G. Froelich. 2200◇

Über fluorescierende aromatische Azine. 2. Mitt. **Darstellung von o.o'-disubstituierten 1.4-Diphenylbutadienderivaten.** Herbert Wolf und Otto Westphal. (Liebigs Ann. Chem. **657**, 52—63, herausgeg. 28/9. 1962; dt.) — 1. vgl. C. **1963**, 5815. — Vff. synthetisierten als Vgl.-Substanzen *1.4-Bis-[o-hydroxyphenyl]-butadien-(1.3)* (**I**; durch partielle Hydrierung des entsprechenden Diacetylen-Deriv.) u. *1.4-Bis-[o-methoxyphenyl]-butadien-(1.3)* [**II**; durch Rk. von 2-Methoxybenzaldehyd (**III**) mit Acetylendimagnesiumbromid (**IV**), partielle Hydrierung u. Eliminierung der OH-Gruppen mit P_2J_4]. Die zunächst anfallenden Isomerengemische von **I** u. **II** können durch J_2-katalysierte photochem. Isomerisierung in die schön kristallisierenden *trans.trans-Formen* verwandelt werden. Bei der Kondens. von Zimtaldehyd u. Phenylessigsäure (jeweils mit verschiedenen o-Substituenten) sowie von **III** u. $(CH_2CN)_2$ u. bei der Decarboxylierung von Dicumarinyl-(3.3') werden an Stelle von **I** bzw. **II** bisher unbekannte o.o'-disubstituierte 1.4-Diphenylbutadien-Derivv. als Zwischenprodd. erhalten.

Versuche: *trans.trans-1.4-Bis-[o-hydroxyphenyl]-butadien-(1.3)* (**I**), $C_{16}H_{14}O_2$, F. 165°, schwach gelbe Kristalle (Toluol/PAe.), aus 1.4-Bis-[o-hydroxyphenyl]-butadiin-(1.3) (**V**) u. H_2/Lindlar-Katalysator in PAe. u. anschließendes Bestrahlen des Rohprod. in Bzl./Ae. mit UV-Licht unter Rühren in Ggw. von J_2; 49% (Ausbeute); blau (Fluorescenzfarbe der Lsgg.). *Diacetat*, $C_{20}H_{18}O_4$, F. 178°, Plättchen [CH_3OH(Me)]; 66%; blau. — *1.4-Bis-[o-hydroxyphenyl]-butan*, $C_{16}H_{18}O_2$, F. 120°, Plättchen (PAe.), aus **V** u. H_2/3% ig. Pd-Kohle in Me; 73%; keine. *Diacetat*, $C_{20}H_{22}O_4$, F. 81°, Plättchen (Me); 72%; keine. — *1.4-Bis-[o-methoxyphenyl]-butin-(2)-diol-(1.4)* (Gemisch der *meso-* u. *rac.*-Formen), $C_{18}H_{18}O_4$, F. 125°, Nadeln (Bzl./PAe.), aus **III** u. **IV** in abs. Ae. (Rühren, Erwärmen, dann über Nacht stehenlassen); 11,4%. — *1.4-Bis-[o-methoxyphenyl]-buten-(2)-diol-(1.4)*, $C_{18}H_{20}O_4$, F. 84° (Bzl./PAe.), aus vorst. Verb. u. H_2/Lindlar-Katalysator in Me in Ggw. von Chinolin; 43%; ohne Ggw. von Chinolin entsteht ein Isomerengemisch vom F. 100—110°. — *1.4-Bis-[o-methoxyphenyl]-butadien-(1.3)* (**II**), $C_{18}H_{18}O_2$, F. 123°, Nadeln (Me), aus vorst. Verb. u. P_2J_4 in Ae. (30 Min. langes Rühren, Rohprod. in Bzl./Ae. mit J_2/UV-Licht isomerisieren); 51%; blau. — *1.4-Bis-[o-nitrophenyl]-butadien-(1.3)*, $C_{16}H_{12}\cdot N_2O_4$, F. 210—220°, gelbe Nadeln oder Prismen (CH_3COOH; ster. nicht einheitlich), aus o-Nitrozimtaldehyd (**VI**) u. o-Nitrophenylessigsäure in sd. Acetanhydrid in Ggw. von PbO (5 Std.); 16%. — *1-[o-Methoxyphenyl]-4-[o-nitrophenyl]-butadien-(1.3)-carbonsäure-(1)*, $C_{18}H_{15}NO_5$, F. 250°, hellgelbgrüne, quadrat. Kristalle (CH_3COOH), aus **VI** u. o-Methoxyphenylessigsäure analog vorst. Verb.; 30%. — *1-[o-Methoxyphenyl]-4-[o-aminophenyl]-butadien-(1.3)-carbonsäure-(1)-äthylester*, $C_{20}H_{21}NO_3$, F. 133°, gelbe Nadeln (60% ig. Me), durch Einleiten von HCl in eine Suspension von vorst. Verb. u. $SnCl_2$ in A. (3 Std.; exotherm); 56%. — *1.4-Bis-[o-methoxyphenyl]-2.3-dicyanbutadien-(1.3)*, $C_{20}H_{16}N_2O_2$, F. 243°, lindgrüne Nadeln (CH_3COOH), aus **III** u. $(CH_2CN)_2$ in wss.-alkohol. NaOH (1 Tag langes Stehen); 4,4%. — *Dicumarinyl-(3.3')*, $C_{18}H_{10}O_4$, F. ca. 330°, Nadeln (CH_3COOH), aus Salicylaldehyd, Pb-Succinat u. PbO in sd. Acetanhydrid (insgesamt 6 Std.); 41%. — *3-[o-Acetoxystyryl]-cumarin*, $C_{19}H_{14}O_4$, F. 175°, gelbgrüne, rechteckige Kristalle (A.), neben vorst. Verb.; 24%. — *3-[o-Hydroxystyryl]-cumarin*, $C_{17}H_{12}O_3$, F. 207°, gelbgrüne Kristalle (CH_3COOH), aus vorst. Verb. u. sd. 10% ig. NaOH; 85%. J. Rothe. 2260◇

Das Magnesiumenolat von 2.2-Diphenylcyclohexanon. James P. Collman. (J. org. Chemistry **26**, 3162—66, 12/9. 1961; Urbana, Ill., Univ. of Illinois, Noyes Chem. Labor.; engl.) — Das Mg-Enolat (**II**) von *2.2-Diphenylcyclohexanon* (**I**) wird dargestellt u. seine Rk. untersucht. In diesem Zusammenhang wird über zwei *Benzal-Deriv.* von **I** berichtet. Die Maxima der UV- u. IR-Spektren werden angegeben.

Versuche: *2.2-Diphenylcyclohexanon* (**I**), F. 100—101° (Heptan), a) durch 2std. Kochen von 6-Brom-2.2-diphenylcyclohexanon (**III**) u. Mg in Ggw. von wenig J_2, Zersetzen mit verd. HCl u. Extrahieren mit Ae.; 79% (Ausbeute); b) durch Zugabe von **III** zu Phenyl-MgBr in Ae. u. 5std. Kochen; c) durch Erhitzen von 0,39 g **IV**; 0,2 g. *Mg-Enolat* (**II**) durch 1½std. Kochen von **I** u. Phenyl-MgBr in Äther. — *3.3-Diphenyl-2-oxocyclohexancarbonsäure* (**IV**), $C_{19}H_{18}O_3$, F. 135—136° (Aceton/Heptan), durch Zugabe von CO_2 zu **II**; 61%. — *6-Acetyl-2.2-diphenylcyclohexanon*, $C_{20}H_{20}O_2$, F. 104—104,5° (CH_2Cl_2/Heptan), durch ¼std. Schütteln von **V** in äther. Lsg. mit verd. HCl; 74%. *Cu-Chelat* (**V**), $C_{40}H_{38}CuO_4$, F. 264—265°, a) durch 3½std. Kochen von **II** u. Äthylacetat in Ae., Zersetzen mit verd. HCl, Extrahieren mit Ae., Eindampfen, Lösen in wss. Aceton u. Fällen mit Cu-Acetatmonohydrat; aus Bzl./Pentan grüne Verb.; 29%; daneben 52% **I**; b) analog a) mit Acetylchlorid; 6%. — *6-[α-Hydroxyisopropyl]-2.2-diphenyl-*

cyclohexanon, $C_{21}H_{24}O_2$, F. 93—94° (Heptan), durch 14std. Kochen von **II** u. Aceton in Ae.; 58%. — *6-[α-Hydroxy-p-chlorbenzyl]-2.2-diphenylcyclohexanon* (**VI**), $C_{25}H_{23}ClO_2$, F. 156—157,5° (CH_2Cl_2/A.), durch 1std. Kochen von **II** u. p-Chlorbenzaldehyd in Ae.; 76%. — *p-Chlorbenzoesäure*, F. 242—243°, durch 2std. Erhitzen von 1 g **VI** auf 200°; 0,15 g; daneben 0,29 g **I**. — *β-[3.3-Diphenyl-2-oxocyclohexyl]-β-phenylpropiophenon*, $C_{33}H_{30}O_2$, F. 110—111° (Ae./Pentan/A.), durch 1std. Kochen von **II** mit Chalkon in Ae./Bzl.; 40%. — *6-[p-Chlorbenzyliden]-2.2-diphenylcyclohexanon*, $C_{25}H_{21}ClO$, F. 146 bis 149°, durch Lösen von p-Chlorbenzaldehyd u. **I** in heißem A., Zugabe von 4% äthanol. KOH u. 12std. Stehen bei Raum-Temp.; gelbe Kristalle; 84%. — *6-Benzyliden-2.2-diphenylcyclohexanon*, $C_{25}H_{22}O$, F. 109—110°, analog vorst. Verb. aus Benzaldehyd; 62%. W. Hampel. 2360□

Reduktion von Azobenzolen mit Benzoin. Kenichi Fukui, Yoshiaki Inamoto, Hisao Kitano und Chikayoshi Nagata. (J. org. Chemistry **26**, 1394—98, 17/5. 1961; Kyoto, Japan, Univ., Fac. of Engng.; engl.) — 4-Dimethylaminoazobenzol (**I**) u. Azobenzol (**V**) sowie verwandte Verbb. werden mit Benzoin (**II**) in Abwesenheit von Katalysatoren u. Lsgm. in *Amine* (A) übergeführt, wobei **II** zu *Benzil* (**III**) oxydiert wird. Als Endprodd. werden durch Kondens. der A mit **III** *Azomethin-Verbb.* erhalten. Es wird gezeigt, daß die Bldg. der A durch Disproportionierung der zunächst gebildeten *Hydrazo-Verbb.* erfolgt.

Versuche: *p-Dimethylamino-N-desylidenanilin* (**IV**), F. 140° (Bzl./A.), a) durch 3½std. Kochen von N.N-Dimethyl-p-phenylendiamin (**VII**) u. **III** in A. in Ggw. von 50%ig. KOH u. A. (Meth. **A**); 94% (Ausbeute); b) durch 6std. Erhitzen von **VII** u. **III** auf 130°; 61%; c) durch 6std. Erhitzen von **I** u. **II** auf 130°, Extrahieren mit PAe. u. Behandeln mit Norit S.X. 30; 64%; daneben 14% N-Desylidenanilin (**VI**) u. 7% **III**; d) analog durch 6std. Erhitzen auf 185°; 6%; e) analog durch 1std. Erhitzen auf 130°; 18%; f) durch 6std. Erhitzen von 4-Dimethylamino-4'-methylazobenzol u. **II** auf 130°; 43%; g) analog aus 4-Dimethylamino-4'-chlorazobenzol; 43%; h) analog aus 4-Dimethylamino-4'-trifluormethylazobenzol; 49%; f) analog aus 4-Dimethylamino-2'-carboxyazobenzol; 43%. — *p-Methylamino-N-desylidenanilin*, $C_{21}H_{18}N_2O$, F. 142°, a) aus N-Methyl-p-phenylendiamin nach **A**; aus Bzl./A. scharlachrote Nadeln; 89%; b) durch 6std. Erhitzen von N-Methylaminoazobenzol u. **II** auf 130°; 57%. — *Didesyliden-p-phenylendiamin*, $C_{34}H_{24}N_2O_2$, F. 221°, a) durch 5std. Kochen von p-Phenylendiamin nach **A**; aus Dioxan/A. gelbe Blättchen; 81%; b) durch 6std. Erhitzen von 4-Aminoazobenzol u. **II** auf 130°, Lösen in Bzl. u. Stehen über Nacht bei 0°; 53%. — *N-Desylidenanilin* (**VI**), F. 106° (Bzl./A.), a) durch 6std. Erhitzen von Anilin u. **III** auf 195° u. Digerieren mit 5%ig. wss. HCl; 55%; b) durch 6std. Erhitzen von **V** u. **II** auf 195°; 14%; c) analog durch 12std. Erhitzen; 19%; d) durch 12std. Erhitzen von Hydrazobenzol u. **II** auf 195°; 18%; e) durch 6std. Erhitzen von **VII** u. **III** auf 130°; 42%. — *N.N-Dimethyl-p-phenylendiamin* (**VII**), Kp.$_{15}$ 133—136°, F. 41°, durch ¼std. Erhitzen von **IV** mit 10%ig. HCl auf 100°; 77%; daneben 86% *Acetyl-Deriv.*, F. 134°. — **III**, F. 95° (CCl_4). — *Benzidin*, F. 124—126° (PAe./Isopropanol), a) durch 6std. Erhitzen von **V** u. **II** auf 130°; 11%; u. 10% **III**; b) analog durch 12std. Erhitzen auf 150°; 6%. — *Azobenzol* (**V**), F. 68° (verd. A.), a) durch 6std. Erhitzen von Hydrazobenzol u. **II** auf 130°; 66%; b) durch 12std. Erhitzen von Hydrazobenzol u. **III** auf 195°; 56%; daneben 16% **VI**. W. Hampel. 2510□

Synthese des 2-Äthylenketals von anti-trans-Δ^{10}-Dodekahydrophenanthrentrion-(2.5.8). K. K. Piwnitzki und I. W. Torgow. (Nachr. Akad. Wiss. UdSSR, Abt. chem. Wiss. **1961**, 1080—87, Juni; Inst. für die Chem. der Naturstoffe der Akad. der Wiss. der UdSSR; russ.) — 3-Vinyl-Δ^2-cyclohexenon-(1) (**I**) gibt bei der Ketalisierung durch Rk. mit 2-Methyl-2-äthyl-1.3-dioxolan (**II**) unter Verschiebung der Doppelbindung *1-Äthylendioxy-3-vinyl-Δ^3-cyclohexen*, das mit p-Benzochinon zu *syn-cis-2-Äthylendioxy-$\Delta^{6.10}$-dekahydrophenanthrendion-(5.8)* (**III**) reagiert. Die Red. von **III** mit $LiAlH_4$ führt zu *2-Äthylendioxy-$\Delta^{6.10}$-dekahydrophenanthrendiol-(5.8)*, aus dem man durch Aromatisierung mittels $POCl_3$/Pyridin, saure Hydrolyse u. S-Dehydrierung *2-Hydroxyphenanthren* erhält. Über Raney-Ni wird **III** zu *syn-cis-2-Äthylendioxy-Δ^{10}-dodekahydrophenanthrendion-(5.8)* (*syn-cis*-**IV**) hydriert; dieses erfährt in Ggw. von Al_2O_3 Isomerisierung zu *anti-trans*-**IV**, das für die Synth. von 19-Norsteroiden interessant erscheint. syn-cis-**IV** wird durch $HClO_4$ zu einem Gemisch hydrolysiert, aus dem sich ein *$\Delta^{1,11}$-Dodekahydrophenanthrentrion-(2.5.8)* ungeklärter Konfiguration isolieren ließ.

Versuche: *1-Äthylendioxy-3-vinyl-Δ^3-cyclohexen*, $C_{10}H_{14}O_2$, Kp.$_1$ 78—78,5°, durch Erhitzen von **I** mit **II** u. p-Toluolsulfonsäure unter N_2 unter langsamem Abdestillieren; n_D^{21} 1,5166; 53% (Ausbeute). — *syn-cis-2-Äthylendioxy-$\Delta^{6.10}$-dekahydrophenanthren-*

dion-(5.8) (III), $C_{16}H_{18}O_4$, polymorphe Formen vom F. 164,8—166° (Bzl.–Hexan) bzw. 154,5—155° (Methanol–Pyridin), durch 24std. Rühren vorst. Verb. mit p-Benzochinon in Ae.; 87%. — *syn-cis-2-Äthylendioxy-$\Delta^{6,10}$-dekahydrophenanthrendiol-(5.8)* (Isomerengemisch), $C_{16}H_{22}O_4$, schaumige Masse, durch 5std. Rühren von III mit $LiAlH_4$ in Dioxan/Ae.; 75%. — *$\Delta^{5.7.11.13}$-Hexahydrophenanthron-(2)*, Kp.$_1$ 135—155°, durch Zutropfen von $POCl_3$ zu vorst. Verb. in Pyridin unter N_2 bei 17—22°, 5std. Rühren, ½std. Erwärmen auf 80—85°, 12std. Stehen, Gießen auf Eis, Ausziehen mit Ae. u. Bzl. u. 12std. Stehen des erhaltenen *2-Äthylendioxy-$\Delta^{5.7.11.13}$-hexahydrophenanthrens* (hellgelbes Öl; 68%) mit p-Toluolsulfonsäure in Aceton; 46%. — *2-Hydroxyphenanthren*, F. 167,4 bis 168° (PAe.), durch 47 Min. langes Erhitzen vorst. Verb. mit S auf 190—250°; 21%. — *2-Methoxyphenanthren*, F. 96,6—97° (wss. Methanol), durch Methylieren vorst. Verbindung. — *2-Äthylendioxy-$\Delta^{5.7.10.13}$-hexahydrophenanthrendiol-(5.8)*, $C_{16}H_{18}O_4$, polymorphe Formen vom F. 202,2—203,7° (aus A.–Bzl. Rhomben) bzw. Doppel-F. 181,3 u. 197—200,5° (Aceton–Hexan), a) durch 35 Min. langes Kochen von III in Methanol in Ggw. von Pyridin; 80%; b) durch 6 Min. langes Kochen von III in Methanol; 15,9%; c) durch Zutropfen von verd. KOH zu III in Dioxan; 82%. *Diacetat*, $C_{20}H_{22}O_6$, F. 170 bis 173,5°, aus Bzl.–A. Prismen. — *syn-cis-2-Äthylendioxy-Δ^{10}-dodekahydrophenanthrendion-(5.8)* (*syn-cis*-**IV**), $C_{16}H_{20}O_4$, F. 155,5—157°, a) durch Hydrieren von III in Bzl. über Raney-Ni; aus Bzl.–Ae. 3eckige Blättchen; 80%; b) durch Hydrieren von III in Bzl. über $Pd/SrCO_3$ in Ggw. von Triäthylamin; 60%. — *anti-trans*-**IV**, $C_{16}H_{20}O_4$, F. 154,6—155,1° (Chlf.–Ae.), a) durch 20std. Schütteln von syn-cis-**IV** mit Al_2O_3 (pH 8) in Bzl.; 96%; b) durch ½std. Kochen von syn-cis-**IV** mit 1 Tropfen Pyridin in Methanol; 7,6%. — *$\Delta^{1,11}$-Dodekahydrophenanthrentrion-(2.5.8)*, $C_{14}H_{16}O_3$, Kp.$_{0,25}$ 145—150° F. 183,7—184,7° (Zers.; in geschlossener Capillare), durch 4std. Stehen von syn-cis-**IV** mit 30%ig. $HClO_4$/Tetrahydrofuran, Gießen in wss. $NaHCO_3$ u. Ausziehen mit Bzl. u. Chlf.; 24%. H.-E. Toussaint. 2850□

Die Darstellung von fluorierten Anthrachinonen und fluorierten substituierten Anthrachinonen. G. Valkanas und H. Hopff. (J. org. Chemistry **27**, 3680—82, Okt. 1962; Zürich, ETH, Labor. of Organ. Chem. Techn.; engl.) — Diazotierung von Aminoanthrachinonen mit Nitrosylschwefelsäure liefert die entsprechenden *Anthrachinondiazoniumsulfate*, die mit HBF_4 in die entsprechenden *Fluoroborate* verwandelt werden. Durch Kochen dieser Verbb. in inerten organ. Lsgm. werden *Fluoranthrachinone* dargestellt.

Versuche: Anthrachinone: *1-Fluor-*, F. 234—236°, durch Zugabe von 1-Aminoanthrachinon in konz. H_2SO_4 zu $NaNO_2$ in konz. H_2SO_4 bei 10—15°, 2std. Rühren, Gießen auf Eis, Lösen des Nd. in W., Zusetzen von 40%ig. HBF_4, suspendieren des *Anthrachinon-1-diazoniumfluoroborats* [Zers. bei 146—147°; 85% (Ausbeute)] in o-Dichlorbenzol, ca. 1std. Kochen; aus Chlorbenzol u. durch anschließende Sublimation gelb; 57%. — Analog: *2.6-Difluor-*, F. 228—229° (Chlorbenzol), aus 2.6-Diaminoanthrachinon über *Anthrachinon-2.6-bis-diazoniumfluoroborat* [Zers. bei 115—116°; 98%] in C_6H_5Cl statt o-Dichlorbenzol; 65%. — *2-Fluor-*, F. 203—204°; über das *Diazoniumfluoroborat* [Zers. bei F. 113—114°; 95%] in Chlorbenzol; 68,5%. — *1.5-Difluor-*, F. 230 bis 231°, über das *Bis-diazoniumfluoroborat* [Zers. bei F. 180—181°; 95%] in Trichlorbenzol; 53,5%. — *1-Fluor-4-chlor-*, F. 164—166°, über das *Diazoniumfluoroborat* [Zers. bei F. 180—182°; 82%] ohne Lösungsmittel. — *1-Fluor-5-chlor-*, F. 215—216°, über das *Diazoniumfluoroborat* [Zers. bei F. 165—167°; 87%] in $C_6H_5NO_2$; 42%. — *1-Fluor-2-carboxy-*, F. 219—222°, über das *Diazoniumfluoroborat* [Zers. bei F. 165—166°; 45%] ohne Lösungsmittel. — *1-Fluor-4-chlor-2-carboxy-*, F. 224—225°, über das *Diazoniumfluoroborat* [Zers. bei F. 160—162°; 51%] ohne Lösungsmittel. — *1-Chlor-2-fluor-*, F. 183 bis 184°, über das *Diazoniumfluoroborat* [Zers. bei F. 193—194°; 77%] in Trichlorbenzol; 54%. — *1-Fluor-4-methoxy-*, F. 208—209°, über das *Diazoniumfluoroborat* [Zers. bei F. 188—189°; 76%] in o-Dichlorbenzol; 33%. — *1-Fluor-2-methyl-*, F. 177—178°, über das *Diazoniumfluoroborat* [Zers. bei F. 160—161°; 90%] in o-Dichlorbenzol; 53%. — *1-Fluor-2-methyl-4-chlor-*, F. 191—192°, über das *Diazoniumfluoroborat* [Zers. bei F. 179 bis 180°; 79%] in o-Dichlorbenzol; 52%. H. Gleinig. 2850◇

Ringerweiterung von Acenaphthenchinon mit Diazoalkanen. Bernd Eistert und Alexander Schönberg. (Chem. Ber. **95**, 2416—18, herausgeg. 8/10. 1962; Saarbrücken, Univ., Inst. für organ. Chem.; Berlin, TU, Fak. für Allg. Ing.-Wissenschaften; dt.) — Durch Umsetzung von Acenaphthenchinon (I) mit dest. äther. Diazoäthan (II)-Lsg. bzw. mit Phenyldiazomethan (III) werden *3-Methyl-* bzw. *3-Phenylperinaphthen-(2)-ol-(2)-on-(1)* erhalten. Die Strukturen werden aus den IR-Spektren der Verbb., dem Vgl. mit den 2-Methyl- bzw. 2-Phenylanalogen u. der Farb-Rk. mit $FeCl_3$ geschlossen. Mit nicht dest. II gibt I braune Harze.

Versuche: *3-Methylperinaphthen-(2)-ol-(2)-on-(1)*, $C_{14}H_{10}O_2$, F. 190—191°, aus I in abs. Ae. u. dest. äther. II-Lsg.; aus A. orangerote Nadeln. *Benzoyl-Deriv.*, $C_{21}H_{14}O_3$, F. 202—203°; aus A. gelbe Nadeln. *Methyläther*, $C_{15}H_{12}O_2$, F. 102—104°, durch Schütteln mit Dimethylsulfat; aus Methanol/W. gelb. *Kupfer(II)-chelat*, Zers. bei 275—280°; dunkelblau. — *3-Phenylperinaphthen-(2)-ol-(2)-on-(1)*, $C_{19}H_{12}O_2$, F. 179—181°, aus I in Methanol u. III (aus Benzaldehydhydrazon durch Oxydieren mit HgO in PAe.) in PAe. über Nacht; aus A. braunrot. — IR-Maxima sind angeführt. H. Gleinig. 2900□

Über die Darstellung von Bicyclo-[3.2.1]-octen-(2) und 2-Methylenbicyclo-[2.2.1]-heptan. Hans Krieger. (Suomen Kemistilehti B 35, 136—45, 1962; Turku, Lääke Oy, Medizin. Forschungslabor.; dt.) — Dehydratisierung von 5 verschiedenen bicycl. C_8-Alkoholen bzw. Dehydrochlorierung von 2-Chlormethylbicyclo-[2.2.1]-heptan führte in allen Fällen zu *KW-Stoffgemischen*, in denen *Bicyclo-[3.2.1]-octen-(2)* (I) u. *2-Methylenbicyclo-[2.2.1]-heptan* (II) überwogen. Der Verlauf der Rkk. wird unter Einschluß nichtklass. Carboniumionen diskutiert.

Versuche (Analyse der KW-Stoffgemische durch Dest. u. IR-Spektren): *2-Hydroxymethylbicyclo-[2.2.1]-hepten-(5)*, n_D^{20} 1,4998, $D._4^{20}$ 1,0274. — Zutropfen von 2-Hydroxymethylbicyclo-[2.2.1]-heptan [*Phenylurethan*, F. 129,5—130,5° (CH_3OH)] zu 85%ig. H_3PO_4 bei 160° gab 79% eines *KW-Stoffgemisches* bestehend aus 87% *Bicyclo-[3.2.1]-octen-(2)* (I; Kp. 134,0—134,2°, n_D^{20} 1,4828, $D._4^{20}$ 0,9047), 10% *Bicyclo-[3.3.0]-octen-(2)*, 2,5% *2-Methylenbicyclo-[2.2.1]-heptan* (II; Kp. 123,0—123,4°, n_D^{20} 1,4733, $D._4^{20}$ 0,8727) u. 0,5% *2-Methylbicyclo-[2.2.1]-hepten-(2)* [III; Kp. 117,0—118,5°, n_D^{20} 1,4622; *Dihydrotriazol-Deriv.* mit Phenylazid, F. 95,5—96,0° (PAe.)]. — *endo-2-Hydroxy-exo-2-methylbicyclo-[2.2.1]-heptan*, $Kp._{14}$ 73,5—74,5°, F. 28—29°, durch Grignard-Rk. von Bicyclo-[2.2.1]-heptanon-(2). — Dehydratisierung vorst. Verb. wie oben gab 73% eines *Gemisches* (**A**), bestehend aus 69% II, 19% III, 8% *1-Methyltricyclo-[2.2.1.0$^{2.6}$]-heptan* (IV; Kp. 110,7—112,0°, n_D^{20} 1,4546—1,4550, $D._4^{20}$ 0,8722) u. 4% *1-Methylbicyclo-[2.2.1]-hepten-(2)* (Kp. 103—105°, n_D^{20} 1,4545—1,4553). — *endo-2-Methylbicyclo-[2.2.1]-heptan*, durch Hydrierung von III oder II mit Pd-Kohle in Essigester; n_D^{20} 1,4528. — *1-Methyl-exo-2-acetoxybicyclo-[2.2.1]-heptan*, $Kp._7$ 70,5—71,5°, aus II; n_D^{20} 1,4569, $D._4^{20}$ 0,9960; 67%. *Freier Alkohol*, mit methanol. KOH. — Erhitzen desselben mit $KHSO_4$ gab ein **A**-ähnliches *KW-Stoffgemisch*. — Dehydratisierung von endo-2-Hydroxy-endo-3-methylbicyclo-[2.2.1]-heptan mit $KHSO_4$ gab ein hauptsächlich aus II u. III bestehendes *KW-Stoffgemisch*. — Erhitzen von 2-Chlormethylbicyclo-[2.2.1]-heptan mit Chinolin auf 180° gab 50% eines *KW-Stoffgemisches*, bestehend aus 75% II, 15% III u. 10% IV. — Dehydratisierung von Bicyclo-[2.2.2]-octanol-(2) mit $KHSO_4$ gab 86% eines *KW-Stoffgemisches*, F. 45—47° (geschlossene Capillare), bestehend aus I u. (weniger) *Bicyclo-[2.2.2]-octen-(2)*. — *2-Methylbicyclo-[2.2.1]-hepten-(5)*, Kp. 115,0—116,0°, durch Huang-Minlon-Red. des Cyclopentadien–Acrolein-Addukts, n_D^{20} 1,4595, $D._4^{20}$ 0,8657. J. Rothe. 2950□

Anlagerung von Maleinsäureanhydrid an Benzol. H. J. F. Angus und D. Bryce-Smith. (Proc. chem. Soc. [London] **1959**, 326—27, Okt.; Reading, Univ.; engl.) — Bei 60° lagert Bzl. unter UV-Einstrahlung 2 Moll. Maleinsäureanhydrid an, möglicherweise unter Bldg. von *Tricyclo-[4.2.2.0$^{2.5}$]-Δ^9-decen-3.4; 7.8-bis-[dicarbonsäureanhydrid]* (I), $C_{14}H_{10}O_6$, F. 356°. Die entsprechende *Tetracarbonsäure* geht beim langsamen Erhitzen in I über, schmilzt beim raschen Erhitzen bei 280°, nach Wiedererstarren bei 330—340°. *Tetramethylester*, F. 134°. K. Nezel. 2950□

Biadamantan und einige seiner Derivate. H. F. Reinhardt. (J. org. Chemistry **27**, 3258—61, Sept. 1962; Wilmington, Del., E. I. du Pont de Nemours & Co., Inc., Exp. Stat. Labor., Fabrics and Finishes Dep.; engl.) — Bromierung von *1.1'-Biadamantan*, das in einer verbesserten Meth. dargestellt wird, ohne Katalysator führt zu *3.3'-Dibrom-1.1'-biadamantan* (II), das mit $Cu_2(CN)_2$/Pyridin in *3.3'-Dicyan-1.1'-biadamantan* (III) übergeführt wird. $LiAlH_4$-Red. von III gibt *3.3'-Bis-[aminomethyl]-1.1'-biadamantan*. III wird zur *Dicarbonsäure* verseift, deren *Methylester* mit $LiAlH_4$ zu *3.3'-Bis-[hydroxymethyl]-1.1'-biadamantan* red. wird. II gibt mit Anisol (I) bzw. Phenol (IV) *3.3'-Bis-[p-methoxyphenyl]-* bzw. *3.3'-Bis [p-hydroxyphenyl]-1.1'-biadamantan*, mit Bzl. in Ggw. von $FeCl_3$ *3.3'-Diphenyl-1.1'-biadamantan*. Umsetzung von II mit $AgNO_3$ führt zur *3.3'-Dihydroxyverbindung*. Verss., II mit Trifluormethoxybenzol umzusetzen, waren auch nach 3std. Kochen vergeblich. Mit Diphenyläther, Diphenylsulfid u. a. Verbb. mit akt. H-Atomen reagiert II wie mit I u. IV. — Die Struktur von II wird durch Kristallstrukturanalyse u. das NMR-Spektrum bewiesen. II ist monoklin prismat. (Raumgruppe C_2/c: a = 19,82, b = 6,87, c = 13,035 Å; β = 102°37').

Versuche: *1.1'-Biadamantan*, $C_{20}H_{30}$, F. 288—290°, aus 1-Bromadamantan u. Na in sd. Xylol unter N_2 (5 Std.); mikrokrist. Pulver aus Bzl.; 48,7% (Ausbeute). *3.3'-Dibrom-Deriv.* (II), $C_{20}H_{28}Br_2$, F. 236—237°, durch Zugabe von Br_2 zu vorst. Verb., 2std.

Erwärmen auf 61° nach dem Ende der HBr-Entw., Kühlen, Zusetzen von CCl_4 u. Schütteln mit Eiswasser u. $NaHSO_3$; aus Dioxan monokline Prismen; 81%. *3.3'-Dicyan-Deriv.* (**III**), $C_{22}H_{28}N_2$, F. 261–262°, aus **II** u. $Cu_2(CN)_2$ in Pyridin durch langsames Erhitzen auf 230° (10 Min.) u. Extrahieren mit sd. Bzl.; aus Bzl. Nadeln; 80%. *3.3'-Dicarboxy-Deriv.*, $C_{22}H_{30}O_4$, F. 352–355° (Dimethylacetamid), aus **III** in konz. H_2SO_4, Eisessig u. W. bei 125° (1½ Std.); 98%. *3.3'-Dimethylol-Deriv.*, $C_{22}H_{34}O_2$, F. 217–218°, aus dem Dicarbonsäuredimethylester u. $LiAlH_4$ in Tetrahydrofuran (THF) durch 10 Min. langes Erwärmen auf 50°, 1std. Kochen u. Gießen in Eiswasser u. konz. HCl; aus Bzl. Nadeln; 94%. *3.3'-Bis-[p-methoxyphenyl]-Deriv.*, $C_{34}H_{42}O_2$, F. 263° (Xylol), aus **II** u. **I** bei 155° (5 Std.); 95%. *3.3'-Bis-[p-hydroxyphenyl]-Deriv.*, $C_{32}H_{38}O_2$, F. 343–344°, aus **II** u. **IV** unter N_2 durch Erhitzen auf 182° (66 Min.) u. Waschen mit sd. Methanol; aus Dimethylacetamid/Tetrahydrofuran Blättchen; 98%. *3.3'-Diphenyl-Deriv.*, $C_{32}H_{38}$, F. 270–271° (Bzl.), durch 2std. Kochen von **II** u. $FeCl_3$ in Bzl. unter N_2 u. Gießen auf Eiswasser u. konz. HCl; 51%. *3.3'-Bis-[aminomethyl]-Deriv.*, F. <50°, *Dihydrochlorid*, $C_{22}H_{38}Cl_2N_2$, schm. nicht <320°, durch ¼std. Kochen von **III** u. $LiAlH_4$ in THF, Gießen auf Eis/verd. HCl u. Zusetzen von verd. HCl; aus verd. HCl Nadeln; 64%. *3.3'-Dihydroxy-Deriv.*, $C_{20}H_{30}O_2$, F. 271–272°, aus **II** u. $AgNO_3$ in sd. Dioxan/W. (3½ Std.); aus sd. Dioxan Nadeln; 93%. H. Gleinig. 2950□

Synthese von cyclischen Sulfiden aus cyclischen Carbonatestern. 1. Mitt. **Thietane.** Scott Searles jun., Hugh R. Hays und Eugene F. Lutz. (J. org. Chemistry **27**, 2828–32, Aug. 1962; Manhattan, Kans., State Univ., Dep. of Chem.; engl.) — Rk. von cycl. Kohlensäureestern von 1.3-Diolen mit KSCN oder anderen Metallthiocyanaten führte unter Abspaltung von CO_2 u. KOCN zu *Thietanen*. Einige Neben-Rkk. (z. B. β-Eliminierungen zu *ungesätt. Alkoholen*) sowie Strukturbeweise (Desulfurierung mit Raney-Ni, unabhängige Synth.) sind beschrieben. Mit Thioharnstoff an Stelle von KSCN gelingt die Rk. nicht. Ster. gehinderte Verbb. reagieren erst bei höheren Temp. u. geben als Nebenprodd. die entsprechenden *Oxetane*. Eine starke u. scharfe IR-Bande bei 8,5 ±0,1 μ scheint für das Thietan-Syst. charakterist. zu sein. Zum Mechanismus vgl. auch nachst. Referat.

Versuche: 1.3-Dioxanone-(2), aus den entsprechenden 1.3-Diolen u. Diäthylcarbonat (vgl. C. **1962**, 8972): unsubstituiert, F. 47–48°, $Kp._{0,2}$ 90–110°; 50% (Ausbeute). — *5.5-Dimethyl-*, F. 100–104°, $Kp._1$ 110–120°; 80%. — *5.5-Diäthyl-*, F. 42 bis 44°, $Kp._1$ 135–140°; 67%. — *5-Hydroxymethyl-5-methyl-*, F. 90–110°, offenbar instabil; 81%. — *5.5-Dibenzyl-*, F. 227–229°; 73%. — *4-Isopropyl-5.5-dimethyl-*, $Kp._{0,3}$ 108–110°, n_D^{20} 1,4591; 72%. — *4.6-Dimethyl-*, $Kp._6$ 145–160°, n_D^{20} 1,4458; 71%. — *4-Propyl-5-äthyl-*, $C_9H_{16}O_3$, $Kp._{0,7}$ 130–135°, n_D^{20} 1,4580; 84%. — *4.4.6-Trimethyl-* (**I**), F. 96–98°; 55%. — *5-Phenyl-5-äthyl-* (**II**), F. 98–100°; 23%. — *5.5-Pentamethylen-*, $C_9H_{14}O_3$, F. 92–93°, $Kp._{0,2}$ 135–140°; 74%. — *5.5-Tetramethylen-*, $C_8H_{12}O_3$, F. 94–96°, $Kp._{0,1}$ 117–119°; 71%. — *5.5-Trimethylen-*, F. 67–68°, $Kp._1$ 150–160°; 73%. — *5.5-Äthylen-*, $C_6H_8O_3$, F. 72–73°, $Kp._{1,5}$ 135–140°; 53%. — *5-Methylen-* (**III**), $C_5H_6O_3$, F. 54–55°, $Kp._1$ 106–108°; 70%. — Thietane, durch Erhitzen von 0,1 Mol des 1.3-Dioxanons-(2) mit 0,15 Mol wasserfreiem KSCN unter N_2 bis zum Ende der CO_2-Entw.: *unsubstituiert*, Kp. 94–95°, bei 140° (Rk.-Temp.); n_D^{20} 1,5096; 3%. — *2-Methyl-*, Kp. 103–105°, bei 170–180°; n_D^{20} 1,4881; 16%. — *3.3-Dimethyl-*, Kp. 116°, bei 175–185°; n_D^{20} 1,4733; 56%, mit LiSCN 10%, mit NaSCN 40%. — *3.3-Diäthyl-*, Kp. 172°, bei 190–195°; n_D^{20} 1,4831; 63%. — *3-Hydroxymethyl-3-methyl-* (**IV**), $Kp._2$ 78 bis 79°, bei 170–180°/130–140 mm; n_D^{20} 1,5143; 50%. *α-Naphthylurethan*, $C_{16}H_{17}NO_2S$, F. 108–109°. — *3.3-Dibenzyl-* (**V**), $C_{17}H_{18}S$, F. 57–58°, $Kp._{0,1}$ 156°, bei 220–240°/20–35 mm; 29%; daneben 12% *3.3-Dibenzyloxetan*, $Kp._{0,1}$ 127–135°, n_D^{20} 1,5772. — *2-Isopropyl-3.3-dimethyl-*, $C_8H_{16}S$, Kp. 173–174°, bei 240–250°; n_D^{20} 1,4600; 13%; daneben 35% *2-Isopropyl-3.3-dimethyloxetan*, Kp. 135°, n_D^{20} 1,4157. — *cis-* bzw. *trans-2.4-Dimethyl-*, $C_5H_{10}S$, Kp. 113–115° (Gemisch), bei 180–200°; gaschromatograph. Trennung; n_D^{20} 1,4739 bzw. 1,4712; 4 bzw. 3%, daneben 9% *Penten-(2)-ol-(4)*, Kp. 117 bis 122°, n_D^{20} 1,4270. — *cis-* bzw. *trans-2-Propyl-3-äthyl-*, $C_8H_{16}S$, Kp. 185–188° (Gemisch), bei 210–220°; gaschromatograph. Trennung; n_D^{20} 1,4804 bzw. 1,4731; 9 bzw. 7%, daneben ungesätt. Alkohole (nicht identifiziert). — *3.3-Pentamethylen-* (*2-Thiaspiro-[3.5]-nonan*), $C_8H_{14}S$, Kp. 105–106°, bei 220–230°; n_D^{20} 1,5205; 57%. — *3.3-Tetramethylen-* (*2-Thiaspiro-[3.4]-octan*) (**VI**), $C_7H_{12}S$, $Kp._{23}$ 92–93°, bei 220–230°; n_D^{20} 1,5191; 50%. — *3.3-Trimethylen-* (*2-Thiaspiro-[3.3]-heptan*), $C_6H_{10}S$, Kp. 149–150°, bei 210–220°, n_D^{20} 1,5145; 33%. — *3.3-Äthylen-* (*5-Thiaspiro-[2.3]-hexan*) (**VII**), C_5H_8S, Kp. 141–142°, bei 170–180°; n_D^{20} 1,5192; 8%. — **I** gab mit KSCN bei 190–200° *2-Methylpenten-(2)-ol-(4)* (Kp. 119–120°, n_D^{20} 1,4300; 63%) u. *4-Methylpenten-(2)-ol-(4)* (Kp. 137–138°, n_D^{20} 1,4395; 8%). — **II** gab mit KSCN bei 170–180° *α-Äthylstyrol* (Kp. 160–180°, n_D^{20} 1,5362; 20%). — **III** gab mit KSCN bei 150–160° nur polymeres Material. —

24std. Rühren von **IV**-Phenylurethan mit Raney-Ni in sd. Bzl. gab 96% *Neopentylalkoholphenylurethan*, F. 113—114° (A.). — Analog: **V** → 94% *2.2-Dibenzylpropan*, F. 68—69°, Kp. 291—293°. — **VI** (5 Std. in sd. p-Xylol mit Raney-Ni) → 81% *1.1-Dimethylcyclopentan*, Kp. 88—92°, n_D^{20} 1,4223. — Rk. von Pentaerythrityltrichloridbromid mit H_2S in alkohol. KOH (16std. Kochen) gab 54% eines Gemisches aus 55% *3.3 Bis-[chlormethyl]-thietan* (**VIII**; $C_5H_8Cl_2S$, $Kp._1$ 71°, n_D^{20} 1,5439) u. 45% *2.6-Dithiaspiro-[3.3]-heptan* ($Kp._{3,5}$ 87—88°, F. 28—29°); gaschromatograph. Trennung. — Rk. von **VIII** mit Zn-Pulver, Na_2CO_3 u. NaJ in geschmolzenem Acetamid gab 10% **VII**.

J. Rothe. 3000◇

Synthese von cyclischen Sulfiden aus cyclischen Carbonatestern. 2. Mitt. **Thiirane. Reaktionsmechanismus.** Scott Searles jun., Hugh R. Hays und Eugene F. Lutz. (J. org. Chemistry **27**, 2832—34, Aug. 1962; engl.) — 1. vgl. vorst. Referat. — Rk. von cycl. Kohlensäureestern von 1.2-Diolen [1.3-Dioxolanonen-(2)] mit KSCN führte unter CO_2-Abspaltung zu *Thiiranen* (*Episulfiden*). Die Rk. ist sehr von ster. Hinderung abhängig u. verläuft ohne Umlagerungen. Da aus meso-4.5-Dimethyl-1.3-dioxolanon-(2) (**I**) *cis-2.3-Butylenepisulfid* erhalten wird, muß die Rk. über eine gerade Anzahl von Waldenschen Umkehren verlaufen. Vff. nehmen an, daß das SCN^--Ion zunächst das α-C-Atom angreift, wobei der Ring geöffnet wird. Der gleiche Mechanismus gilt vermutlich für die analoge Darst. von Thietanen (l. c.).

Versuche: 1.3-Dioxolanone-(2), durch 3std. Kochen des Diols mit $(C_2H_5)_2CO_3$ in Ggw. von Na: *4-Methyl-*, $Kp._{0,1}$ 64—66°, n_D^{20} 1,4212; 86% (Ausbeute). — *meso-4.5-Dimethyl-* (**I**), $C_5H_8O_3$, $Kp._{0,1}$ 70—75°, aus meso-Butandiol-(2.3) (F. 32—33°, $Kp._{745}$ 180 bis 181°); n_D^{20} 1,4251; 89%. — *4.4.5.5-Tetramethyl-* (**II**), F. 179—181°; 96%. — *4-Phenyl-*, $C_9H_8O_3$, F. 55,5—56,5°, $Kp._{0,6}$ 152—154°; 72%. — *4-Hydroxymethyl-* (**III**), viscose Fl., instabil, aus Glycerin u. Äthylencarbonat (**IV**; F. 35—37°). — Episulfide, aus den 1.3-Dioxolanonen-(2) u. KSCN (Meth. vgl. vorst. Ref., Meth. für Thietane; Rk.-Zeit 1—2 Std.): *Äthylensulfid*, aus **IV** bei 95—100° (Rk.-Temp.); 80—85%. — *Propylensulfid*, bei 140—150°; 51%. — *cis-2.3-Butylenepisulfid*, bei 190—200°; 31%, daneben 1% *trans-2.3-Butylenepisulfid* (entsprechend der Ggw. von ca. 3% dl-Isomeren in **I**) u. 5% *Buten-(1)-ol-(3)*. — *Styrolsulfid*, bei 150—160°/35—45 mm; 34%. — **II** blieb auch bei 270—280° unverändert. — **III** gab bei 130—150°/20—30 mm polymeres Material.

J. Rothe. 3000◇

Heterocyclische Kleinringnitrosamine. Carl L. Bumgardner, Keith S. McCallum und Jeremiah P. Freeman. (J. Amer. chem. Soc. **83**, 4417—19, 5/11. 1961; Huntsville, Ala., Redstone Arsenal Res. Div., Rohm & Haas Co., Gorgas Labor.; engl.) — *N-Nitrosomethylanilin* entsteht durch Nitrosieren von N-Methylanilin mit N-Nitroso-3-nitrocarbazol (**I**). Unter ähnlichen Bedingungen bildet sich aus **I** u. Aziridin *Äthylen* u. N_2O. Der Rk.-Mechanismus wird diskutiert. Die Struktur von N-Nitrosoazetidin (**II**) wird durch ihr kernmagnet. Resonanzspektrum bewiesen. Der Temp.-Einfl. auf die kernmagnet. Resonanzspektren von **II** u. N-Nitrosodimethylamin wird untersucht; Differenzen werden durch unterschiedliche Ringspannung hervorgerufen. Ebenso werden die UV-Spektren von N-Nitroazetidin u. Di-n-propylnitramin verglichen.

Versuche: *N-Nitrosomethylanilin*, $Kp._2$ 83—86°, durch 20 Min. langes Erhitzen von **I** mit N-Methylanilin in Bzl.; gelbes Öl; 55% (Ausbeute); daneben *3-Nitrocarbazol*, F. 221°; 78%. — *N-Nitrosoazetidin* (**II**), $C_3H_6N_2O$, Kp. 198—199°, $Kp._{3,5}$ 60°, nach Howard u. Marckwald [1899]. — *N-Nitroazetidin*, $C_3H_6N_2O_2$, $Kp._{1,5}$ 59°, durch Oxydation von **II** mit Peroxytrifluoressigsäure nach Emmons (vgl. C. **1954**, 10217); 47%.

Gottfried Schreiber. 3040□

Die Wechselwirkung zwischen einem Iwanow- und einem Iwanow-ähnlichen Reagens mit γ-Butyrolacton und γ-Valerolacton. F. F. Blicke und B. A. Brown. (J. org. Chemistry **26**, 3685—91, Okt. 1961; Ann Arbor, Mich., Univ. of Michigan, Coll. of Pharm.; engl.) — Die Rk. des α-MgCl-Deriv. von MgCl-Phenylacetat mit γ-Butyro- (**I**) bzw. γ-Valerolacton (**II**) liefert *α-[Tetrahydrofuryliden-(2)]-phenylessigsäure* (**III**) u. *2-Benzylidentetrahydrofuran* (**IV**) bzw. die entsprechenden *5-Methylderivate*. Hydrieren von **III** führt zu *α-[Tetrahydrofuryl-(2)]-phenylessigsäure*, die auch aus 4-Hydroxybutyraldehyd (**V**) analog **III** u. Kochen mit verd. H_2SO_4 zugänglich ist. **IV** läßt sich außerdem aus 4-Hydroxybutyronitril (**VI**) durch Rk. mit Benzyl-MgCl (**VII**) darstellen. Es reagiert mit 2.4-Dinitrophenylhydrazin (**VIII**) zu *5-Hydroxy-1-phenylpentanon-(2)-2'.4'-dinitrophenylhydrazon* (**IX**). **I** u. **VII** reagieren stets nur im Mol-Verhältnis 1:2 zu *Dibenzyl-γ-hydroxypropylcarbinol* oder *2.2-Dibenzyltetrahydrofuran* (**X**) je nach der Konz. der zur Hydrolyse benutzten HCl. **X** ist auch aus 4-Hydroxybuttersäureäthylester u. **VII** zugänglich. Einw. von **VII** auf 4-Benzyloxybutyronitril (**XV**) liefert *5-Benzyloxy-*

1-phenylpentanon-(2) (**XI**), dessen Debenzylierung u. Rk. mit **VIII** ergibt **IX**. Die Rk. des α-MgCl-Deriv. von N.N-Dimethylphenylacetamid (**XVII**) mit **I** führt zu *N.N-Dimethyl-α-[tetrahydrofuryliden-(2)]-phenylacetamid* (**XII**) u. *N.N.N'.N'-Tetramethyl-2.4-diphenyl-3-hydroxy-3-[3-hydroxypropyl]-glutardiamid* (**XIII**). **XII** läßt sich zu **III** hydrolysieren u. mit $LiAlH_4$ zu *1-Phenyl-1-[tetrahydrofuryliden-(2)]-2-dimethylaminoäthan* reduzieren, während **XIII** analog zu *2.4-Diphenyl-3-hydroxy-3-[3-hydroxypropyl]-glutarsäure* hydrolysiert u. zu *1.5-Bis-[dimethylamino]-2.4-diphenyl-3-[3-hydroxypropyl]-pentanol-(3)* red. wird. Ausgehend von **II** gelangt man zu analogen Verbindungen.

Versuche: *α-[Tetrahydrofuryliden-(2)]-phenylessigsäure* (**III**), $C_{12}H_{12}O_3$, F. 218 bis 220° (Dioxan), a) durch 12std. Rühren eines Gemisches von Isopropyl-MgCl u. 136,1 g Phenylessigsäure in Ae./Bzl., Zugeben von **I** in Bzl. u. 24std. Rühren (Meth. **A**); 40,7 g (Ausbeute); daneben 67,3 g *2-Benzylidentetrahydrofuran* [**IV**, $C_{11}H_{12}O$, Kp.$_{0,3}$ 92 bis 96°, auch a) durch $^1/_3$std. Erhitzen von **III** auf 220°; b) durch 4std. Kochen von 25,5 g **VI** mit **VII** in Ae./Tetrahydrofuran u. 36std. Rühren bei Raum-Temp.; 19 g; daneben 25,5 g *Dibenzyl*]; b) durch 36std. Kochen von 9 g **XII** u. KOH in Äthylenglykol (Meth. **B**); 0,2 g. *III-Methylester*, $C_{13}H_{14}O_3$, F. 81—82° (PAe.), aus **III** u. CH_2N_2. — *α-[Tetrahydrofuryl-(2)]-phenylessigsäure*, $C_{12}H_{14}O_3$, F. 123—124° (PAe.), a) durch Hydrieren von **III** in Essigsäure in Ggw. von Pd/Kohle; 50% (Ausbeute); b) durch 1½std. Kochen von **XIV** mit 15%ig. H_2SO_4. — *3.6-Dihydroxy-2-phenylhexansäure* (**XIV**), $C_{12}H_{16}O_4$, F. 129—131° (Nitromethan), aus **V** nach **A**; 24%. *Methylester*, $C_{13}H_{18}O_4$, F. 84—86° (Toluol). — *2-Benzyltetrahydrofuran*, Kp.$_{10}$ 104—107°, durch 18std. Hydrieren von **IV** in Essigsäure in Ggw. von PtO_2 unter 1000 lbs.; 61%. — *1-Phenyl-2.5-dibrompentan*, Kp.$_{15}$ 175—180°, durch Zugeben von HBr zu vorst. Verb.; 81%. — *1-Phenyl-2-benzylpyrrolidin*, Kp.$_{0,3}$ 142—145°, durch 1½std. Kochen vorst. Verb. mit Anilin in A.; 35%. *Pikrat*, $C_{23}H_{22}N_4O_7$, F. 167—178° (A.). *Hexachloroplatinat*, $C_{34}H_{40}Cl_6N_2Pt$, F. 166—168° (A.). — *5-Hydroxy-1-phenylpentanon-(2)-2'.4'-dinitrophenylhydrazon* (**IX**), $C_{17}H_{18}N_4O_5$, F. 144—145° (A.), a) durch mehrstd. Kochen von **IV** mit **VIII**; b) durch Hydrieren von **XI** in abs. A. in Ggw. von Pd/Kohle u. Rk. mit **VIII**. — *4-Hydroxybutyronitril* (**VI**), Kp.$_3$ 85—86°, durch 8std. Kochen von 3-Brompropanol-(1) mit KCN in W.; 60%. — *Dibenzyl-γ-hydroxypropylcarbinol*, $C_{18}H_{22}O_2$, F. 79—80° (PAe.), durch 5std. Kochen von **VII** u. **I** in Ae. (Meth. **C**); 54%. — *2.2-Dibenzyltetrahydrofuran* (**X**), $C_{18}H_{20}O$, F. 58 bis 59° (Methanol), Kp.$_8$ 184—220°, a) aus **VII** u. **I** nach **C**; 60%; b) durch 12std. Rühren von **VII** u. nachst. Verb. in Ae. bei Raum-Temp.; 45%. — *4-Hydroxybuttersäureäthylester*, Kp.$_{11}$ 67°; 70%. — *5-Benzyloxy-1-phenylpentanon-(2)* (**XI**), $C_{18}H_{20}O_2$, Kp.$_{0,15}$ 142 bis 145°, a) aus **XV** u. **VII** nach **C**; 32%; b) aus **XV** nach **A**; 15%. *2.4-Dinitrophenylhydrazon*, $C_{24}H_{24}N_4O_5$, F. 99—100° (A.). — *α-[5-Methyltetrahydrofuryliden-(2)]-phenylessigsäure*, $C_{13}H_{14}O_3$, F. 183—184° (Zers.; A.), a) aus 100 g **II** nach **A**; 21,6 g; daneben 113,5 g *2-Benzyliden-5-methyltetrahydrofuran* (**XVI**, $C_{12}H_{14}O$, Kp.$_{0,4}$ 92°); b) aus 9 g **XIX** nach **B**; 0,8 g. *Methylester*, $C_{14}H_{16}O_3$, F. 75—76° (Methanol). — *5-Hydroxy-1-phenylhexanon-(2)-2'.4'-dinitrophenylhydrazon*, $C_{18}H_{20}N_4O_5$, F. 154—155° (A.), durch Kochen von **XVI** mit **VIII** in Äthanol. — *N.N-Dimethyl-α-[tetrahydrofuryliden-(2)]-phenylessigsäureamid* (**XII**), $C_{14}H_{17}NO_2$, F. 80—82° (Ae.), aus 81,5 g **XVII** nach **A**; 44 g; daneben 24,8 g *N.N.N'.N'-Tetramethyl-2.4-diphenyl-3-hydroxy-3-[3-hydroxypropyl]-glutardiamid* [**XIII**, $C_{24}H_{32}N_2O_4$, F. 161—162° (Bzl.)]. — *N.N-Dimethyl-α-[5-methyltetrahydrofuryliden-(2)]-phenylessigsäureamid* (**XIX**), $C_{15}H_{19}NO_2$, Kp.$_{0,2}$ 142—145°, aus 50 g **II** u. **XVII** nach **A**: 29,4 g; daneben 21,3 g *N.N.N'.N'-Tetramethyl-2.4-diphenyl-3-hydroxy-3-[3-hydroxybutyl]-glutardiamid* [**XVIII**, $C_{25}H_{34}N_2O_4$, F. 162—163° (Bzl.)]. — *1-Phenyl-1-[tetrahydrofuryliden-(2)]-2-dimethylaminoäthan*, $C_{14}H_{19}NO$, Kp.$_{0,4}$ 115—116°, durch Red. von **XII** mit $LiAlH_4$; 73%. *Pikrat*, $C_{20}H_{22}N_4O_8$, F. 138—140° (A.). — *1.5-Bis-[dimethylamino]-2.4-diphenyl-3-[3-hydroxypropyl]-pentanol-(3)*, analog aus **XIII**. *Dihydrochlorid*, $C_{24}H_{38}\cdot Cl_2N_2O_2$, F. 137° (Äthylacetat; Zers.). *Dipikrat*, $C_{36}H_{42}N_8O_{16}$, F. 208—211° (A.). — *1-Phenyl-1-[5-methyltetrahydrofuryliden-(2)]-2-dimethylaminoäthan*, $C_{15}H_{21}NO$, Kp.$_{0,4}$ 103 bis 106°, analog aus **XIX**; 64%. — *1.5-Bis-[dimethylamino]-2.4-diphenyl-3-[3-hydroxybutyl]-pentanol-(3)*, analog aus **XVIII**. *Dimethojodid*, $C_{27}H_{44}J_2N_2O_2$, F. 248—249° (Methanol; Zers.). — *2.4-Diphenyl-3-hydroxy-3-[3-hydroxybutyl]-glutarsäure, Hemihydrat*, $C_{21}H_{24}O_6\cdot ½\ H_2O$, F. 204—205° (Essigsäure), durch 3std. Kochen von **XVIII** mit verd. H_2SO_4; 85%. — *2.4-Diphenyl-3-hydroxy-3-[3-hydroxypropyl]-glutarsäure*, $C_{20}H_{22}O_6$, F. 198—199° (A.), analog aus **XIII**; 80%. W. Hampel. 3061 □

Bromierung von Diacetylbernsteinsäurediäthylester. Sin'iti Kawai und Sanae Tanaka. (Bull. chem. Soc. Japan **33**, 674—78, Mai 1960; Tokyo, Univ. of Educ., Dep. of Chem.; engl.) — Während Wolff (vgl. Wolff u. Junker [1913]) u. Hirst (vgl. Hirst u. Macbeth [1922]) bei der Bromierung von *Diacetylbernsteinsäurediäthylester* (**I**) eine Bromsubstitution in γ- bzw. α-Stellung annahmen, konnte dies von den Vff. nicht bestätigt werden. Es wird vielmehr eine 1.4-Addition des Br_2 an die Diendiolform von **I** angenommen, wobei zunächst intermediär ein Gemisch des cis- u. trans-Dibromides entsteht. Aus dem cis-Dibromid bildet sich durch Wasserabspaltung *2.5-Dihydro-2.5-dimethyl-2.5-dibromfuran-3.4-dicarbonsäureäthylester* (**II**). Das trans-Dibromid geht unter 2.3-Addition von Br_2 in ein *Tetrabromid* (**III**) über. Aus **III** entsteht unter Wasser- u. Br_2-Abspaltung *2.5-Dimethylfuran-3.4-dicarbonsäurediäthylester* (**IV**). Durch partielle u. totale Hydrolyse von **IV**, katalysiert durch HBr, entstehen *2.5-Dimethylfuran-3.4-dicarbonsäuremonoäthylester* (**V**) u. *2.5-Dimethylfuran-3.4-dicarbonsäure* (**VI**). Eine Bestätigung fand vorst. Mechanismus dadurch, daß **II**, **III**, **IV**, **V** u. **VI** aus dem Bromierungs-Prod. von **I** isoliert werden konnten u. während der Bromierung fast kein HBr entstand.

Versuche: Durch Eintropfen von Br_2 in die Lsg. von **I** in Chlf. unter Eiskühlung innerhalb von 2 Std., Waschen mit $Na_2S_2O_3$-Lsg. u. Einengen im Vakuum bei $<38^0$ werden folgende Verbb. erhalten: *Diacetylbernsteinsäurediäthylesterdienoltetrabromid* (**III**), $C_{12}H_{18}O_6Br_4$, F. 189° (Bzl.; Zers.), aus dem Bromierungs-Prod. als Kristalle. — *2.5-Dimethylfuran-3.4-dicarbonsäuremonoäthylester* (**V**), $C_{10}H_{12}O_5$, F. 83—84° (PAe.), aus dem Bromierungs-Prod. als Kristalle nach Zugabe von Ae. nach 5—30 Tagen. — *2.5-Dihydro-2.5-dimethyl-2.5-dibromfuran-3.4-dicarbonsäurediäthylester* (**II**), $C_{12}H_{16}Br_2O_5$, F. 92—96° (Bzl.) wie **V**, in Bzl. weniger löslich. — *2.5-Dimethylfuran-3.4-dicarbonsäure, Hemihydrat* (**VI**), $C_8H_8O_5 \cdot 1/2\, H_2O$, F. 234—236° (Zers.), wie **V**, am wenigsten in Bzl. lösl.; Säulen aus W./Methanol. — *2.5-Dimethylfuran-3.4-dicarbonsäuredimethylester*, $C_{10}H_{12}O_5$, F. 58 bis 61° (PAe.), aus dem Bromierungs-Prod. durch Kochen mit Methanol; tetragonale Platten. — *Diacetylbernsteinsäure*, $C_8H_{10}O_6$, F. 120—121° (Zers.), durch Kochen des Bromierungs-Prod. mit Na-Äthylat; aus Bzl. gelbe Platten. — *1-[p-Nitrophenyl]-3.6-dimethyl-1.4-dihydropyridazin-4.5-dicarbonsäurediäthylester* (*Anhydro-p-nitrophenylhydrazon von* **I**), $C_{18}H_{21}O_6N_3$, F. 122—123° (Äthylacetat), aus **I** u. p-Nitrophenylhydrazin in 70%ig. Essigsäure bei 20°; fahlgelbe Säulen. — *2.5-Bis-[brommethyl]-furan-3.4-dicarbonsäurediäthylester*, $C_{12}H_{14}Br_2O_5$, F. 52—52,5°, aus **IV**, N-Bromsuccinimid, CCl_4 u. Benzoylperoxid durch 5std. Kochen u. Vakuum-Dest. bei 170—180°/3 Torr; aus PAe. Platten.

A. Zschunke. 3061 ◇

Die Synthese von Mercaptoindolen. E. Piers, V. B. Haarstad, R. J. Cushley und R. K. Brown. (Canad. J. Chem. **40**, 511—17, März 1962; Edmonton, Alberta, Univ., Dep. of Chem.; engl.) — *4-*, *5-*, *6-* u. *7-Mercaptoindol* werden durch Reissert-Kondens. aus den isomeren Benzylmercapto-o-nitrotoluolen dargestellt. Deren Synth. erfolgt entweder durch Diazotierung der entsprechenden 2-Nitrotoluidine oder durch direkte Umsetzung der monobromierten o-Nitrotoluole mit dem K-Salz des Benzylmercaptans in Dimethylformamid. Der Rk.-Mechanismus der Reissert-Kondens. wird diskutiert.

Versuche: *4-Benzylmercapto-2-nitrotoluol* (**I**), $C_{14}H_{13}NO_2S$, F. 78° (95%ig. A.), $Kp._{0,2}$ 143°, durch Diazotierung von 2-Nitro-p-toluidin u. Überführung in das *Xanthogenat* nach Bennett u. Berry [1927], 1std. Kochen mit einer Lsg. von Na in A. u. W. unter O_2-freiem N_2, Versetzen mit dem gleichen Vol. sd. dest. W., portionsweise Zugabe von Benzylchlorid bei gleichzeitiger Zugabe von 6n NaOH unter kräftigem Schütteln u. Extraktion mit Ae.; 32% (Ausbeute). — *5-Benzylmercapto-2-nitrotoluol* (**II**), $C_{14}H_{13} \cdot NO_2S$, F. 55,5—57°, analog **I** aus 6-Nitro-m-toluidin; 29%. — *2-Brom-6-nitrotoluol* (**III**), F. 41—42° (wss. A.), $Kp._{3,3}$ 108—110°, durch Bromierung von o-Nitrotoluol nach Gluud [1915] u. fraktionierte Dest. über eine Kolonne mit rostfreier Stahlpackung; 26%. — *6-Benzylmercapto-2-nitrotoluol* (**IV**), $C_{14}H_{13}NO_2S$, F. 102—103°, durch Zugabe von Benzylmercaptan zu **III** u. K_2CO_3 in Dimethylformamid unter Rühren, 4std. Erhitzen auf 50—55° unter N_2, 14std. Rühren bei Raum-Temp., Versetzen mit dem gleichen Vol. W., Abkühlen auf 0° u. Verreiben mit verd. NaOH u. W.; aus A. gelbe Nadeln; 26%. — *3-Benzylmercapto-2-nitrotoluol* (**V**), F. 53—54°, analog **IV** aus 3-Brom-2-nitrotoluol; 86%. — *4-Benzylmercapto-2-nitrophenylbrenztraubensäure* (**VI**), F. 166—167° (Zers.; A./W.), durch Zugabe von **I** u. Oxalsäurediäthylester zu einer Lsg. von Na in abs. A., 1std. Kochen, Abkühlen, Versetzen mit dem 2fachen Vol. W., Extraktion mit Ae., Ansäuern der wss. Lsg. mit konz. HCl gegen Kongorot, Durchblasen von Luft, Abfiltrieren, Lösen in verd. NH_4OH u. Ansäuern mit HCl; 75%. — *5-Benzylmercapto-2-nitrophenylbrenztraubensäure* (**VII**), analog **VI** aus **II**. — *K-Enolat* von *3-Benzylmercapto-2-nitrophenylbrenztraubensäureäthylester* (**VIII**), durch Zugabe von Oxalsäurediäthylester u. nach 15 Min. Stehen Zugabe von **V** in abs. Ae. zu einer Lsg. von K in abs. A. u. Ae. u. 16tägiges Stehenlassen bei Raum-Temp.; orange; 68%. — *K-Enolat* von *6-Benzylmercapto-2-nitrophenylbrenztraubensäureäthylester* (**IX**), analog **VIII** aus **IV**; 94%. — *6-Benzylmercaptoindol-2-carbonsäure* (**X**), $C_{16}H_{13}NO_2S$, F. 215°, aus **VI** nach Blaikie u. Perkin [1924] u. Rydon u. Tweddle (C. **1956**, 6945); 62%. — *5-Benzylmercaptoindol-2-carbonsäure* (**XI**), $C_{16}H_{13}NO_2S$, F. 210—211°, analog **X** aus **VII**; 54%. — *7-Benzylmercaptoindol-2-carbonsäure* (**XII**), $C_{16}H_{13}NO_2S$, F. 165—166°, durch Zugabe von **VIII** in heißer (80°) 4n NH_4OH zu einer sd. wss. Suspension von $Fe(OH)_2$ unter Rühren,

1½ std. Kochen, Abfiltrieren, Abkühlen des Filtrates auf 5°, Abfiltrieren, Waschen mit Ae. u. Ansäuern; 31%. — *4-Benzylmercaptoindol-2-carbonsäure* (**XIII**), F. 185—186°, analog **XII** aus **IX**; braun; 56%. — *6-Benzylmercaptoindol* (**XIV**), $C_{15}H_{13}NS$, F. 106,5 bis 107° (A./W.), durch 16std. Erhitzen von **X** auf 200° in dest. Chinolin mit Cu-Chromit; 67%. — *5-Benzylmercaptoindol* (**XV**), $C_{15}H_{13}NS$, F. 74—75°, analog **XIV** aus **XI** durch 11std. Erhitzen auf 200—210°; 52%. — *7-Benzylmercaptoindol* (**XVI**), $C_{15}H_{13}NS$, F. 52 bis 53° (Skellysolve B), aus **XII** (vgl. nachst. Ref.); 85%. — *4-Benzylmercaptoindol* (**XVII**), F. 35—36° (A.), analog **XVI** aus **XIII**; 80%. — *6-Mercaptoindol* (**XVIII**), C_8H_7NS, F. 70 bis 71°, durch Zugabe von Na zu **XIV** in fl. NH_3 bis zur Blaufärbung unter Rühren, Versetzen mit NH_4J bis zum Verschwinden der Blaufärbung u. Aufarbeitung; 47%. — *5-Mercaptoindol*, F. 75—76°, analog **XVIII** aus **XV**; 60%. — *4-Mercaptoindol*, C_8H_7NS, analog **XVIII** aus **XVII** unter Trockeneiskühlung; 68%. — *7-Mercaptoindol*, F. 57—58° (Skellysolve B), analog vorst. Verb. aus **XVI**; 87%. J. Pfirschke. 3081◇

Die Decarboxylierung von ringsubstituierten Indol-2(und 3)-carbonsäuren. E. Piers und R. K. Brown. (Canad. J. Chem. **40**, 559—62, März 1962; engl.) — Vff. geben einen Überblick über die Meth. der. Decarboxylierung von Bz-substituierten Indol-2- u. -3-carbonsäuren, diskutieren die bes. Anwendungsmöglichkeiten u. Ergebnisse u. beschreiben ein Verf., bei dem durch Erhitzen von Mischungen der Säuren mit ihren Cu-Salzen in Chinolin bes. gute Ausbeuten an substituierten *Indolen* erzielt werden.

Versuche: *5-Bromindol*, a) nach Rydon u. Tweddle (C. **1956**, 6945), durch 36std. Kochen von 5-Bromindol-2-carbonsäure (**I**) in Chinolin in Ggw. von Cu-Chromit (Meth. **A**); 22%; b) durch 4std. Erhitzen einer Mischung von **I** u. **I**-Cu-Salz in Chinolin auf 210—215°, Abkühlen, Aufnehmen in Ae., Waschen mit 1n HCl, W., $NaCO_3$-Lsg., W. u. Trocknen mit Na_2SO_4 (Meth. **B**); 63%. **I**-*Cu-Salz*, durch Erhitzen von **I** bis zur Lsg. in wss. Na_2CO_3 unter Rühren u. Zugabe von wss. $CuSO_4 \cdot 5\,H_2O$. — *6-Bromindol*, a) nach **A** aus 6-Bromindol-2-carbonsäure (**II**), durch 36std. Erhitzen; 25%; b) nach **B** aus **II** u. **II**-Cu-Salz durch 5std. Erhitzen auf 210—220°; 74%. — *7-Bromindol*, a) nach **A** aus 7-Bromindol-2-carbonsäure (**III**) durch 48std. Erhitzen; 48%; b) nach **B** aus **III** u. **III**-Cu-Salz durch 5std. Erhitzen auf 215—220°; 61%. — *4-Benzylmercaptoindol*, a) nach **A** aus 4-Benzylmercaptoindol-2-carbonsäure (**IV**) durch 24std. Erhitzen; b) nach **B** aus **IV** u. **IV**-Cu-Salz durch 2½ std. Erhitzen auf 205—210°; 80%. — *7-Benzylmercaptoindol*, a) nach **A** aus 7-Benzylmercaptoindol-2-carbonsäure (**V**) durch 24std. Erhitzen; 15%; b) nach **B** aus **V** u. **V**-Cu-Salz durch 5std. Erhitzen auf 210—215°; 85%. — *6-Nitroindol*, a) durch 3std. Erhitzen von 6-Nitroindol-3-carbonsäure (**VI**) in Chinolin auf 145 bis 150°; 90%; b) nach **B** aus **VI** u. **VI**-Cu-Salz durch 1½ std. Erhitzen auf 125—130°; 86%. J. Pfirschke. 3081◇

Äthylidenacetale von Cyclohexan-cis- und -trans-1.2-diol. R. I. T. Cromartie und Y. K. Hamied. (J. chem. Soc. [London] **1961**, 3622—24, Sept.; Cambridge, Univ., Chem. Labor.; engl.) — Die *Äthylidenacetale* von *cis-* u. *trans-Cyclohexandiol-(1.2)* werden dargestellt u. ihre KMR-Spektren aufgenommen. Das trans-Isomere ist die stabilere Verbindung.

Versuche: *cis-2-Methylhexahydro-1.3-benzodioxolan*, $C_8H_{14}O_2$, Kp.$_{18}$ 64°, a) durch 2std. Kochen von cis-Cyclohexandiol-(1.2) (**I**), Acetaldehyddiäthylacetal u. Benzoylchlorid; n_D^{20} 1,4510; 68% (Ausbeute); b) durch 2std. Kochen von **I**, Acetaldehyd u. H_3PO_4; 36%; c) durch 2std. Erwärmen von **I**, Vinylacetat, Hg-Acetat u. $HgSO_4$ auf 40°; 53%; d) durch Einleiten von SO_2 durch eine Lsg. von **I** u. Diazomethan in Ae. bei —5° über Nacht, ½ std. Kochen, Eindampfen u. 2std. Kochen mit Acetaldehyd u. Benzoylchlorid; 41%. — *trans-2-Methylhexahydro-1.3-benzodioxolan*, $C_8H_{14}O_2$, Kp.$_{18}$ 70°, a) durch 6std. Kochen von trans-Cyclohexandiol-(1.2), Acetaldehyddiäthylacetal u. Benzoylchlorid; n_D^{20} 1,4418; 49%; b) analog vorst. Verb. nach d); 25%. — *trans-2.3a-Dimethylhexahydro-1.3-benzodioxolan*, $C_9H_{16}O_2$, Kp.$_{18}$ 75—76°, durch 5std. Kochen von trans-1-Methylcyclohexandiol-(1.2) mit Benzoylchlorid u. Acetaldehyddiäthylacetal; n_D^{20} 1,4635; 50%. — *cis-2.3a-Dimethylhexahydro-1.3-benzodioxolan*, Kp.$_{18}$ 65°, aus cis-1-Methylcyclohexandiol-(1.2), analog vorst. Verb.; n_D^{20} 1,4472; 47%. W. Hampel. 3102□

Über die Einwirkung von Diazoalkanen auf o-Chinone und 1.2-Diketone. Alexander Schönberg und Günther Schütz. (Chem. Ber. **95**, 2386—94, herausgeg. 8/10. 1962; Berlin, TU, Fak. für Allg. Ing.-Wissenschaften; dt.) — Tetrachlor-o-benzochinon (**I**), 4-[Triphenylmethyl]-benzochinon-(1.2) (**II**) bzw. 4.7-Phenanthrolinchinon-(5.6) (**IV**) reagieren mit CH_2N_2 bzw. Phenyl- (**III**) bzw. Diphenyldiazomethan (**V**) zu *1.3-Dioxolen* (**A**). Für diese Strukturen u. gegen die Bldg. von 2.2-Oxidomethanohexadienon-Derivv. bzw. -analogen spricht die Abwesenheit von Carbonylbanden in den IR-Spektren (Abb. des IR-Spektrums des Prod. aus **I** u. **III**). In Dimethylsulfoxid reagiert **IV** mit **III** in PAe. unter Bldg. eines violetten, krist. Zwischenprod. $C_{21}H_{18}N_2 \cdot O_3S$ (?), das erst beim Erwärmen *2-Phenyl-1.3-dioxolo-[4.5:f]-4.7-phenanthrolin* gibt. Die Prodd. der Rk. von Phenanthrenchinon-(9.10) (**VI**) u. **III** bzw. **V** bzw. 9-Diazofluoren (**VII**) weisen IR-Banden im Carbonylbereich auf, die aber wegen ihrer geringen Intensität als Vinylätherbanden betrachtet werden. Da auch ihre UV-Spektren, die Spaltung der Prodd. mit Dioxan/konz. HCl zu *9.10-Dihydroxyphenanthren* u. ihre Stabilität gegen $LiAlH_4$ u. höhere Temp. gegen die Formulierung von 9.9-Methylenoxy-9.10-dihydro-10-oxophenanthrenen sprechen, werden die Verbb. ebenfalls als **A** betrachtet. — Benzil (**VIII**) u. **III** liefern *1.1.4.4-Tetraphenylbutandion.* — Abb. der IR-Spektren von *2.2-Diphenylphenanthro-[9.10:d]-1.3-dioxol* (**IX**), des Prod. aus **VI** u. **V**, u. von 9.10-Dihydro-9.9-dimethyl-10-oxophenanthren sowie der UV-Spektren von **IX** u. 9.10-Dihydro-9.9^1-oxido-9-methyl-10-oxophenanthren.

Versuche: 1.3-Benzodioxole: *2-Phenyl-4.5.6.7-tetrachlor-*, $C_{13}H_6Cl_4O_2$, F. 119 bis 120° (A.), aus **I** in Methanol u. **III** in PAe. bei Raumtemperatur. — *2-Phenyl-5-[triphenylmethyl]-*, $C_{32}H_{24}O_2$, F. 170° (A.), aus 0,5 g **II** in Chlf. u. **III** in PAe. bei Raum-Temp. (2 Std.); 520 mg (Ausbeute). — *2.2-Diphenyl-5-[triphenylmethyl]-*, $C_{38}H_{28}O_2$, F. 264—265°, nach Fieser u. Hartwell [1935] durch Erwärmen auf 80—100° im Hochvakuum, nach Umkristallisieren aus Dioxan. — Phenanthro-[9.10;d]-1.3-dioxole: *2-Phenyl-*, $C_{21}H_{14}O_2$, F. 124—125° (A.), aus 1 g **VI** in Dimethylsulfoxid u. **III** in PAe.; 820 mg. — *2.2-Diphenyl-* (**IX**), nach Schönberg u. Mustafa (J. chem. Soc. [London] **1946,** 746). — *2.2-[o.o'-Biphenylen]-*, $C_{27}H_{16}O_2$, F. 267—269°, durch Rk. von 2,08 g **VI** in Dimethylsulfoxid u. **VII** bei Raum-Temp., Zugabe von abs. Ae. u. 5tägiges Stehen; aus Xylol gelb; 580 mg. — *Phenanthrenchinon-(9.10)* (**VI**), a) durch 1std. Kochen vorst. Verb. in sd. Dioxan/konz. HCl, Eindampfen u. Zusatz von A.; daneben *Fluorenon,* aus der Mutterlauge; b) durch ½std. Kochen von 100 mg drittvorst. Verb. in sd. Dioxan/konz. HCl, Eindampfen, Ausetzen von A. u. 24std. Stehen an der Luft; c) analog b) aus vorvorst. Verb.; daneben *Benzophenon-2.4-dinitrophenylhydrazon,* durch Eindampfen des alkohol. Auszugs, Behandeln mit $NaHSO_3$ u. Zusetzen von A. u. 2.4-Dinitrophenylhydrazin. — 1.3-Dioxolo-[4.5:f]-4.7-phenanthroline: *2-Phenyl-*, $C_{19}H_{12}N_2O_2$, F. 206—208°, aus 2,1 g **IV** in Dimethylsulfoxid u. **III** unter Kühlen (2 Std.) über *Verb.* $C_{21}H_{18}N_2O_3S$ [F. 134° (Zers.), violett; 2,4 g] durch Erhitzen von 200 mg des Prod. auf 150° (einige Min.) u. Auskochen mit A.; aus Xylol gelb; 115 mg. — *2.2-Diphenyl-*, $C_{25}H_{16}N_2O_2$, F. 273—274°, aus **IV** in Dimethylsulfoxid u. **V** in Ligroin durch Stehen über Nacht; gelb; 90%. — *4.7-Phenanthrolinchinon-(5.6)* (**IV**), a) aus vorst. Verb. in sd. Dioxan/konz. HCl durch 1std. Kochen, Lösen des Rückstandes in W. u. Erhitzen des Nd. an der Luft; daneben *Benzophenon-2.4-dinitrophenylhydrazon,* durch Eindampfen der Lsg., Lösen in A. u. Zusetzen von 2.4-Dinitrophenylhydrazin; b) analog a) aus drittvorst. Verb.; daneben *Benzaldehyd-2.4-dinitrophenylhydrazon.* — *1.1.4.4-Tetraphenylbutandion-(2.3)*, $C_{28}H_{22}O_2$, F. 131—133°, aus **VIII** in Methanol u. **III** in PAe. (2 Std.); aus Methanol gelb; 31%. *Monoxim,* F. 184—185°. — *Diphenylessigsäure,* F. 144—146°, durch Oxydation vorst. Verb. mit H_2O_2/Eisessig; 70%. H. Gleinig. 3102□

Oxazolsynthese. H. Bredereck und R. Bangert. (Angew. Chem. **74,** 905, 21/11. 1962; Stuttgart, TH, Inst. für Organ. Chem. u. Organ.-Chem. Technol.; dt.) — Hydroxyketobernsteinsäureester oder deren isomere Endiole lieferten mit $HCONH_2$ bei 100—120° *Oxazoldicarbonsäure-(4.5)-dialkylester* [60—70% (Ausbeute)]. Diese ließen sich mit wss. $Ba(OH)_2$ bei 50—70° oder mit äther.-alkohol. NaOH bei Raum-Temp. zum *Ba-* bzw. *Di-Na-Salz* der *Oxazoldicarbonsäure-(4.5)* verseifen (nahezu 100%). Erhitzen der wasserfreien Salze in Chinolin mit Chinolinsulfat in Ggw. von CuO oder Cu-Pulver gab *Oxazol* (50—70%). J. Rothe. 3132◇

Einige neue 2-Arylimino-3-aryl-5-methylthiazolidone-(4) und 3-Aryl-5-methylthiazolidindione-(2.4). P. N. Bhargava und Phulgan Ram. (J. Indian chem. Soc. **38,** 127—29, Febr. 1961; Varanasie, B.H.U., Coll. of Sci., Chem. Dep.; engl.) — Neun neue *3-Aryl-2-arylimino-5-methylthiazolidone-(4)* werden dargestellt u. 12 neue *3 Aryl-5-methylthiazolidindione-(2.4)* werden synthetisiert. Die Prodd. ihrer Zers. u. Hydrolyse werden identifiziert.

Versuche: 5-Methylthiazolidone-(4): *3-Phenyl-2-phenylimino-* (**I**), $C_{16}H_{14} \cdot N_2OS$, F. 105° (A.), durch 5std. Kochen von N.N'-Diphenylthioharnstoff, α-Chlorpropionsäure u. geschmolzenem Na-Acetat in A.; gibt durch 3std. Kochen mit 1n äthanol. KOH u. Gießen in W. *N.N'-Diphenylharnstoff* [F. 238—239° (A.)] u. *α-Methylmercaptoglykolsäure* (nachgewiesen durch die grünlichblaue Farbe mit Nitroprussid-Na im Filtrat). — *3-[o-Tolyl]-2-[o-tolylimino]-*, $C_{18}H_{18}N_2OS$, F. 110°, analog **I** (6 Std.). —

3-[m-Tolyl]-2-[m-tolylimino]-, $C_{18}H_{18}N_2OS$, F. 98°; 6 Std.; gelbe Substanz. — *3-[p-Tolyl]-2-[p-tolylimino]-*, $C_{18}H_{18}N_2OS$, F. 160°; 8 Stunden. — *3-[m-Chlorphenyl]-2-[m-chlorphenylimino]* $C_{16}H_{12}Cl_2N_2OS$, F. 122°; 6 Stunden. — *3-[o-Methoxyphenyl]-2-[o-methoxyphenylimino]-*, $C_{18}H_{18}N_2O_3S$, F. 150°; 6 Stunden. — *3-[o-Äthoxyphenyl]-2-[o-äthoxyphenylimino]-*, $C_{20}H_{22}N_2O_3S$, F. 130°; 6 Stunden. — *3-[p-Äthoxyphenyl]-2-[p-äthoxyphenylimino]-*, $C_{20}H_{22}N_2O_3S$, F. 108°; 6 Std.; braun. — *3-[β-Naphthyl]-2-[β-naphthylimino]-*, $C_{24}H_{18}N_2OS$, F. 184°; 18 Std.; braun. — 5-Methylthiazolidindione-(2.4): *3-Phenyl-*, $C_{10}H_9NO_2S$, F. 80° (A.), a) durch 6std. Kochen von I mit A./konz. HCl (15 : 5); b) durch 3std. Kochen von N.N'-Diphenylthioharnstoff u. α-Chlorpropionsäure in Eisessig, Gießen in kaltes W. u. mehrstd. Stehen; gibt durch 3std. Kochen mit 40%ig. KOH *Anilin.* — *3-[o-Tolyl]-*, $C_{11}H_{11}NO_2S$, F. 105°, analog vorst. Verb. (3 Std.); rosa. — *3-[m-Tolyl]-*, $C_{11}H_{11}NO_2S$, F. 120°; 3 Std.; braun. — *3-[p-Tolyl]-*, $C_{11}H_{11}NO_2S$, F.140°; 5 Stunden. — *3-[m-Chlorphenyl]-*, $C_{10}H_8ClNO_2S$, F. 120°; 3 Stunden. — *3-[p-Chlorphenyl]-* $C_{10}H_8ClNO_2S$, F. 160°; 5 Stunden. — *3-[o-Methoxyphenyl]-*, $C_{11}H_{11}NO_3S$, F. 125°; 3 Std.; braun. — *3-[p-Methoxyphenyl]-*, $C_{11}H_{11}NO_3S$, F. 180°; 3 Std.; braun. — *3-[o-Äthoxyphenyl]-*, $C_{12}H_{13}NO_3S$, F. 130°; 4 Stunden. — *3-[p-Äthoxyphenyl]-*, $C_{12}H_{13}NO_3S$, F. 70°; 3 Stunden. — *3-[α-Naphthyl]-*, $C_{14}H_{11}NO_2S$, F. 72°; 12 Std.; braun. — *3-[β-Naphthyl]-*, $C_{14}H_{11}NO_2S$, F. 69°; 12 Std.; braun. P. Golinske. 3142◇

Mögliche antituberkulöse Verbindungen. 10. Mitt. Darstellung von N-[Thiazolyl-(2)]- und N-[Benzimidazolyl-(6)]-carbonsäureamidinen. Vinay S. Misra und Md. Imitiaz Husain. (J. Indian chem. Soc. **37,** 710—12, Nov. 1960; Lucknow, Univ., Dep. of Chem., Organ. Branch; engl.) — 9. vgl. C. **1963,** 5816. — Mehrere *N-[Thiazolyl-(2)]-* u. *N-[Benzimidazolyl-(6)]-carbonsäureamidine* werden dargestellt, um ihre tuberkulostat. Aktivität zu prüfen.

Versuche: N-[Thiazolyl-(2)]-carbonsäureamidine, durch 25std. Kochen von 2-Aminothiazol, Na u. dem entsprechenden Nitril in abs. Bzl. unter Feuchtigkeitsausschluß, Zers. mit A. u. Reinigen über das Lactat: *-o-toluylsäureamidin*, $C_{11}H_{11}N_3S$, F. 205—207°; aus Aceton dunkelbraunes Pulver; 58% (Ausbeute). — *-m-toluylsäureamidin*, $C_{11}H_{11}N_3S$, F. 133° (Zers.); aus Chlf./PAe. braunes Pulver; 14%. — *-p-tolyulsäureamidin*, $C_{11}H_{11}N_3S$, F. >280°; aus Aceton braunes Pulver; 7%. — *-α-naphthoesäureamidin*, $C_{14}H_{11}N_3S$, F. 177° (Zers.); aus Aceton braunes Pulver; 35%. — *-β-naphthoesäureamidin*, $C_{14}H_{11}N_3S$, F. 160°; aus A. braunes Pulver; 32%. — *-p-chlorbenzoesäureamidin*, $C_{10}H_8ClN_3S$, F. 118—119°; aus A. braune Kristalle; 88%. — *-p-äthoxybenzoesäureamidin*, $C_{12}H_{13}N_3OS$, F. >270°; aus A. braunes Pulver; 17%. — *Benzimidazolyl-(6)-ammoniumbenzolsulfonat*, $C_{13}H_{13}N_3O_3S$, F. 232—233° (Dioxan), durch 6std. Hydrieren von 6-Nitrobenzimidazol in abs. Dioxan bei 60 lbs./sq.in./50—60° am Adams-Kontakt u. Zutropfen von Benzolsulfonsäure in abs. Methanol; 98%. — N-[Benzimidazolyl-(6)]-carbonsäureamidinbenzolsulfonate, durch Schmelzen vorst. Verb. mit den entsprechenden Säurenitrilen bei 225—230° u. Behandeln mit Aceton oder Ae.: *-benzoesäure-*, F. 224—226°; aus Aceton braunes Pulver; 46%. — *-o-toluylsäure-*, F. 210°; aus Aceton braunes Pulver; 57%. — *-m-toluylsäure-*, F. 207°; aus Aceton dunkelbraunes Pulver; 50%. — *-p-toluylsäure-*, F. 145° (Zers.); aus Aceton braunes Pulver; 57%. — *-α-naphthoesäure-*, F. 136° (Zers.); aus Ae. schwarzes Pulver; 66%. — *-β-naphthoesäure-*, F. 164—165°; aus Aceton braunes Pulver; 86%. — *-p-chlorbenzoesäure-*, F. 201—202°; aus Aceton braunes Pulver; 55%. — *-p-äthoxybenzoesäure-*, F. 168—170°; aus A. braunes Pulver; 13%. — N-[Benzimidazolyl-(6)]-carbonsäureamidine, durch Alkalisieren der entsprechenden Benzolsulfonate: *-benzoesäureamidin*, $C_{14}H_{12}N_4$, F. >270°; aus A. schwarzes Pulver; 13%. — *-o-toluylsäureamidin*, $C_{15}H_{14}N_4$, F. >270°; aus A. schwarzes Pulver; 30%. — *-m-toluylsäureamidin*, $C_{15}H_{14}N_4$, F. 183—184°; aus Chlf./PAe. schwarzes Pulver; 12%. — *-p-toluylsäureamidin*, $C_{15}H_{14}N_4$, F. >275°; aus A. dunkelbraunes Pulver; 25%. — *-α-naphthoesäureamidin*, $C_{18}H_{14}N_4$, F. >270°; aus Chlf./PAe. schwarzes Pulver; 26%. — *-β-naphthoesäureamidin*, $C_{18}H_{14}N_4$, F. 202—203°; aus A. graues Pulver; 39%. — *-p-chlorbenzoesäureamidin*, $C_{14}H_{11}ClN_4$, F. >270°; aus Chlf./PAe. dunkelbraunes Pulver; 17%. — *-p-äthoxybenzoesäureamidin*, $C_{16}H_{16}N_4O$, F. >270°; aus A. schwarzes Pulver; 39%. P. Golinske. 3142◇

Zur Kenntnis der 1.2.4-Triazolone. 3. Mitt. Über die Bildung von substituierten 1.2.4-Triazolonen-(5) aus N-Aryl-N'-ureidoamidinen. Heinz Gehlen, Johannes Dost und Josef Cermak. (Liebigs Ann. Chem. **639,** 100—02, 1961; Potsdam, Pädagog. Hochschule, Chem. Inst.; dt.) — 2. vgl. C. **1952,** 7172. — Beim Schmelzen oder alkal. Verkochen gehen N-Aryl-N'-ureidoamidine unter NH_3-Entw. in substituierte Triazolone über. — Folgende 1.2.4-Triazolon-(5)-Derivv. wurden dargestellt: *3-Methyl-4-phenyl-*, $C_9H_9N_3O$, F. 154° (A./W.). — *3-Äthyl-4-phenyl-*, $C_{10}H_{11}N_3O$, F. 128° (A./W.). — *3-n-Propyl-4-phenyl-*, $C_{11}H_{13}N_3O$, F. 134° (A./W.). — *3-Methyl-4-[p-tolyl]-*, $C_{10}H_{11}N_3O$,

F. 178° (A./W.). — *3-Äthyl-4-[p-tolyl]-*, $C_{11}H_{13}N_3O$, F. 157° (W.). — *3-Methyl-4-[p-chlorphenyl]-*, $C_9H_8ClN_3O$, F. 176° (W.). — *3-Äthyl-4-[p-chlorphenyl]-*, $C_{10}H_{10}ClN_3O$, F. 170° (W.). — *3-Methyl-4-[m-tolyl]-*, $C_{10}H_{11}N_3O$, F. 188° (W.). — *3-Methyl-4-[m-chlorphenyl]-*, $C_9H_8ClN_3O$, F. 221,5° (W.). M. Gehlen-Keller. 3153□

Zur Kenntnis der 2-Amino-1.3.4-oxdiazole. 7. Mitt. Aminoguanidine und Arylureidoamidine aus Arylaminhydrochloriden mit 5-Alkyl(Aryl)-2-amino-1.3.4-oxdiazolen. Heinz Gehlen, Johannes Dost und Josef Cermak. (Liebigs Ann. Chem. **638**, 141—49, Dez. 1960; Potsdam, Pädagog. Hochschule, Chem. Inst.; dt.) — 6. vgl. C. **1961**, 6143. — Anilin, p- u. m-Toluidin sowie p- u. m-Chloranilin reagieren in sd. organ. Lsgm. (Aceton, Methyläthylketon) mit 5-Alkyl- bzw. 5-Aryl-2-amino-1.3.4-oxdiazolen unter Bldg. von *1-Acyl-4-aryl-[aminoguanidinen]* (**A**) bzw. *N-Aryl-N'-ureidoamidinen* (**B**). Bei mittlerer Größe des Alkylrestes am Aminooxdiazol werden **A** u. **B** nebeneinander gebildet. 2-Amino-5-methyl-1.3.4-oxdiazol liefert nur **B**, Isobutyl-, n-Amyl-, Benzyl- u. Phenylaminooxdiazol nur **A**. Die Rk.-Prodd. sind wasserlösl. Hydrochloride, die mit Alkalilaugen oder konz. $KHCO_3$ in W. die meist weniger lösl. freien Basen geben, die aus A. umkrist. werden. Die FF. der Basen sind wegen der gleichzeitigen Umwandlung in Triazole u. Triazolone nicht immer scharf. Die Basizität sinkt mit steigendem Molgew. des Acylrestes. Aus den Basen werden die *Hydrochloride* in absol. A. oder Dioxan mit äther. HCl leicht rein erhalten. Verbb. vom Typ **A** bilden mit Benzaldehyd *Benzalverbindungen*.

Versuche: N-Aryl-N'-ureidoacetamidine: *N-Phenyl-*, $C_9H_{12}N_4O$, F. 149° (A.); 45%. Hydrochlorid, $C_9H_{12}N_4O \cdot HCl$, F. 189—190° (A.), durch 3std. Kochen von 5-Methyl-2-amino-1.3.4-oxdiazol (**IX**) u. Anilinhydrochlorid (**IV**) in Methyläthylketon unter Rühren (Meth. **C**); 55%. — *N-[p-Tolyl]-*, $C_{10}H_{14}N_4O$, F. 171—174° (A.); 14%. *Hydrochlorid* (**V**), $C_{10}H_{14}N_4O \cdot HCl$, F. 196—197°, aus **IX** u. p-Toluidinhydrochlorid (**VI**) nach **C**; 24%. — *N-[p-Chlorphenyl]-*, $C_9H_{11}ClN_4O$, F. 163—165° (A.); 18%. *Hydrochlorid*, F. 207—208°, aus p-Chloranilinhydrochlorid (**VII**) u. **IX** nach **C** 4 Std.; 18%; daneben *1-Acetyl-4-[p-chlorphenyl]-[aminoguanidin]*, $C_9H_{11}ClN_4O$, F. 168—170° (A.), durch Extraktion mit W.; 13% (*Hydrochlorid*, F. 231—232°). — *N-[m-Tolyl]-*, $C_{10}H_{14}N_4O$, F. 152° (A.); 12%. *Hydrochlorid*, F. 175—178°, aus m-Toluidinhydrochlorid (**I**) u. **IX** nach **C** in Aceton 6 Std.; 16%. — *N-[m-Chlorphenyl]-*, $C_9H_{11}ClN_4O$, F. 134—135° (A.), aus m-Chloranilinhydrochlorid (**VIII**) u. **IX** nach **C** 4 Std. u. Behandeln mit $KHCO_3$; 7%; daneben aus Aceton 6% *1-Acetyl-4-[m-chlorphenyl]-[aminoguanidin]* [$C_9H_{11}ClN_4O$, F. 175 bis 178° (A.). *Hydrochlorid*, F. 175—178°, unter Wasserabspaltung u. Wiedererstarren entstehen Nadeln vom F. 260°] u. *3-Methyl-4-[m-chlorphenyl]-1.2.4-triazolon-(5)*. — *N-Phenyl-N'-ureidopropionamidin*, $C_{10}H_{14}N_4O$, F. 156° (A.); 30%. *Hydrochlorid* (**II**), $C_{10}H_{14}N_4O \cdot HCl$, F. 203—204° (A.), aus 5-Äthyl-2-amino-1.3.4-oxdiazol (**X**) u. **IV** in 5 Std. nach **C**; 42%. — *N-Phenyl-N'-ureidobutyramidin*, $C_{11}H_{16}N_4O$, F. 104—106° (A./W.); 16%. *Hydrochlorid* (**III**), $C_{11}H_{16}N_4O \cdot HCl$, F. 208—210° (A.), aus 5-[n-Propyl]-2-amino-1.3.4-oxdiazol (**XI**) u. **IV** in 25 Min. nach **C**; 20%. — 1-Acyl-4-phenyl-[aminoguanidine]: *1-Propionyl-*, $C_{10}H_{14}N_4O$, F. 142° (A.); 11%. *Hydrochlorid*, F. 170—172° (A.), aus **II** durch 3tägiges Stehen; 14%. — *1-Butyryl-*, $C_{11}H_{16}N_4O$, F. 164—166° (A.); 15%. *Hydrochlorid*, F. 158—160° (A.), aus **III** durch 3tägiges Stehen; 20%. *Benzal-Verb.*, $C_{18}H_{20}N_4O$, F. 180° (70%ig. A.), (allg. Darstellung) durch Erhitzen von 1-Acyl-4-aryl-[aminoguanidin] bzw. des entsprechenden Hydrochlorids mit Benzaldehyd in Ae.; 70—80% Rohausbeuten. — *1-Isovaleryl-*, $C_{12}H_{18}N_4O$, F. 174° (A.); 40%. *Hydrochlorid*, $C_{12}H_{18}N_4O \cdot HCl$, F. 166—168° (A.), aus 5-Isobutyl-2-amino-1.3.4-oxdiazol (**XII**) u. **IV** in 7 Std. nach **C**; 45%. *Benzal-Verb.*, $C_{19}H_{22}N_4O$, F. 192° (70%ig. A.). — *1-Capronyl-*, $C_{13}H_{20}N_4O$, F. 149° (A.), aus 5-[n-Amyl]-2-amino-1.3.4-oxdiazol u. **IV** in 7 Std. nach **C**; 24%. — *1-Phenacetyl-*, $C_{15}H_{16}N_4O$, F. 155° (A.), aus 5-Benzyl-2-amino-1.3.4-oxdiazol u. **IV** in 7 Std. nach **C**; 45%. *Hydrochlorid*, $C_{15}H_{16}N_4O \cdot HCl$, F. 192—194° (A.); 3,5 g u. vermutlich die dimorphe Form, F. 183—184° (A.); 4 g. *Benzal-Verb.*, $C_{22}H_{20}N_4O$, F. 172° (70%ig. A.). — *1-Benzoyl-*, $C_{14}H_{14}N_4O$, F. 159° (A.); 25%. *Hydrochlorid*, $C_{14}H_{14}N_4O \cdot HCl$, F. 202—205° (A.), Sublimation ab 185°, aus 5-Phenyl-2-amino-1.3.4-oxdiazol (**XIII**) u. **IV** in 8 Std. nach **C**; 27%. — 1-Acyl-4-[p-tolyl]-[aminoguanidine]: *1-Acetyl-*, $C_{10}H_{14}N_4O$, F. 155—158° (A.); 18%. *Hydrochlorid*, F. 216—218°, nach **V**. *Benzal-Verb.*, $C_{17}H_{18}N_4O$, F. 185—188° (A./W.). — *1-Propionyl-*, $C_{11}H_{16}N_4O$, F. 146—147° (A.); 15%. *Hydrochlorid*, F. 185—188°, aus **X** u. **VI** in 7 Std. nach **C**; 22%. — *1-Butyryl-*, $C_{12}H_{18} \cdot N_4O$, F. 168—171° (A.); 45%. *Hydrochlorid*, F. 183—185°, aus **XI** u. **VI** in 8 Std. nach **C**; 37%. *Benzal-Verb.*, $C_{19}H_{22}N_4O$, F. 193—195°. — *1-Isovaleryl-*, $C_{13}H_{20}N_4O$, F. 190—193° (A.); 35%. *Hydrochlorid*, F. 160—165°, aus **XII** u. **VI** in 5 Std. nach **C**; 50%. *Benzal-Verb.*, $C_{20}H_{24}N_4O$, F. 225. — *1-Benzoyl-*, $C_{15}H_{16}N_4O$, F. 196—197° (A.); 27%. *Hydrochlorid*, $C_{15}H_{16}N_4O \cdot HCl$, F. 230—232° (Dioxan), aus **XIII** u. **VI** in 8 Std. nach **C**; 42%. —

1-Acyl-4-[p-chlorphenyl]-[aminoguanidine]: *1-Propionyl-*, $C_{10}H_{13}ClN_4O$, F. 160 bis 165° (A.); 39%. *Hydrochlorid*, F. 210—213°, aus **X** u. **VII** in 2 Std. nach **C**; 50%. — *1-Butyryl-*, $C_{11}H_{15}ClN_4O$, F. 175—176° (A.); 47%. *Hydrochlorid*, F. 211—213°, aus **XI** u. **VII** in 4 Std. nach **C**; 45%. *Benzal-Verb.*, $C_{18}H_{19}ClN_4O$, F. 204—206° (A.). — *1-Isovaleryl-*, $C_{12}H_{17}ClN_4O$, F. 190—195° (A.); 24%. *Hydrochlorid*, $C_{12}H_{17}ClN_4O \cdot HCl$, F. 215 bis 216°, aus **XII** u. **VII** nach **C**; 42%. *Benzal-Verb.*, F. 197—198° (A.). — *1-Benzoyl-*, $C_{14}H_{13}ClN_4O$, die aus HCl-Lsg. oder A. umkrist. Substanz wandelt sich bei 190—200° unter Wasserabgabe in Nadeln vom F. 275° um. *Hydrochlorid*, $C_{14}H_{13}N_4O \cdot HCl$, F. 247—250° (Dioxan), aus **XIII** u. **VII** in 4 Std. nach **C**; 50%. — 1-Acyl-4-[m-tolyl]-[aminoguanidine]: *1-Butyryl-*, $C_{12}H_{18}N_4O$, F. 142—144° (A.), aus **XI** u. **I**; 38%. *Benzal-Verb.*, $C_{19}H_{22}N_4O$, F. 171° (A.). — *1-Isovaleryl-*, $C_{13}H_{20}N_4O$, F. 172—174° (A.), aus **XII** u. **I** in 5 Std. nach **C**; 8%. — *1-Benzoyl-*, $C_{15}H_{16}N_4O$, F. 164—167° (A.). *Hydrochlorid*, F. 220 bis 233° (Dioxan). — 1-Acyl-4-[m-chlorphenyl]-[aminoguanidine]: *1-Butyryl-*, $C_{11}H_{15}ClN_4O$, F. 148—149° (A.); 16%. *Hydrochlorid*, F. 175—180°, aus **XI** u. **VIII** in 5 Std. nach **C**; 20%. *Benzal-Verb.*, $C_{18}H_{19}ClN_4O$, F. 195—196° (A.). — *1-Benzoyl-* $C_{14}H_{13}ClN_4O$, F. 175—178°; 13%. *Hydrochlorid*, F. 224—225° (Dioxan), aus **XIII** u. **VIII** nach **C**; 30%. M. Gehlen-Keller. 3163□

Zur Kenntnis der 2-Amino-1.3.4-oxdiazole. 8. Mitt. **Bildung von 2-Amino-5-aminoalkyl-1.3.4-oxdiazolen und deren Umwandlung in 1.2.4-Triazole und Triazolone.** Heinz Gehlen und Gerd Blankenstein. (Liebigs Ann. Chem. **651**, 128—32, 27/3. 1962; dt.) — 7. vgl. vorst. Referat. — Bei der Einw. von BrCN auf acetylierte Aminosäurehydrazide bilden sich substituierte *2-Amino-1.3.4-oxdiazole* (**A**), die bei der Umsetzung mit prim. Aminen die entsprechenden *Amino-1.2.4-triazole* liefern. Aus den **A** entstehen in einigen Fällen beim alkal. Verkochen Triazolone.

Versuche: 2-Amino-1.3.4-oxdiazole: *5-Benzamidomethyl-*, (**I**), $C_{10}H_{10}N_4O_2$, F. 191°, durch 5std. Rühren von Hippursäurehydrazid u. BrCN in wss. $KHCO_3$-Lsg.; aus W. oder A. Prismen; 81,5% (Ausbeute). *Benzoylverb.*, $C_{17}H_{14}N_4O_3$, F. 230°, a) durch Stehen von **I** mit Benzoylchlorid in Pyridin; aus A. Nadeln; 73%; b) durch 10 Min. langes Erhitzen von **II** auf 100° analog a); 50%. *Phthalylverb.*, $C_{18}H_{12}N_4O_4$, F. 193°, durch 10 Min. langes Erhitzen von **I** u. Phthalsäureanhydrid auf 180°; aus A. gelbes Kristallpulver; 21%. — *5-[α-Benzamidoäthyl]-*, $C_{11}H_{12}N_4O_2$, F. 242°, analog **I** aus α-Benzamidopropionsäurehydrazid; aus W. Blättchen; 90%. *Benzoylverb.*, $C_{18}H_{16}N_4O_3$, F. 207°; aus A. Nadeln; 43%. — *5-[β-Benzamidoäthyl]-*, $C_{11}H_{12}N_4O_2$, F. 194°, analog **I** aus β-Benzamidopropionsäurehydrazid; aus A. Blättchen; 81,5%. — *5-[p-Toluolsulfaminomethyl]-*, (**III**), $C_{10}H_{12}N_4O_3S$, F. 206°, durch 5std. Stehen von Tosylglycinhydrazid, BrCN u. $KHCO_3$ in 50%ig. A.; aus A. Nadeln; 86%. *Dibenzoylverb.*, $C_{24}H_{20}N_4O_5S$, F. 191°; aus A. Nadeln; 39%. — *5-[α-(p-Toluolsulfamino)-äthyl]-* (**IV**), $C_{11}H_{14}N_4O_3S$, F. 221°, analog **III** aus α-Tosylaminopropionsäurehydrazid; aus 50%ig. A. Blättchen oder Nadeln; 90%. — *5-[β-(p-Toluolsulfamino)-äthyl]-* (**V**), $C_{11}H_{14}N_4O_3S$, F. 184°, analog **III** aus β-Tosylaminopropionsäurehydrazid; aus A. Nadeln; 91%. — *5-Acetamidomethyl-*, $C_5H_8N_4O_2$, F. 198°, aus Acetamidoessigsäurehydrazid analog **I**; aus W. oder A. Nadeln oder Prismen; 76%. *Benzoylverb.*, $C_{12}H_{12}N_4O_3$, F. 222°; aus A. Nadeln; 32%. *Phthalylverb.*, $C_{13}H_{10}N_4O_4$, F. 225°; aus A. Prismen; 30%. — *5-Aminomethyl-* (**II**), $C_3H_6N_4O$, F. 178°, durch Verreiben des Dihydrochlorides mit Kristallsoda, Zugabe von A., Eindampfen im Vakuum u. Extrahieren mit A.; aus abs. A. Prismen; 58%. *Dihydrochlorid*, $C_3H_8Cl_2N_4O$, F. 155° (Zers.), durch Sättigen einer abs. äthanol. Lsg. vorst. Verb. mit HCl u. 1½ std. Kochen; 80%. *Diphthalylverb.*, $C_{19}H_{10}N_4O_5$, F. 214° (wss. Dioxan); 25%. — 3-Phenylamino-1.2.4-triazole, durch 1std. Erhitzen vorst. Verbb. mit Anilin in Ggw. von 20%ig. HCl auf 180° u. Verreiben mit A.: *5-Benzamidomethyl-*, $C_{16}H_{15}N_5O$, F. 252° (verd. A.); 26%. — *5-[α-Benzamidoäthyl]-*, $C_{17}H_{17}N_5O$, F. 281° (verd. A.); 39%. — *5-[β-Benzamidoäthyl]-*, $C_{17}H_{17}N_5O$, F. 253° (A.); 9%. — *5-[p-Toluolsulfaminomethyl]-*, $C_{16}H_{17}N_5O_2S$, F. 231° (A.); 24%. — *5-[α-(p-Toluolsulfamino)-äthyl]-*, $C_{17}H_{19}N_5O_2S$, F. 238° (A.); 52%. — *5-[β-(p-Toluolsulfamino)-äthyl]-*, $C_{17}H_{19}N_5O_2S$, F. 183° (A.); 33%. — *5-Acetamidomethyl-*, $C_{11}H_{13}N_5O$, F. 234° (verd. A.); 5%. — 5-Benzamidomethyl-1.2.4-triazole: *3-n-Butylamino-*, $C_{14}H_{19}N_5O$, F. 206° (A.), durch 2std. Erhitzen von **I** u. n-Butylamin auf 140° im Rohr; 22%. — *3-Äthanolamino-*, $C_{12}H_{15}N_5O_2$, F. 237° (W.), durch 3std. Kochen von **I** u. Äthanolamin; 36%. — 1.2.4-Triazolone-(5): *3-[p-Toluolsulfaminomethyl]-*, $C_{10}H_{12}N_4O_3S$, F. 261° (A.), durch 1std. Kochen von **III** mit 10%ig. KOH u. Ansäuern; 65%. — *3-[α-(p-Toluolsulfamino)-äthyl]-*, $C_{11}H_{14}N_4O_3S$, F. 220° (A.), aus **IV**; 83%. — *3-[β-(p-Toluolsulfamino)-äthyl]-*, $C_{11}H_{14}N_4O_3S$, F. 180° (W.), aus **V**; 39%.
W. Hampel. 3163□

Zur Kenntnis der 2-Amino-1.3.4-oxdiazole. 9. Mitt. **Oxydation von Aldehydsemicarbazonen zu 2-Amino-1.3.4-oxdiazolen und deren Übergang in 1-Acylsemicarbazide.** Heinz Gehlen und Klaus Möckel. (Liebigs Ann. Chem. **651**, 133—36,

27/3. 1962; dt.) — 8. vgl. vorst. Referat. — Die von Maggio u. Mitarbeiter (Ann. Chimica **50** [1960], 491) beschriebene Oxydation von Semicarbazonen aromat. Aldehyde zu *2-Amino-1.3.4-oxdiazolen* läßt sich auch auf aliphat. Aldehyde anwenden. Die Bldg. von *Acylsemicarbaziden* als Zwischenprodd. der Umwandlung von 2-Amino-1.3.4-oxdiazolen in 1.2.4-Triazolone durch alkal. Verkochen wird beschrieben.

Versuche: 2-Amino-1.3.4-oxdiazole: *5-Phenyl-* (I), F. 245° (A., Dioxan oder Pyridin), durch 2std. Kochen von Benzaldehydsemicarbazon mit J_2 in Sodalsg.; 81% (Ausbeute). *Hydrosulfat*, F. 181°. *Hydrochlorid*, F. 177°. — *5-[o-Hydroxyphenyl]-*, F. 205°; 49%. — *5-[o-Methoxyphenyl]-*, F. 178°; 70%. — *5-[o-Chlorphenyl]-*, F. 166°; 21%. — *5-Benzyl-*, F. 159°; 48%. — *5-Styryl-*, $C_{10}H_9N_3O$, F. 255—256°, durch 3std. Kochen von Zimtaldehydsemicarbazon mit J_2 in wss. Sodalsg.; aus Dioxan oder A. Prismen; 92%. — *5-[m-Hydroxyphenyl]-*, F. 244°; 52%. — *5-[p-Hydroxyphenyl]-*, F. 287°; 71%. — *5-[p-Methoxyphenyl]-*, F. 249°; 78%. — *5-[p-Chlorphenyl]-*, F. 274°; 57%. — *5-[p-Isopropylphenyl]-*, $C_{11}H_{13}N_3O$, F. 247°; 67%. — *5-[m-Nitrophenyl]-*, $C_8H_6N_4O_3$, F. 260° (Pyridin), a) durch 6std. Kochen von 7 g m-Nitrobenzaldehydsemicarbazon mit J_2 in wss. Sodalsg.; 5,6 g; b) analog durch ½std. Erhitzen mit Br_2; 90%. — *5-Isopropyl-*, F. 179—180°, durch Zugabe von Isobutyraldehydsemicarbazon zu einer Lsg. von J_2 in Sodalsg. in Ggw. von wenig KJ bei 50° u. Eindampfen; 19%. — *5-Äthyl-*, F. 179°; 11%. — Semicarbazide: *1-Benzoyl-*, $C_8H_9N_3O_2$, F. 226—227°, durch Kochen von I mit 10% ig. NaOH u. Ansäuern mit 10% ig. HCl; aus W. Platten; 54%. — *1-[p-Methoxybenzoyl]-*, F. 181°; 44%. — *1-[p-Chlorbenzoyl]-*, F. 224°; 46%. — *1-Cinnamoyl-*, F. 165°; 52%. — *1-Phenacetyl-*, F. 173°; 58%. — *1-Isovaleroyl-*, F. 122°; 36%.

W. Hampel. 3163□

Zur Kenntnis der 2-Amino-1.3.4-oxdiazole. 10. Mitt. **3-Alkoxy-1.2.4-triazole durch Alkoholyse von 2-Amino-1.3.4-oxdiazolen.** Heinz Gehlen und Gerd Blankenstein. (Liebigs Ann. Chem. **651**, 137—41, 27/3. 1962; dt.) — 9. vgl. vorst. Referat. — Durch Erhitzen von 2-Amino-1.3.4-oxdiazolen mit einer Lsg. von KOH in aliphat. Alkoholen entstehen die den Alkoholen entsprechenden *3-Alkoxy-1.2.4-triazole*, die sich in bekannter Weise in *1.2.4-Triazolone* umwandeln lassen.

Versuche: 5-Benzyl-1.2.4-triazole: *3-Methoxy-*, $C_{10}H_{11}N_3O$, F. 143° (W.), durch 1½ std. Kochen von 2-Amino-5-benzyl-1.3.4-oxdiazol mit methanol. KOH, Neutralisieren mit Essigsäure u. Eindampfen im Vakuum; 100% (Ausbeute). — *3-Äthoxy-*, $C_{11}H_{13}N_3O$, F. 135° (W.); 92%. — *3-n-Propoxy-*, $C_{12}H_{15}N_3O$, F. 108° (Bzn.); 89%. — *3-Isopropoxy-*, $C_{12}H_{15}N_3O$, F. 112° (verd. A.); 68%. — *3-n-Butoxy-*, $C_{13}H_{17}N_3O$, F. 73° (Bzn.); 38%. — *3-Isobutoxy-*, $C_{13}H_{17}N_3O$, F. 111,5° (wss. Methanol); 87%. — 5-Phenyl-1.2.4-triazole: *3-Methoxy-*, $C_9H_9N_3O$, F. 147° (Bzn.), durch 5std. Kochen; 38,2%. — *3-Äthoxy-*, $C_{10}H_{11}N_3O$, F. 121° (Bzn.); 80,5%. — *3-Isopropoxy-*, $C_{11}H_{13}N_3O$, F. 133° (verd. A.); 52,3%. — *3-Äthoxy-5-methyl-1.2.4-triazol*, $C_5H_9N_3O$, F. 132,5° (W.), analog vorst. Verbb. durch Fällen mit CO_2; 40,6%. — 5-Benzoylaminomethyl-1.2.4-triazole: *3-Methoxy-*, $C_{11}H_{12}N_4O_2$, F. 146° (W.); 70%. — *3-Äthoxy-*, $C_{12}H_{14}N_4O_2$, F. 153° (W.); 84%. — *3-Isopropoxy-*, $C_{13}H_{16}N_4O_2$, F. 148° (W.); 20,2%. — *5-[α-Benzoylaminoäthyl]-3-äthoxy-1.2.4-triazol*, $C_{13}H_{16}N_4O_2$, F. 164° (W.); 85%. — *3-Äthoxy-5-[β-benzoylaminoäthyl]-1.2.4-triazol*, $C_{13}H_{16}N_4O_2$, F. 197° (verd. Methanol); 85%. — 1.2.4-Triazole: *3-Äthoxy-5-p-toluolsulfaminomethyl-*, $C_{12}H_{16}N_4O_3S$, F. 152° (W.); 100%. — *3-Äthoxy-5-[α-(p-toluolsulfamino)-äthyl]-*, $C_{13}H_{18}N_4O_3S$, F. 166° (W.); 71%. — *3-Äthoxy-5-[β-(p-toluolsulfamino)-äthyl]-*, $C_{13}H_{18}N_4O_3S$, F. 119° (W.); 95%. — 1.2.4-Triazolone-(5): *3-[p-Toluolsulfaminomethyl]-*, $C_{10}H_{12}N_4O_3S$, F. 261° (A.), durch 10—15 Min. langes Erhitzen des entsprechenden Triazols mit konz. HCl u. Fällen mit K_2CO_3; 79%. — *3-[α-(p-Toluolsulfamino)-äthyl]-*, $C_{11}H_{14}N_4O_3S$, F. 220° (A.); 82,5%. — *3-[β-(p-Toluolsulfamino)-äthyl]-*, $C_{11}H_{14}N_4O_3S$, F. 180° (W.); 55%. — *3-Benzoylaminomethyl-*, $C_{10}H_{10}N_4O_2$, F. 273° (W.); 61%. — *3-[α-Benzoylaminoäthyl]-*, $C_{11}H_{12}N_4O_2$, F. 276° (A.); 84%. — *3-[β-Benzoylaminoäthyl]-*, $C_{11}H_{12}N_4O_2$, F. 243° (A.); 61,5%. — *3-Aminomethyl-*, $C_3H_6N_4O$, F. 198—200° (A.), durch Verreiben des Hydrochlorides mit krist. Soda; 68%. *Hydrochlorid*, $C_3H_7ClN_4O$, F. 259—262° (verd. A.), durch 2std. Kochen des entsprechenden Äthoxytriazols mit konz. HCl, Lösen in abs. A. u. Fällen mit Ae.; 76,8%. — 1.2.4-Triazolon-(5)-hydrochloride: *3-[α-Aminoäthyl]-*, $C_4H_9ClN_4O$, F. 249—252° (A./Ae.); 50,5%. — *3-[β-Aminoäthyl]-*, $C_4H_9ClN_4O$, F. 260—262° (verd. A.); 53,4%.

W. Hampel. 3163□

Untersuchungen über 1.3.4-Thiadiazolderivate. 10. Mitt. **Über 2.5-Dimethyl-1.3.4-thiadiazol.** Masaki Ōta und Hiroshi Kimoto. (J. pharmac. Soc. Japan [Yakugakuzasshi] **76**, 10—12, Jan. 1956; Tōkyō, Techn. Hochsch., Org.-Chem. Labor.; jap., Auszug: engl.) — 9. vgl. J. pharmac. Soc. Japan [Yakugakuzasshi] **73**, [1953], 1127. — Die Rk.-Fähigkeit der beiden CH_3-Gruppen in 2.5-Dimethyl-1.3.4-thiadiazol (I) wird geprüft. I reagiert mit Benzaldehyd (II) unter Bldg. eines *Mono-* u. *Distyryl-Deriv.*; I-Methojodid (III) bildet jedoch nur ein Mono-Deriv. mit II, p-Nitrobenzaldehyd, p-Dimethylaminobenzaldehyd (IV) oder p-Nitrosodimethylanilin (V). Die Rk. von ω-Bromacetophenon (VI) oder p-Nitro-ω-bromacetophenon (VII) mit I gibt eine quart. Base, die beim Behandeln mit Alkali nicht das erwartete Thiadiazolopyrrol-Deriv. gibt, sondern Kristalle, aus deren Eigg. die Struktur der Pseudobase gefolgert wird.

Versuche: *2.5-Dimethyl-1.3.4-thiadiazol* (I), F. 64°, aus symm.-Diacetylhydrazin u. überschüssigem P_2S_5 durch 1 std. Erhitzen auf 160° u. Extraktion mit 20% ig. HCl. — *2-Methyl-5-styryl-1.3.4-thiadiazol*, $C_{11}H_{10}N_2S$, F. 223° (CH_3COOH), aus 0,5 g I, 0,5 g II, 10 cm³ A. u. etwas C_2H_5ONa durch 2std. Kochen oder 5std. Erhitzen auf 160° in Ggw. von 0,3 g $ZnCl_2$. — *2.5-Distyryl-1.3.4-thiadiazol*, $C_{18}H_{14}N_2S$, F. 173° (A.), aus 0,5 g I, 1 g II u. 0,5 g $ZnCl_2$ durch 5std. Erhitzen auf 160°. — *2.5-Dimethyl-1.3.4-thiadiazolmethojodid* (III), $C_5H_9JN_2S$, F. 148° (A.), aus I u. CH_3J durch 2std. Erhitzen auf 80—90° (Bombenrohr). — *2-Methyl-5-styryl-1.3.4-thiadiazolmethojodid*, $C_{12}H_{13}JN_2S$, F. 202°, aus 0,5 g III, 0,5 g II, 10 cm³ A. u. 1 Tropfen Pyridin durch 5std. Kochen; 0,6 g (Ausbeute). — *2-Methyl-5-[p-dimethylaminostyryl]-1.3.4-thiadiazolmethojodid*, $C_{14}H_{18}JN_3S$, F. 223° (A.), aus 0,5 g III, 0,5 g IV, 10 cm³ A. u. 1 Tropfen Piperidin durch 3std. Kochen; 0,5 g. — *2-Methyl-5-[p-acetamidostyryl]-1.3.4-thiadiazolmethojodid*, $C_{14}H_{16}JN_3OS$, F. 250°, aus 0,5 g III, 0,6 g p-Acetamidobenzaldehyd, 70 cm³ A. u. 1 Tropfen Piperidin durch 1std. Kochen; 0,7 g. — *2-Methyl-5-[p-dimethylaminophenyliminomethyl]-1.3.4-thiazolmethojodid*, $C_{13}H_{17}$·JN_4S, F. 221° (A.), aus 0,5 g III, 0,5 g V u. A. durch 1std. Kochen. — *2.5-Dimethyl-3-phenacyl-1.3.4-thiazoliumbromid*, $C_{12}H_{13}BrN_2OS$, F. 193° (Zers.; A.), aus 3,7 g I, 6,5 g VI u. etwas A. durch ½ std. Erhitzen; 7,5 g. — *Verb.* $C_{12}H_{14}N_2O_2S$, F. 152—153° (Zers.; Bzl.) aus 2 g vorst. Verb. in 10 cm³ W. u. 1 g $NaHCO_3$. — *2.5-Dimethyl-3-[p-nitrophenacyl]-1.3.4-thiazoliumbromid*, F. 196—197° (Zers.), aus 1 g I, 2,2 g VII u. etwas A. durch 1 std. Erhitzen. — *Verb.* $C_{12}H_{13}N_3O_4S$, F. 166° (Zers.; Aceton), aus 2 g der vorst. Verb. in 50 cm³ W. u. 1 g $NaHCO_3$; 1,5 g. F. Mossner. 3173

Neue Synthesen in der Cumarinreihe. Donald G. Crosby und Robert V. Berthold. (J. org. Chemistry **27**, 3083—85, Sept. 1962; South Charleston, W.Va., Union Carbide Chem. Co., Res. Dep.; engl.) — Durch Umsetzung von 3.3-Diäthoxypropionsäureäthylester (I) bzw. 3-Äthoxyacrylsäurechlorid (II) mit substituierten Phenolen in Ggw. von 85% ig. H_3PO_4 werden *Isoscopoletin*, *Scopoletin* u. *Scoparon* (V) dargestellt. Mit 3.3-Diäthoxy-2-methylpropionsäureäthylester (III) werden die entsprechenden *3-Methyl-Derivv.* erhalten. Bei dem Vers., *Ayapin* (VI) aus I mit 3.4-Methylendioxyphenol (VII) in Ggw. von H_3PO_4 darzustellen, wurde *3.4-Dihydro-4-[3.4-methylendioxy-6-hydroxyphenyl]-6.7-methylendioxycumarin* isoliert, das in der Hitze in VI übergeführt wird. Die Verw. von anderen Mineralsäuren liefert weniger gute Ergebnisse. Organ. Säuren sind ungeeignet. Verss., 7-Hydroxy- u. 5.7-Dihydroxycumarin aus I u. Resorcin bzw. Phloroglucin oder ihren Estern darzustellen, waren vergeblich.

Versuche: *3.3-Diäthoxypropionsäureäthylester* (I), Kp.$_{15}$ 91—98°, aus Orthoameisensäuretriäthylester u. 47% ig. BF_3/Ae. durch Rühren bei 0°, Einleiten von Keten bei 5—10° u. ½ std. Stehen; n_D^{20} 1,4117; 54% (Ausbeute). — *3-Äthoxyacrylsäurechlorid* (II), Kp.$_{19}$ 88—91°, durch Rk. von Vinyläthyläther u. fl. Phosgen bei —70° unter N_2, 46std. Stehen bei Raum-Temp., Kühlen u. Abdampfen des Phosgens; 53%. — Cumarine: *6-Methoxy-7-hydroxy-* (*Scopoletin*), F. 204—205°, a) aus 2.4-Dihydroxyanisol (VIII; nach Crosby, C. **1962**, 18110), I u. 85% ig. H_3PO_4 durch 2std. Erhitzen auf dem Dampfbad, Gießen auf Eis u. Stehen; aus Eisessig gelbe Platten; 73%; b) aus VIII in Pyridin/Bzl. durch Zutropfen von II in Bzl., 2 std. Kochen, Kühlen, Schütteln mit W., Eindampfen der organ. Phase im Vakuum, 10 Min. langes Erwärmen mit 85% ig. H_3PO_4 auf dem Dampfbad, Gießen auf Eis u. Stehen; 65%. — *6-Hydroxy-7-methoxy-* (*Isoscopoletin*), F. 184°, analog vorst. Verb. nach a) mit 2.5-Dihydroxyanisol (durch Oxydation von Vanillin mit Peressigsäure in Essigester nach Crosby, l. c.); 51%. — *6.7-Dimethoxy-* (V; *Scoparon*), F. 138°, analog vorvorst. Verb. nach a) mit 3.4-Dimethoxyphenol (aus Veratrumaldehyd nach Crosby, l. c.); 45%. — *6.7-Methylendioxy-* (VI; *Ayapin*), F. 223 bis 224° (Methanol), a) durch Rühren von VII (aus Piperonal nach Crosby, l. c.) u. II, Zugabe von 85% ig. H_3PO_3 nach dem Abklingen der Rk., 1std. Erhitzen auf dem Dampfbad, Gießen auf Eis, 1 std. Rühren u. Abfiltrieren; 60%; b) aus VII in 85% ig. H_3PO_4 durch Zutropfen von I unter Rühren bei Raum-Temp., 1std. Erwärmen auf dem Dampfbad, Gießen auf Eis u. ¼ std. Erhitzen des *3.4-Dihydro-4-[3.4-methylendioxy-6-hydroxyphenyl]-6.7-methylendioxycumarins* [$C_{17}H_{12}O_7$; F. 249° (Eisessig); 65%. *Acetat*, $C_{19}H_{14}O_8$, F. 206—207° (A.)] auf 350° bei 0,1 mm Hg; 10%. — 3-Methylcumarine: *6-Methoxy-7-hydroxy-* (*3-Methylscopoletin*), $C_{11}H_{10}O_4$, F. 151—152°, aus VIII, III u. 85% ig. H_3PO_4 durch 1std. Erhitzen auf dem Dampfbad u. Gießen auf Eis; aus Toluol gelb; 56%. —

Analog: *6-Hydroxy-7-methoxy-*, F. 202—203,5°; 34%. — *6.7-Dimethoxy-* (**IV**), F. 129 bis 130°; 37%. — Die UV-Spektren von **IV**, **V** u. 4-Methylscoparon sind graph. dargestellt. H. Gleinig. 3211□

Synthese von Sphondin. T. R. Seshadri und M. S. Sood. (J. Indian chem. Soc. **39,** 539—44, Aug. 1962; Delhi, Univ., Dep. of Chem.; engl.) — *Sphondin* (**I**) wird durch Umlagerung von 6-Methoxy-7-allyloxycumarin (**II**) zu *6-Methoxy-7-hydroxy-8-allylcumarin,* dessen Oxydation mit OsO_4/KJO_4 oder Ozon u. Cyclisierung des erhaltenen *Aldehyds* mit Polyphosphorsäure oder durch Oxydation von Angelicin (**III**) mit $K_2S_2O_8$ zu *6-Hydroxyfurano-[2'.3':7.8]-cumarin* u. dessen Methylierung synthetisisert. **II** wird aus Aesculetin (**IV**) durch Rk. mit Allylbromid (**V**) bzw. aus Umbelliferonallyläther (**VI**) durch Oxydation mit $K_2S_2O_8$ zum *7-O-Allyl-Deriv.* von **IV** u. dessen Methylierung oder durch Rk. von Scopoletin (**VII**) mit **V** dargestellt.

Versuche: *6-Hydroxy-7-allyloxycumarin,* $C_{12}H_{10}O_4$, F. 145—146°, a) aus 5 g **IV** in Aceton/A. u. **V** in Ggw. von $NaHCO_3$ durch 12std. Kochen, Filtrieren, Einengen, Gießen auf Eis, Lösen des Nd. in 10% ig. Na_2CO_3-Lsg. u. Ansäuern; aus Essigester/PAe. rechteckige Platten; 2,5 g (Ausbeute); b) aus 5 g **VI** in 10% ig. KOH durch Zutropfen von $K_2S_2O_8$-Lsg. bei 20° unter Rühren, Ansäuern mit HCl, Filtrieren, 20 Min. langes Erwärmen auf dem Wasserbad mit Na_2SO_3 u. konz. HCl u. Extraktion mit Essigester; 2,0 g. — *7-Allyloxy-6-methoxycumarin* (**II**), $C_{13}H_{12}O_4$, F. 110—111°, a) aus 2 g vorst. Verb. in abs. Aceton durch 4std. Kochen mit Dimethylsulfat (**VIII**) in Ggw. von K_2CO_3, Einengen u. Zusetzen von W.; aus Essigester/PAe. prismat. Nadeln; 2 g; b) aus 2 g **VII** u. **V** in abs. Aceton in Ggw. von K_2CO_3 durch 4std. Kochen, Einengen u. Zugabe von W.; 2 g. — *6-Methoxy-7-hydroxy-8-allylcumarin,* $C_{13}H_{12}O_4$, F. 145—146°, aus 2 g **II** durch 2std. Erhitzen auf 200°, Extrahieren mit 5% ig. Soda-Lsg. u. Ansäuern; aus Essigester gelbe, rechteckige Platten u. Nadeln; 1,2 g. — *6-Methoxyfurano-[2'.3':7.8]-cumarin* (**I**; *Sphondin*), $C_{12}H_8O_4$, F. 188—189°, a) aus 0,25 g vorst. Verb. in Essigester/W. durch ½std. Rühren mit OsO_4, Zusetzen von KJO_4, 4½std. Schütteln, Extrahieren mit Essigester, Eindampfen, 10—15 Min. langes Erhitzen mit Polyphosphorsäure, Gießen auf Eis, Extrahieren mit Ae., Eindampfen, Lösen in Bzl. u. Chromatographie an Al_2O_3; Nadeln; 0,05 g; b) aus vorst. Verb. in HCOOH durch Einleiten von O_3/O_2 bei —5°, Hydrieren über Pd/Kohle, Filtrieren, Eindampfen u. Cyclisieren mit Polyphosphorsäure; aus Bzl. seidige Nadeln; 0,085 g; c) aus 0,1 g *6-Hydroxyangelicin* [*6-Hydroxyfurano-[2'.3':7.8]-cumarin,* $C_{11}H_6O_4$, F. 220—224° (Zers.; Methanol), a) aus 1 g **III** in 10% ig. KOH durch Oxydieren mit $K_2S_2O_8$; 0,35—0,40 g; b) aus 1 g *Psoralen-Isopsoralen-Gemisch* aus Samen von Psorales corylifolia analog a); 0,2 g; daneben *Psoralen*] in abs. Aceton durch 4std. Kochen mit K_2CO_3 u. **VIII**, Eindampfen u. Zusetzen von W.; 0,1g. Das IR- u. das UV-Spektrum von **I** sind abgebildet. H. Gleinig. 3211□

Kondensation von tertiären Oxoniumsalzen der Chromone und Thiochromone mit Substanzen, welche aktive Methyl- oder Methylengruppen enthalten. A. I. Kiprianow und A. I. Tolmatschew. (J. allg. Chem. [UdSSR] **30 (92),** 638—45, Febr. 1960; russ.) — Vgl. C. **1961,** 16467. — Durch Kondens. von 4-Methoxybenzothiopyrylium-o-nitrobenzolsulfonat (**I**) mit 2-Methyl- (**II**), 2-Methyl-6-nitro- (**III**) u. 2-Methyl-6.7-benzobenzthiazolmetho-o-nitrobenzolsulfonat (**IV**) wurden die entsprechenden *asymm. Monomethincyaninfarbstoffe* dargestellt. Die Synth. der entsprechenden *Monomethincyanine* aus 4-Methoxy- (**V**), 4-Methoxy-2-phenyl- (**VI**) u. 4-Methoxy-7.8-benzobenzopyrylium-o-nitrobenzolsulfonat (**VII**) gelang durch Rk. von **V**, **VI** bzw. **VII** mit 3-Methyl- (**VIII**), 3-Äthyl- (**IX**), 3-Methyl-6-nitro- (**X**), 3-Methyl-6.7-benzo- (**XI**) bzw. 3-Äthyl-6.7-benzo-2-methylenbenzthiazolin (**XII**). Die Kondens. von 2-Methylchromon (**XIII**) mit 3-Methylbenzthiazol-2-sulfobetain (**XIV**) lieferte *2-[3-Methylbenzthiazolinyliden-(2)-methyl]-chromon,* das mit Dimethylsulfat (**XV**) zum *Monomethincyanin* quaternisiert wurde. Bei der Einw. von o-Nitrobenzolsulfonsäuremethylester (**XVI**) auf **XIII** wurde *2-[2-Methylbenzopyranyliden-(4)-methyl]-4-methoxybenzopyrylium-o-nitrobenzolsulfonat* erhalten. **XIII** wurde mit P_2S_5 in das *Thion,* dieses nach Auto-Kondens. in sd. Xylol u. Behandeln mit **XV** in *2-[2-Methylbenzopyranyliden-(4)-methyl]-4-methylmercaptobenzopyryliumperchlorat* umgewandelt. Flavon lieferte mit Methyl-MgJ *4-Methylflavyliumperchlorat,* das mit 4-Methoxybenzopyrylium- (**V**) bzw. 4-Methoxybenzothiopyrylium-o-nitrobenzolsulfonat (**I**) zu *4-[Benzopyranyliden-(4)-methyl]-* bzw. *4-[Benzothiopyranyliden-(4)-methyl]-flavyliumperchlorat* kondensiert wurde. Durch Kondens. von 4-Methoxybenzothiopyrylium- u. 4-Methoxyflavyliumsalzen mit Rhodaninen wurden *4-[3-Methylthiazolidon-(4)-thion-(2)-yliden-(5)]-*, *4-[3-Phenylthiazolidon-(4)-thion-(2)-yliden-(5)]-benzothiopyran* sowie *4-[3-Phenylthiazolidon-(4)-thion-(2)-yliden-(5)]-2-phenylbenzopyran* dargestellt. Die Absorptionsmaxima der Verbb. wurden bestimmt u. der Einfl. der Struktur bzw. Substituenten auf die Farbe erörtert.

Versuche: *2-[Benzothiopyranyliden-(4)-methyl]-benzthiazolmethoperchlorat*, $C_{18}H_{14}$·$ClNO_4S_2$, Zers. bei 264° (Methanol), man erhitzt 0,76 g **I** u. 0,64 g **II** in 2 ml Acetanhydrid, 2 ml Essigsäure u. 0,2 ml Pyridin ½ Std. auf 100°, fällt mit Ae. u. setzt in Methanol mit $NaClO_4$ um; dunkelrote Nadeln; λ_{max} in A. 496 mμ; 20% (Ausbeute). — *2-[Benzothiopyranyliden-(4)-methyl]-6-nitrobenzthiazolmetho-o-nitrobenzolsulfonat*, $C_{24}H_{17}N_3O_7S_3$, Zers. bei 278° (Acetanhydrid), aus **I** u. **III**; orange Nadeln; 538 u. 510 mμ; 60%. — *2-[Benzothiopyranyliden-(4)-methyl]-6.7-benzobenzthiazolmethoperchlorat*, $C_{22}H_{16}ClNO_4S_2$, Zers. bei 277° (Methanol), aus **I** u. **IV**; orange Nadeln; 512 mμ; 37%. — *2-[Benzopyranyliden-(4)-methyl]-benzthiazol, Methoperchlorat*, $C_{18}H_{14}ClNO_5S$, Zers. bei 282°. *Metho-o-nitrobenzolsulfonat*, Zers. bei 256°, aus 7,3 g **V** u. 3,3 g **VIII** durch 1 std. Erhitzen auf 100° in 25 ml Acetanhydrid u. 5 ml Essigsäure; orangerote Nadeln; 454 mμ; 50%. *Äthoperchlorat*, $C_{19}H_{16}ClNO_5S$, Zers. bei 243°, aus **V** u. **IX**; orange Nadeln; 454 mμ; 46%. — *2-[Benzopyranyliden-(4)-methyl]-6-nitrobenzthiazolmetho-o-nitrobenzolsulfonat*, $C_{24}H_{17}N_3O_8S_2$, Zers. bei 288° (Acetanhydrid), aus **V** u. **X**; orange Nadeln; 490 u. 464 mμ; 67%. — *2-[Benzopyranyliden-(4)-methyl]-6.7-benzobenzthiazolmethoperchlorat*, $C_{22}H_{16}ClNO_5S$, Zers. bei 275° (Methanol), aus **V** u. **XI**; orange Nadeln; 473 mμ; 25%. — *2-[2-Phenylbenzopyranyliden-(4)-methyl]-benzthiazolmethojodid*, $C_{24}H_{18}JNOS$, Zers. bei 255—257° (Acetanhydrid), aus **VI** u. **VIII**; orange Nadeln; 482 mμ; 59%. — *2-[2-Phenylbenzopyranyliden-(4)-methyl]-6.7-benzobenzthiazoläthо-o-nitrobenzolsulfonat*, $C_{35}H_{26}N_2O_6S_2$, Zers. bei 267—268° (Acetanhydrid), aus **VI** u. **XII**; orange Nadeln; 503 mμ; 44%. — *2-[7.8-Benzobenzopyranyliden-(4)-methyl]-benzthiazolmethoperchlorat*, $C_{22}H_{16}ClNOS$, F. 245—246° (Methanol), aus **VII** u. **VIII**; 488 u. 463 mμ; 57%. — *2-[3-Methylbenzthiazolinyliden-(2)-methyl]-chromon*, $C_{18}H_{13}$·NO_2S, F. 228—230° (A.), durch 3 std. Erhitzen von 0,32 g **XIII** u. 0,69 g **XIV** auf 150°; gelbe Nadeln; 23%. — *2-[4-Methoxybenzopyranyliden-(2)-methyl]-benzthiazolmethoperchlorat*, $C_{19}H_{16}ClNO_2S$, Zers. bei 295° (Acetanhydrid), durch 1 std. Erhitzen von 0,307 g vorst. Verb. u. 0,126 g **XV** auf 150°; orange Plättchen; 480 u. 451 mμ; 24%. — *2-[2-Methylbenzopyranyliden-(4)-methyl]-4-methoxybenzopyrylium-o-nitrobenzolsulfonat*, $C_{27}H_{21}$·NO_8S, Zers. bei 264° (A.), durch 10 Min. langes Kochen von 0,8 g **XIII** u. 1,25 g **XVI** in 2 ml Toluol; 514 u. 482 mμ; 36%. — *2-[2-Methylbenzopyranyliden-(4)-methyl]-benzothiopyron*, $C_{20}H_{14}O_2S$, F. 238°, durch 1 std. Erhitzen von 1 g **XIII** mit 4 g P_2S_5 in 35 ml Xylol; dunkelrote Plättchen; 52%. — *2-[2-Methylbenzopyranyliden-(4)-methyl]-4-methylmercaptobenzopyryliumperchlorat*, $C_{21}H_{17}ClO_6S$, Zers. bei 234°, aus 0,32 g vorst. Verb. u. 0,2 g **XV** in 3 ml Toluol (20 Min. lang bei 100°) u. Behandeln mit methanol. $NaClO_4$-Lsg.; dunkelviolette Nadeln; 546 mμ; 68%. — *4-[Benzopyranyliden-(4)-methyl]-flavyliumperchlorat*, $C_{25}H_{17}ClO_6$, Zers. bei 249° (Eisessig), durch 15 Min. langes Erhitzen von 0,64 g 4-Methylflavyliumperchlorat mit 0,8 g **V** in 10 ml Acetanhydrid auf 100° u. Behandeln mit 30%ig. $HClO_4$; bronzefarbene Nadeln; 568 mμ; 33%. — *4-[Benzothiopyranyliden-(4)-methyl]-flavyliumperchlorat*, $C_{25}H_{17}ClO_5S$, Zers. bei 243—245°, analog vorst. Verb. aus 4-Methylflavyliumperchlorat u. 4-Methoxybenzothiopyrylium-o-nitrobenzolsulfonat (**I**); 625 mμ; 54%. — *4-[3-Methylthiazolidon-(4)-thion-(2)-yliden-(5)]-benzothiopyran*, $C_{13}H_9$·NOS_3, Zers. bei 185°, durch 2 std. Erhitzen von 0,76 g 4-Methoxybenzothiopyrylium-o-nitrobenzolsulfonat (**I**) mit 0,29 g 3-Methylrhodanin in 2 ml Acetanhydrid, 2 ml Essigsäure u. 0,2 ml Pyridin auf 100°; Reinigung durch Chromatographie an Al_2O_3; rote Nadeln; 466 mμ; 15%. — *4-[3-Äthylthiazolidon-(4)-thion-(2)-yliden-(5)]-benzothiopyran*, Zers. bei 213°, analog vorst. Verbindung. — *4-[3-Phenylthiazolidon-(4)-thion-(2)-yliden-(5)]-benzothiopyran*, $C_{18}H_{11}NOS_3$, Zers. bei 250—251° (Toluol), analog mit 3-Phenylrhodanin; orangerote Nadeln; 470 mμ; 28%. — *4-[3-Phenylthiazolidon-(4)-thion-(2)-yliden-(5)]-2-phenylbenzopyran*, $C_{24}H_{15}NO_2S_2$, Zers. bei 287°, aus 4-Methoxyflavylium-o-nitrobenzolsulfonat (**VI**) u. 3-Phenylrhodanin; orange Stäbchen; 471 mμ; 6%. Helmut Schäfer. 3221

Hydrierungsprodukte von Pyridinchlorphenylat. Kondensation von N-Phenylpiperidinhydrochlorid mit p-Dimethylaminobenzaldehyd. N. Je. Grigorjewa, I. K. Ginze und T. A. Ljubitzkaja. (J. allg. Chem. [UdSSR] **30** (**92**), 1031—37, März 1960; Charkow, Univ.; russ.) — Die partielle Hydrierung von Pyridinchlorphenylat (**I**) an Pt liefert *N-Phenylpiperidin* (**II**), die erschöpfende Hydrierung *N-Cyclohexylpiperidin*. Bei der Kondens. von **II**-Hydrochlorid mit p-Dimethylaminobenzaldehyd (**III**) in Acetanhydrid entsteht über einen nicht isolierbaren blauen ein roter Farbstoff, für den die Struktur des *N-Acetyl-3-[p-dimethylaminobenzal]-piperidin* (**IV**)-*hydrochlorids* angenommen wird. Die Absorptionsspektren von **IV**-Hydrochlorid in Methanol, HCl u. NaOH bei 210—560 mμ u. die Änderung der Spektren bei der Kondens. von **II** mit **III** bei 400—660 mμ werden aufgenommen. **IV**-Hydrochlorid u. **IV**-Acetat werden durch überschüssige NaOH oder konz. HCl entfärbt. Die Kondens. von **IV** mit 2-Methylbenzthiazoläthojodid (**V**) liefert *3-Äthyl-2-[p-dimethylaminostyryl]-benzthiazoliumjodid*.

Versuche: *N-Phenylpiperidin* (**II**), man hydriert 10 g **I** in 200 ml A. an 0,25 g PtO_2 bis zur Aufnahme von 3,2 Mol H_2; farbloses Öl. *Hydrochlorid*, $C_{11}H_{16}ClN$, F. 207°.

Hydrobromid, $C_{11}H_{16}BrN$, F. 236° (A.); glänzende Plättchen. *Pikrat*, $C_{17}H_{18}N_4O_7$, F. 148,5° (A.–W. 1:4). — *N-Cyclohexylpiperidin*, a) man hydriert 3 g I in 60 ml A. an 0,15 g PtO_2 bis zur Aufnahme von 6 Mol H_2; b) man hydriert 0,6 g **II**-Hydrochlorid in 15 ml Methanol an 0,05 g PtO_2 bis zur Aufnahme von 3 Mol H_2. *Hydrochlorid*, $C_{11}H_{22}ClN$, F. 283° (abs. A.). *Hydrobromid*, $C_{11}H_{22}BrN$, F. 297° (A.); glänzende Schuppen. *Pikrat*, $C_{17}H_{24}N_4O_7$, F. 128° (W.). — *1-Acetyl-3-[p-dimethylaminobenzal]-piperidin* (**IV**); $C_{16}H_{22}N_2O \cdot CO_2$, amorph; gelb bis rosa, unter Luftabschluß fast farblos. *Hydrochlorid*, $C_{16}H_{23}ClN_2O$, zersetzt sich beim Erhitzen, man kocht 1,4 g **II**-Hydrochlorid u. 2,1 g **III** in 5 ml Acetanhydrid 1 Std. lang, extrahiert mit Ae. u. salzt aus W. mit NaCl aus; rotes Kristallpulver; 0,65 g. *Acetat*, $C_{18}H_{26}N_2O_3$, zersetzt sich beim Erhitzen, durch 1½ std. Kochen von 1 g **II**-Hydrochlorid u. 1,5 g **III** in 12 ml Acetanhydrid; dunkelrotes Pulver; 1,4 g. — *3-Äthyl-2-[p-dimethylaminostyryl]-benzthiazoliumjodid*, $C_{19}H_{21}JN_2S$, F. 230° (A.), durch 2std. Kochen von 1 g **IV**-Hydrochlorid u. 1,2 g **V** in 10 ml Pyridin; glänzende, violette Kristalle; 0,8 g. Helmut Schäfer. 3231

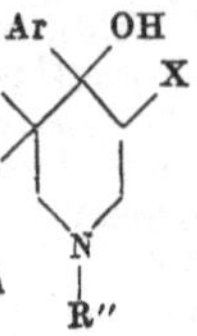

A

Neue Derivate des 4-Phenyl-4-hydroxypiperidins. H. Henecka, G. Aichinger und W. Schubert. (Angew. Chem. **74**, 875, 7/11. 1962; Wuppertal-Elberfeld, Farbenfabriken Bayer A.-G.; dt.) — Mannich-Basen der Konstit. $ArCOCRR'CH_2NR''CH_2CH_2X$ (X = CN, COOR'''), erhältlich aus Arylketonen [z. B. im Phenylkern substituierte oder unsubstituierte Acetophenone, Propiophenon, Isobutyrophenon, ferner auch Tetralon-(1) u. 2-Methyltetralon-(1)], Formaldehyd u. ggf. N-alkylierten bzw. N-aralkylierten β-Aminonitrilen oder β-Aminocarbonsäureestern, konnten mit $NaNH_2$ oder NaH in abs. Ae. oder Tetrahydrofuran zu den entsprechenden *3-Cyan-* bzw. *3-Carbalkoxy-4-aryl-4-hydroxypiperidinen* (**A**) cyclisiert werden. Falls X = COOR''' ist, muß mindestens einer der Substituenten R u. R' eine Alkylgruppe sein, da sich sonst keine **A**, sondern unter intramol. Ester-Kondens. 3-Aroylpiperidone-(4) bilden. Die Ringschluß-Rk. ist auch auf weitere Mannich-Basen ausdehnbar. Z. B. erhielten Vff. durch Addition von $CH_2{=}CHCN$ an α-Phenacylpiperidin u. anschließende Cyclisierung ein *3-Cyan-2-phenylperhydrochinolizinol-(2)*; ausgehend von Cyclohexanon, HCHO u. β-Methylaminopropionitril ein *2-Methyl-4-cyan-4a-hydroxydekahydroisochinolin*. J. Rothe. 3231◇

Notiz zur Oxydation von N.N'-Thiodipiperidinen mit Chloramin T. K. Sharada und A. R. Vasudeva Murthy. (Chem. Ber. **93**, 1251—52, 12/5. 1960; Bangalore, Indian Inst. of Sci., Dep. of Inorg. and Physical Chem.; dt.) — Bei der Rk. zwischen Chloramin T u. N.N'-Mono- u. -Polythiodipiperidinen (**A**) wurde unter Spaltung der N–S-Bindung *Piperidin* u. H_2SO_4 gebildet. Dabei ist anzunehmen, daß **A** als Sulfensäuredipiperidid in saurem Medium zu *Schwefligsäuredipiperidid* oxydiert u. anschlißend zu Piperidin u. H_2SO_3 hydrolysiert wird. Aus letzterem entsteht durch Oxydation H_2SO_4. Eine Best.-Meth. für **A** wurde ausgearbeitet.

Versuche: N.N'-Thiodipiperidine (**A**): *-Monothio-*, $C_{10}H_{20}N_2S$, F. 74°, nach Michaelis [1895]. — *-Dithio-*, $C_{10}H_{20}N_2S_2$, F. 64°, nach Michaelis u. Luxemburg [1895]. — *-Trithio-*, $C_{10}H_{20}N_2S_3$, F. 74°, nach Levi [1931]. — *-Tetrathio-*, $C_{10}H_{20}N_2S_4$, F. 78°, analog. W. Hampel. 3231□

Synthese von 3-Amino-8-hydroxychinolin. R. Gopalchari. (J. sci. ind. Res. [New Delhi], Sect. B **21**, 183—85, April 1962; Lucknow, Central Drug Res. Inst.; engl.) — Kondens. von o-Anisidin (**I**) mit Nitromalondialdehyd (**II**) zu *2-Formyl-2-nitroäthyliden-o-anisidin* u. anschließende Rk. mit **I** führt nicht zu 8-Methoxy-3-nitrochinolin, sondern zu *Nitromalon-bis-[N-(2-methoxyphenyl)-aldimin]*, während Nitrierung von 4-Hydroxy-6.8-dimethoxychinaldin (**III**) mit konz. HNO_3 *4-Hydroxy-2-picolin-5.6-dicarbonsäure* ergibt. 4-Hydroxy-8-methoxychinolin-3-carbonsäureäthylester (**IV**) reagiert mit $POCl_3$ zu *4-Chlor-8-methoxychinolin-3-carbonsäureäthylester* (**V**), der durch Dehalogenierung u. anschließende Rk. mit NH_3 in *8-Methoxychinolin-3-carbonsäureamid* (**VI**) übergeführt wird. Durch Hofmannschen Abbau u. anschließende Entmethylierung erhält man *3-Amino-8-hydroxychinolin* (**VII**).

Versuche: *2-Formyl-2-nitroäthyliden-o-anisidin*, $C_{10}H_{10}N_2O_4$, F. 126—127° (A.), durch Zugabe von 1,25 g **II** in W. zu 1,25 g **I** in wss. HCl; 1,8 g (Ausbeute). — *Nitromalon-bis-[N-(2-methoxyphenyl)-aldimin]*, $C_{17}H_{17}N_3O_4$, F. 188—190° (Chlf./A.), durch 24std. Kochen von 2 g vorst. Verb. mit 1,6 g **I**-Hydrochlorid u. Eisessig, Neutralisieren u. Wasserdampf-Dest.; 0,5 g. — *4-Hydroxy-2-picolin-5.6-dicarbonsäure*, $C_8H_7NO_5$, F. 250 bis 251° (W.), a) durch Zugabe von 2,2 g **III** in heißem W. zu 6 g $KMnO_4$ in W. u. Stehenlassen über Nacht; 1 g; b) durch Zugabe von **III** zu konz. HNO_3 (D. 1,42) bei 80° u. 25 Min. lang bei 80°. — *4-Chlor-8-methoxychinolin-3-carbonsäureäthylester* (**V**), $C_{13}H_{12}ClNO_3$,

F. 77—78°, durch 1 std. Kochen von 5 g **IV** mit $POCl_3$ u. Aufarbeitung; Nadeln; 3 g. — *8-Methoxychinolin-3-carbonsäure, Äthylester*, $C_{13}H_{13}NO_3$, durch 12 std. Schütteln von 10 g **V** mit H_2 u. Pd-Tierkohle in abs. CH_3OH, Abfiltrieren u. Neutralisieren mit NH_4OH; 3 g. *Amid* (**VI**), $C_{11}H_{10}N_2O_2$, F. 250—251° (A.), durch Sättigen von 2 g Äthylester in abs. CH_3OH mit NH_3 bei —5° u. 12 std. Schütteln bei Raum-Temp. in einer Druckflasche; 1 g. — *3-Amino-8-methoxychinolin* (**VIII**), $C_{10}H_{10}N_2O$, F. 125—126°, durch Zugabe von eiskalter NaOCl-Lsg. zu einer Suspension von 4,6 g **VI** in W. bei 90° unter Rühren, 15 Min. bei 60—70° u. Aufarbeitung; Nadeln; 1,8 g. *Hydrochlorid*, F. 244—245°. *Pikrat*, F. 235—236°. — *3-Amino-8-hydroxychinolin* (**VII**), $C_9H_8N_2O$, F. 119—120°, durch Versetzen von **VII**-Hydrobromid mit NH_4OH u. Extraktion mit Ae.; aus A. Nadeln. **VII**-*Hydrobromid*, F. 298—299°, durch 6 std. Kochen von 1 g **VIII** mit HBr (D. 1,49). — *3-Tosylamino-8-hydroxychinolin*, $C_{16}H_{14}N_2O_3S$, F. 179—180° (A.), durch Zugabe von Tosylchlorid zu **VII** in trockenem Pyridin u. Stehenlassen über Nacht. — *3-Acetylamino-8-hydroxychinolin*, $C_{11}H_{10}N_2O_2$, F. 140—141° (CH_3OH), durch Zugabe von Acetanhydrid zu 0,2 g **VII** in Ae. u. Stehenlassen über Nacht bei 0°; 0,1 g. J. Pfirschke. 3231◇

Die Synthese gewisser bicyclischer Azaketone. Herbert O. House, Peter P. Wickham und Hanspeter C. Müller. (J. Amer. chem. Soc. **84**, 3139—47, 20/8. 1962; Cambridge, Mass., MIT, Dep. of Chem.; engl.) — Zum Zweck einer Unters. des stereodirektiven Einfl. einer Aminfunktion auf Additions-Rkk., der Konformation u. der Stereochemie der N-Alkylierung synthetisierten Vff. die Verbb. **I, II** u. **III** durch direkte Rk. von CH_3NH_2 u. HCHO mit Cyclopentanon, -hexanon u. -heptanon. **I** wurde auch durch eine andere mehrstufige Rk.-Folge erhalten; weitere Verss. zur Synth. von **I—III** sind beschrieben. Die IR- u. UV-Spektren sind normal; daher nehmen Vff. an, daß keine merkliche Wechselwrkg. zwischen der CO- u. der Aminogruppe besteht. Die angegebene Konformation von **I—III** ist nach den physikal. Eigg. (IR-, UV- u. Kernresonanzspektren, Dipolmomente, pK_a-Werte) der Aminoketone u. ihrer Salze bevorzugt.

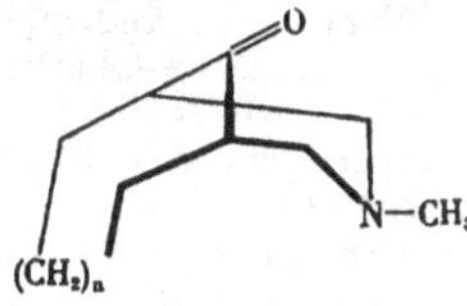

I n=2
II n=3
III n=4

Versuche (FF. korr.): *3-Carbäthoxy-2-benzylaminocyclopenten-(2)-carbonsäure-N-benzylamid*, $C_{23}H_{26}N_2O_3$, F. 181,5—183,5°, Nadeln (wss. A.), aus 4,84 g 2.5-Dicarbäthoxycyclopentanon (**IV**; Kp.$_{1,4}$ 116—123°, n_D^{25} 1,4551) u. Benzylamin (**V**; 18 Std. bei 100°), dann Verdünnen mit Ae. u. Filtrieren; 1,00 g (Ausbeute); gibt mit alkohol. $FeCl_3$-Lsg. beim Stehen Violettfärbung. Daneben (aus dem äther. Filtrat) 2,25 g *2.5-Dicarbäthoxy-1-benzylaminocyclopenten*, $C_{18}H_{23}NO_4$, F. 37—38°, Nadeln (Pentan/Ae.). — *Cyclopentanondicarbonsäure-(2.5)-bis-[benzylamid]*, $C_{21}H_{22}N_2O_3$, F. 176—177°, Platten (Bzl./Hexan), aus 6,84 g **IV** u. **V** (1½ Std. bei 190—200°); 0,55 g; gibt mit alkohol. $FeCl_3$ sofort Violettfärbung. — *3-Carbäthoxy-2-benzylaminocyclohexen-(2)-carbonsäure-N-benzylamid*, $C_{24}H_{28}N_2O_3$, F. 136,5—137,5°, Nadeln (A.), aus 2.6-Dicarbäthoxycyclohexanon (Kp.$_{0,9}$ 120 bis 125°, n_D^{25} 1,4631) u. **V** (2½ Std. bei 135°); 23,6%. — *3-Carbäthoxy-2-hydroxycyclohexen-(2)-carbonsäure-N-benzylamid*, $C_{17}H_{21}NO_4$, 2 Tautomere, F. 98—99° (**A**; Prismen aus Ae./PAe.) bzw. 116,3—117,6° (**B**; Nadeln aus A.), aus vorst. Verb. u. wss.-alkohol. HCl (2 std. Stehen); 20% (roh). — *3-Cyan-2-aminocyclopenten-(1)-carbonsäureäthylester*, $C_9H_{12}N_2O_2$, F. 115,5—116,6°, Prismen (Hexan), sublimiert bei 100°/0,25 mm, aus 1.2-Dibromäthan u. Cyanessigsäureäthylester in A. in Ggw. von C_2H_5ONa; 35,1%. — *3-Cyan-2-ketocyclopentancarbonsäureäthylester* (**VI**), Kp.$_{0,25}$ 118—123°, aus vorst. Verb. u. wss.-alkohol. HCl (2½ std. Stehen); n_D^{26} 1,4678; 66,6%. — *2-Cyancyclopentanon* (**VII**), aus **VI** nach Best u. Thorpe [1909]; $n_D^{25,7}$ 1,4668. *Semicarbazon*, F. 188—189°; 56%. — *N-[2-Cyancyclopenten-(1)-yl]-carbaminsäureäthylester*, $C_9H_{12}N_2O_2$, F. 68,7—69,1°, Nadeln (PAe.), sublimiert bei 100°/0,1 mm, durch Zutropfen von Adiponitril zu C_2H_5ONa in $(C_2H_5)_2CO_3$ unter Rühren u. Kochen, bis kein A. mehr abgespalten wurde (ca. 2 Std.); 53,1%. 24 std. Stehen mit wss.-alkohol. HCl gab **VII** u. *Äthylurethan*, F. 48—49,2°, Platten (Ae./PAe.), Kp.$_{24}$ 99—103°. — *3-Azabicyclo-[3.2.1]-octanol-(8)-on-(2)* (**VIII**), $C_7H_{11}NO_2$, F. 223—224° (Zers.), Prismen (Bzl. oder Essigester), aus **VI** u. H_2/PtO_2 in A. in Ggw. von CH_3COOH (1000 lbs./sq.in. bei 80°, Schütteln über Nacht); 41,4%. *O-Acetyl-Deriv.*, $C_9H_{13}NO_3$, F. 165—166°, Platten (Ae.). *Diacetyl-Deriv.*, $C_{11}H_{15}NO_4$, F. 67,4—68,6°, Rosetten (PAe.), sublimiert bei 100°/0,15 mm; 1 std. Kochen mit wss. CH_3COOH gab das *O-Acetyl-Deriv.* (38,8%). *O-Benzyl-Deriv.* (**IX**), $C_{14}H_{17}NO_2$, F. 139,3—139,6°, Platten (Essigester), aus **VIII** u. $C_6H_5CH_2Cl$ in Dimethylformamid in Ggw. von NaH (13 std. Kochen); 15,2%. Daneben 45,4% *N.O-Dibenzyl-Deriv.* (**X**), $C_{21}H_{23}NO_2$, F. 111,2—113,6°, Prismen (A./W.), sowie *trans-Stilben*, F. 123,4—124°, Nadeln. *N-Acetyl-O-benzyl-Deriv.*, $C_{16}H_{19}NO_3$, F. 72—73°, Prismen (A.), Kp.$_{0,7}$ 155—156°, aus **IX** u. Acetanhydrid/Pyridin; 68,8%. 14 std. Rühren mit wss.-methanol. NaOH gab 68% **IX** zurück. *N-Benzyl-Deriv.*, $C_{14}H_{17}NO_2$, F. 140,1—142,1°, Platten (Essigester), aus **X** u. H_2/10% ig. Pd-Kohle in A.; 77,8%.

— *3-Cyancyclopentanol-(2)-carbonsäureäthylester*, $C_9H_{13}NO_3$, F. 78,4—78,7°, Nadeln (CCl_4), aus 14,39 g **VI** u. H_2/PtO_2 in A. bei normalem Druck u. Raum-Temp.; 1,28 g; daneben 3,7% **VIII**. Weitere Hydrierung (gleiche Bedingungen) gab 39,9% **VIII**. — *3-Benzyl-8-benzyloxy-3-azabicyclo-[3.2.1]-octan*, $C_{21}H_{25}NO$, F. 55,3—56°, Prismen (A.), aus **X** u. $LiAlH_4$ in sd. Ae./Tetrahydrofuran (2 std. Rühren); 74,5%. *Methojodid*, $C_{22}H_{28}\cdot JNO$, F. 169,4—169,8°, Nadeln (A.); 74,4%. *Metho-p-toluolsulfonat* (**XI**), $C_{29}H_{35}NO_4S$, F. 106,4—106,8°, Nadeln (Essigester); 76,5%. — *3-Methyl-8-benzyloxy-3-azabicyclo-[3.2.1]-octan*, $C_{15}H_{21}NO$, Kp.$_{0,15}$ 70—87°, durch Hydrieren von **XI** an 10% ig. Pd-Kohle in A. u. anschließende Zers. des gebildeten *p-Toluolsulfonats* ($C_{22}H_{29}NO_4S$, F. 159,8—160,4°, Platten aus Essigester; 62,2%) mit wss. NaOH/Ae.; 71,6%. — *3-Methyl-3-azabicyclo-[3.2.1]-octanol-(8)* (**XII**), $C_8H_{15}NO$, F. 82—83°, Prismen, sublimiert bei 0,1 mm, durch Hydrieren von **XI** an 5% ig. Pd-Kohle in CH_3COOH u. anschließende Zers. des gebildeten *p-Toluolsulfonats* [$C_{15}H_{23}NO_4S$, F. 165,2—167,0° (A./Essigester); 61,5%] mit wss. NaOH/CH_2Cl_2; 49%. — *3-Methyl-3-azabicyclo-[3.2.1]-octanon-(8)* (**I**), $C_8H_{13}NO$, Kp.$_5$ 66°, a) aus 3,512 g vorst. Salzes u. CrO_3 in wss. H_2SO_4 (12 std. Stehen; 25,7%, daneben 0,438 g **XII**); b) aus Cyclopentanon, $CH_3NH_2\cdot HCl$ u. 40% ig. wss. HCHO-Lsg. in $CH_3\cdot COOH$ (2 Std. bei 100°; 6,4% roh, Aufreinigung über nachst. Salz); n_D^{25} 1,4839; μ [Dipolmoment] 2,66 D (in Bzl. bei 25°); pK*$_{MCS}$ [pK$_a$ in Methylcellosolve (80%)/W. (20%)] 7,59. *p-Toluolsulfonathydrat*, $C_{15}H_{23}NO_5S$, F. 182—183,7°, Prismen (Aceton/Isopropanol); 57,2%. *Metho-p-toluolsulfonathydrat*, $C_{16}H_{25}NO_5S$, F. 232—233° (Aceton/Isopropanol); 90,6%. — *3-Methyl-3-azabicyclo-[3.3.1]-nonanon-(9)* (**II**), $C_9H_{15}NO$, Kp.$_7$ 88°, aus Cyclohexanon analog **I** (3½ Std. bei 100°); n_D^{25} 1,4898; μ 2,89 D; pK*$_{MCS}$ 6,56; 13,3% roh, Aufreinigung über das *p-Toluolsulfonat*, $C_{16}H_{23}NO_4S$, F. 184—184,7° (Essigester); 9,25% bezogen auf Cyclohexanon, 84,2% bezogen auf reines **II**. *Perchlorat*, F. 224,8—225,2°, Prismen (Aceton); 32,6%. *Metho-p-toluolsulfonat*, $C_{17}H_{25}NO_4S$, F. 163,5—164°, Nadeln (CH_3OH/Essigester); 71,5%. — *1.2;5.6-Bis-[tetramethylen]-7.8-dioxabicyclo-[3.2.1]-octanol-(6)*, 2 Modifikationen, F. 143—144° (Prismen aus A.) bzw. 155—156° (sublimiert), als Nebenprod. bei der Darst. von **II** aus 24,7 g Cyclohexanon; 500 mg. — *Bis-[2-oxocyclohexylmethyl]-methylamin*, F. 162,5—163° (Zers.), Nadeln (Essigester), neben **II** wie vorst.; 8,6%. — *8-Methyl-8-azabicyclo-[4.3.1]-decanon-(10)-p-toluolsulfonat*, $C_{17}H_{25}NO_4S$, F. 175 bis 176°, Prismen (CH_3OH/Essigester), aus Cycloheptanon analog **I** (2½ Std. bei 100°), dann Behandeln der rohen Base **III** mit p-Toluolsulfonsäure; 7,4%. *Freie Base* (**III**), $C_{10}H_{17}NO$, Kp.$_7$ 106°, aus vorst. Salz; n_D^{25} 1,4938, μ 2,91 D, pK*$_{MCS}$ 5,03; 79%. *Metho-p-toluolsulfonat*, $C_{18}H_{27}NO_4S$, F. 159—160°, Nadeln (CH_3OH/Essigester); 62%.

J. Rothe. 3231 ◇

Synthese von 3-Hydroxydehydrochinoliziniumbromid. E. Schraufstätter. (Angew. Chem. **74**, 874—75, 7/11. 1962; Elberfeld, Farbenfabriken Bayer AG., Pharmazeut.-Wiss. Abt.; dt.) — Pyridinaldehyd-(2)-diäthylacetal wurde mit Chloraceton zu *1-Acetonyl-2-diäthoxymethylpyridiniumchlorid* [F. 148° (Aceton)] umgesetzt. Cyclisierung mit sd. HBr gab *3-Hydroxydehydrochinoliziniumbromid* [F. 251° (Zers.; A.)]. Die direkte Umsetzung von Pyridinaldehyd-(2) mit Chlor- oder Bromaceton gelang nicht.

J. Rothe. 3231 ◇

Chemische Konstitution und amöbicide Wirkung. 6. Mitt. **Eine neue Synthese einiger von 3-Alkyl-1.3.4.6.7.11b-hexahydro-9.10-dimethoxy-2H-benzo-[a]-chinolizinen abgeleiteter 2-Ketone und 2-Alkohole.** J. M. Osbond. (J. chem. Soc. [London] **1961**, 4711—18, Nov.; Welwyn Garden City, Herts., Roche Prod. Ltd., Res. Dep.; engl.) — 5. vgl. C. **1961**, 2982. — Durch Cyclisierung von 1-[3.4-Dimethoxyphenäthyl]-5-äthyl-2-oxopiperidin-[4-spiro-2']-1'.3'-dioxolan (**II**) mit $POCl_3$ in Toluol wird *3-Äthyl-1.2.3.4.6.7-hexahydro-9.10-dimethoxy-2-oxobenzo-[a]-chinoliziniumjodid* (**III**) erhalten, welches bei der Einw. von Alkali *3-Äthyl-3.4.6.7-tetrahydro-9.10-dimethoxy-2-oxo-2H-benzo-[a]-chinolizin* (**IV**) ergibt. Bei der Red. von **III** mit KBH_4 bzw. von **IV** mit $LiAlH_4$ oder Li/fl. NH_3 wird ein Mol H_2 unter Bldg. des entsprechenden *gesätt. Ketons* (**V**) aufgenommen; Hydrierung von **IV** über Pd/Kohle oder von **V** über Adams-Katalysator liefert den *gesätt. Alkohol* (**VI**). Bei der Dehydrierung von **V** mit Chloranil entsteht **IV**, bei der Pyrolyse von **III** bzw. Dehydrierung von **IV** oder **V** mit $(CH_3COO)_2Hg$ werden *3-Äthyl-6.7-dihydro-2-hydroxy-9.10-dimethoxybenzo-[a]-chinoliziniumsalze* erhalten; die Rk. von **VI** mit $(CH_3COO)_2Hg$ ergibt *3-Äthyl-3.4.6.7-tetrahydro-9.10-dimethoxybenzo-[a]-chinoliziniumbromid*, welches über die *Tetrahydro-* zur *Hexahydrochinolizin-Verb.* hydriert wird. Die Darst. der **IV** u. **V** entsprechenden *3-Butyl-* (**IVa** u. **Va**) bzw. *3-Isobutyl-Verbb.* (**IVb** u. **Vb**), mit denen einige analoge Rkk. durchgeführt werden, wird beschrieben. IR- u. UV-Absorptionsdaten einiger Verbb. sind angegeben. Die UV-Spektren werden bes. zur Entscheidung über das Vorliegen von quart. N herangezogen, für **III** u. **IV** wird die Möglichkeit mesoion. Enolatstrukturen diskutiert.

Versuche: *Butyl-[3.4-dimethoxyphenäthylaminomethyl]-malonsäure*, $C_{18}H_{27}NO_6$, F. 150° (Zers.), aus 163 g 3.4-Dimethoxyphenäthylamin, 160,5 g n-Butylmalonsäure u. CH_2O (16 Std. in wss. A. bei 0°); 247 g (Ausbeute). — *[3.4-Dimethoxyphenäthylaminomethyl]-isobutylmalonsäure*, F. 148° (Zers.), analog vorst. Verb. aus 176 g Isobutylmalonsäure; 295 g. — *2-[3.4-Dimethoxyphenäthylaminomethyl]-hexansäure* (**Ia**), $C_{17}H_{27}NO_4$, F. 147—149°, durch 10std. Rk. von 175 g vorvorst. Verb. mit sd. 60% ig. Essigsäure; aus A.–Ae. Platten; 76 g. — *2-[3.4-Dimethoxyphenäthylaminomethyl]-4-methylpentansäure* (**Ib**), F. 162—163°, aus 175 g vorvorst. Verb. analog vorst. Verb.; aus A.–Ae. Prismen; 76 g. — *1-[3.4-Dimethoxyphenäthyl]-5-äthyl-2-oxopiperidin-[4-spiro-2']-1'.3'-dioxolan* (**II**), $C_{19}H_{27}NO_5$, F. 65—68°, durch Ketalisierung von 12,6 g 5-Äthyl-1-[3.4-dimethoxyphenäthyl]-2.4-dioxopiperidin; aus PAe. Prismen; roh 12,2 g. — *3-Äthyl-1.2.3.-4.6.7-hexahydro-9.10-dimethoxy-2-oxobenzo-[a]-chinoliziniumjodid* (**III**), $C_{17}H_{22}JNO_3 \cdot 0{,}5\,H_2O$, FF. 171—172,5° (Zers.) bzw. 240—241° (Zers.) nach Wiedererstarren bei 180°, durch 3std. Erhitzen von **II** mit $POCl_3$ in Toluol auf dem Wasserbad, Eindampfen, kurzes Erhitzen mit 2nHCl auf 50—60°, Filtrieren, Rk. mit KJ-Lsg. u. Aufnehmen in Chlf.; aus Methanol–Ae. gelbe Prismen; 73%. — *3-Äthyl-3.4.6.7-tetrahydro-9.10-dimethoxy-2-oxo-2H-benzo-[a]-chinolizin* (**IV**), $C_{17}H_{21}NO_3$, F. 169—171,5°, a) durch Rk. von **II** wie vorst., Alkalisieren mit 2nNaOH nach der sauren Hydrolyse u. Aufnehmen in Bzl.; aus Äthylacetat gelbe Prismen; 45%; b) durch Erhitzen von **III** (in Methanol) mit 2nNaOH; c) durch 2std. Rk. von **V** mit Chloranil in sd. Bzl. u. Behandeln mit 2nNaOH; 65%; d) durch Cyclisierung von 6,1 g **II** wie vorst., Rk. mit 20% ig. wss. HBr u. Eindampfen als *Hydrobromid*, F. 225—228°; 3,3 g. *Hydrochlorid*, F. 222,5—224° (Zers.), aus Methanol–Ae. hellgelbe Prismen. *Hydrojodid*, F. 215—217° (Zers.), bleibt unverändert bei der Einw. von $2nNa_2CO_3$ in wss. Methanol. — *3-Butyl-3.4.6.7-tetrahydro-9.10-dimethoxy-2-oxo-2H-benzo-[a]-chinolizin* (**IVa**), $C_{19}H_{25}NO_3$, F. 181—182,5°, a) aus 1-[3.4-Dimethoxyphenäthyl]-5-butyl-2-oxopiperidin-[4-spiro-2']-1'.3'-dioxolan (aus **Ia**; 56%) u. $POCl_3$ in Toluol (3 Std. bei 95°); aus Äthylacetat gelbe Nadeln; 41%; b) durch 2½std. Rk. von 3,17 g **Va** mit Chloranil in sd. Bzl. über das **IVa**-*Tetrachlorhydrochinon-(2:1)-Addukt* $[(C_{19}H_{25}NO_3)_2 \cdot C_6H_2Cl_4O_2$, F. 183—185° (Methanol); roh 2,14 g]. *Hydrobromid*, F. 217 bis 219°, aus A.–Ae. gelbe Prismen. *Hydrochlorid*, $C_{19}H_{25}NO_3 \cdot HCl \cdot H_2O$, F. 187—190° (Zers., Methanol–Ae.). — *3.4.6.7-Tetrahydro-3-isobutyl-9.10-dimethoxy-2-oxo-2H-benzo-*[a]-*chinolizin* (**IVb**), F. 156—158°, a) analog **IVa** aus 1-[3.4-Dimethoxyphenäthyl]-5-isobutyl-2-oxopiperidin-[4-spiro-2']-1'.3'-dioxolan (aus **Ib**; 57%); aus Äthylacetat–PAe. gelbe Prismen; 43%; b) aus demselben Ketal analog der Darst. von **III** aus **II**; c) analog **IVa** aus 3,17 g **Vb**; 1,44 g. *Hydrobromid*, F. 220—222° (Zers.), aus A.–Ae. gelbe Prismen. *Hydrochlorid*, $C_{19}H_{25}NO_3 \cdot HCl \cdot H_2O$, F. 202—204°. *Hydrojodid*, F. 210° (Zers.). — *3-Äthyl-1.3.4.6.7.11b-hexahydro-9.10-dimethoxy-2-oxo-2H-benzo-[a]-chinolizin* (**V**), $C_{17}H_{23}NO_3$, F. 111—112,5°, a) durch 12std. Rk. von **III** mit KBH_4 in Methanol, Einengen u. Behandeln mit Soda-Lsg. u. Ae.; 94%; b) durch 3std. Red. von 1,43 g **IV** mit $LiAlH_4$ in sd. Tetrahydrofuran, Behandeln mit Äthylacetat, Ae. u. W. u. Reinigen über das *Hydrobromid* [F. 220° (Zers.), aus Methanol–Ae. Prismen; 0,72 g]; c) durch Zugabe von 1,43 g **IV** (in Ae.) zu Li in fl. NH_3 bei —40°, Zusetzen von NH_4Cl nach 15 Min., Eindampfen, Aufnehmen in W., Ausäthern u. Reinigen über das *Hydrobromid* (0,55 g); aus Isopropyläther Nadeln. *Hydrochlorid*, $C_{17}H_{23}NO_3 \cdot HCl \cdot 0{,}5\,H_2O$, F. 201,5—202,5° (A.–Ae.). — *1.3.4.-6.7.11b-Hexahydro-3-isobutyl-9.10-dimethoxy-2-oxo-2H-benzo-[a]-chinolizin* (**Vb**), F. 126 bis 129°, analog **V** aus 1,58 g **IVb** mit $LiAlH_4$ über das *Hydrobromid* ($C_{19}H_{27}NO_3 \cdot HBr \cdot 0{,}5\,H_2O$, F. 202—204,5°, aus Methanol–Ae. Prismen; 0,9 g); aus Methanol Prismen. — *3-Butyl-1.3.4.6.7.11b-hexahydro-9.10-dimethoxy-2-oxo-2H-benzo-[a]-chinolizin* (**Va**), durch Red. von 1 g **IVa** mit $LiAlH_4$ u. Isolierung als *Hydrochlorid* (F. 198—199°, aus 2nHCl Prismen; 0,2 g). — *3-Äthyl-1.3.4.6.7.11b-hexahydro-2-hydroxy-9.10-dimethoxy-2H-benzo-[a]-chinolizin* (**VI**), F. 155—157°, a) durch Hydrieren von 0,6 g **IV** über Pd/Kohle bei 20°/1 at in Methanol; aus Äthylacetat–PAe. Nadeln; 0,2 g; b) aus **V** mit Adams-Katalysator in Methanol. *Hydrobromid*, F. 231,5—233°. — *3-Äthyl-6.7-dihydro-2-hydroxy-9.10-dimethoxybenzo-[a]-chinoliziniumbromid*, F. 257—258°, a) durch 3std. Erhitzen von **V** mit $(CH_3COO)_2Hg$ in 10% ig. Essigsäure auf 90—95°, Einleiten von H_2S, Filtrieren u. Zugabe von HBr; Nadeln; 60%; b) analog aus **IV**. Entsprechendes *Jodid*, $C_{17}H_{20}JNO_3$, F. 248°, durch 10 Min. langes Erhitzen von 1 g **III** auf 180°; aus Methanol gelbe Prismen; 0,5 g; gibt mit Na_2CO_3 in wss. Methanol *3-Äthyl-6.7-dihydro-9.10-dimethoxy-2-oxo-2H-benzo-[a]-chinolizin*, F. 227—230°. — *3-Äthyl-3.4.6.7-tetrahydro-9.10-dimethoxybenzo-[a]-chinoliziniumbromid*, $C_{17}H_{22}BrNO_2$, F. 265—266° (Zers.), analog vorst. Bromid aus **VI**; aus Methanol–Ae. gelbe Nadeln; 92%. — *3-Äthyl-3.6.7.11b-tetrahydro-9.10-dimethoxy-4H-benzo-[a]-chinolizinhydrobromid*, $C_{17}H_{23}NO_2 \cdot HBr$, F. 234—235°, durch ½std. Red. von 1 g vorst. Verb. mit KBH_4 in Methanol bei 20°, Zugabe von 2n Soda-Lsg. u. Ausäthern; aus Methanol–Ae. Nadeln; 0,85 g. — *3-Äthyl-1.3.4.6.7.11b-hexahydro-9.10-dimethoxy-2H-*

benzo-[a]-chinolizinhydrobromid, $C_{17}H_{25}NO_2 \cdot HBr$, F. 249–250°, durch Hydrieren vorst. Hydrobromids über Adams-Katalysator in Methanol bei 20° u. 1 at; aus Methanol–Ae. Prismen. W. Hoffmann. 3231◇

Benzacridine. A. K. Chatterjee. (J. Indian chem. Soc. **39**, 565–67, Aug. 1962; Poona, Armed Forces Med. Coll., Dep. of Preventive Med.; engl.) — *7-Aminobenz-[c]-* bzw. *12-Aminobenz-[a]-acridine* werden durch Umsetzung von 7-Chlorbenz-[c]- (**I**) bzw. 12-Chlorbenz-[a]-acridin (**II**) mit Aminen in Phenol dargestellt u. in Form der *Salicylate* bzw. *Pikrate* isoliert. Die dargestellten Verbb. haben hohe Wirksamkeit gegen *E. histolytica* in vitro.

Versuche: 12-Aminobenz-[a]-acridine, durch 2std. Rk. von **II** u. dem Amin in frisch dest. Phenol bei 120°, Gießen in wss. Lauge u. Extrahieren mit Ae. [Salicylate, durch Zusetzen von Salicylsäure, Stehen (1 Tag) u. Kristallisation aus 90% ig. A. bzw. aus A./Ae.; Pikrate, durch Fällen aus alkohol. Lsg. u. kristallisieren aus A./Pyridin]: *N^{12}-[2-Diäthylaminoäthyl]-*, *Disalicylat*, $C_{23}H_{25}N_3 \cdot 2\,C_7H_6O_3$, F. 182°. — *$N^{12}$-[3-Diäthylaminopropyl]-*, *Disalicylat*, $C_{24}H_{27}N_3 \cdot 2\,C_7H_6O_3$, F. 160°. — *$N^{12}$-[5-Diäthylaminoamyl]-*, *Dipikrat*, $C_{26}H_{31}N_3 \cdot 2\,C_6H_3N_3O_7$, F. 166°. — *$N^{12}$-[3-Piperidinopropyl]-*, *2½ Salicylat*, $C_{25}H_{27}N_3 \cdot 2\frac{1}{2}\,C_7H_6O_3$, F. 178°. — *$N^{12}$-[5-Piperidinoamyl]-*, *Dipikrat*, $C_{27}H_{31}N_3 \cdot C_6H_3N_3O_7$, F. 126°. — 7-Aminobenz-[c]-acridine, analog mit **I**: *N^7-[2-Diäthylaminoäthyl]-*, *Disalicylat*, $C_{23}H_{25}N_3 \cdot 2\,C_7H_6O_3$, F. 184°. — *$N^7$-[3-Diäthylaminopropyl]-*, *Disalicylat*, $C_{24}H_{27}N_3 \cdot 2\,C_7H_6O_3$, F. 184°. — *$N^7$-[5-Diäthylaminoamyl]-*, *Disalicylat*, $C_{26}H_{31}N_3 \cdot 2\,C_7H_6O_3$, F. 136°. — *$N^7$-[3-Piperidinopropyl]-*, *2½ Salicylat*, $C_{25}H_{27}N_3 \cdot 2\frac{1}{2}\,C_7H_6O_3$, F. 170°. — *$N^7$-[5-Piperidinoamyl]-*, *Disalicylat*, $C_{27}H_{31}N_3 \cdot 2\,C_7H_6O_3$, F. 130°. — *N-[2-Hydroxyäthyl]-N'-{benz-[c]-acridinyl-(7)}-äthylendiamin*, *Tripikrathydrat*, $C_{21}H_{21}N_3O \cdot 3\,C_6H_3N_3O_7 \cdot H_2O$, F. 206°. — *N-[2-Hydroxyäthyl]-N'-{benz-[a]-acridinyl-(12)}-äthylendiamin*, *Disalicylat*, $C_{21}H_{21}N_3O \cdot 2\,C_7H_6O_3$, F. 160°. H. Gleinig. 3231□

Dihydropyridazine aus Olefinen und 3.6-Dicarbomethoxy-1.2.4.5-tetrazin. Margarete Avram, Ilie G. Dinulescu, Elise Marica und Costin D. Nenitzescu. (Chem. Ber. **95**, 2248–53, herausgeg. 5/9. 1962; Bukarest, Akad. der R.V.R., Chem. Inst.; dt.) — Durch Umsetzung von 3.6-Dicarbomethoxy-1.2.4.5-tetrazin (**I**) mit verschiedenen Olefinen wurden unter N_2-Entw. *3.6-Dicarbomethoxydihydropyridazin-Derivv.* erhalten. Die Rk. erfolgt bei Raum-Temp. unter Entfärbung mit so scharfem Endpunkt, daß sie sich zu einer quant. Titrations-Meth. einfacher farbloser Olefine umgestalten ließe. Einfache Olefine reagieren mit **I** augenblicklich; Butadien, Cyclooctatetraen, Crotonaldehyddiäthylacetal u. Cinnamylalkohol in 6 Std. (Entfärbungszeit); Crotonaldehyd, Zimtsäureäthylester u. Acrylnitril in 24 Std.; unter den angewandten Bedingungen reagieren auch in 24 Std. nicht: Aromat. Olefine wie Stilben, Acetylen, Tolan, Maleinsäureanhydrid, N-Phenylmaleinimid u. Azodicarbonsäurediäthylester. Die Konstit. der erhaltenen Prodd. wurden IR-spektroskop. bestimmt. Die Verbb. sind an der Luft beständig u. können mit CrO_3 oder HNO_2 zu den entsprechenden *Pyridazin-Derivv.* oxydiert werden. Aus Cyclopenten u. **I** wurde dagegen direkt das *Pyridazin-Deriv.* erhalten.

Versuche: *3.6-Dicarbomethoxy-1.2.4.5-tetrazin* (**I**), $C_6H_6N_4O_4$, F. 176°, rote Tafeln (CH_3COOH), aus Bis-diazoessigsäure u. CH_2N_2, dann N_2O_3. *Freie Säure* (**II**), F. 148°. — *3.6-Dicarbomethoxy-1.2-dihydropyridazin* (**III**), $C_8H_{10}N_2O_4$, F. 114° (CH_3OH), durch Einleiten von C_2H_4 in eine Lsg. von **I** in CH_2Cl_2 oder Äthylenchlorid; 98,0% (Ausbeute). *Freie Säure*, $C_6H_6N_2O_4$, F. 202° (W.), aus C_2H_4 u. **II** in Aceton; 70%. — *3.6-Dicarbomethoxypyridazin*, $C_6H_8N_2O_4$, F. 202° (A.), aus **III** u. $K_2Cr_2O_7$ in wss. CH_3COOH (1std. Erwärmen auf dem Wasserbad); 42%. — *3.6-Dicarbomethoxy-4.4-dimethyl-1.4-dihydropyridazin*, $C_{10}H_{14}N_2O_4$, Fl., aus **I** u. Isobutylen; 80,6%. — 3.6-Dicarbomethoxy-1.2 (oder 1.4- ?)-dihydropyridazine: *4-Phenyl-*, $C_{14}H_{14}N_2O_4$, F. 127° (CH_3OH), aus **I** u. Styrol; 90,5%. — *4.5-Äthylen-*, $C_{10}H_{12}N_2O_4$, F. 187° (CH_3OH), aus **I** u. Cyclobuten; 83,2%. — *4.5-Tetramethylen-*, $C_{12}H_{16}N_2O_4$, F. 107° (CH_3OH), aus **I** u. Cyclohexen; 70,8%. — *4.5-Pentamethylen-*, $C_{13}H_{18}N_2O_4$, F. 68° (CH_3OH/W.), aus **I** u. Cyclohepten; 49,7%. — *4.5-Hexamethylen-*, $C_{14}H_{20}N_2O_4$, F. 107° (Dioxan/CH_3OH), aus **I** u. Cycloocten; 57,1%. — *Verb.* $C_{16}H_{18}N_2O_4$, F. 115° (CH_3OH), aus **I** u. Tricyclo-[4.2.2.$0^{2.5}$]-decadien-(7.9); 64,2%. — *Verb.* $C_{20}H_{22}N_2O_8$, F. >250° (Dioxan/CH_3OH), aus **I** u. 7.8-Dicarbomethoxytricyclo-[4.2.2.$0^{2.5}$]-decadien-(3.9); 58,7%. — *3.6-Dicarbomethoxy-4.5-cyclopentenopyridazin*, $C_{11}H_{12}N_2O_4$, F. 187° (CH_3OH), aus **I** u. Cyclopenten; 75%. J. Rothe. 3272□

Diastereoisomere 4-[1'-Methylpyrrolidinyl-(3')-methylamino]-chinazolin-1'-oxide. Homer C. Scarborough. (J. org. Chemistry **27**, 1903–04, Mai 1962; Evansville, Ind., Mead Johnson Res. Center; engl.) — Umsetzung von 4-[1'-Methylpyrrolidinyl-(3')-methylamino]-chinazolin (**I**) in Aceton mit H_2O_2 gibt 2 diastereoisomere *1'-Oxide* von **I**. Die Strukturen werden durch die UV- u. die IR-Spektren sowie die Eigg. (Löslichkeit in W.) u. die Red. zu **I** gestützt.

Versuche: *4-[1'-Methylpyrrolidinyl-(3')-methylamino]-chinazolin-1'-oxid, Isomeres A*, $C_{14}H_{18}N_4O$, F. 220—221° (Zers.; Acetonitril), aus I u. 30%ig. H_2O_2 in Aceton durch 9tägiges Stehen, Zusetzen von Methanol, Rühren mit PtO_2 (3 Std.) u. 10%ig. Pd/Kohle (1½ Std.) u. Behandeln mit Acetonitril; 43%; daneben 41% *Isomeres B*, F. 200 bis 203° (Zers.; Acetonitril), durch Einengen der Mutterlauge u. Abkühlen auf —20°. — *4-[1'-Methylpyrrolidinyl-(3')-methylamino]-chinazolin* (I), F. 112° (Acetonitril), aus vorst. Isomerem A bzw. B durch Hydrieren in A. in Ggw. von Pd/Kohle; 100%. — UV- u. IR-Daten sind aufgeführt. H. Gleinig. 3272□

Darstellung und Eigenschaften von 6-Halogenmethylpurinen. Sasson Cohen, Edna Thom und Aaron Bendich. (J. org. Chemistry **27**, 3545—49, Okt. 1962; New York, N.Y., Sloan-Kettering Inst. for Cancer Res., Div. of Nucleoprotein Chem.; Cornell Univ. Med. Coll., Graduate School of Med. Sci., Sloan-Kettering Div.; engl.) — 6-Methylpurin (I) wurde durch SO_2Cl_2 oder N-Chlorsuccinimid (NCS) in CF_3COOH-Lsg. in *6-Trichlormethylpurin* (II) umgewandelt. Stufenweise oder partielle Chlorierung der CH_3-Gruppe konnte nicht erreicht werden. Mit N-Bromsuccinimid (NBS) gab I *6-Dibrom-* (III) u. bei weiterer Substitution *6-Tribrommethylpurin* (IV). Stufenweise katalyt. Red. der Trihalogenmethylpurine lieferte *Dihalogen-* u. *Monohalogenmethylpurine*. UV-Spektren bei verschiedenen pH-Werten, pK_a-Werte, R_F-Werte u. weitere Umsetzungen der Halogenmethylpurine sind beschrieben.

Versuche (R_F-Werte in n-Butanol/HCOOH/W. 77:10:13 aufsteigend): Rk. von 2,7 g I mit 2,7 g SO_2Cl_2 in CF_3COOH in Ggw. von $(C_6H_5COO)_2$ gab nur *I-Trifluoracetat*, $C_8H_7F_3N_4O_2$, F. 126—128°, R_F 0,54 [40% (Ausbeute)] u. *I-Hydrochlorid* (15%). Rk. von 2,7 g I mit 3 g SO_2Cl_2 in CH_3COOH in Ggw. von $(C_6H_5COO)_2$ gab nur *I-Hydrochlorid*, $C_6H_7ClN_4$, F. 238—240° (Zers.); R_F 0,54. — *6-Trichlormethylpurin* (II), $C_6H_3Cl_3N_4$, F. 204 bis 206° (Zers.; Chlf.), a) durch Zugeben von 50 ml SO_2Cl_2 zu 13 g I in CF_3COOH (exotherm, dann 1—2 Std. langes Kochen; 73%); b) aus I u. NCS in sd. CF_3COOH (2 Std.; 36%); pK_{a2} 7,93; R_F 0,92. — *6-Dibrommethylpurin* (III), $C_6H_4Br_2N_4$, F. 165—166° (Zers.; CH_3OH), aus 1,3 g I u. 1,8 g NBS in sd. CF_3COOH (2 Std.); pK_{a2} 8,00; R_F 0,85; 38%. — *6-Tribrommethylpurin* (IV), $C_6H_3Br_3N_4$, F. 194—195° (Zers.; Essigester), aus 1,3 g I u. 5,4 g NBS in sd. CF_3COOH (2 Std.); pK_{a2} 8,27; R_F 0,87; 91%. — *6-Dichlormethylpurin*, $C_6H_4Cl_2N_4$, F. 176—177° (Zers.; CH_3OH), aus 2,4 g II u. 255 ml H_2 an 5%ig. Pt-Kohle in A.; R_F 0,86; pK_{a2} 7,79; 75%. — *6-Monochlormethylpurin*, $C_6H_5ClN_4$, F. 165—166° (Zers.; Essigester), a) aus 4,8 g II u. 900 ml H_2 an 5%ig. Pt-Kohle in CH_3OH/W. in Ggw. von $CH_3 \cdot COONa$; 45%; b) aus 6-Methylpurin-1-N-oxid u. CH_3SO_2Cl (2std. Rühren; 30%); pK_{a1} ca. 1,7, pK_{a2} 8,62, R_F 0,75. — Hydrierung von IV in A. (1 Mol H_2) lieferte analog 58% III. — *6-Brommethylpurin*, $C_6H_5BrN_4$, wird bei 140—150° braun, ohne zu schmelzen, aus IV u. H_2 (2 Mol) an 5%ig. Pt-Kohle in 50%ig. wss. A. in Ggw. von CH_3COONa; R_F 0,76; 22%. — *6-Carboxypurin*, F. 200—201° (Zers.; wss. HCl), aus II u. wss. $NaHCO_3$-Lsg. (4std. Rühren); R_F 0,1—0,2; 50%. Decarboxylierung gab *Purin*, F. 214—215°. — *6-[Trimethoxymethyl]-purin*, $C_9H_{12}N_4O_3$, F. 179—180° (Zers.; Essigester), aus II u. methanol. KOH (12std. Rühren); R_F 0,74; 39%. — *6-Carbomethoxypurin*, $C_7H_6N_4O_2$, F. 226—227° (Zers.; Aceton), aus vorst. Verb. u. wss.-methanol. HCl (2std. Stehen); R_F 0,57; 69%. — *Purincarbonamid-(6)*, $C_6H_5N_5O$, F. 320—325° (W.), aus II u. NH_4OH/NH_4HCO_3-Lsg. bei pH 9 (3std. Rühren); R_F 0,40; 30%. — *2-Methylmercapto-4-hydroxy-6-chlormethylpyrimidin*, $C_6H_7ClN_2OS$, F. 180—181° (CH_3OH), aus S-Methylpseudothioharnstoffsulfat u. γ-Chloracetessigsäureäthylester in 2m methanol. CH_3ONa (12std. Rühren); 40%. J. Rothe. 3272◇

Purin-N-oxide. 10. Mitt. **Die Wirkung einiger Substituenten auf Stabilität und Reaktionsfähigkeit.** Marcus A. Stevens, Alfredo Giner-Sorolla, Herman W. Smith und George Bosworth Brown. (J. org. Chemistry **27**, 567—72, 9/2. 1962; New York, N.Y., Sloan-Kettering Inst. for Cancer Res.; engl.) — 9. vgl. C. **1963, 2836**. — Die Oxydation von *6-Methylpurin* (I) mit Essigsäure u. H_2O_2 führt in guter Ausbeute zu einem stabilen, dem *Adenin-1-oxid* (II) analogen *6-Methylpurin-1-oxid* (III). Die 1-Stellung des Sauerstoffs wird durch Hydrolyse von III über *4-Acetyl-5-aminoimidazoloxim* zu *4-Acetyl-5-aminoimidazol* bewiesen. Mit Xanthinoxydase wird III in *8-Hydroxy-6-methylpurin-1-oxid* (VII) übergeführt. Die leichte Bldg. der N-Oxide von Adenin u. I wird auf die Elektronendonator-Wrkg. der CH_3- bzw. der NH_2-Gruppe zurückgeführt. Unsubstituiertes Purin u. sein Ribosyl-Deriv. lassen sich nur in geringer Ausbeute in die N-Oxide überführen. Diese konnten durch Papierchromatographie isoliert u. durch UV-Spektren nachgewiesen werden. *Purin-N-oxid* (IV) lagert sich in Anwesenheit von Peroxiden langsam in eine hydratisierte Form (IVa) um. Aus *9-Ribosylpurin-N-oxid* (V) wird durch Nucleosidhydrolase IV gebildet, das durch Xanthinoxydase in *8-Hydroxypurin-N-oxid* (VI) verwandelt wird. VI kann auch durch Oxydation von 8-Hydroxypurin gewonnen werden. Wenn der erste Schritt der Oxydation der Purine in einer Anlagerung von Peroxyessigsäure besteht, muß diese am nucleophilsten N-Atom stattfinden. Analog zu **II** u. **III** wird auch für **IV**, **V** u. **VI** ein 1-Oxid angenommen. In Analogie zu den N-Oxiden von Pyridin u. 2-Methylpyridin bilden mit heißer Essigsäure **VI** *6.8-* u. *2.8-Dihydroxypurin* u. **III** *6-Acetoxymethylpurin.* Unterss. der Giftigkeit an Mäusen zeigten, daß für **I** DL_{50} 2 mg/Tag, für **III** DL_{50} 63 mg/Tag beträgt.

Versuche: *6-Methylpurin-1-oxid* (**III**), $C_6H_6N_4O$, F. 265° (Zers.), durch 3std. Erhitzen von **I** mit Essigsäure u. H_2O_2 auf 75—80°, Zugabe von H_2O_2 u. weiteres 9std. Kochen; Nadeln aus A.; 70% (Ausbeute). — *6-Methylpurin* (**I**), F. 228—233°, durch Hydrieren von **III** bei Normaldruck an Raney-Ni in W. (6 Std.); 83%. — *4-Acetyl-5-aminoimidazolhydrochlorid*, $C_5H_8ClN_3O$, F. 235—237° (Zers.), aus **III** mit 2nHCl; aus A. Blättchen. *Oxim*, F. 236—238°. — *6-Acetoxymethylpurin*, $C_8H_8N_4O_2$, F. 239°, durch 1½ std. Erhitzen einer Suspension von **III** in Essigsäureanhydrid u. abs. Dioxan auf 65°, Filtrieren des Nd. (*Purin-6-carbonsäure*) u. mehrmaliges Eindampfen des Filtrats mit A. bei 40—50°; gelbe Nadeln. — *6-Methyl-8-hydroxypurin-1-oxid* (**VII**), $C_6H_6N_4O_2$, F. 288—298°, a) aus 6-Methyl-8-hydroxypurin, Essigsäure u. H_2O_2; 62%; b) aus **III**, 0,015m Phosphatpuffer (pH 7,5) u. Xanthinoxydase bei 37°. — *8-Hydroxypurin-N-oxid* (**VI**), *Hemihydrat*, $C_5H_4 \cdot N_4O_2 \cdot 1/2\, H_2O$, F. 293° (Zers.), a) aus 8-Hydroxypurin wie **III**; b) aus Purin-N-oxid (**IV** oder **IVa**) wie **VII** nach b); aus Propanol–W. hellgelbe Kristalle. — *2.8-Dihydroxypurin*, aus **VI**, Na-Acetat, Essigsäureanhydrid u. Eisessig durch Hydrolyse mit NH_3 u. Trennung durch Papierchromatographie. — *6.8-Dihydroxypurin*, wie vorst. Verbindung. — *Purin-N-oxid* (**IVa**), *Hydrat*, $C_5H_4N_4O \cdot H_2O$, F. >200° (Zers.), a) wie **III**; b) aus Purin mit Benzopersäure in Chlf.; c) aus **V** mit 0,05m Citratpuffer (pH 6,0) u. Nucleosidhydrolase bei 37°; gelbe Kristalle. — *9-Ribosylpurin-N-oxid* (**V**), aus 9-Ribosylpurin wie **III** (durch Papierchromatographie abgetrennt). A. Zschunke. 3272◇

Pteridinuntersuchungen. 12. Mitt. **Die Methylierung von 4-Aminopteridin.** D. J. Brown und N. W. Jacobsen. (J. chem. Soc. [London] **1960**, 1978—85, Mai; Canberra, Australia, Austr. Nat. Univ., Dep. of Med. Chem.; engl.) — 11. vgl. C. **1961**, 5797. — Mit Methyljodid bildet sich aus *4-Aminopteridin* (**I**) *1.4-Dihydro-4-imino-1-methylpteridin* (**II**). Die Methylierung der Aminogruppe wurde durch Darst. von *4-Methylaminopteridin* (**III**) auf anderem Wege ausgeschlossen. Mit verd. NaOH behandelt, liefert **II** bei 0° *3-Methylaminopyrazin-2-carbonsäureamidin* (**V**; Ringspaltung vor Hydrolyse der Iminogruppe), bei 100° *2-Carbamoyl-3-methylaminopyrazin* (**IV**; Hydrolyse der NH-Gruppe vor der Ringspaltung). Das Zwischenprod. *1.4-Dihydro-1-methyl-4-oxopteridin* (**VI**) kann nur bei saurer Zerlegung isoliert werden. *4-Amino-6.7-dimethylpteridin* (**VII**) u. **III** gaben analoge Methylierung u. Zerlegung. Die Methylierung von *4.6-Diaminopyrimidin* führt zu *4-Amino-1.6-dihydro-6-imino-1-methylpyrimidin* (**VIII**). Durch kalte NaOH lagert sich **VIII** in *4-Amino-6-methylaminopyrimidin* um, beim Nitrieren von **VIII** bildet sich *4-Amino-6-methylamino-5-nitropyrimidin.* 4-Dimethylaminopteridin (u. sein 6.7-Dimethyl-Deriv.) liefert mit CH_3J eine quart. Base, die am $N_{(1)}$ methyliert ist. Beim Kochen geht diese über **VI** in **IV** über (pH 10). Durch schrittweise Einführung von Methylgruppen in **II** erhöht sich die Stabilität gegen Säurehydrolyse, bei nur C-Methylierung vergrößert sich auch die Stabilität gegen Basen. Vergrößerung der Basizität erhält man bei C-Methylierung u. N-Methylierung der Aminogruppe in **I**. Die bei der N-Kernmethylierung entstehenden Iminopteridine, z. B. **II**, sind stärkere Basen als die entsprechenden Aminoverbindungen. Die erhöhte Basizität von **II** läßt sich aus der Mesomeriestabilisierung der protonisierten oder quaternisierten Basen erklären. Die Kationen der Iminobasen besitzen daher auch ein ähnliches Spektrum wie Amino-, Dimethylamino- u. Methylaminopteridin. Die UV-Spektren u. pK_a-Werte der Pteridin-Derivv. sind tabellar. angegeben.

Versuche: *1.4-Dihydro-4-imino-1-methylpteridin* (**II**), *Hydrojodid*, $C_7H_8JN_5$, F. 255°, durch 4std. Erhitzen von **I** u. CH_3J auf 140°, Extrahieren mit sd. A., Einengen u. Zugabe von PAe.; 78% (Ausbeute). *Hydrochlorid*, $C_7H_8ClN_5$, F. >300° (A.), durch 3std. Schütteln des Hydrojodids mit AgCl in W.; 79%. — *1.4-Dihydro-4-imino-1.6.7-trimethylpteridin, Hydrojodid*, $C_9H_{12}JN_5$, F. 264°, durch 2std. Erhitzen von 4.5.6-Triaminopyrimidin mit Diacetyl in Methanol u. Methylieren des entstandenen *4-Amino-6.7-dimethylpteridins* (**VII**; F. 295°) wie vorst.; 89%. *Hydrochlorid*, $C_9H_{12}ClN_5$, F. 290° (Zers.). — *4-Methylaminopteridin* (**III**), $C_7H_7N_5$, F. 251—252°, durch 2std. Kochen von 4-Methylmercaptopteridin u. Methylamin in A.; 95%. *Hydrojodid*, $C_7H_8JN_5$, F. 234—235° (A.). — *1.4-Dihydro-1-methyl-4-methyliminopteridin, Hydrojodid*, $C_8H_{10}JN_5$, F. 274°, aus **III**; orangefarbene Verb.; 75%. *Hydrochlorid*, $C_8H_{10}ClN_5$; 91%. — *1.4-Dihydro-1.6.7-trimethyl-4-methyliminopteridin, Hydrojodid* (**IX**), $C_{10}H_{14}JN_5$, F. 247° (Methanol), aus 4.5-Diamino-6-methylmercaptopyrimidin u. Diacetyl durch 10 Min. langes Kochen in Methanol, Behandeln des entstandenen *6.7-Dimethyl-4-methylmercaptopteridins* ($C_9H_{10} \cdot$

N_4S, F. 120—121°) mit Methylamin in sd. A. u. Methylieren des entstandenen *6.7-Dimethyl-4-methylaminopteridins* ($C_9H_{11}N_5$, F. 223°; 95%. *Hydrojodid*, $C_9H_{12}JN_5$, F. 218 bis 220°); 86%. *Hydrochlorid*, $C_{10}H_{14}ClN_5$, F. ca. 250° (Zers.). — *4.8-Dihydro-6.7.8-trimethyl-4-methyliminopteridin*, $C_{10}H_{13}N_5$, F. 113—115°, durch Hydrierung von 4.6-Bis-[methylamino]-5-nitropyrimidin an Raney-Ni in Methanol u. $^1/_4$std. Kochen des entstandenen *5-Amino-4.6-bis-[methylamino]-pyrimidins* ($C_6H_{11}N_5$, F. 178—180°) mit Diacetyl in Methanol; aus PAe. gelbe Kristalle. — *4-Dimethylamino-1-methylpteridiniumjodid*, C_9H_{12}·JN_5, F. 227—229°, durch 2std. Kochen von 4-Methylmercaptopteridin mit 5%ig. alkohol. Dimethylamin-Lsg., Extrahieren mit PAe. u. 3std. Kochen des entstandenen *4-Dimethylaminopteridins* (F. 165—166°; 94%. *Hydrojodid*, $C_8H_{10}JN_5$, F. 244—245°) mit CH_3J in Methanol; 52%. — *1.4-Dihydro-1-methyl-4-oxopteridin* (**VI**), F. 222°, aus **II** mit 2,5nHCl bei 100°, Extrahieren mit Isobutylmethylketon u. Sublimation bei 170°/0,01 Torr. — *1.4-Dihydro-1.6.7-trimethyl-4-oxopteridin*, $C_9H_{10}N_4O$, F. 216—217° (W.), wie **VI** aus **IX**. — *3-Methylaminopyrazin-2-carbonsäureamidin* (**V**), $C_6H_9N_5$, F. 108—110° (PAe.), das Hydrojodid von **II** wird 5 Min. lang mit 2,5nNaOH bei 0° behandelt. *Hydrochlorid*, C_6H_{10}·ClN_5, F. 204° (A.–PAe., 1:3). — *5.6-Dimethyl-3-methylaminopyrazin-2-carbonsäureamidin*, $C_8H_{13}N_5$, F. 131—132° (PAe.), aus 1.4-Dihydro-4-imino-1.6.7-trimethylpteridinhydrojodid mit 2,5nNaOH bei 35°. — *2-Carbamoyl-3-methylaminopyrazin* (**IV**), F. 196°, durch Behandlung von **II** mit 1nNaOH bei 100° oder Kochen einer 4%ig. Lsg. von 4-Dimethylamino-1-methylpteridiniumjodid bei pH 10. — *2-Carbamoyl-5.6-dimethyl-3-methylaminopyrazin*, $C_8H_{12}N_4O$, F. 164° (W.), aus 1.4-Dihydro-1.6.7-trimethyl-4-iminopteridin u. 1nNaOH bei 100°; 70%. — *5.6-Dimethyl-3-methylaminopyrazin-2-carbonsäure*, $C_8H_{11}N_3O_2$, F. 146° (PAe.), durch 2std. Kochen vorst. Verb. bei 100° mit 1nNaOH u. Ansäuern auf pH 1; 45%. — *5.6-Dimethyl-3-aminopyrazin-2-carbonsäure*, $C_7H_9N_3O_2$, F. 210—211° (W.), durch 4std. Kochen von 4-Hydroxy-6.7-dimethylpteridin mit 10nNaOH; 20%. — *2-[4.6-Dimethylpyrimidyl-(2)]-3-methylaminopyrazin*, $C_{11}H_{13}N_5$, F. 89° (PAe.), durch 8std. Schütteln von 3-Methylaminopyrazin-2-carbonsäureamidinhydrochlorid, Acetylaceton u. Na_2CO_3 in W. bei 45° u. Extrahieren mit A.; 40%. — *4-Amino-1.6-dihydro-6-imino-1-methylpyrimidin, Hydrojodid* (**VIII**), $C_5H_9JN_4$, F. 284°, durch 3std. Kochen von 4.6-Diaminopyrimidin u. CH_3J in Methanol; Nadeln aus A.; 89%. *Hydrochlorid*, $C_5H_9ClN_4$, F. 268—269° (A.); daneben das isomere *4-Amino-6-methylaminopyrimidinhydrochlorid*, $C_5H_9ClN_4$, F. 213—214° (A.). — *4-Amino-6-methylaminopyrimidin*, $C_5H_8N_4$, F. 209—211° (W.), aus **VIII** mit 1nNaOH bei 20° (6 Std.), Filtrieren, Einstellen auf pH 8—9, Einengen u. Extrahieren mit Äthylacetat; 29%. — *4-Amino-6-methylamino-5-nitropyrimidin*, F. 248—250° (W.), a) 4.6-Diamino-5-nitropyrimidin u. CH_3J werden 6 Std. auf 140° erhitzt; b) **VIII** wird mit konz. H_2SO_4 behandelt, dann wird HNO_3 (D. 1,5) bei 0° unter Rühren dazu gegeben, ½ Std. auf 40° erhitzt u. NH_3 zugesetzt; 85%. — *4.5-Diamino-6-methylaminopyrimidin*, $C_5H_9N_5$, F. 187—189°, durch Hydrieren vorst. Verb. an Raney-Ni; fahlgelbe Verb. durch Sublimation bei 120°/0,01 Torr; 60%. A. Zschunke. 3272◇

Beitrag zur Untersuchung der Einwirkung von Basen auf quaternäre Ammoniumsalze. 2. Mitt. **Umlagerung des 1-Methyl-1-benzylpyrrolidiniumjodids.** L. P. A. Fery und L. van Hove. (Bull. Soc. chim. belges **69**, 63—78, Jan./Febr. 1960; Bruxelles, Univ. Libre, Fac. des Sci., Serv. de Chim. Gén. I; franz.) — 1. vgl. C. **1961**, 9031. — Vff. untersuchen die Wrkg. von $NaNH_2$ in fl. NH_3 auf *1-Methyl-1-benzylpyrrolidiniumjodid* (**I**), das durch Rk. von CH_3J mit dem aus Benzylchlorid (**IV**) u. Pyrrolidin (**V**) erhältlichen *1-Benzylpyrrolidin* (**VI**) gewonnen wird. Das mit 91%ig. Ausbeute isolierte Öl besteht zu 95% aus *1-Methyl-2-[o-tolyl]-pyrrolidin* (**II**) u. zu 5% aus *1-Methyl-2-benzylpyrrolidin* (**III**). **II**, das durch fraktionierte Dest. u. über das *Pikrat* von **III** getrennt u. gereinigt wird, liefert mit alkal. $KMnO_4$ *Phthalsäure*. Die Bldg. von **II** aus **I** erfolgt durch Sommelet-, die von **III** aus **I** durch Stevens-Umlagerung. **II** läßt sich von *1-[2-Methylbenzyl]-pyrrolidin* (**VII**) u. **III** von *N-Methyl-N-[buten-(3)-yl]-benzylamin* (**IX**) durch Vgl. der IR-Spektren, der *Pikrate* u. *Jodmethylate* unterscheiden. Für **II**, **VII** u. **IX** sind Synth. beschrieben. Der Mechanismus der Rkk. wird diskutiert. Die IR-Spektren von **II**, **VI**, **VII** u. **IX** sind graph. wiedergegeben.

Versuche (FF. korr.): *1-Benzylpyrrolidin* (**VI**), $Kp._1$ 72°, durch Einrühren der äquimol. Menge **IV** in das Gemisch von **V** u. K_2CO_3 in Ae., Aufbewahren über Nacht bei Raum-Temp., Zugabe von 6nHCl, Alkalisieren der mit Ae. gewaschenen sauren Lsg. mit K_2CO_3-Lsg., Ae.-Extraktion u. Dest. des Ae.-Rückstands; n_D^{20} 1,5265; 74% (Ausbeute). *Pikrat*, F. 127,8—129,6° (A.; gelbe Nadeln). *Jodmethylat* (**I**), F. 115—116°, durch Einrühren von CH_3J in Bzl. zu **VI** in Bzl. unter Kühlung mit W., 24std. Aufbewahren bei Raum-Temp., u. Abfiltrieren; 97%. *Methopikrat*, $C_{18}H_{20}N_4O_7$, F. 114,2—114,8° (W.; gelbe Nadeln). — *1-[2-Methylbenzyl]-pyrrolidin* (**VII**), $Kp._3$ 92°, durch Einrühren der äquimol. Menge benzol. 2-Methylbenzylbromid zu **V** in Bzl. bei 0°, 2std. Rühren, 24std.

Aufbewahren bei Raum-Temp. u. Aufarbeitung nach der für 1-[2-Methylbenzyl]-piperidin beschriebenen Meth. (vgl. 1. Mitt., l. c.); n_D^{20} 1,5274; 98%. *Pikrat*, $C_{18}H_{20}N_4O_7$, F. 130,2—131° (A.; gelbe Blättchen). *Jodmethylat*, $C_{13}H_{20}JN$, F. 140,6—141,2° (CH_3OH–Essigester; Blättchen), aus **VII** u. CH_3J analog **I**. — *N-Methyl-N-[buten-(3)-yl]-benzylamin* (**IX**), Kp.$_7$ 96°, a) durch Umwandlung von **I** in wss. Lsg. an Amberlite IRA-400-OH in *1-Methyl-1-benzylpyrrolidiniumhydroxid* (**X**), Eindampfen im Vakuum, Erhitzen des Rückstands auf 120—175° (Bad-Temp.) im Vakuum, Vakuum-Dest., Lösen der Fraktion Kp.$_{12}$ 80—102° in Ae., Einengen u. Dest.; n_D^{20} 1,5075; 25%; b) aus **I** u. Ag_2O u. Behandlung des erhaltenen **X** analog a); 31%; *Pikrat*, $C_{18}H_{20}N_4O_7$, F. 95,2—95,8° (W.). — *1-Methylpyrrolidon-(2)* (**VIII**), Kp.$_4$ 68°, durch Einrühren von äther. Pyrrolidon-(2) in die Lsg. der berechneten Menge Na in fl. NH_3 in Ggw. von wenig $FeCl_2$, 1std. Rühren, Abdunsten des NH_3, Aufnehmen des Rückstands in Ae., Einrühren von CH_3Br bei 0°, 24std. Aufbewahren, Einengen der filtrierten Lsg. u. Dest.; n_D^{20} 1,4993; 78%. — *1-Methyl-2-[o-tolyl]-pyrrolidin* (**II**), Kp.$_4$ 92°, a) durch Rk. von o-Bromtoluol mit Mg in Ae., Abkühlen der so erhaltenen Grignard-Verb. auf 0°, Einrühren von **VIII** in Ae., 3std. Kochen, 24std. Aufbewahren bei Raum-Temp., Zers. mit Eis u. HCl, Zugabe von Mg zur abgetrennten sauren Lsg. unter Rühren, Alkalisieren mit NaOH, Abtrennen des Amins durch Wasserdampf-Dest., Ae.-Extraktion des Destillats nach Zusatz von NaCl, Dest. des Ae.-Rückstands u. Reinigung über das *Pikrat*; n_D^{20} 1,5286; 9%; b) durch Einrühren von **I** in die Lsg. der berechneten Menge Na in fl. NH_3 in Ggw. von wenig $FeCl_2$, 4std. Rühren, Zugabe von NH_4Cl, Abdunsten des NH_3, Aufnehmen in W., Ae.-Extraktion, Schütteln der Ae.-Phase mit 3nHCl, Alkalisieren mit KOH, Ae.-Extraktion des ausgeschiedenen Öls, Abdestillieren des Ae., fraktionierte Dest. im Vakuum, Lösen der Fraktion Kp.$_{1,4}$ 84° (91%) in A. u. Isolierung als *Pikrat*, $C_{18}H_{20}N_4O_7$, F. 155,6—156,5° (A.). *Jodmethylat*, $C_{13}H_{20}JN$, F. 204,2—205,2° (CH_3OH–Essigester), durch $^3/_4$std. Kochen von **II** mit CH_3J in CH_3OH u. Fällen in der Kälte mit Äther. — *1-Methyl-2-benzylpyrrolidin* (**III**), *Pikrat*, $C_{18}H_{20}N_4O_7$, F. 143,6—144,8° (W.), als Nebenprod. von **II** durch fraktionierte Kristallisation der Pikrate. — *Phthalsäure*, F. 205—207°, aus **II** u. alkal. $KMnO_4$ (vgl. 1. Mitt., l. c.); 70%. *Phthalimid*, F. 232—234°, durch ½std. Erhitzen der Säure mit Harnstoff auf 160—170°; 94%. G. Marquard. 3282

Beitrag zur Untersuchung der Einwirkung von Basen auf quaternäre Ammoniumsalze. 3. Mitt. **Abbau des 4-Methyl-4-benzylmorpholiniumjodids.** L. P. A. Fery und L. van Hove. (Bull. Soc. chim. belges **69**, 79—94, Jan./Febr. 1960; franz.) — 2. vgl. vorst. Referat. — *4-Methyl-4-benzylmorpholiniumjodid* (**I**), das aus Morpholin (**VII**) u. Benzylchlorid (**VIII**) u. Umsetzung der erhaltenen *4-Benzylmorpholins* (**VI**) mit CH_3J gewonnen wird, liefert mit $NaNH_2$ in fl. NH_3 *N-Methyl-N-[2-vinyloxyäthyl]-benzylamin* (**II**). Da **II** in saurer Lsg. leicht in *N-Methyl-N-[2-hydroxyäthyl]-benzylamin* (**III**) umgewandelt wird, erhält man bei der Rk. von **I** mit Na in fl. NH_3 je nachdem, wie das Rk.-Prod. aufgearbeitet wird, ausschließlich **III**, ein Gemisch aus 75% **III** u. 25% **II** oder mit **III** verunreinigtes **II**. Die Ausbeute an **III** steigt mit der Dauer der Rk. an. **III** wird mit alkal. $KMnO_4$ zu *Benzoesäure* oxydiert. Das *Jodmethylat* (**IV**) von **III** läßt sich durch Rk. mit CH_3COOH u. CH_3COONa u. anschließende Verseifung des *Essigsäurebenzylesters* zu *Benzylalkohol* spalten. Der Hofmann-Abbau von *4-Methyl-4-benzylmorpholiniumhydroxid* führt mit 90%ig. Ausbeute zu **II**. Bei der Rk. von **II** mit H_2SO_4 bilden sich **III** u. *Acetaldehyd*. **II** läßt sich in A. an PtO_2 zu *N-Methyl-N-[2-äthoxyäthyl]-benzylamin* (**V**) hydrieren. Die IR-Spektren von **II**, **III**, **VI** u. **V** sind graph. wiedergegeben. Der Mechanismus der Rkk. wird diskutiert.

Versuche (FF. korr.): *4-Benzylmorpholin* (**VI**), Kp.$_4$ 104°, durch Einrühren der äquimol. Menge **VIII** in die Suspension von **VII** u. K_2CO_3 in sd. Ae., 2std. Kochen u. Rühren, 24std. Aufbewahren bei Raum-Temp., Zugabe von 6nHCl, Alkalisieren der abgetrennten sauren Lsg. mit KOH, Ae.-Extraktion u. Dest. des Ae.-Rückstands; n_D^{20} 1,5294; 70% (Ausbeute). *Pikrat*, F. 186,0—187,8° (A.; gelbe Nadeln). *Jodmethylat* (**I**), F. 150,8—151,8°, durch Einrühren von CH_3J in die Lsg. von **VI** in CH_3OH, Aufkochen, Zugabe von weiterem CH_3J, 1std. Kochen u. Rühren, Zugabe von Ae. zu der abgekühlten Lsg. u. Absaugen; 98%. — *N-Methyl-N-[2-hydroxyäthyl]-benzylamin* (**III**), Kp.$_4$ 108°, a) durch Lösen von 2 Val Na in fl. NH_3 in Ggw. von wenig $FeCl_2$, Einrühren von 1 Mol **I**, Zugabe von NH_4Cl nach $8^1/_4$ Std., Abdunsten des NH_3, Aufnehmen in W., Ae.-Extraktion, Ausschütteln der abgetrennten Ae.-Lsg. (**A**) mit 6nHCl, Alkalisieren der sauren Lsg. mit KOH, Ae.-Extraktion u. Dest. des Ae.-Rückstands; n_D^{20} 1,5271; 61%; b) analog a) in 3½ Std.; 49%; c) analog a) in $6^1/_4$ Std.; 54%; d) analog a) in 29 Std.; 73%; e) analog a) jedoch in 7 Std. u. Ausschütteln von **A** mit W. an Stelle von HCl, Abtrennen der Ae.-Schicht u. Dest. des Ae.-Rückstands; 75% (daneben **II**; 25%); f) durch 2½std. Erhitzen von **II** mit $1nH_2SO_4$ auf 75—80° im N_2-Strom, Alkalisieren mit K+H, Ae.-Extraktion u.

Dest. des Ae.-Rückstands; 96% [daneben *Acetaldehyd* als mit N_2 flüchtiger Anteil; *2.4-Dinitrophenylhydrazon*, F. 147,6—148,0°]. *Jodmethylat* (**IV**), $C_{11}N_{18}JNO$, F. 145,2 bis 146,0° (CH_3OH–Essigester; Nadeln), aus **III** oder **II** u. CH_3J analog **I**. — *N-Methyl-N-[2-vinyloxyäthyl]-benzylamin* (**II**), $C_{12}H_{17}NO$, Kp.$_{3,5}$ 100°, a) aus 10 g **I** analog **III** nach c) in 6 Std.; 3,69 g (daneben geringe Mengen **III**); b) durch 14std. Rühren von **I** mit der äquimol. Menge Ag_2O in W.; Eindampfen der das *Hydroxid* enthaltenden Lsg. im Vakuum, Erhitzen des Rückstands auf 140—180°, Versetzen des bei Kp.$_3$, 150° abdest. Öls mit NaCl, Ae.-Extraktion u. Aufarbeitung der Ae.-Lsg.; n_D^{20} 1,5099; 90%. *Jodmethylat*, $C_{13}H_{20}JNO$, F. 126,4—126,8° (Acetonitril-Ae.; Nadeln), durch 24std. Aufbewahren von 0,5 ml **II** u. 0,5 ml CH_3J in Acetonitril bei Raum-Temp. u. Zugabe von Ae.; 0,66 g. — *N-Methyl-N-[2-äthoxyäthyl]-benzylamin* (**V**), *Pikrat*, $C_{18}H_{22}N_4O_8$, F. 84,4 bis 85,2° (A.), durch katalyt. Hydrierung von 0,6 g **II** in A. an PtO_2 bei Raum-Temp. u. Behandeln der filtrierten Lsg. mit Pikrinsäure; 1,2 g. — *Benzoesäure*, F. 121,2 bis 122,2°, durch Oxydation von **III** mit alkal. $KMnO_4$; 82%. — *Essigsäurebenzylester*, Kp.$_4$ 76—78°, durch 28std. Kochen von **IV** u. wasserfreiem Na-Acetat in Eisessig, Eingießen in W., Zugabe von $NaHCO_3$, Ae.-Extraktion u. Aufarbeitung der Ae.-Lsg.; 80%. — *Benzylalkohol*, Kp.$_7$ 85—86°, durch 2std. Kochen vorst. Verb. mit wss.-methanol. NaOH, Verdünnen mit W., Ae.-Extraktion u. Aufarbeitung der Ae.-Lsg.; n_D^{20} 1,5393; 94%. *Phenylurethan*, F. 75,0—76,2° (PAe.; Nadeln). *p-Nitrobenzoat*, F. 82,8—83,8° (PAe.; Blättchen). G. Marquard. 3282

Einfache Synthese von 2-Imino-4-oxotetrahydro-1.3-thiazin-6-carbonsäureestern. Rolf Zimmermann. (Angew. Chem. **74**, 906, 21/11. 1962; Wiesbaden-Biebrich, Chem. Werke Albert, Abt. Allg. Organica; dt.) — Umsetzung von α,β-ungesätt. Dicarbonsäuren, deren Anhydriden oder Estern mit Thioharnstoff in Lsgg. von Alkoholen, die mit HCl oder HBr gesätt. waren, führte in der Wärme unter Ringschluß zu folgenden Esterhydrochloriden der *2-Imino-4-oxotetrahydro-1.3-thiazincarbonsäure-(6)*: *Methyl-*, F. 178° (Zers.; Isopropanol/A.); 89% (Ausbeute). — *Äthyl*, F. 180—181° (Zers.; A.); 59%. — *n-Propyl-*, F. 165—167° (Zers.; n-Propanol); 79,2%. — *Isopropyl-*, F. 199 bis 200° (Zers.; Isopropanol/PAe.); 70,5%. — *n-Butyl-*, F. 148—149° (Zers.; Aceton/PAe.); 75%. — *n-Dodecyl-*, F. 150° (Zers.; Aceton); 54%. — *Cyclohexyl-*, F. 197—198° (Zers.; Aceton/PAe.); 62%. — *Freie Säure*, F. 244—245°, aus den vorst. Estern mit 5n HCl bei 80°. *Amid*, F. 222°, aus den Estern u. methanol. NH_3. J. Rothe. 3292◇

Synthese und Struktur von 7-Methyl- und 7-Phenyl-1.2.3.4-tetrahydro-1.4-diazepinonen-(5). Corris M. Hofmann und S. R. Safir. (J. org. Chemistry **27**, 3565—68, Okt. 1962; Pearl River, N.Y., Amer. Cyanamid Co., Lederle Labor. Div., Organ. Chem. Res. Sect.; engl.) — Rk. von Äthylendiamin (**I**) mit Benzoylessigsäureäthylester (**II**) gab *7-Phenyl-1.2.3.4-tetrahydro-1.4-diazepinon-(5)* (**III**). Rk. von **I** mit Acetessigsäureäthylester **IV**) gab dagegen nicht das analoge *Methyl-Deriv.* (**V**), sondern nur *3.8-Dimethyl-4.7-diazadecadien-(2.8)-disäurediäthylester* (vgl. dagegen Ried u. Höhne, C. **1956**, 5555). **V** wurde synthetisiert aus dem *Monobenzyloxycarbonyl-Deriv.* (**VI**) von **I** u. Diketen sowie anschließende Abspaltung der Benzyloxycarbonylgruppe mittels HBr u. Cyclisierung mit NH_3.

Versuche: *3.8-Dimethyl-4.7-diazadecadien-(2.8)-disäurediäthylester*, $C_{14}H_{24}N_2O_4$, F. 125—127° (CH_3OH), aus **I** u. **IV** in CH_3COOH [1 Std. bei 130°; 56% (Ausbeute)] oder in sd. Xylol (1 Std.; 30%. — *2.3.8.9-Tetramethyl-4.7-diazadecadien-(2.8)-disäurediäthylester*, $C_{16}H_{28}N_2O_4$, F. 101—103° (A.), aus **I** u. α-Methylacetessigsäureäthylester (10 Min. bei 100°); 53%. — *7-Phenyl-1.2.3.4-tetrahydro-1.4-diazepinon-(5)* (**III**), $C_{11}H_{12}N_2O$, F. 207—209° (A.), aus **I** u. **II** in CH_3COOH (75 Min. bei 120°; 6%) oder in sd. Xylol (1 Std. u. 40 Min. mit Wasserabscheider; 17%). *Pikrat*, $C_{17}H_{15}N_5O_8$, F. 178—179° (A.). *Hydrochlorid*, $C_{11}H_{13}ClN_2O$, F. 211,5—213,5° (Zers.). — *N.N'-Äthylen-bis-[2-benzoylacetamid]*, $C_{20}H_{20}N_2O_4$, F. 166,5—167,5° (A.), neben **III** (2. Meth., Trennung mittels Chlf.); 10%. — *Hexahydro-7-phenyl-1.4-diazepinon-(5)*, $C_{11}H_{14}N_2O$, F. 105,5—106,5° (Bzl./PAe.), aus **III** u. H_2/Pd-Kohle in A. bei 40° u. 33 lbs./sq.in.; Reinigung über das *Hydrochlorid*, $C_{11}H_{15}ClN_2O$, F. 229—230° (Zers.; A.; 39%. — *2-Aminoäthylcarbaminsäurebenzylester* (**VI**), Öl, durch Zutropfen von Chlorameisensäurebenzylester zu 60 g **I** in wss.-methanol. HCl bei pH 3; 61,8 g roh; daneben 7,7 g *Äthylendicarbaminsäuredibenzylester*, F. 165—167° (A.). — *2-Acetoacetamidoäthylcarbaminsäurebenzylester*, $C_{14}H_{18}N_2O_4$, F. 116—117° (W.), aus **VI** u. Diketen in Ae. (Kühlen, dann 30 Min. langes Rühren); 90%. — *N-[2-Aminoäthyl]-acetoacetamidhydrobromid*, aus vorst. Verb. u. HBr in CH_3COOH (1 Std. langes Stehen, gelegentliches Schütteln); 100% roh. — *7-Methyl-1.2.3.4-tetrahydro-1.4-diazepinon-(5)* (**V**), $C_6H_{10}N_2O$, F. 163,5—165° (A./Ae.), durch Einleiten von NH_3 in eine Lsg. von 9,0 g vorst. Verb. in Chlf. (1 Std.); 1,8 g. *Hydrochlorid*, $C_6H_{11}ClN_2O \cdot 1/4\, H_2O$, F. 165—167° (Zers.); hygroskopisch. *Pikrat*, $C_{12}H_{13}N_5O_8$, F. 170,5 bis

171° (Zers.; A.). — *Hexahydro-7-methyl-1.4-diazepinon-(5)*, $C_6H_{12}N_2O$, F. 109—110° (Chlf./PAe. oder Essigester), aus **V** u. H_2/PtO_2 in alkohol. HCl (19 lbs./sq.in.); 80%. *Pikrat*, $C_{12}H_{15}N_5O_8$, F. 232—233° (Zers.; W.). J. Rothe. 3370◇

Die Synthese des Dibenzo-[c;f]-1.2-diazepinons-(11). R. B. Johns und K. R. Markham. (J. chem. Soc. [London] **1962**, 3712—17, Sept.; Parkville, Victoria, Australia, Univ. of Melbourne; engl.) — Vff. synthetisierten *Dibenzo-[c;f]-1.2-diazepinon-(11)* (I) durch Red. von 2.2'-Dinitrobenzophenon (**II**) mit Glucose. IR- u. UV-Spektren sowie polarograph. Unterss. deuten auf eine Troponstruktur von **I**. Umsetzung von **II** mit $LiAlH_4$ lieferte je nach der angewendeten Temp. verschiedene Prodd., wobei C—C-Bindungen gespalten werden. Weitere Red.-Verss. von **I** u. **II** sind beschrieben.

Versuche: *2.2'-Dinitrobenzophenon* (**II**), $C_{13}H_8N_2O_5$, F. 188°, Nadeln (CH_3COOH), aus 0,9 g Bis-o-nitrophenylmethan u. CrO_3 in wss. CH_3COOH (6std. Kochen); 0,8 g (Ausbeute). Red. von 0,5 g **II** mit $LiAlH_4$ in Tetrahydrofuran (THF) bei 19° (1 Std.), dann 30 Min. langes Kochen gab 0,13 g *Azobenzol* (F. 63°) u. 0,09 g *2-Aminobenzylalkohol* [F. 84° (Cyclohexan/Ae.), sublimiert bei 40°/10^{-3} mm]. — *Bis-o-nitrophenylmethanol*, $C_{13}H_{10}N_2O_5$, F. 126°, Nadeln (Cyclohexan/Ae.), aus 0,5 g **II** u. $LiAlH_4$ in THF bei —35°; 0,12 g. Daneben 0,1 g *2-Nitrobenzylalkohol* [F. 74°, Nadeln (Cyclohexan/Ae.), sublimiert bei 35°/10^{-3} mm] u. 0,08 g **II**. — *2-Methoxy-2'-nitrobenzophenon*, $C_{14}H_{11}NO_4$, F. 132° (Ae.), sublimiert bei 100°/10^{-3} mm, aus 0,25 g **II** u. Zn-Staub in sd. 15%ig. methanol. KOH (3 Std.); 0,13 g. — *Dibenzo-[c;f]-1.2-diazepinon-(11)* (**I**), $C_{13}H_8N_2O$, F. 197°, orangefarbene Nadeln (A. oder Ae./PAe.), sublimiert bei 120°/10^{-3} mm, durch Zugabe von Glucose zu einer Lsg. von **II** in wss.-methanol. NaOH innerhalb 30 Min. unter Rühren bei 60°, dann 20 Min. bei 60°; 82%. Ein 2.4-Dinitrophenylhydrazon wurde nicht erhalten. — *Bis-o-aminophenylmethanol*, $C_{13}H_{14}N_2O$, F. 178° (A.), sublimiert bei 140°/10^{-3} mm, a) aus **II** u. H_2/Raney-Ni in A. (100%); b) aus 0,035 g **I** ebenso (0,03 g). — Polarographie: Halbstufenpotentiale: **I** —0,27 (—N=N—) u. —1,22 (C=O) [V]; *Dibenzo-[c;f]-1.2-diazepin* —0,41; *cis-Azobenzol* —0,46; *Benzophenon* —1,38; *2-Aminobenzophenon* —1,45; *4'.5'-Dimethoxy-2.3;6.7-dibenzotropon* —1,32; *4.5-Dihydro-4'.5'-dimethoxy-2.3;6.7-dibenzotropon* —1,39. J. Rothe. 3370◇

Eine neue Methode zur Darstellung von Thiozuckern. Kurze Mitt. V. Prey und F. Grundschober. (Mh. Chem. **91**, 358—62, 1960; Wien, TH, Inst. für Org. Chem.; dt.) — *1-Thio-D-glucopyranose* (I) wird aus Pictetschem (**II**) (oder Briglschem) Anhydrid durch Einw. von H_2S in Dimethylformamid in fast quant. Ausbeute synthetisiert. **I** wird weiter zum *Disulfid* oxydiert, zum *Okta-O-acetyldisulfid* acetyliert, zur *Tetra-O-acetylthioglucose* red. u. zur *β-Pentaacetylthioglucose* acetyliert.

Versuche [α]$_D$ in Chlf. bei 20°): *1.2-Anhydro-α-D-glucopyranose* (Pictetsches Anhydrid; **II**), durch 2std. Erhitzen von α-D-Glucose bei 145—150° u. 12 mm; ca. 100%. — *αβ-1-Thio-D-glucopyranose* (**I**), durch Einleiten von H_2S in eine Lsg. von **II** in Dimethylformamid unter Kühlung, 12std. Rk. im Autoklaven bei 70°, Eindampfen im Vakuum unter N_2 u. Lösen in Wasser. — *αβ-D-Diglucopyranosyldisulfid*, durch 10 Min. langes Erwärmen vorst Lsg. mit 3%ig. H_2O_2 u. Eindampfen; 94% (Ausbeute, bezogen auf **II**). — *αβ-2.3.4.6.2'.3'.4'.6'-Okta-O-acetyl-D-diglucopyranosyldisulfid*, F. 60°, durch Acetylierung vorst. Verb. mit Acetanhydrid u. Na-Acetat; [α]$_D$ —70,5°; 69%. — *αβ-2.3.4.6-Tetra-O-acetyl-1-thio-D-glucopyranose*, F. 71°, durch 1std. Red. vorst. Verb. mit Zn-Staub in Eisessig bei 50°; [α]$_D$ +19,9°; 46%. — *αβ-1-S-Acetyl-2.3.4.6-tetra-O-acetyl-1-thio-D-glucopyranose*, F. 80°, durch Acetylierung vorst. Verb. mit Acetanhydrid in Pyridin bei 0°; [α]$_D$ +26,4°; 67%. — *1-S-Acetyl-2.3.4.6-tetra-O-acetyl-1-thio-β-D-glucopyranose*, $C_{16}H_{22}SO_{10}$, F. 115°, durch Acetylierung vorvorst. Verb. mit Acetanhydrid u. Na-Acetat bei 100°; [α]$_D$ +12,2°; 71%. — *3.4.6-Tri-O-acetyl-1.2-α-D-glucopyranose-anhydrid* (Briglsches Anhydrid), aus β-Penta-O-acetylglucose über *3.4.6-Tri-O-acetyl-2-trichloracetyl-1-chlor-β-D-glucopyranose* (30%), u. *3.4.6-Tri-O-acetyl-1-chlor-β-D-glucopyranose* (60%). — *3.4.6-Tri-O-acetyl-1-thio-αβ-D-glucopyranose*, durch 12std. Rk. von 5 g vorst. Verb. in Dimethylformamid mit H_2S im Bombenrohr bei 70°; 5 g. — *3.4.6.-3'.4'.6'-Hexa-O-acetyl-αβ-D-diglucopyranosyldisulfid*, durch 10 Min. langes Erwärmen vorst. Verb. in Methanol mit 3%ig. H_2O_2; 90%. — *2.3.4.6.2'.3'.4'.6'-Okta-O-acetyl-αβ-D-diglucopyranosyldisulfid*, F. 60°, durch Acetylierung vorst. Verb. mit Acetanhydrid u. Na-Acetat; [α]$_D$ —68,5°; 60%. E. Schraven. 3400◇

Chemie der nichtenzymatischen Bräunung. 3. Mitt. **Einfluß von Bisulfit, Phosphat und Malat auf die Reaktion von Glycin und Glucose.** T. M. Reynolds. (Austral. J. Chem. **12**, 265—74, Mai 1959; Homebush, N.S.W., C.S.I.R.O., Div. of Food Pres. and Transport; engl.) — 2. vgl. C. **1961**, 6864. — Bei der Rk. zwischen Glycin u. Glucose in Ggw. von $Na_2S_2O_5$ u. 10% W. wird außer geringen Mengen von Nebenprodd. *1-Desoxy-1-glycino-D-fructose* (**I**) gebildet. In qual. Hinsicht ist die Umsetzung unabhängig von der Rk.-Temp. oder der Ggw. von Phosphaten oder Malaten. Die quant. I-Best. erfolgt nach Trennung von neutralen reduzierenden Bestandteilen an einer Dowex 50-X4-Säule mit alkal. $K_3Fe(CN)_6$-Lösung. Bei einem 10% übersteigenden Wasser-Geh. wird die I-Ausbeute geringer. Es wurde die Geschw. der Rk. zwischen Glycin u. Glucose in Ggw. von Bisulfit im Bereich von pH 3,5—5,6 u. 25—100° untersucht. Die Rk.-Geschw. wird durch Zusatz von Phosphat (pH 3,6) u. Malat (pH 3,5) erhöht.

Ph. Fresenius. 3400 □

Chemie der nichtenzymatischen Bräunung. 4. Mitt. **Bestimmung von Aminosäuren und Aminosäuredesoxyfructosen in gebräunten, gefriergetrockneten Aprikosen.** D. L. Ingles und T. M. Reynolds. (Austral. J. Chem. **11**, 575—80, Nov. 1958; engl.) — 3. vgl. vorst. Referat. — Nach dem Verf. von Moore u. Stein (C. **1950/54**, 512 S) zur Best. von Aminosäuren (AS) werden aus gefriergetrockneten u. 12 Monate bei 25° u. 70% relativer Feuchtigkeit gelagerten Aprikosen durch Elution an einer gepufferten Zeo-Karb-225-4NC-Säule die freien *AS*, NH_3, *N-[1-Desoxyfructosyl-(1)]-aminosäuren* (*ADF*) u. Nebenprodd. der erfolgten Rkk. bestimmt. Folgende ADF werden gefunden: *N-[1-Desoxyfructosyl-(1)]-asparaginsäure, -threonin, -serin, -asparagin, -alanin, -valin* u. *-γ-aminobuttersäure.* Die Gesamtmenge der freien AS verringert sich während der Lagerung um 61%, NH_3 um 9%. Die gebildeten *ADF* entsprechen ca. 90% des Verlustes von freien Aminosäuren.

Ph. Fresenius. 3400 □

Chemie der nichtenzymatischen Bräunung. 5. Mitt. **Die Darstellung von Aldose-Kaliumbisulfitadditionsprodukten und einiger Aminderivate.** D. L. Ingles. (Austral. J. Chem. **12**, 97—101, Febr. 1959; engl.) — 4. vgl. vorst. Referat. — Aus der Rk. zwischen $K_2S_2O_5$ u. D-Glucose (I) wird das Additions-Prod. *K-[D-Glycero-D-ido-1.2.3.4.5.6-hexahydroxyhexyl]-sulfonat* (**II**) krist. erhalten. Ähnliche Verbb. werden aus D-Galaktose (**IV**), L-Rhamnose (**V**), D-Mannose (**VI**) u. L-Arabinose (**VII**) dargestellt. Aus **II** u. Anilin (**III**) bildet sich krist. *K-[D-Glycero-D-ido-1-anilino-2.3.4.5.6-pentahydroxyhexyl]-sulfonat.* Analoge Verbb. werden mit p-Toluidin, p-Anisidin u. o-Phenylendiamin erhalten. Die Derivv. von **II** mit **III** u. p-Toluidin können auch als Na-Salz ausgehend von der entsprechenden Glucose–$Na_2S_2O_5$-Additions-Verb. dargestellt werden.

Versuche: *D-Glycero-D-ido-1.2.3.4.5.6-hexahydroxyhexylsulfonsäure, Na-Salz,* $C_6H_{13}NaO_9S \cdot H_2O$, F. 99,0°, aus I u. $Na_2S_2O_5$ in W. in 7 Tagen bei 37°; $[\alpha]_D^{25}$ —3,9° (c = 3,8; 10%ig. Essigsäure); 65% (Ausbeute). *K-Salz* (**II**), $C_6H_{13}KO_9S \cdot H_2O$, F. 94° (verd. Methanol), aus I u. $K_2S_2O_5$ durch Stehen über Nacht bei Raum-Temp., Filtration u. 3tägiges Erwärmen der Mutterlauge auf 37°; $[\alpha]_D^{25}$ —4,8° (c = 4,1; 10%ig. Essigsäure); 91%. — K-Sulfonate: *D-Glycero-L-gluco-1.2.3.4.5.6-hexahydroxyhexyl-*, $C_6H_{13} \cdot KO_9S$, F. 136°, aus **IV** u. $K_2S_2O_5$ in W. durch 24std. Stehen bei Raum-Temp. u. 3tägiges Erwärmen auf 37°; $[\alpha]_D^{25}$ +7,7° (c = 3,2; 10%ig. Essigsäure); 88%. — *L-Galakto-1.2.3.4.5-pentahydroxyhexyl-*, $C_6H_{13}KO_8S \cdot H_2O$, F. 97°, aus **V** u. $K_2S_2O_5$ in W. in 2 Tagen bei 37°; $[\alpha]_D^{25}$ +1,7° (c = 2,0; 10% ig. Essigsäure); 60%. — *D-Glycero-D-talo-1.2.3.4.5.6-hexahydroxyhexyl-*, $C_6H_{13}KO_9S$, F. 149°, aus **VI** u. $K_2S_2O_5$ in W. in 10 Min. bei Raum-Temp.; $[\alpha]_D^{25}$ +7,2° (c = 2,6; 10%ig. Essigsäure); 88%. — *L-Manno-1.2.3.4.5-pentahydroxypentyl-*, $C_5H_{11}KO_8S$, F. 78°, aus **VII** u. $K_2S_2O_5$ in W. in 5 Tagen bei 37° u. 2 Tagen bei Raum-Temp.; $[\alpha]_D^{25}$ +13,0° (c = 2,8; 10%ig. Essigsäure); 77,7%. — *D-Glycero-D-ido-1-anilino-2.3.4.5.6-pentahydroxyhexyl-*, $C_{12}H_{18}KNO_8S \cdot H_2O$, F. 142° (Zers.), a) aus **II** durch ½std. Erhitzen mit **III** auf 100°; $[\alpha]_D^{25}$ —14,3° (3 Min.) → +22° (konst.; 30 Min.; c = 2; 10%ig. Essigsäure); 80,5%; b) aus **II** u. **III** durch 1std. Kochen in Methanol; 81%. *Na-Salz*, $C_{12}H_{18}NaNO_8S \cdot H_2O$, F. 115° (Zers.), analog dem K-Salz aus dem Glucose-Na-Sulfonat; $[\alpha]_D^{25}$ —6,3° (4 Min.) → +23° (konst.; 30 Min.; c = 2; 10%ig. Essigsäure); 64%. — *D-Glycero-D-ido-1-p-toluidino-2.3.4.5.6-pentahydroxyhexyl-*, $C_{13}H_{20}KNO_8S \cdot H_2O$, F. 129° (Zers.), a) aus **II** u. p-Toluidin analog vorst. Verb. nach a); $[\alpha]_D^{35}$ +4,0° (3 Min.) → +22° (konst.; 30 Min.; c = 2,2; 10%ig. Essigsäure); 78%; b) analog vorst. Verb. nach b); 79%. *Na-Salz*, $C_{03}H_{20}NaNO_8S \cdot H_2O$, F. 92° (Zers.), aus dem Glucose-Na-Sulfonat analog dem K-Salz; $[\alpha]_D^{25}$ —1,1° (4 Min.) → +22° (konst.; 30 Min.; c = 2; 10%ig. Essigsäure); 58%. — *D-Glycero-D-ido-1-p-anisidino-2.3.4.5.6-pentahydroxyhexyl-*, $C_{13}H_{20}KNO_9S \cdot H_2O$, F. 126° (Zers.), aus **II** u. p-Anisidin durch ½std. Erhitzen auf 100° in Ggw. von W.; $[\alpha]_D^{25}$ +13,3° (konst.; c = 1,1; 10%ig. Essigsäure); 72%. — *D-Glycero-D-ido-1-o-phenylendiamino-2.3.4.5.6-pentahydroxyhexyl-*, $C_{12} \cdot H_{19}KN_2O_8S \cdot H_2O$, F. 150° (Zers.), aus **II** u. o-Phenylendiamin in Ggw. von W. in ½ Std. bei 100°; $[\alpha]^{25}$ —5,2° (4 Min.) → +12,5° (konst.; 40 Min.; c = 2,2; 10%ig. Essigsäure); 89%.

Ph. Fresenius. 3400 □

Chemie der nichtenzymatischen Bräunung. 6. Mitt. **Die Reaktion von Aldosen mit Aminbisulfiten.** D. L. Ingles. (Austral. J. Chem. **12**, 275—79, Mai 1959; engl.) — 5. vgl. vorst. Referat. — *D-Glycero-D-ido-1-anilino-2.3.4.5.6-pentahydroxyhexylanilinium-*

sulfonat (**III**) wird durch Rk. von D-Glucose (**I**) u. Anilinbisulfit (**II**) in W. u. Methanol erhalten. *D-Glycero-D-ido-1-anilino-2.3.4.5.6-pentahydroxyhexylpiperidiniumsulfonat* wird aus Piperidinbisulfit (**VI**) u. N-Phenyl-D-glucosylamin (**V**) hergestellt. Entsprechende Verbb. werden aus **II** u. D-Galaktose u. D-Mannose erhalten. Aus Cyclohexylaminbisulfit (**IV**) u. **I** entsteht *D-Glycero-D-ido-1.2.3.4.5.6-hexahydroxyhexylcyclohexylammoniumsulfonat*. Daraus entsteht mit Anilin *D-Glycero-D-ido-1-anilino-2.3.4.5.6-pentahydroxyhexylcyclohexylammoniumsulfonat*. K-[D-Glycero-D-ido-1-anilino-2.3.4.5.6-pentahydroxyhexyl]-sulfonat u. **III** werden mit einem Kationenaustauscherharz ineinander übergeführt. Acetylierung von **III** in Pyridin liefert das *Tetraacetat* von **V**.

Versuche: *D-Glycero-D-ido-1-anilino-2.3.4.5.6-pentahydroxyhexylsulfonsäure, Aniliniumsalz* (**III**), $C_{18}H_{26}N_2O_8S$, F. 114° (Zers.), a) aus **I** u. **II** in W. bei Raum-Temp. in 16 Std.; $[\alpha]_D^{25}$ −7,5° (5 Min.) → +17,6° (konst.; 30 Min.; c = 3,4; 10%ig. Essigsäure); 98% (Ausbeute); b) aus **I** u. **II** durch 10 Min. langes Kochen in Methanol; $[\alpha]_D^{25}$ −7,0° (6 Min.) → +17,5° (konst.; 30 Min.; c = 3; 10%ig. Essigsäure); 52,2%; c) aus dem K-Salz durch Behandlung mit Dowex-50 (Anilinform) in wss. Methanol; 23,7%. *K-Salz*, $C_{12}H_{18}KNO_8S \cdot H_2O$, F. 137° (Zers.), aus **III** durch Einw. von Dowex-50 (K-Form); $[\alpha]_D^{25}$ −14,0° 3 Min.) → +22° (konst.; 30 Min.; c = 2; 10%ig. Essigsäure); 44,5%. *Piperidiniumsalz*, $C_{17}H_{30}N_2O_8S$, F. 99° (Zers.), aus **I** durch 2std. Kochen mit Anilin in Methanol, dann Zugabe von **VI** in wss. Methanol zum entstandenen **V**, Erhitzen auf 40° u. 16std. Stehen bei 1°; $[\alpha]_D^{25}$ −37,5° (1 Min.) → +21,6° (konst.; 15 Min.; c = 1,2; 10%ig. Essigsäure); 36%. *Cyclohexylammoniumsalz*, $C_{18}H_{32}N_2O_8S$, F. 101°, aus nachst. Verb. durch Erhitzen mit Anilin auf 100° in 10 Min.; $[\alpha]_D^{25}$ −15,0° (3 Min.) → +18,7° (konst.; 2 Std.; c = 1,2; 10%ig. Essigsäure); 69,9%. — *D-Glycero-D-ido-1.2.3.4.5.6-hexahydroxyhexylcyclohexylammoniumsulfonat*, $C_{12}H_{27}NO_9S$, F. 107° (Zers.), aus **I** u. **IV** in W. in 2 Tagen bei 1°; $[\alpha]_D^{25}$ −7,7° (c = 1,7; 10%ig. Essigsäure); 25,5%. — *D-Glycero-L-gluco-1-anilino-2.3.4.5.6-pentahydroxyhexylaniliniumsulfonat*, $C_{18}H_{26}N_2O_8S \cdot H_2O$, F. 81° (Zers.), aus D-Galaktose u. **II** über Nacht bei Raum-Temp.; $[\alpha]_D^{25}$ +11,0° (2 Min.) → 28,6° (konst.; 15 Min.; c = 1,6; 10%ig. Essigsäure); 89,9%. — *D-Glycero-D-galakto-1-anilino-2.3.4.5.6-pentahydroxyhexylaniliniumsulfonat*, $C_{18}H_{26}N_2O_8S$, F. 141° (Zers.), aus D-Mannose u. **II** in W. in 10 Min. bei Raum-Temp.; $[\alpha]_D^{25}$ +32,0° (7 Min.) → 14,3° (konst.; 5 Std.); c = 2,0; 10%ig. Essigsäure); 83%. — *N-Phenyl-D-glucosylamin* (**V**), *Tetraacetat*, $C_{20}H_{25}NO_9$, F. 140° (A.), aus **III** in Pyridin durch 24std. Einw. von Acetanhydrid bei 1°; $[\alpha]_D^{25}$ 42,0° (c = 3,4; Chlf.); 71,3%. Ph. Fresenius. 3400□

Chemie der nichtenzymatischen Bräunung. 7. Mitt. **Kristallisiertes Di-[D-fructosyl-(1)]-glycin und einige verwandte Stoffe.** E. F. L. J. Anet. (Austral. J. Chem. **12,** 280 bis 287, Mai 1959; engl.) — 6. vgl. vorst. Referat. — Glycin (**I**) u. D-Glucose (**II**) reagieren zu *N-[Carboxymethyl]-1-amino-1-desoxy-D-fructose* (**III**). Die weitere Rk. von **III** mit **II** oder D-Mannose lieferte *Bis-[D-fructosyl-(1)]-glycin* (**IV**; *N.N-Bis-[D-arabino-3.4.5.6-tetrahydroxy-2-oxohexyl]-glycin*), das eine labile Verb. darstellt u. sich zu **III** u. unbekannten Carbonyl-Verbb. zersetzt. Der Zers.-Grad wurde bei verschiedenen pH-Werten u. Temp. untersucht. Die Bldg. von **IV** nimmt mit steigendem pH zu, u. die Zers. verläuft in schwach alkal. Lsg. langsamer. Die Konstit. von **IV** wurde durch seine Bldg., Zers. u. durch die Ergebnisse der Perjodatoxydation ermittelt. Hiernach ist **IV** das Prod. einer doppelten Amadori-Umlagerung u. kein Glykosylamin. Die IR-spektroskop. Unterss. zeigen, daß **III** u. **IV** vermutlich in der β-D-Fructopyranoseform vorliegen. Eine Mutarotation konnte nur bei **III** festgestellt werden. Andere prim. aliphat. Amine u. Aldosen ergeben entsprechende Diketosamine, die nicht krist. isoliert werden konnten u. bis auf das Rk.-Prod. aus **I** u. D-Xylose, das weit weniger stabil als **IV** war, die gleichen Eigg. wie **IV** zeigen.

Versuche: *Bis-[D-fructosyl-(1)]-glycin* (**IV**), $C_{14}H_{25}NO_{12} \cdot 2\,H_2O$, F. 112—113° (W., Tafeln), $C_{14}H_{25}NO_{12}$, F. 144—146° (Zers.), a) aus **II** u. dem Na-Salz von **I** in Ggw. von W. durch 12 Min. langes Erhitzen auf 100° bei pH 8, Lösen in 50%ig. A. u. Chromatographie am Ionenaustauscher mit 0,2 m wss. Pyridin u. Abscheidung von **IV** durch Zugabe von Aceton; $[\alpha]_D^{25}$ −77° (c = 0,5; W.); 20% (Ausbeute); b) aus dem Na-Salz von **III** u. D-Mannose in Ggw. von W. durch 6½std. Erhitzen auf 100° analog a); $[\alpha]_D^{25}$ −78° (c = 0,5; W.); 40%; c) durch langsame Zugabe von **II** zu heißem W., Zusatz von $Na_2S_2O_5$ u. **I** u. 1std. Kochen, dann Zugabe von W. u. 95%ig. A. u. analoge Aufarbeitung; $[\alpha]_D^{25}$ −78° (c = 1; W.). Daneben **III**; 20%. — *Tris-[carboxymethyl]-amin*, $C_6H_9NO_6$, F. 240—242° (Zers.; wss. A., Prismen), aus **IV** durch Einw. von $Na_2S_2O_5$ in W. in 3 Std. bei Raum-Temp. in der Dunkelheit. — *D-Fructosyl-(1)-glycin* (*N-[Carboxymethyl]-1-amino-1-desoxy-D-fructose*; **III**), $C_8H_{15}NO_7$, F. 145° (W.), aus **IV** in W. in 4 Tagen bei 50°, Zugabe von 95%ig. A. u. Chromatographie an sulfoniertem Polystyrol; $[\alpha]_D^{25}$ −73,8° (2½ Min.) → −67° (6–8 Min.; konst.; c = 2,25; W.); 100%.

Ph. Fresenius. 3400□

Chemie der nichtenzymatischen Bräunung. 8. Mitt. **Die hydrolytischen Reaktionen von Aldose-Bisulfit-Additionsverbindungen.** D. L. Ingles. (Austral. J. Chem. **12,** 288—95, Mai 1959; engl.) — 7. vgl. vorst. Referat. — Die Hydrolyse von Aldose-Bisulfit-Additions-Verbb. wird untersucht. Verbb. mit einer OH-Gruppe am $C_{(1)}$ sind in 10% ig. Essigsäure stabil, erleiden aber in W. oder NaOH Zers. unter Bldg. der *α-Form* der *D-Aldose.* Verbb., bei denen am $C_{(1)}$ statt der OH-Gruppe eine Aminogruppe haftet, sind in allen 3 Lsgm. unstabil. In NaOH erfolgt Abbau zur *α-Form* des *D-Glykosylamins.* Die Zers. in NaOH scheint mit einer Änderung der Konfiguration am $C_{(1)}$ einherzugehen. Es werden die in 10% ig. Essigsäure u. in 0,05n NaOH gemessenen spezif. Drehungen von *K-*, *Na-* u. *Cyclohexylammoniumglucosesulfonat* sowie die der *K-Salze* der *Sulfonate* von *D-Galaktose, L-Arabinose, D-Mannose* u. *L-Rhamnose* angegeben. Ferner wurden die spezif. Drehungen in W., 0,1n NaOH u. in 10% ig. Essigsäure folgender D-Glycero-D-ido-1-amino-2.3.4.5.6-pentahydroxyhexylsulfonate gemessen: *N-Phenyl-, K-Salz* u. *Na-Salz.* — *N-p-Tolyl-, Na-Salz* u. *K-Salz.* — *N-p-Methoxyphenyl-, K-Salz.* — *N-o-Aminophenyl-, K-Salz.* — *N-Phenyl-, Anilinium-, Piperidinium* u. *Cyclohexylammoniumsalz.* Ferner werden die Werte für *D-Glycero-L-gluco-* u. *D-Glycero-D-talo-1-anilino-2.3.4.5.6-pentahydroxyhexylaniliniumsulfonat* angegeben. *N-p-Tolylglucosylamin* zeigte in 0,1n NaOH $[\alpha]_D^{25}$ -63^0, *N-Phenyl-D-glucosylamin* zeigte in 0,01n NaOH $[\alpha]_D^{25}$ $-3{,}6^0$ (7 Min.) → $-83{,}2^0$ (16 Std.) u. in 1n NaOH $[\alpha>_D^{25}$ -48^0 (5 Min.) → $-83{,}2^0$ (15 Min.) Ph. Fresenius. 3400□

Zur Kenntnis des Plumierids. 2. Mitt. O. Halpern und H. Schmid. (Helv. chim. Acta **41,** 1109—54, 16/6. 1958; Zürich, Univ., Chem. Inst.; dt.) — 1. vgl. C. **1952,** 5740. — Die Konstit. des linksdrehenden Glucosids *Plumierid* (I) wurde bestimmt. Für **I** u. seine Abkömmlinge wurden wahrscheinliche, abs. Stereoformeln **I** abgeleitet. Eine Reihe von Umwandlungs-Prodd. von **I** wurde über *Pentaacetylplumierid* (**II**) synthetisiert. Die bisher als „*Perhydroplumieridacetat*" (**III**) bekannte Verb. ist ein Gemisch aus 7—35% *Tetraacetyltetrahydrodesoxyplumierid* (**XII**) u. 93—65% *Tetraacetylhexahydrodesoxyplumierid* (**XIII**); „*Perhydroplumierid*„ (**V**) ist ein Gemisch aus *Tetrahydrodesoxyplumierid* (**X**) u. *Hexahydrodesoxyplumierid* (**XI**). IR- u. UV-Spektren sind angegeben.

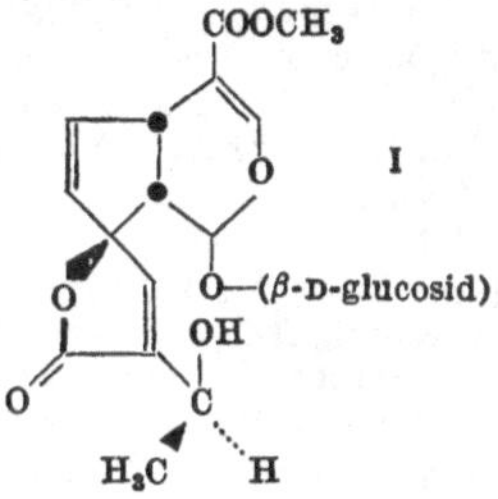

I

Versuche: „*Perhydroplumieridacetat*" (**III**), F. 159,5 bis 161,5°, durch Hydrierung von 500 mg **II** über PtO_2 in Eisessig; $[\alpha]_D^{20}$ -55 ± 3^0 (c = 0,66; Chlf.), $[\alpha]_D^{18}$ $-51{,}8 \pm 1^0$ (c = 1,000; A.); 75—80% (Ausbeute); daneben 100 mg „*Perhydroplumieridacetatsäure*" [**IV**, F. 210—214° (Zers.); aus Essigester/PAe. Nadeln]. — *Tetraacetylhexahydrodesoxyplumierid* (**XIII**), $C_{29}H_{40}O_{15}$, F. 160,5—162,5° (Methanol/W.), durch Nachhydrierung von **III** an PtO_2 in Eisessig; $[\alpha]_D^{20,5}$ $-50{,}9 \pm 3^0$ (c = 1,023; Methanol); $[\alpha]_D^{21}$ $-55{,}2 \pm 1^0$ (c = 0,873; Chlf.). — „*Perhydroplumierid*" (**V**), F. 160—162°, durch $^1/_4$std. Kochen von **III** mit Na-Methylat in Methanol; $[\alpha]_D^{18}$ $-58{,}3 \pm 3^0$ (c = 1,004; Methanol); aus Methanol/Essigester Nadeln; 72—92%. — *Tetraacetylisohexahydrodesoxyplumierid,* $C_{29}H_{40}O_{15}$, F. 193°, durch Acetylierung der aus den Mutterlaugen von **V** isolierten Öle mit Piperidin/Acetanhydrid; $[\alpha]_D^{21}$ $-22{,}7 \pm 1^0$ (c = 1,175; Methanol); aus Methanol Nadeln; ca. 2% (bezogen auf **III**). — *1-Hydroxy-1-[β-carboxybutyl]-4-methoxycarbonyl-7-methoxy-6-oxaperhydroindenlacton* (**VI**; *Aglykonmethyläther* A), $C_{16}H_{24}O_6$, F. 83—84° (Ae./PAe.), a) durch 3std. Kochen von **V** mit 0,1n methanol. HCl u. Chromatographie an Al_2O_3; $[\alpha]_D^{18}$ $-32{,}1 \pm 4^0$ (c = 0,997; Chlf.); $[\alpha]_D^{18}$ $-19{,}5 \pm 1^0$ (c = 0,997; A.); b) durch 161std. Einw. von methanol. HCl auf **VII**; 34%; daneben ca. 53% **VIII**. Liefert beim Erhitzen mit methanol. HCl ein Gemisch aus **VI, VII** u. **VIII**. *Isomere Form* (**VII**); *Aglykonmethyläther B*), $C_{16}H_{24}O_6$, F. 88,5—89,5°, a) neben **VI**; b) durch 24std. Einw. von 0,1n methanol. HCl auf **V** bei Raum-Temp.; $[\alpha]_D^{18}$ $+134{,}0 \pm 1^0$ (c = 0,953; Chlf.); $[\alpha]_D^{18}$ $+138{,}0 \pm 1^0$ (c = 0,953; A.); aus Ae./PAe. Nadeln; daneben **VI**. — *Aglykonmethyläther C* (**VIII**), $C_{17}H_{26}O_6$, Öl, a) neben **VI**; b) durch 3wöchige Rk. von **V** mit abs. methanol. HCl bei 20°; $[\alpha]_D^{18}$ $-19{,}4 \pm 1^0$ (c = 1,14; Chlf.); $[\alpha]_D^{18}$ $-24{,}4 \pm 1^0$ (c = 1,14; A.); 97%. — *2.4-Dinitrophenylhydrazon,* $C_{22}H_{28}N_4O_9$, F. 130—132°, durch Rk. von **VIII** mit 2.4-Dinitrophenylhydrazin in wss.-methanol. HCl bei 20°; aus Essigester/Eisessig/PAe. rotorange-Nadeln. — *Methyl-α-D-glucosid* (**IX**), F. 165,5—166,5°, neben **VI**. — *Tetrahydrodesoxyplumierid* (**X**), $C_{21}H_{30}O_{11}$, F. 167—168°, neben **VI**; $[\alpha]_D^{18}$ $-61{,}7 \pm 1^0$ (c = 0,947; A.); aus Methanol/Essigester Plättchen. — *Hexahydrodesoxyplumierid* (**XI**), $C_{21}H_{32}O_{11}$. F. 160,5—161,5° (Methanol/Essigester), a) durch Hydrierung von **X** an PtO_2 in Eisessig; $[\alpha]_D^{21}$ $-47{,}3 \pm 2^0$ (c = 1,266; Methanol); $[\alpha]_D^{18}$ $-44{,}0 \pm 1^0$ (c = 0,979; A.); 85%; b) analog aus **V**; c) analog aus Pentaacetyldihydroplumierid u. anschließende Verseifung mit 0,1n methanol. HCl. — *Tetraacetyltetrahydrodesoxyplumierid* (**XII**), $C_{29}H_{38}O_{15}$,

F. 165—166,5°, durch 2½tägige Einw. von Acetanhydrid auf 300 mg **X** in Pyridin bei 32°; $[\alpha]_D^{19}$ —77,1 ± 3° (c = 1,000; Methanol); 366 mg. — *Tetraacetylhexahydrodesoxyplumierid* (**XIII**), $C_{29}H_{40}O_{15}$, F. 160,5—162,5° (Methanol/W.), a) durch Hydrierung von **XII** an PtO_2 in Eisessig; $[\alpha]_D^{19}$ —48,5 ± 3° (c = 1,007; Methanol); b) durch Acetylierung von **V** bei 30° u. anschließende Hydrierung. — *Tetrapropionyltetrahydrodesoxyplumierid* (**XIV**), $C_{33}H_{46}O_{15}$, F. 144,5—146,5°, durch 3tägige Rk. von **X** mit Propionsäureanhydrid in Pyridin bei 30° u. ½ Std. bei 60°. — *Tetraacetylhexahydrodesoxybrommethoxyplumierid*, $C_{30}H_{41}BrO_{16}$, F. 163—164° (Zers.; Chlf./Methanol), durch Eintropfen von methanol. Brom-Lsg. in die Lsg. von 200 mg **XII** in Chlf. bei 0° u. 1std. Rk. bei 20°; 74 mg. — *Säure $C_{15}H_{22}O_6$* (**XV**), F. 105—108°, durch 4std. Erwärmen von **VI** mit n wss. NaOH auf 100°; aus Bzl./PAe. Plättchen. *2.4-Dinitrophenylhydrazon*, $C_{20}H_{24}N_4O_9$, F. 219—220°, a) aus **XV**; b) aus **VII** nach vorheriger Verseifung mit wss. NaOH; aus Eisessig/W. rote Prismen. — *Verb. $C_{20}H_{32}O_6$*, durch 3std. Kochen von **XV** mit alkohol. HCl, Neutralisation mit Hg_2CO_3, Hochvakuum-Dest., Chromatographie an Al_2O u. Eluieren mit PAe./Bzl. (95:5); daneben *Verb. $C_{18}H_{28}O_6$*, durch Eluieren mit PAe./Bzl. (1:1). — *Epoxid $C_{17}H_{26}O_7$* (**XVI**), durch Zusatz äther. Phthalmonopersäure-Lsg. zu **VIII** in Chlf. bei 0° u. 8tägiges Stehen; Öl. — *1.7-Dihydroxy-1-[β-carboxybutyl]-4-methoxycarbonyl-6-oxaperhydroindenlacton-(β → 1)* (**XVII**; *Aglykon D*), $C_{15}H_{22}O_6$, F. 134—137°, a) durch kurzes Kochen von **V** oder **XI** mit 2n H_2SO_4; $[\alpha]_D^{17}$ +34,3 ± 3° (c = 1,038; Methanol); $[\alpha]_D^{20}$ +10,7 ± 1° (c = 1,15; Chlf.); aus Methylenchlorid/Ae. Kristalle; 58,5%; b) analog aus **VI** oder **VII**; liefert bei 28std. Stehen mit 0,1n abs. methanol. HCl bei 20° **VI** u. **VII** zurück. — *1-Hydroxy-1-[β-carboxybutyl]-4-methoxycarbonyl-7-oxo-6-oxaperhydroindenlacton-(β → 1)* (**XVIII**), $C_{15}H_{20}O_6$, F. 131—135°, a) durch 1tägige Einw. von CrO_3/H_2SO_4/Eisessig auf **VI** bei 20°; b) durch Einw. von CrO_3 auf **XVII** in Pyridin bei 20°; $[\alpha]_D^{21}$ 0 ± 1° (c = 0,908; Chlf.); aus CH_2Cl_2/Ae. Kristalle; 56%. — *1-Hydroxy-1-[β-carboxybutyl]-4-carboxy-7-oxo-6-oxaperhydroindenlacton-(β → 1)* (**XIX**), $C_{14}H_{18}O_6$, F. 158 bis 163°, durch 1tägige Einw. von 1n KOH auf **XVIII** bei 20°; $[\alpha]_D^{21}$ 0 ± 1° (c = 985; Chlf.); aus 2n HCl Nadeln; liefert mit CH_2N_2 **XVIII** zurück. — *Cycl. Enoläther $C_{15}H_{20}O_5$* (**XX**), F. 142—148° (CH_2Cl_2/Ae.), a) neben **XVII** aus der Mutterlauge; b) durch Rk. von **XVII** mit $POCl_3$ in Bzl./Pyridin. — *(+)-α-Äthyl-γ.γ-dihydroxypimelinsäuredilacton* [(+)-**XXI**], $C_9H_{12}O_4$, F. 118—119° (Ae./PAe.), durch Oxydation von **XVII**, **XVIII** oder **XIX** mit CrO_3 in verd. H_2SO_4; $[\alpha]_D^{22}$ +44,0 ± 1° (c = 0,824; Chlf.); daneben *Oxalsäure*, *Essigsäure*, *Propionsäure* (*Anilid*, $C_9H_{11}NO$, F. 105—106,5°), *Bernsteinsäure* ($C_4H_6O_4$, F. 179—181°, *Anhydrid*, F. 116—119°). *(+)-Äthylbernsteinsäure* [$C_6H_{10}O_4$, F. 91—93°; $[\alpha]_D^{17.5}$ +22,2 ± 1° (c = 1,05; Aceton)] u. **XXII**. *Racemat* [(±)-**XXI**], F. 80°, aus rac. α-Äthyl-γ-ketopimelinsäure (F. 88°) u. Acetylchlorid; aus Ae./PAe. Nadeln. — *1-Hydroxy-1-[β-carboxybutyl]-cyclopentan-2.3-dicarbonsäureanhydridlacton-(β → 1)* (**XXII**), $C_{12}H_{14}O_5$, F. 129° (CH_2Cl_2/Ae.), a) durch Oxydation von **V** oder **X** mit CrO_3 in wss. H_2SO_4; 43%; $[\alpha]_D^{19}$ +44,8 ± 1° (c = 0,827; Chlf.); $[\alpha]_D^{17}$ +45,9 ± 1° (c = 0,719; 0,5n NaOH); b) durch Ozonolyse von **X**; daneben HCOOH. — *Gemisch aus 2-Carbonamido-3-carboxy- u. 3-Carbonamido-2-carboxy-1-hydroxy-1-[β-carboxybutyl]-cyclopentanlacton-(β → 1)*, $C_{12}H_{17}NO_5$, F. 112—124° (Aceton/W.), durch Einleiten von NH_3 in benzol. **XXII**-Lsg.; $[\alpha]_D^{18}$ +52,5 ± 2° (c = 0,423; Aceton). — *1-Hydroxy-1-[β-carboxybutyl]-cyclopentan-2.3-dicarbonsäuredimethylesterlacton-(β → 1)* (**XXIII**), $C_{14}H_{20}O_6$, F. 64 bis 64,5°, a) durch 2std. Kochen von **XXII** mit abs. Methanol u. Rk. mit äther. Diazomethan-Lsg.; $[\alpha]_D^{17.5}$ +84,4 ± 1° (c = 1,18; Chlf.); aus Ae./PAe. Nadeln; ca. 100%; b) durch Oxydation von **V** mit CrO_3 in 20%ig. H_2SO_4 u. anschließende Rk. mit CH_2N_2; 23%. — *1-[β-Carboxybutyl]-2.3-dicarbomethoxycyclopenten-(1)* (**XXIV**), $C_{14}H_{20}O_6$, F. 58—59°, durch 4std. Kochen von **XXIII** mit Na-Methylat in Methanol; aus Ae./PAe. Nadeln. [*S-Benzylthiuroniumsalz*, $C_{22}H_{30}N_2O_6S$, F. 100°; aus Ae./PAe. Kristalle. Liefert bei 10std. Erhitzen mit CrO_3 in Essigsäure/H_2SO_4, Hochvakuum-Dest. u. kurzes Kochen mit Acetylchlorid (+)-**XXI**; bei ¼std. Kochen von **XXIV** mit CrO_3 in 20%ig. H_2SO_4, Extraktion mit Ae. u. Dest. wird ein Gemisch aus *Bernstein-* u. *Äthylbernsteinsäure* erhalten. — *1-[β-Carboxybutyl]-cyclopentan-2.3-dicarbonsäuredimethylester* (**XXV**), $C_{14}H_{22}O_6$, durch Hydrierung von **XXIV** an PtO_2 in Eisessig; Öl. — *1-[β-Carboxybutyl]-2-carboxy-3-[α-carboxyvinyl]-cyclopenten-(1)* (**XXVI**), $C_{14}H_{18}O_6$, F. 154—156°, durch 4std. Kochen von **XVIII** mit methanol. Na-Methylat-Lsg.; aus Ae.–PAe. Kristalle; liefert mit O_3 *HCHO* u. **XXII**. *Verb. $C_{14}H_{18}O_5$*, durch kurze Hydrierung von **XXVI** an Pd in Eisessig, Filtration, Eindampfen u. Dest. im Hochvakuum bei 180° (Bad-Temp.); λ_{max} 231 mμ. *Verb. $C_{14}H_{20}O_5$*, analog bis zur Aufnahme von 1,9 Mol H_2, Filtration, Eindampfen im Vakuum, Erhitzen des Rückstands mit Acetylchlorid u. Dest. bei 200° (Bad-Temp.) im Hochvakuum. — **XXII**-*isomeres Anhydridlacton* (**XXVII**) $C_{12}H_{14}O_5$, F. 182° (CH_2Cl_2/Ae.), durch ½—1std. Erhitzen von **XXII** auf 200—250°; $[\alpha]_D^{18}$ +41 ± 3° (c = 0,328; Chlf.); $[\alpha]_D^{18}$ 0 ± 2° (c = 0,446; 0,5n NaOH). — *Isomere*

Form (**XXVIII**), $C_{12}H_{14}O_5$, F. 146—147° (CH_2Cl_2/Ae.), a) neben **XXVII** in wechselnden Ausbeuten; $[\alpha]_D^{18}$ $-2\pm1{,}5°$ (c = 0,449; Chlf.); $[\alpha]_D^{18}$ $-4{,}8\pm2°$ (c = 0,692; 0,5n NaOH); b) durch 24std. Einw. von n Na-Methylat-Lsg. auf **XXIII**; daneben **XXVII**. — **XXIII**-*isomerer Lactondimethylester*, $C_{14}H_{20}O_6$, analog **XXII** aus **XXVII** u. Chromatographie in Bzl./PAe. (1:1) an Al_2O_3; $[\alpha]_D^{19}$ $+67{,}2\pm2°$ (c = 0,515; Chlf.). *Isomere Form*, $C_{14}H_{20}O_6$, F. 73—74° (Ae./PAe.), analog aus **XXVIII**; $[\alpha]_D^{22}$ $-1{,}3\pm2°$ (c = 0,545; Chlf.). — *Formylterephthalsäure*, $C_9H_6O_5$, F. 240°, durch Einw. von O_3 auf **I**; daneben *HCOOH* (*Anilid*, C_7H_7ON, F. 47°). *2.4-Dinitrophenylhydrazon*, $C_{15}H_{10}N_4O_8$, F. 260° (A.; Zers.); rot). — *L-(+)-Milchsäure*, durch Einw. von O_3 auf **II** in Chlf. bei —10° u. anschließende Hydrolyse. *Anilid*, $C_9H_{11}NO_2$, F. 53—54°; $[\alpha]_D^{18,5}$ $23{,}0\pm1°$ (c = 1,241; 96%ig. A.). K. Zieloff. 3450

Untersuchungen über Digitalisglykoside. Über neue Glykoside. Daisuke Satō, Hiroshi Ishii, Yōko Oyama und Tamotsu Okumura. (J. pharmac. Soc. Japan [Yakugakuzasshi] **75**, 1573, 25/12. 1955; Shionogi A. G. für pharmazeut. Präpp., Labor.; jap.) — In Blättern von *Digitalis purpurea* sind neben stark wirksamen Herzglykosiden mit C_{23}-Aglykonen noch schwächer wirkende mit C_{21}-Aglykonen vorhanden. Aus dem wss. Extrakt wird ein neues *Herzglykosid*, $C_{29}H_{44}O_8\cdot{}^1/_2\,H_2O$, F. 194—196° (Aceton/Ae.) (*Acetat*, F. 240—245°. *Triacetat*, $C_{35}H_{50}O_{11}$. *Aglykon*, $C_{23}H_{34}O_4$, F. 243—250°) isoliert. — *Purpnin-Aglykon*, $C_{21}H_{32}O_4$, F. 233—238°. F. Mossner. 3450

Untersuchungen über Glucoside von Geum japonicum und verwandten Pflanzen. Mitsuo Takahashi und Tetsurō Fujita. (J. pharmac. Soc. Japan [Yakugakuzasshi] **75**, 1567—68, 25/12. 1955; Kyōto, Univ., Med. Fak., Pharmakol. Inst.; jap., Auszug: engl.) — Aus *Geum japonicum* wird *Gein* isoliert. Phenol. Glykoside u. Zucker in den verwandten Pflanzen *Geum aleppicum* var. sachalinense, *Pavageum calthifolium*, *Potentilla fragarioides* var. sparengelliana, *P. freyniana* u. *Agrimonia eupatoria* werden papierchromatograph. nachgewiesen.

Versuche: *Gein*, $C_{21}H_{30}O_{11}$, F. 183°, $[\alpha]_D^{20}$ $-52{,}8°$, aus dem alkohol. Extrakt der Wurzeln von *Geum japonicum*. — *Phenol. Glykoside* papierchromatograph. mit Butanol/ CH_3COOH/W. = 2 : 1 : 1 aus obengenannten Pflanzen. F. Mossner. 3450

Stereochemie von Lycoran. 1. Mitt. Die Überführung von Dihydrolycorin in (—)-α-Lycoran. Ken'ichi Takeda, Katsumi Kotera, Satoshi Mizukami und Miyoko Kobayashi. (Chem. pharmac. Bull. [Tokyo] **8**, 483—86, Juni 1960; Imafuku, Amagasaki, Hyogo-ken, Shionogi and Co., Ltd., Res. Labor.; engl.) — 2. vgl. C. **1962**, 7159. — Dihydrolycorin (1.2-Dihydroxylycoran, **I**) ergibt durch Rk. mit $POCl_3$ unter milden Bedingungen ein *Chlorhydrin* **II**. Durch Red. mit Zn/Eisessig u. nachfolgendes Hydrieren an PtO_2 wird aus **II** oder **II**-Acetat über *Δ¹-Lycoren* (**V**) (—)-*α-Lycoran* dargestellt, für das die gleichen ster. Verhältnisse wie für **I** angenommen werden. UV-Maxima vgl. Original.

Versuche: *1-Hydroxy-2-chlorlycoran* (**II**), $C_{16}H_{18}ClNO_3$, F. 151—152° (Zers.), a) durch ¹/₄std. Erwärmen von 3,5 g **I** mit $POCl_3$, Zugabe eines Tropfens 35%ig. HCl, 25 Min. langes Erwärmen auf 75—80°, Kühlen u. Eintropfen in Eiswasser; aus A. Prismen; $[\alpha]_D^{28}$ $-15{,}77°$ (c = 0,089; A.); 1,55 g (Ausbeute); daneben durch Chromatographie in Bzl. an Al_2O_3 20 mg *Dianhydrodihydrolycorin* (*$\Delta^{11b.2}$-Lycoradien*, F. 104—105°; aus Methanol Nadeln) u. durch Eluieren mit Bzl./Ae. (10 : 1) 160 mg **IV** (s. unten); b) durch ¹/₂std. Kochen von 60 mg **IV** mit methanol. HCl., 40 mg. *Hydrochlorid, Hemihydrat*, $C_{16}H_{18}ClNO_3\cdot HCl\cdot{}^1/_2\,H_2O$, F. 235° (Zers.); aus W. Nadeln; $[\alpha]_D^{22}$ $+11{,}7°$ (c = 0,41; A.). *O-Acetat* (**III**), $C_{18}H_{20}ClNO_4$, F. 188 bis 189° (Zers.); aus A. Prismen; $[\alpha]_D^{22}$ $-20{,}1°$ (c = 0,44; Chlf.). — *1.2-Epoxylycoran* (**IV**), F. 148—148,5°, a) durch 5 Min. lange Rk. von **II** mit methanol. KOH bei 25°; aus Methanol Prismen; 75%; b) durch 1std. Kochen von 50 mg **III** in Methanol mit $NaHCO_3$; 15 mg; c) durch 2std. Kochen von 200 mg **II** in wss. Methanol mit K-Acetat; 80 mg; d) durch Chromatographie von 100 mg **II** in Bzl. an Al_2O_3 (vgl. **II** nach a)]; 50 mg. — *1-Hydroxy-2-methoxylycoran*, F. 195—196°, durch Eintragen von 1 g **II** in sd. methanol.-wss. KOH u. 2std. Kochen; aus Methanol Platten; 0,75 g. — *Δ¹-Lycoren* (**V**), $C_{16}H_{17}NO_2$, F. 85—86°, a) durch 1std. Kochen von 0,2 g **II** mit Zn/wss. Essigsäure, Filtrieren, Eindampfen im Vakuum, Lösen in W. u. Behandeln mit H_2S; aus wss. Aceton Schuppen; $[\alpha]_D^{25}$ $-139{,}0°$ (c = 1,00; A.); 96 mg; b) analog aus 0,1 g **III**; 40 mg. — *Anhydrolycorinon*, F. 231—232°, durch Eintropfen der Pyridin-Lsg. von **V** in CrO_3/Pyridin unter Eiskühlung, 25std. Stehen bei Raum-Temp., Zugabe von W., Eindampfen im Vakuum, Ansäuern mit verd. HCl, Aufnehmen in Chlf., Chromatographie in Bzl. an Al_2O_3, Eluieren mit Bzl. u. Sublimieren im Hochvakuum; aus A. Prismen; daneben durch Eluieren mit Bzl./Ae. (9 : 1) u. Sublimieren im Hochvakuum *Anhydro-*

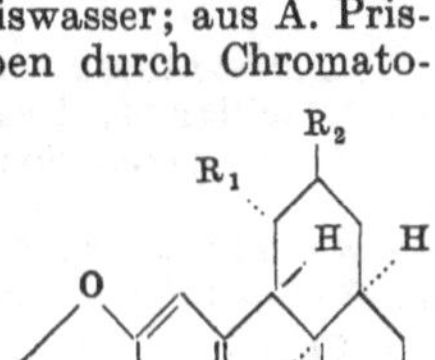

II R_1 = OH, R_2 = Cl
IV R_1R_2 = —O—

dehydrolycorinon (F. 216—218°; aus A. Nadeln). — (—)-*α-Lycoran*, $C_{16}H_{19}NO_2$, F. 82—83°, a) durch 2std. Hydrieren von 0,25 g **V** in Essigsäure an Adams-Katalysator; aus PAe. Prismen; $[\alpha]_D^{22}$ —31,0° (c = 0,99; A.); 0,25 g; b) analog aus 0,15 g $\Delta^{1.3}$-Lycoradien; 70 mg. *Hydrochlorid*, $C_{16}H_{19}NO_2 \cdot HCl$, F. 254—255° (Zers.); aus W. Büschel von Nadeln; $[\alpha]_D^{22}$ +27,9° (c = 0,94; A.). H.-J. Weigmann. 3500◇

Untersuchungen über Mutterkornpilz. 40. Mitt. Über die Papierchromatographie wasserlöslicher Ergotalkaloide. Saburō Yamatodani. (Annu. Rep. Takeda Res. Lab. **19,** 1—7, Okt. 1960; jap., Auszug: engl.) — 39. vgl. J. agric. chem. Soc. Japan [Nippon Nôgei-Kagaku Kaishi] **34,** [1960], 584; 37. vgl. C. **1961,** 14284. — Es werden die R_F-Werte für 20 wasserlösl. *Ergotalkaloide* angegeben (verschiedene n-Butanol-Eisessig-Mischungen, TōyōFilterpapier Nr. 50, absteigend, 15°, 16 Std.), Nachw. der Flecken mit UV oder 0,2%ig. Lsg. von p-Dimethylaminobenzaldehyd in verd. HCl.

P. Gregorzewski. 3500□

Untersuchungen über Mutterkornpilz. 41. Mitt. Untersuchungen über Farbreaktionen der Ergotalkaloide. Saburō Yamatodani. (Annu. Rep. Takeda Res. Lab. **19,** 8—14, Okt. 1960; jap., Auszug: engl.) — 40. vgl. vorst. Referat. — Mit konz. H_2SO_4, *Glyoxalsäure*, van Urk-, Allport-Cocking- u. Keller-Reagens bilden 14 Ergotalkaloide Färbungen. Mit Allport-Cocking-Reagens lassen sich *Triseclavin*, *Penniclavin* u. *Lysergen* colorimetr. bestimmen. Folgendes Reagens eignet sich zum Anfärben von Ergotalkaloiden in der Papierchromatographie: 0,1 g Dimethylaminobenzaldehyd, 80 ml A., 20 ml verd. H_2SO_4 (1 : 1) u. 0,5 ml 5%ig. $FeCl_3$. P. Gregorzewski. 3500□

Untersuchungen über Mutterkornpilz. 42. Mitt. Über einige Derivate der Ergotalkaloide der Clavinreihe. Saburō Yamatodani. (Annu. Rep. Takeda Res. Lab. **19,** 15—24, Okt. 1960; jap., Auszug: engl.) — 41. vgl. vorst. Referat. — Folgende Alkaloid-Derivv. werden dargestellt: *1-Hydroxymethylagroclavin*, $C_{17}H_{20}N_2O$, F. 183°, $[\alpha]_D^{27}$ —161°, $[\alpha]_{5461}^{27}$ 182° (c = 1,0; Pyridin). — *1-Hydroxymethylelymoclavin*, $C_{17}H_{20}N_2O_2$, F. 203—205°, $[\alpha]_D^{27}$ —119°, $[\alpha]_{5461}^{27}$ —138° (c = 1,0; Pyridin). — *1-Hydroxymethyllysergin*, $C_{17}H_{20}N_2O$, $[\alpha]_D^{17}$ +65°, $[\alpha]_{5461}^{27}$ +98° (c = 0,5; Pyridin). — *1-Hydroxymethylfestuclavin*, $C_{17}H_{22}N_2O$, F. 204°, $[\alpha]_D^{27}$ —94°, $[\alpha]_{5461}^{27}$ —114° (c = 0,1; Pyridin). — *1-Hydroxymethylpyroclavin*, $C_{17}H_{22}N_2O$, F. 201°, $[\alpha]_D^{24}$ —82°, $[\alpha]_{5461}^{24}$ —94° (c = 0,1; Pyridin). — *1-Hydroxymethylcostaclavin*, $C_{17}H_{22}N_2O$, F. 188°, $[\alpha]_D^{24}$ +17°, $[\alpha]_{5461}^{24}$ +22° (c = 0,5; Pyridin). — *1-Acetoxymethylagroclavin*, $C_{19}H_{22}N_2O_2$, F. 137—138°, $[\alpha]_D^{21}$ —120° (c = 0,5; Pyridin). — *1-Acetoxymethyllysergin*, $C_{19}H_{22}N_2O_2$, F. 135—136°, $[\alpha]_D^{21}$ +33° (c = 1,0; Pyridin). — *1-Acetoxymethylfestuclavin*, $C_{19}H_{24}N_2O_2$, F. 116—117°, $[\alpha]_D^{20}$ —94° (c = 0,5; Pyridin). — *Lumilysergin* (*10-Hydroxyfestuclavin*), $C_{16}H_{20}N_2O$, F. 250° (Zers.), $[\alpha]_D^{22}$ +32° (c = 0,5; Pyridin). — *2-Bromagroclavin*, $C_{16}H_{17}BrN_2$, F. 195° (Zers.); $[\alpha]_D^{22}$ —203° (c = 0,5; Pyridin). — *2-Bromfestuclavin*, $C_{16}H_{19}BrN_2$, F. 225—226° (Zers.), $[\alpha]_D^{21}$ —115° (c = 1,0; Pyridin). — *2-Bromlysergin*, $C_{16}H_{17}BrN_2$, F. 206° (Zers.), $[\alpha]_D^{22}$ +9° (c = 0,5; Pyridin). — *8-Methoxytriseclavin*, $C_{17}H_{20}N_2O$, F. 212° (Zers.), $[\alpha]_D^{20}$ +177° (c = 0,5; Pyridin), durch Kochen von Triseclavin mit methanol. Essigsäure.

P. Gregorzewski. 3500□

Die Synthese von mit Santonin und Pseudosantonin verwandten Dienonen durch Arylbeteiligung. Leon Mandell, Drury Caine und Gordon E. Kilpatrick. (J. Amer. chem. Soc. **83,** 4457—60, 5/11. 1961; Atlanta, Ga., Emory Univ., Dep. of Chem.; engl.) — Vff. beschreiben die Darst. von *4-[2.6-Dimethyl-3-hydroxyphenyl]-butyl-p-toluolsulfonat* (**II**) u. dessen Solvolyse unter Bldg. von *4.9-Dimethyl-1-keto-$\Delta^{2.4}$-* u. *-3-keto-$\Delta^{1.4}$-hexalin*, die mit Pseudosantonin bzw. Santonin verwandt sind. IR-Banden s. Original.

Versuche: *2.6-Dimethyl-3-nitrobenzoesäure*, $C_9H_9NO_4$, F. 111—115° (PAe.), durch Nitrieren von 2.6-Dimethylbenzoesäure (F. 113—115°) mit konz. HNO_3/H_2SO_4 in konz. H_2SO_4/Eisessig bei 5° u. 1std. Rühren bei Raum-Temp.; 83% (Ausbeute). — *2.6-Dimethyl-3-hydroxybenzoesäure, Hydrat*, $C_9H_{10}O_3 \cdot H_2O$, F. 101—103° (W.), durch Hydrierung vorst. Verb. in Ggw. von PtO_2 in abs. Methanol, Diazotieren u. Verkochen; 56%. — *2.6-Dimethyl-3-methoxybenzoesäuremethylester*, $Kp._{0,2}$ 93°, durch 2maliges Methylieren vorst. Verb. mit Dimethylsulfat in 20%ig. wss. NaOH u. Rk. mit CH_2N_2 in Ae.; 77%. — *2.6-Dimethyl-3-methoxybenzylalkohol*, $C_{10}H_{14}O_2$, F. 86—89° (W.), durch Red. vorst. Verb. mit $LiAlH_4$ in abs. Ae.; 92%. — *2.6-Dimethyl-3-methoxybenzylchlorid*, $C_{10}H_{13}ClO$, F. 50—51° (wss. A.), durch Zugabe von $SOCl_2$ zu vorst. Verb. in Ae. u. 6std. Stehen in der Kälte; 78%. — *2.6-Dimethyl-3-methoxyphenylacetonitril*, $C_{11}H_{13}NO$, F. 52,6—53,4° (wss. A.), durch 16std. Kochen vorst. Verb. mit KCN in Acetonitril; 84%. — *2.6-Dimethyl-3-methoxyphenylessigsäure*, $C_{11}H_{14}O_3$, F. 123—125° (PAe.), durch 36std. Kochen vorst. Verb. in A. mit KOH; 81%. *Methylester* (**III**), durch Rk. mit CH_2N_2; 92%. — *β-[2.6-Dimethyl-3-methoxyphenyl]-äthanol*, $C_{11}H_{16}O_2$, F. 58—59° (n-Hexan), durch Red. von **III** mit $LiAlH_4$; 95%. — *β-[2.6-Dimethyl-3-methoxyphenyl]-äthylbromid*, $C_{11}H_{15}BrO$,

Kp.$_1$ 113—116°, durch 1std. Rk. vorst. Verb. mit PBr_3 in abs. Bzl. unter Kühlung u. 3std. Erhitzen auf 60°; 53%. — *β-[2.6-Dimethyl-3-methoxyphenyl]-äthylmalonsäure*, durch Zutropfen vorst. Verb. zu Na-Malonsäurediäthylester in A., 8std. Rühren bei Raum-Temp., 12std. Kochen, Zugeben von KOH u. 4std. Kochen; 60%. — *4-[2.6-Dimethyl-3-methoxyphenyl]-buttersäure*, F. 131—134° (n-Heptan/Ae.), durch 8std. Kochen vorst. Verb. mit 2n HCl; 85%. — *4-[2.6-Dimethyl-3-methoxyphenyl]-butanol*, durch Rk. vorst. Verb. mit CH_2N_2 u. Red. des entstandenen Esters mit $LiAlH_4$; 93%. *3.5-Dinitrobenzoat*, $C_{20}H_{22}N_2O_7$, F. 122,4—124° (95%ig. A.). — *4-[2.6-Dimethyl-3-hydroxyphenyl]-butanol* (**I**), durch 2std. Erhitzen vorst. Verb. mit KOH u. wenig Hydrazinhydrat als Antioxydans in Diäthylenglykol auf 220—224° unter N_2; 80%. *p-Toluolsulfonat* (**II**), durch 2std. Rk. von **I** mit p-Toluolsulfochlorid in trockenem Pyridin bei 0°; 70%. — *1-Keto-4.9-dimethyl-$\Delta^{2.4}$-hexalin*, durch 15std. Erhitzen von 6 g **II** mit K-tert.-Butylat in wasserfreiem tert.-Butanol u. Chromatographieren in Pentan; 0,48 g (Ausbeute); daneben 0,17 g *3-Keto-4.9-dimethyl-$\Delta^{1.4}$-hexalin* (hellgelbes Öl. *2.4-Dinitrophenylhydrazon*, F. 224—230°, dunkelrote Schuppen aus n-Butanol). *2.4-Dinitrophenylhydrazon*, $C_{18}H_{20}N_4O_4$, F. 129,5—131° (abs. Methanol). Gottfried Schreiber. 3600□

Untersuchungen über die Zusammensetzung der chinesischen Droge „Kanzui". 7. Mitt. Isolierung von α-Euphorbol (Euphorbadienol). Mizuho Inagaki und Tsunematsu Takemoto. (J. pharmac. Soc. Japan [Yakugakuzasshi] **75**, 1571—72, 25/12. 1955; Ōsaka, Univ.-Pharmakol. Inst.; jap., Auszug: engl.) — 6. vgl. C. **1962**, 5680. — *α-Euphorbol* (*Euphor, badienol*) wird aus der chines. Droge „Kanzui", einem getrockneten Rhizom von *Euphorbia sp.*, isoliert.

Versuche: *α-Euphorbolacetat*, $C_{33}H_{54}O_2$, F. 123,4—124° (A.), aus dem Ae.-Extrakt des Rhizoms von *Euphorbia sp.* in PAe. durch Behandeln mit konz. HCl, Chromatographieren an Al_2O_3 u. Acetylieren mit $(CH_3CO)_2O$ in Pyridin; $[\alpha]_D^{28.5}$ ±0° (c = 2; Chlf.). — *α-Euphorbol* (*Euphorbadienol*), $C_{31}H_{52}O$, F. 125—126° (A.), durch 2std. Kochen von 0,14 g vorst. Verb. in 25 cm³ 3%ig. äthanol. KOH, Ausäthern u. Behandeln mit verd. HCl; $[\alpha]_D^{21}$ —3,4° (c = 1,15; Chlf.). — *Dihydro-α-euphorbolacetat*, $C_{33}H_{56}O_2$, F. 135—135,5° (A.), aus 0,12 g vorst. Verb. in 20 cm³ A. u. 10 cm³ Ae. u. 0,5 g Pd-Kohle in 30 cm³ Ae. durch Hydrieren; $[\alpha]_D^{28.5}$ —5,6° (c = 2,5; Chlf.). F. Mossner. 3600

Synthese von 19-Norsteroiden aus 3 Methoxy-D-homo-$\Delta^{1.3.5,10.8.14}$-östrapentaen-17a-on. Ss. N. Anantschenko, A. W. Platonowa, W. N. Leonow und I. W. Torgow. (Nachr. Akad. Wiss. UdSSR, Abt. chem. Wiss. **1961**, 1074—80, Juni; Inst. für die Chem. der Naturstoffe der Akad. der Wiss. der UdSSR; russ.) — Die Kondens. des aus 6-Methoxytetralon-(1) zugänglichen 1-Vinyl-6-methoxytetralols-(1) (**I**) mit 2-Methylcyclohexandion-(1.3) (**II**) führt zu *3-Methoxy-8.14-seco-D-homo-$\Delta^{1.3.5,10.9,11}$-östratetraen-14.17a-dion* (**III**), das zu *3-Methoxy-D-homo-$\Delta^{1.3.5,10.8.14}$-östrapentaen-17a-on* (**IV**) cyclisiert wird. Beim Erhitzen von **III** mit Pyridinhydrochlorid tritt auch Dehydrierung unter Bldg. von *trans-D-Homoequilenin* (**V**) ein. *trans-D-Homoequileninmethyläther* (**VI**) wird ähnlich beim Erhitzen von **III** mit Säure erhalten. Die Hydrierung von **IV**-Äthylenketal oder die Red. mit Li/NH_3 führt zum *Äthylenketal* des *3-Methoxy-D-homo-$\Delta^{1.3.5,10.8}$-östratetraen-17a-ons* (**VII**), die Red. mit Li/NH_3 in Ggw. von A. dagegen zum *Äthylenketal* des *3-Methoxy-D-homo-$\Delta^{2.5,10.8}$-östratrien-17a-ons*, das durch Säure zu *19-Nor-D-homo-$\Delta^{4.8}$-androstadien-3.17a-dion* hydrolysiert u. isomerisiert wird. Das durch erneute Red. von **VII**-Äthylenketal mit Li/NH_3 in Ggw. von A. zugängliche Äthylenketal (**VIII**) des 3-Methoxy-D-homo-$\Delta^{2.5,10}$-östradien-17a-ons wird ähnlich durch Säure in *19-Nor-D-homo-Δ^4-androsten-3.17a-dion* umgewandelt.

Versuche: *6-Methoxytetralin*, Kp.$_8$ 117—118°, durch Hydrieren von Nerolin in Methanol-Essigsäure über Raney-Ni bei 130°/150 at; n_D^{20} 1,5420; 72% (Ausbeute). — *6-Methoxytetralon-(1)*, F. 77—78°, durch Zutropfen von CrO_3 in verd. H_2SO_4 zu vorst. Verb. in Aceton bei —5° u. Stehen über Nacht; 61%. — *3-Methoxy-8.14-seco-D-homo-$\Delta^{1.3.5,10.9,11}$-östratetraen-14.17a-dion* (**III**), F. 89—90° (A.), durch ³/₄std. Erhitzen von **I** mit **II** in Ggw. von Triton B in Xylol unter N_2 auf 130—140°; 50%. — *19-Nor-D-homo-Δ^4-androsten-3.17a-dion*, $C_{19}H_{26}O_2$, F. 174—175° (Essigester), durch kurzes Kochen von **VIII** mit HCl in Eisessig; 74%. — *trans-D-Homoequilenin* (**V**), F. 234—235° (A.), durch 40 Min. langes Erhitzen von 0,4 g **III** mit Pyridinhydrochlorid unter N_2 auf 210—215°; 0,23 g. *Acetat*, F. 149—150°. — *trans-D-Homoequileninmethyläther* (**VI**), F. 211—212° (Bzl.), a) durch 4std. Kochen von 1 g **IV** in konz. HCl/Eisessig/Toluol unter N_2; 52 mg; b) durch kurzes Kochen von **VI**-Äthylenketal mit HCl in Eisessig; c) in geringer Ausbeute bei 2std. Kochen von **VII** mit HCl in Eisessig/Toluol. *Äthylenketal*, $C_{22}H_{26}O_3$, F. 148 bis 148,5° (Essigester). — *3-Methoxy-D-homo-$\Delta^{1.3.5,10.8}$-östratetraen-17a-on* (**VII**), *Äthylenketal*, F. 145—146°, a) durch 8std. Kochen von **VII** mit Äthylenglykol in Ggw. von p-Toluolsulfonsäure in Toluol unter langsamem Abdestillieren; 4,6 g; daneben 0,45 g

VI-*Äthylenketal*; b) durch Hydrieren von 2 g IV-Äthylenketal in Tetrahydrofuran über $Pd/CaCO_3$; 0,8 g; c) durch Red. von 1 g IV-Äthylenketal mit Li in fl. NH_3/Dioxan/Ae. bei -40^0; 0,4 g. — *3-Methoxy-D-homo-*$\Delta^{1.3.5,10.8.14}$*-östrapentaen-17a-on* (IV), durch Cyclisierung von III; 92%. *Äthylenketal*, $C_{22}H_{26}O_3$, F. 124—124,5° (A.); 67%. — *3-Methoxy-D-homo-*$\Delta^{2.5,10.8}$*-östratrien-17a-onäthylenketal*, $C_{22}H_{30}O_3$, F. 111—114° (Essigester), durch Red. von 1 g IV-Äthylenketal mit Li (1 : 35) in fl. NH_3/Dioxan/Ae. in Ggw. von A. bei -40^0; 0,55 g. — *19-Nor-D-homo-*$\Delta^{4.8}$*-androstadien-3.17a-dion*, $C_{19}H_{24}O_2$, F. 159 bis 160° (Essigester), durch kurzes Kochen vorst. Ketals mit n-HCl in Eisessig; 60%.
H.-E. Toussaint. 3700□

Berichtigung zum Artikel: Synthese von 1-Keto-A-norcholestan. Beitrag zur Kenntnis der Faworski-Reaktion. H. P. Sigg und Ch. Tamm. (Helv. chim. Acta **43,** 2187, 1/12. 1960; Basel, Pharmaz.-chem. Labor. Sandoz u. Univ., org.-chem. Anst.; dt.) — Vff. berichtigen, daß das als neu beschriebene *2.2-Dibrom-4.4-dimethylcholestan-3-on* bereits früher von Hanna u. Mitarbeitern (C. **1960,** 13378) dargestellt worden ist, die auch die von Vff. ohne Erfolg versuchte Pyrolyse von *4.4-Dimethylcholestan-2.3-seco-2.3-disäure* zu *4.4-Dimethyl-A-norcholestan-3-on* durchführten.
R. Illhardt. 3700□

5.6-Epoxycholestan. Fumikazu Mukawa. (Bull. chem. Soc. Japan **33,** 450—52, April 1960; Tokyo, Setagaya-ku, Metropolitan Univ., Fac. of Sci., Dep. of Chem.; engl.) — Vf. versucht, aus Δ^5-Cholesten (I) durch HOCl-Addition u. anschließende Behandlung mit Basen *5.6β-Epoxy-5β-cholestan* (II) darzustellen, erhält aber als Zwischenprod. *5.6β-Dichlor-5α-cholestan.* Red. von 3β-Chlor- (III) oder -Brom-5.6β-epoxy-5β-cholestan (IV) mit Li in fl. NH_3 oder Zn–Cu-Leg. in A. liefert II in 70%ig. Ausbeute, dessen Struktur durch Red. mit HJ zu I, durch $LiAlH_4$-Red. zu *5α-Cholestan-6β-ol* u. durch Rk. mit 1 n H_2SO_4 in Aceton zu *5.6β-Dihydroxy-5α-cholestan* gesichert wird. Unter Erhaltung des Oxidrings red. Li in NH_3 *3β-Cl-* oder *-Br-5.6α-epoxy-5α-cholestan* zu *5.6α-Epoxy-5α-cholestan* (VI). 6β-Chlor-5α-cholestan-5-ol (VII) bildet bei der Rk. mit Zn-Staub u. Essigsäure *6β-Acetoxy-5α-cholestan-5-ol* neben wenig I. 6β-Hydroxy-5-chlor-5α-cholestan liefert bei dieser Rk. oder mit Li in fl. NH_3 I, das auch durch Red. von VII mit Li in fl. NH_3 erhalten wird.

Versuche: *5.6β-Dichlor-5α-cholestan*, F. 120—121°, durch Versetzen eines Gemisches aus 0,5 g I, Cyanurchlorid u. Aceton mit 5 Tropfen wss. Essigsäure u. 5 Min. langes Kochen; Nadeln aus Methanol; 0,18 g (Ausbeute). — *5.6β-Epoxy-5β-cholestan* (II), $C_{27}H_{46}O$, F. 79° (A./n-Hexan), a) aus III oder IV in abs. Ae. durch $^1/_2$std. Rk. mit Li in fl. NH_3, Zugeben von Aceton u. 2std. Stehen bei Raum-Temp. (Meth. **A**); $[\alpha]_D$ +8°; b) aus 0,5 g IV durch 3std. Kochen mit Zn–Cu-Leg. in A.; 0,3 g. — *Δ^5-Cholesten* (I), F. 90—91° (A.), a) durch 24std. Rk. von 0,2 g II mit HJ in Aceton bei Raum-Temp.; 0,1 g; b) durch 3std. Kochen von V mit Zn-Staub in Essigsäure (Meth. **B**); c) aus 0,3 g V nach **A**; 0,2 g. — *5α-Cholestan-6β-ol*, F. 81°, aus II durch $^1/_3$std. Rk. mit $LiAlH_4$ in Ae. bei Raum-Temp. u. 5std. Kochen; aus A. Plättchen. — *5α-Cholestan-5.6β-diol*, F. 125° (A.), aus II durch 2std. Kochen mit Methanol in Ggw. von H_2SO_4. — *3β-Brom-5.6α-epoxy-5α-cholestan*, $C_{27}H_{45}BrO$, F. 87—89° (A.), durch Eintropfen von Cholesterylbromid in Perbenzoesäure in Chlf. unter Kühlen u. 48std. Rk. bei Raum-Temp.; $[\alpha]_D$ −21,2°. — *5.6α-Epoxy-5α-cholestan* (VI), F. 76° (Methanol), nach **A**; $[\alpha]_D$ −39,9°. — *5-Chlor-5α-cholestan-6β-ol* (V), $C_{27}H_{47}ClO$, F. 121—123° (Aceton/W.), durch Versetzen von 0,2 g II in abs. Chlf. mit HCl gesätt. abs. Chlf. u. $4^1/_2$std. Stehen bei 0°; $[\alpha]_D$ −12°; 0,12 g. — *6β-Acetoxy-5α-cholestan-5-ol*, $C_{29}H_{50}O_3$, F. 108° (Methanol), aus 1 g VII nach **B** durch $1^1/_2$std. Kochen u. Chromatographie an Al_2O_3 in Ae./Methanol (1 : 1); $[\alpha]_D$ −20°; 0,4 g; daneben durch Eluieren mit Chlf./Methanol 0,1 g I. F. Klatt. 3700□

Synthese der C-terminalen Tetrapeptidsequenz des Glukagons. H. C. Beyerman und J. S. Bontekoe. (Recueil Trav. chim. Pays-Bas **81,** 699—709, Aug. 1962; Delft, TH, Labor. of Organ. Chem.; engl.) — Ausgehend vom O-tert.-Butyl-L-threonin-tert.-butylester (I) u. Carbobenzoxy(Cbo)-L-asparagin-p-nitrophenylester (II) wurde *Cbo-L-asparaginyl-O-tert.-butyl-L-threonin-tert.-butylester* (III) erhalten. Durch katalyt. Hydrierung u. Rk. mit Phthaloyl-L-methionin-p-nitrophenylester entstand *Phthaloyl-L-methionyl-L-asparaginyl-O-tert.-butyl-L-threonin-tert.-butylester*, aus dem der Phthaloylrest durch 2tägiges Stehen mit Hydrazinhydrat in Dioxan entfernt werden konnte. Auf analogem Wege gelang die Ankondens. eines Leucinrestes zu *L-Leucyl-L-methionyl-L-asparaginyl-O-tert.-butyl-L-threonin-tert.-butylester.* Aus L-Asparaginyl-O-tert.-butyl-L-threonin-tert.-butylester können die tert.-Butylschutzgruppen mit Trifluoressigsäure (1 Std. 0°, 1 Std. Raum-Temp.) abgespalten werden.

Versuche: *Cbo-L-asparaginyl-O-tert.-butyl-L-threonin-tert.-butylester* (III), $C_{24}H_{37}N_3O_7$, F. 118—119° (Bzl./PAe.), durch 1tägiges Stehen von I mit II in Dimethylformamid (DMF) bei Raum-Temp.; $[\alpha]_D^{21}$ −2,2° (c = 2,74; DMF); 97% (Ausbeute). —

L-Asparaginyl-O-tert.-butyl-L-threonin-tert.-butylester, $C_{16}H_{31}N_3O_5$, F. 149° (A./Ae., PAe.), durch katalyt. Hydrierung von **III**; $[\alpha]_D^{21}$ +3° (c = 1,27; DMF); 98%. — *L-Asparaginyl-L-threonin*, $C_8H_{15}N_3O_5$, a) durch 1std. Stehen von **III** mit Trifluoressigsäure bei 0° u. 1 Std. bei Raum-Temp., Einengen u. Behandeln mit Amberlite IR-4D; $[\alpha]_D^{21}$ −3° (c = 1,90; W.); 84%; b) aus Cbo-L-asparaginyl-L-threonin mit H_2/Pd–$BaSO_4$; 95%. *Pikrolonat*, $C_{18}H_{23}N_7O_{10}$, F. 200—202° (Zers.; A./W.); $[\alpha]_D^{20}$ +7° (c = 2,24; DMF). — *Phthaloyl-L-methionin*, F. 125—126°, aus L-Methionin u. N-Carbäthoxyphthalimid; $[\alpha]_D^{21}$ −78° (c = 4,63; DMF); 66%. *p-Nitrophenylester*, $C_{19}H_{16}N_2O_6S$, F. 99° (Bzl./PAe.), durch 1std. Rk. der Säure mit p-Nitrophenol u. N.N'-Dicyclohexylcarbodiimid (**V**) in Essigester bei 0° u. Stehen über Nacht bei Raum-Temp.; $[\alpha]_D^{21}$ −90,5° (c = 2,41; DMF); 81%. — *Phthaloyl-L-methionyl-L-asparaginyl-O-tert.-butyl-L-threonin-tert.-butylester*, $C_{29}H_{42}N_4O_8S$, F. 165° (Bzl./Heptan), durch 24std. Stehen vorst. Esters mit **III** in DMF bei Raum-Temp.; $[\alpha]_D^{21}$ −9° (c = 2,13; DMF); 81%. — *L-Methionyl-L-asparaginyl-O-tert.-butyl-L-threonin-tert.-butylester* (**IV**), durch 46std. Stehen vorst. Verb. mit $N_2H_4 \cdot H_2O$ in Dioxan, Einengen, Stehen mit 2n Essigsäure, Einengen, Lösen in $NaHCO_3$-Lsg. u. Extrahieren mit Essigester; Öl; 94%. *Phthaloylhydrazin-Komplex*, $C_{21}H_{40}N_4O_6S \cdot C_8H_6N_2O_2$, F. 137° (Bzl.); $[\alpha]_D^{20}$ −33° (c = 1; DMF). — *Phthaloyl-L-leucin-p-nitrophenylester*, $C_{20}H_{18}N_2O_6$, F. 86—88° (Bzl./PAe.); $[\alpha]_D^{21}$ −86,6° (c = 2,69; DMF); 80%. — *Phthaloyl-L-leucyl-L-methionyl-L-asparaginyl-O-tert.-butyl-L-threonin-tert.-butylester*, $C_{35}H_{53}N_5O_9S$, durch 2tägiges Stehen vorst. Verb. mit **IV** in DMF, Gießen in W., Extrahieren mit Essigester, Chromatographie an Silicagel mit Bzl./Essigester (10%) u. Bzl./A. (5%) u. Fällen mit n-Heptan; amorph; $[\alpha]_D^{20}$ +6° (c = 1,52; DMF); 74%. — *L-Leucyl-L-methionyl-L-asparaginyl-O-tert.-butyl-L-threonin-tert.-butylester*, aus vorst. Verb. analog **IV**; amorph; 82%. *Pikrat*, $C_{27}H_{51}N_5O_7S \cdot C_6H_3N_3O_7$, F. 133—135° (A./W.); $[\alpha]_D^{20}$ +8° (c = 1,84; DMF). — *Trityl-L-leucin, Benzylester*, F. 98°, durch Tritylierung von L-Leucinbenzylester; $[\alpha]_D^{24}$ +30° (c = 2,65; DMF); 80%. *Diäthylammoniumsalz*, F. 153°, aus dem Ester durch Hydrierung u. Salz-Bldg.; $[\alpha]_D^{21}$ +2,1° (c = 4,06; Methanol); 81%. — *Trityl-L-leucyl-L-methioninmethylester*, $C_{31}H_{38}N_2O_3S$, F. 100—101° (Ae./Pentan), durch Rk. vorst. Verb. mit L-Methioninmethylester u. **V** in Acetonitril u. mehrstd. Stehen bei Raum-Temp.; $[\alpha]_D^{21}$ −19° (c = 1,92; DMF); 80%. — *Trityl-L-leucyl-L-methionin*, $C_{30}H_{36}N_2O_3S$, F. 138° (Bzl./PAe.), durch Aufkochen vorst. Verb. in Dioxan mit 0,5n methanol. KOH-Lsg. u. 1std. Stehen; 23%. — *Cbo-L-asparaginyl-L-threoninmethylester*, $C_{17}H_{23}N_3O_7$, F. 194° (Methanol), durch mehrstd. Stehen von **II** mit L-Threoninmethylester in DMF; $[\alpha]_D^{21}$ +12,5° (c = 2,16; Essigsäure); 85%. *Freie Säure*, $C_{16}H_{21} \cdot N_3O_7$, F. 207° (Dioxan/W.), durch 1std. Rk. des Esters mit 0,1n NaOH in DMF; $[\alpha]_D^{21}$ +10° (c = 2,02; DMF); 82%. — *Cbo-L-asparagin*, $C_{12}H_{14}N_2O_5$, F. 155—156°; $[\alpha]_D^{21}$ −10° (c = 2,22; DMF). *p-Nitrophenylester* (**II**), F. 156—157°; $[\alpha]_D^{21}$ −32,5° (c = 2,12; DMF). E. Schröder. 3750◇

Ein geschütztes Angiotensin II. Robert H. Mazur. (Canad. J. Chem. **40**, 1098—1102, Juni 1962; Skokie, Ill., G. D. Searle & Co., Div. of Chem. Res.; engl.) — Die Synth. eines Angiotensin-II-Deriv. des *Carbobenzoxy* (*Cbo*)-*β-O-benzyl-L-asparagyl-nitro-L-arginyl-L-valyl-L-tyrosyl-L-isoleucyl-Im-benzyl-L-histidyl-L-prolyl-L-phenylalanin-methylesters* wird ausgehend von L-Phenylalaninmethylesterhydrochlorid (**I**) durch schrittweise Ankondens. einer weiteren Cbo-aminosäure beschrieben. Zur Kupplung diente jeweils N.N'-Dicyclohexylcarbodiimid (**II**), die Decarbobenzoxylierungen wurden mit HBr/Eisessig durchgeführt. Die Hydrogenolyse des substituierten Oktapeptids verlief infolge der Stabilität des Im-Benzylrestes nicht eindeutig.

Versuche: *Cbo-L-prolyl-L-phenylalaninmethylester* (**III**), durch mehrstd. Stehen von 61,5 g Cbo-L-prolin mit 54 g **I** u. **II** in CH_2Cl_2 bei 5°; Öl; 109 g (Ausbeute). — *L-Prolyl-L-phenylalaninmethylesterhydrobromid*, $C_{15}H_{21}BrN_2O_3$, F. 171—172°, durch 1½std. Rk. vorst. Verb. mit 2n HBr/Eisessig u. Zugeben von Ae.; Prismen aus Essigester; $[\alpha]_D^{25}$ −36° (c = 2; W.); 66%. — *Cbo-Im-benzyl-L-histidyl-L-prolyl-L-phenylalaninmethylester*, durch mehrstd. Rk. von Cbo-Im-benzyl-L-histidin mit vorst. Verb., **II** u. Triäthylamin in Dimethylformamid (DMF)/CH_2Cl_2 bei 5°; Öl. — *Im-Benzyl-L-histidyl-L-prolyl-L-phenylalaninmethylesterdihydrobromid*, $C_{28}H_{35}Br_2N_5O_4$, F. 217—219°, durch 1std. Rk. der Cbo-Verb. mit 2n HBr/Eisessig bei Raum-Temp. u. Digerieren mit Essigester; Nadeln aus Methanol/Essigester, $[\alpha]_D^{23}$ +26° (c = 1; Methanol), $[\alpha]_D^{26}$ +28° (c = 1; W.); 90,5% (bezogen auf Cbo-Im-benzyl-L-histidin). — *Cbo-L-isoleucyl-Im-benzyl-L-histidyl-L-prolyl-L-phenylalaninmethylester*, durch Behandeln vorst. Verb. mit 50%ig. K_2CO_3-Lsg. u. Essigester u. Rk. mit Cbo-L-isoleucin u. **II** in CH_2Cl_2 analog **III**; erstarrtes Öl; 93%. — *L-Isoleucyl-Im-benzyl-L-histidyl-L-prolyl-L-phenylalaninmethylester*, aus vorst. Verb. mit 2n HBr/Eisessig (1½ Std.) u. Behandeln mit 40%ig. KOH/50%ig. K_2CO_3-Lsg./Essigester; erstarrtes Öl; 100%. — *N.O-Dicarbobenzoxy-L-tyrosyl-L-isoleucyl-Im-benzyl-L-histidyl-L-prolyl-L-phenylalaninmethylester*, $C_{59}H_{65}N_7O_{11}$ F. 160°, durch Rk. von N.O-Dicarbobenzoxy-L-tyrosin mit vorst. Verb. u. **II** in CH_2Cl_2 analog **III** u. 136stufige Gegenstromverteilung in Methanol/W./Chlf./CCl_4 (37:10:26:27; K = 0,09); Blättchen aus Methanol, $[\alpha]_D^{24}$ —43° (c = 1; Methanol); 72%. — *Cbo-L-valyl-L-tyrosyl-L-isoleucyl-Im-benzyl-L-histidyl-L-prolyl-L-phenylalaninmethylester* (**IV**), $C_{56}H_{68}N_8O_{10}$, F. 192—194°, durch 1½std. Rk. vorst. Verb. mit 2n HBr/Eisessig bei Raum-Temp., Behandeln mit gesätt. K_2CO_3-Lsg./Methanol u. Essigester, Rk. des glasig erstarrten *L-Tyrosyl-L-isoleucyl-Im-benzyl-L-histidyl-L-prolyl-L-phenylalaninmethylesters* mit Cbo-L-valin u. **II** in CH_2Cl_2 analog **III** u. 250stufige Gegenstromverteilung in Methanol/W./Chlf./CCl_4 (37:10:26:27; K = 0,16); Blättchen aus Methanol/Essigester, $[\alpha]_D^{23}$ —66° (c = 1; Methanol); 66%. — *Cbo-L-valyl-L-tyrosyl-L-isoleucyl-Im-benzyl-L-histidyl-L-prolyl-L-phenylalanin*, $C_{55}H_{66}N_8O_{10}$, F. 176—179° (Methanol/Essigester), aus **IV** in Methanol mit 4n LiOH in ½ Std.; Pulver, $[\alpha]_D^{26}$ —50° (c = 1; Methanol); 98%. — *L-Valyl-L-tyrosyl-L-isoleucyl-Im-benzyl-L-histidyl-L-prolyl-L-phenylalaninmethylesterdihydrobromid*, $C_{48}H_{64}Br_2N_8O_8$, F. 224—225°, aus **IV** in 1 Std. mit 2n HBr/Eisessig; Pulver aus Methanol/Essigester, $[\alpha]_D^{25}$ —20° (c = 1; Methanol); 76%. *Freier Ester*, $C_{48}H_{62}$·N_8O_8, F. 216—219°, $[\alpha]_D^{26}$ —52° (c = 1; Methanol); 61%. — *Cbo-nitro-L-arginyl-L-valyl-L-tyrosyl-L-isoleucyl-Im-benzyl-L-histidyl-L-prolyl-L-phenylalaninmethylester* (**V**), C_{62}·$H_{79}N_{13}O_{13}$, F. 224—225° (Methanol), aus vorst. Verb. u. Cbo-nitro-L-arginin mit **II** in DMF analog **III** u. 200stufige Gegenstromverteilung (obiges Syst., K = 0,34); $[\alpha]_D^{25}$ —67° (c = 1; Methanol); 98%. — *L-Asparaginsäuredibenzylester-p-toluolsulfonat*, $C_{25}H_{27}NO_7S$, F. 159—161°, durch mehrstd. Kochen von L-Asparaginsäure mit Benzylalkohol/p-Toluolsulfonsäure in CCl_4; Nadeln aus Isopropanol/Essigester 1:1, $[\alpha]_D^{26}$ —2° (c = 1; Methanol); 98%. — *Cbo-L-asparaginsäuredibenzylester*, F. 67—68,5° (Cyclohexan), aus vorst. Verb. in Chlf./1m K_2CO_3-Lsg. u. Carbobenzoxychlorid in Toluol bei 0°; 96%. — *Cbo-L-asparaginsäure-β-benzylester*, F. 107—109° (Bzl./Cyclohexan 1:1), nach Bryant u. Mitarbeitern (C. **1962**, 5257); $[\alpha]_D^{26}$ 0° (c = 1; Methanol), + 10° (c = 1; Essigsäure); 66%. — *Cbo-β-O-benzyl-L-asparagylnitro-L-arginyl-L-valyl-L-tyrosyl-L-isoleucyl-Im-benzyl-L-histidyl-L-prolyl-L-phenylalaninmethylester*, $C_{73}H_{90}N_{14}O_{16}$, F. 206 bis 208°, durch 1std. Rk. von **V** mit 2n HBr/Eisessig, Umfällen aus Methanol/Ae., Behandeln mit Triäthylamin in DMF u. Rk. mit vorst. Verb. u. **II** analog **III**; Blättchen aus Methanol/Essigester, $[\alpha]_D^{26}$ —65° (c = 0,5; Methanol); 39%. E. Schröder. 3750◇

Untersuchungen über Antibiotica und verwandte Verbindungen. 9. Mitt. Synthese von 5-Methylencyclopentanon-(1)-yl-(2)-essigsäuremethylester, einer Antitumorsubstanz, und verwandten Verbindungen. Sumio Umezawa und Mitsuhiro Kinoshita. (Bull. chem. Soc. Japan **33**, 266—71, Febr. 1960; Tokyo, Keio Univ., Fac. of Engng., Dep. of Appl. Chem.; engl.) — 8. vgl. C. **1960**, 14678. — *5-[Dimethylaminomethyl]-* (**I**) u. *2-[Dimethylaminomethyl]-cyclopentanon-(1)-yl-(2)-essigsäurehydrochlorid* (**II**) werden aus Cyclopentanon-(1)-yl-(2)-essigsäure (**VI**) durch Mannich-Rk. synthetisiert. *5-[Dimethylaminomethyl]-cyclopentanon-(1)-yl-(2)-essigsäuremethylesterhydrochlorid* (**III**) läßt sich zu *5-Methylencyclopentanon-(1)-yl-(2)-essigsäuremethylester* (**IV**) abbauen, aus dem durch Hydrolyse *5-Methylencyclopentanon-(1)-yl-(2)-essigsäure* (**V**, ein Homologes des Isosarkomycins) entsteht. Dest. von **III** liefert unter Abbau *5-Methylcyclopenten-(4)-on-(1)-yl-(2)-essigsäuremethylester*. **IV** u. **V** zeigen antitumor- u. antimikrobielle Aktivität. UV- u. IR-Spektren werden diskutiert.

Versuche: *2-[Dimethylaminomethyl]-cyclopentanon-(1)-yl-(2)-essigsäurehydrochlorid* (**II**), $C_{10}H_{18}ClNO_3$, F. 150—150,7° (Zers.; Methanol), durch 3std. Erwärmen von **VI** mit Dimethylaminhydrochlorid u. Paraformaldehyd auf 75°, Einengen u. Lösen in abs. A.; 14,4% (Ausbeute). — *5-Benzyliden-2-[dimethylaminomethyl]-cyclopentanon-(1)-yl-(2)-essigsäure*, durch 1std. Rk. von **II** mit Benzaldehyd in 2,5n NaOH bei 20°, Zugeben von 3n HCl, Extrahieren mit Ae., Einengen der wss. Lsg. u. Extrahieren mit abs. A.; amorphes Pulver; 77%. *Pikrat*, $C_{23}H_{24}N_4O_{10}$, F. 150—151° (Zers.; Methanol/W.); Prismen; 42%. — *5-[Dimethylaminomethyl]-cyclopentanon-(1)-yl-(2)-essigsäure, Hydrochlorid* (**I**), $C_{10}H_{18}ClNO_3$, F. 137—138,5° (Zers.; Methanol), durch mehrtägiges Stehen der **II**-Mutterlauge bei 0° u. Digerieren des Nd. mit Aceton/A. (3:1); 24,2%. *Methylesterhydrochlorid* (**III**), $C_{11}H_{20}ClNO_3$, F. 123,5—124,5° (abs. Methanol/Ae.), aus **II** mit abs. Methanol/HCl; 93%. — *5-Methylencyclopentanon-(1)-yl-(2)-essigsäuremethylester* (**IV**), $C_9H_{12}O_3$, Kp.$_{0,01}$ 60—65°, durch Rk. von **III** in Chlf. mit NH_3/Chlf., Einengen u. Erwärmen auf 108°/0,1—0,01 Torr; 42,7%; durch 2std. Ozonisierung in Essigester bei 0° u. ½std. Kochen mit Zn-Staub entsteht *Formaldehyddimedon*, F. 188—189° (Methanol/W.), Nadeln; durch Ozonisierung in Essigester bei —15°, 1std. Erwärmen mit 30% ig. H_2O_2 auf 90°, 2std. Kochen mit 10% ig. methanol. KOH, Ansäuern u. Extrahieren mit Ae. entsteht *Butan-1.2.4-tricarbonsäure*, F. 119,5—120,8° (Essigester). — *5-Methylcyclopentanon-(1)-yl-(2)-essigsäuremethylester*, $C_9H_{14}O_3$, Kp.$_{0,01}$ 62°, durch Hydrierung von **IV** in Methanol in Ggw. von PtO_2; 77,6%. *Semicarbazon*, $C_{10}H_{17}N_3O_3$, F. 149—149,5°; aus Essigester Nadeln. — *5-Methylencyclopentanon-(1)-yl-(2)-essigsäure* (**V**), durch 2½ std. Rk. von **IV** mit 1,5n H_2SO_4 bei 28—32°; gelbes viscoses Öl; 16,8%. — *5-Methylcyclopenten-(4)-on-(1)-yl-(2)-essigsäure*, $C_8H_{10}O_3$, F. 48—49° (Ae./PAe.), a) durch 1std. Rk. von 1,4 g 5-Methylcyclopenten-(4)-on-(1)-yl-(2)-essigsäuremethylester mit 10%ig. NaOH bei 17°, Ansäuern u. Extrahieren mit Ae.; 27%; b) durch 10std. Stehen von **V** in Aceton/HCl (6:1) bei 20°, Zugeben von wss. $NaHCO_3$-Lsg., Einengen, Ansäuern u. Extrahieren mit Ae.; 0,5 g. *Methylester*, durch ¼std. Erwärmen von **III** auf 150° u. Dest. bei 150°/0,01 mm u. 80°/0,01 mm; 48% (*Semicarbazon*, $C_{10}H_{15}N_3O_3$, F. 162—163°; Nadeln); durch Hydrierung in Methanol in Ggw. von PtO_2 entstehen 93% *5-Methylcyclopentanon-(1)-yl-(2)-essigsäuremethylestersemicarbazon*, F. 149—149,5°; durch Ozonisierung entsteht *Tricarballylsäure*, F. 161—162° E. Schröder. 3900□

Über einige Anwendungen von Chloral in der Synthese von Synthomycin. I. G. Chasskin. (Ukrain. chem. J. **26**, 740—43, 1960; Kiew, Chem.-Pharmazeut. Lomonossow-Fabrik; russ.) — Aus Chloral (**I**) u. Methanol entsteht in Ggw. von calcinierter Soda (**A**) u. Acetoncyanhydrin (**II**) in einer Stufe in guten Ausbeuten *Dichloressigsäuremethylester*. Zur Darst. von *Synthomycin* setzt man dl-threo-1-[p-Nitrophenyl]-2-aminopropandiol-(1.3) (**IV**)-hydrochlorid mit **I** in Ggw. von **II** u. **A** in abs. Isopropanol oder W. um. Analog entsteht aus 1-[p-Nitrophenyl]-2-aminoäthanol (**III**)-Hydrochlorid oder -Acetat mit **I** *1-[p-Nitrophenyl]-2-dichloracetylaminoäthanol*. Aus $(NH_4)_2CO_3$ u. **I** in Ggw. von **II** in Dichloräthan entsteht in 75%ig. Ausbeute *Dichloracetamid*.

Versuche: *Dichloressigsäuremethylester*, Kp.$_{100}$ 85—87°, durch Zugabe von **I** im Laufe von 15 Min. zu einem Gemisch von abs. Methanol, **A** u **II** bei 40—45°, wobei die Temp. auf 65° steigt, 20 Min. langes Kochen, Abkühlen, Verdünnen mit W., Rühren bis alles gelöst ist, Zugabe von 35%ig. Formalin-Lsg., 15 Min. langes Rühren, Neutralisieren mit Essigsäure, Dest. mit Wasserdampf u. anschließend im Vakuum; 70—71% (Ausbeute). — *dl-threo-1-[p-Nitrophenyl]-2-dichloracetylaminopropandiol-(1.3)* (*Synthomycin*), F. 151—153°, durch Erwärmen von **IV**-Hydrochlorid mit **II** auf 57—62°, Zugabe einer bei 5° bereiteten Lsg. von **A** u. 97%ig. **I** in W. im Laufe von 25 Min., 5 Min. langes Rühren bei dieser Temp., Abkühlen auf 3°, 1½std. Rühren u. Filtrieren; 95,5%. — *1-[p-Nitrophenyl]-2-dichloracetylaminoäthanol*, F. 117—118° (W.), durch Erwärmen des **III**-Salzes mit **II** auf 49—54°, Zugabe einer bei 5° bereiteten Lsg. von **A** u. 95%ig. **I** in W. im Laufe von 25 Min., 5 Min. langes Rühren bei 50°, Abkühlen auf 3°, 3std. Rühren u. Filtrieren; 90%. D. Freytag. 3900□

Eine neue pflanzenwuchsfördernde Säure — Gibberellin A_5 aus dem Samen von Phaseolus multiflorus. J. MacMillan, J. C. Seaton und P. J. Suter. (Proc. chem. Soc. [London] **1959**, 325—26, Okt.; Welwyn, Herts., Akers Res. Labor.; engl.) — Vorl. Mitt. zu der C. **1961**, 17213 referierten Arbeit. K. Nezel. 3950□

Untersuchungen über die Bestandteile von Justicia procumbens. L. var. leucantha Honda. 1. Mitt. Isolierung von Justicin und Isojusticin. Takeo Tsukamoto und Yasuo Kishimoto. (J. pharmac. Soc. Japan [Yakugakuzasshi] **75**, 1565—67, 25/12. 1955; Kyushu Univ., Med. Fak., Pharmakol. Inst.; jap., Auszug: engl.) — *Justicin*, $C_{16}H_{12}O_5$, F. 216° (Chlf. + CH_3OH) u. *Isojusticin*, $C_{16}H_{12}O_5$, F. 251—252° (Chlf.) werden aus dem äther. Extrakt von *Justicia procumbens* L. var. *leucantha* Honda isoliert. Beide Verbb. besitzen 1 Lactonring u. 2 CH_3O-Gruppen; bei dem Lactonring handelt es sich nicht um einen Cumarinring. Aus *Dicliptera japonica* Makino, *Hygrophila lancea* Miq. u. *Acanthus mellis* L., ließen sich keine entsprechenden Verbb. isolieren.

F. Mossner. 3950

Eine neue Methode zur Synthese von Ribooligonucleotiden. Die Darstellung von Uridyl-(3′ → 5′)-uridin-3′-phosphat. F. Cramer und K. H. Scheit. (Angew. Chem. **74**, 717, 21/9. 1962; Darmstadt, TH, Inst. für Organ. Chem.; dt.) — Aus 5′-O-Acetyl-2′-O-tetrahydropyranyluridin-3′-phosphat, dessen Struktur durch Verestern mit Methanol, Abspalten der Schutzgruppen am $O_{(2)}$ u. $O_{(5)}$ u. Spaltung der Methylesterbindung mit Ribonuclease (**I**) bewiesen wurde, dem NH_4-Salz des Benzhydrylesters der 3′-Uridylsäure (**II**) in Pyridin u. einem Überschuß von Dicyclohexylcarbodiimid wurde durch 4 Tage langes Stehen, Abspalten der Acetylgruppe durch 1std. Behandeln mit 5%ig. wss. Dioxan u. konz. NH_3 u. Abspalten der Benzhydryl- u. Tetrahydropyranylgruppe durch 15 Std. langes Stehen mit 80%ig. Essigsäure bei 20° u. chromatograph. Reinigen *Uridyl-(3′ → 5′)-uridin-3′-phosphat* (**III**) in 30%ig. Ausbeute dargestellt. **III** wird durch **I** bei pH 8,3 in 6 Std. bei 37° zu 95% abgebaut. Neben *2′.3′-Uridincyclophosphat* entsteht hauptsächlich **II**. *Uridyl-(3′ → 5′)-adenosyl-3′-phosphat* wurde auf die gleiche Weise in 39%ig. Ausbeute dargestellt. G. Seltmann. 3950□

D. Makromolekulare Chemie

Fortschritte auf dem Gebiet der Polymerisation. M. Schwarz. (Fortschr. Chem. [UdSSR] 29, 1498–1524, Dez. 1960; russ.) — Allg. Überblick über moderne Theorien der Polymerisationsinitiierung, des Kettenwachstums u. -abbruchs. — 64 Literaturangaben. G. Froelich. 4000◇

Polymerisation nichtkonjugierter Diene. G. Ss. Kolessnikow und Ss. L. Dawydowa. (Fortschr. Chem. [UdSSR] 29, 1474–86, Dez. 1960; Inst. für element-org. Verbb. der Akad. der Wiss. der UdSSR; russ.) — Allg. Überblick. — 54 Literaturangaben. G. Froelich. 4000◇

Thermischer Abbau eines verkohlenden Kunststoffs während des Überschallfluges. Sinclaire M. Scala und Leon M. Gilbert. (ARS Journal 32, 917–24, Juni 1962; Valley Forge, Pa., General Electric Co., Missile & Space Veh. Dep.; engl.) — Vff. entwickelten ein theoret. Modell für das Verh. eines verkohlenden Kunststoffs während des Überschallflugs, wobei chem., therm. u. strukturelle Eigg. berücksichtigt werden. Diese Theorie umfaßt eine realist. chem. kinet. Geschw.-Gleichung für die Zers. eines Kunststoffs, erfordert aber keine Annahmen über die Oberflächen-Temp., die Grenzflächen-Temp. oder die Dicke der Rk.-Zone; sie sagt die gesamte Temp.-Verteilung durch das Material voraus. Die treibende Kraft für den Pyrolysevorgang ist der Wärmeübergang aus der verkohlten Schicht in die Rk.-Zone. Die maximale Koksschichtdicke, die maximale Oberflächen-Temp. u. der Vorgang der Koksentfernung (spallation) wurden als Funktion der Bruchspannung u. der anderen strukturellen Eigg. ermittelt. R. Schäff. 4000□

Die dynamische Doppelbrechung von Hochpolymeren. Richard S. Stein, Shigeharu Onogi und Daniel A. Keedy. (J. Polymer Sci. 57, 801–21, März 1962; Amherst, Mass., Univ. of Massachusetts, Dep. of Chem.; engl.) — Es wird eine App. zur gleichzeitigen Messung der Doppelbrechung u. Verformung einer Probe u. damit der dynam.-spannungsopt. Koeff. (= dynam. Doppelbrechung) unter sinusförmig variierender Beanspruchung zwischen 0 u. 600 Hz beschrieben, mit der Molekularmechanismen erfaßt werden können, deren Relaxationszeiten zu kurz sind, um sich in stat. Deformationsexperimenten bemerkbar zu machen. Vff. schlagen eine lineare, phänomenolog. Theorie vor, in der die Verteilungsfunktion des spannungsopt. Koeff. mit den elast. u. Viscositätskomponenten einer Verteilung von Maxwell-Elementen in Beziehung gebracht wird. Es wird die dynam. Doppelbrechung von *Polyäthylen* bei Raum-Temp. untersucht. W. Walter. 4010◇

Über Langperioden bei verstrecktem Polyäthylen. E. W. Fischer und G. F. Schmidt. (Angew. Chem. 74, 551–62, 7/8. 1962; Mainz, Univ., Inst. für Physik. Chem., Labor. für Physik der Hochpolymeren; dt.) — Zur Deutung der Röntgenkleinwinkelstreuungseffekte, bes. der Langperioden, wurden an getempertem, verstrecktem *Polyäthylen* (I) Messungen der Abhängigkeit der Langperiode von der Temperzeit, Temp., Dichte, Doppelbrechung u. Röntgenweitwinkelstreuung durchgeführt u. mit Beobachtungen an I-Einkristallen sowie isotropen, aus der Schmelze krist. Proben verglichen. Elektronenmkr. wurden nach Schrägbedampfung (bei 50°) verstreckter Proben von *Niederdruck*-I Periodizitäten in der Größenordnung von 150–400 Å längs der Fibrillen gefunden, bei I-Einkristallen auch solche von ca. 600 Å. Die Langperiode nimmt mit der Temp. zu; nach 24std. Tempern von Niederdruck-I bei 133° hat sie sich verdoppelt. Bei längerem Tempern steigt sie nur noch geringfügig an; sie ist linear vom log t der Temperzeit abhängig. Je geringer das Streckverhältnis, desto steiler steigt diese Gerade an. In gleicher Weise hängt die Langperiode von der Temper-Temp. ab. Bei nichtorientiertem I u. Einkristallen nimmt die Langperiode erst ab 105–110° zu, dann aber schneller als im verstreckten I. Durch Überlagerung von partiellem Aufschmelzen u. Rekristallisation erhält man zu einer bestimmten Zeit ein Minimum der Kristallinität bei Einkristallen u. unverstreckten Proben, dagegen kaum bei verstreckten. Auch die Dichte fällt bei Einkristallen u. abgeschrecktem I mit der Temperzeit zunächst schnell ab u. steigt dann langsam wieder an; bei verstrecktem I tritt dagegen kein Minimum auf. Der Zusammenhang zwischen Dichte ϱ u. Langperiode P läßt sich, außer für verstreckte Proben, durch $\varrho = \varrho_k - A/P$ mit $\varrho_k = 1{,}002$ bzw. 1,0033 darstellen. Die Befunde lassen sich mit Hilfe eines kristallin-amorphen Zweiphasenmodells deuten, nach dem der amorphe Anteil ident. mit der Grenzschicht zwischen zwei Kristall-Lamellen u. das Prod. aus der Dicke der Grenzschicht u. ihrem Dichteunterschied gegenüber der kristallinen Phase ($\varrho_k - \varrho_a$) bei gegebener Temp. konst. ist. Es ist anzunehmen, daß bei Einkristallen u. abgeschrecktem I die Ketten an den Grenzflächen der Kristallite gefaltet, bei den verstreckten Proben aber durch die in den amorphen Bereichen liegenden Ketten miteinander verbunden sind. S. Neue. 4010□

Rekristallisationsgeschwindigkeit von Polyäthyleneinkristallen. W. O. Statton. (J. appl. Physics **32**, 2332—34, Nov. 1961; Wilmington, Del., E. I. du Pont de Nemours and Comp., Textile Fibers Dep.; engl.) — In Fortsetzung der Unterss. von Statton u. Geil (vgl. C. **1962**, 10486) über die Rekristallisation von linearen *Polyäthylen*-Einkristallen beim Erhitzen in Luft bei Temp. > 110° berichtet Vf. über analoge Verss., bei denen die Einkristalle in Äthylenglykol, Glycerin oder Woodschem Metall erhitzt werden, u. die ergeben, daß in diesen Fällen die Rekristallisation in sehr viel kürzerer Zeit erfolgte als beim Erhitzen in Luft. So wurde z. B. in Äthylenglykol bei 127° nach 30 Sek. eine lange Periode von 300 Å gemessen; es entspricht dies einer 200%ig. Zunahme der Länge der Segmente zwischen den Faltungen. In 1 Sek. bereits tritt eine 50%ig. Längenzunahme ein. Aus Weitwinkelaufnahmen ist ersichtlich, daß keine Änderung in der Orientierung der Moll. durch Erhitzen eingetreten ist. Analoge Ergebnisse wurden beim Erhitzen in Glycerin bei 120° u. in Woodschem Metall bei Temp. zwischen 110 u. 130° gemacht. Es sei erwähnt, daß beim Erhitzen in Luft erst nach 30 Min. eine lange Periode von 300 Å gemessen werden konnte. Eine exakte Erklärung für dieses unterschiedliche Verh. kann bis jetzt noch nicht gegeben werden. Die durch Erhitzen in den Fll. erhaltenen Daten lassen einen Zwischenstufenmechanismus vermuten, der anfangs aus einer schnellen Änderung u. später einer langsamen Änderung besteht. Es kann sein, daß die erste schnelle Stufe in Luft nicht auftritt. C. Gottfried. 4010

Polymerisation von Äthylen mit einem präaktivierten Aluminium-Titan(IV)-chlorid-Katalysator und eine statistische Untersuchung der Polymerisationsvariablen. F. B. Joyner, N. H. Shearer jun. und H. W. Coover jun. (J. Polymer Sci. **58**, 881—909, April 1962; Kingsport, Tenn., Eastman Kodak Comp., Res. Div.; engl.) — Vff. beschreiben die Umwandlung von *Äthylen* in ein Polymeres hoher Dichte (0,950—0,960 g/cm³), welche unter Verw. eines präaktivierten Al/$TiCl_4$-Katalysators (**K**) bequem, sicher und wirtschaftlich bei niedrigen Drücken (40—280 lbs./sq.in.) u. niedrigen Temp. (50—85°) durchgeführt werden kann. Untersucht werden die Hauptfaktoren, welche die Polymerisation (**P**) sowie die Eigg. des gebildeten *Polyäthylens* beeinflussen. Da das Gemisch von Al u. $TiCl_4$ keinen akt. **K** darstellt u. auch bei **P**-Temp. unterhalb 50° nicht aktiviert werden kann, nehmen Vff. an, daß bei der Präaktivierung eine teilweise Umwandlung in $AlCl_3$ u. $TiCl_3$ stattfindet u. $AlCl_3$ sowie eines der beiden vorhandenen Titanchloride die wesentlichen Bestandteile des **K** bilden u. somit die Induktionsperiode (IP) vor der eigentlichen **P** beeinflussen. Der Einfl. von Druck, Temp., Al-Konz. u. Al/$TiCl_4$-Mol-Verhältnis auf die IP, Rk.-Geschw. u. Eigg. des Polymeren wurde aus einem Faktoren-Vers. bestimmt, bei welchem jeder Faktor in 2 Bereichen untersucht wurde. Die statist. Auswertung dieser Verss. zeigt, daß die IP durch Erhöhung des Äthylen-Druckes u. Herabsetzung des Al/$TiCl_4$-Mol-Verhältnisses verkürzt wird. Durch Erhöhung der Rk.-Temp. wird die IP bei Verw. von gewöhnlichem wie auch von präaktiviertem **K** herabgesetzt. Die mittlere Rk.-Geschw. wird durch Erhöhung des Druckes, der Temp. u. der Al-Konz. gesteigert, während sie vom Al/$TiCl_4$-Mol-Verhältnis offenbar nicht beeinflußt wird. Eine kinet. Analyse der Daten zeigt, daß die Länge der IP der 1. Potenz des Druckes u. der $TiCl_4$-Konz. umgekehrt proportional ist. Für die **P**-Geschw. ermitteln Vff. folgende Gleichung: mittlere Geschw. $= B[TiCl_4][Al]^{1/2}P^{1/2}\, e \exp(-4100/RT)$, wobei P = Äthylendruck. Zu den Faktoren, welche weiter die **P** beeinflussen, gehören die Natur des Al im **K**, der Lsgm.-Typ u. Molgew. (MG)-Regler. Vff. benutzen gewöhnlichen Al-Staub nach Vorbehandlung mit einem Gemisch aus HNO_3 u. HF. Fl. aliphat. KW-Stoffe (KW) sind wirksamere **P**-Medien als aromat. KW, weil sie das Polymere unterhalb einer Rk.-Temp. von 90° nicht merkbar erweichen u. daher keine Agglomeration des Anfangspolymeren u. des **K** verursachen. Vff. benutzen Heptan als Rk.-Medium mit nicht mehr als 4% aromat. Bestandteile, da höhere Konzz. von aromat. Verbb. zu Bldg. von Schmieren führt. In Ggw. von H_2 werden bei der **P** niedermol. Polymere u. Wachse hoher Dichte (> 0,960 g/cm³) erhalten. Die Wirksamkeit von H_2 zur Kontrolle des MG ist abhängig von der **P**-Temperatur. Weitere Faktoren, welche eine gewisse Kontrolle über das MG ausüben, sind das Al/$TiCl_4$-Mol-Verhältnis u. die **K**-Konzentration. Die Bldg. hochmol. Polymerer wird durch hohe Monomer-Konz. u. niedrige $TiCl_4$-Konz. begünstigt.

Versuche: Präaktivierung des Katalysators, a) durch Zutropfen von 100 g $TiCl_4$ zu einer Suspension von 100 g Al-Staub in 1 Liter Mineralöl unter N_2, Erhitzen des Gemisches unter schnellem Rühren auf 200°, Einhalten dieser Temp. von 200° bis zum Auftreten einer exothermen Rk., welche die Temp. um 25—30° erhöht, weitere ½—1std. Rk. nach Wiedereinstellung der Temp. von 200°. Abkühlen auf 40° innerhalb 5 Min., Verdünnen des Rk.-Gemisches mit 400 ml trockenem Heptan u. Stehen des **K** unter N_2; b) wie nach a) mit der Ausnahme, daß $TiCl_4$ zu einem auf 200° vorerhitzten Gemisch aus Al u. Mineralöl hinzugefügt wird. — Polymerisation des Äthylens, durch Einleiten von Äthylen bis zu einem Druck von 40 lbs./sq.in. in ein Gemisch aus trockenem Heptan, 150 g präaktiviertem **K** (10 g Al u. 10 g $TiCl_4$) u. 60 g reinem $TiCl_4$, Erhitzen auf 75° während einer IP von $3^3/_4$ Std. u. einer weiteren Rk.-Zeit von $7^1/_2$ Std. oder bis 45 lbs. Äthylen absorbiert sind, wobei Heptan zum Rk.-Gemisch hinzugefügt wird, wenn 20 lbs. Äthylen reagiert haben; das im Heptan suspendierte *Polyäthylen* wird sodann unter N_2 von der Hälfte des Heptans befreit, frisches, trockenes Heptan hinzugefügt, das Gemisch 30 Min. unter N_2 u. Rühren auf 70—75° erhitzt u. die Lsgm.-Extraktionsoperation noch zweimal wiederholt. — Die Faktoren-Verss. wurden unter folgenden Rk.-Bedingungen durchgeführt: Äthylendruck 80 u. 190 lbs./sq.in., Rk.-Temp. 55° u. 75°, $Al/TiCl_4$-Mol-Verhältnis 0,5 u. 1,0, Al-Konz. 0,02 u. 0,04%. — Nach den entsprechenden ASTM-Meth. werden folgende Eigg. des Polymeren bestimmt: Schmelzindex, Reißfestigkeit, Dehnung, Steifigkeit, Durometer-Härte, Formverzerrungs-Temp., Sprödigkeits-Temp., Kerbschlagfestigkeit, DK, Streuungsfaktor, Dichte, Inhärentviscosität. Durch quant. IR-Spektroskopie wurden folgende Strukturfaktoren untersucht: CO-Geh., gesamter Geh. an Doppelbindungen, an konjugierten Doppelbindungen, an Vinylendgruppen sowie Geh. an Methylgruppen pro 100 C-Atome. J. Sickfeld. 4010◇

Anwendung idealisierter Relaxationsspektren zur Deutung der experimentellen Polymerisatlösungen. K. Walters. (J. appl. Physics **32**, 1975—78, Okt. 1961; Aberystwyth, Wales, England, Univ. College, Dep. of Appl. Math.; engl.) — Die Brauchbarkeit einer neuen Darst. des Relaxationsspektrums für viscoelast. Fll. wird erörtert u. eine idealisierte Form dieses Spektrums für Interpretation von Beobachtungen an Polymerisat-Lsgg. (z. B. 12,8%ig. Lsg. von *Polyisobutylen* in Tetralin) herangezogen. Wenn auch das idealisierte Spektrum eine gute Übereinstimmung mit dem Experiment bzgl. des Amplitudenverhältnisses u. der Phasenverschiebung zeigt, so ist die Interpretation doch nicht frei von Zweifel. Keine Daten sind für Frequenzen unter 10 Hz verfügbar; daher kann das Langzeitende des Spektrums nicht genau definiert werden. Was nur gesagt werden kann, ist, daß bei dem Punkt $\tau = 1,75$ Sek. der Relaxationszeitskala eine große Viscositäts-Konz. auftritt, was — soweit es die Verss. von Markovitz u. anderen Autoren betrifft — adäquat durch ein Maxwell-Element beschrieben werden kann. R. Schäff. 4010□

Bestrahlungsmechanismen in Polyvinylchlorid. Constant Wippler. (Nucleonics [New York] **18**, Nr. 8, 68—72, Aug. 1960; Antony, Seine, Res. Labor. of Saint-Gobain; engl.) — Reines handelsübliches *Polyvinylchlorid* (**I**) (mittleres Molgew. $\overline{M} \sim 85000$) sowie **I** mit Additiven (**A**) wird mit einer ^{60}Co-Strahlenquelle (ca. 100000 r/h) bestrahlt u. danach die Löslichkeit in Tetrahydrofuran (**II**) sowie teilweise die Grenzviscosität η u. $\overline{M}$ der Lsgg. bestimmt. Untersucht wird der Einfl. der Strahlungsdosis (SD), Dosisrate, Temp. u. Konz. auf die Rk.-Mechanismen. Lsgg. von **I** in **II** zeigen oberhalb eines Grenzwertes der SD sowie in Abhängigkeit von der Konz. teilweise inter- u. intramol. Vernetzung, die in Cyclohexanon nicht beobachtet wird. In Lsgg. höherer Dichte bewirkt intermol. Vernetzung Zunahme von $\overline{M}$. η nimmt in Abhängigkeit von der Konz. zu oder ab. Bei Bestrahlung von **A**-[Pb-, Na-Stearat (**a**), einer Sn-organ. Verb. (**b**), Diphenylthioharnstoff (**c**)] haltigem **I** werden unabhängig von einem Weichmacherzusatz (Trikresylphosphat, Dibutyl- u. Dioctylphthalat) unterschiedliche Einfl. auf den Vernetzungsgrad u. die mechan. Eigg. festgestellt. Die **A** setzen die Verfärbung in der Reihenfolge **a** > **c** > **b** herab. Die Rk.-Mechanismen werden erörtert. P. Frenzel. 4010□

Synthese, Polymerisation und Copolymerisation von 1.1-Dichlor-2-fluoräthylen, 1-Chlor-2-fluoräthylen, 1.1-Dibrom-2-fluoräthylen und 1-Brom-2-fluoräthylen. G. Ss. Kolessnikow und M. G. Awetjan. (Nachr. Akad. Wiss. ArmenSSR, chem. Wiss. **11**, 201—09, 1958; Inst. für metallorgan. Verbb. der Akad. der Wiss. der UdSSR; Inst. für organ. Chem. der Akad. der Wiss. der ArmenSSR; russ., Auszug: armen.) — Es wurden *1.1-Dichlor-2-fluoräthylen* (**I**), *1-Chlor-2-fluoräthylen* (**II**), *1.1-Dibrom-2-fluoräthylen* (**III**) u. *1-Brom-2-fluoräthylen* (**IV**) synthetisiert u. der Polymerisation bzw. Copolymerisation mit anderen Olefinen unterworfen. **III** u. **IV** gaben in Ggw. von Dibenzoylperoxid, Cumolhydroperoxid u. Azodiisobutyronitril keine Polymeren, **I** u. **II** polymerisieren in Ggw. von Dibenzoylperoxid; in Ggw. von $SnCl_4$, $TiCl_4$, $AlCl_3$ oder Tributylbor polymerisiert nur **I**. Ferner wurden **I**—**IV** mit *Styrol*, *2-Methoxy-* u. *2-Äthoxystyrol*, *Vinylidendichlorid*, *Methylmethacrylat* u. *Acrylonitril* copolymerisiert. Die Molgew. u. Glas-Temp. der Polymeren u. Copolymeren sind angegeben.

Versuche: *1.1.2-Trichlor-2-fluoräthan*, Kp. 101—103°, durch tropfenweise Zugabe von 190 g 1.1.2.2-Tetrachloräthan u. dann 15 g $SbCl_5$ zu 80 g SbF_3 u. Erhitzen auf 130° (Bad-Temp.); 83—85% (Ausbeute). — *1.1-Dichlor-2-fluoräthylen* (**I**), Kp. 37,5°, durch vorsichtiges Erwärmen von 70 g vorst. Verb. mit einer Lsg. von 11,5 g Na in 300 ml Iso-

amylalkohol unter Abdestillieren von I; 70%. — *1-Chlor-2-fluoräthylen* (II), Kp. 10—11°, durch tropfenweise Zugabe von 100 g vorvorst. Verb. zu 50 g Zn-Staub in 100 ml A. bei 45—50°; 85—90%. — *1.1.2-Tribrom-2-fluoräthan*, Kp. 172—174°, zu 70 g SbF_3 gibt man 300 g 1.1.2.2-Tetrabromäthan, erhitzt auf 140—150°, gibt 5—7 g Br_2 zu u. dest. nach ½ Std. 1.1.2-Tribrom-2-fluoräthan im Gemisch mit 1.1-Dibrom-2.2-difluoräthan bei 60—70 mm ab; die Zugabe von Br_2 u. die Dest. wiederholt man, bis insgesamt 30—40 g Br_2 verbraucht sind; 60—63%. Daneben 8—10% *1.1-Dibrom-2.2-difluoräthan*, Kp. 107 bis 108°. — *1.1-Dibrom-2-fluoräthylen* (III), Kp. 90—90,5°, aus 100 g vorst. Verb. durch 1½ std. Rühren mit 24 g KOH in 100 ml A.; 73—75%. — *1-Brom-2-fluoräthylen* (IV), Kp. 36°, aus vorvorst. Verb. mit Zn-Staub in A. unter Erwärmen; 85—90%.
G. Froelich. 4010◇

Thermischer Abbau von Polymeren. 1. Mitt. **Aspekte des Abbaus von Polytetrafluoräthylen.** I. J. Goldfarb, R. J. McHenry und E. C. Penski. (J. Polymer Sci. **58**, 1283—91, April 1962; Wright-Patterson AFB, Ohio, Nonmetallic Materials Labor., Aeronaut. Systems Div.; engl.) — Der Mechanismus des therm. Abbaus von *Polytetrafluoräthylen* (I) wird untersucht. An Hand reaktionskinet. u. energet. Überlegungen wird gezeigt, daß die Kettenübertragungs-Rk., bei der die Kette statist. abgebaut wird u. Bruchstücke verschiedener Größe entstehen, gegenüber dem „unzipping"-Mechanismus, bei dem unter Bruch von C—C-Bindungen u. Bldg. immer kleiner werdender Radikale schließlich als alleiniges Abbau-Prod. *Tetrafluoräthylen* (II) entsteht, nicht vernachlässigt werden kann u. daß die Diffusions- u. Verflüchtigungs-Geschw. größerer Bruchstücke aus dem Polymeren die Beobachtung von Monomerem als fast ausschließliches Prod. des therm. Abbaus hinreichend erklären kann. Um quant. Abschätzungen über den Einfl. verschiedener Annahmen des Rk.-Verlaufs auf den Brutto-Abbaumechanismus machen zu können, konstruierten Vff. ein mathemat. Modell des ganzen physikal. Syst., welches alle gleichzeitig bei der Abbau-Rk. auftretenden Prozesse darstellt. Da alle individuellen Prozesse eng miteinander verknüpft sind, müssen die mathemat. Ausdrücke für jeden Prozeß gleichzeitig gelöst werden. Hierzu diente eine IBM 7090-Rechenmaschine. Um vernünftige Abschätzungen der Geschw.-Konst., chem. Rkk. u. der Diffusions-Koeff. von Bruchstücken verschiedener Größe machen zu können, wurde die Diffusion von II u. *Hexafluorpropylen* durch I untersucht. Die Diffusions-Konst. bei 24° wurde für C_2F_4 zu $72 \cdot 10^{-10}$ cm²/s u. für C_3F_6 zu $39 \cdot 10^{-10}$ cm²/s bestimmt. Weiter wird eine Thermowaage zur Messung des Gew. u. der Temp. eines Polymeren während des Abbaus im Vakuum beschrieben.
J. Sickfeld. 4010◇

Elektrophoretische Beweglichkeiten und Oberflächenadsorption bei Systemen aus Polystyrollatex und aliphatischer Seife. C. L. Sieglaff und J. Mazur. (J. Colloid Sci. **17**, 66—85, Jan. 1962; Painesville, Ohio, Diamond Alkali Comp.; Washington, D.C., Nat. Bur. of Standards; engl.) — Fortführung der früher (vgl. J. Colloid Sci. **15**, [1960], 437) beschriebenen Verss. über die elektrophoret. Beweglichkeit eines mit aliphat. Seifen stabilisierten Latex von *Polystyrol* (I). Das ζ-Potential (ζ in Absolutwerten angegeben) geht bei wachsender Seifen-Konz. c durch ein Maximum ζ_m (Messungen bei 25°). Die Größe $\beta = \varepsilon\zeta_m/kT$ bzw. c_m (in Mol·Liter^{-1}) betragen: 2,90 u. $4 \cdot 10^{-3}$ bis 10^{-2} für *K-Caprylat* (II), 2,75 u. $3 \cdot 10^{-3}$ bis $8 \cdot 10^{-3}$ für *Na-Caprinat*, 2,95 u. $2 \cdot 10^{-3}$ bis $5 \cdot 10^{-3}$ für *K-Caprinat*, 3,50 u. 10^{-3} bis $2 \cdot 10^{-3}$ für *K-Laurat* (III), 1,95 u. $2 \cdot 10^{-4}$ bis $6 \cdot 10^{-4}$ für *Na-Myristat* (IV), 1,50 u. $5 \cdot 10^{-5}$ bis 10^{-4} für *Na-Palmitat* u. 1,55 u. $5 \cdot 10^{-5}$ bis $2 \cdot 10^{-4}$ für *K-Palmitat* (V). Der (β,c)-Verlauf wird durch den Zusatz von NaCl oder KCl stark verändert (Salz-Konz. = c_s in Mol·Liter^{-1}). Z. B. fällt β mit wachsendem c für $c_s = 10^{-3}$ ab u. steigt für $c_s = 10^{-4}$ schwach an (je Vers. mit **IV**). Bei **III** steigt β mit zunehmendem c für $c_s = 10^{-2}$ nur wenig u. für $c_s = 10^{-3}$ stark an. β beträgt für die in () genannten c_s-Werte: 1,50 (0), 1,60 (10^{-5}), 2,10 (10^{-4}), 2,55 (10^{-3}), 2,70 (10^{-2}), je für $c = 10^{-4}$ **II**; entsprechend 1,5 (0), 1,35 (10^{-5}), 1,25 ($5 \cdot 10^{-5}$), 12,0 (10^{-4}), 1,25 (10^{-3}) u. 1,10 ($5 \cdot 10^{-3}$) für $c = 5 \cdot 10^{-5}$ **V**. Bei der Deutung der Verss. gehen Vff. von der von Stern [1924] entwickelten Vorstellung des Vorliegens einer Doppelschicht aus, wobei nun noch der Einfl. der Ionenstärke auf die Adsorptions-Geschw. der Seifenanionen an den I-Teilchen berücksichtigt wird. Daraus folgt, daß neben den Seifenanionen die Cl-Ionen bevorzugt adsorbiert werden; die Adsorptionsisotherme für die Adsorption von Ionen gleichen Vorzeichens, aber verschieden effektiver Flächen u. verschiedener Adsorptionspotentiale φ ist angegeben. Für jede zusätzliche CH_2-Gruppe in den Seifen steigt φ um ca. 0,6 kcal Mol^{-1} an (folgt aus den genannten ζ_m- u. c_m-Werten).
O. Fuchs. 4010□

Übergangserscheinungen bei der Gleichgewichtspolymerisation. A. V. Tobolsky und A. Eisenberg. (J. Colloid Sci. **17**, 49—65, Jan. 1962; Princeton, N.J., Univ., Frick Chem. Labor.; engl.) — Zur Beschreibung der anion. Polymerisation eines Monomeren M im Gleichgewichtszustand wenden Vff. das Massenwirkungsgesetz in der Form $RM_n^-Na^+ +$

$M \rightleftharpoons RM_{n+1}^{-}Na^{+}$ mit der Gleichgewichtskonst. K_3 an, wobei der Initiator die Form $R^{-}Na^{+}$ hat; vgl. hierzu auch C. **1960,** 16108. Für den Polymerisationsgrad P ergeben sich so die Gleichungen $P = (M_0 - M)/(X_0 - X)$ u. $P^2K_3X_0$ $P(K_3X_0 - 1) - 1 = 0$, wobei X_0 bzw. M_0 = Anfangs-Konzz. des Initiators bzw. von M. Ist $K_3M_0 = 1$, so liegt eine Übergangs-Temp. t vor. Wenn bei t die Wärmetönung $\Delta H_3 < 0$, so liegt ein oberer t-Wert t_0 („ceiling"-Temp.) vor; das Polymere ist oberhalb t_0 bzgl. M thermodynam. instabil. Wenn $\Delta H_3 > 0$, so liegt eine untere Temp. t_u („floor"-Temp.) vor. Bei t gilt näherungsweise $P_t = (K_3X_0)^{-1/2}$ u. $(M_0 - M)_t = (X_0/K_3)^{1/2}$. Unter Zugrundelegung der von McCormick (vgl. C. **1959,** 496) u. Worsfold u. Bywater (vgl. C. **1958,** 4504) für *α-Methylstyrol*, für das $\Delta H_3 < 0$ ist, erhaltenen Ergebnisse ergibt sich für $M_0 = 1$ Mol kg^{-1} u. $X_0 = 0{,}001$ Mol kg^{-1} t_0 zu 5,6°; entsprechend $t_0 = 25{,}6°$ für $M_0 = 2{,}5$ u. $X_0 = 0{,}001$. Ferner werden die Gleichungen auf die Polymerisation von *S* angewendet ($\Delta H_3 > 0$); für $M_0 = 3{,}90$ berechnet sich t_u zu 159°; vgl. hierzu auch C. **1960,** 403. Für die Molgew.-Verteilung der Gleichgewichtspolymerisation werden Gleichungen abgeleitet. Auf die von Dainton und Ivin (vgl. C. **1959,** 1147) gegebene Definition von t_0 wird kurz eingegangen. O. Fuchs. 4010□

Copolymere aus α-Methylstyrol und Butadien mit größerem Anteil an Vinylmonomerem. Ja. N. Prokofjew, M. I. Farberow und W. A. Schadritschewa. (Hochmolekulare Verbind. [UdSSR] **2.** 185—92, Febr. 1960; Jaroslaw, Technol. Inst.; russ., Auszug: engl.) — Die Kinetik der Copolymerisation von *α-Methylstyrol* (**I**) mit *Butadien* (**II**) wird im Emulsions-Syst. bei verschiedenen **I**:**II**-Verhältnissen untersucht. Es zeigt sich das Vorliegen einer „Polymerisationsgrenze", die sich aus den Mol-Anteilen M nach $B = ([M^0_I] + [M^0_{II}] - A^{-1})/([M^0_I] + [M^0_{II}])$ errechnet, wobei die Integrations-Konst. $A = (Z_0^{C_I}/[M^0_{II}])[Z_0 - (r_{II} - 1)/(r_I - 1)]^{C_{II}}$ ist; $C_1 = r_{II}/(1 - r_{II})$, $C_{II} = (1 - r_Ir_{II})/(1 - r_{II})(r_I - 1)$, $Z_0 = [M^0_I]/[M^0_{II}]$. Die Berechnung der Zus. der Copolymeren wird nach Grund- u. Näherungsgleichungen in Übereinstimmung mit dem Vers. durchgeführt. Die Copolymerisation von **I** u. **II** nach einer Meth., die die verschiedenen Rk.-Fähigkeiten (r_I, r_{II}) der Monomeren kompensiert, ist unzweckmäßig.
R. K. Müller. 4010□

Gleichgewichtssedimentation von Blockcopolymeren in einem Dichtegradienten. Ss. Je. Bressler, L. M. Pyrkow und Ss. Ja. Frenkel. (Hochmolekulare Verbind. [UdSSR] **2,** 216—20, Febr. 1960; Akad. der Wiss. der UdSSR, Inst. für hochmol. Verbb.; russ., Auszug: engl.) — Wenn durch Mischung von 2 Lsgm. verschiedener Dichte (z. B. Butylchlorid u. Dichloräthan) ein Dichtegradient (DG) hergestellt wird, kann die Ultrazentrifugierung in einem solchen DG zur Unters. der Zus. u. der Molgew.-Verteilung von Block- u. Pfropfpolymeren dienen. Im Falle von *Copolymeren* aus *Styrol* u. *Isopren* sammeln sich bei einem Lsgm.-Gemisch von 1 : 1 die Blockcopolymeren im mittleren Teil der Sedimentationszelle an, während die reinen Polymeren eine Boltzmannsche Verteilung am Boden u. im Meniskus der Lsgm.-Grenzfläche aufweisen. Die neue Meth. liefert vorläufige Daten über die Zus. der erhaltenen Blockcopolymeren.
R. K. Müller. 4010□

Das Molekulargewicht der C-Kettenpolymeren als Funktion des Dispersitätsgrades bei der mechanischen Zerkleinerung. N. K. Baramboim und W. N. Gorodilow. (Hochmolekulare Verbind. [UdSSR] **2,** 197—99, Febr. 1960; Moskau, Technol. Inst. für Leichtind.; russ., Auszug: engl.) — Zwischen dem Dispersitätsgrad, dargestellt durch die Teilchengröße S (μ), von glasförmigem *Polystyrol* u. *Polymethylmethacrylat* in mechan. gemahlenem Zustand u. dem Molgew. M bzw. der spezif. Viscosität $\eta_{sp.}$ besteht eine (graph. dargestellte) Parabelbeziehung. R. K. Müller. 4010□

ESR-Spektren von bestrahltem Polyvinylalkohol und verwandten Verbindungen. Seiji Ogawa. (J. physic. Soc. Japan **16,** 1488—89, Juli 1961; Tokyo, Japan, Assoc. Radiation Res. on Polymers; engl.) — Vers. einer Deutung der Elektronenspinresonanz-Spektren von γ-bestrahltem *Polyvinylalkohol* durch Unterss. an bestrahltem *Cyclohexandiol-(1.4)* u. *meso-Pentandiol-(2.4)*. R. Schäff. 4010□

Reduktion von Polymeren unter Verwendung von Metallhydridkomplexen. H. L. Cohen, D. G. Borden und L. M. Minsk. (J. org. Chemistry **26,** 1274—78, April 1961; Rochester, N.J., Eastman Kodak Co., Kodak Res. Labor.; engl.) — 1. vgl. J. org. Chemistry **24,** [1959], 1404. — Bei Fortsetzung der Red. von Polyestern mit Metallhydrid-Komplexen zu Polyalkoholen wurde gefunden, daß Polymethylacrylat (**I**) mit $LiAlH_4$ in Tetrahydrofuran (THF), in Diäthylenglykoldimethyläther (Diglyme) oder in N-Methylmorpholin (**II**) vollständig zu *Polyallylalkohol* (**III**) red. wird. Schwierig ist hierbei nur die Isolierung des mit $Al(OH)_3$ einen Komplex bildenden **III**. Der Metall-Geh. von **III** läßt sich durch Verätherung (unlösl. *Polyallylmethyläther*), Behandlung des rohen **III** mit NaOH oder durch Dialyse nicht entfernen. Dagegen gelingt die Isolierung von reinem **III** mit KNa-Tartrat (**IV**; Meth. **A**) in **II**-Lsg., das mit Al-Ionen Komplexe bildet; die Anwendung von THF oder Diglyme als Lsgm. macht eine Verdünnung des Red.-Gemisches mit Methanol notwendig. Auch das Copolymere (**V**) aus Äthylen/Diäthylmaleat läßt sich nach **A** völlig reduzieren, dagegen nicht Polyacetoxymethylvinylketon (**VI**), Polybutyl-α-acetoxyacrylat (**VII**) u. das Copolymere (**VIII**) aus Methylacrylat/Maleinsäureanhydrid. Durch Zugabe von überschüssigem Acetanhydrid (**IX**; Meth. **C**) zum Red.-Gemisch von **I**, **VI**, **VII** u. **VIII** in Diglyme oder THF lassen sich die gebildeten *Polyalkohole* als *Acetate* rein isolieren. Während die Meth. **C** häufig zu gefärbten Prodd. führt, können die entsprechenden farblosen *Polyalkohole* durch Red. von **VI**, **VII**, **VIII** u. Polyäthylacrylat mit $LiBH_4$ in Diglyme unter Erhitzen auf 100° erhalten werden. Zur Ausarbeitung der verschiedenen Verff. wurden als Modellsubstanzen Valeriansäureäthylester (**XI**) u. Pentanon-(3) (**XII**) mit $NaBH_4$, $NaBH_4 \cdot AlCl_3$ u. $LiAlH_4$ in Ggw. verschiedener Acetylierungs- [**IX**, Äthylacetat (**XIII**), Isopropyl- (**XIV**) u. Isopropenylacetat (**X**)] u. Alkylierungsmittel [$(CH_3)_2SO_4$, Hexylbromid, Methyl-p-toluolsulfonat, Benzylbromid] zu *Amylacetat, Amylalkohol* bzw. zu *Pentyl-(3)-acetat* u. *-alkohol* reduziert.

Versuche: *Copolymeres* (**V**) aus *Äthylen/Diäthylmaleat*, durch Verestern des Äthylen/Maleinsäureanhydrid-Copolymeren mit A. in Bzl. in Ggw. von H_2SO_4; besteht aus 40% *Diäthylester* (unlösl. in **II**) u. 60% *Monoäthylester* (lösl. in **II**). — *Copolymeres* (**VIII**) aus *Methylacrylat/Maleinsäureanhydrid*, durch Copolymerisation der Komponenten in Aceton; enthält 72 Mol-% *Methylacrylat*. — *Pentyl-(3)-acetat*, $C_7H_{14}O_2$, Kp.131 bis 132°, a) durch Red. von **XII** in Diglyme mit $LiAlH_4$ in Diglyme, Zugabe von **X**, Dest., Behandeln mit W., Dampf-Dest., Extraktion mit Ae. u. Dest.; 77% (Ausbeute); b) analog mit $NaBH_4$ u. Acetylchlorid; 65%; c) mit $LiAlH_4$ u. **IX**; 57%; d) mit $LiAlH_4$ u. Acetylchlorid; 70%; e) mit $LiAlH_4$ u. **XIII**; 15%; f) mit $LiAlH_4$ u. **XIV**; 30%. — *Pentyl-(3)-methyläther*, $C_6H_{14}O$, Kp. 88,5—89,0°, a) wie vorst. nach a), Zugabe von $(CH_3O)_2SO_2$, 3std. Erhitzen, Zers. mit 2n H_2SO_4 u. Wasserdampf-Dest.; n_D^{20} 1,3864; 60%; b) mit $NaBH_4$ u. $(CH_3O)_2SO_2$; 0%; c) mit $LiAlH_4$ u. Hexylbromid, Benzylchlorid bzw. Methyl-p-tosylat jeweils 0%. — *n-Amylacetat*, $C_7H_{14}O_2$, Kp. 148,5—149,0°, a) durch Red. von **XI** mit $LiAlH_4$ in Diglyme, ½std. Erhitzen, Zugabe von Acetylchlorid, 1std. Erhitzen u. Dest.; n_D^{20} 1,4014; 90%; b) analog a) mit $NaBH_4$; 70%; c) mit $LiAlH_4$ u. **XIV**; 75%. — *n-Amylmethyläther*, $C_6H_{14}O$, Kp. 99,5—100,5°, n_D^{20} 1,3870, a) durch Red. von **XI** mit $LiAlH_4$ u. Zugabe von $(CH_3)_2SO_4$; 78%; b) analog mit $NaBH_4 \cdot AlCl_3$ u. $(CH_3)_2SO_4$ bzw. mit $LiAlH_4$ u. Hexylbromid; je 0%. — *Polyallylalkohol*, $(C_3H_6O)_n$, a) durch Zugabe von **I** in **II** zu einer sd. Suspension von $LiAlH_4$ in **II** unter N_2 innerhalb 2 Std., 3std. Erhitzen (Rückfluß), allmähliche Zugabe von **IV** in W., 1std. Rühren in der Hitze, Eindampfen zur Trockne u. Fällen aus Methanol/W. (9:1) mit Aceton (Meth. **A**); 85%; b) analog **A** mit $NaBH_4 \cdot AlCl_3$; 80%. — *Poly-2-hydroxyallylalkohol*, $(C_3H_6O_2)_n$, durch Zugabe von **VII** in Diglyme zu $LiBH_4$ in Diglyme bei 100° unter N_2 innerhalb 1 Std., 2std. Erhitzen auf 115°, Gießen in W./Essigsäure, Dialyse, Filtrieren des nicht dialysierten Prod., Eindampfen im Vakuum zur Trockne u. Fällen der viscosen Fl. mit Aceton (Meth. **E**); 85%. — *Polyallylacetat*, $(C_5H_8O_2)_n$, a) durch Zugabe von **I** in THF zu heißem $LiAlH_4$ in THF unter N_2 innerhalb 1 Std., 2std. Kochen, Zugeben von **IX**, 3std. Erhitzen unter Dest. des THF bis 110° u. Fällen aus Aceton mit Ae. (Meth. **C**); 70%; b) durch Zugabe von **I** in Diglyme zu heißem $LiAlH_4$ in Diglyme unter N_2 in 1 Std., 3std. Erhitzen auf 110°, langsame Zugabe von **X**, 2std. Erhitzen auf 135°, nach Abkühlen Zugabe von **IV** in W., Eindampfen zur Trockne u. Fällen aus Aceton/Methanol mit Ae. (Meth. **D**); 50%. — *Polymethallylalkohol*, aus Polymethylmethacrylat u. $LiAlH_4$ nach **B** (vgl. l. c.); 70%. — *Copolymeres* aus *Äthylen/1.2-Bis [hydroxymethyl]-äthylen*, aus **V** mit $LiAlH_4$ nach **A**; 75%. — *Poly-[acetoxymethyl]-vinylcarbinylacetat*, aus **VI** mit $LiAlH_4$ nach **C**; 46,5% Acetyl-Geh.; 90%. — *Polyhydroxymethylvinylcarbinol*, aus **VI** mit $LiBH_4$ nach **E**; 85%. — *Copolymeres* aus *Allylacetat/1.2-Bis [acetoxymethyl]-äthylen* (72% *Allylacetat*), aus **VIII** mit $LiAlH_4$ nach **C**; 44,2% Acetyl-Geh.; 65%. — *Copolymeres* aus *Allylalkohol/1.2-Bis [hydroxymethyl]-äthylen*, aus dem Copolymeren aus Äthylacrylat/Maleinsäureanhydrid (64% Äthylacrylat) mit $LiBH_4$ nach **E**; 85%. — *Poly-2-acetoxyallylacetat*, aus **VII** mit $LiAlH_4$ nach **C**; 52,3% CH_3CO-Geh.; 50%. E. Anton. 4010 □

Polymerisation von Vinylacetat durch stille elektrische Entladungen. Yasuo Kikuchi. (J. electrochem. Soc. Japan [Overseas Edit.] **28**, E 107—E 108, 1960; Hiroshima, Univ., Fac. of Engng., Dep. of Chem.; engl.) — In einem von Tsuda (vgl. C. **1950/54**, 5132 S) beschriebenen App. wurde die Polymerisation von *Vinylacetat* durch stille elektr. Entladungen (Entladungsspannung 12500 V in N_2) untersucht. Als Initiator wurde α.α'-Azo-bis-isobutyronitril (**I**) verwendet. Es wurde gefunden, daß bei kurzer Polymerisationszeit die Polymerisations-Geschw. proportional der I-Konz. ist. In der Anfangsstufe der Polymerisation ist die Rk.-Geschw. 1. Ordnung u. wird in der nächsten Stufe höher. Betreffs des Mechanismus der Polymerisation wird angenommen, daß das Monomere in 2 Prozessen polymerisiert wird, von denen einer dem durch die stille elektr. Entladung aktivierten N_2, der zweite I zuzuschreiben ist.

C. Gottfried. 4010

Durch Bestrahlung induzierte Polymerisation von Ringverbindungen im festen Zustand. Seizo Okamura, Koichiro Hayashi und Yasuhisa Kitanishi. (J. Polymer Sci. **58,** 925—53, April 1962; Neyagawa, Osaka, Japan, Japanese Assoc. for Radiation Res. on Polymers; engl.) — Ring-Verbb., wie *Trioxan* (I), *β-Propiolacton* (II), *Diketen* (III) u. *3.3-Bis-[chlormethyl]-cyclooxabuten* (IV) können durch γ-Strahlung im festen Zustand zur Polymerisation gebracht werden. Diese Verbb. polymerisieren nach einem ion. Mechanismus unter Ringöffnung zu hochkristallinen, hochmol., linearen Polymeren. Im allg. besitzt die Umsatz–Bestrahlungsdauer-Kurve bei verhältnismäßig niedriger Ausbeute einen Sättigungswert. Diese Sättigungserscheinungen gehen auf eine Zerstörung des Gitters des nicht umgesetzten Monomeren durch das gebildete Polymere zurück. Da das Kristallgitter kleinerer Monomerenkristalle leichter angegriffen wird als das großer Kristalle, sind die Polymer-Sättigungsausbeuten aus großen Monomerkristallen größer. Das Polymere aus großen Monomerkristallen zeigt außerdem das äußerliche Bild von großen Kristallen, was für einen Übergang des Kristallgitters des Monomeren auf das Polymere spricht. Außerdem bildet sich das Polymere aus großen Monomerkristallen mit höherer Polymerisations-Geschw. u. besserer Kristallorientierung, wie Röntgenbeugungs-Diagramme u. polarisationsmkr. Aufnahmen zeigen, u. hat weiterhin einen höheren F. als Polymere, welche aus plötzlich abgekühlten u. daher aus kleinen Kristallaggregaten bestehenden Monomeren erhalten wurden. Polarisationsmkr. Aufnahmen lassen klar die Doppelbrechung erkennen. Alle diese Tatsachen zeigen, daß die Struktur des Monomergitters direkt dem Polymeren die Ordnung u. Orientierung aufzwingt. Die Röntgenanalyse ergibt für die *Polydiketen*-Kette eine Schraubenkonfiguration u. für *Poly-β-propiolacton* eine ebene Zickzackkette. Überlegungen über den Wachstumsmechanismus von **I, II, III** u. **IV** im kristallinen Zustand werden angestellt. Durch Unters. bin. Syst. von **II** mit *Acrylonitril,* **III**, *γ-Butyrolacton* bzw. *Methanol* wird der Einfl. von Zusätzen auf den Wachstumsmechanismus geprüft. — Diskussion.

J. Sickfeld. 4010◇

Die anionische Polymerisation von Acrylonitril. R. B. Cundall, D. D. Eley und J. Worrall. (J. Polymer Sci. **58,** 869—80, April 1962; Nottingham, England, Univ., Dep. of Chem.; engl.) — Vff. untersuchten die Kinetik der im Vakuum bei —40° ausgeführten Polymerisation (**P**) von *Acrylonitril* (I) bei Anregung mit Na-Malonsäurediäthylester (**II**) in Dimethylformamid durch Änderung der Konzz. des Monomeren u. Katalysators. Der Polymerisationsgrad (DP) erweist sich als unabhängig von der I-Konz.; bei Ansätzen von 0,752—2,256 Mol **I**/Liter u. 0,008 Mol **II**/Liter wurden durch Viscositätsmessungen Molgew. von 1426—1528 gefunden, wenn der **P**-Umsatz 20% betrug. Der DP ist jedoch vom **P**-Umsatz abhängig; bei einem **P**-Umsatz von 40% betrugen die gefundenen Molgew. 524—682 bei Anfangs-Konzz. von 0,752—4,512 Mol **I**/Liter u. 0,008 Mol **II**/Liter. Die gebildeten Polymeren wurden IR-spektroskop. auf funktionelle Gruppen untersucht. Es wird weiterhin der **P**-Verlauf (Start-Rk., Fortpflanzung, Übertragung durch Monomere, Polymere u. Lsgm.) erörtert u. ein anion. Mechanismus mit Hydridionübertragung auf **I** aufgestellt. Die Kinetik der Rk. kann wegen des langsamen Startschrittes verfolgt werden, u. es ergibt sich die Geschw. aus $-d[I]/dt = k[I]^2[II]$, wobei k zu 1,41 $Liter^{-2} \cdot Mol^{-2} \cdot min^{-1}$ bei —40° bestimmt wurde. Die Abnahme des DP mit steigendem Umsatz wird durch einen Abbau des *Polyacrylonitrils* durch bas. Ionen erklärt. Die Übertragungs-Konst. für Monomeres u. Polymeres werden bestimmt. Die Färbung der Polymeren scheint von der Abbau-Rk. unabhängig zu sein. Sie wird auf eine Rk. der CN-Gruppen mit bas. Anionen zurückgeführt u. ist bei Verw. des stärker bas. Na-Alkoholats als Katalysator stärker als bei Verw. von **II**. — Vff. führten ferner die **P** von **I** in Ggw. von **II** in Tetrahydrofuran aus, wobei jedoch das Polymere ausfällt. Weder Styrol noch Methylacrylat konnten mit **II** in Dimethylformamid im Temp.-Bereich —40 bis 50° polymerisiert werden. *α-Methacrylonitril* polymerisiert in Ggw. von **II** in Dimethylformamid viel langsamer als **I**.

J. Sickfeld. 4010◇

Copolymere und Fasern aus Vinylidendicarbonsäurenitril. B. S. Sprague, H. E. Greene, L. F. Reuter und R. D. Smith. (Angew. Chem. **74,** 545—50, 7/8. 1962; Charlotte, N.C., Celanese Fibers Comp.; dt.) — *Vinylidendicarbonsäuredinitril* (**I**; *Vinylidendicyanid,* Kp. 89°, F. —82°) bildet in Ggw. von sehr schwachen Basen meist sofort ein Oligomeres. Durch Radikalpolymerisation läßt sich **I** mit vielen anderen Monomeren zu alternierend aufgebauten *Copolymeren* umwandeln; dagegen liefert

Acrylonitril (II) unter gleichen Umständen statist. aufgebaute Copolymere. *Polyvinylidendicarbonsäuredinitril* ist trotz der Symmetrie seines Monomeren weniger geordnet als *Polyacrylonitril*: es besitzt eine seitliche eindimensionale Gitterordnung, aber keine Kristallinität. Comonomere aus I u. *Butadien* (III), *Isopren*, *Chloropren* u. *Piperylen* bilden *Copolymere* von hoher Kristallinität, unsymm. Comonomere aus I u. *Styrol* (V), *Vinylchlorid* (VI) u. *Vinylacetat* (VII) dagegen keine. Das I/III-Copolymere schmilzt außergewöhnlich hoch (F. 270°), das I/V-Copolymere bei 190° u. das I/VII-Copolymere bei 180°, während die Copolymeren aus I u. II bei 60—80° kautschukartig sind. Das I/*Vinylidendichlorid-Copolymere* ist zwar kristallisierbar, aber nicht sehr elast., u. die Faserdehnung ist gering. Dagegen besitzen Fasern aus dem I/VI- u. I/VII-Copolymeren (IV) trocken wie naß gute Elastizität. IV-Fasern (1 : 1, Nitrilfaser) werden mit folgenden Acrylfasern verglichen: a) Acrylfaser A aus II u. weniger als 10% polaren Vinylcopolymeren, bas. färbbar; b) Acrylfaser B aus II u. nicht mehr als 10% polaren Vinylcopolymeren, sauer färbbar; c) Modacrylfaser C aus einem II/VI-Copolymeren (1 : 1). Die IV-Faser (nach einem Streckspinn-Verf. ersponnen) hat nur mäßige Orientierung u. keine Kristallinität, D. 1,21 u. eine „Kleb"-Temp. von 170°. A hat eine wenig höhere Orientierung, D. 1,19, Kleb-Temp. 235°. C hat D. 1,31 u. schrumpft oberhalb 135° auffallend stark. Die IV-Faser ist gegen heißes W. beständig, schrumpft aber bei Behandlung mit Dampf oberhalb 120—130° beträchtlich. Carrier erhöhen die Anfärbbarkeit der Faser mit Dispersionsfarbstoffen beim Kochen. Ihre bes. Eigg. sind Weichheit, Elastizität u. Feuchtigkeitsbeständigkeit. S. Neue. 4010□

Polymerisation im kristallinen Zustand. 2. Mitt. **Alkaliacrylate und -methacrylate.** H. Morawetz und I. D. Rubin. (J. Polymer Sci. **57**, 669—86, März 1962; Brooklyn, N.Y., Polytechn. Inst. of Brooklyn, Polymer Res. Inst.; engl.) — 1. vgl. C. **1961**, 7599. — Alkaliacrylate u. Methacrylate wurden unter N_2 bei —78° mit γ-Strahlen einer ^{60}Co-Quelle in Dosen zwischen 0,02 u. 0,8 Mrad bestrahlt u. ihre hierdurch ausgelöste Polymerisation bei ca. 0,05 Torr zwischen 0° u. 155° untersucht. *K-Acrylat* (I; Aktivierungsenergie 16,7 kcal) reagiert bei 0° schneller als *Li-Acrylat* (II) bei 101° u. *Na-Acrylat* (III) bei 120°. Eine Erhöhung der Strahlungsdosis um den Faktor 4 erhöht die Ausbeute an Polymerisat bei 0° um 1,9 u. bei 100° um 1,4. Bei niedriger Polymerausbeute fällt die Polymerisations-Geschw. rasch ab; bei langer Polymerisationszeit ist die Ausbeute proportional dem log t der Rk.-Zeit. Mit Ausnahme der Polymerisation von I bei 0° ist die Kettenlänge der Polymeren unabhängig von der Polymerausbeute u. liegt für I um eine Größenordnung höher als für II u. III. *Na-Methacrylat* (IV) zeigt bei Rk.-Beginn eine Beschleunigungsphase u. im Gesamtpolymerisationsverlauf eine größere Reaktivität als *K-Methacrylat*; *Li-Methacrylat* polymerisiert nicht. Eine Röntgen-Unters. des polymerisierenden I zeigt bei fast unveränderter Elementarzelle nur geringfügige Abweichungen vom Beugungsdiagramm des Monomeren; das Polymerisat zeigt 4 diffuse Beugungsringe, die bei einer in Benzol-Lsg. erhaltenen Polyacrylsäure nicht auftreten. Während die Röntgendaten für die Existenz einer getrennten Polymerphase im polymerisierenden Salz sprechen, weisen die ausgeprägten Unterschiede in den Polymerisations-Geschw. verschiedener Salze des gleichen Anions auf eine Rk.-Kontrolle durch die Geometrie des Kristallgitters hin. Vff. vermuten, daß das Polymere sich in einer amorphen Phase befindet, daß aber die reaktiven Enden der wachsenden Ketten im Gitter des Monomeren verankert sind. Die Elektronenspinresonanzspektren von bestrahltem I u. IV sind ähnlich, beim Erhitzen von I auf 100° geht das aus 3 Signalen bestehende ESR-Spektrum in ein Signal über; bestrahltes III zeigt 5 Signale. Das Fehlen des charakterist. ESR-Spektrums von Polymethacrylradikalen in bestrahltem IV zeigt, daß unter den gewählten Bedingungen nur wenige der prim. Radikale zum Kettenstart fähig sind. W. Walter. 4010◇

Hemmung und Verzögerung der Polymerisation von Methacrylsäureäthylester. B. Lionel Funt und Frederick D. Williams. (J. Polymer Sci. **57**, 711—20, März 1962; Winnipeg, Canada, Univ. of Manitoba, Chem. Dep.; engl.) —Nach früher veröffentlichten Meth. (vgl. C. **1961**, 13202) untersuchten Vff. die Polymerisationskinetik von *Methacrylsäureäthylester* mit Benzochinon (I) als Stabilisator u. Azoisobuttersäurenitril (II) als Starter, wobei in Parallel-Verss. entweder I oder II mit ^{14}C markiert waren. Bei einer krit. I-Konz. tritt unter merklicher Änderung des ^{14}C-Geh. der Polymeren ein Übergang von einer verzögerten Polymerisation zu einer solchen mit Inhibitionsperiode auf. Das Ausmaß der Kettenübertragung oder Copolymerisation wurde direkt aus der Anzahl der eingebauten, markierten Bausteine bestimmt, wobei sich zeigt, daß nicht mehr als 2 Moll. I copolymerisieren u. daß ein Grenzwert von einem Übertragungsschritt pro Kette besteht. Es kann daher keiner von diesen Vorgängen als ausschlaggebend für den Mechanismus angesehen werden, sondern die Bldg. eines instabilen Addukts zwischen prim. Radikalen aus I u. II. W. Walter. 4010◇

Mechanismus des alternierenden inter-intramolekularen Wachstums. 1. Mitt. Methacrylsäureanhydrid. William E. Gibbs und Joseph T. Murray. (J. Polymer Sci. **58,** 1211—23, April 1962; Wright-Patterson Air Force Base, Ohio, Aeronaut. Syst. Div., Nonmetallic Materials Labor., Polymer Branch; engl.) — Vff. untersuchen die Lösungspolymerisation von *Methacrylsäureanhydrid* (I), einem Monomeren, das vorwiegend inter-intramol. Wachstum zeigt, in Dimethylformamid (DMF) in Ggw. von Azo-bis-isobutyronitril (II) als Initiator. Dabei wird festgestellt, daß die Kinetik dieser Polymerisation (**P**) der Vinyl-**P** sehr ähnlich ist: Die Unters. der Bruttopolymerisations-Geschw. R_p in Abhängigkeit von der Anfangs-Konz. des Initiators im Bereich von 0,0029—0,0460 Mol/Liter u. der Anfangs-Konz. von I im Bereich von 0,239—4,799 Mol/Liter ergibt, daß die R_p der Wurzel aus der II-Konz. sowie im Bereich von 0,239 bis 3,152 Mol/Liter der 3/2. Potenz der Monomeren-Konz. proportional ist. Aus Messungen der R_p bei verschiedenen Temp. im Bereich von 35—50° wird die Bruttoaktivierungsenergie E_T der **P**-Rk. von I mit II als Starter zu 23 kcal/Mol berechnet. Die Differenz der Aktivierungsenergien zwischen Kettenwachstum u. Kettenabbruch ($E_p—E_t/2$) beträgt 8,0 kcal/Mol im Vgl. zu 9,8 kcal/Mol für die **P** von Methacrylsäure im gleichen Lösungsmittel. Beide Werte liegen in der Nähe der für Styrol, Butadien u. Methylmethacrylat berichteten Werte. Die Differenzen der Aktivierungsenergien, welche bei der vorliegenden inter-intramol. Wachstums-Rk. gefunden werden, stehen im Gegensatz zu den von Mikulášová u. Hrivík (C. **1960,** 6859) berichteten Ergebnissen der **P** von Monoallyltrimethylsilan u. Diallyldimethylsilan, wobei letzteres in einer ebenfalls inter-intramol. Rk. einen viel höheren Wert für $E_p—E_t$ ergibt. — Die bei Monomer-Konzz. von 17% u. weniger erhaltenen Polymeren sind vollständig lösl. in DMF, zeigen nur einen geringen, analyt. nicht mehr bestimmbaren Geh. an restlichen Doppelbindungen u. weisen keinen meßbaren Anteil an Verzweigungen auf. Bei höheren Konzz. tritt Gel-Bldg. auf, die Polymeren zeigten einen höheren Geh. an restlichen Doppelbindungen u. sind zu einem warhnehmbaren Ausmaß vernetzt. Durch Hydrolyse des *Polymethacrylsäureanhydrids* bei 40° erhaltene *Polyacrylsäure* besitzt nach den Ergebnissen von Röntgenbeugungs-Messungen keine höhere Kristallinität als die direkt aus *Methacrylsäure* in DMF dargestellte Polysäure. Beide zeigten nur einen niedrigen Kristallinitätsgehalt. Dies steht im Gegensatz zu Ergebnissen von Cranshaw u. Butler (C. **1959,** 6161). J. Sickfeld. 4010◇

Einwirkung von Elektronen hoher Geschwindigkeit auf die Struktur von Polyäthylenterephthalat. N. A. Slowochotowa, G. K. Ssadowskaja und W. A. Kargin. (J. Polymer Sci. **58,** 1293—99, April 1962; Moscow, UdSSR, Acad. of Sci.; engl.) — *Polyäthylenterephthalat*-Filme (PÄT) werden im Vakuum (10^{-4} mm Hg) mit Elektronen hoher Geschw. (200 kV) bestrahlt. Weiter werden ihre IR-Spektren in Abhängigkeit von der Bestrahlungsdosis aufgenommen u. Löslichkeit u. Quellungsgrad in o-Chlorphenol untersucht. Die Unters. zeigt, daß die Bestrahlung sowohl Vernetzung als auch Abbau verursacht, u. daß sich weiterhin Polyphenyl-Syst. ausbilden. In Abwesenheit von Luft überwiegt die Vernetzung die Kettenspaltung. Die für die Vernetzung von PÄT benötigte Bestrahlungsdosis übersteigt bei weitem die für die Vernetzung von Polystyrol erforderliche. Das ursprünglich teilweise kristalline PÄT wird bei der Bestrahlung vollkommen amorph; die Bestrahlung verursacht eine Isomerisierung der $O(CH_2)_2O$-Gruppen in der Polymerkette von der trans- in die gauche-Form. Diese Isomerisierung kann als Anzeichen für die Dissipation eines Teiles der Energie der ionisierenden Bestrahlung unter Umwandlung in therm. Energie betrachtet werden. Die Bldg. amorpher Bereiche bei der Bestrahlung kann durch 1 std. Erhitzen der bestrahlten PÄT-Filme im Vakuum bei 140° teilweise rückgängig gemacht werden; sie ist also nicht auf eine Vernetzung zurückzuführen. J. Sickfeld. 4010◇

Deformationsprozesse und die Struktur von kristallinen Polymeren. R. Buchdahl und D. A. Zaukelies. (Angew. Chem. **74,** 569—73, 7/8. 1962; Durham, N.C., Chemstrand Res. Center; dt.) — Auch die kristallinen Bereiche von Polyamidfasern beteiligen sich an Deformationsprozessen, wie das Auftreten von Deformationsbändern erkennen läßt. Im einachsig orientierten *Nylon 6.6* oder *6.10* hat die c-Achse mehr oder weniger die gleiche Richtung wie die Faserachse. Wird eine Borste durch Walzen zweifach orientiert, dann werden die (0 1 0)-Ebenen parallel zur Walzebene ausgerichtet. Die (0 1 0)-Ebene ist bevorzugte Gleitrichtung. Wird eine Kerbe so angelegt, daß ihre Vorderkante parallel zur (0 1 0)-Ebene der zweiachsig orientierten Borste liegt, tritt Gleitung auf; die Borste ist schwer zu zerreißen. Liegt die Vorderkante der Kerbe senkrecht zur (0 1 0)-Ebene, läßt sich die Borste leicht auseinanderziehen; es tritt spröder Bruch auf. Die Spannungs-Dehnungs-Kurven kristalliner Polymerer werden auf der Grundlage der Versetzungen u. Versetzungsbewegungen diskutiert.
S. Neue. 4010□

Nylon 7, ein faserbildendes Polyamid. C. F. Horn, B. T. Freure, H. Vineyard und H. J. Decker. (Angew. Chem. **74,** 531—34, 7/8. 1962; South Charleston, W.Va., Union Carbide Chem. Comp., Res. and Dev. Dep.; dt.) — Aus ε-Caprolacton (durch Oxydation von Cyclohexanon mit Peressigsäure) werden in einem Vierstufen-Verf. *Ester der 7-Aminoheptansäure* (I; F. 195°) synthetisiert. Beim Aufbewahren der Ester bei Raum-Temp. entstehen unlösl. Oligomere (bis 5 Monomereinheiten). Wird der Äthylester einige Std. mit dest. W. auf 90—100° erhitzt, so hinterbleibt nach Entfernung von W. u. A. ein weißes, wachsartiges, bröckliges Prod., das zwischen 140 u. 180° schmilzt u. durch Erhitzen auf 270—280° zu hochmol. *Nylon 7* (II) polykondensiert werden kann. Ca. 1,5% von II sind in W. u. Methanol lösl.; vermutlich handelt es sich hier um ein cycl. Oligomeres (unlösl. in verd. Alkali). II ist ein halbkristallines, weißes Polyamid; zur Herst. von Fasern oder Filmen sind Molgewichte zwischen 15000 u. 30000 geeignet (F. 225°). Die bei 280—290° aus der Schmelze gesponnenen Fäden lassen sich auf ca. 400% verstrecken; eine Extraktion ist nicht notwendig (Geh. an extrahierbaren Stoffen nur 1,5%). Die Reißfestigkeit von II, Nylon 6 u. Nylon 6.6 ist gleich. Nach $^1/_4$std. Tempern in sd. W. zeigt II ein besseres Dehnungserholungsvermögen (79% gegenüber 65 bzw. 62%), ferner größere Naßfestigkeit u. höheren Elastizitätsmodul. — 7-Aminoheptansäureester, durch Behandlung von ε-Caprolacton mit $ZnCl_2$/HCl, Verestern der erhaltenen *6-Chlorhexansäure*, Einw. von NaCN u. katalyt. Hydrieren des 6-Cyanhexansäureesters: *Methylester*, $Kp._1$ ca. 70°. *Äthylester*, $Kp._1$ 78—81°. *n-Propylester*, $Kp._{0,5}$ 78 bis 80°. — *n-Butylester*, $Kp._{0,4}$ 85—90°. — *2-Äthylbutylester*, $Kp._{0,4}$ 104—106°. — *Cyclohexylester*, $Kp._{0,5}$ 110—115°. — *α-Phenyläthylester*, $Kp._{0,4}$ 145—155°. — *2-Äthylhexylester*, nicht destillierbar. S. Neue. 4010□

Rilsan (Polyamid 11), Synthese und Eigenschaften. M. Genas. (Angew. Chem. **74,** 535—40, 7/8. 1962; Paris, Soc. Org.; dt.) — Zusammenfassender Bericht über die Synth. der *11-Aminoundecansäure*, ihre Polykondens. zu *Polyamid 11*, dessen Struktur u. physikal. Eigg. (Elementarzelle, Kristallisationskinetik, Dichte, F., therm. u. elektr. Eigg., Feuchtigkeitsaufnahme sowie mechan. Eigg.). S. Neue. 4010□

Synthese von hochmolekularen Polyoxamiden an einer Flüssigkeit-Gas-Grenzfläche. L. B. Ssokolow. (J. Polymer Sci. **58,** 1253—61, April 1962; Moskau, UdSSR, Staatl. chem. Komitee; engl.) — Das Prinzip der Gasphasen-Polykondens.-Meth. (GP) besteht in der Ausführung der Polykondens.-Rk. (PK) zweier hochreaktiver Verbb. an der Grenzfläche zwischen Fl. u. Gas durch Einleiten eines Gasgemisches aus N_2 u. dem reaktiven Dicarbonsäurechlorid in Gasform in eine wss. Lsg. des Diamins. Die GP erlaubt die Synth. von Polyamiden mit rasch hydrolysierenden Dicarbonsäurechloriden [z. B. Oxalylchlorid (I)], deren Verw. bei der Grenzflächen-Meth. nicht möglich ist. Vf. untersucht eingehend die Gasphasen-Synth. von *Polyhexamethylenoxamid* aus Hexamethylendiamin (II) u. I. Während bei der PK an einer W.–Toluol-Grenzfläche das Molgewicht des Rk.-Prod. mit steigender Rk.-Temp. abnimmt, nehmen bei der GP sowohl Molgewicht als auch die Ausbeute mit steigender Rk.-Temp. zu. Vf. erklärt diese Erscheinung damit, daß die gegenseitige Löslichkeit zweier Fll. mit steigender Temp. steigt, wodurch auch der Umfang der Hydrolyse von I zunimmt, während die Löslichkeit von Gas in einer Fl. mit steigender Temp. abnimmt. Bei Erhöhung der II-Konz. nehmen Molgewicht u. die Ausbeute des Rk.-Prod., letztere nach Durchlaufen eines Maximums bei kleinen II-Konzz., ab u. werden bei hohen Konzz. unabhängig von der II-Konzentration. Durch Erhöhung der I-Konz. in der Gasphase nimmt die Ausbeute an Polyamid ab, Molgewicht jedoch zu. Durch steigenden Alkali-Geh. in der wss. Phase nehmen sowohl Ausbeute als auch Molgewicht ab. — Die gemeinsamen Merkmale der GP u. der Grenzflächen-Polykondens.-Meth. stammen nach Auffassung des Vf. daher, daß in beiden Fällen die chem. Rk. im Polymerfilm abläuft. Von großer Bedeutung für die Synth. hochmol. Prodd. nach der vorliegend beschriebenen Meth. ist eine große Oberflächenspannung der fl. Phase. J. Sickfeld. 4010◇

β-Lactame, Polymerisation und Verwendung als Faserrohstoffe. R. Graf, G. Lohaus, K. Börner, Erwin Schmidt und H. Bestian. (Angew. Chem. **74,** 523—30, 7/8. 1962; Frankfurt/M., Farbwerke Hoechst AG., dt.) — Nach bereits beschriebenen Meth. (D. B. P. 941 847; C. **1957,** 1297; D. A. SS. 1 086 234; C. **1961,** 6684, u. 1 116 228) lassen sich β-Lactame [Azetidinone-(2)] auf einfache Weise darstellen. Im Gegensatz zu den Substitutions-Prodd. des α-Pyrrolidons lassen sich substituierte β-Lactame polymerisieren, soweit sie am N ein H-Atom tragen. Man erhält so Polymerisate, die Amidgruppen in dichterer Folge enthalten als Nylon 6, also der Naturseide näherstehen. Kondensierende Polymerisation in Ggw. von hydrolyt. wirkenden Katalysatoren findet schon bei 150—200° statt. Im Gegensatz zu *3.3-Dimethylazetidinon* (I) liefert *4.4-Dimethylazetidinon-(2)* (II) keine fadenbildenden Polymerisate. II läßt sich mit Oxalylchlorid bereits bei 60° polymerisieren. Geeigneter ist für zahlreiche β-Lactame die alkal. Schnellpolymerisation; sie lassen sich bereits bei —15° bis +20° gut in Lsg. polymerisieren. Die Polymerisationsfreudigkeit nimmt mit zunehmender Substitution des Lactamringes ab. Für die Copolymerisation sind nur Komponenten mit vergleichbarer Polymerisations-Geschw. geeignet. Bes. glatt copolymerisierte **II** mit *4-Methyl-4-propylazetidinon-(2)* (**III**), ferner **I** mit **II** bzw. mit *4-Phenylazetidinon-(2)* (**IV**) in größerem Ausmaß. Dagegen läßt sich **II** nur zu wenigen % in das Polymere von **IV** einbauen. Die Polymerisation der β-Lactame verläuft stark exotherm; eine Erhöhung der Temp. beschleunigt sie, verringert jedoch das mittlere Molgewicht des Polyamids. Eine Induktionsperiode wird nicht beobachtet. Für die Polymerisation sind Lsgm. günstig, die zwischen 130 u. 200° sd. u. das Polymere lösen oder quellen [Dimethylsulfoxid (**V**), Hexamethylphosphorsäuretriamid]. Man verwendet am besten 2—4 Gew.-Teile **V** auf 1 Gew.-Teil **II**. Katalysatoren sind alle stark bas. Stoffe, die genügend Lactamatanionen bilden; bes. geeignet ist Pyrrolidonkalium. Zusätze von weniger als 0,1 Mol-% acylierende Cokatalysatoren, wie N-Acyl-β-lactame, N-Acyl-N-alkylcarbonamide, Isocyanate, Carbonsäureanhydride, beschleunigen die Rk. noch erheblich. Die höchsten relativen Viscositäten ergeben sich in konz. H_2SO_4. Die niedrigeren Viscositäten in Phosphorsäure-tris-[dimethylamid], m-Kresol u. bes. $Ca(CNS)_2$/Methanol erklären sich durch Verknäuelung der Polymer-Moll. in diesen schlechten Lösungsmitteln. Nach Streulichtmessungen an Lsgg. von **II**-Polymeren in Trifluoräthanol besteht folgende Beziehung: $[\eta] = 4{,}53 \cdot 10^{-4} \overline{M}_W^{0{,}7}$ ($[\eta]$ = Viscositätszahl in konz. H_2SO_4, $\overline{M}_W$ = Gew.-Mittel-Molgew.). Den für Spinnverss. verwendeten Polymeren mit $[\eta] = 4{,}5$ entspricht $\overline{M}_W \approx 500000$. Osmot. Messungen an methanol. Lsgg. eines Copolymerisats aus **II** u. **III** (1 : 1) ergaben $\eta] = 1{,}36 \cdot 10^{-3} \overline{M}_n^{0{,}63}$ ($\overline{M}_n$ = Zahlenmittel-Molgewicht). Das polymere **II** ist hochkristallin, man erhält es durch Polymerisation in **V** in Form gequollener Sphärolithe. Das polymere **I** läßt sich aus der Schmelze zu Fäden verspinnen, das polymere **II** wegen therm. Zers. nur in Lsg., z. B. in Trifluoräthanol u. Trichloräthanol, bes. aber in methanol. $Ca(CNS)_2$-Lsg., obwohl letztere Poly-ε-caprolactam, statt zu lösen, ausfällt. Günstig sind Lsgg. mit $[\eta]$ zwischen 3 u. 6 u. einer Konz. von 12—15% an Polymerem. S. Neue. 4010

Darstellung, Eigenschaften und Polymerisation von N-Vinyloxazolidinon-(2). Abraham Kutner. (J. org. Chemistry **26**, 3495—98, 12/9. 1961; Wilmington, Del., Hercules Powder Co., Res. Center; engl.) — *N-Vinyloxazolidinon-(2)* (**III**) kann durch Desacetylierung von N-[β-Acetoxyäthy]-oxazolidinon-(2) (**II**) bei 580° erhalten werden. **II** wurde durch Acetylierung von N-[2-Hydroxyäthyl]-oxazolidinon-(2) (**I**) erhalten, das seinerseits aus Diäthanolamin u. Trichloressigsäureäthylester mit Hilfe der Rk. von Lecher u. Surrey erhalten wurde. **III** ist sehr empfindlich gegen Mineralsäuren, die es sofort zu *Oxazolidinon-(2)* (**IV**) u. *Acetaldehyd* hydrolysieren. **III** addiert sofort **IV** unter Bldg. von *N.N'-Äthyliden-bis-[oxazolidinon-(2)]* (**V**). Durch Pyrolyse von **V** im Vakuum erhält man neben geringen Mengen **IV** ein Harz, wahrscheinlich *Poly-[N-vinyloxazolidinon-(2)* (**VI**). Wird **IV** mit Vinylacetat in Ggw. von Hg-Ionen behandelt, so erhält man nicht **III**, sondern **V**. Nach der gleichen Rk. kann man auch Amide gewinnen, so z. B. *N.N'-Äthyliden-bis-[acrylamid]* (**VII**) durch Rk. von Acrylamid u. Vinylacetat unter den gleichen Bedingungen. **III** wird in Ggw. von Radikalkatalysatoren in Substanz, in Lsg. oder in Suspension leicht zu **VI** polymerisiert. Asodiisobutyronitril (**VIII**) als wirksamster Katalysator gibt in 20 Std. bei 65° in Ggw. von W. einen Umsatz von 100% **VI**. tert.-Butylhydroperoxid u. Dibenzoylperoxid (**IX**) sind hierbei unwirksam. Dagegen werden mit Hilfe des Redox-Syst. p-Menthanhydroperoxid/Na_2SO_3 (1 : 1) bei 5° 42% **VI**, durch Polymerisation von **III** in Substanz in Ggw. von **IX** 50% **VI** erhalten. **VI** zersetzt sich bei 300° ohne zu schmelzen; es quillt in W., ist jedoch unlösl. in W., lösl. in Formamid, wss. Formamid, Mineralsäure u. organ. Säuren. Wird **VI** unter Rückfluß mit HCl behandelt, so erhält man in geringer Ausbeute *Poly-[N-(2-hydroxyäthyl)-vinylamin]*. Dieses wird durch Alkali irreversibel unlöslich.

Versuche: *N-[2-Hydroxyäthyl]-oxazolidinon-(2)* (**I**), $C_5H_9NO_3$, $Kp._{0,25}$ 150—155°, aus 1 Mol Diäthanolamin u. 1,05 Mol Trichloressigsäureäthylester in Chlf.; n_D^{20} 1,4840; 92% (Ausbeute). — *N-[β-Acetoxyäthyl]-oxazolidinon-(2)* (**II**), $C_7H_{11}NO_4$, F. 52—54° (hexagonale Prismen aus Bzl. u. Ae.), aus **I**, Acetanhydrid u. Pyridin; 95%. — *N-Vinyloxazolidinon-(2)* (**III**), $C_5H_7NO_2$, $Kp._{0,25}$ 70,5—72°, durch Pyrolyse von 0,29 Mol **II** bei 565—580° unter N_2; n_D^{20} 1,4964; $D._{25}^{25}$ 1,1697; 71%. — *N.N'-Äthyliden-bis-[oxazolidinon-(2)]* (**V**), $C_8H_{12}N_2O_4$, F. 149—150° (95%ig. A.), a) aus 2 Mol Vinylacetat, 0,33 Mol **IV** u. 1 Tropfen 80%ig. Cu-Naphthenat als Inhibitor; 84%. Gibt durch Hydrolyse u. Zugabe von 2.4-Dinitrophenylhydrazin *Acetaldehyd-2.4-dinitrophenylhydrazon*, F. 146 bis 147°; b) aus 0,87 g **IV** u. 1,13 g **III** in W. u. 10%ig. HCl; 1,15 g. — *Oxazolidinon-(2)* (**IV**), F. 87—89° (A./Ae.), aus 12,0 g **V** u. 0,2 g 2.6-Di-tert.-butyl-p-kresol bei 140—160°/

0,6 mm; 1,1 g. — *N.N'-Äthyliden-bis-[acrylamid]* (**VII**), $C_8H_{12}N_2O_2$, F. 153—155° (Nadeln aus Aceton/A.), a) aus Vinylacetat, Hydrochinon u. 0,4 Mol Acrylamid in Ggw. von. Hg(II)-Acetat u. H_2SO_4; 82%; gibt durch Erhitzen auf 180° ein orangebraunes, unlösl. u. nichtschmelzendes *Polymerisat*; b) aus Acrylamid u. Acetaldehyd in Ggw. von HCl. — *Poly-[N-vinyloxazolidinon-(2)]* (**VI**), $(C_5H_7NO_2)_n$, a) aus 25 g **III**, 63 ml dest. W. bei pH 7,2 (durch Zugabe von 0,1 n NaOH) u. 0,1 g **VIII**; 24,5 g (98%); b) aus 2,16 g **III** u. 0,022 g **VIII** (48 Std. im Rohr unter N_2); 1,04 g (46%); c) aus 3,0 g **III** in 2,0 ml Bzl. u. 0,03 g **IX** (36 Std. bei 70°); 1,71 g (57%). Keine Polymerisation, wenn 2,0 g **III** in 25 ml Hexan mit 0,02 g Hydroxylaminhydrochlorid u. 0,2 ml 20%ig. $TiCl_3$ behandelt wird, sondern Bldg. von **V**. F. Rosendahl. 4010◇

Untersuchungen auf dem Gebiet der chemischen Umwandlungen ungesättigter und hochmolekularer Verbindungen. 8. Mitt. Copolymerisation von γ-Siliciumvinyläthern mit Methylmethacrylat. A. M. Chomutow, I. A. Schichijew, N. W. Komarow und A. P. Alimow. (Nachr. Akad. Wiss. UdSSR, Abt. chem. Wiss. **1959**, 140—43, Jan.; Zelinsky-Inst. für org. Chem. der Akad. der Wiss. der UdSSR; russ.) — 7. vgl. C. **1959**, 12874. — Die Copolymerisation von *Methylmethacrylat* (I) mit *Vinyl-γ-trimethylsilylpropyläther* (**II**; $Kp._{18}$ 61°; $D._4^{20}$ 0,8171; n_D^{20} 1,4265) u. *Vinyl-γ-methyldiäthylsilylpropyläther* (**III**; $Kp._8$ 82—83°; $D._4^{20}$ 0,8326; n_D^{20} 1,4150) in Ggw. von 0,2% Dibenzoylperoxid oder Azodiisobutyronitril bei 60° (Erhitzen bis zur zähen oder festen Konsistenz, Umfällen aus Aceton mit Methanol) liefert *Copolymere*, in denen **I** gegenüber dem Ausgangsgemisch stark angereichert ist. **II** u. **III** allein polymerisieren nicht in Ggw. der Radikalinitiatoren. Die Ausbeute an Copolymeren erhöht sich mit steigender **I**-Menge im Ausgangsgemisch u. erreicht bei 95% **I** fast 100%. Die Copolymeren enthalten auch bei 95% **II** bzw. **III** im Ausgangsgemisch nicht mehr als ca. 40% **II** bzw. **III** im Copolymeren. Helmut Schäfer. 4010◇

Untersuchungen auf dem Gebiet der chemischen Umwandlungen ungesättigter und hochmolekularer Verbindungen. 9. Mitt. Copolymerisation von Vinylisopropyläther mit Acrylsäuremethylester. A. M. Chomutow und M. A. Mamedow. (Nachr. Akad. Wiss. UdSSR, Abt. chem. Wiss. **1959**, 327—30, Febr.; Zelinsky-Inst. für org. Chem. der Akad. der Wiss. der UdSSR, Inst. für Chem. der Akad. der Wiss. der AserbaidshanSSR; russ.) — 8. vgl. vorst. Referat. — Die Copolymerisation von *Methylacrylat* (**I**) mit *Vinylisopropyläther* (**II**) in Ggw. von Dibenzoylperoxid (**III**) u. Azodiisobutyrodinitril liefert Copolymere, in denen **I** gegenüber dem Ausgangsgemisch angereichert ist, u. zwar um so mehr, je geringer seine Konz. im Ausgangsgemisch ist. In Ggw. von **III** ist **II** im Copolymeren noch relativ stark angereichert, wenn **I** im Ausgangsgemisch zu mehr als 75% enthalten ist. **II** allein polymerisiert nicht. Die Ausbeute an Copolymeren erhöht sich proportional der **I**-Menge im Ausgangsgemisch u. erreicht bei 59% **I** 92%. Der maximale **II**-Geh. im Copolymeren beträgt 50% bei 95% **II** im Ausgangsgemisch. Helmut Schäfer. 4010◇

Untersuchungen auf dem Gebiet der chemischen Umwandlungen ungesättigter und hochmolekularer Verbindungen. 10. Mitt. Über die konkurrierenden Reaktionen bei der Copolymerisation einiger Vinyläther mit Methacrylsäure und ihrem Methylester. A. M. Chomutow. (Nachr. Akad. Wiss. UdSSR, Abt. chem. Wiss. **1959**, 521—27, März; russ.) — 9. vgl. vorst. Referat. — Die Copolymerisation von *Methacrylsäure* (**I**) u. *Methylmethacrylat* (**II**) mit *Vinyläthyl-* (**III**), *-butyl-* (**IV**), *-phenyl-* (**V**), *-β-aminoäthyl-* (**VI**), *-β-hydroxyäthyläther* (**VII**) u. *Glycerintrivinyläther* liefert nicht nur die *Copolymeren* aus **I** bzw. **II** u. den Vinyläthern, sondern in einer Konkurrenz-Rk. durch Anlagerung des akt. H-Atoms der einen Komponente an die Doppelbindung der anderen neue monomere Verbindungen. Diese beteiligen sich ebenfalls am Wachsen der polymeren Kette, wobei sich verzweigte u. räumliche Copolymere bilden. Art u. Menge der gebildeten Copolymeren u. neuen Monomeren hängen von der Struktur der Ausgangs-Verbb. u. dem Verhältnis der Komponenten ab (Tabelle, graph. Darst.). Polymere, die nur eine der Komponenten enthalten, bilden sich nicht. — So liefert die Polymerisation von **II** mit **III**, **IV** oder **V** wegen des Fehlens akt. H-Atome lediglich die entsprechenden Copolymeren. Die Rk. von **II** mit **VI** liefert das Copolymere aus **II** u. **VI** mit rein linearer Struktur, β-[β-Vinyloxyäthylamino]-isobuttersäuremethylester u. das räumliche Copolymere mit Vernetzungen durch $-CONH(CH_2)_2O$-Brücken. **II** u. **VII** geben sowohl lineare, als auch räumliche Copolymere. **I** reagiert mit **III**, **IV** oder **V** zu räumlichen u. linearen Copolymeren sowie zu entsprechenden [α-Alk(ar)oxyäthyl]-methacrylaten. Die Rk. von **II** mit **VII** liefert das Copolymere aus **II** u. **VII**, das durch $-OCH_2CH_2OOC$-Gruppen vernetzte räumliche Polymere u. weitere Copolymere komplizierter Struktur.
Helmut Schäfer. 4010◇

Über die Natur der „statischen" Reibung kautschukähnlicher Polymeren. G. M. Bartenew und W. W. Lawrentjew. (Hochmolekulare Verbind. [UdSSR] **2**, 238—42,

Febr. 1960; Rubber Chem. Technol. **34,** 461—65, April/Juni 1961; Moskau, Pädagog. Potemkin-Inst.; russ., Auszug: engl.) — Während die kinet. Reibung von Gummi von der Gleit-Geschw., der Belastung u. der Temp. abhängt, ist die Anfangsreibung eine kompliziertere Größe, da sie auch von der Zeit des vorhergehenden Kontaktes abhängt. In Verss. mit einem Hammertribometer wird diese Zeit konst. auf 3 Min. gehalten. Die äußeren u. inneren Reibungskräfte werden als Funktion der Verschiebung der Ziehvorr. bei zunehmender Ziehkraft gemessen. Die als Reibungs-Koeff. im Anfangsgleitmoment bestimmte „stat. Reibung" ergibt sich als eine bedingte Größe, da sie von der Genauigkeit der Verschiebungsmessung u. der Geschw. (G) der Anlegung einer tangentialen Kraft abhängt. Diese Bedingtheit zeigt sich bes. stark bei kleinen G, was mit der Natur der trockenen Reibung kautschukartiger Stoffe in Zusammenhang gebracht wird. R. K. Müller. 4030□

Die polarographische katalytische Stufe der Proteine in Tris-[äthylendiaminkobalt (III)]-chlorid-Lösung. Masahide Ito. (J. electrochem. Soc. Japan [Overseas Edit.] **27,** E-19—E-20, 1959; Mie, Prefect. Univ. of Mie, Fac. of Fisheries, Chem. Labor.; engl.) — *Lysozym* (Eiweiß), *Albumin* (Pferdeserum), *β-Amylase, Ovalbumin* u. *Casein* verursachten in einer Lsg. von Tris-[äthylendiaminkobalt(III)]-chlorid, NH_4Cl, KCl u. NH_4OH eine katalyt. polarograph. Einzelstufe, deren Höhe dem Cystein-Geh. des Proteins entspricht. Die Abhängigkeit von der Protein-, Co-Salz- oder NH_4Cl-Konz. entspricht etwa dem der Eiweißdoppelstufe in Hexamminkobalt(II)-chloridlösung. Im Gegensatz dazu ist die Höhe der katalyt. Einzelstufe jedoch im Bereich von pH 4,3 bis zum pH-Wert des verwendeten Puffers pH-unabhängig. E. Moisar. 4070□

Molekulargewicht von Seidenfibroin. A. J. Hyde und C. Wippler. (J. Polymer Sci. **58,** 1083—88, April 1962; Strasbourg, Centre de Recherches sur les Macromol.; engl.) — An sorgfältig gereinigter Seide werden Lichtstreuungs- u. Refraktionsmessungen durchgeführt, aus denen das Molgewicht von *Seidenfibroin* (I) errechnet wird. Aus den Verss. ergibt sich, daß I entweder extrem polydispers hinsichtlich des Molgewichtes ist oder die I-Ketten liegen stark gestreckt vor. Aus den Beobachtungen in LiBr-Lsgg. verschiedener Konz. sowie 1% H_3PO_4-Lsg. erhält man für I ein mittleres Molgewicht von 300000 mit den Grenzwerten 250000 u. 450000. Die Abweichung dieser Werte gegenüber denen anderer Autoren wird diskutiert. L. Träger. 4070◇

Gleichgewichtsultrazentrifuge für Molekulargewichtsmessungen. J. W. Beams, R. D. Boyle und P. E. Hexner. (J. Polymer. Sci. **57,** 161—74, März 1962; Charlottesville, Va., Univ. of Virginia; engl.) — Die bereits beschriebene (C. **1962,** 12773), magnet. gelagerte Vakuumgleichgewichtszentrifuge wurde durch einen Elektromotorantrieb, der den Rotor auf die Arbeits-Geschw. bringt, weiter verbessert. Der Rotor kann während des freien Laufes zwischen weniger U/Sek. u. der Höchstgeschw. auf jeden beliebigen Wert eingestellt werden. Durch Verbesserung der Ultrazentrifugenzelle können Interferenzstreifen von weißem u. monochromat. Licht in Interferometer abwechselnd verwendet werden. Mittels dieser Verbesserungen können Molgewicht mit oder ohne Gleichgewichtseinstellung bei einer Genauigkeit von 0,1% für die Zentrifugenmessung rasch bestimmt werden. Es wurden die Molgewichte von *Rohrzucker, Ribonuclease* u. *Insulin* bestimmt u. die Anwendung der Zentrifuge auf die Best. von Molgew.-Verteilungen diskutiert. W. Walter. 4070◇

Als eine Ergänzung zu den Löslichkeits- und Phasenverteilungskriterien verwendete Aminosäurebestimmungen zum Nachweis der Homogenität von Proteinen und Polypeptiden. Anders Hedbom. (Ark. Kemi **18,** Nr. 38, 577—82, 1962; Uppsala, Sweden, Univ. of Uppsala, Inst. for Biochem.; engl.) — Zur Reinheitsprüfung aller Mol.-Arten kann das Gibbssche Phasengesetz angewendet werden. Man bringt zu diesem Zweck verschiedene Mengen des Unters.-Materials in Kontakt mit gleichen oder bekannten Vol. eines Lsgm., bis sich ein Gleichgewicht eingestellt hat. Die Konz. des in den verschiedenen Aliquoten gelösten Materials wird dann bestimmt u. gegen die Gesamtmenge (gelöst + ungelöst) aufgetragen. Hat die erhaltene Kurve nur einen Knick (Typ I), so enthält die Substanz entweder a) nur eine Komponente, d. h. sie ist rein, oder sie enthält b) eine feste Lsg. mehrerer Komponenten gleicher Löslichkeit bzw. c) mehrerer Komponenten im Verhältnis ihrer Löslichkeit. Die Fälle b) u. c) treten sehr selten auf u. können durch Temp.-Änderungen weiter verringert werden (Änderung der Löslichkeit mit der Temp.). Mehrere Knicke (Typ II) oder Krümmungen deuten auf Verunreinigungen. Da in der Nähe des Knickpunktes eine genaue Festlegung des Kurvenverlaufs nach der beschriebenen Meth. schwierig ist, ist es besser, die Unterscheidung von Typ I oder II durch Best. der Protein-Zus. von fester u. fl. Phase im Gleichgewichtszustand durch Hydrolyse u. Best. der Aminosäure-Zus. vorzunehmen. — Vf. bringt als Beispiel die Analyse einer Peptidprobe aus einem *Cobalamin–Polypeptid-Komplex,* die sich in der Ultrazentrifuge u. elektrophoret. als rein erwiesen hatte (isoelektr. Punkt bei pH 6,25, Molgew. 7698). Die Best. der Löslichkeit in W./Aceton (1 : 2) vom pH 6,5 u. 4,8 m NaCl in 0,1 m Phosphatpuffer vom pH 6,5 erfolgte nach Hedbom (C. **1961**, 16543). Die Best. der Aminosäure-Zus. nach Hedbom (C. **1960**, 12059) ergab ein festes Verhältnis der Aminosäuren der festen u. fl. Phasen (genaue Werte vgl. Original), die Probe ist danach als rein anzusehen. G. Seltmann. 4070◇

Das spezifische Volumen verschiedener kationischer Formen von Desoxyribonucleinsäure. John E. Hearst. (J. molecular Biol. **4**, 415—17, Mai 1962; Hannover, New Hampshire, Dartmouth Coll., Dep. of Chem.; engl.) — Aus dem Dichtegradienten von *Desoxyribonucleinsäure* (DNS) wird nach Extrapolierung auf die Wasseraktivität 0 das spezif. Vol. verschiedener kation. DNS-Formen errechnet. Für die Berechnung wird eine Formel angegeben. Danach beträgt die Dichte des unsolvatisierten DNS-Ions 1,78. Für *Cs-DNS*, *Rb-DNS*, *Na-DNS*, *K-DNS* u. NH_4*-DNS* werden die Dichten 2,09, 1,94, 1,80, 1,78 u. 1,63 ermittelt. L. Träger. 4090◇

E. Biologische Chemie. Physiologie. Medizin

E_1. Allgemeine Biologie und Biochemie

Zur Histochemie der Schwermetalle. Das Sulfid-Silberverfahren. F. Timm. (Dtsch. Z. ges. gerichtl. Med. **46**, 706—11, 1958; Göttingen, MPG, Med. Forsch.-Inst.; dt.) — Vf. gibt Überblick über die Wichtigkeit der histochem. Lokalisierung von Schwermetallen durch das Sulfid-Silber-Verfahren. Die Hellfeldbetrachtung wird ermöglicht nach physikal. Entw. der argyrophilen *Schwermetallsulfide* durch den von Lüppo-Cramer [1927] ausgearbeiteten Hydrochinonentwickler u. seine Abarten. Im bes. wird die Unters. der argyrophilen Körnchen der Inselzellen kommentiert.
M. Blaschette-Huttinger. 4100□

Bemerkung über die Bestimmung der Uronsäure in Gewebeextrakten. Monique de Moncuit und Ladislas Robert. (Ann. Biol. clin. **17**, 475—85, Juli/Sept. 1959; Paris, Fac. de Méd., Serv. de Biochim.; franz.) — Vff. verglichen die Meth. von Dische (J. biol. Chemistry **167**, [1942], 189) u. Tollens-Jayle-Crépy [1908] zur Best. von *Uronsäure* bzgl. ihrer Anwendbarkeit auf Urin- bzw. Gewebeextrakte. Die Meth. von Dische ergab oft nicht die charakterist. rosa Färbung, während sich nach Tollens zu niedrige Werte ergaben. Durch Zusatz von A. vor dem Ausäthern konnte diese Meth. verbessert werden. Zusatz verschiedener Zucker ergab, daß nur *Xylose* u. *Fructose* stören. Die Meth. von Tollens wird wegen der guten Reproduzierbarkeit nach Modifizierung in folgender Form empfohlen: Als Farbreagens: 6 mg *Naphthoresorcin*/ml W., 10 Min. langes Kochen, Kühlung. 0,5 ml Reagens/ml Lsg., Zusatz von 3 ml 25%ig. H_2SO_4, 30 Min. langes Erhitzen im Wasserbad, Kühlung, Zusatz von 1 ml abs. A., Rühren, Schütteln mit 5 ml Ae., Ablesen der opt. Dichte der Ae.-Schicht bei 570 mμ.
H. Lohschelder. 4100□

Biogeochemie organischer Substanzen. 1. Mitt. Polypeptide und Aminosäuren in Fossilien und Sedimenten in Beziehung zur Geothermometrie. J. D. Jones und J. R. Vallentyne. (Geochim. Cosmochim. Acta [London] **21**, 1—34, Dez. 1960; Kingston, Ontario, Canada, Queen's Univ., Dep. of Biol.; engl.) — Vff. extrahierten (1 n HCl, 5° u. 1 n HCl, 100°) u. hydrolysierten (6 n HCl, 26 Std.) folgende Objekte: jüngere Teichsedimente, Schiefer, präkambr. Sedimentgestein, miozäne Braunkohle, „Carnosaur teeth", Schalen von *Cassis Madagascarensis* u. mittelpleistozäne Schalen der *Marcenaria Marcenaria.* Extrakte u. Hydrolysate wurden auf Aminosäuren untersucht (Ninhydrin-Rk.). An Hand der Zers.-Temp., Zers.-Geschw. u. der noch aufgefundenen Menge Aminosäure (*Asparaginsäure, Threonin, Serin, Valin, Prolin, Glutaminsäure, Glycin, Alanin Methionin, Leucine, Tyrosin, Phenylalanin, γ-Aminobuttersäure, Lysin, Histidin, Arginin,* NH_3) wurden Aussagen gemacht über die höchste „Dauer-Temp." (was zeitweilige höhere Temp. nicht ausschließt), die im Gebiet der Probennahme geherrscht haben kann. Die Zers.-Geschw. wurden von Vff. z. T. auf Grund pyrolyt. u. hydrolyt. Labor.-Verss. berechnet. — 66 Literaturangaben. K. Jaeger. 4100□

Osmolarität. L. R. Karhausen. (Nature [London] **194**, 1234—35, 30/6. 1962; Brussels, Univ. of Brussels, Dep. of Social Med.; engl.) — Vf. erörtert die Begriffe Osmolarität u. Osmolalität bei Körper-Fll. u. zeigt, daß die Osmolarität nicht notwendigerweise eine lineare Funktion der Menge an Gelöstem ist, u. daß Osmole nichtadditive Größen sind. Die Genauigkeit der Entw. u. des Vgl. biolog. Werte wird weiterhin durch den Begriff der „wirksamen Osmolarität" eingeschränkt. P. Frenzel. 4102□

Wiederherstellung des bisexuellen Cyclus bei der parthenogenetischen Laus Sappaphis plantaginea durch Biopterin u. Folsäure. Colette L'Hélias. (C. R. hebd.

Séances Acad. Sci. **255,** 388—90, 9/7. 1962; Gif-sur-Yvette, Seine-et-Oise, Labor. de Génét. évolutive C.N.R.S.; franz.) — Unter Bedingungen, bei denen normalerweise keine ♂ u. keine oviparen ♀ Tiere aufkommen, wird im letzten Larvenstadium den flügellosen, parthenogenet., viviparen Weibchen von *Sappaphis plantaginea Isoxanthopterin* (**I**) bzw. *Xanthopterin* (**II**) bzw. *Biopterin* (**III**) bzw. *Folsäure* (**IV**) in einer Lsg. mit 0,1 μg/μl injiziert. Bei **I** u. **II** bleibt die Fortpflanzung parthenogenetisch. Bei **III** u. **IV** wird der komplette Cyclus durch Chromosomenveränderungen wiederhergestellt. In der Nachkommenschaft der behandelten Tiere treten geflügelte ♂ u. geflügelte sterile ♀ Tiere mit Ovocyten auf. Die nächste geflügelte vivipare Generation gibt normale ovipare flügellose Abkommen. M. Blaschette-Huttinger. 4130☐

Strukturgene und Regulierungsgene bei der Biosynthese der Proteine. François Jacob und Jacques Monod. (C. R. hebd. Séances Acad. Sci. **249,** 1282—84, 5/10. 1959; franz.) — Aus früheren Vers.-Ergebnissen schließen Vff., daß bei der Synth. vieler *Proteine* ein zweifacher genet. Determinismus beteiligt ist, wobei 2 Gene mit unterschiedlicher Funktion auftreten: ein für die Struktur des Mol. verantwortliches „Strukturgen" u. ein die Wirkungsweise des ersten mittels „Repression" steuerndes „Regulierungsgen". Die Wrkg. der letzten erstreckt sich auf mehrere Proteine, während die Strukturgene immer auf ein Protein beschränkt ist. H. Lohscheider. 4130☐

Cholesterinverteilung zwischen subcellulären Leberfraktionen. D. Kritchevsky, J. Langan und M. W. Whitehouse. (Experientia [Basel] **16,** 452—53, 15/10. 1960; Philadelphia, Pa., Wistar Inst. of Anat. and Biol.; Univ. of Pennsylvania, School of Med., Dep. of Biochem.; engl.) — Es wird der *Cholesterin*-Geh. verschiedener subcellulärer Leberfraktionen (Debris u. Nuclei, Mitochondrien, gewaschene Mitochondrien, Mikrosomen u. Überstand) von Maus, Ratte, Küken, Kaninchen, Affe u. Mensch bestimmt. In Debris u. Nuclei ist er allg. am größten, in ungewaschenen Mitochondrien am kleinsten. P. Gregorzewski. 4150☐

Der Nucleinsäuregehalt in der nach verschiedenen Methoden aus der Dermis gewonnenen Mäusepidermis. R. G. Tsaney und G. G. Markov. (Experientia [Basel] **16,** 448—49, 15/10. 1960; Sofia, Bulgarian Acad. of Sci., M. Popoff Inst. of Biol., Dep. of Cytol. and Cytochem.; engl.) — Die höchsten Werte für *Nucleinsäuren* liefern die durch mechan. oder Hitzebehandlung aus der Dermis gewonnenen Epidermisproben (193 mg% *Ribonucleinsäure-P* u. 270 mg% *Desoxyribonucleinsäure-P*). Die *Citronensäure*-Meth. ergibt um 25 bzw. 33% geringere Werte u. die *Trypsin*-Meth. sogar um 31 bzw. 43% niedrigere Werte. P. Gregorzewski. 4150☐

Der Grundaufbau der fraktionierten löslichen Ribonucleinsäuren in der Hefe. Mitsuhiko Tada und Mariko Tada. (J. Biochemistry [Tokyo] **51,** 92—93, Jan. 1962; Nagoya, Univ., Dep. of Biochem., School of Med.; engl.) — In den alkal. Hydrolysaten der fraktionierten lösl. *RNS* aus Hefe wurde mit Hilfe der Ionenaustauschchromatographie die Verteilung der *Nucleotide* u. *Nucleoside* untersucht. An Nucleosiden wurde nur *Adenosin*, an Nucleotiden *Adenyl-*, *Guanyl-*, *Cytidyl-*, *Uridyl-* u. *5-Ribosyluridylsäure* gefunden. Im Vgl. zur Original-RNS ändert sich der Geh. der Pyrimidinnucleotide in den einzelnen Fraktionen, das Verhältnis *Purin/Pyrimidin* bleibt jedoch konstant. M. Lorenz. 4150☐

Einfluß des Polymerisationsgrades von Ribonucleinsäuren auf ihre Reaktion mit basischen Farbstoffen. Marianne Semmel und Joseph Huppert. (C. R. hebd. Séances Acad. Sci. **254,** 3746—48, 21/5. 1962; Paris, Inst. Pasteur, Serv. de Virus; franz.) — Mischungen verschiedener polymerer *Ribonucleinsäure*-Fraktionen mit Farbstoffen (*Pyronin*, *Toluidinblau*) zeigen, abhängig vom Konz.-Verhältnis, Unterschiede der Metachromasie u. der opt. Dichte. Die Unterss. zeigten, daß diese Unterschiede Rückschlüsse auf den Polymerisationsgrad der RNS erlauben. E. Lodemann. 4150☐

Säurehydrolyse von Ribonucleinsäure und Desoxyribonucleinsäure. W. Pollmann und G. Schramm. (Z. Naturforsch. **16b,** 673—78, Okt. 1961; Tübingen, MPI für Virusforsch.; dt.) — Vff. untersuchten die Möglichkeit der Abspaltung von *Purinen* aus *Ribonucleinsäure* (**I**) bzw. *Desoxyribonucleinsäure* (**II**) ohne gleichzeitige Kettensprengung (Bldg. von Apurinsäuren). Für die Best. der sek. Phosphatgruppen wurde eine potentiometr. Titration mit n/100 NaOH entwickelt. **I** aus Hefe bzw. Mikrosomen enthält 5 bis 6% sek. Phosphatgruppen, die sich durch Dialyse nicht entfernen lassen u. nach Ansicht der Vff. z. T. zusätzlich an bestimmten Stellen des Mol. eingebaut sind. Unterss. des enzymat. bzw. nichtenzymat. Abbaus von **I** bzw. **II** zwischen pH 2,4 u. 1,8 zeigen, daß die Hydrolyse-Geschw. für Purine u. Phosphatgruppen annähernd proportional der H^+-Konz. ist. Es werden die Hydrolyse-Konst. von **I** bzw. **II** bestimmt; sie betragen bei pH 2,4, gemessen bei 37°, für **I**: $K_{Phosphat}$ 6,4 ($\cdot 10^{-6} min^{-1}$), K_{Purin} 1,2 u. für **II**: $K_{Phosphat}$ 6,6, K_{Purin} 780. Die Abspaltung von Purinen erfolgt bei **II** also ca. 650fach schneller als bei **I**. P. Schwerdtfeger. 4150☐

Differentialfärbung der Nucleinsäuren. C. van Duijn jun. (Nature [London] **193,** 999—1001, 10/3. 1962; Utrecht, Res. Inst. Animal Husbandry, Biophys. Dep. „Schoonoord"; engl.) — Vgl. Goldstein, C. **1962,** 13061. — Vf. kritisiert die Arbeit von Goldstein (l. c.) über die differentielle Anfärbung von *Desoxy* (**I**)- u. *Ribonucleinsäure* (**II**) durch eine Anzahl Farbstoffe mit höherem Molgewicht. Bei dieser Arbeit seien 4 wesentliche Gesichtspunkte unbeachtet geblieben: Nichtanfärbung der Gewebe nach Entfernung von **I** u. **II**, Anfärbung nach Entfernung von Proteinen mittels Enzym, Färbung der **I** u. **II** nacheinander in Abhängigkeit vom Molgew. des zweiten Farbstoffes; Beweis, daß nur Farbstoffionen u. nicht höhere Polymere oder Assoziate vorliegen. Eine Diskussion Goldsteins schließt sich an, die zeigt, daß die Kritik des Vf. teilweise auf Mißverständnissen beruht. Ch. Zimmer. 4150□

Desoxyribonucleinsäuregehalt von morphologisch verschiedenen Zelltypen von Ophiostoma multiannulatum. Angelica v. Hofsten. (Nature [London] **193,** 897—98, 3/3. 1962; Uppsala, Univ., Inst. of Physiol. Bot.; engl.) — Die Ascomycete *Ophiostoma multiannulatum* wird in einfachem synth. Medium, das 0,5% Glucose als C-Quelle enthält, kultiviert. Die Zellen werden anschließend mit W. 2mal gewaschen u. gefriergetrocknet. *Desoxyribonucleinsäure* (*DNS*) wird in 50 mg der trockenen Zellen nach Extraktion mit heißer 5%ig. wss. Trichloressigsäure-Lsg. nach der Meth. von Webb bestimmt. Danach enthält der Wildtyp (knospende Konidien) 4,7—5,2 μg DNS/mg. Trockengew., woraus sich ein mittlerer Zellgeh. von $4{,}77 \cdot 10^{-14}$ g DNS/Zelle ergibt. Wächst der Stamm unter Bedingungen, bei denen die normale DNS-Synth. gehemmt ist, so erhält man folgende Werte (μg DNS/mg Trockengew.): Wildtyp nach kurzer UV-Bestrahlung unter Hyphen-Bldg. 3,5; Wildtyp in Ggw. von 5 μg *Actinomycin*/ml Medium unter Hyphen-Bldg. 2,8; Wildtyp in Ggw. von 100 μg *Puromycin*/ml als Hyphen 2,5; Wildtyp in Ggw. von 20 μg *Aminopterin*/ml als Hyphen 3,9; Mutante Z 1-s wächst nur unter Hyphen-Bldg. mit 3,6; *Pyridoxamin* (**I**)-bedürftiger Stamm W 2855-24 in Ggw. von 0,1 μg **I**/ml (als knospende Konidien) 6,1; **I**-bedürftiger Stamm W 233-1 in Ggw. von 0,1 μg **I**/ml als Hyphen 3,6; *Inosit*-bedürftige Mutante 1880 in Abwesenheit von Inosit als Hyphen 2,8. Demnach bestätigen die vorst. Unterss. die Hypothese, daß regelmäßige Zellteilung u. einheitliche Zellmorphologie eine normale DNS-Synth. zur Voraussetzung haben müssen. L. Träger. 4150□

Reinigung der Purine und Pyrimidine der Desoxyribonucleinsäure durch Elektrophorese und Papierchromatographie. Jacques Daillie. (C. R. Séances Soc. Biol. Filiales **154,** 1007—09, 1960; Lyon, Fac. des Sci., Labor. de Zool. exp.; franz.) — Zur Best. der *Desoxyribonucleinsäure* (**I**) in Mengen von 50—100 μg nach der Meth. der Isotopenverdünnung wurden die nach **I**-Hydrolyse freigesetzten *Purine* u. *Pyrimidine* bei pH 7—7,5 einer Papierelektrophorese unterworfen (6—8 Std. bei 300 V). Die bei diesem pH nicht getrennten, jedoch von Begleitstoffen befreiten Basen wurden mit n-HCl eluiert u. mit Butanol/W./Ammoniak chromatographiert. Die Meth. eignet sich bes. für *Adenin* u. *Thymin.* H. Lohschelder. 4150□

Einfluß der Ionenstärke auf die Viscosität einer Desoxyribonucleinsäure(DNS)-Lösung. Vergleich nativer mit teilweise hitzedenaturierter DNS. Pierre May. (C. R. hebd. Séances Acad. Sci. **254,** 4086—88, 4/6. 1962; Villejuif, Seine, Centre de Rech. sur la Cellule Normale et Cancéreuse du C.N.R.S.; franz.) — Die red. Viscosität (η_{red}) von nativer *DNS* (**I**) u. teilweise hitzedenaturierter Kälberthymus-DNS (**Ia**) wurde in Abhängigkeit von der Ionenstärke (μ) bestimmt. η_{red} als Funktion von $\mu^{1/2}$ gibt bei **I** eine mit steigendem $\mu^{1/2}$ nur wenig abfallende Gerade, bei **Ia** eine zu Beginn stark fallende Kurve. E. Lodemann. 4150□

Einbau heterologer Desoxyribonucleinsäure in Säugetierzellen. Klaus G. Bensch und Donald W. King. (Science [Washington] **133,** 381—82, 10/2. 1961; New Haven, Conn., Yale Univ., School of Med., Dep. of Pathology; engl.) — Bei der Transformation nativer *Desoxyribonucleinsäure* (*DNS*) bei Säugetierzellen wird die Frage untersucht, ob vor oder nach der Transformation die DNS abgebaut wird. L-Zellkulturen vermögen hochmol. DNS-Partikel, die noch *Protein* (**I**) enthalten, zu phagocytieren, während lösl. DNS nicht in die Zellen eindringt. Um die DNS transformationsfähig zu machen, muß sie evtl. zur Koazervat-Bldg. (KB) mit **I** gebracht werden. Dazu wird DNS, die aus Bakterien oder Säugetierzellen extrahiert worden war, in wss. Lsg. (0,5—10 mg DNS/ml) mit einem gleichen Vol. 0,25—1%ig. *Gelatine* (**II**)-Lsg. bei pH 3—4 im Wasserbad bei 50° versetzt. Dabei bilden sich DNS-Partikel, deren Größe zwischen 0,5—50 μ entsprechend der eingesetzten DNS- u. **II**-Konz. schwankt. Durch Zusatz von wenig 2,5%ig. Lsg. von *Glutaraldehyd* wird die KB-Bldg. abgestoppt u. die Partikel 48 Std. gegen W. dialysiert. Sie enthalten 88% **I** u. 12% DNS. 0,5 ml einer konz. DNS-Partikel-Suspension werden mit 13 ml L-Zellen ($5 \cdot 10^5$ Zellen/ml) 2 Std. bei 37,5° geschüttelt. Die Zellen werden dann anschließend von den Partikeln freigewaschen u. nach Feulgen oder mit Acridinorange der Geh. an DNS bestimmt. Da dabei DNS aus den Zellkernen stört, wird in weiteren Verss. eine Maus mit Sarcoma 180 (Ascitesform) mit ^{3}*H-Thymidin* (**III**) beimpft. Die nunmehr radioakt. DNS dieser Zellen wird mit **II** zur KB induziert. ^{3}H–DNS wird anschließend in Ggw. 10 mg inakt. **III**/100 ml zur Transformation mit L-Zellen inkubiert. Die Zellen weisen autoradiograph. viele DNS-Partikel in Nucleus u. Cytoplasma auf. L. Träger. 4150□

Reaktionen zwischen verschiedenartig denaturierten oder abgebauten Desoxyribonucleinsäuren und den Anti-Desoxyribonucleinsäure-Antikörpern des Serums von durch Lupus erythematodes disseminatus befallenen Kranken. E. Barbu, M. Seligmann und M. Joly. (Ann. Inst. Pasteur **99,** 695—707, Nov. 1960; franz.) — Vff. versuchten, die spezif. Gruppierungen der *Desoxyribonucleinsäure* (**I**) zu identifizieren, die mit den *Antikörpern* des Serums von Lupus-Kranken reagieren. **I** wurde UV-bestrahlt oder mit 10%ig. Formaldehyd umgesetzt oder mit Ultraschall behandelt oder auf 85 oder 100° erhitzt oder der Einw. von NaOH oder HCl ausgesetzt oder mit *Desoxyribonuclease* behandelt. Die dadurch bewirkten Änderungen in Größe u. Form von **I** wurden durch Best. der Doppelbrechung u. Viscosität u. anderer Meth. untersucht u. alle **I**-Varianten mit anti-**I**-Antikörpern des Serums von *Lupus erythematodes disseminatus* zur Rk. gebracht. Es zeigte sich, daß stark modifizierte **I** noch mit den Antikörpern reagiert. Die schraubenförmige Struktur der Doppelkette greift nicht in die Rk. ein. Den reakt. Gruppierungen entsprechen mindestens 2 *Nucleotide,* die wahrscheinlich in einer Polynucleotidkette liegen. H. Lohschelder. 4150□

Ein Acetylglucosamin und Galaktose enthaltendes Uridinnucleotid. Sakaru Sukuzi. (Biochim. biophysica Acta [Amsterdam] **50,** 395—96, 24/6. 1961; Nagoya, Univ., Dep. of Gen. Education; engl.) — Chromatographie von Heißwasserextrakt aus Hühnereileiteristhmus an Dowex-1-Chlorid liefert ein neues Uridinnucleotid (**I**), UDP-GlcNHAc-P-Gal, dem auf Grund folgender Befunde nachst. Konstit. zukommt.

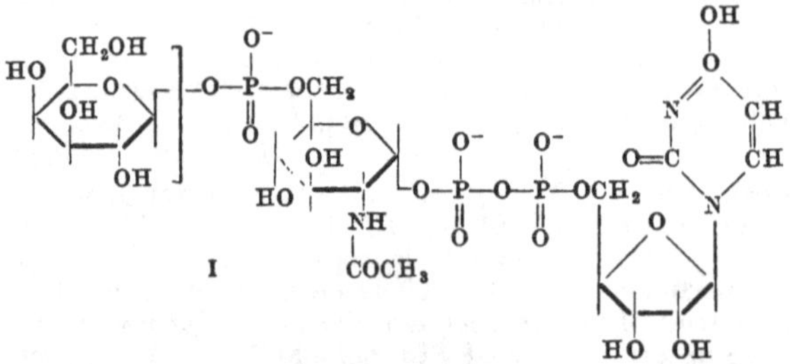

I

Hydrolyse mit 10%ig. Essigsäure (100°, 5 Min.) gibt äquivalente Mengen UDP, Galaktose (**II**) u. Glc NHAc-6-P. **I**-Spaltung mit Schlangengift-pyrophosphatase setzte UMP u. einen Phosphatester frei, der mit Essigsäure unter **II**-Abspaltung in einen Phosphatester mit den Eigg. von GlcNHAc-1.6-P_2 überging. Offensichtlich hat der **II**-Rest. Pyranosestruktur u. ist über $C_{(1)}$ mit dem Phosphat in 6-Stellung des Acetylglucosaminrestes verknüpft. Zers. von **I** mit konz. NH_3 bei 100° gibt u. a. UDP-GlcNHAc u. Gal-1-P. **I** hat D-Konfiguration, wie die Spaltung durch D-**II**-adaptierte *Saccharomyces fragilis*-Zellen zeigte. K. Maier. 4150□

Ein Vergleich der thermischen Dissoziation zweier Polynucleotid-Helices in H_2O und D_2O. H. Todd Miles. (Biochim. biophysica Acta [Amsterdam] **43,** 353—55, 23/9. 1960; Bethesda, Md., Nat. Inst. of Arthr. and Metabol. Diseases, Nat. Inst. of Health, Public Health Serv., Dep. of Health, Educat. and Welfare; engl.) — Vf. bestimmt die Schmelzkurven folgender Gemische: *Polyadenylsäure + Polyuridylsäure* (**I**) u. *Polycytidylsäure + Polyinosinsäure* (**II**) durch die UV-Absorption während ihrer therm. Dissoziation. Dabei wird eine Schmelztemp. T_m definiert als das Maximum der abgeleiteten Kurven von **I** u. **II**, wobei die T_m-Werte etwas tiefer als die Temp. der halbaxialen Absorption liegen. In den Grenzen der Meßgenauigkeit bestehen zwischen T_m in D_2O u. H_2O keine Differenzen. R. Lenschau. 4150□

Strukturlipoproteide der Mucosazelle. C. Green. (Biochem. J. **84,** 50P—51P, Aug. 1962; Liverpool, Univ., Dep. of Biochem.; engl.) — Mitochondrien u. Mikrosomen der Darmmucosa fastender Meerschweinchen wurden 2 mal mit 0,15 m NaCl-Lsg. extrahiert. Danach wurden sie entweder in 0,15 m NaCl-Lsg. suspendiert u. mit Ultraschall behandelt oder in 0,5%ig. Na-Desoxycholat (**I**)-Lsg., 1%ig. Digitonin-Lsg. oder einer Lsg. von verschiedenen Detergentien homogenisiert. Nach dem Zentrifugieren wurden Gesamt-*N*, Gesamt-*Steroide, 7-Dehydrocholesterin* (**II**) u. *Phospholipoide* in der lösl. u. unlösl. Fraktion bestimmt. Die Behandlung mit **I** liefert höhere Anteile aller untersuchten Komponenten. Papierelektrophorese der **I**-Extrakte bei pH 9,2 zeigt ein anod. wanderndes *Protein. Cholesterin* u. Phospholipide wandern mit der Proteinbande, während **II** am Start bleibt. Während der **I**-Absorption fällt das Verhältnis Gesamtsteroide/**II** von

15—16 : 1 auf 6—9 : 1. Der Steroid-Geh. der Mitochondrienextrakte steigt von 0,3 auf 0,55 mg/mg N u. der Mikrosomenextrakte von 0,5 auf 0,85 mg/mg N, jedoch werden durch NaCl bzw. I die gleichen prozentualen Anteile wie aus den Kontrollen extrahiert. Vf. nimmt an, daß die absorbierten Steroide in der gleichen Weise wie endogene an die Struktur-*Lipoproteide* gebunden werden. P. Schwerdtfeger. 4150 □

Wirkung von Myleran während der Regeneration der gestreiften Muskulatur des Axolotl. Françoise Matagne-Dhoossche und Roger Bassleer. (C. R. Séances Soc. Biol. Filiales **156,** 1185—87, 1962; Liège, Univ., Inst. d'Histol.; franz.) — Verss. über die Wrkg. von *Myleran* auf die Regeneration der Schwanzmuskulatur des Axolotl bestätigen das große Ausmaß der mitot. Vermehrung während der Myogenese.
M. Blaschette-Huttinger. 4150 □

Wirkung von Myleran auf die Myogenese des Hühnerembryos. Pierre Collignon und Roger Bassleer. (C. R. Séances Soc. Biol. Filiales **156,** 1183—85, 1962; Liège, Univ., Inst. d'Histol.; franz.) — Die durch *Myleran* verursachten Zellkernveränderungen in der Skelettmuskulatur des Hühnerembryos während der Entw. im Ei bringen neue Hinweise für die Existenz von Zellfusionen während der Myogenese in vivo.
M. Blaschette-Huttinger. 4150

Der Einfluß einer Bestrahlung und Theorie der Bedeutung der mitotischen Hemmung für den zeitlichen Ablauf der Markierung von HeLa-S3-Zellen mit Tritiumhaltigem Thymidin. Robert B. Painter und James S. Robertson. (Radiat. Res. **11,** 206—17, Aug. 1959; Upton, N.Y., Brookhaven Nat. Labor., Med. Dep.; engl.) — Durch Markierung von HeLa-S3-Zellen nach Bestrahlung mit 250 kV Röntgenstrahlen (500 r, Filter 0,5 mm Cu + 1 mm Al) mit *H^3-Thymidin* in verschiedenen Zeitabständen nach der Bestrahlung wurde die Kinetik der Bestrahlungs-Wrkg. auf die Anzahl der Zellen in den verschiedenen Stufen des mitot. Cyclus bestimmt. Das experimentelle Ergebnis u. theoret. Betrachtungen legen die Deutung nahe, daß der hemmende Einfl. der Strahlung auf die *Desoxyribonucleinsäure* (I)-Synth. ein Folgeeffekt der mitot. Hemmung ist, die zu einer Erschöpfung des Bestandes an Zellen der der I-Bldg. vorangehenden Phase führt. Diese Deutung ist jedoch nicht schlüssig. W. Reusse. 4150 □

Ursprung der ersten Krebszelle. Reinout F. A. Altman. (Arch. Geschwulstforsch. **19,** 1—14, 97—123, 1962; engl.) — Vf. wertet die Literatur der letzten 25 Jahre aus: Ausgangspunkt der Überlegungen ist die Tatsache, daß manche Verbb. cancerogen wirken u. auch das Wachstum normaler u. maligner Gewebe hemmen können. Er stellt folgende Hypothese auf: Bestimmte Veränderungen in der Protoplasmamembran einer beliebigen Zelle verändern auch Konstit. u. Funktion von Plasma u. Kern. Wichtigste Bestandteile der Membran: freie u. gebundene *Phospholipoide.* Leere Räume innerhalb der Membran können von „lipophilen Sensibilisatoren" aufgefüllt werden (z. B. freies u. verestertes *Cholesterin* u. *Glyceride*). 3 Thesen: 1. Manche Verbb. sind deshalb cancerogen, weil sie als „lipophile Sensibilisatoren" wirken. 2. Phospholipoide ermöglichen freie Diffusion hydrophober Cancerogene durch die Zellmembran hindurch (Emulgatoren), in gleicher Weise wirken *Cholesterinester, Mono-* u. *Diglyceride, Seifen* u. *Proteine.* Wegen dieser Diffusionsmöglichkeit können Cancerogene nicht von der Zelle eingefangen werden: Ausbleiben der Krebsentstehung. Aus These 2 folgert Vf. These 3: Die Verwandlung von normaler Zelle in eine Krebszelle ist umkehrbar. *„Cholamin"*, *Cholin* u. *Inosit* sollen ebenfalls als vor Cancerogenese schützende Emulgatoren wirken, neutrale *Fette* sollen dagegen infolge Verbrauch von Emulgatoren die Tumorbldg. verstärken. — Diskussion dieser Hypothesen. S. Dittmann-Mitzscherlich. 4160 □

Die Verwendung von Fungizon und Polymyxin B bei der Isolierung natürlich infizierter Gewebe. H. Schneider, J. R. Brown und E. E. Muirhead. (Nature [London] **195,** 396—97, 28/7. 1962; Detroit, Mich., Woman's Hosp., Wayne State Univ., Coll. of Med., Dep. of Pathol.; engl.) — Menschliches Gewebe verschiedener Organe wurde in Eagle's Medium mit *Streptomycinsulfat, Penicillin G, Neomycinsulfat, Polymyxin-B-Sulfat* (I) oder *Fungizon-Amphotericin B* (II) über Nacht bei 4° inkubiert. Das Gewebe wurde nach Homogenisieren 30—60 Min. bei Raum-Temp. mit *Trypsin* versetzt, zentrifugiert u. die Zellen nach Resuspendierung in Eagle's Medium unter kontinuierlichem Zusatz der Antibiotica einen Monat lang aufbewahrt. Das Weglassen von I oder II zu einem früheren Zeitpunkt führte zur Kontaminierung der sterilen Kultur. Es konnten Zell-„Linien" einer normalen Cervix, eines Carcinoms in situ, eines invasiven Cervixcarcinoms u. verschiedener Carcinome des Verdauungstraktes erhalten werden.
J. Boelter. 4160 □

Neoplastische Schädigungen beim Huhn, hervorgerufen durch einen Ribonucleinsäureextrakt aus Leukämie-Zellen (Geflügel-Erythroblastose). Fanny Lacour und Jacques Harel. (C. R. hebd. Séances Acad. Sci. **254,** 4231—32, 13/6. 1962; Villejuif, Seine, Inst. Gustave Roussy; franz.) — Eine aus erythroblast. Zellen extrahierte *Ribonucleinsäure* (*RNS*) wurde Hühnern eingeimpft. Bei 17% zeigten sich daraufhin neoplast. Schädigungen, überwiegend leukäm. Art. Durch vorherige Behandlung der RNS mit *Ribonuclease* wird die infektiöse Wrkg. aufgehoben. E. Lodemann. 4160□

Erzeugung von Tumoren beim Hamster durch Injektion von Desoxyribonucleinsäure, die aus mit Polyomavirus infizierten Zellkulturen extrahiert wurden. Pascu Atanasiu, Gérard Orth, Jean-Pierre Rebière, Michel Boiron und Claude Paoletti. (C. R. hebd. Séances Acad. Sci. **254**, 4228—30, 13/6. 1962; Villejuif, Inst. Pasteur, Serv. de Virus, Inst. Gustave Roussy, Unité de Biochim.; Paris, Hôp. Saint-Louis; franz.) — Aus mit *Polyomavirus* infizierten Embryozellen von Mäusen wurde durch Extraktion mit warmem 80%ig. Phenol eine *Desoxyribonucleinsäure* (*DNS*) gewonnen, die neugeborenen Hamstern injiziert wurde. Nach 30 Tagen konnte die Bldg. von *Antikörpern* u. nach 56 Tagen das Erscheinen von makroskop. Tumoren des Polyoma-Typs festgestellt werden. In vitro-Verss. mit Mäusenierenzellen zeigten die gleiche infektiöse Wrkg. der DNS, die jedoch durch Zusatz von *Desoxyribonuclease* aufgehoben werden konnte. E. Lodemann. 4160□

Erzeugung von Lungenkrebs durch subkutane Injektion von N.N-Diamylnitrosamin an Ratten. H. Druckrey und R. Preussmann. (Naturwissenschaften **49**, 111—12, 1962; Freiburg, Labor. der chir. Univ.-Klinik; dt.) — Das bei oraler Gabe stark lebercarcinogene *N.N-Diamylnitrosamin* erzeugt bei subkutaner Gabe an BD-Ratten Lungentumoren, im wesentlichen Alveolarzell- neben Plattenephithel- u. undifferenzierten Carcinomen. Auf Grund der Befunde wird geschlossen, daß die Dealkylierung des Nitrosamins zum entsprechenden *Diazoalkan* auch in der Lunge erfolgen kann, dem Organ, das bei parenteraler Applikation zuerst getroffen wird. R. Preußmann. 4160□

Annahme einer Funktion des Wasserstoffperoxids bei der Carcinogenese. Peter Kovacic. (Ohio J. Sci. **60**, 283—90, Sept. 1960; Case Inst. of Technol., Dep. of Chem. and Chem. Eng.; engl.) — Übersicht. Zellmorphologie u. -histologie; energet. Betrachtungen; Rolle der *Nucleinsäure*; Rolle des *Proteins*. — Es wird angenommen, daß Krebs durch die Wrkg. eines Agens, das direkt oder indirekt in anomal hoher Konz. H_2O_2 erzeugt, entstehen kann. — Ca. 100 Literaturangaben. K. Maier. 4160□

Die Beeinflussung des Embryonalfeldes des Hühnchens durch Cancerogene. G. Mathis und F. Seilern-Aspang. (Naturwissenschaften **49**, 110—11, 1. März-H. 1962; Wien, Krebsforschungsinst., Abt. für exp. Biol.; dt.) — In Olivenöl gelöstes *Dibenzanthracen* u. *Benzpyren* bewirkt bei 14 behandelten Hühnerembryonen 4 spezif. Anomalien. Die Effekte treten nicht auf mit *Methylcholanthren* oder wenn die Carcinogene in Eidotter gelöst wurden. R. Preußmann. 4160□

Die Tetrahydrofolsäure-abhängige Aktivierung von Einkohlenstoffeinheiten in normalen und pathologischen weißen Blutzellen. W. Wilmanns. (Klin. Wschr. **39**, 884—88, 1/9. 1961; Marburg, Univ., Med. Klinik; dt.) — *Tetrahydrofolsäure* (**I**) ist ein Cofaktor bei der Aktivierung u. Übertragung von C_1-Einheiten im Leukocytenstoffwechsel. Bei der Bldg. von **I** spielt das Enzym *Dihydrofolsäurereduktase* (**II**) eine Rolle. Aus **I** entsteht unter Mitwrkg. der *Formylase* (**III**) u. der *Hydroxymethyltetrahydrofolsäuredehydrogenase* (**IV**) die *N^{10}-Formyltetrahydrofolsäure* (**V**). Sie dient als Formyldonator für die Purinvorstufen der Nucleinsäurebasen. Vf. weist bei akuten u. chron. Myelosen Aktivitätssteigerungen der **III** u. **IV** nach, während die Aktivität der **II** nur in Einzelfällen erhöht ist. Bei chron. Lymphadenosen fanden sich niedrige Enzymaktivitäten. Möglicherweise spielt ein gesteigerter C_1-Stoffwechsel als Ursache für vermehrte Zellteilung bei den Leukämien eine Rolle. K. Neumeister. 4160□

Regulationsmechanismus der Glykogenablagerung in der Leber normaler und tumortragender Ratten und bei Novikoff-Ascites-Hepatom. Vijai N. Nigam. (Nature [London] **196**, 478—80, 3/11. 1962; Montreal, Notre Dame Hosp., Montreal Cancer Inst.; engl.) — Aus den Lebern gesunder u. tumortragender Ratten sowie aus Tumorgewebe wurden verschiedene Fraktionen durch Zentrifugieren gewonnen u. in ihnen die Verteilung der *Glykogensynthetase* u. der *Phosphorylase* (**I**) bestimmt. In der gesunden Leber sind beide Enzyme am stärksten in der *Glykogen* (**II**)-Fraktion, während sie bei tumorbefallener Leber u. im Tumor vor allem im Cytoplasma zu finden sind; jedoch ist ihre Gesamtmenge erheblich verringert. Ausgangspunkt dürfte eine Verarmung des Plasmas an *Glucose* bei Tumorbefall sein, wodurch **I** aktiviert u. die **II**-Körnchen abgeführt werden u. dadurch Verlust der Synth.-Fähigkeit eintritt. Ursache für die Aktivierung der **I** dürfte die Verfügbarkeit von *ATP* sein. R. Ristow. 4160□

Die Umwandlung von 17-Hydroxypregnenolon in Cortisol durch menschliches Nebennierentumorgewebe in vitro. Irving Weliky und Lewis L. Engel. (J. biol. Chemistry **237** 2089—94, Juli 1962; Boston, Mass., Harvard Univ., Huntington Memor.

Hosp., John Collins Warren Labor.; Harvard Med. School, Dep. of Biochem.; engl.) — $^{14}C_{(4)}$-*Progesteron* u. *17-Hydroxy-$^3H_{(7\alpha)}$-pregnenolon* wurden gleichzeitig mit Schnitten eines menschlichen Nebennierenrindentumors inkubiert. Progesteron (I) wurde zu 17%, 17-Hydroxypregnolon zu 63% zu *Cortisol* (II) umgesetzt. Die Unterss. bestätigen damit die Existenz eines von I unabhängigen Synth.-Weges für II. R. Ristow. 4160□

Enzyme des Elektronentransportsystems in Rumex-Virus-Tumorzellen. Arthur C. Gentile. (Physiol. Plantarum [Copenhagen] **14,** 614—20, 1961; Amherst, Mass., Univ. of Massachusetts, Dep. of Bot.; engl.) — In einer Partikel-(Mitochondrien)-Fraktion von Zellen des Rumex-Virus-Tumorgewebes ließen sich spektrophotometr. nachweisen: *Cytochromoxydase, DPNH* (I)-, *TPNH* (II)- u. *Succinat-Cytochrom c-Reduktasen, DPNH* (III)- u. *TPNH-Oxydasen* (IV), sowie *DPNH-* u. *TPNH-Diaphorasen. Antimycin A* (V) u. *KCN* inhibierten die III- u. IV-Aktivitäten u. die Red. von *Cytochrom c* durch *Succinat.* Die I- u. II-Aktivitäten wurden von V nicht beeinflußt. Durch Zugabe von *p-Benzochinon* wurde die Aktivität der III gesteigert. Diese erhöhte Aktivität ließ sich weder durch V noch durch *2.4-Dinitrophenol* beeinflussen. H. W. Liebisch. 4160□

Wirkung eines ascitischen Hepatoms der Ratte auf die Nucleinsäuren des Pankreas und der Niere. M. Wintzerith, N. Klein, L. Mandel und P. Mandel. (Experientia [Basel] **15,** 140—42, 15/4. 1959; Strasbourg, Fac. de Méd., Inst. de Chim. biol.; franz.) — Vgl. C. R. Soc. Biol. Filiales **151,** [1957], 2199. — Wistar-Ratten erhielten intraperitoneal 1 ml Ascites-Fl. u. nach 5 Tagen i.m. 100 μc ^{32}P/100 g Körpergewicht. 24 Std. später wurden in Pankreas u. Niere Menge u. spezif. Aktivität der *Ribo-* (I) u. *Desoxyribonucleinsäure* (II) sowie des säurelösl. Phosphats bestimmt. Im Vgl. mit tumorfreien Tieren zeigten sich bzgl. der Nieren keine Unterschiede, während sich beim Pankreas eine gesteigerte Aufnahme von ^{32}P in I u. II ergab. Das Vorliegen von Tumoren scheint sich zuerst in Geweben mit großer Stoffwechselaktivität zu zeigen. H. Lohschelder. 4160□

Laboratoriums- und klinische Untersuchungen einiger Hydrochinondiphosphate und verwandter Verbindungen als chemische Radiosensibilisatoren und die Entwicklung eines radioaktiven Arzneimittels. D. H. Marrian, Barbara Marshall und J. S. Mitchell. (Chemotherapia [Basel] **3,** 225—310, 1961; Cambridge, Univ., Dep. of Radiotherap.; Addenbrooke's Hosp., Radiotherap. Centre; engl.) — Vff. berichten über Unterss., die in den letzten 15 Jahren mit dem Ziel durchgeführt wurden, chem. Radiosensibilisatoren u. radioakt. Verbb. herzustellen u. experimentell u. klin. zu prüfen. Von 170 untersuchten Verbb. erwies sich das *Tetra-Na-2-Methyl-1.4-naphthohydrochinondiphosphat* (I; *Synkavit*) als bisher bester Radiosensibilisator. Das ^3H-markierte I führte bei 9 von 36 Patienten mit Krebs in fortgeschrittenem Stadium zu einer Besserung des Allgemeinbefindens. — 203 Literaturangaben. R. Reiss. 4160□

Wirkung von Hydrocortison u. Röntgenstrahlung auf die spontane Leukämiegenese bei AkR-Mäusen. J. F. Duplan. (C. R. Séances Soc. Biol. Filiales **156,** 779—82, 1962; Paris, Inst. du Radium., Labor. Pasteur; franz.) — Bei jungen AkR-Mäusen entsteht durch eine Reihe von *Hydrocortison*-Injektionen eine verlängerte Latenzzeit bis zum Auftreten von spontanen lymphoiden Leukämien. Sie wird nicht bei ganz bestrahlten AkR-Mäusen beobachtet, denen man Knochenmark von *Cortison*-behandelten Spendern verpflanzt hat. Man muß annehmen, daß die Nebennierenhormone die Leukämiegenese indirekt beeinflussen u. keine definitive Veränderungen der lymphoiden Zellen mit potentieller Krebsentartungsfähigkeit vorliegen.
M. Blaschette-Huttinger. 4160□

Die Behandlung begrenzter Felder von malignen Hauttumoren durch externe Anwendung von radioaktivem Phosphor. J. Rohart, G. Giaux und J. Swyngedauw. (J. Radiol. Electrol. Méd. nucléaire **42,** 25—35, Jan./Febr. 1961; Lille, Centre Oscar-Lambret Service des Isotopes; franz.) — Die Behandlung von malignen Hauttumoren mit der β-Strahlung von *Ra* wird durch die gleichzeitig vorhandene γ-Strahlung gestört, die in tiefer gelegenen Gewebebereichen unerwünschte Strahlenwrkg. hervorruft. Vff. berichten über die Anwendung von ^{32}P als reinem β-Strahler (E_{max} = 1,71 MeV, E_β = 0,69 MeV). Die Applikation erfolgt durch auf den Tumor aufgelegtes Löschpapier, das vorher in eine *Na-Radiophosphat*-Lsg. eingetaucht u. getrocknet wurde. Es wird eine eingehende Berechnung der applizierten Dosis an der Oberfläche u. in der Tiefe des Gewebes mitgeteilt. Ferner wird die prakt. Durchführung der Bestrahlung beschrieben, u. es wird über einige klin. Fälle berichtet. W. Reusse. 4160□

E$_2$. Enzymologie. Gärung

Substratbildung bei Enzymen. Die Wechselwirkung zwischen Pyridoxalphosphat und Aminosäuren. N. Lucas, H. K. King und S. J. Brown. (Biochem. J. **84,** 118—24, Juli 1962; Liverpool, Univ., Dep. of Biochem.; engl.) — Die Bldg. von Schiffschen Basen (SB) aus *Pyridoxalphosphat* (I) u. verschiedenen *Aminosäuren* (*Glycin, Alanin, Valin, Leucin, Glutaminsäure, Arginin, Ornithin, Serin, Isobutylamin*) in Abhängigkeit vom pH-Wert wurde untersucht. Vgl. mit den Michaelis-Konst. (K_M) verschiedener I-Enzyme ließen vermuten, daß die enzymat. Aktivität von der Bldg. von SB aus Coenzym u. Aminosäuresubstrat abhängt. Der experimentelle Beweis hierfür wurde durch Vgl. der pH-Abhängigkeit der K_M der *Leucindecarboxylase*-Rk. mit der der Affinitäts-Konst. *Leucin*-I erbracht. E. Lodemann. 4210□

Die in vitro-Wirkung von Nebenschilddrüsenextrakt auf die Ultraviolettabsorption von reduziertem Coenzym II (TPNH). L. E. Reichert jun. und M. V. L'Heureux. (J. Endocrinology **20,** 123—28, April 1960; Chicago, Ill., Loyola Univ., Graduate School, Dep. of Biochem.; Stritch School of Med.; engl.) — Mit Schilddrüsenextrakt inkubiertes *red. Triphosphopyridinnucleotid* (*TPNH*) (6 Std., pH 7,4, Raum-Temp.) verringert dessen UV-Absorption bei 340 mμ. Zwischen dieser Abnahme der Absorption u. der *Ca*-mobilisierenden Wrkg. des Extraktes besteht keine Korrelation. Dialyse des akt. Extraktes gegen W. oder Behandlung mit A.–Ae. oder mit CH_2O bewirkt eine Erniedrigung oder Eliminierung der biolog. Wrkg, sowie eine Red. der Fähigkeit des behandelten Präp., die Absorption des TPNH bei 340 mμ zu beeinflussen. Die Inaktivierung des Ca-mobilisierenden Prinzips des Extraktes durch *Pepsin* ergibt ein Präp., welches die Fähigkeit, die UV-Absorption des TPNH zu beeinflussen, beibehält. Dialyse des durch Pepsin inaktivierten Extraktes gegen dest. W. oder Behandlung mit A.–Ae. verringert diesen spektrophotometr. Effekt. K.-F. Müller. 4210□

Kristallines Ubichinon (Coenzym Q_{10}) aus dem Sperma des Seeigels. Grazia Caserta und F. Ghiretti. (Nature [London] **193,** 1079—80, 17/3. 1962; Neapel, Zool. Stat., Dep. of Physiol.; engl.) — Spermazellen von *Sphaerechinus granularis* wurden bei 100^0 mit einer alkohol. KOH-Lsg. in Ggw. von Pyrogallol behandelt. Das Sterin-freie Material wurde an einer Kieselsäure-Kolonne chromatograph. aufgetrennt. Dabei wurde ein *Ubichinon* (I) isoliert. I erwies sich nach chem. u. physikal. Vgl. mit dem *Coenzym Q_{10}* aus dem Rinderherz identisch. J. Boelter. 4210□

Stimulierung der Fettsäuresynthese durch Östradiol in vitro. N. Hosoya, D. Hagerman und C. Villee. (Biochem. J. **76,** 297—301, Aug. 1960; Boston, Mass., Harvard Med. School, Dep. of Biol. Chem. and Boston Lying-in Hosp. Res. Labor.; engl.) — Vgl. C. **1960,** 3256. — Die Placenta enthält, wie Vff. durch Inkubations-Verss. zeigen konnten, Enzyme für die Synth. von *Fettsäuren* (I) durch Kondens. von *Acetylcoenzym A* u. *Malonylcoenzym A.* Die Enzyme katalysieren die Carboxylierung von Acetylcoenzym A zu Monomalconyloenzym A u. die Kondens. u. Red. zu *β-Hydroxybuttersäure.* Eine partielle Reinigung der Enzyme konnte durch Fraktionierung mit $(NH_4)_2SO_4$ erreicht werden. Die Bldg. von markierten I aus $^{14}C_{(1)}$-Acetat u. der Umsatz von red. Pyridinnucleotiden war unter *Östradiol* (II)-Zusatz erhöht. In der Placenta besteht demnach eine Kopplung zwischen der TPNH-abhängigen I-Synth. u. der durch II stimulierbaren *Transhydrogenase.* Unter den in vitro-Rk.-Bedingungen wird H von DPNH auf TPN übertragen u. die I-Synth. stimuliert. Das Enzym-Syst. für die I-Synth. in der Placenta enthält *Biotin.* L. Laschet. 4210□

Die Fettsäurebiosynthese in zellfreien Präparaten. 5. Mitt. **Synthese von Fettsäuren aus Acetat in Brustdrüsenextrakten säugender Ratten.** R. Dils und G. Popják. (Biochem. J. **83,** 41—51, April 1962; London, Hammersmith Hosp., Med. Res. Council, Radiopathol. Res. Unit.; engl.) — 4. vgl. C. **1957,** 8253. — Die Biosynth. von *Fettsäuren* (I) aus *Acetat* (II) in den Brustdrüsen säugender Ratten verläuft hauptsächlich über die *Malonylcoenzym A* (III)-Rk.-Kette, wobei die I-Synth. im zellfreien Brustdrüsenextrakt vor sich geht. Bei Blockierung der *Biotin*-geförderten Carboxylierung von *Acetylcoenzym A* zu III durch *Avidin* findet keine I-Synth. aus II statt. Für die I-Synth. aus II sind *Adenosintriphosphat* (*ATP*), *Coenzym A* (*CoA*), *red. Triphosphopyridinnucleotid* (*TPN*), HCO_3^-, Mn^{2+} u. Biotin sowie wahrscheinlich *red. Diphosphopyridinnucleotid* als Cofaktoren erforderlich. Wie Unterss. mit $^{14}C_{(1)}$- bzw. $^{14}C_{(2)}$-*Malonat* (IV) zeigen, wird in Ggw. dieser Cofaktoren die I-Synth. stark durch Ggw. von IV stimuliert. Es wird jedoch kein IV in die I eingebaut, u. das Brustdrüsen-Enzym-Syst. ist nicht fähig, III aus IV zu bilden. Die maximale Umsetzung von II zu I erfolgt in Ggw. von 0,13 mMol CoA, 20 ATP, 0,33—0,66 TPN, 10—20 *Glucose-6-phosphat,* 50 HCO_3^- u. 50 mMol IV. Die erforderlichen 3,3 mMol Mn^{2+} lassen sich weder durch Mg^{2+} noch andere bivalente Metalle (Ca^{2+}, Zn^{2+}, Ni^{2+}, Fe^{2+}, Ba^{2+}, Mg^{2+}, Cu^{2+}) ersetzen. Unter diesen optimalen Bedingungen ist die I-Synth. der Protein-Konz. bis zu 5,5 mg/ml proportional (Kurve), verläuft zeitlich bis zu 100 Min. linear, endet nach ca. 150 Min. u. ist von einer Reihe von Citronensäurecyclus- u. a. Zwischenprodd. (*Oxalat, Succinat, Glutarat, Adipat, Pimelat, Oxalacetat, α-Ketoglutarat, Butyrat, Citrat, cis-Aconitat,* DL-*Isocitrat, Fumarat,* DL-*Malat*) sowie von

Glykogen, die früher als Synth.-Stimulantien angesehen wurden, unabhängig. Unter aeroben Bedingungen werden maximal 6,9%, unter anaeroben 43,4% des **II** in **I** übergeführt, u. zwar unter ausschließlicher Verw. des Extraktrückstands. In Ggw. von Mitochondrien u./oder Mikrosomen ist die Umsetzung geringer u. die Zus. der **I** verschieden. Neben 4 nichtidentifizierten **I** werden folgende *Fettsäuren* (**I**) unter anaeroben Bedingungen im Überstand aus $^{14}C_{(COOH)}$-**II** erhalten (% der Gesamtradioaktivität der **II**): *n-Octan-* (1.2), *n-Decan-* (9,4), *n-Dodecan-* (17,7), *n-Tetradecan-* (37,2), *n-Hexadecan-* (29,8), *n-Octadecan-* (1,0) u. *Octadecen-(9)-carbonsäure* (0,4). G. Kirsten. 4210□

Der Einfluß von gekoppelten Gallensäuren auf die Synthese von Fettsäuren und Cholesterin in der Leber. Walter Seitz und Vera von Brand. (Klin. Wschr. **39**, 891—95, 1/9. 1961; München, Univ., Med. Poliklinik; dt.) — In vitro- u. in vivo-Verss. zur Klärung des Einfl. von *Gallensäuren* [*Glykocholsäure* (**I**), *Taurocholsäure* (**II**)] auf die *Fettsäure* (**III**)- u. *Cholesterin*-Synthese. Der Zusatz von 1 mg **I** zu einem **III**-*synthetisierenden Enzym-Syst.* aus Taubenleber u. *^{14}C-Na-Acetat* (**V**) hemmt die **III**-Synth. auf 20%, die **IV**-Synth. auf 29%, der Zusatz von 5 mg **I** die **III**-Synth. auf 0%, die **IV**-Synth. auf 9%. Bei Tauben, an die **I** u. **II** u. **III** verfüttert wurden, fand man eine vermehrte $^{14}CO_2$-Ausscheidung im Vgl. zu einer Kontrollgruppe. Die Taubenlebern wiesen weniger radioakt. markiertes Gesamtfett als die Kontrolltiere auf. Aus der Leber von mit **I** u. **II** vorbehandelten Tauben wurde das **III**-synthetisierende Enzym-Syst. isoliert u. geprüft. Es zeigt sich bei **I** eine aus 45%, bei **II** eine auf 32% verminderte **III**-Synth. in vitro. K. Neumeister. 4210□

Untersuchung über die Oxydation der Fettsäuren in der Niere junger Ratten mit Steatose, welche durch eine eiweißarme, fettreiche Diät bei gleichzeitigem Cholin- und Vitamin B_{12}-Mangel verursacht wurde. Renée Toury und Marianne Lévy. (C. R. Séances Soc. Biol. Filiales **156**, 609—12, 1962; Paris, Fac. de Sci., Labor. de Physiol. de la Nutrit.; franz.) — Die Aktivität des renalen *Fettsäureoxydations-Syst.* wird nach entsprechender Diät bei Ratten verschiedener Rassen- u. Geschlechtszugehörigkeit nach den Meth. von Lehninger u. Kennedy (J. biol. Chemistry **173**, [1948], 753) sowie Lehninger u. Smith (J. biol. Chemistry **173**, [1948], 773) mit homogenisiertem Nierenparenchym in 9 Vol. isoton. KCl u. K-Octanat als Substrat bestimmt. Die Aktivität der renalen *Octanoxydase* ist gegenüber den Kontrolltieren nur geringfügig vermindert. Das Verhältnis Extra-*Sauerstoff*/verbrauchtes *Octanat* ist ziemlich konst. für Ratten einer gleichen Generation. Der Gesamtabbau des Octanats ist am stärksten bei Jungtieren mit verhältnismäßig geringer Bldg. von *Acetoacetat*. Es bestehen sonst keine Oxydationsanomalien der Octancarbonsäure u. es werden weder makroskop. noch mkr. hämorrhag. Nierenläsionen festgestellt. M. Blaschette-Huttinger. 4210□

Die Oxydation verschiedener Substrate durch Acetobacter aceti. J. De Ley und J. Schell. (J. Bacteriol. **77**, 445—51, April 1959; Ghent, State Univ., Vet. Coll., Dep. of Biochem.; engl.) — Vff. untersuchen die Oxydation verschiedener Substrate durch Ruhezellen von *Acetobacter aceti* Stamm Ch 31. Als Haupt-C-Quelle diente *DL-Lactat*. *A. aceti* oxydiert die Substanzen bes. schnell, die Zwischenprodd. des Milchsäurestoffwechsels sind, über den Weg der Brenztraubensäure u. den Krebs-Cyclus. Hierzu gehören: *D-* u. *L-Lactat, Pyruvat, Acetat* (**I**), *L-Malat* (**II**), *Succinat* (**III**), *Fumarat* (**IV**) u. *Citrat* (**V**). **I**, **II**, **III**, **IV** u. **V** werden erst nach einer Induktionsperiode oxydiert. Weiter werden oxydiert *A.*, *Acetaldehyd* u. *Formiat* (durch konstitutive Enzyme), *n-Propanol, n-Butanol, Isobutanol, Amylalkohol, Isopropanol, sek.-Butanol. Glucose* (**VI**) wird zu 80% zu Gluconsäure oxydiert; *Galaktose, Mannose, L-Arabinose, D-Ribose* u. *L-Lyxose* werden zu den entsprechenden Säuren oxydiert. *Mannit* (**VII**) u. *Glycerin* (**VIII**) werden vollständig oxydiert. Nicht oxydiert wurden: L-Sorbose, Lactose, Cellobiose, Leucrose, Raffinose, Maltobionat, Lactobionat, α-Glucoheptonat, Saccharat, Mucat, Kojiat, Gluconat, D-Gulonat, D-Galaktonat, D-Mannonat, 3-Desoxygalaktonat, D-Sorbit, Dulcit, Arabit, m-Inosit, D-Arabinose, L-Xylose, L-Fucose, L-Rhamnose, D-Ribonat, D-Arabonat, D-Xylonat, 2-Ketogluconat, 5-Glucuronat, Galakturonat, Mannuronat, Oxalat, Aceton, Methanol, tert.-Butanol u. H_2. Zellfreie Extrakte von A. acebi enthalten eine TPN-spezif. *Dehydrogenase* für **VII**, *Glucose-6-phosphat* u. *6-Phosphogluconat*, wahrscheinlich eine *Phosphohexoisomerase* u. *Kinasen* für *Fructose* u. **VIII**. W. Hiller. 4210□

Serumkupfer und die oxydative Aktivität von Coeruloplasmin beeinflussende Faktoren bei der Ratte. B. J. Meyer, A. C. Meyer und M. K. Horwitt. (Amer. J. Physiol. **194**, 581—84, Sept. 1958; Elgin, Ill., Elgin State Hosp.; Chicago, Univ. of Illinois Coll. of Med., Dep. of Biol. Chem.; engl.) — *Terpentin* (**I**), *Östradiolbenzoat* u. *Epinephrinhydrochlorid* (i. m. u. subkutan) erhöhen sowohl bei normalen als auch bei adrenalektomierten ♂ Albinoratten den *Serumkupfer*-Spiegel u. die *p-Phenylendiaminoxydase*-Aktivität. **I** ist am wirkungsvollsten. P. Gregorzewski. 4210□

Die Wirkung mikrobieller Fraktionen auf den Stoffwechsel der Leber und Monocyten von Mäusen. R. S. Berk und Eric L. Nelson. (J. Bacteriol. **81**, 459—63, März 1961; Los Angeles, Calif., Univ. of California, Dep. of Bacteriol; engl.) — Lösl. u. Partikelfraktionen ultraschallbehandelter *Pseudomonas aeruginosa*-Fraktionen senkten die *Succinoxydase* (I)-Aktivität von Mäuseleber-Präpp. u. -Monocyten. Bakterienextrakte erwiesen sich toxischer als intakte Zellen. Die Hemmung der I-Aktivität war der Extrakt-Konz. proportional. Lipopolysaccharidendotoxine verschiedener anderer Organismen (*Brucella, Serratia, Salmonella, Escherichia, Streptococcus, Staphylococcus*) beeinflußten in Monocyten weder I-Aktivität noch Glykolyse. K. Maier. 4210□

Reinigung und Eigenschaften von 3-Hydroxyanthranilsäureoxydase. R. H. Dekker, H. H. Kang, Franklin R. Leach und L. M. Henderson. (J. biol. Chemistry **235**, 3076—82, Nov. 1961; Stillwater, Okla., Oklahoma State Univ., Agric. Exper. Stat., Dep. of Biochem.; engl.) — Verss., aus frischer Rinderleber eine *3-Hydroxyanthranilsäureoxydase* (I) durch $(NH_4)_2SO_4$ (II)-Fraktionierung anzureichern, führten zu einer teilweisen Inaktivierung des Präp., die durch Dialyse oder (u.) Inkubation mit Fe^{2+} oder *Glutathion* nicht rückgängig gemacht werden konnte. Gleichzeitiger Zusatz von II u. *3-Hydroxyanthranilsäure* (III) zu I führte nur zu einer leichten Hemmung. Präinkubation von I u. II (2 Min.) vor Zugabe von III bewirkte dagegen eine bis zu 10fache Aktivierung von I, die nicht auf eine pH-Änderung zurückzuführen war. Maximale Aktivierung wurde bei Präinkubation über 5 Min. u. bei einer II-Konz. von 0,035m erreicht. Schwächer als II wirkten $MgCl_2$, Na_2SO_4, *NaCl* u. *Triton X-100* aktivierend. Es wird die Umwandlung einer inakt. Form von I durch II u. nachfolgende Rk. mit Fe^{2+} zum vollakt. Enzym angenommen. Ein wärmebehandeltes Leberhomogenat zeigte bei pH 3,5 sowie mit Basen eine kurzzeitige Aktivitätssteigerung. Erwärmen des I-Präpp. auf 55° (5 Min.) in Ggw. von $FeSO_4$ bewirkte eine 7—35fache Aktivierung. I wurde aus Rinderleberhomogenat durch Zentrifugieren, Behandeln des Überstandes mit Ca-Phosphatgel u. Fraktionierung mit II auf das 1800fache angereichert bzw. aktiviert. Verss. mit ^3H-III führten zu einer Verunreinigung von I mit *Picolinsäuredecarboxylase* vor der II-Fraktionierung. K_m nach Lineweaver-Burke wurde für III zu $2{,}1 \cdot 10^{-5}$ u. die scheinbare K_m für $FeSO_4$ zu $2 \cdot 10^{-5}$m gefunden. Die I-Hemmung durch *p-Chlormercuribenzoat* konnte durch gleichzeitige III-Zugabe z. T. zurückgedrängt werden. J. Boelter. 4210□

Über die Gewinnung einer zellfreien Präparation eines induzierbaren, Myoinosit oxydierenden Enzyms aus Schwanniomyces occidentalis. Vorl. Mitt. C. Jungwirth, A. Sivak, O. Hoffmann-Ostenhof und R. G. Janke. (Mh. Chem. **92**, 72—74, 1961; Wien, TH, Inst. für biochem. Technol. u. Mikrobiol.; organ. chem. Inst.; dt.) — Die auf *Inosit* (I) bzw. *Glucose* (II) gewachsenen Zellen (vgl. C. **1961**, 5831) wurden nach 48 Std. geerntet, gewaschen u. unter Kühlung 3 Min. im Zellhomogenisator behandelt. Die Zellreste wurden abzentrifugiert u. der Zellsaft mit einer 0,3%ig. *Myoinosit*-Lsg. bei 28° inkubiert (pH 7,5). Bei Verw. von auf I gewachsenen *Schwanniomyces occidentalis* ergab sich ein deutliches Ansteigen der Orcin- u. Naphthoresorcin-positiven Substanzen. Der *Carbazol*-Test nach Dische (spezif. für *Uronsäuren*) war positiv. Ein gefärbter Komplex mit *Anilinacetat* hatte dasselbe Absorptionsspektrum wie ein Komplex aus *Glucuronsäure* u. Anilinacetat. Pyridinnucleotide wurden nicht reduziert. Extrakte von auf II gewachsenen Schw. occidentalis zeigten diese Effekte nicht. H. Rossow. 4210□

Die Freisetzung von Peroxydase aus eosinophiler Granula in vitro. G. T. Archer. (Nature [London] **194**, 973—74, 9/6. 1962; Sydney, Blood Transfusion Serv., New South Wales Red Cross; engl.) — Eosinophile Granula (E) aus der Bauchhöhle von Ratten wurden spektrophotometr. auf *Peroxydase* (I) untersucht. I wurde bei pH $<5{,}5$ durch 0,02m Na-Acetat (II) aus den intakten Eosinophilen u. isolierten Granula freigesetzt. Die bei pH 4 noch schneller erfolgende Freisetzung von I war mit dem Verschwinden der E verbunden. Bei Inkubation von E in dest. W. bei pH 6 blieb die E intakt. I wurde nicht freigesetzt, ebensowenig bei Inkubation in 0,15m NaCl bei pH 4. Freigesetztes I blieb, bei 28000 g zentrifugiert (30 Min.), in Lsg. u. war nicht dialysierbar. I wurde durch Kochen oder Erniedrigung des pH auf 2 zerstört. I konnte bei pH 8 gefällt u. durch 0,02m II-Lsg. wieder gelöst werden. Durch *Na-Dithionit* wurden I-Lsgg. grün gefärbt. J. Boelter. 4210□

Die enzymatische Adaption bei den höheren Tieren. Fanny Schapira. (Rev. franç. Études clin. biol. **5**, 722—28, Aug./Sept. 1960; Paris, Hôp. des Enfants-Malades, Labor. de Rech. de Biochim. méd.; franz.) — Nach einer Übersicht der enzymat. Adaption bei niederen Organismen wird über die Induktion der Aktivitäten der *Tryptophanperoxydase* u. der *Threonindehydrase* der Leber berichtet. Einfl. von *Hormonen*, Änderungen der Diät oder des Milieus werden diskutiert. H. Lohschelder. 4210□

Dehydrogenasen in Neurospora crassa. Makepeace U. Tsao. (Science [Washington] **136**, 42—43, 6/4. 1962; Ann Arbor, Univ. of Michigan, Dep. of Pediatrics and Communicable Diseases; engl.) — Homogenate von den *Neurospora crassa*-Stämmen des amerikan. Typs Nr. 9279, 12758, 10767, 10336, 10337, 10815, 10816 u. 5279 wurden der Stärkegelelektrophorese unterworfen u. auf Dehydrogenase untersucht. Es wurden vier (elektrophoret.) verschiedene *Äpfelsäuredehydrogenasen*, eine *Isocitratdehydrogenase*, drei *Glucose-6-phosphatdehydrogenasen* u. zwei *6-Phosphogluconatdehydrogenasen* nachgewiesen. *Milchsäuredehydrogenasen* sowie *α-Glycerophosphatdehydrogenasen* wurden nicht gefunden. Zwischen den Enzymaktivitäten der verschiedenen Stämme wurden nur quant. Unterschiede gefunden. J. Boelter. 4210□

Formaldehyddehydrogenase aus Bäckerhefe. Zelda B. Rose und E. Racker. (J. biol. Chemistry **237**, 3279—81, Okt. 1962; New Haven, Conn., Yale Univ., Dep. of Biochem.; engl.) — Eigg. u. Reinigung eines aus Bäckerhefe gewonnenen Enzyms, einer *Formaldehyddehydrogenase*, die in Ggw. von *Formaldehyd* (I) u. *Glutathion DPN* zu *DPNH* red., werden beschrieben. Die Mengen an *Formiat* u. *DPNH* sind äquivalent. *Methylglyoxal* u. *Glyoxal* können I ersetzen, jedoch keine anderen Aldehyde. Eigentliches Substrat scheint das *Thiohalbacetal* von I u. *Glutathion* zu sein u. *S-Formylglutathion* (II) ein Rk.-Zwischenprodukt. In Ggw. von II erfolgt schnelle Oxydation von DPNH unter äquivalenter I-Bildung. R. Ristow. 4210□

Die Hemmung des Uracil- und Thyminabbaus durch einige 5-substituierte Uracilanaloge. K. Šebasta, J. Bauerová und Z. Šormová. (Biochim. biophysica Acta [Amsterdam] **50**, 393—94, 24/6. 1961; Prague, Czechoslovak Acad. of Sciences, Inst. of Org. Chem. and Biochem.; engl.) — Ggw. von *5-Bromuracil* (I) oder *5-Nitrouracil* (II) hemmte den Abbau von *Uracil* (III) u. *Thymin* (IV) durch Rattenleberacetonpulverextrakt. Bei 30 Min. langer Inkubation von $^{14}C_{(2)}$-I u. $^{14}C_{(2)}$-III mit Extrakt werden 55 bzw. 45% zu CO_2 abgebaut. II wird dagegen nur sehr langsam abgebaut. I u. II konkurrieren im isolierten Rattenleber-Syst. u. in Pflanzenkeimlingen mit III u. IV um die betreffende *Dihydropyrimidindehydrogenase*. K. Maier. 4210□

Aktivierung der Bernsteinsäuredehydrogenase in Herzmuskelpräparaten. M. B. Thorn. (Biochem. J. **85**, 116—27, 1962; London, St. Thomas Hosp. Med. School, Dep. of Biochem.; engl.) — Präpp. aus Schweineherzmuskel zeigten bei Inkubation bei 37° einen bis zu 4fachen Anstieg der *Bernsteinsäureoxydase* (I)-Aktivität. Da dieser von einem Anstieg der *Bernsteinsäure-Phenazin-Reduktase*-Aktivität u. geringeren Erhöhungen der Geschw. von *$NADH_2$-Fumarat*- u. *$FMNH_2$-Fumarat*-Rkk. begleitet wurde, während die Aktivität der *$NADH_2$-Oxydase* unverändert blieb oder gehemmt wurde, ist die Erhöhung der I-Aktivität durch die der *Bernsteinsäuredehydrogenase*-Aktivität bedingt. Die Steigerung der Aktivität trat auch in Trichloracetat- u. Borat- wie im Phosphatpuffer auf, wobei jedoch gleichzeitig Hemmung eintrat, die in Borat größer war. *EDTA* besaß Schutzwirkung. In Trichloracetatpuffer war die Aktivierung reversibel u. das Gleichgewicht temperaturabhängig. Unter der Annahme eines inakt. Anteiles ergaben sich $\Delta H = 20$ kcal/Mol u. $\Delta S = 69{,}7$ kcal/Mol/Grad. K_m betrug in Trichloracetat bei 20° 0,15 mm für inaktiviertes u. 0,15—0,2 mm für aktiviertes Enzym. In Boratpuffer erhaltene zu niedrige Aktivitäten in manometr. Best.-Verss. haben ihren Grund (a) in mißlungener Aktivierung u. b) dem spezif. Bedürfnis des Enzyms nach einem Aktivator. Phosphat u. EDTA verhindern ersteres u. bewirken letzteres. R. Ristow. 4210□

Der Einfluß ionisierender Strahlung (Röntgenstrahlen) auf δ-Aminolävulinsäuredehydrase. A. M. Dancewicz und B. Lipiński. (Nukleonika [Warszawa] **3**, 79—84, 1958; Warsaw, Pol. Acad. of Sci., Inst. of Nucl. Res., Radiobiol. Labor.; engl.) — Die Abnahme der enzymat. Aktivität (EA) von *δ-Aminolävulinsäuredehydrase* (I) unter dem Einfl. von Röntgenstrahlung wurde in vitro (Rattenleber- u. Nierenhomogenate) bei Dosierungen bis zu 82000 r u. in vivo bei Anwendung von 25—1000 r untersucht. In vitro findet eine reversible, auf der Oxydation der *SH*-Gruppen des Fermentes beruhende sowie eine irreversible, der Oxydation von *Tyrosin-OH*-Gruppen zuzuschreibende Inaktivierung statt. Die Empfindlichkeit des Fermentes gegen die Strahlung ist um so kleiner, je größer seine Konz. ist. Mit wachsender Strahlendosis nimmt die EA exponentiell ab. In vivo wurde die I-EA 3 Std. bis 40 Tage nach Verabreichung der Strahlungsdosis u. Tötung des Tieres gemessen. In Niere u. Leber war keine nennenswerte Veränderung festzustellen, in Knochemark u. Milz wird die EA durch Dosen <100 r leicht erhöht, durch größere vermindert. Sie erreicht ein Minimum 2—3 Tage nach der Bestrahlung. Im Falle der Anwendung einer subletalen Dosis findet danach Regenerierung statt. Der Zusammenhang des Strahlungseffektes mit der biolog. Umgebung wird diskutiert. W. Betcke. 4210□

Die Untersuchung der Cholesterinbiosynthese. 3. Mitt. Das Desmosterinreduktasesystem in der Leber. Joel Avigan und Daniel Steinberg. (J. biol. Chemistry **236,** 2898—2900, Nov. 1961; Bethesda, Md., Nat. Inst. of Health, Nat. Heart Inst., Sect. on Metabol.; engl.) — 2. vgl. C. **1962,** 207. — *^{14}C-Desmosterin* (I) wurde durch Lebermitochondrien sowie durch Mikrosomen von Sprague-Dawley-Ratten schnell in *Cholesterin* (II) umgewandelt. Die Rk. war von der Ggw. von *TPNH* abhängig, das nicht durch *DPNH* ersetzt werden konnte. Verss. mit *TPN^{3}H* u. I ergaben ein Verhältnis von $^3H/^{14}C$ in II von ca. 0,46. H wurde also aus TPNH direkt zur Umwandlung benutzt. Die SH-Gruppen im Hydrogenase-Syst. wurden durch Hemmung des Syst. mit *p-Chlormercuribenzoat* oder *N-Äthylmaleinimid* sowie durch Reaktivierung mittels *red. Glutathion* nachgewiesen. J. Boelter. 4210□

Die Katalase von Pediococcus cerevisiae. E. A. Delwiche. (J. Bacteriol. **81,** 416—18, März 1961; Ithaca, N.Y., Cornell Univ., Coll. of Agric., Div. of Bacteriol.; engl.) — Aus *P. cerevisiae* (Stamm E 66) hergestellte Rohextrakte u. teilweise gereinigte Präpp. besitzen *Katalase* (I)-Aktivität (pH-Optimum 6—7, erhebliche Aktivität bei pH 4 oder 9). Im Unterschied zu den klass. Häm-Fe-Katalasen ist I gegen Cyanid u. Azid unempfindlich. Die I-Aktivität wurde von Metallchelatbildnern nicht gehemmt u. war nach verschiedener Behandlung durch Flavincoenzyme nicht aktivierbar. Auf Grund von Hitzeempfindlichkeit, Inaktivierung mit Trichloressigsäure, Verh. bei $(NH_4)_2SO_4$- u. Acetonfraktionierung u. Ultrazentrifugierung ist I wahrscheinlich ein Protein mit Enzymcharakter. K. Maier. 4210□

Die Darstellung von Ureasekristallen aus der Jack-Bohne. Kiyomichi Hanabusa. (Nature [London] **193,** 1078, 17/3. 1962; Tokyo, Shinjuku, Keio Univ., School of Med., Dep. of Biochem.; engl.) — Die vom Vf. (vgl. C. **1962,** 4581) angegebene Darst. von *Urease* (I) aus der Jack-Bohne wurde in der Weise vervollkommnet, daß die durch $(NH_4)_2SO_4$-Fällung erhaltene I-Fraktion nach Dialyse 15 Min. auf 50—52° erwärmt wurde, der denaturierte Nd. entfernt, die Lsg. an Ca-Phosphatgel chromatographiert u. erneut mit $(NH_4)_2SO_4$ gefällt wurde. I wurde danach durch mehrfache Fällung mit Aceton gereinigt u. krist. in einer Ausbeute von 25% erhalten. J. Boelter. 4210□

Die multiple Natur der Acetylcholinesterase im Nervengewebe. J. Bernsohn, K. D. Barron und A. R. Hess. (Nature [London] **195,** 285—86, 21/7. 1962; Chicago, Ill., Northwestern Univ. Med. School, Dep. of Neurol. and Psychiatry; Hines, Ill., Hines Veterans Adminstr. Hosp., Neuropsychiatry Res. Labor.; engl.) — Menschliches Hirn (caudate nucleus u. putamen) wurde homogenisiert u. zentrifugiert. Der Überstand wurde nach Konzentrierung der Stärkegelelektrophorese unterworfen u. mit *Acetyl-* (I) bzw. *Butyrylcholin* (II) als Substrat auf *Cholinesterase* untersucht. Bei pH 6,2 u. I als Substrat wurden 4 Aktivitätszonen verschiedener Intensität erhalten. Bei pH 5 wurde nur eine Zone u. diese verstärkt gefunden, ebenso mit II als Substrat sowie bei Hemmung mit *Physostigminsulfat* oder dem spezif. *Acetylcholinesterase* (III)-Inhibitor *Metylase.* Es wird angenommen, daß die 3 anderen Banden die enzymat. Eigg. von III besitzen. J. Boelter. 4210□

Hohe Cholesterindiät und die Veresterung von Cholesterin durch die Darmschleimhaut der Ratten. S. K. Murthy, S. Mahadevan und J. Ganguly. (Arch. Biochem. Biophysics **95,** 176—80, Okt. 1961; Bangalore, Indian Inst. of Sci., Dep. of Biochem.; engl.) — Vgl. C. **1961,** 16516. — Junge ♂ Ratten (60—70 g) erhielten eine Diät mit 1% *Cholesterin* (I). Aceton-Präpp., die nach 1—7 Wochen aus Darmschleimhaut u. Pankreas bereitet wurden, wurden auf ihre synthetisierende u. hydrolyt. Aktivität bzgl. *Vitamin A* (II) u. I-Ester untersucht. Während die hydrolyt. Aktivität in beiden Geweben bei I-Ester keine nennenswerte Veränderung erfuhr, stieg die Veresterungsaktivität der Darmschleimhaut bei I u. II progressiv bis zur 5. Woche an. Gesätt. Fettsäuren wurden rascher gebunden als ungesättigte. Die *Pankreasenzyme* zeigten hinsichtlich ihrer Aktivität keine Veränderung. B. Görlich. 4210□

Die teilweise Reinigung und die Eigenschaften von Phosphodiesterase I aus Schweinenieren. W. E. Razzell. (J. biol. Chemistry **236,** 3031—36, Nov. 1961; Vancouver, Brit. Columbia, Canada, Univ. of Brit. Columbia, Brit. Columbia Res. Council; engl.) — Aus dem Homogenat von Schweinenieren wurde eine Partikelfraktion isoliert u. aus dieser durch Extraktion mit tert.-Amylalkohol u. Ae.-Dialyse, Inkubation mit Trypsin (24 Std. bei 50°) u. durch fraktionierte Fällung mit Aceton sowie Chromatographie an Ecteolacellulose *Phosphodiesterase I* (I) gereinigt u. auf etwa das 250fache angereichert. Neben *p-Nitrophenylthymidin-5'-phosphat* (II) wurden durch I, wenn auch in geringerem Maße (ca. 20%), eine große Zahl Oligonucleotide (auch cycl.) aus mehreren Thymidin-5'- bzw. Thymidin-3'-phosphateinheiten bestehend gespalten. *p-Nitrophenyl-*

uridin-5'-phosphat sowie *3'-O-Acetyl-p-nitrophenylthymidin-5'-phosphat* wurden bei pH 8,0 im Vgl. zu II zu 70% gespalten. *Mononucleotide* wurden durch I aus lösl. *RNS* im Vgl. zu II zu 0,1% freigesetzt, die *Tri-* u. *Tetranucleotide* von *Adenosin-5'-phosphat* wurden zu 18% hydrolysiert. *Desoxyribonuclease* war in I nur in geringem Maße enthalten. *Adenylyl-2'.3'-phosphat* u. *Cytosylyl-2'.3'-phosphat* wurden nur langsam gespalten, ebenso *ADP* u. *ATP*. Die Spaltung der Oligonucleotide erfolgte schrittweise unter Abspaltung jeweils einer Einheit. I zeigte ein scharfes pH-Optimum bei 9,1. Eine leichte Stimulierung durch Mg^{2+} oder Cu^{2+} bzw. Hemmung durch *EDTA*, Mononucleotide oder *Nucleosidpyrophosphat* wurde bei I verschiedener Reinigungsstufen gefunden. I aus Schweinenieren ähnelte bzgl. verschiedener Eigg. den I aus Schlangengift. J. Boelter. 4210□

Die enzymatische Synthese von Thiaminmonophosphat. Irwin G. Leder. (J. biol. Chemistry **236**, 3066—71, Nov. 1961; Bethesda, Md., Public Health Serv., Nat. Inst. of Health, Nat. Inst. of Arthr. and Metabol. Diseases; engl.) — Bäckerhefe (Anheuser-Busch) wurde nach Einfrieren in fl. N_2 u. Wiederauftauen zentrifugiert u. aus dem Überstand nach Erwärmen (2—3 Min. auf 55°) durch Fraktionierung mit Protaminsulfat u. Ammoniumsulfat sowie Chromatographie an DEAE-Cellulose eine *Thiaminphosphatpyrophosphorylase* (I) auf etwa das 500fache angereichert. I war nur bei tiefen Temp. (—15°) beständig u. zeigte ein pH-Optimum von 9,3. Ein Zusatz von Mg^{2+} aktivierte z. T. um das 3—6fache, *Mn* war weniger, *Ca*, *Zn* oder *Co* waren unwirksam. I erwies sich für *Thiazolphosphat* (II) u. *Hydroxymethylpyrimidinpyrophosphat* (III) spezifisch. Die I-Präpp. waren z. T. mit *Pyrophosphatase* verunreinigt. Die nach dem Schema: II + III → *Thiaminphosphat* + *Pyrophosphat* (IV) verlaufende Rk. wurde durch IV nicht kompetitiv gehemmt, wobei Mg^{2+} die Hemmung nicht aufhob.

Versuche: *Hydroxymethylpyrimidin*, aus dem entsprechenden Bromiddihydrobromid durch Behandlung mit $AgNO_3$, Filtrieren, Alkalisieren u. Einengen. — *Hydroxymethylpyrimidinphosphat*, aus dem Hydrochlorid vorst. Verb. u. Pyrophosphorsäure durch Rühren (20 Min. bei 105—10°), Eingießen in A.-Ae., Zentrifugieren u. Reinigung an Dowex 50-X 8. J. Boelter. 4210□

Die Erfordernis von Alkalimetallen bei der oxydativen Phosphorylierung. L. J. Opit und J. S. Charnock. (Nature [London] **194**, 870—71, 2/6. 1962; Woodville, South Australia, Queen Elisabeth Hop., Dep. of Med., Dep. of Surgery; engl.) — Rattenlebermitochondrien (M) wurden in einem K^+-freien u. Na^+-armen Medium (Tris-Puffer) mit *α-Ketoglutarat* (I) u. *Succinat* (II) als Substrat im Warburg-App. in Ggw. von $MgCl_2$, *ATP*, *Glucose* u. *Hexokinase* inkubiert. Mit I u. II wurde eine akt. Oxydation u. Phosphorylierung mit einem P/O-Verhältnis von 1,9 (für I) bzw. 1,0 (für II) gefunden. Zusatz von 5 mm Na^+ hatte kaum Einfl.; 75 mm Na^+ bewirkten jedoch eine merkliche Hemmung beider Reaktionen. 75 mm K^+ führte zu einer geringen Hemmung beider Prozesse. Die vorherige Behandlung der M mit *Salicylsäure* zur Senkung des K^+-Geh. in den M (>60%) hatte wenig Einfl. auf die Phosphorylierung; dagegen stieg die Atmungsaktivität an. Zusatz von 75 mm K^+ hemmte die Atmung in Ggw. beider Substrate. Die Phosphorylierung wurde mit I als Substrat leicht, mit II dagegen stark gehemmt. Es wird angenommen, daß K^+-Bindung oder -Austausch nicht für die M-Atmung verantwortlich sind bzw. der K^+-Verlust in den M die oxydative Phosphorylierung nicht entkoppelt. J. Boelter. 4210□

Die asymmetrische Stimulation einer Adenosintriphosphatase der Zellwand zum aktiven Kationentransport. R. Whittam. (Biochem. J. **84**, 110—18, Juli 1962; Oxford, Univ., Dep. of Biochem.; engl.) — Da an intakten Zellen (menschliche Erythrocyten; E) der Einfl. von K^+- u. Na^+-Ionen auf die Membran-*Adenosintriphosphatase* (*ATPase*) wegen der Schwierigkeit, den inneren Na- u. K-Geh. der Zelle zu variieren u. wegen des geringen *ATP*-Geh. der E nicht zu bestimmen war, bediente sich Vf. sog. Erythrocyten-„ghosts" (G), die durch Umkehrung der Hämolyse erhalten werden können. Bei den G lassen sich der ATP-Geh. wie auch die Alkaliionen-Konzz. variieren. Die Verss. ergaben, daß die ATPase in den G durch innere, nicht aber durch äußere Na-Ionen u. im Gegensatz dazu nur durch äußere K-Ionen stimuliert wird. *Ouabain* hemmt diese Stimulation. E. Lodemann. 4210□

Die Beziehung zwischen Biotin und anorganischem Phosphat: der Adenosintriphosphataustausch. Joanne M. Whitaker und Wayne W. Umbreit. (J. Bacteriol. **81**, 505, März 1961; New Brunswick, N.J., Rutgers State Univ., Dep. of Bacter.; engl.) — Bei der Unters. des enzymat. katalysierten Austausches von *anorgan. Phosphat* mit *Adenosintriphosphat* (I) wurde gefunden, daß dieser eine lineare Funktion des *Biotin* (II)-Geh. der Enzym-Präpp. (Acetonpulver von *Saccharomyces cerevisiae*, Stamm 139) ist. Die Aktivität des Austausch-Syst. konnte durch II-Zusatz weder gehemmt noch gesteigert werden. In einigen Verss. verminderte Zusatz von CO_2 den Austausch erheblich, in anderen nur geringfügig. K. Maier. 4210□

Die Aktivität der sauren Phosphatase in den menschlichen Blutzellen. Arthur F. Goldberg und Tibor Barka. (Nature [London] **195**, 297, 21/7. 1962; New York, Mount Sinai Hosp., Dep. of Hematol. and Pathol.; engl.) — Getrocknete Blutabstriche wurden nach Formalinfixierung bei pH 7 in Veronal–Acetat-Puffer mit *Naphthol AS-BI-phosphat* (I) in Dimethylformamid, mit $NaNO_2$ u. *Pararosanilinhydrochlorid* bis zu 3 Std. bei Raum-Temp. bzw. 30 Min. bei 37° inkubiert u. anschließend mit *Methylgrün* gegengefärbt. Der Nachw. der *sauren Phosphatase* (II) war auch in nichtfixierten Zellen möglich. Die Intensität der Farb-Rk. nahm in der Reihenfolge I, *Naphthol AS–BI-, AS–AN-, AS–TR-, AS–CL-* u. *AS–MX-phosphat* ab. Prakt. keine Färbung gab *Naphthol AS–GR-phosphat. β-Naphthylphosphat* mit *Hexazonium-p-rosanilin* gab keine befriedigenden Resultate. II wurde in allen Leukocytenarten gefunden. Eosinophile u. Monocyten zeigten eine intensive Rk., gefolgt von den Neutrophilen u. Lymphocyten. Eine Färbung wurde auch in den Blutplättchen, nicht aber in den Erythrocyten gefunden. J. Boelter. 4210□

Die reversible Inaktivierung von saurer Phosphatase in menschlicher Prostataflüssigkeit. A. Steens-Lievens und H. J. Tagnon. (Nature [London] **195**, 400, 28/7. 1962; Bruxelles, Centre Anticancéreux de l'Univ., Inst. Jules Bordet, Serv. of Med. and Clin. Investig.; engl.) — Menschliche Prostata-Fl. zeigte, in Abwesenheit von Ca^{2+}-Ionen inkubiert, nur eine geringe Abnahme der Aktivität an *saurer Phosphatase* (I; um ca. 11%), in Ggw. von Ca^{2+} (2—8 mg/100 ml) eine solche um 52,6%, bei 12—18 mg Ca/100 ml eine Hemmung von 81,9%. Die nachfolgende „Herausnahme" von Ca durch Zusatz von *Versen* u. weitere 60 Min. lange Inkubation führte zu einer Regenerierung von I von 18 auf 58,5% der Originalaktivität, die unter Umständen durch längere Inkubation noch gesteigert werden könnte. Es wird angenommen, daß diese Regenerierung auch in Prostatahomogenat durchführbar ist. J. Boelter. 4210□

Die Rolle der Amidgruppe bei der Aktivität der Kreatinphosphokinase. Nguyen van Thoai, Rhida Kassab und Louise-Anne Pradel. (C. R. hebd. Séances Acad. Sci. **254**, 3755—56, 21/5. 1962; franz.) — *Kreatinphosphokinase* (I) bildet mit 1—2 Moll. *Hydroxylamin* ein stabiles *Hydroxamat*, wobei die enzymat. Aktivität verlorengeht. Es ist auffällig, daß von allen Amidgruppen des Enzyms nur eine oder zwei diese bes. Reaktivität besitzen. Vff. haben damit den experimentellen Beweis erbracht, daß Amidgruppen bei der Reaktivität von I eine wesentliche Rolle spielen. E. Lodemann. 4210□

Die histochemische Lokalisierung von β-Glucuronidase in heilenden Wunden der Kreuzkröte. A. Stolk. (Nature [London] **195**, 298—99, 21/7. 1962; Amsterdam, Free Univ., Histol. Labor.; engl.) — Kreuzkröten (*Bufo calamita*) mit heilenden Wunden auf der Rückenhaut u. der Zunge wurden nach 4, 7, 14, 21, 28, 35 u. 41 Tagen getötet. Das Wundgewebe wurde nach Formalin–Chloralhydrat-Fixierung auf *β-Glucuronidase* (I)-Aktivität untersucht. Eine negative Rk. wurde in dem oberflächlichen nekrot. Teil des Bindegewebes gefunden, eine positive direkt daneben in Ggw. des Exsudats u. z. T. der Leukocyten. Mit fortschreitender Heilung schien die fibroplastenbildende Zone allmählich, aber anhaltend I-positiv zu reagieren. Die vielkernigen Riesenzellen u. Histocyten reagierten stärker. In den 21—42-Tage-Tieren zeigte die die Wunde bedeckende Epidermis einen erheblichen Anstieg der I-Aktivität, wobei offenbar die Epithelisierung eng mit der Entw. der I-Aktivität verbunden war. J. Boelter. 4210□

Untersuchungen zur konstitutiven Synthese von β-Galaktosidase in einem Stamm von Escherichia coli. Bengt v. Hofsten. (Physiol. Plantarum [Copenhagen] **14**, 533—42, 1961; Uppsala, Univ., Inst. of Biochem.; engl.) — Vgl. C. **1962**, 3510. — An der Mutante *Escherichia coli ML 308* wurde die konstitutive Synth. von *β-Galaktosidase* (I) unter verschiedenen Ernährungsbedingungen untersucht. Bei Zugabe von *Lactat, Lactose, Glucose* u. *Galaktose* zu Kulturen, die *Succinat* als einzige Kohlenstoffquelle enthielten, trat eine Hemmung der I-Synth. ein. Eine temporäre Hemmung wurde bei Zugabe von 1% *Difco Bacto Pepton* oder eines vitaminfreien *Casein*-Hydrolysates erreicht. *Glutaminsäure, Asparaginsäure, Asparagin* u. *Tryptophan* gaben geringe Effekte in Konz. von 0,1%. *Methyl-β-D-thiogalaktosid* u. *Isopropyl-β-D-thiogalaktosid* vermochten die I-Synth. dieses Stammes nicht zu induzieren. Zur I-Best. wurde die Hydrolyse von *o-Nitrophenyl-β-D-galaktosid* in Natriumphosphatpuffer vom pH 7 herangezogen. H.-W. Liebisch. 4210□

Die Hydrolyse von α-Sulfochinovosiden durch β-Galaktosidase. Isao Shibuya und A. A. Benson. (Nature [London] **192**, 1186—87, 23/12. 1961; University Park, Pa., Pennsylvania State Univ., Dep. of Agric. and Biol. Chem.; engl.) — Gereinigte *β-Galakto-*

sidase (I) hydrolysierte 10^{-8} m ^{35}*S-6-Sulfo-α-D-chinovopyranosyl-(1 → 1')-D-glycerin* (II) bei pH 7,0 u. 25° nach einer Rk. 1. Ordnung. Die Hydrolyse von II durch I wurde durch Zusatz von *β-D-Galaktopyranosylglycerin* (III) gehemmt. Die Rk. beider Substrate findet also an den gleichen Stellen des Enzyms statt. *2-Hydroxyäthyl-* bzw. *3-Hydroxypropylsulfochinovoside* wurden durch I ebenfalls hydrolysiert. Dagegen waren die *Methyl-*, *Äthyl-* u. *Propylglykoside* vollständig resistent. Die *β-Glykopyranoside* u. *Furanosid-*Isomere sowie *α-D-Glykopyranosyl-(1 → 1')-glycerin* wurden durch I nicht angegriffen. *Sequoyit* u. (+)-*Pinit* beeinflußten die II- u. III-Hydrolyse nicht. Die Spezifität der Hydrolyse durch I wird mit der gleichen Struktur gewisser Atomgruppen in den Moll. von II u. III in Beziehung gebracht. J. Boelter. 4210□

Eine thermostabile α-Amylase aus Bacillus stearothermophilus. 1. Mitt. Die Kristallisation und einige allgemeine Eigenschaften. Gilbert B. Manning und L. Leon Campbell. (J. biol. Chemistry **236**, 2952—57, Nov. 1961; Pullman, Wash., Washington State Univ., Inst. of Agric. Sci., Labor. of Microbiol. Biochem.; engl.) — Aus zellfreien Extrakten von *Bacillus stearothermophilus* wurde *α-Amylase* (I) durch fraktionierte Fällung mit $(NH_4)_2SO_4$, zweifache Acetonfällung, Kristallisation aus $(NH_4)_2SO_4$ sowie Ca-Acetat, Dialyse u. Gefriertrocknung auf das 7—800fache angereichert u. gereinigt. Das saccharogene-dextrogene Verhältnis von I wurde zu 9,3 berechnet. Die I-Aktivität war gegenüber verzweigtkettigen Substraten (*Amylopektin*) größer als gegenüber geradkettigen (*Amylose*). *Maltase*-Aktivität wurde nicht gefunden. Die optimale Temp. für I erstreckte sich über 55—70°, der optimale pH-Wert lag bei 4,6—5,1. K_m wurde zu 10^{-3} g/ml berechnet. Zusatz von *Ca^{2+}* stimulierte die I-Aktivität, $1{,}04 \cdot 10^{-2}$m *EDTA* hemmte zu 55%. Die Hemmwrkg. konnte durch Ca^{2+}-Überschuß aufgehoben werden. Zusatz von *NaCl*, *HCl* oder *$MgCl_2$* beeinflußte die I-Aktivität nicht. Bei Annahme eines Molgew. von 15000 für I enthielt das Ferment 2 g-Atome Ca/Molekül. *N-Äthylmaleinimid* u. *p-Chlormercuribenzoat* zeigten keine Hemmwrkg., so daß offenbar SH-Gruppen zur I-Aktivität nicht notwendig zu sein scheinen. Krist. I verlor beim 24std. Erhitzen auf 65 bis 70° keine Aktivität. Die Best. der Bindungskapazität von I mit *Orange* G sowie *Safranin* ließ ein Übergewicht an COOH-Gruppen im I-Mol. erkennen, was auch durch potentiometr. Titration bestätigt wurde. I erwies sich elektrophoret. bei allen pH-Werten als homogen. J. Boelter. 4210□

Eine thermostabile α-Amylase aus Bacillus stearothermophilus. 2. Mitt. Physikalische Eigenschaften und Molekulargewicht. Gilbert B. Manning, L. Leon Campbell und R. J. Foster. (J. biol. Chemistry **236**, 2958—61, Nov. 1961; engl.) — 1. vgl. vorst. Referat. — Für gereinigte *α-Amylase* (I) wurden die Sedimentations- u. Diffusions-Konst. berechnet. I erwies sich in Sedimentations- u. Diffusionsmessungen als homogen. Das partielle spezif. Vol. von I wurde zu 0,69 bzw. 0,71 ml/g pyknometr. bestimmt bzw. nach der Aminosäuren (AS)-Zus. berechnet. Das Molgew., durch Messung der Sedimentation u. Diffusion berechnet, betrug 15600; an Hand des osmot. Druckes 15404 u. nach der AS-Zus. 15688. Die negative opt. Drehung von I wurde durch 8m *Harnstoff* nicht, durch 4m *Guanidinhydrochlorid* aber etwas verstärkt; die Aktivität blieb unverändert. Es wird angenommen, daß I im nativen Zustand als mehr oder weniger geknäueltes Mol. mit irgendeiner auf der Ggw. von Disulfidbrücken beruhenden, sek. Struktur existiert. J. Boelter. 4210□

Eine thermostabile α-Amylase aus Bacillus stearothermophilus. 3. Mitt. Die Aminosäurenzusammensetzung. L. Leon Campbell und Gilbert B. Manning. (J. biol. Chemistry **236**, 2962—65, Nov. 1961; engl.) — 2. vgl. vorst. Referat. — Sechsfach krist. *α-Amylase* (I) aus *Bacillus stearothermophilus* wurde mit HCl bei 110° 24 Std. hydrolyiert u. die Aminosäuren (AS)-Zus. von I chromatograph. in einem Spinco-AS-Analysator bestimmt. *Tryptophan* war in I nicht enthalten. I zeigte bei einem hohen Geh. an *Glutaminsäure* (II) u. *Prolin* (III) einen geringen an bas. AS; freie SH-Gruppen waren in I nicht vorhanden. Die Hydrolyse oder Oxydation von I führte zu *Cysteinsäure*. Das Molgew. von I wurde nach der AS-Zus. zu 15688 berechnet. I unterschied sich in der AS-Zus. erheblich von der anderer α-Amylasen. I aus *B. stearothermophilus* enthielt pro Mol. 145 AS-Reste, davon: II 22, III 22, *Asparaginsäure* 11, *Valin* 11, *Glycin* 9, *Leucin* 9, *Alanin* 8, *Threonin* 8, *Isoleucin* 7, *Lysin* 6, *Phenylalanin* 6, *Serin* 6, ½ *Cystin* 4, *Histidin* 4, *Arginin* 3, *Methionin* 3, *Tyrosin* 3 u. Amide 3. J. Boelter. 4210□

Eine thermostabile α-Amylase aus Bacillus stearothermophilus. 4. Mitt. Die Analyse der Amino-endständigen und Carboxyl-endständigen Aminosäuren. L. Leon Campbell und Philip D. Cleveland. (J. biol. Chemistry **236**, 2966—69, Nov. 1961; engl.) — 3. vgl. vorst. Referat. — Die Analyse der NH_2-endständigen Aminosäure (AS) in krist. *α-Amylase* (I) aus *Bacillus stearothermophilus* mit *Dinitrofluorbenzol* ergab als einzige AS *Phenylalanin* (II), wobei 2 Mol. II pro Mol. I gefunden wurden. Bei der Analyse der COOH-endständigen AS in I durch Abbau mit *Carboxypeptidase* sowie Hydrazinolyse wurden *Alanin* (III), ebenfalls 2 Mol. pro Mol. I, gefunden u. daneben äquivalente Mengen *Prolin*, so daß die COOH-ständige Endgruppe bei I aus Prolylalanin bestehen dürfte. Es wird angenommen, daß I aus 2 ident. Peptidketten mit ident. endständigen NH_2- u. COOH-Resten besteht, die möglicherweise durch Disulfidbrücken miteinander verknüpft sind. J. Boelter. 4210□

Mechanismus der Transaminasewirkung. J. Harley-Mason. (Arch. Biochem. Biophysics **93**, 178, April 1961; Cambridge, Univ., Chem. Labor.; engl.) — Vf. weist darauf hin, daß der von Oshima u. Tamiya (C. **1961**, 14327) bei der enzymat., durch *Pyridoxal* katalysierten Transaminierung zwischen *Alanin* (I) u. *α-Ketoglutarsäure* in D_2O gefundene Austausch der α- u. β-Protonen des I keinen neuen Transaminierungsmechanismus erfordert, weil die im Rk.-Gleichgewicht vorhandenen Stoffe *Brenztraubensäure* u. *Brenztraubensäure-N-[2.3.5-trimethylpyridyl-(4)-methyl]-imin* auf Grund ihrer Konstit. (CH-Bindungen in α-Stellung zu CO- bzw. CN-Doppelbindungen) in D_2O leicht einen H-D-Austausch eingehen. H. Lettau. 4210□

Die Beziehung zwischen der durch Anionen verursachten Mitochondrienschwellung und der Glutaminase-I-Aktivität der Meerschweinchenleber. S. R. Guha und H. S. Chakravarti. (Experientia [Basel] **16**, 451—52, 15/10. 1960; Calcutta, Ind., Inst. for Biochem. and exp. Med.; engl.) — *Phosphat* u. *Arsenat* bewirken eine Schwellung isolierter Mitochondrien. Gleichzeitig wird eine *Glutaminase I*-Aktivitätssteigerung gefunden. *Pyrophosphat*, bekannt als der stärkste Aktivator für dieses Enzym, u. *Sulfat* inhibieren die Schwellung; eine Enzymaktivierung bleibt. aus. *KCN, Na-Azid, Amytal, Antimycin A* u. *Zucker* zeigen die gleiche Wrkg. nur, wenn die Mitochondrien nicht gealtert oder vorher gequollen waren. P. Gregorzewski. 4210□

Der Stoffwechsel der Kynurensäure. 2. Mitt. Leitisotopenuntersuchungen über den Mechanismus des Kynurensäureabbaues und der Glutaminsäuresynthese durch Pseudomonasextrakte. Kengo Horibata, Hiroshi Taniuchi, Minoru Tashiro, Sigeru Kuno und Osamu Hayaishi. (J. biol. Chemistry **236**, 2991—95, Nov. 1961; Kyoto, Japan, Kyoto Univ., Fac. of Med., Dep. of Med. Chem.; engl.) — 1. vgl. C. **1962**, 14549. — Die Inkubation von $^{14}C_{(COOH)}$-*Kynurensäure* ($^{14}C_{(COOH)}$-I) mit *Pseudomonas*-Extrakten (A) führte zu vollständiger Abspaltung der COOH-Gruppe. Bei Inkubation von $^{14}C_{(2)}$-I bzw. $^{14}C_{(3)}$-I wurden 70—80% der Aktivität in der Inkubations-Lsg. gefunden, die — chromatograph. aufgetrennt — 9—25% der Aktivität in der *L-Glutaminsäure* (II)-, 25—46% in der *Essigsäure* (III)- u. 3—7% in der *L-Alanin* (IV)-Fraktion enthielt. $^{14}C_{(6)}$-I mit A inkubiert, ergab keine Aktivität in der Ae.-lösl. u. in der **IV**-Fraktion, dagegen 30—45% in der **II**-Fraktion. Die Best. der spezif. Aktivität ergab eine 5fache ^{14}C-Verdünnung in aus $^{14}C_{(2)}$-I oder $^{14}C_{(3)}$-I gewonnenem **II**, dagegen eine 40fache mit $^{14}C_{(COOH)}$-I als Substrat. Die Aktivität von **II** aus $^{14}C_{(6)}$-I oder $^{14}C_{(9)}$-I wurde nur auf das 1,5fache verd., so daß der Bzl.-Ring von I ca. 70, der Pyridinring nur ca. 20% der Aktivität von **II** geliefert haben kann. Die Aktivitäten in **III** u. **IV** waren mit $^{14}C_{(2)}$-I oder $^{14}C_{(3)}$-I als Substrat der von **II** ähnlich oder höher. Die Aktivität in **II** aus $^{14}C_{(2)}$-I oder $^{14}C_{(3)}$-I war vor allem in den C-Atomen 2—5 lokalisiert, die aus $^{14}C_{(9)}$-I im α-COOH-Atom, die von $^{14}C_{(6)}$-I im $C_{(4)}$. Die Aktivität in **IV** verteilte sich vor allem auf $C_{(2)}$ u. $C_{(3)}$, die von **III** auf beide C-Atome. Die Aktivitäten in ^{14}C-*γ-Aminobuttersäure* waren vergleichsweise gering. Der Mechanismus des enzymat. I-Abbaus wird diskutiert. J. Boelter. 4210□

Existenz einer Peptidase-Aktivität im Caput epididymitis. Lucie Arvy. (C. R. hebd. Séances Acad. Sci. **254**, 4202—04, 13/6. 1962; Jouy-en-Josas, Labor. de Physiol. du C.N.R.Z.; franz.) — Unterss. bei neun Säugetieren (*Bovinae, Ovinae, Caprinae, Suidae, Lagomorphae, Muridae, Caviidae, Felidae, Insectivora*) u. einem Vogel (*Gallus domesticus L.*) ergaben, daß das nahe dem *Caput epididymitis* gelegene Segment (S) eine beträchtliche *Peptidase*-Aktivität besitzt. Es wird vermutet, daß dieses S eine der Quellen der proteolyt. Aktivität des Spermas ist. E. Lodemann. 4210□

Die Wirkung von DL-Methioninsulfoximin auf den Einbau von ^{35}S-Methionin in die Proteine von Schnitten der Hirnrinde. J. Folbergrová. (Nature [London] **194**, 871—73, 2/6. 1962; Prague, Czechoslovak Acad. of Sci., Inst. of Physiol.; engl.) — Schnitte der Hirnrinde des Meerschweinchens wurden im Warburg-App. in Krebs-Ringer-Phosphatpuffer in Ggw. von *Glucose* mit ^{35}S-*Methionin* (I) inkubiert. Der Zusatz von *DL-Methioninsulfoximin* (II) hatte keinen Einfl. auf den Einbau von I in die Proteine der Hirnrinde. Ähnliche Ergebnisse wurden mit Hirnrindenschnitten der Ratte u. des Kaninchens erhalten. Eine Erhöhung der II-Konz. auf 10^{-2}m führte nur zu einer leichten Hemmung des I-Einbaus, die auch durch Verlängerung der Inkubation oder Präinkubation der Gewebeschnitte mit **II** nicht erhöht wurde. In Abwesenheit von Substrat hatte **II** keinerlei Einfl. auf den **I**-Einbau. Mit Gewebehomogenat wurden gleiche Ergebnisse erhalten. Die O_2-Aufnahme wurde durch **II** nicht verändert. Permeabilitätsphänomene scheinen für die geringe **II**-Wrkg. nicht allein verantwortlich zu sein. J. Boelter. 4210

Zur Kenntnis der pflanzlichen Glutaminsäuredecarboxylase. U. Freimuth, K. Bialon und W. Mosch. (Nahrung **6**, 197—205, 1962; Dresden, TU, Inst. für Lebensmittel- u. Gärungschem.; dt.) — Die von den Vff. im Preßsaft des schwarzen Winterrettichs (*Raphanus sativus*) manometr. nach Warburg gemessene Aktivität der *L-Glutaminsäuredecarboxylase* (**I**) weist unterschiedliche Werte auf (Q_{CO_2}: 0,32—0,74 µl CO_2/h · mg). Auf Grund der nachgewiesenen Labilität von **I** — nach 24 Std. nimmt ihre Aktivität um 60% ab — wird eine Stabilisierung lediglich durch *Citrat, Acetat, Chelaplex III* (*Äthylendiamintetraessigsäure*) u. bes. *Phosphat*-Ionen festgestellt. *Ammoniumsulfat* hat keinen positiven Einfluß. Es wird daher eine fraktionierte Fällung des Enzym-Präp. mit Aceton vorgenommen; der mit 0,13m Phosphatpuffer versetzte Preßsaft wird bei 0° mit Aceton vermischt, anschließend bei —10 bis —16° 20 Min. zentrifugiert u. danach über Phosphorpentoxid getrocknet. Die Aktivität ist 230mal größer als die des Preßsaftes. A. Täufel. 4210□

Der Mechanismus der Propionylcarboxylasereaktion. 1. Mitt. Die Carboxylierung und Decarboxylierung des Enzyms. Yoshito Kaziro und Severo Ochoa. (J. biol. Chemistry **236**, 3131—36, Dez. 1961; New York, N.Y., New York Univ., School of Med., Dep. of Biochem.; engl.) — Eine *Enzym*-$^{14}CO_2$-Verb. (**I**) konnte aus Schweineherz-*Propionylcarboxylase* (**II**) nach Inkubation mit $Na_2{}^{14}CO_3$, $MgCl_2$, red. *Glutathion* u. *ATP* durch Chromatographie an einer Dowex-1-Cl-Kolonne mit 50% Ausbeute erhalten werden, wobei pro Mol. **II** ein Mol. $^{14}CO_2$ aufgenommen wurde. Bei Inkubation von **I** mit *Propionyl-Co A* (**III**) bei Raumtemp. wurde nur wenig radioakt. $^{14}C_{(3)}$-*Methylmalonyl-Co A* (**IV**) gebildet, viel mehr dagegen in Ggw. von *ATP* u. $MgCl_2$. Ohne ATP wurde **IV** in guter Ausbeute bei niedriger Temp. oder nach kurzzeitiger Erwärmung auf 25—30° gebildet. **I** war bei 0° relativ stabil. Die Übertragung von $^{14}CO_2$ auf **III** wurde durch *Avidin* oder *p-Chlormercuribenzoat* gehemmt, *EDTA* war auf die Rk. ohne Einfluß. Die Rückrk. konnte durch die Bldg. von $AT^{32}P$ aus *ADP*, **I** u. ^{32}P-*Phosphat* nachgewiesen werden. Die Carboxylierung von **III** war der **I**-Menge proportional. Es wird angenommen, daß die Gesamt-Propionylcarboxylase-Rk. in zwei reversiblen Schritten mit **I** als Intermediärem verläuft. J. Boelter. 4210□

Die während der Aktivierung von Prothrombin gebildeten N-endständigen Aminosäuren. David L. Aronson. (Nature [London] **194**, 475—76, 5/5. 1962; Bethesda, Md., Div. of Biol. Standards, Nat. Inst. of Health, Public Health Serv., Dep. of Health, Educat. and Welfare; engl.) — *Prothrombin* (**I**) wurde aus menschlichem Hirn-*Thromboplastin* (**II**) durch Adsorption an Ba-Salze, Fraktionierung mit $(NH_4)_2SO_4$, isoelektr. Fällung sowie Chromatographie an Amberlite IRC-50 isoliert u. nach Miller (vgl. C. **1960**, 12750) aktiviert. Die N-endständigen Aminosäuren (AS) wurden nach Bldg. der Dinitrophenylhydrazone papierchromatograph. bestimmt. 85—95% der N-endständigen AS bestanden aus *Alanin*, 5—10% *Threonin* u. 0—5% *Serin*. Durch **II** dem **I** zugeführte N-endständige AS waren nicht nachweisbar. Nach Umwandlung von **I** wurden zwei neue N-endständige AS als *Threonin* u. *Leucin* (bzw. *Norleucin*) identifiziert. *Glutaminsäure* wurde als N-endständige AS nicht gefunden. Nach der Kinetik der Umwandlung von **I** über ein Zwischenprod. zu *Thrombin* ist eine stufenweise Rk. wahrscheinlicher als eine Autokatalyse anzunehmen. J. Boelter. 4210□

Gewinnung eines gereinigten Substrats des Lysozyms aus Micrococcus lysodeikticus. Louis Colobert und Guy Dirheimer. (C. R. hebd. Séances Acad. Sci. **250**, 423—24, 11/1. 1960; Lyon, Sect. techn. de Rech. et d'Études des Serv. de Santé des Armées, Labor. de Bactériol.; franz.) — Das von Schutte u. Krisch (Hoppe-Seyler's Z. physiol. Chem. **311**, [1958], 121) aus *Micrococcus lysodeikticus* gewonnene Prod. wurde durch Chromatographie an Diäthylaminoäthylcellulose unter Verw. von 0,066m Phosphatpuffer vom pH 7,17 u. von 0,1m Citronensäure/HCl-Puffer vom pH 2,8 gereinigt. Gegen die mit Phosphatpuffer eluierte Fraktion zeigte das *Lysozym* keine Aktivität. Die mit dem sauren Puffer eluierte Fraktion, die ca. 30% der Ausgangsmenge enthielt, entsprach dem Substrat u. scheint homogen zu sein. Das Prod. scheint ein *Glucopeptid* zu sein, das reich an *Glucosamin* u. *Muramsäure* ist. H. Lohschelder. 4210□

Nachweis von Alliinase in einem Proteinpräparat aus Zwiebeln. S. Schwimmer, J. F. Carson, R. U. Makower, M. Mazelis und F. F. Wong. (Experientia [Basel] **16**, 449—50, 15/10. 1960; Albany, Calif., Western Reg. Res. Labor., U. S. Dep. of Agric.,

Agricult. Res. Serv., Labor. of Western Utilization Res. and Dev. Div.; engl.) — Aus dem Überstand von Zwiebelhomogenat wird mit $(NH_4)_2SO_4$ eine lösl. Proteinfraktion erhalten, die *Alliinase*-Aktivität zeigt. *S-Alkyl-L-cysteinsulfoxid* wird stöchiometr. in *Brenztraubensäure* u. NH_3 gespalten, daneben entsteht nichtstöchiometr. wahrscheinlich *Alkylthiosulfinsäurealkylester*. Optimale Wrkg. gegenüber (+)-*S-Propyl-L-cysteinsulfoxid* wird in Ggw. von *Pyridoxalphosphat* bei pH 8,4 beobachtet.

P. Gregorzewski. 4210☐

Flavinadenindinucleotid als erforderliche Verbindung bei der enzymatischen Hydroxylierung und Decarboxylierung von Salicylsäure. Masayuki Katagiri, Shozo Yamamoto und Osamu Hayaishi. (J. biol. Chemistry **237**, PC2413—PC2414, Juli 1962; Osaka, Univ., School of Med., Dep. of Biochem.; engl.) — Aus Bodenbakterien (grampositive *Kokken*) wurde eine relativ stabile *Salicylsäurehydroxylase* (I) isoliert u. teilweise gereinigt. I katalysiert in Ggw. von *DPNH*, O_2 u. *Flavinadenindinucleotid* (*FAD*) die Umwandlung von *Salicylsäure* (II) in *Brenzcatechin*. DPNH ist ersetzbar durch *TPNH*, nicht jedoch durch andere reduzierende Verbb., wie Ascorbinsäure oder Tetrahydrofolsäure (III). FAD ist nicht ersetzbar durch Flavinmononucleotid, *Lactoflavin*, III oder $FeSO_4$. An Stelle von II wird als Substrat auch *2.3-Dihydrobenzoesäure* umgewandelt, nicht jedoch *Phenol*, *Benzoesäure* oder *Anthranilsäure*. — Als Hemmstoffe wurden in diesem Syst. getestet: *o-Phenanthrolin* (III), *α.α'-Dipyridyl* (IV), NaN_3 (V), *KCN* (VI) u. *Katalase* (VII). Davon waren in höheren Konzz. gering wirksam III u. V, während IV, VI u. VII keine Wrkg. zeigten.

E.-R. Lochmann. 4210☐

Die Hemmung der pflanzlichen Aconitat-Hydratase (Aconitase) durch Fluorcitrat. D. H. Treble, D. T. A. Lamport und R. A. Peters. (Biochem. J. **85**, 113—15, 1962; Cambridge, Univ., Dep. of Biochem.; engl.) — Zellsuspensionen von *Acer pseudoplantanus* L werden durch 10 mm *Na-Fluoracetat* vollständig im Wachstum gehemmt. Deren *Aconitase* (I) mit K_m 85 μm-*Ls-Isocitrat* wird jedoch erst durch *Fluorcitrat*-Konzz. gehemmt, die 2000mal größer sind als bei Schweineherz-I. Die Hemmung des Enzyms setzt sehr langsam ein u. kann auch nach Erreichung des Maximums durch große Gaben des Substrats aufgehoben werden, so daß kein kompetitiver Mechanismus vorliegen kann. I-Präparationen aus Erbsenkeimlingen (*Pisum sativum*) zeigten analoge Eigenschaften.

R. Ristow. 4210☐

Die Rolle der Desoxyribonucleinsäure bei der Synthese der Proteine durch zwei an Partikel von Escherichia coli gebundene Enzymfraktionen. Bention Nisman und Hiroshi Fukuhara. (C. R. hebd. Séances Acad. Sci. **250**, 410—12, 11/1. 1960; Garches, Seine-et-Oise, Inst. Pasteur.; franz.) — Vgl. C. **1960**, 6867. — Die Verss. wurden mit den Protoplastenfraktionen P 30 kg u. P 105 kg u. einer mit Phenol aus P 30 kg extrahierten Fraktion von *Nucleinsäuren* (I) durchgeführt. Der Einbau von *Aminosäuren* (speziell *^{35}S-Methionin*) in *Proteine* durch P 105 kg wurde durch *ATP* u. bes. durch die I-Fraktion gesteigert. Bei den entsprechenden Verss. mit P 30 kg war die Wrkg. von I geringer. Die aktivierende Wrkg. von I blieb nach Behandlung mit *Ribonuclease* erhalten, während sie nach Einw. von *Desoxyribonuclease* verschwand. Die Synth. von *β-Galaktosidase* durch P 30 kg u. P 105 kg wurde durch die I-Fraktion des gleichen Stammes gesteigert u. durch die eines anderen Stammes gehemmt.

H. Lohschelder. 4210☐

Reinigung und Eigenschaften von Streptolysin S', das in Gegenwart der Oligoribonucleotidfraktion gebildet wird, die man durch Ecteola-Cellulose-Säulenchromatographie aus Ribonuclease I „Core" erhält. Hisayuki Ishikura. (J. Biochemistry [Tokyo] **51**, 12—20, Jan. 1962; Tokyo, Univ., Fac. of Sci., Dep. of Biophys. and Biochem.; engl.) — Ruhende Zellen von *Streptococcus pyogenes* (Stamm S 8) bilden *Streptolysin S'* (I), ein hämolyt. wirksames Toxin. Zur Bldg. hoher Hämolysinaktivitäten ist die Ggw. einer mit Hilfe von Ecteola-Cellulose-Säulenchromatographie aus *Ribonuclease I „Core"* (eine Fraktion von Heferibonucleinsäure, die gegen Pankreasribonuclease beständig ist; II) gewonnenen Oligonucleotidfraktion (OF) in der Nährlsg. erforderlich. I findet sich nach Abzentrifugieren der Zellen im Überstand. Die hämolyt. Aktivität geht verloren, wenn I in einer Lsg. von 1% *Clupeinsulfat* oder 1% *Streptomycin* gehalten oder mit 90% seines Vol. an *Phenol* geschüttelt wird. I kann durch Zonenelektrophorese mit Stärke aus großen Mengen OF isoliert werden. Dieses I kann durch *Chymotrypsin* u. *Nargase*, nicht aber durch *Trypsin* abgebaut werden. — Aus den Unterss. wird geschlossen, daß I wahrscheinlich ein Oligonucleotid u. ein Protein oder ein Peptid enthält.

M. Lorenz. 4210☐

Untersuchungen über die Synthese von Serumalbumin mit aus Rattenleber isolierten Ribonucleoproteinpartikeln. Alexandra van der Decken und P. N. Campbell. (Biochem. J. **84**, 449—55, Sept. 1962; London, Middlesex Hosp. Med. School,

Courtauld Inst. of Biochem.; engl.) — Vgl. C. **1962,** 8651. — Es besteht die Theorie, daß der Einbau von *Aminosäuren* (I) in *Serumalbumin* (II) über die *Ribonucleoprotein*-Partikel (RP) der Mikrosomen (M) stattfindet. Vff. stellten jedoch fest, daß der an RP gebundene Betrag von II so gering ist, daß es sich auch um Verunreinigungen aus dem Cytoplasma (Cy) handeln kann u. somit ein Einbau von I in II schwer nachweisbar ist. Werden RP, isoliert aus Rattenleber, in Ggw. von Cy oder der pH 5-Fraktion der Leber mit ^{14}*C-Leucin* (III) inkubiert, so ist ein mit Ratten-Albuminantiserum fällbarer Nd. radioakt., wobei nicht ausgeschlossen ist, daß es sich um eine Adsorption von III an RP handelt. Dafür spricht das Verschwinden der Radioaktivität von II nach elektrophoret. Reinigung. Vff. erklären die unterschiedlichen Ergebnisse durch das Arbeiten nach verschiedenen Methoden. S. Kirschfeld. 4210□

Wirkung von neutralen und sauren Desoxyribonucleasen auf lebende somatische, in vitro gezüchtete Zellen. 3. Mitt. Histoautoradiographische Untersuchung nach Aufnahme von tritiiertem Thymidin. Diskussion und Schlußfolgerungen der drei Teile. Gesamtübersicht. M. Chèvremont, S. Chèvremont-Comhaire und E. Baeckeland. (Arch. de Biol. **70,** 833—48, Okt./Dez. 1959; Liège, Univ., Inst. d'Histol.; franz.) — 2. vgl. C. **1961,** 17493. — ^{3}H-markiertes *Thymidin* (I) wurde der Nährlsg. von Zellkulturen (Fibroblasten u. Myoblasten) zugesetzt. Die Zellen wurden histoautoradiograph. untersucht. Bei Züchtung in Ggw. von neutraler oder saurer *Desoxyribonuclease* (II) war die Aufnahme von ^{3}H-I in die Kerne stark gehemmt. Das Cytoplasma war nur in Ggw. saurer II markiert. Die Ergebnisse werden als Bestätigung der Hypothese angesehen, wonach die Synth. von *ADN* (oder Zwischensubstanzen) normalerweise im Cytoplasma, genauer in den Chondriosomen mit nachfolgendem Übertritt in die Kerne erfolgt. Nur unter besonderen Bedingungen kann sich ADN in den Chondriosomen ansammeln. H. Lohschelder. 4210□

Hemmung der Desoxyribonuclease durch Komplexbildung der Desoxyribonucleinsäure mit bestimmten Farbstoffen. Jean-Bernard Le Pecq, Jean-Yves Le Talaer, Bernard Festy und René Truhaut. (C. R. hebd. Séances Acad. Sci. **254,** 3918—20, 28/5. 1962; Paris, Inst. Gustave Roussy et Fac. de Pharm., Unités de Chimiothérapie et de Biochim.; franz.) — *Methylgrün* (I) u. *Chinacrin* (II) hemmen durch Komplex-Bldg. mit der *Desoxyribonucleinsäure* die Wrkg. von krist. *Desoxyribonuclease* (nach Kunitz). II ist erheblich wirksamer als I. Die Hemmung erfolgt dadurch, daß der Inhibitor an der gleichen Stelle an das Mol. gebunden wird, an der sonst das Enzym (E) angreift. Aus den Verss. wurde berechnet, daß der Abstand zwischen zwei derartigen Angriffspunkten für das E sechs *Nucleotide* beträgt. E. Lodemann. 4210□

Beweis für das Vorhandensein von Bestandteilen mit Esteraseaktivität in Streptokinase-Präparationen. Christiane de Vaux Saint-Cyr. (C. R. hebd. Séances Acad. Sci. **254,** 3749—51, 21/5. 1962; Villejuif, Seine, Inst. de Rech. scientif. sur le Cancer, Labor. de Immunochim.; franz.) — In zwei verschiedenen *Streptokinase*-Präpp. wurden nach Gelatineelektrophorese ein bzw. zwei Bestandteile mit *Esterase*-Aktivität (Hydrolyse von *β-Naphthylacetat*) nachgewiesen. Das Optimum der enzymat. Aktivität liegt bei pH 8. *Diisopropylfluorphosphat* (10^{-4}m) u. *Cu* (10^{-4}m) hemmen die Hydrolyse, nicht aber der Sojainhibitor, ein typ. Hemmstoff proteolyt. Enzyme. E. Lodemann. 4210□

Das Auffinden von Bakterienkolonien für die Penicillinaseproduktion. J. M. Foley und C. J. Perret. (Nature [London] **195,** 287—88, 21/7. 1962; Perth, Univ. of Western Australia, Dep. of Microbiol.; engl.) — Einzelne Bakterienkolonien wurden auf Plättchen defibrinierten Pferdeblutagars gebracht, 4 Std. bei 37° inkubiert u. mit Filtrierpapierstreifen bedeckt, die mit Stärke u. *Penicillin* getränkt worden waren. Nach 30 Min. wurde eine J_2-Lsg. auf das Papier gebracht. Nach weiteren 30 Min. konnten die *Penicillinase* (I)-produzierenden Stämme an den weißen Zonen in dem sonst blauen Papier erkannt werden. Eine Bldg. von 70 Mol. I/Zelle/Generation konnte einwandfrei nachgewiesen werden. Unter Umständen konnte der Nachw. auf analoge Weise auch in Lsg. durchgeführt werden. Es wurden ohne falsche Ergebnisse 200 Stämme von 21 verschiedenen Arten untersucht. J. Boelter. 4210□

E₃. Mikrobiologie. Bakteriologie. Immunologie

Die Verwertung von Phosphaten in der postgeminativen Entwicklung der Sporen von Bacillus megatherium. Mildred T. Hyatt und Hillel S. Levinson. (J. Bacteriol. **77,** 487—96, April 1959; Natick, Mass., Quartermaster Res. and Engng. Center, Pioneering Res. Div.; engl.) — Vgl. C. **1960,** 7206 u. C. **1961,** 17989. — Sporen von *Bacillus megatherium* keimen in Abwesenheit von *Phosphat* zwar aus, es unterbleibt jedoch die Weiterentwicklung. PO_4^{3-}-Konzz. von 0,5—1 mm bewirken eine Weiterentw. von 90% der gekeimten Sporen. Viele andere organ. u. anorg. P-Verbb. sind gleichfalls wirksam. Einige Verbb. (*Glucose-1-phosphat, Glucose-6-phosphat, Trimetaphosphat* u. *Tripolyphosphat*) erfordern Anwesenheit von Mn^{2+} oder Zn^{2+}-Ionen. Die keimenden Sporen hydrolysieren *Pyrophosphat* zu *Orthophosphat* (I). Die Hydrolysen-Geschw. ist pH-abhängig u. wird von Metallkationen katalysiert. Diese katalysierende Wrkg. hat bei den verschiedenen Metallen verschiedene pH-Optima. Das gebildete **I** kann in Ggw. von die Phosphataufnahme aber nicht die Phosphatase hemmenden Stoffen (*Cystein, Na-Diäthyldithiocarbamat, Na-Barbital* u. *Glycylglycin*) nachgewiesen werden. Vff. nehmen Ggw. von mehreren *Pyrophosphatasen* an. W. Hiller. 4310□

Das mit Hilfe des elektronischen Mikrobiophotometers untersuchte Wachstum von Cl. sporogenes. 1. Mitt. Vergleich der Wirkung von Ni^{2+} und Co^{2+}. M. Faguett. (Ann. Inst. Pasteur **100,** 594—99, Mai 1961; Paris, Inst. Pasteur, Serv. des Bacteriophages; franz.) — Die Wrkg. von Co^{2+}- u. Ni^{2+}-Ionen auf das Wachstum des anaeroben *Clostridium sporogenes* in vitro in 22 ml glucosehaltiger Peptonbouillon (pH 7,4, 37°) ergab bei Zusatz von 2,5—6,25 mg $CoSO_4$ eine Stimulierung; $NiSO_4$ in gleicher Konz. verursachte eine schwächere Stimulation. Mit dem Mikrobiophotometer können gleichzeitig sechs Wachstumskulturen aufgenommen werden. L. Macher. 4310□

Einfluß der Fixierung des Stickstoffs auf das Wachstum von Desulfovibrio desulfuricans. Jean Le Gall und Jacques C. Senez. (C. R. hebd. Séances Acad. Sci. **250,** 404—06, 11/1. 1960; franz.) — Das Wachstum von *Desulfovibrio desulfuricans* Stamm Berre S wurde in Kulturen mit N_2 bzw. NH_4Cl als N-Quelle verglichen. Das Wachstum war in Ggw. von NH_4Cl etwa verdoppelt im Vgl. mit N_2, während die Stoffwechselaktivität der Zellen in beiden Fällen gleich war. H. Lohschelder. 4310□

Lineares Wachstum bei der Einwirkung von p-Aminophenylsulfonamid ausgesetzten E. coli. André Lamensans und Aldo Fari. (C. R. hebd. Séances Acad. Sci. **250,** 226—28, 4/1. 1960; franz.) — Nach Zusatz von *p-Aminophenylsulfonamid* (*1162 F*; **I**) zu Kulturen von *E. coli* (Stamm ML 30), die zu exponentiellem Wachstum ansetzten, ging dieses sofort in lineares Wachstum über. Die normalerweise durch *β-Thiomethylgalaktosid* induzierte Synth. von *β-Galaktosidase* wurde durch **I** unterdrückt. H. Lohschelder. 4310□

Nachweis eines neuen, in die phosphoroclastische Reaktion von Clostridium saccharobutyricum eingreifenden Faktors. Colette Delavier-Klutchko. (C. R. hebd. Séances Acad. Sci. **249,** 2418—20, 30/11. 1959; Paris, Serv. de Biochim. B, Inst. de Biol.-Physico-chim.; franz.) — In Extrakten von *Clostridium saccharobutyricum* wurde ein *FCl* genannter *Faktor* nachgewiesen, der die Rk. $CH_3COCOOH + H_3PO_4 \rightleftharpoons CH_3 \cdot COOPO_3H_2 + CO_2 + H_2$ katalysiert. Zur teilweisen Reinigung von *FCl* wurde der Extrakt 5 Min. auf 65° erwärmt, zentrifugiert, der Überstand 15 Std. bei 4° gegen H_2-gesätt. W. dialysiert u. das Dialysat lyophilisiert. *FCl* zeigte Ähnlichkeit mit *N_{10}-Formyltetrahydrofolsäure*, die obige Rk. analog katalysierte. H. Lohschelder. 4315□

Der Nachweis organischer, während der Thiosulfat-Oxydation durch Thiobacillus thioparus gebildeter Schwefelverbindungen. W. Ostrowski, B. Skarzyński und T. W. Szczepkowski. (Nukleonika [Warszawa] **3,** 85—89, 1958; Cracow, Acad. of Med., Dep. of Physiol. Chem.; engl.) — Die Bakterienzellen wurden nach 24std. Verweilen in einem radioakt. $S_2O_3^{2-}$ (^{35}S-markiert) enthaltenden Medium mit warmem A. extrahiert, der Extrakt wurde elektrophoret. in *Aminosäure*-Fraktionen zerlegt u. diese papierchromatograph. weiter getrennt. Im Radiogramm findet sich die Hauptmenge der Radioaktivität in nicht identifizierten Flecken (R_F 0,09, dicht über *Cystein* (**I**) u. seinen Derivv., u. R_F 0,96). Die **I**-Derivv. ließen sich durch Papierelektrophorese in Citratpuffer (pH 2,7) weiter trennen, wobei der größere Teil der Aktivität mit *Cysteinsäure* u. *Cysteinsulfinsäure* zur Anode, der kleinere mit **I** u. *Methionin* zur Kathode wanderte. Nach 24std. Hydrolysieren der Bakterienzellen in 6n HCl bei 120° ließen sich im Autoradiogramm des Hydrolysats noch weitere Aminosäuren u. einige zusätzliche, nicht identifizierbare stark markierte sowie ein schnellwandernder schwächerer Fleck (entsprechend dem obigen) nachweisen. Nach kurzer Inkubationszeit (1—90 Min.) erhaltene Chromatogramme zeigten ein unverändertes Bild, dagegen enthielten die elektrophoret. bei pH 2,7 isolierten Aminosäuren nach dieser Zeit kein ^{35}S, doch wuchs die Aktivität eines im Feld nicht wandernden Flecks im Zeitraum von 1—90 Min. um das Mehrfache. W. Betcke. 4315□

Serratamolid, ein Stoffwechselprodukt von Serratia. Harry H. Wasserman, Janis J. Keggi und James E. McKeon. (J. Amer. chem. Soc. **83,** 4107—08, 5/10. 1961; New Haven, Conn., Yale Univ., Sterling Chem. Labor.; engl.) — *Serratia*-Kulturen der Stämme HY-3, 9-3-3 u. P-1 produzieren *Serratamolid* (**I**), das aus Fl.-Kulturen mit

Methylenchlorid bzw. aus Agarkulturen mit Aceton extrahiert werden kann. — **I**, $C_{26}H_{46}N_2O_8$, F. 159—160°, weiße Nadeln (Methanol), $[\alpha]_D^{25}$ +4,8° (A.). Diacetyl-Deriv. $C_{30}H_{50}N_2O_{10}$, F. 222,5—223° (Zers.). Ditetrahydropyranyläther (Isomerengemisch), $C_{36}H_{62}N_2O_{10}$, F. 140—145°. Ditosyl-Deriv. $C_{40}H_{58}N_2O_{12}S_2$, F. 150° (Zers.), instabil. Ditrityläther $C_{64}H_{74}N_2O_8$. F. 186—187,5°. Hydrolyse von I in 1n NaOH bei Raum-Temp. liefert in prakt. quant. Ausbeute *Serratamsäure*: $CH_3\cdot(CH_2)_6\cdot CHOH\cdot CH_2\cdot CO\cdot NH\cdot CH(COOH)(CH_2OH)$. Zur Strukturaufklärung wurde I mit Methansulfonylchlorid in Pyridin zum instabilen Dimethansulfonyl-Deriv., F. 125—127° (Zers.) umgesetzt, das mit LiBr in Methyläthylketon das neutrale Dibrom-Deriv. $C_{26}H_{44}Br_2N_2O_6$ lieferte. Hydrierung (Pt/Methanol/NaOH) vorst. Verb. führte zu einer Zwischenverb., die nach Hydrolyse mit konz. HCl ein Säuregemisch gibt, in dem Alanin (67%) sowie *β*-Hydroxycaprinsäure nachgewiesen werden konnten. Vff. nehmen daher die obenst. Struktur für **I** an. P. Schwerdtfeger. 4315□

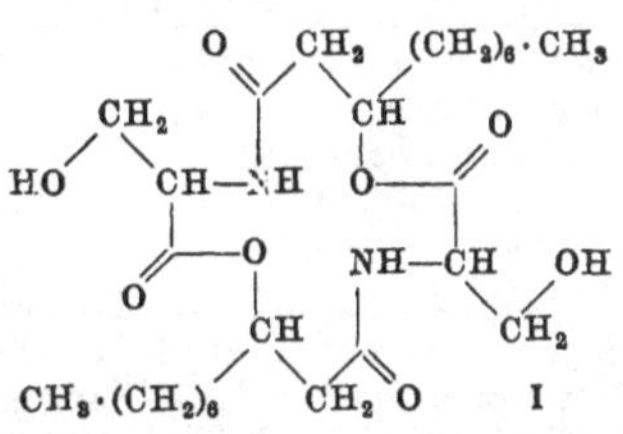

I

Untersuchungen über die durch anaerobe Bakterien freigesetzten Gerüche. 1. Mitt. Inflabilis lacustris. A.-R. Prévot und A. Sarraf. (Ann. Inst. Pasteur **99**, 629—53, Nov. 1960; franz.) — In Gärungsansätzen von 15 Stämmen von *Inflabilis lacustris* wurde durch Papierelektrophorese bei 400 V u. Chromatoionophorese an Whatman-Nr. 3-Papier *Indol, Skatol, H_2S, Putrescin, Cadaverin, Methylamin, Äthylamin, Butylamin, Phenyläthylamin* u. *Isoamylamin* nachgewiesen, die für den Geruch der Kulturen verantwortlich sind. Die Toxizität des Stammes ist proportional der jeweils gebildeten Menge an *Histamin* u. *Tyramin.* H. Lohscheider. 4315□

Die bakterielle Oxydation des Benzols. Eleanor K. Marr und Robert W. Stone. (J. Bacteriol. **81**, 425—30, März 1961; University Park, Pa., Pennsylvania State Univ., Dep. of Bacteriol.; engl.) — Aus Boden wurden durch Anreicherungskulturen 2 Bakterien, ein *Pseudomonas*- (sehr ähnlich *P. aeruginosa*) u. ein *Mycobacterium*-Stamm (*M. rhodochrous*) isoliert, die *Bzl.*, wenn als einzige C-Quelle vorhanden, zu CO_2 u. W. oxydieren. Phenol u. o-Benzochinon sind wahrscheinlich keine Zwischenstufen der Oxydation. Es wird ein Bzl.-Abbauweg über *Cyclohexadien-(3.5)-diol-(1.2)* u. *Brenzcatechin* (**I**) diskutiert. Bei Züchtung der Organismen in Nährbouillon zeigten sie keine signifikante Fähigkeit zur Bzl.-Oxydation. Mit **I** als Substrat fand nach 20—40 Min. langer Latenzphase Adaptation u. dann akt. **I**-Oxydation statt. K. Maier. 4320□

Die mikrobielle Umwandlung von Rauwolfia-Alkaloiden. 2. Mitt. 10-Hydroxyyohimbin. Edward Meyers und Samuel C. Pan. (J. Bacteriol. **81**, 504—05, März 1961; New Brunswick, N.J., Squibb Inst. for Med. Res.; engl.) — 1. vgl. C. **1961**, 17946. — Die Fähigkeit zur Überführung von *Yohimbin* in *10-Hydroxyyohimbin* ist nicht auf eine bestimmte taxonom. Gruppe beschränkt, sondern findet sich bei Actinomyceten, Phycomyceten, Ascomyceten u. Fungi imperfecti: *Streptomyces scabies, S. rimosus, S. venezuelae, S. chrysomallus, S. griseus, S. aureofaciens, Syncephalis nodosum, Cunninghamella blakesleeana, C. baineri, Sordaria fimectaria, Stysanus microsporus, Trichoderma viride.* Die. Eig. ist stammspezifisch. Bakterien u. Hefen führten unter den Vers.-Bedingungen die Oxydation nicht durch. K. Maier. 4320□

Die Synthese von optisch-aktiven *γ*- und *δ*-Lactonen durch mikrobielle Reduktion. G. Tuynenburg Muys, B. van der Ven und A. P. de Jonge. (Nature [London] **194**, 995—96, 9/6. 1962; Vlaardingen, Netherlands, Unilever Res. Labor.; engl.) — Es wurde die Fähigkeit verschiedener Mikroorganismen, *Ketosäuren* in Ggw. von *Glucose* zu *Hydroxysäuren* zu reduzieren, untersucht, wobei in der Reihenfolge *Cladosporium butyri, Saccharomyces cerevisiae, S. fragilis, Candida pseudotropicalis, C. globiformis* u. *Sarcina lutea* eine steigende Ausbeute an *δ-Decalacton* (nach Isolierung der Hydroxysäuren u. Lactonisierung im Vakuum bei 140°) aus *δ*-Ketocaprinsäure als Substrat erhalten wurde. Mit S. cerevisiae wurden die folgenden Ketosäuren (in Klammern die Ausbeute in %) im präparativen Maßstab in die entsprechenden Lactone überführt: *γ-Ketononansäure* (77), *γ-Ketocaprinsäure* (85), *γ-Ketoundecansäure* (72), *δ-Ketododecansäure* (60), *δ-Ketocaprylsäure* (13), *δ-Ketononansäure* (55), *δ-Ketocaprinsäure* (47), *δ-Ketoundecansäure* (63) u. *δ-Ketododecansäure* (46). J. Boelter. 4320□

Vitamin B_{12} in der autotrophen Schwefelbakterie Thiobacillus thioparus. Die Biosynthese von gleichförmig mit ^{14}C markiertem Vitamin B_{12}. W. Ostrowski. (Nukleonika [Warszawa] **3**, 90—93, 1958; Cracow, Akad. of Med., Dep. of Biochem.; engl.) — *Thiobacillus thioparus* synthetisiert einen Wachstumsfaktor für *Euglena gracilis*, der nach Extraktion einer in rein anorgan. Medium gezogenen Kultur mit Aceton/W., Kochen, Einengen u. Zentrifugieren des Extrakts papierchromatograph. nachgewiesen werden kann. Durch Elektrophorese des konz. Acetonextrakts, Säulen- u. schließlich Papierchromatographie konnten aus 1 g Trockenmasse des Bacillus ca. 80 mμg des Wachstumsfaktors isoliert u. als *Vitamin* B_{12} (I) identifiziert werden. An Proteine oder Polypeptide gebundene Zwischenprodd. der Biosynth. von I ließen sich in der Zellsubstanz von Thioparus papierchromatograph. nachweisen. Bei Verw. von ^{14}C-markiertem anorgan. *Carbonat* als einzigem Nährboden sind alle C-Atome von I markiert. Die Zone stärkster Radioaktivität im Chromatogramm deckt sich mit der stärkster mikrobiolog. Aktivität. W. Betcke. 4320□

Myoinosit bei der Biosynthese von Streptomycin durch Streptomyces griseus. S. K. Majumdar und H. J. Kutzner. (Science [Washington] **135,** 734, 2/3. 1962; New Brunswick, N.J., Rutgers Univ., Inst. of Microbiol.; engl.) — Die Bldg. von *Streptomycin* (I) durch *Streptomyces griseus* Stamm *L 118* in einem *Glucose* (II)-haltigen Medium wurde durch Zusatz von *Myoinosit* (III) gesteigert. Die spezif. Aktivität von I bei Inkubation von S. griseus mit ^{14}C-II (50 μc/50 ml) wurde durch Zusatz von 0,5 g III/Liter um fast ein Drittel herabgesetzt, wobei die Red. des ^{14}C-Einbaues in *Streptidin* 41% u. die in *Streptobiamin* 21,7% betrug. Die Rolle von III bei der Bldg. von *Streptose* oder *L-Glucosamin* ist noch nicht geklärt. J. Boelter. 4320□

Kleinkolonie-Varianten von Escherichia coli. Die Wirkungsweise von Kupfer auf Variantenausbeute und Dynamik der Population Varianten enthaltender Kulturen. Herbert M. Hirsch. (J. Bacteriol. **81,** 448—58, März 1961; Minneapolis, Minn., Univ. of Minnesota; engl.) — Populationen von *E. coli* Stamm B erfahren in Ggw. von *Cu*-Ionen eine Reihe von Verschiebungen. Die große Variabilität im Verhältnis der Varianten beruht offensichtlich auf einem Wechselspiel zwischen normalen u. varianten Zellen, Ggw. von Wildtypzellen mit verstärkter *Cu*-Resistenz u. Veränderungen des Redoxpotentials der Kulturen. Chelatbindung von *Cu(I)* oder *Cu(II)* durch *Cystein* oder *Versene* hebt Wachstumshemmung u. Varianten-Bldg. auf. Unter anaeroben Bedingungen werden die Cu-Wrkg. ebenfalls beseitigt. Radikalfänger (Na-Styrolsulfonat) waren ohne Wirkung. Die Cu-Wrkg. im untersuchten Syst. hängt vom Vorliegen als freies Ion u. seiner Bindung an die Zelle im 2wertigen Zustand ab. K. Maier. 4330□

Die Bakteriolyse der Enterobacteriaceae. 1. Mitt. Lyse durch vier lytische Systeme unter Verwendung von Lysozym. Eric C. Noller und S. E. Hartsell. (J. Bacteriol. **81,** 482—91, März 1961; Lafayette, Ind., Purdue Univ., Dep. of Biol. Sci., Labor. of Bacteriol.; engl.) — Die Unters. des Lyseverh. von 41 *Enterobactericeae*-Stämmen mittels 4 lyt. Syst. [*Lysozym* (I) u. *Versene* (II); I u. mehrbas. Antibiotica; I, *Trypsin* (III) u. *Butanol*; Nakamura-Meth.] ergab weitgehende Lyse aller Stämme mit I–II (pH 8, Trispuffer) u. mit I–III-Butanol. Die Wrkg. von I + mehrbas. Antibioticis u. die Nakamura-Meth. reichte von prakt. Null bis >90% Lyse. Die Lyseempfindlichkeit von *Aerobacter aerogenes* u. die Resistenz von *Klebsiella pneumoniae* gegen I + *Circulin* kann zur schnellen Unterscheidung beider Genera dienen. Vertreter der Genera *Paracolobactrum* u. *Serratia* sowie andere *Eschericha*-Species als *E. coli* unterliegen gleichfalls der Lyse durch I-haltige Systeme. K. Maier. 4330□

Die Bakteriolyse der Enterobacteriaceae. 2. Mitt. Die Lysozymwirkung verstärkende prä- und colytische Behandlung. Eric C. Noller und S. E. Hartsell. (J. Bacteriol. **81,** 492—99, März 1961; engl.) — 1. vgl. vorst. Referat. — Vorbehandlung gramnegativer Bakterien durch Wärme, niedrigen pH oder *n-Butanol* sowie gleichzeitige Behandlung mit Butanol oder *Versene* (II) sensibilisiert die Zellen für die lyt. Wrkg. von *Lysozym* (I) u. erhöht die trypt. Aktivität auf proteinhaltige Zellkomponenten. Auf Grund mkr. u. nephelometr. Beobachtungen des Lyseverlaufs nach derartigen Maßnahmen beruht die Sensibilisierung auf Dissoziation der Lipoproteinkomponenten der Zellwand, die das I-Substrat schützen. II verstärkt I- u. *Trypsin*-Aktivität durch Lipoproteinspaltung u. vermutlich auch durch Chelatbildung. Die Unters. der nach Lyse gramnegativer Bakterien verbleibenden Restzellstrukturen sprechen dafür, daß eine Zellwand- oder Cytoplasmakomponente (wahrscheinlich Lipoproteine) der Zelle, zusammen mit Mucopolysaccharid, Festigkeit verleiht. K. Maier. 4330□

Versuche zur Gewinnung von Produkten mit tuberkulostatischer Wirkung. 1. Mitt. **Chemische und biologische Untersuchung einiger Derivate höherer Pflanzen, besonders der Harzextrakte verschiedener Coniferenarten.** S. Oeriu, V. Moga, L. Bertescu, B. Mircea, H. Benesch, M. Crăcea, N. Carp und M. Tigheciu. (Rev. Chim. [Bucarest] **4,** 41—54, 1959; franz.) — Vgl. C. **1962,** 13082. — Die besten Ergebnisse hinsichtlich der tuberkulostat. Aktivität (TA) der Harze wurden mit zwischen Juli u. Dezember erhaltenen Harzen von *Pinus montana*, *Picea excelsa*, *Picea polita* u. *Pseudotsuga taxifolia* erzielt. Das bakteriostat. Spektrum dieser Harze ist breit, die Werte sind aber viel niedriger: 1:32000—1:64000 für *Staphylococcus aureus Oxford*, *B. Anthracis*, *B. subtilis* u. *Mycobacterium smegmatis*. Das Verschwinden der TA im Laufe einer bestimmten Zeit ist begleitet von einer Abnahme der opt. Aktivität. Nach Abdestillieren der flüchtigen Öle sind in den Rückständen die Werte der SZ. erhöht, die Ätherzahlen erniedrigt. Für krist. Substanzen wächst die SZ., Ätherzahl u. VZ. mit der biolog. Aktivität bis zu einer Oxydations- u. Polymerisationsgrenze. Krist. Harze mit sehr niedrigen JZ. (63,67), welche Polymerisations- u. Oxydations-Prodd. sind, zeigen keine TA. Jedoch die abdest. Öle mit hohen JZ. (146—149) besitzen keine Aktivität gegen den *Bacillus Koch* (BK) u. nur eine schwache gegen die anderen Erreger. Oxydierte u. polymerisierte Harze mit hohem Molgew. (168) u. red. JZ. (66) zeigen eine sehr schwache Aktivität auf den BK unter Beibehaltung ihrer Aktivität auf die gewöhnlichen Erreger. Es scheint eine enge Beziehung zu bestehen zwischen dem Molgew., der Bruttoformel u. der biolog. Aktivität. In der Form der Diterpene ($C_{20}H_{32}O_2$) u. der Triterpene ($C_{30}H_{48}O_3$) sind die Harze biolog. am aktivsten. Oxydierte Zwischenprodd. ($C_{25}H_{35}O_5$) verlieren ihre Aktivität gegen den BK völlig u. fast ganz die auf die anderen Erreger. Die Toxizität der Harze ist sehr gering. Mit Alkali verseifte Prodd. werden in W. lösl. u. nehmen später ein opalescentes Aussehen an. Die Prodd. behalten nach 1—2std. Verseifung (bei 60—70°) ihre TA vollständig, bei 2—3std. Verseifung (bei 70—80°) nimmt sie fortschreitend ab.

H. Aman. 4330 □

Neue Technik der Isolierung von Mycobakterien durch Natrium-Laurylsulfat. A. Tacquet und F. Tison. (Ann. Inst. Pasteur **100**, 676—80, Mai 1961; Lille, Inst. Pasteur; franz.) — Mit *Na-Laurylsulfat* u. 1% ig. *NaOH* als anion. Detergentien lassen sich Mycobakterien isolieren. Tepol 410 kann durch sie vorteilhaft ersetzt werden. Die Resultate, die durch die Behandlung eines stark infizierten Materials mit den obigen Detergentien gewonnen wurden, waren bedeutend besser als die mit 1% ig. NaOH allein.

L. Macher. 4350 □

Brauchbarkeit des Nitratreduktionstests zur Identifizierung von Mycobakterien. J. Viallier, J. Augagneur und R. Lanery. (C. R. Séances Soc. Biol. Filiales **155**, 2380—82, 1961; Lyon, Fac. de Méd. et Inst. Pasteur, Labor. de Pathol. exper.; franz.) — Vff. machen Verss. mit *Mycobakterien* (M) in Nährlsg. nach Dubos u. Tween, bei denen der Red.-Test von *Nitraten* nach Boisvert (A; Ann. Inst. Pasteur **100**, [1961], 252) mit der *Niacin*-Best.-Meth. nach Ronno (B) verglichen wird. A ist eine wenig empfindliche, qual. Nachw.-Meth., die ähnlich der zuverlässigeren Meth. B bei menschlichen M positiv verläuft. A ermöglicht es überdies, bei negativem B gewisse atyp. achromogene M zu erkennen. Die atyp. chromogenen M zeigen bei negativem B ein veränderliches Red.-Vermögen.

A. Blaschette-Huttinger. 4350 □

Die Teste auf Eigelb-, Maisöl- und Caseinmilieu, verglichen mit der Koagulation des Oxalat-behandelten Plasmas zur Bestimmung der pathogenen Stärke von Staphylokokken. R. Richou, C. Quinchon und C. Chirol. (C. R. Séances Soc. Biol. Filiales **154**, 962—64, 1960; franz.) — Bei der Unters. der pathogenen Aktivität von 25 *Staphylokokken*-Stämmen zeigte sich eine weitgehende Parallelität zwischen der „*Eigelb*-Rk." u. dem Test der Plasmakoagulation. Alle Stämme, die auf Maisöl eine Wrkg. ergaben, zeigten sich auch bzgl. Eigelb akt. (nicht umgekehrt). Auf Lecithin war kein Stamm aktiv. Alle aus Fleisch-Prodd. isolierten Stämme zeigten auf *Casein* eine Wirkung.

H. Lohschelder. 4350 □

Lysogenische, lysotypische, serologische und biochemische (Cholera-Roth und Untersuchung der Lysindecarboxylase) Untersuchung einer Reihe von Cholera-Vibrionen und El-Tor-Vibrionen. P. Nicolle, J. Gallut und L. le Minor. (Ann. Inst. Pasteur **99**, 664—71, Nov. 1960; franz.) — Vff. berichten über Unterss. an 103 *Vibrionen*-Stämmen vornehmlich südasiat. Herkunft. Es wurde eine serolog. Charakterisierung (nach den Typen Hikojima, Ogawa u. Inaba) vorgenommen, die Aktivität der *Lysindecarboxylase* nach Carlquist u. die Cholera-Roth-Rk. bestimmt u. die Lysotypie (Unterscheidung von 6 Typen) festgestellt. H. Lohschelder. 4350 □

Antigenzusammensetzung der Treponema. 3. Mitt. **Das Fettantigen von Wassermann.** M. Faure und J. Pillot. (Ann. Inst. Pasteur **99**, 729—41, Nov. 1960; franz.) — Vgl. Ann. Inst. Pasteur **96**, [1959], 196. — Im *Treponema*-Reiter fanden sich 20% *Lipide*, die viel *Lecithin* (I) u. ein dem *Cardiolipid* analoges *Phosphatid* enthalten. In vitro liegt das Antigen in einer serolog. wenig akt. Form vor. In den jungen spiralförmigen Organismen war die Aktivität größer als in den älteren u. bläschenförmigen. Nach Waschen u. bes. nach Zusatz von I u. *Cholesterin* stieg die Aktivität. Das Antigen stört nicht die Diagnose der Syphilis, wenn in den Präpp. der Titer des Eiweißantigens sehr viel größer als der des Lipidantigens ist. Nach Injektion von Treponema Reiter wurde bei Kaninchen u. Meerschweinchen nie die Bldg. von *Reagin* beobachtet. H. Lohschelder. 4370□

Aufhebung der Inhibitorwirkung des Eisens auf die Diphtherietoxinogenese durch Hefe (Hefewirkung). J. E. Alouf und M. Raynaud. (Ann. Inst. Pasteur **99,** 708—22, Nov. 1960; Annexe de Garches, S.-et-O., Inst. Pasteur, Serv. de Biochim. bactér.; franz.) — Zusatz von *Bäckerhefe* (durch Erhitzen auf 90° oder Plasmolyse vorbehandelt) zu Kulturen von *Diphtheriebacillen* ergab eine normale Toxinogenese in Ggw. von *Fe*-Konzz. (500—2000 μg/Liter), die normalerweise hemmend wirken. Die zur *Toxin*-Bldg. optimale Fe-Menge von 100 μg wurde durch die Hefe 3—5fach erhöht. Die *Porphyrin*-Bldg. wurde analog beeinflußt. Die Asche von Hefe sowie Metallionen, wie Cu^{2+}, Zn^{2+}, Ni^{2+}, oder Gemische von *Glycin* u. *Vitamin* B_{12} zeigten einen gleichartigen, jedoch geringen „Hefeeffekt". H. Lohschelder. 4370□

Ein durch Behandeln des Wirtsbakteriums mit Ölsäure gebildeter Inhibitor von Diphtheriephagen. Neal B. Groman. (J. Bacteriol. **81,** 387—93, März 1961; Seattle, Wash., Univ. of Washington, School of Med., Dep. of Microbiol.; engl.) — Bei *Ölsäure* (**I**)-Einw. auf *Corynebacterium diphtheriae* in Protease–Pepton-Bouillon wird ein *Inhibitor* (**II**) des Diphtheriephagen B gebildet. **II** ist im Überstand nachweisbar. Bei Einw. von 10 μg/ml (10 Min. lang, 37°) auf 10^8 Zellen pro ml wird ausreichend **II** zur Inaktivierung von 60—90% der zugesetzten Phagen innerhalb von 10 Min. gebildet. Die Hemmung hängt von der Ggw. von der Wirtszelle stammenden Materials u. von **I** ab. **I** steigert außerdem die Abgabe von Zellmaterial, das an der Hemmung beteiligt ist. Zellen der logarithm. Wachstumsphase u. der Abfallphase nahmen in gleicher Weise an der **II**-Bldg. teil. Die Hemmungsrate war der Zell- u. **I**-Konz. bei der **II**-Bldg. direkt proportional. 15 Min. lang auf 60° erhitzte Zellen verloren die Fähigkeit zur Teilnahme an der **II**-Bildung. Die Unters. der Hemmungsspezifität ergab, daß Diphtheriephagen B u. verwandte Phagen durch Material aus C. diphtheriae, Stamm C 4, gehemmt werden, die Coliphagen T 1, T 2, T 3 u. T 5 sowie Phage C von *Bacillus megatherium* dagegen nicht. Nach **I**-Behandlung eines *E. coli*- u. eines Bacillusstammes zeigte der Überstand keine Hemmung der Diphtheriephagen B. K. Maier. 4374□

Die Beziehung zwischen Adsorption des Diphtheriephagen und seiner Inaktivierung durch einen Ölsäure-aktivierten Inhibitor. Neal B. Groman und Kaz McCormick. (J. Bacteriol. **81,** 394—400, März 1961; engl.) — Vgl. vorst. Referat. — Ein durch Einw. von *Ölsäure* (**I**) auf einen phagenempfindlichen *Corynebacterium diphtheriae*-Stamm gebildeter *Inhibitor* (**II**) des Diphtheriephagen B (D.p.) wurde durch ein Antiserum gegen die Wirtszellen neutralisiert. Ein neutralisierender Antikörper wurde von erhitzten Zellen des Wirtsstammes adsorbiert. Anscheinend leitet sich **II** von einer Oberflächenkomponente der Zellen ab, die wahrscheinlich mit der Phagenreceptorsubstanz ident. oder verwandt ist. Alle 12 geprüften Stämme adsorbierten D.p. u. bildeten nach **I**-Behandlung einen Phageninhibitor. Zwischen der Wrkg. von Salzen, Temp. u. nichtion. oberflächenakt. Agentien auf Adsorption u. Hemmung bestand weitgehende Parallelität. Die Unters. der Spezifität des Fettsäurebedarfs ergab als Voraussetzung hohes Molgew., Nichtsättigung u. freie COOH-Gruppen [Hemmung durch (20 μg/ml) **I**, 76%; *Linolsäure,* 74%; *Palmitinsäure,* 25; *Stearinsäure,* 6%; *Methyloleat,* 0%; *Tiglinsäure,* 0%; *Acrylsäure,* 5%]. K. Maier. 4374□

Die Nucleinsäuren der Viren. J. D. Weill. (Rev. franç. Études clin. biol. **5,** 667—69, Aug./Sept. 1960; Strasbourg, Fac. de Méd., Inst. de Chim. Biol.; franz.) — Übersicht über die Zus. der *Nucleinsäuren* der *Viren* u. die Vorgänge bei der Infektion durch *Bakteriophagen* u. den *Tabakmosaikvirus* u. deren Bedeutung für genet. Erkenntnisse. H. Lohschelder. 4374□

Der Einfluß fluorierter Pyrimidine auf den Herpes-Simplex-Virus. Sidney Lerman, John Doyle und Ruth Friel Doyle. (Nature [London] **194,** 986—88, 9/6. 1962; Rochester, Univ., School of Med. and Dent., Div. of Ophthalmol., Dep. of Surg., Dep. of Biochem.; engl.) — Zu *Herpes-Simplex*-Viren, die auf der Chorioallantoismembran gezüchtet worden waren, wurden entweder gleichzeitig mit der Inokulation oder 24 Std. später 5 μg *5-Fluordesoxyuridin* (**I**)/pro Membran bzw. *5-Fluoruracil* (**II**) zugesetzt. Nach 48 Std. wurde die Membran abgetrennt u. die Zahl der „Pocken" bestimmt. Ferner wurden die *Ribo*- u. *Desoxyribonucleinsäuren* isoliert. **II** hatte weder auf die „Pocken"-Zahl noch auf das Virenwachstum Einfluß. Nach **I**-Applikation wurde eine Red. der „Pocken" von 250—300 auf 8 gefunden; das Wachstum wurde zu 97% gehemmt. Da der Virus das Corneaepithel angreift, könnte **I** als Mittel zur Therapie der Herpes-

Simplex-Keratitis dienen. Vorverss. ergaben, daß 0,1—0,5% ig. **I**-Lsg. weder das Epithel der Kaninchencornea angriffen, noch die Reepithelisierungs-Geschw. abradierter Corneae hemmten. Es wird angenommen, daß **I** die Synth. von *Desoxyribonucleinsäure-Thymin* hemmt. J. Boelter. 4374 □

E_4. Pflanzenchemie. Pflanzenphysiologie. Pflanzenpathologie

Isotope in der Pflanzenphysiologie. P.-E. Pilet. (Ind. atom. **3**, Nr. 9/10, 63—70, 1959; Lausanne, Univ.; franz.) — Kurze Übersicht über die Anwendung von ^{14}C, ^{32}P u. ^{3}H bei Unterss. über Zellphysiologie, Ernährung u. Photosynthese. — 19 Literaturangaben. A. Blaschette. 4400 □

Indolderivate in Tomaten. G. B. West. (J. Pharmacy Pharmacol., Suppl. **11**, 275T—277T, Dez. 1959; Univ. of London, School of Pharm., Dep. of Pharmacol.; engl.) — Tomatenpflanzen enthalten in Stamm u. Blättern *Tryptophan* (**I**; 2,5 μg/g) u. *5-Hydroxytryptamin* (**II**; 0,01—0,5 μg/g), in unreifen Früchten *Tryptamin* (**III**; 1 μg/g) u. weniger als 0,2 μg/g **I** u. **II** u. in reifen Früchten 4 μg/g **III**, 3,4 **II** u. 0,8 **I**. P. Gregorzewski. 4420 □

Vorläufige Mitteilung über ein neues, aus blaugrünen Algen isoliertes Phykobilin. Yoshihiko Fujita und Akihiko Hattori. (J. Biochemistry [Tokyo] **51**, 89—91, Jan. 1962; Tokyo, Univ., Inst. of Appl. Microbiol.; engl.) — Aus den blaugrünen Algen *Tolypothrix tenuis* u. *Anabaena cylindrica* konnte mit Methanol ein blaues Pigment isoliert u. von den Begleitpigmenten Chlorophyll u. Carotin gereinigt werden. Das Pigment hatte folgende Eigg.: Positive Gmelin-Rk., nach Zugabe von Salpetersäure Farb-Bldg. ähnlich der *Bilitrienpigmente*, Absorptionsspektrum der Hydrochloride in Methanol mit einem Maximum bei 685 u. 375 mμ (Biliverdin 685 u. 370 mμ). Der *Zn-Komplex* des Pigments zeigt ein Absorptionsmaximum bei 661 mμ, was ebenfalls auf ein Bilitrien hindeutet. Das Pigment ist nicht ident., aber chem. verwandt mit *Biliverdin* u. *Mesobiliverdin*. Es ist zwar unlösl. in W., liegt in den Algenzellen aber in einer wasserlösl. Form vor, was auf seine Bindung an eine hydrophile Substanz (Protein ?) schließen läßt, die Bindung wird durch die Methanolbehandlung während der Aufarbeitung aufgehoben. Die Anwesenheit des Pigments im *Phykocyanobilin* (**I**) ist auf eine Verunreinigung von **I** mit dem Pigment zuückzuführen. M. Lorenz. 4420 □

Über weitere Vorkommen von Pektolinarin und Linarin im Pflanzenreich. 1. Mitt. **Mitteilung über Compositen- und Papilionaceenflavone.** H. Wagner, L. Hörhammer und W. Kirchner. (Arch. Pharmaz. Ber. dtsch. pharmaz. Ges. **293/65**, 1053—62, Dez. 1960; München, Univ., Inst. für Pharmaceut. Arzneimittellehre; dt.) — Aus den Blättern von *Cirsium oleraceum* wurden nach Extraktion mit Methanol durch Chromatographie an Polyamidpulver die Glykoside A (**I**; *5.7-Dihydroxy-4'.6'-dimethoxyflavon-7-rhamnoglucosid* oder *Pektolinarin*), $C_{29}H_{34}O_{15}$, u. Glykosid B (**II**; *5.7-Dihydroxy-4'-methoxy-7-rhamnoglucosid* oder *Linarin*), $C_{28}H_{32}O_{14}$, isoliert. **I** wurde auch auf gleiche Weise aus denBlättern von *Trifolium pratense* isoliert.

Versuche: *5.7-Dihydroxy-4'.6'-dimethoxyflavon* (**III**; *Pektolinarigenin*), $C_{17}H_{14}O_6$, F. 220—223° (Methanol), aus 144,2 bzw. 42,0 mg **I** durch 3std. Kochen in 20% ig. H_2SO_4 u. Methanol, Einengen u. Filtrieren; 73,9 bzw. 21,8 mg Ausbeute. — *5.7-Dihydroxy-4'-monomethoxyflavon* (**IV**; *Acacetin* bzw. *Linarigenin*), $C_{16}H_{12}O_5$, F. 265—267° (Methanol) aus **II** (26,4 mg) analog vorst. Verb.; 14,8 mg Ausbeute. — *5.6.7.4'-Tetrahydroxyflavon* (*Scutellarein*), aus 50 mg **I** durch 2std. Kochen am Rückfluß mit Phenol u. Acetanhydrid unter CO_2 bei 150° u. Eingießen in Eiswasser; Ausbeute 3—5 mg. — *5.7.4'-Trihydroxyflavon* (*Apigenin*), F. 250° (Zers., aus Methanol), aus 50 mg **II** analog vorst. Verb.; Ausbeute 7 mg. — *5.6.7.4'-Tetramethoxyflavon*, F. 162—165° (Methanol), aus **III**, Dimethylsulfat u. K_2CO_3 in Aceton durch 30std. Kochen am Rückfluß, Filtrieren u. Einengen. — *5.6.4'-Trimethoxy-7-monohydroxyflavon*, F. 201—204° (Methanol), aus **I** analog vorst. Verb. u. nachfolgendem Erhitzen (2 Std.) mit 10% H_2SO_4 u. Methanol am Rückfluß. — *7.4'-Dimethoxy-5-monohydroxyflavon*, F. 176° (Methanol), analog zweitvorst. Verb. aus **II**. — *5.4'-Dimethoxy-7-monohydroxyflavon*, F. 276—80° (Methanol), analog zweitvorst. Verb. aus **I**. — Die IR-Spektren sind angegeben. J. Boelter. 4420 □

Ersatz der Oxydation durch Licht als Energiequelle beim Glucosestoffwechsel im Tabakblatt. G. A. Maclachlan und Helen K. Porter. (Proc. Roy. Soc. [London], Ser. B **150**, 460—73, 1/9. 1959; London, Imperial Coll. of Sci. and Technol., Res. Inst. of Plant Physiol.; engl.) — Tabakblätterscheibchen synthetisierten bei Infiltration 5% ig. Lsgg. von $^{14}C_{(1)}$- oder $^{14}C_{(6)}$-*Glucose* (beide **I**) im Licht unter anaeroben Bedingungen (2 mm Hg) *Stärke* (**II**) u. *Saccharose* (**III**). Im Dunkeln wurde **I** von den Blattzellen aufgenommen, wobei nur die Hälfte der **I** wie bei Licht absorbiert wurde. Die

Atmung bei Luftzutritt nach 2 Std. Vakuumbehandlung zeigte, daß im Licht der Atmungsmechanismus intakt geblieben, im Dunkeln dagegen irreversibel geschädigt worden war. In gebildeter **II** u. **III** befanden sich 73% vom Gesamt-^{14}C in der ursprünglichen 1- oder 6-Stellung, 15% in den übrigen terminalen C-Atomen; der restliche ^{14}C ungleichmäßig auf $C_{(2-5)}$ verteilt. Auf Grund dieser Verteilung müssen die Prodd. nicht durch Photosynth., sondern vorwiegend durch Polymerisation von Hexose oder Triose entstanden sein. Es wird angenommen, daß Licht den O_2-Bedarf für Synth. durch eine anaerobe **I**-Phosphorylierung ersetzen kann. In Luft entstanden **II** u. **III** wiederum vorwiegend aus **I**-Substraten, wobei wahrscheinlich eine gewisse Reassimilation von Atmungs-$^{14}CO_2$ u. **I**-Lichtphosphorylierung erfolgte. K. Maier. 4460□

Der biosynthetische Einbau von Dopamin in Hydrastin. Ian D. Spenser und J. R. Gear. (J. Amer. chem. Soc. **84**, 1059—60, 20/3. 1962; Hamilton, Canada, McMaster Univ., Dep. of Chem.; engl.) — Nach Infusion von *$^{14}C_{(\alpha)}$-3.4-Dihydroxyphenyläthylamin* ($^{14}C_{(\alpha)}$-**I**; *Dopamin*)-*Hydrobromid* in Stengel von *Hydrastis canadensis* L. isoliertes *$^{14}C_{(3)}$-Hydrastin* (**II**) u. analog nach Gabe von $^{14}C_{(\beta)}$-**I** erhaltenes *$^{14}C_{(4.7)}$-Hydrastin* (**IIa**) werden abgebaut u. nachst. relative spezif. Aktivität (RSA; **II** bzw. **IIa** = 100) gefunden: *Hydrastinin*, RSA = 100 bzw. 57; *Opiansäure*, RSA = 1 bzw. 43; *Hydrastal*, RSA = 96 bzw. 59; *6-Vinylpiperonylsäure*, RSA = 100; *6-Brom-α-hydroxyhomopiperonylbromid*, RSA = 102; *Benzoesäure*, RSA = 0; *6-Brompiperonylidenaceton*, RSA = 2. Die Ergebnisse beweisen die Stellung der ^{14}C-Atome in **II** u. **IIa** u. bestätigen die Biosynth. von **II** aus 2 Moll. Tyrosin über die beiden Synth.-Wege A u. B (vgl. Nature [London] **191**, [1961], 1393) u. die ausschließliche Beteiligung von **I** am Synth.-Weg A, der zu den **II**-Atomen 3—10 führt. F. Heller. 4460□

Möglicher Zusammenhang zwischen Wurzelbildung und Anthocyaninsynthese. E. P. Bachelard und B. B. Stowe. (Nature [London] **194**, 209—10, 14/4. 1962; New Haven, Conn., Yale Univ., J. W. Gibbs Labor., Dep. of Bot.; engl.) — Junge Sämlinge von *Acer rubrum* L. (A) u. *Eucalyptus camaldulensis* Dehn. (B) wurden oberhalb der Kotyledonen abgeschnitten. Die Basen der Sprosse wurden in eine verd. *Indolylbuttersäure*-Lsg. gebracht. — Bei A fand sich eine hochsignifikante Beziehung zwischen der in den Blättern vorliegenden Gesamtmenge an *Anthocyanin* (**I**) u. der Zahl der Wurzeln. Die **I** wurden papierchromatograph. als *Cyanidinglykoside* identifiziert. — Nach Einw. von *Saccharose* u. *Riboflavin* (**II**) setzte bei B vermehrte Wurzel-Bldg. ein. Die Blätter der mit **II** behandelten Pflanzen (B) zeigten gleichzeitig einen erhöhten **I**-Gehalt. Die Vermutung eines Zusammenhanges zwischen Wurzel-Bldg. u. **I**-Synth. wird durch einige Veröffentlichungen anderer Autoren unterstützt. H. Busse. 4460□

Zur Biogenese des Peganins. D. Gröger und K. Mothes. (Arch. Pharmaz. Ber. dtsch. pharmaz. Ges. **293/65**, 1049—52, Dez. 1960; Halle/S., Dt. Akad. der Wiss., Inst. für Biochem. der Pflanzen; dt.) — Zu der Nährlsg. von *Peganum harmala*-Pflanzen (Ashkabad, Sowjetunion) wurde *$^{14}C_{(COOH)}$-Anthranilsäure* (**I**) zugesetzt. Die Pflanzen wurden getrocknet u. mit A.–Chlf.–Isopropylalkohol extrahiert. Durch Dünnschichtchromatographie (Papierchromatographie ergab keine Trennung) wurde das *Peganin* (**II**) von den *Harmanalkaloiden* (**III**) abgetrennt u. papierchromatograph. gereinigt. **I** wurde in **II** der Wurzeln zu 2,55%, in **II** der Stengel zu 0,55% eingebaut. In **III** der Wurzeln wurde keine Radioaktivität gefunden. Es wird angenommen, daß **I** wahrscheinlich eine der Vorstufen von **II** ist. J. Boelter. 4460□

Die Einflüsse von Arsenverbindungen auf Citruspflanzen in Hydrokultur. G. F. Liebig jun., G. R. Bradford und A. P. Vanselow. (Soil Sci. **88**, 342—48, Dez. 1959; Univ. of California, Citrus Exp. Stat.; engl.) — 1 ppm *As* als *Arsenit* oder *Arsenat* stimuliert das Wurzelwachstum, 10 ppm As wirken toxisch. P. Gregorzewski. 4485□

Die Trennung dreier Indolsäuren durch Gegenstromverteilung. S. B. Ghosh und P. Nandi. (Sci. and Cult. [Calcutta] **27**, 105—06, Febr. 1961; Calcutta, Bose Inst., Microbiol. Labor.; engl.) — Es wurde die Trennbarkeit von *Indolylessigsäure* (**I**), *Indolylpropionsäure* (**II**) u. *Indolylbuttersäure* (**III**) durch 23stufige Craig-Verteilung zwischen 1/15m Phosphatpuffer, pH 6,9, u. Ae. untersucht. Die Verteilungs-Koeff. hatten die Reihenfolge **III** > **II** > **I**. Aus einem Gemisch der 3 Säuren war **I** von **II** u. **III** abtrennbar, während **II** u. **III** unter den gewählten Bedingungen nur teilweise getrennt werden konnten. K. Maier. 4485□

Die Wirkung von Indolylbuttersäure auf die Respiration und den Stickstoffstoffwechsel bei weichholzigen Stengelstecklingen der Mariannenpflaume 2624. D. K. Strydom und H. T. Hartmann. (Proc. Amer. Soc. horticult. Sci. **76**, 124—33, Dez.

1960; Davis, Calif., Univ. of California; engl.) — Die Stecklinge stammten von 2 bzw. 9jährigen Bäumen der Mariannenpflaume 2624 (*Prunus cerasifera* × *Prunus munsoniana*) u. wurden mit 4000 ppm *Indolylbuttersäure* (I)-Lsg. in 50%ig. A. durch Eintauchen 5 Sek. lang behandelt. 15 Tage nach der Behandlung stieg die Respiration gegenüber Kontrollen etwa auf das 3½fache. Der Geh. an *Gesamt-N* u. *Protein-N* stieg am basalen Ende der mit I behandelten Stecklinge vom 4.—7. Tag an, bei den unbehandelten stieg nur der Gesamt-N wenig an, während der Protein-N konst. blieb. Die I-behandelten basalen Enden der Stecklinge zeigten im Gegensatz zu den Kontrollen bis zum Erscheinen der Wurzeln ein Ansteigen der freien *Aminosäuren*. Mit I behandelte Stecklinge zeigten nach 7 Tagen Kallus- u. nach 14 Tagen Wurzel-Bldg., unbehandelte nach 14 bzw. 23 Tagen. W. Hiller. 4485□

Stoffwechsel und Selektivität von Herbiciden als Pflanzenwachstumsregulatoren. E. L. Leafe. (Nature [London] **193**, 485—86, 3/2. 1962; Nottingham, Boots Pure Drug Co. Ltd., Res. Dep., Agric. and Horticult. Div., Lenton Exper. Stat.; engl.) — Vf. stellte fest, daß die Resistenz von *Galium aparine* (Unkrautart) gegenüber dem Herbicid *4-Chlor-2-methylphenoxyessigsäure* (I) darauf beruht, daß in der Pflanze ein Abbau von I (unter Verlust der beiden C-Atome der Seitenkette) u. eine damit verbundene Entgiftung stattfindet. Wird hingegen ein I mit α-ständiger CH_3-Gruppe, DL-α-*[4-Chlor-2-methylphenoxy]-propionsäure* (II), verwendet, so bleibt in dem neuen Herbicid die tox. Wrkg. gegenüber dem Unkraut erhalten, weil die α-ständige CH_3-Gruppe den Abbau von II in der Pflanze verhindert. — Die Unterss. an G. aparine wurden mit Hilfe von ^{36}Cl- sowie $^{14}C_{(1)}$- u. $^{14}C_{(2)}$-I durchgeführt. H. Busse. 4485□

E₅. Tierchemie. Tierphysiologie. Tierpathologie

Verwendung von ^{131}J zur Verfolgung der Bewegungen kleiner Tiere. Arthur G. Johanningsmeier und Clarence J. Goodnight. (Science [Washington] **138**, 147—48, 12/10. 1962; Lafayette, Ind., Purdue Univ., Dep. of Biol. Sci.; engl.) — Vff. entwickelte unter Verw. von ^{131}J eine Meth. zur Unters. der Bewegungen von *Microtus pennsylvanicus* auf einem Felde. ^{131}J (½ mc) wird von einer Polyäthylenkapsel aufgenommen u. diese unter die Haut des Tieres verbracht. Die Bewegungen des Tieres konnten auf diese Weise bis zu 2 Wochen nach dem Einsetzen der Kapsel mit Hilfe eines an einem Al-Stab befestigten Geiger-Müller-Zählers verfolgt werden. Allerdings gelang die genaue Lokalisierung des markierten Tieres nicht mehr, wenn es sich mehrere Inches unterhalb der Erdoberfläche aufhielt. H. Kockert. 4500□

Untersuchungen über die Keratinstruktur. 4. Mitt. **Die molekulare Struktur einiger morphologischer Komponenten des Keratins.** C. Earland, P. R. Blakey und J. G. P. Stell. (Biochim. biophysica Acta [Amsterdam] **56**, 268—74, 29/1. 1962; Bradford, England, Inst. of Technol., Dep. of Textile Ind.; engl.) — Vgl. C. **1959**, 824.— Das *Keratin* (I) von Federn u. den Barthaaren von Löwe u. Tiger wurde sowohl durch Oxydation mit Peressigsäure u. Fraktionierung mit verd. Alkali, als auch durch Röntgenstrahlenbeugungsmessungen bzw. opt. Mikroskopie (bes. im polarisierten Licht) untersucht. Federn (Calamus) bestehen danach aus einer inneren Schicht mit mol. Orientierung längs der Achse u. einer äußeren Schicht, deren mol. Orientierung im rechten Winkel zur Achse verläuft. Aus den Daten der Röntgenstrahlenbeugung erscheint es möglich, daß ein kleiner Teil des Feder-I als α-I vorliegt. Die untersuchten Barthaare, die aus α-I bestehen, weisen eine innere Schicht (längs der Medulla) auf, die rechtwinklig zur Achse orientiert ist u. eine äußere mit longitudinaler Orientierung. Nach Ansicht der Vff. besteht die Funktion dieser Schichten in einer Erhöhung der mechan. Festigkeit. P. Schwerdtfeger. 4520□

Über die Herkunft der N-terminalen Reste in essigsäurelöslichem Kalbshaut-Kollagen. F. S. Steven und G. R. Tristram. (Biochem. J. **83**, 245—48, Mai 1962; St. Andrews, Univ., St. Salvators Coll., Dep. of Physiol. and Biochem.; engl.) — In essigsäurelösl. *Kollagen* (I) wurden mit Hilfe ihrer Dinitrophenyl-Derivv. folgende Aminosäuren als Träger von Stickstoffendgruppen gefunden: *Glycin, Glutaminsäure, Asparaginsäure, Serin, Threonin, Alanin, Valin, Leucin + Isoleucin, Phenylalanin, Lysin, Tyrosin, Prolin* u. *Hydroxyprolin* (die 3 letztgenannten in Spuren). Ihre Gesamtmenge betrug ca. 1,48 Mol/10^6 g Protein. In zwei mit Aceton gefällten Fraktionen wurden insgesamt 1,1 Mol/10^6 g dieser Aminosäuren gefunden. Die Abnahme verteilt sich etwa gleichmäßig auf alle Aminosäuren. Nur Lysin bleibt unverändert. Der Vgl. der gefundenen Aminosäuremenge mit dem Molgew. von I läßt es wahrscheinlich erscheinen, daß die gefundenen Endgruppen zu schwer auswaschbaren Nichteiweißanteilen gehören. Therm. Umwandlung von I in Gelatine bei pH 7 bringt nur geringe Erhöhung der Endgruppen auf 1,8 Mol/10^6 g mit sich, die im wesentlichen auf Serin-,

Threonin- u. Phenylalaninendgruppen zurückgeht. Es findet also physikal. Dissoziation bei minimalem Bruch von Peptidbindungen statt. R. Ristow. 4520□

Fraktionierung löslicher Gewebeproteine aus Hirn. D. L. Mould und A. McL. Dawson. (Biochem. J. **84**, 52P—53P, Aug. 1962; Edinburgh, Moredun Inst., Animal Diseases Res. Assoc.; engl.) — Das gefrorene, gemahlene Schafhirn wird mit 20%ig. NaCl-Lsg. extrahiert. Die extrahierten *Proteine* werden durch Salzfällung oder Zonenelektrophorese sowie Chromatographie an Diäthylaminoäthylcellulose fraktioniert u. die Komponenten der einzelnen Fraktionen durch Stärkegelelektrophorese untersucht. Verschiedene der Komponenten sind instabil u. neigen zur Bldg. unlösl. Nd. während der Konzentrierung. Ca. 30—40% der Proteine werden durch die Cellulosesäule irreversibel gebunden. Die erhaltenen Fraktionen stellen jeweils noch komplexe Gemische dar. Durch Mikroimmunelektrophorese werden die Antigenkomponenten innerhalb des Stärkegelelektropherogramms lokalisiert. Es konnte eine teilweise Reinigung u. Konzentrierung der *Antigene* erzielt werden. P. Schwerdtfeger. 4520□

Mucopolysaccharide und Glucidamine in Rinderlungen. 1. Mitt. **Über Glucidamine und ein Molisch-positives Mucopolysaccharid.** Chuichi Itoh. (Tohoku J. exp. Med. **72**, 150—62, 25/9. 1960; Sendai, Tohoku Univ., School of Med., Medico-chem. Inst.; engl.) — Aus frischen Rinderlungen konnten 2 *Glucidamine I* u. *II* (I) u. ein Molisch-positives *Mucopolysaccharid* (II) in elektrophoret. homogenem oder fast homogenem Zustand isoliert werden. Die I enthielten *Galaktosamin, Glucosamin, Galaktose, Mannose, L-Fructose, Sialsäure* sowie *Asparaginsäure* (III), *Glutaminsäure* (IV), *Serin* (V), *Glycin* (VI), *Threonin, Alanin, Tyrosin, Valin* bzw. *Methionin* (VII), *Leucin* bzw. *Isoleucin* (VIII), *Prolin, Hexonbasen* (IX; wie *Histidin, Lysin, Arginin* usw.) u. *Hexosamine.* II enthielt *Glucose, Xylose* u./oder *Lyxose* in Verb. mit den in I gefundenen Zuckern u. ferner III, IV, V, VI, VII, VIII, IX. UV-Spektren für I u. II, die opt. Rotation u. elektrophoret. Wanderung der Präpp. wurden untersucht u. die Befunde mitgeteilt. K. Böhm. 4520□

Komplexbildung zwischen dem Chondromucoprotein des menschlichen Knorpels und menschlichen Plasmakomponenten. A. J. Anderson. (Biochem. J. **84**, 48P, Aug. 1962; Stanmore, Middlesex, Royal Nat. Orthopaedic Hosp., Inst. of Orthopaedics, Dep. of Pathol.; engl.) — *Chondromucoprotein* (I; Subfraktion 1) wurde durch Chromatographie roher Extrakte aus menschlichem Knorpel (pH 10,3) an Diäthylaminoäthylcellulose erhalten. Wird I oder Chondroitinsulfat (II) zu menschlichem Plasma (1 ml mit 9 ml W. verd., auf pH 4,4 eingestellt u. zentrifugiert) gegeben, so bilden sich Ndd. der Komplexe A u. B, die 50% des ursprünglich vorhandenen Plasma-*Cholesterins* (I) enthalten. Die maximale Fällung von A bzw. B wird bei pH 5,0 bzw. 5,6 erhalten. Bei pH 4,4 isoliert, enthalten A bzw. B: Aceton-extrahierbare *Lipoide* 21; 28(%); I 10,7; 13,1; Gesamt-*N* 12,0; 11,3; *Eiweiß* 73; 69; *Mucopolysaccharide* 6; 3; *Hexosamin* 3,3; 3,1; *Hexosen* 2,3; 3,1; *Sialsäure* 0,7; 0,9; *Hydroxyprolin* $<$0,1%. Kaninchenantiseren gegen A bzw. B reagieren mit B bzw. A sowie menschlichem *Fibrinogen*; außerdem treten 3 weitere Antigenkomponenten auf, die A u. B gemeinsam sind. Nach Ansicht des Vf. könnten diese Komplexe in Beziehung zu den „Fibrinoid"-Ablagerungen stehen, die bei Kollagen- u. Gefäßerkrankungen beobachtet werden.
P. Schwerdtfeger. 4520□

Kreatin und Kreatinin in Geweben und Urin bei Mäusen mit erblicher Muskeldystrophie. A. A. Kandutsch und Alice E. Russell. (Amer. J. Physiol. **194**, 553—56, Sept. 1958; Bar Harbor, Maine, Roscoe B. Jackson Memorial Labor.; engl.) — In den Muskeln der dystroph. Mäuse ist der *Kreatin*-(I)-Geh. 20% niedriger als bei normalen Tieren. Das Verhältnis von I zu *Kreatinin* im Urin u. der Geh. von I in Leber u. Niere zeigen keine Abweichungen. *Vitamin E* hat keinen Einfl. auf die erhöhte I-Ausscheidung im Urin bei dystroph. Mäusen. P. Gregorzewski. 4520□

N-Acetyldopamin als sklerotisierendes Agens der Insektencuticula. Peter Karlson und Constantin E. Sekeris. (Nature [London] **195**, 183—84, 14/7. 1962; München, Univ., Physiol. Chem. Inst.; engl.) — *N-Acetyldopamin* (I) als Bestandteil der Larve der Schmeißfliege *Calliphora erythrocephala* wurde in der ausgewachsenen Larve akkumuliert u. verschwand abrupt zum Zeitpunkt der Puppenbildung. Injiziertes $^{14}C_{(\beta)}$-I wurde vollständig in die Cuticula eingebaut. *Phenoloxydase* (II) war offenbar am Sklerotisationsprozeß beteiligt, wobei Monophenole nicht oxydiert wurden. *Protocatechusäure, 3.4-Dihydroxyphenylessigsäure* u. *3.4-Dihydroxyphenylbrenztraubensäure* wurden ebenfalls nicht durch aus *Calliphora* isolierte II oxydiert. Beste Substrate für II waren I (K_m $3\cdot10^{-3}$ m), *Dopamin* (III; K_m $2\cdot10^{-4}$ m) u. *Dopa* (IV; K_m $8\cdot10^{-3}$ m), so daß I wahrscheinlich das sklerotisierende Agens darstellt. Bei 3—5 Tage alten Larven wurde injiziertes *Tyrosin* (V) hauptsächlich zu *p-Hydroxyphenylbrenztraubensäure* (VI) u. *p-Hydroxyphenylpropionsäure* (VII) umgesetzt. In den älteren Larven (7—8 Tage alt, etwa einen

Tag vor der Verpuppung) wurde **V** vor allem in **I** umgewandelt, evtl. auch in dessen *4-O-β-Glucosid* (**VIII**). Die Verschiebung des **V**-Stoffwechsels wurde durch ein Hormon der Ringdrüse, dem *Ecdyson*, hervorgerufen u. konnte durch Ligatur oder Entfernung der Drüse verhindert werden. Es werden folgende **V**-Abbauwege vorgeschlagen: **V** → **VI** → **VII** bzw. **V** → **IV** → **III** → **I** → **VIII** oder *Sklerotin*. **I** konnte außerdem in Extrakten des Mehlwurmes *Tenebrio molitor* aus der ausgewachsenen Larve sowie dem Insekt u. der Wüstenheuschrecke *Schistocera gregaria* Forsk nachgewiesen werden.
J. Boelter. 4520□

Der Trimethylaminoxidgehalt der im Brackwasser und in der Cochinsee vorkommenden Steingarneelen. N. K. Velankar und T. K. Govindan. (Proc. Indian Acad. Sci., Sect. B **52**, 111—15, Okt. 1960; Cochin, Central Fisheries Technol. Res. Stat.; engl.) — Die Geh. an *Trimethylaminoxid* (**I**) betragen (als N-Werte ausgedrückt) bei den in Seewasser lebenden Tieren 30,91—118,30 mg N_2/100 g Muskel, bei den in Brackwasser lebenden 0—41,98. Bei in Brackwasser gefangenen Garnelen sind die **I**-Geh. dem Salz-Geh. des W. proportional. P. Gregorzewski. 4520□

Papierchromatographie der stickstofffreien Phosphatide vom Cardiolipin-Typ. O.-V. Renkonen und O. Renkonen. (Ann. Med. exp. Biol. fenn. **37**, 357—62, 1959; Helsinki, Univ., Dep. of Serol. and Bacteriol.; engl.) — Zur papierchromatograph. Auftrennung von *Cardiolipin* (**I**) oder *Sitolipin* (**II**) werden 2 Lsgm.-Gemische angegeben. Whatman Nr. 1-Papier wurde mit *Kieselsäure* imprägniert (vgl. C. **1961**, 9851) u. 36 Min. in HCl gebadet. Zur Entw. diente Diisobutylketon/Essigsäure im Vol.-Verhältnis 9 : 1 bzw. 8 : 2. Anfärbung erfolgte (nach ca. 10 Std.) mit *Rhodamin 6G* (vgl. l. c.). **I** wurde in 2, **II** in 5 Unterfraktionen getrennt. Die Hauptfraktion von **I** fand sich nicht bei **II**. Keine der Fraktionen war ident. mit *Phosphatidylserin* oder *Monophosphoinositid*.
H. Lohschelder. 4520□

Untersuchungen über die Reaktion spezifischer Agglutination. 3. Mitt. **Wirkung einiger Reagentien auf die Antigene.** R. Pautrizel, I. Capdejelle und F. Tayeau. (Bull. Soc. Pharmac. Bordeaux **98**, 42—46, 1959; franz.) — 2. vgl. Bull. Soc. Chim. biol. **35**, [1952], 1325. — Bzgl. Blut 10fach verd. Suspensionen von Erythrocyten wurden bei 37° $^1/_2$ Std. der Einw. 1%ig. Lsgg. von *Formaldehyd* (**I**), *Na-Monobromacetat*, *Ninhydrin* oder *Na-β-Naphthochinon-4-sulfonat* ausgesetzt. Die Agglutination der gewaschenen, zentrifugierten u. wieder suspendierten Erythrocyten wurde dadurch um maximal 15% gesteigert oder gesenkt. Diese Wrkg. war jeweils gleichartig, jedoch schwächer wie die auf die *Antikörper*. Bei Verss. mit 24std. Einw. von **I** verschiedener Konz. auf Antiseren, wobei sich unvollständige Antikörper ergaben, zeigte **I** ebenfalls geringere Wrkg. auf *Antigene* als auf Antikörper. H. Lohschelder. 4551□

Untersuchungen über die Reaktion spezifischer Agglutination. 4. Mitt. **Spezifität der zweiten Phase.** F. Tayeau und I. Capdejelle. (Bull. Soc. Pharmac. Bordeaux **98**, 47—50, 1959; franz.) — 3. vgl. vorst. Referat. — Durch Mischen von 2 agglutinierenden Syst., wobei die *Antikörper* des einen der Einw. von *Formaldehyd* ausgesetzt worden waren, wurde festgestellt, daß jedes Syst. unabhängig vom anderen agglutiniert, woraus geschlossen wird, daß die 2. Phase der *Antigen-Antikörper*-Rk. unter dem Einfl. spezif. Kräfte verläuft. H. Lohschelder. 4551

Der Einfluß verschiedener Reize auf die Milchabgabe und Diurese bei der lactierenden Kuh. G. Peeters, H. Stormorken und F. Vanschoubroek. (J. Endocrinology **20**, 163—72, April 1960; Ghent, Univ., Veterinary Coll., Dep. of Physiol.; engl.) — Die Beziehung zwischen Milchabgabe u. antidiuret. Rk. bei lactierenden Kühen wurde unter Verw. verschiedener Reizmittel untersucht. K. F. Müller. 4555□

Rolle der Hormone der normalen Ernährung. Albert Rakoto-Ratsimamanga, Michèle Mondain-Monval-Gerondeau und Jacqueline Diot. (C. R. Séances Soc. Biol. Filiales **156**, 1076—80, 1962; Paris, Fac. de Méd., Hautes Etudes C.N.R.S., Labor. de Physiol. nutrition. des Vitamines et Hormones; franz.) — Bei jungen Ratten provoziert eine *Vitamin-* u. *Hormon*-freie Kost während 10 Tagen eine verminderte Gew.-Zunahme u. eine unzulängliche Entw. der Hormondrüse (Ovar, Uterus, Thymus). Die Entw. des Knochengerüsts ist stark abhängig von den Hormonen (0,01 mg *Östradiol*/Tag). Die gleichzeitige Ggw. von Vitaminen (*Pyridoxinhydrochlorid, Cyanocobalamin, Thiamin, Riboflavin, Nicotinamid, Vitamin K, A, D, F, Folsäure, Pantothensäure, Rutin, Biotin, Lysin*) u. Hormonen ist notwendig zur normalen Entw. u. Funktion des Organismus.
M. Blaschette-Huttinger. 4558□

Einflüsse des Alters und von Hormonen auf den Aortengewebestoffwechsel. E. Wertheimer und V. Ben-Tor. (Arch. Kreislaufforsch. **33**, 25—33, Aug. 1960; Jerusalem, Israel, Hebrew-Univ., Hadassah Med. School, Dep. of Biochem.; engl.) — In Krebs-Ringer-Phosphat-Lsg. ist die O_2-Aufnahme in den Aorten junger Ratten höher als bei alten. Die O_2- u. auch die *Glucose* (**I**)-Aufnahme sind sowohl in jüngeren als auch in alten Aorten im Serum von jungen Ratten höher als im Serum alter Ratten. Die anaerobe Bldg. von *Milchsäure* durch die Rattenaorta ist im Serum alter Tiere größer als im Serum junger. Bei Ratten mit *Alloxan*-Diabetes ist die I-Aufnahme im Aortengewebe vermindert. Zugabe von *Insulin* normalisiert in vivo die I-Aufnahme. Insulin in vitro verstärkt die O_2- u. I-Aufnahme der Aortenwand im Gey-Medium. *Heparin* steigert beide in den Aorten alter Ratten, nicht aber in denen junger Ratten. *Norepinephrin* verstärkt in vitro die O_2- u. I-Aufnahme u. die *Glykogen*-Synth.; *Epinephrin* hat keinen Einfluß. *Acetylcholin* vermindert die O_2- u. I-Aufnahme.

K. Böhm. 4558□

Veränderungen der Mucoproteide im Serum und in der wässerigen Augenflüssigkeit während des sexuellen Cyclus der Ratte. A. B. Houssay und N. Blumenkrantz. (Nature [London] **194,** 482—84, 5/5. 1962; Buenos Aires, Ministerio de Asistencia Social y Solud Publica, Centro de Endocrinologia; engl.) — Vff. verfolgen bei Ratten den Geh. an *Mucoproteiden* (I) im Serum u. in der wss. Augen-Fl. durch die *Tryptophan*-Meth. (Shetlar u. Mitarbeiter, Proc. Soc. exp. Biol. Med. **67,** [1948], 125); der Polymerisationsgrad wird durch den *Toluidinblau*-Test (Blumenkratz, Clin. Chem. [New York] **3,** [1957], 696) u. das Phänomen der rhythm. Kristallisation ermittelt. Bei den ♀ Ratten wurden cycl. Veränderungen in wahrscheinlichem Zusammenhang mit dem *Östrogen*-Geh. festgestellt. Im Serum war der I-Geh. maximal im Östrus u. minimal im Diöstrus. In der wss. Augen-Fl. war der Polymerisationsgrad am höchsten im Östrus. Im Diöstrus fand eine Depolymerisation statt mit ansteigendem I-Gehalt. Bei den ♂ Ratten wurden generell ähnliche Werte gefunden wie bei den ♀ im Diöstrus..

M. Blaschette-Huttinger. 4559□

In der Follikelflüssigkeit der Stute vorhandene Steroide. R. V. Short. (J. Endocrinology **20,** 147—56, April 1960; Cambridge, Univ., Dep. of Veterinary Clin. Studies, A.R.C. Unit of Reprod. Physiol. and Biochem.; engl.) — Mit Hilfe der Papierchromatographie wurden in der Follikel-Fl. der Stute folgende Steroide (in μg/Liter) nachgewiesen: *17β-Östradiol* (460 μg), *Östron* (**I**; 34 μg), *Cortisol* (12 μg), *Progesteron* (124 μg), *17α-Hydroxyprogesteron* (66 μg), *Epitestosteron* (**II**; 24 μg), *Androstendion* (**III**; 136 μg). Außerdem wurden 134 μg einer nichtidentifizierten östrogenartigen Substanz u. 52 μg eines nichtidentifizierten *17-Ketosteroids* nachgewiesen. **II** wurde erstmalig als Natur-Prod. identifiziert; *19-Hydroxyandrostendion*, das als Zwischenstufe der Bldg. von **I** aus **III** postuliert wurde, konnte nicht aufgefunden werden. K. F. Müller. 4559□

Steuerung des Placentagewichts durch die Ovarialhormone bei der Ratte nach Hypophysektomie. Jean-Jacques Alloiteau und Germaine Acker. (C. R. hebd. Séances Acad. Sci. **254,** 4363—65, 18/6. 1962; Paris, Coll. de France, Labor. de Morphol. exp. et Endocrinol.; franz.) — Nach Hypophysektomie behalten die *östrogenen Hormone* (I) ihre Fähigkeit, eine durch I-Mangel bedingte Placentahypertrophie zu verhindern u. selbst eine Atrophie hervorzurufen. *Progesteron* (**II**) in hoher Dosierung ist wenig wirksam. Die *androgenen Hormone* sind nur bei Vorhandensein eines Ovars wirksam. Das Placenta-Gew. wird durch die synergist. Wrkg. von **I** u. **II** gesteuert. Die Hypophysektomie beweist, daß gegen Ende der Schwangerschaft ein hormonales Gleichgew. zwischen der I- u. II-Sekretion des Gelbkörpers u. der *Luteotropin* (**III**)-Ausscheidung der Placenta besteht. Es bleibt offen, ob die Placentahypertrophie bei **II**-Mangel eine kompensator. Hypertrophie mit verstärkter **III**-Ausscheidung darstellt.

M. Blaschette-Huttinger. 4559□

Corticotropin-Bestimmung an Hand des Corticosteronanstiegs im Nebennieren-Venenblut hypophysektomierter Ratten. Vergleich von Dexamethasonblockade und Hypophysektomie. K. Retiene, H. Ditschuneit, M. Fischer, K. Kopp und E. F. Pfeiffer. (Acta endocrinol. [Copenhagen] **41,** 211—18, Okt. 1962; Frankfurt/M., Univ., I. Med. Univ.-Klinik; dt.) — Vgl. Klin. Wschr. **38,** [1960], 980. — Vortrag. Vff. versuchten, *Corticotropin* (I) im Nebennierenvenenblut von Ratten zu bestimmen, deren eigene I-Sekretion durch *Dexamethason*-Blockade der Hypophyse ausgeschaltet war. Jedoch war die Blockade bei der eine große Operation erfordernden Kanulierung der Nebennierenvene erfolglos. Daher waren Best. nur bei hypophysektomierten Ratten erfolgreich, bei denen noch 0,05 mE. I (US-P-Standard) mit einem Genauigkeitsindex von $\lambda = 0,13$ nachgewiesen werden konnten. Eine weitere Empfindlichkeitssteigerung ist nicht zu erwarten. R. Ristow. 4560□

Nebennierenrinden-Aktivität nach Injektion von Corticotropin bei niedrigem Ascorbinsäure-Niveau der Nebenniere. Pavo Hedner und Claus Rerup. (Acta endocrinol. [Copenhagen] **41,** 219—26, Okt. 1962; Lund, Univ., Dep. of Pharmacol.; engl.) — Ratten, bei denen nach Hypophysektomie oder *Dexamethason*-Blockade der Hypophyse durch Injektion von *ACTH* u. *Corticosteron* (**I**)-Ausschüttung eine Senkung des *Ascorbinsäure* (**II**)-Geh. der Nebennieren eingetreten war, wurde innerhalb der Zeit geringen **II**-Geh. der Nebenniere erneut i.v. ACTH gegeben. Es trat eine gegenüber der ersten Gabe nahezu unverminderte erneute Erhöhung des **I**-Geh. im Plasma ein, ohne daß sich eine eindeutige Änderung des **II**-Geh. der Nebennieren ergab. Vff. ziehen daraus den Schluß, daß die Best. des ACTH durch **I**-Best. im Plasma zuverlässiger ist, als die durch Best. des **II**-Geh. der Nebenniere. R. Ristow. 4560□

Der Wachstumshormongehalt einiger Wirbeltierhypophysen. Jolane Solomon und Roy O. Greep. (Endocrinology **65**, 334—36, Aug. 1959; Boston, Mass., Harvard School of Dental Med., Biol. Res. Labor.; engl.) — Vgl. C. **1960**, 549. — Vff. untersuchten die Wrkg. von Hypophysenpräparationen verschiedener Wirbeltiere bei hypophysektomierten Ratten. Hypophysensuspensionen (2 mg/Tag subkutan injiziert) von Pferd, Frosch, Kaninchen, Wal u. Katze zeigten eine gut erkennbare Wirkung. Die Wrkg. von Küken- u. Taubenhypophysen war dagegen gering, während Fischhypophysen keine Aktivität zeigten. W. Damerau. 4560□

Über die Wirkung des gonadotropen Hormons FSH auf die Testikel der Kaulquappe Alytes obstetricans Laur. Dauer der experimentellen Spermatogenese. Michel Delsol. (C. R. Séances Soc. Biol. Filiales **154**, 927—30, 1960; Lyon, Fac. Cathol., Labor. de Biol. gén.; franz.) — Vgl. C. **1961**, 12895. — Vf. beschreibt die Phasen der histolog. untersuchten Veränderungen der Testikel von *Alytes obstetricans* Laur nach Injektion von *FSH*. H. Lohschelder. 4560□

Die Wirkung von Hypothalamusschädigungen auf Sekretion und Speicherung des Luteinisierungshormons der Hypophyse. S. Taleisnik und S. M. McCann. (Endocrinology **68**, 263—72, Febr. 1961; Philadelphia, Pa., Univ. of Pennsylvania, School of Med., Dep. of Physiol.; engl.) — Hypothalamusverletzungen im Mittelhöcker des Tuber cinereum (Sherman-Ratte) verursachten ein Syndrom von konst. vaginalem Diöstrus (CD), begleitet von Atrophie der Ovarien u. des Uterus, sowie einer signifikanten Gew.-Abnahme der Pars distalis. Schädigung des rostralen Hypothalamus rief ein Syndrom von konst. vaginalem Östrus (CE), begleitet von atrophierten Ovarien u. Vergrößerung von Uterus u. Pars distalis hervor. Plasma normaler Ratten enthielt kein *Luteinisierungshormon* (**I**), das ovariektomierter nachweisbare **I**-Mengen. Hypothalamusschädigung verhinderte diesen **I**-Anstieg. Ovariektomie erhöhte den **I**-Geh. der Hypophyse bei normalen u. CE-Ratten, nicht aber CD-Tieren. Anscheinend ist der Hypothalamus in der Steuerung von **I**-Synth. u. -Sekretion der Hypophyse beteiligt. K. Maier. 4560□

Reinigung und Eigenschaften einer beim Kaninchen Lipämie hervorrufenden Komponente der Hypophyse. Daniel Rudman, Maria B. Reid, Floyd Seidman, Mario di Girolamo, Arthur R. Wertheim und Seraphine Bern. (Endocrinology **68**, 273—80, Febr. 1961; New York City, N.Y., Columbia Univ., Res. Serv., Goldwater Mem. Hosp., and Coll. of Physicians and Surgeons, Dep. of Med.; engl.) — Die früher beschriebene Meth. (vgl. C. **1963**, 3285) zur Herst. der *Fraktion H* (**I**) aus Schweinehypophysen durch alkal. Extraktion, fraktionierte Acetonfällung u. Chromatographie an IRC-50-Harz wurde verbessert (Ausbeute 8 mg/g lyophilisierte Hypophyse). 0,125 mg **I** steigerten bei Kaninchen den Serumspiegel an freien Fettsäuren 6fach, 3 mg den Gesamtlipidspiegel 4fach. Die **I**-Präpp. enthielten 0,8% *Wachstumshormon*, 0,007% *Oxytocin*, 0,00005% *melanocytenstimulierendes Hormon* u. keine nachweisbaren Mengen 6 anderer bekannter Hypophysenhormone. Die akt. Substanz von **I** wird durch *Trypsin* oder Einw. von 0,1 n NaOH bei 100° inaktiviert, ist nicht dialysierbar u. in 5%ig. Trichloressigsäure unlöslich. Pepsinverdauung oder Einw. von 0,1 n HCl bei 100° vermindert die biolog. Aktivität von **I** nicht. Die akt. Substanz des pept. **I**-Digestats ist dialysierbar u. in 5%ig. Trichloressigsäure löslich. Chromatographie von **I** an DEAE-Cellulose bewirkt eine weitere, 5fache Reinigung der akt. Komponente. Das Präp. (*Fraktion L*) wandert bei der Papierelektrophorese als einheitliche Substanz. K. Maier. 4560□

Sensibilität des Ovars des Dachses gegenüber gonadotropen Hormonen. René Canivenc, Maryse Bonnin-Laffargue und Marie-Claude Relexans. (C. R. hebd. Séances Acad. Sci. **254**, 1677—78, 26/2. 1962; Bordeaux, Fac. de Méd., Labor. d'Histol.; franz.) — Da beim Dachs 10 Monate von der Befruchtung bis zur Implantation des befruchteten Eies in der Uterusschleimhaut verlaufen; versuchten Vff. eine Verkürzung dieser Ruhephase durch hormonale Einw. auf das ebenfalls 10 Monate lang in latentem Stadium verharrende Corpus luteum. Bei 10 ♀ Dachsen wurden während dieser Zeit zu verschiedenen Zeitpunkten *Serum*- (600—18200 I.E.) u. *Chorion-Gonadotropin* (2400 bis 55000 I.E.) allein oder kombiniert i.m. verabfolgt. Die Wrkg. blieb bei relativ geringer Dosierung ganz aus. Bei höherer Dosierung bildeten sich gleich mehrere corpora lutea, die sich jedoch histolog. u. physiolog. (keine erhöhte *Pregnandiol*-Ausscheidung im Urin, keine progestativen Veränderungen der Uterus- u. Vaginaschleimhaut) im Ruhezustand befanden. Um das im latenten Zustand befindliche Corpus luteum in einen floriden, progestativen Corpus luteum der Implantation zu transformieren, ist ein *luteotroper Faktor* notwendig. M. Blaschette-Huttinger. 4560□

Wirkung der gonadotropen Hormone auf das Ovar des europäischen Dachses (Meles meles L.) während der Migrationsphase des Eies. R. Canivenc, M. Bonnin-Laffargue und M.-C. Relexans. (C. R. Séances Soc. Biol. Filiales **156**, 623—26, 1962; Bordeaux, Fac. de Med., Labor. d'Histol.; franz.) — Es ist möglich, beim europäischen Dachs während der physiolog. sehr langen Migrationsphase des Eies die Entw. neuer Gelbkörper durch kombinierte Gaben von *Serumgonadotropin* u. *Choriongonadotropin* zu provozieren. Diese Gelbkörper, welche keine sekretor. Aktivität besitzen, sind den latenten Gelbkörpern der Migrationsphase des Eies gleich. Die Blastocysten, die nicht implantiert werden, bleiben frei in der Uterushöhle. M. Blaschette-Huttinger. 4560□

Beziehungen zwischen Hypopyhse und Nebennieren bei der Verzögerung der Rückbildung der Brustdrüsen durch Oxytocin. G. K. Benson. (J. Endocrinology **20**, 91—100, April 1960; Shinfield, Reading, Nat. Inst. for Res. in Dairying; engl.) — Nach Adrenalektomie u. Entfernung der Brustwarzen am 4. Tag der Lactation hat eine 9tägige Verabreichung von *Oxytocin* keine oder nur geringe Wrkg. bei der Hemmung der Rückbldg. der Brustdrüse (RB) von Ratten; gleichzeitige Behandlung mit *9α-Fluorcortisol* (**I**) bewirkt jedoch eine weitgehende Erhaltung des Brustdrüsengewebes. *Prolactin* (**II**) hat in Abwesenheit der Nebennieren eine merkliche Wrkg. auf die Verzögerung der RB; diese Wrkg. wird durch gleichzeitige Verabreichung von **I** nicht gesteigert, welches, wenn es allein gegeben wird, nur eine geringe Wrkg. bei adrenalektomierten Tieren hat. **II** u. *Wachstumshormon* (**III**) zusammen haben eine deutliche synergist. Wirkung. Bei intakten Ratten haben **I** oder *ACTH* nur geringe Wrkg. auf die Erhaltung der Brustdrüsen; ACTH steigert die Wrkg. von **II** oder **III** nicht. K. F. Müller. 4560□

Die Wirkungen von synthetischem Oxytocin und Valyloxytocin auf die Rückbildung der Brustdrüse der Ratte. G. K. Benson, S. J. Folley und J. S. Tindal. (J. Endocrinology **20**, 106—11, April 1960; engl.) — Vgl. vorst. Referat. — *Valyloxytocin* (**I**) hat eine 5mal stärkere Wrkg. auf die Milchabgabe der Ratte als *Oxytocin* (**II**).- **I** ist jedoch nicht stärker akt. als synthet. **II** (*Syntocinon*) bei der Verzögerung der Rückbldg. der Brustdrüse von Ratten, deren Junge am 4. Tag der Lactation entfernt wurden. K. F. Müller. 4560□

Eventuelle Möglichkeit einer Corticosteroidbildung in der Placenta. Albert Rakoto-Ratsimamanga, Geneviève Costes-Sodigné, Jeanne Boisselot, Marianne Rabinowicz und Simone Jaquard. (C. R. Séances Soc. Biol. Filiales **156**, 820—24, 1962; Paris, Fac. de Méd., Labor. de Physiol. Nutritionnelle des Hormones et des Vitamines, Hautes Etudes et C.N.R.S.; franz.) — Die Placenta von Ratten kann nach Entfernung der Nebennieren u. der Feten, *Corticosteroidhormone* bilden. M. Blaschette-Huttinger. 4561□

Die Erweiterung der Porter-Silber-Reaktion auf 17-Desoxy-α-ketolsteroide. Marvin L. Lewbart und Vernon R. Mattox. (Analytic. Chem. **33**, 559—61, April 1961; Rochester, Minn., Mayo Clinic and Mayo Found.; engl.) — Die Mikro-Best.-Meth. besteht in der Oxydation der Steroide durch $Cu(CH_3COO)_2$ u. nachfolgender Behandlung der entstandenen Glyoxale mit Porter-Silber-Reagens. Bei allen getesteten Verbb. hat das Beersche Gesetz Gültigkeit. Vff. geben die mol. Absorptionswerte für folgende Verbb. an: *3α.21-Dihydroxypregnandion-(11.20)* u. dessen *Glyoxalhydrat*, *3α.11β.21-Trihydroxypregnanon-(20)* u. dessen *Glyoxalhydrat*, *3α.21-Dihydroxypregnanon-(20)* u. dessen *Glyoxalhydrat*, *Corticosteron*, *Desoxycorticosteron*, *Aldosteron*, *11-Epicorticosteron*, *3α.21-Dihydroxy-16α.17α-epoxypregnandion-(11.20)*, *Δ^{16}-3α.21-Dihydroxypregnandion-(11.20)* u. dessen *Glyoxalhydrat*, *3α.11α.21-Trihydroxypregnanon-(20)* u. *3α.21-Dihydroxy-9(11)-pregnenon-(20)*. Werden durch Papierchromatographie getrennte Steroide mit Porter-Silber-Reagens B behandelt, so geben alle nichtoxydierten 17-Hydroxyketole gelbe Flecken, die nach 2—3 Std. maximale Farbintensität zeigten. Die 17-Hydroxyketole u. Ketole geben nach Behandlung mit Cu-Acetat sofort gelbe Flecken. Durch diese Meth. können 2 μg **I** nachgewiesen werden. W. Hiller. 4561□

Die Porter-Silber-Reaktion in Gegenwart von Glucose. Margaret M. Fröhlich und E. Horváth. (Acta med. Acad. Sci. hung. **17**, 257—67, **1961**; Szeged, Univ., Med. School, Dep. of Med. and Inst. of gen. and phys. Chem.; engl.) — Vgl. vorst. Referat. — Das Differenzspektrum der Rk.-Prodd. von *17-Hydroxycortison* (**I**) bzw. *Glucose* (**II**) mit *Phenylhydrazin* zeigt, daß das *Osazon* von **II** bei 410 mμ kein Absorptionsmaximum besitzt. Die **I**-Best. durch die Porter-Silber-Rk. wird erst bei mehr als tausendfachem **II**-Überschuß leicht beeinflußt (leicht angestiegene Durchlässigkeitswerte). Auch Chromogene von Plasmaextrakten adrenalektomierter, hyperglykäm. Hunde stören die Porter-Silber-Rk. mit **I** unter in vivo-Bedingungen nicht. H. Jacobi. 4561□

Natriumausscheidung bei der adrenalektomierten Ratte nach intravenöser Salzinfusion. C. J. Edmonds. (J. Endocrinology **20,** 112—22, April 1960; Sheffield, Univ., Dep. of Pharmacol. and Therapeut.; engl.) — Die Exkretion von *Na, K* u. *W.*, sowie die Veränderungen der glomerularen Filtrationsrate wurden bei normalen u. adrenalektomierten Ratten in Abhängigkeit von der i.v. Infusion von hyperton. Salz-Lsgg. untersucht. Nach Adrenalektomie wird die Zunahme der Na-Exkretion nach Salzinfusion herabgesetzt; sie erreicht nicht den normalen Zustand durch Verabreichung von *Cortison* (I) oder *Cortisol.* Bei normalen u. adrenalektomierten Ratten wird die K-Exkretion durch Salzinfusionen in ähnlicher Weise erhöht. Die glomerulare Filtrationsrate nahm bei beiden Gruppen während der Salzinfusion zu; durch Adrenalektomie war die Zunahme jedoch vermindert. Bei normalen u. adrenalektomierten, mit I behandelten Ratten blieb die glomerulare Filtrationsrate während der Infusion erhöht; bei der adrenalektomierten Ratte war jedoch der anfängliche Anstieg weniger schnell als bei der normalen Ratte. K. F. Müller. 4561 □

Eine modifizierte Methode zur Bestimmung von Pregnantriol in Harn. K. Fotherby und D. N. Love. (J. Endocrinology **20,** 157—62, April 1960; Edinburgh, Univ., Clin. Endocrinol. Res. Unit; engl.) — Die Meth. von Stern (C. **1960,** 1564) u. Bongiovanni u. Eberlein (C. **1959,** 10304) zur Best. von *Pregnantriol* in Harn wurde modifiziert. Die beschriebene Meth. ist genau, empfindlich u. spezifisch. — 25 ml Harn werden mit Essigsäure angesäuert (pH 4,7) u. mit 2,5 ml 5 m Acetatpuffer (pH 4,7) u. 10 mg *β*-Glucuronidase versetzt u. über Nacht bei 37° inkubiert. Anschließend wird mit 50 ml Bzl. extrahiert; der Benzolextrakt wird mit 15 ml n NaOH u. 2mal mit 15 ml W. gewaschen. Nach Entfernung des W. werden 40 ml Extrakt auf eine Säule von 3 g Al_2O_3 gegeben. Nach dem Durchlaufen des Bzl. wäscht man mit 20 ml 3%ig. A. in Bzl. nach u. eluiert das I mit 20 ml 5%ig. A. in Benzol. Der Eindampfrückstand der I-Fraktion wird mit 3 ml konz. H_2SO_4 versetzt; nach 2 Std. bei 25° wird die Extinktion bei 400, 435 u. 470 mμ gemessen. Die korrigierte Extinktion bei 435 mμ wird nach der Formel von Allen (J. clin. Endocrinol. Metabolism. **10,** [1950], 71) berechnet. K. F. Müller. 4561 □

Cardiotonische Wirkung von d-Aldosteron. Auguste Loubatières und Antoine Sassine. (C. R. hebd. Séances Acad. Sci. **255,** 374—76, 9/7. 1962; Montpellier, Fac. de Méd., Labor. de Physiol. appl. et de Pharmacodyn.; franz.) — Das *d-Aldosteron* besitzt bei Konzz. unterhalb der physiolog. Grenze im Menschenblut ($3 \cdot 10^{-4}$ μg/ml) eine inotrop-positive Wrkg. u. schützt den isolierten Papillarmuskel des Katzenherzens vor Einsetzen u. Zunahme der Ermüdung, wohingegen es beim schon ermüdeten Muskel fast wirkungslos bleibt. M. Blaschette-Huttinger. 4561 □

Vergleichende Untersuchungen mit neueren Corticoid-Derivaten am Histamin- und Serotonin-Asthma des Meerschweinchens. L. Zicha, F. Scheiffarth, E. Schmid, H. Koschera und N. Graf. (Arzneimittel-Forsch. **10,** 728—31, Sept. 1960; Erlangen, Univ., Med. Klinik; dt.) — An Meerschweinchen wird in Inhalations-Verss. die Schutz-Wrkg. einer i.m. oder intracardialen Vorbehandlung mit *Hydrocortison, Prednisolonacetat, Prednisolon-21-tert.-butylacetat* (I), *Prednisolondiäthylaminoacetat* (II), *Prednisolon-Na-hemisuccinat* (III), *Prednisolonglycinat* (IV), *Prednisolon-Na-tetrahydrophthalat* (V), *Prednisolontrimethylacetat* (VI), *6α-Methylprednisolon* (VII) u. *9α-Fluor-16α-hydroxyprednisolon* (VIII) gegenüber experimentellem *Histamin-* u. *Serotonin*-Asthma geprüft. **I, II, III** u. **IV** besitzen den raschesten Wrkg.-Beginn. Bei **VII, V** u. **VIII** tritt die Schutz-Wrkg. etwas später ein, während sie bei **VI** erst nach 1 bis mehreren Tagen zustande kommt. Es lassen sich also mit dieser Meth. im Tier-Vers. Eintritt u. Dauer der Wrkg. der Corticoid-Derivv. differenzieren u. die Ergebnisse mit den Erfahrungen der klin. Prüfungen vergleichen. K. Böhm. 4561 □

Wirkung der Brenzcatechinamine auf die Periodizität der Entleerung durch den Pylorus bei der Ratte und der Maus. Pierre Harichaux und Joseph Thouvenot. (C. R. Séances Soc. Biol. Filiales **156,** 1141—44, 1962; Tours, École nationale de Méd. et de Pharmacie, Labor. de Physiol., Directeur: M. E. Aron; franz.) — *Adrenalinhydrochlorid* (I) bzw. *Noradrenalinbitartrat* (II) bzw. *Isoprenalin* (III) hemmen ständig den Automatismus u. den Tonus des isolierten pylor. Schließmuskels der weißen Ratte. Bei fortdauerndem Kontakt des anatom. Präp. mit **I, II** bzw. **III** ist diese Wrkg. in einigen Min. spontan reversibel. Andererseits wird unter analogen Vers.-Bedingungen diese doppelte Inhibition manchmal durch *Yohimbin* gedämpft. Dies könnte auf einen Inhibitionsmechanismus vom Typ B schließen lassen. M. Blaschette-Huttinger. 4561 □

Fluorimetrische Bestimmungen von Adrenalin und Noradrenalin in gemischten, reinen wässerigen Lösungen. Suzanne Larno-Vacheron. (C. R. Séances Soc. Biol. Filiales **154,** 944—46, 1960; franz.) — Vgl. C. **1961,** 3046. — Vf. gibt ein Verf. an, wonach durch Messung der Fluorescenzmaxima für *Adrenalin* (I; nach Umwandlung in *Adrenolutin*) u. *Noradrenalin* (II) bei 405 mμ bzw. 436 mμ der Geh. an I u. II in Gemischen (Lsgg.) von I u. II bestimmt werden kann. H. Lohschelder. 4561□

Fluorimetrische Messung von exogenem und endogenem Epinephrin und Norepinephrin in peripherem Blut. George F. Mangan jun. und John W. Mason. (Amer. J. Physiol. **194**, 476–80, Sept. 1958; Washington, D.C., Walter Reed Army Med. Center, Walter Reed Army Inst. of Res., Dep. of Neuroendocrinol.; engl.) — 2,5–5 Min. nach i.v. Injektion von *Epinephrin* (I) u. *Norepinephrin* (II) [20 μg/kg] erreicht der I- u. II-Geh. bei Hunden im Blut wieder den Ausgangswert. Evisceration u. Hepatektomie haben geringen Einfluß. Es wird ein peripherer Mechanismus für die Beseitigung von I u. II aus dem Kreislauf verantwortlich gemacht. Elektr. Stimulierung des Splanchnicus-Nerven führte bei Hund u. Affe zu für I u. II charakterist. deutlichen Veränderungen des Plasma-I- u. Plasma-II-Spiegels. P. Gregorzewski. 4561□

Epinephrin und Kohlenhydratstoffwechsel. Douglas R. Drury und Arne N. Wick. (Amer. J. Physiol. **194**, 465–68, Sept. 1958; La Jolla, Scripps Clin. and Res. Found.; Los Angeles, Calif., Univ. of Southern California, School of Med., Dep. of Physiol; engl.) — Es wird der Einfl. einer vorausgegangenen i.v. *Epinephrin* (I)-Injektion auf den ^{14}*C-Lactat* (II)- u. ^{14}*C-Glucose* (III)-Stoffwechsel an Kaninchen untersucht. II wird sehr schnell zu CO_2 oxydiert u. nur ganz wenig in III u. *Glykogen* verwandelt. II wird viel schneller als III verbrannt. Das durch I freigesetzte II dient als Notbrennstoff, der schnell vom Organismus verbrannt werden kann. P. Gregorzewski. 4561□

Vergleich der Wirkung von Adrenalin und Noradrenalin gegen Cocain am isolierten perfundierten Meerscheinchenherzen während Normothermie und Hypothermie. Walter M. Booker. (Arch. int. Pharmacodynam. Thérap. **124**, 1–10, 1960; Ghent, Univ., Dep. of Pharmacol.; engl.)— In Normothermie bewirken kleine Dosen von *Cocain* (I; 0,1–0,2 mg) in vitro am isolierten Meerschweinchenherzen eine positive inotrope Wirkung. Steigende I-Mengen (1–20 mg) hemmen die Herzwirkung. *Adrenalin* (II) u. *Noradrenalin* (III) wirken auf die depressive Wrkg. hoher I-Dosen antagonistisch. In Hypothermie übt I keinen positiven inotropen Effekt aus; das Herz ist gegenüber der depressiven Wrkg. von I mehr empfindlich. Während einer Hypothermie ist II gegenüber der depressiven I-Wrkg. stärker antagonist. wirksam als III. *Regitin* hemmt in Normothermie die inotrope Wrkg. von II, während die von III geschwächt wird, hat aber auf den positiven Inotropismus von kleinen I-Dosen keinen Einfluß. G. Kimmerle. 4561

Vergleich der Wirkung von Adrenalin und Noradrenalin am isolierten perfundierten Meerschweinchenherzen während Normothermie und Hypothermie. Walter M. Booker. (Arch. int. Pharmacodynam. Thérap. **124**, 11–20, 1/2. 1960; engl.) — Vgl. vorst. Referat. — Bei fortlaufendem Zusatz von *Noradrenalin* (I) oder *Adrenalin* (II) zum isolierten Meerscheinchenherzen in vitro werden vom Herzen in Normothermie 3 mal so viel I als II toleriert. I u. II werden in Hypothermie ungefähr 3 mal besser toleriert. Die positiv inotropen Wrkg. von II verschwinden während der Hypothermie u. ein negativ ionotroper Effekt mit Bradycardie kommt zustande. Das Meerschweinchenherz ist für sehr kleine Mengen I oder II sehr sensibel. Die Schwellenwerte sind für I u. II in Normothermie u. Hypothermie gleich, obwohl sie in Hypothermie ca. 10 mal höher liegen. In hohen Dosen bewirken I u. II eine Verringerung des Coronarflusses; in kleinen Dosen haben sie keinen Effekt. G. Kimmerle. 4561

Mechanismus der Hemmwirkung von Adrenalin auf den isolierten Dünndarm des Kaninchens. H. Laborit und F. Brue. (C. R. Séances Soc. Biol. Filiales **156**, 234–37, 1962; Paris, Centre d'Etudes et de Recherches Bio-Physiolog. de la Marine Nat., Hôp. Boucicaut, Labor. d'Éutonologie; franz.) — Vff. beobachten die Mobilität eines isolierten Dünndarm- u. Vorhoffragments des Kaninchens in 20 ml Tyrode- oder Locke-Lsg. bei 33,5° u. konst. O_2-Zufuhr: Der Lsg. werden hinzugefügt: 0,25–1 mg *KCN* (I)/20 ml als *Cytochromoxydase*-Inhibitor, 1–5 mg *Na-Monojodacetat* (II) als Inhibitor der *Glyceraldehyd-3-phosphatdehydrogenase*, welche den *Glykogen*-Abbau im Stadium der Oxydored. der Triosephosphate stoppt; 1–5 mg NaF als *Enolase*-Inhibitor, welcher die Metabolisierung von *Phosphoglycerinsäure* unterbricht; 0,25 bis 1 mg *Cu-Sulfat* (IV)/20 ml als *6-Phosphogluconatdehydrogenase*-Inhibitor u. somit des *Pentose*-Abbaus; 5–10 mg *Vitamin C* (V)/20 ml als Red.-Mittel von *TPN*. 10–100 mg *Pyruvat* (VI) als Oxydationsmittel von *DPNH*; 50 γ *Adrenalin* (III) als Aktivator der *Phosphorylase*. I u. II inhibieren die Mobilität der Organfragmente u. die Verss. mit I lassen eine relativ geringe Anfälligkeit der glatten Dünndarmmuskulatur gegenüber O_2-Mangel erkennen. Die irreversible, durch II hervorgerufene Hemmung beweist die Rolle des Krebs- u. Embden-Meyerhof-Cyclus für die *ATP*-Bildung. **IV, V, VI** sind Antagonisten der durch III hervorgerufenen Dünndarminhibition u. stellen die Kontraktilität wieder her, welche eine dominierende Rolle des aerobiot. Pentose-Cyclus

beweist u. zugleich erklärt, weshalb der entspannte glatte Muskel ebenso viel oder sogar mehr O_2 verbraucht als der ton. kontrahierte. III scheint eine massive Phosphorylierung des Glykogens hervorzurufen, welche eine totale Erschöpfung der ATP- u. der relativ spärlichen *Phosphokreatin*-Reserven der glatten Muskulatur nach sich zieht. Während das akkumulierte DPNH den Embden-Meyerhof-Cyclus blockiert, orientiert sich das Glucose-6-phosphat vorwiegend zum Pentose-Cyclus, welcher den Eintritt von *K* in die Zellen fördert, mit gleichzeitiger cellulärer Hyperpolarisation u. daraus resultierenden Inexcitabilität der glatten Dünndarmmuskulatur.
M. Blaschette-Huttinger. 4561 □

Die Jodfraktionen und Jodverbindungen der gesunden menschlichen Schilddrüse (Chemische und isotopentechnische Untersuchungen). Erich Klein und Dankwart Reinwein. (Acta endocrinol. [Copenhagen] **41,** 170—84, Okt. 1962; Düsseldorf, 2. Med. u. Poliklinik, Med. Akad.; dt.) — In 14 gesunden menschlichen Schilddrüsen wurden nach oraler Gabe von ^{131}J die Fraktionen des proteingebundenen, mit Butanol extrahierbaren u. das anorgan. J bestimmt mit Hilfe der Papier- u. Säulenchromatographie. Zur enzymat. Hydrolyse erwiesen sich Kombinationen von *Trypsin* u. *Pankreatin* optimal, die 80—95% der *Jodproteide* spalteten. 16% des J lagen frei, 84% im *Thyreoglobulinkomplex* u. als andere Eiweißkörper vor. In der freien u. der gebundenen Fraktion konnten J^-, *Mono-* u. *Dijodtyrosin, 3.5.3'-Trijodthyronin, Thyroxin* u. zu 8,3—12,4% eine nicht identifizierte J-Verb. von *Thyronin*-Charakter, die nur an der Säule zu isolieren war, nachgewiesen werden. In den an Eiweiß gebundenen J-Verbb. war der Anteil der Jodtyrosine auf Kosten des J^- u. Jodthyronins gegenüber dem freien Anteil vergrößert. R. Ristow. 4562 □

Die Wirkung der Methylgruppensubstitution an Stelle von Jod auf die Stoffwechselaktivität von Thyroxin, Trijodthyronin und Tetrajodthyreopropionsäure. Constance S. Pittman, Hiroshi Shida und S. B. Barker. (Endocrinology **68,** 248—52, Febr. 1961; Birmingham, Ala., Univ. of Alabama, Med. Center, Dep. of Pharmacol.; engl.) — Gemessen am Gewebestoffwechsel oder Grundumsatz der thyroidektomierten Albinoratte war *3'.5'-Dimethyl-3.5-dijodthyreopropionsäure* 15—36% wirksamer als *3'.5'.3.5-Tetrajodthyreopropionsäure. 3'.5'-Dimethyl-3.5-dijod-DL-thyronin* erreichte 44% der Wirksamkeit von *L-Thyroxin, 3'-Methyl-3.5-dijod-L-thyronin* 44% derjenigen von *3'.3.5-L-Trijodthyronin* (Vgl. äquimol. Mengen). *3'.5'.3.5-Tetramethyl-DL-thyronin* wies keine nachweisbare Stoffwechselaktivität auf. Die Verbb. wurden subkutan gegeben. K. Maier. 4562 □

Die Schilddrüsenfunktion der Ratte während Trächtigkeit und Lactation. Shiro Iino und Monte A. Greer. (Endocrinology **68,** 253—62, Febr. 1961; Portland, Oreg., Univ. of Oregon, Med. School, Dep. of Med., Div. of Endocrinol.; engl.) — Trächtige Ratten (Hultzman-Stamm) erhielten vom 10.—19. Tage 0,15% *Propylthiouracil* mit dem Futter u. täglich Injektionen von 1, 2, 3, 4 oder 5 µg *L-Thyroxin* (I). Die Regressionskurven der Schilddrüsengewichte ähnelten denen der entsprechenden Kontrollen, jedoch riefen 2 µg I bei trächtigen Tieren eine geringere Abnahme der Schilddrüse als bei normalen hervor. Eine weitere Gruppe trächtiger Tiere erhielt vom 10.—19. Trächtigkeitstag eine *Jod*-arme Diät u. I-Dosen wie die erste. Die Regressionskurven der thyreoidalen ^{131}J-Aufnahme waren für trächtige u. nichtträchtige Tiere identisch. Ab. 20. Schwangerschaftstag setzte ein starker Abfall (ca. 50%) der J-Aufnahme ein u. hielt während der Lactation an. Dieser Abnahme ging ein plötzlicher Anstieg der J-Aufnahme durch die Brustdrüsen parallel, der während der Lactation anhielt, wobei die Aufnahme stets die der Schilddrüse übertraf. Die fötale Schilddrüsenaufnahme war bis zum 20. Trächtigkeitstag unbedeutend u. betrug kaum nur $^1/_4$ derjenigen des Muttertieres. Es besteht nach diesen Befunden während der Trächtigkeit kein signifikant vermehrter Bedarf an *Schilddrüsenhormon.* K. Maier. 4562 □

Das Auftreten von einfachem Kropf in Gebieten mit endemischer Fluorosis. A. H. Siddiqui. (J. Endocrinology **20,** 101—05, April 1960; Hyderabad-Deccan, India, Osmania Med. Coll., Dep. of Med.; engl.) — Es wird über den Mineral-Geh. des Trinkwassers dreier ind. Dörfer mit endem. Fluorosis in Hinblick auf das Auftreten von Schilddrüsenvergrößerungen berichtet. Mit der möglichen Ausnahme einer zeitweiligen Schilddrüsenvergrößerung von Personen im Pubertätsalter wurde keine Beziehung zwischen dem Auftreten von endem. Kropf u. F-Geh. des W. gefunden. K. F. Müller. 4562 □

Vergleich der Wirkung von Glukagon, Hydrocortison und Adrenalin auf den Proteinstoffwechsel der nüchternen Ratte. Joseph L. Izzo und Stanley R. Glasser. (Endocrinology **68,** 189—98, Febr. 1961; Rochester, N.Y., Univ. of Rochester, Med. Center, Dep. of Med. and Dep. of Radiation Biol.; engl.) — Zur Klärung des Mechanis-

mus der *Glukagon* (I)-Wrkg. hinsichtlich der Aktivierung des Eiweißabbaues wurden bei 5 Tage nicht gefütterten Rattenweibchen die Stoffwechsel-Wrkg. von I u. *Hydrocortison* (II; subkutan) vergleichend untersucht. I- u. II-behandelte Tiere verloren mehr Gewicht u. schieden mehr Harn-N, -P u. -*Kreatinin* aus als die Kontrollen. Die Geschw. der N- u. P-Ausscheidung I-behandelter Ratten sank zunehmend ab, während die II-behandelter während des Vers. progressiv anstieg. II erhöhte die α-NH_2-N-Konz. des Blutes, I senkte diese. Anscheinend rufen I u. II einen Proteinabbau auf verschiedene Weise hervor. I wirkt möglicherweise direkt auf die Leber u. erleichtert den Aminosäureabbau im Gegensatz zur angenommenen II-Wrkg. der Aminosäuremobilisierung in extrahepat. Geweben. *Adrenalin* (III) u. I verminderten das *Leberglykogen*, jedoch war die glykogenolyt. Wrkg. von III von untergeordneter Bedeutung. Vermutlich ist die Aktivierung des Proteinabbaus durch I keine direkte Folge verminderten Leberglykogens.
K. Maier. 4564 □

Unterschiedliche Bindung von Insulin an Harz im Serum. Marvin L. Mitchell, William O. Whitehead und Mary E. O'Rourke. (Endocrinology **65**, 322—33, Aug. 1959; Boston, Mass., Lemuel Shattuck Hosp., Dep. of Med.; Radioisotope Unit., Univ. School of Med.; engl.) — Vff. entwickelten eine in vitro-Technik, um die Bindung von *Insulin* (I) im Serum festzustellen. In Röhrchen wurde auf ein bas. Anionenaustauscherharz (je 1 ml *Amberlit IRA-400*) 1 ml Serum, das vorher mit ^{131}J-I versetzt worden war, für 1½ Std. bei 3° zur Einw. gebracht. Die Aktivität des Harzes wurde gemessen u. nach 3fachem Waschen mit dest. W. die Restaktivität festgestellt. Der „Austauscherindex" (Restaktivität in % der Anfangsaktivität) betrug bei 53 Gesunden 27,0 $\pm$ 2,6, bei 18 kranken Patienten ohne Diabetes 23,0 $\pm$ 3,6 u. bei 50 Diabetikern, die mehr als 12 Wochen mit I behandelt worden waren, 11,0 $\pm$ 5,6. Zwischen dem Grad der I-Bindung durch das Serum von I-behandelten Diabetikern u. der I-Toleranz konnte keine Beziehung gefunden werden.
W. Damerau. 4564 □

Eine Untersuchung über die Insulin inaktivierenden Substanzen der Leber. Yuan-tsin P'ei, Kuo-jo Nan und Li-chuen Liu. (Acta physiol. sinica **24**, 136—40, 1960; Peking, Peking Hosp.; chines., Auszug: engl.) — Bei Perfusion der Leber in situ mit Lockescher Lsg. wurde an Ratten in Urethan-Narkose die Wrkg. von *Insulin* (I)-inaktivierenden Substanzen der Leber untersucht. Eine gewisse Menge I, die der Perfusions-Lsg. zugesetzt wurde, konnte beim Durchgang durch die Leber inaktiviert werden. Dabei ließen sich in dem die Leber verlassenden Perfusat diese I inaktivierenden Substanzen nicht nachweisen. Zwischen normalen Ratten u. solchen, die *Tolbutamin* (II) zur Erzeugung einer Hypoglykämie erhalten hatten, konnte kein Unterschied hinsichtlich der Fähigkeit der Leber, I zu inaktivieren, gefunden werden. Die hypoglykäm. Wrkg. von II steht mithin in keinem Zusammenhang mit den I-inaktivierenden Substanzen der Leber.
K. Böhm. 4564 □

Die Wirkung von Alloxan auf den Insulingehalt von Mikroschnitten der Pankreasinseln von Säugetieren. P. K. Dixit, I. Lowe und A. Lazarow. (Nature [London] **195**, 388—89, 28/7. 1962; Minneapolis, Minn., Univ. of Minnesota, Dep. of Anat.; engl.) — Schnitte des Acinargewebes von Rattenpankreas normaler (A) sowie durch Injektion von 50 mg *Alloxan* (I)/kg diabet. gemachter Tiere (B) wurden in Bicarbonatpuffer mit $^{14}C_{(1)}$-*Glucose* (II) 3 Std. bei 37° inkubiert. Die Umsetzung von II wurde durch Best. des gebildeten $^{14}CO_2$ gemessen. Die Inseln von A-Tieren enthielten ca. 3600 μ-Einheiten *Insulin* (III)/μg Gewebe bzw. 14,5% des Gesamtgewichtes. Der III-Geh. des Pankreas betrug 1,84 Einheiten/g entsprechend 700 μ Einheiten/μg Trockengewicht bzw. 2,75%. Der III-Geh. der B-Tiere in den Inseln war 24 Std. nach I-Injektion trotz erhöhten *Blutzucker*-Geh. gegenüber A-Tieren unverändert, sank aber nach 48 bzw. 72 Std. auf weniger als 5% des Geh. der A-Tiere ab. Die erst spät eintretende III-Abnahme in den Inseln wird mit einer Permeabilitätsänderung der Zellmembran erklärt.
J. Boelter. 4564 □

Urinausscheidung von Brenztraubensäure, Citronensäure und α-Ketoglutarsäure nach intravenöser Injektion von Pyruvat und Fructose bei Diabetikern. Aikira Takanami, Shoji Ohyra und Yoshio Goto. (Tohoku J. exp. Med. **72**, 163—68, 25/9. 1960; Sendai, Tohoku Univ., School of Med.; engl.) — Um die Fähigkeit zur Verwertung von *Pyruvat* (I) bei Diabetikern zu untersuchen, wurden durch i.v.-Infusion von 10 g *Na*-I oder 10 g *Fructose* bei 19 Diabetikern u. 18 Normalpersonen exogene oder endogene Hyperpyruvämien erzeugt u. die Urinausscheidung von *Brenztraubensäure* (II), *Citronensäure* u. α-*Ketoglutarsäure* stündlich 3 Std. lang gemessen. Zwischen den beiden Gruppen fanden sich keine signifikanten Unterschiede in den festgestellten Werten. Demnach besteht kein prim. Stoffwechseldeffekt in der Stufe, bei welcher II in den Citronensäurecyclus eintritt.
K. Böhm. 4564 □

Acetylcholin und Kaliumbewegungen in Kaninchenvorhöfen. Barbara Rayner und M. Weatherall. (J. Physiology **146**, 392—409, 19/5. 1959; London, London Hosp., Med. Coll., Dep. of Pharmacol.; engl.) K. Böhm. 4569 □

Empfindlichkeit von corticalen Neuronen gegen Acetylcholin. K. Krnjević und J. W. Phillis. (Experientia [Basel] **17**, 469, 15/10. 1961; Brabraham, Cambridge, England, ARC Inst. of Animal Physiol.; engl.) — Von 1367 Neuronen der Hirnrinde der Katze konnten 200 durch *Acetylcholin* erregt werden. Sie konnten alle auch durch *L-Glutamat* erregt u. durch *γ-Aminobuttersäure* gelähmt werden. K. Zingraf. 4569 □

Acetylcholinsensitivität von in Organkultur gehaltenem Rattenzwerchfell. R. Miledi und O. A. Trowell. (Nature [London] **194**, 981—82, 9/6. 1962; Harwell, Radiobiol. Unit, Med. Res. Council; London, Univ. Coll., Dep. of Biophys.; engl.) — Muskelstreifen des Zwerchfells von Ratten wurden in einem definierten Organmedium T 8 (vgl. Exp. Cell Res. **16**, [1959], 118) 5—6 Tage bei 37° in O_2 (+ 5% CO_2) gehalten. Die unversehrten Muskelfasern zeigten sich gegen durch Mikroionophorese aufgebrachtes *Acetylcholin* empfindlich. Es wird angenommen, daß entweder erwachsene Skelettmuskelfasern in einer Organkultur am Leben gehalten werden können oder daß die Entw. einer allg. Chemosensitivität in den Muskeln die Teilnahme anderer Organe nicht notwendig macht. J. Boelter. 4569 □

Die Wirkung von Bradykinin auf isolierte Coronararterien. V. Kovalčík. (Nature [London] **196**, 174, 13/10. 1962; Oxford, Univ., Nuffield Inst. for Med. Res.; engl.) — An isolierten Spiralstreifen von Schafscoronararterien verursachte *Bradykinin* in Konzz. von 0,001 μg/ml—0,1 μg/ml Kontraktion, die auch bei wiederholter Gabe in zeitlichen Abständen erfolgte. Dosis u. Kontraktion sind proportional. Bei *Acetylcholin* wurden Dosen von 0,025—5 μg/ml bei *5-Hydroxytryptamin* 0,3—1,0 μg/ml u. bei *Histamin* über 100 μg/ml benötigt. *Adrenalin* u. *Noradrenalin* bewirkten in Dosen über 100 μg/ml Entspannung. *Atropin* wirkte nur bei Acetylcholin entspannend. Hundearterien reagierten wesentlich schwächer, z. T. umgekehrt wie die Schafsarterien. R. Ristow. 4569 □

Veränderungen des Reningehalts in den Nieren von Ratten mit renaler Hypertension. D. Regoli, H. Brunner, G. Peters und F. Gross. (Proc. Soc. exp. Biol. Med. **109**, 142—45, Jan. 1962; Basel, CIBA Ltd., Pharmaceut. Dep., Res. Labor.; engl.) — Bei ♂ Ratten mit renaler Hypertension bewirkte Abklemmung einer oder beider Nierenarterien eine Zunahme der *Renin* (I)-Konz. in der (am wirksamsten) abgeklemmten Niere u. eine Konz.-Abnahme in der kontralateralen Niere. Unilaterale Nephrektomie mit oder ohne Abklemmung der verbliebenen Nierenarterie beeinflußte den I-Geh. in der verbliebenen Niere nicht; die Abklemmung bewirkte Hypertension. Nach Resektion der abgeklemmten Niere stieg die I-Konz. in der nichtabgeklemmten Niere allmählich auf Normalwerte. Wurde die nichtabgeklemmte Niere entfernt, sank der I-Geh. in der abgeklemmten Niere langsam auf Normalwerte ab. K. Zingraf. 4569 □

Freisetzung von 5-Hydroxytryptamin bei der Stimulation der Nerven des Froschmagens. Inderjit Singh, Sunita Inderjit Singh, C. L. Malhorta und O. P. Bhatnagar. (Proc. Indian Acad. Sci., Sect. B **52**, 116—18, Okt. 1960; Agra, Med. Coll., Dep. of Physiol.; New Delhi, Lady Hardinge Med. Coll., Dep. of Pharmacol.; engl.) — Bei 11 von 17 Froschmagen-Präpp. wird durch elektr. Nervenreizung eine *5-Hydroxytryptamin* (I)-Freisetzung verursacht. Das meiste I entstammt der Magenschleimhaut u. sehr wenig kommt aus dem Muskel. P. Gregorzewski. 4569 □

Wirkungen einer Dauerbehandlung mit Serotonin bei der jungen Wistar-Ratte. G. Moulin, M. Croisille und G. Lapicorey. (C. R. Séances Soc. Biol. Filiales **156**, 676—78, 1962; Lyon, Fac. de Méd., Labor. d'Histol. et d'Embryol.; franz.) — Die subkutane Dauerbehandlung mit 6 mg *Serotonin*/kg 3mal wöchentlich während 3 Monaten provoziert kurz nach der Entwöhnung junger Wistar-Ratten keinerlei Veränderungen der Morphologie, des Längen- u. Gew.-Wachstums sowie keine Veränderungen des Knochengerüsts u. der endokrinen Drüsen. Die vasoconstrictor. Wrkg. dauern an. M. Blaschette-Huttinger. 4569 □

Serotonin-artige und Antiserotonineigenschaften von Psilocybin und Psilocin. D. W. Woolley und N. K. Campbell. (Science [Washington] **136**, 777—78, 1/6. 1962; New York, N. Y., Rockefeller Inst.; engl.) — In Verss. am isolierten Rattenuterus zeigte *Psilocin* (I) eine kontrahierende Aktivität von 5—10% im Vgl. zu *Serotonin* (II), *Psilocybin* (III) zeigte entsprechend nur 1—2% der I-Aktivität. Bei Verss. am Rattenmagen zeigte I keine II-artige Aktivität, III in den meisten Fällen von $^1/_{1000}$—$^1/_3$ der II-Aktivität. I u. III wiesen in Verss. am Uterus eine Anti-II-Aktivität auf, wobei I die II-Aktivität stärker hemmte. Die Wrkg. von I u. III bestand in einer irreversiblen Änderung der II-Sensitivität. J. Boelter. 4564 □

Der erhöhte Austausch von Sauerstoff-18 durch eine sauerstoffgesättigtes Hämoglobin enthaltende Membran. Edvard Hemmingsen. (Science [Washington] **135**, 733—34, 2/3. 1962; La Jolla, Calif., Scripps Inst. of Oceanography; engl.) — Zwischen zwei Kammern wurde eine mit *Hämoglobin* (I)-Lsg. bzw. *Methämoglobin* (II) oder *W.* gesätt. Membran gebracht. Die Kammern wurden mit N_2 gefüllt; in eine Kammer wurde $^{18}O_2$ eingebracht u. der O_2-Transport durch die Membran mit einem Massenspektrometer gemessen. Der einseitige O_2-Transport durch die mit O_2-gesätt. I-Lsg. der Membran war gegenüber dem Transport durch II oder W. erhöht u. gleich dem Nettotransport, der bei einem O_2-Partialdruck von Null auf einer Seite der Membran gefunden wurde. J. Boelter. 4572□

Einfluß der Wasserstoffionenkonzentration auf die Permeabilität der Erythrocytenmembran für Phosphationen, geprüft mit ^{32}P. M. Radotić und V. Ninkov. (Bull. Inst. Nuclear Sci. „Boris Kidrich" **9**, 199—204, März 1959; franz.) — 0,5 ml 5%ig. Glucose-Lsg. u. 1 ml heparinisiertes Blut (oder eine Suspension gewaschener Erythrocyten) wurden mit 0,1m Puffer auf einen bestimmten pH-Wert zwischen 7,2 u. 5,6 eingestellt u. 2 μc ^{32}P zugesetzt. Es wurde 90 Min. bei 37° inkubiert, abgekühlt, 3mal zentrifugiert u. in den sedimentierten Erythrocyten der Geh. an ^{32}P bestimmt. Die Fixierung von *Phosphat*-Ionen durch die Erythrocyten zeigte bei pH 6,2 ein Maximum. H. Lohschelder. 4573□

Papierchromatographische Untersuchungen von Blutplasmaproben einiger Tiere. K. B. Prasad. (Sci. and Cult. [Calcutta] **25**, 370—72, Dez. 1959; Patna, Indien, Sci. Coll., Dep. of Chem.; engl.) — Vorl. Mitt. — Mit Hilfe der eindimensionalen, aufsteigenden Papierchromatographie (Meth. nach Williams u. Kirby, Science [Washington] **107**, [1948], 481) gelang Vf. eine einwandfreie Differenzierung zwischen den Blutproben von Schafen u. Ziegen. Es wird die Ansicht vertreten, daß die 2dimensionale Meth. noch bessere Ergebnisse zeitigen könnte. H. Kockert. 4574□

Eine einfache Methode zur Bestimmung der Calciumfraktionen des Plasmas. H. Schirardin und P. Metais. (Ann. Biol. clin. **17**, 465—74, Juli/Sept. 1959; Strasbourg, Fac. de Méd., Labor. de la Clin. Méd.; franz.) — Die beschriebene Meth. beruht auf einer Fixierung des ionisierten *Ca* u. des *Protein-Ca* an Ionenaustauschern u. der Best. der kinet. Kurve für die Absorption. Das Blut (20 ml) wurde mit einer heparinisierten Spritze, die einige Tropfen neutrales Paraffinöl enthielt, entnommen u. in Ggw. einer Spur Heparin in ein Plastikgefäß oder siliconisiertes Glas übergeführt, bei 6000 U/min zentrifugiert u. das Plasma unter Öl abgetrennt. 5 ml Plasma wurden nach Zusatz von 1 g feuchtem *Na-Permutit* gerührt u. nach 4, 8 u. 12 Min. das nichtfixierte Ca in je 0,5 ml des Überstandes bestimmt. Durch Extrapolation auf die Zeit 0 erhält man den Geh. an nichtionisiertem Ca. Der Anteil des ultrafiltrierbaren Ca wurde mit Cellophanfiltern (Prolabo) unter 4 kg/cm² N_2-Druck mit 2 ml Plasma bestimmt. Aus den Werten für ultrafiltrierbares Ca, nichtionisiertes Ca u. Gesamt-Ca werden die Werte für ionisiertes Ca u. Protein-Ca berechnet. Normales Plasma enthielt 7,2 $\pm$ 2,9 mg$^0/_{00}$ nichtionisiertes Ca u. 44,8 $\pm$ 3,6 mg$^0/_{00}$ ionisiertes Ca. Einige bei verschiedenen Krankheiten gefundene Werte werden angeführt. H. Lohschelder. 4574□

Die Isolierung von Albumin aus Blutserum oder -plasma durch organische Lösungsmittel. S. E. Michael. (Biochem. J. **82**, 212—18, Jan. 1962; London, Park Royal, Crookes Labor. Ltd.; engl.) — Es wird die Gewinnung von *Albumin* (I) aus menschlichem bzw. tier. (Rind, Schwein) Serum beschrieben. Serum bzw. Plasma werden mit angesäuertem Methanol behandelt, wobei die Globuline (II) gefällt werden, während I in Lsg. bleibt. Bereits geringe Konzz. verschiedener Säuren (HCl, Trichloressigsäure, Monochloressigsäure, Ameisensäure, Milchsäure, Salicylsäure, Citronensäure) vermögen I fast vollständig in Lsg. zu halten. Aus der HCl-sauren Lsg. kann I durch Neutralisation in prakt. undenaturierter Form u. frei von II gewonnen werden. H_2SO_4, Benzol- u. p-Toluol-sulfonsäure sowie $HClO_4$ haben eine geringe Wrkg. auf die Löslichkeit von I. In Ggw. schwacher Säuren oder Aceton als Lsgm. wird partiell denaturiertes I erhalten. In HCl-saurem Methanol lösen sich auch Gelatine, Globin u. Protamin. P. Schwerdtfeger. 4574□

Der Kreatin- und Kreatinin-Gehalt des Plasmas von Schafen. P. J. Pearce und J. S. S. Inglis. (Nature [London] **195**, 391—92, 28/7. 1962; Beersden, Glasgow, Univ. of Glasgow, Veter. Hosp., Dep. of Animal Husbandry and Veter. Preventive Med.; engl.) — Trächtige (A) u. nichtträchtige Schafe (B) wurden bei Nahrungsentzug auf den Blutplasma-Geh. an *Kreatin* (I) u. *Kreatinin* (II) untersucht. Der zu Beginn des Vers. mit 2,26 mg I/100 ml gefundene Geh. im Plasma von A-Tieren stieg während des Fastens stark an, der der B-Tiere wesentlich langsamer, stärker erst vom 9. Tage an. Zum Teil wurden während des 12 Tage dauernden Fastens bei den A-Tieren Anzeichen von

„Schwangerschafts-Toxämien“ (C-Tiere) gefunden, die z. T. auch bei Futtergabe mit dem Tod endeten. Nach Wiederaufnahme der Fütterung fiel der I-Geh. bei den A-Tieren mit Ausnahme der C-Tiere, wo er unverändert hoch blieb, stark ab. Der II-Geh. im Plasma der B-Tiere blieb während des Fastens unverändert, ebenso, mit Ausnahme der C-Tiere am Vers.-Ende, in Gruppe B. J. Boelter. 4574 □

Heparin und Blutlipide in fastenden Individuen. A. N. Granitsas und A. S. Achimastos. (Nature [London] **196,** 173—74, 13/10. 1962; Athen, Univ., Inst. of Physiol.; engl.) — 26 fastenden Vers.-Personen wurden 2000 Einheiten *Heparin* (**I**) gegeben u. vor u. nach Vers.-Beginn der *Lipid* (**II**)-Geh. des Blutes bestimmt. **I** senkt den Geh. an **II** u. steigert zugleich die *Esterase*-Aktivität. Der Effekt tritt 5 Min. nach **I**-Injektion ein u. ist 3 Std. später abgeklungen. Die Ergebnisse dieser Unterss. zeigen einerseits eine Wrkg. des **I,** auch wenn keine Hyperlipämie vorliegt, u. deuten andererseits an, daß sie nicht nur in einer Änderung des physikochem. Zustandes der **II**, sondern auch in einer schnelleren Entfernung derselben aus dem Blute liegen muß. R. Ristow. 4574 □

Die Zusammensetzung der Rattenuteruslumenflüssigkeit. Ira Ringler. (Endocrinology **68,** 281—91, Febr. 1961; Cambridge, Mass., Harvard Univ., Biol. Labors.; engl.) — Die Unters. der chem. Zus. der Uterus-Fl. von normalen *Proöstrus-* u. *Östradiol-*, *Östron-* oder *Östriol*-behandelten ovariektomierten Ratten (Harvard-Stamm) ergab 10fach höhere *K*-Werte, höhere Aktivität von *β-Glucuronidase* u. *alkal. Phosphatase* als im Plasma. *Saure Phosphatase* fehlte in der Uterusflüssigkeit. Diese enthielt Proteinkomponenten mit ähnlicher elektrophoret. Beweglichkeit, wie *β- α- 2-*, *α-1-Globulin* u. *Albumin* (**I**) des Plasmas. Ferner enthielt Uterus-Fl. eine Proteinfraktion mit größerer Beweglichkeit als **I.** Offenbar stellt Uterus-Fl. ein durch Ausscheidungen des Uterus ergänztes Plasmaultrafiltrat dar. K. Maier. 4578 □

Der Einfluß der Temperatur auf die Synthese von kontraktilen Proteinen durch Triturus-Embryonen. Yoshito Ogawa. (Nature [London] **194,** 978—79, 9/6. 1962; Misima, Japan, Nat. Inst. of Genetics; engl.) — Embryonen von *Triturus pyrrhogaster* Boie wurden bei 10, 15, 18, 20 u. 25° inkubiert. Die *Actin* (**I**)- u. *Myosin* (**II**)-Bldg. wurde serolog. mit Antisera bestimmt, die aus der Skelettmuskulatur solcher Kaninchen gewonnen worden waren, welche **I**- oder **II**-Injektionen erhalten hatten. **I** wurde zuerst 84, 120, 132, 144 bzw. 156 Std. nach Befruchtung bei den Temp. 25, 20, 18, 15 bzw. 10° in den Embryonen entdeckt. **II** wurde nach 108 Std. bei 25°, 168 Std. bei 20°, 180 Std. bei 18°, 168 Std. bei 15° u. nach 132 Std. bei 10° gefunden. Die natürliche Brut-Temp. von *Triturus* liegt bei ca. 18°. Es wird angenommen, daß verschiedene Stoffwechselwege um die Substanzen konkurrieren, die zur Erhaltung des Wachstumsgleichgewichts des Embryos zur Verfügung stehen. Die **I**- u. **II**-Bldg. sind offensichtlich voneinander unabhängig. J. Boelter. 4583 □

Die Zubereitung einer halbsynthetischen, an Kupfer armen Diät für Kupfermangel-Untersuchungen an der Ratte. C. F. Mills und Grace Murray. (J. Sci. Food Agric. **11,** 547—52, Sept. 1960; Bucksburn, Aberdeenshire, Rowett Res. Inst.; engl.) — Zur Steuerung der *Cu*-Aufnahme bei Ratten wurde die Grunddiät Nr. 836 von Nelson u. Evans (Arch. Biochemistry **12,** [1947], 213) modifiziert. Folgende Zus. wird angegeben: 200 g *Casein* (**I**), 600 g *Rohrzucker*, 100 g *Arachisöl*, 12,4 g $CaCO_3$ [gewonnen aus $(NH_4)_2 \cdot CO_3$ u. $CaCl_2$ in Ggw. von Na-Diäthyldithiocarbamat (**II**)], 13,2 g K_2HPO_4 (extrahiert mit **II**/Chlf.), 3,0 g $CaH_4(PO_4)_2 \cdot H_2O$ (extrahiert mit **II**/Chlf.), 4,2 g $MgSO_4 \cdot H_2O$ (extrahiert mit **II**/Chlf.), 6,9 g *NaCl* (extrahiert mit **II**/Chlf.), 0,21 g $MnSO_4 \cdot 4\,H_2O$ [extrahiert mit 8-Hydroxychinolin (**III**)/Chlf.], 0,012 g $ZnCl_2$ (extrahiert mit **III**/Chlf.), 0,130 g $FeSO_4 \cdot 7\,H_2O$ (spektralrein), 0,032 g *KJ*, 5 mg *Thiaminhydrochlorid*, 5 mg *Pyridoxin*, 10 mg *Riboflavin*, 10 mg *p-Aminobenzoesäure*, 20 mg *Niacin*, 80 mg *Ca-Pantothenat*, 5 mg *Folsäure*, 0,5 mg *Biotin*, 25 µg *Vitamin* B_{12}, 0,2 mg *Calciferol*, 4 mg *Vitamin-A-Alkohol*, 200 mg *α-Tocopherolacetat*, 400 mg *Inosit* u. 1 g *Cholinhydrochlorid.* Zur Bereitung von **I** wurden 40 Liter in Glasbehältern gemolkene Milch entrahmt, in Polyäthylengefäßen mit 50%ig. HCl auf pH 5 gebracht, die Molken abfiltriert, der Nd. in 3 Liter Cu-freier NaCl-Lsg. (300 g NaCl/Liter, mit 2 ml konz. HCl angesäuert) dispergiert, der **I**-Nd. filtriert u. ausgewaschen (zuletzt mit 3 Liter A.), bei 60° getrocknet u. fein gemahlen, Ausbeute 850 g. Die vorliegende Diät enthielt 0,3—0,4 µg Cu/g. Bei jungen Ratten zeigten sich Cu-Mangelsymptome. Nach usatz von 50 µg $CuSO_4$/g erfolgte normales Wachstum. Wenn *Zn-*, *Mn-* oder *Fe*-Salze fortgelassen werden, eignet sich die Diät auch für die entsprechenden Mangeluntersuchungen. H. Lohschelder. 4585 □

Untersuchungen über die Bedingungen der Erhaltung des Blutcalciumspiegels bei der Ratte durch verschiedene exogene Faktoren. Yvonne Dupuis und Paul Fournier. (C. R. Séances Soc. Biol. Filiales **156,** 237—39, 1962; Paris, Inst. d'Hyg. alimentaire; franz.) — Vff. verabfolgen Ratten eine Nahrung die 25% *Lactose* bzw.

12% *Mannit*, 12% *Inosit* oder 12% *L-Xylose* enthält, u. vergleichen sie mit anderen Ratten, deren Nahrung weder Vitamin D noch die „vorst." Struktursubstanzen (I) enthält, sondern ersatzweise 25% *Weizenstärke*. Bei diesen Vgl.-Tieren entsteht eine sich bei 68 mg/Liter fixierende Hypocalcämie mit Rachitis u. seinen Nebenerscheinungen, während dieselben patholog. Erscheinungen bei den Tieren, deren Nahrung eine der I enthält, nicht auftreten. Der Wrkg.-Mechanisumus der I bleibt unklar.

M. Blaschette-Huttinger. 4585□

Wirkung von Lactose auf die Verwertung des Phosphors von kolloidalem Phosphat durch Hühner. J. N. Baruah, R. E. Davies, B. L. Reid und J. R. Couch. (Proc. Soc. exp. Biol. Med. **102,** 722—25, Dez. 1959; engl.) — 360 Tage alte Hühner (Vantress × Nichols) erhielten gruppenweise eine Grunddiät mit Zusätzen von 0,34% *P* als Na_2HPO_4 oder 0,2% *P* als *koll. Phosphat* (I) sowie jeweils 0, 5, 10 oder 15% *Lactose* (II). Alle Diäten enthielten gleiche Verhältnisse Calorien/Protein u. Ca/P (2:1). II hatte in Kombination mit Na_2HPO_4 in 4 Wochen keine deutliche Wrkg. auf Körper-Gew. oder den Geh. an Knochenasche. I steigerte mit 10 oder 15% II das Wachstum u. (auch mit 5% II) den Asche-Geh. der Knochen. II verminderte die pH-Werte im Darmtrakt. II steigerte die Wirksamkeit der Futterverwertung. H. Lohschelder. 4585□

Biologische Eigenschaften der Lactose und Darmgärungen. Ein Fall von Amputation des Blinddarms. Paul Fournier, Henriette Susbielle und Yvonne Dupuis. (C. R. hebd. Séances Acad. Sci. **250,** 1111—13, 8/2. 1960; Paris, Labor. de Physiol. de la Nutrition du C.N.R.S.; franz.) — Unter *Ca*-Mangel stehende Ratten, denen z. T. der Blinddarm entfernt worden war, erhielten eine Diät mit normalem Geh. an *Ca*. Die günstige Wrkg. von *Lactose* (I) auf die Resorption von Ca wurde durch die Operation nicht beeinträchtigt. Die im Blinddarm auftretenden Gärungsvorgänge können demnach nicht mit der Wrkg. von I auf den Ca-Stoffwechsel in Verbindung gebracht werden. H. Lohschelder. 4585□

Ein Vergleich der Ammoniumsulfatfraktionierung von Proteinen und proteingebundenem Quecksilber in der löslichen Nierenfraktion mit Mischfutter und Saccharose gefütterter Ratten. Koichi Yagi und H. L. White. (Amer. J. Physiol. **194,** 547—52, Sept. 1958; St. Louis, Miss., Washington Univ., School of Med., Dep. of Physiol.; engl.) — Ratten, die 3 oder mehrere Wochen lang eine *Saccharose*-Diät mit Vitaminen erhalten, überleben die für normale Tiere letale Gabe von 3 mg $HgCl_2$/kg (i.v.). Diese erhöhte Hg-Toleranz wird von einem erhöhten prozentualen Hg-Geh. der lösl. Fraktion der Nierenhomogenate begleitet. Die lösl. *Protein*-Fraktion zeigt keine Veränderungen der $(NH_4)_2SO_4$-Aussalzkurve. Dagegen ist das *proteingebundene Hg* nach den *Albumin*-artigen Proteinen hin verschoben. Die Hg-Anreicherung erfolgt bei den Saccharose-gefütterten u. bei den normalen Tieren in der Nierenrinde.

P. Gregorzewski. 4585□

Essentielle Fettsäuren. H. J. Thomasson. (Nature [London] **194,** 973, 9/6. 1962; Vlaardingen, Netherlands, Unilever Res. Labor.; engl.) — Es wurden neue essentielle Fettsäuren gefunden: *Octadecatrien-(6.9.12)-säure* (I; *γ-Linolensäure*), *Nonadecadien-(10.13)-säure* (II), *Eikosadien-(11.14)-säure* (III) sowie *Nonadecatrien-(7.10.13)-säure* (IV) u. *Eikosatrien-(8.11.14)-säure* (V). Neben diesen wurden noch *Octadecatrien-(9.12.15)-säure* (VI), *Eikosatetraen-(6.9.12.15)-säure* u. *Octadecadien-(11.14)-säure* im Ratten-Vers. auf ihre biolog. Wirksamkeit im Vgl. zu *Linolsäure* [VII; *Octadecadien-(9.12)-säure*] untersucht. VI, II u. IV zeigten nur eine sehr geringe Wrkg.; VII, I u. V waren in der Wrkg. etwa gleich. *Arachidonsäure* (VIII) wurde in vivo aus VII synthetisiert. Bei der Annahme, daß die Intermediären eine gleiche oder höhere biolog. Wrkg. besitzen als VII scheiden VI sowie II u. III als Intermediäre aus. Die hohe Wirksamkeit von I u. V bestätigen die von Mead u. Howton (vgl. C. **1959,** 10986 u. J. biol. Chemistry **235,** [1960], 3385) vorgeschlagene Rk.-Folge: VII → I → V → VIII.

J. Boelter. 4585□

Cholesterin-Transportmechanismus bei Hypercholesterinämie von mit Cholesterin ernährten Küken. Takeo Kuroyanagi. (Tohoku J. exp. Med. **72,** 144—49, 25/9. 1960; Tokyo, Univ., School of Med., Okinaka's Clinic; engl.) — Bei Küken, die Mischfutter mit 5% Baumwollsamenölzusatz erhielten, war der *Cholesterin* (I)-Geh. am höchsten in der *Albumin-* u. *α-Globulin*-Fraktion. Stieg der Serum-I-Spiegel durch Zufütterung von I an, so häufte sich I zuerst in β_1-*Globulin* u. dann in α_2-*Globulin*. Bei Küken, die Futter mit 5% Baumwollsamenölzusatz erhalten hatten u. bei mit I gefütterten Küken konnte das durch Papierelektrophorese bestimmte Verhältnis von *β-Lipoprotein* zu *α-Lipoprotein* nicht genau das Verhältnis des β-Lipoprotein-I zum α-Lipoprotein wiedergeben, da nicht nur I, sondern auch eine größere Menge von sudanophilen Lipiden im β-Protein angehäuft wurden. K. Böhm. 4585□

Plasmalipoide und -proteine bei Ratten, die thrombogenes und atherogenes Futter erhielten. A. N. Howard, G. A. Gresham, D. E. Bowyer und E. Davidson. (Biochem. J. **84,** 49P, Aug. 1962; Cambridge, Univ., Dep. of Pathol. and Med.; engl.) — Thrombosen in Herzkammern u. Aorta können bei Ratten durch Verfütterung einer Diät mit 40% *Butter*, 5% *Cholesterin*, 2% *Cholsäure* u. 0,3% *Thiouracil* induziert werden. Wird die Butter durch *Erdnußöl* ersetzt, so tritt keine Thrombose, jedoch Atherosklerose der Proximalaorta u. Coronaarterien auf. Erhalten Ratten ein entsprechendes Futter mit Butter (Gruppe A) bzw. Erdnußöl (Gruppe B), so läßt sich, verglichen mit Kontrolltieren (Gruppe C), ein starker Anstieg des Plasmacholesterins beobachten. Auch die *Phospholipoide* steigen an [A 1220 (mg/100 ml); B 550; C 110] u. ihre prozentuale Verteilung ändert sich (*Lecithin*: A 69; B 54; C 45; *Sphingomyelin*: A 15; B 22; C 16; *Lysolecithin*: A 15; B 25; C 35). Die Analyse der Gesamtfettsäuren durch Gaschromatographie zeigt, daß bes. die *Arachidonsäure* (I) betroffen wird, deren prozentualer Geh. stark absinkt [*Ölsäure* A 47 (%); B 62; C 29; I: A 1,4; B 1,7; C 8,1]. Das Gesamtplasma-*Protein* war in den Vers.-Gruppen leicht erhöht. P. Schwerdtfeger. 4585□

Veränderungen in der Fruchtbarkeit und Lebensdauer der Motte Corcyra cephalonica Staint. nach Verabreichung von Antibioticis im Futter während der Larvenstadien. Daya Bhanu. (Experientia [Basel] **17,** 468, 15/10. 1961; Udaipur, India, M. B. Coll., Dep. of Zool.; engl.) — An Larven von *Corcyra cephalonica* wurden Antibiotica verfüttert. 50—1000 ppm *Penicillin* oder 100—500 ppm *Oleandomycin* (I) erhöhten die Fruchtbarkeit u. die Lebensdauer, 1000 ppm I verringerten sie, während 50 ppm I oder *Terramycin* in jeder Dosierung ohne Wrkg. waren. K. Zingraf. 4585□

Der Nährwert von Holzhefe für das Geflügelfutter. 2. Mitt. Verdauungskoeffizient von Hefeprotein bei Küken und der Einfluß des Hefefutters auf die Ausscheidung von Harnsäure. H. Morimoto und M. Yoshida. (Bull. nat. Inst. agric. Sci. [Chiba, Japan], Ser. G, Nr. **13,** 107—11, Sept. 1957; jap., Auszug: engl.) — 1. vgl. Bull. nat. Inst. agric. Sci. [Chiba, Japan], Ser. G, Nr. **9,** [1954], 133. — Im Harn (H) von Küken (K) wurde der Geh. an *Harnsäure* (I) nach Verfütterung von Holzhefe (Ho) bzw. Fischmehl (F) ermittelt. Die Best. von I erfolgte durch Behandeln des in Polyäthylenflaschen gesammelten H durch quant. Ausfällen von I mit verd. HCl u. nachfolgende N-Bestimmung. Die Differenz im I-Geh. des H von mit Ho bzw. F gefütterten K war nicht signifikant. Der unter Verw. von Cr_2O_3 ermittelte Verdauungs-Koeff. (VK) von H-Protein betrug 77,9% u. lag nur wenig höher als der VK von F-Protein. F-Protein wird demnach nahezu gleichwertig wie Holzhefeprotein von K verwertet. R. Strufe. 4585

Ablagerung von N.N'-Diphenyl-p-phenylendiamin in Hühnern und Eiern. I. Ascarelli, P. Budowski, S. Bornstein und A. Bondi. (J. Sci. Food Agric. **11,** 509—14, Sept. 1960; Rehovot, Israel, Hebrew Univ., Fac. of Agric.; Agric. Res. Stat.; engl.) — 5 Wochen alte Junghühner bzw. 12 Monate alte legende Hennen erhielten 0,0125, 0,025, 0,0625 bzw. 0,25% *N.N'-Diphenyl-p-phenylendiamin* (I) im Futter. Der Geh. an I wurde in Fett u. Leber u. bei der 0,0625%-Gruppe in weiteren Organen sowie in den Eiern nach Budowski u. Mitarbeiter (J. Sci. Food Agric. **11,** [1960], 503) bestimmt. I beeinflußte nicht das Wachstum. I wurde hauptsächlich in Leber, Körperfett u. Darm angereichert. Nach 2 Wochen war der Geh. in Fett, Leber u. Eiern konst. u. 2 Wochen nach Beendigung der I-Fütterung war nichts mehr nachweisbar. 6 Wochen alte Hühner erhielten *N.N'-Diphenyl-p-chinondiimin* (Oxydations-Prod. von I) u. die Verb. wurde nach 2 Wochen in Leber u. Fett bestimmt, wobei sich ähnliche Werte wie bei I fanden. Die abs. Werte waren so niedrig, daß für menschlichen Genuß keine Gefährdung gegeben zu sein scheint. H. Lohscheider. 4585□

Die Umwandlung von Vitamin A_1 in Retinen$_2$ in einem Süßwasserfisch. Koji Naito und Fred H. Wilt. (J. biol. Chemistry **237,** 3060—64, Okt. 1962; Lafayette, Ind., Purdue Univ., Dep. of Biol. Sci.; engl.) — Vff. stellten fest, daß eine *Lepomis*-Species (Sonnenbarsch) in der Lage ist, *Vitamin A_1* (I; als ^3H-markierter I-*Acetatester* intraperitoneal oder intraocular verabfolgt; 308 μc/mg) in *Retinen*$_2$ (II) umzuwandeln. Die Lebern der Tiere können wohl I speichern, nicht jedoch in Organkulturen wesentliche Mengen an I in *Vitamin A_2* (III) umwandeln. III ist als Vorläufer für II geeigneter als I. *Trijodthyronin* ($1 \cdot 10^{-4}$m) vermindert die Umwandlung von I in II. H. Kockert. 4587□

Riboflavinstoffwechsel bei legenden Hennen. 1. Mitt. Der Einfluß verschiedener Riboflavingehalte des Futters auf die Eiproduktion, auf die Ausbrütbarkeit und auf den Riboflavingehalt der Eier, des Blutes und Gewebes der Küken. H. Morimoto, S. Hizikuro und S. Ariyoshi. (Bull. nat. Inst. agric. Sci. [Chiba, Japan], Ser. G, Nr. **13,** 113—22, Sept. 1957; jap., Auszug: engl.) — Im Freigehege befindliche Hühner (weiße Leghorn) erhielten Futter (F) unter Zusatz von *Riboflavin* (I). Das Standard-F der Kontrollen enthielt 3,8 γ I/g. Das F der Gruppe A enthielt 2,5 γ I/g; im F der Gruppe B waren 13,2 γ I/g enthalten. Die Eiproduktion der Hühner der Gruppe A u. B lag höher als die der Kontrollen, womit nachgewiesen wurde, daß I keinen Einfl. auf die Eiproduktion der Hühner hat. Die Ausbrütbarkeit der fertilisierten Eier war in Gruppe A etwas geringer, in Gruppe B etwas höher gegenüber den Kontrollen. Die Differenzen waren jedoch nicht signifikant. Der I-Geh. in den Eiern der Gruppe A lag signifikant niedriger als der I-Geh. der Kontrollen. Sowohl im Eigelb als auch im Eiweiß der Gruppe B war der I-Geh. am höchsten. Der I-Spiegel im Hühnerblut war niedrig bei hoher Eiproduktion u. umgekehrt. Der I-Geh. von Leber, Niere u. Brustmuskulatur wurde auch bei hoher Verabreichung von I nur wenig beeinflußt. R. Strufe. 4587

Wirkung eines mit Wasser mischbaren Vitamin-D_2-Präparates auf die Metamorphose Thioharnstoff- und Citrat-behandelter Larven von Rana pipiens. E. Kaellis und E. D. Goldsmith. (Proc. Soc. exp. Biol. Med. **109,** 145—46, Jan. 1962; New York City, New York Univ., Coll. of Dent.; Grad. School of Arts and Sci.; engl.) — Im Tauchvers. mit Kaulquappen von *Rana pipiens* (Längenzunahme der Schenkel) wurde festgestellt, daß *Vitamin D_2* (I) die Metamorphose förderte, der Wrkg. von *Thioharnstoff* aber nicht entgegenwirkte. Zusatz von *Citrat* verringerte die Wrkg. von I. K. Zingraf. 4587 □

Untersuchungen über die Nebenprodukte der Reismühlenindustrie. 2. Mitt. **Vitamin-E-Konzentrat aus polierten Reiskörnercuticulae.** S. Maqsood Ali, S. Abdul Haq und A. Hameed Khan. (Pakistan J. sci. ind. Res. **2,** 69—70, Jan. 1959; Karachi, Central Labor., Pakistan Council of Sci. and Ind. Res.; engl.) — 1. vgl. C. **1962,** 15067. — Nach einem neuen Verf. kann *Vitamin E* aus Extrakten von „Rice polishings" („Kutti") durch Behandeln mit Aceton, Abtrennung der Fettsäuren als Na-Salze u. Extraktion mit Ae. 10fach angereichert werden (Konzentrate). Die quant. Best. von Vitamin E erfolgt colorimetr. mit *α.α-Dipyridyl/Fe(III)-chlorid.* D. Groß. 4587 □

Verdauungsversuche mit einem Pflanzenpigment, dem sogenannten „Chromogen". 1. Mitt. **Die Natur des Pflanzenpigments.** K. Kameoka und H. Morimoto. (Bull. nat. Inst. agric. Sci. [Chiba, Japan], Ser. G, Nr. **13,** 77—91, Sept. 1957; jap., Auszug: engl.) — Da Heu, Klee, Präriegras, Roggen u. Weizen kein als *Chromogen* (I) bezeichnetes Pflanzenpigment enthalten, eignet sich I für Verdauungs-Verss. bes. gut. Auch in Faeces u. Gallensaft ist I nicht enthalten. I wird mit der Nahrung aufgenommen, anschließend in den Faeces durch Extraktion mit 85%ig. Aceton extrahiert u. durch Messung der Extinktion bei 410 mμ quant. bestimmt. I ist beim Stehenlassen unter Lichtausschluß stabil. Durch Licht-Einw. wird I innerhalb von 10 Tagen bis zu 40% zersetzt. In Ggw. von Gallensaft wird die Zers. von I durch Licht beschleunigt. R. Strufe. 4594

Gallensäuren und Steroide. 74. Mitt. **Über die Konzentration der Gallensäuren im menschlichen Darm während der Resorption.** Jan Sjövall. (Acta physiol. scand. **46,** 339—45, 31/8. 1959; Lund, Sweden, Univ., Dep. of Physiol. Chem.; engl.) — 73. vgl. C. **1963,** 200; vgl. Borgström u. Mitarbeiter (J. clin. Invest. **36,** [1957], 1521). — Die Konzz. der *Glycin-* u. *Taurin-*Verbb. von *Chol-*, *Chenodesoxychol-* u. *Desoxycholsäure* wurden im Darminhalt 7 normaler u. 1 cholecystektomierten Person während der Resorption einer fl. Testmahlzeit papierchromatograph. bestimmt. Innerhalb von 30 Min. nach dem Essen bewirkte die Entleerung der Gallenblase einen Anstieg der gesamten *Gallensäuren-*Konz. auf 13—46 mVal/Liter, danach fiel die Konz. rasch auf die während des größten Teils der Verdauungs- u. Resorptionsperiode vorliegenden 2,5—10 mVal/Liter. Schwankungen im Verhältnis der Gallensäuren untereinander waren nur gering, auch bei Vgl. verschiedener Darmzonen. H. Lohschelder. 4594 □

Benutzung von Rohrzuckerlösungen und Änderungen der Glykämie beim Karpfen (Cyprinus Carpio L.). Marcel Secondat und René Quillier. (C. R. hebd. Séances Acad. Sci. **250,** 2274—76, 21/3. 1960; Toulouse, École Nat. Supérieure Agronom., Stat. d'Hydrobiol. appl. et de Pisciculture; franz.) — Vgl. C. **1961,** 2348. — Bei Verss. mit Karpfen, denen z. T. der Verdauungskanal durch Operation entfernt worden war, wurde festgestellt, daß *Rohrzucker* nicht im Verdauungstrakt, sondern wahrscheinlich in den Kiemen resorbiert u. gespalten wird. H. Lohschelder. 4594 □

Der Stoffwechsel der Fette. Andrzej Z. Budzyński. (Postępy Biochem. **4,** 379—402, 1958; Polsk. Akad. Nauk, Inst. Badań Jądr., Zakł. Ochr. Zdrow; pol.) — Zusammenfassende Darst. des Standes der Forschung. — 152 Literaturangaben. R. K. Müller. 4596 □

Umsatzgeschwindigkeiten der Fettsäuren von Plasmatriglycerid, Cholesterinester und Phospholipide im postresorptiven Hund. Margaret W. Bates. (Amer. J.

Physiol. **194**, 446—52, Sept. 1958; Toronto, Ontario, Canada, Univ. of Toronto, Banting and Best Dep. of Med. Res.; engl.) — Ein Hund wurde mit *$^{14}C_{(1)}$-Palmitinsäure* gefüttert, nach 24 Std. wird sein Kreislauf mit dem eines zweiten Hundes zusammengeschlossen u. bei diesem die Halbwertszeit für Plasma-*Phospholipidfettsäuren* (**I**) u. die *Nichtphospholipidfettsäuren* (**II**) bestimmt. In den ersten 30 Min. nach dem Kreuzkreislauf sank die spezif. Aktivität der **II** rapide, danach flachte sich die Aktivität–Zeit-Kurve ab. Für **I** wurde eine Halbwertszeit von 327 ± 81 Min. u. für **II** von 22,3 ± 21,9 u. 905 ± 182 Min. gemessen. Das Nichtphospholipidfett wurde chromatograph. in Triglycerid (**III**) u. Cholesterin (**IV**)-Ester getrennt. Für die entsprechenden **III**-Säuren wurde eine Umsatz-Geschw. von 1502 ± 505 (mg/Std.) gemessen. Die Geschw. des Erscheinens der **IV**-Säuren im Plasma lag bei 29,0 ± 32,7 u. die des Verschwindens bei 63,4 ± 38,0. Für **I** wurde eine Umsatz-Geschw. von 125,2 ± 49,2 gefunden.
P. Gregorzewski. 4596 □

Über die Konzentration der freien Fettsäuren im Serum von Diabetikern und Fettsüchtigen. Hellmut Mehnert, Leonore Pelikan und Nepomuk Zöllner. (Klin. Wschr. **39**, 888—91, 1/9. 1961; München, Univ., Med. Poliklinik; dt.) — Bei Diabetikern ist die Konz. der freien *Fettsäuren* (**I**) im Serum erhöht. Meist geht der Anstieg mit den erhöhten *Blutzucker*-Werten parallel. Bei Fettsüchtigen findet sich ebenfalls eine Vermehrung der **I**, die eine Abhängigkeit vom Körper-Gew. zeigt. Die Best. der **I** erfolgte nach der Meth. von Dole (C. **1957**, 1474). K. Neumeister. 4596 □

Die Wirkung von Alter und früher Atheromata auf die Intimalipoide des Menschen. Elspeth B. Smith. (Biochem. J. **84**, 49P—50P, Aug. 1962; London, Middlesex Hosp., Med. School, Courtauld Inst. of Biochem.; engl.) — In der makroskop. normalen Intima weist die Konz. des veresterten *Cholesterins* (**I**) eine enge Korrelation zum Alter auf ($r = 0{,}935$; $P < 0{,}01$). Bei 10 Lebensjahren beträgt die **I**-Konz. ca. 3 mg/g Trockengewebe u. steigt dann auf 35 mg/g im Alter von 65 Jahren. Das freie **I** steigt von 10 Jahren an um ca. 1 mg/Dekade ($r = 0{,}788$; $P = 0{,}01$). *Phospholipoide* u. *Triglyceride* neigen zum Absinken bei steigendem Alter. Die Hauptfettsäuren der **I**-Ester sind *Ölsäure* (**II**) u. *Linolensäure* (**III**). Während der **II**-Anteil verhältnismäßig konst. bleibt, steigt der **III**-Anteil von 17% (10 Jahre) auf 40% (65 Jahre; $r = 0{,}911$; P 0,01). In den „Fettstreifen" als den ersten atheromatösen Schäden können die **I**-Ester auf den 10fachen Wert ansteigen u. bis zu 60% der Gesamtlipide ausmachen. Bei den Fettsäuren der **I**-Ester fällt **III** auf ca. 16%, während **II** auf ca. 48% ansteigt. Das Verhältnis *Eicosatriensäure/Arachidonsäure* steigt von 0,25 in normalen Geweben auf 1,0 in den Fettstreifen. Die mögliche Herkunft der **I**-Ester wird diskutiert.
P. Schwerdtfeger. 4596 □

Über den Stoffwechsel der $^{14}C_{(1)}$-Sorbinsäure. M. Fingerhut, B. Schmidt und K. Lang. (Biochem. Z. **336**, 118—25, 1962; Mainz, Univ. Physiolog.-chem. Inst.; dt.) — An Ratten wurde *$^{14}C_{(1)}$-Sorbinsäure* verfüttert. Bei Dosen von 61—1213 mg/kg Körper-Gew. wurden stets 85% als $^{14}CO_2$ ausgeatmet. Die Oxydationshalbwertszeit ist dosisabhängig u. lag zwischen 40 u. 110 Minuten. Aus dem Darm wird die Säure quant. resorbiert, im Harn nicht ausgeschieden u. in Glykogen nicht eingebaut. Dagegen erfolgt ein Einbau in *Harnstoff* u. vermutlich über *Acetyl-CoA* in *Lipide*. Sorbinsäure u. *Capronsäure* zeigen im Stoffwechsel analoges Verhalten. R. Ristow. 4596 □

Untersuchungen über den Stickstoff-Stoffwechsel des Geflügels. 2. Mitt. **Zur Erhaltung erforderlicher Stickstoff-Bedarf und Aminosäure-Balance.** Shujiro Ariyoshi. (Bull. nat. Inst. agric. Sci. [Chiba, Japan], Ser. G Nr. **13**, 93—104, Sept. 1957; engl.) — 1. vgl. Bull. nat. Inst. agric. Sci. [Chiba, Japan], Ser. G Nr. **12**, [1956], 37. — Bei Hähnen u. Kapaunen mit künstlichem Anus wurde die N-Balance in Harn (H) u. Kot untersucht. Bei Verabreichung (V) einer vorwiegend aus Weizenstärke bestehenden Nahrung wurde ein Minimum an endogenem *N* im H bestimmt. Durch zusätzliche V geringer Mengen an Eipulver (E) wurde keine vermehrte N-Ausscheidung im H erzielt, was auf einen vollständigen *Protein* (P)-Einbau des E schließen läßt. Der P-Bedarf für ausgewachsene Hähne mit einem Gew. bis zu 2,3 kg ist kleiner als 1,8 g. R. Strufe. 4596

Veränderungen der Proteinämie der Seidenraupe Bombyx mori L. im Verlauf ihres Lebenscyclus. Nachweis neuer Proteinfraktionen. Joseph Groulade, Maurice Lamy und Jean-Jacques Bounhiol. (C. R. hebd. Séances Acad. Sci. **253**, 3112—14, 18/12. 1961; La Tronche, Centre Hosp. Régional de Grenoble; Bordeaux, S.P.C.N., Fac. de Sci., Labor. de Biol. Animale; franz.) — Die Unters. der Hämolymphe von *Bombyx mori* in verschiedenen Entw.-Stadien erfolgte durch Papierelektrophorese in Veronal-Na- bzw. Trispuffer, pH 9,8 bzw. 9,4; die Anfärbung wurde mit Amidoschwarz 10B durchgeführt. Neben den bisher beschriebenen *Protein*-Fraktionen konnten in den verschiedenen Entw.-Stadien auch neue beobachtet werden, deren Lage im

Pherogramm angeführt wird. Die Veränderungen der Proteinfraktionen sind nach Ansicht der Vff. als äußere Kennzeichen einer intensiven inneren Umbildung zu werten; Geschlechtsunterschiede konnten nicht nachgewiesen werden.

P. Schwerdtfeger. 4596☐

Die Ausscheidung von 5-Hydroxyindolylessigsäure nach Operationen. Neville Crawford und George T. Watts. (Nature [London] **195,** 182, 14/7. 1962; Birmingham, Univ., Dep. of Surgery, Div. of Wound Healing Res.; engl.) — Der Geh. an *5-Hydroxyindolylessigsäure* (I) im Urin ♂ Patienten (25—35 Jahre) nach Operation einer *Hernia inguinalis* bei normaler, jedoch viel *Tryptophan*-Metaboliten enthaltender Nahrung wurde chromatograph. bestimmt. Mit einer Ausnahme war der I-Geh. des Urins am 1. Tage nach Operation beträchtlich angestiegen. Eine Änderung des I-Geh. als Folge einer allg. Erhöhung des Nichtprotein-N-Stoffwechsels konnte nach Best. des *Harnstoff*-N- sowie des *Kreatinin*-Geh., die beide unverändert blieben, ausgeschlossen werden. Die Zahl der Blutplättchen (B) blieb unverändert, doch konnte eine erhöhte *5-Hydroxytryptamin* (II)-Freisetzung u. erhöhter II-Stoffwechsel bei unveränderter B-Zahl nicht ausgeschlossen werden, z. T. wurden *Indolylessigsäure* u. *K-Indoxylsulfat* in etwa gleichem Maße wie I postoperativ im Harn erhöht gefunden.

J. Boelter. 4596☐

Die für chemische Reize empfindlichen Receptoren der peripheren Muskelgefäße und deren Wirkung auf die Atmung. L. Condorelli, A. Strano, G. Filocamo, A. Dagianti, S. Condorelli und M. Bartolo. (Arch. Kreislaufforsch. **33,** 72—85, Aug. 1960; Rom, Univ., Inst. für klin. Med. u. Therapie; dt.) — Bei Hunden tritt auf Injektion von *KCN*-Lsg. in die Arterien der Extremitäten außer dem bekannten cardiovasculären Reflex ein Atmungsreflex mit Zunahme der Frequenz u. der Atmungstiefe auf. Der Reflex ist verschieden von dem, der auf Reizung mit KCN der Chemoreceptoren des Carotissinus u. der cardio-aort. Zone erfolgt. Die Atmungsreceptoren der peripheren Gefäße sprechen nicht auf *Lobelin* u. nur wenig auf *Nicotin* an; ihre Reizbarkeit wird nicht durch Beatmung mit 100%ig. O_2 beeinträchtigt. Die Nerven, die die Impulse der peripheren Gefäßreceptoren zum Zentrum leiten, verlaufen in den gemischten somat. Nervensträngen. Der Sitz der Receptoren befindet sich in den letzten Aufzweigungen der Arteriolen. Die Receptoren scheinen nur in den Arteriolen der Muskulatur vorzukommen. K. Böhm. 4597☐

Anwendung des Bromsulphalein-Testes für die Leberfunktionsprüfung bei Küken. M. Yoshida. (Bull. nat. Inst. agric. Sci. [Chiba, Japan], Ser. G, Nr. **13,** 141—45, Sept. 1957; jap., Auszug: engl.) — Nach Verabreichung von *Bromsulphalein* (I) in die Flügelvene von 4 Wochen alten Küken (weiße Leghorn) wurde zu verschiedenen Zeiten nach Abtöten der Küken das Vollblut nach Heparinisieren entnommen. Die I-Best. im Blutplasma erfolgte nach Verdünnen mit physiolog. NaCl unter Zusatz von NaOH bzw. HCl durch Messung der Rotfärbung der alkal. Lsg. unter Verw. der sauren Lsg. als Blindwert. Mit Hilfe dieser Leberfunktionsprobe wurde nachgewiesen, daß bei normal ernährten Küken nach 20 Min. der I-Spiegel im Plasma auf ca. 5% der Originalmenge red. war. Bei mit Frischleber-Präpp. gefütterten Küken betrug nach der gleichen Zeit der I-Spiegel noch ca. 60% des Ausgangswertes. R. Strufe. 4597

Histochemischer und spektrochemischer Eisengehalt im Leberpunktat. B. Kommerell, K. Pfeilsticker und U. Spathelf. (Klin. Wschr. **39,** 895—903, 1/9. 1961; Stuttgart-Bad Cannstadt, Med. Klinik; dt.) — Die histochem. u. spektrochem. Unters. des *Eisen*-Geh. in Leberzellen, die durch Punktion gewonnen wurden, zeigte weitgehend übereinstimmende Ergebnisse. Bei Lebercirrhosen fand sich jedoch in $^1/_7$ der Fälle ein höherer spektrochem. Fe-Wert. In der Hälfte der schweren Lebererkrankungen lag eine starke *Hämosiderin*-Speicherung vor, ohne daß der *Ferritin*-Geh. in demselben Maße vermehrt war. Bei Lebercirrhosen war die Fe-Ablagerung mit zunehmender Schwere des Krankheitsbildes vermehrt. Sichere Beziehungen zwischen Plasma- u. Organeisenwert konnten Vff. nicht nachweisen. Der histochem. Fe-Nachw. erfolgte mit der Berliner Blau-Rk., der spektrochem. Nachw. nach der Meth. von Pfeilsticker.

K. Neumeister. 4597☐

Die Wirkung von Fettsäuren, Ketonkörpern, Diabetes und Hunger auf den Pyruvatstoffwechsel im Rattenherz und im Zwerchfellmuskel. P. B. Garland, E. A. Newsholme und P. J. Randle. (Nature [London] **195,** 381—83, 28/7. 1962; Cambridge, Univ., Dep. of Biochem.; engl.) — Herzen von ♂ Albinoratten wurden mit verschiedenen Lsgg. 15 Min. perfundiert. Die Aufnahme von *Pyruvat* (I) wurde durch DL-*β-Hydroxybutyrat* (II), *Acetoacetat* (III) u. *n-Octanoat* (IV) erheblich reduziert. Die *Lactat* (V)-Bldg. wurde durch II, III u. IV nur gering geändert. In mit *Rinderplasmaalbumin* (VI) perfundierten Herzen wurde die I-Aufnahme durch *Palmitat* (VII) erheblich red., die V-

Bldg. dagegen erhöht. Herzen von *Alloxan* (**VIII**)-diabet. oder hungernden Tieren zeigten eine geringere **I**-Aufnahme als die Kontrolltiere; die **V**-Ausscheidung war nur wenig verändert. Bei Fehlen von **I** erhöhten **II** u. **VII** die **V**-Ausscheidung; die von **I** wurde kaum verändert. Offenbar wirken die Substrate auf die **I**-Umsetzung in Hinsicht auf Verlagerung derselben auf einen anderen Stoffwechselweg als die Umwandlung in **V**. In mit *Glucose* (**IX**) u. *Insulin* perfundierten Herzen wurde die **IX**-Aufnahme durch **VIII**-Diabetes, Hunger u. **IV** herabgesetzt, ebenso nach **VI**-Zusatz durch **VII**. Die kombinierte Ausscheidung von **I** u. **V** wurde durch Diabetes oder Hunger nicht beeinflußt, durch **IV** u. **VIII** erhöht. Die Ausscheidung von **I** allein stieg an, die von **V** blieb konstant. **IV** u. **VIII** erhöhten die **V**-Ausscheidung u. red. die von **I**. *Butyrat* (**X**) red. die $^{14}C_{(2)}$-**I**-Aufnahme durch das Zwerchfell (Z) normaler Ratten sowie die $^{14}CO_2$-Bldg. u. erhöhte die **V**-Ausscheidung. Die **I**-Aufnahme durch Z diabet. Tiere war niedriger als die normaler Tiere u. wurde durch **X** gering erniedrigt. Z normaler Tiere mit $^{14}C_{(2)}$-**I** inkubiert, zeigten nach **X**-Zusatz kaum eine Änderung der **I**-Aufnahme; die **V**-Ausscheidung wurde erhöht. Es wird angenommen, daß die Änderung des **I**-Stoffwechsels auf einer erhöhten Umsetzung endogener Fettsäuren oder Ketonkörper beruht.

J. Boelter. 4597 □

Aktivität der menschlichen Lungentuberkulose und Kaolin-Agglutinations-Reaktionen durch das Phosphatid von Mycobacterium tuberculosis. Y. Takahashi und K. Adachi. (C. R. Séances Soc. Biol. Filiales **154**, 1129—31, 1960; Sapporo, Univ. du Hokkaido, Inst. de Rech. de la Tuberculose; franz.) — Vgl. C. **1962**, 17807. — Bei 441 an Lungentuberkulose erkrankten Personen wurden im Abstand von 4 Monaten 3 Best. der *Kaolin*-Agglutination vorgenommen. Es zeigte sich, daß der Prozentsatz der positiven Rkk. u. die Mittelwerte der *Antikörper*-Titer mit der Intensität der Krankheit ansteigen.

H. Lohschelder. 4597 □

Menschliche Lungentuberkulose und drei verschiedene Antikörper, Antipolyosid, Antiproteid und Antiphosphatid. Y. Takahashi, K. Mochizuki und Y. Nagayama. (C. R. Séances Soc. Biol. Filiales **154**, 1132—34, 1960; Sapporo, Univ. du Hokkaido, Inst. de Rech. de la Tuberculose; franz.) — Vgl. C. **1962**, 17807 u. vorst. Referat. — Die Rkk. mit *Polyosid* waren bei 100% der Kranken (Lungentuberkulose) u. Gesunden positiv, die Rkk. mit *Proteid* bei 54% der Kranken u. 44% der Gesunden, die Rkk. mit *Phosphatid* bei 79% der Kranken u. 0% der Gesunden. Aus weiteren Verss. geht hervor, daß die Meth. der Hämagglutination durch das Phosphatid des Tuberkelbacillus zur Diagnose der Aktivität der Lungentuberkulose dienen kann.

H. Lohschelder. 4597 □

Der Mechanismus der renalen Natriumausscheidung bei exzessiver Belastung mit hypertonischen Kochsalzlösungen. 1. Mitt. **Funktionelles Verhalten von Glomerulusfiltrat, Reabsorption von Natrium im proximalen Tubulus und Harnkonzentrierungsmechanismus.** Dieter P. Mertz. (Klin. Wschr. **39**, 903—09, 1/9. 1961; Freiburg/Br., Univ., Med. Poliklinik; dt.) — 9 nierengesunden Erwachsenen u. 1 Patienten mit chron. Glomerulonephritis wurden nach 6 Tage Na- u. Eiweiß-armer Kost 60 Min. lang 1,7—5,1 ml/Min. einer 10%ig. *NaCl*-Lsg. oder 120 Min. lang 5 ml/Min. einer 5- bzw. 6,67%ig. NaCl-Lsg. i.v. infundiert. Nach 60 Min. nahm die glomerulär filtrierte *Na*-Menge zu, der vom Glomerulusfiltrat renal ausgeschiedene Anteil betrug jedoch vorerst nur 2—3%. 60 Min. nach Infusionsbeginn wurden maximal 7% ausgeschieden. Die starke Natriurese wurde durch Zunahme der glomerulär filtrierten Na-Menge ausgelöst.

K. Neumeister. 4597 □

Untersuchung der Wechselwirkung von Actomyosin und Adenosintriphosphat an Glycerin-extrahierten Herzmuskelbündeln. Elis S. Benson und Ben E. Hallaway. (Amer. J. Physiol. **194**, 564—72, Sept. 1958; Minneapolis, Minn., Univ. of Minnesota, Div. of Labor., Med. and Hosp. Labor. Serv.; engl.) — Es wird die durch Zugabe von *Adenosintriphosphat* (*ATP*) entstehende isometr. Spannung, der Widerstand gegen Dehnung u. die ATP-Hydrolyse-Geschw. myofibrillärer Bestandteile an Glycerin-extrahierten Muskelbündeln des linken u. rechten Hundeventrikels untersucht. Das Kontraktionsphänomen ist ein Komplex aus 2 Rkk., eine verursacht die Kontraktion (R_1), die andere die Entspannung (R_2). R_1 scheint mit der ATP-Hydrolyse zusammenzuhängen u. scheint die energieliefernde Rk. zu sein. Der Einfl. 2wertiger Kationen ist schwer zu deuten. Sehr niedrige Mg^{2+}- u. Ca^{2+}-Konz. inhibieren die Hydrolyse, obwohl Kontraktion eintritt. $2 \cdot 10^{-2}$ m Mg^{2+} inhibiert die enzymat. Hydrolyse u. fördert die Kontraktion. 10^{-2} m Ca^{2+} inhibiert die Kontraktion u. beschleunigt die ATP-Hydrolyse.

P. Gregorzewski. 4597 □

Die Wirkung von Ouabain auf die Ruhespannung und das Maß des Nettoeintritts von Calcium-45 in isolierte perfundierte Kaninchenventrikel. A. H. Briggs und W. C. Holland. (Nature [London] **195**, 294—95, 21/7. 1962; Jackson, Miss., Univ. of

Mississippi, Med. Center, Dep. of Pharmacol.; engl.) — Perfundierte Kaninchenherzen wurden mit einer ^{45}*Ca*-Lsg. durchströmt u. die Aufnahme von ^{45}Ca durch das Herz nach 25 Min. durch Best. der Radioaktivität des Herzhomogenats gemessen. Der Zusatz von *Ouabain* (I; 10^{-6}m) zur Perfusions-Fl. erhöhte den Ca-Nettoeintritt um 116%; die Ruhespannung wurde durch I um 45% erhöht. Zwischen der Änderung der Ruhespannung u. der ^{45}Ca-Aufnahme wurde nur geringe Beziehung festgestellt. Eine gute Korrelation bestand zwischen dem Anstieg der Ruhespannung u. dem relativem ^{45}Ca-Nettoeintritt. Es wird angenommen, daß die durch I induzierten Kontrakturen von Kaninchenatrium u. Ventrikel im Grunde ähnlich sind u. möglicherweise aus der erhöhten Ca-Konz. der Herzzelle sowie einer Hemmung von relaxierenden Faktoren resultieren.
J. Boelter. 4597□

Potential der Erholungsphase und Dauer des Spannungszustandes im gestreiften Muskel. Wirkung von NO_3^--, Br^-- und J^--Ionen. Jean Etzensperger und Yvette Bretonneau. (C. R. Séances Soc. Biol. Filiales **150**, 1777—81, 1956, herausgeg. 1957; Marseille, Fac. de Sci. Labor de Physiol. générale; franz.) — Vff. untersuchen Potentialverschiebungen eines gestreiften Muskels von *R. esculenta* bei Stimulation durch kurze Rechteckimpulse in Ringer- (**I**), isoosmot. *NaBr*- (**II**), *NaNO₃*- (**III**) bzw. *Jodid*-Ringer-Lsg. (**IV**; 1:3). In **II**, **III** u. **IV** nimmt hauptsächlich die Stärke u. die Dauer des negativen Restitutionspotentials zu. Außerdem entsteht eine geringe Abnahme des Ruhepotentials u. evtl. bei **IV** eine reversible, geringe Verminderung der maximalen Depolarisation. Dieses entspricht der Feststellung einer beschleunigten „Flucht" des intracellulären *K* durch Substitution des Cl^- durch NO_3^-.
M. Blaschette-Huttinger. 4598□

Die Natur der verstärkenden Substanz im Herzmuskel. William J. Whalen, Noel Fishman und Rudolph Erickson. (Amer. J. Physiol. **194**, 573—80, Sept. 1958; Los Angeles, Calif., Univ. of California at Los Angeles, School of Med., Dep. of Physiol.; engl.) — Verschiedene Reizungen mit Elektroden verursachen eine Verstärkung der Kontraktionen des isolierten Katzencapillarmuskels. Es wird angenommen, daß diese Erscheinung durch intracardiale Freisetzung von *Norepinephrin* bewirkt wird.
P. Gregorzewski. 4598□

Anmerkungen zur Bestimmung der Durchblutungszeiten im Gehirn mittels radioaktiver Erythrocyten und extern angebrachter Detektoren. K. Ljunggren, G. Nylin, B. Berggren, S. Hedlund und O. Regnström. (Int. J. appl. Radiat. Isotopes **12**, 53—59, Nov. 1961; Stockholm, Isotope Techniques Labor.; engl.) — Eine schnelle Ermittlungs-Meth. der Durchblutungszeiten in jeder einzelnen Gehirnhälfte wurde durch i.v. Gaben von ^{51}*Cr*-markierten Erythrocyten ermöglicht. Unmittelbare Messungen wurden mit zwei extern angebrachten kollimierten Scintillationszählern ausgeführt, welche mit einem Zählgeschw.-Messer u. einem schnell ansprechenden 2-Kanal-Empfänger verbunden waren. In den meisten Fällen sind die Ergebnisse bis zu 10% genau. Da die Durchblutungszeiten patholog. verlängert sein können, trägt diese Meth. zu deren Diagnostik bei.
M. Blaschette-Huttinger. 4598□

Das Gesamtcholin im Verlauf der Wallerschen Entartung des Ischiasnervs beim Laubfrosch, der Henne und dem Kaninchen. Raoul Michel May und Jean-Claude Horvat. (C. R. hebd. Séances Acad. Sci. **250**, 2939—41, 25/4. 1960; Paris, Fac. des Sci., Labor. de Biol. animale; franz.) — Bei den Vers.-Tieren wurde eine einseitige Durchschneidung des Ischiasnervs vorgenommen. Nach 7, 14, 21 bzw. 28 Tagen wurden die degenerierten Nerven u. die Nerven der Gegenseite herausgeschnitten u. der Wasser-Geh. u. der Geh. an *Cholin* (I) nach einer Modifizierung der Meth. von Ducet u. Kahane (Bull. Soc. Chim. biol. **28**, [1946], 794) bestimmt. Bei den degenerierten Nerven von Frosch (*Rana esculenta*), Huhn u. Kaninchen zeigte sich ein Anstieg des Wasser-Geh. u. ein starker Abfall bei **I**. Wenn die Frösche bei 0° statt bei 20° gehalten wurden, zeigte sich diese Veränderung nicht.
H. Lohschelder. 4598□

E_6. Pharmakologie. Therapie. Toxikologie. Hygiene

Beryllium in Reaktoren — das Gesundheitsproblem. R. O. R. Brooks. (Nuclear Power **5**, Nr. 51, 94—96, Juli 1960; Harwell, AERE, Med. Div.; engl.) — Übersicht über die Gefahren durch Verw. von *Be* als Bauelemente (u. a. Moderator) von Reaktoren.
Gerhard Schmidt. 4601□

Die Aufnahme von ^{32}P durch Hypophyse und Nebenniere der Ratte nach Röntgenbestrahlung. S. W. Sladić, D. Pavić und D. Radiojević. (Bull. Inst. nuclear Sci. „Boris Kidrich" **9**, 209—11, März 1959; engl.) — Albinoratten wurden mit 850 r bestrahlt (220 kV, 14 mA, 100 r/min) u. erhielten nach 1, 24, 48 bzw. 72 Std. eine Injektion von 20 μc ^{32}P (als *Orthophosphat*). Nach 1 Std. wurden die Tiere getötet, die untersuchten Drüsen gewogen, ½ Std. bei 110° getrocknet u. die Radioaktivität gemessen. In den Nebennieren zeigte sich 1 Std. nach Bestrahlung eine stark erhöhte ^{32}P-Konz., nach 24 Std. waren die Werte normal, später wieder leicht erhöht. Dies wird auf die Stress-Rk. u. gesteigerte Sekretion von *Steroidhormonen* zurückgeführt. Bei hypophysektomierten Ratten wurden keine solchen Schwankungen beobachtet, ebensowenig bei der Hypophyse selbst. H. Lohschelder. 4601 □

Einfluß von Röntgenstrahlen auf die Aktivität der sauren Desoxyribonuclease in Urin, Serum, Knochenmark und Milz der normalen und splenektomierten Ratte. M. Jovanović und A. Vončina. (Bull. Inst. Nuclear Sci. „Boris Kidrich" **9,** 189—98, März 1959; franz.) — 3—4 Monate alte Ratten wurden mit 100—860 r bestrahlt (200 kV, 16 mA, 0,5 mm Cu, D = 40 cm) u. die Aktivität der *sauren Desoxyribonuclease* (I) nach 24 u. 48 Std. nach der Meth. von Kowlessar u. Mitarbeiter (C. **1950/54,** 8670 S; C. **1957,** 3607) in Serum, Urin u. Homogenaten von Milz u. Knochenmark bestimmt. In Dosen ≧400 r fand sich eine gesteigerte I-Aktivität in Urin u. Serum, u. zwar nach 24 Std. >48 Stunden. Im Milzgewebe war die Aktivität erst bei 500 r erhöht (nur nach 24 Std.). Beim Knochenmark des Oberschenkels war die I-Aktivität nach 100—500 r etwa gleich stark erhöht. Vff. nehmen an, daß das Knochenmark für die gesteigerte Aktivität im Serum u. Urin (mit-) verantwortlich ist. Bei splenektomierten Ratten war die I-Aktivität in Serum, Urin u. Knochenmark erhöht u. wurde nach einer Dosis von 500 r nicht weiter gesteigert. Milzextrakt, der unmittelbar nach Splenektomie intraperitoneal injiziert wurde, zeigte eine Inhibitor-Wrkg. auf die I-Aktivität des Knochenmarks. H. Lohschelder. 4601 □

Regenerierungswirkung hochpolymerer homologer Leber-Desoxyribonucleinsäure, die tödlich bestrahlten Ratten injiziert wurde: Histologische Untersuchung der Verdauungsorgane. V. Pantić, N. Stošić, D. Kanazir, A. Bećarević und G. Jovicki. (Nature [London] **193,** 993—94, 10/3. 1962; Belgrade, Univ., Inst. Histol. and Embryol., Veterin. Fac., Inst. Nuclear Sci. „Boris Kidrich", Dep. Biochem., Labor. Radiobiol.; engl.) — Die Strukturveränderungen bestimmter Bezirke von *fundus ventriculi*, Dünn- bzw. Dickdarm u. Leber werden bei Röntgenbestrahlung u. *Desoxyribonucleinsäure*-Injektion (I) untersucht. Durch Bestrahlung hervorgerufener Abbau des Drüsenepithels in der Schleimhaut (*fundus mucosa*), wobei ein signifikanter Abfall in der Anzahl von pepsinogenen u. acidogenen Zellen auftritt, führt bei mit I behandelten Tieren zur Erhöhung pepsinogener u. acidogener Zellen. Der Dünndarm ist wesentlich empfindlicher gegen Bestrahlung als der Dickdarm; die Strukturen der Dünndarmschleimhaut u. der Leberzellen sind bei mit I behandelten Tieren weniger verändert gegenüber normalen. Ch. Zimmer. 4601 □

Die Schutzwirkung von Becaptan auf das Überleben von subletalen und letalen Röntgenstrahlendosen ausgesetzten jungen Ratten. D. Radivojević, N. Savković und Dj. Sladić. (Bull. Inst. nuclear Sci. „Boris Kidrich" **9,** 205—08, März 1959; engl.) — 8 bzw. 17 Tage alte Ratten wurden mit 600, 800 u. 850 r bestrahlt (200 kV, 14 mA, 150 r/min). 10 Min. vor Bestrahlung wurde intraperitoneal *Becaptan* (*β-Mercaptoäthylamin*, I; 1 mg/10 g Körpergewicht) injiziert. Bei 600 r betrug die Zahl der Überlebenden (nach 30 Tagen) bei den 17 Tage alten Ratten, die eine Stress-Rk. zeigen, 77%, bei den 8 Tage alten Tieren (keine Stress-Rk.) 17%. I erhöhte die Überlebensrate auf 93% bzw. 81%, *ACTH* auf 78 bzw. 56%. Bei 800 r zeigte ACTH keine Wrkg., I ergab 50% (Alter 17 Tage) bzw. 20% (Alter 8 Tage) Überlebende (Kontrollen 0%). Bei subkutaner Injektion von I war dessen Schutz-Wrkg. geringer. H. Lohschelder. 4601 □

Elektrophoretische Serumanalysen bei letal röntgenbestrahlten Mäusen nach Behandlung mit Strahlenschutzmitteln. I. C. Shekarchi und T. Makinodan. (Int. J. Radiat. Biol. **2,** 353—60, Okt. 1960; Oak Ridge, Tenn., Oak Ridge Nat. Labor., Biol. Div.; engl.) — Vgl. Congden u. Lorenz, C. **1950/54,** 8673; Lorenz u. Mitarbeiter C. **1952,** 4176. — Mäuse wurden mit 250 kV Röntgenstrahlung bei einer Dosisleistung von 160—170 r/min u. Filterung mit 2 mm Al bestrahlt. Die Dosis betrug 950 r. Eine Gruppe der bestrahlten Tiere erhielt 4 Std. nach Bestrahlung intraperitoneale Injektionen mit einer Suspension von Rattenknochenmarkszellen, eine zweite entsprechende mit isologen Knochenmarkszellen, eine dritte mit einer 3%ig. Lsg. von neutralisiertem *AET* (*S.β-Aminoäthylisothiuroniumbromidhydrobromid*; Doherty u. Burnett jun. C. **1957,** 2546). In wöchentlichen Abständen getöteten Tieren wurde das Blut entnommen u. elektrophoret. untersucht. Dabei ergab sich strahlenbedingt eine Abnahme der Albumin-, eine Zunahme der Globulin-Konz. während 2—7 Wochen für die mit isologen Zellen sowie mit AET behandelten Tiere. W. Reusse. 4601 □

Die Lokalisierung des Chrom-51 im Knochenmark der Maus nach Autotransfusion markierter Blutkörper. Jacques Ingrand. (C. R. hebd. Séances Acad. Sci. **254**, 4378—80, 1 Tafel, 18/6. 1962; Saclay, Centre d'Etudes nucléaires, Dép. des Radioéléments; franz.) — Nach Inkubation des Eigenblutes mit 50 μc $Na_2{}^{51}CrO_4$ werden die Blutkörper in isoton. NaCl-Lsg. gewaschen u. in 0,5 ml physiolog. Lsg. der Maus wieder i. v. injiziert. Bis zum 30. Tag wird das ^{51}Cr wegen seiner Fixierung im *Globin* der Blutkörper hauptsächlich im Blutkreislauf festgestellt. In den Organen ist die Radioaktivität direkt abhängig von der Durchblutung sowie vom Speicherungs- u. Hämolysevermögen. Vom 30.—90. Tag wird das ^{51}Cr in den Hämolyseorganen fixiert (Knochenmark, rotes Nierenparenchym, Leber), nachdem es vollständig aus dem Kreislauf verschwunden ist u. nun sehr langsam renal ausgeschieden wird. Die Fixierung erfogt im Knochenmark ebenso stark wie in der Milz u. stärker als in der Leber, was auf eine starke hämolyt. Aktivität des Knochenmarks neben der hämatopoet. Funktion, schließen läßt.
M. Blaschette-Huttinger. 4601□

Konzentration des Caesium-137 in menschlichen Rippenknochen. Robert W. Anderson und Philip F. Gustafson. (Science [Washington] **137**, 668, 31/8. 1962; Argonne, Ill., Argonne Nat. Res. Labor., Div. of Biol. and Med. Res.; engl.) — Der ^{137}Cs-Geh. der vom Mark befreiten Rippen von 70 Personen aus Chicago (im Sommer 1961) wurde nach Altersstufen unterteilt, untersucht. Die Konzz. wurden etwa gleich den für Muskeln bekannten gefunden u. liegen zwischen $2 \cdot 10^{-12}$ u. $2 \cdot 10^{-13}$ c/g veraschte Knochen. Diese Anreicherung im Knochen läßt ^{137}Cs eine wesentliche größere Bedeutung gewinnen als bisher. Zwischen 0 u. 15 Jahren nimmt der Geh. möglicherweise infolge fortschreitender Verknöcherung ab, später wieder zu. R. Ristow. 4601□

Knochendosiswerte von Strontium-90. W. F. Libby. (Proc. nat. Acad. Sci. USA **45**, 245—49, Febr. 1959; Washington, D.C., Carnegie Inst., Geophysical Labor. u. U.S. Atomic-Energy Comm.; engl.) — In einem Medium mit dem mittleren Atomgewicht M werden β-Teilchen mit der Maximalenergie E exponentiell absorbiert, wobei der Absorptions-Koeff. umgekehrt proportional $E^{3/2}$ ist. Für das Knochengewebe (M = 13) u. ^{90}Sr (0,61 MeV) bzw. ^{90}Y (2,18 MeV) werden die Absorptions-Koeff. numer. errechnet u. die Jahresdosis bei homogener Verteilung von 1 μc/1000 g *Ca* zu 2900 rad/Jahr bestimmt. Detaillierte Berechnung der Dosisleistungen im Knochen- u. im Knochenmarkgewebe ergibt 2,04 bzw. 1,21 mrad/Jahr für eine Verseuchung von 1 $\mu\mu c$/g. Die Ergebnisse werden in Vgl. mit solchen anderer Autoren diskutiert. W. Reusse. 4601□

Nachweis der adrenalinähnlichen Wirkung des Kaliumions bei der Katze. R. Hazard und A. Renier-Cornec. (C. R. Séances Soc. Biol. Filiales **156**, 43—45, 1962; Paris, Fac. de Sci., Labor. de Pharmacol.; franz.) — Bei Katzen, ebenso wie bei anderen fleisch- u. pflanzenfressenden Tieren, bei denen analoge Verss. gemacht wurden, provoziert *KCl* durch direkte Einw. auf die Nebenniere eine *Adrenalin*-Ausscheidung.
M. Blaschette-Huttinger. 4606□

Einführungsunterricht zur Untersuchung der Agressologie. 7. Mitt. Das Magnesium, seine biologische und therapeutische Bedeutung. R. Coirault. (Anesthésie, Analgésie Réanimat. **16**, 1—14, Juni/Juli/Aug. 1959; franz.) — Vf. berichtet über Schwankungen des Geh. an Mg^{2+} im Blut u. Harn. Die Best. erfolgte nach Pignard u. Delga (C. R. Séances Soc. Biol. Filiales **152**, [1958], 729). Änderungen des Mg^{2+}-Geh. sind von inversen Änderungen bei Ca^{2+} u. K^+ begleitet. Die Bedeutung der Beziehung zwischen Mg einerseits u. K u. Ca bzw. *Na* bes. für die Nervenzelle wird besprochen. Die bei verschiedenen Krankheiten beobachteten Schwankungen werden beschrieben u. als wichtigste Folgerung festgestellt, daß Mg-Verluste fast immer zu Stoffwechselstörungen führen. H. Lohschelder. 4606□

Die schnellen Veränderungen der Ionenkonzentrationen im Blut von Kaninchen nach intravenösen Kalium- oder Calcium-Injektionen. J. Ripplinger und J. P. Mallie. (C. R. Séances Soc. Biol. Filiales **155**, 2371—74, 1961; Besançon, Fac. de Sci., Labor. de Zool.; franz.) — Vff. verabfolgen Kaninchen i. v. jeweils 500 mg *NaCl*, 19 mg *KCl*, 25 mg $KHCO_3$ bzw. 150 mg $CaCl_2$. Die 30 Sek. bis 15 Min. nach der Injektion entnommenen Blutproben von je 0,3 ml werden mit H_2SO_4–$HClO_4$ nach Lematte mineralisiert, mit NH_4OH neutralisiert u. mit W. auf 10 ml verdünnt. In diesen Lsgg. werden Na^+, K^+, Ca^{2+} flammenphotometr. bestimmt. 5 Min. nach Injektion von K^+ u. Ca^{2+} beginnt eine Abnahme aller Mineralsubstanzen des Blutes bis zu 50% des Normalgehaltes. Nach Minimal-Konzz. in der 6. u. 7. Min. normalisieren sich dieselben wieder in der 9. u. 10. Minute. Es bestehen keine gleichzeitigen Blutdruckveränderungen u. keine Blutverdünnung, sondern eine *Häm*-Konz. mit gleichzeitiger Zunahme der Blutviscosität von der 6.—8. Minute. Wegen der Schnelligkeit u. Reversibilität des Phänomens ist eine renale Beteiligung unwahrscheinlich. Wegen der relativ langen Latenzzeit ist ebenfalls ein nervöser Faktor auszuschließen u. eher eine durch Ionenschock ausgelöste hormonelle Einw. anzunehmen, durch die eine reversible akt. Wasser- u. Ionenverschiebung in Richtung des interstitiellen Mediums stattfindet. M. Blaschette-Huttinger. 4606□

Insekticide Wirkungsweise von Aktivkohle und Ton auf Tribolium castaneum (Hbst.). M. K. Krishnakumari und S. K. Majumder. (Nature [London] **193**, 1310—11, 31/3. 1962; Mysore, Central Food Technol. Res.; engl.) — Verss. zeigen, daß aktivierte, pulverisierte (100-mesh-Siebfraktion) u. bei 103° 3 Std. lang getrocknete *Holzkohle* u. *Ton* als Insekticide auf *Tribolium castaneum* wirken, indem sie zuerst Lipoide der Insektenhaut adsorbieren u. so Voraussetzungen schaffen zu Feuchtigkeitsverlusten, deren Höhe von der relativen Luftfeuchtigkeit des Kleinklimas des Syst. abhängt. Durch Feuchtigkeitsaufnahme beim Lagern verliert die Aktivkohle an Wirksamkeit, da sie die relative Luftfeuchtigkeit des Kleinklimas erhöht. Aktivierter Ton ist nicht so stark hygroskopisch. Eine mechan. Verletzung der Insektenhaut kann nicht nachgewiesen werden. *Silicagel* wirkt wie Kohle. Unwirksam ist *Calciumchlorid.* E.-H. Goeckel. 4606□

Die Toxizität von Bromchlormethan (Methylenchlorbromid) bei Laboratoriumstieren. T. R. Torkelson, F. Oyen und V. K. Rowe. (Amer. ind. Hyg. Assoc. J. **21**, 275—86, Aug. 1960; Midland, Mich., Dow Chem. Co., Biochem. Research Labor.; engl.) — *Bromchlormethan* (I) besitzt bei Ratten eine orale DL_{50} zwischen 5 u. 7 g/kg u. hat mäßige Haut- u. Schleimhaut-reizende Eigenschaften. In den Inhalations-Verss. überlebten die Vers.-Tiere bei folgenden Expositionen: 0,1 Std. bei 40000 ppm, 0,4 Std. bei 20000 ppm, 1,5 Std. bei 10000ppm, 7,0 Std. bei 5000 ppm. Der Tod tritt durch die starke Narkose ein. Bei einmaliger Exposition sind keine patholog. Veränderungen an den inneren Organen feststellbar. Wiederholte täglich 7 std. Expositionen von 1000 ppm I für 4 Monate verursachten bei Mäusen, Ratten, Kaninchen u. Meerschweinchen Organschädigungen, solche von 500 ppm I hatten nur geringe Effekte. Die 6 Monate dauernde Exposition bei 370 ppm I wurde von Ratten u. Hunden vertragen. Als MAK-Wert werden 200 ppm vorgeschlagen. G. Kimmerle. 4607

Die Wirkung von Monoaminooxydaseinhibitoren auf das Verhalten von Ratten im Hallschen Offenfeld. R. W. Brimblecombe und A. L. Green. (Nature [London] **194**, 983, 9/6. 1962; Porton Down, Salisbury, Wilts, Chem. Defence Exper. Establishm., War Dep.; engl.) — Es wurde die für eine wesentliche Verh.-Änderung von Ratten notwendige Dosis von *Monoaminooxydase* (I)-*Inhibitoren* untersucht, wobei die Dosis subkutan 3 Std. vor dem Vers. gegeben wurde. Die Wrkg. nahm in der Reihenfolge *p-Chlorbenzylhydrazin, Benzylhydrazin, 3.4-Dichlorbenzylhydrazin* (II), *o-Chlorbenzylhydrazin* (III), *3-Picolylhydrazin, 4-Picolylhydrazin, 3.4-Dimethoxybenzylhydrazin, α-Naphthylmethylhydrazin* u. *O-Benzylhydroxylamin* ab. Die Wrkg. hielt ca. 24 Std. an u. entsprach mengenmäßig der zur Aufhebung der sedativen Wrkg. von *Reserpin* notwendigen Dosis. *Harmin*, in der Wrkg. zwischen **II** u. **III** stehend, hielt in der Wrkg. nur 3 Std. an (Injektion 15 Min. vor dem Vers.). Prakt. die gleiche Reihenfolge in der Wirksamkeit wurde bei der Best. der Hemmung der I-Aktivität von Meerschweinchenlebermitochondrien nach Inkubation mit vorst. Verbb. gefunden. J. Boelter. 4607□

Allergiestudien mit einfachen chemischen Substanzen. 6. Mitt. **Trichlormethyl-thio-Verbindungen.** F. Griepentrog. (Arzneimittel-Forsch. **10**, 736—38, Berlin-Dahlem, Bundesgesundheitsamt, Max-von-Pettenkofer-Inst., Abt. für Physiol. u. Pharmakol., Labor. für Ernährungshygiene; dt.) — 5. vgl. Arzneimittel-Forsch. **10**, [1960], 542. — *Trichlormethyl-thio-tetrahydrophthalimid* (*Orthocid*; *Captan*) verursacht bei damit vorbehandelten Meerschweinchen in Hauttesten starke allerg. Reaktionen. Da 2 andere Trichormethyl-thio-Verbb., das *Trichlormethyl-thio-chlorid* u. *Trichlormethyl-thiomethylsulfon-4-chloranilid* (*Mesulfan*) ebenfalls stark positiv wirken, liegt offenbar eine Gruppenspezifität vor, für die der Trichlormethyl-thio-Rest verantwortlich sein muß, da das S-Atom an anderen Gruppen als dem Trichlormethyl- unwirksam ist. So verliefen Verss. mit *p-Chlorphenyl-thio-p-chlorbenzyl* (*Chlorocid*), *Dinitrophenylthiocyanat*, verschiedenen *Thiuramen*, *Dichlordiphenyl-trichloräthan* (*DDT*), *Trichlormethylbenzol* u. *Tetrahydrophthalimid* negativ. K. Böhm. 4607□

Einflüsse verschiedener Substanzen auf die Calcium-Resorption im Dickdarm. Kinroku Sakai. (Folia pharmacol. japon. **55**, 582—607, 20/5. 1959; Tokyo, Showa Med. School, Dep. of Pharmacol.; jap., Auszug: engl. S. 26.) — Die Resorption des *Ca-Salzes der p-Aminosalicylsäure* (*PAS-Ca*; I) im Dickdarm des Kaninchens wird bei gleichzeitiger Anwendung von Rindergalle u. *Chloralhydrat*, *Urethan* (II) u. $MgSO_4$ erhöht. Ein großer **II**-Überschuß verhindert die Resorption von wasserunlösl. **I**, wogegen $MgSO_4$ sie nur dann fördert, wenn ein großer Überschuß von Galle angewendet wird. P. Nachtwey. 4607□

Die Wirkung von 1.1-Dichlor-2-[p-chlorphenyl]-2-[o-chlorphenyl]-äthan auf die Nebennierenrinde des Hundes. Alberto Cazorla und Federico Moncloa. (Science [Washington] **136**, 47, 6/4. 1962; Lima, Peru, Inst. de Investig. de Altura, Inst. Nac. de Enfermedades Neoplásicas; Univ. Peruana de Ciencias Med. y Biol.; engl.) — Hunden wurden 60 mg *1.1-Dichlor-2-[p-chlorphenyl]-2-[o-chlorphenyl]-äthan* (I)/kg injiziert. Nach 2 Std. wurden die Nebennieren entfernt. Die Inkubation von Schnitten in Krebs-Ringer-Lsg. mit *Adrenocorticotropem Hormon* (ACTH) u. nachfolgender Best. der Porter-Silber-Chromogene ergab eine verminderte Rk. der Nebennieren auf die Stimulierung durch ACTH nach I-Behandlung. Die *Glucose-6-phosphatdehydrogenase*-Aktivität wurde durch die I-Behandlung teilweise gehemmt. Die Aktivität von *6-Phosphogluconatdehydrogenase* sowie die Bldg. von *Milchsäure* wurden nicht beeinträchtigt. J. Boelter. 4607□

1-Amino-2-naphthylglucuronid, ein Metabolit des 2.5-Dimethoxyphenylazo-2-naphthols und 1-Xylylazo-2-naphthols. J. L. Radomski. (J. Pharmacol. exp. Therapeut. **136**, 378—85, Juni 1962; Coral Gables, Fla., Univ. of Miami, School of Med., Dep. of Pharmacol.; engl.) — Chromatograph. Best. von $^{14}C_{(8)}$*-1-Xylylazo-2-naphthol* (^{14}C-I) bzw. von I u. *2.5-Dimethoxyphenylazo-2-naphthol* (II) zeigen, daß sich I u. II zu *1-Amino-2-naphthylglucuronid* metabolisieren u. so im Rattenurin erscheinen. Die Anwendung von II bei Hunden führte zu *1-Amino-2-naphthylsulfat*. H. Jacobi. 4607□

Die Biosynthese eines Sulfobromphthaleinmercaptids mit Glutathion. G. M. Grodsky, J. V. Carbone und R. Fanska. (Proc. Soc. exp. Biol. Med. **106**, 526—30, März 1961; San Francisco, Univ. of California, School of Med., Metabolic Unit for Res. in Arthritis and Allied Diseases and Dep. of Med., and San Francisco Gen. Hosp., Gastrointestinal Labor.; engl.) — Die Unters. des Einbaus von ^{14}*C-Glycin* (I), ^{14}*C-Glutaminsäure* (II), ^{35}*S-Cystin* u. ^{35}*S-Glutathion* (III) in das Hauptmercaptidkonjugat von *Sulfobromphthalein* (IV) in Galle aus durchströmter Rattenleber ergab Einbau von ^{14}*C* u. ^{35}*S* jeder der Aminosäuren in den 3fach chromatograph. gereinigten Metaboliten, während die Kontrollen negativ waren. Nach Befunden aus der sauren Hydrolyse des Metaboliten erfolgte der Aminosäureeinbau intakt. Je Mol IV wurden 3 Mol Amino-N abgespalten, I u. II in äquimol. Mengen. Große *Cystein*-Konzz. im Perfusat konkurrierten bzgl. der IV-Mercaptid-Bldg. nicht mit III. Anscheinend wird IV wenigstens teilweise in der Galle als Mercaptidkonjugat mit III ausgeschieden. K. Maier. 4607□

Abbau und Toxizität von Dialkylnitrosaminen in Ratten. D. F. Heath. (Biochem. J. **85**, 72—91, 1962; Carshalton, Med. Res. Council Labor., Toxicol. Res. Unit; engl.) — Es wurde versucht, festzustellen, welche Stoffe für die akute tox. Wrkg. von *Dialkylnitrosaminen* auf die Leber verantwortlich sind. Als Vers.-Tiere dienten weiße ♀ Ratten, an denen der Stoffwechsel von *Dimethyl-* (I), *Diäthyl-* (II), *n-Butylmethyl-* (III) u. *tert.-Butylmethylnitrosamin* (IV) untersucht wurde. Ein Teil der Verbb. wurde unverändert in Urin u. Atemluft ausgeschieden. Die Abbau-Geschw. wurde polarograph. über den Abfall der Blut-Konz. u. mit Hilfe von $^{14}CO_2$ aus markierten Methyl-, Äthyl- u. n-Butylgruppen bestimmt. Der Fehler betrug 6%, die Ergebnisse beider Meth. stimmten überein. Aus markierten tert.-Butylgruppen konnte kein $^{14}CO_2$ erhalten werden. Aus den Abbau-Geschw. konnte geschlossen werden, daß mit Ausnahme der tert.-Butyl-Verbb. die Gleichung von Michaelis-Menten erfüllt war, u. die Oxydation von I kompetitiv durch II–IV gehemmt wurde. Hemmwrkg. zeigten auch *Diäthyl-* u. *Dimethylformamid*. Erstes wirkte auch auf II u. IV hemmend. Da I u. Dimethylformamid nahezu gleiche Hemmwrkg. zeigen, müssen die anderen Nitrosamine zumindest auf 2 Wegen abgebaut werden. Es wurden DL_{50} u. DE_{50}-Werte bestimmt. IV besaß keine meßbare nekrot. Wrkg. auf die Leber. Inhibitoren hatten keinen Einfl. auf die DE_{50}, erhöhten aber die Beständigkeit von I–IV in vivo. Aus den Unterss. wird der Schluß gezogen, daß nicht die Nitrosamine selbst, sondern ein Oxydations-Prod. tox. ist. Hierfür kommen bes. die *Diazoalkane, Monoalkylnitrosamine* oder die daraus gebildeten *Carboniumionen* in Frage, wobei in jedem Falle der maßgebende Schritt in einer *Alkylierung* bestehen muß. R. Ristow. 4607□

Untersuchungen über die Ausscheidung von Pyrimidinderivaten und analogen Verbindungen durch die Nierentubuli. R. L. Volle, R. E. Green, L. Peters, R. E. Handschumacher und A. D. Welch. (J. Pharmacol. exp. Therapeut. **136**, 353—60, Juni 1962; Kansas City, Kans., Univ. of Kansas, Med. Center, Dep. of Pharmacol; New Haven, Conn., Yale Univ., School of Med., Dep. of Pharmacol.; engl.) — Die Exkretion von *p-Aminohippursäure* durch die Nierentubuli wird durch *Probenecid*-Infusion gehemmt; nicht aber die von $N_{(1)}$*-Methylnicotinamid* (IV). Die Ausscheidung wird als Quotient aus der Differenz der ausgeschiedenen Mengen von der Infusions- u. Kontrollseite der Niere einerseits u. der infundierten Menge andererseits ausgedrückt. Die

Quotientenwerte von *Azauridin* (**I**), seinem Abbau-Prod. *Glyoxylsäuresemicarbazon* (**II**), sowie der *Orotsäure* (**III**) sind beträchtlich, d. h., die Ausscheidung jener Verbb. durch die Niere nach der Infusion in den Nieren-Pfortader-Kreislauf beim Huhn erfolgt rasch. Die Ausscheidung von **I** wird durch p-Aminohippursäure, die von **I**, **II** u. **III** durch Probenecid gehemmt. Allerdings liegen die **I**-, **II**- u. **III**-Werte noch unter dem von **IV**; die von *6-Azauracil* werden z. T. etwas höher gefunden. *Uracil*, *Uridin*, *Thymin* u. *Thymidin* zeigen sehr kleine Werte. Alle Substanzen werden durch denselben Mechanismus ausgeschieden. Werden **III** u. **I** zusammen appliziert, so wird **I** verstärkt ausgeschieden. Man nimmt deshalb neben dem tubulären Ausscheidungsprozeß eine Rückresorption durch die Tubuli an, die durch **III** hemmbar ist. Die Verss. wurden z. T. auch mit $^{14}C_{(2)}$-*Uracil*, $^{3}H_{(4.5)}$-*Uridin*, ^{3}H-^{14}C-*Thymin*, ^{3}H-^{14}C-*Thymidin*, $^{14}C_{(COOH)}$-**III**, $^{14}C_{(2)}$-*6-Azauracil*, $^{14}C_{(1.2)}$-**II** u. $^{14}C_{(2)}$-**I** durchgeführt. K.-W. Glombitza. 4607 □

Pharmakologisch-chemische Untersuchungen mit Diphosphorsäureestern des 4-Aminophenazons. Zugleich ein Beitrag zu dem Problem des Zusammenhangs der chemischen Konstitution und der pharmakologischen Wirkung. Walter Schoeller, Johann Jonas und F. Haffner. (Arzneimittel-Forsch. **10**, 738—41, Sept. 1960; Heiligenberg (Heiligenberg-Inst.); Tübingen, Univ., Inst. für Pharmakol.; dt.) — Beim *4-Aminophenazonphosphorsäurediäthylester* setzt die Einfügung der Phosphorsäure unter Aufrichtung der N–P-Bindung die Toxizität so herab, daß Meerschweinchen das Doppelte der tödlichen Dosis des *Dimethylaminophenazons* (**I**) nach subkutaner Injektion vertragen. Bei dem *4-Aminophenazonphosphorsäuredipropylester* u. *-dibutylester* steigt die Wirksamkeit mit der Alkylgröße im Sinne der Warburgschen Narkosetheorie mit Temp.-Senkungen von 2—4—7° an. Beim *4-Aminophenazonphosphorsäurediisoamylester* nebst seinem Lösungsvermittler *Butyrolacton*, der Eigenwrkg. besitzt, beträgt die Senkung sogar 12°, während die Dosis tolerata des **I** nur eine Senkung um 2° bewirkt. Diese Befunde sind zugleich ein Beitrag zu dem Problem des Zusammenhanges von chem. Konstit. u. pharmakolog. Wirkung. Es liegen 2 physikal.-chem. Konst. vor, die durch die Variation der chem. Konstit. in gezielter Weise beeinflußt werden konnten. Die Einfügung der Phosphorsäure über die amidartige N–P-Bindung verringert den bas. Charakter des Phenazon-Deriv., was Entgiftung des Mol. bedeutet. Die andererseits ermöglichte Variation der beiden Esteralkyle erhöht die Lipoidlöslichkeit, was zu einer Steigerung der Wrkg. führt. Die Verseifung der Ester im Organismus ist schließlich der Faktor, der die pharmakolog. Wrkg. zeitlich begrenzt. Durch die beiden ersten Faktoren wird die Verteilung gesteuert, die nach Ehrlich das verbindende Glied zwischen Konstit. u. Wrkg. ist. Die 3fache Steuerung ermöglicht es also, Derivv. des **I** darzustellen, deren temperatursenkende Wrkg. die des **I** beträchtlich übersteigt. K. Böhm. 4607 □

Farbreaktion von Fundulus auf Lysergsäure. Charles G. Wilber. (Amer. J. Physiol. **194**, 488—90, Sept. 1958; Army Chem. Center, Md., U. S. Army Chem. Warfare Labor., Directorate of Med. Res., Physiol. Div.; engl.) — *Lysergsäurediäthylamid* bewirkt bei Injektion oder bei Zusatz zum Seewasser bei dem lichtadaptierten Fisch *Fundulus heteroclitus* eine Dunkelfärbung. Die Ausbreitung der Melanophore ist der Dosis nahezu proportional. P. Gregorzewski. 4607 □

Untersuchungen über die pharmakologischen Wirkungen von Corydalis. 6. Mitt. Wirkungen von Corydalis B auf das Zentralnervensystem. Kuo-chang Kin, Kong Tśou, Xi-can Tang, Jui-ting Chen und Bin Hsu. (Acta physiol. sinica **24**, 110—20, 1960; Shanghai, Acad. Sinica, Inst. of Materia Med.; chines., Auszug: engl.) — Intraperitoneale Injektion von 40 mg *Corydalis B* (*d.l-Tetrahydropalmatin*; **I**)/kg potenziert bei Mäusen die Hexobarbitalnarkose u. verringert die passive u. spontane Aktivität auf der Laufstange, auf dem rotierenden Zylinder u. im photoelektr. Käfig. Die durch kleine Dosen *Amphetamin* (**II**) bewirkte Hyperaktivität u. die **II**-Toxizität werden bei Mäusen durch **I** signifikant verringert. Subkutane Gaben von 10—20 mg **I**/kg haben bei Katzen keinen deutlichen Einfl. auf bedingte mortor. Abwehrreflexe. Nach 30 mg **I**/kg zeigen sich die Katzen zunächst erregt (Rennen, Springen, Knurren) u. dann depressiv mit Erlöschen der bedingten u. unbedingten Reflexe. 1—2 mg **I**/kg intraventrikulär injiziert lassen Katzen ruhig u. schläfrig werden; sie können aber durch äußere Reize leicht geweckt werden. Bei Kaninchen erscheinen 3—7 Min. nach einer i. v. Injektion von 15—20 mg **I**/kg langsame „Hochvolt"-Wellen (1,5—3 c/s, 250—400 μV), die ca. 15 Min. anhalten. In der gleichen Zeit ist der Weckeffekt durch Stimulierung der Haut mit direkten Stromstößen gehemmt. Bei Mäusen verstärkt **I** die *Strychnin*-Konvulsionen; die nach *Metrazol* hemmt es. Eine subkutane Einzelinjektion von 40 mg **I**/kg kann das durch 0,1—0,2 mg *Apomorphin* (**III**)/kg bewirkte Erbrechen aufheben, versagt aber, wenn die **III**-Dosis auf 1 mg erhöht wird. Das durch $CuSO_4$ ausgelöste Erbrechen wird durch **I** nicht beeinflußt. Bei Ratten bewirkt **I** eine leichte Hypothermie.

K. Böhm. 4607 □

Untersuchungen über die Resorbierbarkeit oral zugeführten Tannins. F.-W. Blumenberg und F.-J. Kessler. (Arzneimittel-Forsch. **10,** 742—43, Sept. 1960; Bonn, Univ., Med. Poliklinik; dt.) — Histolog. zeigten die Lebern von weißen Wistarratten, die mit 1000 mg *Tannin*/kg Körpergewicht pro Tag über 231 Tage lang gefüttert worden waren, keinen Unterschied gegenüber unbehandelten Kontrollen. Nach oralen Gaben von *Acidum tannicum* purum pulvis DAB 6 war *Gallotannin* (I) im Blut nicht nachzuweisen. Es fanden sich papierchromatograph. freie *Gallussäure* (II) u. Umwandlungs-Prodd. von II, die auch nach Fütterung u. i.v. Injektion von reiner II in gleicher Weise auftraten. I wurde während der Magen-Darm-Passage aufgespalten u. war in den Faeces nicht mehr nachzuweisen. Es fand sich jedoch in den Faeces, wie auch im Blut u. im Urin, freie II. K. Böhm. 4607□

Pharmakodynamische Wirkungen von Sphingosinphosphorylcholin. Hans Kaller. (Arch. int. Pharmacodynam. Thérap. **136,** 12—25, 1/3. 1962; Göttingen, Max-Planck-Ges., Med. Forschungsanstalt, Pharmakol. Abt.; dt.) — Vgl. Biochem. Z. **334,** [1961], 451. — *Spingosinphosphorylcholin* (I) zeigt hämolysierende Wrkg., wobei es ungefähr halb so wirksam ist wie *Lysolecithin.* Am isolierten Froschherz kommt es bei Einw. von I ($5 \cdot 10^{-6}$ g/ml) zu einer Verstärkung der systol. Kontraktionen. Die Frequenz bleibt unbeeinflußt. Mit zunehmender Konz. nimmt die diastol. Erschlaffung ab, $2 \cdot 10^{-4}$ g I/ml bewirken Herzstillstand. Auf periphere Gefäße wirkt I constrictor., auf pharmakolog. induzierte Kontraktionen der glatten Muskulatur in Konzz. von $> 10^{-5}$ g/ml inhibierend. Es wird eine Stabilisierung der Zellmembran angenommen. P. Gregorzewski. 4607□

Cardiale Arrhythmie durch fokale Applikation von Delphinin. David Scherf, Serge Blumenfeld, Dogan Taner und Muthar Yildiz. (Arch. Kreislaufforsch. **33,** 4—9, Aug. 1960; New York, N.Y., New York Med. Coll., Dep. of Med.; engl.) — Direktes Aufbringen von *Delphinin* (I) auf eine Stelle des Hundeherzens bewirkt Vorhofflattern; Vagusreizung steigert dessen Frequenz. In manchen Fällen tritt vor dem Flattern oder bei dessen Abnahme Tachycardie auf. Mechan. Druck an der Stelle, wo das I aufgebracht wird, löst Vorhofflimmern aus, das fast verschwindet, wenn der Druck aufhört. Unterbindung der Vena cava beeinflußt das Flattern u. Flimmern nicht. Abkühlung der Applikationsstelle oder Abklemmen des Restanteils vom Vorhof stoppt das Flattern sofort. K. Böhm. 4607□

Die Wirkung von Acetylcholin und Prostigmin auf die Brenzcatechinamin-Ausscheidung bei Ratten. A. N. Granitsas. (Acta physiol. scand. **46,** 314—18, 31/8. 1959; Stockholm, Sweden, Karolinska Inst., Dep. of Physiol.; engl.) — Der Geh. an *Noradrenalin* (I) u. *Adrenalin* (II) im Urin ♂ Ratten wurde vor u. nach subkutaner Injektion von *Acetylcholin* (III) oder *Prostigmin* (IV) nach Euler u. Lishajko (C. **1960,** 12458) bestimmt. III (0,05—1 mg) u. IV (5 μg) steigerten die Ausscheidung von I signifikant, die von II nur in Einzelfällen. H. Lohschelder. 4607□

Über das Holamin, ein Steroidalkaloid der Blätter von Holarrhena floribunda (G. Don) Dur und Schinz. Apocynaceen. 1. Mitt. **Untersuchung der pharmakodynamischen Eigenschaften.** O. Blanpin. (C. R. Séances Soc. Biol. Filiales **154,** 1587—91, 1960; Tours (Indre-et-Loire), École Nat. de Méd. et de Pharm., Labor. de Pharmacodyn.; franz.) — Vf. beschreibt die von *Holamin* (*3α-Amino-20-oxopregna-5-en*; I) in Tier-Verss. ausgeübten Wirkungen. Bei Mäusen ergab sich i.v. $DL_{100} = 50$ mg/kg, $DL_{50} = 37$ mg/kg; durch Magensonde $DL_{100} = 2$ g/kg, $DL_{50} = 630$ mg/kg. Beim Meerschweinchen bei langsamer Veneninfusion $DL_{100} = 93$ mg/kg. Die Wrkg. auf das Zentralnerven-Syst. zeigt sich in nichttox. Dosen durch Hypothermie u. Lokalanästhesie, in tox. Dosen durch Zittern, Katatonus, Depression der Atmungszentren. I steigert nicht die Wrkg. von *Barbituraten,* diese unterdrücken die I-bedingten Krämpfe. Durch Vasodilation u. Herzdepression wirkt I hypotensiv u. steigert die Wrkg. von *Adrenalin.* H. Lohschelder. 4608□

Einige pharmakologische Wirkungen von Triterpen-haltigen Fraktionen einiger Rhododendron-Arten. S. C. Lahiri und K. N. Sen. (Sci. and Cult. [Calcutta] **27,** 579—81, Dez. 1961; Calcutta, Med. Coll., Dep. of Pharmacol.; engl.) — *Triterpen*-haltige Fraktionen der Blätter u. Stiele von *Rhododendron arborea* (A), *Rh. campanulatum* (B), *Rh. falconeri* (C), *Rh. berbatum* (D) werden in einer Propylenglykol–A.–W.-Mischung (2 : 1 : 1) zu einer 4%ig. Lsg. gelöst u. zu 0,5 ml bei Katzen unter Narkose i. v. verabfolgt. Alle Extrakte vermindern den Blutdruck. Der Aceton-(I) u. Chlf.-Extrakt (II), sowie die harzige Fraktion des A.-Extraktes (III) von A u. der II von D hemmen die Atmung. Der PAe.-Extrakt (IV) von A u. B wirkt ähnlich wie die strukturverwandten Digitalis-Präpp. durch Verminderung der Frequenz u. Kontraktilität des isolierten Herzmuskels mit darauffolgender Arrythmie bei verlängerter Behandlung. IV von A u. II von A u. B vermindern die Kontraktilität des isolierten Vorhofs. Alle Fraktionen vermindern die Darmmotilität. II von D provoziert eine bemerkenswerte Atmungsdepression. M. Blaschette-Huttinger. 4608□

Über den Stoffwechsel des Isonicotinsäurehydrazids (INH) und der α-Ketosäuren bei tuberkulösen Diabetikern. R. Pfaffenberg, H. Iwainsky, H. Jähler und D. Siegel. (Beitr. Klin. Tuberkul. **123**, 63—71, 1960; Schielo, Heilstätte für tuberkulöse Diabetiker; Berlin-Buch, Tuberkulose-Forschungsinst.; dt.) — Bei 100 tuberkulösen Diabetikern wurde vergleichend zu stoffwechselgesunden Tuberkulösen der *Isonicotinsäurehydrazid-(INH)*-Spiegel im Serum sowie die Ausscheidung an INH-Metaboliten u. an *α-Ketosäuren* im Harn untersucht. Die Verteilungskurve für die Gesamtausscheidung ist ungefähr für beide Gruppen gleich. Die Ausscheidung von freiem INH ist bei Diabetikern beträchtlich erhöht. Als Ursache dafür ist der bei Diabetikern gesteigerte α-Ketosäurestoffwechsel anzunehmen. INH reagiert mit körpereigenen Ketoverbindungen. Als Ursache für den unterschiedlichen INH-Abbau bei tuberkulösen Diabetikern ist die verschiedenartige Ausscheidungs-Geschw. des freien INH-Anteils u. die mehr oder weniger starke Beteiligung der *Brenztraubensäure* anzusehen. G. Kimmerle. 4610

Iproniazid und experimentelle Hypertension bei Kaninchen. Jorge de Palol und Abraham Lemberg. (Nature [London] **194**, 482, 5/5. 1962; Buenos Aires, Fac. de Ciencias Medicas, Labor. de la Catedra de Toxicol.; engl.) — Vff. verabfolgen Kaninchen 1 mg *Adrenalin* (I)/kg i.v. bei Dauerkontrolle des arteriellen Blutdrucks. Bei einer 2. Vers.-Reihe ging der I-Injektion eine Injektion von 450 mg *Iproniazid* (II)/kg um 60 Min. voraus. Bei I-Behandlung allein betrug der Blutdruckanstieg 20—35 Torr, bei kombinierter I + II-Behandlung 20—45 Torr. Es zeigte sich somit keine Abschwächung der I-Wrkg. unter II-Einfluß. M. Blaschette-Huttinger. 4610□

Malariamittel bei rheumatischer Arthritis. R. Domenjoz und W. Theobald. (Experientia [Basel] **14**, 33, 15/1. 1958; Basel, J.R. Geigy, Pharmacol. Labor.; engl.) — Mit *Mepacrin, Chlorguanid, Primachin* (50 mg/kg Körpergewicht per os) konnte am Formalinödem der Ratte sowohl bei narkotisierten als auch bei nichtnarkotisierten Tieren, eine unspezif. entzündungshemmende Komponente nachgewiesen werden, deren Intensität der Entzündungshemmung von 2·50 mg *Cortison*/kg subkutan entsprach. Dieser unspezif. antiphlogist. Effekt dürfte bei der Behandlung rheumat. Affektionen, des Lupus erythrematodes usw. mit Malariamitteln zur Geltung kommen.
M. Blaschette-Huttinger. 4610□

Die Wirkung von Chlorpromazin auf die Vergiftung und auf die experimentelle Infektion der Maus mittels Pasteurella pestis (Vaccinenstamm EV). J. Gallut und G. Girand. (Ann. Inst. Pasteur **100**, 672—76, Mai 1961; Paris, Inst. Pasteur; franz.) — *Chlorpromazin* (I) steigert die Intoxikation des in Mäuse versuchsweise eingeimpften Pesttoxins. *Cortison* (II) vermindert diese Intoxikation nur geringfügig. Andererseits verhindert I nicht die Erhöhung der Virulenz, die II bei einer *Pasteurella pestis*-Infektion bewirkt. Die Ergebnisse weisen darauf, daß diese Drogen bei der Behandlung von menschlicher Pest nicht verwendet werden dürfen. L. Macher. 4610□

Wirkungen von Meprobamat auf das Verhalten von Ratten. Roger T. Kelleher, William Fry, Joan Deegan und Leonard Cook. (J. Pharmacol. exp. Therapeut. **133**, 271—80, Aug. 1961; Philadelphia, Pa., Smith, Kline & French Labor.; engl.) — Ratten, die nach bestimmten Vers.-Anordnungen (VA) mit Futterbelohnungen eingeübt worden waren, wurden auf ihr Verh. unter der Einw. von *Meprobamat* (I) im Vgl. zu der unter *Mephenesin, Phenobarbital* (II), *Chlorpromazin, Prochlorperazin* u. *d-Amphetamin* (III) gestestet. Die benutzten VA werden im Original genau beschrieben u. die Ergebnisse bei den verschiedenen VA besprochen. Zwischen I u. II u. III bestehen gewisse Ähnlichkeiten in ihren Wrkg. auf das Verh., doch finden sich andererseits auch qual. Unterschiede. K. Böhm. 4620□

Elektroencephalographische Untersuchungen über die Wirkung von Meprobamat, Hydroxyzin und Azacyclonol mit Hilfe eingepflanzter Elektroden. Shiro Sasaki. (Folia pharmacol. japon. **55**, 556—69, 20/5. 1959; Chiba, Japan, Univ., Fac. de Méd., Labor. de Pharmacol; jap., Auszug: franz. S.25—26.) — *Meprobamat, Hydroxyzin* u. *Azocyclonol* sind geeignet, elektr. Hirnströme auszulösen u. in ihrem Verlauf zu ändern. Die 3 Tranquillizer wirken im subcorticalen Gebiet. P. Nachtwey. 4620□

Über den Einfluß von Lysergsäurediäthylamid (LSD-25) und einigen Tranquillizern auf das Elektroencephalogramm. Shiro Sasaki. (Folia pharmacol. japon. **55**, 570—81, 20/5. 1959; Chiba, Japan, Univ. Chiba, Fac. de Méd., Labor. de Pharmacol.; jap., Auszug: franz. S.26.) — Vgl. auch vorst. Referat. — Bei Katzen zeigen nach der i.v. Injektion von 2—5 γ *Lysergsäurediäthylamid* (*LSD-25*; I)/kg die Elektrocorticogramme (ECG) u. die Elektrosubcorticogramme (EThG), die mit eingepflanzten Elektroden aufgenommen werden, schnelle, unregelmäßige Schwingungen, aber nach der Injektion von 20 γ/kg oder mehr werden diese träge. Tranquillizer, wie *Azacyclonol* (**II**), *Chlorpromazin* (**III**), *Meprobamat* (**IV**) u. *Hydroxyzin* (**V**), heben alle die aktivierende Wrkg. von **I** auf das Elektroencephalogramm (EEG) auf. Nach Injektion von **I** bewirken **II** u. **III** gleich langsame Schwingungen wie **I** selbst, **IV** u. **V** hemmen die Wrkg. von **I** leicht, **III** zeigt die stärkste Hemmwirkung. Eine i.v. Injektion von *Pipradol* (**VI**) hat eine ganz allg. Wrkg.-Steigerung zur Folge u. bewirkt Wellenzüge wie **I**. **III** hemmt die Wrkg. von **VI**, **II** hat diese Wrkg. nicht. P. Nachtwey. 4620

Neue zentrale Stimulantien. R. S. Kapil, Nitva Anand, M. M. Vohra und J. D. Kohli. (Experientia [Basel] **17**, 469—70, 15/10. 1961; Lucknow, India, Central Drug Res. Inst.; engl.) — *2-Piperidyl-(1)-3-phenylpropanol* (**I**) besaß bei Mäusen, Ratten u. Hunden eine deutliche zentral-stimulierende Wrkg., blockierte die Gefäß-Wrkg. von *Amphetamin* u. *Ephedrin* u. verstärkte die Wrkg. von Brenzcatechinaminen bei narkotisierten Katzen u. Hunden. Zentral-stimulierende Wrkg. zeigten bei Mäusen in abnehmender Reihenfolge: **I**, *2-Piperidyl-(1)-3-[p-methoxyphenyl]-*, *2-Morpholinyl-(4)-3-phenyl-propanol*, *2-Piperidyl-(1)-3-[p-methoxyphenyl]-*, *2-Morpholinyl-(4)-3-phenyl-*, *Methyl-2-piperidyl-(1)-3-phenyl-propionat.* K. Zingraf. 4622□

Die physikalische Chemie von Halothane–Äther-Gemischen. Kenneth D. Hall, Forbes Norris und Sidney Downs. (Anesthesiology **21**, 522—30, Sept./Okt. 1960; Durham, N.C., Duke Univ., Med. Center; Bethesda, Md., Nat. Inst. of Health, Nat. Inst. of Neurol. Diseases and Blindness; engl.) — Vff. untersuchen die Eigg. einer azeotropen Mischung von 68 Teilen *Fluothan* (*2-Brom-2-chlor-1.1.1-trifluoräthan*) u. 32 Teilen *Ae.* u. verschiedenen, anders zusammengesetzten Mischungen. Es werden Bldg.-Wärme, spezif. Wärme, spezif. Gew. u. Entflammbarkeit bestimmt u. die Möglichkeit einer Verw. als Anästheticum diskutiert. R. Lenschau. 4627□

Wirkungen der Allgemeinanästhesie auf die peripheren Blutwerte der Kohlenhydrat- und Fettmetaboliten und auf den anorganischen Phosphor im Serum. Dorothy H. Henneman und John P. Bunker. (J. Pharmacol. exp. Therapeut. **133**, 253—61, Aug. 1961; Boston, Mass., Anesthesia Labor. of the Harvard Med. School at the Massachusetts Gen. Hosp.; engl.) — Beim Menschen wurden unter *Diäthyläther* (**I**)-*Cyclopropan* (**II**)- u. *Thiopental* (**III**)-Anästhesie sowohl nüchtern als auch bei *Glucose* (**IV**)-Zufuhr die peripheren venösen u. arteriellen Blut-Konzz. von **IV**, *Pyruvat, Lactat, Citrat, α-Ketoglutarat*, die *Gesamtketone* u. der *anorgan.* Serum-*P* bestimmt. Während **I**-Anästhesie unter Nüchternbedingungen wurden auch die *Gesamtfettsäuren, Phospholipide, Cholesterin* u. *Cholesterinester* kontrolliert. Lipämie wurde während der Anästhesie in keinem Falle beobachtet. Die Änderungen der Werte für **IV**, organ. Säuren u. Ketone während **I**- u. **II**-Anästhesie waren denen vergleichbar, die beim nichtanästhesierten Patienten nach *Epinephrin* oder *Norepinephrin* auftraten. Anstieg des anorgan. Serum-P scheint infolge Verringerung der renalen P-Ausscheidung u. Schwankungen im Säure-Basen-Gleichgewicht sek. bedingt zu sein. Die abnehmende **IV**-Toleranz u. das Fehlen des erwarteten Abfalls des anorgan. Serum-P nach **IV**-Zufuhr bei **I**, **II** u. **III**-Anästhesie läßt die Möglichkeit offen, daß es sich dabei um einen Defekt im **IV**-Transport oder in den Phosphorylierungsmechanismen handelt. K. Böhm. 4627□

Die Wirkung der Anästhetica auf den respiratorischen Carotissinus-Reflex. Kyan-sheng Dung und Zhung-sun Huang. (Acta physiol. sinica **24**, 121—28, 1960; Chungking, Chungking Med. Coll., Dep. of Physiol.; chines., Auszug: engl.) — Bei Hunden waren die respirator. Rkk. auf Pressor-Stimulation des Carotissinus von der Art der verwendeten Anästhetica abhängig. Unter *Pentothal, Na-Amytal* oder *Na-Barbital* reagierten die Hunde gewöhnlich mit einer respirator. Erregung. Vertiefung der Narkose änderte den Charakter der Rk. nicht, sondern verminderte sie nur. Durch doppelte Vagotomie konnte die erregende Wrkg. nicht umgekehrt werden. Unter *Pentobarbital* (**I**) reagierten die Hunde mehr mit einer Hemmung als mit einer Erregung der Atmung. — Bei *Chloralose* (**II**) trat entweder eine erregende oder eine biphas. Wrkg. auf. Mit *Urethan* (**III**) war der hemmende Effekt die Regel. Bei Verw. von **I**, **II** u. **III** führte Vagotomie zu einer vertieften, hemmenden Rk. gegenüber der Carotissinus-Pressorstimulation. K. Böhm. 4627□

Die Wirkung von Morphium auf die Aufnahme von Glucose und die Synthese von Glykogen im Muskel normaler und chronisch morphinisierter Ratten. C. H. Lee Peng und E. O'F. Walsh. (Nature [London] **196**, 171, 13/10, 1962; Hong Kong, Univ., Dep. of Biochem.; engl.) — Die mit dem Zwerchfell der Ratte durchgeführten Unterss. zeigten eine Steigerung der *Glucose* (**I**)-Aufnahme durch *Morphium* (**II**), während bei **II**-gewohnten Tieren durch **II** eine Abnahme der **I**-Aufnahme erfolgte. Fehlte **II**, so ergab sich kein Unterschied zwischen beiden Vers.-Tiergruppen. Der Einfl. von **II** auf die Bldg. von *Glykogen* erwies sich als geringer als auf die **I**-Aufnahme. Sie war durch deren Änderung erklärbar. R. Ristow. 4627□

Demonstration der Toleranz und der physischen Abhängigkeit von einer kurzdauernden Morphin-Infusion beim Hund. W. R. Martin und C. G. Eades. (J. Pharmacol. exp. Therapeut. **133**, 262—70, Aug. 1961; Lexington, Ky., Nat. Inst. of Mental Health, Adduction Res. Center, U.S. Public Health Serv. Hosp.; engl.) — Durch eine 8 Std. dauernde i.v. Infusion von *Morphin* (**I**) wurde an Hunden untersucht, ob akut eine Toleranz u. phys. Abhängigkeit hervorzurufen sind. Die phys. Abhängigkeit wurde durch *Nalorphin* (**II**) demaskiert. Das Syndrom, das nach **II** auftritt, ist einwandfrei reproduzierbar u. besteht u. a. in Unruhe, Furcht u. heftigem Tremor u. Tachycardie. Eine Toleranz ist klar zu unterscheiden u. kann einwandfrei an dem auf die Infusion folgenden Tag demonstriert werden, wenn man eine Standard-Dosis **I** benutzt. Die Toleranz ist deutlich gegen herabgesetztes Verh. (Narkose), herabgesetzte Rk. gegen Hautkneifen u. gegen den Zurückziehreflex. Durch die Wiederholbarkeit u. Kürze dieser Vers.-Meth. kann diese als vorläufiger Suchtest bei analget. wirkenden Stoffen empfohlen werden, um diejenigen Verbb. zu identifizieren, die phys. Abhängigkeit verursachen. K. Böhm. 4627□

Eine Untersuchung über die im umgekehrten Verhältnis zueinander stehenden Beziehungen zwischen pKa und Größe der renalen Ausscheidung von Phenylbutazon-Analogen beim Menschen und beim Hund. A. B. Gutman, P. G. Dayton, T. F. Yü, L. Berger, W. Chen, L. E. Sicam und J. J. Burns. (Amer. J. Med. **29**, 1017—33, Dez. 1960; New York, N.Y., Columbia Univ., Coll. of Phys. and Surg.; Mount Sinai Hosp., Dep. of Med.; Goldwater Mem. Hosp., 3. Med. Div. [New York Univ.], Res. Serv.; Bethesda, Md., U.S. Publ. Health Serv., Nat. Heart Inst., Labor. of Chem. Pharmacol.; engl.) — Mit einer Reihe von Phenylbutazonanalogen (**I**), die in ihrer Struktur, ihrer Lipoidlöslichkeit u. ihrer Plasmaproteinbindung ähnlich, in ihrer Acidität aber verschieden waren, wurden Clearence-Unterss. beim Menschen u. beim Hund ausgeführt. Die Größe der Nierenausscheidung dieser Verbb. änderte sich im umgekehrten Verhältnis zu ihrem pKa. Die stärker sauren Analogen wurden beim Menschen unter Normalumständen bei saurem Urin schneller (reine Exkretion), die weniger sauren sehr langsam (reine Reabsorption) ausgeschieden. Stoppfluß-Unterss. an Hunden ergaben, daß die Hauptsekretion der Verbb. in den proximalen, die Rückresorption aus saurem Urin in den mehr distalen Tubulussegmenten vorkommt. Unterss. an sauren u. alkal. Urinen über die Größe der Ausscheidung zeigten, daß zwischen der Acidität u. der Größe der renalen Ausscheidung der **I** inverse Beziehungen bestehen, die die Summation zweier Effekte des pKa zu sein scheinen: Eines direkt sich auf den pKa zur nicht ionogenen Rückdiffusion u. eines anderen, wahrscheinlich umgekehrt sich auf den pKa zu der Größe der akt. Tubulussekretion beziehenden. Vermutlich ist der letzte Effekt auch mit der Beziehung des pKa zur uricosur. Wirksamkeit der **I** verbunden. Untersuchte Verbb.: *1.2-Diphenyl-4-isopropyl-*, *1.2-Di-[p-chlorphenyl]-4-butyl-*, *1-Phenyl-2-p-hydroxyphenyl-4-butyl-*, *1.2-Di-[p-hydroxyphenyl]-4-butyl-*, *1.2-Diphenyl-4-buten-(2')-yl-*, *1.2-Di-[p-fluorphenyl]-4-butyl-*, *1.2-Diphenyl-4-butyl-* (*Phenylbutazon*), *1-Phenyl-2-p-hydroxyphenyl-4-[phenylsulfoxyäthyl]-*, *1.2-Diphenyl-4-[phenylsulfoxyäthyl]-*, *1.2-Diphenyl-4-phenylsulfonyläthyl-*, *1.2-Di-[p-methylsulfonyl]-4-butyl-*, *1-Phenyl-2-p-hydroxyphenyl-4-propionyl-*, *1-Phenyl-2-p-hydroxyphenyl-4-phenylacetonylpyrazolidindion-(3.5)*. K. Böhm. 4627□

Verhaltensbeeinflussende und andere pharmakodynamische Wirkungen von Methoxypromazin (Tentone), einem Tranquillizer. William D. Gray, Arnold C. Osterberg, Charles E. Rauh und Ronald T. Hill. (Arch. int. Pharmacodynam. Thérap. **125**, 101—20, 1/4. 1960; Pearl River, N.Y., Amer. Cyanamid Co., Lederle Labor. Div., Experim. Therapeut. Res. Sect.; engl.) — Die pharmakodynam. Eigg. von *Methoxypromazinmaleat* (**I**, *Tentone*) u. *Chlorpromazinhydrochlorid* (**II**) wurden verglichen. Das Verh. der mit beiden Verbb. behandelten Tiere war ähnlich, obwohl die Depression durch **II** bei Mäusen, Ratten u. Hunden größer war als durch **I**. Beide waren in der Verminderung der spontanen motor. Aktivität von Mäusen u. in dem Schutz gegen die gesteigerte Toxizität von Amphetamin bei in Gruppen eingeteilten Mäusen gleich stark wirksam. Auch war kein Unterschied in der Spezifität der Wrkg. beim bedingten Verh. von Mäusen. **I** war in der Verminderung der Coffein-Hyperaktivität wirksamer als **II**. Die hypotherm., antiemet. Analgesie verstärkenden u. die Barbituratnarkose potenzierenden Eigg. von **I** u. **II** waren ähnlich. Keine Unterschiede fanden sich in hypotensiven u. adrenerg. blockierenden Wirkungen. DL_{50} (mg/kg) **I**: intraperitoneal: Ratte 130, Maus 154; oral: Ratte ca. 1000, Maus 560; **II**: intraperitoneal: 150, 215; oral: 2370, 1070. Die lokale Verträglichkeit bei i.m. Injektion ist für beide gleich. G. Kimmerle. 4627

Untersuchungen über einige Inhibitoragentien für die Kontraktion des isolierten Intestinums. 1. Mitt. Über die Wirkungen einiger ω-Aminosäuren auf das isolierte Intestinum von Flußkrebs, Kaninchen und Meerschweinchen. Kazumichi Tsuchiya. (Kobe J. med. Sci. [Japan] **6**, 35—51, März 1960; Kobe Med. Coll., Dep. of Physiol.; Div. I; engl.) — Durch *Acetylcholin, 5-Hydroxytryptamin* u. *Nicotin* hervorgerufene Kontraktionen des Meerschweinchenileums sowie spontane Kontraktionen des isolierten Intestinums von Krebs u. Kaninchen wurden durch *γ-Aminobuttersäure* (**I**) u. verschiedene *ω-Aminosäuren*, jedoch nicht durch α-Aminosäuren, gehemmt. Die größte Wirksamkeit war vorhanden, wenn die NH_2- u. COOH-Gruppe durch 3 C-Atome getrennt waren. Verlängerung u. Verkürzung der Kette verursachte geringere Wirksamkeit. Die Hemmwrkg. wurde durch *Atropin, Tryptamin, Dibenamin* u. *Pikrotoxin*, nicht aber durch Pyribenzamin u. Strychnin aufgehoben. Untersuchte Verbb.: *β-Alanin, Isoserin, β-Aminoisobuttersäure, β-* u. *α-Aminoisobuttersäure, α-, β-, γ-Aminobuttersäure, γ-Amino-β-hydroxybuttersäure, δ-Aminovaleriansäure, ε-Aminocapronsäure, Glycin.*
W. Hiller. 4628□

Heptaminol und Curarisierung. P. Chauchard und H. Mazoué. (C. R. Séances Soc. Biol. Filiales **156**, 1071—72, 1962; Paris, Fac. des Sci., École des Hautes Études, Labor. de Neurophysiol. de l'Excitabilté; franz.) — Vff. verabfolgen Ratten gleichzeitig bzw. nacheinander bzw. in umgekehrter Reihenfolge 30 mg *Heptaminolhydrochlorid* (**I**) sowie 15 μg *D-Tubocurarinhydrochlorid* (**II**) intraperitoneal mit gleichzeitigen Kontrollen der nervlichen u. muskulären Chronaxien. Bei allen Verss. widersetzt sich **I** der Wrkg. von **II** auf das zentrale Nerven-Syst., wohingegen es die periphere muskuläre Wrkg. von **II** verstärkt. M. Blaschette-Huttinger. 4628□

Methode zur Standardisierung der biologischen Wirkungen von gereinigten Herzextrakten. Jean La Barre. (J. Pharmac. Belgique [N. S.] **15** (**42**), 3—7, Jan./Febr. 1960; franz.) — Das zur Perfusion vorbereitete Herz von Fröschen (*Rana esculenta*) wurde im App. von Straub untersucht. Nach Messung der normalen Kontraktionsamplitude wurde das Herz der Ermüdung überlassen, bis die Amplitude auf 30% abgefallen war. In die Perfusions-Fl. wurden dann steigende Mengen der zu untersuchenden Herzextrakte gegeben u. mit der Steigerung der Amplitude verglichen. Die Meth. wurde zur Standardisierung verschiedener handelsüblicher Extrakte herangezogen u. wird als Verbesserung gegenüber den bisher üblichen Meth. angesehen.
H. Lohschelder. 4630□

Gefäßwirkung von „Acteina", dem Wirkstoff von Actaea racemosa L. E. Genazzani und L. Sorrentino. (Nature [London] **194**, 544—45, 12/5. 1962; Neapel, Univ., Dep. of Pharmacol.; engl.) — Der hypotensive Effekt des Extraktes vom Rhizom u. den Wurzeln von *Actaea racemosa* L. rührt von einem harzigen Bestandteil her, der in W. unlösl. ist u. den Wirkstoff „*Acteina*" (**I**) enthält. **I** ist in Chlf. löslich. Der Effekt wird mit 1 mg/kg beim nichtanästhesierten Kaninchen oder bei urethanisierten Katzen erzielt; Maximum der Wrkg. bei 10 mg/kg. Bei nichtanästhetisierten oder chloralosierten Hunden war der Effekt mit 5 mg/kg nicht gleichmäßig. Beim Menschen bewirkt **I** mit 0,5 mg/kg eine Steigerung der peripheren Durchblutung. Auch bei Personen, die ein peripheres arterielles Leiden haben, ist diese Dosis wirksam. P. Nachtwey. 4630□

Untersuchungen über die coronarerweiternden Eigenschaften des Äthyl-2-[3'.5'-dijod-4'-hydroxybenzol]-3-cumarons. R. Charlier. (Arzneimittel-Forsch. **10**, 732 bis 736, Sept. 1960; Bruxelles, Belgien, Société des Labor. LABAZ, Pharmakol. Abt., Forschungslabor.; dt.) — In vergleichenden Verss. wird der coronarerweiternde Effekt (cE) des *2-Äthyl-3-[3'.5'-dijod-4'-hydroxybenzoyl]-cumarons* (*L 2329*; **I**) sowie von *Papaverinhydrochlorid*, Herzmuskelextrakt, insulinfreiem Pankreasextrakt, *Triäthanolamintrinitratbiphosphat, 1-[p-Hydroxyphenyl]-2-[1'-methyl-3'-phenylpropylamino]-propanol, nicotinsaures 7-[3'-(N-Methylhydroxyäthylamino)-2-hydroxypropyl]-theophyllin, Cholintheophyllinat, β-Pyridylcarbinol*, Mutterkornalkaloide, *Benzylimidazolin, 6-Allyl-6.7-dihydro-5H-dibenz-*(c, e)*-azepin, Phenoxybenzamin*, wss. Crataegusextrakt, *Heparin, Bis-hydroxycumarin, Reserpin, Dihydrazin-1.4-phthalazin, Adenosintriphosphat* (*ATP*) u. *Chlorpromazin* am isolierten Kaninchenherz u. die femoraliserweiternde Wrkg. am mit Chloralose narkotisierten Hund untersucht. Der cE des **I** ist stärker als der aller anderen untersuchten Substanzen. Auch ist das Verhältnis zwischen dem coronarerweiternden u. dem femoraliserweiternden Aktivitäts-Koeff. für **I** größer als für die anderen Präparate. Beim Hund verstärkt **I** das Coronar-Vol. eindeutig u. anhaltend. Diese Wrkg. zeigt sich sowohl bei intracoronarer Injektion als auch nach Injektion in eine Milzvene oder ein anderes peripheres Blutgefäß. K. Böhm. 4630□

Änderung der Permeabilität von Hirn- und Hautblutgefäßen durch vasoaktive Substanzen. E. M. I. Berkinshaw-Smith, R. S. Morgan und G. Payling Wright. (Nature [London] **196**, 173, 13/10. 1962; London Bridge, Guy's Hosp. Med.

School, Dep. of Pathol.; engl.) — Durch Injektion mehrerer vasoakt. Substanzen in die rechte Halsschlagader von Meerschweinchen, nachdem zuvor Evansblau in die Vena saphena gegeben worden war, wurde deren Einfl. bei nahezu letalen oder sogar größeren als letalen Dosen auf die Blutgefäße der Haut u. des Hirnes geprüft. *Saures Histaminphosphat*, *Substanz 48/80* u. *Bradykinin* verursachten eine Färbung der Vorderpfote, während *Na-Desoxycholat* u. Forssmann-Antiserum nur das Hirn anfärbten. Aus der Rk. der vasoakt. Substanzen auf die Blutgefäße der Haut ist somit kein Schluß auf ihre Rk. auf die Gefäße des Hirns möglich. R. Ristow. 4630□

Wirkungen einer isolierten oder kombinierten Behandlung mit Reserpin und Dauerbeleuchtung auf die Prähypophyse der männlichen Ente. A. Tixier-Vidal und I. Assenmacher. (C. R. Séances Soc. Biol. Filiales **156,** 37—43, 1962; Montpellier, Fac. de Sci., Labor. de Physiol. animale; Paris, Coll. de France, Labor. d'Histopathol.; franz.) — Bei alleiniger Dauerbeleuchtung werden die 6 Zelltypen der Prähypophyse stimuliert: β mit *FSH*; γ mit *LH*; ε mit *Prolactin*; δ mit *TSH*; α u. χ. Während der sexuellen Ruhephase der ♂ Ente provozieren *Reserpin* (I)-Injektionen allein keine Veränderungen der normalerweise in dieser Phase involuierten β-Zellen; I stimuliert die sekretor. Tätigkeit der γ-Zellen, aber scheint deren Exkretion zu hemmen; es stimuliert die ε- u. α-Zellen, aber hemmt die δ- u. χ-Zellen. Bei kombinierter Dauerbeleuchtung u. I-Injektionen entsteht eine Hemmung der Aktivierung der β-Zellen. I wirkt synerget. mit der Dauerbeleuchtung auf die ε-, α- u. γ-Zellen, doch bei letzteren wird die Exkretion blockiert. Die Aktivierung durch die Dauerbeleuchtung wird durch I teilweise gehemmt bei den δ-Zellen u. vollständig bei den χ-Zellen mit *MSH*.
M. Blaschette-Huttinger. 4630□

Einfluß einer chronischen Reserpinbehandlung auf die Fertilität der Eltern und ihrer Abkömmlinge. H. Tuchmann-Duplessis und L. Mercier-Parot. (C. R. Séances Soc. Biol. Filiales **156,** 587—90, 1962; Paris, Fac. de Méd. et Clin. Baudelocque, Labor. d'Embryol.; franz.) — Durch eine lang andauernde tägliche *Reserpin* (I)-Behandlung (100 γ/kg) wurde bei ♀ Ratten der sexuelle Cyclus gestört u. die Fertilität progressiv vermindert, so daß letzte nach 3 Monaten I-Behandlung nur $^1/_{10}$ der normalen Fertilität betrug. Bei den Abkömmlingen bestanden keine somat. Anomalien, jedoch trat bei allen eine gleich schnelle, vorzeitige Erschöpfung der Vermehrungsfähigkeit auf.
M. Blaschette-Huttinger. 4630□

Wirkung von Reserpin auf die Schilddrüse der Maus. P. Delost und N. Prulhière. (C. R. Séances Soc. Biol. Biliales **155,** 2356—60, 1961; Clermont-Ferrand, Fac. de Sci., Labor. de Physiol. animale; franz.) — Der Inhibitionsgrad der Schilddrüsenfunktion durch eine lang andauernde (8—14 Tage) bzw. starke (0,25 mg täglich oder 0,5 mg alle 2 Tage) *Reserpin* (I)-Behandlung scheint bei Mäusen direkt abhängig zu sein vom Grad der Unterernährung, welche eine I-Behandlung hervorruft.
M. Blaschette-Huttinger. 4630□

F. Pharmazeutische Chemie. Desinfektion

Angaben zur Infrarottrocknung. Georg Kedvessy und Béla Rédiger. (Pharmaz. Zentralhalle Deutschland **99,** 398—408, Juli 1960; Budapest, Med. Univ., Pharm. Inst.; dt.) — Vgl. C. **1961,** 12178. — Vers.-Messungen zur IR-Trocknung wurden durch ein Instrument mit Thermoelement (Stahl-Konstantan) u. Milliamperemeter vorgenommen. Quecksilberthermometer sind wegen der auftretenden Strahlenreflexionsfehler ungeeignet. Vff. untersuchten die Eindringungsfähigkeit von IR-Strahlen u. den Einfl. der Eigg. der zu trocknenden Stoffe auf den Trocknungsvorgang in einer Vers.-Serie mit je 100 g einheitlicher Pulver von Na sulfuricum sicc., Coffeeinum, Magnesium oxydatum, Tablettengranula nach Pharm. Hung. V, Folia Sennae, Extr. Belladonnae sicc. (I), Carbo activatus. Zunehmendes Poren-Vol. erhöht das Eindringen der IR-Strahlen u. damit den Trocknungskoeffizienten. Einfl. der chem. Eigg. auf die IR-Trocknung ist nicht erwiesen. Farbe des zu trocknenden Gutes spielt bei der Erwärmung eine Rolle; die Strahlenabsorption ist im grünen Sennablattpulver größer als im braunen I, u. die schwarze Aktivkohle zeigte schnellste Erwärmung u. intensivstes Eindringen. Hoher Kristallwasser-Geh. des zu trocknenden Stoffes verringert die Erwärmung u. damit den Trocknungseffekt. In Fortführung der Verss. werden Unterss. mit fraktionierter Trocknung vorgenommen. H. Findeisen. 4750□

Die Physik der Tablettenpressung. 12. Mitt. Untersuchungen über das Fließpressen und die Fließeigenschaften von Tablettenbestandteilen. R. Salisbury und T. Higuchi. (J. Amer. pharmac. Assoc., sci. Edit. **49,** 284—88, Mai 1960; Madison,

Wis., Univ., School of Pharm.; engl.) — 11. vgl. C. **1960,** 915. — Eine Meth. zur Best. des Fließpreßdruckes wird angegeben. Es wird das Ausfließen der Substanz aus einer dicht über dem feststehenden Unterstempel befindlichen seitlichen Anbohrung der Matrize untersucht. KF, LiCl, NaCl, KCl, NH_4Cl, NaBr, KBr, NH_4Br, NaJ, KJ, NH_4J, Stearinsäure, Al-, Mg-, Ca- u. Zn-Stearat, Talcum, Phenacetin u. Harnstoff lassen sich fließpressen. Bei ca. 7000 kg/cm² ist bei Dextrose, Lactose, Saccharose u. Barbital-Na kein Fließpressen zu erreichen. Bei Acetanilid, Ascorbinsäure, Diäthylbarbitursäure, Coffeincitrat, Saccharin, Saccharin-Na, Sulfathiazol, Theophyllin, Acetylsalicylsäure (I) u. I-Granulat ohne u. mit 1 bzw. 2% Mg-Stearat tritt zwischen 1600 u. 7000 kg/cm² Implosion auf. Der Fließpreßwiderstand scheint von der Härte des Materials abhängig zu sein. S. Erbe. 4766□

Erwärmungs- und Abkühlungs-Geschwindigkeitsfaktoren und ähnliche Faktoren, die auf Verfahren zur Vorhersage der Lagerfähigkeit von Tabletten einwirken. Stuart P. Eriksen, George M. Irwin und Joseph V. Swintosky. (J. Amer. pharmac. Assoc., sci. Edit. **49,** 632—43, Okt. 1960; Philadelphia, Pa., Smith Kline & French Labor., Res. and Dev. Div.; engl.) — Eine quant. Unters. der Wrkg. von Tablettengröße, Überzug, Flaschengröße, Lage der Dragees in der Flasche u. Aufbewahrung der Flasche in einem Umkarton auf die Erwärmungs- u. Abkühlungscharakteristika von Tabletten wird gegeben. Es wird diskutiert, auf welche Weise diese Charakteristika, die Lagerung bei verschiedenen erhöhten Temp. u. andere Faktoren einer beschleunigten Stabilitäts-Unters. die Genauigkeit der Voraussagen der Haltbarkeit von Arzneistoffen in Tabletten beeinflussen können. S. Erbe. 4766□

Oriblettae bronchiales sine saccharo. P. Østrup. (Arch. Pharmac. og Chem. **68 (118),** 573—74, 579, 17/6. 1961; København, apoteket Friheden; dän.) — Vgl. C. **1962,** 13125. — An Stelle der für zuckerfreie Bonbons früher vorgeschlagenen Gemische von Carbowax 6000 (I) u. Sorbit wird vorgeschlagen, als Grundlage I allein zu verwenden, da das Gemisch hygroskop. ist. Für Bronchialpastillen eignet sich ein Präp., das neben I Anisöl, Menthol, Tolubalsam, NH_4Cl u. Lakritzextrakt enthält. R. K. Müller. 4766

Die Haltbarkeit von Tetracainnitratlösungen. Aage Ovesen. (Dansk Tidsskr. Farmaci **35,** 7—16, Jan. 1961; København, Kommunehospitalets Apotek; dän.) — Bei längerem Lagern wird *Tetracainnitrat* (I) unter Bldg. von *p-Butylaminobenzoesäure* (II) hydrolysiert. Die Zers. wird in wss. Lsg. spektrophotometr. verfolgt. Die Absorptionsmaxima liegen für I bei 311, für II bei 281 mμ. Beim Erhitzen von 0,1% ig. I-Lsgg. mit pH 1—8 in farblosen Ampullen auf 100° (30 Min.) oder im Autoklaven auf 120° (20 Min.) ist I im pH-Bereich 2—4 stabil. Es spielt dabei keine Rolle, ob die Lsg. mit dest. W. (pH 5,80) oder mit redest. W. (pH 5,45) hergestellt ist. Dagegen ist bei gleichem pH eine rein-wss. Lsg. stabiler als eine Lsg. mit Pufferzusatz. R. K. Müller. 4790

Verwendungsmöglichkeiten der Aerosolpackung in Kosmetik und Pharmazie. Walter Kempe. (Pharmaz. Ind. **23,** 584—88, Nov. 1961; Frankfurt/M.-Höchst, Farbwerke Hoechst AG; dt.) — Vgl. C. **1962,** 18927. — Hinweis auf die toxikolog. Unbedenklichkeit der als Treibgase für Aerosolpackungen verwendeten fluorierten Chlor-KW-Stoffe u. auf die Tatsache, daß in Aerosol-Präpp. inkorporierte Wirkstoffe eine veränderte physiolog. Verträglichkeit aufweisen können. Dann eingehende Besprechung der verschiedenen Anwendungsgebiete für Aerosole im Bereich der pharmazeut. u. kosmet. Chemie u. der Anforderungen, die an solche Präpp. zu stellen sind. H. P. Fiedler. 4790□

Einige Bemerkungen über die Herstellung von Salbengrundlagen durch Schmelzen. Thor Espersen. (Dansk Tidsskr. Farmaci **35,** 101—19, Juni 1961; København-Hellerup, Gentofte Amts Sygehus; dän.) — Bei der Herst. von Salbengrundlagen durch Schmelzen von Gemischen verschiedener Fette u. dgl. werden in einem Falle nacheinander die Komponenten mit abnehmendem F. zugegeben (Verf. A), im anderen Falle alle Komponenten gemeinsam in einer Schale auf dem Wasserbad erhitzt. (Verf. B). Verf. A erfordert mehr Zeit als Verf. B, das weniger Arbeit u. Aufmerksamkeit verlangt. Das Gemisch hat im Falle A eine höhere Temp. als im Falle B. Peroxidzahl u. SZ. steigen im Falle A rascher an. Bei oxydationsempfindlichen Komponenten ist Verf. B vorzuziehen. — 13 Literaturangaben. R. K. Müller. 4792

Über Konservierung von Hexachlorophencreme. Helge Nuppenau. (Arch. Pharmac. og Chem. **68 (118),** 973—82, 21/10. 1961; København, Rigshospitalets apotek; dän.) — Vgl. C. **1962,** 4249. — Nicht konservierte Hexachlorophencreme (I) verliert ihre fungicide Wrkg. rasch. Ein Zusatz von 0,1% Methyl-p-hydroxybenzoat (II) genügt nicht zur Konservierung, dagegen ist ein Zusatz von 0,12% II + 0,02% Propyl-p-hydroxybenzoat wirksam. Zusätze von 0,01—0,1% Dichlorophen oder Undecylensäure

wirken nicht konservierend. Ein Zusatz von 0,05—0,1% Sorbit ist noch nach 2 Jahren wirksam. In Verss. mit 0,05—0,2% Chlorkresol (III) oder Chlorthymol zeigt sich nur ein Zusatz von 0,2% III wirksam. Ein Zusatz von 0,5% Na-Laurylsulfat ist nach 5 Monaten unwirksam. Bei 2%ig. I mit 1,5% Sorbimakrogolstearat 300 (Tween 60) ist keine Komplex-Bldg. des Polyäthers mit den COOH- u. Phenolgruppen der Konservierungsmittel nachweisbar. Ein Rezept für gut haltbare I wird mitgeteilt.
R. K. Müller. 4792

Arzneimittel-Übersicht. A. Mosig. (Pharmaz. Praxis **1955**, Nr. 2, 27—28, Beilage zu: Pharmazie **1955**, Nr. 2, Dresden; dt.) — *AH 3* (VEB Deutsches Hydrierwerk Rodleben, DDR): Ampullen u. Dragees mit N-β-Diäthylaminoäthyl-[2-benzylphenyl]-äther; *AH 3 C*: Dragees mit N-β-Diäthylaminoäthyl-[2-benzylphenyl]-äther, Coffein. Antihistaminicum. — *Cobaltyl* (Weiß, DDR): Ampullen mit Kobaltdinatriumsalz der Äthylendiamintetraessigsäure (5 mg Co). Antianämicum. — *Deumacard-Coffein* (VEB Fahlberg-List, DDR): Tabletten mit 100 (mg) Pentamethylentetrazol, 100 Coffein. Angioticum. K. Gerecke. 4800 □

Neue Arzneimittel. Anonym. (Pharmaz. Ztg. verein. Apotheker-Ztg. **106**, 189, 9/2. 1961; dt.) — *Aknesan* (Scholz, BRD): Dragees mit p-Isopropyl-m-hydroxytoluol; Tinktur mit Dihydroxyhexachlordiphenylmethan, Azulen, ungesätt. Fettsäuren, Nicotinsäurebenzylester. Gegen Akne. — *Analgeticum H 48* (Vertriephar, BRD): Dragees mit Acetylsalicylsäure, Codeinphosphat, Phenyldimethylpyrazolonmethylaminomethansulfonsaurem Na, Coffein. — *Becolax* (Dr. Behre, BRD): Dragees mit Extr. Aloes, Extr. Frangulae, Extr. Rhei, Ol. Carvi, Ol. Anisi, Foeniculi; forte: mit Zusatz von Diacetyldiphenylisatin. Laxans. — *Eulatin* (Dr. Oestreicher, BRD): Lsg. von Pflanzenextrakten aus Echinacea, Nasturtium, Aconitum, Amidopyrin, Hydroxyäthyltheophyllin, Ascorbinsäure, äther. Öle. Gegen Grippe. — *Oxan* (Drugofa, BRD): Perlen mit 1.8-Dihydroxyanthrachinon, Diacetyldiphenylisatin. Laxans. — *Septobuccyl* (Vertriepharm, BRD): Lsg. von Procain, Chlf., Chloralhydrat, Salicylsäurephenylester, Malachitgrün. Munddesinfiziens. — *Terpichin-Penicillin* Dr. Oestreicher, BRD): Ampullen mit 300000 u. 600000 Einheiten Procain-Penicillin, Terpentinöl, Chinin. Antibioticum. K. Gerecke. 4800 □

Die Komplexbildung von β-Phenyläthylbiguanid und anderen Biguaniden mit Kupferionen. William O. Foye, Richard L. O'Laughlin und Ronald N. Duvall. (J. pharmac. Sci. **50**, 641—44, Aug. 1961; Boston, Mass., Massachusetts Coll. of Pharm., Chem. Dep.; engl.) — Von der hypoglykäm. wirksamen Verb. *β-Phenyläthylbiguanid* (I) werden 1:1- u. 1:2 *Cu^{2+}*- u. außerdem 1:1-*Ni^{2+}*-Komplexe dargestellt, die wahrscheinlich als Chelate anzusehen sind. Nach der spektralphotometr. Best.-Meth. von Jobs liegen die relativen Dissoziations-Konst. für den *Cu^{2+}*–I-Komplex u. den *Cu^{2+}–Glykokoll* (1:1)-Komplex (II) in der gleichen Größenordnung. Auf Zugabe von I zu II im pH-Bereich von 3,9—8,2 trat eine Verschiebung von λ_{max} zu niedrigeren λ-Werten auf. Es ist wahrscheinlich, daß sich ein *Glycin–Cu^{2+}*–I-Komplex gebildet hat. Bei einer Auswahl von 11 N_1- u. N_5-alkylsubstituierten Biguaniden wurde festgestellt, daß in 9 Fällen ihre Fähigkeit zur Bldg. von *Cu^{2+}*-Chelaten mit der hypoglykäm. Aktivität parallel ging. H. Althoff. 4806

Isomerisierung des Vitamin A in wässerigen Multivitamin-Präparaten. Robert W. Lehman, John M. Dieterle, William T. Fisher und Stanley R. Ames. (J. Amer. pharmac. Assoc., sci. Edit. **49**, 363—65, Juni 1960; Rochester, N.Y., Div. of Eastman Kodak Co., Labor. of Distillation Prod. Ind.; engl.) — Nach 3-, 6-, 9- u. 12monatiger Lagerung bei 37° u. nach 9-, 12- u. 15monatiger Lagerung bei 25° wurden 7 Proben mit 3 verschiedenen Proben *All-trans-Vitamin-A-Palmitat* (I) chem. [$SbCl_3$ (II)- u. USP XV (III)-Meth.] u. biolog. (IV; Leberspeicherungstest bei Ratten) untersucht. Nach der IV-Best. wurden gegenüber III u. in noch stärkerem Maße gegenüber II geringere Vitamin-A-Werte gefunden. Die Best. der Vitamin-A-Isomeren mit Hilfe der Maleinsäureanhydrid-Rk. u. der gereinigten Vitamin-A-Aldehyde durch die IR-Absorptionsspektren ergab eine teilweise Isomerisierung des I während der Lagerung in *2-Mono-cis-* (*Neovitamin A*) sowie in die biolog. schwach akt. *6-Mono-cis-* u. *2.6-Di-cis-Isomeren.* H. Ackermann. 4808 □

Abschätzung der biologischen Wirkung des isomerisierten Vitamin-A-Palmitats in wässerigen Multivitamin-Lösungen vom Maleinwert. Stanley R. Ames, William J. Swanson und Robert W. Lehman. (J. Amer. pharmac. Assoc., sci. Edit. **49**, 366—68, Juni 1960; Rochester, N.Y., Div. of Eastman Kodak Co., Labor. of Distillation Prod. Ind.; engl.) — Bei Anwendung der Gleichung 99,5—0,2 (MV) — 0,051 $(MV)^2$ — 0,000768 $(MV)^3$ kann aus den Werten der $SbCl_3$-Best. die biolog. Aktivität (I) errechnet werden. Der Maleinwert (MV) ergibt sich aus dem gefundenen Vitamin-A-Wert unter Einbeziehung von 2 Konstanten. Die I wird durch die Anwesenheit von *6-cis-Isomeren* herabgesetzt, die mit *Maleinsäureanhydrid* ein Kondens-Prod. vom Diels-Alder-Typ bilden. H. Ackermann. 4808 □

Gewinnung von Cortison aus Rindergalle. L. N. Wolowelski. (Med. Ind. UdSSR **15**, Nr. 2, 21—28, Febr. 1961; Ukraine, Inst. für exp. Endokrinol.; russ.) — Es werden die verschiedenen Möglichkeiten erörtert, aus Rindergalle *Cortison* (**I**) darzustellen. Von den erörterten Wegen führt der folgende von Cholsäure (**II**) aus 100 kg verdickter Rindergalle zu 1 kg *Pregnan-3α-ol-11.20-dion-3-acetat* (**III**), das sich nach bekannter Meth. (Chem.-Pharmazeut. Ordshonikidse-Inst.) rationell in **I** überführen läßt: Die 7-ständige OH-Gruppe von **I** wird nach Oxydation mit N-Bromsuccinimid nach Kishner red., wobei *Desoxycholsäure* (**IV**) erhalten wird. Aus 5,9 kg verdickter Galle läßt sich 1 kg **IV** in Form der *Choleinsäure* mit Stearinsäure gewinnen. Die 12-ständige OH-Gruppe von **IV** wird in die 11-Ketogruppe umgewandelt, indem **IV**-12α-Benzoat in 51% Ausbeute zu *3-Hydroxy-Δ^{11}-cholensäure* (**V**) pyrolysiert wird; die Anlagerung von HOBr an **V**-3α-Acetylmethylester (3-Acetoxy-Δ^{11}-methylcholenat) liefert in 71% Ausbeute das *Bromhydrin*, das bei der Oxydation mit CrO_3 88% *3-Acetoxy-11-keto-12-bromcholansäuremethylester* (**VI**) gibt. Schließlich wird die Seitenkette von **VI** in die Acetylgruppe umgewandelt, indem **VI** nach Grignard u. durch Dehydratisierung des gebildeten Carbinols zu 65% in *3α-Acetoxy-11-keto-24.24-diphenyl-Δ^{23}-cholen* (**VII**) übergeführt wird; **VII** liefert bei der Bromierung (→ **VII**-*22-Brom-Deriv.*), anschließender Dehydrobromierung u. Oxydation mit CrO_3 52% *3α-Acetoxy-11.20-ketopregnan* (**III**). Helmut Schäfer. 4808

Die Wärmestabilität von Hypophysenhinterlappenhormonen, insbesondere Vasopressin, in Lösungen von Polyvinylpyrrolidon. Aage Theil Nielsen. (Dansk Tidsskr. Farmaci **35**, 166—84, Sept. 1961; Danmarks farmac. Hojskole, farmac.-biol. afd.; dän.) — Vgl. C. **1959**, 14189. — Die Wärmestabilität von *Vasopressin* u. *Oxytocin* wird durch Zusatz von Polyvinylpyrrolidon (I) zur Lsg. von Hypophysenhinterlappenextrakt herabgesetzt. Dieser Effekt wird teils durch I, teils durch das in I enthaltene monomere Vinylhyrrolidon (II) verursacht. Die Wrkg. von II wird auf die Abspaltung von Acetaldepyd (III) zurückgeführt. In der Reihe CH_2O–III–Propionaldehyd–n-Butyraldehyd nimmt die inaktivierende Wrkg. mit der Zahl der C-Atome ab. R. K. Müller. 4808

Über Pufferkatalyse der Inaktivierung von Vasopressin beim Erwärmen. Aage Theil Nielsen. (Dansk Tidsskr. Farmaci **35**, 21—33, Febr. 1961; Danmarks farm. Højskole, farm.-biol. afd.; dän.) — Vgl. C. **1958**, 3394; C. **1959**, 14189. — Aus dem Hypophysenhinterlappen vom Schwein in Form von acetontrockenem Pulver wird durch ½std. Verrühren mit der 250fachen Menge W. u. Ansäuern auf pH 4,5 mit 0,02%ig. Essigsäure eine Suspension hergestellt, die bis zu beginnendem Kochen erhitzt, filtriert u. nach Zugabe von HCl bis zu pH 3,5 bei maximal 50° eingedampft wird. Der Trockenrückstand wird mit verschiedenen Puffer-Lsgg. aufgenommen u. die Pressoraktivität nach 12—30std. Erhitzen auf 100° mit derjenigen nichterhitzter Lsg. verglichen. Das Optimum der Stabilität des Vasopressins liegt bei pH 2,8—3,2. Tartrat-, Citrat-, Glycin- u. Formiatpuffer katalysieren bei pH 3 die Inaktivierung deutlich. In 0,1 m Formiatpuffer nimmt die Inaktivierungs-Geschw. mit der Extrakt-Konz. etwas zu, bei pH 4 stärker als bei pH 3. R. K. Müller. 4808

Entwicklung und Herstellung von Griseofulvin. R. S. C. Aytoun und A. P. Best. (Ind. Chemist **38**, 107—12, März 1962; Stoke Poges, Buckinghamshire u. Ulverston, Lancashire, Glaxo Labor. Ltd.; engl.) — Übersicht über die Entdeckung, Entw. u. Großproduktion des *Griseofulvins* in den Glaxo-Laboratorien. — 20 Literaturangaben. K.-W. Glombitza. 4810

Anwendung oberflächenaktiver Stoffe bei der Präparation von Viren und Vaccinen. J. Ph. Vallée. (Fette, Seifen, Anstrichmittel **63**, 348—50, April 1961; dt.) — Oberflächenakt. Stoffe (Tweens, Spans, Ester der Öl- oder Stearinsäure u. Saccharose) ermöglichen ein gutes u. gleichmäßiges Wachstum von Zellenkulturen für die Viruszüchtung, da die Grenzflächenspannung zwischen den Zell- u. Glaswänden u. die Oberflächenspannung der Nähr-Lsg. günstig beeinflußt werden. Wird bei der Herst. von Vaccinen Saponin oder ein nichtionogenes Synth.-Prod., das als Bindeglied zwischen Polysaccharid u. Cholesterin eine Polyoxyäthylenglykolkette besitzt, zugesetzt, so wird die durch die Vaccine hervorgerufene Immunitätsdauer erheblich verlängert. E.-H. Goeckel. 4812 □

Die pharmazeutische Schnellanalyse. Probleme der Arzneimittelkontrolle durch die Apotheke unter besonderer Berücksichtigung der Relativ- oder Vergleichsanalyse. K. H. Lüdde. (Dtsch. Apotheker-Ztg. **102**, 103—06, 25/1. 1962; Weimar; dt.) — Vgl. C. **1961**, 7311. — Vf. bespricht die Probleme der Arzneimittelkontrolle durch die Apotheke, wobei zur pharmazeut. Schnellanalyse physikal. Meß-Meth. im Relativ- oder Vgl.-Verf. herangezogen werden. Es wird darauf hingewiesen, daß die Ermittlung von Absolutwerten ohne Kenntnis der zwischenmol. Wechselwrkg. der Stoff-Syst. auf Schwierigkeiten stößt. Es werden einige Beispiele besprochen. Harro Zimmer. 4880□

Fast Navy 2R als Indicator für komplexometrische Titrationen und seine Verwendung zur Bestimmung von Quecksilber in einigen pharmazeutischen Präparaten. A. A. Abd El Raheem und M. M. Dokhana. (Z. analyt. Chem. **180,** 339—48, 1961; Agouza, Cairo, Public Health Labor., Drug Anal. Admin.; engl.) — *Solochrome Fast Navy 2 R* (Di-Na-Salz der 2-(5′-Chloro-2′-hydroxy-3′-sulfophenylazo)-1-naphthol-5-sulfonsäure) gibt mit Ca-, Cd-, Pb-, Mg-, Mn-, Ni- u. Zn-Ionen bei der komplexometr. Titration einen reversiblen, mit Cu-, Co-, Th- u. Bi-Ionen einen irreversiblen Farbumschlag. Beim Titrieren in saurer Lsg. wird zur Abschirmung der Rotfärbung in gleichen Teilen *Säuregrün G* zugesetzt. Hg^{2+}-Ionen verursachen keine Farbänderung, worauf eine Meth. zur Best. von Hg in pharmazeut. Präpp. ausgearbeitet wurde. Die organ. Substanz (ca. 1 g) wird im Kjeldahl-Kolben mit einem Gemisch von $HClO_4$ u. HNO_3 aufgeschlossen u. auf 100 ml aufgefüllt. Zu einem aliquoten Teil (2—5 ml) wird ein Überschuß an 0,01 m EDTA-Lsg. gegeben. Anschließend wird die Lsg. mit NH_4OH neutralisiert u. mit der Puffer-Lsg. auf pH 8,5 eingestellt. Nach Zugabe des Indicatorgemisches wird der EDTA-Überschuß mit 0,01 m $ZnSO_4$-Lsg. zurückgemessen. E. Faulhaber. 4880□

Quantitative Bestimmung von Lecithin und Colaminkephalin in pharmazeutischen Präparaten mit Hilfe der Dünnschicht-Chromatographie. H. Wagner. (Fette, Seifen, Anstrichmittel **63,** 1119—23, Dez. 1961; München, Univ., Inst. für Pharmazeut. Arzneimittellehre; dt.) — Zur Dünnschichtchromatographie von Lecithin u. Colaminkephalin in pharmazeut. Präpp. verwendet man Kieselgel G, trägt aliquote Mengen eines in Chlf. gelösten Phosphatides auf die vorgezeichneten Startpunkte auf, entwickelt mit Chlf.–Methanol–W. (65:25:4), besprüht die Platten nach Verdunsten des Lsgm. mit 0,2%ig. wss. Rhodamin-Lsg., umrandet die Farbflecke, löst das Kieselgel ab, bringt die abgewogenen Gel-Mengen für die Phosphat-Best. nach Zusatz (von jeweils 0,4 ml) einer 70%ig., mit $(NH_4)_2MoO_4$ gesätt. $HClO_4$-Lsg. in die schrägen Bohrungen eines Al-Blockes, erhitzt 4 Std. lang auf 180°, wodurch das Kieselgel abs. unlösl. wird, versetzt nach dem Abkühlen mit 2 ml W., erhitzt 10 Min. lang in sd. W. zur Überführung des gebildeten Metaphosphates in Orthophosphat, versetzt nach dem Abkühlen mit 0,3 ml einer 2,5%ig. $(NH_4)_2MoO_4$- u. 0,3 ml einer 10%ig. Ascorbinsäure-Lsg., schüttelt, erhitzt 2 Std. auf 38°, zentrifugiert u. ermittelt die Farbstärke der überstehenden, blauen Lsg. gegen eine Blindprobe bei 820 mμ (Beleganalysen von Phosphatidextrakten aus Soja, Eigelb, Herzmuskel u. Hirn). W. Wesly. 4880□

Die Wertbestimmung von Herba, Oleum und Tinctura Thymi. E. Gabel, K. H. Müller und I. Schoknecht. (Dtsch. Apotheker-Ztg. **102,** 293—95, 8/3. 1962; Köln-Braunsfeld, Nattermann & Cie., Pharm. wiss. Abt.; dt.) — Zur Best. der Summe von *Thymol* (**I**) u. *Carvacrol* (**II**) wird die auf die Emerson-Rk. aufbauende Farb-Rk. (Bldg. gefärbter Kondens.-Prodd. mit 4-Aminoantipyrin (**III**) u. K-Hexacyanoferrat-III (**IV**) in alkal. Lsg.) angewandt u. verbessert. Die roten Farbstoffe werden mit Chlf. ausgeschüttelt, in dem sie mit oranger Färbung stabil bleiben; $E_{1cm}^{1\%}$ bei 450 mμ für **I** 77,7, für **II** 76,6. Die Meth. wurde zur Wert-Best. von *Herba, Oleum* u. *Tinctura Thymi, Herba* u. *Oleum Origani* sowie *Herba Serpylli* angewandt. Die gefundenen Werte liegen gegenüber den nach DAB VI ermittelten um 5—12% niedriger, während die nach Pfeifer u. Manns [1957] 21—34% darunterliegen. Zur Feststellung des Mengenverhältnisses von **I** u. **II** u. phenol. Verunreinigungen wird die Dünnschichtchromatographie an Kieselgel G (Merck) mit Bzl. als Fließmittel herangezogen. Die Sichtbarmachung erfolgt durch Besprühen mit **III** u. **IV** u. anschließendes Bedampfen mit NH_3. Bessere Chromatogramme werden erhalten, wenn die zur photometr. Best. benutzte Lsg. der Kondens.-Prodd. auf Kieselgel G mit dem Gemisch Chlf.–Pyridin–Bzl. (65:5:30) chromatographiert wird. Genaue Arbeitsvorschriften sind angegeben. H. Althoff. 4880

Analyse von Acetylsalicylsäure und Acetylsalicylsäuretabletten. Joseph Levine. (J. pharmac. Sci. **50,** 506—09, Juni 1961; Washington, D.C., Food and Drug Admin., Bureau of Biol. and Physic. Sci., Dep. of Health, Education and Welfare, Div. of Pharm. Chem.; engl.) — Vf. beschreibt ein einfaches Verf., um Acetylsalicylsäure (**I**) u. ihr Spalt-Prod. Salicylsäure (**II**) aus Tabletten von störenden Aroma-, Farb- u. anderen Begleitstoffen abzutrennen. **I** läßt sich an einer kleinen mit $NaHCO_3$-Lsg. getränkten Celitesäule adsorbieren, mit CH_3COOH in Chlf. eluieren u. bei 280 nm spektrophotometrieren. Zur Best. von **II** ($<5\%$) wird eine zweite Celitesäule mit $FeCl_3$ getränkt, **II** als Fe-Komplex adsorbiert, dieser mit CH_3COOH in Chlf. zerstört, wobei **II** gleichzeitig eluiert wird, u. bei 310 nm gemessen werden kann. Winfried Krüger. 4880□

Die Untersuchung der freien Aminosäuren und Amanita-Toxine in Amanita-Arten. P. Catalfomo und V. E. Tyler jun. (J. pharmac. Sci. **50,** 689—92, Aug. 1961; Seattle, Wash., Univ. of Washington, Coll. of Pharm.; engl.) — Mehrere Arten der Gattung *Amanita* u. der eng verwandten Gattung *Vaginata* werden papierchromatograph. auf ihren Geh. an freien Aminosäuren (I) untersucht. Die mit PAe. entfetteten Fruchtkörper werden mit 50%ig. A. extrahiert. Chromatographiert wurde zweidimensional mit 71,7%ig. n-Propanol in W. in der 1. u. mit 80%ig. Phenol in der 2. Richtung. Dabei zeigte sich, daß sich mehrere I in allen Arten vorfanden, während Unterschiede in der Anwesenheit oder Abwesenheit von *Prolin, Phenylalanin, γ-Aminobuttersäure* u. einigen nichtidentifizierten Ninhydrin-positiven Flecken auftraten. Die Auswertung dieser Ergebnisse zur Unterstützung der Klassifizierung von Pilzen wird in Erwägung gezogen. Amanitatoxine konnten in den untersuchten Arten papierchromatograph. nicht nachgewiesen werden. In *Amanita porphyria* wurde chromatograph. *Bufotenin* gefunden.
H. Althoff. 4880

Eine Bemerkung zur Verbesserung von Trenneffekten bei der Papierverteilungschromatographie. Jere E. Goyan. (J. Amer. pharmac. Assoc., sci. Edit. **49,** 408—09, Juni 1960; Ann Arbor, Mich., Univ. of Michigan, Coll. of Pharm.; engl.) — Wenn 2 Verss. mit unterschiedlichen Fließmitteln keine Verbesserung der Trenneffekte wahrscheinlich werden lassen, so ist eine Verbesserung rechner. zu ermitteln, indem man den Quotienten der Verteilungs-Koeff. β nach $\beta = R_{F2}(1-R_{F1})/R_{F1}(1-R_{F2})$ errechnet u. diesen Wert in die Gleichung $R_{F1} = 1/(1+\sqrt{\beta})$ einsetzt. Ergibt die Auflösung nach R_{F1} einen von den gefundenen R_F-Werten stark abweichenden Wert, so ist eine bessere Trennung wahrscheinlich, wenn man die Lsg.-Eigg. des Fließmittels für die zu trennenden Stoffe ändert. An Hand der Trennung von Glycin u. Alanin bzw. von Pentobarbital u. seinem Äthylpropylisomeren wird die Richtigkeit dieser Formulierung belegt. S. Erbe. 4880□

Stereochemie und Analytik des Menthols. E. Graf und W. Hoppe. (Dtsch. Apotheker-Ztg. **102,** 393—97, 29/3. 1962; Tübingen, Univ., Pharm.-chem. Inst.; dt.) — Vff. diskutieren die Stereochemie u. die Analytik des *Menthols* (**I**). Die Unters. von dl-**I** auf Stereoisomere gelingt durch Ermittlung des doppelten Ep., während Iso-**I** in **I** durch Dünnschichtchromatographie der 3.5-Dinitrobenzoate auf Kieselgel (Laufmittel PAe. + Isopropyläther (95:5) oder PAe. + Ae. (95:5)] erfaßt werden kann. Zum Nachw. von Neo-**I** u. Isoneo-**I** dient die Dünnschichtchromatographie auf Kieselgel mit Benzol-Essigester (95:5). Zur quant. Best. von Neo-**I** wird die Messung der Veresterungs-Geschw. durch Best. der Hydroxylzahl herangezogen. — 25 Literaturangaben.
Harro Zimmer. 4880□

Eine neue Methode zur Wertbestimmung von Aloe. H. Möhrle. (Dtsch. Apotheker-Ztg. **102,** 227—29, 22/2. 1962; Braunschweig, TH, Inst. für pharmazeut. Chem. u. Lebensmittelchem.; dt.) — Zur Best. von *Aloe* (**I**) werden 35 mg **I** oder 30 mg **I**-Extrakt mit 5mal je 10 ml heißem W. in einen 100 ml Meßkolben gespült, 5 Min. umgeschwenkt, auf 20° abgekühlt u. mit W. auf 100 ml aufgefüllt. 10 ml der Lsg. werden in einen Schliffkolben gegeben, mit 1 ml 5%ig. $NaJO_4$-Lsg. u. sofort anschließend mit 5 ml 25%ig. NH_3-Lsg. versetzt. Es wird umgeschwenkt u. 2 Std. im Dunkeln stehengelassen. Das Vol. wird dann auf 50 ml mit W. ergänzt u. die Lsg. nochmals 15 Min. lang im Dunkeln stehengelassen. Die Extinktion wird dann in 2-cm-Küvetten bei 510 mμ bestimmt. Bei Anwendung dieser Meth. erscheint nach bisherigen Analysen handelsüblicher Prodd. als Forderung für Kap-Aloe-Droge ein Mindest-Geh. von 20%, bei wss. **I**-Extrakt von 25% *Aloin* (wasserfrei) angemessen. **I** liefert bei der Oxydation mit $NaJO_4$ *Aloeemodin,* was durch eingehende Unterss. nachgewiesen werden konnte. Harro Zimmer. 4880□

Beitrag zur vergleichenden pharmazeutischen Beurteilung Roßkastanienextrakte enthaltender Arzneimittel. Gerhard Steinke. (Dtsch. Apotheker-Ztg. **102,** 889—91, 19/7. 1962; Lübeck, Städt. Krankenhaus Süd/Ost, Apotheke; dt.) — Eine vergleichende papierchromatograph. Unters. von 5 Original-Präpp. u. 3 Rohstoffextrakten ergab, daß das wirtschaftlich bedeutendste Präp. die für die therapeut. Wrkg. verantwortlichen Äscin- u. Flavonylglykoside qual. u. quant. in günstigster Form enthält.
G. Leithäuser. 4880□

Spektrophotometrische Bestimmung von Opium und Paregoric. Charles Milos. (J. pharmac. Sci. **50,** 837—39, Okt. 1961; New York, N.Y., Internal Revenue Serv., Alcohol an Tobacco Tax Labor.; engl.) — *Opium* (oder *Paregoric* nach Zusatz von Ba-Acetat) wird mit 2%ig. Essigsäure heiß extrahiert u. der Extrakt durch mehrere Ausschüttelungsoperationen (Isobutanol, Chlf., Alkali) gereinigt. Anschließend wird der Auszug mit 0,1n H_2SO_4 angesäuert, bei 300 nm die Extinktion gemessen u. die Messung nach Alkalizugabe wiederholt. Mit Hilfe einer angegebenen Berechnungsformel läßt sich der Morphin-Geh. ermitteln. Winfried Krüger. 4880□

Bestimmung von Secale-Alkaloiden in Tabletten und Dragees. Einfache serienmäßige Gesamtgehaltsbestimmung neben anderen Wirkstoffen. Walther Rumpel. (Dtsch. Apotheker-Ztg. **102**, 138, 1/2. 1962; Tutzing/Obb., Velapharm. Labor.; dt.) — Zur Best. von *Secale-Alkaloiden* in Tabletten u. Dragees werden 250—300 mg der feingepulverten Probe mit 5 ml Eisessig u. 10 ml modifiziertem Van-Urk-Reagens (35 ml W. + 65 ml konz. H_2SO_4 werden mit 0,2 g p-Dimethylaminobenzaldehyd u. 0,15 ml einer 10%ig. Lsg. von $FeCl_3 \cdot 6\,H_2O$ versetzt) versetzt u. 5 Min. lang geschüttelt. Die Lsg. wird durch eine G-3-Glasfritte filtriert, u. nach 30 Min. vom Beginn des Reagenszusatzes gerechnet, wird die Extinktion bei 625 mμ gemessen. Zur Aufstellung der Eichkurve diente Ergotaminbase. Zur Kontrolle wurde die Analysenprobe mit ammoniakal. Chlf. extrahiert u. der Extrakt analog untersucht, wobei übereinstimmende Werte mit obiger Meth. erhalten wurden. Harro Zimmer. 4880□

Über den Einfluß der Konzentration auf das spezifische Drehungsvermögen verschiedener auch als Arzneimittel angewandter Substanzen. I. Konkoly Thege, E. Pungor und E. Schulek. (Pharmaz. Zentralhalle Deutschland **99**, 231—40, Mai 1960; Budapest, Eötvös-Univ., Inst. für anorgan. u. anal. Chem.; dt.) — Vff. ermittelten mittels des Schmidt-Haensch-Polarimeters die Konz.-Abhängigkeit (nachst. mit + bezeichnet) des spezif. Drehungsvermögens folgender gelöster Substanzen des ungar. Arzneibuches: *Lanatosid C* (+ in konz. Lsg.), *Neoadigan* (+ in konz. Lsg.), *Chininsulfat* (+), *Codeinhydrochlorid* (+), *Strychninnitrat*, *Morphinhydrochlorid*, *Histidinhydrochlorid*, *Calciferol* (±), *l-Ascorbinsäure* (+), *Chloramphenicol* (+ nur in Aceton u. Äthylessigsäureester), *Weinsäure* (+) u. die äther. Öle *Pfefferminzöl* u. *Bergamotteöl*. Frank Günther. 4880

Zur Bestimmung von Vitamin A in öligen Lösungen. Rolf Preuss und Adolf Knecht. (Dtsch. Apotheker-Ztg. **102**, 386—92, 29/3. 1962; Freiburg/Br., Univ., Extraordinariat für Pharm.; dt.) — Die Best. von *Vitamin A* (**I**) in öligen Lsgg. wird krit. überprüft, wobei die Vorschrift des 3. Nachtrags zum DAB. 6 zur Darst. des unverseifbaren Anteils des Lebertrans (**II**) variiert wird, in dem eine Kaltverseifung mit 10%ig. isopropanol. KOH + 100 mg Hydrochinon vorgenommen wird. Die Best. von **I** erfolgt papierchromatograph., wobei die Flecke von **I** mit $KMnO_4$-Lsg. sichtbar gemacht werden. Das abgeschiedene MnO_2 wird mit Formaldoximreagens eluiert u. die Extinktion der Mn-Lsg. graph. ausgewertet. Das Verf. lieferte bei der Best. von **I** in Pflanzenölen brauchbare Werte, während bei der Unters. von **II** Abweichungen beobachtet wurden, wobei die Kontrollanalysen nach dem 3. Nachtrag des DAB 6 durchgeführt wurden. Harro Zimmer. 4880□

Verbesserte Methode für die Berechnung des Verhältnisses der Diastereoisomeren von DL-α-Phenoxyäthylpenicillin unter Berücksichtigung ihrer synergistischen Wirkung. W. Oberzill. (Antibiotics and Chemotherapy **11**, 461—67, Juli 1961; Kundl/Tirol, Austria, Biochemie Ges. m. b. H., Biol. Res. Dep.; engl.) — Die Anwendung der U. S. Food and Drug Administration-Meth. zur Berechnung des %-Geh. des L-Isomeren im *DL-α-Phenoxyäthylpenicillin* (**I**) verursacht einen systemat. Fehler, da sie auf der Annahme linearer Beziehungen basiert, die wegen des festgestellten Synergismus zwischen beiden Diastereoisomeren von **I** nicht zutreffen. Der Fehler kann ausgeglichen u. die Meth. ohne weitere Änderungen verwendet werden, wenn man zur Berechnung Korrekturwerte einsetzt, die nach den vom Vf. abgeleiteten Berechnungsgrundlagen in Tabellenform zusammengestellt werden können. W. Knöbel. 4880□

Aktiebolaget Astra, Apotekarnes Kemiska Fabriker, Schweden (Erfinder: Rudolf Adolf Isak Lundgren, Bengt Olof Gustav Oom und Bertil Järnhäll), **Selbstsaugende Ampullen für Injektionsspritzen** aus 2 Schichten aus plast. Material, die mit einem Klebemittel miteinander verklebt sind. Von den beiden Schichten besitzt die eine (**A**) eine hohe Undurchlässigkeit für Gase u. Wasserdampf, die andere (**B**) besitzt eine starke Elastizität u. genügende Dicke, um die gewünschte Saugkraft zu entwickeln. **A** besteht z. B. aus Polyäthylenterephthalat oder aus einem Polycarbonat, einem 6.6-Polyamid, Polytrifluormonochloräthylen, Polyvinylidenchlorid, nicht plast. Polyvinylchlorid; **B** besteht aus nicht plast. Polyvinylchlorid, Polyvinylfluorid, Polytrifluormonochloräthylen, Polyäthylenterephthalat. Als Klebemittel dient z. B. Butylkautschuk, Nitrilkautschuk, chloriertes Polyäthylen, Polyisobutylen. Die Perforierung der Ampulle geschieht mit der Spritzennadel. (**F. P. 1 245 813** vom 25/11. 1959, ausg. 3/2. 1961. Schwed. Prior. 26/11. 1958.) M. F. Müller. 4767

E. H. Lucas und R. U. Byerrum, East Lansing, Mich., V.St.A., **Mittel zur Verhinderung des Tumorwachstums**, bestehend aus dem wss. Extrakt von Calvatia maxima sive Bovista gigantea Nees sive Langermannia gigantea Rostk. Man extrahiert die Fruchtkörper zunächst mit W. u. entfernt die Rückstände. Dann wird so viel A.

zugefügt, daß eine ca. 30% ig. alkohol. Lsg. entsteht u. der gebildete Nd. abgetrennt wird. Letzterer wird in W. gelöst, nochmals durch Zugabe von A. auf 70% A.-Geh. gebracht u. der Nd. wieder in W. gelöst. Nach Verdampfen des W. u. nochmaliger Lsg. in W. erhält man das akt. Prinzip zur Verhinderung des Tumorwachstums in wss. Lsg. zur parenteralen Injektion. — Beispiel, Tabellen. (**Belg. P. 560 283** vom 24/8. 1957, ausg. 22/4. 1960. A. Prior. 31/8. 1956.) H. Schindler. 4791

Armour & Co., Chicago, Ill. (Erfinder: Joseph Patrick Dailey, Lombard, und Ross Robert Herr, Kalamazoo, Mich.), V.St.A., **Herstellung einer praktisch neutralen, parenteral anwendbaren stabilen Fettemulsion,** dad. gek., daß man als Emulgiermittel ein Phosphatid verwendet, welches bei einer JZ. von 30—60, bes. 40—55, u. einem Trübungspunkt von nicht mehr als 60°, bes. nicht mehr als 50°, so weit oxyalkyliert wurde, daß die wss. 5% ig. Lsg. des oxyalkylierten Phosphatids einen pH-Wert von 5,5—8,0, bes. 6,9—7,2, besitzt. — *Nährlösung.* (**D. A. S. 1 117 823** Kl. 30h vom 22/5. 1957, ausg. 23/11. 1961. A. Prior. 23/5. 1956.) W. Heyer. 4791

Sandoz Akt.-Ges., Basel, Schweiz (Erfinder: Roger Heim, Paris, Frankreich, Albert Hofmann, Bottmingen, Artur Brack, Riehen, Basel, Hans Kobel, Basel, Schweiz, und Roger Cailleux, Pavillons-sous-Bois, Seine, Frankreich), **Herstellung von psychotrop wirksamen Verbindungen,** dad. gek., daß man als Ausgangsmaterial Hutpilze, die als wirksame Prinzipien *Psilocybin* u./oder *Psilocin* enthalten, bes. der Gattungen Psilocybe, Stropharia, Panaeolus, Conocybe, Amanita oder Russula verwendet u. aus ihnen die Wirkstoffe extrahiert, reinigt, ggf. voneinander trennt u. von Halogen befreit. Als Ausgangsmaterial können auch die auf natürlichen oder künstlichen Nährböden gezüchteten Hutpilze verwendet werden, bes. Psilocybe mexicana Heim. Die Gewinnung der Wirkstoffe erfolgt durch Extraktion des getrockneten u. gemahlenen akt. Pilzmaterials (Fruchtkörper, Sklerotien oder Mycel) mit W. u./oder einem mit W. mischbaren organ. Lsgm., worauf der Extrakt eingedampft, der Rückstand entfettet u. die inakt. Begleitstoffe durch Extraktion mit Aceton oder Chfl.-A. u. durch fraktionierte Fällung der wss. Lsg. des Extraktionsrückstandes mit einem mit W. mischbaren organ. Lsgm. abgetrennt werden. Die im Filtrat enthaltenen Wirkstoffe Psilocybin u. Psilocin werden dann durch Adsorption an Cellulosepulver u. Elution mit W. gesätt. Butanol oder einem anderen, mit W. nicht mischbaren Alkohol voneinander getrennt. Durch Behandeln mit Ag_2CO_3 werden die Wirkstoffe vor oder nach ihrer Auftrennung vom Halogen befreit. — 17 Mengenbeispiele für verschiedene Ausgangsmaterialien u. Verf.-Schnitte. *Psilocybin,* F. 195—200° (Zers.), aus Methanol oder W.; *Psilocin,* F. 173—176° (Zers.), aus Methanol oder Aceton. UV-Spektren. — Erstere Verb. erzeugt *Euphorie.* (**D. A. S. 1 087 321** Kl. 30h vom 31/1. 1959, ausg. 18/8. 1960. Schwz. Prior. 21/2. u. 30/7. 1958.) H. Schindler. 4791

May & Baker Ltd., Dagenham, England (Erfinder: Julius Nicholson Ashley, Raymond Frederick Collins und Michael Davis), **Herstellung von Aminophenyläthern.** Verbb. der allg. Formel **I** erhält man durch Rkk. zwischen Verbb. der allg. Formel **II** mit solchen der allg. Formel Z_2Y. Hierbei ist R ein gerader oder verzweigter Alkyl- oder Alkylenrest mit 1 bis 12 C-Atomen, R_1 u. R_2 sind H-Atome oder Alkyl-, Oxyalkyl-, Polyoxyalkyl- oder Alkoxygruppen mit 1—4 C-Atomen, R_2 ist eine Alkyl- oder Alkoxygruppe mit 1—4 C-Atomen, X ist die NR_1R_2-Gruppe oder eine solche, die leicht in NR_1R_2 umwandelbar ist, B ist die R_3-Gruppe oder zu einer solchen umsetzbar, z. B. eine OH-, Methoxy- oder Benzyloxygruppe, Z_1 ist ein H- oder Alkalimetallatom, R_2 ist der Rest eines reaktionsfähigen Esters, z. B. ein Cl-Atom oder eine SO_3H-Gruppe, Y = R oder leicht zu R umsetzbar, d. h. z. B. eine Alkenylgruppe. — Beispiele für **x**: NO_2, Acylamido-, Carbonamido-, Arylazo- u. Alkoxycarbonylamidogruppen. Die Endprodd. können in bekannter Weise leicht in Säureadditions-Prodd. umgesetzt werden, die als *Mittel gegen Wurmkrankheiten* wirksam sind. Beispiele: *1-[4-Amino-2-methoxyphenoxy]-n-decan,* F. 61—62°; *1-[4-Amino-2-methoxyphenoxy]-n-heptan,* F. 72—74°; *1-[4-Amino-2-methoxyphenoxy]-n-propan,* F. 65—67°; *1-[4-Amino-2-methoxyphenoxy]-n-butan,* F. 35 bis 36°, *Methansulfonat,* F. 173—175°; *1-[4-Amino-2-methoxyphenoxy]-n-pentan,* F. 55 bis 56,5°, *Methansulfonat,* F. 185—200°; *1-[4-Amino-2-methoxyphenoxy]-n-hexan,* F. 67 bis 69°, *Hydrochlorid,* F. 185—200°; *1-[4-Amino-2-methoxyphenoxy]-n-octan,* F. 62—64°; *1-[4-Amino-2-methoxyphenoxy]-n-nonan,* F. 71—73°; *1-[4-Amino-2-methoxyphenoxy]-n-undecan,* F. 67°. *1-[4-Amino-2-methoxyphenoxy]-n-dodecan,* F. 65—66°; *2-[4-Amino-2-methoxyphenoxy]-n-octan,* Kp.$_{0,05}$ 143—146°, *Hydrochlorid,* F. 160—180°; *1-[4-Amino-2-methoxyphenoxy]-3.5.5-trimethyl-n-hexan,* F. 72—73,5°; *1-[4-Amino-2-meth-*

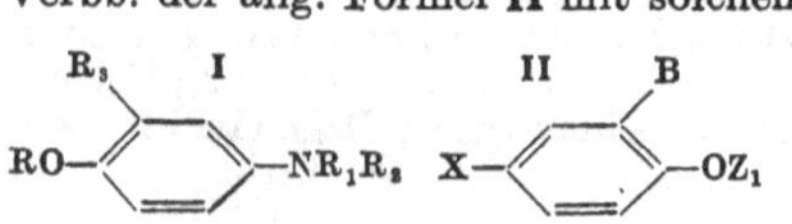

oxyphenoxy]-5-äthyl-n-hexan·HCl, F. 160—164°; *1-[4-Amino-2-methoxyphenoxy]-2-äthyl-n-butan·HBr*, F. 214—217°; *1-[4-Amino-2-methoxyphenoxy]-3.7-dimethyl-n-octan·HCl*, F. 158—164°; *2-[4-Amino-2-methoxyphenoxy]-n-nonan*, $Kp._{0,02}$ 160 bis 170°, *Hydrochlorid*, F. 164—168°; *1-[4-Amino-2-methoxyphenoxy]-n-penten-(4)*, F. 25—26°; *1-[4-Amino-2-methoxyphenoxy]-n-hepten-(3)*, F. 38—42°; *1-[4-Amino-2-methylphenoxy]-n-octanmethansulfonat*, F. 177—178°,5; *1-[4-Dimethylamino-2-methoxyphenoxy]-n-octanjodmethylat*, F. 184—185° (Zers.), *Hydrobromid*, F. 119 bis 120°; *1-[4-Diäthylamino-2-methoxyphenoxy]-n-octan*, $Kp._{0,05}$ 162—174°; *1-[4-Formamido-2-methoxyphenoxy]-n-octan*, F. 77—78°; *1-[4-Methylamino-2-methoxyphenoxy]-n-octan*, $Kp._{0,2}$ 161—163°, *Hydrochlorid*, F. 107—108,5°; *1-[4-(2-Hydroxyäthylamino)-2-methoxyphenoxy]-n-octan*, F. 35—36,5°; *1-{4-[Bis-(2-hydroxyäthyl)-amino]-2-methoxyphenoxy}-n-octan*, $Kp._{0,3}$ 225°, F. 63—65°. (**E. P. 852 083** vom 24/6. 1958, ausg. 26/10. 1960.)

A. Kalix. 4807

Farbenfabriken Bayer Akt.-Ges., Leverkusen (Erfinder: Klaus Sasse, Köln, Richard Wegler, Leverkusen, und Günther Unterstenhöfer, Opladen), **Derivate des 2.3-Dimercaptochinoxalins** erhält man durch Acylierung von 2.3-Dimercaptochinoxalin oder dessen Kernsubstitutions-Prodd. bzw. deren Salzen mit anorgan. oder organ. Säurehalogeniden bzw. Anhydriden oder mit Isocyanaten bzw. Isothiocyanaten. Folgende Verbb. der Formeln **I—VI** wurden hergestellt. Verbb. nach **I**, worin R_1 u. R_2 $-COOCH_3$, F. 135° (aus A.); $-COOC_2H_5$, F. 96—98° (A.); $-COOCH_2\cdot CH{=}CH_2$, F. 39°; $-COOCH_2CH_2OH$, F. 122—124°; $-COOCH_2C_6H_5$, F. 96—98°; $-COOC_6H_5$, F. 80—82°; $-COCH_3$, Öl; $-CSOC_2H_5$, F. 136—138° (Bzl. + Ligroin); $-CON(CH_3)_2$, F. >300°; $-CSN(CH_3)_2$, F. 200° (Zers.); $-CONHC_6H_5$, F. >300° (Dioxan); $-SCCl_3$, F. 132—134° (Essigester); ist R_1 $-COC_6H_5$ u. R_2 $-H$, F. >300°. — Verb. **II** selbst, F. 182—183°; ferner **II** substituiert mit 5-Methyl-, F. 135° (Ligroin); 6-Methyl-, F. 171—172° (Toluol); 6-Methoxy-, F. 165—166° (Dioxan); 6-(Dimethylaminocarbonyl)-, F. 172—176° (Butanol, Ligroin); 6-(Dimethylaminosulfonyl)-, F. 182°;

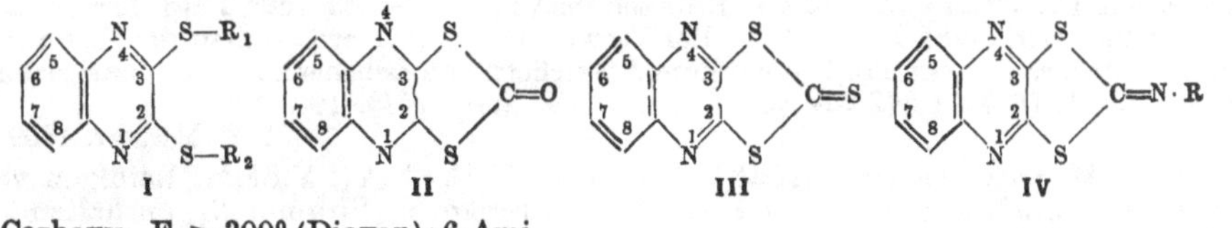

I II III IV

6-Carboxy-, F. >300° (Dioxan); 6-Aminosulfonyl-, F. 225—230°; 5.7-Dimethyl-, F. 175—180° (Ligroin); 6.7-Dimethyl-, F. 208° (Toluol); Benzo-5-chlor-, F. 250° (Xylol). — Verb. **III** selbst, F. 170° (Dioxan); **III**, substituiert mit 5-Methyl-, F. 138—140° (CCl_4/Ligroin); 6-Methyl-, F. 162—164°

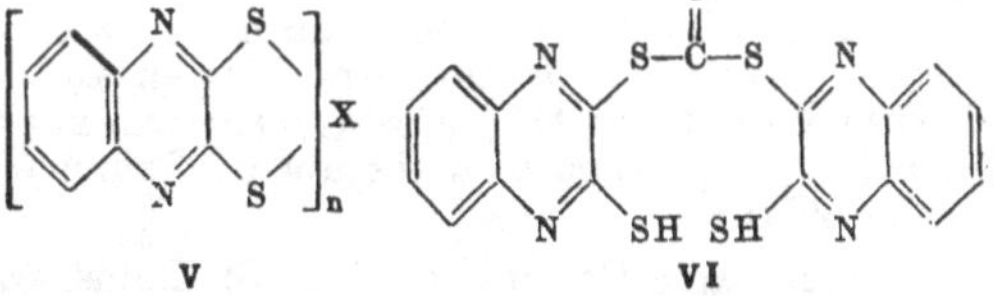

V VI

(Dioxan); 6-Methoxy-, F. 157—159° (Glykolmonomethyläther); 6-Nitro-, F. 143°; 6-(Aminosulfonyl)-, F. 266° (Dimethylformamid + W.); 6-Aminocarbonyl-, F. 266° (Dimethylformamid); 6-(Dimethylaminocarbonyl)-, F. 210—212° (Glykolmonomethyläther); 6-(Dimethylaminosulfonyl)- F. 202° (Butanol); 6-Phenylaminosulfonyl-, F. 225 bis 230° (Butanol); 7-Chlor-, F. 171—172° (Glykolmonomethyläther); 5.7-Dichlor-, F. 123—125° (Dioxan/Ligroin); 5.7-Dimethyl-, F. 167° (Bzl.); 6.7-Dimethyl-, F. 210 bis 211° (Dioxan). — Verbb. nach Formel **IV**, worin R = Phenyl-, F. 119—120° (Ligroin); Äthyl-, F. 123—124° (A.); n-Butyl-, F. 72—73° (A.). — Verbb. nach Formel **V**, worin X = S (n = 1), F. >290°; S=O (n = 1), F. 170° (Zers.); SeO (n = 1), F. nicht unter 300°; Sb_2 (n = 3), F. nicht unter 300°; As_2 (n = 3), F. >300°. — Die Verbb. nach Formel **VI**, F. >300°. — *Askaricide mit oviciden Eigenschaften.* (**D. A. S. 1 088 965** Kl. 12p vom 10/7. 1958, ausg. 15/9. 1960.)

F. Obermeier. 4807

National Drug Co., Philadelphia, Pa., V.St.A., **Herstellung von Phenothiazinderivaten.** Verbb. der allg. Formel **I** werden mit Amino-Derivv. vom Typus $H_2N-(CH_2)_nA$ umgesetzt, wobei **I** entstehen, die am N-Atom durch $-(CH_2)_3\cdot NH\cdot(CH_2)_n\cdot A$ substituiert sind. Hierbei ist X ein Cl- oder Br-Atom, n = 2—3, A ist ein Piperidin-1-yl-, Morpholin-4-yl- oder Pyrrolidin-yl-Rest. Die Rkk. werden durch Erhitzen eines Gemisches der Komponenten auf Temp. >60°, bes. auf 150—160° ausgeführt oder in Lsgm., bes. Xylol durch Kochen unter Rückflußkühlung in Ggw. eines säurebindenden Mittels. Aus den freien Basen werden therapeut. verwendbare Salze hergestellt, indem man die ersteren in Lsgm.

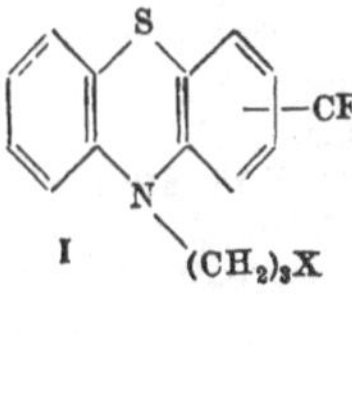

I

löst, in denen die letzteren unlösl. sind, bes. Ae. u. Isopropanol, u. die entsprechenden Säuren zugibt. — Beispiele: folgende Trifluormethyl (= II)-Derivv. von Phenothiazin (= III): *2-II-10-[3-(2-Morpholinoäthylamino)-propyl]-III·2 HCl*, F. 224 bis 226°; *2-II-10-[3-(3-Morpholinopropylamino)-propyl]·III·2 HCl*, F. 125—127° aus Äthylacetat; *4-II-10-[3-(2-Morpholinoäthylamino)-propyl]-III*, Kp.$_{0,2}$ 218°, *Dihydrochlorid*, F. 196—198°; *4-II-10-[3-(3-Morpholinopropylamino)-propyl]-III·2 HCl*, F. 204—206°; *2-II-10-[3-(2-Pyrrolidinoäthylamino)-propyl]-III·2 HCl*, F. 236—237° aus Methyläthylketon; *2-II-10-[3-(2-Piperidinoäthylamino)-propyl]-III·2 HCl*, F. 235 bis 237° aus Methyläthylketon, *4-II-10-[3-(3-Pyrrolidinopropylamino)-propyl]-III*, *4-II-10-[3-(2-Pyrrolidinoäthylamino)-propyl]-III*; *4-II-10-[3-(3-Piperidinopropylamino)-propyl]-III*; *4-II-10-[3-(2-Piperidinoäthylamino)-propyl]-III*; *2-II-10-[3-(3-pyrrolidinopropylamino)-propyl]-III* u. *2-II-10-[3-(3-Piperidinopropylamino)-propyl-III*. — Verw. als *Antiemetica*. (**E. P. 865 752** vom 5/10. 1959, ausg. 19/4. 1961. A. Prior. 13/10. 1958.)
A. Kalix. 4807

Walter A. Winsten, Westbury, N.Y., V.St.A., **Stabiles Vitamin-A-Präparat**, dad. gek., daß man Fischleberöl oder synthet. Vitamin A in Öl mit Lecithin unter Zugabe eines Antioxydans u. ggf. Vitamin D u. E vermischt, das Gemisch auf ca. 85° erwärmt, mit geschmolzenem Polyäthylen vom Molgew. 2000—24000 versetzt, auf Raum-Temp. abkühlt, durch ein Sieb zerkleinert u. das feinverteilte Prod. ggf. noch mit Geschmacksstoffen versetzt. (**A. P. 2 982 691** vom 25/6. 1957, ausg. 2/5. 1961.)
W. Heyer. 4809

Chas. Pfizer & Co., Inc., V. St.A., **Herstellung von Estern des Vitamins A (I)** aus dem I-Ester einer niedermol. Säure u. einem Ester einer höhermol. Säure in Ggw. eines alkal. Karalysators, z. B. eines Alkali- oder Erdalkalioxyds oder -hydroxyds. — 109,5 (kg) krist. I-Acetat u. 90,2 Methylpalmitat werden in N_2-Atmosphäre in einer Druckbombe bei 45—55° geschmolzen u. 1 Std. unter hohem Vakuum gehalten. Nach Zusatz von 4 Na-Methylat wird das Erhitzen im Vakuum bei 55—60° 2 Std. fortgesetzt. Dabei bildet sich das *I-Palmitat*. — Bei Verw. von Cocosöl erhält man den Ester der Cocosölfettsäure. Dieses Prod. dient zum Anreichern von Lebensmitteln u. pharmazeut. Prodd. mit I. (**F. P. 1 249 204** vom 18/10. 1954, ausg. 15/3. 1961.)
M. F. Müller. 4809

Olin Mathieson Chemical Corp., New York, N.Y., V.St.A., **Reinigen von Cyancobalamin.** Man gibt zu einer wss. Lsg. eines konz., Vitamin B_{12} enthaltenden Extraktes aus der Kultur von Propionibacterium freudenreichii, die $\geqq$2000 μg/ml enthält, $\geqq$0,5% Phenol, aber nicht mehr als in dem Konzentrat lösl. ist, läßt 12—16 Std. stehen u. trennt den auskristallisierten Cyancobalamin–Phenol-Komplex in **93**%ig. Ausbeute ab, der in W. gelöst u. mehrmals mit $CHCl_3$ extrahiert wird. Die wss. Schicht enthält Cyancobalamin in therapeut. Reinheit. (**Ind. P. 65 303** vom 19/9. 1958, ausg. 21/3. 1961.)
C. Lüttgen. 4809

Monsanto Chemical Co., St. Louis, übert. von: Lloyd B. Barkley, Crestwood, Mo., V.St.A., **Synthese von Steroiden.** Inhaltlich ident. mit A. P. 2 839 567; C. **1960**, 15836. (**A. P. 3 010 974** vom 27/7. 1959, ausg. 28/11. 1961.)
U. Sievers. 4809

Chas. Pfizer & Co., Inc., New York, übert. von: Rudolph G. Berg, New London, Gerald D. Laubach, Niantic, und Donald P. Cameron, New London, Conn., V.St.A., **16-Alkoxysteroide** erhält man durch Rk. eines entsprechenden 16β-Brom- oder 16β-Chlor-17.20;20.21-bis-methylendioxysteroids mit einem Ag-Salz oder mit AgO in Ggw. eines entsprechenden Alkohols u. anschließende Entfernung der Schutzgruppen. — Man setzt z. B. 17.20;20.21-Bis-methylendioxy-16β-brom-Δ^4-pregnen-3-on in Ggw. von Methanol mit Ag_2O unter N_2 um → *17.20;20.21-Bis-methylendioxy-16-methoxy-Δ^4-pregnen-3-on*, F. 189—190°; $[\alpha]_D^{25}$ 6,46°. — Analog: *17.20;20.21-Bis-methylendioxy-16-äthoxy* (bzw. *isopropoxy*)-*Δ^4-pregnen-3-on*, F. 194—198° (bzw. 151 bis 154°); $[\alpha]_D^{25}$ 2,9° (bzw. 0°). — Analog: *16-Methoxy-Δ^4-pregnan-17α.21-diol-3.20-dion*, F. 148—149°; $[\alpha]_D^{25}$ 111,5°. — *16-Äthoxy-Δ^4-pregnen-17α.21-diol-3.20-dion*, F. 171 bis 174°; $[\alpha]_D^{25}$ 105°. — *Heilmittel* sowie Zwischenprodd. zu deren Herstellung. (**A. P. 3 008 959** vom 24/6. 1959, ausg. 14/11. 1961.)
U. Sievers. 4809

Ciba Akt.-Ges., Basel, Schweiz, bzw. Ciba Pharmaceutical Products, Inc., Summit, N.J., V.St.A. (Erfinder: Albert Wettstein, Karl Heusler, Basel, Hellmut Ueberwasser, Riehen, und Peter Wieland, Basel, Schweiz), **In 16.17-Stellung gesättigte oder ungesättigte 20-Oxopregnansäuren und deren Derivate.** Man hydriert z. B. dl-$\Delta^{5.14.17.18}$-3-Äthylendioxy-11β.18a-oxido-16-oxo-18a-methyl-20-acetoxy-18-homopregnatetraen-21-säuremethylester in Methanol mit H_2/

Pd–CaCO$_2$ → *dl-Δ$^{5.17.18}$-3-Äthylendioxy-11β.18α-oxido-16-hydroxy-18a-methyl-20-acetoxy-18-homo-14β-pregnatrien-21-säuremethylester,* F. 201—203°, neben *d.l-Δ$^{5.17.18}$-3-Äthylendioxy-11β.18a-oxido-16-oxo-18a-methyl-18-homo-14β-pregnatrien-21-säuremethylester,* F. 181—185°. — Analog: d.l-Δ$^{5.14.17.18}$-3-Äthylendioxy-11β.18a-oxido-16-oxo-18a-methyl-20-acetoxy-18-homopregnatetraen-21-säuremorpholid (I) $\xrightarrow{H_2 \text{in Dimethylformamid}}$ *d.l-Δ$^{5.17.18}$-3-Äthylendioxy-11β.18a-oxido-16-hydroxy-18a-methyl-20-acetoxy-18-homo-14β-pregnatrien-21-säuremorpholid* (II), F. 236—238°; daraus durch Rk. mit Acetanhydrid in Pyridin→ *d.l-Δ$^{5.17.18}$-3-Äthylendioxy-11β.18a-oxido-16.20-diacetoxy-18a-methyl-18-homo-14β-pregatrien-21-säuremorpholid,* F. 249—251°. — Durch Hydrierung von I mit 2 Mol-äquiv. H$_2$ unter sonst gleichenBedingungen erhält man durch chromatograph. Aufarbeitung → *d.l-Δ$^{5.18}$-3-Äthylendioxy-11β.18a-oxido-16.20-dioxo-18a-methyl-18-homo-14β-pregnadien-21-säuremorpholid,* F. 181—183° (Zers.). — II läßt sich durch Erhitzen in sd. Bzl. in Ggw. von alkal. Al$_2$O$_3$ überführen → *d.l-Δ$^{5.16.18}$-3-Äthylendioxy-11β.18a-oxido-18a-methyl-20-oxo-18-homo-14β-pregnatrien-21-säuremorpholid* (III), F. 208—210°. Unterzieht man durch Hydrierung von I in Essigester als Lsgm. erhaltenes II der gleichen Behandlung, so erhält man (wahrscheinlich) *d.l-Δ$^{5.18}$-3-Äthylendioxy-11β.18a-oxido-16-oxo-18a-methyl-18-homo-14β-pregnadien-21-säuremorpholid,* F. 225—227°. — III läßt sich mit Essigsäure spalten → *d.l-Δ$^{4.16.18}$-3.20-Dioxo-11β.18a-oxido-18a-methyl-18-homopregnatrien-21-säuremorpholid,* F. 193—197° (mit 1 Mol H$_2$O). — III + H$_2$/Pd–CaCO$_3$ in Essigester → *d.l-Δ$^{5.16}$-3-Äthylendioxy-11β.18a-oxido-18a-methyl-20-oxo-18-homo-14β-pregnadien-21-säuremorpholid* (IV) (Gemisch der Epimeren), F. 142 bis 145°; *freies Keton,* F. 139—141°. — IV läßt sich mit NaOH in Dioxan–W. verseifen → *d.l-Δ$^{5.18}$-3-Äthylendioxy-11β.18a-oxido-18a-methyl-20-oxo-18-homo-14β-pregnadien-21-säure* (V), F. 128—133° (Zers.); *Methylester* (VI), F. 157—160°; aus der Mutterlauge des durch Rk. mit Diazomethan aus V hergestellten VI erhält man durch chromatograph. Aufarbeitung → *d.l-Δ$^{5.18}$-3-Äthylendioxy-11β.18a;20.22-bis-oxido-18a-methyl-18-homo-14β-bisnorcholadien-21-säuremethylester,* F. 197—200°. — VI läßt sich durch Rk. mit Essigsäure überführen → *d.l-Δ$^{4.18}$-3.20-Dioxo-11β.18a-oxido-18a-methyl-18-homo-14β-pregnadien-21-säuremethylester,* F. 182—185°. — Analog: *d.l-Δ$^{5.14.17}$-3-Äthylendioxy-11β.*18-oxido-16-oxo-18-tetrahydropyranyloxy-20-acetoxypregnatrien-21-säuremethylester + H$_2$/Pd–CaCO$_3$ in Essigester → *d.l-Δ$^{5.17}$-3-Äthylendioxy-11β.18-oxido-16-oxo-18-tetrahydropyranyloxy-20-acetoxypregnadien-21-säuremethylester,* F. 234—237°. — d.l-Δ$^{5.14.17.20}$-3-Äthylendioxy-11β.18-oxido-16-oxo-18-tetrahydropyranyloxy-20-acetoxypregnatrien-21-säuremorpholid → *d.l-Δ$^{5.17.20}$-3-Äthylendioxy-11β.18-oxido-16-hydroxy-18-tetrahydropyranyloxy-20-acetoxypregnadien-21-säuremorpholid* (VII), F. 222 bis 225°, neben nicht red. 16-Keton, welches durch Red. mit NaBH$_4$ in Tetrahydrofuran übergeführt werden kann → VIII. — VIII + NaOH in Dioxan–W. sowie anschließend +CH$_3$J in Ggw. von K$_2$CO$_3$ → *d.l-Δ$^{5.16}$-3-Äthylendioxy-11β.18-oxido-18-tetrahydropyranyloxypregnadien-21-säuremethylester* (IX), F. 182—185°. — VIII läßt sich durch Behandlung mit alkal. Al$_2$O$_3$ in sd. Bzl. überführen → *d.l-Δ$^{5.16}$-3-Äthylendioxy-11β.18a-oxido-18-tetrahydropyranyloxy-20-oxopregnadien-21-säuremorpholid,* F. 182—185°. — VIII + 30%ig. NH$_4$OH in Dioxan → *d.l-Δ^{5}-3-Äthylendioxy-11β.18-oxido-16.20-dioxo-18-tetrahydropyranyloxypregnen-21-säuremorpholid,* F. 213—214°. — II läßt sich durch Verseifung mit NaOH in Dioxan–W. sowie durch anschließende Veresterung mit CH$_3$J überführen → *d.l-Δ$^{5.16.18}$-3-Äthylendioxy-11β.18a-oxido-18a-methyl-20-oxo-18-homo-14β-pregnatrien-21-säuremethylester,* F. 176—178°. — Analog: III → *Δ$^{5.16.18}$-3-Äthylendioxy-11β.18a-oxido-18a-methyl-20-oxo-18-homo-14β-pregnatrien-21-säure.* — II + Morpholin in Tetrahydrofuran–W. → *d.l-Δ$^{5.16.18}$-3-Äthylendioxy-11β.18a-oxido-18a-methyl-20-oxo-18-homo-14β-pregnatrien-21-säuremorpholid,* F. 208—210° (=III). — IX läßt sich durch Erwärmen mit Eisessig–W. auf 100° überführen → *11.18-Cyclohemiacetal des d.l-Δ$^{4.16}$-3.18.20-Trioxo-11β-hydroxypregnadien-21-säuremethylesters.* Zwischenprodd. zur Herst. von Heilmitteln. (**D. A. S. 1 093 794** Kl. 12o vom 26/11. 1958, ausg. 1/12. 1960. **F. P. 1 243 813** vom 4/12. 1958, ausg. 18/1. 1961. Beide Schwz. Prior. 5/12. 1957, 8/5., 13/6. u. 29/10. 1958. **A. P. 3 002 971** vom 28/11. 1958, ausg. 3/10. 1961. Schwz. Prior. 5/12. 1957.) U. Sievers. 4809

Ciba Pharmaceutical Products, Inc., Summit, N.J., V.St.A., übert. von: Albert Wettstein, Georg Anner, Karl Heusler, Basel, Hellmut Ueberwasser, Riehen, Peter Wieland, Julius Schmidlin und Jean-René Billeter, Basel, Schweiz, **11.18-Dioxygenierte 16-Oxoandrostane.** Man behandelt z. B. d.l-Δ$^{4.18}$-3.16-Dioxo-11β.18a-oxido-18a-methyl-18-homo-14-iso-androstadien in Tetrahydrofuran–Pyridin mit OsO$_4$ u. das Rk.-Prod. anschließend mit HJO$_4$ in Pyridin → *d.l-Δ^{4}-3.16.18-Trioxo-11β-acetoxy-14-isoandrosten,* F. 161—165,5°; daraus durch Rk. mit alkohol. K$_2$CO$_3$ → *d.l-Δ^{4}-3.16.18-Trioxo-11β-hydroxy-14-isoandrostencyclosemi-*

acetal, F. 221—226°. — Alternativ kann man d.l-$\Delta^{5.14.18}$-3-Äthylendioxy-11β.18a-oxido-16-oxo-18a-methyl-18-homoandrostatrien (**Ia**) ozonisieren u. das erhaltene Ozonid reduktiv aufarbeiten → *d.l-$\Delta^{5.14}$-3-Äthylendioxy-11β-acetoxy-16.18-dioxoandrostadien* (I), F. 188—189°; daraus durch Rk. mit Methyläthyldioxolan → *d.l-$\Delta^{5.14}$-3.3;18.18-Bis-äthylendioxy-11β-acetoxy-16-oxoandrostadien*, F. 250—253,5°. d.l-$\Delta^{5.18}$-3-Äthylendioxy-11β.18a-oxido-16-oxo-18a-methyl-18-homo-14-isoandrostadien (**IIa**) + CrO_3 in Pyridin → *d.l-Δ^5-3-Äthylendioxy-16.18-dioxo-11β-acetoxy-14-isoandrosten* (II), F. 171 bis 172°. — **II** kann alternativ aus **I** durch katalyt. Hydrierung mit H_2/Pd–Kohle hergestellt werden. Als Nebenprod. erhält man *d.l-Δ^5-3-Äthylendioxy-11β-acetoxy-16-oxo-18-hydroxy-14-isoandrosten*, F. 226°. — **II** läßt sich mit alkohol. K_2CO_3 verseifen → *d.l-Δ^5-3-Äthylendioxy-11β-hydroxy-16.18-dioxo-14-isoandrostencyclosemiacetal* (III), F. 208—211°; *Acetat*, F. 183—185°. — **III** + CrO_3 in Pyridin → *18.11-Lacton der d.l-Δ^5-3-Äthylendioxy-11β-hydroxy-16-oxo-14-isoandrosten-18-säure*, F. 196—197°. — **Ia** + $NaBH_4$ in Methanol-Tetrahydrofuran → einem Rk.-Prod., das sich durch Ozonisierung in Pyridin u. Hydrolyse des Ozonisierungs-Prod. überführen läßt → *18.11-Cyclosemiacetal des d.l-$\Delta^{5.14}$-3-Äthylendioxy-11β.16-dihydroxy-18-oxoandrostadiens*, welches mit MnO_2 in Chlf. oxydiert wird → *18.11-Lacton der d.l-$\Delta^{5.14}$-3-Äthylendioxy-11β-hydroxy-16-oxoandrostadien-18-säure* (IV), F. 244—246,5°, neben einem der 16-Isomeren des *18.11-Lactons der d.l-$\Delta^{5.14}$-3-Äthylendioxy-11β-hydroxy-16-acetoxy-androstadien-18-säure*, F. 222—227° (nach Acetylierung). — **IV** läßt sich mit H_2/Pd–Kohle katalyt. hydrieren → *18.11-Lacton der Δ^5-3-Äthylendioxy-11β-hydroxy-16-oxoandrosten-18-säure* (V), F. 263 bis 268°. — Alternativ kann man **V** auch durch Hydroxylierung von **IIa** mit OsO_4, anschließende HJO_4-Oxydation u. CrO_3-Oxydation herstellen. — **I** läßt sich durch Rk. mit Äthylendithiol in abs. Bzl. u. in Ggw. von Pyridin u. methanol. HCl überführen → *d.l-$\Delta^{5.14}$-3-Äthylendioxy-16-äthylendimercapto-11β-acetoxy-18-oxoandrostadien*, F. 223 bis 225,5°; daraus durch Rk. mit methanol. K_2CO_3 → *18.11-Cyclosemiacetal des d.l-$\Delta^{5.14}$-3-Äthylendioxy-11β-hydroxy-16-äthylendimercapto-18-oxoandrostadiens*, F. 220—221°; *Acetat*, F. 198—200°; daraus durch Rk. mit $HgCl_2$–HgO in Aceton → *d.l-$\Delta^{5.14}$-3-Äthylendioxy-11β.18-oxido-16-oxo-18-acetoxyandrostadien* (VIa), F. 209—210,5°. — **Ia** läßt sich mit H_2O_2–NaOH in Bzl. überführen → *d.l-$\Delta^{5.18}$-3-Äthylendioxy-11β.18a;14.15-dioxido-16-oxo-18a-methyl-18-homoandrostadien* (VI), F. 182—196°; daraus durch Spaltung der Ketalgruppe mit Essigsäure → *d.l-$\Delta^{4.18}$-3.16-Dioxo-11β.18a;14.15-dioxido-18a-methyl-18-homoandrostadien*, F. 226—233°. — **VI** läßt sich durch Rk. mit HJO_4 in Tetrahydrofuran überführen → *d.l-Δ^5-3-Äthylendioxy-11β.18a;14.15-dioxido-16-oxo-18.18a-dihydroxy-18a-methyl-18-homoandrosten* (VII), F. 184—187°. — Alternativ kann man **VII** durch Hydroxylierung von **VI** mit OsO_4 herstellen; daraus durch Rk. mit HJO_4 in Pyridin → *d.l-Δ^5-3-Äthylendioxy-11β-acetoxy-14.15-oxido-16.18-dioxoandrosten* (VIII), F. 188—189°. — **VIII** erhält man auch durch Ozonisierung von **VI** in Pyridin–Chloroform. — **VIII** + Na-Methylat in Tetrahydrofuran → *18.11-Cyclosemiacetal des d.l-Δ^5-3-Äthylendioxy-11β-hydroxy-14.15-oxido-16.18-dioxoandrostens* (IX), F. 243—248°; *Acetat*, F. 249—252°. — **IX**-*Benzoat*, F. 258,5—264,5°. — d.l-Δ^5-3-Äthylendioxy-11β.18;14.15-dioxido-16-oxo-18-acetoxyandrosten läßt sich mit H_2/Pd–$CaCO_3$ hydrieren → *d.l-Δ^5-3-Äthylendioxy-11β.18-oxido-14-hydroxy-16-oxo-18-acetoxyandrosten* (X), F. 201,5 bis 203,5°, welches sich durch Behandlung mit neutralem Al_2O_3 (Woelm) dehydratisieren läßt → **VIa**. — **X** + Benzoesäure in Xylol u. in Ggw. von Triäthylamin → *d.l-Δ^5-3-Äthylendioxy-11β.18-oxido-14-hydroxy-16-oxo-18-benzoyloxyandrosten*, F. 217—220,5°. — **VIa** läßt sich mit H_2/Pd–$CaCO_3$ hydrieren → *d.l-Δ^5-3-Äthylendioxy-11β.18-oxido-16-oxo-18-acetoxyandrosten*, F. 243—246°, welches sich durch Rk. mit methanol. K_2CO_3 überführen läßt → *d.l-Δ^5-3-Äthylendioxy-11β-hydroxy-16.18-dioxoandrostencyclosemiacetal* (XI), F. 253—258°; *freies Keton* (XIa), F. 242—246°. — **XI** + CrO_3 in Pyridin → **V**. — **IX** läßt sich mit H_2Pd–$CaCO_3$ hydrieren → *d.l-Δ^5-3-Äthylendioxy-11β.14-dihydroxy-16.18-dioxoandrostencyclosemiacetat*, F. 247—249°; daraus durch Rk. mit Acetanhydrid in Pyridin → **X**. — **IX** + Acetylchlorid u. Dihydropyran in Bzl.–Pyridin–Methanol → *d.l-Δ^5-3-Äthylendioxy-11β.18;14.15-dioxido-16-oxo-18-tetrahydropyranyloxyandrosten*, F. 193—201° (Zers.), welches sich mit H_2/Pd–$CaCO_3$ hydrieren läßt → *d.l-Δ^5-3-Äthylendioxy-11β.18;14.15-dioxido-16-oxo-18-tetrahydropyranyloxyandrosten*, F. 184—186°; daraus durch Dehydratisierung mit Al_2O_3 (neutral) → *d.l-$\Delta^{5.14}$-3-Äthylendioxy-11β.18-oxido-16-oxo-18-tetrahydropyranyloxyandrostadien* (XII), F. 161—163°. — **IX** läßt sich durch Erhitzen mit Eisessig überführen → *18.11-Semiacetal des d.l-Δ^4-3.16.18-Trioxo-11β-hydroxy-14.15-oxidoandrostens*, F. 244—246,5°. — **XII** läßt sich mit H_2/Pd–$CaCO_3$ hydrieren → *d.l-Δ^5-3-Äthylendioxy-16-oxo-11β.18-oxido-18-tetrahydropyranyloxyandrosten*, F. 213—219°; daraus durch Erhitzen mit Essigsäure auf 100° → **XIa**. — *Zwischenprodd. zur Herst. von Aldosteron.* (**A. P. 2 994 694** vom 28/11. 1958, ausg. 1/8. 1961. Schwz. Prior. 30/7. 1954.) U. Sievers. 4809

Francesco Vismara S. p. A., Casatenovo, übert. von: Alberto Ercoli, Mailand, Italien, **3-Keto-17-hydroxyverbindungen der Ätiocholan- und Androstanreihe** erhält man durch Rk. eines entsprechenden 3.20-Diketons der Pregnanreihe mit Acetoncyanhydrin (I) u. anschließenden oxydativen Abbau der Seitenkette mit einer Persäure. — Man setzt z. B. Allopregnan-3.20-dion (II) in A. mit I um → II-*3-Monocyanhydrin*, F. 184—186°, welches sich mit Perbenzoesäure in Chlf. abbauen läßt → *Androstan-17-ol-3-on-cyanhydrin*, F. 178—180°; daraus durch Hydrolyse mit methanol. KOH → *Androstan-17-ol-3-on*, F. 176—178°. — Analog: *17β-Acetoxy-3-ketoätiocholan*, F. 144—146°; $[\alpha]_D$ 26°; *17β-Hydroxy-3-ketoätiocholan*, F. 154—156°; $[\alpha]_D$ 5°. — *17β-Hydroxy-3.11-diketoätiocholan*, F. 163—165°; $[\alpha]_D$ 66°. — *Zwischenprodd. zur Herst. von Heilmitteln.* (**A. P. 2 992 243** vom 22/6. 1960, ausg. 11/7. 1961. **E. P. 893 629** vom 23/6. 1960, ausg. 11/4. 1962. Beide F. Prior. 25/6. 1959.) U. Sievers. 4809

Laboratoires Français de Chimiothérapie (Erfinder: Georges Muller, André Poittevin und Chanh Huynh), Frankreich, **11β.18-Oxidoprogesteron (I)**, F. 160°; $[\alpha]_D^{20}$ 234°, erhält man durch Bromierung von 3-Keto-11β.18-oxido-20β-hydroxy-5β-pregnan (II) mit Br_2 in Essigsäure u. in Ggw. von HBr → *3-Keto-4-brom-11β.18-oxido-20β—hydroxypregnan*, F. ca. 176°, welches durch Dehydrobromierung mit $LiBr-Li_2CO_3$ in Dimethylformamid übergeführt wird → *3-Keto-11β.18-oxido-20β-hydroxy-Δ⁴-pregnen* (III), F. 194—196°; daraus durch Oxydation der 20-Hydroxygruppe mit CrO_3 in Aceton oder Pyridin → I. — Alternativ kann man II-20-Acetat, F. 163°; $[\alpha]_D^{20}$ 65°, wie vorst. bromieren → *3-Keto-4-brom-11β.18-oxido-20β-acetoxy-5β-pregnan*, F. ca. 186°, welches sich wie vorst. dehydrobromieren läßt → III-*20-Acetat*, F. 250—254°; daraus durch Verseifung mit äthanol. NaOH → I. — *Heilmittel.* (**F. P. 1 267 289** vom 9/6. 1960, ausg. 22/11. 1961.) U. Sievers. 4809

University of Tennessee Research Corp., Knoxville, übert. von: James W. Fisher, Memphis, Tenn., V.St.A., **20-Cobalt-Δ¹-hydrocortison als inneres Komplexsalz** erhält man durch Rk. von Prednisolon mit $CoCl_2 \cdot 6\,H_2O$ in Benzylalkohol bei normaler Temperatur. Die Lsg. der Rk.-Teilnehmer ist bereits zur Injektion geeignet. — *Heilmittel* von gesteigerter entzündungswidriger Wirkung. (**A. P. 3 010 975** vom 23/3. 1960, ausg. 28/11. 1961.) U. Sievers. 4809

Chinoin Gyógyser és Vegyészeti Termékek Gyára (Erfinder: Geisa Tóth), Budapest, Ungarn, **Weibliches Sexualhormon** gewinnt man durch Kochen von konz. Harn mit Aceton während 2 Std. u. Abscheiden der festen Bestandteile bei 40°. Anschließend wird das Filtrat bis zur Trockne eingedampft. Man löst den teerigen oder öligen Rückstand unter Erwärmen in Bzl. u. trennt von dem Ungelösten. Die benzol. Lsg. oder der nach dem Abdampfen des Bzl. verbleibende Rückstand, wird mit wss. Alkalilauge extrahiert, das pH auf 7,5—8 eingestellt u. die vorhandenen Hormone mit einem organ. Lsgm. extrahiert. Das Lsgm. soll mit W. nicht mischbar sein. (**Ung. P. 143 705** vom 4/10. 1955, ausg. 15/10. 1957.) G. König. 4809

Paul Niehans, Burier-sur-la-Tour-de-Peilz, Schweiz, **Herstellung von Präparaten zur Behandlung von Pankreasfunktionsstörungen.** Man entnimmt aus Foeten von Wirbeltieren, wie Ziegen, Schafen oder Schweinen, deren Elterntiere unter Abschluß von der Außenwelt gehalten u. fortlaufend auf ihren Gesundheitszustand sowie auf die Abwesenheit von pathogenen Bakterien u. Viren untersucht u. gesund befunden wurden, bzw. aus in gleicher Weise kontrollierten, noch nicht geschlechtsreifen Tieren unter asept. Bedingungen die Bauchspeicheldrüse, zerkleinert sie mechan., entfernt das Bindegewebe durch enzymat. Abbau, zerlegt die freigelegten Zellen durch Sieben oder Zentrifugieren in Fraktionen, die an β- oder α-Zellen möglichst angereichert sind u. konserviert die einzelnen Zellfraktionen durch Gefriertrocknen u. Einschmelzen in evakuierte Ampullen; zwecks Erzielung günstiger Ausbeuten an den einzelnen Zellfraktionen können die Mutter- oder Jungtiere zuvor in einen hyper- bzw. hypoglykäm. Zustand versetzt werden. Die Präpp. dienen in Form von Aufschwemmungen in Ringer-Lsg. zur Injektion, u. zwar die Präpp. aus β-Zellen zur Behandlung von Diabetes mellitus, aus α-Zellen zur Behandlung der Hypoglykämie oder aus Zellkomplexen der Bauchspeicheldrüse zur Behandlung in beiden Fällen; in Form von Trockenzellen können die Präpp. auch in Kapseln per os vesabreicht werden. — Beispiele. (**Oe. P. 218 671** vom 1/7. 1959, ausg. 11/12. 1961. Schwz. Prior. 3/7. 1958.) W. Raetz. 4809

Lääke Oy, Turku, Finnland (Erfinder: O. E. Virtanen), **Umsetzung von schwer reagierenden und schwer löslichen organischen Verbindungen,** die phenol. oder andere OH-Gruppen enthalten, oder in die OH-Gruppen durch intramol. Umlagerung oder Enolisierung eingeführt werden. Zu Ind. P. 58 996; C. **1962,** 576 ist nachzutragen: Es können umgesetzt werden: *Usnolsäure, Östradiol, Äthinylöstradiol, Testosteron, Diäthylstilböstrol* u. *Flavaspidinsäure* mit *2-Dimethylamino-6-[β-diäthylaminoäthoxy]-benzothiazoldihydrochlorid, Benzyldimethyl-2-[2-(p-1.1.3.3-tetramethylbutylphenoxy)-äth-*

oxy]-äthylammoniumchlorid, *Diisobutylphenoxyäthoxydimethylbenzylammoniumchlorid*, *2-Amino-d-glucose*, *N-Methyl-1-d-glucosamin* oder deren quatern. Ammonium-Verbb. in Ggw. von Aceton, Dioxan, A., CCl_4, Chlf., Methanol, Propylenglykol, Toluol oder Trichloräthylen unter Rückfluß. — Die Wrkg. der Ausgangs-Verbb. wird erhöht. (**Belg. P. 550 272** vom 11/8. 1956, ausg. 4/12. 1959.) G. Krauß. 4811

Løvens Kemiske Fabrik ved A. Kongstedt, Kopenhagen, übert. von: Erling Juhl Nielsen, Charlottenlund, Dänemark, **Herstellung von wasserunlöslichen Penicillinpräparaten.** Phenoxymethylpenicillin (I) oder Salze davon werden in W., organ. Lsgm. oder Gemischen von beiden gelöst u. eine Konz. wss. Lsg. von $CaCl_2$ oder eine Suspension von CaO zugegeben. Der Nd. wird mit W. gewaschen u. einer Gefriertrocknung unterworfen, wodurch der Wasser-Geh. bis auf 6% herabgesetzt werden kann, was etwa einer Zus. von $Ca(C_{16}H_{17}N_2O_5S)_2 \cdot 2\ H_2O$ entspricht (4,65% H_2O); kein genauer F., Gelbfärbung bei 175°, Schwarzbraunfärbung unter Gas-Entw. bei 200 bis 210°. Folgende I-Salze können verwendet werden: Na-I, K-I, NH_4-I, Butylammonium-I, Isopropylammonium-I, Diisopropylammonium-I, 3-Methoxypropylammonium-I, N.N-Dimethyl-β-oxyäthylammonium-I; diese Salze werden mit $CaCl_2$ oder Ca-Acetat umgesetzt, das freie I mit CaO oder $CaCO_3$. (**A. P. 2 974 136** vom 3/1. 1956, ausg. 7/3. 1961. E. Prior. 19/10. 1955.) A. Kalix. 4811

Bristol-Myers Co., New York, übert. von: Alphonse Peter Granatek, Syracuse, N.Y., V.St.A., **Herstellung einer haltbaren Tetracyclin-Zubereitung,** dad. gek., daß man Tetracyclin, Chlortetracyclin oder Hydroxytetracyclin mit, bezogen auf das Antibioticum, wenigstens 1 Teil $Ca(OH)_2$ u. $CaCl_2$ in wasserfreiem Propylenglykol u./oder Glycerin löst u. den pH-Wert der Lsg. auf 6—8 einstellt. (**A. P. 3 005 754** vom 16/8. 1957, ausg. 24/10. 1961.) W. Heyer. 4811

American Cyanamid Co., New York, N.Y., V.St.A., **Herstellung von 12α-Desoxytetracyclinen** durch Behandlung der entsprechenden Tetracycline mit Zn in wss. alkal. Lsg., bes. NH_4OH, bei 10—50°. Hergestellt werden *12α-Desoxytetracyclin* (I) aus Tetracyclin, *7-Chlor-6-demethyl-* u. *6-Demethyl-12α-desoxytetracyclin*, *6-Demethyl-6.12α-didesoxytetracyclin.* Spaltet man aus den erhaltenen I durch Kochen mit starker Mineralsäure, bes. HBr, oder einem sauren Halogenid, bes. SO_2Cl oder $POCl_3$, in einem organ. Lsgm. W. ab, so erhält man *12α-Desoxyanhydrotetracyclin* u. dessen Hydrobromid, F. 252° (Zers.). Analog: *6-Demethyl-12α-desoxyanhydrotetracyclin.* (**Ind. PP. 66 177** vom 19/12. 1958, ausg. 20/3. 1961. Can. Prior. 27/10. 1958 u. **66 178** vom 19/12. 1958, ausg. 5/4. 1961. Can. Prior. 17/10. 1958.) C. Lüttgen. 4811

Abbott Laboratories, North Chicago, Ill., V.St.A., **Herstellung von Erythromycin-Suspensionen.** Salze oder Ester von Erythromycin (I) der A- oder B-Modifikation werden in einem Gemisch aus Glycerin (II) u. einem Pflanzenöl (III) suspendiert. Hierbei können noch folgende Zusätze verwendet werden: Antioxydationsmittel für **III**, Emulgatoren, Mittel zur Geschmacksverbesserung, Schlafmittel, Sulfadiazin, Sulfamerazin oder Sulfametazin. — Beispiele für **I**: **I**-Äthylsuccinat, **I**-Propionat, **I**-Stearat, **I**-Lactobionat, **I**-Diacetat u. **I**-Propionat; Beispiele für **III**: Cocos-, Mandel-, Sesam-, Mais-, Safflor- u. Baumwollsaatöl. Die Suspension soll 1—6 (Gew.-%) **I**-Derivv., 50 bis 10 **II** u. 10—50 **III** enthalten u. als Rest die obengenannten Zusätze. Zur Herst. der Suspension wird zunächst **II** auf 85—90° erhitzt, dann mit den Zusätzen gemischt, dann wird das auf 90° erhitzte **III** zugesetzt, das das Antioxydationsmittel enthält, nach Abkühlung auf 50° wird das **I**-Deriv. zugegeben u. nach weiterer Abkühlung auf Temp. $<40°$ das Aromatisierungsmittel. Bevorzugt hergestellt werden Suspensionen von **I**-Äthylsuccinat in einem Gemisch aus **II** + Mandelöl. (**Port. P. 38 041** vom 3/2. 1961, Auszug veröff. 26/4. 1961. A. Prior. 4/2. 1960.) A. Kalix. 4811

Chas. Pfizer & Co., Inc., Brooklyn, N.Y., V.St.A., **Arzneimittel,** bes. zur Bekämpfung grampositiver Mikroorganismen, gek., durch einen Geh. an Oleandomycinestern, z. B. 1-Monocarbomethoxy-, -äthoxy-, -propoxy-, n-amyloxy-, -benzyloxy-, -allyloxy-, -propargoxyoleandomycin, 1-Monohemisuccinyl-, -glutaryl-, -adipyloleandomycin, 1.2.3-Trinicotinoyl-, 1-p-Chlorbenzoyl- u. 1-Mono-p-anisoyl-2.3-diacetyloleandomycin. (**Ind. P. 64 705** vom 21/7. 1958, ausg. 9/6. 1961.) C. Lüttgen. 4811

Chas. Pfizer & Co., Inc., Brooklyn, N.Y., V.St.A., **Gewinnung des Antibioticums PA 7478,** durch submerse Kultur von S. rimosus ATCC 13224 in einem wss. Nährmedium, das Kohlehydrate, einen organ. N_2 liefernden Stoff u. anorgan. Salze enthält, u. Abtrennung des gebildeten Antibioticums nach üblichen Methoden. Das Prod. ist amphoter, F. des Hydrochlorids ca. 196—200°, $[\alpha]_D^{25}$ —50°, als 1%ig. Lsg. in 0,1n wss. HCl; die Summenformel beträgt 54,9 C, 5,5 H, 2,6 N, 7,4 Cl u. 29,6 O. (**Ind. P. 66 334** vom 6/1. 1959, ausg. 14/3. 1961.) C. Lüttgen. 4811

Eli Lilly & Co., Indianapolis, Ind., V.St.A. (Erfinder: Max Creager McCowen und Paul Fears Wiley), **Arzneimittel für die Bekämpfung von Wurmkrankheiten** bei Menschen und Tieren, enthaltend ein Thiacarbocyanin der Formel I, worin R eine niedere Alkylgruppe u. X ein physiolog. verträgliches Anion, bes. das Jodidion, bedeutet. (**E. PP. 842 749** vom 14/10. 1957, ausg. 27/7. 1960 u. **851 982** [Zusatz-Pat.] vom 26/11. 1958, ausg. 19/10. 1960.)

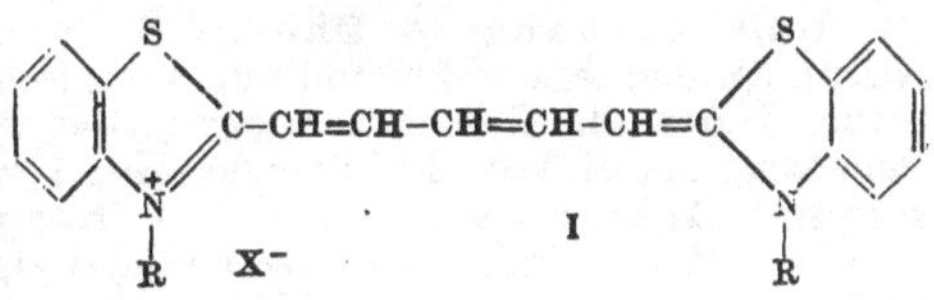

I

K. Koebke. 4815

Perronneau Frères, Frankreich, **Konservierung von Gelee royale** in handelsüblicher Form durch Einbringen in natürliche gefüllte Honigwaben, die in bes. Weise zur Aufbewahrung präpariert werden. — Zeichnung. (**F. P. 1 225 753** vom 17/2. 1959, ausg. 4/7. 1960.) M. F. Müller 4817

Frau Michael Vajda, Gabriel Vajda und Ladislaus Rakcsányi, Budapest, Ungarn, **Konservieren von Bienenköniginfutter** erfolgt mittels *Ascorbinsäure*, vorteilhaft in Mengen von 1—10%, u. A., vorteilhaft in Mengen von 15—30%. An Stelle von A. kann man andere bactericide Stoffe, bes. *Nipagin*, in Mengen von 0,1— 0,3% verwenden. Als Verdünnungsmittel kann man von Enzymen befreiten Honig anwenden. (**Ung. P. 145 169** vom 3/8. 1957, ausg. 15/8. 1959.) G. König. 4817

Louis Lafon, Paris, Frankreich, **Abführmittel**, enthaltend mindestens 5% eines Mischpolymerisats von Äthylenoxid u. Propylenoxid der Formel HO—$(C_2H_4O)_x$—$(C_3H_6O)_y$—$(C_2H_4O)_xOH$, worin die Gruppen $(C_2H_4O)_{x+x}$ 20-90% des Gesamtgewicht ausmachen u. y wenigstens 25 ist. Das Molgew. beträgt wenigstens 2000, bes. 7500 („Pluronic F 58"). Man kann die Mittel in wss.-alkohol. Lsg. geben. (**E. P. 840 155** vom 6/10. 1958, ausg. 6/7. 1960. A. Prior. 30/1. 1958.) K. Koebke. 4817

Knoll Akt.-Ges., Ludwigshafen/Rh. (Erfinder: Kurt Kraft, Heidelberg), **Lichtschutzmittel**, enthaltend 4'-Aminobenzoyl-4-aminobenzoesäure oder eines ihrer Acyl-Deriv. oder eines Salzes dieser Verb., neben mindestens 90% Trägerstoff. (**Schwz. P. 342 700** vom 29/12. 1955, ausg. 15/1. 1960.) K. Koebke. 4817

Colgate-Palmolive Co., New York, N.Y., V.St.A., **Trockenes, sprühfähiges N-Acylsarkosin**, z. B. N-Lauroyl- oder N-Palmitoylsarkosin oder seine Alkalisalze, erhält man durch Aufbringen einer bei einer Temp. $<100^0$ hergestellten wss. 10—40% ig. Lsg. auf eine schnell rotierende Metalloberfläche in einer Schichtdicke von 1/16 inch. bei einer Berührungszeit von 10—30 Sek. u. einer Temp. über dem F. des Prod., wobei das W. verdampft, u. das abtropfende Prod. unter 40^0 gekühlt wird. Es dient als Bestandteil von Reinigungsstiften u. von Zahnpasten u. -pulvern. — Zeichnung. (**E. P. 857 177** vom 22/6. 1959, ausg. 29/12. 1960. A. Prior. 7/7. 1958.)
O. Müller-Meiningen. 4823

Charles Mentzer, Georges Zwingelstein und Jacques Jouanneteau, Frankreich, **Chemische Sterilisation von Tieren** durch Behandeln mit disubstituierten 3.4-ungesätt. Säuren, z. B. *3.5-Dimethylhexen-(3)-*, $Kp._{10}$ 100^0, $Kp._{20}$ 128—129^0, *5-Methyl-3-isobutylhexen-(3)-*, $Kp._{11}$ 135—137^0, $Kp._{20}$ 155—160^0, oder *3.4-Dimethylpenten-(3)-säure*, $Kp._{11}$ 95^0. (**F. P. 1 224 806** vom 25/7. 1957, ausg. 27/6. 1960.) S. Böttcher. 4829

Dr. Karl Thomae G. m. b. H. (Erfinder: Johannes Keck), Biberach/Riß, **Gewinnung eines am Uterus und Ligamentum pubicum wirksamen Wirkstoffs aus Ovarien** nach D. A. S. 1 061 035, dad. gek., daß die Ovarien vor der Extraktion mit der gleichen bis 10fachen Gew.-Menge eines inerten Feststoffes gemischt werden u. die Extraktion kontinuierlich in Extraktionssäulen mit angesäuerten, wasserhaltigen mit W. mischbaren Lsgm. wie CH_3OH, Aceton, Dioxan, Acetonitril, oder mit verd. Säuren allein durchgeführt wird. (**D. A. S. 1 079 795** Kl. 30h vom 2/3. 1959, ausg. 14/4. 1960. **Zusatz zu D. A. S. 1 061 035; C. 1959, 16734.**) W. Heyer. 4829

National Lead Co., übert. von: Stephen F. Urban, Kenmore, N.Y., V.St.A., **Desodorieren von Luft** u. anderen Gasen, dad. gek., daß man die Luft mit einem bas. Zr-Salz der Formel $5\ ZrO_2 \cdot 3\ SO_3 \cdot 15\ H_2O$ in Kontakt bringt. (**A. P. 2 956 856** vom 24/11. 1958, ausg. 18/10. 1960.) K. Koebke. 4833

Louis Barrie, Frankreich, **Sterilisierverfahren** unter gleichzeitiger Anwendung von Dämpfen mit baktericiden Eigg. (Trioxymethylen oder HCHO) von O_3 u. UV-Strahlen der Wellenlänge 2537 Å. (**F. P. 1 225 855** vom 20/2. 1959, ausg. 6/7. 1960.)
M. F. Müller. 4833

L. M. M. Nevels, Thorn, Niederlande, **Desinfektionskalk**, bestehend aus einem vollkommen trocknen, lagerbeständigen Gemisch aus $Ca(OH)_2$, Na_2CO_3 u. $(NH_4)_2SO_4$

im Gew.-Verhältnis 40 : 17 : 11, das mit W. vermischt angewendet wird. (**Belg. P. 566 775** vom 14/4. 1958, ausg. 12/8. 1960. Niederl. Prior. 20/1. 1958.) K. Demmler. 4833

Ions Exchange & Chemical Corp., V.St.A. (Erfinder: Meyer Mendelsohn), **Antibakterielle Behandlung organischer Stoffe,** wie Baumwolle, Wolle, Dacron, Seide, Kunstseide, Cellulose, Leder u. Catgut durch Behandeln mit Lsgg. von $ZnCl_2$, Benetzungsmittel, komplexbildendes Mittel, wie Tetra-Na-Äthylendiamintetraacetat, u. Harnstoff (**I**) bei pH 8 u. > 50°. Zn u. Komplexbildner gehen durch Vermittlung von **I** mol. Bindungen mit dem Fasermaterial ein. (**F. P. 1 223 061** vom 29/4. 1959, ausg. 15/6. 1960. A. Prior. 2/6. u. 15/9. 1958.) H. Meltzer. 4833

Chemische Werke Hüls Akt.-Ges., Deutschland, **Keimtötendes Mittel** (Nachtrag zu D. A. S. 1 028 747; C. **1959,** 1557). Von den halogenierten ungesätt. Alkoholen sind z. B. genannt: 3-Chlor-2-methylpropen-(2)-ol-(1), 3-Chlor-2-methylbuten-(2)-ol-(1) u. 3-Chlor-2-pentylpropen-(2)-ol-(1). (**F. P. 1 237 712** vom 28/8. 1957, ausg. 25/11. 1960. D. Prior. 8/9. 1956.) M. F. Müller. 4833

Monsanto Chemical Co., St. Louis, übert. von: David J. Beaver, Richmond Heights, und Paul J. Stoffel, Florissant, Mo., V.St.A., **Antiseptisches Reinigungsmittel,** bestehend aus anionakt. u./oder nichtion. waschakt. Stoffen mit einem Geh. von 0,1—50% eines halogenierten Benzanilids der allg. Formel $X_nH_{5-n}C_6$—CONHR, in der X Cl oder Br, R ein durch 1—3 Cl- oder Br-Atome substituierter Benzolrest u. n 1—3 ist, wobei die Gesamtzahl der Halogenatome $\geqq 3$ sein muß, bes. 3.3'.4-Trichlorbenzanilid. Das Prod. ist bes. wirksam gegen *Micrococcus pyogenes var. aureus* (**A. P. 2 965 575** vom 27/5. 1957, ausg. 20/12. 1960.) C. Lüttgen. 4833

B. F. Goodrich Co., New York, N.Y., übert. von: Jerome C. Westfahl, Cuyahoga Falls, Ohio, V.St.A., **Organoquecksilber oder -kupferverbindungen** der allg. Formel $[R-CH_2-C(CN)_2-]_2Hg(Cu)$, worin R a) ein ggf. alkyl-, alkoxy-, cyanalkyl- oder halogen- u. alkoxy-substituierter Aryl- oder Naphthalinrest ist, oder b) Malonsäurediestergruppen der Formel $-Y-C(COOA)_2-$ bedeutet, in der A für eine niedermol. Alkylgruppe u. Y für eine niedermol. Alkylgruppe oder deren Monophenyl-Deriv. steht, oder c) Nitroparaffingruppen darstellt, in welchen die NO_2-Gruppe u. die $-CH_2-C(CN)_2$-Gruppe an dem selben C-Atom in der Paraffinkette sitzen, erhält man durch Rk. in alkal. Medium in einem inerten Lsgm. von Verbb. der allg. Formel $R-CH_2-C(CN)_2-H$, worin R die obige Bedeutung hat, mit Hg- oder Cu-Salzen, die in dem Rk.-Medium lösl. sind. Ausgangsstoffe nach a) sind z. B. 1.1-Dicyano-2-phenyläthan, 1.1-Dicyano-2-tolyläthan, 1.1-Dicyano-2-naphthyläthan, 1.1-Dicyano-(2.5-dimethoxyphenyl)-äthan u. 1.1-Dicyano-2-(2-äthyl-5-cyanomethylphenyl)-äthan; solche nach b): Dimethyläthyl-, Diäthyläthyl-, Dipropylmethyl-, Dibutylpropyl- u. Dimethylphenyl-(2.2-dicyanoäthyl)-malonat; solche nach c): 1.1-Dicyano-3-methyl-3-nitrobutan, das entsprechende -3-nitropentan bis -3-nitrononan, 1.1-Dicyano-3-äthyl-3-nitropentan u. -3-nitrohexan. Geeignete Hg- u. Cu-Salze sind: $HgCl_2$, $HgBr_2$, HgJ_2, $HgSO_4$, $Hg(NO_3)_3$, $Hg(OOCH)_2$, Hg-Citrat, $CuCl_2$, $Cu(NO_3)_2$, $CuSO_4$, $Cu(OOCCH_3)_2$, $CuCO_3$, Cu-Propionat, Cu-Fluosilicat u. Cu-Salicylat. — Zu einer Lsg. von 6,7 (g) 1.1-Dicyano-2-(2.4.6-trimethylphenyl)-äthan in 200 cm^3 A. gibt man eine Lsg. von 4,5 $HgCl_2$ in 100 cm^3 A. u. dazu tropfenweise eine Lsg. von 1,4 NaOH in 70 cm^3 W., wobei sich sofort *Bis-[1.1-dicyano-2-(2.4.6-trimethylphenyl)-äthyl]-Hg* der Formel $[(CH_3)_3C_6H_2-CH_2C(CN)_2]_2-Hg$ abscheidet. Die aus Dimethylformamid durch W. abgeschiedene Substanz zersetzt sich bei 225—228° ohne Schmelzen; 1-Äthyl-1.1-dicarbäthoxy-2-dicyanoäthan + $HgCl_2$ → *Bis-[1-äthyl-1.1-dicarbäthoxy-2-dicyanoäthyl]-Hg,* F. 109—110° u. 133—134°, aus Bzl., niedergeschlagen mit heißem Hexan; 1.1-Dicyano-3-methyl-3-nitrobutan + $HgCl_2$ → *Bis-[1.1-dicyano-3-methyl-3-nitrobutyl]-Hg,* aus Aceton–W.-Gemisch, F. 178° (Zers.); 1.1-Dicyano-2-(2.5-dimethylphenyl)-äthan + $HgCl_2$ → *Bis-[1.1-dicyano-2-(2.5-dimethylphenyl)-äthyl]-Hg,* F. 223—224,5° (Zers.); mit $CuCl_2$ erhält man das *analoge Kupfersalz,* grüne Kristalle. — *Fungicide* u. *Bakterícide.* (**A. P. 2 953 588** vom 8/3. 1956, ausg. 20/9. 1960.) J. Mühleisen. 4833

Rohm & Haas Co., Philadelphia, Pa., übert. von: Warren D. Niederhauser, Huntsville, Ala., V.St.A., **Bakterieides Mittel,** bes. zur Bekämpfung von *Escherichia coli* in hartem W., bestehend aus *Hexamethylen-bis-[octylbenzyldimethylammonium-brom- oder chloracetamid].* Die Verb. kann z. B. hergestellt werden durch Kochen von 135 (Teilen) Hexamethylen-bis-(chloracetamid) mit 22,5 40%ig. Dimethylamin-Lsg. u. 40 25%ig. NaOH u. Rk. des erhaltenen α.ω-Bis-[N.N'-dimethylaminoacetamido]-hexan mit Octylbenzylbromid oder -chlorid. (**A. P. 2 926 119** vom 2/5. 1958, ausg. 23/2. 1960.) C. Lüttgen. 4833

Monsanto Canada Ltd., Ville La Salle, Canada (Erfinder: Arthur Ferguson McKay und Maria-Elisabeth Kreling), **Bicyclische Guanidinderivate** der allg. Formel **I** u. deren *Arylsulfonyl-Derivv.* der allg. Formel **II** (n = 2—4, m = 2—3).

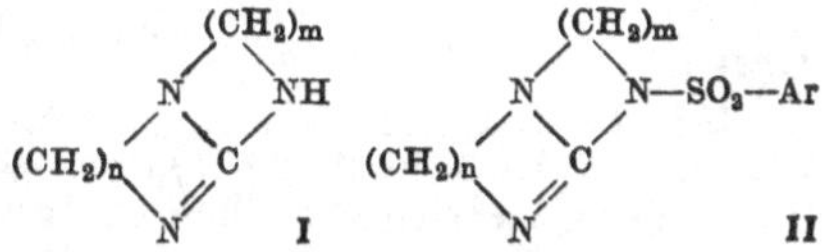

I II

Die I werden hergestellt durch Halogenierung von 2-(ω-Hydroxyalkylamino)-δ^2-1.3-diazacycloalkenen, z. B. mittels $SOCl_2$ u. Kochen des Halogenierungs-Prod. mit alkohol. KOH. Die II werden hergestellt durch Rk. der I mit einem entsprechenden Arylsulfonylchlorid in wss. alkal. Lsg. in Ggw. eines Lsgm. wie Diäthyläther. — Durch Rückflußkochen stellt man aus 2-Methylmercapto-2-imidazolinhydrojodid u. 3-Amino-1-propanol, gelöst in abs. A. 2-(γ-Hydroxypropylamino)-2-imidazolinhydrojodid her, aus welchem nach Reinigung mittels HCl das Hydrochlorid gewonnen wird. Letzteres wird mittels $SOCl_2$ in 2-(γ-Chlorpropylamino)-2-imidazolinhydrochlorid verwandelt. Aus diesem Prod. wird durch Rückflußkochen mittels alkohol. KOH *Δ^8-Hexahydro-1.4.8-pyrimidazol* hergestellt, welches als Pikrat, F. 230°, am besten zu isolieren ist. — Analog werden hergestellt: *Δ^9-1.5.9-triazabicyclo-(4.4.0)-decenpikrat*, F. 220,5—222°; *Δ^9-1.4.9-Triazabicyclo-(5.3.0)-decenpikrat*, F. 216—218°. Aus diesen Prodd. werden gewonnen: *1-p-Toluolsulfonyl-2.3.5.6-tetrahydroimidazolo-(1.2;a)-imidazol*, F. 182—184°; *1-p-Acetylaminobenzolsulfonyl-2.3.5.6-tetrahydroimidazolo-(1.2;a)-imidazol*, F. 270—271,5°; *1-p-Toluolsulfonyl-Δ^8-hexahydro-1.4.8-pyrimidazol*, F. 174—177°; *1-p-Acetylaminobenzolsulfonyl-Δ^8-hexahydro-1.4.8-pyrimidazol*, F. 267—269°; *1-p-Toluolsulfonyl-Δ^9-1.4.9-triazabicyclo-(5.3.0)-decen*, F. 110,5—111,5°; *1-p-Acetylaminobenzolsulfonyl-Δ^9-1.4.9-triazabicyclo-(5.3.0)-decen*, F. 236 bis 238°; *1-p-Nitrobenzolsulfonyl-2.3.5.6-tetrahydroimidazolo-(1.2;a)-imidazol*, F. 179 bis 180°; *1-p-Aminobenzolsulfonyl-2.3.5.6-tetrahydroimidazolo-(1.2;a)-imidazol*, F. 185—186°; *1-p-Aminobenzolsulfonyl-Δ^9-1.4.9-triazabicyclo-(5.3.0)-decen*, F. 207—208,5°. Die I dienen als Zwischenprod. zur Herst. von II, die II dienen als äußerlich anwendbare *Bactericide*. (**E. PP. 826 837** u. **826 838** vom 29/4. 1957, ausg. 20/1. 1960.) A. Dandl. 4833

Abbott Laboratories, North Chicago, übert. von: William R. Sherman, Waukegan, Ill., V.St.A., **Thiosemicarbazide** der Formel I (R = H, Alkyl mit 1 bis 4 C-Atomen, Aryl) werden hergestellt durch Rk. von 5-Nitro-2-furoylhydrazid mit einem Isothiocyanat der Formel RSCN bei 10—80° in Ggw. geeigneter Lsgm., wie Äthanol. Sie können auch hergestellt werden durch Rk. von 5-Nitro-2-furoylchlorid mit einem entsprechenden Thiosemicarbazid in Dioxan als Lsgm. bei 10—80°. — Aus 5-Nitro-2-furoylchlorid, Thiosemicarbazid u. $NaHCO_3$ in trockenem Dioxan erhält man nach 2std. Rühren bei normaler Temp. u. Erwärmen auf dem Dampfbad während 10 Min. gelbes *1-(5-Nitro-2-furoyl)-thiosemicarbazid*, F. 192°. — Analog werden hergestellt: *4-Methyl-1-(5-nitro-2-furoyl)-*, F. 190°; *4-Äthyl-1-(5-nitro-2-furoyl)-*, gelb, F. 193°; *4-Phenyl-1-(5-nitro-2-furoyl)-thiosemicarbazid*, gelbgrün, F. 175°. — *Bactericide*. (**A. P. 2 945 047** vom 29/12. 1958, ausg. 12/7. 1960.) A. Dandl. 4833

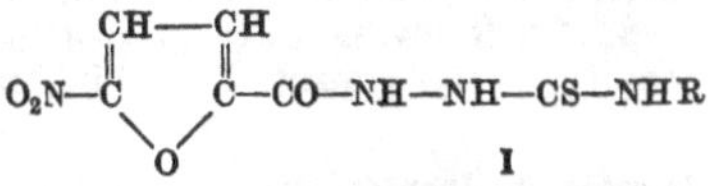

I

Farbwerke Hoechst Akt.-Ges., vormals Meister Lucius & Brüning, Frankfurt/M. (Erfinder: Heinrich Ruschig, Bad Soden/Taunus, Gerhard Korger und Georg Nesemann, Frankfurt/M.), **Antimykotisch wirksame Halogensalicylsäureamide** erhält man durch Rk. reaktionsfähiger Derivv. der 3-Halogen-2-hydroxybenzoesäuren (Alkyl-, Phenylester, Halogenide, Azide; Halogen = Cl, Br, J) mit Aminen der allg. Formel R—NH—R′ (R = gerad- oder verzweigtkettiges, gesätt. oder ungesätt. Alkyl mit 1—10 C-Atomen, das noch Arylgruppen enthalten kann; R′ = H, niedermol. Alkyl) in üblicher Weise in An- oder Abwesenheit eines Lsgm. oder Verdünnungsmittels, bes. bei 70—100°. — Aus 34 g 3-Chlor-2-hydroxybenzoesäure-n-butylester (aus der Säure + n-Butanol, $Kp._{1-2}$ 127—130°) u. 44 g n-Butylamin in 19 g Methanol nach 20std. Erhitzen auf 80°, dann Abdestillieren der flüchtigen Stoffe im Vakuum bis 100° → *3-Chlor-2-hydroxybenzoesäure-n-butylamid*, aus Cyclohexan, F. 72—74°; 82% (Ausbeute). — 3-Chlor-2-hydroxybenzoesäureäthylester, $Kp._{10}$ 135°, + n-Hexylamin → *3-Chlor-2-hydroxybenzoesäure-n-hexylamid*, aus Cyclohexan F. 72 bis 74,5°; 82%; *-allylamid*, aus Cyclohexan, F. 106—107,5°; *-isopropylamid*, aus Cyclohexan F. 101—102,5°. — 3-Chlor-2-hydroxybenzoesäure + $SOCl_2$ → Säurechlorid + β-Phenyläthylamin → *3-Chlor-2-hydroxybenzoesäure-β-phenyläthylamid*, F. 153—155°; *-di-(n-butyl)-amid*, nicht destillierbares, sehr zähes Öl, das in einer Kältemischung zu einer wachsartigen Masse erstarrt. — Als Amine sind noch verwendbar: Methyl-, Äthyl-, n-Propyl-, sek.- u. tert.-Butyl-, n-Pentyl-, Isoamyl-, n-Octyl-, Crotyl-, Methylpropyl-, Di-n-propyl- u. Benzylamin. — Die Verbb. sind gut verträglich u. haben einen niedrigen Eiweißfaktor (= teilweise oder völlige Inaktivierung antimykot. Stoffe in Ggw. von Eiweiß). — Wrkg. der Verbb. gegen *Pilze*, wie *Microsporum gypseum* oder *canis*, *Epidermophyton rubrum*, *Trichophyton rotundum* u. plicatile, vgl. Tabelle. (**D. A. S. 1 089 371**

Kl. 12o vom 28/4. 1956, ausg. 22/9. 1960. **Zusatz zu D. A. S. 1026301; C. 1959, 11345.)** G. Krauß. 4833

Air Reduction Co., Inc., New York, N.Y., übert. von: Morton W. Leeds, Union, und Robert J. Tedeschi, Whitehouse Station, N.J., V.St.A., **Aromatisch substituierte acetylenische Diole enthaltende germicide Mittel.** Als Wirkstoffe kommen Verbb. der allg. Formel I in Frage, in der R für H, Methyl, Äthyl, Propyl oder Butyl u. n für eine Zahl 1—3 steht. Zur Herst. läßt man C_2H_2 mit p-Chloracetophenon in Ggw. von feinverteiltem KOH u. einem polaren Lsgm. (Isopropyläther, Methylal, Dioxan) bei 20—50°, bes. 25—35°, bzw. 35—40° reagieren u. hydrolysiert das Rk.-Prod. nach dem Abkühlen auf 15°. Man erhält so 1.4-Bis-[p-chlorphenyl]-butin-(2)-diol-(1.4), 2.5-Bis-[2.4-dichlorphenyl]-, 2.5-Bis-[2.4.5-trichlorphenyl]- oder 2.5-Bis-[3.4.6-trichlorphenyl]-hexin-(3)-diol-(2.5), 3.6-Bis-[p-chlorphenyl]-octin-(4)-diol-(3.6), 4.7-Bis-[p-chlorphenyl]-decin-(5)-diol-(4.7), 5.8-Bis-[p-chlorphenyl]-dodecin-(6)-diol-(5.8) oder bes. 2.5-Bis-[p-chlorphenyl]-hexin-(3)-diol-(2.5). — Verw. mit inerten Trägerstoffen. (**A. P. 2 921 882** vom 15/8. 1956, ausg. 19/1. 1960.) W. Gräger. 4833

I 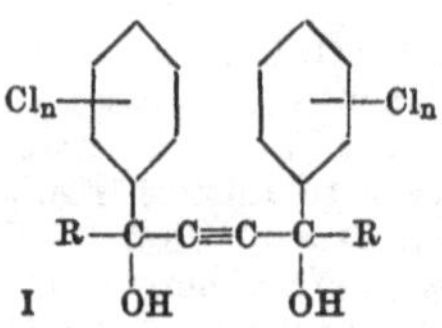

Permachem Corp., West Palm Beach, Fla., übert. von: Garson A. Lutz, Columbus, und Robert E. Sharpe, Worthington, Ohio, V.St.A., **Germicide Seife,** enthaltend ein Kationenaustauscherharz (I) in Ag-Form, das aus einem sulfonierten Mischpolymerisat von Styrol u. kleinen Mengen Divinylbenzol (II) oder einem Mischpolymerisat von Methacrylsäure u. **II** besteht u. als einzige Kationen austauschende Gruppen Sulfonsäure- bzw. Carbonsäuregruppen aufweist. Die Herst. erfolgt z. B. aus einem **I** der angegebenen Art, z. B. „Dowex-50", indem man es mit 100 (ml) 0,5n NaOH in die Na-Form überführt, mit W. neutral wäscht, mit 100 5%ig. $AgNO_3$-Lsg. verrührt, filtert, mit W. Ag-frei wäscht u. 16 Std. bei 50—60° trocknet. (**A. P. 2 951 811** vom 20/2. 1956, ausg. 6/9. 1960.) C. Lüttgen. 4833

Permachem Corp., West Palm Beach, Fla., V.St.A., **Germicide Seife,** gek. durch einen Geh. von *Ag-Salzen aromat. Cyanamide, Imide oder Säuren,* bes. *Ag-Phthalimid,* -Phenylcyanamid, -phthalat, -phthalamat u. -salicylat. (**E. PP. 847 256** u. **847 258** vom 19/2. 1957, ausg. 7/9. 1960. Beide A. Prior. 20/2. 1956.) C. Lüttgen. 4833

Johnson & Johnson, New Brunswick, N.J., übert. von: **William H. Ashton**, Philadelphia, Pa., und **Joseph N. Masci**, Metuchen, N.J., V.St.A., *Flexibles Fasermaterial.* (**Can. P. 563 471** vom 4/6. 1953, ausg. 16/9. 1958. A. Prior. 6/6. 1952. — C. **1957**, 10821 [E. P. 750 325].)

Abbott Laboratories, North Chicago, übert. von: **Donalee L. Tabern**, Lake Bluff, und **Robert H. Storey**, Township of Benton, Ill., V.St.A., *Radioaktive Kapseln.* (**Can. P. 563 267** vom 28/2. 1955, ausg. 16/9. 1958. A. Prior. 9/3. 1954. — C. **1958**, 7546 [E. P. 767 073].)

Tanabe Seiyaku Co. Ltd., Osaka, Japan, *Überzüge für Arzneimittel.* (**E. P. 888 131** vom 21/7. 1960, ausg. 24/1. 1962. Jap. Prior. 25/7. 1959. — C. **1961**, 18414 [D. A. S. 1 108 857].)

Smith, Kline & French Laboratories, Philadelphia, Pa., V.St.A., *Färben von Arzneitabletten.* (**E. P. 891 699** vom 11/9. 1958, ausg. 14/3. 1962. A. Prior. 27/11. 1957. — C. **1961**, 3082 [A. P. 2 925 365].)

Monsanto Chemical Co., St. Louis, Mo., übert. von: **Thomas E. Sample jun.**, La Marque, Tex., V.St.A., *Stärkecyanäthylester.* (**Can. P. 563 046** vom 12/11. 1955, ausg. 9/9. 1958. A. Prior. 17/2. 1955. — C. **1958**, 2515 [F. P. 1 141 348].)

Upjohn Co., Kalamazoo (Erfinder: **Curtis Erdmund Meyer**, Galesburg, **James Arthur Faucher** und **Paul Edward Schurr**, Kalamazoo), Mich., V.St.A., *Intravenös applizierbare Fettemulsion.* (**Schwz. P. 361 088** vom 1/4. 1957, ausg. 15/5. 1962. A. Prior. 30/4. 1956. — C. **1961**, 580 [Aust. P. 215 753].)

Soc. Parisienne d'Expansion Chimique S.P.C.I.A. (Erfinder: **Marcel Guillot**), Paris, Frankreich, *Salben- oder Cremegrundlage.* (**Schwz. P. 361 090** vom 24/7. 1957, ausg. 15/5. 1962. F. Prior. 26/7. 1956. — C. **1960**, 10320 [E. P. 806 719].)

Dental Perfection Co., übert. von: **Stanley E. Noyes** und **Edwin H. Lochridge**, Glendale, Calif., V.St.A., *Zahnabdruckmasse.* (**Can. P. 562 912** vom 9/1. 1953, ausg. 9/9. 1958. A. Prior. 7/4. 1952. — C. **1957**, 9164 [E. P. 727 520].)

Simon Myerson, Cambridge, Mass., V.St.A., *Preßmasse für Gebisse.* (**Can. P. 555 169** vom 21/1. 1949, ausg. 1/4. 1958. — C. **1950 I**, 1004 [A. P. 2 466 040].)

Chattanooga Medicine Co. (Erfinder: **Irvine Walter Grote**), Chattanooga, Tenn., V.St.A., *Zirkonyltrichloraluminat.* (**E. P. 890 579** vom 10/10. 1958, ausg. 7/3. 1962. — C. **1961**, 6238 [D. A. S. 1 086 221].)

Bristol Laboratories, Inc., V.St.A. (Erfinder: **Yvon Gaston Perron**), *Trihalogenessigsäureamide.* (**F. P. 1 226 417** vom 3/5. 1957, ausg. 11/7. 1960. A. Prior. 4/5. 1956. — C. **1962**, 6875 [E. P. 805 575].)

Merck & Co., Inc., Rahway, übert. von: **Karl Pfister III**, Westfield, N.J., und **William J. Leanza**, Staten Island, N.Y., V.St.A., *Herstellung von α-Methylglutaminsäure aus Lävulinhydantoin.* (**Can. P. 559 737** vom 13/11. 1952, ausg. 1/7. 1958. A. Prior. 28/12. 1951. — C. **1954**, 8400 [A. P. 2 658 912].)

Ciba Ltd., Basel, übert. von: **Max Matter**, Worb, und **Albert Kobler**, Guemligen, Schweiz, *Herstellung von Amiden.* (**Can. P. 559 601** vom 23/6. 1953, ausg. 1/7. 1958. Schwz. Prior. 28/6. u. 20/12. 1952. — C. **1959**, 7892 [E. P. 762 761].)

American Cyanamid Co., New York, N.Y., übert. von: **John C. Paterson**, New City, N.Y., und **John E. Gordon**, Middlesex, N.J., V.St.A., *Reinigung von Sulfonamiden.* (**Can. P. 563 444** vom 18/1. 1957, ausg. 16/9. 1958. A. Prior. 28/2. 1956. — C. **1961**, 11429 [A. P. 2 777 844].)

F. Hoffmann-La Roche & Cie. Soc. An., Schweiz, *Hydrazinderivate.* (**F. P. 1 217 379** vom 19/2. 1959, ausg. 3/5. 1960. Schwz. Prior. 21/2. 1958. — C. **1962**, 3192 [D. A. S. 1 094 264].)

Upjohn Co., übert. von: **Robert B. Moffett** und **John L. White**, Kalamazoo, Mich., V.St.A., *Disubstituierte Hydroxyessigsäurepyrrolidylalkylester.* (**Can. P. 563 486** vom 13/1. 1955, ausg. 16/9. 1958. A. Prior. 22/3. 1954. — C. **1959**, 9327 [D. A. S. 1 014 996].)

American Cyanamid Co., New York, N.Y., übert. von: **Richard W. Young**, Riverside, und **Melinda J. Muller**, Stamford, Conn., V.St.A., *Substituierte Δ^2-1.3.4-Thiadiazolin-2-sulfonsäureamide.* (**Can. P. 563 122** vom 14/11. 1956, ausg. 9/9. 1958. A. Prior. 23/1. 1956. — C. **1957**, 11102 [A. P. 2 783 239].)

American Cyanamid Co., New York, N.Y., übert. von: **Sidney R. Safir**, River Edge, **James H. Williams**, Ridgewood, N.J., und **Joseph J. Hlavka**, Cambridge, Mass., V.St.A., *Herstellung von Piperazindionen.* (**Can. P. 563 017** vom 20/12. 1954, ausg. 9/9. 1958. A. Prior. 1/2. 1954. — C. **1957**, 11958 [A. P. 2 763 652].)

Soc. des Usines Chimiques Rhône-Poulenc, Paris, übert. von: **Robert M. Jacob**, Ablon-sur-Seine, Seine-et-Oise, Frankreich, *Pyrimidinverbindungen.* (**Can. P. 562 819** vom 16/3. 1953, ausg. 2/9. 1958. F. Prior. 23/6., 10/10. 1951 u. 24/1. 1952. — C. **1955**, 11637 [Belg. P. 512 135].)

J. R. Geigy Akt.-Ges., übert. von: **Willy Stoll**, Basel, Schweiz, *Substituierte 4-Aminouracile.* (**Can. PP. 562 654** vom 4/2. 1954 u. **562 655** vom 10/4. 1957, beide ausg. 2/9. 1958. Beide Schwz. Prior. 6/2. 1953. — C. **1957**, 9727 [D. B. P. 938 846].)

Soc. des Usines Chimiques Rhône-Poulenc, Paris, übert. von: **Raymond J. Horclois**, Malakoff/Seine, und **Edouard Suau**, Choisy-le-Roi/Seine, Frankreich, *Phenthiazinderivate.* (**Can. PP. 563 301** u. **563 302** vom 12/11. 1957, ausg. 16/9. 1958. Beide F. Prior. 6/11. 1954 u. 3/8. 1955. — C. **1959**, 8652 [D. A. S. 1 018 868].)

American Cyanamid Co., New York, übert. von: **Shreekrishna M. Gadekar**, **Joseph L. Sanjurjo**, Pearl River, und **Samuel Kushner**, Nanuet, N.Y., V.St.A., *Herstellung von Phenothiazinderivaten.* (**Can. P. 559 552** vom 14/6. 1955, ausg. 1/7. 1958. A. Prior. 13/8. 1954. — C. **1959**, 8254 [E. P. 781 526].)

Imperial Chemical Industries Ltd., London, übert. von: **Albert F. Crowther**, Blackley, Manchester, England, *Triazinderivate.* (**Can. P. 563 465** vom 19/9. 1951, ausg. 16/9. 1958. — C. **1953**, 7145 [D. B. P. 879 696].)

Mozes J. Lewenstein, Kew Gardens, übert. von: **Ulrich Weiss**, Jamaica, N.Y., V.St.A., *Morphinderivate.* (**Can. P. 562 923** vom 19/1. 1954, ausg. 9/9. 1958. — C. **1959**, 13577 [A. P. 2 806 033].)

Eastman Kodak Co., übert. von: **Donald M. Burness** und **Charles D. Robeson**, Rochester, N.Y., V.St.A., *Synthese von Vitamin A.* (**Can. PP. 562 622** vom 26/1. 1952 u. **562 623** vom 16/1. 1958, beide ausg. 2/9. 1958. Beide A. Prior. 11/9. 1951. — C. **1957**, 4484 [A. P. 2 676 994].)

Eastman Kodak Co., übert. von: **Wilbert J. Humphlett** und **Donald M. Burness**, Rochester, N.Y., V.St.A., *Vitamin A.* (**Can. PP. 562 624** vom 26/6. 1952 u. **562 625** vom 16/1. 1958, beide ausg. 2/9. 1958. Beide A. Prior. 11/9. 1951. — C. **1957**, 4484 [A. P. 2 676 990].)

Eastman Kodak Co., übert. von: **Wilbert J. Humphlett**, Rochester, N.Y., V.St.A., *Herstellung von Vitamin A.* (**Can. PP. 562 626** vom 12/7. 1952 u. **562 627** vom 16/1. 1958, beide ausg. 2/9. 1958. Beide A. Prior. 11/9. 1951. — C. **1957**, 4485 [A. P. 2 676 992].)

Parke, Davis & Co., Detroit, Mich., übert. von: **Esmond E. Snell**, Austin, Tex., **Eugene L. Wittle** und **James A. Moore**, Detroit, Mich., V.St.A., *Pantothenylaminoäthylschwefelverbindungen.* (**Can. P. 562 982** vom 9/10. 1951, ausg. 9/9. 1958. A. Prior. 24/10. 1950. — C. **1955**. 10324 [A. P. 2 680 767].)

Merck & Co., Inc., Rahway, übert. von: **Elmer Alpert**, Madison, N.J., V.St.A., *Arzneimittel.* (**Can. P. 554 990** vom 29/7. 1955, ausg. 25/3. 1958. A. Prior. 11/8. 1954. — C. **1959**, 12328 [E. P. 799 902].)

Merck & Co., Inc., Rahway, übert. von: **Evelyn H. Wilson**, East Orange, und **Max Tishler**, Westfield, N.J., V.St.A., *Δ^4-3-Ketosteroide.* (**Can. P. 561 773** vom 2/7. 1953, ausg. 12/8. 1958. A. Prior. 19/7. 1952. — C. **1963**, 226 [A. P. 2 957 892].)

Schering Corp., Bloomfield, übert. von: **Hershel L. Herzog**, Mountain View, und **Eugene P. Oliveto**, Bloomfield, N.J., V.St.A., *Zwischenprodukte für die Herstellung von $\Delta^{1,4}$-Pregnadienen.* (**Can. P. 556 094** vom 14/8. 1957, ausg. 15/4. 1958. A. Prior. 26/1. u. 2/2. 1955. — C. **1961**, 11056 [A. P. 2 932 639].)

Upjohn Co., übert. von: **Douglas A. Lyttle** und **Robert H. Levin**, Kalamazoo, Mich., V.St.A., *Herstellung von $\Delta^{4,16}$-Pregnadien-3.11.20-trion.* (**Can. P. 563 257** vom 11/6. 1954, ausg. 16/9. 1958. A. Prior. 27/8. 1953. — C. **1958**, 4271 [E. P. 768 271].)

Merck & Co., Inc., Rahway, übert. von: **Karl Pfister III**, Westfield, N.J., und **William J. Leanza**, Staten Island, N.Y., V.St.A., *Herstellung von 21.21-Diacyloxycortison.* (**Can. P. 563 000** vom 30/6. 1954, ausg. 9/9. 1958. A. Prior. 30/4. 1952. — C. **1956**, 1975 [A. P. 2 708 202].)

Merck & Co., Inc., Rahway, übert. von: **Lewis H. Sarett**, Princeton, **George I. Poos**, North Plainfield, N.J., und **William F. Johns**, Madison, Wis., V.St.A., *$\Delta^{4,16}$-Pregnadien-3.11.20-trion.* (**Can. P. 563 003** vom 9/8. 1954, ausg. 9/9. 1958. A. Prior. 9/9. 1953. — C. **1959**, 10673 [D. A. S. 1 038 040].)

Merck & Co., Inc., übert. von: **Robert E. Jones**, Rahway, und **Samuel A. Robinson**, Plainfield, N.J., V.St.A., *Herstellung von Steroiden.* (**Can. P. 563 006** vom 22/9. 1954, ausg. 9/9. 1958. A. Prior. 27/10. 1953. — C. **1959**, 12943 [Niederl. P. 87 069].)

Upjohn Co., Kalamazoo, übert. von: **Herbert C. Murray**, Hickory Corners, und **Durey H. Peterson**, Kalamazoo, Mich., V.St.A., *15-Hydroxyprogesteron und 15-Hydroxy-10-normethylprogesteron.* (**Can. P. 555 764** vom 27/6. 1955, ausg. 8/4. 1958. A. Prior. 17/8. 1954. — C. **1958**, 6629 [E. P. 773 628].)

Upjohn Co., Kalamazoo, übert. von: **Herbert C. Murray**, Hickory Corners, und **Durey H. Peterson**, Kalamazoo, Mich., V.St.A., *15.21-Dihydroxyprogesteron.* (**Can. P. 555 765** vom 27/6. 1955, ausg. 8/4. 1958. A. Prior. 17/8. 1954. — C. **1958**, 6629 [E. P. 773 928].)

Upjohn Co., Kalamazoo, übert. von: **Herbert C. Murray**, Hickory Corners, und **Durey H. Peterson**, Kalamazoo, Mich., V.St.A., *15-Hydroxytestosteron und 10-Normethyltestosteronverbindungen.* (**Can. P. 555 766** vom 27/6. 1955, ausg. 8/4. 1958. A. Prior. 17/8. 1954. — C. **1958**, 6629 [E. P. 774 064].)

Upjohn Co., übert. von: **Robert E. Himelick**, Kalamazoo, Mich., V.St.A., *Antibiotica.* (**Can. P. 563 278** vom 27/6. 1955, ausg. 16/9. 1958. A. Prior. 21/7. 1954. — C. **1958**, 7552 [A. P. 2 801 952].)

Chemie Grünenthal G. m. b. H., übert. von: **Herbert Keller** und **Heinrich Muckter**, Stolberg/Rheinland, *Antibiotica.* (**Can. P. 563 512** vom 29/12. 1955, ausg. 16/9. 1958. D. Prior. 10/3. u. 8/4. 1954. — C. **1959**, 10344 [Aust. P. 203 734].)

Charles E. Frosst & Co., Montreal, übert. von: **John F. Millar**, Valois, **Samuel W. Harder** und **Lloyd E. Findlay**, St. Lambert, Quebec, Canada, *Penicillinhaltiges Arzneimittel.* (**A. P. 2 991 226** vom 3/2. 1958, ausg. 4/7. 1961. — C. **1961**, 3748 [E. P. 829 055].)

American Cyanamid Co., New York, übert. von: **Joseph F. Weidenheimer**, Pearl River, und **Lawrence Ritter**, Buena Vista Heights Suffern, N.Y., V.St.A., *Reinigung von Tetracyclin.* (**Can. P. 563 362** vom 13/3. 1957, ausg. 16/9. 1958. A. Prior. 4/4. 1956. — C. **1960**, 14119 [D. A. S. 1 070 079].)

American Cyanamid Co., New York, übert. von: **John C. Bird**, Pearl River, N.Y., V.St.A., *Tetracyclinspray.* (**Can. P. 555 561** vom 9/6. 1955, ausg. 8/4. 1958. A. Prior. 20/4. 1955. — C. **1958**, 11904 [A. P. 2 782 975].)

Lepetit S. p. A. (Erfinder: **Piero Sensi** und **Pinhas Margalith**), Mailand, Italien, *Gewinnung von Rifomycin.* (**E. P. 877 732** vom 12/8. 1958, ausg. 20/9. 1961. — C. **1961**, 9134 [D. A. S. 1 089 513].)

Ciba Soc. An., Basel, Schweiz, *Gramicidin S aus Carbonsäureestern von L-Valyl-L-ornithyl-L-leucyl-D-phenylalanyl-L-prolin mit basischen Mitteln.* (**Belg. P. 563 318** vom 18/12. 1957, ausg. 17/6. 1960. Schwz. Prior. 19/12. 1956. Zusatz zu Belg. P. 535 525; C. 1959, 16852. — C. **1960**, 12439 [Oe. P. 202 276].)

Parke, Davis & Co., Detroit, Mich., V.St.A. (Erfinder: **Karl-Hans Brathke**, Frankfurt/M., und **Walter Siedel**, Bad Soden), *Serine.* (**A. P. 3 010 992** vom 22/11. 1955, ausg. 28/11. 1961. D. Prior. 27/11. 1954. — C. **1958**, 10735 [Oe. P. 191 880].)

Ortho Pharmaceutical Corp., Raritan, übert. von: **Heron O. Singher**, Plainfield, und **Emanuel A. Swart**, Somerville, N.J., V.St.A., *Herstellung eines Standardplasmas.* (**Can. P. 559 754** vom 6/5. 1955, ausg. 1/7. 1958. A. Prior. 27/5. 1954. — C. **1959**, 9673 [Aust. P. 205 348].)

Mallinckrodt Chemical Works, übert. von: **Roger W. Stoughton**, St. Louis, Mo., V.St.A., *Therapeutische Präparate.* (**Can. P. 563 234** vom 6/5. 1953, ausg. 16/9. 1958. A. Prior. 6/9. 1952. — C. **1958**, 14396 [A. P. 2 775 539].)

Rehels Co., Inc. (Erfinder: **Stewart Milton Beekman** und **John Ernest Garizio**), Berkeley Heights, N.J., V.St.A., *Antacidum.* (**E. P. 886 170** vom 2/3. 1960, ausg. 3/1. 1962. — C. **1962**, 953 [A. P. 2 945 783].)

Chas. Pfizer & Co., Inc., Brooklyn, N.Y., übert. von: **Melville Sahyun**, Santa Barbara, Calif., V.St.A., *Sedativa.* (**Can. P. 563 031** vom 20/4. 1956, ausg. 9/9. 1958. A. Prior. 4/8. 1955. — C. **1959**, 4248 [E. P. 783 845].)

Smith, Kline & French Laboratories, Philadelphia, Pa., V.St.A., *Lichtstabilisierung von Phenothiazinverbindungen.* (**Niederl. P. 100 273** vom 10/7. 1958, ausg. 15/1. 1962. A. Prior. 17/7. 1957. — C. **1962**, 4648 [A. P. 2 928 767].)

Imperial Chemical Industries Ltd., London, England, *Herstellung eines veterinären Präparates.* (**Niederl. P. 101 020** vom 4/12. 1957, ausg. 16/4. 1962. E. Prior. 7/12. 1956. — C. **1960**, 16190 [E. P. 817 143].)

Gaba Akt.-Ges., Basel, Schweiz, *Zahnpaste.* (**E. P. 896 257** vom 19/7. 1958, ausg. 16/5. 1962. Schwz. Prior. 13/7. 1957. — C. **1962**, 5777 [F. P. 1 207 803].)

Macleans Ltd. (Erfinder: **Clifford Pugh**), *Zahnpflegemittel.* (**Aust. P. 232 916** vom 5/8. 1958, ausg. 30/3. 1961. E. Prior. 19/8. 1957. — C. **1960**, 16193 [E. P. 822 728].)

Schering Akt.-Ges., Berlin (Erfinder: **Joachim Grüneberg**, **Alexander Poljak**, **Hans Priewe** und **Friedrich Elster**), *Herstellung von kernjodierten α.β-Bis-[aminophenyl]-propionsäuren.* (**Aust. P. 230 049** vom 12/3. 1958, ausg. 22/9. 1960. D. Prior. 29/3. 1957. — C. **1962**, 11663 [E. P. 867 538].)

Sterling Drug, Inc., New York, übert. von: **Sydney Archer**, Albany, N.Y., V.St.A., *α-[3-Amino-2.4.6-trijodbenzyl]-propionsäure.* (**Can. P. 555 459** vom 19/3. 1952, ausg. 1/4. 1958. A. Prior. 8/6. 1951. — C. **1955**, 10577 [F. P. 1 055 192].)

Paul Niehans, Burier-sur-La-Tour-de-Peilz, Schweiz, *Organzellen-Präparat.* (**Schwz. P. 361 087** vom 29/4. 1957, ausg. 15/5. 1962. — C. **1961**, 12567 [D. A. S. 1 096 548].)

Ciba Ltd., Basel, Schweiz, *Neue Aralkylpiperidine.* (**E. P. 880 067** vom 8/7. 1958, ausg. 18/10. 1961. Schwz. Prior. 12/8. 1957. — C. **1962**, 6515 [F. P. 1 209 419].)

Ciba Pharmaceutical Products, Inc., Summit, N.J., V.St.A., übert. von: **Karl Hoffmann**, Binningen, und **Ernst Sury**, Basel, Schweiz, *Alkylpiperidine.* (**A. P. 2 962 500** vom 14/7. 1958, ausg. 29/11. 1960. Schwz. Prior. 12/8. 1957. — C. **1962**, 6515 [F. P. 1 209 419].)

G. Analyse. Laboratorium

Adsorption von Chromsäure an Quarz. H. P. Dibbs. (Canad. J. Chem. **40**, 565—66, März 1962; Ottawa, Canada, Dep. of Mines and Techn. Survey, Mineral Sci. Div., Mines Branch; engl.) — Mit Hilfe von Neutronenaktivierungsanalysen wird festgestellt, daß nach Behandlung von Quarzglas mit Chromsäure–Schwefelsäure-Mischungen (Behandlungszeit: über Nacht) nach mindestens 20maligem Waschen mit dest. W. ca. 0,2 μg Cr/cm^2 hinterbleiben u. daß auch durch weiteres Waschen mit HF (10 Min.) bzw. HNO_3/H_2SO_4-Mischung (3 Std.) das Cr nicht vollständig entfernt werden kann. F. Huber. 5010□

Ein Differentialpotentiometer mit elektronischer Aufzeichnung. Cyril Solomons und George J. Janz. (Analytic. Chem. **31**, 623, April 1959; Troy, N.Y., Rensselaer Polytechn. Inst., Dep. of Chem.; engl.) — Beschreibung eines Differentialpotentiometers mit automat. Aufzeichnung zur genauen Messung geringer Temp.-Änderungen im Bereich von 0—600°. Die App. besteht aus einem Präzisionspotentiometer, Mikrovoltverstärker u. elektron. Streifenschreiber. Sie wurde zur Aufzeichnung von Abkühlungskurven bei kryoskop. Verss. in Salzschmelzen bei 200—400° mit Hilfe eines Pt/Pt-10% Rh-Thermoelements, Genauigkeit $\geqq 0{,}01°$, sowie zur Temp.-Messung bei calorimetr. Best. der Schmelzwärmen anorgan. Salze (Cu-Konstantan-Thermoelement, Genauigkeit $> 0{,}005°$) benutzt. P. Frenzel. 5016□

Praktische Gesichtspunkte der Strahlungspyrometrie. T. Land. (Trans. Soc. Instrument Technol. **11,** 10—18, März 1959; engl.) — Beschreibung von Strahlungspyrometern u. Hinweise zur Meßtechnik, erläutert am Beispiel der Messung von Oberflächentemperaturen. Weiterhin werden Vorteile u. Grenzen der Strahlungspyrometrie sowie ihr Anwendungsbereich in der Industrie erörtert. W. Betcke. 5016□

Anwendung einer pseudoflüssigen Schicht zur Erhitzung und Abkühlung bei Laboratoriumsuntersuchungen. M. G. Slinko. (J. physik. Chem. [UdSSR] **32,** 2841 bis 2842, Dez. 1958; Moskau, Phys.-Chem. Karpow-Inst.; russ., Auszug: engl.) — Labor.-App., in der eine Wirbelschicht (Al_2O_3, Silicagel, Carborund, Sand, Al-Silicat usw.) als wärmeübertragendes Medium benutzt wird. Mit Hilfe dieses Verf. können isotherme Verhältnisse im Ofen über einen weiten Temp.-Bereich u. ein intensiver Wärmeaustausch erreicht werden. Zusätzlich kann die Temp. schnell u. kontinuierlich verändert werden. Giftige Abgase entstehen nicht. H. Roschkowski. 5028□

Mischvorrichtung für heterogene Systeme und Messung des scheinbaren Volumens von Bodensätzen oder Flüssigkeitsschichten. A. I. Uljanow. (Nachr. Akad. Wiss. UdSSR, Abt. chem. Wiss. **1961,** 1709—10, Sept.; Kurnakow-Inst. für allg. u. anorgan. Chem. der Akad. der Wiss. der UdSSR; russ.) — Es wird eine App. beschrieben, die zum Mischen heterogener Syst. u. gleichzeitigem Messen des scheinbaren Vol. von Ndd. oder Fl.-Schichten verwendet werden kann. Die Anlage erleichtert die Arbeit, nimmt wenig Platz ein, arbeitet relativ geräuschlos, ist einfach zu fertigen u. bequem in der Bedienung. Sie kann für chem., physikal. u. med. Zwecke verwendet werden.
Helmut Schäfer. 5048

Ein Interferometer für die Schnellbestimmung kleiner Durchmesser. Douglas H. Blackburn. (Rev. sci. Instruments **32,** 137—39, Febr. 1961; Washington, D.C., Nat. Bur. of Standards; engl.) — Eine App. zur schnellen u. genauen Messung kleiner Ø (0,0002—0,001 in.) von Glasfibern wurde entwickelt. Zur Messung wird die Fiber zwischen zwei opt. planparallele Platten gelegt. Die obere Platte wird danach parallel gestellt, wobei die Fiber als Drehpunkt benutzt wird. Parallelität wird durch die Abwesenheit von Interferenzlinien zwischen den beiden Platten kontrolliert. Das Parallelstellen geschieht durch Einschieben eines gleitenden Keils (Winkel 6′ 39″) mit Hilfe eines Mikrometers unter einen mit der oberen Platte verbundenen Hebel. Der Fiberdurchmesser ist dann eine lineare Funktion der Keilstellung, die an der Mikrometerschraube gemessen wird. J. Heinze. 5048□

Ein empfindliches elektrostatisches Voltmeter mit auf Null abgeglichenem Faden. Y. L. Yousef und S. A. Zaher. (J. sci. Instruments **38,** 214—17, Mai 1961; Cairo, Univ., Fac. of Sci., Phys. Dep.; engl.) — Die beschriebene Anordnung erlaubt die Best. von ohmschen Widerständen, DK, Kapazitäten u. Leistungsfaktoren von Fll., Feststoffen u. Pulvern bei Netzfrequenz. Sie basiert auf dem Prinzip des Vibrations-Fadenelektrometers, wobei der Faden zwischen zwei mit Wechselspannung belegten Platten angeordnet ist. Gemessen wird nach einer Null-Meth., die Platten des Elektrometers werden an den zu messenden Verbraucher gelegt, dessen elektr. Eigg. zu bestimmen sind, der Faden wird potentiometr. auf 0 gebracht. W. Reusse. 5048□

Einführung zur statistischen Auswertung in der analytischen Chemie. A. B. Calder. (School Sci. Rev. **61,** 271—80, März 1960; Newcastle-upon-Tyne, Rutherford Coll. of Technol.; engl.) — Behandlung der statist. Auswertung einer Analyse am Beispiel der absorptiometr. SiO_2-Best. in Na_2CO_3 mit Fehlerbetrachtung. Ch. Weiske. 5050□

Über die Anwendung der „Bio-Elektronik“ auf die chemische Analyse. E. P. Steimetz. (Chim. analytique [4] **41,** 321—31, Aug. 1959; Nancy, Fac. de Pharm.; franz.) — Zur Reinheitsprüfung bekannter anorgan. Verbb. u. zur Identifizierung reiner unbekannter anorgan. Substanzen wird eine Kombinations-Meth. vorgeschlagen. Von 0,1%ig. Lsgg. der Verbb. in dest. W. werden pH, Redoxpotential (rH_2) u. elektr. Widerstand (reziproke Leitfähigkeit) gemessen. Mit 8 Reagentien wird in 5—10%ig. Lsgg. systemat. mikronanalyt. das Kation bestimmt. Aus den tabellar. mitgeteilten Standardwerten kann man entnehmen, ob bekannte Salze rein bzw. welche Salze bei unbekannten reinen Proben vorliegen. Die Widerstandsmessungen werden mit einem Bio-Elektronimeter nach Vincent, das zugleich zur pH- u. rH_2-Messung verwendet werden kann u. einem Philips-Leitfähigkeits-Meßgerät RP 9500 vorgenommen. W. Kupfer. 5050□

Fortschritt bei der Bestimmung physikalischer Konstanten im reduzierten Maßstab: 1960. Allan Weinstein und Graham G. Wanless. (Microchem. J. [New York] **5,** 293—305, Sept. 1961; Linden, N.J., Esso Res. and Engng. Co.; engl.) — Überblick über Meth. zur Best. physikal. Konst. in sehr geringen Substanzmengen: Best. des Fp. u. anderer therm. Daten; Best. der Viscosität u. Oberflächenspannung, der Dichte, des

Kp. u. Dampfdruckes, des Brechungsindex, der UV-, sichtbaren u. IR-Spektren, der Zonenreinigung, des Molgew., der Probeentnahme, der Wägung u. der Löslichkeit. — 67 Literaturangaben. A.-M. Fretzdorff. 5050□

Apparat für die Konzentrationsbestimmung der Lösungen von organischen Flüssigkeiten. G. W. Polski. (Hochschulnachr. [Krasnodar], Nahrungsmittel-Technol. [UdSSR] **1961**, Nr. 4, 149—51; Krasnodar, Inst. für Lebensmittelind., Lehrstuhl für Verff. u. App.; russ.) — Beschreibung der Konstruktion u. Arbeitsweise eines Elektronengeräts zur Best. der Konz. der Komponenten von bin. Fl.-Gemischen. S. Baryschnikow. 5052

Massenspektrometrie. D. S. Lees. (Res. appl. in Ind. **14**, 2—7, Jan. 1961; I.C.I. Ltd., Billingham Div.; engl.) — Das Prinzip des Massenspektrometers zur Trennung von Ionen mittels magnet. Felder u. Fokussierung der Ionen wird zusammenfassend dargestellt, ferner die Meth. zur Erhöhung der Auflösung, wie sie bes. bei organ. Stoffen hohen Molgew. erforderlich ist. Kurze Beschreibung von Spezialausführungen für Routine-Unterss. in der Industrie. W. Reusse. 5052□

Zirkoniumselenit als Ionenaustauscher. M. J. Nunes da Costa und M. A. S. Jeronimo. (J. Chromatogr. [Amsterdam] **5**, 546, Juni 1961; Porto, Portugal, Centro de Estudos de quím. Nuclear, Inst. de Alta Cult.; engl.) — Die Herst. von *Zirkoniumselenit* (**I**) erfolgt durch Fällung aus salpetersaurer Lsg. von $ZrOCl_2 \cdot 8\,H_2O$ mit H_2SeO_3 (Verhältnis $H_2SeO_3 : ZrOCl_2 = 1 : 1{,}23$). Der Nd. wird mit W. bis pH 4 ausgewaschen u. bei Raum-Temp. getrocknet. Kapazität des Austauschers 0,48m Äquivalente/g (NaCl). Mit **I** imprägnierte Papiere (Whatman Nr. 1) wurden durch Tauchen in $ZrOCl_2$-Lsg. in 2m HNO_3 (12,3 g in 150 ml) u. H_2SeO_3-Lsg. (10 g in 150 ml 2m HNO_3) u. anschließendes Waschen bis pH 4 hergestellt. Auf diesen Papieren wurden die Trennungen Ag^+–Cu^{2+} u. Au^{3+}–Cu^{2+} untersucht. Mit 0,01m HCl konnte Cu^{2+} u. Au^{3+} gut getrennt werden, während mit 0,1m HCl Ag^+ am Start blieb (Nd.) u. Cu^{2+} einen R_F-Wert von 0,78 hatte. M. Finke. 5062□

Regenerierung von gebrauchten Anionenaustauschern. Takao Yamamoto, Teruyuki Kanie und Kazunobu Kodama. (J. chem. Soc. Japan, pure Chem. Sect. [Nippon Kagaku Zasshi] **81**, 1175—76, Juli 1960; Ôsaka-Ôyôdoku, Awata-Kôgyô-KK. u. Nagoya-Atuta, Nagoyasi-Kôgyô-Kenkyûzyo; jap., Auszug: engl. S. A82.) — Vgl. J. chem. Soc. Japan, pure Chem. Seck. [Nippon Kagaku Zasshi] **81**, [1960], 673. — Gebrauchte Anionenaustauscher, z. B. Diaion SA 100, SA 200 u. Dowex-1, deren Austauschkapazität abgesunken ist u. die bei 5,8 μ Absorption zeigen, werden mit einer NaOH-Lsg., die $NH_2 \cdot NH_2$ zu 0,1% enthält, oder mit einer 0,1%ig. $NaHSO_3$-Lsg. u. anschließend mit NaOH-Lsg. behandelt. Nach dieser Regeneration ist auch die Absorptionsbande prakt. vollkommen verschwunden. E. Maekawa. 5062□

Mikroanalyse unter Zugabe von Ionenaustauschern. 21. Mitt. **Modifizierung der Tüpfelproben mit hochmolekularen Aminen.** Masatoshi Fujimoto und Yukio Nakatsukasa. (Analytica chim. Acta [Amsterdam] **27**, 373—76, Okt. 1962; Tokyo, Univ. of Tokyo, Dep. of Chem., u. Chiba, Chiba Univ., Dep. of Chem.; engl.) — 20. vgl. C. **1963**, 4463. — Am Beispiel des Co-Nachw. mit NH_4SCN wird eine Tüpfelprobe mit Ionenaustauscherharz Amberlite LA-1 (N-Dodecyltrialkylamin) in CCl_4 beschrieben. Der Nachw. kann auch papierchromatograph. mit Amberlite-getränktem Papier ausgeführt werden. Nachw.-Grenze 0,2 μg. G. Pankow. 5062□

Über grundlegende, präparative und substanzmengenmäßige Grenzen bei der Röntgenfluorescenzanalyse. Hans Neff. (Rév. univ. Mines, Métallurgie, Mécan., Trav. publ., Sci. Arts appl. Ind. [9] **17 (104)**, 164—73, April 1961; Berlin, Siemens u. Halske AG., Wernerwerk für Meßtechn.; dt.) — Bei der Best. von Komponenten in der Röntgenfluorescenzanalyse tritt eine Anzahl von statist. u. systemat. Fehlern in Erscheinung, wobei die statist. Fehler in der Praxis meistens durch die Quantenstatistik vorgegeben sind. Erst bei der Messung sehr großer Impulszahlen verschlechtern apparative Einfl. die Meßgenauigkeit, deren Fehler abgeschätzt wird. Unter den systemat. Fehlern findet man zunächst die Witterungs-Einfl., die leicht ausgeschaltet werden können. Ein weiterer systemat. Fehler tritt bei der linearen Interpolation der zu bestimmenden Komponenten zwischen 2 Eichproben auf, da die Eichkurven gekrümmte Linien sind. An Hand eines Beispiels (SiO_2-Best. im Gemisch mit $CaCO_3$ u. Al_2O_3) wird gezeigt, wir groß der Eichprobenabstand sein darf, wenn der Fehler der Interpolation einen vorgegebenen Wert nicht überschreiten soll. Ein 3. systemat. Fehler tritt auf, wenn man bei mehrkomponentigen Gemischen den Einfl. des 3. Partners auf die Intensitäten nicht ermittelt. Am Beispiel des Syst. SiO_2–Al_2O_3–$CaCO_3$ wird gezeigt, wie sich dieser Einfl. bestimmen läßt. Bei der Unters. von Pulverproben müssen zur Erzielung reproduzierbarer Ergebnisse sorgfältige Präparations-Meth. verwendet werden, um möglichst gleiche Korngrößen zu erhalten. Untersucht wurde der Einfl. der Menge von Reisstärke als Bindemittel bei der

Unters. einer Hochofenschlacke mit 29,5(%) CaO, 39,7 SiO_2, 16,8 Al_2O_3 u. 6,5 MgO. Bei feiner Ausblendung des Röntgenstrahls lassen sich Mikroanalysen über Flächenbereiche von 0,2 mm durchführen, wobei man Substanzmengen von nur einigen 10^{-6}g nachweisen kann. C. Gottfried. 5063

Ein neues Instrument ARL für die Röntgenfluorescenzanalyse. E. Davidson, W. H. Barry, R. Capua und J. M. Carrol. (Rev. univ. Mines, Métallurgie, Mécan., Trav. publ., Sci. Arts appl. Ind. [9] **17** (**104**), 150—58, April 1961; Appl. Res. Labor.; franz.) — Vff. beschreiben ein von den Appl. Res. Labor. (ARL) neu entwickeltes Vakuumröntgenquantometer (VXQ) für die Röntgenfluorescenzanalyse. C. Gottfried. 5063

Anwendungen und analytische Ergebnisse mit ARL-Röntgeninstrumenten. R. H. Tyas. (Rev. univ. Mines, Métallurgie, Mécan., Trav. publ., Sci. Arts appl. Ind. [9] **17** (**104**), 195—203, April 1961; Appl. Res. Labor. Ltd.; engl.) — Überblick über die Verw. der ARL-App. XIQ, XSQ, PQX u. XIP. Die analyt. Ergebnisse von NE-Metallen u. Cu- u. Al-Legg. zeigen die hohe Präzision u. Genauigkeit. Mit Erfolg wurden die App. auch bei der Analyse von Glas, Schlacken oder Eisenerzen verwendet. Kurz besprochen wird das ARL-„Servo-Wedge Quantrol" zur Messung von Plattendicken. C. Gottfried. 5063

A.R.L-B.J.S.R.A-Rechenapparat für Absorptionseffekte in der Röntgenfluorescenzanalyse. D. F. Sermin und R. H. Tyas. (Rev. univ. Mines, Métallurgie, Mécan., Trav. publ., Sci. Arts appl. Ind. [9] **17** (**104**), 183—89, April 1961; Brit. Iron and Steel Res. Assoc.; Appl. Res. Labor. Ltd.; engl.) — Vff. beschreiben eine Art von Rechenschieber in Form einer kreisförmigen Scheibe, der speziell Verw. bei der Best. von Massenabsorptions-Koeff. einer Anzahl von Elementen bei festen Wellenlängen findet. Außerdem kann der Rechenschieber zur Best. des totalen Massenabsorptions-Koeff. einer Probe bei einer spezif. Wellenlänge verwendet werden mit dem Zweck, quant. Korrekturen für diese Effekte zu machen. C. Gottfried. 5063

Entwicklung und Weiterentwicklung von für die Elementaranalyse durch Röntgenfluorescenz bestimmten Röntgenspektrometern der Philips-Gruppe. J. L. de Vries. (Rev. univ. Mines, Métallurgie, Mécan., Trav. publ., Sci. Arts appl. Ind. [9] **17** (**104**), 173—76, April 1961; franz.) — Überblick. C. Gottfried. 5063

Ein neues automatisches Röntgenfluorescenzspektrometer. J. R. Stansfield. (Rev. univ. Mines, Métallurgie, Mécan., Trav. publ., Sci. Arts appl. Ind. [9] **17** (**104**), 177—80, April 1961; Hilger and Watts Ltd., x-Ray Dep.; engl.) — Beschreibung des Spektrometers. C. Gottfried. 5063

Lage und Entwicklung von Apparaten für die Röntgenspektrometrie. R. Griffoul. (Rev. univ. Mines, Métallurgie, Mécan., Trav. publ., Sci. Arts appl. Ind. [9] **17** (**104**), 158—64, April 1961; Paris, Co. Gén. de Radiol., Serv. Techn. Radiol.; franz.) — Überblick. C. Gottfried. 5063

Beschreibung des automatischen Solartron-Vakuum-Röntgenspektrometers und Programmwahl durch Lochkarten. J. Lucas-Tooth. (Rev. univ. Mines, Métallurgie, Mécan., Trav. publ., Sci. Arts appl. Ind. [9] **17** (**104**), 180—83, April 1961; Farnborough, Solartron Ind. Controls Ltd.; engl.) C. Gottfried. 5063

Zur Mikrotitration organischer Verbindungen. 5. vorläufige Mitt. **Vollautomatische Anlage zur Mikrobestimmung von Dissoziationskonstanten.** W. Simon und E. Heilbronner. (Chimia [Aarau, Schweiz] **11**, 256—58, 15/11. 1956; Zürich, ETH, Organ.-chem. Labor.) — 4. vgl. C. **1956**, 11517; 6. vgl. C. **1959**, 5581. — Es wird eine *vollautomat. Mikrotitrationsanlage* beschrieben, mit der man pK in wss. u. nichtwss. Medien mit Substanzmengen der Größenordnung $> 100\,\gamma$ bestimmen kann. Eine Fehlerbetrachtung zeigt, daß die Messungen mit genügender Reproduzierbarkeit durchführbar sind. Es kann in kurzer Zeit umfassendes Tatsachenmaterial unter weitgehend ident. Bedingungen gesammelt werden u. für eine mehr oder weniger empir. Korrelation von Struktur u. scheinbaren Dissoziations-Konst. der untersuchten Verbb. eingesetzt werden. M. Meisel. 5066

Ein Verfahren zur Einstellung des pH-Wertes ohne Einführung fremder Kationen oder Anionen. J. E. Powell und M. A. Hiller. (J. inorg. nuclear Chem. **9**, 100, Jan. 1959; Ames, Iowa, Iowa State Coll., Inst. for Atomic Res.; Dep. of Chem.; engl.) — Am Beispiel des Gleichgewichts $Sc^{3+} + H_2O \rightleftharpoons Sc(OH)^{2+} + H^+$ wird für die Best. des Äquivalentpunktes (ÄP) durch Titration mit 0,1 n Lsg. einer Anionsäure gezeigt, daß zur pH-Korrektur mit OH^--Ionen Anionenaustauscherharze geeignet sind, wodurch die Einführung fremder Kationen zu vermeiden ist. Die aus dem Harz (Amberlite IRA-400 oder Dowex-1, 50—100 mesh, Cl^--Form) mit CO_3^{2-}-freiem Alkalimetallhydroxid hergestellte OH^--Form wird ausgiebig mit der Lsg. mechan. gerührt u. deren pH bis auf einen Wert, der erheblich über dem zu erwartenden ÄP liegt, erhöht. Danach wird abfiltriert, bis zum ÄP titriert u. 1—2 Std. lang zum Sieden erhitzt [außer bei $Sc(NO_3)_3$, das 2 Tage lang mit Hilfe einer Heizlampe unterhalb des Kp. erwärmt wird]. Die Schritte nach dem Filtrieren werden wiederholt, bis ein konst. pH-Wert erreicht ist. Das Verf. ist für alle am ÄP hydrolysierenden Salze geeignet, sofern das Harz gegenüber dem Fremdanion eine größere Affinität als für OH^--Ionen aufweist. P. Frenzel. 5066□

Ein pH-Stat. Lars Josefsson, C. E. Ryberg und Runo Svensson. (Analytic. Chem. 34, 173—74, Jan. 1962; Lund, Sweden, Univ., Dep. of Physiol. Chem.; engl.) — Vff. beschreiben eine Anordnung, die eine Konst.-Haltung des pH-Wertes bis auf ± 0,01 Einheiten sowohl bei schnell verlaufenden als auch bei extrem langsamen enzymat. Rkk. erlaubt. Eine motorgetriebene Spritzbürette wird durch einen Potentiometerkreis kontrolliert, der auch die automat. Registrierung steuert. W. Betcke. 5066□

Der Einfluß von Tween 80 auf pH-Indicatoren. J. D. Sargent und J. R. L. Walker. (Lab. Pract. 8, 343, Okt. 1959; Palmerston, North, New Zealand, Massey Agric. Coll. and The Dairy Res. Inst.; engl.) — Bis herauf zu einer Konz. von 0,2% beeinflußt Twenn 80 den pH-Wert einer Zucker–Pepton-Brühe nicht (potentiometr. Kontrolle). Dagegen wird die Farbe eines Bromthymolblau-Indicators verändert, so daß falsche pH-Werte bei colorimetr. Kontrolle erhalten werden (bei 0,2% pH 6,2 statt 6,85, bei 0,1% 6,4 statt 6,85). Man stellt daher in Ggw. von **I** das pH elektrometr. ein oder setzt **I** erst nach erfolgter colorimetr. pH-Kontrolle zu. Die Färbungen von Phenolrot u. Kresolrot werden durch **I** nicht beeinflußt. Ph. Fresenius. 5068□

Beiträge zur Kenntnis von Rubisorghidin im Vergleich mit einigen in der Titrimetrie laufend verwendeten Indicatoren. Gheorghe Herman, Aurel Gheorghiu und Elena Ionescu-Matiu. (Comun. Acad. Republ. Populare romîne [Bucureşti] 8, 371—74, April 1958; Bucureşti, Fac. de farm., Labor. de bot. farmac.; rum) — Das aus *Sorghum saccharatum Pers.* in einer Ausbeute von 1,4 Gew.-% gewonnene Anthocyanidin *Rubisorghidin* (F. 171—172°, geschmack- u. geruchlos, leicht lösl. in Methanol, A., Isopropyl-, Butyl- u. Amylalkohol, Äthylacetat, Aceton, Glycerin, Diäthylenglykol, prakt. unlösl. in W., Bzl., Chlf., PAe., Ae., CCl_4, CS_2 u. Hexan) zeigt bei pH 5,4—7,1 einen Umschlag von Orangegelb (sauer) nach Violett (alkal.), der eine Verw. als Indicator in der acidimetr. bzw. alkalimetr. Maßanalyse ermöglicht. Der Vgl. mit Methylorange, Methylrot, Phenolphthalein u. Lackmus ergibt gute Übereinstimmung. R. K. Müller. 5068□

Die maskierende Wirkung von Komplexbildnern bei qualitativen anorganischen Reaktionen. W. Hoyle, I. P. Sanderson und T. S. West. (Analytica chim. Acta [Amsterdam] 26, 290—300, März 1962; Birmingham, Univ., Chem. Dep.; engl.) — Die Maskierungs-Wrkg. der Komplexbildner EDTA, 1.2-Propylendiamintetraessigsäure, 2.3-Butylendiamintetraessigsäure, Diäthylentriaminpentaessigsäure, 1.3-Propylendiamin-2-ol-tetraessigsäure, 1.2-Diaminocyclopentantetraessigsäure, 1.2-Diaminocyclohexantetraessigsäure, 1.2-Diaminocycloheptantetraessigsäure, Äthylendiamin-N.N'-diessigsäure, Uramildiessigsäure, Nitridotriessigsäure, N-Methyliminodiessigsäure, Iminodiessigsäure, Di-(2-hydroxyäthyl)-glycin, Anthranilsäurediessigsäure, 2.2'-Bis-[N.N'-bis-(carboxymethyl)-amino]-diäthyl-äther, 1.2-Bis-{2-[N.N-bis-(carboxymethyl)-amino]-äthoxy}-äthan, N-Hydroxyäthyläthylendiamin-N.N'.N'-triessigsäure u. N.N'-Äthylen-bis-(2-o-hydroxyphenyl)-glycin in bezug auf Ag^+, Pb^{2+}, Tl^+, Cu^+, Cu^{2+}, Cd^{2+}, Hg^{2+}, Co^{2+}, Ni^{2+}, Zn^{2+}, Mn^{2+}, Bi^{3+}, Sn^{4+}, Fe^{3+}, Fe^{2+}, Al^{3+}, Ti^{4+}, Zr^{4+}, Th^{4+}, Ce^{4+}, Be^{2+}, UO_2^{2+}, Cr^{3+}, Ca^{2+}, Sr^{2+}, Ba^{2+} u. Mg^{2+} in Ggw. einer Reihe von Anionen u. analyt. Reagentien im Rahmen der qual. Analyse wird untersucht. Die Ergebnisse sind tabellar. zusammengefaßt. W. Betcke. 5072□

Einige Betrachtungen über die Wirksamkeit der Maskierung. Adam Hulanicki. (Talanta [London] 9, 549—57, Juli 1962; Warsaw, Univ., Dep. of Inorg. Chem.; engl.) — Als ein neuer Begriff wird der „Maskierungs-Koeff." pM' (negativer Logarithmus der Metall-Gesamt-Konz. in der Lsg. im Gleichgewicht mit einer äquivalenten Menge eines Fällungsmittels) abgeleitet u. auf analyt. Probleme in Zusammenhang mit der Maskierung von Fällungs-Rkk. angewendet. Der Koeff. ist für ein Salz M_jA_i durch folgende Gleichung definiert: $pM' = [1/(j + i)]\cdot[pS - i \log(j/i)] - [j/(j + i)]\cdot \log\alpha_M - [i/(j + i)]\cdot\log\alpha_A$, worin S das Löslichkeits-Prod. u. $\log\alpha_M$ u. $\log\alpha_A$ die Neben-Rk.-Koeff. bedeuten. Das erste Glied bezieht sich auf die Eigg. des Nd., das zweite auf die Maskierung des Kations u. das dritte auf die des Anions. Mit Hilfe geeigneter Diagramme zur Ermittlung der Neben-Rk.-Koeff. $\log\alpha_M$ u. $\log\alpha_A$ ist es leicht möglich, alle Berechnungen durchzuführen. Voraussagen auf Grund der Berechnungen, ob Maskierung oder Fällung eintritt, werden experimentell geprüft u. betätitg. Als prakt. Anwendungsbeispiele werden die pM'-Werte für die Maskierung von AgCl mit 0,1m NH_3-Lsg., von $Ag_3[Fe(CN)_6]$ mit 0,1m NH_3-Lsg., von Cu-Diäthyldithiocarbamat durch

0,1 m EDTA-Lsg. bei pH 10, von $Cu_3(AsO_4)_2$ durch EDTA-Lsg. bei pH 8 u. von Ag_3PO_4 durch eine H^+-Konz. von 10^{-3} berechnet. Gerhard Schulze. 5072□

Die gaschromatographische Spurenanalyse von permanenten Gasen mit Ionisationsdetektoren. Gerhard Gnauck. (Z. analyt. Chem. **189**, 124—30, 1962; Berlin, VEB Techn. Gase-Werke, Forschungslabor. für Edelgas; dt.) — Vf. beschreibt eine Meth. für den Spuren-Nachw. von permanenten Gasen mit einem β-Strahlendetektor unter Verw. von Ne als Trägergas. Bei Verw. von ^3H als Strahlenquelle wird eine größere Empfindlichkeit gegenüber ^{90}Sr erzielt. Die Nachw.-Empfindlichkeit für N_2 liegt bei $2{,}5 \cdot 10^{-8}$ g (0,02 μl). Für einige synthet. Zeolithe werden Adsorptionswerte mitgeteilt. Es wird auf Verss. mit einem Gasentladungsdetektor hingewiesen. J. Peters. 5086□

Gaschromatographische Analyse anorganischer Gase. Henner Runge. (Z. analyt. Chem. **189**, 111—24, 1962; Ludwigshafen/Rhein, BASF, Ammoniak-Labor.; dt.) — Die Besonderheiten, die beim Aufbau eines Gaschromatographen für die Analyse anorgan. u. aggresiver Gase berücksichtigt werden müsssen, werden mitgeteilt. Die prakt. Ausführung eines Labor.- u. eines Betriebsgerätes wird beschrieben. Die Geräte werden für die Analyse von Gasgemischen, die HCl, Cl_2, $COCl_2$, NOCl, ClCN, $(CN)_2$, HCN u. a. enthalten können, verwendet. J. Peters. 5086□

Ozonanalysator mit einem radioaktiven Clathrat. Carlton O. Hommel, David Chleck und Frederick J. Brousaides. (Nucleonics [New York] **19**, 94—102, Mai 1961; Waltham, Mass., Tracerlabor.; engl.) — Es wird eine App. zur Best. der O_3 Konz. von Gasen beschrieben. Der das O_3 enthaltende Gasstrom wird über ein Clathrat aus Chinol u. ^{85}Kr geleitet, wobei infolge Oxydation des Chinols u. Zerstörung des Clathrats eine dem O_3 entsprechende Menge ^{85}Kr befreit wird, die dann mit Hilfe eines Zählrohrs ermittelt werden kann. Mit Hilfe dieser App. ist bei einer spezif. Aktivität von 1 c/g die Best. von O_3-Konz. in der Größenordnung von $1:10^{10}$ möglich. U. Skurnia. 5086□

Laboratoriumsmäßige Auswertung der Methoden zur Bestimmung von Schwefeldioxid und des Einflusses von Gemischen aus Ozon und Stickstoffoxiden. Frank P. Terraglio und Raymond M. Manganelli. (Analytic. Chem. **34**, 675—77, Mai 1962; New Brunswick, N.J., Rutgers State Univ., Dep. of Sanitat.; engl.) — Die Auswertung der 3 naßchem. Meth. zur Best. von SO_2 in der Luft zeigt, daß die Acidimetrie u. Spektralphotometrie vergleichbare Durchschnittswerte im Bereich von 0,3—3,78 mg SO_2/m^3 liefert. Die Werte nach der jodometr. Meth. in gleichen Konz.-Bereich liegen dagegen immer niedriger. Alle 3 Meth. werden durch Gemische aus Ozon u. Oxiden des N gestört. J. Peters. 5088□

Kontinuierliche Bestimmung von Schwefeldioxid und anderen Luftverunreinigungen bei niedrigen Gasgeschwindigkeiten mittels einer Gas–Flüssigkeitsapparatur, (gas-liquid impinger). T. Nash. (J. sci. Instruments **38**, 480—83, Dez. 1961; London St. Bartholomew's Hospital, Med. Res. Council Air Pollution Res. Unit.; engl.) — Es wird ein Instrument zur SO_2-Best. in der Luft im Bereich von 0,01—10 ppm beschrieben, bei dem der Luftstrom auf eine 0,1 Vol.%ig. H_2O_2-Lsg. trifft, in der der Geh. an H_2SO_4 konduktometr. bestimmt wird. Die Probenahme erfolgt kontinuierlich. W. Luchsinger. 5088□

Eine spezifische Methode zur Bestimmung von polaren Allylverbindungen. Eine Mikromethode zur Bestimmung von Allylchlorid in der Atmosphäre. Koloman Bencze. (Z. analyt. Chem. **189**, 309—20, 1962; Bratislava, Inst. of Ind. Hyg. and Occupational Diseases; engl.) — Der Best. liegt die von Kobert [1907] gefundene Farb-Rk. zwischen Phloroglucin u. äther. Ölen zugrunde. Der Rk.-Mechanismus wurde untersucht. Es wird bestätigt, daß nur Allylgruppen, keine Vinyl-, Propyl- oder Propenylgruppen diese Rk. eingehen. Die Probenahme aus der Luft, die Abhängigkeit der Extinktion von Reagens-Konz. u. Rk.-Temp. werden geprüft. Auf dieser Grundlage wird eine Meth. zur quant. Best. von Allylchlorid in Luft ausgearbeitet, deren Erfassungsgrenze bei 20 μg liegt. W. Kupfer. 5088□

Nachweis durch Tüpfelproben und spektrophotometrische Charakterisierung und Bestimmung von Carbazolen, Azofarbstoffen, Stilbenen und Schiffschen Basen. Verwendung von 3-Methyl-2-benzothiazolonhydrazon, p-Nitrosophenol und fluorimetrischen Methoden zur Bestimmung von Carbazol in der Luft. Eugene Sawicki, Thomas R. Hauser, Thomas W. Stanley, Walter Elbert und Frank T. Fox. (Analytic. Chem. **33**, 1574—79, Okt. 1961; Cincinnati, Ohio, Robert A. Taft Sanitary Engng. Center; engl.) — Es werden 2 neue spektrophotometr. Best.-Verff. für Carbazol (**I**) mit 3-Methyl-2-benzothiazolonhydrazon (**II**) u. p-Nitrosophenol (**III**) angegeben. Das Beersche Gesetz wird in beiden Fällen im Bereich von 4 bis >90 μg befolgt. **I** kann mit **III** durch eine Tüpfelprobe entweder durch den gebildeten grünen Farbstoff (der durch Zusatz von W. blau wird) oder durch die starke blaue Fluorescenz, die im alkal. Medium in Dimethylformamid entsteht, in Mengen bis hinab zu 0,2 bzw. 2 μg nachgewiesen werden. Die Absorptions- u. Fluorescenzspektren von I wurden in Dimethylformamid (neutral u. alkal.) u. Pentan untersucht. Diese Meth. wurden zum Nachw. u. zur Best. von I in Schwebeteilchen der Luft angewendet. Der Nachw. u. die Best. folgender Verbb. mit II wurde untersucht: 4-Aminoazobenzol sowie N-Methyl-, 3'-Methyl-N-methyl-, N-Äthyl-, N-Phenyl, 4'-Methylthio-N-phenyl-, N-Methyl-N-benzyl- u. N.N-Diäthyl-4-aminoazobenzol, N.N-Dimethylaminoazobenzol sowie 2-Methyl-, 2'-Amino-, 2'-Chlor-, 2'-Äthyl-, 2'-Methoxy-, 2'-Methyl-, 2-Methyl-2'-methoxycarbonyl-, 2.3'-Dimethyl-, 2-Methyl-3'-chlor-, 2-Methyl-4'-acetyl-, 2-Methyl-4'-methylthio-, 2'.5'-Dimethyl-, 2'.4'.6'-Tribrom-, 3'-Acetamino-, 3'-Amino-, 3'-Chlor-, 3'-Äthoxy-, 3'-Methyl-, 3'-Nitro-, 3'-Trifluormethyl-, 4'-Acetyl-, 4'-Amino-, 4'-Äthoxy-, 4'-Äthyl-, 4'-Fluor-, 4'-Methyl-, 4'-Sulfo-, 4'-Thiocyan- u. 2.2'-Dimethyl-N.N-dimethylaminoazobenzol, N-Methyl-N-äthylaminoazobenzol sowie 2' Chlor-, 2'-Nitro-, 3'-Acetamino-, 3'-Nitro-, 4'-Äthyl- u. 4'-Fluor-N-methyl-N-äthylaminoazobenzol, 4-Phenylazo-1-naphthylamin, 1-(N.N-Dimethyl-4-aminophenylazo)-naphthalin, 2-(N.N-Dimethyl-4-aminophenylazo)-fluoren, N.N-Dimethyl-4-aminostilben, 2-(N.N-Dimethyl-4-aminophenyl)-3-phenylchinoxalin, N-(4-Hydroxybenzyliden)-anilin, N-(N.N-Dimethyl-4-aminobenzyliden)-anilin, 2-Nitro-9-(N.N-dimethyl-4-amino-N-benzyliden)-fluoren, 2-(N.N-Dimethyl-4-amino-N-benzyliden)-1.3-indandion, N.N-Dimethyl-β.β-dicyan-4-vinylanilin, N-(N.N-Dimethyl-4-amino-N-benzyliden)-p-nitroanilin, 2-(N-Benzylidenamino)-fluoren, 1-(N.N-Dimethyl-4-amino-N-benzylidenamino)-pyren, 2-(p-Hydroxy-N-benzylidenamino)-fluoren, N.N-Dimethyl-4-aminobenzaldehyd-2-chinolylhydrazon u. N.N-Dimethyl-4-aminobenzaldehyd-2-benzothiazolylhydrazon. P. Kurzmann. 5088□

a) Elemente und anorganische Verbindungen

Gas–Flüssigkeits-Chromatographie flüchtiger Metallhalogenide. Roy A. Keller. (J. Chromatogr. [Amsterdam] 5, 225—35, März 1961; Tucson, Ariz., Univ., Dep. of Chem.; engl.) — Es wird eine Zusammenfassung über die Gaschromatographie flüchtiger Metall-Verbb. gegeben. Ergebnisse der Gas–Fl.-Chromatographie von $SnCl_4$, $TiCl_4$, $NbCl_5$ u. $TaCl_5$ an n-Octadekan, Squalan, Siliconöl, Paraffinwachs u. Apiezonfett als stationäre Phase bei 100, 150 u. 200° werden mitgeteilt. Die besten Trennungen wurden mit n-Alkanen erzielt, verzweigte Ketten geben Rkk. in der Trennsäule. Die Handhabung der Proben unter völligem Wasserausschluß, die Probenvorverdampfung u. die Verw. einer Temp.-Programmierung sind eingehend beschrieben. W. Leipnitz. 5106□

Radiometrische Bestimmung von gelöstem Sauerstoff in Wasser mit Thallium-204. Harold G. Richter und Arthur S. Gillespie jun. (Analytic. Chem. **34**, 1116—19, Aug. 1962; Durham, N. C., Res. Triangle Inst.; engl.) — Die Meth. beruht auf der quant. Oxydation von ^{204}Tl enthaltendem metall. Tl durch in W. gelöstes O_2. Das W. wird auf eine Säule gegeben, die auf Cu-Spänen niedergeschlagenes ^{204}Tl enthält. Die am unteren Ende der Säule gemessene Aktivität ist ein direktes Maß für den O_2-Gehalt. In reinem W. hängt die Zählrate von ^{204}Tl linear von der O_2-Konz. bis hinunter zu dem kleinsten untersuchten Geh. von 0,2 ppm ab. In See- u. Salzwasser ist die Abhängigkeit oberhalb von ca. 3 ppm nicht linear, u. es muß eine Eichkurve benutzt werden. Linearität bei Seewasser kann erreicht werden, wenn man das ^{204}Tl auf einem inerteren Metall als Cu, z. B. Mo., niederschlägt. Der pH-Wert des W. muß zwischen 5 u. 10 liegen; er kann mit einem $NaOH–H_3BO_3$-Puffer eingestellt werden. NO_3^--Ionen stören, da sie ebenfalls ^{204}Tl oxydieren. Bei pH 8 stört CrO_4^{2-} nicht. Bei Verw. von ^{204}Tl der höchsten erhältlichen spezif. Aktivität sollte es möglich sein, 1 Teil gelöstes O_2 in 10^{12} Teilen W. zu bestimmen. P. Kurzmann. G 239□

Eine Schnellmethode zur Bestimmung von Stickstoff in Nitriden. R. G. Passer, A. Hart und B. J. Julietti. (Analyst **87**, 501—03, Juni 1962; London, Morganite Res. and Dev. Ltd.; engl.) — Vff. beschreiben eine Meth. zur Best. von N in Nitriden, die als hochfeuerfeste Materialien benutzt werden. Die Verbb. bilden beim Schmelzen mit NaOH NH_3, das in 2%ig. H_3BO_3-Lsg. aufgefangen u. mit HCl titriert wird. Eine Oxydation des NH_3 wird dadurch verhindert, daß die Rk. in einer Ar-Atmosphäre abläuft. Die katalyt. Zers. von NH_3 an Metalloberflächen wird durch Verw. eines Rk.-Gefäßes aus Glas vermieden. J. Peters. G 243□

Bestimmung von Makromengen Fluorid durch Dampfdestillation und Hochfrequenztitration. R. C. Calkins. (Analytic. Chem. **34**, 837—40, Juni 1962; Permanente, Calif., Kaiser Aluminium & Chem. Corp., Metals Div. Res.; engl.) — Vf. beschreibt eine Meth. zur Best. von Makromengen F^- (100—200 mg), die bes. in Ggw. großer Mengen Al geeignet ist. F^- wird durch Dampf-Dest. aus H_3PO_4-saurer Lsg. abgetrennt u. im

Destillat hochfrequenztitrimetr. mit La-Acetat bestimmt. Zur Ermittlung optimaler Bedingungen untersucht Vf. den Einfl. der Dest.-Temp., der Art der Säure, des Al-Geh. u. der F^--Menge. J. Peters. G 246□

Bestimmung von Perchlorat durch Isotopenverdünnung mit Kaliumperchlorat (^{36}Cl). J. K. Johannesson. (Analytic. Chem. **34**, 1111—13, Aug. 1962; Wellington, New Zealand, Wellington City Council Labor.; engl.) — Die Darst. von $K^{36}ClO_4$ aus $H^{36}Cl$ durch anod. Oxydation wird beschrieben. In der Analysen-Lsg. muß $KClO_4$ das am schwersten lösl. Salz sein, außerdem muß ein genügender K-Überschuß vorliegen. Diese Bedingungen können durch Ionenaustausch u. anschließendes Eindampfen in Ggw. eines KCl-Überschusses erfüllt werden. SO_4^{2-} kann auch als $BaSO_4$ ausgefällt werden. Ein 10- oder 20facher Überschuß an K_2SO_4, KCl oder KNO_3 stört nicht; ClO_3^- stört u. muß durch Eindampfen zur Trockne entfernt werden. Nach dem Zusatz der $K^{36}ClO_4$-Lsg. zu der Analysen-Lsg. wird eingedampft u. 3mal umkristallisiert, bevor die Aktivität des festen $KClO_4$–$K^{36}ClO_4$-Gemisches gemessen wird. Mit dieser Meth. konnte in Seewasser kein ClO_4^- nachgewiesen werden. P. Kurzmann. G 247□

Zur Bestimmung von Bromid über Bromcyan. E. Schulek und L. Ladányi. (Analytica chim. Acta [Amsterdam] **27**, 40—43, Juli 1962; Budapest, L. Eötvös-Univ., Inst. für Anorg. u. Analyt. Chem.; dt.) — Vff. berichten über Verfeinerungen des von Schulek (vgl. Analytica chim. Acta [Amsterdam] **2**, [1948], 74) angegebenen titrimetr. Mikro-Verf. zur Best. von Br^-, wonach in neutralem oder schwach saurem Medium Br^- mit überschüssigem Cl_2-Wasser zu BrCl oxydiert, das BrCl mit KCN zu BrCN u. Cl^- umgesetzt u. das BrCN neben dem aus KCN u. Cl_2 entstandenen ClCN sowie dem überschüssigem KCN jodometr. titriert wird. Außerdem wird eine Vorschrift zur Durchführung des Verf. im Makromaßstab angegeben. Es zeigte sich, daß die sog. homolyt. Dissoziation des BrCl nach $2\,BrCl \rightleftharpoons Br_2 + Cl_2$ mit einem Br_2- bzw. Cl_2-Überschuß zurückgedrängt werden kann. Wird die KCN-Lsg. vor der Anwendung neutralisiert (zweckmäßig mit dest. 20%ig. HCl gegen Methylrot als Indicator), so läßt sich der aus der Hydrolyse des BrCN entstehende Fehler ausschalten; der Zusatz von H_3BO_3 als Puffer wird damit überflüssig. Die jodometr. Inaktivität des bei der Rk. gebildeten ClCN ist auf die außerordentlich große Stabilität seines Cyanidkomplexes $Cl(CN)_2^-$ zurückzuführen. Die für den 0,001n- u. 0,01n Maßstab ausgearbeitete Vorschrift muß für den 0,1n Maßstab wegen der relativ großen Tension des BrCl etwas modifiziert werden. Die Genauigkeit der Meth. beträgt $\pm 0,5\%$. Gerhard Schulze. G 248□

Bestimmung von elementarem Schwefel-35 mit dem Flüssigkeitsscintillationszähler. H. K. Bothe und G. Wangermann. (Mber. dtsch. Akad. Wiss. Berlin **1**, 420—23, 1959; Leipzig, Dt. Akad. der Wiss. Forsch.-Gemeinsch., Inst. für angew. Radioaktivität; dt.) — Die Best. von ^{35}S mit dem Flüssigkeitsscintillationszähler ergibt eine von der Konz. an ^{35}S linear abhängige Impulsrate, wenn als Scintillator *Phenylbiphenyloxadiazol* oder *p-Terphenyl* in Xylol verwendet wurden. Da das im Scintillator gelöste S eine Löschung der Luminescenz bewirkt, nimmt die Quantenausbeute bei konst. ^{35}S ab wenn der S-Geh. erhöht wird. Die genannte lineare Beziehung gilt daher nur für geringe S-Konzentration. W. Reusse. G 253□

Bestimmung des Sulfurylchlorids in Gegenwart von Chlorsulfonsäure. G. W. Sawarow. (Betriebs-Lab. [UdSSR] **27**, 670—72, 1961; Tschernoretschje, Chem. Kalinin-Betrieb; russ.) — Das Verf. beruht auf dem Abdestillieren von SO_2Cl_2 (I) aus einem $\leq 5\%$ I enthaltendem Prod. mit einem Luftstrom bei 100°. Die gleichzeitig mitgerissenen SO_2OHCl, $S_2O_5Cl_2$ u. SO_3 werden durch Kondens. der Dämpfe bei 0° u. Durchleiten durch eine Alaunschicht zurückgehalten. Die ausschließlich I u. HCl enthaltende Luft wird durch 0,5n NaOH-Lsg. durchgeleitet; in der Lsg. wird das SO_4^{2-} bestimmt u. auf I umgerechnet. Die Ggw. von $\leq 10\%$ Pyrosulfurylchlorid bzw. SO_3 stört nicht. Die Fehlergrenze der Best. für ein Prod. mit 0,1—5,0% I beträgt $\leq 0,1\%$. S. Baryschnikow. G 253

Eine neue Methode zur spektrophotometrischen Bestimmung von Bor mit Rutin. Kazuo Hiiro. (Japan Analyst **10**, 741—46, Juli 1961; Osaka, Ind. Res. Inst.; jap., Auszug: engl.) — Zur B-Best. wird die Probe-Lssg. mit geeigneten Mengen HCl-, $H_2C_2O_4$- u. Rutin-Lsgg. eingedampft, der Rückstand in Aceton gelöst u. die Extinktion bei 440 nm gemessen. Das Beersche Gesetz ist bei B-Geh. von 0,00—0,30 ppm erfüllt. A. Leibbrandt. G 258□

Die photometrische Bestimmung von Spurenmengen Bor unter Verwendung von Curcumin. Michio Arakawa. (Nippon Kinzoku Gakkai-Si [Japan Inst. Metals] **25**, 535—39, 1961; jap., Auszug: engl.) — Die herkömmliche Arbeitsweise der Best. von Spuren B unter Verw. von Curcumin wird in nachst. Punkten abgeändert. Während der

Best. wird die konst. atmosphär. Feuchtigkeit aufrechterhalten. Methylisobutylketon u. W. dienen als Extraktionsmittel; NaOH oder Na_2CO_3 binden B als lösl. Salz. Zur Beschleunigung der Farbentw. dient ein HCl–Äthylacetatgemisch (1 : 2). Man erhält so zuverlässige u. reproduzierbare Werte. W. Wesly. G 258□

Über die Schönbein-Pagenstechersche Reaktion (Schö.-Reaktion) störende Stoffe. S. Makisumi, K. Tanaka, K. Hamada, H. Hanada, H. Nakamura, H. Oka und S. Yakabe. (Fukuoka Acta med. [Fukuoka-Igaku-Zassi] **48**, 2205—11, Dez. 1957; Kyushu Univ., Fac. of Med., Dep. of Legal Med., Dep. of Pharmacol. u. Dep. of Obstetrics and Gynecol.; jap., Auszug: engl.) — Die Rk. verläuft gelegentlich für *Cyanide* in Ggw. von Na_2S, C_2H_5SH (I), $HgCl_2$, Formaldehyd (II) oder Acetaldehyd (III) negativ; sie verläuft ungestört, wenn man in Ggw. von Na_2S bzw. **I** einen Zusatz von $CdSO_4$, bzw. von $CuCl_2$ macht. $HgCl_2$, **II** u. **III** stören nicht nur die Schö.-Rk.; in Mengen oberhalb eines Schwellenwertes können sie jede Prüfung auf HCN stören. W. Wesly. G 260□

Eine quantitative Bestimmung der SiH- und Si-Phenylgruppe. G. Fritz und H. Burdt. (Z. anorg. allg. Chem. **317**, 35—40, 1962; Münster, Anorg.-chem. Inst. der Univ.; dt.) — Verbb., die Si—H u. Si—C_6H_5-Bindungen enthalten, lassen sich mit Br_2 in Eisessig nach (a) $SiH + Br_2 \rightarrow SiBr + HBr$ bzw. (b) $SiC_6H_5 + Br_2 \rightarrow SiBr + C_6H_5Br$ bromieren. Bei bekanntem Titer des Br_2 in Eisessig kann überschüssiges Br_2 jodometr. bestimmt werden. (a) läuft bereits bei Zimmer-Temp. in wenigen Min. ab; (b) hingegen erfordert längeres Rückflußerhitzen. Dieser Umstand gestattet eine Titration nach (a) u. (b) nebeneinander. Phenylsilane mit mehreren Si—H-Bindungen titriert man am besten nach Hydrolyse der SiBr-Bindungen mit 1 ml W., da Br-Substitution die Stabilität der SiC_6H_5-Bindung erhöht. Genaue Vorschriften u. Belegbeispiele werden aufgeführt. H. Bürger. G 261□

Orthophosphatbestimmung in Gegenwart kondensierter Phosphate. Akira Banno, Tsuguo Sawaya und Takio Katō. (Japan Analyst **10**, 784—88, Juli 1961; Tōhoku, Univ., Fac. of Engng., Dep. of Appl. Chem.; jap., Auszug: engl.) — Um die Hydrolyse der kondensierten Phosphate zu Orthophosphat zu verhindern, gibt man A. zur Probe-Lsg. (Konz. ca. 10% am Ende der Fällung) u. fällt dann mit NH_4-Molybdat. Nach Auflösung des Nd. in einem bekannten Alkaliüberschuß wird dieser rücktitriert. Proben mit 5 mg P_2O_3 können mit einem Fehler von $\pm 0{,}3\%$ bestimmt werden, selbst in Ggw. von Arsenat, Silicat u. kondensierten Phosphaten. A. Leibbrandt. G 264□

Adsorptionschromatographie an Cellulose. 8. Mitt. **Das Verhalten von Antimon(V)-chlorid in verschiedenen chromatographischen Systemen.** Michael Lederer. (J. Chromatogr. [Amsterdam] **6**, 518—23, Dez. 1961; Roma, Ist. di Chim. Gen. ed Inorgan., Labor. di Cromatogr. del C.N.R.; engl.) — 7. vgl. C. **1963**. 3718. — Untersucht wird das chromatograph. Verh. von $HSbCl_6$ in wss. HCl, H_2SO_4 u. H_3PO_4 mit Hilfe der Adsorptionschromatographie an Whatman Nr. 3 MM, der Verteilungschromatographie u. der Ionenaustauschchromatographie an Whatman-Anionenaustauscherpapier. Es wurden Lsgg. von $SbCl_5$ in 100, 90, 80, 70, 60, 30 u. 10%ig. HCl sofort nach der Bereitung u. nach 2, 17 u. 24 Std. chromatographiert u. festgestellt, daß alle Lsgg. zur Hydrolyse neigen, wobei Hydroxychlorokomplexe gebildet werden. Bei der Verteilungschromatographie wird mit n-Butanol HCl entwickelt. Es werden stets 2 Flecken erhalten. Bei der Austauschchromatographie mit 30%ig. wss. HCl gelang die Trennung der Hydrolyse-Prodd. in $HSbCl_6$ u. $HSb(OH)Cl_5$ (Start), $HSb(OH)_2Cl_4$ (R_F 0,36) sowie $HSb(OH)_3Cl_3$ (Front). Zusätze von H_2SO_4 oder H_3PO_4 erniedrigen den R_F-Wert u. fördern gleichzeitig die Hydrolyse. M. Finke. G 266□

Eine hochspezifische Methode zur Abtrennung von Cäsium durch Ionenaustausch an Thallium(I)-wolframatophosphat. Henri L. Caron und T. T. Sugihara. (Analytic. Chem. **34**, 1082—86, Aug. 1962; Woods Hole, Mass., Woods Hole Oceanographic Inst.; Worcester, Mass., Clark Univ., Jeppson Chem. Labor.; engl.) — Thallium(I)-wolframatophosphat (I) ist ein hochspezif. Kationenaustauscher für Cs. Die Affinität zu anderen 1wertigen Kationen nimmt in der Reihenfolge $Cs \gg Ag > Rb > K$ ab. Die Säule wird mit einem Gemisch aus **I** u. Papierbrei gefüllt. Die Begleitmetalle werden mit einer 0,005m $TlNO_3$-Lsg. in 0,4m HNO_3 herausgewaschen; Cs wird dann mit einer 0,15m $TlNO_3$-Lsg. in 0,4m HNO_3 eluiert. Tl wird nach der Oxydation zu Tl(III) mit Cl_2 in HCl-saurer Lsg. durch Anionenaustausch entfernt. Cs ist in guter radiochem. Reinheit von Kernspaltungs-Prodd. des U abtrennbar. Mo, Zr u. Nb stören ebenfalls nicht. Die Retentionskapazität von **I** beträgt 0,5 bzw. 0,3 bzw. 0,1 mVal/g für Cs bzw. Rb bzw. K. P. Kurzmann. G 277□

Gravimetrische Bestimmung von Beryllium mit Cupferron. Jyotirmoy Das und Siddheswar Banerjee. (Z. analyt. Chem. **189**, 183—87, 1962; Calcutta, St. Paul's Coll.; Geolog. Survey of India; engl.) — Be wird mit Cupferron bei pH 5,8 gefällt u. der Nd. nach dem Trocknen bei 110° direkt als $Be(C_6H_5O_2N_2)_2$ ausgewogen. Fe(III), Al, Ce, Th, Cu, Ni, Co, Zn u. Cd werden mit EDTA maskiert. Ti u. U(VI) stören; Al stört in großen Mengen durch Hydrolyse. Der Be-Geh. von Beryll wurde bestimmt. P. Kurzmann. G 281 □

Die elektrolytische Oxydation von Oxalationen bei der Bestimmung von Calcium und Magnesium. John Martin und Walter Wagner. (Talanta [London] **9**, 265 bis 269, März 1962; Detroit, Mich., Univ., Dep. of Chem.; engl.) — Der Überschuß der Oxalationen bei der Best. von Ca als Oxalat kann elektrolyt. mit Hilfe einer Graphitelektrode zerstört werden. Dies ist in der Regel vor der Best. des Mg als Phosphat oder Oxinat notwendig. Mg in einer Konz. von 5 mg/250 ml kann noch quant. gefällt werden, wenn die Lsg. vorher 25—30 Min. lang mit einem Strom von 4 A elektrolysiert wird. Die Meth. bewährt sich zur Analyse von Kalkstein nach Kolthoff u. Sandell. J. Peters. G 283 □

Spektrographische Bestimmung von Spuren Calcium und Magnesium in Gußeisen mit der porösen Becherelektrode. Yu Yokoyama. (Nippon Kinzoku Gakkai-Si [J. Japan Inst. Metals] **24**, 802—05, 1960; jap., Auszug: engl.) — C. **1962**, 16424. W. Wesly. G 283 □

Indirekte derivatographische Bestimmung von Calcium, Strontium und Barium aus einer Einwaage. L. Erdey, F. Paulik, G. Svehla und G. Liptay. (Z. analyt. Chem. **182**, 329—35, 1961; Budapest, T.U., Inst. für allgem. Chem.; dt.) — Zur gleichzeitigen Best. von Ca, Sr u. Ba fällen Vff. die Ionen aus einer Einwaage als Oxalathydrate, wobei etwa 1 g Nd. gewonnen wird. An Proben von 0,2—0,5 g werden in einem früher beschriebenen Derivatographen (C. **1959**, 3241) die beim Erhitzen des Nd. entweichenden Kristallwasser- u. CO_2-Mengen in Abhängigkeit von der Temp. bestimmt. Es wurde festgestellt, daß nur das Bariumoxalathydrat eine bes. Zers.-Temp. zeigt (140°) u. die Zers. der beiden anderen Oxalathydrate sich vollständig überdecken (210°). Zwischen 260 u. 360° sind die wasserfreien Oxalate gewichtsbeständig, ihre therm. Zers. zu Carbonaten findet zwischen 360° u. 500° statt. Über 600° beginnt die therm. Dissoziation des $CaCO_3$ mit einem Maximum bei 750°. Von 830—1100° findet die Zers. des $SrCO_3$ statt. Aus den so gefundenen Werten des Kristallwassers, des CO u. CO_2 lassen sich (unter Außerachtlassung der CO-Menge) indirekt die Ca-, Sr- u. Ba-Geh. der eingewogenen Substanz errechnen. H. Nentwig. G 283 □

Konduktometrische Titration von Barium mit Kaliumtellurit. Sarju Prasad und Bishan Lal Khandelwal. (J. Indian chem. Soc. **39**, 84—88, Febr. 1962; Varanasi, Banaras Hindu Univ., Chem. Labor.; engl.) — Ba kann in $BaCl_2$-Lsg., die 40—50% A. enthalten, mit K_2TeO_3-Lsg. konduktometr. titriert werden; das umgekehrte Verf. ist ebenfalls möglich. Der A.-Zusatz bewirkt quant. Ausfällung von $BaTeO_3$, die in wss. Lsg. wegen teilweiser Hydrolyse oder Löslichkeit nicht eintritt. F. Huber. G 285 □

Über die jodometrische Methode zur Bestimmung von Cadmium. M. W. Darbinjan und A. A. Arutjunjan. (Nachr. Akad. Wiss. ArmenSSR, physik.-math., naturwiss. techn. Wiss. **9**, Nr. 2, 23—29, 1956; Erewan, Molotow-Univ.; russ., Auszug: armen.) — Cd wird als CdS mit H_2S oder $CS(NH_2)_2$ aus ammoniakal. Lsg. gefällt, CdS wird mit 0,1n J_2-Lsg. oxydiert u. das überschüssige J_2 wird zurücktitriert. Die Meth. ermöglicht die Cd-Best. in einer Reihe organ. Cd-Komplexe. Die Fehlergrenze der Best. beträgt $\pm$ 2—3%. S. Baryschnikow. G 289 □

Analytische Methoden zur Bestimmung von Spurensubstanzen im metallischen Uran. 2. Mitt. **Die Bestimmung von Cadmium im metallischen Uran.** Yoshio Morimoto und Takashi Ashizawa. (Japan Analyst **10**, 1383—86, Dez. 1961; Tokai Refinery, Atomic Fuel Corp., Inst. of Atomic Fuel.; jap., Auszug: engl.) — 1. vgl. C. **1962**, 14256. — Metall. U wird in HCl u. H_2O_2 gelöst. Nach Zugabe von NH_4-Citrat wird mit Ammoniak alkal. gemacht, mit KCN versetzt u. Cd neben anderen Elementen mit Dithizon-Chlf. extrahiert. Der Extrakt wird dann in HCl aufgenommen u. nacheinander mit NH_4-Citrat, NaOH u. KCN behandelt. Dann wird Cd wieder mit Dithizon-Chlf. extrahiert, mit einer Mischung aus NH_4-Citrat, NaOH u. KCN gewaschen, u. zur Cd-Best. die Lichtabsorption bei 518 mμ gemessen. Nach einer anderen Meth. wird die Probe in HNO_3 gelöst, in Ggw. von NH_4-Citrat alkal. gemacht, u. zur Fällung von Ni usw. mit Dimethylglyoxim versetzt. Dann wird Cd neben anderen Elementen mit Dithizon-CCl_4 extrahiert. Die organ. Phase wird gewaschen u. auf eine Al_2O_3-Säule gegeben. Cd wird mit $CH_3OH/CHCl_3$ eluiert u. durch Messung der Lichtabsorption bestimmt. K. Ross. G 339 □

Analytische Methoden zur Bestimmung von Spurensubstanzen im metallischen Uran. 3. Mitt. **Die Bestimmung von Nickel und Kobalt im metallischen Uran.** Yoshio

Morimoto, Takashi Ashizawa und Sadao Araya. (Japan Analyst **10,** 1387—91, Dez. 1961; jap., Auszug: engl.) — 2. vgl. vorst. Referat. — Die Ni-Best. erfolgt im ammoniakal. Medium nach Zugabe von Dimethylglyoxim u. Br_2-Wasser durch Messung der Lichtabsorption bei 562 mμ. Eine andere Ni-Best. ist nach Dithizonextraktion durch Absorptionsmessung bei 800 mμ möglich. Außerdem wird eine Best. von Ni u. Co durch Chromatographie der Dithizonkomplexe an einer Al_2O_3-Säule beschrieben. Die Extraktionsbedingungen der Ni- u. Co-Dithizonkomplexe in Abhängigkeit von pH, Dithizon- u. Citrat-Konz., Schüttelzeit sowie die Elution der Verbb. von der Al_2O_3-Säule werden eingehend untersucht. K. Ross. G 339□

Spektrophotometrische Bestimmung des Kupfers in Uran mit 8-Hydroxychinolin. Kenji Motojima, Hiroshi Hashitani und Hideyo Yoshida. (Japan Analyst **10,** 79—82, Febr. 1961; Ibraki-ken, Japan Atomic Energy Res. Inst.; jap., Auszug: engl.) — Ein neues spektrophotometr. Verf. zur Best. von $>$ 0,5 ppm Cu in U wurde ausgearbeitet. Es beruht auf Extraktion des Cu-8-Hydroxychinolinats mit $CHCl_3$, wobei der pH-Wert zwischen 3,1 u. 3,3 gehalten werden muß. Sub-mg-Mengen von U u. anderen Metallen, die dabei das Cu begleiten können, werden durch Waschen des Extraktes mit 15%ig. NaOH-Lsg. entfernt. W. Metzener. G 358□

Isotopenverdünnungsanalyse durch Solventextraktion. 4. Mitt. Selektive Bestimmung von Kupferspuren mit Dithizon. Jaromir Růžička und Jiři Starý. (Talanta [London] **9,** 617—19, Juli 1962; Prag, Fac. of Techn. and Nucl. Phys., Dep. of Nucl. Chem.; engl. — 3. vgl. C. **1962,** 17868. — Ausgehend von den theoret. gewonnenen Erkenntnissen über die selektive Bestimmbarkeit von Metallspuren mit Hilfe von Extraktions-Meth. u. nachfolgender Isotopenverdünnungsanalyse (vgl. C. **1961,** 13288) beschreiben Vff. ein Verf. zur Best. von Cu-Spuren. 10 ml einer Lsg., die außer ca. 10^{-7} bis 10^{-10} g inakt. Cu/ml einen großen Überschuß anderer Metallionen (Zn^{2+}, Co^{2+}, Ni^{2+}, Cd^{2+}, Pb^{2+}, In^{3+}, Tl^{3+}, Hg^{2+}, Ag^{+}, Bi^{3+}, Mn^{2+}, Sn^{2+}, Fe^{2+}) enthält, wird die ungefähr gleiche Menge ^{64}Cu(y) hinzugefügt. Nach Zusatz von 1 ml einer Puffer-Lsg. (aus 15 g KJ u. 13 g CH_3COONH_4 in 100 ml W., mit Eisessig auf pH 4,8$\pm$0,2 eingestellt, unmittelbar vor Gebrauch durch Dithizonextraktion gereinigt) muß sich ein pH-Wert von 4,8$\pm$0,2 einstellen. Ist die Ausgangs-Lsg. zu sauer, muß eine größere Menge Puffer-Lsg. hinzugefügt werden. Nach 10 Min. langer Extraktion dieser Lsg. mit ca. 1 ml einer Dithizon-Lsg. in CCl_4, deren Konz. unter der stöchiometr. notwendigen liegt, u. Abtrennung der organ. Phase wird die Aktivität (A_2) von 0,6 ml der Lsg. mit einem Scintillations- (für Proben hoher Aktivität) oder Geiger-Müller-Zählrohr (für Proben niedriger Aktivität) gemessen. Anschließend wird die Aktivität (A_1) von 1 ml des Extraktes einer in gleicher Weise behandelten Lsg. bestimmt, die nur ^{64}Cu enthält. Die Menge des inakt. Cu errechnet sich dann nach $x = y(A_1/A_2 - 1)$. Die Meth. ist einfacher, schneller u. empfindlicher als aktivierungsanalyt., spektralanalyt., flammenphotometr. oder colorimetr. Verff. zur Cu-Bestimmung. W. Hein. G 358□

Bestimmung von Kupferspuren durch Dithizonphotometrie. Takashi Ashizawa. (Japan Analyst **10,** 688—92, Juli 1961; Tokyo Inst. of Technol., Dep. of Anal. Chem.; jap., Auszug: engl.) — Wegen Elutionsschwierigkeiten bei der Chromatographie hat Vf. eine direkte photometr. Extraktions-Meth. mit Dithizon aus verd. H_2SO_4-Lsg. in CCl_4 für 1—40 μg Cu in den letzten 10 ml ausgearbeitet. Die Dithizon-Lsg. sollte konz. sein, u. die Absorption bei 730 mμ gegen das reine Reagens gemessen werden.
A. Leibbrandt. G 358□

Der Einfluß einiger Anionen auf die spektrophotometrische Absorption des Bis-[di-n-octyläthylendiamin]-Cu)II)-Komplexes in Hexon. D. Betteridge und T. S. West. (Talanta [London], **9,** 456—58, Mai 1961; Birmingham, Edgbaston, Univ., Chem. Dep.; engl.) — Der Bis-[di-n-octyläthylendiamin]-Cu(II)-Komplex ist mit Isobutylmethylketon extrahierbar. NaCl-Zusatz verbessert die Abtrennung u. ruft eine Veränderung der Farbe hervor. Andere Anionen verändern ebenfalls die Färbung. Die Lage der Absorptionsmaxima in Ggw. von Cl^-, Br^-, CH_3COO^-, HCO_3^-, SO_4^{2-}, $S_2O_3^{2-}$ werden angegeben. P. Kurzmann. G 358□

Die Anwendung flüssiger Amalgame in der Komplexometrie des Ag^+-Ions und seiner Mischungen. G. Asensi Mora. (Quím. e Ind. [Bilbao] **8,** 132—35, Juli/Aug. 1961; Zürich, Escuela Politécn., Labor. de Quím. Inorg.; span.) — Zur komplexometr. Best. des Ag^+ wird die O_2-freie Lsg. unter N_2 mit Zn-, Cd- oder Bi-Amalgam red. u. nach Ablassen des Hg das entstandene Zn^{2+}, Cd^{2+} oder Bi^{3+} komplexometr. bestimmt. Mit Bi-Amalgam erfolgt die Red. bei pH 3—4 u. die Best. des Bi^{3+} mit Komplexon III u. Brenzcatechinviolett als Indicator. Der Fehler beträgt bei Mikro-Best. 1—2% u. bei Makro-Best. 0,0—0,2%. Die Red. des Ag^+ mit Zn-Amalgam erfolgt bei pH 5 u. die

Best. des Zn^{2+} mit EDTA u. Eriochromschwarz T als Indicator. Der relative Fehler im Halbmikrobereich ist > 10%. Cd-Amalgam entspricht dem Zn, nur ist hier der Fehler unabhängig von der Ag^+-Menge konst. 2—3%. Liegen in der Lsg. neben Ag^+ noch Zn^{2+}, Cd^{2+} oder Bi^{3+} vor, so werden zuerst diese Ionen komplexometr. bestimmt; dann wird nach Amalgamzusatz die Ag^+-Konz. durch Differenz-Bldg. dieser u. der ersten Titrationswerte ermittelt. K. Huste. G 359□

Spektrophotometrische Bestimmung von Palladium mit Didodecyldithiooxamid. William D. Jacobs, Clara M. Wheeler und William H. Waggoner. (Talanta [London] **9**, 243—48, März 1962; Athens, Ga., Univ. of Georgia, Dep. of Chem.; engl.) — Didodecyldithiooxamid reagiert mit Pd in stark salzsaurer Lsg. zu einem gelben, in W. unlösl. Komplex, der mit Chlf. extrahiert werden kann. Vff. bestimmen die optimalen Bedingungen u. die Toleranzgrenzen für die anderen Metalle sowie für Co, Ni, Cu, Cr(III), Fe(III), Au(III), NO_3^- u. SO_4^{2-}. Die Meth. wird auf die Best. von Pd in Ggw. hoher Konzz. verschiedener Ionen angewendet. Die Empfindlichkeit der Rk. beträgt 0,005 μg/cm². J. Peters. G 365□

Die Rolle der analytischen Chemie in der geologischen Forschung. Aida Espínola. (Química [Rio de Janeiro] **1960**, Nr. 38, 21—22, Mai/Juni; Univ. do Brasil, Esc. Nac. de Quím.; port.) — Überblick. Routineanalysen von Erzen u. Mineralien, Schnellanalysen von Silicatgesteinen, ihre vollständigen Analysen, Analysen von Spurenelementen (opt. Verff.), Unters. der Mineralstruktur, Geologie der Isotopen. R. K. Müller. 5290□

Die colorimetrische und polarographische Bestimmung einiger Spurenelemente in den Standardgesteinen G-1 und W-1. Ian Carmichael und Alison McDonald. (Geochim. cosmochim. Acta [London] **22**, 87—93, März 1961; London, Imp. Coll. of Sci. and Technol., Dep. of Geol.; engl.) — Bei der Unters. der Gesteine der nordatlant. vulkan. Tertiärprovinz wurden zur Prüfung der Genauigkeit der geochem. Feld-Meth. die Daten von Spurenelementen zweier Standardproben Granit G-1 u. Diabas W-1 nach der colorimetr. u. polarograph. Meth. mit den nach der radiochem. Zählmeth. verglichen. R. Kaiser. 5292□

b) Organische Verbindungen

Fortschritt in der qualitativen organischen Analyse: 1959, 1960. Nicholas D. Cheronins. (Microchem. J. **5**, 525—49, Sept. 1961; Brooklyn, N.Y., The City Univ. of New York, Brooklyn Coll.; engl.) — Besprechung neuerer Arbeiten, die die Identifizierung organ. Verbb. auf dem Wege der systemat. Annäherung u. mikroskop. u. physikal. Meth. betreffen: Reinigung der zu untersuchenden Substanz, Nachw. funktioneller Gruppen, Darst. von Derivv. u. mikroskop. Verfahren. 165 Literaturhinweise. A.-M. Fretzdorff. 5352□

Fortschritt der quantitativen organischen Elementaranalyse: 1960. Al Steyermark. und Barbara E. McGee. (Microchem. J. [New York] **5**, 389—410, Sept. 1961; Nutley, N.J., Hoffmann-La Roche Inc.; engl.) — Überblick über die Entw. der Best.-Meth. für C–H, C, H, O, N nach Dumas u. Kjeldahl, Cl, Br, J, F, S, P, Metalle, B u. Si. — 177 Literaturhinweise. A.-M. Fretzdorff. 5352□

Untersuchungen zur organischen Mikro-Elementaranalyse. 1. Mitt. Verbesserung der Methode zur Entwicklung von Kohlendioxid für die Mikro-Dumas-Stickstoffbestimmung. Minoru Fukuda. (J. pharmac. Soc. Japan [Yakugakuzasshi] **75**, 151—53, Febr. 1955; Osaka, Univ., Med. Fac., Pharmaceut. Ind.; jap., Auszug: engl.) — Beschreibung eines CO_2-Generators für die Entw. von CO_2 aus $NaHCO_3$ für die Mikro-N-Best. nach Dumas in Verbindung mit einem druckregulierenden Hahn. Der Generator wird mit 65 g $NaHCO_3$ beschickt; diese Füllung reicht für einen Dauerbetrieb von ca. 9 Stunden. A.-M. Fretzdorff. 5352□

Fluor-Schnellanalyse mit Hilfe der magnetischen Breitlinien-Kernresonanz. Herbert Rubin und Robert E. Swarbrick. (Analytic. Chem. **33**, 217—20, Febr. 1961; Ridgefield, Conn., Schlumberger Well Surv. Corp., Ridgefield Instrument Group u. Linden, N.J., Esso Res. and Engng., Analyt. Res. Div.; engl.) — Die zur F-Best. in *p-Fluoranisol, o-, m-* u. *p-Fluortoluol, 1-Fluor-4-nitrobenzol, Fluorbenzol, Trichlorfluormethan, m-Brombenzotrifluorid, Trichlortrifluoraceton, Benzotrifluorid, Trifluoressigsäure,* CCl_2FCClF_2 u. $CF_3CCl_2CFClCF_3$ mit Hilfe der magnet. Kernresonanz-Messung notwendigen App. u. Meth. werden beschrieben. Durch Verw. eines elektron. Integrators gestaltet sich die F-Best. in Einzelverbb. u. Gemischen äußerst schnell. Der Einfl. von Verdünnung u. chem. Veränderungen in den Mischungen wurde untersucht. Bei Meßzeiten von 1 Min. wurde der F-Geh. in Proben von 20 bzw. 0,2 ml mit einem relativen Fehler von ca. 1 bzw. 2% ermittelt. Die Erfassungsgrenze beträgt ca. 12 bzw. 3 mg F. W. Hein. 5352□

Untersuchungen der Mikroanalyse organischer Phosphorverbindungen. 2. Mitt. Gravimetrische Mikrobestimmung von Phosphor in organischen Verbindungen. Masami Kan, Hironobu, Kashiwagi und Hideo Tanabe. (Japan Analyst **10,** 704—07, Juli 1961; Takeda Chem. Ind. Ltd., Res. Labor.; jap., Auszug: engl.) — Zur P-Best. in organ. Verbb. werden 2—5 mg der Substanz 30 Min. lang in einem Kjeldahl-Kolben mit 1 ml konz. H_2SO_4 u. 5 Tropfen konz. HNO_3 erhitzt. Das gebildete PO_4^{3-} wird garvimetr. als NH_4-Phosphormolybdat bestimmt. A. Leibbrandt. 5352□

Fortschritt der Analyse organischer funktioneller Gruppen: 1960. T. S. Ma und Milton Gutterson. (Microchem. J. [New York] **5,** 411—38, Sept. 1961; Brooklyn, N.Y., Coll., Dep. of Chem., City Univ. of New York.) — Vgl. C. **1962,** 15347. — Bericht über Best.-Meth. von funktionellen Gruppen unter Berücksichtigung der verschiedenen O-, N-, S- u. ungesätt. Funktionen, saurer u. bas. Gruppen: W. in organ. Verbb., akt. H u. akt. Methylengruppen, P, B u. Alkali-Metall-Gruppen u. KW-Gruppen. — Literaturangaben. A.-M. Fretzdorff. 5358□

Anwendungen der Infrarotspektroskopie. 7. Mitt. Das Verhalten von Thioalkylverbindungen unter den Bedingungen der Zeisel-Reaktion. D. M. W. Anderson und S. S. H. Zaidi. (Talanta [London] **9,** 611—15, Juli 1962; Edinburgh, Univ., Dep. of Chem.; engl.) — 6. vgl. Talanta [London] **8,** [1961], 832; 4. vgl. C. **1962,** 15348. — Das Verh. von Thioalkyl-Verbb. gegen konst. sd. HJ unter den Bedingungen der Zeisel-Rk. wurde durch IR-Spektroskopie in der Gasphase untersucht. Es existieren eine Reihe von labilen Verbb., die weniger als 3 Std. zur Umsetzung benötigen, wobei die Kinetik der Zers. dieser Verbb. individuell untersucht werden muß, da eine Überproduktion von Methyljodid beobachtet wurde. Einige Verbb. geben CH_3J, während manche selbst nach 16—20 Std. nicht quant. umgesetzt sind. Danach ist eine bloße zeitliche Ausdehnung der Zeisel-Meth. keine allg. Meth. zur Best. funktioneller Gruppen in Thioalkyl-Verbindungen. Harro Zimmer. 5360□

Anwendungen der Infrarotspektroskopie. 8. Mitt. Überprüfung einer bekannten anomalen Zeisel-Alkoxyreaktion. D. M. W. Anderson, M. A. Herbich und S. S. H. Zaidi. (Talanta [London] **9,** 620—21, Juli 1962; engl.) — 7. vgl. vorst. Referat. — Es wird mitgeteilt, daß 2.3-Dimethyl-2.3-diphenylbutan gegenüber konst. sd. HCl bei der Alkoxy-Best. nach Zeisel stabil ist, so daß eine frühere Mitt. von Huang u. Morsingh (C. **1953,** 6107), wonach obige Verb. einen Methoxy-Geh. von 3,3% ergibt, unrichtig ist. Harro Zimmer. 5360□

Quantitative gaschromatographische Analyse von Kohlenwasserstoffen mit dem Dioden-Detektor nach Lovelock und Capillarsäulen. G. M. Rouayheb, O. F. Folmer und W. C. Hamilton. (Analytica chim. Acta [Amsterdam] **26,** 378—80, April 1962; Ponca City, Okla., Continental Oil Co., Res. and Dev. Dep.; engl.) — Mit dem Barber-Colman-Gaschromatographenmodell 20 mit Lovelock-β-Ar-Detektor, Teilstromprobengeber u. Capillarsäulen aus Stahl von 100 ft. Länge u. 0,01 in. Durchmesser mit Squalan oder 7,8-Benzochinolin, von 60 ft. Länge mit Phenoxathiin bzw. aus Nylon von 100 ft. Länge u. 0,034 in Ø mit Trikresylphosphat wurden quant. Analysen von Gemischen folgender KW-Stoffe durchgeführt: *Isopentan, n-Octan, 2-Methylpentan, 3-Methylhexan, 2.2.5-Trimethylhexan, Methylcyclopentan, Methylcyclohexan, 1.1-Dimethylcyclohexan, Bzl., n-Butylbenzol, 2-Phenylhexan, Toluol, Äthylbenzol, p-, m-, o-Xylol, Octen-1, -2, n-Hexan, Hexen-1, -2, n-Decan, Decen-1, n-Heptan* u. *n-Dodecan.* R. Krämer. G 500□

Schnellbestimmung gelösten Acetylens mit Hilfe der Polarographie. Shiro Usami. (Japan Analyst **10,** 769—73, Juli 1961; Rusashiki Rayon Co. Ltd., Toyama Plant; jap., Auszug: engl.) — Im Gegensatz zu sonstigen, die Polarographie störenden Ndd. von Additions-Verbb. des Acetylens (I) mit Metallsalzen im inerten Lsgm., entsteht bei der Rk. von Hg-Acetat (II) (4 — 20 mm) mit I ($< {}^1/_3$ der Konz. des II) in einem Gemisch von Methanol u. H_2O keine Fällung. Das Polarogramm dieser Lsg. mit $NaNO_3$ als Leitelektrolyt hatte eine **II**-Stufe bei 0,33 u. eine 2. Stufe bei —0,25 V. Die **I**-Konz. war der Höhe der **II**-Stufe umgekehrt u. der der 2. Stufe direkt proportional. Diese 2. Stufe rührt von einer Additions-Verb. **I** : **II** (1 : 3) her. Die Best. des gelösten **I** dauert ca. 30 Minuten. A. Leibbrandt. G 530□

Über den Ersatz von Uranylnitrat durch Naphtholgelb bei der Standardmethode zur Bestimmung der Oxydierbarkeit von technischem Äthanol. I. Ss. Musstafin und N. K. Nemkowa. (J. analyt. Chem. [UdSSR] **16,** 255, März/April 1961; Saratow, Univ.; russ., Auszug: engl.) — Bei der Best. der Oxydierbarkeit von techn. A. mit $KMnO_4$-Lsg. kann die $UO_2(NO_3)_2$-Lsg. (colorimetr. Standard-Lsg.) durch $3 \cdot 10^{-5}$m Naphtholgelb-Lsg. derselben opt. Dichte ersetzt werden. S. Baryschnikow. G 560

Gleichzeitige Bestimmung von Formaldehyd und Paraformaldehyd nebeneinander. Zygmunt Bellen. (Chem. analit. [Warszawa] **4,** 13—18, 1959; Warszawa, Inst.

of Gen. Chem., Anal. Dep.; pol.) — Formaldehyd wird aus acetatgepuffertem Medium (pH 4,6) mit Dimedon als Formaldimedon gefällt u. gegen NaOH-Lsg. titriert. Der Geh. an Polyoxymethylen, das unter diesen Bedingungen nicht depolymerisiert wird, ergibt sich aus der Summe, die nach der Meth. von Romijn jodometr. aus dem zur Oxydation beider Bestandteile in alkal. Lsg. verbrauchten J_2 erhalten wird.

W. Betcke. G 670 □

Ein neuer, empfindlicher Nachweis von Formaldehyd und Brenztraubenaldehyd mit 2-Hydroxycarbazol. Eugene Sawicki, Thomas W. Stanley, Henry Johnson und Francis T. Fox. (Mikrochim. Acta [Wien] **1962,** 741—45, Cincinnati, Ohio, Robert A. Taft Sanitary Engng. Center; engl.) — Vff. beschreiben eine einfache Tüpfelprobe auf Formaldehyd, formaldehydbildende Verbb., Brenztraubenaldehyd u. brenztraubenaldehydbildende Verbb. mit 2-Hydroxycarbazol. Zu einem Tropfen der Reagens-Lsg. (1%ig. Lsg. von 2-Hydroxycarbazol in 1%ig. H_2SO_4, mindestens 4 Std. lang haltbar) auf Glasfaser-Filtrierpapier fügt man 1 μl der wss. Unters.-Lösung. In Ggw. von Formaldehyd oder Brenztraubenaldehyd erhält man eine dunkelblaue Farbe. Man kann den Farbfleck dann noch 10 Sek. lang mit Dampf behandeln, wodurch die Empfindlichkeit etwas erhöht, die Selektivität aber verringert wird. Die Farbe ist mindestens 24 Std. lang stabil. Vff. besprechen die Störungen u. schlagen Möglichkeiten zur Erhöhung der Selektivität vor. Die Erfassungsgrenzen sind 0,004 μg für beide Aldehyde.

F. Sarfert. G 670 □

Ein Vergleich der Methoden zum Tüpfelnachweis und zur spektrophotometrischen Bestimmung von Glyoxal. Eugene Sawicki, Thomas R. Hauser und Ronald Wilson. (Analytic. Chem. **34,** 505—08, April 1962; Cincinnati, Ohio, Robert A. Taft Sanitary Engng. Center; engl.) — Vff. vergleichen die Meth. zur Best. von Glyoxal mit 1.2-Dianilinoäthan (I), 2.3-Diaminophenazin (II), 2-Aminobenzolthiol (III), 2.4-Dinitrophenylhydrazin (IV) u. 4-Nitrophenylhydrazin (V) miteinander. Die Verff. mit **III, IV** u. **V** sind neu u. werden eingehend beschrieben. **III** u. **I** erwiesen sich am stärksten selektiv zur Best. von Glyoxal, während **II** stärker selektiv als **V** ist. Von allen Verff. besitzt das mit 3-Methyl-2-benzothiazolonhydrazon u. das mit 2-Hydrazinobenzothiazol + p-Nitrobenzoldiazoniumfluoroborat die geringste Selektivität. Die Meth. mit **II** ist ca. 20mal empfindlicher als die mit **III** u. die mit **I.** Am empfindlichsten von allen erwies sich die Meth. mit **V,** doch reagieren Methylglyoxal u. Diacetyl ebenfalls mit dem Reagenz.

Gerhard Schulze. G 680 □

Spektrophotometrische Bestimmung von Ketonen durch Borhydrid-Reduktion Ivan Lichtenstein und Charles A. Reynolds. (Trans. Kansas Acad. Sci. **64,** 315 bis 320, 1961; Lawrence, Kan., Univ. of Kansas, Dep. of Chem.; engl.) — Die mol. Absorptions-Koeff. verschiedener reiner Ketone in wss. 5%ig. Dimethylformamid (**I**) werden mit einem Beckman-Spektrophotometer DU für die jeweiligen Absorptions-Maxima ermittelt. Zur Best. der Keton-Konz. einer Probe wird eine Keton-Stamm-Lsg. (**A**) in dest. W. oder wss. Isopropanol (**II**) hergestellt. Ein aliquoter Teil von **A** u. parallel dazu die gleiche Menge dest. W. bzw. wss. **II** werden in 100 ml-Rundkolben mit je 5 ml 1m $NaBH_4$ (**III**) in **I** versetzt, mit dest. W. auf ca. 50 ml verd. u. nach ½ Std. unter Rückfluß erhitzt, bis die H_2-Entw. aufhört. Nach Abkühlen werden die Lsgg. in 100 ml-Meßkolben überführt, die Leerlsg. wird mit 10 ml Lsg. **A** versetzt, beide Lsgg. — „Rk.-Lsg.“ u. „Leerlsg.“ — werden mit dest. W. zur Marke aufgefüllt. Von beiden Lsgg. wird im Maximum des jeweiligen Ketons gegen 5%ig. wss. **I**-Lsg. die Absorption gemessen u. mit Hilfe der davor bestimmten mol. Absorptions-Koeff. der Keton-Geh. errechnet. Die Meth. erlaubt auch die quant. Best. von Ketonen, die relativ langsam mit **III** reagieren. Sie setzt in ihrer einfachen Ausführung voraus, daß die Red.-Prodd. die Absorption im Maximum nicht beeinflussen. Nach der Vorschrift wird aber bei jeder Messung kontrolliert, ob diese Voraussetzung im speziellen Fall erfüllt ist. Best. von *Aceton, 2-Octanon, Acetophenon, Cyclohexanon* u. *Mesityloxid* werden mitgeteilt. *Äthylacetoacetat* ist nach der Meth. nicht zu bestimmen, da unter den Rk.-Bedingungen die Absorption der Konz. nicht proportional ist. *Benzoin* kann nicht bestimmt werden, da dessen Red.-Prodd. in dem alkal. Medium nicht stabil sind (starke Gelbfärbung). Alkohole, N-disubstituierte Säureamide (z. B. I) u. aliphat. Amine beeinflussen die Best. nicht. Solange die Konz. aromat. Amine (z. B. Pyridin) nur Absorptionen in der Höhe der Keton-Absorption hervorrufen, stören auch sie die Best. nicht. Aldehyde dagegen stören, da sie mit **III** reagieren u. im gleichen Spektralbereich absorbieren.

W. Kupfer. G 700 □

Die colorimetrische Bestimmung langkettiger Fettsäuren im 0,05—0,5 μMol-Bereich. W. G. Duncombe. (Biochem. J. **83,** 6P, April 1962; Beckenham, Kent, Wellcome Res. Labor.; engl) — Die Empfindlichkeit der Mikrobest. langkettiger Fettsäuren wie z. B. *Undecan-, Myristin-, Palmitin-, Stearin-* oder *Elaidinsäure* nach der

Meth. von Iwayama (C. **1960**, 13475) läßt sich um das ca. 200fache steigern, wenn einem Teil der Chlf.-Lsg. des Cu-Komplexes $^1/_{10}$ Vol. einer 0,1%ig. Na-Diäthyldithioamidocarbonat-Lsg. in Butanol zugesetzt u. die Extinktion bei 440 nm gegen eine Chlf.-Blindprobe gemessen wird. Die Eichkurve verläuft fast geradlinig. G. Kirsten. G 800□

Gaschromatographische Analyse von Fettsäuren und chlorierten Fettsäuren. Edgar D. Smith und Aubrey B. Gosnell. (Analytic. Chem. **34,** 438—39, März 1962; Little Rock, Ark., Univ. of Arkansas, Graduate Inst. of Technol.; engl.) — Ein Standardgemisch mit bekannten Mengen an *Essig-*, *Monochloressig-*, *Dichloressig-*, *Valerian-* u. *Decylsäure* wurde an 1m langen Cu-Säulen mit 10% LAC-296 u. 5% 85%ig. H_3PO_4 auf säuregewaschenem Chromosorb W im Perkin-Elmer-Vapor-Fractometer 154-C mit Thermistor-Detektor u. im Barber-Colman-Gaschromatographen Modell 20 mit ^{90}Sr- u. ^{226}Ra-Ionisationsdetektor getrennt (Strömungs-Geschw. 60 ml/Min., Temp. 150°). Der Thermistor-Detektor spricht auf Dichloressigsäure besser an. Bei Änderung der Spannung auf 500 V wird die Ansprechbarkeit für Monochloressigsäure in beiden, für Dichloressigsäure nur im ^{90}Sr-Ionisationsdetektor schlechter. R. Kramer. G 800□

Gas-Flüssigkeitschromatographie von Fettsäuremethylestern. Die „Kohlenstoffzahl„ als Parameter für den Vergleich der Säulen. F. P. Woodford und C. M. van Gent. (J. Lipid Res. **1,** 188—90, Jan. 1960; Leiden, Netherlands, Univ. of Leiden, Dep. of Phys. Chem.; engl.) — Infolge der Flüchtigkeit der stationären Phasen bei der Gas-Fl.-Chromatographie von Fettsäuremethylestern (I) nehmen die abs. Retentionszeiten der von der Säule ausgewaschenen Komponenten bei wiederholter Verw. der Säule stetig ab. Um die Auswaschungsfolge zu beschreiben, benutzen Vff. an Stelle relativer Retentionszeiten, die sich auf eine Komponente des Gemisches beziehen, die sog. „Kohlenstoffzahl" (CZ). Die Retentionszeiten der gesätt. geradkettigen I (von denen in natürlichen Gemischen mindestens 4 vorhanden sind) werden gegenüber der Kettenlänge auf halblogarithm. Papier aufgezeichnet u. eine passende Gerade hindurchgelegt. Werte, welche der Retentionszeit anderer Maxima entsprechen, können abgelesen werden u. liefern die Kettenlänge des hypothet. gesätt. geradkettigen I, welcher an diesem Punkt ausgewaschen würde (d. h. CZ). Geradkettige gesätt. I besitzen ganzzahlige CZ, verzweigtkettige oder ungesätt. I nicht. CZ ist für einen bestimmten I auf einer bestimmten stationären Phase spezifisch. K. Zingraf. G 800□

Jodtrichlorid als volumetrisches Reagens. 2. Mitt. **Bestimmung von Thioharnstoff und seinen organischen Derivaten.** Balwant Singh, Balbir Chand Verma und M. S. Saran. (J. Indian chem. Soc. **39,** 490—92, Juli 1962; Chandigarh, Panjab Univ., Dep. of Chem. engl.) — 1. vgl. Indian J. appl. Chem. **22,** [1959], 15. — JCl_3 kann zur visuellen bzw. potentiometr. Titration von Thioharnstoff u. vielen seiner Alkyl-Derivv. benutzt werden. Die Thioharnstoffe werden durch J^{3+} zu Disulfiden oxydiert. Verbb. der Formel $RNHCSNH_2$ mit R = H, CH_3, C_2H_5, $(CH_3)_2CH$, n-$CH_3(CH_2)_3$, n-$CH_3(CH_2)_4$, o-$(CH_3)C_6H_4$, p-$(CH_3)C_6H_4$, o-$(OCH_3)C_6H_4$, p-$(OCH_3)C_6H_4$, o-$(OC_2H_5)C_6H_4$, d-$(OC_2H_5)C_6H_4$ u. C_6H_5 wurden bestimmt. J. Peters. G 880□

Die Stabilität des Ninhydrinfarbstoffes in alkalischer Lösung und ihre Anwendung auf quantitative Aminosäurenbestimmung. Peter Bohley. (Naturwissenschaften **49,** 326, 2. Juli-H. 1962; Halle (Saale), Martin-Luther-Univ., Physiolog.-chem. Inst.; dt.) — Vf. untersucht die Stabilisierbarkeit des aus Aminosäuren u. Ninhydrin (I) entstehenden, in saurem Medium unbeständigen, blauvioletten Diketohydrindyliden-Diketohydrinamin Farbstoffes (DYDA). Extinktionsmessungen zeigen, daß in einer Lsg., die durch Auffüllen auf 1000 ml hergestellt wurde, DYDA längere Zeit haltbar ist. Zur quant. Best. papierchromatograph. getrennter *Aminosäuren* (0,01—0,2 μMol) werden die Chromatogramme mit einer Lsg., die aus 1 Teil 5%ig. alkohol. I-Lsg. u. 9 Teilen Aceton besteht, angefärbt u. die ausgeschnittenen Flecken mit 5 ml $NaHCO_3$-Lsg. 1 Std. eluiert. Die Extinktion wird bei 578 nm gemessen. Das Verf. eignet sich auch zur Best. der Peptidaseaktivität. F. M. Friedrich-Anderseck. G 950□

Eine Untersuchung über die Sakaguchi-Reaktion auf Arginin auf Filtrierpapier. Kshirod R. Bhattacharya, Jyotirindra Datta und Durlav K. Roy. (Arch. Biochem. Biophysics **77,** 297—311, Okt. 1958, Calcutta, India, Indian Inst. for Biochem. and Exper. Med.; engl.) — Vgl. C. **1962,** 3565. — Die Einflüsse verschiedener Faktoren auf die Sakaguchi-Rk. auf Arginin (I) wurden systemat. untersucht. Die Farb-Entw. hängt bis zu bestimmten Grenzwerten sowohl von der I- als auch von der α-Naphthol (II)-Konz. ab. Maßgebend ist die Flächen-Konz. auf dem Filtrierpapier. Die optimale BrO^--Konz. hängt von der II-, nicht aber von der I-Konz. ab. Harnstoff wirkt in der Art eines Puffers gegenüber der BrO^--Konz. u. beeinflußt die Untergrundfarbe. Zur Erzielung eines kontrollierten Rk.-Ablaufs muß er vor dem BrO^- zugegeben werden. Die optimale

Alkalimenge richtet sich nach der Konz. der anderen Reagentien. — Der Rk.-Mechanismus u. die Möglichkeit ihrer quant. Anwendung werden diskutiert. W. Betcke. G 950□

Bestimmung von Benzol und Toluol in Vinylacetat durch UV-Spektrometrie. Yutaka Nishino. (Japan Analyst **10,** 86—89, 1961; Toyama, Kurashiki Rayon Co., Ltd. Toyama Plant; jap., Auszug: engl.) — Zur Fabrikationskontrolle des Vinylacetats (I) wird die absorptiometr. Best. in einer 10-mm-Schicht der mit Methanol verd. I-Probe bei 260,2 u. bei 268,2 mμ empfohlen. Auf diese Weise lassen sich gleichzeitig 0,01—0,5 *Bzl.* u. *Toluol* mit $\pm$ 10% relativer Genauigkeit bei 95% Zuverlässigkeit bestimmen. Die Nachw.-Grenze beträgt für beide Substanzen 0,005%, für die einzelnen Substanzen getrennt 0,001—0,002%. W. Metzener. G 1010□

Beiträge zur jodometrischen Bestimmung von Phenol auch in Gegenwart von reduzierenden Stoffen. E. Schulek und K. Burger. (Ann. Univ. Sci. Budapestinensis Rolando Eötvös nominatae, Sect. Chim. **2,** 537—42, 1960; Budapest, Eötvös-Univ., Inst. für anorg. u. analyt. Chem.; dt.) — Bei Einhaltung bestimmter Vers.-Bedingungen lassen sich bei der jodometr. Best. von Phenol über Tribromphenolbrom (I) auf Grund der Rk. des einen (mehr ionogen) gebundenen Br des I mit KJ im Gegensatz zu den Ergebnissen bisheriger Unterss. exakte Werte erzielen. Wesentlich ist die Verw. eines großen Br_2-Überschusses bei der Bromierung, dessen letzter Rest (nach Beseitigung des Hauptteils mit Sulfit) mit überschüssigem Phenol so schnell gebunden wird, daß es nicht zur Bldg. von I kommt. — Zu der 2—10 mg Phenol enthaltenden, gegen Methylrot neutralisierten Lsg. (50 ml) wird gesätt. Bromwasser bis zur rotbraunen Färbung gegeben. Nach 20 Min. Rk.-Dauer wird der Br_2-Überschuß mit 20% ig. Na_2SO_3-Lsg. bis zur gelben Färbung beseitigt. Dann wird die Lsg. mit 5 ml in einem Guß zugesetzter 5% ig. Phenol-Lsg. durchgeschüttelt, sofort mit 0,5 g KJ versetzt u. mit 5 ml 20% ig. HCl angesäuert. Nach 15—20 Min. wird das ausgeschiedene Jod bestimmt. Die Genauigkeit beträgt $\pm$ 0,5%. — In Übereinstimmung mit der Stöchiometrie der Rk. zwischen J^- u. I kann dem 4. Br des I die Oxydationszahl +1 zugeschrieben werden. W. Betcke. G 1060□

Papierchromatographie von Phenolen. E. Sundt. (J. Chromatogr. [Amsterdam] **6.** 475—80, Dez. 1961; Geneva, Switzerland, Firmenich & Cie., Res. Labor.; engl.) — Vf. beschreibt die Verteilungschromatographie freier Monophenole auf Dimethylformamid (I)–Aceton (75:25) imprägniertem Filterpapier (Schleicher & Schüll Nr. 2043b oder Machery-Nagel Nr. 2214). Die Substanzen werden als Chlf.-Lsgg. aufgegeben u. 3½ Std. absteigend mit Cyclohexan–Äthylacetat (II; 5:1) als Laufmittel entwickelt, das vorher mit I-W. (5:2) gesätt. wurde. Die R_F-Werte lassen sich durch steigenden II-Geh. vergrößern. Kammersättigung mit I-W. (5:2) ist zur Erzielung gleichmäßiger Flecken u. guter Trennung notwendig. Die bei 40° getrockneten Chromatogramme werden durch Sprühen mit diazotierter Sulfanilsäure u. 20% Na_2CO_3 ausgewertet. Voraussetzung für eine Trennbarkeit ist ein genügender Unterschied der Polaritäten zweier Verbindungen. Der Substituenten-Einfl. auf die R_F-Werte wird an Beispielen diskutiert. R_F-Werte u. Farb-Rkk. von 43 Verbb. sind tabellar. angegeben. M. Finke. G 1060□

Die Sorption von Phenolen aus Arabogalaktanlösungen (Larix occidentalis Nutt.) durch Anionenaustauscher. Kurt H. Ekman. (J. Chromatogr. [Amsterdam] **7,** 419—21, März 1962; Pullman, Wash., Washington State Univ., Div. of Ind. Res.; engl.) — Vf. gelingt die Abtrennung von Phenolen (I) aus Arabogalaktan (II)-Lsgg. durch Anionenaustauschchromatographie an *Amberlite IR-45* oder *Dowex-3* mit Methanol–W. (1:2) als Elutionsmittel. Die Durchbruchs-Vol. von II u. I betragen dabei 20:110 (OH^--Form des Austauschers) bzw. 30:225 (MoO_4^{2-}-Form); dabei werden Ausbeuten von 99,4% an I-freiem II erhalten. Wird die rohe II-Lsg. vorher noch über einen Kationenaustauscher (*Amberlite IR-120*) geschickt, kann der Asche-Geh. in II von 0,3 auf $<$0,02% erniedrigt werden. M. Finke. G 1060□

Extraktionsanalyse von Nitrobenzoesäuren. Henryk Buchowski und Zofia Olempska. (Chem. analit. [Warszawa] **3,** 635—40, 1958; Warzawa, Uniw., Kat. Chem. nieorgan; PAN, Inst. Chim. fiz., Zakl. Fiz.-chem. Metod analit; pol., Auszug: engl.) — o- u. p-Nitrobenzoesäure können bei Verw. eines selektiven Extraktionsmittels, z. B. von Ae.–Toluol (3:1) in Ggw. eines Acetatpuffers (pH 4,2) weitgehend getrennt werden. Um konzentrationsunabhängige Verteilungs-Koeff. zu erhalten, muß in sehr verd. Lsg. gearbeitet werden. Dies ermöglicht auch die polarograph. Best. der getrennten Komponenten. F. Urban. G 1210□

Bromatometrische Bestimmung von Cyclohexanonoxim. O. M. Podurowskaja, R. A. Kutilina und N. I. Jefimowa. (Betriebs-Lab. [UdSSR] **27,** 403—05, 1961; Forsch.- u. Projektionsinst. für Salpetersäureind. u. Prod. der org. Synthese; russ.) — 1 g Cyclohexanonoxim (I) wird in Essigsäure gelöst u. mit Lsgm. auf 100 ml aufgefüllt. Zu 20 ml einer 14% H_2SO_4 u. 34% H_3PO_4 enthaltenden Lsg. werden 25 ml 0,25n $KBrO_3$- u. 5 ml der vorst. I-Lsg. zugefügt. Nach 5 Min. werden 15 ml 10% ig. KJ-Lsg. u. 50 ml

W. zugesetzt. Das ausgeschiedene J_2 wird mit 0,1 n $Na_2S_2O_3$-Lsg. titriert. Die Fehlergrenze der Best. beträgt ±1,6%. Die Ggw. von Cyclohexanon, Cyclohexanol u. Caprolactam im zu untersuchenden I stört nicht; die Ggw. von 60—80% Cyclohexan bzw. Nitrocyclohexan erhöht die Fehlergrenze auf 2,3%. S. Baryschnikow. G 1960

Bestimmung von Cyclohexanonoxim mit p-Nitrophenylhydrazin und 2.4-Dinitrophenylhydrazin. Stefan Goszczyński. (Chem. analit. [Warszawa] **3**, 107—15, 1958; Gliwice, Politechn. Śląska, Kat. Technol. chem. org.; pol.) — p-Nitrophenylhydrazin (I) u. 2.4-Dinitrophenylhydrazin (II) fällen aus wss. Lsg. des Cyclohexanonoxims (III) die entsprechenden Phenylhydrazone des Cyclohexanons. Die Meth. ist zum Nachw. von III (>0,2 mg/ml) in wss. Lsg. oder im Caprolactam (ca. 0,1% III) geeignet. Die quant. gravimetr. Best. von III mit I gelingt nur in neutraler Lsg. bei Konzz. >5 mg/ml oder in Caprolactam mit Konzz. >3% nach Lösen in Äthanol. Die Rk. von III mit II ist empfindlicher: Die Grenz-Konz. liegt hier bei 0,02 mg III/ml. Die quant. Best. mit II kann auch in schwach saurer Lsg. erfolgen. Die Lsg. muß mindestens 0,1 mg III/ml enthalten. F. Urban. G 1960□

Quantitative Bestimmung von Cyclohexanonoxim durch Bestimmung seiner Hydrolysenprodukte. Stefan Goszczyński. (Chem. analit. [Warszawa] **3**, 117—21, 1958; pol.) — Vgl. vorst. Referat.) — Cyclohexanonoxim (I) wird mit 20%ig. HCl gekocht, u. das dabei frei werdende Cyclohexanon (II) mit Wasserdampf abdestilliert. Im Rückstand kann Hydroxylamin nach der Meth. von Raschig durch Titration mit $KMnO_4$, im Destillat II als 2.4-Dinitrophenylhydrazon gravimetr. bestimmt werden. Der Fehler der Best. liegt bei 1,5%. Die Meth. ist auch zur Best. von I neben II geeignet. F. Urban. G 1960□

Gaschromatographische Analyse von chlorierten Diphenylen. Harold Weingarten, William D. Ross, James M. Schlater und Guthrie Wheller jun. (Analytica chim. Acta [Amsterdam] **26**, 391—94, April 1962; Dayton, Ohio, Monsanto Chem. Co., Res. and Engng. Div.; engl.) — Mit dem Barber-Colman-Gaschromatographen Model 20 mit ^{90}Sr-Dioden-Ar-Ionisationsdetektor u. einer 100 ft. langen Stahlsäule mit Polypropylenglykol 750 (A) bzw. der gleichen Säule, die mit einer 10%ig. Lsg. von Polypropylenglykol 750 in n-Pentan neu gefällt wurde (B), bzw. einer 200 ft. langen Stahlsäule mit Apiezon L wurden Analysen von chlorierten Diphenylen durchgeführt. Vers.-Bedingungen: Einlaß-Temp. 270°, Detektor-Temp. 240°, Säulen-Temp. zwischen 165 u. 185°, Auslaßdruck zwischen 5 u. 40 lbs.sq.in.g., Trägergasstrom 150 ml/Min., Strömungs-Geschw. in Teilstromprobengeber 300 ml/min, Proben-Vol. 1,0 µl. Die Retentionszeiten, bezogen auf Diphenyl = 1, betragen bei Säule A bei 165° u. 9 lbs./sq.in.g. bzw. Säule B bei 175° u. 36 lbs./sq.in.g. bzw. Säule C bei 185° u. 30 lbs./sq.in.g. für *2-Chlordiphenyl* 1,38; 1,56 bzw. 1,31, *3-Chlordiphenyl* 1,82; 2,20; 1,83; *4-Chlordiphenyl* 1,91; 2,31; 1,91, *2.6-Dichlordiphenyl* 2,05; 2,50; 1,83, *2.2'-Dichlordiphenyl* 2,13; 2,64; 1,80, *2.5-Dichlordiphenyl* 2,29; 3,00; 2,41, *2.4-Dichlordiphenyl* 2,29; 3,00; 2,48, *2.3'-Dichlordiphenyl* 2,71; 3,44; 2,52, *2.3-Dichlordiphenyl* —; 3,65; 2,62, *2.4'-Dichlordiphenyl* 2,92; 3,74; 2,69, *3.5-Dichlordiphenyl* —; 3,85; 3,44, *3.3'-Dichlordiphenyl* 3,90; 5,06; 3,82, *3.4-Dichlordiphenyl* —; 5,20; 3,99, *3.4'-Dichlordiphenyl* 4,20; 5,45; 4,03 u. *4.4'-Dichlorphenyl* —; 5,86; 4,30. R. Krämer. G 2210□

Zur Papierchromatographie der Kondensationsprodukte der Naphtholsulfonsäuren mit 4-Aminoantipyrin. J. Kolšek, F. Mlakar und M. Perpar. (Mikrochim. Acta [Wien] **1962**, 411—16; Ljubljana, Univ., Chem. Inst., Labor. für org. Chem.; dt.) — Es werden papierchromatograph. Meth. zur Trennung u. Identifizierung der gefärbten Kondens.-Prodd. aus 4-Aminoantipyrin u. Naphtholsulfonsäuren angegeben. Als Laufmittel wurden n-Butanol/Eisessig/W. (4:1:5) u. n-Butanol/A./W. (1:1:1) benutzt. Die R_F-Werte der Kondens.-Prodd. der Naphtholsulfonsäuren u. Naphtholaminosulfonsäuren sind tabellar. angegeben. R. Krämer. G 2700□

Papierchromatographische und elektrophoretische Trennung und Identifizierung einiger natürlich vorkommender Tetronsäuren. N. Spencer. (J. Chromatogr. [Amsterdam] **6**, 498—504, Dez. 1961; London, King's Coll., Univ. of London, Dep. of Biochem.; engl.) — Papierchromatograph. u. elektrophoret. Meth. zur Trennung von *Tetronsäure*-Derivv. (I) aus Schimmelpilzkulturen, sowie Meth. zur Identifizierung unbekannter I. Die Papierchromatographie erfolgt absteigend auf Whatman Nr. 1-Papier mit 0,1 m Phosphatpuffer (pH 3, 5 oder 7) gesätt. n-Butanol sowie mit der oberen Schicht einer Mischung von n-Butanol–W.–Pyridin (5:4:1) als Laufmittel. Die Papierelektrophorese wird auf Whatman Nr. 3 MM in einer Pyridin–Essigsäure–W.-Mischung (pH 6,5; 10:0,4:190) bei einem Spannungsgefälle von 190 V/cm durchgeführt. Zur Sichtbarmachung der Verbb. wurden die Papiere mit Br_2 in Eisessig u. einer KJ-Stärke-Lsg. gesprüht, wobei die I als blaue oder braune Flecken auf weißem Untergrund erscheinen.

Empfindlichkeit 5 μg. Alle enolisierbaren Verbb. stören. Das UV-Absorptionsmaximum bei 230 mμ läßt sich durch verschieden starke HCl völlig unterdrücken; die entsprechende HCl-Konz. ist für bestimmte **I** spezifisch. R_F-Werte in den 4 Laufmitteln, elektrophoret. Beweglichkeiten u. spezif. HCl-Konzz. werden für *Carol-*, *Carlin-*, *Carlosin-*, *Terrestrin-* u. *Viridicatinsäure* angegeben. M. Finke. G 3061 □

Gas–Flüssigkeits-Chromatographie einiger natürlich vorkommender Cumarine. Stewart A. Brown und J. P. Shyluk. (Analytic. Chem. **34**, 1058–61, Aug. 1962; Saskatoon, Sask., Canada, Nat. Res. Council, Prairie Reg. Labor.; engl.) — Mit Bernsteinsäureäthylenglykolpolyester auf Chromosorb W als fl. Phase konnten folgende Cumarin-Verbb. gaschromatograph. getrennt werden: *Cumarin*, *Herniarin*, *Angelicin*, *Seselin*, *Isobergapten*, *Pimpinellin*, *Aesculetin* (Dimethyläther), *Bergapten*, *Xanthotoxin*, *Sphondin* u. *Isopimpinellin*. Bei *Osthol* u. *Psoralen* gelingt die Trennung leicht mit Phthalsäureäthylenglykolpolyester auf Gas–Chrom P. Für die phenol. Cumarine *Umbelliferon*, *7-Hydroxy-8-methoxycumarin*, *Daphnetin* (zusammen mit *Scopoletin*) u. *Aesculetin* eignet sich am besten Siliconfett auf Kieselgur als fl. Phase. Die relativen Retentionszeiten sind tabellar. aufgeführt. W. Betcke. G 3211 □

Oxydimetrische Bestimmung der Harnsäure mit Kaliumjodat und -perjodat. A. Berka. (Analytica chim. Acta [Amsterdam] **25**, 434–37, Nov. 1961; Prague, Univ. Charles, Inst. de Chim. analyt.; franz.) — Harnsäure (**I**) wird durch potentiometr. Titration mit KJO_3 oder KJO_4 in salzsauren Lsgg. bestimmt, wobei **I** zu Alloxan u. Harnstoff oxydiert wird. Wesentlich ist, daß bei der Best. bestimmte Konz.-Bereiche für HCl in den Lsgg. eingehalten werden, um eine definierte Red. des Reagens u. scharfe Titrationssäuren zu erhalten. In Lsgg. mit 0,4–15% HCl wird JO_3^- zu J_2 u. in Lsgg. mit 11–30% HCl zu J^+ (Bldg. von JCl) durch **I** reduziert. Die Potentialänderung am Äquivalenzpunkt beträgt bei 0,02 ml 0,01m Oxydations-Lsg., in 0,8%ig. HCl-Lsg. 50 mV, in 15%ig. HCl-Lsg. 150 mV. Das Potential des Wendepunktes liegt bei 580 bzw. 740 mV. KJO_4 wird in 11–30%ig. HCl durch **I** zu J^+ reduziert. 0,02 ml 0,01m Reagens-Lsg. rufen am Äquivalenzpunkt eine Potentialänderung von 160 mV hervor, das Wendepunktpotential liegt hier bei 720 mV. Bei Reihen-Best. von 8–60 mg **I** in 50 ml Lsg. betrug bei allen Best. der mittlere Fehler 0,11–0,14%. H. Fries. G 3272 □

Mikromethode zur Bestimmung von Acylgruppen in Herzglykosiden. G. Baumgarten und L. Nover. (Arch. Pharmaz. Ber. dtsch. pharmaz. Ges. **295/67**, 311–13, April 1962; Wernigerode, VEB Ysat, Forsch.-Abt.; dt.) — Vff. bestimmen Acylgruppen von Herzglykosiden (*Mono-* [α u. β], *Di-*, *Tetraacetyldigitoxin*, *Monoformyl-*, *Mono-* [α u. β], *Mono-16-*, *Di-*, *Tri-*, *Tetra-*, *Pentaacetyl-*, *Mono-*, *Di-*, *Tri-*, *Tetra-*, *Pentapropionyl-*, *Mono-*, *Di-*, *Tributyrylgitoxin*, *16-Acetyl-*, *16-Propionyl-* u. *16-Butyrylgitoxigenin*), durch die von Zaffaroni (Recent Progr. Hormone Res. **8**, [1953], 51) angegebene Umsetzung der Acylester in alkohol. Lsg. mit $NH_2 \cdot OH \cdot HCl$ zu Hydroxamsäuren u. deren colorimetr. Best. als Fe(III)-Komplexe. 5 mg Acylglykosid werden mit Chlf.-Methan (1:1) auf 5 ml aufgefüllt. Davon werden 0,5, 1,0 u. 2,0 ml abgefüllt, zur Trockne verdampft, der Rückstand bei 70° getrocknet u. in 2 ml A. gelöst. Dazu werden 2 ml einer Lsg. aus gleichen Teilen 2n $NH_2OH \cdot HCl$ u. 3,5n NaOH gegeben. Nach 5 Min. mit 1,00 ml einer Lsg. aus konz. HCl u. W. (1:2) angesäuert u. mit 1 ml einer 0,37m $FeCl_3$-Lsg. in 0,1n HCl angefärbt. Die Extinktion wird anschließend gegen eine Blind-Lsg. bei 535nm gemessen. Eine Eichkurve für Herzglykoside unter Berücksichtigung der Laktongruppenverseifung wird angegeben. G. Krien. G 3450 □

Die Papierchromatographische Trennung von Chlorophyll a und b und einiger Zersetzungsprodukte. Margaret Holden. (Biochim. biophysica Acta [Amsterdam] **56**, 378–79, 29/1. 1962; Harpenden, Herts., Rothamsted Exp. Stat.; engl.) — Mit dem Lsgm.-Gemisch PAe. (Kp. 40–60°)-Bzl. (4:1) als Fließmittel u. bei Sättigung der Kammer mit demselben Gemisch konnten *Phäophytin a* u. *b* (**I**) gut getrennt werden, während *Chlorophyll a* u. *b* (**II**) u. *Phäophorbid a* u. *b* (**III**) nicht weit wanderten u. sich nicht voneinander trennten. Durch Zusatz von 0,5 Teilen Aceton (**IV**) zum Fließmittel wurden die R_F-Werte erhöht u. die Trennung für **I** verbessert, aber nicht für **II** u. **III**. Wird dem für die Sättigung der Kammer verwendeten Lsgm.-Gemisch ebenfalls **IV** zugesetzt, so wandern **I** mit der Front, **II** (R_F ca. 0,7 u. 0,5) u. **III** trennen sich gut; *Chlorophyllid a* u. *b* (**V**) bleiben am Start. In Benzolatmosphäre u. mit dem Gemisch Bzl.–**IV** (9,5:0,5 oder 9:1) wurden **III** gut getrennt, **I** u. **II** wanderten mit der Front, **V** blieb wieder am Start. Mit Bzl. als Fließmittel u. durch Äquilibrieren des Papiers über Nacht in einer mit Bzl.–**IV** gesätt. Kammer trennten sich **V** (R_F 0,8 u. 0,7), **I**, **II** u. **III** liefen mit der Front. Chromatographiert wurde absteigend mit Whatman Nr. 1 in Zylindern von 29 cm^2 u. 53 cm Höhe bei Raumtemperatur. Alle Verbb. waren ohne Anfärbung erkennbar; V verblichen rasch am Licht. H. Althoff. G 3550

Einfluß von Substituenten auf die relativen Retentionszeiten in der Gaschromatographie von Steroiden. B. A. Knights und G. H. Thomas. (Analytic. Chem. **34,** 1046—48, Aug. 1962; Birmingham, Univ., Med. School, Dep. of Anatomy; engl.) — An einer Reihe von methyl-, keto-, hydroxyl- u. acetylsubstituierten Steroid-Verbb. (Cholestanen, Androstanen u. Pregnanen) wurde der Einfl. der Substituenten auf die Retentionszeit (r) bei der Gaschromatographie an QF-1-0065 (einem fluorierten Silicon) als stationärer Phase untersucht. Es besteht nach diesen vorläufigen Unterss. die Möglichkeit, log r einer Verb. (relativ zu Cholestan) aus dem log r-Wert des Steroidkerns u. den log r-Beiträgen der Substituenten additiv zusammenzusetzen. Dabei ist auch die Stellung des Substituenten u. die stereochem. Konfiguration des Mol. maßgebend. W. Betcke. G 3700□

Methode zur Bestimmung des reduzierenden Wertes bei Polysacchariden mit hohem Molekulargewicht. J. P. J. Casier und R. Hendrix. (Agricultura [Louvain] [2] **8,** 741—62, Dez. 1960; Labor. voor toegepaste Scheikunde; fläm.) — Eine Meth. zur Best. des reduzierenden Wertes von *Polysacchariden* (I) hohen Molgew., die keine direkte Best. zulassen, wird beschrieben. Die Probe, z. B. Stärkemehl, wird unter genau definierten Bedingungen von Zeit, Temp., I- u. Säure-Konz. in einer speziellen App. mit H_2SO_4 hydrolysiert u. der reduzierende Wert in den Proben nach der Meth. von Somogyi (J. biol. Chemistry **207,** [1945], 160) durch Titration mit $Na_2S_2O_3$ bestimmt. Die Werte werden gegen die Hydrolysendauer t aufgetragen u. auf t = 0 extrapoliert. Durch einen 2. Vers. bei veränderter Temp. oder H_2SO_4-Konz. wird ein 2. Wert erhalten. Die besten Vers.-Bedingungen liegen bei hoher **I**- u. niedriger Säurekonzentration. Aus der Einwaage an **I**, dem Wert pro Anhydroaldose- oder -ketoseeinheit u. dem Verbrauch an $Na_2S_2O_3$ läßt sich das mittlere Molgew. berechnen. Bei **I**, die nur aus einer Grundeinheit aufgebaut sind, kann außerdem der mittlere Polymerisationsgrad ermittelt werden. Für *Manitoba-* bzw. *Leda-Weizenstärkemehl* werden Molgew. von 240118 bzw. 221724 u. mittlere Polymerisationsgrade von 1481 bzw. 1367 gefunden, die mit früher gefundenen Werten im Einklang stehen. G. Kirsten. G 4050□

Scheibenelektrophorese basischer Proteine und Peptide in Polyacrylamidgelen. R. A. Reisfeld, U. J. Lewis und D. E. Williams. (Nature [London] **195,** 281—83, 21/7. 1962; Rahway, N.J., Merck Sharp and Dohme, Res. Labor.; engl.) — Zur elektrophoret. Trennung von bas. Proteinen u. Peptiden werden 5 mm dicke u. 7 cm lange Säulen verwendet, die 3 KOH-haltige Polyacrylamidgel-Schichten enthalten: 1 großporige mit der Probe, 1 großporige zur Konz. u. 1 kleinporige zur Trennung der Proteine. Die Schichten werden als fl. Lsgg. eingefüllt u. aufeinander polymerisiert. Der verbleibende Raum über der die Probe enthaltenden Schicht wird mit β-Alanin–Essigsäure-Puffer-Lsg. gefüllt. Beim Anlegen des Feldes bewegt sich die β-Alanin-K^+-Grenze (Puffer-Gel) gegen die Kathode u. nimmt die Proteine mit, die zwischen β-Alanin u. K^+ konz. u. entsprechend ihrer Beweglichkeit als scheibenförmige Schichten auseinandergezogen werden. Das Verf. gestattet 20—30 Analysen von chromatograph. Eluatfraktionen pro Tag. W. Betcke. G 4070□

Beitrag zur Eiweißbestimmung in stark verdünnten Lösungen. D. Glässer und R. Kleine. (Pharmazie **17,** 32—36, Jan. 1962; Halle/Saale, Martin-Luther-Univ., Physiolog.-chem. Inst.; dt.) — Vff. vergleichen hinsichtlich Spezifität, Empfindlichkeit u. Beeinflußbarkeit die colorimetr. Meth. nach Lowry mit der differenzspektrophotometr. Meth. nach Waddell u. Hill zur Best. von Eiweißen bzw. Eiweißgemischen. Es werden die Prinzipien beider Meth. u. die dabei möglichen Ursachen für Fehlergebnisse geschildert. Die Lowry-Meth. ist wegen ihrer Einfachheit zu Routine-Unterss. allg. anwendbar. Die differenzspektrometr. Meth. eignet sich wegen ihrer großen Empfindlichkeit hauptsächlich für extrem verd. Eiweiß-Lsgg., wobei niedermol. Stoffe störend wirken. Für konz. Lsgg. ist die Meth. jedoch allg. brauchbar, da die störenden Verunreinigungen bei der Best. mit verd. werden. Beide Meth. sind relativ unspezif., die Meßergebnisse streuen maximal $\pm 10\%$. H. Kala. G 4070□

c) Bestandteile von Pflanzen und Tieren

Kontrastfluorescenz, eine neue Methode der Fluorescenz-Mikroskopie. Ch. Kunz, F. Gabler und F. Herzog. (Mikroskopie [Wien] **16,** 1—7, März 1961; Wien, Univ., Hyg.-Inst.; C. Reichert Opt. Werke A.G., Entw.-Labor.; dt.) — Beschreibung einer Kontrast-Fluorescenzeinrichtung, bestehend aus einem Zweilampenaggregat mit

Spiegel-Syst. u. einem UV-durchlässigen Phasenkontrastkondensor, zur Beobachtung fluorescierender Objekte gleichzeitig im positiven oder im negativen Phasenkontrast. Die Vorr. erleichtert die exakte Lokalisierung von Antigenen in Zellgewebekulturen oder in histolog. Gewebeschnitten. Die Wrkg. wird an biolog. Beispielen demonstriert.
W. Betcke. 5661□

Eine standardisierte Methode zur Auswertung des Bildes bei der Fluorescenzmikroskopie. David A. Yos. (Proc. Iowa Acad. Sci. **64**, 132—38, 1957; Burlington, Iowa, Burlington Coll.; engl.) — Die Intensität von mit Fluorescenzfarbstoffen behandelten mkr. Präpp. wird als der Wert eines über dem Okular befindlichen ringförmigen Intensitätskeils angegeben, bei dem Einzelheiten sichtbar werden. Den Farbwert gewinnt man durch Vgl. des Präp. mit photograph. Aufnahmen der Farbtafeln von Maerz u. Paul [1950] Nr. 1, 9, 17, 25, 33, 41 u. 49 auf Ektachrom-Film, die sich unter einer beweglichen Maske in einem Lichtkasten befinden. Die Farbwerte des Films werden mit denen des Originals verglichen. — Paraffinschnitte der Stengel von Ricinus, Coleus u. Geranium wurden jeweils mit Acridinorange (I), Rhodaminrot (II) u. Titangelb gefärbt u. die Werte für Epidermis, Kork, Cortex, Xylem u. Mark als Intensitätszahl/Farbwert angegeben. Die Ergebnisse zeigen, daß I zur Identifizierung geringer Ligninmengen bes. geeignet ist, weil die Anfärbung spezif. für die Gewebearten ist u. von der Pflanzenart relativ wenig abhängt. II ermöglicht größere Differentiation der Xylemflächen, färbt aber nicht so gleichmäßig an. Der Vgl. von Blau- u. Gelbtönen mit dem Farbstandard ist relativ schwierig.
R. Junge. 5661□

Analytische Chemie der Spurenelemente und Mineralbestandteile in biologischen Stoffen. 14. Mitt. Bedingungen für die Probennahme zur quantitativen Bestimmung von Kobalt-, Zink- und Silberspuren in Pflanzen mittels radioaktiver Isotope. Nobuo Suzuki. (Sci. Rep. Tôhoku Univ., Ser. I **42**, 149—57, Okt. 1958; Tôhoku, Univ., Fac. of Sci., Chem. Inst.; engl.) — 13. vgl. C. **1962**, 18221; vgl. auch C. **1959**, 10683. — Zur Unters. der Verteilung von Spurenelementen wurden Pfefferminzpflanzen in Knopschen Nähr-Lsgg. gezogen, die die radioakt. Isotope ^{60}Co, ^{65}Zn u. ^{110}Ag enthielten, u. so die regionale Verteilung der Elemente in den Pflanzenblättern festgestellt. Messungen der β-Radioaktivität der Blätter u. ihrer Selbstabsorption unter idealen Bedingungen zeigen, daß die Absorption von ^{110}Ag extrem niedrig ist, u. daß die notwendige Korrektur für die Selbstabsorption der Blätter im prakt. Gebrauch wegen der fast gleichen Blattstärken vernachlässigt werden kann.
W. Sobieski. 5664□

Analytische Chemie der Spurenelemente und Mineralbestandteile in biologischen Stoffen. 15. Mitt. Spektroskopische Analyse der aufgenommenen radioaktiven Isotope ^{65}Zn und ^{110}Ag. Nobuo Suzuki. (Sci. Rep. Tôhoku Univ., Ser. I **42**, 158—60, Okt. 1958; engl.) — 14. vgl. vorst. Referat. — Die chem. Reinheit von in l. c. beschriebenen Lsgg. mit ^{65}Zn u. ^{110}Ag in Spuren wurde spektrograph. untersucht. In ^{65}Zn wurden Verunreinigungen von Al, Fe, Si u. Mg, in ^{110}Ag die von Al, Fe, Co u. Mg nachgewiesen. In beiden Proben war Al in relativ großen Mengen vertreten. — Die radiochem. Reinheit der untersuchten Substanzen war genügend u. betrug $>99\%$.
W. Sobieski. 5664□

Analytische Chemie der Spurenelemente und Mineralbestandteile in biologischen Stoffen. 16. Mitt. Untersuchungen über die Radioaktivitätsmessung in geringen Mengen von Aschenproben und über den in Pflanzen vorliegenden Zustand von Silberspuren. Nobuo Suzuki. (Sci. Rep. Tôhoku Univ., Ser. I **42**, 161—65, Okt. 1958; engl.) — 15. vgl. vorst. Referat. — Bei der Messung der Radioaktivität verschiedener Pflanzenaschen, die ^{110}Ag enthalten, wurde ein bes. Verh. der β-Aktivität festgestellt, das mit der Grobkörnigkeit der Aschen u. der Härte der β-Strahlen in ^{110}Ag erklärt wird. — Das beim Wachsen von den Pfefferminzblättern aufgenommene ^{110}Ag läßt sich mit überschüssiger HCl in der Wärme extrahieren, es liegt nicht in PAe.-, Ae.- oder Methanol-lösl. Form vor.
W. Sobieski. 5664□

Analytische Chemie der Spurenelemente und Mineralbestandteile in biologischen Stoffen. 17. Mitt. Grundlegende Untersuchungen über die Bedingungen der Trockenveraschung von pflanzlichem Material zur Analyse der darin enthaltenen Spurenelemente. Nobuo Suzuki. (Sci. Rep. Tôhoku Univ., Ser. I **42**, 166—72, Okt. 1958; engl.)— 16. vgl. vorst. Referat. — Zum Studium der Bedingungen bei der Trockenveraschung pflanzlichen Materials zur Analyse der in den Pflanzenteilen enthaltenen Spurenelemente wurden verschiedene in ^{110}Ag enthaltenden Knopschen Nähr-Lsgg. gezogene Pfefferminzblätter sowie mit ^{110}Ag imprägnierte Filterpapiere unter wechselnden Bedingungen verascht. — Vers.-Bedingungen, App. u. Unters.-Ergebnisse werden angegeben.
W. Sobieski. 5664□

d) Medizinische und toxikologische Analyse

Bestimmung von Zucker im auf Filterpapier getrockneten Blut. I. S. Ejubow und M. A. Ali-Sade. (Laboratoriumswesen [UdSSR] **7**, Nr. 9, 11—12, Sept. 1961; Veterinärmed. Forsch.-Inst. der Aserbaidshan. Akad. der Landwirtsch.-Wiss.; russ.) — Das Tierblut wird auf aschefreiem Filtrierpapier eingetrocknet. Das Papier wird wie folgt vorbehandelt: Analyt. aschefreies Filtrierpapier wird 10 Min. lang mit dest. W. gekocht, bei 40—50° im Trockenschrank getrocknet u. in geschlossenen sauberen Glasgefäßen aufbewahrt. Man bringt 0,1 ml Blut auf die Mitte des Filtrierpapiers. Es wird frisches Tierblut verwendet. Man schneidet aus dem Filtrierpapier die Stelle aus, auf die das Blut aufgetragen wurde. Die Entfernung beträgt 1 mm zwischen Papierrand u. Bluttropfen. Das Papier mit dem Bluttropfen bringt man in ein Reagensglas mit alkal. Zn-Lösung. Nach 2—3 Min. kocht man 3 Min. lang u. bestimmt den Zucker nach Hagedorn-Jensen. Ein Kontroll-Vers. wird ohne Blut ausgeführt.
E. Steinberg. 5727 □

Spektrofluorometrische Bestimmung von Adrenochrom in menschlichem Plasma. A. N. Payza und M. E. Mahon. (Analytic. Chem. **31**, 1170—74, Juli 1959; Saskatoon, Canada, Univ. Hosp., Psychiatric Res. Unit.) — Die Best. von Adrenochrom (2.3-Dihydro-3-hydroxy-n-methylindol-5.6-chinon) u. ähnlichen Verbb. im Plasma beruht auf der Bldg. einer fluorescierenden Verb., Adrenolutin (3.5.6-Trihydroxy-N-methylindol), in Ggw. von $Zn(CH_3COO)_2$. Bei Mengen von 0,1—1 μg Adrenochrom wird eine Eichgerade erhalten. Adrenalin, Noradrenalin, Tryptophan, Tryptamin, 5-Hydroxytryptophan, Serotonin, 3-Indolessigsäure, 5.6-Dihydroxy-N-methylindol, 3.4-Dihydroxyphenylalanin, Dopachrom, Epinin, Epinochrom u. Adrenoxyl geben mit Zn-Salzen in Aceton keine erhöhte Fluorescenz. 2-Jodadrenochrom, 5.6-Dihydroxynorephedrinchrom u. Noradrenochrom reagieren mit Zn-Salzen in geringerem Maße als Adrenochrom.
P. Kurzmann. 5727 □

Bestimmung des Mangans in klinischem Material und im Blut und Serum mit normalem Mangangehalt. U. S. Durgakeri und R. A. Bellare. (J. sci. ind. Res. [New Delhi], Sect. C **20**, 314—17, Nov. 1961; Bombay, Haffkine Inst., Dep. of Chemotherapy; engl.) — Einige colorimetr. Meth. zur Mn-Best. in klin. Material wurden auf ihre Eignung untersucht. Die Meth. von Wiese u. Johnson [1939], Oxydation des Benzidins mit $KMnO_4$ in saurem Medium, wurde abgeändert u. zur Mn-Best. im Blut u. Serum von Personen, die keiner „Mn-Atmosphäre" ausgesetzt waren, benutzt. Außerdem wurde Mn noch direkt als MnO_4^- u. nach Rk. des MnO_4^- mit „Tetrabase" colorimetr. gemessen. Der Mn-Geh. eines normalen Menschen beträgt im Blut 29—40 μg (Mittelwert 33,3 μg) u. im Serum 14—52 μg (37,4 μg) auf 100 g Blut oder Serum. Reiman u. Minot [1920] fanden 2—2½ mal weniger. H. J. Schönherr. 5728 □

Die Bestimmung von ^{14}C und ^{32}P in tierischem Gewebe und in Blutfraktionen nach der Flüssigkeits-Scintillations-Methode. H. G. Badman und W. O. Brown. (Analyst **86**, 342—47, Mai 1961; Belfast, Univ., Dep. of Agric. Chem.; engl.) — Eine Fl.-Scintillations-Meth. zur Best. von ^{14}C u. ^{32}P in Geweben, im Blut sowie in Blutfraktionen wird beschrieben. Um wasserhaltige Lsgg. mit dem Scintillator mischen zu können, wird Hyamin 10-X [**I**; 2-Methyl-4-(1.1.3.3-tetramethylbutyl)-phenoxyäthoxyäthyldimethylbenzylammoniumchloridmonohydrat] verwandt. Der Einfl. der Vol. des Scintillators, der Probe-Lsg. u. der **I**-Lsg. auf die Zählrate wasserlösl. ^{32}P-Verbb. wird untersucht. Wurde p-Dioxan (**II**) zur Erzielung einer Mischbarkeit zwischen dem Scintillator u. fetthaltigen Extrakten aus frischem Gewebe u. Blutserum benutzt, so wurde kein Einfl. auf die Zählrate festgestellt. Zur Mischung wasserhaltiger Proben mit dem Scintillator ist **II** nicht geeignet. Die für eine maximale Zählrate optimalen Vol. sind für den Scintillator, **II** u. **I** zusammengestellt. Die Zählrate verschiedener Arten von Extrakten aus dem Blutserum u. dem Protein des Eileiters war reproduzierbar, so daß die abs. Aktivitäten bestimmt werden konnten. H. Althoff. 5750

Bestimmung von Phenformin in biologischen Flüssigkeiten und Geweben. Louis Freedman, Milton Blitz, Ephraim Gunsberg und Sylvia Zak. (J. Lab. clin. Med. **58**, 662—66, Okt. 1961; Yonkers, N.Y., Vitamin and Pharmacol. Corp., Div. of Analyt. Control and Res. Labor.; engl.) — Vff. beschreiben eine Meth. zur Best. von Phenformin (*N¹-β-Phenäthylbiguanid*; **I**), eines Antidiabeticums für orale Applikation, in verschiedenen Körper-Fll. u. Geweben. Die Best. umfaßt folgende Stufen: Plasma: Proteinfällung mit Trichloressigsäure; Extraktion mit Chlf.–Methanol-Gemisch aus alkal. Lsg., Ansäuern, Verdampfung des Lsgm., Wiederauffüllen mit W., Farb-Rk. mit α-Naphtholdiacetylreagens. Leber-, Nieren- u. Muskelgewebe: Herst. von Homogenaten mit 20% NaCl; Extraktion wie oben; Adsorption an Decalso (Zeolithe) nach

Folin: Elution mit 5%ig. NaCl-Lsg. u. Farbreaktion. Urin: Wie bei Plasma, Wiederauffüllen, jedoch mit verd. Alkali, Adsorption, Elution mit 1%ig. NaCl-Lösung. Im Mittel werden für die verschiedenen Substrate 98,5, 99,9 u. 96,2% I erfaßt. Nachw.-Grenze 5 γ I. H. Thiele. 5750 □

H. Angewandte Chemie

H_1. Allgemeine chemische Technologie

Permutit Akt.-Ges., Berlin (Erfinder: Theodore Roger Ernest Kressman und Frank Laurence Tye, London, England), **Herstellung von Kationenaustauscherharzen auf Grundlage von Epoxidverbindungen,** dad. gek., daß man das Rk.-Prod. aus einem Gemisch von 2- u. mehrwertigen Phenolen u. Epichlorhydrin in den Benzolkernen sulfoniert oder carboxyliert u. ggf. vor oder nach der Sulfonierung bzw. Carboxylierung das Harz mit für Epoxyharze üblichen Härtungs- oder Vernetzungsmitteln vernetzt; s. auch E. P. 770 322; C. **1958,** 525. (**D. A. S. 1 131 020** Kl. 39c vom 19/8. 1955, ausg. 7/6. 1962. E. Prior. 20/8. 1954 u. 5/8. 1955.) J. Mühleisen. 5827

National Starch & Chemical Corp., übert. von: Carbyle G. Caldwell, North Plainfield, Otto B. Wurzburg, Whitehouse Station, und Shiou-Chuan Sun, State College, Pa., V.St.A., **Ausflocken feinsuspendierter Feststoffe, wie Mineralien, aus wässerigen Suspensionen.** Als Ausflockungsmittel dienen in W. dispergierbare tert. Aminoalkyläther von Stärke oder deren in W. dispergierbaren quatern. Derivate. (**A. P. 2 975 124** vom 28/8. 1957, ausg. 14/3. 1961.) W. Hauswald. 5829

Stamicarbon N. V. (Erfinder: Freerk Jan Fontein), Heerlen, Niederlande, **Regenerieren von Aufbereitungstrüben.** Die bei der Aufbereitung von Feststoffgemischen mit Hilfe einer Schwertrübe aus magnetisierbarem Schwerstoff, z. B. Magnetit, u. W. anfallenden verd., mit nichtmagnet. Teilchen verunreinigten vorabgesiebten Trübe wird einem Eindicker unter Überbelastung desselben zugeleitet, so daß einige % des Schwerstoffes u. der größte Teil der Verunreinigungen in den Überlauf gehen. Dieser wird in einem Magnetscheider endgültig von den Verunreinigungen befreit. Aus dem Siebrückstand der vorabgesiebten Schwertrübe wird die noch haftende Trübe ausgewaschen. Diese Trübe wird durch eine weitere Siebung in 2 Fraktionen aufgeteilt. Die feine Fraktion wird dem Eindicker u. die grobe Fraktion den Magnetscheidern zugeführt. (**D. A. S. 1 111 121** Kl. 1a vom 21/1. 1957, ausg. 20/7. 1961. Niederl. Prior. 27/1. 1956.) W. Hauswald. 5829

Československá Socialistická Republika (Erfinder: Vojtech Borcsányi und Ladislav Fikes, Preßburg), Tschechoslowakei, **Beschicken von Vakuumeinrichtungen mit kleinen und genauen Quecksilber-Mengen** durch Einfüllen einer Hg-Leg. mit metall. Hg, wobei der Partialdruck der Hg-Dämpfe geringer ist als bei reinem Hg. Man verwendet Hg-Legg. mit maximal 30 Gew.-% Hg, wobei der Rest Sn ist oder mit maximal 37 Gew.-% Hg, wobei der Rest In ist. (**Tschech. P. 99 735** vom 9/3. 1960, ausg. 15/5. 1961.) L. Macher. 5842

National Lead Co., New York, N.Y., V.St.A., **Desodorierung von Gasen,** bes. von Luft, dad. gek., daß man das Gas mit *bas. Zr-Sulfat* ($5\ ZrO_2 \cdot 3\ SO_3 \cdot 15\ H_2O$) in Kontakt bringt, indem man es über die Masse hin oder durch die Masse hindurchleitet. Das Mittel ist anwendbar zur Luftreinigung in Wohnräumen, Restaurants u. Fabrikräumen. (**E. P. 865 296** vom 21/10. 1959, ausg. 12/4. 1961. A. Prior. 24/11. 1958.) K. Koebke. 5851

Stamicarbon N. V., Heerlen, übert. von: Geert J. de Jong, Amsterdam, Niederlande, **Selektiv kationdurchlässige Membranen** erhält man durch teilweise Sulfonierung eines Polyäthylenfilms. (**Can. P. 562 485** vom 8/9. 1954, ausg. 26/8. 1958.) Eberhard Riedel. 5863

Reymersholms Gamla Industri Aktiebolag, Helsingborg, Schweden, **Extrahieren fester Stoffe mittels einer aufwärts fließenden Flüssigkeit.** Es wird zunächst ein Lsgm. mit kleiner Lösefähigkeit, z. B. bereits gebrauchtes Lsgm., u. dann eines mit großer Lösefähigkeit verwendet. Dadurch u. durch das Aufwärtsfließen wird das Zusammenballen der festen Stoffe verhindert. Das Beispiel betrifft die Herst. von $Al_2(SO_4)_3$ aus Al_2O_3. (**E. P. 827 494** vom 24/2. 1958, ausg. 3/2. 1960. Schwed. Prior. 1/3. 1957.) O. Steil. 5863

Curt Fredrik Rosenblad, Princeton, N.J., V.St.A., **Mehrstufen-Verdampfung von Lösungen, die nichtkondensierbare Gase während des Eindampfprozesses abgeben.**

Jeder Eindampfstufe ist ein Fl.-Erhitzer vorgeschaltet, vor welchem das nichtkondensierbare Gas aus dem Brüden der Vorstufe abgetrennt wird. (**A. P. 2 941 590** vom 14/3. 1955, ausg. 21/6. 1960.) G. Fritsch. 5865

Erik Richardt Iversen, Kopenhagen, Dänemark, **Trennen einer Flüssigkeitsmischung, die aus zwei Komponenten besteht, durch fraktionierte Destillation.** In einer Reihe von Verdampfungskammern, die für Fll., aber nicht für Dampf miteinander verbunden sind, u. in einer Reihe mit diesen Verdampfungskammern wärmeleitend verbundener Kondensationskammern, die für Dampf, aber nicht für Fll. miteinander verbunden sind, wird eine Fl.-Strömung bzw. eine Dampfströmung von zwischen den äußersten Kammern verschiedener Konz. erzeugt, indem von jeder Verdampfungskammer in die Konz.-Kammer, in welcher die Zus. der Dampfphase dieselbe ist, Dampf hineingepumpt wird, während das Konzentrat der Kondens.-Kammer in die Verdampfungskammer hineingeleitet wird, in welcher die Zus. der Fl.-Phase dieselbe ist. (**E. P. 872 172** vom 16/10. 1957, ausg. 5/7. 1961.) G. Fritsch. 5865

Shell Oil Co., übert. von: Irving I. Shultz, Houston, Tex., V.St.A., **Konzentrieren von Säuren mit heißen Gasen,** dad. gek., daß man einen kontinuierlichen Säurestrom von der Stufe mit der niedrigsten zu einer Stufe mit höherer Konz. erzeugt, im Gegenstrom dazu ein O_2-reiches Gas, z. B. Ofengas von ca. 1600° F, von unten in die Stufe mit der höchsten Säure-Konz. einführt, über der Fl.-Oberfläche (mit ca. 300 bis 440° F) wieder abzieht, mit einem Brennstoff (Gas) mischt, die Mischung verbrennt, dad. erhitzt u. von unten nach oben durch eine Säureschicht mit geringerer Konz. leitet. Die Verbrennung der Gas–Brennstoff-Mischung zwischen den Stufen erfolgt in einem besonderen Ofen auf ca. 1200° F. Genannt sind H_4SO_4-Lsgg. aus der KW-Stoff-Reinigung. — Zeichnung. (**A. P. 2 982 624** vom 31/3. 1958, ausg. 2/5. 1961.) G. Vogel. 5865

International Business Machines Corp., New York, übert. von: James S. Hanson, Poughkeepsie, N.Y., V.St.A., **Ziehen von Einkristallen aus der Schmelze.** Um einen Einkristall mit den kristallograph. Achsen entsprechenden Facetten zu erhalten, wird, nachdem auf eine vorbestimmte Länge gezogen wurde, die radiale Kristall-Bldg. durch Verringerung der Zieh-Geschw. u. Herabsetzen der Temp. der Schmelze (um 10—20°) vergrößert, so daß am Ende des Kristalls Facetten entstehen, mittels denen dann die Kristallachsen festgestellt werden. — Abb. zur Erläuterung. (**A. P. 2 988 433** vom 31/12. 1957, ausg. 13/6. 1961.) O. Steil. 5869

Centre National de la Recherche Scientifique, Paris, Frankreich, **Reinigen von Stoffen durch Zonenschmelzen.** Der zu reinigende Stoff [$Pb(NO_3)_2$] wird zur Bldg. einer eutekt. Mischung mit einem anderen Stoff (KNO_3) versetzt, die Mischung zonengeschmolzen u. das Eutektikum chem. oder physikal. in die Komponenten zerlegt. Die Verunreinigungen können bis auf 1,25% herabgedrückt werden. — Abbildung. (**E. P. 861 479** vom 11/2. 1958, ausg. 22/2. 1961. F. Prior. 12/2. 1957.) O. Steil. 5869

Glacier Metal Co. Ltd., England, **Lagermaterial,** z. B. für Kurbelzapfen, Lagerscheiben u. andere Reibungselemente, aus einem Gemisch von 55—65 (Vol.-%) Polytetrafluoräthylen, 7—23 Graphit u. 17—23 einer Cu-Leg., z. B. mit 8—12% Sn, Al oder Si. — Vgl. F. P. 1 169 162; C. **1960,** 14859, u. D. A. S. 1 065 182; C. **1960,** 14178. (**F. P. 1 224 799** vom 22/5. 1959, ausg. 27/6. 1960.) M. F. Müller. 5893

Dunlop Rubber Co. Ltd., England, **Treibriemen,** aus wenigstens einer Textilmaterialschicht, die wenigstens auf der einen Seite ein elastomeres Material enthält, das mit 5—20% Textilfasern von 1—7 cm Länge größtenteils seitlich ausgestattet ist, während die Fäden des Textilgewebes longitudinal angeordnet sind. Das elastomere Material besteht aus natürlichem oder synthet. Kautschuk u./oder anderem plast. Material. — Man verwendet z. B. 54 (Teile) Naturkautschuk, 15 Mischpolymerisat aus Butadien/Styrol (75/25), 1,5 S, 4 ZnO, 1,5 Stearinsäure, 3 Mineralöl, 20 Ruß, 1 Phenyl-β-naphthylamin, 10 Baumwollhaar. (**F. P. 1 235 774** vom 27/8. 1959, ausg. 9/11. 1960. E. Prior. 29/8. 1958 u. 31/7. 1959.) M. F. Müller. 5893

Dunlop Rubber Co. Ltd., London, übert. von: Frederick W. Warren und Herbert Riding, Wilmslow, Cheshire, und Wilfrid Lord, Rochdale, County of Lancaster, England, **Treibriemen** aus Textilgewebe u. einer elast. Masse aus 60—20% natürlichem Kautschuk u. 40—80% Polyvinylchlorid, die Füllstoffe, Vulkanisiermittel u. Weichmacher enthält. (**Can. P. 554 572** vom 28/10. 1952, ausg. 18/3. 1958. E. Prior. 8/11. 1951.) H.-J. Nitzschke. 5893

W. A. Radsijewski, **Flüssigkeiten mit geringem Temperaturkoeffizienten der Viscosität** für Dämpfungs-Vorr. bestehen aus *Toluol* oder *Terpentin* u. *Polystyrol.* — Tabellen. (**UdSSR. P. 122 232** vom 19/10. 1957.) L. Großner. 5893

American Brake Shoe Co. (Erfinder: Roy E. Spokes und John B. Littlefield), **Bremsmaterial,** bestehend aus einem oder mehreren natürlich vorkommenden, calcinierten oder synthet. Al-Silicaten (Cyanit, Sillimanit, Andalusit, Dumortierit, Topas, Mullit), die in einem Bindematerial aus hitzebeständigem synthet. oder natürlichem Kautschuk, z. B. „Buna-S" mit 23,5% Styrol, ggf. zusammen mit harten Fe-Teilchen, dispergiert sind. (**Aust. P. 228 493** vom 10/9. 1958, ausg. 23/6. 1960.) K. Demmler. 5893

S. K. Wellman Co., Bedford, übert. von: Thomas A. Healy, Rocky River, Ohio, V.St.A., **Reibmasse für hochbelastete Bremsen,** die besonders in Verbindung mit gepreßten u. gesinterten Metallteilen verwendet wird, z. B. für Flugzeuge u. Kraftfahrzeuge. Die Masse wird hergestellt aus einem Pulvergemisch von ca. 75 (Gew.-%) Fe, 10 Graphit u. 15 $MoSi_2$. Die Verw. von 5 MoS_2 anstatt der gleichen Menge Fe ist möglich. (**A. P. 3 008 225** vom 30/11. 1959, ausg. 14/11. 1961.) G. Frikell. 5893

S. K. Wellman Co., City of Bedford, Ohio, V.St.A., **Reibkörper,** bes. für bei hohen u. niedrigen Geschw. einwandfrei arbeitende Flugzeugbremsen, werden hergestellt durch Pressen eines zu mindestens 60% aus Fe bestehenden Pulvers, Sintern des Formkörpers zu einem porösen Block u. Erzeugung einer schwarzen, aus FeO u./oder Fe_3O_4 bestehenden Oberflächenschicht durch Eintauchen in ein Alkalimetallhydroxide, -nitrite u. -nitrate enthaltendes Bad. Das Ausgangsgemisch besteht z. B. aus 70 (Gew.-%) Fe-Pulver, 20 Graphit u. 10 SiC. (**E. P. 880 647** vom 8/3. 1960, ausg. 25/10. 1961. A. Prior. 6/4. 1959.) G. Frikell. 5893

Tsuneta Yamada, Tokyo, Japan, **Plastikbremsschuh** aus 1. einem Abriebstabilisator aus einer Mischung von Weichmetallen (Cu, Zn, Pb), Metalloxiden (Pb-, Fe-Oxid), polymerem Acajounußöl (I) u. Natur- oder Kunstkautschuk, 2. sehr hartem Gußeisenpulver, 3. Phenol-Anfangs-Kondens.-Prodd. von mindestens 2 im Mol-Verhältnis verschiedenen Phenol–HCHO-Prodd. u. 4. Mineralfasern. — Man vulkanisiert je 50 (Teile) Kautschuk u. Buna N, 30 S, 150 Pb-Oxid + Fe_2O_3, 200 Cu + Zn + Pb u. 100 I 2 Std. bei 130°, zerkleinert zu einem Pulver mit $\geq$80% von 20—150 Maschengröße. Ferner mischt man Phenol–HCHO- (1 : 0,0075 Mol)-Anfangs-Kondens.-Prod. u. Phenol–HCHO- (1 : 1)-Anfangs-Kondens.-Prod. im Verhältnis 2 : 1 u. schließlich 20 dieser Phenolharzmischung mit 35 des Kautschukpulvers, 35 eines Gußeisenpulvers mit unzerstörter Perlitstruktur u. 10 Asbestfasern als Verstärkungsmittel u. erhitzt 4—8 Std. in der Preßform auf 160—200°. (**Jap. A.S. 15 384/1960** vom 8/4. 1958, ausg. 14/10. 1960.) M. Pankow. 5893

Československá Socialistická Republika (Erfinder: Paul Jírů, Prag, Ludwig Kubica, Novy Bohumin), Tschechoslowakei, **Herstellung von Vanadinkatalysatoren** durch Anwendung alkal. Salze der Heteropolysäuren der Vanadin- u. der Wolframsäure oder der Molybdän- oder Phosphorsäure. — Beispiel: Man bereitet eine wss. Lsg. von $2\,K_2O\cdot V_2O_5\cdot P_2O_5\cdot 2\,H_2O$ als 0,43m Lsg. an V_2O_5. In die 20—70° warme Lsg. taucht man 5—10 Min. ein zylindr. Preßstück aus Kieselgur als Trägersubstanz. Nach der Imprägnierung des Preßlings trocknet man den Katalysator 3 Std. bei 110°. Vor Gebrauch sättigt man den Katalysator mit verd. gasförmigem SO_2. (**Tschech. P. 98 600** vom 25/11. 1959, ausg. 15/2. 1961.) L. Macher. 5905

Esso Research und Engineering Co., übert. von: Isidor Kirshenbaum, Westfield, und John A. Hinlicky, Irvington, N.J., V.St.A., **Herstellung von Tonerde, die sich besonders als Träger für Katalysatoren eignet.** Man stellt eine Lsg. von Al-Alkoholat in einem fl. KW-Stoff her u. fügt die Al-Alkoholat-Lsg. langsam zu einer wss. Lsg. von 1,8—3,4 Gew.-% enthaltendem NH_3 unter lebhaftem Umrühren. Die Menge des wss. NH_3 beträgt 1—10 Vol./Vol. Alkoholat u. die Temp. beläuft sich auf 50—200°F. Man rührt den wss. Tonerdebrei in der erhaltenen wss. Schicht bei <80°F 1 Std. bis 5 Tage, um das Tonerdehydrat in β-Tonerdetrihydrat zu überführen. Die Umrührzeit beträgt fast 1 Std., wenn die Hydrolyse im niederen Temp.-Bereich erfolgt, u. 4—5 Tage, wenn die Hydrolyse im oberen Temp.-Bereich stattfindet. Man trennt das Tonerdehydrat von dem überschüssigen W., trocknet u. erhitzt auf 400—1400°F, um zu einer adsorptiven Tonerde zu gelangen, die hauptsächlich in der η-Phase vorliegt u. >40% ihres gesamten Poren-Vol. in Makroporen oder Poren mit einem Durchmesser von 0,05—1 μ enthält. — 2 graph. Darstellungen. (**A. P. 2 970 892** vom 9/12. 1957, ausg. 7/2. 1961.) H. Maaß. 5905

Permutit Co. Ltd., übert. von: **Theodore R. E. Kressman und Frank L. Tye**, London, England, *Kationenaustauscher.* (**Can. P. 562 764** vom 13/5. 1953, ausg. 2/9. 1958. E. Prior. 20/5. 1952. — **C. 1956,** 4578 [E. P. 726 925].)

Pfaudler Permutit, Inc., Rochester, N.Y., übert. von: **Albert H. Greer**, Westmont, N.J., V.St.A., *Anionenaustauscher.* (**Can. P. 562 765** vom 4/8. 1953, ausg. 2/9. 1958. A. Prior. 12/8. 1952. — **C. 1959,** 584 [A. P. 2 801 223].)

Union Carbide & Carbon Corp., New York, übert. von: **Robert M. Milton**, Buffalo, N.Y., V.St.A., *Adsorptionsverfahren.* (**Can. P. 555 482** vom 24/12. 1954, ausg. 1/4. 1958. A. Prior. 24/12. 1953. — **C. 1958**, 8726 [E. P. 777 233].)

Závody Vítězného Února, Národní Podnik, Hradec Králové, Tschechoslowakei, *Zerlegen von Gasgemischen.* (**Ind. P. 66 490** vom 21/1. 1959, ausg. 28/12. 1960. — **C. 1961**, 12957 [D. A. S. 1 082 923].)

Herbert P. A. Groll, Molndal, Schweden, *Fraktionierung von Ölen durch selektive Extraktion.* (**Can. P. 554 415** vom 23/8. 1954, ausg. 18/3. 1958. — **C. 1958**, 3783 [E. P. 768 034].)

H_2. Betriebsschutz. Feuerschutz

Sicherheit in chemischen Betrieben. John Gardner. (Chem. Process Engng. atomic Wld. **42**, 163—67, April 1961; Inst. of Ind. Safety Officers; engl.) — Zur Hebung der *Sicherheit* in *chem. Betrieben* wird auf Grundsätze zur Vermeidung von menschlich oder sachlich bedingten Unfallursachen hingewiesen u. in 2 Tabellen deren Häufigkeit sowie deren prozentuale Verteilung zwischen chem. Industrie u. Gesamtindustrie verglichen. H. Meiner. 5936□

Grundsätzliches zur Verhütung von Explosionen. J. H. Burgoyne. (Chem. Process Engng. atomic Wld. **42**, 157—61, April 1961; London, Imp. Coll. of Sci. and Technol.; engl.) — In einer Tabelle werden für Gemische aus Luft u. brennbaren Gasen oder Dämpfen (H_2, CS_2, NH_3, CH_4, C_2H_6, C_3H_8, n-Butan, n-Pentan, n-Hexan, n-Heptan, n-Octan, Cyclohexan, Bzl., A., CH_3CHO, Aceton, Ae., Äthylenoxid, C_2H_4, C_2H_2 u. CO) je 8 Kennzahlen gegenüber, die für Eintritt u. Verlauf einer *Explosion* (Ex) von Bedeutung sind. Die Auslösung einer Ex ist im allg. auf therm., katalyt. oder elektr. Ursachen zurückzuführen. Bei elektr. Anlagen mit 30 V übersteigenden Spannungen sind explosions- bzw. flammensichere Umschließungen für alle funkenbildenden Teile (wie Schalter usw.) vorzusehen. Starke Verdünnung der brennbaren Stoffe mit Luft oder inerten Gasen ist anzustreben; es läßt sich der tatsächliche Verlauf einer Ex nicht mit Sicherheit voraussagen. H. Meiner. 5936□

Zerstörung einer Abwasser-Kläranlage durch Feuer und Explosion. Robert J. Burdick. (Wastes Engng. **32**, 295, Juni 1961; Boonton, N.J., Jersey City Water Works; engl.) — Eine Explosion von Faulgasen in einer Abwasser-Kläranlage, die wahrscheinlich durch Funken-Bldg. an Elektromotoren ausgelöst wurde u. die, außer zur Entzündung der Gase auch zur Zerstörung des Ziegelbaues führte, wird geschildert. Der Brand wurde mit Schaum gelöscht. H. Meiner. 5944□

H_3. Elektrotechnik

Anwendung der Tieftemperaturphysik in der Elektrotechnik. Bewilogua. (Wiss. Z. Techn. Hochschule Dresden **10**, 919—24, 1961; Dresden, DAW, Arbeitsst. Tieftemperaturphys.; Dresden, TH; dt.) — Nach einer Einleitung über den Verlauf der Leitfähigkeit von Leitern u. Halbleitern bei *Temp. von ca. 20°K* werden Anwendungsmöglichkeiten der *Supraleitung* in der *Elektrotechnik*, z. B. das Cryotron, die Ge-Bolometer (Kälteerzeugung nach dem Peltier-Effekt) u. bei tiefen Temp. arbeitende Mikrowellenverstärker (Maser) beschrieben. F. Fritzsche. 5952□

Zur Technologie der Halbleiter. E. Fischer. (Wiss. Z. TH Dresden **10**, 1020—24, 1961; Berlin-Teltow, Inst. für Halbleitertechn.; dt.) — Die Herst. von *Ge-Einkristallen*, ihre weitere Bearbeitung, die Fertigung von *In-Perlen* für Kollektor u. Emitter u. der Leg.-Prozeß bei der *Halbleiter-Herst.* werden beschrieben. F. Fritzsche. 5952□

Das Frequenzverhalten keramischer Dielektrika im Bereich von 10^2 bis $5 \cdot 10^9$ Hz. W. Cirkler und W. Kuny. (Frequenz **15**, 277—86, Sept. 1961; Siemens & Halske AG., Wernerwerk für Bauelemente; dt.) — Im Hinblick auf die moderne Nachrichtentechnik werden keram. *Dielektrika* nach ihren Eigg. charakterisiert. Es werden dielektr. Meßmeth. im *Frequenzbereich* 10^2—$5 \cdot 10^9$ *Hz* beschrieben. Der keram. Körper kann näherungsweise als Zweischichten-Dielektrikum im Maxwell-Wagnerschen Sinn aufgefaßt werden. I. Zoll. 5956

Herstellung von In–Sb- und In–Ga–Sb-Überzügen und ihre galvanomagnetischen Eigenschaften. Yoshio Sakai und Masahide Oshita. (Bull. Tokyo Inst. Technol. **1961**, 33—52; engl.) — *In–Sb-* u. *In–Ga–Sb-Schichten* werden durch Vakuum-Verdampfung nach dem von Krov u. Pinsker (Sovjet Physics Techn. Physics **3**, [1958], 26) empfohlenen Verf. hergestellt. Sie haben gute *Wärme-Eigg.*, die im einzelnen (Diagramme) aufgeführt werden. W. Wesly. 5958□

Der Kopplungsfaktor von piezoelektrischen keramischen Scheiben. D. S. Campbell und A. M. MacSwan. (Brit. J. appl. Physics **12**, 188—92, April 1961; Towcester, Caswell, Plessey Co. Ltd., Res. Labor.; engl.) — Die in den gegenwärtig verwendeten

Formeln zur Berechnung des elektromechan. *Kopplungsfaktors* einer *piezoelektr. Scheibe* existierenden Diskrepanzen sind auf Approximationen in der mechan. Analyse u. der Äquivalentstromkreisanalyse zurückzuführen. Wenn diese Approximationen von der mechan. Analyse entfernt werden u. in der Äquivalentstromkreisanalyse der Einfl. der Obertöne berücksichtigt wird, werden mit Hilfe beider Analysen gleiche Kupplungsfaktoren erhalten. C. Gottfried. 5960

Probleme bei der Herstellung von Primärelementen. Eberhard Winkler. (Wiss. Z. Techn. Hochschule Dresden **10**, 925—28, 1961; Dresden, TH, Inst. für Elektrochem. u. Phys. Chem.; dt.) — Die Schwierigkeiten bei der *Herst.* von Leclanché-*Elementen*, die durch die Korrosion der Zn-Anode, welche von der Reinheit des Zn, von der Art der enthaltenen Fremdmetalle u. von der Oberflächenbeschaffenheit desselben abhängt, bedingt sind, werden beschrieben. Die Qualität der Elemente ist von der Zus. des als Kathode dienenden Gemisches von Braunstein, Ruß, Graphit u. NH_4Cl, wobei vor allem die Eigg. des verwendeten Braunsteins wichtig sind, abhängig.
E. Fritzsche. 5970□

Katalytische Depolarisation von Primärbatterien. G. Cohn und A. P. Hauel. (Engelhard Ind., Inc., techn. Bull. **2**, 54—57, Sept. 1961; Newark, N.J., Engelhard Ind., Inc., Res. and Dev. Div.; engl.) — Die Eignung von Butin-(2)-diol-(1.4), Bzl. u. m-Dinitrobenzol (**I**) als *Depolarisatoren* bei Ggw. von Pd bzw. Rh in *Primärelementen*, wobei Zn, Mg u. Pt als Anodenmaterial bei verschiedenen Elektrolyten verwendet werden, wird untersucht. Der geringste Abfall des Kathodenpotentials zeigt sich bei Verw. von **I** u. einer Pt-Anode in Ggw. oder Abwesenheit eines Pd-Katalysators.
E. Fritzsche. 5970□

Opalisieren von Glühlampenkolben. Vlastimil Vicovský, Vladimír Špička, Jan Hach und Bojan Vařečka. (Sklář a Keram. **10**, 275—76, Okt. 1960; Praha, Tesla-Holešovice; tschech.) — Beim *Mattieren* von *Glühlampenkolben* durch Auftragen von Suspensionen von anorgan. Stoffen (Verss. mit 17 Substanzen) auf die Innenseite u. Einbrennen, wird eine Lichtdurchlässigkeit von 93—95% erzielt, wenn Suspensionen von Al_2O_3 oder SiO_2 in einem Gemisch von Nitrocellulose u. Butylacetat aufgetragen u. bei 1100° eingebrannt werden. R. K. Müller. 5972□

Untersuchungen zur Stabilität der Kennlinien von Selengleichrichtern. W. Ackmann. (Frequenz **15**, 386—91, Dez. 1961; Nürnberg, Standard Elektrik Lorenz AG.; dt.) — Die Einfl. von Temp. u. Stromdichte auf die Deformierung der *Sperrkennlinie* von *Se-Gleichrichtern* wird systemat. untersucht. Die Deformierung nach Durchlaßbelastungen zwischen 16 u. 165 mA/cm² u. bei Umgebungs-Temp. zwischen 55 u. 80° sowie die Stromdichteabhängigkeit des Deformierungs-Koeff. werden behandelt. Dabei wird festgestellt, daß die Sperrspannung bei ca. 25% des Anfangswertes stabilisiert werden kann u. die Plattentypen (40-Volt-V- u. 30-Volt-T-Platte) verschiedene Deformierungs-Zeiträume haben (70000 u. 700 Std. bei 83 mA/cm² Durchlaßbelastung).
H. Schibilla. 5976□

Untersuchung einer Gießharzmischung auf ihre Eignung im Elektromotorenbau. H.-G. Halt. (Kunststoffe — Plastics [Solothurn] **8**, 471—79, 1961; Pegnitz, Frankenthal, Fa. Klein, Schanzlin & Becker AG.; dt.) — Die Prüfung der Eignung von *Gießharzmischungen* auf *Epoxidharzbasis* mit *Quarzmehl* als *Füllstoff* zum Gießen kleiner *Gießharzstatoren* im *Elektromotorenbau* zeigt, daß die Eigg. des Gießharzes sowohl vom Quarzmehlanteil als auch von seiner Korngrößenverteilung abhängig ist. Bei höherem Füllstoffanteil liegt die untere Grenze der Korngröße für brauchbare Gußstücke bei 0,03 mm, die obere bei 0,1 mm. Zug- u. Zerreißfestigkeit, Härte, Elastizitätsmodul u. Dichte nehmen mit steigendem Quarzmehlanteil zu. Schlagzähigkeit u. Biegefestigkeit sind am geringsten bei 25—30% Füllstoffgehalt. Der spezif. Widerstand erweist sich als unabhängig vom Füllstoff-Geh., die DK nur geringfügig abhängig. Der Verlustfaktor tg δ steigt bei Frequenzen bis 1 kHz mit dem Füllstoff-Geh. an, bei 300 kHz dagegen sinkt er ab. Der Ausdehnungs-Koeff. nimmt mit steigendem Füllungsgrad stark ab. Die Fertigung größerer Gußstücke bereitet noch mancherlei Schwierigkeiten.
Y. Shahab. 5980□

Verbesserte Legierungen auf Nickel-Basis für magnetostriktive Energiewandler. C. A. Clark. (J. acoust. Soc. America **33**, 930—33, Juli 1961; Birmingham, England, Mond Nickel Comp. Ltd., Dev. and Res. Labor.; engl.) — Meßwerte der dynam. *Magnetostriktion* von *Ni-Legg.* mit Co-Geh. bis zu 10 Gew.-% u. mit Cr-Geh. bis zu 5 Gew.-% werden mitgeteilt. Dabei werden ein maximaler elektromechan. Kopplungs-Koeff. von 0,51 für eine bin. Ni–Co-Leg. mit 4,5% Co u. einem Cr-Geh. von $<$0,02% erhalten. Maximale Werte für den elektroakust. Wrkg.-Grad bei Resonanzfrequenzen unter 100 kHz gibt dagegen die tern. Leg. der chem. Zus.: 1,4% Co; 2,3% Cr, Rest Ni. Für die prakt. Anwendungen wird daraus der Schluß gezogen, daß die bin. Ni–Co-Leg. am besten für *Empfänger*, wie Unterwasserhorchgeräte, geeignet ist. Bes. auch wegen der geringeren Wirbelstromverluste wird die erwähnte tern. Leg. für die Erzeugung *hochfrequenter akust. Leistungen* empfohlen. H. Fahlenbrach. 5980 □

Oldham & Son Ltd., Denton, England, *Separator für Akkumulatoren.* (Ind. P. 64 962 vom 16/8. 1958, ausg. 29/8. 1960. — C. 1962, 13161 [E. P. 849 331].)

H_4. Wasser. Abwasser

Süßwasser für aride Bodenstriche. David S. Jenkins. (Annu. Rep. Board Regents Smithsonian Instn. **1958**, 285—305; U. S. Dep. of the Int., Office of Saline Water; engl.) — Übersicht über die Verff. zur Gewinnung von Süßwasser aus salzhaltigem W.: therm. u. mechan. Dest., Dest. mit Sonnenenergie, Membran-Verff. (Elektrodialyse, Osmose), Ausfrieren, Ionenaustausch, Lsgm.-Extraktion, biolog. Wirkung. — 45 Schrifttumshinweise. W. Wesly. 6010 □

Die Arbeitsweise der Oxydationsteiche von Paarl, Süd-Afrika. G. G. Cillie. (J. Proc. Inst. Sewage Purificat. **1962**, 234—40; engl.) — Beschreibung der Teiche sowie Angaben über deren Betrieb. Industrielle Abwässer allein oder mit häuslichen Abwässern vermischt zu reinigen, ist unmöglich, so daß häusliche Abwässer in einem Teich vorgereinigt u. dann mit Industrieabwässern im Verhältnis 5:1 vermischt in einem weiteren Teich nachgereinigt werden. Die verschiedenen Teiche sind teils parallel, teils hintereinandergeschaltet. Erhalten wird ein klares, O_2-reiches W., relativ frei von E. coli u. N-Verbindungen, so daß es von den meisten Oberflächenwässern nicht zu unterscheiden ist. B. Franz. 6042 □

Die Anwendbarkeit der Abwasserdesinfektion durch Chlorierung. H. Heukelekian und S. D. Faust. (J. Water Pollut. Control Federat. **33**, 932—42, Sept. 1961; New Brunswick, N.J., State Univ., Rutgers Agric. Exp. Stat.; engl.) — Nach statist. Ergebnissen aus 8 Abwasseraufbereitungsanlagen besteht keine Abhängigkeit zwischen Anzahl der Colibakterien u. Chlor-Geh. des Abwassers. Für eine zuverlässige Abwasserkontrolle sind nach Vff. sowohl Coli-Zählungen als auch Chlor-Geh.-Best. erforderlich. Durch Chlorierung werden lediglich einige der pathogenen Bakterien, wie Salmonella u. Shigella, erfaßt, die Viren, Mycobakterien u. parasit. Würmer werden nicht beseitigt. Für letztere müssen höhere Chlordosierungen angewandt werden. R. F. Haar. 6042 □

Mikrobiologische Aspekte der Abwasserbehandlung in Teichen. C. D. Parker. (J. Water Pollut. Control Federat. **34**, 149—61, Febr. 1962; Melbourne, Metropol. Board of Works Res. Labors.; engl.) — Vf. untersuchte die Reinigungs-Wrkg. verschiedener Abwasserteichtypen an Hand chem. Kennzahlen u. vor allem der Keimzahlreduktion. Nach den erhaltenen Resultaten ist im Anschluß an einen anaeroben Teich eine Aufenthaltszeit im aeroben Teich von 30—40 Tagen erforderlich, um die coliformen Organismen auf die Trinkwassernorm herabzudrücken. Im Anschluß auch an hochbelastete Tropfkörper genügen hierzu 15—20 Tage. In einstufigen aeroben Teichen sind sehr niedrige Colizahlen nur schwer zu erreichen. Es hat sich ferner gezeigt, daß die Algen-Entw. qual. u. quant. durch die Art des Teichs beeinflußt wird u. demnach durch zweckentsprechende Maßnahmen gesteuert werden kann. Einer Massen-Entw. in einstufigen Teichen steht allg. eine geringere u. artenmäßig vielfältigere Algen-Entw. in mehrstufigen Teichen gegenüber. Vielstufige Anlagen geben ähnlich wie solche im Anschluß an Tropfkörper einen von Algentrübung freien klaren Ablauf. Möglicherweise spielt die gleichmäßigere BSB-Belastung mehrstufiger Anlagen eine gewisse Rolle. Das Fehlen von Kurzschlüssen im Fließvorgang dürfte sicherlich die stufenweise Aufeinanderfolge der biolog. Prozesse begünstigen. Die geringere Algenzahl in mehrstufigen Teichen wirft die Frage nach der Bedeutung der Algen in Abwasserteichen überhaupt u. dem Einfl. verminderter Algen-Entw. auf die BSB-Red. auf. H. Thiele. 6044 □

Die biochemische Reinigung der Abwässer von Entsalzungsanlagen unter Verwendung des nichtionogenen oberflächenaktiven Stoffes OP. Ja. A. Karelin. (Chem. Technol. Brennstoffe Öle **7**, Nr. 1, 9—14, Jan. 1962; Moskau, Kuibyschew-Inst. für Bauingenieure; russ.) — Vers.-Ergebnisse aus der Gorki-Erdölraffinerie zeigen, daß der Einsatz von nichtionogenen oberflächenakt. Stoffen bei der Erdölentsalzung dazu beiträgt, den Öl-Geh. im Abwasser stark herabzusetzen. Dadurch wird die Abwasserreinigungsanlage entlastet. Es wurden Verss. über den Einfl. des Geh. an nichtionogenen Demulgatoren vom Typ *OP 7—10, KAUFE-14, UF-8* u. a. (äthoxylierte Alkylphenole) im Abwasser auf den Grad der Abwasserreinigung durchgeführt. Bei Geh. von 25 bis

50 mg OP 70/Liter W. zeigten sich merkliche Erhöhungen des biochem. u. des chem. O_2-Verbrauches, was als eine Hemmung der biochem. Oxydationsvorgänge gewertet wird. Eine Kontrolle des OP-Geh. in Abwasser der Entsalzung ist unbedingt erforderlich. Verschiedene Schaltschemata der mehrstufigen biochem. Abwasserreinigung werden besprochen. H. V. Adolphi. 6044□

Schaumfraktionierung zur Entfernung löslicher organischer Substanzen aus Abwasser. I. A. Eldib. (J. Water Pollut. Control Federat. **33**, 914—31. Sept. **1961**; Linden, N.J., Process Res. Div., Esso Res. and Engng. Comp.; engl.) — Vf. gibt einen Überblick über kontaminierende organ. Substanzen u. erörtert Möglichketen für ihre Abtrennung. Es werden experimentelle Unterss. über Abwasserreinigung durch Schaumfraktionierung, über die Wrkg. von organ. Farbstoffen u. Phenol auf die Oberflächenspannung von W. u. über den Einfl. des pH-Wertes auf die Schaumbeständigkeit wss. Lsgg. von Fettsäuren wechselnder Kettenlänge angegeben. — 19 Literaturangaben. R. F. Haar. 6044□

Ammoniak-Stickstoff und anaerobes Milieu. Orris E. Albertson. (J. Water Pollut. Control Federat. **33**, 978—95, Sept. 1961; Stamford, Conn., Dorr-Oliver, Inc.; engl.) — In Verss. mit Labor.-Zersetzern wurde ermittelt, daß eine Erhöhung der NH_3-Konz. über 1250 mg/Liter bei Belastungen des Zersetzers von 0,20, 0,27 u. 0,44 lb., bezogen auf den Feststoff-Geh. d·cu.ft., einen Leistungsrückgang zur Folge hat. Die Toleranzgrenze der NH_3-Konz. stieg mit abnehmender Belastung. Das im Zersetzer bestehende biochem. Gleichgew. zwischen NH_3–N, CO_2 u. flüchtigen Säuren kann durch empir. entwickelte Formeln erfaßt werden. pH 7,1 wird als pH-Optimum für Zersetzer bei höheren Belastungen angesehen. Bei höheren pH-Werten u. erhöhter Belastung kann Leistungsabfall auftreten. R. F. Haar. 6044□

Fettsubstanzen in aeroben und anaeroben Abwasserschlämmen. C. V. Viswanathan, B. Meera Bai und S. C. Pillai. (J. Water Pollut. Control Federat. **34**, 189—93, Febr. 1962; Bangalore, Ind., Ind. Inst. of Sci., Dep. of Biochem.; engl.) — Vff. untersuchen Änderungen in der Fraktion fettartiger Substanzen in häuslichem Abwasser während der aeroben u. anaeroben Behandlung. Die Extraktion der Schlämme erfolgte nach Ansäuerung des getrockneten u. gepulverten Materials mit n-*HCl* mit 95% A., sowie des Rückstands u. A.-Rückstands mit Diäthyläther. Die Best. der Anteile an veresterten u. freien Fettsäuren sowie an Unverseifbarem erfolgte nach dem Vorschlag von Gribkoff u. Nakada (C. **1958**, 8758), mit den nötigen Modifikationen. Die Fettsäuren wurden mittels Rundpapierchromatographie auf paraffiniertem Papier mit wss. CH_3COOH als mobiler Phase identifiziert. Die größten Unterschiede zwischen aeroben u. anaeroben Schlämmen waren auf die stärkere Oxydation bei aerober Behandlung zurückzuführen, so z. B. die ausschließliche Synth. von *Linolensäure* in aerobem Schlamm u. die Abwesenheit fetthaltigen Materials im Ablauf der aeroben Behandlung nach 3 Tagen. Weiterhin ist die aerobe Behandlung durch stärkere Synth. von Fettsäureestern u. *Linolsäure* gekennzeichnet. *Laurin-*, *Myristin-*, *Palmitin-*, *Stearin-* u. *Oleinsäure* wurden in beiden Schlämmen in verschiedenen Mengen nachgewiesen. Der Ablauf anaerober Syst. enthielt fortgesetzt fettartige Substanzen. H. Thiele. 6044□

Aerober bakterieller Abbau von Glucose. A. W. Busch und N. Myrick. (J. Water Pollut. Control Federat. **33**, 897—905, Sept. 1961; Houston, Tex., Wm. M. Rice Univ., Dep. Civil Engng.; engl.) — Vgl. auch C. **1960**, 3341. — Vf. führt eine statist. Analyse der BSB-Unters. mit Glucose u. Glutaminsäure als Substrat u. 2 Impfmaterialien durch u. ermittelt für einen 36 bzw. 120 Std.-Vers. einen Fehler von 2,08 u. 1,21%. Es werden 41,1% des theoret. O_2-Bedarfs der Glucose gefunden. Hiervon ausgehend wird eine Theorie entwickelt, nach der der gefundene BSB sowohl der Atmung als auch der Substanz-Bldg. u. dem Zellenaufbau zugeschrieben wird. Die experimentellen Ergebnisse des Glucoseaufbaus stehen in befriedigender Übereinstimmung mit mathemat. errechneten Werten. R. F. Haar. 6044□

Stoßbelastung von Belebtschlamm mit Abwässern von Sulfitcelluloseabwässern. Anthony F. Gaudy jun. (J. Water Pollut. Control Federat. **34**, 124—35, Febr. **1962**; Urbana, Ill., Univ. of Illinois, Sanit. Eng. Labor.; engl.) — Vf. untersuchte den Einfl. einer Stoßbelastung von Belebtschlamm mit Sulfitcelluloseabwässern auf die Eigg. des Schlamms. Ein an *Glucose* als C-Quelle adaptierter Belebtschlamm wurde im Warburg-App. dem Einfl. verschiedener Abwässer unterworfen. An Hand des O_2-Verbrauchs des Geh. an abfiltrierbaren Feststoffen, des Protein- u. Kohlehydrat-Geh. u. der Abnahme des chem. u. biochem. O_2-Bedarfs lassen sich Aussagen über die Beeinträchtigung des Schlammes machen. Allg. vertrug der Schlamm derartige Stoßbelastungen (SB) relativ gut. Es zeigte sich jedoch, daß zum Verständnis der biochem. Rkk. eine chem. Charakterisierung des jeweiligen Abwassers unerläßlich ist. Wenn auch die Rk. des biolog. Schlamms auf SB für die gemeinsame Reinigung häuslichen u. industriellen Abwassers von bes. Bedeutung ist, so läßt sich allein auf Grund der durch derartige Unterss. erhaltenen Resultate nicht für oder gegen eine gemeinsame Behandlung verschiedener Abwässer entscheiden. H. Thiele. 6044□

Schlammwiederbelüftung im Belebtschlammverfahren. Eine Übersicht. T. R. Haseltine. (J. Water Pollut. Control Federat. **33**, 946—67, Sept. 1961; Pittsburgh, Pa., The Chester Engineers; engl.) — Vf. gibt einen Abriß über Entw. u. Meth. des Belebtschlamm-Verf. mit einer tabellar. Zusammenstellung der Betriebsdaten von mit Schlammwiederbelüftung u. nach dem konventionellen Verf. (ohne Schlammwiederbelüftung) arbeitenden Abwasseranlagen. — 38 Literaturzitate. R. F. Haar. 6044□

Einwirkung von Fischgiften auf Wasservorräte. 2. Mitt. **Geruchsprobleme.** Jesse M. Cohen, George A. Rourke und Richard L. Woodward. (J. Amer. Water Works Assoc. **53**, 49—62, Jan. 1961; Cincinnati, Ohio, Robert A. Taft San. Eng. Center; engl.) — 1. vgl. C. **1963**, 2964. — Der Geruch von in W. gelösten, aus Rotenon oder Toxaphen, Emulgatoren, Synergisten u. Lsgm. zusammengesetzten handelsüblichen Fischgiften wurde auf seine Intensität in Abhängigkeit von Konz. u. Zeit untersucht. Aus mittels Verdünnungsreihen gewonnenen Einzelwerten wurde ein gewogenes Mittel der Riechschwellen-Konz. zur objektiven Beurteilung der Geruchsintensität des verunreinigten W. errechnet. Zugabe von Aktivkohle beseitigte den Geruch vollständig, während Chlorieren oder andere gebräuchliche Aufbereitungs-Meth. ihn nicht merklich reduzierten. P. Olschinka. 6068□

H_5. Anorganische Industrie

British Titan Products Co. Ltd., England, **Oxydation von dampfförmigen Halogeniden.** Metallhalogenide, z. B. des Ti, Al, Fe, Cr, Zr, Nb, V, Sn, U, werden in eine auf 800—1200°, bes. 900—1100°, aufgeheizte Rk.-Kammer als Dampf zusammen mit O_2 oder O_2-haltigen Gasen mit derartiger Geschw. eingeführt, daß eine starke Durchwirbelung u. Umwälzung des Stoffgemisches erfolgt. Ein Teil der die Rk.-Kammer verlassenden heißen gas- bzw. dampfförmigen Prodd. wird zur Aufheizung u. Erhaltung der Umsetzung der Rk.-Kammer wieder zugeführt. Als Endprodd. fallen die entsprechenden *Oxide* an. — Vorrichtungen. (**F. P. 1 215 904** vom 19/11. 1958, ausg. 21/4. 1960. E. Prior. 20/11. 1957.) W. Wittholz. 6077

British Titan Products Co. Ltd., England, **Gewinnung von Oxiden,** die durch Umsetzung von Metall- oder Metalloidchloriden, z. B. Ti-, Si-Tetrachlorid oder Fe(III)-Chlorid, in der Dampfphase mit O_2 bei ca. 1100° erhalten werden. Die den Rk.-Raum verlassenden, die Oxide in feinster Verteilung enthaltenden Gase werden mit W. derart rasch gekühlt, daß keine nennenswerte Umsetzung des Cl_2 mit dem W. eintritt. Nach dem Abkühlen werden Gase u. Oxide durch Waschen getrennt. Als Kühlwasser kann mitgerissene Oxidteilchen enthaltendes Waschwasser verwendet werden. — Schema der Anlage. (**F. P. 1 228 050** vom 27/11. 1958, ausg. 26/8. 1960. E. Prior. 29/11. 1957 u. 14/11. 1958.) W. Wittholz. 6077

Esso Research and Engineering Co., Elizabeth, übert. von: Eger V. Murphree und Charles W. Tyson, Summitt, Donald L. Campbell, Short Hills, und Homer Z. Martin, Roselle, N.J., V.St.A., **Anwendung von Wirbelbettkatalysatoren** bei der Gewinnung von H_2 enthaltenden Gasen aus KW-Stoffen, dad. gek., daß man KW-Stoffe in endothermer Rk. oxydiert, wobei ein in einem abwärts gerichteten Gasstrom suspendierter Metalloxidkatalysator in die Rk.-Zone eingeleitet wird, der unter den Rk.-Bedingungen in eine niedrigere Oxydationsstufe übergeht u. nach Abtrennung in einer exothermen Rk. wieder oxydiert wird. — Schema der Anlage. (**Can. P. 555 628** vom 18/7. 1947, ausg. 8/4. 1958. A. Prior. 8/1. 1941 u. 22/11. 1946.) S. Böttcher. H 238

Norsk Hydro-Elektrisk Kvaelstofaktieselskab, Norwegen, **Herstellung von Deuteriumoxid** durch Kombination einer elektrolyt. Anreicherung mit 2 verschiedenen Austauscherstufen. In einer Heiß-Kalt-Kolonne wird W. mit D_2O angereichert, worauf dieses W. einer Elektrolyse unterworfen wird. Der hierbei entstehende H_2 wird nach Abtrennung des mitgerissenen Wasserdampfes durch Kondens. u. Rückleitung zur Elektrolyse in einer katalyt. Austauschkolonne mit W. behandelt, welches dann der Heiß-Kalt-Kolonne wieder zugeführt wird. (**F. P. 1 207 117** vom 1/8. 1958, ausg. 15/2. 1960.) W. Wittholz. H 240

Solvay & Cie., Brüssel, übert. von: Michel Rossier, Uccle-Brüssel, Belgien, **Gewinnung von Hydrogenperoxid** durch wechselweise Red. u. Oxydation eines alkylierten Anthrachinons in einem Lsgm.-Gemisch, dessen eine Komponente ein Lsgm. für die Chinonform, die andere ein Lsgm. für Hydrochinonform des Anthrachinons darstellt, z. B. einem Gemisch von Dimethylphthalat u. einem Chlor- oder Alkoxynaphthalin, bes. α-Chlor- oder Methoxynaphthalin. (**Can. P. 562 826** vom 23/8. 1955, ausg. 2/9. 1958. Belg. Prior. 25/8. 1954.) Eberhard Riedel. H 241

Ja. I. Kulman, W. A. Klewke und W. Ja. Ssobolewa, **Herstellung von Ammoniumnitrat** unter Druck aus NH_3 u. HNO_3, dad. gek., daß die Ausgangs-Prodd. mit bei der Rk. erhaltenem Naßdampf vorgewärmt werden. Die dampf-fl. Rk.-Emulsion wird in Zentrifugalseparatoren in 2 Stufen getrennt, wobei in der 1. Stufe Naßdampf von 3,5—5,5 ata, in der 2. Stufe solcher von 1,2 ata erhalten wird. Die 220° heiße NH_4NO_3-Schmelze wird ohne Wärmezufuhr bei 150—200 Torr unter Abkühlung auf 167° verdampft u. danach granuliert. (**UdSSR. P. 123 150** vom 2/1. 1959.) L. Großner. H 243

Dominion Rubber Co. Ltd., Montreal, Quebec, übert. von: Harold R. Chipman, Elmira, Ontario, Canada, **Herstellung von Chlorwasserstoff,** dad. gek., daß man ein tert. Alkylchlorid mit 6—12 C-Atomen, z. B. 2-Chlor-2.4.4-trimethylpentan, in Ggw. einer Alkylarylsulfonsäure mit 10—16 C-Atomen im Alkylrest durch Erhitzen spaltet u. HCl vom gebildeten Olefin, z. B. Diisobutylen, abtrennt. (**Can. P. 555 615** vom 22/1. 1953, ausg. 8/4. 1958.) S. Böttcher. H 247

Chemical Construction Corp., New York, übert. von: Robert L. Burchell, Garden City, N.Y., und John K. Kaufman, Irvington, N.J., V.St.A., **Abtrennung von Schwefel aus pyrrhotitischen Erzen.** Die Erze werden in W. aufgeschlämmt, die Aufschlämmung wird mit einem O_2-haltigen Gas verblasen u. erhitzt, wobei der sulfid. in elementaren S übergeführt wird, welcher nichtmetall. Anteile der Aufschlämmung adsorbiert. Durch eine Schaumflotation werden S u. die ggf. edelmetallhaltigen nichtmetall. Anteile getrennt, das S-haltige Schaumkonzentrat wird isoliert u. der S durch Umschmelzen gereinigt. (**Can. P. 562 307** vom 9/12. 1953, ausg. 26/8. 1958. A. Prior. 22/10. 1953.) Eberhard Riedel. H 253

Badische Anilin- & Soda-Fabrik Akt.-Ges. (Erfinder: Werner Fuchs), Ludwigshafen/Rh., **Oxydation von Schwefelwasserstoff mit Sauerstoff oder solchen und/oder Schwefeldioxid enthaltenden Gasen** oder mit SO_2 zu elementarem S unter Verw. von Lösungsmitteln. Die Oxydation wird in Ggw. von Verbb. der allg. Formel R_1—CO—N(R_2, R_3) durchgeführt, worin R_1, R_2 u. R_3 für H oder Alkyl-, Cycloalkyl-, Hydroxyalkyl-, Aminoalkyl- oder ggf. substituierte Phenylreste stehen, wenigstens einer der Reste R_2 oder R_3 jedoch ein organ. Rest ist u. in der R_1, R_2 u. R_3 auch ggf. substituierte Polymethylenreste bedeuten können, die paarweise gemeinsame Glieder eines heterocycl., das Amid-N-Atom enthaltenden, Ringes sind, der auch noch ein weiteres N-Atom oder ein O- oder S-Atom enthalten kann. (**D. A. S. 1 091 995** Kl. 12i vom 11/6. 1959, ausg. 3/11. 1960.) E. Miessgang. H 253

Deutsche Gold- und Silber-Scheideanstalt vormals Roessler, Deutschland, **Wässerige Acroleinmischpolymere enthaltende Lösungen von SO_2.** Man verwendet Mischpolymere aus Acrolein (I) u. Vinylverbindungen. — Zu 0,91 (g) $K_2S_2O_8$ in 175 ml W. gibt man 2,3 ml **I** u. 11,5 ml Acrylnitril, tropft dazu 0,57 $AgNO_3$ in 25 ml W. u. rührt unter N_2 3 Std.; zu dem isolierten Mischpolymeren gibt man eine mit SO_2 gesätt. Lsg., worin sich das Polymere bei Raum-Temp. löst. — Die Lsg. dient zum Überziehen (*Appretieren, Imprägnieren*) *von Fasern u. Fäden,* zum *Emulgieren* von Öl, zum *Behandeln von Fellen u. Leder,* als Zusatz zu Lsgg. von Harnstoff- u. Melaminharzen, Albumin-Prodd., Phenolharzen, Kautschukmilch. (**F. P. 1 228 657** vom 23/6. 1959, ausg. 31/8. 1960. D. Prior. 8/7. 1958.) M. Pankow. H 253

Montecatini Soc. Gen. per l'Industria Mineraria e Chimica, Mailand, Italien, **Stabilisieren von Schwefeltrioxid.** Das frisch dest. SO_3 wird mit 0,5—5% eines P- oder Si-Halogenides, bes. PCl_3 oder $SiCl_4$, versetzt u. ggf. im geschlossenen Gefäß einige Std. auf 70—80° erhitzt. (**It. P. 542 370** vom 21/9. 1955.) K. Koebke. H 253

Francisco Salsas-Serra, Frankreich, **Kombinierte Herstellung von Schwefelsäure und Ammoniumsulfat.** Die SO_2 u. N-Oxide enthaltenden Abgase einer Schwefelsäurefabrik werden in einer freies NH_3 enthaltenden Lsg. gebunden, worauf diese Salz-Lsg. mit heißen SO_2-Gasen u. H_2SO_4 unter Bldg. von $(NH_4)_2SO_4$ sowie Freiwerden von N-Oxiden u. SO_2 zersetzt wird. Die Gase werden in den Kreislauf zurückgeführt. — 2 Schemata der Anlage. (**F. P. 1 211 256** vom 16/12. 1958, ausg. 15/3. 1960.) W. Wittholz. H 253

Metal Hydrides, Inc., V.St.A., **Wiedergewinnung von Natriumborhydrid aus Reaktionsgemischen.** Man setzt dem $NaBH_4$ (**I**) u. $NaOCH_3$ (**II**) enthaltenden Gemisch W. zu, so daß **II** zu NaOH u. CH_3OH zersetzt wird. Nach Entfernen des CH_3OH wird **I** aus der NaOH u. W. enthaltenden Lsg. mit in W. nicht mischbaren organ. Lsgm. extrahiert u. nach Abtrennen des Lsgm. in fester Form erhalten. (**F. P. 1 220 287** vom 13/2. 1959, ausg. 24/5. 1960.) W. Wittholz. H 258

Norton Co., Worcester, Mass., V.St.A., übert. von: John J. Scott, Chippawa, Ontario, Canada, **Herstellung von Borcarbid,** dad. gek., daß man ein oxid. Bormineral mit einer Kohleschicht überdeckt u. unter reduzierenden Bedingungen an vertikal in der Erzschicht beweglichen Elektroden im Lichtbogen behandelt. — Zeichnungen. (**Can. P. 556 043** vom 20/7. 1955, ausg. 15/4. 1958. A. Prior. 14/9. 1954.) S. Böttcher. H 258

Union Carbide Corp., V.St.A. (Erfinder: Elmer Miller King), **Herstellung von Bornitrid** durch Erhitzen eines feinpulvrigen Gemisches von Melamin (**I**) u. Borsäure (**II**), wobei auf 1 Mol **I** 1—3 Mole **II** entfallen, einige Zeit unter Luftabschluß bzw. in N_2 auf $\geqq 600^0$. Das Gemisch kann man auch durch Eintragen von gepulvertem **I** in eine sd. wss. **II**-Lsg., Entfernen des W. u. Zerkleinern des Rk.-Prod. erhalten. (**F. P. 1 208 937** vom 28/11. 1958, ausg. 26/2. 1960. A. Prior. 11/12. 1957.) W. Wittholz. H 258

Union Carbide Corp., V.St.A. (Erfinder: Lawrence Marvin Litz und Robert Angelo Mercuri), **Herstellung von Bornitrid mit geringem Kohlenstoffgehalt** durch Erhitzen des C-haltigen Bornitrids in NH_3 auf 800—950°. — Ein durch therm. Zers. von Melaminborat in N_2 gewonnenes Bornitrid weist einen C-Geh. von ca. 13,3% auf, nach Behandlung mit NH_3 nur 0,54%. Wird ein Gemisch aus 2 Mol Borsäure u. 1 Mol Melamin im NH_3-Strom auf ca. 800—900° erhitzt, so enthält das Endprod. nur 0,05—1% C. — In gleicher Weise läßt sich ein Gemisch aus 4 Mol Borsäure u. 1 Mol Hexamethylentetramin umsetzen. (**F. P. 1 217 273** vom 9/12. 1958, ausg. 3/5. 1960. A. Prior. 11/12. 1957.) W. Wittholz. H 258

Monsanto Chemical Co., V.St.A. (Erfinder: Bernard Abraham Gruber), **Herstellung von Borphosphid.** Man erhitzt ein Metallborid (**I**) oder -borat u. ein Metallphosphid (**II**) oder -phosphat in einem anorgan. Rk.-Medium bei 480—1820° u. trennt das gebildete *Borphosphid* ab. Als Rk.-Medium dient ein Metall (**III**) oder Metallsalz (**IV**). Für **I** werden genannt: Fe-, Mg-, Al-, Cu-, Ti-, Zr-, V-Borid; für **II**: Al-, Mg-, Cu-, Ti-, Cr-, Mn-, V-, Zr-, Mo-, Ta-, Th-Phosphid; für **III**: Al, Mg, Cu, Ti, Cr, Mn, V, Zr, Mo, Ta, Th, Fe, Ni, Pb, Sn, Sb, Bi u. Zn; für **IV**: NaCl, KBr, LiBr, $CaCl_2$, $MgCl_2$, $BaCl_2$, RbCl, CsCl. Das Borphosphid ist ein feinteiliges, graues bis schwarzes Pulver mit kub. Kristallform. — Verw. als Werkstoff für Raketen- u. Raumgeschoßköpfe, Raketenbrennkammern, Düsenantriebe, Kernreaktoren, Halbleiter, Strahlungsmesser. (**F. P. 1 221 989** vom 3/3. 1959, ausg. 7/6. 1960. A. Prior. 3/3. 1958.) W. Wittholz. H 258

Pittsburgh Coke & Chemical Co., übert. von: Harry F. Kauffman, David J. Griffiths und Johnstone S. Mackay, Pittsburgh, Pa., V.St.A., **Herstellung faserigen Kohlenstoffs,** dad. gek., daß man ein Gas mit 20—80% CH_4 aus Kokereien in Ggw. von 0,3—4% H_2S 0,4—15 Sek. durch eine Pyrolysezone von 1150—1450° leitet u. auf einer inerten Oberfläche die Faserkohle niederschlägt. (**Can. P. 556 074** vom 8/5. 1957, ausg. 15/4. 1958.) S. Böttcher. H 260

United Kingdom Atomic Energy Authority, England (Erfinder: William Johnson, William Watt und Michael Stuart Thomas Price), **Kohle-, besonders Graphit-Formkörper** werden durch Erhitzen einer Mischung aus Kohleteilchen mit oder ohne Füllstoffen u. einem fl. oder festen pulvrigen Bindemittel (**I**), wie Furfurylalkohol, ggf. in Mischung mit Furfurol oder PVC, erhalten. Der Anteil des fl. **I** beträgt höchstens 20, der des pulvrigen **I** höchstens 10 Gew.-%, wobei dem fl. **I** noch ein Polymerisationskatalysator (Mineralsäure) zugesetzt ist. Die in Formen gepreßte Mischung wird zur Verharzung des **I** auf höchstens 220° erhitzt; dann steigert man in linearem Anstieg die Temp. zur Carbonisierung des **I** auf 400—800° u. zur Graphitierung auf 2000—3000°. Die Erhitzung erfolgt in Ggw. von Inertgasen, z. B. Argon. (**F. P. 1 217 744** vom 3/12. 1958, ausg. 5/5. 1960. E. Prior. 5/12. 1957 u. 17/11. 1958.) W. Wittholz. H 260

Columbian Carbon Co. (Erfinder: George Louis Heller), V.St.A., **Herstellung von Ruß** aus KW-Stoffen, bes. aus viscosen Erdölrückständen, durch Einleiten in eine Mischkammer, in die vorerhitzte Luft von 120—315° eingeführt wird. Die Verdampfung des KW-Stoffes findet unter einem Druck von 2,1—7 at statt u. kann auch mit überhitztem Wasserdampf erreicht werden. Der zu zersetzende KW-Stoff wird auf $\leqq 260^0$ vorerhitzt. — 4 Abbildungen. (**F. P. 1 212 373** vom 13/10. 1958, ausg. 23/3. 1960. A. Prior. 23/12. 1957.) M. F. Müller. H 260

Esso Research and Engineering Co., V.St.A. (Erfinder: Preutiss S. Viles), **Herstellung von Kohlenoxid** durch Erhitzen von CO_2 auf 425—870° in Ggw. eines Katalysators u. C-haltigem Material, wie Methan oder Naturgas, wobei das Mischungsverhältnis von CO_2 zu Methan oder Naturgas zwischen 1 : 1 u. 1 : 5 liegt. Als Katalysator wird auf einem Träger niedergeschlagenes Co-Molybdat verwendet. — 3 Abbildungen. (**F. P. 1 209 700** vom 29/8. 1958, ausg. 3/3. 1960. A. Prior. 11/9. 1957.) W. Wittholz. H 260

Albert Hersiczky, Aladár Bendes und Geisa Varga, Budapest, Ungarn, **Reinigung von unter hohem Druck stehendem Kohlendioxid** von in koll. Schwebezustand vorhandenen Wasser- u. Ölteilchen erfolgt durch Leiten des CO_2-Gasstromes durch ein elektrostat. Filter u. Abscheiden der koagulierten Verunreinigungen aus der Filteranlage. — Skizze. (**Ung. P. 145 189** vom 27/3. 1957, ausg. 30/11. 1959.) G. König. H 260

Vetrocoke S. p. A., Italien, **Abtrennen und Wiedergewinnen von Kohlensäure aus Gasgemischen,** durch Absorbieren in arsenithaltigen Waschlaugen oder in mit Arsenit aktivierten Carbonatlaugen u. Regenerieren dieser Laugen durch Kochen bei Überdruck. Das freigemachte CO_2 kann im komprimierten Zustand gewonnen u. verwendet werden. Bei der Regeneration können zusätzlich Inertgase verwendet werden. — Diagramm, Schema der Anlage. (**F. P. 1 214 256** vom 22/10. 1958, ausg. 7/4. 1960. It. Prior. 22/10. 1957.) W. Wittholz. H 260

Union Carbide Corp., V.St.A. (Erfinder: Robert Allen Lefever), **Reinigung von Silan.** Um die Verunreinigungen, bes. B-Verbb. in Form von Boranen, aus dem Silan zu entfernen, wird dieses mit NH_3, aliphat. oder heterocycl. Aminen behandelt, so daß sich komplexe NH_3- bzw. Amin-Verbb. des B bilden, z. B. $B_2H_6 \cdot 2\, NH_3$ oder $2(CH_3)_3N \cdot BH_3$, die abgetrennt werden. Als Amine kommen Mono-, Di- u. Trimethylamin, Diäthylamin u. Pyridin in Betracht. (**F. P. 1 213 001** vom 21/10. 1958, ausg. 28/3. 1960. A. Prior. 24/10. 1957.) W. Wittholz. H 261

Wacker-Chemie G. m. b. H., Deutschland, **Herstellung von sehr reinem kristallisiertem Siliciumcarbid.** Zu D. A. S. 1 047 180; C. **1959,** 11377 ist nachzutragen: Die Herst. des Si-Carbides kann mit Über- oder Unterdruck, z. B. mehrere at bis zu 1/1000 at u. in Ggw. von Verdünnungsgasen, wie Inertgasen, Edelgasen, H_2 oder CO, wobei das Verdünnungsgas 30—99% ausmachen kann, durchgeführt werden. Die Abscheidung des Si-Carbides kann auf einem festen Träger, wie Graphit oder Si-Carbid in Rohr- oder Stabform, oder in oder auf fl. Si erfolgen. Dieser Träger wird mittels Hochfrequenz, Elektronenbombardement oder -fackel erhitzt. Auch lassen sich in das Kristallgitter des Si-Carbids Donatorenelemente der II.—VI. Gruppe des Period. Syst. einfügen. (**F. P. 1 219 624** vom 1/4. 1959, ausg. 18/5. 1960. D. Prior. 3/4. 1958 u. 31/1. 1959.) W. Wittholz. H 261

Pittsburgh Corning Corp., Pittsburgh, übert. von: Walter D. Ford, Port Allegany, Pa., V.St.A., **Herstellung von Cellular-SiO_2,** D. 9—16 lbs./sq.ft., durch Vermahlen von SiO_2 mit 0,1—5% C-haltigem Treibmittel, das bei Schmelztemp. von SiO_2 fest bleibt, auf eine SiO_2-Teilchengröße von 6μ, Erhitzen auf 2600—3300° F unter Erweichung des SiO_2, weiteres Erhitzen zur Gas-Bldg. u. Abkühlung der plast. Masse zu einem festen Körper. — Vgl. F. P. 1 077 891; C. **1956,** 3972. (**Can. P. 559 773** vom 21/5. 1953, ausg. 1/7. 1958. A. Prior. 28/5. 1952.) L. Großner. H 261

Nobel-Bozel, Frankreich (Erfinder: Henri Georges Louis Marcheguet und Louis Gandon), **Herstellung gereinigter und stabiler Kieselsäuresole.** In eine mit SiO_2 gesätt. Glyoxal-Lsg. läßt man unter Wasserkühlung Na-Silicat-Lsg. von 35 bis 37 Bé mit einem Geh. von 24,65% SiO_2 ($SiO_2 : Na_2O = 3{,}22$) unter leichtem Rühren einlaufen. Nach Zugabe von Äthanol wird die ausgeschiedene Glyoxal-Bisulfit-Verb. abgetrennt. Das Endprod. enthält 10,1% SiO_2 u. ist stabil. (**F. P. 1 213 849** vom 30/10. 1958, ausg. 4/4. 1960.) W. Wittholz. H 261

Magyar Állam (Erfinder: Andreas Dobos), Budapest, Ungarn, **Feinporiges Silicagel (I)** erhält man beim Eintragen einer wss. Wasserglas-Lsg. von 30° Bé bei 5—15° in eine 30%ig. wss. Säure-Lsg. (Salzsäure), wobei das pH während der Rk. zwischen 4 u. 5 gehalten wird. Man gießt das Kieselsäuresol in einer Schichtdicke von 2 cm aus u. läßt es bei 25° 4 Std. reifen. Das sich ausscheidende, HCl enthaltende W. wird abgegossen, das Gel bei 60° vorgetrocknet, mit W. elektrolytfrei gewaschen u. durch Erwärmung auf 200° aktiviert. (**Ung. P. 145 027** vom 8/6. 1956, ausg. 15/6. 1959.) G. König. H 261

Emmanuel Louanne, Frankreich, **Herstellung von wasserfreiem Natriummetasilicat** durch Erhitzen von glasigem Na-Silicat (Di- oder Tri-Silicat) mit Na_2CO_3 im Drehrohofen bei 800°. Um ein möglichst reines Rk.-Prod. zu erhalten, wird IR-Strahlung oder elektr. Widerstandsheizung angewendet. (**F. P. 1 208 732** vom 19/11. 1958, ausg. 25/2. 1960.) W. Wittholz. H 261

Omnium de Produits Chimiques pour l'Industrie et l'Agriculture „OPCIA", Frankreich (Erfinder: Georges Peyrac und René Marquie), **Herstellung von Orthophosphorsäure hoher Konzentration** durch Erhitzen einer ca. 75%ig. H_3PO_4 mittels elektr. Widerstandsheizung (Joulesche Wärme) unter gleichzeitigem

Rühren in 1. Stufe u. anschließende IR-Bestrahlung einer in Bewegung gehaltenen bestimmten Schichtdicke der vorkonz. H_3PO_4 in 2. Stufe. Das Endprod. ist fl., kristallin oder fest je nach Behandlungsart. — Zeichnung der Anlage. (**F. P. 1 220 020** vom 3/1. 1958, ausg. 20/5. 1960.) W. Wittholz. H 264

Kenneth J. Shaver, Stoneham, Mass., V.St.A., **Herstellung von Alkalipolyphosphatosulfaten** der Zus. $xM_2O:yP_2O_5:zSO_3$ (M = K oder Na; x:y + z = 0,4 — <1, bes. 0,55—0,9), durch Umsetzung von Na-Tripolyphosphat mit der 1,25—3fach mol. Menge SO_3 u. Schmelzen des Rk.-Gemisches oder durch Schmelzen eines Gemisches von Na-Phosphat, Na_2SO_4 u. P_2O_5 in den entsprechenden Mengenverhältnissen. (**Can. P. 560 552** vom 29/6. 1957, ausg. 22/7. 1958. A. Prior. 15/11. 1956.) L. Großner. H 264

Mole Norton S.p.A., Corsico, Mailand, Italien, **Gewinnung der Metalle Ti, V, Cr, Zr, Nb, Mo, Hf, Ta, W aus ihren Carbiden.** Man formt aus den Carbiden mit Hilfe von Bindemitteln, wie Pech, u. Erhitzen auf 900—1000° in inerter Atmosphäre oder durch einfaches Sintern ohne Bindemittel ein cylinderförmiges Gefäß, welches als Anode einer aus dem zu gewinnenden Metall bestehenden stabförmigen u. in das Gefäß eintauchenden Kathode gegenübergestellt wird. Als Elektrolyt verwendet man Alkalimetall- oder Erdalkalimethallhalogenide. Die Elektrolyse findet in inerter Atmosphäre statt. — Vorr., Zeichnungen. (**It. P. 542 178** vom 5/10. 1955.) K. Koebke. H 270

Politechnika Warszawska, Polen (Erfinder: Kornel Weselowski, Andrzej Górski und Tadeusz Gaethner), **Gewinnung von Metallchloriden aus Flugstäuben von Gasgeneratoren und Gaswerken.** Die Stäube werden in Ggw. reduzierender Kohle u. Chloriden der Alkali- u. Erdalkalimetalle als Katalysatoren bei 700° behandelt u. die das Rk.-Gefäß verlassenden gasförmigen *Metallchloride* auf Raum-Temp. gekühlt u. im steuerbaren Ofen durch fraktioniertes Sublimieren u. Dest. voneinander getrennt. Die so gewonnenen *As-*, *Zn-*, *Ca-*, *Ge-*, *Si-*, *Tl-*, *Ti-* u. *Fe-Chloride* werden zu *Metallen* großer Reinheit umgewandelt. Das Verf. ermöglicht eine gleichzeitige quant. Trennung aller wertvollen Bestandteile der Stäube. (**Ung. P. 147 279** vom 3/2. 1959, ausg. 15/7. 1960. Poln. Prior. 5/2. 1958.) A. Olbrich. H 270

International Minerals & Chemical Corp., V.St.A. (Erfinder: Howard P. Clark), **Granulieren von Alkalimetallsalzen.** Die Salze werden in feinverteiltem Zustand in freier Flamme kurze Zeit erhitzt, so daß nur die Oberfläche der Teilchen schmilzt u. eine Zusammenballung erfolgt. Nach dem Abkühlen erhält man das Salz in granulierter Form. — Tabellen. (**F. P. 1 202 966** vom 20/3. 1958, ausg. 14/1. 1960. A. Prior. 22/4. u. 23/5. 1957.) W. Wittholz. H 272

Metal Hydrides, Inc., V.St.A., **Herstellung von Natriumhydrid** durch Behandeln einer feinteiligen Suspension von geschmolzenem Na in einem inerten Dispergiermittel, z. B. einem keine ungesätt. Verbb. enthaltenden Mineralöl mit höherem Kp., mit H_2 bei 1,8—14 at u. ca. 300° unter lebhaftem Rühren. Zweckmäßig arbeitet man in 2 hintereinander geschalteten Reaktionsgefäßen. — Schema der Anlage. (**F. P. 1 220 288** vom 13/2. 1959, ausg. 24/5. 1960.) W. Wittholz. H 274

Josef Kerti, Budapest, Ungarn, **Gleichzeitige Herstellung von Schwefelsäure und Natronlauge** aus Na_2SO_4, erfolgt durch Elektrolyse einer gesätt. Na_2SO_4-Lsg., wobei die Sulfationen durch Pb-Pulver, welches als Anode am Boden des Elektrolysiergefäßes angeordnet ist, als $PbSO_4$ gebunden wird. Als Kathode dient eine oberhalb des Pb-Pulvers angeordnete, Hg enthaltende Röhre. In einem 2. Vorgang wird durch Elektrolyse das erhaltene $PbSO_4$ zu H_2SO_4 oxydiert. (**Ung. P. 145 456** vom 21/11. 1957, ausg. 31/5. 1960.) G. König. H 274

Československá Socialistická Republika (Erfinder: Karel Vetejška, Prag, Jan Mazáček, Jílové, und Jiří Pelikán, Kutná Hora), Tschechoslowakei, **Trennung des Berylliums vom Aluminium unter Verwendung von Kationenaustauschern** (I) mit funktionellen Sulfogruppen; aus der Lsg. der Sulfate des Be u. Al in 0,5—0,7n H_2SO_4 wird durch **I** Al adsorbiert, das dann durch 2—4n HCl oder H_2SO_4 eluiert werden kann. (**Tschech. P. 97 807** vom 29/6. 1959, ausg. 15/12. 1960.) L. Macher. H 281

Československá Socialistická Republika (Erfinder: Adela Zdařilová, Bohumín), Tschechoslowakei, **Herstellung von Cadmiumsulfid von hohem Schüttgewicht** (2,0) durch Fällung eines Cd-Salzes (**I**) mit Alkalisulfid (**II**), wobei man zwecks Lsg. des **I** (spezif. Gew. 1,165—1,455) vor dem Ausfällen mit der Lsg. des **II** (spezif. Gew. 1,125—1,390) einen Elektrolyten (Na_2SO_4, NH_4Cl, NaCl) in einer Menge von 30—1000 kg je 100 kg CdO zusetzt. (**Tschech. P. 97 866** vom 8/10. 1959, ausg. 15/12. 1960.) L. Macher. H 289

Peter Spence & Sons Ltd., England, und Deutsche Gold- und Silber-Scheideanstalt vormals Roessler, Deutschland, **Herstellung von Tonerde,** bes.

γ-Al_2O_3. An die Sekundärwicklung eines Transformators angeschlossene, mit 10 A u. 24 V gespeiste Al-Elektroden werden unter W. miteinander in Kontakt gebracht, wobei das W. kontinuierlich in Bewegung gehalten wird. Die sich bildende milchige Suspension aus Al_2O_3 u. $Al(OH)_3$ wird durch Dekantieren abgetrennt u. bei 110° eingedickt. Man erhält ein Gemisch aus γ-Al_2O_3 u. Boehmit, welches durch 6std. Erhitzen auf 600° in krist. *γ-Al_2O_3* übergeführt wird. (**F. P. 1 220 657** vom 17/4. 1959, ausg. 27/5. 1960. E. Prior. 18/4. 1958.) W. Wittholz. H 294

Karl Ziegler, Deutschland (Erfinder: Karl Ziegler, Roland Köster und Wolf Rainer Kroll), **Umwandlung organischer Al-Verbindungen** der allg. Formel $X_u[Y - AlR_2]$ u. (X = ein- oder mehrwertiger KW-Stoff-Rest; Y = 0 oder S; R = Alkylrest), dad. gek., daß man diese bei >10 at u. 90—170° in Ggw. von Trialkyl-Al mit Olefinen umsetzt. — In einem Autoklaven setzt man in N_2-Atmosphäre Monoäthoxydi [n-octyl]·Al mit fl. Propylen u. einem Katalysator aus in Hexan suspendiertem Ni-Acetylacetonat u. Tripropyl-Al um; man zersetzt mit Methanol, dest. *n-Octen-(1)* ab u. erhält *Äthoxydipropyl-Al*, $Kp._{0,5}$ 95°. Das Ausgangs-Prod. wird aus Trioctyl-Al u. Al-Äthylat dargestellt. — *Methoxydiisooctyl-Al*, $Kp._{10^{-2}-10^{-3}}$ 180°, aus Methoxydiisobutyl-Al u. 7-Äthylhexen-(1). — *Cyclohexyloxydipropyl-Al*, aus Cyclohexyloxy-bis-[n-hexyl]-Al. — *Butoxydi-[n-octyl]-Al*, aus Butoxydibutyl-Al. — $C_3H_7OAl[(C_2H_4)_2 \cdot C_2H_5]_2$, aus Propoxydiäthyl-Al u. C_2H_4. — *Phenoxydipropyl-Al*, aus Phenoxydiäthyl-Al· — $(C_3H_7)_2$-*Al-O·CH_2-CH_2 O-Al*$(C_3H_7)_2$, aus Tri·[1-vinylcyclohexen]-Al. (**F. P. 1 226 490** vom 30/1. 1959, ausg. 13/7. 1960. D. Prior. 11/2. 1958.) S. Böttcher. H 294

Československá Socialistická Republika (Erfinder: Jiří Pelikán, Kutná Hora, Jan Mazáček, Jílové, und Karel Vetejška, Prag), Tschechoslowakei, **Trennung des Galliums vom Aluminium und Zink unter Anwendung von Anionenaustauschern,** wobei man das alkal. Filtrat des verarbeiteten Erzes (Abfalles) zunächst mit HCl neutralisiert, worauf das ausgeschiedene Hydroxid (**I**) filtriert u. mit W. gewaschen wird. Das in 7n HCl gelöste **I** leitet man auf einen stark bas. Ionenaustauscher, der quart. gebundenen N enthält u. vorher mit 7n HCl durchspült wird. Während Al durch den Austauscher nicht adsorbiert wird, läßt sich das adsorbierte Zn vom Ga mittels 2n HCl eluieren. (**Tschech. P. 97 806** vom 29/6. 1959, ausg. 15/12. 1960.) L. Macher. H 295

Soc. de Produits Chimiques des Terres Rares, Frankreich (Erfinder: Maurice Peltier und Paul Rombau), **Trennung der Seltenen Erden.** Die zum 2wertigen Zustand red. Erden Sm, Eu, Yb werden in NH_4OH, ggf. in Ggw. von NH_4Cl, gelöst u. dadurch von den nicht red. 3wertigen Erden, die unlösl. bleiben, getrennt. Durch Zusatz von SO_4-Ionen zu der NH_4OH-Lsg. werden die 2wertigen Erden als Sulfate, die 3wertigen Erden als Hydroxide gefällt. Durch schwaches Ansäuern werden die Hydroxide gelöst, während die 2wertigen Erden als Sulfate zurückbleiben. (**F. P. 1 209 251** vom 11/7. 1958, ausg. 1/3. 1960.) W. Wittholz. H 303

Friedrich Gottdenker und Pawel Krumholz, Brasilien, **Trennung von Thorium, Cer und der Seltenen Erden.** Das durch alkal. Aufschluß von Monazit erhaltene Gemisch der Oxide bzw. Hydroxide der Seltenen Erden wird nach Trocknung in Ggw. von Luft auf 130—140° erhitzt, um das enthaltene Ce vollkommen in Oxid überzuführen. Nach Vermischen mit W. werden durch Zufügen von HCl oder HNO_3 die 3wertigen Erden in Lsg. gebracht, bes. bei 50—70° u. pH 2—3. Das teilweise in Lsg. gegangene Th kann durch Erhöhung des pH auf 4—5 wieder ausgefällt werden. Nach Filtration u. Waschen enthält der Nd. Th, Ce u. U, das Filtrat ca. 1% Ce, jedoch kein Th u. U. Die Trennung des Th vom Ce erfolgt durch Auflösen des Nd. in HCl in Ggw. eines Red.-Mittels, wie Methanol, Äthanol, Glucose, bei ca. 80—100°, Filtrieren der Lsg. u. Fällen des Th mit Alkali- oder Ammoniumhydroxid oder -carbonat, während Ce in Lsg. bleibt u. seinerseits durch Eindampfen der Lsg., durch Fällung oder als Doppelsulfat gewonnen werden kann. (**F. P. 1 210 105** vom 1/9. 1958, ausg. 7/3. 1960. Brasilian. Prior. 2/9. 1957.) W. Wittholz. H 303

Norton Co., Worchester, Mass., V.St.A., übert. von: John J. Scott, Chippawa, Ontario, Canada, **Herstellung von Titancarbid,** dad. gek., daß man ein oxid. Titanerz u. Kohle im elektr. Lichtbogen bei 8000 A u. 100 V unter reduzierenden Bedingungen behandelt. Dabei sind die Elektroden vertikal beweglich angeordnet, während die Kohleschicht über dem Erz lagert. — Zeichnungen. (**Can. P. 556 042** vom 11/7. 1955, ausg. 15/4. 1958. A. Prior. 14/9. 1954.) S. Böttcher. H 321

E. I. du Pont de Nemours & Co., übert. von: Christian E. Rick, Wilmington, Del., V.St.A., **Erhitzen sauerstoffhaltiger anorganischer Chloriddämpfe** auf 400—2000° in einem elektr. beheizten Wärmeaustauscher, dad. gek., daß man die vorgewärmten Dämpfe, z. B. $TiCl_4$ u. O_2 zur Herst. von *TiO_2*, mit einem chlorierten KW-Stoff, z. B. Tetrachloräthylen, durch den Rk.-Raum leitet. — Zeichnung. (**Can. P. 555 944** vom 28/12. 1956, ausg. 15/4. 1958.) S. Böttcher. H 321

Cramet, Inc., V.St.A. (Erfinder: William Lewis Robinson), **Gewinnung von Titantetrachlorid durch Chlorieren von Titanerz,** z. B. Rutil oder Ilmenit, im Fließbett. In der 1. Stufe wird das zerkleinerte Erz auf ein auf 900° durch Luft oder O_2 angeheiztes Koksfließbett gegeben, wobei auf 1 Teil Koks 5 Teile Titanerz kommen. Dann wird von unten in das Rk.-Gefäß Cl_2 eingeblasen. Das nur teilweise chlorierte Erz gelangt in eine 2. Stufe, in welcher das Verhältnis Cl: Ti erheblich höher ist als in der 1. Stufe. Die aus dem 2. Reaktor entweichenden flüchtigen Stoffe werden mit dem nicht umgesetzten Cl_2 unmittelbar in den 1. Reaktor geleitet u. nach dem Durchströmen dieser Stufe kondensiert, wobei *$TiCl_4$* abgeschieden wird. — Schemat. Zeichnung. (**F. P. 1 202 920** vom 12/3. 1958, ausg. 14/1. 1960. A. Prior. 1/7. 1957.) W. Wittholz. H 321

Norton Co., Worcester, Mass., V.St.A., übert. von: John J. Scott, Chippawa, Ontario, Canada, **Herstellung von Zirkoniumcarbid,** dad. gek., daß man ein oxyd. Zr-Erz, mit einer Kohleschicht überdeckt, unter reduzierenden Bedingungen an vertikal in der Erzschicht angeordneten Elektroden dem elektr. Lichtbogen aussetzt. — Zeichnungen. (**Can. P. 556 044** vom 31/8. 1955, ausg. 15/4. 1958. A. Prior. 14/9. 1954.) S. Böttcher. H 322

Fabriques de Produits Chimiques de Thann et de Mulhouse, Frankreich (Erfinder: Philippe Grach), **Herstellung von Zirkonium- und Hafniumoxid.** In der 1. Stufe wird wasserfreies Tetrachlorid, z. B. $ZrCl_4$, bei ca. 250° vorhydrolysiert, bis 1,5—7,5 Mol W. je Mol Tetrachlorid aufgenommen sind. In der 2. Stufe wird das Vorhydrolysat auf $\geqq$500° erhitzt, bis das gesamte Cl entwichen ist. Wenn die Masse weniger als 2 Mol O_2 je Mol Metall, z. B. Zr, enthält, wird zusätzlich Wasserdampf verwendet. — Vorrichtung. (**F. P. 1 209 473** vom 8/8. 1958, ausg. 2/3. 1960.) W. Wittholz. H 323

Kali-Chemie Akt.-Ges., Deutschland, **Herstellung von Hydriden der Elemente der IV. und V. Gruppe des periodischen Systems,** bes. *Si*, *Ge* u. *Sn*. Man setzt die Halogenide der Metalle mit NaH in einem für die Rk.-Teilnehmer u. für die Rk.-Prodd. indifferenten Lsgm. bei 40—150° oder bei —20 bis —40° um. Zweckmäßig verwendet man das NaH in aktivierter Form, als Additions-Verb. oder Komplex-Verb. mit organ. Verbb. des Al, B, Ga, welche der allg. Formel ElR_xR_y' entsprechen ($x + y = 3$; R u. R', gleich oder verschieden, H, Alkyl, Alkoxy, Phenoxy oder Halogen, bes. Cl). Als inerte Lsgm. kommen Hexan, Octan, Dodecan, Bzl., Toluol, Tiäthylsilan, Tetraalkylsilane, Dipropylsilan, Methylnaphthalin, Mineralöle mit höherem Kp. oder die herzustellenden Hydride selbst in Betracht. Als Metallhalogenide im Falle des Si oder Ge werden solche verwendet, die der allg. Formel $SiHal_xR_yR_z'$ entsprechen (R u. R', gleich oder verschieden sein, = Alkyl, Aryl, deren Substitutions-Prodd., Vinyl, Alkoxy Cycloalkyl, cycl. KW-Stoffrest, Benzyl; $x + y + z = 4$; y u./oder z auch = 0). Im Falle des Sn können Verbb. der allg. Formel SnR_xCl_y verwendet werden ($x + y = 4$; x = 2 oder 3; R = Alkyl, Phenyl, Tolyl u. a.). — Beispiele. (**F. P. 1 216 923** vom 30/10. 1957, ausg. 29/4. 1960. D. Prior. 3/11., 12/12. u. 15/12. 1956.) W. Wittholz. H 327

United States Atomic Energy Commission, Washington, D.C., V.St.A., **Abtrennen von Protactinium, Thor und Uran aus mit Neutronen bestrahltem Thor.** Man geht man von einer HNO_3-Lsg. aus, extrahiert aus dieser mit einer Lsg. eines Trialkylphosphats, bes. Tri-n-butylphosphat, in einem gesätt. fl. KW-Stoff U u. Th, wäscht die Extraktions-Lsg. mit einer wss. Lsg. eines anorgan. Nitrats, bes. $Al(NO_3)_3$ mit einer kleinen Menge Phosphationen, zur Entfernung von Pa u. anderer Spaltprodd. u. trennt U u. Th durch Zugabe von verd. HNO_3. Die Aufarbeitung der einzelnen Lsgg. erfolgt nach üblichen Methoden. — Verf.-Schema. (**Belg. P. 559 906** vom 7/8. 1957, ausg. 22/4. 1960. A. Prior. 7/8. 1956.) C. Lüttgen. H 333

E. I. du Pont de Nemours & Co., übert. von: Ralph K. Iler, Wilmigton, Del., V.St.A., **Herstellung von Chromkomplexen des Werner-Typs.** Zur Herst. von *bas. Cr-Chlorid* wird wasserfreies CrO_2Cl_2 in einem sd. einwertigen aliphat. Alkohol mit $\leqq$ 4 C-Atomen, bes. Isopropanol, in Abwesenheit inerter Verdünnungsmittel unterhalb der Fl.-Oberfläche eingeleitet. — Verf.-Schema. (**Can. P. 560 013** vom 1/3. 1954, ausg. 8/7. 1958.) L. Grossner. H 335

E. I. du Pont de Nemours & Co., übert. von: Ralph K. Iler, Wilmington, Del., V.St.A., **Herstellung von Chromkomplexen des Werner-Typs.** Eine gegen Ausflocken u. Gelieren stabilisierte alkohol., bes. isopropanol. Lsg. von *Stearatochromchlorid* mit 3 bis 6% W. erhält man durch Einleiten von wasserfreiem CrO_2Cl_2 in einem Überschuß des sd.

Alkohols u. Umsetzung des erhaltenen bas. Chromchlorids mit Stearinsäure in wss. Isopropanol. — Verf.-Schema. — Vgl. vorst. Referat. (**Can. P. 560 015** vom 10/9. 1957, ausg. 8/7. 1958.) L. Großner. H 335

E. I. du Pont de Nemours & Co., übert. von: Richard L. Dalton und Frank B. Hauserman, Wilmington, Del., V.St.A., **Erhöhen der Basizität Cr-haltiger Verbindungen.** Bas. Cr-Salze, deren Polymere, Acido-Komplexe von C_{2-8}-Carboxyl-Verbb. mit Cr^{3+} als Zentralatom, deren Polymere, sowie Gemische von diesen Stoffen werden in wss. Syst. mit Anionenaustauschern in Basenform behandelt, wobei Verbb. mit einer Basizität von 70—96% erhalten werden. (**Can. P. 561 335** vom 3/6. 1954, ausg. 5/8. 1958.) L. Großner. H 335

P. O. Stelling und J. E. K. Svenke, Stockholm, Schweden, **Gewinnung von Uranverbindungen aus uranhaltigem Schiefer.** Das Ausgangsmaterial wird bei einer Temp., bes. 0—50° mit Cl_2 behandelt, wobei die gebildeten Metallchloride nicht verdampfen können. Hierauf werden die U-Verbb. durch Ausfällung gewonnen. (**Schwed. P. 172 408** vom 3/4. 1948, ausg. 16/8. 1960.) K. H. Kähler. H 339

United Kingdom Atomic Energy Authority, England (Erfinder: David Anthony Everest, Gordon Henry Elliot Sims und Ronald Alfred Wells), **Wiedergewinnung von Uran durch Ionenaustausch.** Man verwendet Folien aus Polymeren, zweckmäßig aus Polyvinylchlorid, in welchem die Cl-Atome durch bas. N-Atome ersetzt sind. Die PVC-Folien werden mit NH_3, einem aliphat. oder alicycl. prim., sek. oder tert. Amin, aromat. Amin oder Polyaminen in wss. Lsg. oder, falls das Amin in W. unlösl. ist, in einem nichtwss. inerten Lsgm., z. B. α-Methyltetrahydrofuran, bei 95—100° behandelt, aminfrei gewaschen u. in eine U-Salz-Lsg. gebracht. Nach 1 std. Verweildauer in der U-Lsg. sind entsprechend der Kozn. der Lsg. bei 1 g U_3O_8 je Liter Lsg. pro cm^2 Oberfläche der Folie 1,18—1,26 mg U_3O_8 absorbiert. — Vgl. E. P. 848 132; C. **1962,** 7287. (**F. P. 1 217 448** vom 23/2. 1959, ausg. 3/5. 1960. E. Prior. 13/3. 1958.) W. Wittholz. H 339

United Kingdom Atomic Energy Authority, England (Erfinder: George Elliot Christie), **Uranoxide.** In einer Kugelmühle werden UO_2 u. U_3O_8 im Verhältnis 70:30 gemischt (was annähernd dem $UO_{2.2}$ entspricht), wodurch eine Verdichtung des Gemisches eintritt u. anschließend durch Schütteln granuliert. Dieses Granulat wird in Ar-Atmosphäre, ggf. nach vorhergehender Kaltverpressung, bei 1200—1500° ½ bis 2 Std. gefrittet. Das erhaltene Prod. entspricht in seinen Eigg. dem nicht stöchiometr. U-Oxid ($UO_{2.2}$). (**F. P. 1 219 064** vom 20/3. 1959, ausg. 16/5. 1960. E. Prior. 19/7. 1958.) W. Wittholz. H 339

Commissariat à l'Énergie Atomique, Frankreich (Erfinder: Albert Level und Bernard Cochet-Muchy), **Herstellung fluorierter Uranverbindungen auf trocknem Wege.** Die Verbb. entsprechen der allg. Formel $(UF_4)R_xF_y$ (R = Alkali-, Erdalkalimetall, Mg oder Pb). Man erhitzt das Uranat eines solchen Metalls mit einem Red.-Mittel, wie H_2, CO, CH_4, NH_3 oder Leuchtgas, zwischen 250 u. 850°, um das 6wertige U zum 4wertigen zu reduzieren u. behandelt dann mit HF bei 500—600°. Beide Verf.-Stufen können auch gleichzeitig durchgeführt werden, wobei das Uranat als Wirbelschicht behandelt werden kann. — Die Prodd. dienen zur Herst. von UF_6 oder U-Metall. (**F. P. 1 211 615** vom 29/8. 1958, ausg. 17/3. 1960.) W. Wittholz. H 339

Commissariat à l'Énergie Atomique, Frankreich (Erfinder: Richard Wagner), **Reduktion von Plutonium und seine Trennung vom Uran.** Man behandelt eine organ., Uranylnitrat u. Pu(IV)-Nitrat enthaltende Lsg. mit einer wss. Ascorbinsäure-Lsg. in Ggw. freier HNO_3. Hierdurch wird Pu(IV) zu Pu(III) red. u. geht gleichzeitig in die wss. Phase über. Das Verhältnis der wss. Phase zur organ. Lsg. beträgt 1:5, die Konz. der Ascorbinsäure-Lsg. 0,31 g je Liter Lösung. (**F. P. 1 220 061** vom 23/12. 1958, ausg. 23/5. 1960.) W. Wittholz. H 343

N. I. Timkin, **Herstellung von Fe_2O_3** durch Fällen von $Fe(OH)_3$, Waschen u. Glühen, dad. gek., daß salzsaure Lsgg. von Kiesabbränden bei pH 4 mit NH_4OH gefällt werden u. dieses aus der Mutterlauge durch Behandlung mit $Ca(OH)_2$ regeneriert u. im Kreislauf geführt wird. (**UdSSR. P. 123 524** vom 25/1. 1959.) L. Großner. H 354

American Cyanamid Co., New York, N.Y., V.St.A., **Trennen von Nickel und Cobalt aus diese in Salzform enthaltenden Lösungen.** Man versetzt die Lsg., die z. B. Ni- u. Co-Sulfate enthält, mit 1—4 (Mol) $(NH_4)_2CO_3$ pro 1 Co + Ni u. genügend NH_3, um das Ni bei erhöhter Temp. in Lsg. zu halten, erhitzt auf ca. 140° unter Druck, bis kein $CoCO_3$ mehr ausgefüllt wird, u. trennt den Nd. ab. Das Verf. kann unter CO_2-Druck ausgeführt werden. Die Aufarbeitung des Filtrats, das das Ni enthält, u. des Nd. erfolgt in an sich bekannter Weise. (**Belg. P. 562 177** vom 6/11. 1957, ausg. 3/6. 1960. A. Prior. 23/9. u. 1/11. 1952.) C. Lüttgen. H 355

Vsevolod Sooryn, Frankreich, **Herstellung von Silbernitrat hoher Reinheit** durch Auflösen von elektrolyt. abgeschiedenem Ag_2O in konz. HNO_3. Das Ag_2O wird an inerter, z. B. aus nicht oxydierbarem Stahl bestehender Kathode abgeschieden, welche in einer mit Ag-Anode ausgerüsteten Zelle angeordnet ist, die als Elektrolyten Alkalinitrat oder -acetat enthält. (**F. P. 1 213 014** vom 22/10. 1958, ausg. 28/3. 1960.) W. Wittholz. H 359

Centre National de la Recherche Scientifique, Frankreich (Erfinder: Henri Dessens), **Gewinnung feinstverteilter AgJ-Teilchen** durch Verbrennen eines mit Luft gemischten Aerosols, welches durch Zerstäuben einer aceton., KJ enthaltenden AgJ-Lsg. erhalten wird. Die Teilchengröße liegt unter 0,1 μ. Außerdem wird die Rückwandlung der roten AgJ-Form (kub. Syst.) in die gelbe Form (hexagonales Syst.) begünstigt u. die eisbildende Aktivität erheblich verstärkt. — Vorr. (3 Zeichnungen). (**F. P. 1 217 176** vom 2/12. 1958, ausg. 2/5. 1960.) W. Wittholz. H 359

Honorary Advisory Council for Scientific & Industrial Research, Ottawa, übert. von: William E. Grummitt und William H. Hardwick, Deep River, Ontario, Canada, **Gewinnung von Ruthenium** u. den Isotopen ^{103}Ru u. ^{106}Ru aus wss. Nitrat-Lsgg. durch Oxydation zu Ru(VIII) mit Ammoniumcernitrat bei pH 1—3 u. Extraktion mit einem fl. Halogen-KW-Stoff, bes. Cl_2CCCl_2 u. CCl_4 u. deren Gemischen. (**Can. P. 561 400** vom 8/12. 1947, ausg. 5/8. 1958.) L. Grossner. H 363

Mario Livadari, Mailand, Italien, **Aufbereitung von Mineralien.** Man trennt das Mineral vom Ganggestein mit Hilfe der Schwerkraft in einem fl., festen oder gasförmigen Medium dem man eine gleichförmig oder ungleichförmig zu- oder abnehmende Geschw. erteilt. — Vorr., Zeichnung. (**It. P. 513 730** vom 15/2. 1954.) K. Koebke. 6149

Deutsche Gold- und Silber-Scheideanstalt vormals Roessler, Frankfurt/M. (Erfinder: **Gerhard Kaebisch** und **Ekkehard Richter**), *Herstellung von Wasserstoffperoxid nach dem Anthrachinonverfahren.* (**Aust. P. 230 111** vom 4/12. 1958, ausg. 22/9. 1960. D. Prior. 24/12. 1957. — C. **1959**, 10032 [D. A. S. 1 051 257].)

Columbia-Southern Chemical Corp., Pittsburgh, Pa., übert. von: **Howard H. Hoekje**, Corpus Christi, Tex., V.St.A., *Hydrierung in Gegenwart von Alkali.* (**Can. P. 560 630** vom 24/2. 1956, ausg. 22/7. 1958. A. Prior. 27/5. 1955. — C. **1959**, 3978 [F. P. 1 149 863].)

Columbia-Southern Chemical Corp., Pittsburgh, Pa., übert. von: **Joseph R. Cox** und **Malcolm Korach**, Corpus Christi, Tex., V.St.A., *Entfärbung von Wasserstoffperoxidlösungen.* (**Can. P. 561 674** vom 13/7. 1956, ausg. 12/8. 1958. A. Prior. 14/10. 1955. — C. **1959**, 918 [E. P. 795 433].)

Laporte Chemicals Ltd., Luton, Bedfordshire, übert. von: **Raymond Lait**, St. Albans, Hertfordshire, **Gerald F. Lewis**, Luton, Bedfordshire, und **Kenneth M. Hack**, Almondsbury, Bristol, England, *Regenerierung von Katalysatoren.* (**Can. P. 560 732** vom 9/11. 1955, ausg. 22/7. 1958. E. Prior. 9/12. 1954. — C. **1959**, 1240 [E. P. 787 340].)

Buss Akt.-Ges., Basel, übert. von: **Heinz List**, Pratteln, und **Robert Wollak**, Muttenz, Schweiz, *Herstellung von Flußsäure.* (**Can. P. 561 979** vom 17/7. 1956, ausg. 19/8. 1958. — C. **1959**, 17364 [D. A. S. 1 060 848].)

Swift & Co., Chicago, Ill., übert. von: **William A. Hodges**, Plant City, **Warren H. Lang**, Bartow, Fla., und **Joseph E. Floyd**, Lansing, Ill., V.St.A., *Herstellung von Natriumsilicofluorid.* (**Can. P. 561 513** vom 18/9. 1956, ausg. 5/8. 1958. A. Prior. 29/6. 1956. — C. **1960**, 3343 [A. P. 2 883 266].)

Diamond Alkali Co., Cleveland, übert. von: **Robert C. Sutter**, Painesville, Ohio, V.St.A., *Reinigung von Chlor.* (**Can. P. 560 316** vom 11/9. 1956, ausg. 15/7. 1958. A. Prior. 26/9. 1955. — C. **1959**, 7918 [D. A. S. 1 042 548].)

Solvay & Cie., Brüssel, Belgien, übert. von: **Angelo Germano**, Lausanne, Schweiz, *Herstellung von Chlordioxid.* (**Can. P. 560 447** vom 9/10. 1956, ausg. 15/7. 1958. Belg. Prior. 8/10. 1955. — C. **1958**, 8441 [D. A. S. 1 020 006].)

E. I. du Pont de Nemours & Co., Wilmington, Del., übert. von: **Ernest J. Tauch**, East Cleveland, Ohio, V.St.A., *Amidosulfonsäure.* (**Can. P. 562 365** vom 25/9. 1956, ausg. 26/8. 1958. A. Prior. 26/9. 1955. — C. **1960**, 16557 [A. P. 2 851 336].)

E. I. du Pont de Nemours & Co., Wilmington, Del., übert. von: **Max L. Harbaugh**, Cranford, und **George A. Peirce**, Westfield, N.J., V.St.A., *Amidosulfonsäure.* (**Can. P. 562 366** vom 25/9. 1956, ausg. 26/8. 1958. A. Prior. 26/9. 1955. — C. **1960**, 12119 [A. P. 2 880 064].)

E. I. du Pont de Nemours & Co., Wilmington, Del., übert. von: **George A. Peirce**, Westfield, N.J., V.St.A., *Stabilisierung von SO*. (**Can. P. 562 367** vom 21/12. 1956, ausg. 26/8. 1958. A. Prior. 3/1. 1956. — C. **1959**, 7592 [A. P. 2 820 697].)

E. I. du Pont de Nemours & Co., Wilmington, Del., übert. von: **Rudolph Pick**, Elizabeth, N.J., V.St.A., *Stabilisierung von SO_3.* (**Can. P. 562 368** vom 21/12. 1956, ausg. 26/8. 1958. A. Prior. 3/1. 1956. — C. **1959**, 5598 [A. P. 2 820 695].)

E. I. du Pont de Nemours & Co., Wilmington, Del., übert. von: **Richard W. Cornley**, Belle Mead, N.J., V.St.A., *Stabilisierung von SO_3.* (**Can. P. 562 369** vom 21/12. 1956, ausg. 26/8. 1958. A. Prior. 3/1. 1956. — C. **1959**, 7592 [A. P. 2 822 244].)

E. I. du Pont de Nemours & Co., Wilmington, Del., übert. von: **Rudolph Pick**, Elizabeth, N.J., V.St.A., *Stabilisierung von SO_3.* (**Can. P. 562 370** vom 21/12. 1956, ausg. 26/8. 1958. A. Prior. 3/1. 1956. — C. **1959**, 5598 [A. P. 2 820 696].)

Olin Mathieson Chemical Corp., Baltimore, Md., übert. von: **James R. Jones**, Tonawanda, N.Y., V.St.A., *Stabilisierung von flüssigem SO_3.* (**Can. P. 560 416** vom 28/6. 1956, ausg. 15/7. 1958. A. Prior. 10/4. 1956. — C. **1958**, 11048 [A. P. 2 805 127].)

United States Borax & Chemical Corp., Los Angeles, Calif., übert. von: **Wilhelm J. Kroll**, Corvallis, Oreg., **Nelson P. Nies**, Pasadena, und **Edgar W. Fajans**, West Los Angeles, Calif., V.St.A., *Herstellung von elementarem Bor.* (**Can. P. 561 527** vom 5/10. 1955, ausg. 5/8. 1958. A. Prior. 27/10. 1954. — C. **1960**, 12465 [A. P. 2 893 842].)

Hermann C. Starck Akt.-Ges., Berlin-Lichterfelde, übert. von: **Heinz Haag und Friedrich Müller**, Goslar/Harz, *Herstellung von elementarem Bor.* (**Can. P. 561 505** vom 10/3. 1954, ausg. 5/8. 1958. — C. **1957**, 2038 [D. B. P. 936 745].)

B. F. Goodrich Co., New York, N.Y., übert. von: **Arthur E. Van Antwerp**, Cuyahoga Falls, Ohio, V.St.A., *Herstellung von SiO.* (**Can. P. 560 685** vom 10/9. 1956, ausg. 22/7. 1958. A. Prior. 27/9. 1955. — C. **1960**, 15871 [D. A. S. 1 079 608].)

Swift & Co., Chicago, Ill., übert. von: **William A. Hodges**, Plant City, Fla., und **Joseph E. Floyd**, Lansing, Ill., V.St.A., *Phosphorsäurebehandlung von Phosphatmineralien.* (**Can. P. 561 138** vom 29/4. 1957, ausg. 29/7. 1958. A. Prior. 22/1. 1957. — C. **1960**, 17572 [A. P. 2 917 367].)

International Minerals & Chemical Corp., Chicago, Ill., übert. von: **Phillip E. McGarry**, Lakeland, Fla., V.St.A., *Aufbereitung von Phosphaterzen.* (**Can. P. 561 403** vom 5/1. 1956, ausg. 5/8. 1958. A. Prior. 6/1. 1955. — C. **1959**, 4285 [A. P. 2 811 254].)

Unilever Ltd. (Erfinder: **Frederick Vincent Ryer**), *Polyphosphate.* (**Aust. P. 230 109** vom 17/11. 1958, ausg. 22/9. 1960. A. Prior. 26/11. 1957. — C. **1961**, 12604 [E. P. 844 295].)

Maurice C. Taylor, Niagara Falls, N.Y., V.St.A., *Polychlorimidometaphosphate.* (**Can. P. 560 558** vom 27/5. 1954, ausg. 22/7. 1958. A. Prior. 16/6. 1953. — C. **1957**, 7465 [D. B. P. 955 230].)

American Smelting & Refining Co., New York, N.Y., übert. von: **Kenneth L. Lawrence**, Metuchen, **Harold B. Croasdale**, Woodbridge, und **Hugh K. Spaulding**, Plainfield, N.J., V.St.A, *Elektroabscheidung von As aus sauren Elektrolyten.* (**Can. P. 560 929** vom 26/3. 1954, ausg. 29/7. 1958. A. Prior. 27/3. 1953. — C. **1961**, 8797 [A. P. 2 742 415].)

Soc. d'Études Chimiques pour l'Industrie et l'Agriculture, Paris, übert. von: **Jacques Lafont**, St. Gratien, Frankreich, *K-Na-Trennung aus Chloridgemischen.* (**Can. P. 560 793** vom 20/12. 1955, ausg. 22/7. 1958. F. Prior. 21/12. 1954. — C. **1958**, 11049 [Oe. P. 191 435].)

Soc. d'Électro-Chimie, d'Électro-Métallurgie et des Aciéries Électriques d'Ugine, übert. von: **Jean Lamberton**, Paris, und **Henri de Lacheisserie**, Versailles, Frankreich, *Trennung von Li-Isotopen.* (**Can. P. 560 137** vom 21/11. 1956, ausg. 8/7. 1958. F. Prior. 24/11. 1955. — C. **1961**, 9165 [Schwz. P. 339 183].)

International Minerals & Chemical Corp., Chicago, übert. von: **Gunter H. Gloss**, Mundelein, und **William J. McGinnis**, Chicago, Ill., V.St.A., *Herstellung von Kaliumcarbonat.* (**Can. P. 560 064** vom 28/3. 1956, ausg. 8/7. 1958. A. Prior. 24/5. 1955. — C. **1959**, 7593 [A. P. 2 837 403].)

International Minerals & Chemical Corp., Chicago, übert. von: **Gunter H. Gloss**, Mundelein, und **William J. McGinnis**, Chicago, Ill., V.St.A., *Herstellung von Kaliumcarbonat.* (**Can. P. 560 065** vom 25/4. 1956, ausg. 8/7. 1958. A. Prior. 5/7. 1955. — C. **1962**, 5059 [A. P. 2 903 336].)

International Minerals & Chemical Corp., übert. von: **William J. McGinnis**, Chicago, und **Gunter H. Gloss**, Mundelein, Ill., V.St.A., *Herstellung von Kaliumcarbonat.* (**Can. P. 560 066** vom 4/7. 1956, ausg. 8/7. 1958. A. Prior. 5/7. 1955. — C. **1962**, 5059 [A. P. 2 903 337].)

Columbia-Southern Chemical Corp., Pittsburgh, Pa., übert. von: **Henry W. Rahn**, Corpus Christi, Tex., V.St.A., *Abtrennung von elementarem C aus BaO.* (**Can. P. 560 629** vom 12/3. 1953, ausg. 22/7. 1958. A. Prior. 1/4. 1952. — C. **1957**, 7143 [E. P. 759 765].)

Philadelphia Quartz Co., Philadelphia, übert. von: **Chester L. Baker**, Narberth, und **John F. Austin**, Philadelphia, Pa., V.St.A., *Herstellung feinzerteilter Stoffe.* (**Can. P. 559 761** vom 17/6. 1953, ausg. 1/7. 1958. A. Prior. 28/11. 1952. — C. **1962**, 988 [A. P. 2 844 436].)

Kaiser Aluminum & Chemical Corp., Oakland, übert. von: **Alva C. Byrns**, Lafayette, Calif., V.St.A., *Aluminiumverbindungen.* (**Can. P. 562 100** vom 4/1. 1954, ausg. 19/8. 1958. A. Prior. 7/1. 1953. — C. **1957**, 4223 [E. P. 747 209].)

Metallgesellschaft Akt.-Ges., Frankfurt/M. (Erfinder: **Egon Wiberg und Gerhard Schrauzer**), *Herstellung hochkomplexer Hydride.* (**Aust. P. 230 159** vom 16/1. 1958, ausg. 29/9. 1960. D. Prior. 13/7. 1957. — C. **1961**, 15524 [D. A. S. 1 066 553].)

Vereinigte Aluminium-Werke Akt.-Ges., Bonn, übert. von: **Friedrich W. Wrigge** und **Gerhard Lehnert**, Schwandorf, und **Hans Ginsberg**, Bad Godesberg, *Herstellung von reinstem Al_2O_3.* (**Can. P. 560 165** vom 19/9. 1955, ausg. 8/7. 1958. — C. **1959**, 15805 [E. P. 799 243].)

Monsanto Chemical Co., St. Louis, Mo., übert. von: **John F. White**, Medford, Mass., V.St.A., *Herstellung von Al_2O_3-Aerogel.* (**Can. P. 560 091** vom 14/3. 1953, ausg. 8/7. 1958. A. Prior. 29/3. 1952. — C. **1959**, 5928 [A. P. 2 816 079].)

Karl Schmidt, Metallschmelzwerk G. m. b. H., übert. von: **Werner Schmidt**, Stuttgart-Vaihingen, *Herstellung eines Natrium–Aluminium-Mischfluorids.* (**Can. P. 562 159** vom 7/1. 1954, ausg. 19/8. 1958. D. Prior. 23/2. 1953. — C. **1957**, 14099 [E. P. 760 136].)

John B. Kasey, Bakersfield, Calif., V.St.A., *Gewinnung von Oxiden der Seltenen Erden.* (**Can. P. 559 898** vom 3/5. 1957, ausg. 8/7. 1958. — C. **1959**, 3940 [A. P. 2 805 928].)

Walter M. Weil (Erfinder: **Hugh Spencer Cooper**), *Behandlung von Titan-Eisenerzen.* (**Aust. P. 230 165** vom 26/3. 1958, ausg. 29/9. 1960. — C. **1962**, 609 [Ind. P. 59 759].)

Titan Co. A/S (Erfinder: **Gunnar Olavesen, Harald Björenesset und Olav Möklebust**), *Oxydation des in Titankonzentraten vorhandenen 3 wertigen Titans zu 4 wertigem.* (**Aust. P. 230 845** vom 18/9. 1958, ausg. 17/11. 1960. Norw. Prior. 23/11. 1957. — C. **1959**, 15806 [D. A. S. 1 059 417].)

Commissariat à l'Énergie Atomique, Paris, Frankreich, *Trennung von Zirkonium und Hafnium.* (**Schwz. P. 334 725** vom 12/3. 1955, ausg. 31/1. 1959. F. Prior. 17/3. 1954. — C. **1961**, 3115 [F. P. 1 101 241].)

Eldorado Mining & Refining Ltd., Port Hope, übert. von: **Arvid Thunaes, Ernest A. Brown, John Brannen** und **Harold W. Smith**, Ottawa, Ontario, Canada, *Abtrennung von Uran.* (**Can. P. 555 622** vom 22/11. 1949, ausg. 8/4. 1958. — C. **1957**, 4511 [A. P. 2 738 253].)

Commonwealth Scientific & Industrial Research Organization, East Melbourne, übert. von: **Donald E. Weiss**, Blackburn, und **Everard A. Swinton**, Mount Eliza, Victoria, Australien, *Extraktion von Uran.* (**Can. P. 560 309** vom 4/1. 1956, ausg. 15/7. 1958. Aust. Prior. 4/1. 1955. — C. **1959**, 14850 [Aust. P. 205 608].)

Imperial Chemical Industries Ltd., London, übert. von: **Ronald E. Stedman**, Norton-on-Tees, County of Durham, England, *Gewinnung von Uran aus Phosphatmineralien.* (**Can. P. 561 038** vom 6/4. 1956, ausg. 29/7. 1958. E. Prior. 29/4. 1955. — C. **1959**, 11697 [E. P. 798 189].)

Deutsche Gold- und Silber-Scheideanstalt vormals Roessler, Frankfurt/M., übert. von: **Gunter Wirths**, Hanau-Hohe Tanne, *Ammoniumuranat.* (**Can. P. 562 333** vom 27/9. 1957, ausg. 26/8. 1958. D. Prior. 29/9. 1956. — C. **1959**, 1913 [D. A. S. 1 034 606].)

Electrolytic Metal Corp. (Proprietary) Ltd., übert. von: **John A. Hahn**, Johannesburg, Südafrikanische Union, *Elektrolytische Mn-Gewinnung.* (**Can. P. 561 347** vom 11/10. 1955, ausg. 5/8. 1958. Südafrikan. Prior. 12/10., 13/10., 2/12. u. 14/12. 1954. — C. **1960**, 16221 [E. P. 818 379].)

British Titan Products Co. Ltd., Billingham, County of Durham, übert. von: **William Hughes**, Fairfield, Stockton, England, *Eisensulfatmonohydrat.* (**Can. P. 561 976** vom 11/5. 1956, ausg. 19/8. 1958. E. Prior. 20/5. 1955. — C. **1959**, 10372 [E. P. 800 410].)

International Nickel Co. of Canada Ltd., Copper Cliff, Ontario, Canada, übert. von: **DeWitt H. West**, **Stanley C. Townshend** und **David M. Llewelyn**, Swansea, Glamorganshire, Wales, England, *Herstellung von Kobaltverbindungen.* (**Can. P. 561 405** vom 21/12. 1956, ausg. 5/8. 1958. E. Prior. 23/1. 1956. — C. **1961**, 3444 [A. P. 2 909 408].)

Esso Research and Engineering Co., Elizabeth, N.J., übert. von: **Joseph K. Mertzweiler**, Baton Rouge, La., V.St.A., *Herstellung von Metallhydrocarbonylen.* (**Can. P. 560 341** vom 10/7. 1956, ausg. 15/7. 1958. — C. **1961**, 7711 [E. P. 824 331].)

Chemical Construction Corp., New York, übert. von: **Felix A. Schaufelberger**, Rye, N.Y., V.St.A., *Abtrennung von Co aus Co und Ni enthaltenden Lösungen.* (**Can. P. 562 309** vom 19/6. 1956, ausg. 26/8. 1958. A. Prior. 21/6. 1955. — C. **1959**, 12025 [A. P. 2 845 333].)

Lonza Electric & Chemical Works Ltd., Basel, übert. von: **Walter Voos**, Gampel, Schweiz, *Trennung von Ni- und Co-Verbindungen.* (**Can. P. 560 073** vom 18/7. 1955, ausg. 8/7. 1958. Schwz. Prior. 19/7. 1954. — C. **1958**, 8162 [A. P. 2 793 936].)

H_6. Silicatchemie. Baustoffe

Die Granulation von Glasgemengen. Siegbert Kirchhof. (Silikattechnik **13**, 325—29, Sept. 1962; Jena, VEB Jenaer Glaswerk, Schott u. Gen.; dt.) — Es wird ein Verf. zur Gemengeverdichtung mit Hilfe des Granuliertellers beschrieben u. gezeigt, daß sich der Teller für die Herst. gleichmäßig großer, kugeliger Granalien gut eignet. Die Granulierfähigkeit des Rohmehls u. die Eigg. der gefertigten Granalien werden durch Zus. u. Kornaufbau der Gemengeteile — vor allem durch die Wassermenge — bestimmt. N. Peters. 6168□

Der Einlegevorbau als Sinterraum an Glasschmelzwannenöfen. Walther Liehn. (Silikattechnik **11**, 210—12, Mai 1960; Coswig, Inst. für Glastechnik; dt.) — Es wird über ein Dünnschichtschmelz-Verf. berichtet. An die Wanne wird ein Sinterraum aus schmelzflußgegossenen *Korvisitsteinen*, die nur einem sehr geringen Verschleiß unterliegen, angebaut. In diesem wird das von einer Einlegemaschine hereingeschobene Band vorgesintert. Dabei ist auf die richtige Einstellung der Geschw. zu achten. Das an einer ganzen Anzahl von Öfen in der Praxis bewährte Verf. unterbindet eine Verstaubung u. das Abtreiben von Gemengeinseln in die Läuterzone; es führt dadurch zur Verbesserung der Glasqualität bei erhöhter Schmelzleistung u. längerer Lebensdauer des Wannenmaterials. W. Anika. 6172□

Sauerstoff für die Verbrennung und zur Erzeugung heißer Flammen in der Glasindustrie. J W. Ross. (J. Canad. ceram. Soc. **30**, 87—97, 1961; Linde Gases Div., Union Carbide Canada Ltd.; engl.) R. Grundmann. 6172□

Das Schmelzen von Bleikristall im Wannenofen. G. W. Ssawonitschew, I. A. Figurowski, Ss. I. Ssobolewski und W. W. Bykow. (Glas u. Keram. [UdSSR] **18**, Nr. 5, 9—11, Mai 1961; russ.) — Ein in der SU bisher nicht verwendetes Verf. zum Erschmelzen von bleihaltigem Kristallglas in Wannenöfen bei kontinuierlicher Arbeitsweise wurde mit Erfolg erprobt. G. Winkhaus. 6174□

Gibt es eine Glastrübung durch Borfluorid (BF_3)? Fritz Jochmann. (Sprechsaal Keram., Glas, Email **95**, 133—34, 5/4. 1962; Konstein/Mfr.; dt.) — Vgl. C. **1961**, 15882. — Vf. weist darauf hin, daß gasförmiges BF_3 eine Trübung des Glases nicht bewirken kann, daß es im Gegenteil wegen seiner Flüchtigkeit störend auf die Bldg. des für die Trübung notwendigen CaF_2 u NaF oder anderer Alkali- oder Erdalkalifluoride einwirkt u. sie unmöglich macht. L. Kühnert. 6176□

Chrom als Farbstoff in Gläsern (Glasuren) und keramischen Farben. Das Element Chrom. W. Wanie. (Sprechsaal Keram., Glas, Email **95**, Nr. 8, 161—63, 20/4. 1962; Offenbach; dt.) — In dem Artikel werden üblicherweise *Cr* u. seine Verbb. [K_2CrO_4; $K_2Cr_2O_7$; unlösl. Chromate; CrO_3; Chrom(III)-Verbb.; $Cr(OH)_3$; $Cr_2(SO_4)_3 \cdot 12\ H_2O$; $Cr(C_2H_3O_2)_3$ u. Cr_2O_3] charakterisiert u. einige Hinweise für ihre Verw. bei der Glas-Herst. gegeben. L. Kühnert. 6176□

Die Bedingungen der Gewinnung von schnellauftragbarem Goldrubin. M. M. Skornjakow. (Glas u. Keram. [UdSSR] **18**, Nr. 5, 12—14, Mai 1961; russ.) — Der

Einfl. von Zusätzen (*SnO_2, Sb_2O_3, Sb, As_2O_3, $KMnO_4$, MnO_2*), der *Au*-Konz. der Temp. (580, 640, 700°) u. von oxydierenden u. reduzierenden Gasen auf die Färb-Geschw. u. die Farbe von Goldrubinglas wurde untersucht. Goldrubine verschiedener Farben von Dunkelbraun bis Purpur wurden erhalten. Purpurfarbe wurde erhalten bei einem Zusatz von 0,3—2 (%) SnO_2 (Au 0,005) bei höherer Temp. oder von 0,2 Sb_2O_3 u. 0,05—1 SnO_2 in einem oxydierenden Gasmedium (braun in reduzierendem Medium oder mit mehr SnO_2 oder bei Ersatz von Sb_2O_3 durch Sb) oder mit 1 SnO_2 + 0,035 As_2O_3 oder bei Zusatz von 1 $KMnO_4$ + 0,2 SnO_2 bzw. 0,5 MnO_2 + 0,1 SnO_2 (in den beiden letzten Fällen 0,01 Au). Bei einer Au-Konz. von 0,0002% u. 2% SnO_2 wurden farblose Rubine erhalten. Die Zusätze haben ähnlichen Einfl. bei der Herst. von Ag- oder Cu-Rubinen. G. Winkhaus. 6176□

Die Verwendung Seltener Erden für die Glasfärbung. A. I. Alakin, B. N. Nikitin und N. P. Zarewskaja. (Glas u. Keramik [UdSSR] **18,** Nr. 3, 33—34, März 1961; russ.) — Die Verw. von *Ce* u. *Nd* zur Färbung von Pb-Kristallgläsern wurde mit Erfolg erprobt. Der Einfl. des Oxydationszustandes des färbenden Elements, seiner Konz. u. der Zus. des Glases auf die Färbung wird diskutiert. G. Winkhaus. 6176□

Untersuchungen zum Reaktionsmechanismus der Selenrubinfärbung. W. Sack. (Glas-Email-Keramo-Techn. **13,** 126—36, April 1962; Mainz, Glaswerk Schott u. Gen.; dt.) — Aus Literatur u. eigenen Verss. wird abgeleitet, daß die Selenrubinfärbung gemäß der Rk.-Gleichung $CdO + nSe + Zn \rightarrow Cd(Se)_n + ZnO$ durch Red.-Schmelze mit Zn-Pulver als Red.-Mittel besser als mit Kohlepulver gelingt. Geh. an S < 0,03% beeinflußt die Färbung nicht, größere Geh. verhindern jedoch die Bldg. des Se-Rubins. Die Best. des Se-Geh. mit Röntgenfluorescenzanalyse u. des CdO-Geh. durch Extraktion mit Dithizon u. spektrometr. Feststellung werden eingehend behandelt, ebenso der Einfl. der Zus. des Glases auf die Färbung. — 19 Literaturstellen. L. Kühnert. 6176□

Über die Kristallisation von Flaschenglas. N. A. Toropow und R. G. Grebenschtschikow. (Glas u. Keramik [UdSSR] **18,** Nr. 3, 12—14, März 1961; russ.) — Es wurde gefunden, daß zur Unters. der Kristallisationsfähigkeit von Gläsern. die ein Mehrkomponenten-Syst. darstellen, dieses Syst. auf einfachere Syst. mit bekannten Phasendiagrammen zurückgeführt werden kann. Empfehlungen zur Verminderung der Kristallisationsfähigkeit werden gegeben. G. Winkhaus. 6200□

Die Struktur von Boroxid- und Boratgläsern. B. Ottar I und W. L. Ruigh II. (Physics Chem. Glasses **3,** 95—47, Juni 1962; Kjeller, Norwegian Defence Res. Establishment; Washington, Air Force Office of Sci. Res.; engl.) — Die bekannten Strukturtheorien über Boroxid- u. Boratgläser werden krit. betrachtet. Eine neue Theorie wird vorgeschlagen, nach der *B_4O_6*-Moll. mit vorwiegend gerichteten Bindungen (Bindungsenergie 12 kcal/Mol) bestehen. Die Bldg. von *B_2O_3*-Moll. in der Dampfphase wird auf begrenzte Stabilität der Moll. u. die katalyt. Wrkg. von W. zurückgeführt. — 42 Literaturangaben. I. Berger. 6200

Untersuchungen über die mechanische Festigkeit von Glas. C. Symmers, J. B. Ward und B. Sugarman. (Physics Chem. Glasses **3,** 76—83, Juni 1962; Sheffield, Brit. Glass Ind. Res. Assoc.; engl.) — Die Zunahme der Festigkeit von HF-geätzten Glasstäben von 77700 auf 250000 lbs./sq.in. wird auf die Ausrundung der Mikrorisse zu Ätznarben zurückgeführt. Die Größe der Ätznarben steht im Verhältnis zu Größe u. Tiefe der ursprünglichen Risse. Sekundärrisse, die an den Ätznarben während des Umgangs mit den Stäben entstehen, können die Festigkeit wieder mindern. Um die erreichte Festigkeit zu erhalten, muß die Oberfläche geschützt werden. Krit. Vgl. führten zu dem Ergebnis, daß eine Oberflächenveränderung durch Diffusion größerer Moll. an Stelle des Na^+ gegenüber der Behandlung mit Lack oder der mol. Bindung von Siliconen einen wirksameren Schutz darstellt. I. Berger. 6200

Durch ZrO_2, $ZrSiO_4$ und BaO verursachte Änderungen der physikalischen Eigenschaften von Borphosphatgläsern. V. Aleixandre, D. A. Estrada und C. Sánchez Conde. (Rev. Ci. apl. **14,** 303—11, Juli/Aug. 1960; Patronato Juan de la Cierva de Investigación técnica; span.) — Vgl. C. **1962,** 13534. — Einem $Na_2O \cdot B_2O_3 \cdot P_2O_5$-Glas werden verschiedene Mengen ZrO_2 oder $ZrSiO_4$ zugesetzt oder Na_2O teilweise durch BaO ersetzt. In allen Fällen bewirken die Zusätze eine Herabsetzung des therm. Ausdehnungs-Koeff., bes. BaO. Während ZrO_2 u. $ZrSiO_4$ den Erweichungspunkt wenig verändern, führt der BaO-Zusatz zu einer leichten Erhöhung, wobei zugleich der Brechungsindex zunimmt. Das spezif. Gew. wird in allen Fällen erhöht. Die dielektr. Verluste ($tg\,\delta$) nehmen bei steigendem BaO-Zusatz ab, bei steigender Frequenz in allen Fällen. In der Zr-Reihe nimmt $tg\,\delta$ bei konst. Frequenz mit dem ZrO_2-Geh. zu, diese Wrkg. nimmt mit steigender Frequenz zu. R. K. Müller. 6200□

Die Wirkung von γ-Strahlen auf geimpftes Quarzglas. E. Lell. (Physics Chem. Glasses **3,** 84—94, Juni 1962; Rochester, N.Y., Bausch & Lomb, Inc.; engl.) — Quarzglas wurde mit Alkaliionen allein oder mit Alkali- u. Al- bzw. Ga-Ionen geimpft. Es wurde die Wrkg. von γ-Strahlen auf die Präpp. untersucht. Die chem. Analyse zeigt, daß Alkali während des Einschmelzens verdampft. Der Zusatz von Al verringert die Verdampfung. Die Alkalien verursachen eine Absorptionsbande bei 2050 Å, die bei gleichzeitiger Anwesenheit von Al nicht beobachtet werden konnte. Beide Effekte deuten auf die Bldg. von Alkali-Al-Verbb. hin. Reines Quarzglas absorbiert hauptsächlich bei 2180 Å. Die Absorptionsspektren von geimpftem u. der γ-Strahlung ausgesetztem Quarzglas konnten in 6 Banden in Form von Gaußchen Glockenkurven mit Maxima bei 5500 (Å), 4020, 3020, 2540, 2270 u. 2160, aufgelöst werden. Wird nur mit Alkali geimpft, verschiebt sich die Hauptabsorptionsbande nach 2320. Beide Banden werden durch Fehlstrukturen des Quarzglases erklärt. Größere Alkaliionen verschieben das Absorptionsmaximum zu größeren Wellenlängen. Eine Entfärbung durch Strahlung tritt nur bei kleinen Ionen wie Li u. Na, nicht aber bei den größeren wie K, Rb u. Cs ein. Die gleichzeitige Anwesenheit von Al u. Alkali führt zu einer starken Färbung bei 5500 bei Strahlungsdosen von weniger als $5 \cdot 10^6$ rad. Dieser Effekt wird substituiertem Al zugeschrieben. Ersetzt man Al durch Ga, erhält man eine starke Bande bei 2240 bei unbestrahlten Proben, nach Bestrahlung ergeben sich Banden bei 5400, 2250 u. weitere, die nicht aufgelöst wurden. Wärmebehandlung der Proben verändert sowohl relative Intensität als auch Wachstums-Geschw. der durch Bestrahlung erzeugten Banden. I. Berger. 6204

Über die Textur trockengepreßter Erzeugnisse. Theodor Haase. (Silikattechnik **11**, 227—29, Mai 1960; Freiberg/Sachsen; dt.) — Es wird über die beim Trockenpressen auftretenden ungleichmäßigen Druckverteilungen, deren Folge Texturerscheinungen sind, berichtet. Es werden die für die Unterss. entwickelten Meß-App. beschrieben u. der Einfl. der Preßlingdimension, seiner Rohmaterialien, der Preßhilfsmittel u. ihrer Menge in Diagrammen gezeigt. Wasser u. Maschinenöl zeigen die schlechtesten, Oleïn die besten Wrkg. auf den Druckverlauf, unabhängig von den Rohmaterialien. Bei Kaolin sind Preßmittelzusätze wirksamer als bei Speckstein u. Talk. Für Talk ist der Druckdurchgang bedeutend günstiger als für Kaolin. Aus den Unterss. folgert Vf., daß für das Trockenpressen komplizierter Stücke die Zus. der Massen auch unter Ermittlung u. Berücksichtigung des Druckdurchgangs erfolgen sollte. Ferner ist bedeutsam, daß ein gelegentliches, dünnes Einfetten der Formwandung mit Olein (Bldg. einer einmol., sehr harten u. beständigen Epilamenschicht) die gleiche Wrkg. zeigt, wie Oleinzusatz zur Preßmasse. W. Anika. 6206□

Über die Verwendung des Schlickergießverfahrens bei der Herstellung von Formkörpern aus Cermets. Berthold C. Weber. (Keram. Z. **14**, 454—65, Aug. 1962; Ohio, Aeronautical Res. Labor.; dt.) — Die Anwendung des Schlickergieß-Verf. für unplast. Massen wird gegeben u. dabei die Ansicht widerlegt, daß ein brauchbarer Gießschlicker unbedingt z. T. plast. Eigg. besitzen muß. Es wird für die wichtigsten physikal. Eigg. eine Hypothese aufgestellt, die man an einem brauchbaren Gießschlicker zu stellen hat. Eingehend werden die für den Gießprozeß wichtigsten Eigg. der Thixotropie, Dilatanz u. Rheopexie behandelt. Die für Pulvermetalle u. Cermets charakterist. Probleme der Sinterung werden kurz berührt. N. Peters. 6206□

Neues Vorkommen von Feldspat-Rohstoff für die Keramik- und Glasindustrie. Ss. M. Kupfer. (Glas u. Keram. [UdSSR] **18**, Nr. 3, 25—27, März 1961; russ.) — Analysen von *Alaskaiten* aus dem Reshik-Vorkommen (200—300 m × 2,5 km) zeigen, daß diese gute Rohstoffe für die Keramik- u. Glasindustrie darstellen. G. Winkhaus. 6208□

Die Verwendung von Sand mit Carbonateinschlüssen in der keramischen Industrie. B. I. Terechowski. (Glas u. Keram. [UdSSR] **18**, Nr. 3, 23—25, März 1961; russ.) — Es wird gezeigt, daß Sand mit einem Geh. bis zu 15% $CaCO_3$ bei der Herst. keram. Massen verwendet werden kann, wenn vor der Verw. $CaCO_3$ durch Brennen (bei 800 bis 900°) in CaO u. dann mit W. in $Ca(OH)_2$ übergeführt wird. Je grobkörniger die Einschlüsse sind, desto höhere Vorbehandlungs-Temp. ist erforderlich. Der vorerhitzte Sand kann an Stelle von Dampf zur Erhitzung des Lehms verwendet werden. G. Winkhaus. 6208□

Charakterisierung und technische Verwertung des Sericits von „El Rosado" (Badajoz, Spanien). D. A. Estrada und C. Sanchez Conde. (Silicates ind. **27**, 243 bis 249. Mai 1962; Madrid, Dep. Silicatos del Patron. Juan de la Cierva de Invest. Técn. C.S I.C.; franz.) — Ein in der Gegend von Manchita à Badajoz aufgefundenes „Weißerde"-Vork. bläulichgrauer bis roter Färbung, von weißen Adern durchzogen, wurde chem., physikal., röntgenograph. u. technolog. untersucht. Das graue Material mit einem Feinkorn-Geh. von ca. 48% $< 2\mu m$ besaß eine Plastizität von 7,27 nach Riecke u. bestand aus ca. 44 (%) Sericit, ca. 35 Pyrophyllit, ca. 20 Kaolinit u. einige % Quarz.

Technolog. konnte durch Erhitzen auf 1230° die Umwandlung von Sericit in Mullit gefördert werden, so daß ein Scherben mit der scheinbaren Dichte $D._{20}$ = 2,35 u. 3,29% Porosität erhalten werden konnte. Im roten Ton ließ sich das Fe durch chem. Behandlung mit $NaHSO_3$ u. verd. HCl entfernen u. kaolinitreicheres Material erhalten. Die weißen Adern bestanden aus hochwertigem Kaolin. R. Kaiser. 6208

Granit — ein Rohstoff für die Gewinnung von elektrotechnischem Porzellan. P. M. Bugai, P. M. Bykow und R. M. Boginski. (Glas u. Keram. [UdSSR] **17**, Nr. 10, 30—32, Okt. 1960; russ.) — Verss. werden mit Granit der Zus. 33 (%) Quarz, 35—40 Mikroklin, 25—30 Plagioklas u. kleine Mengen Biotit als Ersatz für Pegmatit durchgeführt. Die Probe des daraus hergestellten elektrotechn. Porzellans besteht aus 46,5 (%) Granit, 1,5 Quarzsand (**I**), 10 Porzellanbruch (**II**), 25 Kaolin (**III**), 17 Ton (**IV**) u. wird verglichen mit einer Probe, die statt Granit 39 Pegmatit (**V**) u. 9 **I** enthält. Die Glasur hat die Zus.: 5 (%) **IV**, 3 **III**, 24 **I**, 18 **V**, 29 **II**, 8 Dolomit, 2,71 Pyrolusit u. 10,29 Chromeisenstein. Die maximale Brenntemp. beträgt 1280 ±10°. Die Gegenüberstellung der mechan. u. elektr. Eigg. ergibt, daß Granit ein hochwertiger Rohstoff für die Herst. hochvoltiger Isolatoren ist. J. Lehmberg. 6208

Die Fraktionierung tonhaltiger Materialien im Hydrocyclon. N. Ss Belosstotzkaja und T. Ch. Fedorowa. (Glas u. Keram. [UdSSR] **18**, Nr. 5, 25—27, Mai 1961; russ.) — Es wird gezeigt, daß sich Hydrocyclone zur Fraktionierung hochdisperser Lehmfraktionen verwenden lassen. Bei Verw. eines Hydrocyclons mit Ø von 34 mm war die Fraktionierung einer 10%ig. Lehmsuspension optimal, wenn die Ausgußröhre einen Ø von 6,0—6,4 mm hatte u. ein Druck von 4—5 at angewendet wurde. Der Grad der Fraktionierung wird durch mehrfache Wiederholung des Prozesses erhöht. G. Winkhaus. 6208□

Einige Probleme beim Brennen von Kanalisationssteinzeug. Fritz Haase. (Silikattechnik **13**, 315—20, Sept. 1962; Jena-Burgau, Inst. für Wärmetechnik u. Automatisierung der Silicathüttenind. WTI; dt.) — Es wird über die verschiedenen Möglichkeiten berichtet, die in Kammer- oder Tunnelöfen üblichen Aufheiz- u. Kühlzeiten herabzusetzen. Ferner wird darauf eingegangen, daß Braunkohlenteeröl als Brennstoff gegenüber der Gasbeheizung keine Verschlechterung der Glasur u. Scherbenporosität bewirkt. N. Peters. 6210□

Die Verwendung von feinkörnigen langflammigen Brennstoffen für das Kalkbrennen in Schachtöfen. M. T. Bachun. (Baumaterialien [UdSSR] **6**, Nr. 4, 24—25, April 1960; russ.) — Für das Kalkbrennen wird eine Ofenkonstruktion mit „Luftfontänenkammern" beschrieben u. empfohlen, in der Kohlengrus in einer Wirbelschicht verbrannt werden kann. H. V. Adolphi. 6210□

Mahlen des Emails und Herrichten der Naßemailmassen für das Aufbringen. H. Ankerst. (Glas-Email-Keramo-Techn. **13**, 229—37, Juni 1962; Dillenburg; dt.) — Die gleichbleibende Qualität des Schlickers ist für ein Emaillierwerk von höchster Bedeutung; einen guten Schlicker kann man nur erhalten, wenn beim Mahlprozeß alle nötigen Teste u. Kontrollen resolut durchgeführt werden. So ist der Wartung der Mühlen, der Kontrolle der Rohstoffe u. des Schlickers besondere Beachtung zu schenken. Es werden die Umstände beschrieben, die den Mahlprozeß u. die Qualität des Schlickers besonders beeinträchtigen können. N. Peters. 6212□

Einsatz von Cristobalit gegen Glasurrisse. C. Weilner. (Sprechsaal Keram., Glas, Email **95**, 434—36, 20/8. 1962; Ponholz bei Regensburg; dt.) — Durch Zusatz vom Cristobalit zu keram. Massen können Haarrisse in der Glasur vermieden werden, meist genügen wenige Prozente, um der Glasur Druckspannungen zu verleihen. Dieser Effekt beruht darauf, daß die Cristobalitform hohe Wärmeausdehnung bewirkt u. somit imstande ist, in Glasuren Druckspannungen zu erzeugen. N. Peters. 6212□

Betrachtungen zum Fischschuppenproblem. Günther Weimer. (Glas-Email-Keramo-Techn. **13**, 225—28, Juni 1962; dt.) — Es werden Erfahrungen über das Fischschuppenproblem mitgeteilt. Neben Blechqualität u. Ofenverhältnissen ist für das Auftreten von Wasserstoffehlern u. somit von Fischschuppen der Aufbau u. die Zus. des Grundemails mit seinen Mühlenzusätzen u. der Art seiner Aufbereitung von Bedeutung. Ein Zusatz von Sb_2O_3 soll das Haftvermögen des Emails auf den Blech erheblich steigern. Bei der Schwierigkeit des Problems darf man auf keinen Fall Maßnahmen, die in einem Fall Erfolg hatten, ohne Prüfung auf andere Beispiele übertragen. N. Peters. 6212□

Hochsäure- und laugenfeste Emails mit nichtedelgasähnlichen Kationen. A. Dietzel, L. Merker und B. Haas. (Sprechsaal Keram., Glas, Email **95**, 414—15, 5/8. 1962; Würzburg, Max-Planck-Inst. für Silikatforsch.; dt.) — Zweck der Unterss. ist es, Emails mit guter Säure- u. Laugefestigkeit aufzubauen, die jedoch nicht so zähfl.

sein sollen wie die bisher verwendeten. Statt der Oxide der Erdalkalien, die meist bisher verwendet wurden, um diesen Fehler zu beheben, nimmt man neuerdings lieber die Oxide der Übergangselemente *Zn* u. *Pb* u. erreicht hiermit bessere Effekte.

N. Peters. 6212 □

Hochsäure- und laugenfeste Emails mit nichtedelgasähnlichen Kationen. A. Dietzel, L. Merker und B. Haas. (Sprechsaal Keram., Glas, Email **95**, 431—33, 20/8. 1962; Würzburg, Max-Planck-Inst. für Silikatforsch.; dt.) — Es wird auf die ausgezeichnete Säure- u. Laugenbeständigkeit von Mn-Emails hingewiesen sowie über den stufenweisen Austausch von MnO durch CuO berichtet. In Tabellen werden die oxid. Zus. der Emails, die Versätze, ihre therm. Eigg. u. a. erläutert.

N. Peters. 6212 □

Spezialstahl für das Emaillieren von Porzellan. Robert L. Myers. (J. Canad. ceram. Soc. **30**, 30—33, 1961; Middletown, Ohio, Armco Steel Corp., Metallurg. Res. Dep., Supervising Res. Metallurgist.; engl.) R. Grundmann. 6212 □

Über die physikalisch-chemischen Prozesse bei der Emaillierung von Aluminium. K. P. Asarow und Ss. B. Gretschanowa. (Glas u. Keram. [UdSSR] **16**, Nr. 12, 10—14, Dez. 1959; russ.) — Die Haftung von *Phosphat-Pb-* u. *Ba–Li*-Emaillen auf Al wurde studiert. Der Einfl. der Vorbehandlung der Al-Oberfläche durch Verkupferung, Phosphatierung u. Oxydierung sowie von Zusätzen, wie ZnO, MnO_2 u. a., zur Emaille wurde untersucht. Die Emaillen (am stärksten Phosphat-, am schwächsten Pb-Emaille) reagieren mit Al unter Bldg. gasförmiger Prodd., weshalb bei Phosphatemaillen eine Oberflächenbehandlung des Al erforderlich ist. G. Winkhaus. 6212 □

Eine trübe Glasur für Elektroisolatoren. M. G. Manweljan, N. I. Kusmina und W. A. Wirabjan. (Glas u. Keram. [UdSSR] **18**, Nr. 5, 24—25, Mai 1961; russ.) — Unter Verw. von carbonisiertem *Ca-Metasilicat* [**I**; 32 (%) SiO_2, 34,7 CaO, 0,39 Fe_2O_3, 0,06 $Na(K)_2O$, 3,86 Feuchtigkeit, 28,24 Glühverlust] u. Erewanit (**II**; Mischung von 30 Na_2CO_3 u. 70 amorphem SiO_2), die bei der Aufarbeitung von Nephelinmineralien erhalten werden, wurden billige, trübe weiße Glasuren für Isolatoren aus Tuff hergestellt. Die Zus. der Glasuren war: 19,85 (%) **I**, 13,65 Soda, 21,61 Quarzsand, 10 TiO_2, 43,1 Feldspat, bzw. 40,4 **II**, 43,1 Feldspat, 13,6 Kreide, 10,0 TiO_2. Die Glasuren haben guten Glanz u. Weiße, die beim Brand unter Industriebedingungen nicht verlorengehen. Sie sind therm. u. gegen Säure beständig. Der lineare therm. Ausdehnungs-Koeff. beträgt bei beiden Glasuren ca. $9{,}9 \cdot 10^{-6}$. Die Glasuren werden leicht bei 1250—1300° erschmolzen, sind leicht gießbar u. decken gut. Die elektr. u. mechan. Eigg. der Isolatoren werden durch die Glasuren nicht verschlechtert. G. Winkhaus. 6212 □

Beitrag zur Herstellung schwarzen Porzellans. W. Richter. (Sprechsaal Keram. Glas, Email **95**, 415—16, 5/8. 1962; dt.) — Mit Hilfe einer Sonderkapsel ist es möglich, eine Red.-Atmosphäre um das Brenngut herum zu erhalten. Eine normale Schamottekapsel wird so an der Innenseite mit Red.-Mitteln ausgekleidet, daß der aus der Ofenatmosphäre in die Kapsel eindringende O_2 durch die C-haltige Schicht (Graphit) nach der Gleichung $C + \frac{1}{2}O_2 = CO$ umgewandelt wird. Auf diese Weise ist es möglich, eine Schwarzfärbung ohne Farbzusatz zu erzielen; es wird C in das Kristallgitter eingelagert, das Prozellan erscheint völlig homogen schwarz. N. Peters. 6214 □

Einige Betrachtungen zur Ahwendung einheimischer feldspathaltiger Gesteine bei Porzellanmassen. Franz Kühn und Dieter Werner. (Silikattechnik **13**, 323 bis 325, Sept. 1962; Kahla, VEB Porzellanwerk; dt.) — Die Verw. feldspathaltiger Zusätze bewirkt keine Verschlechterung der Kennwerte eines Porzellanversatzes. Auch eine nachteilige Beeinflussung der Sortierergebnisse tritt nicht ein. Die Anwendung der genannten Gesteine führt zu einer Verringerung der Rohstoffkosten um 4,9—7,7%.

N. Peters. 6214 □

Mineralzusammensetzung und Struktur des Porzellans der Fabrik „Elektroporzellan" in Növi Sad. Sofija Vuković. (Ber. chem. Ges. Belgrad [UdSSR] **23—24**, 359—74, 1958/59; Beograd, Naturw.-Math. Fak., Mineral.-Petrogr. Inst.; serbokroat., Auszug: dt.) — In den Rohstoffen einer Porzellanfabrik werden als Hauptbestandteile (HB) Quarz u. Alkalifeldspate gefunden, als Nebenbestandteile (NB) Glimmer, Magnetit, Amphibol, Pyroxen, Granat, Turmalin, Zirkon, Rutil u. Carbonate. Nach einem Vorbrennen bei ca. 900° sind die HB unverändert, die Tonsubstanz (Kaolinit) u. ein großer Teil der NB sind in ein opt. nicht homogenes Glas umgewandelt. Nach Brennen bei $1380 \pm 20°$ sind die scharfen Kanten der gröberen Quarzkörner verschwunden, die kleineren Quarzkörner, Feldspate u. Glimmer in Glas u. Mullit übergegangen, jedoch unter Erhaltung der Kontur. In der Porzellanstruktur treten von einem Mullitkranz umgebene Poren auf. Als neugebildete Mineralien treten Mullit (auch mkr. in Nadeln von 10—40 μ nachgewiesen) u. Cristobalit (nur röntgenometr. nachgewiesen) auf.

R. K. Müller. 6214 □

Über den Einfluß von Schwefelverbindungen im Rauchgas auf die Glasur und Masse im Geschirrporzellanbrand. Harald Costa und Gotthold Walter. (Silikattechnik **13**, 302—08, Sept. 1962; Jena-Burgau, Inst. für Wärmetechn. u. Automatisierung der Silikathüttenindustrie; dt.) — Es wird über den Einfl. von der Verbrennung von S-haltigen Brennstoffen entstehenden gasförmigen Verbb. auf keram. Material berichtet. An Hand von Unterss. an einem Geschirrporzellan werden quant. Aussagen über die Aufnahme von S-Verbb. sowie über den Bldg.- u. Zers.-Mechanismus von S-Verbb. in Glasur u. Masse im Verlauf des keram. Brandes gemacht. Die Verw. von S-haltigem Schweröl ist bei exaktem Einhalten der Brennbedingungen durchaus gegeben. N. Peters. 6214 □

Transparenz und Deformation von Vitreous-China bei niedriger Brenntemperatur. Marco Inzigneri und Giacomo Peco. (Ceramica [Milano] **15**, Nr. 11, 49—55, Nov. 1960; ital.) — Vgl. C. **1962**, 11694. — Mit dem Ziel der großtechn. Herst. von Vitreous-China (V-C) möglichst guter Transparenz bei niedrigen Garbrand-Temp. (SK7½—8½) untersuchen Vff. die Einfl. des Quarz- u. Feldspattyps, des Feldspat-Geh., des Verhältnisses Quarz/Kaolin, der granulometr. Zus. der Tonsubstanz, der Mahlfeinheit des Feldspats, des Quarzes u. der zugeschlagenen Scherben, der Flußmittel (Kalk, Dolomit, Talk, Fensterglas) u. der Fe- u. Ti-Oxide auf die Transparenz u. Deformation von V-C. Die Transparenz erhöht sich bei Zusatz von Na- statt k-Feldspat u. mit steigendem Quarz-Geh. auf Kosten von Kaolin. Von ausschlaggebendem Einfl. ist die Quarzsorte. Die Wrkg. der Flußmittel ist in der Reihenfolge des Wrkg.-Grades: Fensterglas (gering), Kalk, Talk, Dolomit. Von merklichem Einfl. auf die Deformation ist der Feldspat- u. Flußmittel-Geh. sowie die granulometr. Zus. des Quarzes u. der zugemahlenen Scherben. Vff. geben einen Versatz für V-C an (chem. u. granulometr. Zus.), Brand bei SK 7½—8½ mit guter Standfestigkeit u. optimaler Transparenz des Scherbens. W. Anika. 6214 □

Plastische Eigenschaften der Tone und ihr Einfluß auf Elemente der Mundstückgestaltung. C. O. Pels Leusden. (Ber. dtsch. keram. Ges. e. V. **39**, 427—31, Aug. 1962; Essen-Kray, Inst. für Ziegelforsch. Essen e.V.; dt.) — Für die Spannungen im Ziegelstrang, soweit sie aus der Verformung im Mundstück herrühren, sind in erster Linie die Reibungsverhältnisse u. nicht die effektiven Verformungen verantwortlich. Mundstückskorrekturen sind daher über Änderungen des Reibungswiderstandes möglich. Es ist somit möglich, Korrekturen am Mundstück rechner. vorausbestimmt durchzuführen. N. Peters. 6216 □

Die Veränderung der keramisch-technologischen Eigenschaften und des Mineralaufbaus verschiedener Tone beim Brennen. K. Konopicky und E. K. Köhler. (Ber. dtsch. keram. Ges. e.V. **38**, 465—78, Okt. 1961; Forsch.-Inst. der Feuerfest-Ind., Bonn; dt.) — Eine Anzahl von Tonen der verschiedensten Art wurden keram. untersucht u. als Stäbe u. Schollen im Elektroofen sowie im Gasofen gebrannt. Die Ergebnisse geben Aufschluß über das Brenn-Verh. verschiedener Tonminerale unter verschiedenen Brennbedingungen. Die Bldg. von Mullit, Cristobalit u. die Quarzumwandlung werden verfolgt. Durch das Brennen der Rohstoffe im Elektro- u. Gasofen bei verschiedenen Temp. u. Zeiten war es möglich, einen Vgl. zwischen diesen beiden Ofentypen anzustellen u. den Einfl. von Brennzeit u. Temp. zu ermitteln. N. Peters. 6216 □

Über die Festigkeit von Steinzeugrohren. Rolf Herrmann. (Sprechsaal Keram., Glas, Email **95**, 385—86, 20/7. 1962; dt.) — Es konnte gezeigt werden, daß die Prüfung der Innendruckbelastbarkeit auf die Festigkeit des Werkstoffes keine Aussagen zuläßt. Soweit keine groben Materialfehler vorliegen, erscheint die Prüfung auf Scheiteldruck zur Kennzeichnung der Materialfestigkeit bei routinemäßigen Unterss. durch die Best. der Biegefestigkeit ersetzbar. N. Peters. 6216 □

Gefäße aus örtlichen Tonen. Ju. G. Steinberg. (Glas u. Keram. [UdSSR] **18**, Nr. 5, 27—32, Mai 1961; russ.) — Die Technologie der Herst. von Majolika-Gefäßen aus leichtfließenden Töpferlehmen mit ungiftigen Glasuren aus B_2O_3, TiO_2 u. a. wurde ausgearbeitet. Mechan., therm. u. chem. Eigg. der Geräte werden angegeben. G. Winkhaus. 6216 □

Feuerfestes Material. Rolf Norin. (Tekn. Tidskr. **90**, 653—57, 10/6. 1960; Höganäs; schwed.) — Übersicht: Rohstoffe; konventionelle feuerfeste Steine; hochfeuerfestes Material. R. K. Müller. 6218 □

Zum mechanisch-thermischen Verhalten feuerfester Stoffe. 2. Mitt. **Formänderung unter konstanter Last bei steigender Temperatur.** W. Späth. (Ber. dtsch. keram. Ges. e.V. **38**, 451—57, Okt. 1961; Lustadt, Pfalz; dt.) — 1. vgl. C. **1962**, 10234. — An Hand von schemat. Beispielen werden Verformungskurven abgeleitet, die mit prakt. gewonnenen Ergebnissen übereinstimmen. Es zeigt sich, daß durch die üblichen Werte der Druckfeuerbeständigkeit das Verh. eines feuerfesten Steines nicht hinreichend gek. werden kann. N. Peters. 6218□

Thermische Expansion und Phasenumkehrung von sechs feuerfesten Oxiden. Clark F. Grain und William J. Campbell. (U. S. Dep. Interior, Bur. Mines, Rep. Invest. **1962,** Nr. 5982, 1—21; engl.) — Die Expansion wurde für die anisotropen Oxide *BeO*, TiO_2, ZrO_2 u. HfO_2 parallel zu jeder der kristallograph. Hauptachsen bestimmt. Die bei der Best. auftretenden Fehler betrugen bei 500° weniger als 3%, bei 1000° weniger als 2%. Die gemessenen Werte wurden mit bekannten, durch andere Meß-Verff. ermittelten Werten verglichen. Die Werte für die lineare Expansion wurden aus der Expansion des Vol. berechnet. Die Phasenumkehrung wurde entweder durch das Verschwinden der charakterist. Linien für die Phase der niedrigeren Temp. oder durch das Auftreten der neuen für die höhere Temp. charakterist. Linien ermittelt. Die Umwandlung vom monoklinen zum tetragonalen Syst. erfolgte für ZrO_2 bei ca. 1100° über einen Bereich von ca. 100°. Die Umwandlung in umgekehrter Richtung erfolgte zwischen 980—710°. Für HfO_2 wurde eine ähnliche Umwandlung bei 1700° festgestellt. TiO_2 hat 3 kristallograph. Modifikationen: Anatas, Rutil u. Brookit. Für die Unterss. wurde Rutil benutzt. Eine Umwandlung in Anastas oder Brookit wurde nicht festgestellt. Ebenso erfolgte auch keine Phasenumwandlung bei BeO, CaO u. ThO_2. G. Frikell. 6218□

Keramische Strahlplatten für die Infratot-Gasbeheizung. Helmut Stoll. (Silikattechnik **11,** 343, Juli 1960; Berlin; dt.) W. Wesly. 6218□

Heutiger Entwicklungsstand der Keramik-Metall-Verbindung. H. Pulfrich und J. Kotowski. (Keram. Z. **14,** 466—71, Aug. 1962; Ulm; dt.) — Es wird eine Übersicht über die Entw. keram. Werkstoffe unter besonderer Berücksichtigung der Metall-Keramik-Verbindungstechnik gegeben. Keramiken auf *Steatit*-Basis u. hoch-Al_2O_3-haltige Keramiken dienen speziell für die Fertigung von Elektronenröhren. Man hat versucht, die Einbrenn-Temp. für die Metallisierung herabzusetzen, was speziell für hoch-Al_2O_3-haltige Werkstoffe von Wichtigkeit sein dürfte. N. Peters. 6220□

Sinterberyllerde. Eugene Ryshkewitch. (Keram. Z. **14,** 446—54, Aug. 1962; Haskell, N.J., Nat. Berylla Corp.; dt.) — Unter besonderer Berücksichtigung der techn. Anwendungsgebiete werden die Eigg. von BeO als Sinterwerkstoff charakterisiert. Bei porenfrei gesintertem BeO liegt die Wärmeleitfähigkeit sehr hoch u. rangiert gleich nach den besten metall. Wärmeleitern. Es werden die Herst.-Verff. beschrieben, es wird auf die Giftigkeit des BeO unter Berücksichtigung der erforderlichen Sicherheitsmaßnahmen eingegangen. N. Peters. 6220□

Der Einfluß von Eisenoxiden auf die Eigenschaften von elektrisch isolierender Steatitkeramik. W. G. Awetikow und E. I. Sinko. (Glas u. Keram. [UdSSR] **18,** Nr. 3, 19—22, März 1961; russ.) — Der Einfl. des Eisenoxid-Geh. auf die mechan., therm. u. dielektr. Eigg. von *Steatit*-Keramik wurde untersucht. Ein Eisenoxid-Geh. bis 7%, bei einem Fe_2O_3/FeO-Verhältnis < 1 (erreicht durch Brennen in reduzierendem Medium) erhöht die mechan. u. therm. Festigkeit u. den Tangens des Winkels des dielektr. Verlustes. G. Winkhaus. 6220□

Modelluntersuchungen über die Verfeuerung gasarmer Kohle im Zementdrehofen. Gottfried Seidel. (Silikattechnik **13,** 309—15, Sept. 1962; Jena-Burgau, Inst. für Wärmetechn. u. Automatisierung der Silicathüttenind.; dt.) — Es werden Angaben über den Vgl. von Anthrazit–Braunkohlenstaub- u. Gaskohlen–Braunkohlenstaub-Gemischen gemacht. Die Verfeuerung reinen Anthrazitstaubes kann für den Drehofen nicht empfohlen werden. N. Peters. 6222□

Leuchtende Farbtöne in Beton und Zement. Erwin Herrmann. (Betonstein-Ztg. **28,** 399—402, Aug. 1962; Stuttgart; dt.) — Eine der wichtigsten Voraussetzungen für die Herst. eines Zements in kräftigen, leuchtenden Farbtönen ist die Verw. eines hellen, farbschwachen Grundmaterials — am besten Weißzement —, um auf diese Weise nicht die Leuchtkraft der Farbpigmente zu stark zu brechen. Die bisher vollständige Beschränkung auf anorgan. Pigmente konnte z. T. zu Gunsten der farbstärkeren organ. Pigmente aufgegeben werden. Die zur Verfügung stehenden Pigmente werden im einzelnen charakterisiert, ihre Eigg., bes. Lichtechtheit u. a. werden besprochen. Die Möglichkeiten des Einsatzes organ. Pigmente für Zementwaren werden eingehend behandelt. N. Peters. 6222□

Untersuchungen über Zementausblühungen. O. W. Blümel und F. Jung. (Betonstein-Ztg. **28,** 286—91, Juni, 363—70, Juli 1962; Graz, TH; dt.) — Ausblühungen werden durch einen Lsg.-Vorgang mit Hilfe von W. bewirkt, u. zwar dadurch, daß Substanzen aus dem Inneren des Zementmörtel- oder Betonkörpers in W. gelöst, durch Capillar-Wrkg. an die Oberfläche getragen werden u. sich beim Verdunsten des W.

abscheiden. Die Intensität einer Ausblühung wird also in erster Hinsicht bestimmt durch das Ausmaß u. die Geschw., mit der diese Stoffe aus dem Inneren an die Oberfläche wandern. Während Ausblühungen als reine Schönheitsfehler anzusehen sind, führen die sog. „Aussinterungen", die bei tiefgehender Auslaugung auftreten, zu merklichen Festigkeitsschädigungen. Es werden Meth. zur quant. Messung der Ausblühungen angegeben. Die Probleme der Kalkauslösung werden ausführlich besprochen. N. Peters. 6222 □

Kapillar-Kontinuität oder -Diskontinuität in Zementbrei. T. C. Powers, L. E. Copeland und H. M. Mann. (J. PCA Res. Development Lab. **1**, Nr. 2, 38—48, Mai 1959; Portland Cement Assoc., Res. and Dev. Assoc.; engl.) — Unterss. über die Capillarstruktur von Zementbrei, ausgedrückt durch die Wasserdurchlässigkeit, zeigen, daß die Capillaren in frischem Brei kontinuierlich sind. Bei einer spezif. Oberfläche des Zements von ≧1800 cm²/g u. bei einem W.-Zement-Gew.-Verhältnis von ≦0,7 kann die Bldg. von Zementgel beim Trocknen zur Segment-Bldg. der Capillaren, d. h. zu Capillarhohlräumen, führen. Mit steigender, spezif. Oberfläche steigt das Grenz--W.-Zement-Verhältnis u. umgekehrt. Einige Folgen der Capillarkontinuität oder ihres Fehlens werden erörtert. W. Wesly. 6222 □

Reaktionen zwischen festen Stoffen und Flüssigkeiten in Portlandzement-Pasten. W. C. Hansen. (Mater. Res. Standards **2**, 490—93, Juni 1962; Buffington, Ind., U. S. Steel Corp., Univers. Atlas Cement Div., Res. Labor.; engl.) — Eine Übersicht über das die Rkk. von Zementmineralien mit W. betreffende Schrifttum führt zu dem Schluß, daß sich diese Mineralien nicht als solche in W. lösen, aber in fester Form mit W. unter Bldg. wasserhaltiger Prodd. reagieren, die sich lösen u. rekristallisieren. — 21 Literaturangaben. W. Wesly. 6222 □

Ein Material mit unerwarteten Anwendungsmöglichkeiten. Historische Entwicklung des spanischen Asbestzements („Faserzements"). Lorenzo Lon Teller. (Metalurgía y Electr. **24**, Nr. 272, 156—60, Mai 1960; span.) — Überblick über die Entw., die physikal. u. chem. Eigg. u. die Herst. von Asbestzement. R. K. Müller. 6222 □

Eigenschaften und Verwendung von Sulfathüttenzement (SHZ). Siegfried Reinsdorf. (Bauplan. u. Bautechn. **16**, 230—34, Mai 1962; Dresden, Deutsche Bauakad., Inst. für Stahlbeton; dt.) — Es werden die Eigg. von SHZ beschrieben u. Hinweise für seinen zweckmäßigsten Einsatz, bes. bei Betonen, die aggressiven Wässern u. Böden ausgesetzt werden, gegeben. Der derzeitige Stand der Anwendung wird beschrieben. — 35 Literaturangaben. K. Radscheit. 6222 □

Dauerhaftigkeit von Beton gegen Seewasser. Inge Lyse. (J. Amer. Concrete Inst. **32**, Proc. **57**, 1575—84, Juni 1961; Detroit, Mich., Amer. Concrete Inst.; engl.) — Verss. zur Bemessung der Widerstandsfähigkeit von Beton gegen wechselweises Gefrieren u. Auftauen zeigten, um wieviel rascher sich Ergebnisse erhalten ließen, wenn die Unterss. an Stelle von Süß- mit Seewasser mit 3,5% Salz-Geh. vorgenommen wurden. Außerdem entsprach dieses Verf. mehr der Praxis für Küstenschutzbauten. Es zeigte sich ferner, daß der Einfl. der Korngröße der Zuschlagstoffe u. der Abbindezeit geringer war als der Geh. an Feuchtigkeit u. an Luftporen. Bei Herst. von Schutzplatten ließe sich die geringere Druckfestigkeit solcher Platten bis zu einem Poren-Vol. von 10—12% vertreten. R. Kaiser. 6224 □

Ein Emulsionsschmiermittel für Formen. Ss. M. Dobrowolski. (Beton u. Eisenbeton [UdSSR] **1960**, 526—27, Nov.; russ.) — Schmiermittelmischungen auf Grundlage vorhandener Einsatz-Prodd. für Betonverschalungen u. -formen wurden erprobt. Am wirksamsten erwies sich eine Mischung aus 3 (Teilen) Lehm, 8 W., 3 Solaröl u. 4 Abfällen aus Gerblohen der Lederfabriken. Die Herst. der Emulsion ist beschrieben. G. Winkhaus. 6224 □

Festigkeit und Widerstandsfähigkeit von Mörteln mit Puzzolanerdebeimischungen. R. Malinowski. (Bull. Res. Council Israel, Sect. C **10**, 85—86, Juni 1961; Haifa, Buildg. Res. Stat.; Techn.-Israel Inst. of Technol.; engl.) — Die Puzzolanerden (PU) von Carmel werden auf ihre technolog. Eigg. untersucht u. in Mengen von 15 u. 30% des Zementanteils zu Standardmischungen gegeben. Nach definierten Lagerungsbedingungen werden die Druck- u. Bruchfestigkeiten (DB), die Sulfatbeständigkeit in 5%ig. $MgSO_4$- u. 10%ig. Na_2SO_4-Lsg. sowie die Wasserdurchlässigkeit (WD) bestimmt. Es zeigt sich, daß bei Zugabe von 15% uncalcinierter PU die DB u. WD deutlich verbessert werden. Bei 150-Tagelagerung sind die Prüflinge mit 15% PU denen aus Portlandzement bzgl. der Sulfatbeständigkeit sichtlich überlegen. Nach 250 Tagen werden Angriff u. verminderte DB festgestellt. W. Anika. 6226 □

Die Ergiebigkeit von Branntkalken bei der Breilöschung und ihre Einflußfaktoren. P Ney. (Zement-Kalk-Gips **15** (**51**), 121—35, März 1962; Köln; dt.) — Beim Brennen von 20 unterschiedlichen Kalksteinsorten im Gasofen bei Temp. von 1000°, 1150° u. 1300° wächst der Anteil der „Dehner" mit dem Geh. an Verunreinigungen. Das durch Breilöschung von Branntkalken verschiedener Korngröße mit geringem Wasserüberschuß erhaltene Brei-Vol., als Ergiebigkeit bezeichnet, nimmt mit höheren Brenntemp. (>1150°) ab. Gemahlener Kalk sowie größere Löschwassermengen zeigen höhere Ergiebigkeiten, jedoch läßt die Stichfestigkeit mit höheren Wassermengen nach. Sehr reine Kalksteine zeigen niedrigere Ergiebigkeiten. Menge u. Verteilung der Verunreinigungen beeinflussen außerdem das Ausdehnungsvermögen der Steine beim Brennen u. die Emley-Plastizität der erhaltenen Kalkteige. H. Schumann. 6226 □

Vergleich der Naß-, Halbnaß- und Trocken-Aufbereitungsmethoden bei der Wand- und Bodenplattenfabrikation. H. Gatzke. (Interceram [Freiburg i. Br.] Nr. **1**, 30–34, 1961; engl. — C. **1962**, 2872.) I. Koschitzki. 6228

Die polarographische Analyse zur Bestimmung der Alkalimetalle in natürlichen und technischen Silicaten. Marin Vancea und Gavril Berindeanu. (Ind. uşoară **7**, 399–404, Okt. 1960; rum.) — Vff. beschreiben ein Verf. zur Best. der Alkalimetalle in natürlichen u. techn. Silicaten. Für Silicate mit hohem Fe-Geh. wird eine neue Trennungs-Meth. der Alkalielemente zur Durchführung der polarograph. Analyse ausgearbeitet. H. Guischard. 6240 □

Anwendung des lichtelektrischen Kolorimeters nach Dr. B. Lange zur Bestimmung des Eisengehaltes in Silicaten. Peter Mandt. (Interceram [Freiburg i. Br.] Nr. **1**, 18–25, 1961; engl.) I. Koschitzki. 6240

Das radiometrische Verfahren zur Auswahl der Kalifeldspäte in der Keramikindustrie. Arpád Szabó. (Ind. uşoară **7**, 366–68, Sept. 1960; rum.) — Vf. beschreibt ein Schnell-Verf. zur Auswahl von Feldspäten durch Best. des Verhältnisses K_2O/Na_2O in Feldspäten. Die Meth. beruht auf der natürlichen β-Aktivität des K u. ist bes. bei der Glas- u. Zementfabrikation anwendbar. H. Guischard. 6240 □

Eine Methode zur Bestimmung der Reiß- und Elastizitäts-Eigenschaften von Glasfilmen. I. I. Kitaigorodski, W. W. Rosstokinski und W. I. Jelinek. (Glas u. Keram. [UdSSR] **18**, Nr. 3, 8–11, März 1961; russ.) — Eine Anordnung zur Messung der Festigkeit von Glasfilmen durch Messung der Durchbiegung der Filme bei der Einw. von Preßluft bei ringförmiger Befestigung der Filme wird beschrieben. Es wird gefunden (bei einer Dicke der Filme von 25 μ u. einem Durchmesser des Ringes von 10–30 mm), daß die Durchbiegung der Filme mit wachsendem Druck durch ein Maximum geht, u. daß der mittlere arithmet. Zerreißdruck 2,56 atm u. die mittlere arithmet. Zerreißdurchbiegung 0,65 mm beträgt. Organ. Filme (Cellophan, Isolierpapier) wiesen wesentlich höhere Durchbiegungen auf. Die Festigkeit der Filme aus 2 untersuchten Glassorten (< 100 μ) stieg stark mit abnehmender Dicke an. G. Winkhaus. 6242 □

Mullit mit erniedrigter Lichtbrechung. N. I. Minko. (Glas u. Keram. [UdSSR] **18**, Nr. 5, 17–18, Mai 1961; russ.) — Es wird angegeben, daß die Brechungsindices von *Mullit*, $3 Al_2O_3 \cdot 2 SiO_2$, in den Grenzen n_g 1,632–1,682 u. n_p 1,615–1,670 schwanken können. So wurden bei der Schliff-Unters. von krist. Glas $SiO_2-Al_2O_3-PbO-B_2O_3$ nadel- u. prismenförmige Mullitkristalle mit n_g 1,632 ± 0,003 u. n_p 1,615 ± 0,003 gefunden. G. Winkhaus. 6242 □

Untersuchungen über die Trocknung von Tonproben und die Glühung von Tonproben und gefällter Tonerde für alanytische Zwecke. H. F. Reich und K. H. Burgsmüller. (Ber. dtsch. keram. Ges. e.V. **38**, 458–64, Okt. 1961; Bochum-Dahlhausen, Dr. C. Otto & Co. GmbH, Keram. Zentrallabor.; dt.) — Bei Trocknungs-Verss. an 1 g Ton konnte gezeigt werden, daß starke Differenzen durch Feuchtigkeitsaufnahme der getrockneten Probe im Exsiccator auftreten. Erst bei Glüh-Temp. von 900–1100° tritt Gew.-Konstanz ein, Verdampfungsverluste an Alkali wurden nicht bemerkt. Wichtig ist eine langsame Aufheizung der Proben (Gasbrenner). Die Proben dürfen auf keinen Fall in einen auf Glüh-Temp. aufgeheizten Muffelofen eingesetzt werden. N. Peters. 6248 □

Die Korngrößenanalyse von Kaolinen nach dem Pipettenverfahren. H. M. Köster. (Ber. dtsch. keram. Ges. e.V. **39**, 432–38, Aug. 1962; Regensburg, Staatliches Forsch.-Inst. für angew. Miner.; dt.) — Das in letzter Zeit viel angewendete Pipetten-Verf. zur Korngrößen-Best. feinkörniger Mineralgemenge wird zur vergleichenden Unters. über die Reproduzierbarkeit von Korngrößenanalysen bei Anwendung verschiedener Dispergierungsmittel an 2 geschlämmten Kaolinproben überprüft. Die Grundlagen u. Fehlerquellen des Verf. werden dargelegt; wichtig ist u. a. Thermokonstanz u. das Vermeiden von Konvektionsströmungen im Pipettengefäß. Die Ergebnisse der Pipettenanalyse werden mit *Atterberg*-Analysen verglichen. Als Dispergierungsmittel soll möglichst NH_4OH oder NaOH verwendet werden, Na-Phosphate führen bes. bei Kaolinen zu fehlerhaften Ergebnissen. N. Peters. 6248 □

Über den Nachweis von Alkali-Montmorillonit im Friedländer Blauton. Gustav Fiedler. (Silikattechnik **13**, 329—30, Sept. 1962; Berlin, Zentrales Geolog. Inst.; dt.) — Es konnte unter Heranziehung von röntgenograph. Best. mit dem Zählrohrgoniometer bewiesen werden, daß der wirksame Bestandteil des Friedländer Blautons ein Alkali-Montmorillonit ist. N. Peters. 6248□

Mikroskopische Untersuchung zweier feuerfester Korundscheiben vor und nach dem Gebrauch. Franco Massazza. (Ceramica [Milano] **15**, Nr. 9, 61—68, Sept. 1960; ital.) — 2 feuerfeste keram. Rohre mit der Zus. R_1 = 90,64 (%) Al_2O_3, 7,95 SiO_2, 1,21 Fe_2O_3 bzw. R_2 = 99,86 Al_2O_3, 0,14 SiO_2 werden neu u. nach dem Einsatz im Hochtemp.-Ofen, wobei Erhitzung bis 1800 bzw. 1900° erfolgt, mkr. mit dem Reflektionsmikroskop u. röntgenograph. untersucht. R_1 besteht aus großen, durch glasige, korund- u. mullithaltige Grundmasse zusammenzementierten Korundkristallen. Im R_2 sind nur Korundkristalle vorhanden. Nach Erhitzen wird für R_1 Verdichtung des Scherbens unter gleichzeitiger Verbesserung der Homogenität bei Erhöhung des Anteils der glasigen Komponente u. Vergrößerung der Mullitkristalle ermittelt. R_2, im Tammann-Ofen erhitzt, verliert weitgehend seine mechan. Festigkeit, zeigt dunkle Verfärbung u. besitzt keine deutlich im Reflexionsmikroskop erkennbare Kristallstruktur. Die Röntgenanalyse ergibt überwiegend Korund. Daneben können metall. Al u. Al_4C_3 aus der Zers. des Al_2O_3 in der reduzierenden Atmosphäre des Ofens vorhanden sein, was auf Grund der folgenden Rkk. möglich ist: $2\,CO \rightleftharpoons CO_2 + C$; $2\,Al_2O_3 + 9\,C \rightleftharpoons Al_4C_3 + 6\,CO$ bzw. $Al_2O_3 + 3\,C \rightleftharpoons 2\,Al + 3\,CO$. Tatsächlich werden an R_2 nach Einsatz im Ofen mit HCl 0,83% Al herausgelöst. Bei gleicher Behandlung der Probe im Fertigungszustand konnte kein Al gefunden werden. W. Anika. 6248□

Die lösungskalorimetrische Bestimmung der Hydratations- und Bildungswärme einiger Klinkerminerale und Reaktionsprodukte aus dem System $CaO-SiO_2-H_2O$. R. Gauglitz, H. E. Schwiete und A. Tan Tik len. (Zement-Kalk-Gips **15 (51)**, 104—20, März 1962; Aachen; dt.) — Die Hydratationswärmen verschiedener Ca- u. Al-Silicate werden nach experimentellen Best. der Lsg.-Wärmen in Abhängigkeit unterschiedlicher Lsgm.-Konzz., Herst.-Verf. u. Probemengen berechnet. Die Lsg.-Unterss. erfolgen in einem Gemisch von 11 n HNO_3 + 4 n HF. Geringe Verunreinigungen ergeben starke Verschiebungen der Wärmetönungen. Systemat. Hydrothermalsynth.-Verss. führten zu optimalen Herst.-Bedingungen für Ca-Silicathydrate. Bei konst. Druck von 100 atü u. Temp. von 150° konnte schon nach 10 Tagen die Bldg. von Tobermorit beobachtet werden. Die Rk. ist fast druck- u. zeitunabhängig, wohl aber werden durch Erhöhung der Temp. das $CaO-SiO_2$-Verhältnis u. die Lsg.-Wärme vergrößert. Für C_3S u. β-C_2S werden bei einem $CaO-SiO_2$-Mol-Verhältnis von 1,5 Hydrationswärmen von —142,5 cal/g C_3S u. —57,2 cal/g β-C_2S errechnet. Die Rk. verläuft aller Wahrscheinlichkeit nach über eine Lsg.-Phase. H. Schumann. 6252□

Ein adiabatisches Kalorimeter zur Bestimmung der Wärmeentwicklung im Beton. A. Basalla. (Zement-Kalk-Gips **15 (51)**, 136—40, März 1962; Beckum, Labor. der westfäl. Zementindustrie; dt.) — Der Temp.-Verlauf im Kern massiger Betonbauwerke kann durch Unterss. des Betons in einem adiabat. Calorimeter weitgehend vorausgesagt werden. Vf. beschreibt die App. u. Wirkungsweise eines für die Baupraxis geeigneten adiabat. Calorimeters mit einfacher Temp.-Regelung des adiabat. Mantels sowie die Ergebnisse einiger Betonprüfungen. H. Schumann. 6252□

Prüfung von Stahlbeton mit γ-Strahlen. Erwin Pohl. (Bauplan.-Bautechn. **17**, 185—87, April 1962; Leipzig, Hochschule für Bauwesen; dt.) R. Grundmann. 6252

Die Bedeutung der Messung des Beständigkeitsgrades für die Auswahl fester mineralischer Stoffe. H. Breyer. (Zement-Kalk-Gips **13 (49)**, 584—88, Dez. 1960; Gesteinprüfstelle der Deutschen Bundesbahn Kassel; dt.) — Diskussion u. Kritik der Verff. (Frost–Tauwechsel-Verss., Wassersättigungswert-Verf.) zur Messung des Beständigkeitsgrades von Baustoffen. I. Koschitzki. 6256

Carborundum Co. Ltd., Manchester, England (Erfinder: John Hamar Manning und Ernest William Orrell), **Keramikmasse** mit verglastem Scherben u. geringem Ausdehnungskoeffizienten. Die Herst. von aus *Li–Al*-Silicat bestehenden Prodd. wird durch Vergrößerung des Brennbereiches auf ca. 50° erleichtert, wenn das Ausgangsmaterial, synthet. oder natürlicher Petalit, zunächst in β-Spodumen umgewandelt, auf Korngröße von 10 μ u. darunter zerkleinert, mit 5—50 (Gew.-%) eines Tones mit geringem Geh. an Alkali u. mit 0—2 eines oder mehrerer der Oxide von Ti, V, Cr, Mn, Fe, Co, Ni u. Sc gemischt, geformt u. bei 1250—1285° gebrannt wird. — Zum Beispiel wird durch Erhitzen auf 1150° aus Petalit hergestellter Spodumen zerkleinert, mit 40 Gew.-% Florida-Kaolin u. 1 Co_2O_3 gemischt u. unter Verw. eines Pflanzenleims geformt, getrocknet u. bei 1270° 3 Std. gebrannt. Das Prod. ist nicht W. absorbierend, D 2,44—2,48, Ausdehnungs-Koeff. $1,25 \cdot 10^{-6}$ zwischen 20 u. 1000°. (**E. P. 881 240** vom 15/12. 1958, ausg. 1/11. 1961.) G. Frikell. 6221

Dynamidon-Werk Engelhorn & Co. G.m.b.H. (Erfinder: Karl Ruckh), Mannheim, **Sintern von Chromerz und Herstellung von Chrommagnesitsteinen.** Zur Verwertung der bisher nicht verarbeitbaren feinkörnigen Chromerzabfälle (**I**) werden diese mit einer Feinheit von 0—0,5 mm mit gebrannter kaust. MgO der gleichen Feinheit u. mit einer für die Sinterung nötigen Menge C-haltigen Materials zu Granalien verarbeitet, auf dem Sinterband geröstet, zerkleinert, geformt u. gebrannt. Zum Beispiel werden gemischt: 80 (Teile) **I** (0—0,5 mm), 20 MgO (0—0,1 mm), 12 Koks (0—4 mm) u. 40% Rückgutkörnung (0—12 mm). Nach dem Sintern wird wie folgt zerkleinert: 30—50% auf 3,5—1 mm, 15—25% auf 1,0—0,5 mm, 20—40 <0,1 mm. Nach Zusatz von 3—5% Sulfitablauge wird geformt u. bei 1400—1500° gebrannt. (**D. B. P. 975 186** Kl. 80b vom 27/2. 1953, ausg. 21/9. 1961. Anmeldung bekanntgemacht 12/7. 1956.) G. Frikell. 6221

Union Carbide Corp., übert. von: Charles S. Lowe, Niagara Falls, N.Y., und John D. Nickerson, Lakeland, Fla., V.St.A., **Oxydationsbeständige Kohle-Formkörper,** z. B. zur Auskleidung von Öfen u. zur Herst. von Elektroden werden aus calcinierter gepulverter Kohle, 20% von ihrem Gew. Pech u. bis zu 10% Trikresylphosphat u./oder Triäthylphosphat, saurem Methylphosphat, Bis-(2-äthylhexyl)-2-äthylhexylphosphonat, Kresyldiphenylphosphat, Triisooctylphosphit, Di-2-äthylhexylphosphit, Tributylphosphat, Triphenylphosphat u. Octyldiphenylphosphat hergestellt. (**A. P. 2 989 408** vom 24/10. 1958, ausg. 20/6. 1961.) G. Frikell. 6221

Nathaniel M. Winslow, Cleveland, Ohio, V.St.A., **Dichtmachen von porösen Formkörpern mittels Kohlenwasserstoffharzen.** Kohlenteerpech mit D. 1,02 bei 25°, das im geschlossenen Gefäß beim Erhitzen auf 450° (950°) mindestens 60% (80)% Feststoffe bildet, wird zusammen mit einem organ. Oxydationsmittel zur Imprägnierung von z. B. keram. Formkörpern u. bes. solchen aus Kohle verwendet. Bei 165—400° erfolgt zunächst Bldg. eines fl. Harzes, das in die Poren eindringt u. bei Aufrechterhaltung dieser Temp. erhärtet. — Zum Beispiel wird ein Ziegel bei 120° mit einem Gemisch aus 85 (Gew.-Teilen) Kohlenteerpech (Ep. 41°) u. 15 m-Dinitrobenzol imprägniert. Zur Härtung wird 24 Std. auf 190° u. weitere 24 Std. auf 210° erhitzt. Der Porenraum sinkt von 19,8 auf 0,5%. (**A. P. 3 004 862** vom 25/3. 1960, ausg. 17/10. 1961.) G. Frikell. 6221

United States Atomic Energy Commission, übert. von: David H. Gurinsky, Rancho Santa Fé, Calif., V.St.A., **Dichtmachen von Graphitkörpern,** wobei in den Poren ausschließlich C abgeschieden wird, unter Verw. einer Metall-Verb., wie $Ni(CO)_4$, $Fe(CO)_4$, $Fe(CO)_5$ oder $Fe_2(CO)_9$. Hierzu wird in einem verschlossenen, den Graphitkörper enthaltenden Raum z. B. $Ni(CO)_4$ verdampft. Durch Erhitzen des Kohlekörpers erfolgt Zers. des Carbonyls in Ni u. CO. Bei weiterem Erhitzen auf ca. 1300° bildet sich ein eutekt. Gemisch von Ni u. C aus dem Graphit, das auf der Oberfläche zerfließt u. in die Poren eindringt. Nach dem Abkühlen kann das metall. Ni durch nochmaliges Erhitzen des Graphitkörpers in Ggw. von CO als $Ni(CO)_4$ verdampft werden. (**A. P. 2 995 471** vom 31/12. 1958, ausg. 8/8. 1961.) G. Frikell. 6221

Texas Instruments, Inc., übert. von: Lloyd E. Jones, Dallas, Tex., V.St.A., **Abrieb- und oxydationsbeständige Graphitkörper,** die z. B. gegen geschmolzenes Si beständig sind u. zur Herst. von Tiegeln oder Verbrennungsdüsen dienen, werden hergestellt durch Überziehen der aus Graphit bestehenden Formkörper mit einer Paste aus A. u. Si-Pulver u. Erhitzen in einer Inertgasatmosphäre auf 1360—1420°, bes. auf 1380°, zur Bldg. von SiC. In die Poren der SiC-Außenschicht wird gepulvertes Si_3N_4 mechan. zur Bldg. einer weiteren Schutzschicht eingerieben. (**A. P. 2 992 127** vom 23/12. 1958, ausg. 11/7. 1961.) G. Frikell. 6221

G. & W. H. Corson, Inc., V.St.A. (Erfinder: Leonard John Minnick), **Baustoffmischung.** Als Füllstoffe für zementhaltige Baustoffmischungen, die bes. der Herst. von *Bauwerken für Kernreaktoren* dienen, werden ferromagnet., Fe_2O_3-reiche Kügelchen eines glasigen Al-Silicats mit einer D. 3,8—4,8 u. einer Korngröße des 100-Maschen-Siebes benutzt. Es handelt sich hier um Flugaschen von Feuerungen, die mit entsprechend zusammengesetzten Kohlenstäuben betrieben sind, u. welche einen in W. lösl. Salzfilm aufweisen. (**F. P. 1 221 443** vom 28/3. 1959, ausg. 1/6. 1960. A. Prior. 27/3. 1958.) Hans Hoffmann. 6229

Eduard Rohrer und Friedrich Reinauer, Wien, Österreich, **Mantelsteine, Hohlsteine, Platten und Rohre** mit <1000 kg/m³ Raum-Gew. aus 45—60% organ. Füllstoffen (Schilf, Stroh) u. 15—20 Bindemittel (50 Zement u. 50 Kalk). Ggf. wird zusammen mit anderen konsistenzregelnden Stoffen (Polyvinylpyrrolidon) so viel Vermikulit zugesetzt, daß ein rüttelfähiger (plast.) Zustand erhalten wird. (**Oe. P. 215 345** vom 5/9. 1959, ausg. 25/5. 1961.) O. Kayser. 6229

Ralph E. Parker, Wichita, Kans., V.St.A., **Herstellen von wetterbeständigen Bauplatten.** Dichte, aber relativ poröse Faserstoffplatten werden zunächst mit einer Emulsion von Polyvinylacetat, die ca. 55% Füllstoffe enthält, behandelt, damit sich die Poren schließen. Nach dem Auftrocknen des Polyvinylacetatfilms wird ein feuchtigkeitsundurchlässiger Überzug aus einem Kunstharz aufgebracht, der aus einem Copolymeren mit einem hohen Anteil aus Polyvinylchlorid u. einem geringeren Anteil aus Polyvinylacetat besteht. Das Kunstharz kann man mit einem Lsgm., wie Methylisobutylketon versetzen, um die Viscosität zu verringern, ebenso mit einem Phthalat-Plastifizierungsmittel u. ggf. mit einem Farbpigment. — Abbildung. (**A. P. 2 991 190** vom 16/12. 1957, ausg. 4/7. 1961.) F. Markhoff. 6229

Erik Hüttemann, Deutschland, **Herstellung dampfgehärteter Kunststeine.** Zement u./oder Kalk werden, bezogen auf $Ca(OH)_2$, im mol. Verhältnis innig mit Quarzmehl vermischt u. mit mindestens 65 Vol.-% Füllstoffen, wie grobkörnigem Sand, versetzt, worauf die Masse mit W. angemacht wird. Das W.-Zement-Verhältnis soll, bezogen auf das Gew., 0,2—0,35, u. das W.-Kalk-Verhältnis 0,4—0,6 betragen. Durch Stampfen, Rütteln, Pressen u. dgl. wird die Masse verdichtet u. entlüftet, worauf der rohe Formling $>170^0$ mit gespanntem Wasserdampf gehärtet wird. (**F. P. 1 267 512** vom 14/9. 1960, ausg. 24/11. 1961. D. Prior. 16/9. 1959.) Hans Hoffmann. 6229

Associated Electrical Industries Ltd., London, England (Erfinder: Kenneth George Sutcliffe und Fred Berry Waddington), **Glimmerfolien** werden hergestellt, indem zunächst ein umlaufendes endloses Band aus mit Polytetrafluoräthylen oder Siliconharz imprägniertem Glasgewebe mit einer Lsg. von Siliconharz, das sich auch nach Verdampfen des Lsgm. mit der Unterlage nicht verbindet, bedeckt u. darauf eine Schicht Glimmerflocken aufgebracht wird. Nach dem Abdampfen des Lsgm. läßt sich die Folie von der Unterlage abheben. (**E. P. 875 088** vom 20/4. 1959, ausg. 16/8. 1961.) G. Frikell. 6235

Armstrong Cork Co. (Erfinder: David Alexander Feigley jun. und Leonard Nixon Ray jun.), Lancaster, Pa., V.St.A., **Herstellung eines aus Wasser abgeschiedenen Asbestblattes.** Eine wss. Aufschlämmung von Chrysotil-Asbest-Fasern (I) wird mit dem in W. lösl. Kondens.-Prod. aus sulfoniertem Naphthalin u. Formaldehyd u. anschließend mit synthet. Kautschuklatex verrührt u. die so überzogene Faser auf bekannte Weise verarbeitet. — Zum Beispiel werden 37,5 (Teile) I mit 3750 W. verrührt u. nacheinander 0,2 des Na-Salzes eines Gemisches von Polynaphthylmethanpolysulfonsäuren, 0,15 des Kondens.-Prod. aus Anilin u. Formaldehyd u. 18,8 Butadien-Styrol-Mischpolymerisatlatex mit 40% Feststoff-Geh. zugesetzt. Nach 18 Min. wurde ein festes Blatt hergestellt, das nach dem Trocknen bei 88^0 zur *Herst. von Dichtungen* geschnitten wurde. (**D. A. S. 1 126 299** Kl. 80b vom 30/8. 1960, ausg. 22/3. 1962. A. Prior. 31/8. 1959.) G. Frikell. 6235

Howard Smith Paper Mills Ltd., Montreal Quebec, übert. von: Emile A. Cambron, Cornwall, Ontario, Canada, **Kunstharzimprägnierung von plattenförmigen Produkten,** wie Asbest- u. Glasfasertafeln u. Papier. Zur Rückgewinnung der Ausgangsstoffe werden die CH_3OH, das als Lsgm. bei der Tränkung mit Phenol-Formaldehyd-Harz verwendet wurde, enthaltenden Dämpfe beim Trocknen der Platten abgesaugt u. unter Verw. eines aus Fe_2O_3 u. MoO_2 bestehenden Katalysators bei 320—330° in Formaldehyd umgewandelt u. zur Herst. neuen Kunstharzes verwendet. (**A. P. 2 991 194** vom 18/2. 1959, ausg. 4/7. 1961. Can. Prior. 6/12. 1958.) G. Frikell. 6235

Carborundum Co., übert. von: **Kenneth C. Nicholson**, Niagara Falls, N.Y., V.St.A., *Herstellung feuerfester Körper.* (**Can. P. 562 304** vom 25/10. 1956, ausg. 26/8. 1958. — C. **1960,** 16905 [D. A. S. 1 076 550].)

Carborundum Co., Niagara Falls, N.Y., V.St.A., *Herstellung von Gegenständen aus schwer schmelzbaren Stoffen durch Gießen.* (**E. P. 873 203** vom 7/11. 1957, ausg. 19/7. 1961. A. Prior. 16/11. 1956. — C. **1961,** 17714 [A. P. 2 911 313].)

Union Carbide Corp., New York, N.Y., V.St.A., *Herstellung kohlenstoffhaltiger Formkörper*, (**E. P. 874 253** vom 23/10. 1958, ausg. 2/8. 1961. A. Prior. 24/10. 1957. — C. **1961,** 15166 [D. A. S. 1 100 535].)

Carborundum Co., Niagara Falls, N.Y., V.St.A., *Metallüberzüge auf Keramikkörpern.* (**E. P. 875 054** vom 7/3. 1960, ausg. 16/8. 1961. A. Prior. 8/5. 1959. — C. **1962,** 4304 [A. P. 2 938 806].)

Monsanto Chemicals Ltd., London, England (Erfinder: **Victor Harold Wentworth**), *Zement mit verbessertem Aussehen der Oberfläche.* (**Aust. P. 230 230** vom 26/3. 1958, ausg. 6/10. 1960. E. Prior. 7/5. 1957. — C. **1961,** 626 [E. P. 826 582].)

H_8. Metallurgie. Korrosion

Untersuchungen über die Brikettierungsfähigkeit von Mansfelder Feinerz. Hans Knoll. (Freiberger Forsch.-H., Reihe B Heft **64**, 185—201, Febr. 1962; Mansfeld, Mansfeld-Kombinat „Wilhelm Pieck"; dt.) — Verss. zeigen, daß die im Mansfeldkombinat anfallenden hohen Feinerzmengen auf Walzenpressen bei Verw. eines genügend hohen Preßdrucks stückig gemacht werden können. Durch Einbinden von *Bunakalk* entfällt die Zugabe der Berge als Zuschlagstoff. F. Vier. 6360□

Verhalten von an Bleiglanz adsorbierten Xanthogenaten in Gegenwart von Sauerstoff und Kohlendioxid. S. Ramachandra Rao und C. C. Patel. (J. sci. ind. Res. [New Delhi], Sect. D **21**, 8—10, Jan. 1962; Bangalore, Indian Inst. of Sci., Dep. of Inorg. & Phys. Chem.; engl.) — Die Wrkg. von O_2–CO_2-Gemischen u. von CO_2 allein auf den an Bleiglanz (PbS) adsorbierten monoatomaren Film von Xanthogenaten wurde durch Kontaktwinkelmessungen untersucht. Die PbS-Oberflächen waren z. T. durch in W. lösl. Pb-Salz aktiviert. Bei einem pH-Wert 7 gibt adsorbiertes K-n-Butyl- u. K-Isoamylxanthogenat die für Dixanthogene charakterist. Kontaktwinkel, dagegen nicht K-Äthyl- u. K-Isopropylxanthogenat. Adsorbiertes K-Isoamylxanthogenat wird bei einem pH-Wert 11 u. darüber nicht oxydiert. Aktivierte u. nichtaktivierte PbS-Oberflächen gaben allg. keine unterschiedlichen Ergebnisse mit Ausnahmen von K-Äthylxanthogenat, hier nahm der Kontaktwinkel bei der nichtaktivierten Oberfläche zu u. sank bei der aktivierten auf Null. F. Vier. 6362□

Vakuumöfen sind vielseitig verwendbar. H. W. Westeren. (Metal Progr. **79**, Nr. 2, 106—09, Febr. 1961; Cranston, R.I., C.I. Hayes, Inc.; engl.) — Überblick über die Charakteristika u. Anwendungsmöglichkeiten von Vakuumwärmebehandlungen. F. Vier. 6370□

Einblasen von Öl bei gleichzeitiger Anreicherung des Windes mit Sauerstoff. L. Vroman und A. Poos. (Neue Hütte **7**, 331—33, Juni 1962; Lüttich, Niederschachtofenwerk; dt.) — Durch Einblasen von *Öl* bei gleichzeitiger Anreicherung der Luft mit O_2 werden je kg Öl 0,9—1,2 kg Koks bei der Roheisenerzeugung eingespart. F. Vier. 6370□

Zusammenhänge zwischen Kokseigenschaften und Hochofengang. Klaus Scheidig. (Freiberger Forsch.-H., Reihe B, Heft **44**, 30—48, Juni 1961; Freiberg; dt.) — Durch Betriebs-Verss. werden Kennzahlen für den Hochofengang u. für die Koksqualität ermittelt. In der ersten Vers.-Periode konnte beim Einsatz von nur einer Kokssorte der entscheidende Einfl. der Koksqualität auf den Ofengang nachgewiesen werden. Es wurde versucht, Störungen dieser Abhängigkeit in der zweiten u. dritten Vers.-Periode zu begründen; jedoch konnte eine Abhängigkeit des relativen C-Verbrauchs von der abs. Koksqualität nicht gefunden werden. Mit der nach Graf bestimmten Gleichmäßigkeit entstand ein geänderter Wertmaßstab für die eingesetzten Kokssorten. Der bedeutende Einfl. der Gleichmäßigkeit des Kokses auf Ofengang u. C-Verbrauch konnte nachgewiesen werden. Die Ergebnisse zahlreicher Trommel-Verss. unter verschärften Bedingungen ergaben einen Einfl. der vermehrten Transportbeanspruchung des Kokses auf die Lage seines Stabilisierungspunktes. H. Hochstein. 6370□

Konstruktive und metallurgische Untersuchungbefunde an stillgesetzten Niederschachtöfen. Winfried Wenzel, Uwe Schmilinsky und Klaus Scheidig. (Freiberger Forsch.-H., Reihe B, Heft **44**, 49—65, Juni 1961; Freiberg; dt.) — Aus dem Verlauf der Ofenreisen u. den konstruktiven Ausbaubefunden werden Hinweise für die Neuzustellung der Öfen gegeben. Eine Auswertung von aus verschiedenen Ofenebenen entnommenen Beschickungsproben ermöglichte Aussagen über die Red. der Fe-Begleiter u. die Bldg. des Roheisens im Niederschachtofen. Das Anfangsstadium der Schlacken-Bldg. wurde dabei nicht erfaßt; vielmehr ergaben sich nur Hinweise auf die Schlacken-Zus. in tiefer gelegenen Zonen der Beschickungssäule. H. Hochstein. 6370□

Die Entwicklung einer halbautomatischen Gießerei. P. Spear und R. D. Mills. (Brit. Foundryman **54**, 347—55, Aug. 1961; Rubery, Aven & Co. Ltd.; engl.) — Beschreibung der Entw. einer halbautomat. Gießerei für kleinere u. mittlere Eisen- u. Nichteisengußstücke. — Diskussion. W. Wesly. 6382□

Messung der Gasentwicklung beim Erhitzen von Kernsand. R. G. Godding. (B.C.I.R.A. Journal **9**, 687—92, Sept. 1961; engl.) — Meth. u. App. für die Messung der sich aus Kernsanden entwickelnden Gase. K. Hillinger. 6382□

Thermische Eigenschaften von Gußformwerkstoffen. M. R. Seshadri und A. Ramachandran. (Mod. Castings **40**, Nr. 6, 616—24, Dez. 1961; Bangalore, Indian Inst.

of Sci.; engl.) — Es wird ein Verf. zur Best. der therm. Eigg. von Gußformwerkstoffen angegeben, das mit einer standardisierten Schmelz- u. Gieß-Vorr. arbeitet. — 16 Literaturangaben. F. Vier. 6382□

Einfluß der Wärmeeigenschaften des Formwerkstoffes auf die mechanischen Eigenschaften von gegossenem Aluminium und seinen Legierungen. M. R. Seshadri und A. Ramachandran. (J. sci. ind. Res. [New Delhi], Sect. D **21**, 11—15, Jan. 1962; Bangalore, Indian Inst. of Sci.; engl.) — Die Unterss. des Einfl. der therm. Eigg. von metall. u. nichtmetall. Formwerkstoffen auf die mechan. Eigg. von gegossenem *Al* u. seinen Legg. ergaben, daß bei den Legg. mit steigender Wärmeleitfähigkeit eine Verbesserung der mechan. Eigg. zu beobachten war, bei reinem Al war das nicht der Fall. Die Proben in CO_2-gehärteten Formen hatten bessere Eigg. als die in mit Bentonit gebundenen. Gußeisen u. anod. oxydiertes Al als Formwerkstoff ergaben keinen Unterschied, bei Verw. von Cu-Formen wurden maximale Zugfestigkeit u. Dehnung erreicht. F. Vier. 6382□

Eigenschaften von Bindemitteln für die Herstellung von Kernen in beheizten Kernkästen. D. A. Taylor und M. J. Clifford. (B.C.I.R.A. Journal **9**, 632—47, Sept. 1961; engl.) — Überblick über die Herst. von Gießereikernen in beheizten Kernkästen. Als besondere Vorteile werden die Schnelligkeit der Herst. u. die Genauigkeit der Kerne hervorgehoben. K. Hillinger. 6382□

Verbesserung von feuerfesten Werkstoffen für Gießpfannen. P. J. Neff, J. J. Downs und J. T. Baker. (Mod. Castings **40**, Nr. 6, 646—53, Dez. 1961; East Chicago, Ind., American Steel Foundries; engl.) — Formgebung u. Werkstoffe für Stopfen u. die Auskleidung des Ausgusses für Gießpfannen zum Gießen von hochschm. Metallen werden beschrieben. Für die Auskleidung hat sich eine gestampfte Mullitmischung gegen Erosion sehr bewährt. Für Stopfenköpfe ist eine Zus. aus 25 (%) *Graphit* u. 75 *Ton* der 60 Al_2O_3 u. 35 SiO_2 enthalten soll, bes. geeignet. Die Auskleidung der Pfannen soll einen möglichst hohen Al_2O_3-Geh. — bis 85% — aufweisen. F. Vier. 6382□

Zur Messung des Formfüllungsvermögens am Beispiel der Systeme Aluminium-Silicium und Aluminium-Kupfer. Wilhelm Patterson und Helmut Brand. (Giesserei **49**, 110—15, 8/3. 1962; Aachen, TH, Gießerei-Inst.; dt.) — Die Verss. zeigen, daß das Formfüllungsvermögen von *Al*–*Si*- u. *Al*–*Cu*-Legg. aus der Art des Erstarrungsablaufes gedeutet werden kann. Eine Probe in Form eines Doppelkegels ermöglicht den Vgl. aller techn. Legg., für feinere Messungen ist die Spiralform geeignet. F. Vier. 6382□

Der Stand der nichttraditionellen Verfahren für die Reduktion von Eisen-Mineralen. A. Scortecci und A. Palazzi. (Metallurgia ital. **52**, 214—28, Mai 1960; Cornigliano, Ist. Siderurgico Finsider; ital.) — Zusammenfassend wird über die Maßnahmen zur Erniedrigung des Koksverbrauchs bei Red. u. über die Aussichten der neueren Verhüttungs-Verff. berichtet. — 35 Literaturangaben. E. Miessgang. 6390□

Magnesiumanalyse als brauchbares Kriterium für die Güte von duktilem Eisen. Anonym. (Mod. Castings **40**, Nr. 2, 106—08, Aug. 1961; AFS Ductile Iron Div. Res. Comm. (12-K); engl.) — Es wird gezeigt, daß die Best. des *Mg*-Geh. in duktilem *Eisen* keine sicheren Schlüsse auf dessen Güte zuläßt; der Coupon-Test stellt eine sichere Meth. zur Qualitätskontrolle dar. F. Vier. 6390□

Beitrag zur Kenntnis der Eisen-Aluminium-Legierungen. E. Hugony und C. Garino. (Alluminio **29**, 339—50, Juli/Aug.; Ist. sperim. Metalli Leggeri Mem.Rapp. **X**, Nr. 176, 3—14; 1960; Milano-Novara, Ist. sperim. Metalli legg.; ital.) — Nach einem Rückblick auf die technolog. Entw. der *Fe*–*Al*-Legg., die in Form legierter Gußeisen u. Stähle mit bis 30 bzw. 16% Al wegen ihrer besonderen therm. Beständigkeit, ihrer elektromagnet. u. mechan. Eigg. sowie ihres herabgesetzten spezif. Gew. ständig an Bedeutung gewinnen, berichten Vff. über Ergebnisse von unter Betriebsbedingungen u. erhöhter Temp. ausgeführten Vers.-Reihen mit Gußeisen u. Stählen von verschiedenem Al-Gehalt. Bisherige techn. Schwierigkeiten bei der Herst. konnten durch Anwendung der Vakuumschmelze u. Gießen unter Vakuum oder Schutzgas überwunden werden u. führten zur industriellen Herst. von *perlit. Al*–*Cr Gußeisen*-Typen. Abschließend berichten Vff. über Struktur-Best. Al-haltiger *ferrit. Gußeisen* u. *Stähle*. In der anschließenden Diskussion wurden allg. Erfahrungen über Herst., Verh. u. Verarbeitbarkeit hochwarmfester Fe–Al-Legg. für Rheostaten u. besonderen Verw.-Zwecken erörtert. — 43 Literaturhinweise. A. Sander. 6390□

Das saure Schmelzen von Gießereiroheisen im Niederschachtofen. Karl-Friedrich Lüdemann, Werner Schilling (unter Mitarbeit von Winfried Wenzel, Georg von Struve, Rolf Ebert und Dieter Reimann). (Freiberger Forsch.-H.,

Reihe B Heft **44**, 67—78, Juni 1961; Freiberg u. Calbe, Niederschachtofenwerk; dt.) — Die anteilige Verhüttung des Fe-armen u. stark sauren Badelebener Erzes im Niederschachtofen ist bei der normalen bas. Schmelzweise mit einem erheblichen Verbrauch an Kalkstein u. Koks verbunden. Es werden daher die technolog. u. metallurg. Besonderheiten eines sauren Schmelzens mit einer Schlackenbasizität $CaO/SiO_2 = 0{,}69$ bzw. 0,74 untersucht. Die hierbei gewonnenen Erkenntnisse sind ähnlich den im Hochofen erhaltenen Ergebnissen; erheblichen Einsparungen an metallurg. Koks u. Kalkstein stehen höhere S- u. verminderte C-Geh. des sauer erblasenen Gießereiroheisens gegenüber. Das saure Schmelzen war bes. für die Herst. niedriggekohlter Gießereiroheisensorten geeignet. Die Entw. eines Nachbehandlungs-Verf. zur gleichzeitigen Entschwefelung u. Aufkohlung des Eisens ermöglicht die Ausnutzung der Vorteile des sauren Schmelzens auch beim Erschmelzen von Gießereiroheisen I. H. Hochstein. 6400□

Impfung und Wachsen von Gußeisen. K. E. L. Nicholas. (B.C.I.R.A. Journal **9**, 103—16, Jan. 1961; B.C.I.R.A. Res. Dep.; engl.) — Das Impfen von untereutekt. grauen Gußeisensorten erzeugt einen Anstieg im Grad der eutekt. Keim-Bldg. u. im Zusammenhang hiermit eine Zunahme der Fehlerhaftigkeit. Graue Gußeisensorten mit *P*-Geh. bis über 1% wurden im Ofen mit *Ferrosilicium* geimpft u. darauf mit O_2 beblasen, um den Keim-Bldg.-Grad zu erniedrigen. Dabei wird festgestellt, daß die charakterist. Fehlerhaftigkeit von geeimpften grauen Gußeisensorten von dem erhöhten Wachsen herrührt, welches auf den Grad der eutekt. Keim-Bldg. bezogen wird. Dieser Einfl. ist in Gußstücken mit geringem u. mittlerem Querschnitt am stärksten ausgeprägt. H. Hochstein. 6402□

Schätzung der Zusammensetzung von im Kupolofen erschmolzenen Eisen mittels Abkühlungskurven. R. Jelley und J. G. Humphreys. (B.C.I.R.A. Journal **9**, 622—31, Sept. 1961; Wellingborough, Morris Motors Ltd., Nuffield Foundry; engl.) — Es wird eine Meth. aufgezeigt, die es ermöglicht, rasch die Zus. des Kupolofeneisens zu überwachen durch Ermittlung der Erstarrungspunkte kleiner Probekörper. Die Summe % C + % P:2 + % Si:4 kann durch Best. der Erstarrungs-Temp. ziemlich genau ermittelt werden u. auf Grund der ungefähren P- u. Si-Geh. des Eisens läßt sich der C-Geh. bestimmen. Andererseits ist der Erstarrungsbereich ein Maß für das C-Äquivalent, das in vielen Fällen für Kontroll-Unterss. nützlich ist. Die erörterte Meth. ist einfach u. eignet sich für das Erschmelzen untereutekt. Gußeisensorten. K. Hillinger. 6402□

Einfluß der Zusammensetzung auf die Dichte von Gußeisen. R. L. Carden. (B.C.I.R.A. Journal **10**, 325—32, Mai 1962; engl.) — Die relativen Anteile der Gefügebestandteile, wie Ferrit, Perlit, Zementit, Graphit u. Phosphid-Eutektikum, sind ein wichtiger, die Dichte des Graugusses regelnder Faktor. Von diesen Bestandteilen ist der Graphit der einflußreichste, obwohl auch jede Änderung im Si-Geh. des Ferrits einen starken Einfl. ausübt. Die Unters.-Ergebnisse anderer Forscher über die Abhängigkeit der Dichte von Gußeisen von verschiedener Zus. werden verwendet zur Ableitung einer Gleichung zur Berechnung der Dichte kleiner Proben bei gegebener Zusammensetzung. Es werden die Richtlinien zur Durchführung solcher Berechnungen zur Vermeidung von Fehlern erörtert. — 10 Literaturangaben. H. Hochstein. 6402□

Einfluß der Überhitzung auf weißes und meliertes Gußeisen. A. G. Fuller. (B.C.I.R.A. Journal **9**, 693—716, Sept. 1961; engl.) — An Probekörpern aus Gußeisen mit 3,3 (%) *C*, 0,4 bzw. 0,65 *Si*, 0,1 bzw. 0,22 *Mn*, 0,125 *S*, 0,43 *P* wird der Einfl. der Überhitzung u. der Haltezeit im Ofen auf die Tiefe der Weißeinstrahlung untersucht u. festgestellt, daß sie kontinuierlich mit Überhitzungs-Temp. u. Haltezeit im Ofen ansteigt. K. Hillinger. 6404□

Die Bildung von Kugelgraphit in untereutektischem Gußeisen. W. Oldfield und J. G. Humphreys. (B.C.I.R.A. Journal **10**, 315—24, Mai 1962; engl.) — Die Gleichgewichts-Temp. des Kugelgraphit-Eutektikums u. des Carbid-Eutektikums werden für ein typ. untereutekt. Mg-haltiges Gußeisen bestimmt u. gezeigt, daß die normale Erstarrungs-Temp. des Kugelgraphit-Eutektikums in Sandgußprüfstäben oberhalb derjenigen der Carbid-Eutektikum-Gleichgewichts-Erstarrungs-Temp. liegen. Es wird gefolgert, daß das Kugelgraphit-Eutektikum nicht durch den indirekten Mechanismus gebildet sein kann, sondern direkt aus der Schmelze krist. sein muß. Bei einem gegebenen Unterkühlungsgrad überschreitet die eutekt. Zellenanzahl im Gußeisen mit Kugelgraphit diejenige Zahl in einem ähnlichen Mg-freien Gußeisen mit Flockengraphit um einen Faktor von ca. 200. Es wird vermutet, daß diese Differenz im Keimwirkungsgrad durch die Differenz in der Oberflächenenergie zwischen den beiden Graphitformen verursacht wird. — 10 Literaturangaben. H. Hochstein. 6404□

Eutektisches Gefüge in weißerstarrtem Gußeisen. J. Rickard und I. C. H. Hughes. (B.C.I.R.A. Journal **9**, 11—25, Jan. 1961; B.C.I.R.A. Res. Dep.; engl.) — Untersucht werden das Verh. bei der Erstarrung sowie das Gefüge mehrerer eutekt.

Gußeisenschmelzen mit 3,63 (%) *C*, 0,27 *Si* u. 0,97 *Cr*. Der Einfl. der Abkühlungs-Geschw. auf die Gefügeausbldg. wird bestimmt u. metallograph. Beobachtungen über die Ausgangspunkte der Bldg. vom Eutektikum angestellt. Die Bedingungen für die Entstehung einer besonderen plattenförmigen Ausbldg. des Eutektikums werden erörtert. Es wird festgestellt, daß Ledeburit mit nur geringer Unterkühlung u. Wärme-Entw. erstarrt; er entsteht an Punkten auf der Form/Metall-Grenzschicht durch Keimbildung. Das plattenförmige Eutektikum, welches viel weniger häufig auftritt u. nur dann, wenn eine Ledeburit-Keim-Bldg. vermieden wird, tritt bei einer beträchtlichen Unterkühlung u. Wärme-Entw. auf u. entsteht durch Keim-Wrkg. an verschiedenen Punkten innerhalb der Schmelze. Das ledeburit. Eutektikum scheint sich kontinuierlich durch ein Seitwärtswachstum von Austenit u. Cementit zu entwickeln, während im plattenartigen Eutektikum das Wachstum die Form zusätzlicher durch den Austenit getrennter Platten annimmt. H. Hochstein. 6404□

Molybdän in Gußeisen. Heinrich Siepmann. (Giesserei **49,** 101—05, 8/3. 1962; Mülheim/Ruhr; dt.) — Gefüge u. Eigg. von Gußeisen werden bes. durch den *C*- u. *Si*-Geh. u. die Abkühlungsbedingungen bestimmt. Durch den Zusatz von Leg.-Elementen in die Gußeisenschmelze kann die Kristallisation u. damit auch das Verh. des Gußeisens stark beeinflußt werden. Zusatz von *Mo* steigert die Zugfestigkeit u. den Reifegrad. Die Härte wird ohne bes. starke Herabsetzung der Bearbeitbarkeit erhöht. Zwischen dünneren u. dickeren Gußstückquerschnitten bleiben die Festigkeitsunterschiede geringer. Warmfestigkeit u. Dauerstandfestigkeit werden verbessert. Anwendungen bes. im Motoren- u. Fahrzeugbau. F. Vier. 6404□

Einfluß von Mn auf die Stabilisierung und Kinetik des Zerfalls von perlitischem Zementit. Stanislav Drápal. (Hutnické Listy **16,** 489—96, Juli 1961; Praha, Stát., výzk. ústav materiálu a technol.; tschech.) — Die Unterss. wurden mit Gußeisen der mittleren Zus. 2,2 (%) *C*; 1,15 *Si*; 0,023 *P*; 0,022 *S* (zwei Schmelzen bis 0,29 *S*); 0,02 *Cr*; 0,02 *Al* u. steigendem *Mn*-Geh. von 0,20—1,60% durchgeführt; ermittelt wurde die Härte, Struktur, Geh. an Zementit u. dessen Zus. (elektrolyt.) sowie Struktur mittels der $Cr_{K\alpha}$-Strahlung u. SiO_2-Monochromator. — Die Mn-Konz. im perlit. Zementit ist ca. 8mal höher als im Ferrit; dies bewirkt eine bedeutendere Stabilisierung als beim ledeburit. Zementit. Der Zerfall des perlit. Zementits kann mittels der früher von Drápal (vgl. C. **1962,** 14303) beschriebenen Gleichung $y/(1-y) = Kt^m$ berechnet werden. Die Aktivierungsenergien bei niedrigem Mn- u. Si-Geh. liegen bei 100000 cal/Mol, woraus auf die kontrollierende Einw. der C-Diffusion von den Zementitteilchen in Richtung der Graphitkörner geschlossen wird. Mit steigendem Mn-Geh. zeigt sich eine steigende Bedeutung der Spheroidisierung u. Koagulation des Zementits durch dessen Zerfall; die Aktivierungsenergie wächst in diesem Falle linear bis zu sehr hohen Werten an. Bei einem erhöhten S-Geh. werden die beschriebenen Vorgänge stark durch die Bldg. von *FeS* u. einer erhöhten S-Segregation an den Korngrenzen gehemmt.
J. Tůmová. 6404□

Entgasung des Stahls für die Herstellung gegossener und geschmiedeter Stücke durch Vakuumguß. V. Scalise, A. De Negri und V. Picardi. (Metallurgia ital. **52,** 237—44. Mai 1960; Cornigliano, Soc. Italiana Acciaierie; ital.) — Vgl. C. **1962,** 1777. — Das Vakuumguß-Verf. brachte zum großen Teil die Lösung des Problems, die bei großen gegossenen u. geschmiedeten Stücken auftretenden Fehler, hervorgerufen durch Gaseinschlüsse (bes. H_2), auszuschalten. Die bei der SIAC-Genua-Cornigliano in Betrieb befindlichen Anlagen für Vakuumguß-Verf. u. erzielten Ergebnisse (Kokille u. Gießpfanne) werden beschrieben. E. Miessgang. 6408□

Hochfester Stahlguß für Bauteile in der Raumfahrtindustrie. W. R. Roser. (Mod. Castings **40,** Nr. 2, 109—12, Aug. 1961; Hawthorne, Calif., Northrop Corp.; engl.) — Beschreibung von Bauteilen aus Stahlguß zur Verw. in der Raumfahrtindustrie.
F. Vier. 6408□

Beitrag zur Desoxydation von Siemens-Martin-Schmelzen für Tiefziehstähle mit Aluminium. Manfred Göhler und Hans-Werner Fenzke. (Freiberger Forsch.-H., Reihe B, Heft **44,** 92—103, Juni 1961; Freiberg; dt.) — Bei der Unters. der Beruhigung von im generatorgasbeheizten SM-Ofen erzeugten Tiefziehstahlschmelzen mit Pfannenzusätzen bis zu 2,4 kg *Al* je t Stahl wurden festgestellt, daß bei solchen Zusätzen von 1,2 u. 1,8 kg/t der Geh. an oxid. Einschlüssen im Stahl 70—120 g/t betrug u. bei Erhöhung des Al-Zusatzes auf 2,4 kg/t auf mehr als das Doppelte stieg. Die Best. des Gesamt-O-Geh. des Stahles nach dem Vakuumschmelz-Verf. liefert viel zu niedrige Werte, sobald die Schmelzen mit 2,4 kg/t desoxydiert sind. Hohe Al-Zusätze setzten das Fließvermögen des Stahles herab u. beeinträchtigen die Abscheidungsbedingungen nicht nur der Desoxydations-Prodd., sondern auch der aus der feuerfesten Zustellung von Pfanne, Trichter u. Gespannplatte herrührenden exogenen Verunreinigungen. — 24 Literaturangaben. H. Hochstein. 6408□

Kernberuhigter Stahl für die Erzeugung nahtloser Rohre nach dem Schrägwalzverfahren. Werner Fiedler. (Freiberger Forsch.-H., Reihe B, Heft **44**, 79—91, Juni 1961; Riesa; dt.) — Ein im Gespann vergossener Stahl wurde durch Trichterzugabe von 1 kg 75% ig. Ferrosilicium u. 0,1 kg granuliertem Al je t Stahl kernberuhigt. Dieser Stahl zeigte eine ca. 30 mm dicke, reine Randzone, u. die hieran anschließende Zone war mit starken S-Anreicherungen durchsetzt (Seigerungskranz). Außerdem besaß der Stahl einen Blasenkranz vom Fuß bis zur halben Blockhöhe. Die Blöcke ließen sich fast fehlerfrei auswalzen, nur bei der Herst. von Rohrluppen nach zwei verschiedenen Schrägwalz-Verff. ergaben sich Werkstofftrennungen innerhalb des Seigerungskranzes. H. Hochstein. 6408□

Gießtemperaturen und Gießleistung bei der Herstellung von Schmiedeblöcken aus unlegierten und legierten Stählen. Karl-Friedrich Lüdemann, Hans Fiedler und Günter Breunung. (Freiberger Forsch.-H., Reihe B, Heft **44**, 104—15, Juni 1961; Freiberg, Bergakad., Eisenhütten-Inst.; Gröditz, VEB Stahl- u. Walzwerk; dt.) — Durch thermoelektr. Messung der Abstich-Temp. von SM-Schmelzen sowie der für Schmiedeblöcke ermittelten Gieß-Temp. werden durch Großzahlauswertungen die günstigsten Gießleistungen für Schmiedeblöcke verschiedener Gew.- u. Stahlmarken festgelegt. — 17 Literaturangaben. H. Hochstein. 6410□

Die Molybdäncarbid-Umwandlung in ferritischen Stählen. K. A. Ridal und A. G. Quarrell. (J. Iron Steel Inst. **200**, 359—65. Mai 1962; Sheffield, Univ.; engl.) — Die Mo–Carbid-Umwandlung wird an verschiedenen Reihen von an der Luft u. im Vakuum erschmolzenen Stählen mit ca. 3,5% *Mo* u. mit verschiedenen C-Geh. während des Anlassens bei 600 u. 700° untersucht. Diese Änderungen wurden durch chem. u. Röntgenanalysen von elektrolyt. aus dem Stahl extrahierten Carbiden sowie durch Elektronenmikroskopie verfolgt. Es zeigte sich, daß die Umwandlungs-Geschw. aller Stähle von dem atomaren Verhältnis Mo/C abhängig war. Die Mo–Carbid-Umwandlung tritt „am Ort" auf. Beim Anlassen von einfachen Mo-Stählen wird das stabile Carbid, M_6C oder *η-Carbid*, am besten durch die Formel $Fe_3Mo_3C_{1,25}$ wiedergegeben. Die $Mo_2C \rightarrow M_6C$-Umwandlung in der Reihe der vakuumerschmolzenen 3,5% Mo-Stähle ist ebenfalls vom Mo/C-Verhältnis abhängig, erfordert jedoch im Vgl. zu den lufterschmolzenen Stählen viel längere Anlaßzeiten. H. Hochstein. 6410□

Einfluß der Kriechverformung auf die Carbidumwandlungen in ferritischen Stahllegierungen. K. A. Ridal und A. G. Quarrell. (J. Iron Steel Inst. **200**, 366—73, Mai 1962; Sheffield, Univ.; engl.) — Vgl. vorst. Referat. — Der Einfl. der Kriechverformung auf die $Mo_2C \rightarrow M_6C$-Umwandlung wurde in einer Reihe von lufterschmolzenen Stählen mit 3,5% Mo u. verschiedenen C-Geh. während des Anlassens bei 500—700° untersucht. Die Änderungen wurden durch chem. u. Röntgenanalyse der elektrolyt. aus dem Stahl extrahierten Carbide, durch Härtemessungen u. elektronenmkr. Beobachtungen verfolgt. Es zeigte sich, daß die Dehnung die Rk. beschleunigte, wobei der Beschleunigungsgrad mit höheren Verformungs-Geschw. zunahm. Dieser Effekt war bei niedrigeren Temp. u. mit zunehmenden C-Geh. des Stahles deutlicher ausgeprägt. Die Kriechdehnung beschleunigte auch die $Mo_2C \rightarrow M_6C$-Umwandlung in vakuumerschmolzenen Stählen ähnlicher Zusammensetzung. Die $Cr_7C_3 \rightarrow Cr_{23}C_6$-Umwandlung wurde in einem Stahl mit 0,20% C u. 8,65% Cr untersucht; dabei wurde gefunden, daß sie durch die Verformung schwach verzögert wurde; der Verzögerungsgrad war im Bereich von 550—700° von der Temp. unabhängig. H. Hochstein. 6410□

Die Verteilung nichtmetallischer Einschlüsse in Blöcken aus Baustahl. W. S̈s. Wwedenski, W. A. Selenow und K. K. Prochorenko. (Stahl [UdSSR] **22**, 454—57, Mai 1962; russ.) — Eine Erhöhung des *Al*-Verbrauchs von 0,5 auf 1,5 kg/t bei der Desoxydation des Stahles *30ChN2MFA* bewirkt eine Abnahme der Gesamtmenge an nichtmetall. Einschlüssen im Stahl. Die Bereiche mit dem größten Geh. an Einschlüssen werden durch die schlechteste Makrostruktur gekennzeichnet. So ist der Blockmittelteil stärker verschmutzt, während der Teil unter der Wärmhaube am wenigsten verschmutzt ist. In Stahl, der durch eine erhöhte Menge Al desoxydiert ist, finden sich grobe Konglomerate aus Al_2O_3-Kristallen. Die Desoxydation des Stahles mit *Silicocalcium* bewirkt Bldg. grober kugeliger Einschlüsse, die als Al_2O_3-Kristalle in Silicateinschlüssen identifiziert werden. H. Hochstein. 6410□

Eigenschaften von Nickel-Aluminium-Vergütungsstahl. J. B. Seabrook. (Metal Progr. **79**, Nr. 2, 80—83, Febr. 1961; Lynn, Mass., General Electric Co.; engl.) — Ni-Al-Stähle, die üblicherweise durch Nitrieren gehärtet werden, haben die Eigg., auch bei langen Zeiten u. gleichzeitig hohen Temp. nicht zu überaltern. Vf. schlägt einen Stahl mit 5% *Ni* u. 2 *Al* ungeachtet seiner mäßigen Schlagfestigkeit als Werkstoff für Präzisionsgetriebe vor. F. Vier. 6410□

Fortschritte und Erfahrungen in der Anwendung korrosionsbeständiger Stähle. I. Class und H. Gräfen. (Werkstoffe u. Korrosion **12**, 747, Dez. 1961; dt.) — Im Anschluß an die C. **1962**, 286 referierte Arbeit werden weitere Unterss. über die Stabilisierung von 17% ig. Cr-Stählen gemacht u. festgestellt, daß auch bei ferrit. Stählen kein grundsätzlicher Unterschied zwischen der Stabilisierung mit *Ti* einerseits u. mit *Nb/Ta* andererseits besteht. Es ist jedoch in jedem Falle notwendig, die Höhe des *N*-Geh. zu berücksichtigen, dad., daß das Verhältnis von Nb:C bzw. Ti:C über den zur Abbindung des C-Geh. erforderlichen Wert in hinreichender Höhe hinausgeht. Die Nachprüfung einer Schmelze auf IK-Empfindlichkeit mittels des Strauß-Testes kann entweder an Schweißproben vorgenommen werden oder an Proben, die bei verschiedenen hohen Temp. bis zu ca. 1300° geglüht werden mit rascher Abschreckung. Eine sehr rasche Abkühlung von hinreichend hoher Temp. ist zur Aufzeigung der IK-Anfälligkeit erforderlich. H. Hochstein. 6410

Steigerung, Zerfall und Gasentwicklung von 90prozentigem Ferrosilicium. Siegfried Böhmer und Wilfried Richling. (Freiberger Forsch.-H., Reihe B, Heft **44**, 116—32, Juni 1961; Stahlberatungsstelle der VVB Stahl- u. Walzwerke; Freiberg, Bergakad., Eisenhütten-Inst.; dt.) — Die Bereitstellung eines Al- u. Ca-armen Ferrosiliciums durch Ausseigern ist volkswirtschaftlich nicht vertretbar. Die Gas-Entw. u. der Zerfall der Leg. hängen von der inhomogenen Verteilung des *P* u. *Ca* ab. Maßgebend für das Ausmaß der Entmischung sind die Zus. der Leg. sowie die Abkühlungsbedingungen. Der Al-Geh. u. dessen Verteilung über den Block kann als Indicator für den Seigerungsumfang angesehen werden. Bei der Zers. der Ca-Verbb. durch W. entstehen *Kalkhydrate.* Schon die normale Luftfeuchtigkeit ist in der Lage, eine starke Steigerung der H- bzw. Wasser-Geh. von Ferrosilicium zu verursachen. Die Analyse der im Vakuum-Heißextraktionsgerät aus Ca-haltigen Proben entwickelten Gase kann außergewöhnlich hohe u. schwer reproduzierbare Werte ergeben. In W. verschieben die in Lsg. gehenden Rk.-Prodd. den pH-Wert in den bas. Bereich, wodurch eine zusätzliche H_2-Entw. infolge der Rk. mit Si ausgelöst wird. — 11 Literaturangaben. H. Hochstein. 6418□

Pyrometallurgische Anreicherung von Übergangschromit und Herstellung von Ferrochrom. Willard L. Hunter und Lloyd H. Banning. (U. S. Dep. Interior, Bur. Mines, Rep. Invest. **1962**, Nr. 6010, 1—16; Albany, Oreg., Bureau of Mines, Metallurgy Res. Center; engl.) — Das Cr–Fe-Verhältnis von Übergangschromit kann auf ein Verhältnis von mehr als 3:1 durch selektive Red. in einem elektr. Ofen oder durch Chlorierung verbessert werden. Cr-Rückgewinnungen liegen zwischen 85% bei dem selektiven Red.-Schmelz-Verf. bis zu über 90% beim Chlorierungsverfahren. Obschon kein Ferrochrom aus dem angereicherten Rückstand der Chlorierungsprüfung hergestellt wurde, wird angenommen, daß dieses Material an Luft gesintert u. anschließend geschmolzen werden kann. Die Cr-haltige Schlacke aus der selektiven Red. von Chromit kann red. werden entweder in geschmolzenem Zustand in einem offenen Lichtbogenofen oder abgekühlt, zermahlen u. geschmolzen werden in einem kontinuierlichen verdeckten Lichtbogenofen. Ferrochrom mit über 65% Cr kann aus Cr-haltiger Schlacke sowie aus chem. angereichertem Material hergestellt werden. H. Hochstein. 6418□

Einige technologische Probleme bei der elektrolytischen Zinkgewinnung. Ernst Theurich. (Neue Hütte **7**, 286—91, Mai 1962; Freiberg (Sa.), VEB Bergbau- u. Hüttenkombinat „Albert Funk"; dt.) — Nach einem Überblick über die Weltzinkproduktion u. die Zn-Qualitäten wird über die Herst. reiner $Zn-SO_4$-Lsgg. berichtet. Voraussetzung für das Erreichen einer Elektrolyt-Zn-Qualität von 99,99% ist eine weitgehende Reinigung des Elektrolyten u. eine sorgfältige Auswahl u. Behandlung der Anoden. F. Vier. 6426□

Über die Kinetik der chlorierenden Verflüchtigung von Zink aus Zinkoxid mit Calciumchlorid. Ulrich Kuxmann. (Z. Erzbergbau Metallhüttenwes. **15**, 447—62, Sept. 1962; Clausthal, Bergakad., Inst. für Metallhüttenwesen u. Elektrometallurgie; dt.) — Dampfdruck- u. Umsatzmessungen der bei der Rk. zwischen ZnO_{fest} u. $CaCl_{2fl.}$ sich abspielenden Vorgänge bei 850—1050° ergaben, daß nicht die Lage des Gleichgewichts, sondern die Rk.-Kinetik den Ablauf der Rk. entscheidend beeinflußt. Die Ergebnisse konnten auf eine Überlagerung von chem. Grenzflächen-Rkk. u. Transportvorgängen durch Porendiffusion u. Konvektion zum Abtransport des von der Chloridschmelze gelösten Rk.-Prod. CaO zurückgeführt werden. Dementsprechend wurde die scheinbare Aktivierungsenergie von 22 kcal/Mol zum halben Wert der Aktivierungsenergie der chem. Heterogen-Rk. von 45 kcal/Mol gefunden. — 27 Literaturangaben. F. Vier. 6426□

Modernes Werk stellt sauerstofffreies Kupfer her. Dragoslav Janicijevic. (Metal Progr. **79,** Nr. 2, 112—15; 126, 128, 130, 132, 134, 136, 138, Febr. 1961; Svetozarevo, Jugoslawien, Fa. Kablova Svetozarevo; engl.) — Beschreibung einer Anlage zur Herst. von O-freiem *Cu*. Das geschmolzene Kathoden-Cu wird zur Vermeidung von Verunreinigungen unter einer Schutzatmosphäre von *CO* u. N_2 gehalten. F. Vier. 6432 □

Der Einfluß der Korngröße auf die in verformten Kupfer aufgespeicherte Energie. M. H. Loretto und A. J. White. (Acta metallurg. [New York] **9,** 512—13, Mai 1961; Melbourne, Univ., C.S.I.R.O., Div. of Tribophys.; engl.) — Vff. nehmen Bezug auf Unterss. von Clarebrough u. Mitarbeitern (vgl. Acta metallurg. [New York] **6,** [1958], 725) an 99,98ig. % Cu über die Zunahme der Energie mit der Abnahme der Korngröße u. berichten über analoge Verss. an 99,999% ig. Cu an Proben von 8 in. u. 1½ in. ∅. Beide Proben wurden durch Druck um ca. 30% verformt u. nach der Meth. von Clarebrough u. Mitarbeitern (vgl. Proc. Roy. Soc. [London] Ser. A **215,** [1952], 507) gemessen. Die ΔP-Werte wurden gegen die Anlaß-Temp. graph. aufgetragen. Die metallograph. Unters. bestätigte die l. c. gemachte Beobachtung, daß die den Maxima in den ΔP-Kurven entsprechende Energie in Zusammenhang mit der Rekristallisation steht. Der Unterschied in der Geschw. der Energieabgabe ist in reinerem Cu ausgeprägter als in dem l. c. untersuchten Cu. C. Gottfried. 6432

Spannungsrelaxation in Kupfer und α-Messing bei niedrigen Temperaturen. P. Feltham. (J. Inst. Metals **89,** 210—14, Febr. 1961; Leeds, Univ.; engl.) — Die Relaxation der Zugspannung σ bei 77—291° K bei konst. Belastungen wurde an Proben aus polykristallinem Cu mit 99,99 u. 99,999% Reinheit u. aus α-Messing mit 10—35% Zn vakuumgeglüht bei 800° bei einer Korngröße von $4{,}5 \cdot 10^{-3}$ cm untersucht. Nach einer ½ Std. erreichte im allg. die Anfangsspannung σ_0 ihren Endwert σ_r. Die Relaxation folgte zum größten Teil einem logarithm. Gesetz. Im Gebiet der Verb. Cu_3Zn hatte die Neigung der Kurve ein Maximum. F. Vier. 6432 □

Neue, hochfeste, gegen Entzinken beständige Bronzegußlegierung. A. H. Hesse. (Mod. Castings **40,** No. 6, 601—09, Dez. 1961; Chicago, Ill., R. Lavin and Sons, Inc.; engl.) — Beschrieben werden die Eigg. einer Bronze mit 80,00—88,00 (%) *Cu,* 1,00—5,50 *Ni,* 1,00—5,50 *Fe,* 0,50—2,00 *Al,* 0,00—2,00 *Si,* 0,00—7,00 *Zn.* Die Leg. zeichnet sich durch Beständigkeit gegen Entzinken u. Entaluminieren aus. Sie besitzt eine Zugfestigkeit von 65000 lbs./sq. in., eine Kriechfestigkeit von 33000 lbs./sq. in. u. eine Dehnung von 25%. In ihrer Gießcharakteristik ähnelt sie den Mn- u. Al-Bronzen. F. Vier. 6432 □

Carbide in Waspaloy. J. F. Radavich und W. J. Pennington. (Metal Progr. **79,** Nr. 2, 94—96, Febr. 1961; Bridgeville, Pa., Universal-Cyclops Steel Corp.; engl.) — Elektronenmkr. u. röntgenograph. Unterss. ergaben, daß im vakuumerschmolzenen *Waspaloy,* einer typ. Super-Leg., als 1. Carbidphase ein Carbid des Typus *MC* auftritt, reich an *Ti* u. *Mo,* ärmer an *Ni, Cr* u. *Zr.* Beim folgenden Altern zerfällt diese Phase, u. es scheidet sich eine sek. Carbidphase vom Typus $M_{23}C_6$ aus, vorwiegend Cr-reich, mit geringen Geh. an Ni, Mo u. *Co.* Die Ausscheidung tritt zuerst an den Korngrenzen auf u. schließlich innerhalb der Körner. F. Vier. 6434 □

Modifiziertes Chrom für ungeschützte Konstruktionen. David M. Scruggs. (ARS Journal **31,** 1527—33, Nov. 1961; South Bend, Ind., Bendix Corp.; engl.) — Ein Gemisch von elektrolyt. gewonnenem *Cr* u. einem Oxid eines Metalls der Gruppe 2 [*Chrome 30* (**I**), bestehend aus Cr u. MgO] bildet an der Oberfläche $MgO \cdot 2\,Cr_2O_3$ u. vermag ohne Erosion oder Strukturschädigung einem Wärmefluß von 400 Btu/sq. ft./Sek. in Luft zu widerstehen, weil das Oxidgemisch wärmefest ist. **I** ist bis 3800° F oxydationsfest, wogegen reines Cr bei Überschall-Geschw. in der Luft nur wenige Sek. Temp. von 3200° F erträgt. **I** läßt sich strangpressen, warm verformen u. leicht bearbeiten. Stranggepreßte **I**-Proben zeigen eine plast. Verformbarkeit bei Raum-Temp., entsprechend 15% Dehnung bei Zugprüfungen. Die Oxydationsfestigkeit u. plast. Verformbarkeit von **I** sind besser als die von lichtbogengeschmolzenem Cr. W. Wesly. 6440 □

Neuere Untersuchungen zur umgekehrten Blockseigerung von Leichtmetall-Legierungen. G. Jehmlich. (Neue Hütte **7,** 315—16, Mai 1962; dt.) — Mikroradiograph., röntgenograph. u. chem.-analyt. Unterss. ergaben, daß der Größenwert der umgekehrten Blockseigerung u. die Art der Konz.-Verteilung beim Gießen von *AlCu*- u. *AlZn*-Legg. durch Zusätze von *Zn, Mg, Si* u. *Ag* bis zu 2% nur gering u. teilweise ohne eindeutige Tendenz beeinflußt werden. Zusätze von *Sn* u. *Bi* ergeben überhaupt keine Wrkg. auf umgekehrte Blockseigerung u. Konz.-Verteilung. Mit steigendem Zusatz von *Co, Ni* u. *Fe* ist eine starke Abnahme der umgekehrten Blockseigerung u. eine Beeinflussung der Art der Konz.-Verteilung festzustellen. Weitere Verss. bestätigen die Auffassung, daß die umgekehrte Blockseigerung auf die Bldg. einer Cu- bzw. Zn-reichen unterkühlten Schmelze unmittelbar am Blockrand verbunden mit dem Wachstum von Cu- bzw. Zn-reichen Stengelkristallen mit konst. Zus. zurückzuführen ist. F. Vier. 6442 □

Zur „Löslichkeit" von Aluminiumoxid in Kryolith- beziehungsweise Natriumfluorid-Schmelzen. H. Ginsberg und K. Resch. (Z. Erzbergbau Metallhüttenwes. **15**, 199—201, April 1962; Bonn, Vereinigte Aluminiumwerke A.G.; dt.) — Schmelz-Verss. zeigen, daß α-Al_2O_3 durch *NaF*-Schmelzen unter Bldg. von $NaAlO_2$ u. Na_3AlF_6 aufgeschlossen wird. $NaAlO_2$ ist in NaF nahezu unlösl., wird aber in Kryolithschmelzen gelöst. Vgl. C. **1961**, 15181. F. Vier. 6446□

Betriebseigenschaften und Entwicklungsrichtungen der Söderberg-Elektroden im Spiegel der Erfahrungen ungarischer Aluminiumhütten. Alfred Romwalter. (Freiberger Forsch.-H., Reihe B, Heft **64**, 7—22, Febr. 1962; dt.) — Erörtert werden die Vor- u. Nachteile u. die Unterschiede im Betriebs-Verh. von Söderberg-Elektroden mit seitlichen u. senkrechten Stromzuführungsbolzen bei der Al-Elektrolyse. Die Entw. der Anoden deutet auf große Al-Elektrolyse-Öfen hin. — Diskussion. F. Vier. 6446□

Lunkerneigung von Aluminium-Gußlegierungen. Heinz Arbenz. (Giesserei **49**, 105—10, 8/3. 1962; Andelfingen, Aluminium-Industrie A.G.; dt.) — Die volumenmäßige Verteilung der Erstarrungsschrumpfung auf verschiedene Erscheinungsformen der Lunker wurde mittels eines konusförmigen Prüfkörpers, der im wesentlichen der Lunkerprobe von Tatur nachgebildet war, untersucht. Die eutekt. *Al–Si*-Leg. zeigte die geringste Erstarrungsschrumpfungen. Bei Legg. mit Schmelzpunkt ist die Bldg. von Groblunkern bes. stark zu beobachten, nicht dagegen bei Legg. mit großem Erstarrungsintervall. Oxidzusatz u. H_2-Geh. beeinflussen die Lunkerreizung stark. F. Vier. 6446□

Bestimmung der „Gießdiagramme" gewisser Aluminiumlegierungen in Stahlkokillen. Sebastián Feliu Matas und Dionisio Siguin del Dedo. (Acta ci. venezolana **12**, 137—41, Nov. 1961; Univ. Central Venezolana, Dep. Ingen. Metalúrgica; span.) — Für den Metallguß in kompliziert gebauten Formen ist die Kenntnis spezif. Guß-Eigg. des Liquidus bes. wichtig. Sie lassen sich nach Vff. durch experimentell gewonnene Kurven der Gießkapazität in Abhängigkeit von der *Länge des Gußkanals* (**I** g) als auch von der *Zus. des Liquidus* (**Iz**) genauer bestimmen als durch den bisherigen Ausdruck „Vergießbarkeit" (Vg). Vff. beschreiben eine von ihnen entwickelte App. u. die Ausführung von Reihen-Verss. mit Stahltiegeln als Gußform mit *AlSi*-Legg. mit 1—10% *Si* u. mit *AlCu*-Legg. mit 1—40% *Cu* bei konst. Temp. von 750 u. 800°. Aus den Ergebnissen folgt, daß 1. bei kurzen Gußkanälen übereutekt. AlSi-Legg. eine deutlich erhöhte Vg zeigen, 2. bei 10 mm Kanallänge die Vg einer AlSi-Leg. mit 11,7% Si $\sim$ dem Verh. von Reinst-Al entspricht, 3. bei kurzen Kanallängen ist die Vg der untereutekt. AlSi-Leg. bedeutend niedriger als die des Reinst-Al u. der übereutekt. AlSi-Legg.; 4. bei kurzen Gießkanälen zeigen nur die AlCu-Legg. mit $>$20% Cu eine hohe Vg. 5. AlCu-Legg. mit $\sim$14% Cu unterscheiden sich hiervon nur wenig bzgl. der Vg, 6. **Iz**-Kurven der Al-Legg. sind bei kurzen Kanälen weit stärker empfindlich gegen wechselnden Geh. an Zusatz-Legg. als die entsprechenden **Ig**-Kurven. A. Sander. 6446□

Eigenschaften von handelsüblichen Al–Zn–Mg-Legierungen. Praktische Ergebnisse von Zusätzen von Spuren von Silber. I. J. Polmear. (J. Inst. Metals **89**, 193 bis 202, Febr. 1961; Melbourne, Australien, Australian Defence, Scientific Service; engl.) — Die Unterss. zeigten, daß ein Zusatz von 0,3 Gew.-% *Ag* zu handelsüblich reinen *Al–Zn–Mg*-Legg. (D.T.D. 683) einen erheblichen Einfl. auf die Struktur u. die Alterungscharakteristik von bei 125—225° wärmebehandelten Legg. hat. Die Keim-Bldg. wird erleichtert. Es entsteht eine sehr feine, bes. an den Korngrenzen gleichmäßig verteilte Ausscheidung. Es wird ein recht hoher Härtungsgrad bei verhältnismäßig hohen Temp. erzielt. Auch in dem Widerstand gegen Spannungskorrosion ist nach theoret. Überlegungen eine erhebliche Zunahme zu erwarten. F. Vier. 6446□

Gegen heißes Wasser beständiges Halbzeug auf der Basis von Aluminium. J. Moisan, P. Lelong und J. Hérenguel. (Rev. de l'Aluminium **1962**, 69—77, Jan.; Centre de Recherches d'Antony; franz.) — Für *Al*-Legg., die unter 200° beständig sein sollen, kann von Al mit 99,5%ig. Reinheit mit Zusätzen von 0,5—0,6% *Fe* u. *Ni* ausgegangen werden. Bei höheren Temp. wird ein stabilisierender Zusatz von 0,1—0,2% *Zr* empfohlen. In allen Fällen, auch bei Sinterteilen, wirkt ein Ziehen oder Überwalzen verbessernd. — 27 Literaturangaben. F. Vier. 6446□

Strukturelle Alterungscharakteristiken von Al–Cu–Mg-Legierungen mit einem Verhältnis von Kupfer zu Magnesium von 7:1 und 2,2:1. J. M. Silcock. (J. Inst. Metals **89**, 203—10, Febr. 1961; Liverpool, Univ.; engl.) — Die beim Altern von Al–Cu–Mg-Legg. mit einem Cu:Mg-Verhältnis von 7:1 u. 2,2:1 sich bildenden Strukturen wurden durch Röntgen-Einkristallaufnahmen untersucht. In den Legg. mit einem Cu: Mg-Verhältnis von 2,2:1 entsprechen die auftretenden Zonen den in den bin. Al–Cu-Legg. auftretenden u. wurden G.P.B.-Zonen benannt. Änderungen in ihrer Größe beeinflussen die Härte nicht. Bei sehr hohen Temp. — $\sim$240° — tritt eine Struktur auf, die überlagerte Beugungen auf den breiten G.P.B.-Punkten ergibt, u. die im selben Verhältnis wie G.P. [2]- zu den G.P. [1]-Zonen in den bin. Legg. steht u. die G.P.B. [2]-Zone genannt wurde. Die *Al_2CuMg–S*-Struktur tritt in den Legg. oberhalb 110° auf. In den Legg. mit einem Cu–Mg-Verhältnis von 7:1 bilden sich G.P. $[1]_{Cu}$-Zonen u. G.P.B.-Zonen gleichzeitig. Die Bldg. von GP [1] u. Θ' ist gegenüber der in den bin. Legg. beschleunigt. Die Θ'-Phase tritt in kleineren Plättchen, aber in der Struktur unverändert auf. Die G.P.B. [2]-Zonen bilden sich bei 240° u. geben sehr scharfe Punkte u. scheinen bei dieser Temp. relativ stabil zu sein. F. Vier. 6446 □

Hochfeste Aluminium-Gußlegierung M-517-T61. W. A. Bailey, E. N. Bossing und F. H. Roebuck. (Mod. Castings **40,** Nr. 6, 660—63, Dez. 1961; Santa Monica, Calif., Douglas Aircraft. Co.; engl.) — Die Vers.-Leg. *M-517—T 61,* die durch Zusatz von *Be* u. Erhöhung des *Mg*-Geh. aus einer üblichen Al-Leg. *356* mit Geh. an *Si, Mg* u. *Cu* entwickelt wurde, zeigt gegenüber dieser verbesserte mechan. Eigenschaften. F. Vier. 6446 □

Vergießbarkeit von Aluminiumlegierungen. Experimentelle und quantitative Bestimmung. M. C. Flemings, E. Niiyama und H. F. Taylor. (Mod. Castings **40,** Nr. 6, 625—35, Dez. 1961; Cambridge, Mass., Massachusetts Inst. of Technol.; engl.) — Untersucht wurde die Wrkg. von Zusätzen auf die Vergießbarkeit von *Al*-Legierungen. Kornverfeinerung durch Zusatz von 0,17 (%) *Ti* setzt die Vergießbarkeit leicht herab. Zusätze von *Fe, Mn, Co, Cr, Be, Si, Mn, Ca* u. *Cu* zu einer Al-Leg. mit 4,5 Cu haben nur wenig Wrkg. auf die Vergießbarkeit. Die größte Verbesserung wurde durch einen Zusatz von 1 Be oder 1 Co (25 u. 28) erzielt. Kleine Zusätze von Lsg.-Elementen setzen die Vergießbarkeit herab. Steigende Zusätze von legierungsbildenden Elementen erhöhen die Vergießbarkeit. Die Ergebnisse werden theoret. an Hand einer abgeleiteten Formel überprüft. — 23 Literaturangaben. F. Vier. 6446 □

Spritzguß- und Kokillenguß-Aluminiumlegierungen mit Zusätzen geringwertiger Elemente. D. L. Colwell und R. J. Kissling. (Mod. Castings **40,** Nr. 6, 610—15, Dez. 1961; Cleveland, Apex Smelting Co.; engl.) — Untersucht wurde die Wrkg. von Zusätzen von *Fe, Zn, Mg* u. *Mn* zu *Al*-Gußlegierungen. Fe wirkt härtend u. setzt die Dehnung herab. Bes. in Legg. für Kokillenguß sollte es niedrig gehalten werden. In Spritzguß-Legg. wird die Vergießbarkeit verbessert. Zn verbessert die Bearbeitbarkeit u. übt sonst keine schädigende Wrkg. aus. Mg verschlechtert bei Zusätzen von mehr als 0,10% die Vergießbarkeit u. die mechan. Eigenschaften. Mn-Zusätze bis zu 50% des Fe-Geh. sind empfehlenswert. Sie verhindern die Bldg. von Fe-Nadeln u. verbessern die Vergießbarkeit u. die mechan. Eigg., bes. bei hohen Temperaturen. — 17 Literaturangaben. F. Vier. 6446 □

Einfluß einer langen Verweilzeit bei gewöhnlicher Temperatur auf die mechanischen Eigenschaften verschiedener Leichtlegierungen. L. Mori. (Alluminio **29,** 351—57, Juli/Aug. 1960; Ist. sperim. Metalli leggeri, Mem. Rapp. [10] Nr. **248,** 3—9, 1960; Novara, Ist. sperim. Metalli legg., Div. Ric.; ital.) — 40000std. Lagern bei gewöhnlicher Temp. entspricht in *Al–Mg*-Legg. der Wrkg. einer 5std. Glühbehandlung bei 90—100°, entsprechend dem Kaltverformungsgrad des Mg-Gehaltes. Geringere Veränderungen zeigten hierbei die Typen *Al 99* u. *99,99* im Gegensatz zur Leg. *Am 30,* die eine Erhöhung von R u. $S_{0,2}$ u. Verminderung von A ergab. Vorbereitung der Proben, Ausführung u. Bewertung der Prüfung nach den *ISML*-Normen werden ausführlich beschrieben. A. Sander. 6446 □

Der Einfluß von Stickstoff auf die Streckgrenze von Niob. P. R. V. Evans. (J. less-common Metals [Amsterdam] **4,** 78—91, Febr. 1962; Chicago, Ill., Armour Res. Found.; engl.) — Die Zugfestigkeits-Eigg. von im Elektronenstrahl geschmolzenen *Nb* u. eine Reihe von *Nb–N*-Legg. mit bis zu 0,036 N werden bei Raum-Temp. in Abhängigkeit von der Korngröße untersucht. Die Veränderung der unteren Streckgrenze σ_{Ly} mit der Korngröße d wird zur rechner. Best. der Werte von σ_0 (Spannung zur Verursachung einer Versetzungswanderung auf einer Gleitfläche) u. k (Maß für Spannungs-Konz. im Streckbereich) verwendet. Während k nicht durch den N-Geh. beeinflußt wird u. mit einer Ausnahme unmeßbar klein ist, wurde σ_0 bes. durch den N-Geh. verändert. Einige Aushärtungsstrukturen mit *Nb_2N* als ausgeschiedene Phase wurden untersucht u. unter Anwendung der Petch-Gleichung eine quant. Messung des Beitrags der Dispersion auf die Streckgrenze angestellt. — 22 Literaturangaben. H. Hochstein. 6448 □

Untersuchungen zur Rheniumgewinnung unter Einsatz radioaktiver Isotope. Günter Graf. (Freiberger Forsch.-H., Reihe B, Heft **64,** 91—109; Febr. 1962; Freiberg; dt.) — Vgl. C. **1962,** 1392. — Unter Einsatz der Isotope ^{188}Re u. ^{186}Re wurde die Re-Gewinnung aus *Pb–Zn*-Flugstäuben auf Verlustquellen untersucht. Dabei ergab sich, daß bei der Oxidlaugung u. bei der Cd-Zementation starke Verluste auftraten. Durch die Einführung einer mehrstufigen Arbeitsweise konnte die Laugung der Oxide erheblich verbessert werden. Eine weitere Verbesserung wurde bei der *Re–Cd*-Trennung durch Adsorption an Aktivkohle erzielt. — Diskussion. F. Vier. 6448 □

Über die Aktivierung von Uranoxid-Pulver durch mehrfach aufeinanderfolgende Reduktion und Oxydation. Kingo Sudo und Noboru Masuko. (Bull. Res. Inst. Mineral Dressing Metallurgy, Tohoku Univ. **17,** 29—36, Juni 1961; jap., Auszug: engl.) — Für die Geschw., mit der U_3O_8 durch H zu UO_2 red. wird, wird eine Gleichung abgeleitet. Bei mehrfacher Red. u. Oxydation steigt die Geschw.-Konst. u. erreicht einen bestimmten Wert. Der Anstieg wird hauptsächlich durch die Oberflächenvergrößerung bei Zerstörung des Oxidpulvers verursacht. Je höher die Temp. der H-Vorbehandlung ist, um so geringer ist der 1. Wert der Geschw.-Konst.; nach mehrfacher Behandlung zeigen alle Oxidpulver den gleichen Wert. Die mehrfache Behandlung verbessert auch die Sinterfähigkeit. W. Wesly. 6474 □

Die flüssige Oxidphase beim Sintern von Molybdän und Wolfram. W. H. Lenz und J. M. Taub. (J. less-common Metals [Amsterdam] **3,** 429—33, Okt. 1961; Los Alamos, N.Mex., Univ. of California, Los Alamos Scient. Labor.; engl.) — Es wird gezeigt, daß beim Sintern in H_2-Atmosphäre bei 1700° von Preßlingen aus *Mo* u. *W*, denen neben UO_2 oder ThO_2 noch geringe Zusätze von TiO_2 beigegeben wurden, nahezu die theoret. Dichte erreicht wurde. Eine Erklärung wird durch das Auftreten einer fl. Phase aus diesen Mischoxiden gegeben, wobei diese fl. Phase die Mo- u. W-Pulverkörner vollständig benetzen soll. Diese Benetzung wird durch Schliffbilder mkr. gezeigt. H. Fahlenbrach. 6474 □

Erholung bei kaltbearbeitetem Wolfram. R. C. Koo. (J. less-common Metals [Amsterdam] **3,** 412—28, Okt. 1961; Bloomfield, N.J., Westinghouse Electric Comp., Lamp. Div., Res. Dep.; engl.) — Durch Versetzungsätzungen, Festigkeitsmessungen bei 600°, Härtemessungen bei 20° u. durch Röntgen-Rückstrahlaufnahmen wird an zwei pulvermetallurg. hergestellten W-Proben verschiedener Reinheit die Erholung nach einer Kaltbearbeitung untersucht. Bei sehr reinem W setzt die Polygonisation u. das Subkornwachstum schon bei niedrigen Temp. ein. Oberhalb 1100° tritt dann zusätzlich zum Subkornwachstum ein spannungsinduziertes Wandern der Korngrenzen auf. Geringe *Al*-Geh. verzögern die Polygonisation u. das Subkornwachstum. Die Rekristallisations-Temp. wird durch die Al-Geh. von 1400 auf 1800° heraufgesetzt. Die Korngrenzenwanderung bleibt dagegen unbeeinflußt. Durch Festigkeitsmessungen bei 600° konnte gezeigt werden, daß die Subkorngröße für die Erholung von vorhergehenden plast. Verformungen bestimmend ist. Die Abhängigkeit der unteren Streckgrenzen vom Subkorndurchmesser gehorcht bei geglühten, aber noch nicht rekristallisierten W-Proben der Petchschen Gleichung. Die Zahlenauswertung dieser Beziehung läßt darauf schließen, daß die Subkorngrenzen ähnlich wie die normalen Korngrenzen als Schranken für das Wandern von Versetzungen wirken. H. Fahlenbrach. 6474 □

Gesintertes Aluminiumpulver als Umhüllungswerkstoff. C. Bridoux, J. Kauffman, P. Thome und H. Foulquier. (Nuclear Engng. **6,** 189—92, Mai 1961; C.E.A., Indatom; engl.) — *SAP* ist wegen seines niedrigen Neutronenquerschnitts u. seiner guten Bearbeitbarkeit als Umhüllungswerkstoff für Reaktoren geeignet. Die Bearbeitungs-Verff. werden besprochen. F. Vier. 6474 □

Erfahrungen mit den durch Pulvermetallurgie hergestellten Maschinenteilen. Adolf Pokorný. (Hutnické Listy **16,** 497—503, Juli 1961; Brno, Závody J. Švermy; tschech.) — Im Betrieb der Maschinenfabriken Závody J. Švermy in Brünn werden in steigendem Maße mittels Meth. der Pulvermetallurgie hergestellte Maschinenteile verwendet (zur Zeit 33 verschiedene Teile, geplant sind 168 Teile mit über 10^7 Stück). — Die Ergebnisse sind gut, doch muß die Zus. der Rohstoffe sowie die Herst.-Technologie genau eingehalten u. die chem. Zus., das Vol.-Gew. u. die Härte mit erhöhter Aufmerksamkeit kontrolliert werden. J. Tůmová. 6474 □

Die Mikroplastizität in Metallen und Legierungen bei niedrigen Temperaturen. P. Feltham. (Metal Treatment Drop Forging **28,** 221—24, Juni 1961; Leeds, Univ.; engl.) — Unterss. der Mikroplastizität von Metallen u. Legg., bes. die Spannungsrelaxation u. das Übergangskriechen bei geringen plast. Deformationen können Auskunft über Erscheinungen der Versetzungsdynamik im Atom-Maßstab geben. Bes. wird hierbei die Erscheinung des Fließens in einem *Flußstahl* u. in *α-Messing* sowie die Nahordnung in der letzten Leg. behandelt, die alle durch Kriech- u. Spannungsrelaxations-Verss. bei kleinen plast. Deformationen im Bereich von 77—358° K untersucht worden sind. Die für die angegebenen Legg. abgeleiteten Werte der Aktivierungsenergien liegen zwischen 5 u. 10 kcal/g-Atom. Es wird gefolgert, daß die Verw. der Mikroplastizität, d. h. Kriechen u. Spannungsrelaxation bei kleinen Verformungen bei niedrigen Temp., Angaben über den Verformungsmechanismus u. über besondere Erscheinungen der Struktur von Metallen u. Legg. ermöglicht. H. Hochstein. 6480 □

Einfluß der chemischen Zusammensetzung und Walzbedingungen auf die Streckgrenze von beruhigtem Sondertiefziehstahl. Hans-Georg Rosenstock, Heinz-Friedrich Klärner und Eugen Schmidtmann. (Arch. Eisenhüttenwes. **33**, 281—84, Mai 1962; Niederschelden, Hüttenwerke Siegerland AG.; Aachen, TH; dt.) — An mit Al beruhigtem Sondertiefziehstahl wird der Einfl. der Endtemp. beim Warmwalzen der Bänder, des Kaltwalz- u. Nachwalzgrades sowie des Geh. an metall. *Al, Cr, Cu, Ni* u. *S* auf die an Längs- u. Querproben ermittelte Streckgrenze der Bleche festgestellt. H. Hochstein. 6480□

Das gleichmäßige Kriechen von Zinn nahe dem Schmelzpunkt. W. A. Zama, D. D. Lang und F. R. Brotzen. (J. Mechan. Physics Solids **8**, 45—51, Jan. 1960; Houston, Texas, Rice Inst.; engl.) — Die Geschw. des gleichmäßigen Kriechens von handelsüblichem *Sn* wurde bei 180—230° unter Verw. von Torsionskriechgeräten untersucht. Unter 215° bestimmt nur die Aktivierungsenergie von 22500 cal/Mol den Kriechvorgang. Bei höheren Temp. kann das Kriech-Verh. nicht durch die einfache Arrhenius-Gleichung ausgedrückt werden. F. Vier. 6480□

Ermüdungssonden aus Aluminiumfolie. W. G. Fricke jun. (Mater. Res. Standards **2**, 268—69, April 1962; New Kensington, Pa., Aluminium Co. of America, Alcoa Res. Labor.; engl.) — Folien aus Al (-Legg.) werden auf Werkstoffe aus Al-Leg. oder Stahl, die Spannungen ausgesetzt sind, geklebt u. (mkr.) beobachtet oder photographiert, um Ermüdungderscheinungen zu erkennen, die sich in der Folie z. B. als Risse zeigen. W. Wesly. 6480□

Einfluß der Geometrie der Probe auf die Bestimmung der Zugspannung von Probeplatten. E. B. Kula und N. H. Fahey. (Mater. Res. Standards **1**, 631—36, Aug. 1961; engl.) — Vff. untersuchen den Einfl. von Dicke u. Breite der Probestücke bei der Feststellung der Dehnung von *Cu*, von AISI-Stahl *1020* u. von wärmebehandeltem *H-11*-Stahl. Es wird eine Meth. zur Berechnung der Werte bei Prüfkörpern verschiedener Dicke angegeben. G. Frikell. 6480□

Die Zugeigenschaften einiger polykristalliner Magnesiumlegierungen bei niedrigen Temperaturen. W. J. McG. Tegart. (J. Inst. Metals **89**, 215—18, Febr. 1961; Sheffield, Univ.; engl.) — Bin. polykristalline Mischkristall-Legg. von *Mg* mit *Ag, Cd* u. *In* wurden bei —196 bis +200° untersucht. Ihre plast. Eigg. waren denen von reinem Mg ähnlich, dagegen waren ihre Fließ- u. Bruchspannungen bei allen Temp. höher. Die Temp.-Abhängigkeit der Fließspannung war von —196 bis +150° linear. Die Ergebnisse lassen vermuten, daß neben dem Größenverhältnis vom gelösten zum lösenden Atom auch die Wertigkeitsunterschiede eine Rolle beim Mischkristallerhärten von Mg eine Rolle spielen. F. Vier. 6480□

Einfluß von Silicium auf die Zugeigenschaften von D.T.D. 5008-Prüfstäben. J. E. Stolarczyk. (Metallurgia [Manchester] **64**, 263—66, Dez. 1961; Charlton, J. Stone & Co. Ltd.; engl.) — Die Zug-Eigg. von Stäben aus *Al*-Leg. *D.T.D. 5008* mit 4,8—5,7 (%) *Zn*, 0,5—0,7 *Mg*, 0,1 *Cu*, 0,4—0,6 *Cr*, 0,5 *Fe*, 0,15—0,25 *Ti*, 0,1 *Mn*, 0,25 *Si*, 0,05 *Pb*, 0,05 *Sn* werden durch Si herabgesetzt. Daher sollte der Si-Geh. <0,1% betragen; oder man muß die Mindestzuganforderung von 14 auf 13 t/sq.in. vermindern. Eine 3tägige Tropenfestmachung bei 70° scheint die übliche 14std. Erwärmung auf 180° ersetzen zu können. W. Wesly. 6480□

Ultraschallprüfung von Gußeisen. A. G. Fuller. (B.C.I.R.A. Journal **10**, 339—65, Mai 1962; engl.) — Die Grundlagen der Ultraschallprüfung von Gußeisen werden erklärt u. ihre Anwendung zur Best. von Fehlern, Größe der fehlerhaften Bestandteile, mechan. u. physikal. Eigg., Zus. u. Struktur im Gußeisen wird behandelt. Literaturübersicht. — 36 Literaturangaben. H. Hochstein. 6480□

Ein Beitrag zur metallographischen Untersuchung von durch Schleifen und Polieren gestörtem Metall. Ralph H. Atkinson. (Plating **49**, 485—89, Mai 1962; Internat. Nickel Co., Inc.; engl.) — Die Oberfläche von Metallen, wie Messing, Stahl, Ni u. Pd, poliert mit Schleifmitteln, wie Diamant, Cr_2O_3, Al_2O_3 u. Polierrot, wurde metallograph. untersucht. Die auf den Oberflächen beobachteten Linien von sehr kleinen „Punkten“ konnten elektronenmkr. bei großer Auflsg. als Risse festgestellt werden. Beim Handpolieren mit einem guten Schmiermittel konnten diese Risse vermieden werden. F. Vier. 6482□

Zur Wellenlängenabhängigkeit der Eigenspannungsbestimmung mit Röntgenstrahlen. Eckard Macherauch und Paul Müller. (Z. Metallkunde **51**, 514—22, Sept. 1960; Stuttgart, Max-Planck-Inst. für Metallforsch., Inst. für Metallphys.; dt.) — Vgl. C. **1961**, 9961. — Vff. besprechen zunächst ausführlich die verschiedenen Faktoren, die zu einer Abhängigkeit der röntgenograph. bestimmten Eigenspannungen von der Wellenlänge der verwendeten Strahlung führen können. Hierauf wird über röntgenograph. Unterss. an einachsig plast. verformten 99,99%ig. *Al* u. einer Leg. vom *Duralumin*-Typ [3,6 (%) Cu, 1,0 Mg, 0,9 Mn, 0,4 Si, 0,6 Fe, 0,2 Zn] mit Cr-, Co- u. Cu-Strahlung berichtet. Hierbei zeigte sich, daß sich bei Al in den Oberflächenschichten von Zugproben stets Druckeigenspannungen ausbilden, die Werte bis zu 2 kg/mm² erreichen u. keine meßbare Abhängigkeit von der Wellenlänge zeigten. Sie sind die Folge einer Verfestigungsinhomogenität, die sich zwischen Rand- u. Kernbereichen der Vers.-Proben während der plast. Verformung ausbildet. Bei der *Duralumin*-Probe wurden ebenfalls Druckeigenspannungen in den röntgenograph. erfaßbaren Oberflächenbereichen beobachtet; sie wachsen mit zunehmender plast. Verformung an u. erreichen Werte bis zu −7 kg/mm². Die Meßwerte sind wellenlängenabhängig; diese Wellenlängenabhängigkeit läßt sich als Folge der Verfestigungsanisotropie verstehen. C. Gottfried. 6484

Neue Probleme in der zerstörungsfreien Ultraschallmethode für Materialprüfung. Ignaz Malecki. (Wiss. Z. Hochschule Schwermaschinenbau Magdeburg **5**, 77−83, März 1961; Warszawa, Polska Akad. Nauk; dt.) — Vgl. C. **1961**, 8209. — Fortschrittsbericht über Analyse der Verteilung des Ultraschallfeldes um die Fehlerstelle, Ermittlung des Zusammenhanges zwischen Geschw. u. Dämpfung des Ultraschalls u. Werkstoff-Eigg., Normung der Meß- u. Eich-Verff. u. Vervollkommnung der selbsttätigen Einrichtungen für die zerstörungsfreie Werkstoffprüfung. — 17 Literaturangaben. W. Wesly. 6484□

Die Anwendung von experimentellen und theoretischen Ergebnissen auf die Praxis des Warmfließpressens. J. M. Alexander. (J. Inst. Metals **90**, 193−200, Febr. 1962; London, Imp. Coll. of Sci. and Technol.; engl.) — Die Erfordernisse einer Theorie für das Warmfließpressen werden zunächst beschrieben u. eine Betrachtung von prakt. u. experimentellen neuzeitlichen Unters.-Ergebnissen wird angeschlossen. Ein Überblick über die theoret. Grundlage des Verf. wird im Zusammenhang mit neuen Entw. auf diesem Gebiet gegeben. Eine Voraussage des Verh. der Metalle u. der Regelung des Prozesses erscheint auf Grund der bisherigen prakt. u. theoret. Ergebnisse möglich. — Diskussion. H. Hochstein. 6490□

Der Einfluß des Kaltschmiedens auf die Qualität von Stahlteilen. H. D. Feldmann. (Res. appl. in Ind. **14**, 487−91, Dez. 1961; engl.) — Das Kaltgesenkschmieden bewirkt eine Reihe aufeinanderfolgender plast. Verformungen, welche die mechan. Eigg., die Gitterstruktur u. die Oberflächenbeschaffenheit von Stahl ändern. Es wird ein Überblick über die beim Kaltgesenkschmieden anzuwendenden Meth. zur Verbesserung der Qualität von Stahlteilen gegeben. H. Hochstein. 6490□

Untersuchung der gehärteten Schicht von Walzen für das Kaltwalzen von Stahlblech. W. G. Borissenko, Ss. A. Boshko und A. M. Sserebrennikow. (Stahl [UdSSR] **22**, 452−54, Mai 1962; Werk „Saporoshstal"; russ.) — Eine Unters. von Walzen zum Kaltwalzen von Stahlblechen nach einer Oberflächenhärtung mit Abspritzen der auf Härte-Temp. gebrachten Oberfläche ergab, daß diese Walzen in der Mehrzahl der Fälle eine unzureichende Dicke der Härteschicht sowie der Übergangszone besaßen. Es wird empfohlen, die Walzen bei ihrer Prüfung einer *Ultraschall*-Kontrolle zu unterwerfen. H. Hochstein. 6490□

Isothermische Wärmebehandlung. Alan D. Hopkins. (Metal Treatment Drop Forging **28**, 225−30, Juni 1961; Birmingham, Coll. of Advanced Technol.; engl.) — Es wird nachgewiesen, daß die theoret. Unterss. von Davenport u. Bain die Praxis der Wärmebehandlung von Stählen (isotherm. Glühen, Zwischenstufenvergütung, Warmbadhärten) stark beeinflußt haben, u. es wird bes. das neuzeitliche Aufschwefelungs-Verf. (abgeänderte *Sulfinuz*-Meth.) von Stählen u. Gußeisen beschrieben, das aus einer 2std. Behandlung bei 570° in einem Na_2S-haltigen Cyanid-Nitrierbad besteht. Ferner wird noch der *Ausforming*-Prozeß besprochen, bei dem Stähle mit ähnlichem Typ der Temp.-Zeit-Umwandlungskurven plast. im Temp.-Bereich von 430−570° verformt u. nachfolgend abgeschreckt werden. Mit zunehmendem Verformungsgrad zeigen so behandelte Stähle erhöhte Festigkeit- u. Streckgrenzenwerte mit entsprechender Abnahme der Formbarkeit. — 19 Literaturangaben. H. Hochstein. 6492□

Die Auf- und Entkohlung der Randzone unlegierter und legierter Stähle in der Gasphase zwischen 900 und 1200°. Wolfgang Lauprecht und Wilhelm Rädeker. (Arch. Eisenhüttenwes. **33**, 371−83, Juni 1962; Mülheim/Ruhr; dt.) — Die Aufkohlung von unlegierten u. legierten Stählen mit ca. 13 u. 17(%) *Cr* sowie mit 18−25 Cr u. 8−25 *Ni*, mit *Ti* oder *Nb* stabilisiert, durch H_2/CO-Gemische mit 16 u. 32% CO u. die Entkohlung von unlegiertem Stahl mit ca. 0,8 C durch nachbehandelten, sorgfältig gereinigten u. angefeuchteten Elektrolysen-H_2 wurden zwischen 900 u. 1200° bei verschiedenen Strömungs-Geschw. untersucht. Gegenüber unlegiertem Stahl erwiesen sich strömende H_2/CO-Gemische als milde Aufkohlungsmittel. Bei niedrigen Strömungs-Geschw. beeinflußte die Temp. kaum die C-Abgabe. Erst bei sehr schneller Gasströmung wuchs die aufkohlende Wrkg. mit steigender Temp. anfangs an, bei 1200° fiel sie jedoch deutlich wieder ab. Die Eindringtiefe des C vergrößerte sich u. der C-Geh. an der Oberfläche verringerte sich mit steigender Temperatur. Daneben wurde als neue Gesetzmäßigkeit bes. der Einfl. der Strömungs-Geschw. auf den C-Geh. an der Probenoberfläche u. seine Eindringtiefe herausgestellt. Eine Erhöhung des CO-Geh. im Gas steigerte die C-Aufnahme, die Eindringtiefe u. den C-Geh. an der Oberfläche. Ferrit. Stähle mit ca. 16% Cr wurden in H_2/CO-Gemischen mit bis zu 64% CO nur gering aufgekohlt u. bei höheren Temp. sogar entkohlt. Gegenüber austenit. Cr–Ni-Stählen erwiesen sich Gasgemische mit CO-Geh. bis zu 32% ebenfalls nur als ein schwach wirkendes Aufkohlungsmittel. Erst bei 64% CO wirkten die Gasgemische stark aufkohlend. Die Entkohlungs-Wrkg. von H_2 hing neben der Dauer u. Temp. von seinem Reinheitsgrad u. der Strömungs-Geschw. ab. Die höchste Entkohlungs-Wrkg. wurde durch angefeuchteten H_2 erzielt. Dabei nahm die vergaste C-Menge unabhängig von der Strömungs-Geschw. mit steigender Temp. zu. Es wird nachgewiesen, daß durch Deckschichten bestimmter Metalle ein C-Austausch in gewissen Grenzen wirksam oder völlig unterbunden werden kann. Der Schutz reichte bei *Cu* bis 1000°, bei Legg. aus Cu mit geringem *Ni*-Anteil u. bei *Cr* bis 1100°. Schichten aus *Ag–Cu* u. *Ag–Pd* verhinderten sogar bis 1200° die C-Einwanderungen in den Stahl. Keinen Schutz übten die Metalle *Al, Ni, Mo, Ag* u. *Pd* aus. — 56 Literaturangaben. Diskussion. H. Hochstein. 6492□

Wärmebehandlung und Sintern von rostfreien Stählen in einer Atmosphäre. Bernt A. Ruediger. (Metal Progr. **79,** Nr. 2, 101—05, Febr. 1961; Shelbyville, Ind. General Electric. Co.; engl.) — Die Charakteristiken für H_2 u. dissoziiertes NH_3 als Schutzgas zum Blankglühen u. Sintern von Stahlteilen wurden erörtert u. die verschiedenen Typen von Öfen u. Gasgeneratoren für diesen Zweck besprochen. F. Vier. 6492□

Wirkung einer Wärmebehandlung bei niedrigen Temperaturen auf die Eindruckhärte von kalt bearbeitetem α-Messing. C. Baird und P. H. Jennings. (J. Inst. Metals **89,** 191—92, Febr. 1961; Brierley Hill, Staffs., Richard Thomas and Baldwins Ltd.; Montreal, Canada, Canadian Copper Refiners Ltd.; engl.) — Nach der einen Annahme wird die bei Eindruckhärtemessungen von kalt bearbeiteten Metallen nach Wärmebehandlung bei niedrigen Temp. auftretende Härtung auf Reckalterung, nach einer anderen Annahme auf eine Entlastung der inneren Spannung zurückgeführt. Verss., bei denen α-Messing, kalt gewalzt, durch Wärmebehandlung bei 200°, durch plast. Dehnung oder durch beides spannungsentlastet wurden, ließen erkennen, daß die Härtung auf eine Spannungsentlastung u. nicht auf Reckalterung zurückzuführen ist. F. Vier. 6492□

Härtung einer Molybdän-Legierung durch Nitrid-Ausscheidungen. A. K. Mukherjee und J. W. Martin. (J. less-common Metals [Amsterdam] **2,** 392—98, Okt. 1960; Oxford, Univ.; engl.) — Eine sehr stabile *TiN*-Ausscheidung wurde in Mo durch die isotherm. Wärmebehandlung in N_2 einer *Mo*-Leg. mit 1% *Ti* zwischen 1100 u. 1500° hervorgerufen. Die ausgeschiedene Phase wird metallograph. untersucht u. Härtemessungen quer durch die Diffusionsschicht durchgeführt. Die Härte der Oberflächenschichten ist annähernd verdoppelt, jedoch die Mikrohärte fällt von der Oberfläche zum Kern hin ab. Die Ergebnisse werden erörtert u. dabei die Beziehungen zwischen Härte, Teilchengröße u. Diffusions-Geschw. behandelt. H. Hochstein. 6492□

Über die Auswahl der Löttemperatur .N. F. Laschko und Ss. W. Laschko-Awakjan. (Schweisstechn. Betr. [UdSSR] **1961,** Nr. 3, 11—14, März; russ.) — Die Auswahl der Art des *Capillarlötens,* welches nur auf Kenntnis der Eigg. des Lotes beruht, ist unzureichend. Die Eigg. der sich bildenden Lötverbindungen werden durch den Charakter der physikal.-chem. Rk. des fl. Lotes u. des zu lötenden Metalls, der Temp. u. der Dauer einer solchen Rk. sowie der Fähigkeit der fl. Phase, den capillaren Zwischenraum auszufüllen, bestimmt. Eine zulässige Arbeitsweise des *Capillarlötens* wird durch den Temp.-Bereich u. die Berührungszeit der fl. Phase mit dem zu lötenden Material bestimmt, bei denen die geforderte Güte der Lötverbindungen gewährleistet wird. Die Arbeits-Temp. des Capillarlötens ist die geringste Temp., bei der noch eine Füllung der Capillare durch das Lot u. die Bldg. der metall. Bindung auftritt. Die maximale Temp. des Lotes ist diejenige Temp., oberhalb der eine Erosion der Lötverbindungen intensiv entwickelt u. hierdurch ihre Qualität stark vermindert wird. H. Hochstein. 6504□

Argonschutzgas-Wechselstrom-Metallichtbogenschweißung. C. R. Sibley. (Welding J. **40,** Nr. 11, Suppl.: Welding Res. 481s—488s, Nov. 1961; Union, N.J., Air

Reduction Sales Co., Dev. Engng. Dep.; engl.) — Zum Schutzgas (Ar, Ar–O_2- oder Ar–CO_2-Gemisch)- Metallichtbogenschweißen von C- u. rostfreien Stählen mit Wechselstrom wird empfohlen, Schweißdrähte zu wählen, die einen elektronenemittierenden Überzug tragen. Dieser wird durch Eintauchen des Drahtes in eine Co-Salz-Lsg. erzeugt. W. Wesly. 6506☐

Schweißen von nichtrostenden Stählen. M. C. T. Bystram. (Nuclear Engng. **6,** 193—98, Mai 1961; Murex Welding Processes Ltd.; engl.) — Berichtet wird über das Schweißen martensit. Stähle, martensit. Riß-Bldg., austenit. u. ferrit. Stahl-Zus. u. deren Schweißbarkeit, über die Bldg. von Warmrissen austenit. Stähle sowie die Bldg. von σ-Phase, über die Korrosionsbeständigkeit geschweißter Cr-Stähle, das Zusammenschweißen verschiedener Metalle sowie über das Schweißen von dicken nichtrostenden Stählen. — 10 Literaturangaben. H. Hochstein. 6506☐

Das Schweißen der Bronze BrMz5. L. A. Agarkow. (Schweisstechn. Betr. [UdSSR] **1961,** Nr. 3, 36—37, März; russ.) — Durchgeführte Unterss. ergaben die Möglichkeit der Herst. hochwertiger Schweißverbindungen der Bronze *BrMz 5* bei Verw. einer Elektrode mit 89,70 (%) *Cu,* 6,30 *Mn,* 1,35 *Si,* 1,85 *Fe,* 0,50 Zn, Spuren *Pb.* Das Schweißen dieser Bronze mit einer Dicke über 4 mm muß mit einer Vorwärmung des zu verschweißenden Materials durchgeführt werden; in Abhängigkeit von der Dicke des Bronzeteils muß die Vorwärm-Temp. in den Grenzen von 300—500° liegen. Das Schweißen erfordert eine größere Erfahrung als das Schweißen von Buntmetallen. H. Hochstein. 6506☐

Modifizierende halogenhaltige Flußmittel für das Schweißen von Nickellegierungen. Ju. W. Ssokolow und M. Ch. Schorschorow. (Schweisstechn. Betr. [UdSSR] **1961,** Nr. 3, 1—5, März; Baikow-Inst. für Metallurgie der Akad. der Wiss. der UdSSR; russ.) — Beim Schweißen von *Ni*-Legg. sind die modifizierenden halogenhaltigen Flußmittel in bezug auf die Schweiße chem. aktiv. Es wird auf die Zweckmäßigkeit einer Verringerung des *NaF*-Geh. in diesen Flußmitteln zwecks Erhöhung des Überganges von *Al* u. *Ti* aus dem Elektrodendraht in die Schweißnaht sowie zur Erhöhung seiner Warmfestigkeit hingewiesen. Die modifzierende Wrkg. von *Na* u. *Sr* des halogenhaltigen Flußmittels ist bei kleinen Geh. ihrer *F*-Salze (3—5%) gewährleistet. Hierbei ist die Beständigkeit des aufgeschweißten Metalls gegen Warmriß-Bldg. nicht niedriger als bei einem hohen NaF-Gehalt. Die gemeinsame Wrkg. der Modifikatoren (Na + Sr) mit der Auflegierung des aufgeschweißten Metalls mit *W* erhöht den Widerstand der Ni-Legg. gegen die Warmriß-Bldg. beim Schweißen wesentlich. Bestätigt wird ein Zusammenhang zwischen einer Vermeidung einer Polygonisation infolge der Auflegierung der Schweißnähte mit W u. der Erhöhung ihres Widerstandes gegen Warmrißbildung. H. Hochstein. 6506☐

Die Herstellung von Elektroden für das Schweißen von Aluminium nach einer Preßmethode. T. W. Berg. (Schweisstechn. Betr. [UdSSR] **1961,** Nr. 3, 27—29, März; Moskau, Vers.-Schweißwerk; russ.) — Als Ergebnis einer durchgeführten Unters. wird als neues Bindematerial *Carboxymethylcellulose* ausgewählt, das das Verpressen von *Al*-Elektroden ermöglicht, die zuvor nur durch Tauchen hergestellt worden sind. Die Erprobung der neuentwickelten Elektroden *OSA-1* u. *OSA-2* ergab, daß sie gut brauchbar sind. Im Gegensatz zu den bisherigen Tauchelektroden haben die Elektroden *OSA-1* u. *OSA-2* einen festen Überzug, der Berschädigung der Elektroden beim Transport verhindert. H. Hochstein. 6506☐

Bogenschweißung von Silumin. T. I. Awilow. (Schweisstechn. Betr. [UdSSR] **1961,** Nr. 3, 29—31, März; Forsch.-Inst. für Kraftfahrwesen; russ.) — Vgl. vorst. Referat. — Durch Unterss. wird nachgewiesen, daß entwickelte *Al*-Elektroden der Marke *OSA-2* eine Lichtbogenschweißung von im Automobilbau verwendeten *Silumin*-Teilen an Stelle der bisherigen Gasschweißung ermöglichen. Hierzu sind keine besonderen Vorr. erforderlich. Vorzug der Silumin-Lichtbogenschweißung ist die Möglichkeit einer wiederholten Zuschweißung eines beliebigen Risses ohne Beeinträchtigung der Silumingüte. H. Hochstein. 6506☐

Der Zusatzdraht für das Schweißen von Aluminium. Hans H. Reinsch. (Schweißtechnik [Wien] **16,** 93—94, Juli 1962; Berlin, dt.). — Die für das Schweißen der verschiedenen Al-Legg. geeigneten Zusatzdrähte werden angegeben. F. Vier. 6506☐

Zur Frage über die Natur des Auftretens von Gasporen in Schweißnähten. A. A. Alow, G. W. Bobrow und W. M. Schmakow. (Schweisstechn. Betr. [UdSSR] **1961,** Nr. 3, 9—10, März; Moskau, Inst. für Technologie des Flugzeugbaus; russ.) — Die Entw. von Gasporen in Schweißnähten beginnt von Mikrokeimen, deren Hauptentstehungs-

ursachen folgende sind: 1. Entw. von Rkk. mit Bldg. von im Metall nicht gelöster Gase; u. 2. zwischen- u. innerdendrit. Schrumpfung der Metalle. Beim Schweißen von Stählen kann die Entstehung von Mikrokeimen ein Ergebnis sowohl der *C*-Verbrennung als auch der Schwindung des Metalls während der Kristallisation sein. In Fällen, in denen eine Rk. mit Bldg. von im Metall ungelöster Gase während der Kristallisation nicht auftritt, können die Mikrokeime nur infolge Schwindung des Metalls entstehen.
H. Hochstein. 6506□

Über das Schleifen von Hartmetall mit Diamantschleifscheiben. Hans Reinhart. (Werkstatt u. Betrieb **94,** 529—33, Aug. 1961; Biel, Schweiz; dt.) — Diamantschleifscheiben in Bronzebindung werden vorteilhaft mit keram. gebundenen Carborundum-Abziehsteinen geschärft. Die optimale Flächenpressung verschiedener Diamantkorngrößen, denen ein bestimmter, spezif. Hartmetallabtrag zukommt, werden angegeben. Zum Abtragen großer Hartmetallmengen empfiehlt sich der Einsatz grobkörniger Diamantschleifscheiben. W. Wesly. 6510□

Dickenmessung von galvanischen Überzügen durch elektrolytisches Ablösen: Nickel über Kupfer. Prem Behari Mathur und A. S. Lakshmanan. (J. sci. ind. Res. [New Delhi], Sect. D **20,** 16—18, Jan. 1961; Karaikudj, Central Electrochem. Inst.; engl.) — Vgl. C. **1962,** 12449. — Eine verbesserte Zelle für das Ablösen von *Ni*-Überzügen auf *Cu* wird beschrieben. Der Zelle wird eine kon. Form gegeben u. für gleichmäßige Stromverteilung gesorgt. Als Elektrolyt wird 1,8n H_2SO_4 mit 1,8n *NaCl* verwendet. F. Vier. 6514□

Schutzüberzüge für Uran. L. W. Owen. (J. less-common Metals [Amsterdam] **4,** 35—39, Febr. 1962; Aldermaston, Atomic Weapons Res. Establ.; engl.) — Nach einem Überblick über die Schutzüberzüge von U, bes. gegen den Einfl. von sd. W., werden Zwischenergebnisse einer Beurteilung der Schutzqualität bestimmter Überzüge mitgeteilt. Die aus der Dampfphase durch Carbonyl-Zers. aufgebrachten *Ni*-Überzüge haben im Vgl. zu bestimmten elektrolyt. niedergeschlagenen Überzügen eine Überlegenheit gezeigt, wenn sie der Luft bei 150° ($>$140 Tage) u. kochendem W. ($>$170 Tage) ausgesetzt werden. — 30 Literaturangaben.
H. Hochstein. 6516□

Kobaltüberzüge aus dem Sulfamatbad. S. Venkatachalam und T. L. Rama Char. (J. sci. ind. Res. [New Delhi], Sect. B **19,** 512—13, Dez. 1960; Bangalore, Indian Inst. of Sci.; engl.) — Vgl. C. **1962,** 18623. — Der Einfl. der Bad-Zus. u. Badbewegung auf die elektrolyt. Herst. von Co-Überzügen aus Sulfamatelektrolyten wurde untersucht. Mit steigender Co-Konz. oder Badbewegung nahm die Stromausbeute an der Kathode ab bei niedriger Stromdichte, nahm aber mit steigender Temp. zu. Die Polarisation nahm mit steigender Stromdichte zu u. nahm ab mit steigender Temp. oder Badbewegung. Die erhaltenen Überzüge entsprechen den Anforderungen. F. Vier. 6516□

Einsenüberzüge aus dem Sulfamatelektrolyten. S. S. Misra und T. L. Rama Char. (J. sci. ind. Res. [New Delhi], Sect. D **20,** 43—44, Jan. 1961; Bangalore, Indian Inst. of Science; engl.) — Die galvan. Abscheidung von Fe aus dem Sulfamatbad wurde bzgl. der Wrkg. der Verf.-Variablen auf die Stromausbeute an den Elektroden u. die Potentiale untersucht. Bis zu einer Stromdichte von 12 A/dm² können zufriedenstellende Überzüge erhalten werden. F. Vier. 6516□

Galvanische Abscheidung von Cadmium und Zink aus dem Sulfamatbad. S. Venkatachalam und T. L. Rama Char. (Metalloberfläche **16,** 166—70, Juni 1962; Bangalore, Ind. Wissenschaftsinst., Abt. für anorgan. u. physikal. Chem.; dt.) — Die günstigsten Bedingungen für die elektrolyt. Abscheidung von *Cd* u. *Zn* aus dem Sulfamatelektrolyten werden ermittelt. Das Sulfamatbad ist mit dem ebenfalls zur Cd- bzw. Zn-Abscheidung benutzten Fluoborat- u. Sulfatbädern vergleichbar. F. Vier. 6516□

Galvanisches Abscheiden von Kobalt–Wolfram-Legierungen aus dem Pyrophosphatbad. K. I. Vasu und T. L. Rama Char. (J. sci. ind. Res. [New Delhi], Sect. B **19,** 510—11, Dez. 1960; engl.) — Die optimalen Bedingungen für die elektrolyt. Herst. von *Co–W*-Leg.-Überzügen mit 10—49% *W* aus Pyrophosphatbädern wurden ermittelt. Mit steigendem *Co*-Geh. im Elektrolyten, steigender Stromdichte u. steigendem pH-Wert wächst der Co-Geh. im Nd., er nimmt ab mit wachsendem W-Geh. des Elektrolyten u. bei Badbewegung. F. Vier. 6516□

Wirkung von Ultraschall-Reinigen, -Beizen und -Galvanischabscheiden auf die Struktur und Haftfestigkeit von Nickel- und Chromschichten. Theodore G. Kozan. (Plating **49,** 495—505, Mai 1962; Wichita Branch, Kans., Boeing Co.; engl.) — Die Unterss. zeigten, daß das Ultraschallreinigen u. -beizen von Stahl keine Vorteile beim nachfolgenden galvan. Aufbringen von *Ni* erbrachten. Rißfreie *Cr*-Überzüge hatten eine schlechte Haftung bei Stromdichten höher als 6 A/sq.in. bei Ultraschallanwendung.

Die Härte von Ni- oder gewöhnlichen Cr-Überzügen wurde bei hohen Stromdichten durch Ultraschall nicht beeinflußt. Rißfreie Cr-Überzüge hatten mit Ultraschall eine Härte von 600 Knoop, ohne Ultraschall von 950 Knoop. Bei Ni-Überzügen wird die Rissigkeit durch Ultraschall vermindert, bei Cr-Hartüberzügen dagegen gesteigert.
F. Vier. 6516□

Messung der Porosität von Chromüberzügen durch die Methode des Eindruckes von Quecksilber. N. P. Fedotjew, P. M. Wjatschesslawow und Ss. R. Judilewitsch. (Betriebs-Lab. [UdSSR] **25,** 739—40, 1959; Leningrad, Technol. Lensowjet-Inst.; russ.) — Eine App. zur Messung der Porosität von *Cr*-Überzügen wird beschrieben. Die zu untersuchende Probe wird in ein Dilatometer (DM) eingeführt. Nach dem Füllen des DM mit Hg wird auf dieses ein Druck von 400 kg/cm^2 ausgeübt. Die Veränderung des Vol. des Hg (Eindruck des Hg in die Poren des Überzugs) wird elektr. gemessen.
S. Baryschnikow. 6518

Hartverchromung von Gußeisen. T. J. Glover. (B.C.I.R.A. Journal **9,** 95—102, Jan. 1961; B.C.I.R.A. Res. Dep.; engl.) — Es wird über die elektrolyt. Hartverchromung von Proben aus Gußeisen mit Lamellen- u. Kugelgraphit mit verschieden vorbehandelter Oberfläche berichtet. Der Einfl. eines hohen P-Geh. wird festgestellt. Die Ergebnisse lassen erkennen, daß die Oberflächenbeschaffenheit ein sehr wichtiger Faktor für die Hartverchromung von Gußeisen ist; die Größe u. Verteilung von Graphitflocken scheinen einen geringen u. die Struktur der Grundmasse gar keinen Einfl. zu haben. Gußeisen mit Kugelgraphit kann bei geringeren Stromdichten hartverchromt werden als solches mit Flockengraphit. Ein hoher P-Geh. führt zu Schwierigkeiten bei der Hartverchromung. H. Hochstein. 6518□

Elektrolytisches Abscheiden von Zinn aus dem Kalium-Zinn-Pyrophosphat-Bad. Vasanta Sree. (J. sci. ind. Res. [New Delhi], Sect. D **20,** 18—22, Jan. 1961; Bangalore, Indian Inst. of Sci.; engl.) — An Stelle von $Na_4P_2O_7$ wurde $K_4P_2O_7$ in dem üblichen Pyrophosphatelektrolyten zum elektrolyt. Abscheiden von *Sn* eingesetzt. Ein Vgl. mit dem gebräuchlichen Stannatbad zeigt, daß das Pyrophosphatbad bzgl. kathod. Stromausbeute, Abscheidungs-Geschw., Streukraft, Badspannung, Widerstand u. Anodenüberwachung überlegen ist. F. Vier. 6524□

Elektrolytische Abscheidung von Zinn-Nickel-Legierungen aus dem Pyrophosphat-Bad. T. L. Rama Char und J. Vaid. (Electroplating Metal Finishing **14,** 367—73, 10/10. 1961; Bangalore, Indian Inst. of Sci., Dep. of Inorg. and Phys. Chem., Electrochem. Labor.; engl.) — Unterss. der Einfl. auf die Leg.-Zus., kathod. Stromausbeute u. das Potential ergeben nachst. Abscheidungsbedingungen für die Abscheidung von *Sn–Ni*-Legg. mit 10—99% Sn: 1,2—17,8 (g/Liter) Sn^{2+} als $Sn_2P_2O_7$ (optimal 11,9); 2,9—23,5 (11,7) Ni^{2+} als $NiCl_2 \cdot 6\,H_2O$; 33,1—197,2 (130,7) $P_2O_7^{4-}$; 10 (10) NH_4-Citrat; pH 8,5—9,2 (8,7); 40—80° (60°); Badspannung 2,0—3,0 (2,1—3,0) V; spezif. Widerstand 3,5—11,3 (4,2) Ω/cm^3; ruhend; Kathoden aus Pt, Cu, Messing; Anoden aus Pt, Sn, Ni; Stromdichte, kathod. 0,5—6,0 (0,5—6,0), anod. — (Sn 2,0; Ni 0,5) A/dm^2; Stromausbeute, kathod. 36—99 (64—91), anod. — (Sn 107, Ni 100) %; Kathodenpotential 0,80—1,37 (0,91—1,18) V; Streuzahl nach Gardam — (0,011); Nd.: Zus. 10—99 (67—92)% Sn; Vickers-Härte 140—20 (40) für Sn-Geh. von 68% Sn. Unter optimalen Bedingungen wird bei 3 A/dm^2 innerhalb 30 Min. eine Schichtdicke von 0,001 in. erreicht. Die Leg.-Ndd. sind feinkörniger als die von Sn u. Ni; die Leg. mit 86% Sn zeigt eine bct-Struktur mit a = 5,810 u. c = 3,137. Zusatz von *Gelatine* erhöht den Sn-Geh. des Nd., *Natrium-β-naphthalinsulfonat* (beide 1 g/Liter) hat geringen Einfluß. — 15 Literaturangaben. P. Frenzel. 6524□

Kunststoffüberzüge im Korrosionsschutz der Zuckerfabrik. István Paulik. (Cukoripar [Zuckerindustrie, Budapest] **15,** 174—78, Juni 1962; Mezöhegyes, Zuckerfabr.; ung.) — Verss. mit Chlorkautschuk bzw. Epoxikunstharzen erwiesen sich an einzelnen Stellen des Betriebes erfolgreich, andererseits nutzlos. Bes. gute Erfolge wurden nach Entfernen des Rostes u. Anstrich mit *Minium* u. Belegen mit *Epamin* (z. B. NaOCl-Behälter) erreicht. J. Plank. 6528

Die Hochtemperatur-Oxydation einer handelsüblichen Titan-Molybdän-Legierung. J. Stringer, G. Metcalf und M. L. Nicholson. (J. less-common Metals [Amsterdam] **4,** 69—77, Febr. 1962; Liverpool, Univ.; engl.) — Die Oxydation einer *Ti*-Leg. mit 15% *Mo* in O_2 wird im Temp.-Bereich 650—1000° untersucht. Unterhalb von 690° ist die Rk.-Geschw. eine kub., später eine parabol. Funktion. Bei höheren Temp. ist die Rk.-Geschw. anfangs eine parabol. Funktion, worauf dann kompliziertere druckabhängige Geschw. auftreten. Die parabol. Geschw.-Funktion ist bei der Oxydation der *Ti–Mo*-Leg. schneller als bei der Oxydation von Ti u. die Temp.-Abhängigkeit ist verschieden; diese ändert sich bei 760° schroff. Die Rk.-Prodd. sind *Rutil* (TiO_2) mit einem geringen Mo-Geh. u. MoO_3, welches bei höheren Temp. aus den Proben verdampft u. in den kälteren Teilen des Rk.-Behälters kondensiert. Während der Oxydation lösen sich beträchtliche O-Mengen in der Legierung. H. Hochstein. 6530□

Ungewöhnliche Anodisierungsverfahren und ihre praktische Bedeutung. J. M. Kape. (Electroplating Metal Finishing **14**, 407—15, Nov. 1961; Banbury, Oxon, Aluminium Labor. Ltd.; engl.) — Es werden Verss. mit verschiedenen sauren Elektrolyten (*Schwefel-*, *Chrom-*, *Sulfosalicyl-*, *Sulfamin-*, *Phosphor-*, *Pyrophosphor-*, *Phosphomolybdän-*, *Bor-*, *Oxal-*, *Malon-*, *Bernstein-*, *Malein-*, *Citronen-*, *Wein-*, *Phthal-*, *Itacon-*, *Glykol-*, *Äpfel-*, *Tartronsäure*) zur anod. Oxydation von *Al* durchgeführt u. ihr Einfl. auf Bldg., Struktur u. Eigg. der oxid. Überzüge behandelt. F. Vier. 6530□

Die Korrosion von Aluminium. K. F. Lorking und J. E. O.Mayne. (J. appl. Chem. **11**, 170—80, Mai 1961; Cambridge, Univ., Dep. of Metallurgy; engl.) — Unterss. über die Korrosion von Al in 0,1 n Lsgg. von *Benzoat*, *Chromat*, *Sulfat*, *Phosphat*, *Borat*, *Acetat*, *Tartrat*, *Citrat* u. *Chlorid* (pH = 2,0—12,0) von Raum-Temp. zeigen, daß die Korrosion mehr von der Art des Anions als vom pH-Wert abhängt. Aus den Löslichkeiten von wasserhaltigem u. wasserfreiem Al_2O_3 folgt, daß, außer in Ggw. von Cl^-, die Korrosion von der Anfangs-Lsg.-Geschw. des wasserfreien Al_2O_3 abhängt. Potential- u. Polarisationsmessungen zeigen, daß die normale anod. Rk. in der Bldg. von wasserfreiem Al_2O_3 besteht, aber in Ggw. von Cl^-, Br^- u. J^- lösl. Al-Salze gebildet werden. Beim Eintauchen von Al mit dem an der Luft gebildeten Film in eine O_2 enthaltende Lsg. wird der Film zerstört, u. ein schwacher Korrosionsstrom beginnt zu fließen. In Abwesenheit von Cl^-, Br^- u. J^- kann sich der Film wieder bilden; das Verh. des Al wird von den relativen Geschw. der Filmwiederherst. u. -zerstörung bestimmt. In Ggw. von Cl^- findet keine Wiederherst. statt u. die begonnene Korrosion schreitet rasch fort. Durch Sättigung der Lsg. mit Al_2O_3 wird die Korrosion inhibiert. W. Wesly. 6538□

Bedeutung der Rolle der Bakterien für die Werkstoffkorrosion. Wahl eines Bakericids. C. Gatellier. (Bull. Assoc. franç. Techniciens Pétrole **1962**, **293—304**, 31/3.; Inst. Français du Pétrole, Labor. de Corrosion; franz.) — Beschreibung der Korrosion der Kühlleitung eines Wärmeaustauschers durch Kanalwasser u. der Rohrleitungen eines Ölfeldes durch Lagerstättenwasser. In beiden Fällen wird die Korrosion hauptsächlich auf die Wrkg. sulfatreduzierender Bakterien zurückgeführt. Die Wahl eines geeigneten Baktericids ist schwierig, zumal sich in Lagerstättenwasser 60—300mal soviel Bakterien befinden, als sich in Kulturen im Labor. züchten lassen. Stämme von *Desulfovibrio desulfuricans* werden in einer Nährlsg. gezüchtet; ihre Wirksamkeit zeigt sich nach 48 Std. durch Bldg. von FeS, d. h. Schwärzung der Mohrsches Salz enthaltenden Nährlösung. W. Wesly. 6538□

Biologische Korrosionserscheinungen an Rohrleitungen. A. Payer. (Práce Ústavu Výzkum Paliv **4**, 73—115, 1962; tschech.) — Unterss. über den Einfl. des anaeroben Bakteriums *Desulfovibrio desulfuricans* auf die Korrosion erdverlegter Stahlrohre zeigen, daß sich S-Bakterien u. galvan. Elemente (Stahl-Cu, Stahl-Mg, Stahl-C) gegenseitig beeinflussen. Galvan. Vorgänge vermögen die Tätigkeit der anaeroben Bakterien bis 100% zu steigern. Zum Kathodenschutz der in undurchlässigem Lehm verlegten Leitungen muß im Sommer eine Mindestspannung von 0,92 V (gemessen mit der Cu/$CuSO_4$-Elektrode) angelegt werden. W. Wesly. 6538□

Wahl zwischen elektrolytisch aufgebrachten Zink- oder Cadmiumschichten für den Korrosionsschutz. Stanley J. Beyer. (Plating **47**, 1361—63, Dez. 1960; Louisville, Ky., Gen. Electr. Co.; engl.) — Vf. kommt auf Grund seiner Erfahrung zu dem Schluß, daß *Cd*-Schichten für Spezialzwecke den *Zn*-Schichten vorzuziehen sind, da Cd duktiler u. frisch aufgebracht leichter zu löten ist als Zn. F. Vier. 6538□

Über die Wirkungen des Inhibitors Diorthotolylthioharnstoff auf die Korrosion des Eisens in verdünnter Schwefelsäure. W. Machu und Venice Kamel Gouda. (Metalloberfläche **16**, 171—74, Juni 1962; München, Kairo; dt.) — Ohmscher Widerstand u. Kapazität an *Fe*-Oberflächen in normalen H_2SO_4 ist Ggw. von Di-o-tolylthioharnstoff in verschieden großer Menge bei verschiedenen Temp. wurden bestimmt. Je größer die Konz. des Inhibitors u. je höher die Temp., um so größere Widerstände unter zunehmender Abnahme der Kapazität traten auf. Daraus ist auf eine chem. Bindung des Inhibitors an der Fe-Oberfläche zu schließen. Chemosorption u. physikal. Adsorption laufen wahrscheinlich nebeneinander her. Der Inhibitorfilm verhält sich ähnlich einer Oxidschicht hohen Widerstandes auf einem Metall. Die Hemmungs-Wrkg. des Inhibitors ist der durch den Inhibitor abgedeckten Metalloberfläche direkt proportional. Sie ist um so größer, je höher der Widerstand des Inhibitorfilms ist.
F. Vier. 6538□

Die Korrosion der Ölleitungen. F. Piepoli. (Ind. Vernice — Lack- u. Farben-Chem. **15**, 262—66, Sept. 1961; Shell Italiana; ital.) — Übersicht über die in den USA entwickelten techn. Schutz-Verff. gegen die innere u. äußere Korrosion von Erdöl- u. Naturgasleitungen. — 11 Literaturangaben. A. Sander. 6538 □

Untersuchungen über die Beständigkeit legierter Stähle gegenüber Ölasche-Korrosion. Nils Biesért und Otto Stelling. (Jernkontorets Ann. **145**, 711—34, 1961; Stockholm, Royal Inst. of Technol.; engl.) — V_2O_5- u. Na_2SO_4-enthaltende Ölaschen verursachen eine beschleunigte Korrosion von bei hohen Temp. beständigen Stählen u. Legg. bei Temp. oberhalb von 600°. Vorunterss. wurden an einem *Stahl* mit 9% *Cr* angestellt, wobei verschiedene diese Korrosionsform beeinflussende Faktoren systemat. ermittelt wurden. Bes. wurde der Einfl. der Atmosphäre der Umgebung in Abhängigkeit von Zeit u. dem Asche-Geh. untersucht. Hierbei zeigt sich, daß die Korrosion des 9%ig. Cr-Stahls durch die Ggw. von 10% Feuchtigkeit in der Atmosphäre erhöht wird, während SO_2 u. CO_2 keinen meßbaren Einfl. ausüben. Die Korrosions-Geschw. nimmt mit der Zeit ab u. mit zunehmender Aschemenge zu. An 11 legierten Stählen u. 2 Ni-Legg. wird die Korrosionsbeständigkeit gegen solche Öl-Aschen ermittelt. *Ni* in legierten Stählen vermindert u. Cr erhöht die Beständigkeit. *Mo* scheint selbst in sehr geringen Konzz. einen schädlichen Einfl. auf die Beständigkeit der Fe-Legg. zu haben. Ni-Legg. sind den Fe-Legg. an Beständigkeit überlegen. — 31 Literaturangaben. H. Hochstein. 6538 □

Bedeutung und Entwicklung von Korrosionsversuchen. G. Bianchi. (Metallurgia ital. **52**, Nr. 5, Atti Notizie **15**, 137—43, Mai 1960; Mailand, Univ., Ist. per la laurea in Chim. Ind.; ital.) — In einer Tabelle werden die möglichen Korrosionsprüfungen zusammengestellt u. deren Anwendbarkeit diskutiert. Im einzelnen werden die Grund-Unterss. im Labor., Überwachungs- u. Abnahmeprüfungen u. Betriebsproben erörtert. Es wird vorgeschlagen, die Ergebnisse der Korrosions-Verss. mit Hilfe von Randlochkarten darzustellen u. auszuwerten. E. Miessgang. 6540 □

Bestimmung der Korrosionsgeschwindigkeiten in Wasser. Werner Stumm. (Ind. Engng. Chem., int. Edit. **51**, 1487—90, Dez. 1959; Cambridge, Mass., Harvard Univ., Dep. of Sanitary Engng.; engl.) — Vf. führte mit künstlichen u. natürlichen Wässern an Gußeisenproben gravimetr. u. elektr. Best. der Korrosions-Geschw. durch. In einer durchflossenen Zelle wurde zwischen der als Korrosionsstrom im Sinne des Faradayschen Gesetzes berechneten Korrosions-Geschw. u. dem Polarisationswiderstand folgende Beziehung gefunden: $i_0 = 0{,}034(\Delta I_d/\Delta E)_{I=0} A\cdot cm^{-2}$ (i_0 Korrosionsstrom, I_d Polarisationsstromdichte, E Elektrodenpotential). Diese schnelle Best. der jeweils herrschenden Korrosions-Geschw. führte zur Unters. der Inhibitor-Eigg. des ausgeschiedenen $CaCO_3$. Das zusammen mit den Korrosions-Prodd. auf den Lokalanoden ausgeschiedene $CaCO_3$ ist ein wertvoller Korrosionsinhibitor. H.-J. Taschow. 6540 □

Die Entwicklung von Korrosions-Indicatoren auf dünnen Metallschichten. David Roller und G. H. Rohrback. (Corrosion [Houston] **16**, 399t—404t, Aug. 1960; Anaheim, Calif., Magna Product's Res. & Dev. Div.; engl.) — Vff. berichten über die Entw. von Korrosionsindicatoren mit elektr. auf Widerstandsmessung beruhender Anzeige u. visueller Auswertung. Es werden ca. 1000 Å starke Fe-Schichten auf nichtmetall. Träger im Vakuum eingedampft. *Ca*-, *Sr*-, *Cu*-, *Ni*-, *Co*-, *Zn*- u. *Mg*-Schichten erwiesen sich als ungeeignet. Das Verh. dieser Indicatoren wurde in Räumen verschiedener Feuchtigkeit u. in Ggw. von $CaCl_2$, *KCl* u. *NaCl* untersucht. Obwohl diese Indicatoren ursprünglich für die Kontrolle der Verpackung u. Lagerung korrodierender Güter entwickelt worden waren, werden auch noch andere Anwendungsmöglichkeiten genannt. Die Arbeit schildert außerdem die Fortschritte der Indicatoren-Entw. bis zu deren industriellen Herstellung. H.-J. Taschow. 6540 □

Über Reinigung und Desinfektion von Tanks. 5. Mitt. Apparatur für Korrosionsprüfungen mit versprühten Lösungen. G. Wildbrett, F. Kiermeier und G. Petelkau. (Werkstoffe u. Korrosion **12**, 759—64, Dez. 1961; dt.) — Vgl. C. **1959**, 13304. — Aufbau u. Arbeitsweise der aus PVC hergestellten App. zur Reinigung von Milchtanks werden beschrieben. F. Vier. 6540 □

Die Anwendung von Radioisotopen bei der Untersuchung der Metallkorrosion in alkalischem Milieu. Helmy Makram. (C. R. hebd. Séances Acad. Sci. **246**, 99—101, 6/1. 1958; franz.) — Korrosions-Verss. mit im Reaktor bestrahlten Cu-Scheibchen in n, n/2, n/3, n/4 *NaOH*, 1- u. 2%ig. P_3Z u. 2- u. 3%ig. Soda-Lsg., wobei die Auflösung des Cu im alkal. Korrosionsmittel in Abhängigkeit von der Zeit durch Messungen der markierten Ionen in der Lsg. verfolgt wurde. U. Drehmann. 6540

Temperaturkoeffizient der Korrosionsgeschwindigkeit und Temperatur maximaler Korrosionsaktivität von Ölen. W. Ss. Demtschenko. (Hochschulnachr. [Baku], Erdöl Gas [UdSSR] **5**, Nr. 9, 100—04, 1962; russ.) — Die Verss. werden mit Öl durchgeführt, dem 0,2% organ. Säuren zugesetzt werden. Der Temp.-Koeff. der Korrosions-Geschw. von Metallen in Schmieröl ist kleiner als der Temp.-Koeff. der Oxydation des Öls u. beträgt bei 100—160° für *Pb* 1,2—1,7, für *Gußeisen* u. *Stahl* 1,1—1,3. Die geringen Werte dieser Temp.-Koeff. sind dadurch bedingt, daß den entscheidenden Einfl. auf die Rk.-Geschw. die Schicht ausübt, die sich auf den Metallen durch die Wrkg. der korrosionsagressiven Anteile des Öls bildet. Sie ist bei der $CH_3(CH_2)_{16}COOH/Pb$-Rk. polykristalliner Natur. Hauptursache der Verminderung der Korrosions-Geschw. bei über 160—180° ist die sinkende Konz. der organ. Säuren im Öl infolge der intensiven Verdampfung der am leichtesten sd. Oxydationsprodukte. J. Lehmberg. 6540□

National Chemical Products Ltd., übert. von: **Eric F. Martin**, Germiston, Transvaal, Südafrikanische Union, und **Roger F. Powell**, Gwelo, Südrhodesien, *Flotationsprozeß*. (**Can. P. 563 445** vom 5/2. 1957, ausg. 16/9. 1958. E. Prior. 14/6. 1949. — C. **1958**, 1975 [A. P. 2 776 748].)

Metallgesellschaft Akt.-Ges., übert. von: **Franz Schytil**, Frankfurt/M., *Rösten sulfidischer Erze*. (**Can. P. 555 687** vom 21/7. 1953, ausg. 8/4. 1958. — C. **1958**, 7595 [E. P. 766 541].)

Höganäs-Billesholms Aktiebolag, übert. von: **Per Egon Gummeson**, Höganäs, Schweden, *Reduktion von Erzen*. (**Can. P. 562 692** vom 23/5. 1952, ausg. 2/9. 1958. Schwed. Prior. 6/6. 1951. — C. **1956**, 5402 [E. P. 715 416].)

Frederik Jorgen Ording Hurum, Oslo, Norwegen, *Verfahren zur Behandlung von Schmelzbädern mit einem chemisch reaktiven Brikett*. (**A. P. 2 988 444** vom 31/7. 1957, ausg. 13/6. 1961. Schwed. Prior. 29/5. 1952. — C. **1959**, 14246 [E. P. 785 551].)

Gesellschaft für Linde's Eismaschinen Akt.-Ges., Höllriegelskreuth/b. München, *Pulver für die Herstellung metallurgischer Schlacken*. (**E. P. 887 147** vom 14/5. 1958, ausg. 17/1. 1962. D. Prior. 29/5. 1957. — C. **1962**, 2893 [F. P. 1 205 876].)

Ford Motor Co. of Canada Ltd., Windsor, Ontario, Canada, übert. von: **Julius M. Bleuenstein**, Detroit, Mich., V.St.A., *Überzug auf Sand*. (**Can. P. 559 646** vom 22/9. 1955, ausg. 1/7. 1958. — C. **1959**, 16159 [Aust. P. 210 990].)

Hydrocarbon Research, Inc., New York, N.Y., übert. von: **Harold H. Stotler**, Westfield, N. J., V.St.A., *Reduktion von Eisenerzen*. (**Can. P. 563 028** vom 29/2. 1956, ausg. 9/9. 1958. A. Prior. 12/4. 1955. — C. **1959**, 2959 [A. P. 2 805 144].)

Bot Brassert Oxygen Technik Akt.-Ges., Zürich, Schweiz, übert. von: **Louis Jean René Lambert**, **Wilhelm Sedlacek** und **Georges Marie Messin**, Pompey, Frankreich, *Frischen von Roheisen*. (**A. P. 3 004 847** vom 22/12. 1958, ausg. 17/10. 1961. Oe. Prior. 23/12. 1957. — C. **1961**, 12637 [Oe. P. 208 373].)

Gutehoffnungshütte Oberhausen Akt.-Ges., Oberhausen, übert. von: **Günter Köpe** und **Werner Fuchs**, Oberhausen-Sterkrade, Rheinland, *Behandlung von Eisenwerkstoffen*. (**Can. P. 555 980** vom 23/12. 1952, ausg. 15/4. 1958. D. Prior. 24/12. 1951, 28/4. u. 4/8. 1952. — C. **1956**, 5684 [Oe. P. 178 920].)

Air Reduction Co., Inc., New York, N.Y., übert. von: **John M. Crockett**, Metuchen, und **Philip M. Hulme**, Morristown, N.J., V.St.A., *Gußeisen*. (**Can. P. 555 549** vom 2/9. 1952, ausg. 8/4. 1958. A. Prior. 12/9. 1951 u. 20/8. 1952. — C. **1956**, 2592 [E. P. 721 717].)

Metallgesellschaft Akt.-Ges., Frankfurt/M., und **Süddeutsche Kalkstickstoff-Werke Akt.-Ges.**, Trostberg, übert. von: **Franz Kaess**, Trostberg, **Horst Mühlberger**, **Jürgen Motz** und **Kurt Figge**, Frankfurt/M., und **Heinz Küchler**, Oberursel, *Gußeisen*. (**Can. P. 563 161** vom 9/8. 1956, ausg. 9/9. 1958. D. Prior. 27/8. 1955, 3/1. u. 25/5. 1956. — C. **1959**, 10054 [E. P. 799 972].)

Vereinigte Österreichische Eisen- und Stahlwerke Akt.-Ges., Linz (Erfinder: **Fritz Klepp** und **Richard Werner**, Liezen), Österreich, *Herstellung von Gußeisen mit in kugeliger Form ausgeschiedenem Graphit*. (**D. A. S. 1 124 530** Kl. 8b vom 22/10. 1957, ausg. 1/3. 1962. Oe. Prior. 24/10. 1956. — C. **1960**, 985 [Oe. P. 198 780].)

Régie Nationale des Usines Renault, Billancourt, Frankreich, *Herstellung von sehr zähem Gußeisen mit Kugelgraphit*. (**E. P. 891 155** vom 18/6. 1958, ausg. 14/3. 1962. F. Prior. 7/8. 1957. Zusatz zu E. P. 846 481; C. 1962, 2156. — C. **1962**, 2156 [F. P. 72 158].)

Johannes Kosmider und **Herbert Neuhaus**, Hagen-Haspe, *Herstellung eines Vormetalls oder Stahl aus P-haltigem Roheisen*. (**A. P. 2 979 395** vom 21/1. 1958, ausg. 11/4. 1961. D. Prior. 22/1. 1957. — C. **1961**, 12 259 [Belg. P. 564 164].)

Hüttenwerk Oberhausen Akt.-Ges., übert. von: **Rudolf Graef** und **Rudolf Schmolke**, Oberhausen, *Frischen von Eisenschmelzen in einer Reaktionskammer*. (**A. P. 3 010 820** vom 1/12. 1958, ausg. 28/11. 1961. D. Prior. 30/11. 1957. — C. **1961**, 9190 [F. P. 1 203 484].)

Beteiligungs- und Patentverwaltungs Gesellschaft m. b. H., Essen, *Herstellung von Stahl durch Frischen von Roheisen mit Sauerstoff oder mit sauerstoffangereicherter Luft unter Zusatz von Schrott und/oder Erz*. (**E. P. 888 763** vom 3/12. 1959, ausg. 7/2. 1962. D. Prior. 4/12. 1958. — C. **1962**, 2530 [F. P. 1 242 495].)

A.R.B.E.D. Aciéries Réunies de Burbach-Eich-Dudelange Soc. An., Luxemburg, Luxemburg, *Stahlherstellung durch Windfrischen von Roheisen*. (**Belg. P. 572 069** vom 15/10. 1958, ausg. 4/5. 1962. Luxemburg. Prior. 2/12. 1957. — C. **1961**, 12637 [F. P. 1 210 459].)

A.R.B.E.D. Aciéries Réunies de Burbach-Eich-Dudelange Soc. An., Luxemburg, Luxemburg, *Stahlherstellung in einem Konverter*. (**Belg. P. 571 657** vom 30/9. 1958, ausg. 9/3. 1962. Luxemburg. Prior. 15/11. 1957. — C. **1961**, 9582 [F. P. 1 204 082].)

A.R.B.E.D. Aciéries Réunies de Burbach-Eich-Dudelange Soc. An., Luxemburg, Luxemburg, *Stahlherstellung in einem Konverter*. (**Belg. P. 571 656** vom 30/9. 1958, ausg. 9/3. 1962. Luxemburg. Prior. 31/10. 1957. — C. **1961**, 5601 [Oe. P. 207 396 u. F. P. 1 204 900].)

Niederrheinische Hütte Akt.-Ges., Duisburg, übert. von: **Wilhelm Werz**, Rheinhausen, *Herstellung von hochwertigem unberuhigtem Stahl mit starken ferritischen Randzonen*. (**A. P. 2 979 394** vom 13/11. 1958, ausg. 11/4. 1961. D. Prior. 14/11. 1957. — C. **1961**, 16645 [Oe. P. 209 929].)

Deutsche Edelstahlwerke Akt.-Ges., übert. von: **Winfried Connert**, Krefeld, *Umwandlungsglühung von Stählen*. (**A. P. 3 009 844** vom 10/11. 1953, ausg. 21/11. 1961. D. Prior. 15/11. 1952. — C. **1957** 10608 Oe. P. 186 276].)

Latrobe Steel Co., übert. von: **Stewart G. Fletcher** und **Raymond P. Kells**, Latrobe, Pa., V.St.A., *Schnelldrehstahl.* (A. P. 2 983 601 vom 14/9. 1954, ausg. 9/5. 1961. — C. 1957, 8932 [F. P. 1 108 497].)

Birmingham Small Arms Co. Ltd., Birmingham (Erfinder: **Geoffrey Thomas Harris**, Sheffield, und **Henry Cave Child**, Rotherham), England, *Härtbare, nicht austenitische Chromstahllegierung.* (Schwz. P. 359 726 vom 9/7. 1956, ausg. 15/3. 1962. E. Prior. 9/7. 1955 u. 20/1. 1956. — C. 1959, 8320 [F. P. 1 151 998].)

General Electric Co. (Erfinder: **Ray Wesley Guard** und **Peter Julio Clemm**), Schenectady, N.Y., V.St.A., *Austenitische Legierung mit guter Festigkeit und Korrosionsbeständigkeit bei hohen Temperaturen.* (Schwz. P. 361 020 vom 4/6. 1957, ausg. 15/5. 1962. A. Prior. 4/6. 1956. — C. 1960, 642 [E. P. 800 989].)

Richard J. Fletcher, Montreal, Quebec, Canada, *Herstellung von Ti, Zr und Ta.* (Can. P. 559 497 vom 3/9. 1954, ausg. 1/7. 1958. E. Prior. 4/9. 1953. — C. 1959, 16474 [Aust. P. 206 320].)

Mallory-Sharon Titanium Corp., Niles, Ohio, übert. von: **Reginald S. Dean**, University Park, Md., und **James H. Johnston**, Wooster, Ohio, V.St.A., *Titanlegierungen.* (Can. P. 563 436 vom 31/5. 1956, ausg. 16/9. 1958. A. Prior. 3/6. 1955. — C. 1961, 13707 [E. P. 838 297].)

Leo Goldenberg, Silver Spring, Md., V.St.A., *Titanüberzüge.* (Can. P. 562 543 vom 21/2. 1955, ausg. 2/9. 1958. A. Prior. 8/3. 1954. — C. 1961, 1360 [A. P .2 881 119].)

Horizons Titanium Corp., Princeton, N.J., übert. von: **Bertram C. Raynes**, Euclid, Ohio, V.St.A., *Elektrolytische Abscheidung von Übergangsmetallen.* (Can. P. 554 771 vom 18/9. 1954, ausg. 18/3. 1958. A. Prior. 30/9. 1953. — C. 1961, 2783 [A. P. 2 786 809].)

Horizons Titanium Corp., Princeton, N.J., übert. von: **Merle E. Sibert**, Euclid, und **John T. Burwell jun.**, Gates Mills, Ohio, V.St.A., *Abscheidung von Übergangsmetallen.* (Can. P. 554 772 vom 18/9. 1954, ausg. 18/3. 1958. A. Prior. 30/9. 1953. — C. 1960, 17609 [E. P. 788 295].)

Horizons Titanium Corp., Princeton, N.J., übert. von: **Bertram C. Raynes** und **Merle E. Sibert**, Euclid, und **John T. Burwell jun.**, Gates Mills, Ohio, V.St.A., *Abscheiden von Übergangsmetallen.* (Can. P. 554 773 vom 18/9. 1954, ausg. 18/3. 1958. A. Prior. 14/12. 1953. — C. 1957, 12007 [F. P. 1 115 939].)

DEHYDAG Deutsche Hydrierwerke G. m. b. H., Düsseldorf, übert. von: **Wennemar Strauss**, Düsseldorf-Benrath, **Alfred Kirstahler**, Düsseldorf, und **Wolf-Dieter Willmund**, Düsseldorf-Holthausen, *Herstellung glänzender galvanischer Überzüge.* (Can. P. 563 272 vom 20/4. 1955, ausg. 16/9. 1958. D. Prior. 22/4. 1954. — C. 1956, 9299 [D. B. P. 934 508].)

N. V. Philips' Gloeilampenfabrieken, Eindhoven, Niederlande, übert. von: **Maurice G. Charlton**, Purley, **George L. Davis**, South Coulsdon, und **Charles H. R. Gentry**, Carlshalton, Surrey, England, *Herstellung fest haftender Überzüge aus Wolfram oder Molybdän.* (Can. P. 562 789 vom 23/9. 1955, ausg. 2/9. 1958. E. Prior. 27/9. 1954. — C. 1960, 3372 [D. B. P. 971 563].)

H_9. Organische Industrie

Seetang. Chemie und Industrie. Fernando Galatas. (Mendel Bull. **1961**, 14—18; engl.) — Übersicht. P. Gregorzewski. 6550◇

Die Ausarbeitung einer Harnstoffmethode zur Trennung von Sauerstoff enthaltenden Stoffen in normale u. Isoverbindungen. Je. M. Cheifetz, B. M. Rapoport, E. I. Lewitess und I. B. Rapoport. (Chem. Technol. Brennstoffe Öle [UdSSR] **7**, Nr. 1, 60—64, Jan. 1962; Allunions-Forsch.-Inst. für Verarbeitung von Erdöl u. Erdgas u. Produktion synthet. Kraft- u. Treibstoffe; russ.) — Die Möglichkeit der Trennung von *O*-haltigen Verbb. durch Bldg. von Komplexen mit *Harnstoff* wird gezeigt. Die Einfl.-Faktoren u. die Optimalbedingungen für die Zerlegung von höheren Fettalkoholen werden untersucht. Ein Komplex zwischen Fettalkohol u. Harnstoff fällt als Grobgranulat an. H. V. Adolphi. 6556□

Besonderheiten des Prozesses der Dehydrierung von n-Butan bis zu n-Butylen in den ersten Minuten der Wirkung des Katalysators nach dessen Regeneration. I. Ja. Tjurjajew. (J. angew. Chem. [UdSSR] **34**, 703—05, März 1961; russ.) — Es wird gezeigt, daß bei der Dehydrierung von *n-Butan* zu *n-Butylen* (**I**) die Wrkg. des regenerierten Alumochromkatalysators in den ersten Min. durch oxydierende Rkk., die auf Kosten des überschüssigen O des Katalysators verlaufen, beeinflußt wird. Die dabei entstehenden Prodd. W., CO_2 u. CO erniedrigen die Ausbeute an **I** u. setzen die Selektivität des Katalysators herab. S. Baryschnikow. H 520

Rationelle Ausnutzung von Wasser in der Schwefelkohlenstoffindustrie. Ju. G. Alexejew. (Chemiefasern [UdSSR] **1960**, Nr. 4, 41; Krasnojarsk, Kunstfaserwerk; russ.) — Zur Vermeidung von Verlusten bei der Herst. von CS_2 (4—8% CS_2 u. 2—4% S) wird ein Schema angeführt, wonach das CS_2- u. H_2S-beladene W. nicht abgeflutet, sondern nach Abkühlung in die Kondensatoren zurückgeleitet wird.
Else Heinemann. H 880□

Die Abtrennung von p-Xylol aus einem Gemisch von Xylolen. N. I. Tschernoshukow, M. I. Falkowitsch und E. Ss. Gerwitz. (Chem. Technol. Brennstoffe Öle [UdSSR] **7**, Nr. 1, 19—24, Jan 1962; Moskau, Gubkin-Inst. für Erdölchem. u. Gasind.; russ.) — Zwei Verff. der Abtrennung durch Kristallisation (Kr) werden beschrieben, die gegenüber dem üblichen Kr.-Verf. eine größere Ausbeute u. höhere *p-Xylol* (**I**)-Reinheit gewährleisten. Durch Zugabe von CCl_4 bei der Kr. wird die Zus. des Eutektikums verändert u. dadurch eine prakt. vollständige Isolierung von **I** ermöglicht. Die Zugabe von Methanol zum Kr.-Prozeß bei — 60° als Lsgm. von o- u. m-Xylol ermöglicht

Ausbeuten von I bis 87 (%) (gegenüber 50 bei der einfachen Kr.) mit einer Reinheit bis 95 in einem Arbeitsgang. Weitere Angaben über Ausbeute, Reinheit u. Hilfsstoffverbrauch für beide Verff. u. für verschiedene Ausgangsgemisch-Konzz. werden gemacht. H. V. Adolphi. H 1010□

Versuchstechnische Alkylierung von Phenol in Gegenwart des Kationenaustauscherharzes KU-2. Ja. Je. Wertlib, W. I. Gruschewenko und I. P. Pawlowa. (Chem. Technol. Brennstoffe Öle [UdSSR] 5, Nr. 5, 12—16, Mai 1960; Jaroslawl, Mendelejew-Erdölwerk; russ.) — Der Alkylierungsprozeß an dem Katalysator *KU-2* hat Vorzüge vor der Alkylierung am Katalysator aus Benzolsulfonsäure. Der Hauptvorzug von KU-2 ist, daß sich bei seiner Anwendung keine Phenolabwässer bilden. Die Optimalbedingungen zur Phenolalkylierung durch Polymerdestillat in Ggw. von KU-2 sind: 135°, 6,9 kg KU-2/1 t Alkylphenol, Rk.-Dauer 5—7 Stunden. Der Zusatz „*Ziatim-339*" (für Erdöl-Prodd. u. Waschmittel), der aus an KU-2 hergestellten Alkylphenolen gewonnen wird, enthält einen erhöhten Geh. an Asche, Ba u. S, was auf eine Verbesserung seiner Qualität hindeutet. Auf Grund der durchgeführten industriellen Verss. ist ein prinzipielles Schema des kontinuierlichen Alkylierungsprozesses an KU-2 entwickelt worden. W. Hantzsch. H 1060□

British Hydrocarbon Chemicals Ltd., London, England (Erfinder: **Andrew McLean, Leslie Ernest Addy** und **John Habeshaw**), *Herstellung von Kondensationsprodukten aus Alkoholen.* (**E. P. 880 406** vom 30/8. 1957, ausg. 18/10. 1961. — C. **1962**, 6205 [F. P. 1 209 322].)

Solvay & Cie. (Erfinder: **Jean Vossen**), *Schnell polymerisierendes Vinylchlorid.* (**Aust. P. 230 893** vom 15/1. 1959, ausg. 17/11. 1960. Belg. Prior. 22/1. 1958. — C. **1961**, 7027 [D. A. S. 1 079 621].)

Wacker-Chemie G. m. b. H., München, *Acetylen und Chlorkohlenwasserstoffe aus aliphatischen Kohlenwasserstoffen beziehungsweise Halogenkohlenwasserstoffen und Chlor.* (**E. P. 842 539** vom 2/3. 1959, ausg. 27/7. 1960. D. Prior. 7/3. 1958. — C. **1962**, 9891 [F. P. 1 212 606].)

Wacker-Chemie G. m. b. H., München, übert. von: **Otto Frühwirth** und **Eduard Pichl**, Burghausen, *Lagerfähiges Acetylen durch Überführen in Kaliumacetylid.* (**A. P. 2 965 684** vom 31/3. 1959, ausg. 20/12. 1960. D. Prior. 3/4. 1958. — C. **1962**, 5469 [F. P. 1 219 654].)

Scientific Design Co., Inc., New York, N.Y., V.St.A., *Alkylenoxide.* (**E. P. 872 560** vom 5/9. 1957, ausg. 12/7. 1961. A. Prior. 14/9. 1956. — C. **1960**, 17614 [D. A. S. 1 068 235].)

Nitroglycerin Aktiebolaget (Erfinder: **Bernt Brunnberg**), *Herstellung von Salpetersäureestern aliphatischer Alkohole.* (**Aust. P. 230 221** vom 31/1. 1958, ausg. 6/10. 1960. Schwed. Prior. 8/2. u. 28/8. 1957. — C. **1960**, 7337 [D. A. S. 1 058 039].)

Bergbau Akt.-Ges. Neue Hoffnung, Oberhausen, *Verbesserte Formaldehydherstellung.* (**E. P. 880 873** vom 13/11. 1957, ausg. 25/10. 1961. D. Prior. 13/11. 1956. — C. **1961**, 7748 [Oe. P. 202 557].)

Consortium für elektrochemische Industrie G. m. b. H., München, *Herstellung von Carbonylverbindungen.* (**E. P. 876 025** vom 27/6. 1958, ausg, 30/8. 1961. D. Prior. 28/6. 1957. — C. **1961**, 3811 [D. A. S. 1 080 994].)

Wacker-Chemie G. m. b. H., München, übert. von: **Karl Meinel**, *Acrylsäurenitril durch thermische Spaltung von Acetylmilchsäurenitril.* (**A. P. 2 920 100** vom 10/9. 1957, ausg. 5/1. 1960. **E. P. 829 106** vom 22/3. 1956, ausg. 24/2. 1960. Beide D. Prior. 24/3. 1955. — C. **1958**, 9345 [D. A. S. 1 008 282].)

Lonza Electric & Chemical Works Ltd. (Erfinder: **Pascal Matile, Ernst Peterhans** und **Werner Zollinger**), *Herstellung von Harnstoff.* (**Aust. P. 225 865** vom 19/12. 1957, ausg. 21/1. 1960. Schwz. Prior. 24/1. u. 6/3. 1957. — C. **1961**, 14828 [Schwz. P. 352 323] u. C. **1962**, 19008 [Schwz. P. 355 139].)

Ciba Akt.-Ges., Basel (Erfinder: **Max Brenner**, Riehen), Schweiz, *Acylaminocarbonsäureamide aus α-Aminocarbonsäure-β-hydroxy- oder -mercaptopropionsäureamiden durch Behandeln mit stark basischen Mitteln.* (**Schwz. P. 351 585** vom 17/10. 1956, ausg. 15/3. 1961. — C. **1961**, 12269 [Oe. P. 202 559].)

Kali-Chemie Akt.-Ges., Hannover, *Herstellung von Hydriden.* (**Belg. P. 571 043** vom 8/9. 1958, ausg. 15/12. 1961. D. Prior. 15/12. 1956. F. Prior. 30/10. 1957. — C. **1961**, 10747 [E. P. 823 483].)

Imperial Chemical Industries Ltd., London, England, *Herstellung von Trialkylboranen.* (**Belg. P. 570 734** vom 28/8. 1958, ausg. 3/11. 1961. E. Prior. 30/8. 1957 u. 30/7. 1958. — C. **1960**, 17618 [D. A. S. 1 085 876].)

Imperial Chemical Industries Ltd., London, England, *Herstellung von Organosilanen.* (**Belg. P. 571 164** vom 12/9. 1958, ausg. 29/12. 1961. E. Prior. 13/9. 1957 u. 7/8. 1958. — C. **1960**, 5315 [D. A. S. 1 064 062].)

Standard Oil Co., Chicago, Ill., V.St.A., *Verestern aromatischer Carbonsäuren.* (**E. P. 879 799** vom 19/5. 1958, ausg. 11/10. 1961. A. Prior. 20/5. 1957. — C. **1962**, 3987 [F. P. 1 206 836].)

Badische Anilin- & Soda-Fabrik Akt.-Ges., Ludwigshafen/Rh., *Herstellung von Dimethylterephthalat.* (**E. P. 878 063** vom 11/6. 1959, ausg. 27/9. 1961. D. Prior. 14/6. 1958. — C. **1960**, 11117 [D. A. S. 1 071 688].)

Vereinigte Glanzstoff-Fabriken Akt.-Ges., Wuppertal, *Reinigung von Dimethylterephthalat.* (**E. P. 880 432** vom 11/12. 1959, ausg. 25/10. 1961. D. Prior. 14/1. 1959. — C. **1960**, 15575 [D. A. S. 1 080 540].)

Goodyear Tire & Rubber Co., Akron, Ohio, V.St.A., *Aromatische Diamine.* (**E. P. 864 763** vom 27/1. 1959, ausg. 6/4. 1961. A. Prior. 25/7. 1958. — C. **1962**, 8419 [F. PP. 1 220 232 u. 1 220239].)

Montecatini Soc. Gen. per l'Industria Mineraria e Chimica (Erfinder: **Cesare Ferri** und **Bruno Ponzini**), Mailand, Italien, *Phenylcyclohexanhydroperoxid durch Oxydation von Phenylcyclohexan.* (**Schwz. P. 350 649** vom 19/10. 1956, ausg. 31/1. 1961. It. Prior. 26/10. 1955. — C. **1961**, 7398 [Oe. P. 196 380 u. D. A. S. 1 033 658].)

Studiengesellschaft Kohle m. b. H. (Erfinder: **Günther Wilke**, Mülheim, und **Werner Pfohl**, Hamburg), *Herstellung von Cyclododecanderivaten.* (**D. P. [DDR] 22 050** Kl. 12o vom 29/9. 1958, ausg. 29/9. 1961 [Ausschließungspatent]. D. Prior. [Bundesrepublik Deutschland] 24/10. 1957. — C. **1962**, 7700 [F. P. 1 214 960].)

Inventa Akt.-Ges. für Forschung und Patentverwertung, Luzern, Schweiz, *Herstellung von Cyclohexanol und Cyclohexanon.* **(E. P. 878 066** vom 31/8. 1959, ausg. 27/9. 1961. Schwz. Prior. 13/9. 1958. — C. **1963,** 285 [D. A. S. 1 100 020].)

Studiengesellschaft Kohle m. b. H., Mülheim/Ruhr, *Cyclododecanon und Cyclododecadienon.* **(E. P. 876 531** vom 17/3. 1959, ausg. 6/9. 1961. D. Prior. 31/3. 1958. — C. **1961,** 3170 [D. A. S. 1 075 601].)

Badische Anilin- & Soda-Fabrik Akt.-Ges. (Erfinder: **Hans Soenksen, Hans Stanger, Albert Palm** und **Joseph Schmidt**), Ludwigshafen/Rh., *Chloralkylammoniumchloride.* **(E. P. 872 284** vom 7/9. 1959, ausg. 5/7. 1961. D. Prior. 10/9. 1958. — C. **1962,** 6587 [D. A. S. 1 110 167].)

Badische Anilin- & Soda-Fabrik Akt.-Ges. (Erfinder: **Wilhelm Friedrichsen** und **Albert Palm**), Ludwigshafen/Rh., *Herstellung von reiner 1.4.5.6.7.7-Hexachlorbicyclo-[2.2.1]-hepten-(5)-dicarbonsäure-(2.3).* **(E. P. 878 003** vom 13/4. 1960, ausg. 20/9. 1961. D. Prior. 14/4. 1959. — C. **1962,** 12101 [D. A. S. 1 088 050].)

F. Hoffmann-La Roche & Co. Akt.-Ges. (Erfinder: **Andor Fürst,** Basel, **Emilio Kyburz,** Riehen, Schweiz, und **Stefano Majnoni,** Mailand, Italien), *Herstellung von Äthyleniminderivaten.* **(D. P. [DDR] 21 824** Kl. 12p vom 21/10. 1958, ausg. 25/8. 1961 [Ausschließungspatent]. Schwz. Prior. 25/10. 1957 u. 26/4. 1958. — C. **1962,** 4348 [F. P. 1 215 684].)

Unilever Ltd. (Erfinder: **Guido Lardelli, Pieter Daniel Harkes, Pauline Haverkamp Begemann, Anthonie Simon Maria Van der Zijden, Jan Boldingh, Pieter Roele** und **Greult Dijkstra**), *Neue Furanderivate.* **(Aust. P. 230 645** vom 7/8. 1958, ausg. 3/11. 1960. E. Prior. 19/8. 1957. — C. **1962,** 17211 [D. A. S. 1 072 629].)

F. Hoffmann-La Roche & Co. Akt.-Ges., Basel (Erfinder: **Andor Fürst,** Basel, und **Emilio Kyburz,** Riehen), Schweiz, *Herstellung von Isoxazolidonverbindungen.* **(D. P. [DDR] 22 214** Kl. 12p vom 31/3. 1959, ausg. 16/10. 1961 [Ausschließungspatent]. Schwz. Prior. 26/4. 1958. — C. **1962,** 9520 [F. P. 1221 499].)

H_{10}. Färberei. Organische Farbstoffe

Kontinuefärben von Polyester/Baumwolle-Mischungen. P. Dalery. (Chemiefasern **12,** 559—64, Aug.; 635—36, Sept. 1962; dt.) — Ein Überblick über die kontinuierlich zu färbenden synthet. Gewebe u. die dafür geeigneten Farbstoffe wird gegeben. Färbemaschinen werden empfohlen. Ausführlich wird das Kontinue-Verf. beschrieben. Für das Färben der Polyesterfaser mit Cellulosefasern gemeinsam, im gleichen Ton oder in verschiedenen Tönen, werden Hinweise für die Praxis gegeben. Es werden Färbeverff. angegeben, mit denen helle bis mittlere Töne u. mittlere bis tiefe Töne erreicht werden können. I. Beßer. 7020

Das 2-Phasen-Druckverfahren. H. Vinke. (Melliand Textilber. **42,** 926—29, Aug. 1961; dt.) — Eine Klotzdämpfanlage wird ausführlich beschrieben, die durch eine Dämpfersonderkonstruktion (Portaldämpfer) gek. ist. Sie erfüllt sowohl die Anforderungen des klass. 1-Phasendruck-Verf. (Rongalit C-Pottasche-Verf.) als auch des 2-Phasendruck-Verf., bei dem in der 1. Phase nur der Farbstoff (Küpen- oder Reaktivfarbstoff) mit dem Verdickungsmittel aufgedruckt wird u. in einer 2. Phase, unmittelbar vor dem Dämpfen, die zur Red. u. Fixierung erforderlichen Chemikalien (Rongal A u. Hydrosulfit) aufgebracht werden. H. Sontag. 7022 □

A. P. De Biro & Co. Ltd. und **Charles Bene,** London, England (Erfinder: **Ralph Christopher Noyes** und **Charles Bene**), *Färben von stickstoffhaltigem Fasermaterial.* **(Aust. P. 230 361** vom 6/5. 1958, ausg. 13/10. 1960. E. Prior. 17/6. 1957. **A. P. 2 987 368** vom 6/5. 1958, ausg. 6/6. 1961. — C. **1962,** 6975 [E. P 845 764].)

Ciba Soc. An., Schweiz, *Färben von Wolle.* **(F. P. 1 242 446** vom 6/11. 1959, ausg. 4/1. 1961. Schwz. Prior. 14/11. 1958. — C. **1962,** 17935 [Oe. P. 211 263].)

T. Robert Dowd, Lexington, Ky., **Emanuel Lieberman,** Somerville, und **Iwan Turiansky,** W.Orange, N.J., V.St.A., *Färben von medizinischen Fäden aus Polyäthylenterephthalat.* **(E. P. 878 748** vom 28/11. 1958, ausg. 4/10. 1961. A. Prior. 29/11. 1957. — C. **1961,** 5972 [A. P. 2 909 177].)

Farbwerke Hoechst Akt.-Ges., vormals Meister Lucius & Brüning, Frankfurt/M., *Färben oder Bedrucken von Polyesterfasern oder -folien.* **(E. P. 879 519** vom 3/12. 1958, ausg. 11/10. 1961. D. Prior. 3/12. 1957. — C. **1959,** 155111 [D. A. S. 1 054 960].)

Farbenfabriken Bayer Akt.-Ges. (Erfinder: **Kuno Wagner** und **Richard Schwaebel**), Deutschland, *Färben und Bedrucken von Textilmaterialien.* **(F. P. 1 251 532** vom 20/2. 1960, ausg. 21/4. 1961. D. Prior. 24/2. 1959. — C. **1960,** 15913 [D. A. S. 1 078 082].)

Badische Anilin- & Soda-Fabrik Akt.-Ges. (Erfinder: **Alfons Janson** und **Adolf Blum**), Ludwigshafen/Rh., *Druckpasten für den Direkt- und Ätzdruck.* **(E. P. 881 487** vom 14/4. 1960, ausg. 1/11. 1961. D. Prior. 18/4. 1959. — C. **1961,** 6689 [D. A. S. 1 086 209].)

Badische Anilin- & Soda-Fabrik Akt.-Ges. (Erfinder: **Alfons Janson** und **Adolf Blum**), Deutschland, *Druckpaste für das Direkt- oder Ätzdruckverfahren.* **(F. P. 1 263 857** vom 14/9. 1960, ausg. 11/10. 1961. D. Prior. 18/4. 1959. — C. **1961,** 6689 [D. A. S. 1 086 209].)

Ciba Ltd., Basel, Schweiz, *Dichlordialkylaminomethane.* **(E. P. 870 454** vom 26/8. 1957, ausg. 14/6. 1961. Schwz. Prior. 27/8. 1956 u. 18/7. 1957. — C. **1962,** 6214 [F. P. 1 181 605].)

Farbwerke Hoechst Akt.-Ges., vormals Meister Lucius & Brüning, Frankfurt/M., *Erzeugung unlöslicher Azofarbstoffe auf Polyestergebilden.* **(E. P. 879 742** vom 13/3. 1959, ausg. 11/10. 1961. D. Prior. 13/3. 1958. — C. **1960,** 4680 [D. A. S. 1 061 738].)

Farbwerke Hoechst Akt.-Ges., vormals Meister Lucius & Brüning, Frankfurt/M., *Leukoschwefelsäureester von Küpenfarbstoffen.* **(F. P. 75 669** vom 4/5. 1959, ausg. 6/12. 1961. D. Prior. 3/5. 1958. Zusatz zu F. P. 1 211 671; C. 1960, 4034. — C. **1961,** 11907 [D. A. S. 1 085 992].)

Cassella Farbwerke Mainkur Akt.-Ges., Frankfurt/M., *Schwefelfarbstoffe der Phthalocyaninreihe.* (F. P. 75 587 vom 17/4. 1959, ausg. 13/11. 1961. D. Prior. 19/4. 1958. Zusatz zu F. P. 1 195 346; C. 1960, 308. — C. **1960**, 16948 [D. A. S. 1 070 762].)

Farbenfabriken Bayer Akt.-Ges., Leverkusen, *Farbstoffe der Tetrazaporphinreihe.* (E. P. 881 410 vom 18/3. 1958, ausg. 1/11. 1961. D. Prior. 2/7. 1957. — C. **1962**, 3636 [Belg. P. 565 805].)

H_{11a}. Farben. Anstriche. Lacke. Naturharze

Europäische Skala des Verrostungsgrades von Korrosionsschutz-Anstrichen. K. A. van Oeteren. (Farbe u. Lack **68**, 718, Okt. 1962; dt.) — Vgl. der im Auftrage europäischer Verbände der Lack- u. Druckfarbenhersteller ausgearbeiteten Europäischen Skala des Verrostungsgrades von Korrosionsanstrichen mit *DIN 53210* von 1928: „*Anstrichfarben, Bezeichnung des Rostgrades.*" Wegen des geringfügigen Unterschiedes beider Normen ist nach Vf. ein Übergang auf die neue Skala ohne weiteres möglich. A. Sander. 7090□

Über die Herstellung handhabungssicherer Aerosolfarben. John J. McAnally. (Paint Varnish Product. **50**, Nr. 6, 55—57, Mai 1960; Krylon, Inc.; engl. — C. **1961**, 15937.) L. Kempf. 7092

Pigmentdispersionsprobleme. L. Statham. (Paint Manufact. **31**, 339—43, 355, Okt. 1962; Setele and Cowlishaw Ltd.; engl.) — Betrachtungen zur Dispergierung anorgan. u. organ. Pigmente allg. u. in verschiedenartigen Mühlen. L. Kempf. 7092

Die Anwendung von Titandioxidpigmenten in Kombination mit Extendern. G. Rieck. (Farbe u. Lack **68**, 671—81, Okt. 1962; Leverkusen, Titangesellschaft mbH.; dt.) — Überblick über Qualitätsmerkmale, wie z. B. Helligkeit, Ölaufnahme, Verteilung der Korngrößen u. Witterungsbeständigkeit, von Verschnittmitteln (**I**) sowie deren Einfl. auf die Eigg. pigmentierter Anstrichfilme mit besonderer Beziehung auf Anstrichfarben mit TiO_2-Pigmenten. Die vorteilhaften opt. Eigg. der letzteren, wie Reflexionsgrad, Farbton, Aufhellungs- u. Deckvermögen, werden bes. in ihrer Abhängigkeit vom *Streu-Koeff.* (**II**) der **I** ausführlich erörtert. Nach den Verss. des Vf. steht **II** in umgekehrtem Verhältnis zur Korngröße. Auch die *Vol.-Konz.* des TiO_2 (PVK) ist wichtig für die Deckkraft, die, bezogen auf das Vol. des Anstrichfilms, bei ca. 30% ein Maximum durchläuft. Die Ölabsorption eines verschnittenen Weißpigments hängt außerdem von der *Korngrößenverteilung* zwischen TiO_2 u. **I** ab. Gröbere **I**-Teilchen führen zu Zusammenballungen des hochdispersen TiO_2 in den durch die gröberen **I**-Teilchen gebildeten Hohlräumen unter Herabsetzung der Deckkraft. A. Sander. 7092□

Die Korrosionsverhütung an der San Francisco-Oakland-Bay-Brücke. R. J. Salter. (Corrosion Technol. [London] **9**, 207, Aug. 1962; engl.) — Die Stahlteile der San Francisco-Oakland-Bay-Brücke werden jeweils mit drei Anstrichen versehen: Mennigegrundanstrich; nachträglicher Mennigepunktanstrich auf den Nieten; als letztes ein Aluminiumanstrich. Der Anstrichturnus für die Brückenpfeiler, Stahlträger u. -seile beträgt 6 Jahre. Die Fahrbahnen u. normal erreichbare Teile der Brücke werden laufend überwacht. Es hat sich gezeigt, daß durch Streich-Verff. hergestellte Anstriche wesentlich widerstandsfähiger sind als die im Spritz-Verf. erhaltenen. R. Worbis. 7106□

Wie läßt sich eine Haftung von Anstrichfilmen an Acetalharze erzielen? Walter M. Bruner und Carlos M. Baranano. (Mod. Plastics **39**, Nr. 4, 97—101, 104—06, 185, 190—92, Dez. 1961; Wilmington, Del., Du Pont, Polychemicals Dep.; engl.) — Die Haftung von *Lackfilmen* an Acetalharzen wird ohne vorherige Grundierung der Acetalpreßlinge durch eine chem. Oberflächenbehandlung, die eine nur mkr. sichtbare Rauheit bewirkt, nach dem unter der Bezeichnung „Du Pont Sanitizing Process" geschützten Verf. erzielt. Das Verf. ist dad. gek., daß die zu behandelnden Preßteile in eine Dispersion, die einen H-Donator als chem. akt. Komponente, vorzugsweise p-Toluolsulfonsäure, u. geringe Mengen eines SiO_2 enthaltenden Stoffes, wie Kieselgur, Quarz usw., in einem fl. Träger, vorzugsweise $CCl_2{=}CCl_2$, enthält, getaucht werden. Unter Angabe von Richtlinien für den Einsatz dieses Verf. in die Praxis u. Erläuterung an Beispielen werden Verf.-Bedingungen u. Anlage beschrieben. H. Sontag. 7106□

Neuere Fortschritte in feuersicheren Anstrichen. P. W. Sherwood. (Ind. Vernice — Lack- u. Farben-Chem. **15**, 360—62, Dez. 1961; ital.) — Übersicht. A. Sander. 7106□

Das anodische Verhalten von Testflächen mit Zinkstaubanstrichen. Alfred Laberenz. (Farbe u. Lack **68**, 682—88, Okt. 1962; Bremen, Bergolin Lack- u. Farbenfabrik; dt.) — Bericht über Verss. zur Verbesserung des Korrosionsschutzes von Zn-Staubfarben in Oberflächenanstrichen auf Fe- u. Buntmetallen, bes. bei Unterwasser-

anstrichen. Die inhibierende Wrkg. Zn-reicher Anstrich-Syst. auf Buntmetalloberflächen, auch in Ggw. von Schwermetallen oder deren Verbb. zum Schutz gegen Seewasserpflanzenbewuchs, wurde durch Potentialmessungen geprüft. Chem. Zus. der Anstrich-Syst., Ausführung der Messungen u. hierbei verwendete App. werden näher beschrieben u. die Ergebnisse der Verss. an 10 Kurvenbildern erörtert.
A. Sander. 7106☐

Tannin und Kondensationsprodukte der Salicylsäure als Bestandteile für Rostschutzgrundanstriche. Günther Stephan. (Farbe u. Lack **68,** 701—05, Okt. 1962; Krefeld, Textil-Ing.-Schule; dt.) — Verss. des Vf. über das chem. Roststabilisierungsvermögen von durch Kondens. von Tannin oder Salicylsäure mit Formaldehyd erhaltenen Prodd. sowie bestimmter Azofarbstoffe mit o-ständigen OH- u. COOH-Gruppen, die durch Bldg. unlösl. Fe-Komplexe Rostkorrosionen inhibieren oder aufheben.
A. Sander. 7106☐

Die Anwendung von Überzügen auf Urethanbasis für industrielle Instandhaltung. Maurice Bailey. (Paint Ind. Mag. **76,** Nr. 10, 10—12, 14, 15, Okt. 1961; Isocyanates Service Nat. Aniline Div.; engl.) — Überblick über Aufbau, Vernetzungs-Rkk. u. technolog. Eigg. von Überzügen auf Urethanbasis. L. Kempf. 7106

Haltbarkeitseigenschaften organischer Überzüge. 1. u. 2. Mitt. S. K. Bose und S. N. Mukerji. (Paint Manufact. **31,** 345—48, Okt., 380—82, 386, Nov. 1961; Calcutta, Government Test House; engl.) — Überblick über das Verh. von 188 Außenlack-Syst. im Freiluftklima in Calcutta u. Bombay sowie vergleichweise im Kurztest im Atlas Weather-O-Meter. Ferner wird über einige Unterss. hinsichtlich ihrer Säure- u. Alkalifestigkeit berichtet. L. Kempf. 7106

Über die Natur der Harzsäuren aus dem Harz von Pinus sibirica (Rupr.) Mayr. I. I. Bardyschew, Ch. A. Tschertschess und Sh. F. Kochanskaja. (J. angew. Chem. [UdSSR] **34,** 1147—51, Mai 1961; Inst. für physikal.-organ. Chem. der Akad. der Wiss. der BelorussSSR; russ.) — Vgl. C. **1961,** 18141. — Nach Abtrennung von *Abietinsäure, Neoabietinsäure* u. *Isodextropimarsäure* isolierten Vff. aus dem Salzrückstand des aufgearbeiteten Rohharzes nach Zerlegung desselben mit 1%ig. Essigsäure, Lsg. des Nd. in Aceton u. Neutralisation mit Diäthylamin eine neue Harzsäure, $C_{20}H_{30}O_3$, in großen Kristallen, F. 127—129°, $[\alpha]_D^{20}$ +54°, SZ. 175,6, Molgew. 320. Die Säure besitzt ein typ. IR-Spektrum. Die von Pentegow u. Pentegowa [1953] als „*Cedrensäure*" beschriebene Harzsäure erwies sich als ein Gemisch von $C_{20}H_{30}O_3$ u. Abietinsäure, evtl. mit geringen Beimengungen von weiteren Harzsäuren.
M. Ulmann. 7140☐

Messen der Schichtdicke. G. de Giorgis. (Ind. Vernice — Lack- u. Farben-Chem. **15,** 367—70, Dez. 1961; ital.) — Übersicht über die App. zur Dickenmessung von Oberflächenschichten. A. Sander. 7152☐

Beziehungen zwischen Oberflächengröße und Pigmentvolumenkonzentration verschiedener Verschnittpigmente. Anonym. (Off. Digest Federat. Soc. Paint Technol. **33,** 1461—88, Nov. 1961; Los Angeles, Society for coatings Technol.; engl.) — Nach einem Überblick über die Meth. zur Best. der spezif. Pigmentoberfläche wurden Meßergebnisse für die Beurteilung der prakt. Brauchbarkeit der Verschnittmittel herangezogen. Es wurde festgestellt, daß die N_2-Adsorptions-Meth. gegenüber anderen Verff. zu hohe Werte liefert. Die Best. der Teilchengrößenverteilung schien realere Werte zu liefern. Pigmentmischungen, die auf Grund von Oberflächen-Best. vorgenommen wurden, führen nicht immer zu dem erwarteten Erfolg. So gibt z. B. $CaCO_3$ oder Kreide höheren Glanz als erwartet. Verschnittmittel mit großer Oberfläche können in Hochglanzlacken in höherer Konz. als erwartet eingesetzt werden. Die Klasse der Silicate besitzt relativ kleine Oberflächenwerte. R. Zeisberger. 7152☐

Schnellbestimmung von Bleioxid in Mennige durch amperometrische Titration. Zdeněk Habrman. (Sklář a Keram. **10,** 195—97, Juli 1960; Hradec Králové, Státní výzk. úst. dklářský; tschech.) — Für die Best. von PbO in Mennige (I) eignet sich als Schnell-Meth. die amperometr. Titration mit 0,05n K_2CrO_4-Lsg. nach Kolthoff u. Pan [1939]. I wird in HNO_3 (1:1) mit Zusatz einer geringen Menge 30%ig. H_2O_2 gelöst, die Lsg. auf dem Wasserbad zur Trockne eingedampft, der Rückstand mit W. aufgenommen u. diese Lsg. mit $HClO_4$ auf pH 4 eingestellt. Die Best. erfolgt mit der Hg-Tropfelektrode im Vgl. mit einer gesätt. Hg_2Cl_2-Elektrode.
R. K. Müller. 7152☐

Nomographische Rechenhilfsmittel bei der Auswertung von Farbmessungen an Körperfarben. L. Gall und G. Valet. (Farbe u. Lack **68,** 374—80, Juni 1962; Homberg/Niederrhein, Fa. Sachtleben A.-G.; dt.) — Vff. beschreiben einen Rechenstab, um die Farbwertanteile x u. y (Farbort) schnell u. genau bestimmen zu können. Nomogramme für die Messung von Farbton (λ) u. Sättigung (spektraler Farbanteil) werden mitgeteilt. H. Jacobi. 7152□

Quantitative Bestimmung des Weichmacheranteils extern plastifizierter Dispersionssysteme. G. Frenz. (Farbe u. Lack **68,** 396—97, Juni 1962; Inter-Keller AG., Zürich; dt.) — Es wird eine Meth. entwickelt, nach der am besten eine Mischung des Binders (Mowilith-DO 25) mit Füllstoff/Pigment (z. B. $BaSO_4/TiO_2$) im Verhältnis 1:2 anzuwenden ist. 24 Std. trocknen; anschließend (in Streifen) mit Bzn. 100/140 extrahieren (2 Std.). — Der Extrakt wird filtriert (Tiegel IG4), eingedampft u. 15 Min. lang bei 90° getrocknet. H. Jacobi. 7154□

Änderungen von Jodzahl und Brechungsindex von Fettsäuren bei Herstellung und Analyse von Alkydharzen. P. J. Secrest und M. K. Kaprielyan. (J. Amer. Oil Chemists' Soc. **37,** 451—52, Sept. 1960; Chicago, Ill., Thendin-Williams Co.; engl.) — Unters. des Einfl. der Herst. u. der analyt. Prüfung von Alkydharzen auf JZ. u. in den verwendeten Fettsäuren. B. Scheifele. 7154□

Viscositätsmessung mit dem Zahnschen Becher. George Conrad. (Ind. Finishing **38,** Nr. 11, 69—72, Sept. 1962; engl.) — Beschreibung des Zahnschen (General Electric) Bechers zur Best. der Viscosität von Anstrichmitteln. W. Wesly. 7158□

Oberflächenanalyse und Adhäsion. W. T. M. Johnson. (Off. Digest Federat. Soc. Paint Technol. **33,** 1489—1502, Nov. 1961; Philadelphia, Pa., Marshall Labor.; engl.) — Grundsätzliche Unterss. über die chem. Zus. der ersten mol. Schichten der Filmoberflächen, die mit der totalen Filmkomposition nicht übereinstimmen müssen. Mit Hilfe der KBr-Abrieb-Meth. versucht Vf. die Fragen zu beantworten, welche chem. Zus. für die Adhäsion verantwortlich ist, u. wo die Mängel bei schwacher Adhäsion liegen. Es werden Anwendungsbeispiele der Meth. gegeben. R. Zeisberger. 7158□

Chemische und physikalische Vorgänge in Lacklösungen und Filmen. Georg Marwedel. (Ind.-Lackier-Betr. **30,** 375—80, Nov. 1962; dt.) — Die Charakteristik der einzelnen Harzklassen im Zusammenhang mit dem Viscositätsgesetz von Staudinger wird besprochen. An Hand von Dreieckskoordinaten-Syst. nach Scheiber, die als Endpunkt e die Eigg. fest, koll., fl. darstellen, lassen sich als Filmtypen einordnen u. werden bzgl. ihres Verh. voraussagbar. Beispiel der Entw.-Linie des Holz-, Mohn- u. Leinöls. R. Zeisberger. 7158□

Über die Wasserdampf- und Kohlendioxiddurchlässigkeit von Dispersionsfarben-Anstrichen. Heinz Lehmann und Herbert Pfaff. (Farbe u. Lack **68,** 666—70, Okt. 1962; Frankfurt/M.-Höchst, Farbwerke Hoechst AG.; dt.) — Ausgestanzte Anstrichproben auf holzfreiem satiniertem Papier von 60 g/m² u. einer Wasserdurchlässigkeit von ca. 14—15 mg Wasserdampf/d·cm² von Dispersionsfarben verschieden hoher Pigment-Vol.-Konz. (PVK) u. homo- bzw. copolymerer *Polyvinylacetatdispersionen* als Bindemittel wurden auf dem Rand mit wasserfreiem $CaCl_2$ beschickter Absorptionsgläschen mittels dampfundurchlässigem Schmelzkleber befestigt u. >4 Wochen bei 20—27° einer bewegten Luft mit 55—70% relativer Feuchtigkeit (RF) ausgesetzt. Die Wasserdampfaufnahme wurde durch die Gew.-Zunahme des Absorptionsmittels gemessen. Sie erwies sich als abhängig von der PVK u. zeigte ein im Bereich der krit. PVK liegendes Minimum der jeweils verwendeten Dispersion. In ähnlicher Weise wurde die durchgelassene CO_2-Menge durch Gew.-Zunahme eines geeigneten Absorptionsmittels, z. B. Natronasbest für trockene Filme oder $Ba(OH)_2$ für feuchte Anstrichfilme, mit nahe 100% RF bestimmt; CO_2 tritt also nicht als wss. Lsg., sondern gasförmig durch den Aufstrichfilm, dessen Durchlässigkeit hier bei höherer Pigmentierung stark zunimmt. Die obigen Anstriche zeigten damit eine gute „*Atmungsaktivität*". A. Sander. 7158□

Wirkungsgrad und -dauer wirkstoffhaltiger Anstriche. R. Lohse. (Pharmazie **16,** 141—53, März 1961; Oberlichtenau bei Karl-Marx-Stadt, VEB Cirine-Werk, Biolabor. dt.) — Vf. führt den Beweis, daß der Wrkg.-Grad insekticider Anstriche keinen konst. Wert hat, da dieser vom Zusammenspiel u. Gegeneinander vieler innerer u. äußerer Faktoren abhängt u. es nicht genügt, Wirkstoffart u. -menge eines Anstriches zu kennen. Einzelne Faktoren (rauher u. glatter Untergrund, Luftfeuchtigkeit, Temp., Luftdruck, Licht) werden in ihrem Einfl. auf die Wrkg. insekticider Anstriche gekennzeichnet. Anstrichmittel, welche in gemäßigtem Klima mit gutem Erfolg eingesetzt werden, können in den Tropen rasch zerstört u. wirkungslos werden. W. Schmollack. 7158□

Eine Untersuchung über die das Rosten von Stahl und die Blasenbildung organischer Metallschutzüberzüge beeinflussenden Faktoren. 1. Mitt. Anonym. (Off. Digest Federat. Soc. Paint Technol. **32,** 1463—76, Nov. 1960; Pittsburgh, Pa., Soc. for Paint Technol.; engl.) — An mehreren Stahlschutzüberzügen (Alkyd-, Epoxyester-, Epoxyamin-, Epoxypolyamid-, Vinyl-, Phenol- u. Urethanharz) ausgeführte Unterss.

über Wasser- u. O_2-Durchlässigkeit, Wasserabsorption, Wasserextrahierbarkeit, osmot. Druck u. Haftfestigkeit u. die Blasen-Bldg. der Überzüge zeigen: O_2 u. W. sind die prim. Rostursachen. Die Wasserdurchlässigkeit spielt für das Rosten eine wichtige Rolle. Wasserextrahierbarkeit u. Mangel an Haftfestigkeit sind die prim. Ursachen der Blasenbildung. Die stärkste Blasen-Bldg. geht mit der stärksten Rost-Bldg. einher; Verhinderung oder Verminderung der Blasen-Bldg. verhindert oder vermindert die Rostbildung. Eine Rostschutz gewährende Schutzschicht soll geringe Durchlässigkeit, geringe Extrahierbarkeit u. gute Haftfestigkeit haben. W. Wesly. 7158□

Eine Untersuchung über die das Rosten von Stahl und die Blasenbildung organischer Metallschutzüberzüge beeinflussenden Faktoren. 2. Mitt. Anonym. (Off. Digest Federat. Soc. Paint Technol. **33**, 1427—36, Nov. 1961; engl.) — 1. vgl. vorst. Referat. — Ein mit einem organ. Schutzfilm versehener Stahl, der in W. eintaucht, korrodiert nur, wenn W. u. O_2 die Metall–Film-Grenzfläche erreichen oder wenn der Schutzfilm Blasen zu werfen beginnt. W. Wesly 7158□

Lever Brothers Co., New York, N.Y., V.St.A., übert. von: Johannes Donatus von Mikusch-Buchberg, Hamburg, **Fettsäurekondensationsprodukte** erhält man durch Erhitzen von Carbonsäuren der allg. Formel R—COOH (R = bes. langkettiger, gesätt., OH-gruppenfreier KW-Stoffrest, bes. ungesätt. Alkyl mit 9—25, bes. 17—21 C-Atomen) auf 220—230° in Ggw. von $B(OH)_3$, B-Oxid, Alkali- u. NH_4-Pentaborat, Borsäuretrimethyl-, -triäthyl-, -mannitester, gemischten Anhydriden aus $B(OH)_3$ u. Essig- oder höhermol. Fettsäuren als Katalysator in Mengen von 0,1—10, bes. 2—6%, bis die Mischung mindestens 32% Unverseifbares enthält u. das Molgew. mindestens das 3fache der Säure beträgt, unter gleichzeitigem Entfernen des Rk.-Wassers. — 110 g 97%ig. Ölsäure, die 2—3% gesätt. Fettsäuren enthält, werden mit 6,6 g $B(OH)_3$ zuerst auf 210, dann auf 290° erhitzt. Der Rückstand wird mit heißem W. gewaschen, um die B-Verbb. zu entfernen; SZ. 58,1; VZ. 85,6; JZ. 132,9; mittleres Molgew. 661; 44,7% Unverseifbares. — Weitere Ausgangssäuren sind: Heringsöl-, Leinöl-, Baumwollsamenöl-, Sonnenblumenöl- u. Tallölfettsäuren. — Verw. als *trocknende Öle* für *Farben, Lacke, Firnisse, Linoleum, Abschrecköle* u. *Weichmacher*. — Vgl. D. A. S. 1 073 665; C. **1961**, 344. (**A. P. 2 923 718** vom 25/11. 1955, ausg. 2/2. 1960. E. Prior. 30/11. 1954.) G. Krauß. 7097

Sugar Research Foundation, Inc., New York, N.Y., übert. von: Henry B. Hass, Summit, N.J., V.St.A., **Trocknende Öle** erhält man aus Sacchariden, wie Saccharose oder Raffinose, bei der Rk. mit einem Ester, aus der Fettsäure eines trocknenden Öls u. einem flüchtigen niedrigmol. Alkohol bei 20—120° in Ggw. eines alkal. Katalysators u. ggf. in Ggw. eines Lsgm., wie tert. Amin oder Dimethylsulfoxid. Die ungesätt. Fettsäuren erhält man bei der Hydrolyse trocknender Öle, wie des Leinöls, Sojabohnenöls, chines. Holzöls oder Sonnenblumenöls; sie werden mit dem niedrigmol. Alkohol verestert. Auch kann man auf die Glyceride der trocknenden Öle bes. niedrigmol. Alkohole einwirken lassen. Der bei der Umesterung von Zucker u. Ester entstehende Alkohol wird durch Dest. im Vakuum entfernt. Pro Mol des Saccharids sollen mindestens 4 Säurereste eingeführt werden. — Man löst Saccharose in Dimethylformamid mit dem Monomethylester der Linolsäure u. K_2CO_3, erhitzt unter Rückfluß 6 Std. lang auf 90° bei 100 mm Hg, filtriert K_2CO_3 ab, dest. das Lsgm. u. erhält den *Hexalinolsäureester der Saccharose*. Auf gleiche Weise erhält man den *Tetrahydronaphthalinolsäureester der Saccharose*. Die Rk. soll unter Ausschluß von W. durchgeführt werden. — *Herst. von Lacken usw.* (**A. P. 2 970 142** vom 28/9. 1956, ausg. 31/1. 1961.) G. König. 7097

H. H. Robertson Co., übert. von: Dean S. Hubbell, Pittsburgh, Pa., V.St.A., **Cu-Pulver** für *Isolieranstriche* aus 90% Cu-Sulfid u. 10% metall., anoxydiertem Cu erhält man durch Umsetzung stöchiometr. Mengen S mit Zementkupfer in wss.-saurem Medium, Trocknen des Rk.-Prod. u. Zermahlen in oxydierender Atmosphäre. (**Can. P. 562 903** vom 6/12. 1951, ausg. 9/9. 1958.) Eberhard Riedel. 7107

Aluminium Laboratories Ltd. (Erfinder: Stanton Evan Jack), **Einverleiben von Metallpigmenten in wässerige Dispersionen von filmbildenden Mitteln** in Form eines aus dem Metallpigment (z. B. mit einer Fettsäure vermahlenem Al-Pulver), einem KW-Stoff-Lsgm. (z. B. Solventnaphtha), einem in diesem Lsgm. lösl. oberflächenakt. Stoff (z. B. 2-Oleyl-4-methyl-4-hydroxymethyl-5-äthyl-2-oxazonin) u. ggf. einem mit dem KW-Stoff-Lsgm. u. W. mischbarem Stoff (z. B. Glykol, Glykoläther oder -diäther) bestehenden Gemisches. (**Aust. P. 228 614** vom 11/4. 1958, ausg. 7/7. 1960.) K. Demmler. 7107

United States of America, Secretary of Agriculture, übert. von: Leo A. Goldblatt und Lucien L. Hopper jun., New Orleans, La., V.St.A.,

Fungicide Lacke und Lackfarben enthalten fettsäuremodifizierte Epoxyharze oder trocknende Öle, wie rohes Holzöl u. Leinöl sowie Hexachlorcyclopentadien. (**A. P. 2 984 632** vom 3/10. 1956, ausg. 16/5. 1961.) M. Böttcher. 7107

Allied Chemical & Dye Corp., New York, N.Y., übert. von: John L. Jones, Toledo, Ohio, V.St.A., **Farblose Lacke.** 0,5—2, bes. 1—1,5 Mol HCHO werden mit 1 Mol C_{3-4}-monoolefin. monosubstituierter, bes. p-substituierter, Phenole u. ihrer Polymeren in Ggw. organ. Zn-Salze, bes. Zn-Acetat, kondensiert. Es werden öllösl. Harze erhalten, die mit trocknenden Ölen verkocht werden. (**Can. P. 562 979** vom 10/11. 1947, ausg. 9/9. 1958. A. Prior. 19/2. 1947.) Eberhard Riedel. 7107

Sherwin-Williams Co., Cleveland, übert. von: Paul R. Brown, Westlake, Ohio, V.St.A., **Regulierung der Inselgröße von Latexemulsionsfarbe,** die als ungleichmäßig starker Film auf einen ungetrockneten Ölharzüberzug aufgebracht wird, durch Ersatz von festen Bindemitteln durch ein gleiches Vol. Pigment unter Konstanthaltung der krit. Pigment-Vol.-Konz. u. des %-Geh. der Gesamtfeststoffe, wobei sich die Inseln mit zunehmender Pigment-Konz. verkleinern. Zus. der Farbe: 760 (Gew.-Teile) Farbpigmente, 640 Streckmittel, 300 Deckpigmente, 2300 Träger u. 484 W.; Träger: 716 Proteindispersion, 8 Netzmittel, 132 W., 180 Harz u. Alkylfirnis, 16 Sikkative u. 1248 Butadien–Styrol-Latexemulsion; Proteindispersion: 826 W., 110 Sojaprotein, 4 Alkalihydroxid, 14 Emulgator u. 12 H_3BO_3. (**Can. P. 561 494** vom 13/8. 1954, ausg. 5/8. 1958. A. Prior. 14/9. 1953.) L. Großner. 7107

United States Rubber Co., New York, N.Y. (Erfinder: Robert S. Holdsworth, Needham, Mass.), V.St.A., **Herstellung von bei mehrfachem Einfrieren beständigen Polyvinylacetatdispersionen** aus Vinylacetat (I) allein oder I mit bis 40% der Mischung eines damit mischpolymerisierbaren Stoffes, wie Dialkylmaleinaten u. Dialkylfumaraten mit 2—8 C-Atomen in den Alkylresten oder Vinylestern von Fettsäuren mit 3—18 C-Atomen in der Alkylgruppe oder Alkylestern der Acrylsäure u. Methacrylsäuren mit 1—18 C-Atomen im Alkylrest des Esters, wobei die Polymerisation in Ggw. von Emulgatoren u. eines Alkalipersulfats als Katalysator durchgeführt wird, dad. gek., daß als Emulgator auf 100 (Teile) der polymerisierbaren Substanz in 60 bis 120 W. 1—10 eines Polyoxyäthylenpolyoxypropylenglykols (**II**), dessen Polyoxypropylenkette ein Mol.-Gew. von 800—2100 hat u. bei dem der Polyoxyäthylen-Geh. 40—90 Gew.-% des Gesamt-Mol. beträgt, verwendet werden. Außerdem kann die Polymerisationsmischung 0,05—1 Teil NaOH, LiOH oder MgO enthalten. Bevorzugt wird folgender Ansatz: 100 (Teile) einer Mischung von 65—85 **I** u. entsprechend 35 bis 15 Dibutylmaleinat werden in 60—120 W., das 0,05—0,75 $K_2S_2O_8$ u. als Emulgator 1—10 eines **II** enthält, dessen Polyoxypropylenkette ein Mol.-Gew. 1500—1800 u. dessen Polyoxyäthylen-Geh. 80—90 Gew.-% des Gesamt-Mol. beträgt, mischpolymerisiert. Mengen u. Vgl.-Beispiel. Rezept für pigmentierten *Lack*. (**D. A. S. 1 093 558** Kl. 39c vom 30/1. 1958, ausg. 24/11. 1960. A. Prior. 2/4. 1957. **A. P. 2 956 973** vom 2/4. 1957, ausg. 18/10. 1960.) H. Schindler. 7107

Willy Spangenberg & Co., Hamburg-Eidelstedt, übert. von: Willy J. A. Spangenberg, Hamburg-Blankenese, und Karl H. W. Culenmeyer, Hamburg-Langenfelde, **Herstellung trocknender Anstriche,** dad. gek., daß man reine Tallölsäuren, die durch Vakuum-Dest. von Tallöl gewonnen wurden, erst mit Styrol, dann mit Polyalkoholen oder umgekehrt kondensiert. (**Can. P. 555 955** vom 29/12. 1950, ausg. 15/4. 1958.) S. Böttcher. 7107

Pittsburgh Plate Glass Co., Pittsburgh, Pa., übert. von: Eugene W. Moffett, Milwaukee, Wis., V.St.A., **3-substituierte Brenzcatechine als Mittel gegen Hautbildung** bei Überzugsmassen aus trocknenden Ölen u. Sikkativen. Verwendet wird bes. *3-Isopropylbrenzcatechin* in Mengen von 0,001—1 lbs./100 gallons. (**Can. P. 561 098** vom 10/4. 1954, ausg. 29/7. 1958.) L. Großner. 7107

Sherwin-Williams Co., Cleveland, übert. von: Alfred Berthold, Eastlake, und Oliver J. Grummitt, Cleveland, Ohio, V.St.A., **α-substituierte aliphatische Sulfonate als Desodorantien für trocknende Überzugsmassen.** Verwendet werden Verbb. der allg. Formel $R''_{(n-2)}-XH-C(RR')-SO_3-M(HSO_3)_{y-1}$ (R = aliphat. oder aromat. Rest mit $\geqq 10$ C-Atomen; R′ = H oder Methyl; R″ = aliphat., aromat. oder cycloaliphat. Rest; X = 0 oder N; M = Alkali oder Erdalkalimetall; n u. y = Wertigkeiten von X bzw. M) in Konz. von 0,001—5%. (**Can. P. 559 812** vom 26/3. 1956, ausg. 1/7. 1958. A. Prior. 21/6. 1955.) L. Großner. 7107

American-Marietta Co., Stoner-Mudge Co. Division, Chicago, Ill., übert. von: Gerald P. Roeser, Lahaska, Pa., V.St.A., **Harz aus einem Vinylchlorid (I)-Vinylacetat-Mischpolymerisat,** das in aromat. einkernigen KW-Stoffen schwer lösl. ist u. $<$ ca. 92% I in Lsg. enthält, dad. gek., daß das wirksame Lsgm. als

1. Komponente 2-Pyrrolidon (II) oder ein N-aliphat. KW-Stoff-substituiertes **II** mit ≦4 C-Atomen im KW-Stoff-Rest oder eine Mischung beider Stoffe u. als 2. Komponente einen einkernigen aromat. KW-Stoff, wie Bzl., Alkylbenzol oder eine Mischung aus beiden enthält, wobei die Menge der 1. Komponente bei Verw. von N-Vinylmethylpyrrolidon 7—50% u. bei Verw. eines anderen Stoffes ≧10% der Menge der beiden Komponenten beträgt. — *Schutz-* u. *Dekorationsüberzüge.* — Tabellen. (**A. P. 2 918 443** vom 31/1. 1957, ausg. 22/12. 1959.) G. Vogel. 7107

American-Marietta Co., Pittsburgh, Pa., V.St.A. (Erfinder: Gerald Philip Roeser), **Vinylchlorid-Vinylacatat-Mischpolymerisate.** Zu A. P. 2 918 443; vorst. Ref. ist nachzutragen: Der KW-Stoffrest des zugesetzten 2-Pyrrolidon-Deriv. besitzt höchstens 5 (statt höchstens 4) C-Atome. (**E. P. 862 845** vom 13/6. 1958, ausg. 15/3. 1961.) G. Vogel. 7107

E. I. du Pont de Nemours & Co., Wilmington, Del., übert. von: Carleton A. Sperati, North Arlington, N.J., V.St.A., **Linearpolymere mit monomeren Dimethacrylaten.** Fl. *Überzugs-* u. *Bindemittel* bestehen aus 25—75% Linearpolymeren mit Molgew. >15000, bes. Polymethylmethacrylat oder halogenhaltigen Linearpolymeren, u. Dimethacrylsäureestern von Mischungen von Glykolen der allg. Formel $HO(CH_2CH_2O)_nH$ (n = 1—20; mittleres Molgew. des Gemisches 185—270°) in einem flüchtigen Lösungsmittel. (**Can. P. 561 334** vom 30/4. 1947, ausg. 5/8. 1958.) L. Großner. 7107

American Cyanamid Co., New York, N.Y., übert. von: Frank R. Spencer, Stamford, Conn., V.St.A., **Überzugsmittel aus modifiziertem Alkydharz** besteht aus einer Mischung von Alkydharz mit, bezogen auf die gesamte Harzmenge, ≦25(%) halbtrocknenden oder nichttrocknenden fetten Ölen u. deren Säuren, ≦25 eines Aminoplasten, bes. einem ggf. butylierten Melamin- oder Harnstoff–Formaldehyd-Harz, u. 0,05—10 eines polymeren Alkylesters einer αβ-ungesätt. Carbonsäure, bes. Polybutylacrylat. — Abbildungen. (**Can. P. 559 543** vom 10/5. 1950, ausg. 1/7. 1958. A. Prior. 21/1. 1950.) L. Großner. 7107

American Cyanamid Co., New York, N.Y., übert. von: Frank R. Spencer, Stamford, Conn., V.St.A., **Überzugsmittel aus modifiziertem Alkydharz** besteht aus 10—50, bes. 20—40, (Teilen) eines Aminoplasten, bes. einem Melamin- oder Harnstoff–Formaldehyd-Harz, u. 90—50 bes. 80—60, Alkydharz; letzteres ist mit, bezogen auf die gesamte Harzmenge, 26—50(%) halbtrocknenden, nichttrocknenden Ölen u. deren Säuren sowie 0,05—5, bes. 0,5 eines polymeren aliphat. Esters einer αβ-ungesätt. Carbonsäure modifiziert. — Abbildungen. (**Can. P. 559 544** vom 10/5. 1950, ausg. 1/7. 1958. A. Prior. 21/1. 1950.) L. Großner. 7107

Union Carbide Corp., New York, N.Y., übert. von: Charles W. McGary jun. und Charles T. Patrick jun., South Charleston, W.Va., V.St.A., **Überzugsmassen auf Epoxidharzmassen.** Man verwendet als Bindemittel die Rk.-Prodd. von einem Polyepoxid (I) mit mindestens 2 Cyclohexanoxidgruppen u. einer aliphat. Monocarbonsäure mit 3—22 C-Atomen, wobei 0,3—0,7 (Äquivalente) Carbonsäure je 1 Polyepoxid angewendet werden. Bes. bevorzugte **I** sind z. B. 3.4-Epoxycyclohexylmethyl-3.4-epoxycyclohexancarboxylate, Äthylenglykol-bis-(3.4-epoxycyclohexancarboxylate) u. Bis-(3.4-epoxycyclohexylmethyl)-dicarboxylate. In Abhängigkeit von dem Typ der eingesetzten Carbonsäuren sind die Epoxyfettsäureester lufttrocknend (z. B. *Ricinusöl*) oder nicht lufttrocknend (z. B. Hexansäure). Zur Beschleunigung der Härtung kann man z. B. polyfunktionelle Amine zusetzen. (**A. P. 2 999 827** vom 21/1. 1959, ausg. 12/9. 1961.) P. Krug. 7107

Ciba Ltd., Basel, übert. von: Gustav Widmer, Basel, und Paul Zuppinger, Binningen, Schweiz, **Überzugsmassen aus Methyloltriazinpolyallyläthern.** Oxydativ trocknende Überzüge bestehen aus einem härtbaren Kondens.-Prod. von HCHO u. einem Aminotriazin mit ≧2 Aminogruppen, bes. Melamin, in dem 2—5 Methylolgruppen mit einer Allylgruppe u. ggf. eine weitere Methylolgruppe mit einem anderen einwertigen aliphat. Alkohol veräthert sind, sowie 0,02—2% Co-, Ni-, Pb-, Cr-, Al-, Zn- u. Ca-Salzen einer organ. Säure. — Vgl. Oe. P. 180 732; C. **1955,** 5193. (**Can. P. 559 985** vom 25/11. 1952, ausg. 8/7. 1958. Schwz. Prior. 28/11. 1951 u. 18/11. 1952.) L. Großner. 7107

Richardson Co., Melrose Park, übert. von: Konrad Parker, Park Ridge, Ill., V.St.A., **Überzugsmassen auf Siliconbasis.** Diese enthalten in organ. Lsgm. gelöst a) ein unter wasserfreien Bedingungen gewonnenes Silamin-Prod. (**I**) aus Ammoniak oder prim. Aminen mit einer Mischung von Halogensilanen der allg. Formel $R_nSi \cdot Hal_{4-n}$ u. R_2SiHal_2, worin R einen einwertigen KW-Stoff-Rest u. n 0 oder 1 bedeuten, u. ein Metallsalz einer Monocarbonsäure mit Fe, Ce, Pb, Zn, Mn, Ca, Zr, Sn, Co als

Metallkomponente. In **I** liegen $-Si-\overset{|}{N}-Si$-Bindungen vor. Die aus den **I**-haltigen Überzugsmassen erhaltenen Schichten trocknen an der Luft, können **aber** auch eingebrannt werden. (**A. P. 3 007 886** vom 15/10. 1958, ausg. 7/11. 1961.) P. Krug. 7107

American Cyanamid Co., New York, N.Y., übert. von: Joseph C. Pullman, Stamford, Conn., V.St.A., **Thermoplastische haftfeste Überzüge,** z. B. für Papier, aus einem Kondens.-Prod. aus stöchiometr. Mengen einer gesätt. aliphat. Dicarbonsäure (Adipin-, Bernsteinsäure), u. eines 2wertigen Alkohols $OH(C_nH_{2n})CH_2OH$ ($n = 1-3$) mit einer Viscosität von 150—1000 cP bei 225° F, u. einem Polyvinylacetat. (**Can. P. 555 884** vom 4/5. 1950, ausg. 15/4. 1958. A. Prior. 23/9. 1949.) S. Böttcher. 7107

British Cellophane Ltd., übert. von: William Berry und Richard A. Rose, Bridgewater, Somerset, England, **Wasserfeste Überzüge.** Auf einen wasserempfindlichen, nicht faserigen organ. Überzug (z. B. regenerierte Cellulose) wird ein teilweise kondensiertes, hydrophiles Harnstoff–HCHO-Harz aus wss. Dispersion (pH 2—5) aufgebracht u. ohne Härtung getrocknet. Auf diesen Film wird eine wss. Dispersion (pH 4—14) eines Vinylidenchloridpolymeren oder -copolymeren aufgebracht, worauf zur Entfernung des W. u. zum Aushärten des Harzes in den hydrophoben Zustand erhitzt wird. — Vgl. E. P. 796 097; C. **1960,** 12516. (**Can. P. 554 877** vom 28/8. 1956, ausg. 25/3. 1958. E. Prior. 11/10. 1955.) H.-J. Nitzschke. 7107

Pittsburgh Chemical Co., übert. von: Fred Whittier und Raymond J. Lawn, Pittsburgh, Pa., V.St.A., **Überzugsmittel,** bes. für *Stahl,* die unterwasserfeste Überzüge liefern, enthalten ein Kohlenteerpech, ein Epoxyharz, Chlorkautschuk sowie 1—5% eines thixotrop wirkenden Mittels, wie koll. Kieselerde oder Ton. (**A. P. 2 976 256** vom 2/5. 1957, ausg. 21/3. 1961.) M. Böttcher. 7107

Hercules Powder Co., übert. von: Julian L. Azorlosa, Wilmington, Del., V.St.A., **Farbmischungen.** Wss. Tonfarbendispersionen, die 50—70% Feststoffe enthalten, werden mit 6—10% (berechnet auf den Tonanteil) eines niedrigviscosen Polymeren aus der Gruppe Acrylsäure, Acrylamid, Acrylnitril oder ihren α-Methyl-Derivv., die in einer 20%ig. wss. Lsg. eine Viscosität von 500—2500 cP aufweisen, als Bindemittel versetzt. (**Can. P. 562 404** vom 4/4. 1949, ausg. 26/8. 1958. A. Prior. 18/11. 1948.) Eberhard Riedel. 7107

Glidden Co., Cleveland, Ohio, übert. von Kenneth F. Atwood, Atlanta, Ga., Austin K. Long, Bay Village, und Owen F. Shobe, Lakewood, Ohio, V.St.A., **Grundierungsmittel für Metalle.** Die auch auf angerostete Flächen auftragbaren Mittel enthalten in der Lsg. der lufttrocknenden Filmbildner (**I**) soviel eines Pigmentes, daß die Pigment-Vol.-Konzentration 25—60% beträgt sowie ferner ein Netzmittel (**II**) in einer Menge von 5—10 Gew.-%. Geeignete **I** sind z. B. Ölharzlacke, ölmodifizierte Alkydharze mit Fettsäure, veresterte Epoxydharze sowie trocknende Öle. Bei **II** handelt es sich um Rk.-Prodd. aus 1wertigen aliphat. oder cycloaliphat. Alkoholen mit <8 C-Atomen u. den von trocknenden u. halbtrocknenden Ölen stammenden Fettsäuren bzw. Mischungen derselben mit geringen Mengen von Harzsäuren. (**A. P. 2 978 424** vom 23/12. 1958, ausg. 4/4. 1961.) P. Krug. 7107

United States Rubber Co., New York, N.Y., übert. von: James J. Doherty, Mishawaka, Ind., und Charles M. McClure, Niles, Mich., V.St.A., **Kontinuierliches Kaschieren von Metallbändern mit einem Vinylharzfilm** mit zu verzierender Außenfläche, dad. gek., daß man auf das unter Zug laufende Metallband einen dünnen Überzug aus thermoplast. Klebstoff aufträgt, das beschichtete Band auf eine oberhalb der Erweichungs-Temp. des Klebstoffs liegende Temp. erhitzt, die 5—25° F höher ist als die Erweichungs-Temp. des Films, den Film auf die Klebstoffschicht auflaufen läßt, die vereinigten Schichten durch einen Prägekalander (Walzen-Temp. 100 bis 300° F unterhalb der Erweichungs-Temp. des Films) führt, so daß der Prägedruck 3—15 Sek. auf einem Sektor von 90—180° ohne Beschädigung des Films u. der Prägung wirksam ist, u. das Prod. kühlt. — Man trägt z. B. auf Al-, Mg-Bänder, evtl. Legg., eine Masse aus einem Vinylchlorid–Vinylacetat- (80—90 : 20—10%) Mischpolymerisat u. einer, bes. α.β-ungesätt., Carbonsäure, wie Maleinsäure oder deren Anhydrid, u. nach dem Vortrocknen des Klebstoffs einen Film aus 100 (Teilen) Polyvinylchlorid u. 30 Dioctylphthalat auf u. führt das auf 380° F erhitzte Metallband mit dem Klebstoff u. dem Film durch einen 150° F heißen Prägekalander, den das Prod. mit ca. 180° F verläßt. — Zeichnung. (**A. P. 2 877 151** vom 16/7. 1954, ausg. 10/3. 1959.) G. Vogel. 7107

Lawter Chemicals, Inc., Chicago, übert. von: John A. Harmon, Skokie, und Robert W. Voedisch, Chicago, Ill., V.St.A., **Ein bei Tageslicht fluorescierendes Harz** erhält man durch Einarbeiten eines entsprechenden Farbstoffes in ein Harz aus äquimol. Mengen Arylsulfonamid u. Aldehyd, z. B. Toluolsulfonamid–Formaldehyd-harz, das zur Erhöhung des F. u. zur Erreichung einer besseren Bruchfestigkeit modifiziert wird durch Rk.mit 10—50% einer Amin-Aldehyd-, z. B. Harnstoff- oder Melamin-Formaldehyd-Mischung. (**Can. P. 562 729** vom 25/4. 1956, ausg. 2/9. 1958. A. Prior. 6/6. 1955.) Eberhard Riedel. 7107

H_{IIb}. Plaste (Kunstharze. Plastische Massen)

Eigenschaften und Anwendung polnischer Kunststoffe. Tadeusz Wiśniewski. (Przegląd techn., Zeszyty problemowe **82,** Nr. 8, 24—30, Dez. 1961; pol.) — Übersicht. F. Urban. 7170□

Produktionseinrichtungen zur Beschichtung in der Wirbelschicht. Malcolm V. Rothschild. (Mod. Plastics **39,** Nr. 5, 113—17, 169, 172, Jan. 1962; Warsaw, Ind., Techn. Sales Representative; engl.) — Es werden verschiedene Verff. beschrieben, die dazu dienen, Materialien mit Kunststoffen im Wirbelbett zu beschichten. Es wird außerdem über die Eignung der Kunststoffe für die Beschichtung nach diesem Verf. berichtet. K. Gröbe. 7170□

Modifizierte Niederdruck-Polyäthylene. Wolfgang A. Mack. (Brit. Plastics **35,** 144—47, März 1962; W. Grace u. Co., Polymer Chemicals Div.; engl.) — Anwendung u. Eigg. modifizierter Niederdruckpolyäthylene werden besprochen. G. Heintz. 7172□

Durchsichtigkeit von Polythene. J. A. C. Miles und A. E. Thornton. (Brit. Plastics **35,** 26—31, Jan. 1962; The Metal Boc Company Ltd., Bakelite Limited; engl.) — Die Durchsichtigkeit von *Polyäthylen*-Folien kann mit Hilfe der Kleinwinkelstreuung gemessen werden. Mit einer einfachen Meßanordnung kann die Lichtmenge ermittelt werden, die weniger als 4 Bogen-Min. gestreut wird. Sie ist ein Maß für die Durchsichtigkeit. Vff. zeigen, daß das Gerät wesentlich empfindlicher u. genauer ist, als die visuelle Meth. u. für viele Zwecke prakt. eingesetzt werden kann. Zwischen den Werten der Durchsichtigkeit des Glanzes u. der Trübung besteht ein statist. nachweisbarer Zusammenhang. Wegen der großen Streuung der Einzelwerte müssen aber für die prakt. Anwendung trotzdem alle 3 Eigg. experimentell bestimmt werden. R. Hellbig. 7172□

Polyäthylen in der Verpackung. Fritz Rausch. (Kunststoff-Rdsch. **9,** 237—40, Mai 1962; Ludwigshafen, BASF, anwend.-techn. Abteilg., Kunstst.-Rohstoff-Labor.; dt.) — Kurze Übersicht über Anwendungsgebiete u. Eigg. von *Polyäthylen* als Folie, Hohlkörper, Spritzgußteile, tiefgezogene Behälter. E. Schaaf. 7172□

Filme für Verpackungszwecke mit spezieller Berücksichtigung von Polypropylen. L. W. Turner und V. E. Yarsley. (Brit. Plastics **35,** 32—38, Jan. 1962; Chessington, Surrey, Yarsley Research Laboratories Ltd.; engl.) — Zusammenfassende Darst. des gegenwärtigen Standes der Herst., Eigg. u. Anwendungsmöglichkeiten orientierter u. nichtorientierter *Polypropylenfolien* in der Verpackungsindustrie. R. Helbig. 7172□

Polystyrol, ein Werkstoff für formsteife Verpackungen. G. Leisering. (Kunststoff-Rdsch. **9,** 228—30, Mai 1962; Ludwigshafen, BASF, anwend.-techn. Abt., Kunstst.-Rohstoff Labor.; dt.) — Übersicht über zweckmäßige Verw. von Standard- u. schlagfestem *Polystyrol* sowie Copolymerisaten mit Acrylonitril für Verpackungszwecke, einschließlich kurzer Besprechung der mechan. u. chem. Beständigkeit, der Gasdurchlässigkeit u. der physiolog. Eigg., Gegenüberstellung der Verarbeitungs-Verff. (Spritzguß, Vakuumtiefziehen, Folien) je nach Anwendungszweck. E. Schaaf. 7172□

Polystyrol zur Herstellung von Leuchtschirmen. P. H. Estes, E. R. Smith, P. C. Woodland und E. W. Veazey, (Mod. Plastics **37,** Nr. 1, 134—35, 138, 140, 204, Sept. 1959; Materie plast. **26,** 349—355, April 1960; The Dow Chemical Co., Plastics Dep.; franz.) — Auf Grund experimenteller Verss. wird gezeigt, daß die Vergilbung von Polystyrol (PS) eine Folge der durch Licht katalysierten Einwrkg. von O_2 ist u. daß im Spektrum des von weißen Fluorescenzlampen emittierten Lichts die Strahlen einer Wellenlänge zwischen 3500 u. 3800 Å diese Vergilbung am stärksten katalysieren. Der Vgl. der Vergilbungs-Wrkg. von Strahlen aus verschiedenen Strahlungsquellen mit der Wrkg. der Bestrahlung durch weiße Fluorescenzlampen ergab die beste Übereinstimmung bei Verw. von dem zur Kurzbewitterung verwendeten Fadeometer, das seine stärkste Strahlungsintensität in dem für PS krit. Strahlenbereich aufweist. Es eignet sich somit ausgezeichnet zur kurzzeitigen Kontrolle der Vergilbungsechtheit von durch Zusätze von UV-Absorbern u. Antioxidantien stabilisiertem PS für seine Verw. zur Herst. von Fluorescenzleuchtschirmen. H. Sontag. 7172□

Schaumstoffe aus Styropor zur Verpackung. Fritz Stastny. (Kunststoff-Rdsch. **9,** 231—36, Mai 1962; Ludwigshafen, BASF, anwend.-techn. Abt., Kunstst.-Rohstoff Labor.; dt). — Kurze Übersicht über Möglichkeiten der Anwendung u. Verarbeitung von *Styropor* für Verpackungszwecke. Tabelle über mechan. u. chem. Eigenschaften. E. Schaaf. 7172□

Biegefestigkeit von Polymethylmethacrylat in Abhängigkeit von der Biegegeschwindigkeit. R. E. Ely. (Materie plast. **26,** 987—93, Okt. 1960; ital. — C. **1962,** 1044.) B. Scheifele. 7172□

Polymerisation der Inden-Cumaron-Fraktion des Leichtöls aus der Pyrolyse des Erdöls durch Eisenchlorid auf Silicagel. P. D. Schichalisade und L. A. Guchman. (Hochschulnachr. [Baku], Erdöl Gas [UdSSR] **5,** Nr. 4, 55—58, 1962; Aserbaidshan, Asisbekow-Inst. für Erdöl u. Chem.; russ.) — Die 1std. Verss. werden mit der Fraktion 160—200° in Ggw. von SiO_2 u. $FeCl_3$ als Katalysatoren auf Silicagel im Verhältnis von 1 : 1 bzw. 1 : 2 bei 60° vorgenommen. Die Dest. des Polymerisats erfolgt im Vakuum bei 150°. Der Unterschied in der Ausbeute ist gering (25,0 u. 25,5%) in den FF. dagegen bedeutend (100 u. 111). Um *Harze* mit verschiedenen Farben u. FF. zu erhalten, geschieht die Trennung mit PAe. u. einem Gemisch von A.–Bzl. im Verhältnis 1 : 4. Die so hergestellten Harze sind bernsteingelb bis schwarz, die FF. liegen zwischen 95—146°. Weitere Verss. mit 2,4 u. 6% $FeCl_3$ des zu polymerisierenden Prod. ergeben viscose Massen mit relativ niedrigem F., deren Dest. bei 180° u. 15 mm Restdruck erfolgt. Bei steigendem Geh. an $FeCl_3$ steigt auch die Ausbeute u. der F. des Harzes. Die Aktivität des Katalysators, die durch Ablagerung einer Haut des Polymerisats schnell abnimmt, kann durch Regenerierung in entsprechenden Lsgm. wiedererlangt werden. J. Lehmberg. 7172□

Entwicklung von Jute-Harz(natürlichen und synthetischen)-Kombinationen. 1. Mitt. **Ansätze für ein geeignetes, wasserlösliches Phenol-Formaldehyd-Harz zur Herstellung von Jute-Schichtstoffen.** D. N. Bhattacharyya, I. B. Chakraverti und S. R. Sen Gupta. (J. sci. ind. Res. [New Delhi], Sect. A **19,** 616—20, Dez. 1960; Calcutta, Indian Jute Mills Assoc. Res. Inst.; engl.) — Die günstigsten Bedingungen zur Herst. von wasserlösl., schnell trocknendem Phenol (**I**)-Formaldehyd (**II**)-Harz sind: **I** : **II**-Verhältnis 1,0 : 1,25 bis 1,0 : 1,50, NaOH (Katalysator)-Konz. 2%, Temp. 120 ± 5°, Rückflußdauer 45 Minuten. W. Wesly. 7176□

Entwicklung von Jute-Harz (natürlichen und synthetischen)-Kombinationen. 2. Mitt. **Untersuchungen über die Bedingungen zur Erzeugung von Jute-Schichtstoffen unter Verwendung von wasserlöslichem Phenol-Formaldehyd-Harz.** D. N. Bhattacharyya, I. B. Chakraverti und S. R. Sen Gupta. (J. sci. ind. Res. [New Delhi], Sect. D **20,** 192—97, Mai 1961; engl.) — Unterss. über die die physikal. u. chem. Eigg. von Juteschichtstoffen beeinflussenden Faktoren u. die Einfl. der wichtigsten Variabeln auf die Eigg. der Juteschichtstoffe führen zu den nachst. Arbeitsbedingungen: Konz. der Harz-Lsg. 70—80 Gew.-%, Vortrocknungszeit 20—40 Min., Vortrocknungs-Temp. 100°, Schichtungsdruck 4000—5000 lbs./sq.in., Trocknungs-Temp. 145—60°, Trocknungszeit 45 Minuten. W. Wesly. 7176□

Polymere aus Aldehyden oder substituierten Oxymethylenpolymeren. J. C. Bevington. (Brit. Plastics **35,** 75—79, Febr. 1962; Birmingham, Univ., Dep. of Chem.; engl.) — Zusammenfassung über *Aldehydpolymere.* — 27 Literaturangaben. K. Gröbe. 7176□

Vergleich der Eigenschaften von Polyätherschäumen mit denen anderer, flexibler Urethanschäume. M. J. Sanger, G. T. Gmitter und E. M. Maxey. (Materials Design Engng. **47,** Nr. 3, 101—03, März 1958; General Tire and Rubber Co., Centr. Res. Labor.; engl.) — Ein Vgl. der physikal. u. chem. Eig. von Polyätherschäumen mit denen flexibler Urethanschäume zeigt die Überlegenheit der erstgenannten, bes. Polstermaterial. W. Wesly. 7176□

Über Mikrohärteprüfungen an Polyester- und Epoxidharzen. Z. Sobiczewski und M. Wajnryb. (Plaste u. Kautschuk **9,** 342—43, Juli 1962; Warszawa, Inst. für Kunststoffe; dt.) — Vff. untersuchten mit dem Mikrohärteprüfer nach Hanemann den Härtungsprozeß an *Polyester-* u. *Epoxidharzen* über Monate hinweg. Die Epoxidharze waren mit m-Phenylendiamin (**I**) u. Methylendianilin gehärtet worden (Temp. 120 u. 150°, 24 Std.). **I** liefert hierbei die größere Härte. K. Gröbe. 7176□

Struktur und Zusammensetzung von vernetzten Polyestern. Werner Funke und Karl Haman. (Mod. Plastics **39,** Nr. 9, 147—150, 226, Mai 1962; Stuttgart, Forschungsinst. für Pigmente und Lacke e.V.; engl.) — Die Zus. von mit Styrol vernetzten *Polyestern* wird in Beziehung gebracht zur Zus. der Originalpolyesterharze. Degradation, Quellung in Bzl., Trübung, Einw. von Katalysatoren, Wärme u. inerten Lsgm. werden eingehend erläutert (12 Diagramme). E.-H. Goeckel. 7176□

Einfluß der Zusammensetzung und Herstellungsart auf die Eigenschaften von Polyestern. R. H. Leitheiser und M. D. Dalluge. (Mod. Plastics **39,** Nr. 9, 163—72, Mai 1962; Archer-Daniels-Midland Co; engl.) — Die Beständigkeit von 2 *Polyesterharzen* **P)** auf Isophthalsäurebasis gleicher Rezeptur aber verschiedener Herst.-Art gegenüber der Einw. von chem Lsgg., wie H_2O, Na_2CO_3, Calgonit, HCl, H_2SO_4, H_3PO_4, NHO_3, NH_3, NH_4NO_3, Harnstoff, Perchloräthylen u. Xylol, bei Raum-Temp. während 2 Monate wurde auf Grund der Veränderung ihrer Biegefestigkeit verglichen. Außerdem wurden folgende **P**: Atlac 282 (Bisphenol. A; 50% Styrol), Aropol 7252 (Isophthalsäure; 50% Styrol), ein Harz auf Isophthalsäure u. ein Mehrzweckharz auf Phthalsäureanhydridbasis gleicher Herst.-Art zusätzlich auch bei 150—180° F (90 Std.) den Chemikalien ausgesetzt (19 Diagramme). Dabei wurde festgestellt, daß die Stabilität der **P** stark von der Art der Herst. abhängt. Atlac 282 u. Aropol 7252 besitzen fast die gleiche Beständigkeit, die von den beiden letzten **P** nicht erreicht wird. Der Ersatz von Phthalsäureanhydrid durch Isophthalsäure erhöht die Stabilität. E.-H. Goeckel. 7176 □

Glasfaserverstärkte Polyesterharze als Material für Verpackungen. Klaus Holzer. (Kunststoff-Rdsch. **9**, 245—48, Mai 1962; Ludwigshafen, BASF, anwend.-techn. Abt., Kunstst.-Rohstoff Labor.; dt.) — Übersicht über rationelle Anwendungsmöglichkeiten von glasfaserverstärkten *Polyesterharzen*, vor allem als Material für Flüssigkeitstanks bis zu 30000 Liter Inhalt. Tabellen über mechan. Festigkeit von diesen Harzen verschiedener Zus. u. über Chemikalienbeständigkeit werden mitgeteilt. E. Schaaf. 7176 □

Die Wirkung von γ-Strahlen auf Polycarbonatharze. R. C. Giberson. (Mod. Plastics **39**, Nr. 8, 143—46, 228, April 1962; Hanford, General Electr. Co., Labor. Operation; engl.) — *Polycarbonate* besitzen eine hohe Strahlenstabilität. Bei Einw. von 1×10^8 r tritt eine etwas tiefere Färbung auf. Dosen von 3×10^8 r führen zum Nachlassen der Steifheit. Der auf IR-spektroskop. Weg festgestellten Zunahme der OH-Gruppen steht eine Abnahme der Viscosität u. damit des durchschnittlichen Molgew. gegenüber. Dabei entstehen hauptsächlich CO, CO_2 u. O_2 (aus der Hauptkette), daneben noch H_2 u. CH_4 (aus der Seitenkette), was massenspektroskop. nachgewiesen wurde. Mit zunehmender Strahlenstärke nimmt das Verhältnis des entstehenden CO/CO_2 ab. Neben oxydativen Vorgängen spielen Kettenspaltungen durch die energiereichen Strahlen eine Rolle. E. H. Goeckel. 7176 □

Probleme beim Formen harzgetränkten Glasfasermaterials. 2. Mitt. Risse und deren Abhilfe. R. B. White und R. S. Jackson. (Mod. Plastics **36**, 115—16, 121—22, 124, 220, Mai 1959; Cleveland, Ohio, O. The Glastic Corp.; engl.) — 1. vgl. C. **1962**, 8804. — An Abb. u. schemat. Darst. werden die verschiedenen Arten der Riß-Bldg. erörtert; ihr Einfl. auf die Festigkeits-Eigg. der Formlinge wird erläutert u. Hinweise zur Verhütung solcher Fehler werden gegeben. H. Sontag. 7204 □

Probleme beim Formen harzgetränkten Glasfasermaterials. 3. Mitt. Abhilfe gegen Schwierigkeiten, wie sie durch komplizierte und sehr große Einpreßteile und durch Dünnwandigkeit bedingt sind. R. B. White und R. S. Jackson. (Mod. Plastics **36**, Nr. 11, 110, 113—14, 116, Juli 1959; engl.) — 2. vgl. vorst. Referat. — Die Ursachen dieser beim Formen harzgetränkten Glasfasermaterials auftretenden Probleme werden dargelegt u. techn. Hinweise zu ihrer Verhütung gegeben. H. Sontag. 7204 □

Wirksamkeit von Glasausrüstungsmitteln in glasfaserverstärkten Kunststoffen. Byron M. Vanderbilt. (Mod. Plastics **37**, Nr. 1, 125—27, 130, 132, 198, 200, Sept. 1959; Esso Res. and Engineering Co., Chemicals Res. Div.; engl.) — Zur Klärung der Frage, ob die zur Ausrüstung von Glas für glasfaserverstärkte Kunststoffe verwendeten Silane [Vinylsilan (**I**)] zur Copolymerisation mit anderen Monomeren befähigt sind, wurden Laminate auf Basis von 2 Polyesterharzen u. mit **I** vorbehandeltem Glas unter Verw. von Benzoylperoxyd (**II**) bei 220—40° F u. mit Dicumolperoxid (**III**) bei 275° F gehärtet. Unterss. der Festigkeits-Eigg. dieser Laminate ließen erkennen, daß bei Härtung mit **III** u. bei höheren Temp. eine Copolymerisation von **I** mit dem Polyester in wesentlich stärkerem Maße auftrat als bei Verw. von **II** als Härtungskatalysator. Ferner wurden Laminate auf Basis von Epoxid-, Polyester- u. Polybutadienharzen ohne Zusatz von **I**, unter Zusatz von in dem Harz gelösten **I** u. unter Zusatz von auf dem Glas aufgetragenen **I** hergestellt. Die Wrkg. des Ausrüstungsmittels zeigte sich dabei am deutlichsten bei dem im Gegensatz zu den beiden anderen Harzen nichtpolaren Polybutadienharz. Die ausführlich erörterten Ergebnisse der Festigkeits-Unterss. führen zu der Folgerung, daß die Stellen geringster Festigkeit in glasfaserverstärkten Kunststoffen durch die Bindung zwischen Glas u. Ausrüstungsmittel u. nicht durch die Bindung zwischen Harz u. Ausrüstungsmittel bedingt sind. H. Sontag. 7204 □

Substanzverluste organischer Isolierstoffe. Zuschrift. Fr. Lebok. (Kunststoffe **46**, 514—16, Nov. 1956; dt.) — Vgl. auch C. **1958**, 3753. — Vf. bestätigt die Unterss. über die Ermittlung des Substanzverlustes an *Isolierstoffen*, die von Reimer (C. **1956**, 9041) veröffentlicht wurden, bezieht jedoch in die Dauerwärmebeständigkeit auch die mechan.

u. chem. für die Beurteilung heran. Er bezweifelt, daß Substanzverlustmessungen eine Prüfmeth. für die technolog. Unters. von Kunststoffen mit der Möglichkeit für eine Prognose auf die zu erwartende Lebensdauer sein könnten, vor allem in therm. Hinsicht. Er diskutiert die Möglichkeiten der Anwendung der Montsinger-Regel.
F. Schipke. 7204□

Substanzverluste organischer Isolierstoffe. Erwiderung. C. Reimer. (Kunststoffe **46**, 516, Nov. 1956; dt.) — Vgl. vorst. Referat. — Vf. erläutert nochmal die Begriffe „therm. Stabilität" u. „Dauerwärmebeständigkeit". Er bespricht die Voraussetzungen, unter denen die Montsinger-Regel auf die Substanzverluste angewendet werden kann. F. Schipke. 7204□

Untersuchung des Schweißens von plastischen Stoffen durch Röntgenbeugung. Iwao Ohnishi, Hiroshi Kimura und Kazuyoshi Kamaci. (Technol. Rep. Osaka Univ. **10**, 805—14, Okt. 1960; engl.) — Vff. untersuchten zuerst röntgenograph. nicht behandeltes *Polyäthylen* (I) u. *Polyvinylchlorid* (II), Schweißstellen von zusammengeschweißten Platten von I u. II, die Bruchstellen von nicht behandelten u. zusammengeschweißten I u. II nach Zugbruch, ferner Proben von I, die bis zu 24 Tagen mit HNO_3, HCl oder H_2SO_4 behandelt worden waren, weiter Proben von nicht behandeltem I nach 32 std. Anlassen bei 64° sowie die Bruchstellen von nicht behandelten u. angelassenem I u. schließlich noch die den Gitterparameter im I bei Temp. zwischen 31 u. 150°. Die nur als Vorverss. zu wertenden Unterss. werden kurz besprochen. C. Gottfried. 7210

Spritzgießen. Eine rheologische Betrachtung. 1. u. 2. Mitt. R. L. Ballman und H. L. Toor. (Mod. Plastics **37**, Nr. 1, 105—08, 111, 188, 190, 192, Sept. **1959**; Nr. 2, 115—16, 119—21, 124, 214, 216, Okt. 1959; Springfield, Mass., Monsanto Chemical Co., Res. Dep.; engl.) — Das rheolog. Verh. von Spritzmassen bei ihrem Einfließen als heiße, nicht-Newtonsche-Fll. in die kalte Form wurde untersucht. In Voruntersss. wurde zunächst festgestellt, daß das Verh. dieser Massen (Polystyrol) in Spritzgußmaschinen unter den Bedingungen der Praxis durch Messungen in Rheometern, die mit isothermen, mit gleichbleibender Geschw. fließenden Fll. arbeiten, mit ausreichender Genauigkeit wiedergegeben wird. Auf Grund theoret. Überlegungen wird eine Gleichung zur Best. der Fließgeschw. als Funktion des Einfüllgrades der Form, des Drucks u. der Zeit abgeleitet, der gemäß die Fließgeschw. bei Einfließen der Fl. unter konst. Druck u. bei konst. Querschnitt exponentiell mit der Zeit abnimmt. Prakt. Spritzverss. mit Polystyrol u. Polyäthylen bestätigen die Gültigkeit dieser Gleichung innerhalb weiter Grenzen der Spritzbedingungen. Im Vgl. zu isothermem Fließen wurde beim Fließen unter Spritzgußbedingungen ein wesentlich höherer Geschw.-Abfall u. eine sehr unterschiedliche Zeitabhängigkeit festgestellt. Aus der Erörterung der Ergebnisse folgern Vff., daß diese Unterschiede durch die Wärmeübertragung in der Form bedingt sind. H. Sontag. 7210□

Über die Benetzung von Oberflächen unter besonderer Berücksichtigung verschiedener Plaste. H. Reuther und C. Gündel. (Plaste u. Kautschuk **9**, 329, Juli 1962; Radebeul-Dresden, Inst. für Silikon -u. Fluorkarbonchem.; dt.) — Mittels Randwinkelmessungen wird die Benetzung ebener Oberflächen von *Polyäthylen*, *Polytetrafluoräthylen*. *Polychlortrifluoräthylen*, *Paraffin* u. *siliconisiertem* sowie *nichtsiliconisiertem Glas* durch W., Hg, Paraffinöl u. 2 Siliconöle untersucht u. gefunden, daß nicht nur der chem. Aufbau der benetzenden Fll., sondern auch die Beschaffenheit der Oberflächen des benetzten Stoffes von Einfl. sind. H. Reuther. 7210□

Neues Gerät zur Kontrolle der Einheitlichkeit des Querschnitts von geblasenen Filmen. Fredric A. Obstfeld und Charles G. Heisig. (Mod. Plastics **39**, Nr. 5, 119—20, 122, 124, 174, 175, Jan. 1962; Macedon, N.Y., Kordite Co., Sr. Devel. Engr.; Rochester, N.Y., Taylor Instrum Co., Res. Dep.; engl.) — Es wird ein Dickenmesser (Profilometer) entwickelt, der es gestattet, die Einheitlichkeit der Dicke eines Plastfilms festzustellen. K. Gröbe. 7210□

Eine Schnellmethode zur Bestimmung von Chlor in Hochpolymeren. J. Fertig. (J. appl. Polymer Sci. **2**, 125, Juli/Aug. 1959; Pleinfield, N.J., National Starch and Chem. Corpor.; engl.) — Die von Schöniger (C. **1957**, 9177) angegebene Cl-Best.-Meth. wurde auf Polyvinylchlorid, Polyvinylidenchlorid u. Neopren übertragen. Mit Hilfe von Hydroperoxiden wurde das Cl-enthaltende Polymerisat katalyt. oxydiert; dabei entsteht HCl, die gegen NaOH titriert wird. Die Best.-Dauer beträgt 20 Min. bei festen u. 35 Min. bei fl. Produkten. F. Rochlitz. 7210□

Farbenfabriken Bayer Akt.-Ges., Leverkusen, *Polymerisation äthylenisch ungesättigter Verbindungen.* (**E. P. 880 809** vom 13/2. 1959, ausg. 25/10. 1961. D. Prior. 14/2. 1958. — **C. 1962**, 6607 [D. A. S. 1 115 457].)

Montecatini Soc. Gen. per l'Industria Mineraria e Chimica, Mailand, Italien, und **Karl Ziegler**, Mülheim/Ruhr (Erfinder: **Giulio Natta, Ferdinando Danusso** und **Dario Sianessi**, Mailand, Italien), *Katalysator für die Olefinpolymerisation.* (**Jap. A. S. 15 352/1960** vom 19/12. 1957, ausg. 14/10. 1960. It. Prior. 20/12. 1956. — **C. 1962**, 13221 [F. P. 1 197 027].)

Carlisle Chemical Works, Inc., Reading, Ohio, übert. von: **Gerry P. Mack**, Jackson Heights, Long Island, und **Emery Parker**, New York, N.Y., V.St.A., *Stabilisierung von Harzen mit Cd-Salzen von α-Hydroxyfettsäuren und deren Herstellung.* (**Can. P. 560 609** vom 18/2. 1954, ausg. 22/7. 1958. A. Prior. 20/2. 1953. — C. **1958**, 8488 [E. P. 782 894].)

Koppers Co., Inc., Pittsburgh, Pa., V.St.A. (Erfinder: **Eugene Michael Kühn**), *Polymerisieren von aromatischen Vinylverbindungen.* (**Jap. A. S. 13 239/1960** vom 20/9. 1958, ausg. 12/9. 1960. A. Prior. 17/12. 1957. — C. **1962**, 13223 [D. A. S. 1 110 870].)

Distillers Co. Ltd., Edinburgh, Schottland, übert. von: **Stanley M. Ardley**, Penarth, und **James A. Jones**, Dinas Powis, Glamorgan, Wales, England, *Gemische von Polystyrol und partiell vulkanisierten Butadien–Styrol-Copolymerisaten.* (**Can. P. 560 648** vom 14/1. 1956, ausg. 22/7. 1958. E. Prior. 20/1. 1955. — C. **1958**, 571 [E. P. 776 689].)

Monsanto Chemical Co., St. Louis, Mo., übert. von: **John D. Calfee**, Dayton, und **Lowell E. Erbaugh**, Vandalia, Ohio, V.St.A., *Herstellung von Polyäthylen.* (**Can. P. 560 402** vom 23/11. 1954, ausg. 15/7. 1958. A. Prior. 20/1. 1954. — C. **1958**, 13113 [E. P. 781 421].)

E. I. du Pont de Nemours & Co., übert. von: **Robert D. Kralovec**, Wilmington, Del., und **Ernest E. Lewis**, Chadds Ford, Pa., V.St.A., *Polyäthylen mit einer Bis-[hydroxyaryl]-schwefelverbindung.* (**Can. P. 561 338** vom 30/6. 1955, ausg. 5/8. 1958. A. Prior. 30/9. 1954. — C. **1959**, 1282 [E. P. 780 289].)

Rohm & Haas Co., übert. von: **William L. Riedeman**, Philadelphia, Pa., V.St.A., *Durch N.N-disubstituierte Carbonatoamide plastifizierte Vinylhalidharze.* (**Can. P. 560 776** vom 8/10. 1955, ausg. 22/7. 1958. A. Prior. 1/12. 1954. — C. **1957**, 9787 [A. P. 2 755 265].)

Soc. Polymer, Industrie Chimiche, übert. von: **Domenico Maragliano** und **Enrico Cernia**, Mailand, Italien, *Verspinnen von Vinylharzlösungen.* (**A. P. 2 982 760** vom 12/8. 1954, ausg. 2/5. 1961. It. Prior. 29/9. 1953. — C. **1959**, 10409 [F. P. 1 112 465].)

Rohm & Haas Co. (Erfinder: **Joseph Lloyd O'Brien**), Philadelphia, Pa., V.St.A., *Herstellung niedrigmolekularer polymerer Acrylate und Methacrylate.* (**Jap. A. S. 14 545/1960** vom 14/4. 1959, ausg. 3/10. 1960. A. Prior. 14/4. 1958. — C. **1962**, 13224 [D. A. S. 1 121 811].)

Monsanto Chemical Co., St. Louis, Mo., übert. von: **Eugene L. Ringwald** und **David T. Mowry**, Dayton, Ohio, V.St.A., *Herstellung wasserlöslicher Polyacrylsäure.* (**Can. P. 560 401** vom 1/3. 1952, ausg. 15/7. 1958. A. Prior. 29/3. 1951. — C. **1955**, 7798 [F. P. 1 056 400].)

Montecatini Soc. Gen. per l'Industria Mineraria e Chimica, Mailand, Italien, *Herstellung von polymeren Methacrylsäureestern.* (**It. P. 521 886** vom 24/9. 1954. — C. **1959**, 7646 [E. P. 785 148].)

General Mills, Inc., übert. von: **Stuart A. Harrison**, Minneapolis, Minn., V.St.A., *Kondensation von Maleinsäureestern und Fettsäureestern.* (**Can. P. 561 010** vom 2/9. 1953, ausg. 29/7. 1958. — C. **1959**, 638 [A. P. 2 808 418].)

B.F. Goodrich Co., New York, übert. von: **Richard G. Bauman**, Bellport, Long Island, N.Y., und **Harold P. Brown**, Akron, Ohio, V.St.A., *Unlösliche Harze aus ungesättigten Carbonsäure- und Butadienpolymeren.* (**Can.,P. 560 682** vom 5/1. 1955, ausg. 22/7. 1958. A. Prior. 22/1. 1954. — C. **1959**, 10411 [D. A. S. 1 020 792].)

B. F. Goodrich Co., New York, N.Y., übert. von: **Garland B. Jennings**, Avon, und **Clarence E. Parks**, Bay Village, Ohio, V.St.A., *Vinylhalidpolymerisat mit Styrolcopolymeren und Fe_2O_3-Stabilisator.* (**Can. P. 560 683** vom 11/8. 1955, ausg. 22/7. 1958. A. Prior. 2/9. 1954. — C. **1959**, 4981 [F. P. 1 135 479].)

B. F. Goodrich Co., New York, N.Y., übert. von: **Richard M. Kreager**, Avon Lake, und **Edward J. Leeson**, Lorain, Ohio, V.St.A., *Vinylchlorid-Perlpolymerisation.* (**Can. P. 560 686** vom 22/9. 1956, ausg. 22/7. 1958. A. Prior. 6/10. 1955. — C. **1959**, 4319 [A. P. 2 812 318].)

Food Machinery & Chemical Corp., San Jose, Calif., übert. von: **Frank P. Greenspan**, Buffalo, und **Rupert E. Light jun.**, Kenmore, N.Y., V.St.A., *Epoxydierte Copolymere.* (**Can. P. 560 690** vom 25/7. 1955, ausg. 22/7. 1958. A. Prior. 30/9. 1954. — C. **1959**, 13954 [E. P. 774 765].)

E. I. du Pont de Nemours & Co., Wilmington, Del., übert. von: **Philip S. Blatz**, Buffalo, N.Y., V.St.A., *Behandlung von Filmen.* (**Can. P. 561 337** vom 11/5. 1955, ausg. 5/8. 1958. A. Prior. 13/7. 1954. — C. **1962**, 6226 [D. A. S. 1 084 021].)

American Cyanamid Co., New York, N.Y., übert. von: **John G. Erickson**, Greenwich, Conn., V.St.A., *Herstellung von N-Alkylacrylamiden.* (**Can. P. 560 922** vom 25/6. 1948, ausg. 29/7. 1958. A. Prior. 15/4. 1948. — C. **1951** II, 2810 [A. P. 2 534 585].)

National Lead Co., New York, N.Y., übert. von: **Daniel F. Herman**, Orange, N.J., V.St.A., *Cyclopentadienylmetallverbindungen.* (**A. P. 3 027 392** vom 16/7. 1954, ausg. 27/3. 1962. — C. **1959**, 17512 [E. P. 793 354].)

Alexander Sauer, Zürich, Schweiz, *Biegsame Schichtstoffe.* (**Can. P. 555 540** vom 18/10. 1955, ausg. 8/4. 1958. Schwz. Prior. 28/10. 1954. — C. **1958**, 866 [F. P. 1 119 064].)

Atlas Powder Co., übert. von: **Baak W. Lew**, Wilmington, Del., V.St.A., *Härtbare Polyestermasse.* (**Can. P. 559 961** vom 2/5. 1952, ausg. 8/7. 1958. A. Prior. 24/5. 1951. — C. **1955**, 10639 [D. B. P. 924 587].)

Geigy Co. Ltd., Manchester, England, *Herstellung komplexer Glykolester.* (**Niederl. P. 101 240** vom 26/4. 1956, ausg. 15/5. 1962. E. Prior. 26/4. 1955. — C. **1959**, 5315 [F. P. 1 153 887].)

Ciba Ltd., Basel, Schweiz, *Rasch härtbare Gemische aus Epoxyharz und Polyamidharz.* (**Ind. P. 65 457** vom 7/10. 1958, ausg. 16/1. 1961. — C. **1960**, 14535 [Oe. P. 207 120].)

H_{12}. Kautschuk

Synthese von ^{14}C-markiertem Isopren. A. A. Korotkov und G. V. Rakova. (Rubber Chem. Technol. **34**, 991—93, Juli/Sept. 1961; Leningrad, Inst. of High Molecul. Weight Compounds; engl.) — Durch Zers. von $Ba^{14}C_2$ aus $Ba^{14}CO_3$ erhalten Vff. $^{14}C_2H_2$, das in Kühlfallen kondensiert wird (Ausbeute 72—80%). Nach der Kondens. von Aceton (Überschuß) mit $^{14}C_2H_2$ in Ggw. von KOH in abs. Ae. bei — 15°, Abtrennung des KOH mit der doppelten Menge W., Trocknen der Ae.-Schicht u. Abdest. des Ae., wird das $^{14}C_{(3,4)}$-*2-Methyl-2-hydroxybutin-(3)* (I) mit dem Dephlegmator abdest. (Ausbeute

55—70%). I wird durch elektrolyt. Hydrierung bei 0° in einer Zelle, deren Anoden- u. Kathodenraum nicht getrennt sind, in 5% ig. Alkali-Lsg. mit versilberter Cu-Kathode u. Ni-Anode bei 2 A/dm² Stromdichte in $^{14}C_{(3,4)}$*-2-Methyl-2-hydroxybuten-(3)* (**II**) übergeführt, das durch Aussalzen u. Dest. mit dem Dephlegmator mit 87% Ausbeute isoliert wird. **II** wird durch Auftropfen auf Al_2O_3 bei 300° im Quarzrohr u. Auffangen der Rk.-Prodd. in einer Kühlfall ein $^{14}C_{(3,4)}$*-Isopren* übergeführt, das durch Dest. mit ca. 50% Ausbeute (bezogen auf C_2H_2) isoliert werden kann. A. Gude. 7224□

Isopren aus Propylen. V. J. Anhorn, K. J. Frech, C. S. Schaffel und David Brown. (Rubber Plastics Age **42,** 1212—13, Okt. 1961; Goodyear Tire and Rubber Co.; engl.) — Ident. mit C. **1962,** 1403. H. Sontag. 7224□

Äthylen-Propylen-Kautschuk. L. O. Amberg. (Rubber Plastics Age **42,** 1211, Okt. 1961; Wilmington, Del., Hercules Powder Co., Res. Center; engl.) — Unter Angabe verarbeitungstechn. Hinweise werden die Eigg. dieses neuen, unter Verw. von Ziegler-Katalysatoren hergestellten Synth.-Kautschuks erörtert, der durch seine Beständigkeit gegen Ozon, seine Wetterfestigkeit, seine hohe Lebensdauer bei Beanspruchung bei hohen Betriebs-Temp. u. seine chem. Rk.-Trägheit gek. ist. H. Sontag. 7224□

Mit Öl verschnittener Polyisopren-Kautschuk. V. R. Bruns. (Rubber Plastics Age **42,** 1222—23, 1225—26, Okt. 1961; Torrance, Calif., Shell Chem. Co., Synth. Rubber Div., Technical Service Labor.; engl.) — In der Kälte polymerisiertes u. daher gelfreies *cis-1.4-Polyisopren* läßt sich mit Öl verschneiden, wodurch nicht nur die Herst.-Kosten gesenkt, sondern auch die Eigg. modifiziert werden. Chem. u. physikal. Eigg. eines solchen *Synth.-Kautschuks* (*Cariflex I-500*), sein Verh. im vulkanisierten Zustand u. seine Einsatzgebiete werden erörtert. H. Sontag. 7224□

Polybutadienkautschuk. E. F. Engel. (Rubber Plastics Age **42,** 1215—21, Okt. 7961; Marl, Chem. Werke Hüls; engl.) — Die verschiedenen Entw.-Stufen eines unter der Bezeichnung „Polybutadiene Hüls II" geführten neuen Synth.-Kautschuks wird beschrieben u. der Einfl. der Herst.-Bedingungen auf die Eigg. dieses Polymers erörtert; seine Eigg. u. Verarbeitbarkeit werden mit denen von Naturkauschuk u. anderen Polybutadienkautschuken verglichen. H. Sontag. 7224□

Eigenschaften von Divinylkautschuken regulärer Struktur und ihrer Vulkanisate. W. N. Reich, W. W. Ssamoletowa, G. P. Baranowa und L. Ss. Iwanowa. (Kautschuk u. Gummi [UdSSR] **19,** Nr. 10. 6—12, Okt. 1960; Allunions Lebedew-Forsch.-Inst. für synthet. Kautschuk; russ.) — Die durchgeführte Unters. der Eigg. von Labor.-Proben einiger *Divinyl* (**I**)-Polymeren (durch Polymerisation von 99% ig. **I** mit Hilfe von komplexen Katalysatoren u. Li) zeigte, daß sie wertvolle Eigg. haben. Die angeführten I-Kautschuke (**K**) sind nach ihrer elast. dynam. Eigg. dem *NK*-Typ ähnlich u. übertreffen diesen in bezug auf Verschleißfestigkeit, Frost- u. Wärmebeständigkeit. Die Festigkeitsparameter, bes. bei erhöhter Temp. (100°) u. die technolog. Eigg. der Typen *SKD* u. *SKLD* unterschreiten die Werte von Naturkautschuk. Der mit Hilfe von komplexen Katalysatoren erhaltene SKD-Typ ist dem Li-I-KLD-Typ in den grundlegenden Eigg. wesentlich überlegen. Die wertvollen Eigg. des cis-I-**K** ermöglichen seine Verw. in der Reifenindustrie oder für Spezialzwecke (frostbeständige Erzeugnisse). Die breite Rohstoffbasis für die Herst. von **I** u. seine verhältnismäßige Billigkeit gewährleisten die breite Verw. dieser **K**-Sorte. — 72 Literaturangaben. C. Kozák. 7224□

Stabilisierung von Neoprene. 1. Mitt. Schutz von Latex-Filmen gegen die Verfärbung durch Lichteinwirkung. R. O. Becker und K. L. Seligman. (Rubber Chem. Technol. **34,** 856—68, Juli/Sept. 1961; Wilmington, Del., E. I. du Pont de Nemours & Co, Elastomers Chem. Dep.; engl.) — Vff. untersuchen die *lichtstabilisierende Wrkg.* verschiedener Zusätze zu einer Mischung aus 100 Gew.-Teilen Neoprene-Latex 842 A, 10 Teilen ZnO, 20 Teilen TiO_2 u. 2 Teilen „Zalba Spezial" (Du Pont). Eine starke Stabilisator-Wrkg. besitzen ungesätt. Triglyceride (*Safloöl, Tungöl*) in Zusätzen bis 15 Teilen. Die stabilisierende Wrkg. der *Linolsäure* u. ihrer Salze ist groß, die des *Methyllinoleats* etwas geringer als die des Triglycerids. Zusätze von 2 Teilen *2.2'-Methylen-bis-[4-methyl-6-tert.-butylphenol]* (Antioxydant 2246) u. 2.2'-Methylen-bis-[4-äthyl-6-tert.-butylphenol] (Antioxydant 425) ergaben eine bessere Lichtstabilität, während der Einfl. anderer Antioxydantien geringer war. 2 Teile Dibutylzinndilaurat u. 5 Teile Safloöl haben die gleiche lichtstabilisierende Wrkg. wie 15 Teile Safloöl. Die Wrkg. der Vulkanisations-Syst. *Na-Dibutyldithiocarbamin/Thiocarbanilid, Na-Dibutyldithiocarbamin/Tetraäthylthiuramdisulfid* u. *Zn-Dibutyldithiocarbaminat* auf die Lichtstabilität zeigt nur geringe Unterschiede. Als Vulkanisations-Temp. sollten 120° nicht überschritten werden. Die Tendenz zur Verfärbung durch Licht steigt von Neoprene Latex 400 über Neoprene Latex 750, 842-A u. 571 an. Safloölzusätze vermindern die Zugfestigkeit u. den Modul bei unveränderter Bruchdehnung von Neoprenemischungen. Die Hitzealterung, die Ozonfestigkeit u. die Kältefestigkeit werden günstig beeinflußt. Die mit *Saflööl* hergestellten Mischungen werden leicht von Pilzen befallen. A. Gude. 7224☐

Stabilisierung von Neoprene. 2. Mitt. Der Schutz von Neoprene-Vulkanisaten gegen Hitzealterung. K. L. Seligman und P. A. Roussel. (Rubber Chem. Technol. **34,** 869—78, Juli/Sept. 1961; engl.) — 1. vgl. vorst. Referat. — Die therm. Stabilität von *Neoprene W* (I)-Vulkanisaten wird durch den Zusatz von 15 Teilen *Pentaerythrittetrastearat* bzw. *Rapssaatöl*/100 Teile I sehr günstig beeinflußt. Stärker ungesätt. Ester u. Ester mit einer höheren Flüchtigkeit beeinflussen die therm. Stabilität weniger. Die so hergestellten Vulkanisate werden allerdings leicht von Pilzen befallen. Eine weitere Möglichkeit zur Verbesserung der therm. Stabilität von I-Vulkanisaten besteht in der vollständigen Eliminierung der durch 1.2-Addition entstandenen Allylchloridgruppen des I. Das kann durch Zusatz äquivalenter Mengen von *Äthylenthioharnstoff* (Na 22) geschehen, die so erhaltenen Vulkanisate haben aber einen zu hohen Vulkanisationsgrad. Durch Kombination von Na 22 mit einem monofunktionellen Mercaptan (z. B. *Dodecylmercaptan*) erhält man Vulkanisate mit normalen Vulkanisationsgrad u. vorzüglicher therm. Stabilität, Zusätze von *Dioctylsulfid* (2 Teile) u. Rapssaatöl (15 Teile) verbessern diese noch wesentlich. A. Gude. 7224☐

Siliconkautschuk als Dichtungsmaterial. D. Mackinnon-Little. (Rubber Plastics Age **42,** 1239—42, Okt. 1961; Midland Silicones Ltd.; engl.) — Als Vorteile von Siliconkautschuk bei dieser Art des Einsatzes werden seine extrem hohe Hitze- u. Kältebeständigkeit, Wetterechtheit, Oxydationsbeständigkeit, Beständigkeit gegen chem. Angriffe u. Öle u. sein wasserabweisendes Verh. angeführt. Seine Anwendung in den verschiedenen Dichtungstypen wird ausführlich erörtert. H. Sontag. 7224☐

Fluorhaltige Elastomere. G. Lamm. (Rev. gén. Caoutchouc **38,** 91—98, Jan. 1961; Paris, Labor. Recherch. et Contrôle du Caoutchouc; franz.) — Übersicht über F-haltige Elastomertypen auf Basis von Tetrafluoräthylen, Trifluorchloräthylen u. Vinylidenfluorid, F-haltige Silicontypen u. über ähnliche elastomere (hochtemperaturbeständige) Produkte. — 55 Literaturangaben. R. Schäff. 7224☐

Neue mögliche Stabilisatoren für synthetische Elastomere. 1. Mitt. Derivate von β-Naphthol. Emilio Perrotti und Giorgio Castelfranchi. (Chim. e Ind. [Milano] **42,** 854—58, Aug. 1960; San Donato Milanese/Milano, Laboratori Riuniti, Studi e Ricerche S.p.A.; ital.) — Durch Kondens. von 6-tert. Alkyl-β-naphtholen mit Aldehyden u. SCl_2 werden Bis-[6-tert.-alkyl-2-hydroxynaphthyl]-alkane bzw. -sulfide dargestellt, die sich als *Stabilisatoren* für *Styrol–Butadien-Kautschuke* eignen.

Versuche: Die Kondens. von 6-tert. Butyl-β-naphthol (I) mit CH_2O in wss. Lsg. in Ggw. von Na-Acetat liefert Bis-[6-tert. butyl-2-hydroxy-1-naphthyl]-methan, $C_{29}H_{32}O_2$, F. 218—221° (Bzl.), (ca.) 80% (Ausbeute). Analog aus 6-[1.1.3.3-Tetramethylbutyl]-β-naphthol (II) Bis-{6-[1.1.3.3-tetrabutyl]-2-hydroxy-1-naphthyl}-methan, $C_{37}H_{48}O_2$, F. 204—205° (Bzl. + Bzn.); 50%. Die Rk. von I mit Isobutyraldehyd (III) in Eisessig mit H_2SO_4-Zusatz führt zu 1.1-Bis-[6-tert. butyl-2-hydroxy-1-naphthyl]-2.2-dimethyläthan, $C_{32}H_{38}O_2$, F. 82° (A.); 90%. Aus I u. Benzaldehyd analog Bis-[6-tert. butyl-2-hydroxy-1-naphthyl]-phenylmethan, $C_{35}H_{36}O_2$, F. 235—240° (Bzl.); 80%; mit II analog Bis-{6-[1.1.3.3-tetramethyl]-n-butyl-2-hydroxy-1-naphthyl}-phenylmethan, $C_{43}H_{32}O_2$, F. 203° (Bzl. + Bzn. 1:2); 50%; durch Kondens. von I mit 3.5-Di-tert.-butyl-4-hydroxybenzaldehyd nach kurzem Erhitzen auf 50° u. 24std. Stehen bei Zimmer-Temp. Bis-[6-tert.-butyl-2-hydroxy-1-naphthyl]-(3.5-di-tert.-butyl-4-hydroxyphenyl)-methan, $C_{43}H_{52}O_3$, F. 225—226° (A.); 85%. Bei der Umsetzung von II mit III in Eisessig + H_2SO_4 bei 10 oder 40° entsteht 3.11-Di-[1.1.3.3-tetramethyl]-n-butyl-14-isopropyl-14H-dibenzo (a. j.)-xanthen, $C_{40}H_{52}O$, F. 172—173° (Bzl. + A. 1:3), analog mit Benzaldehyd 3.11-Di-[1.1.3.3-tetramethyl]-n-butyl-14-phenyl-14H-dibenzo(a.j.)-xanthen, $C_{43}H_{50}O$, F. 125—126° (A.). Bei der Rk. von I mit SCl_2 in CCl_4 + CS_2 entsteht Bis-[6-tert. butyl-2-hydroxy-1-naphthyl]-sulfid, $C_{28}H_{30}O_2S$, F. 172° (Bzl. + Bzn.), 90—95%, analog mit II Bis-[6-(1.1.3.3-tetramethyl-n-butyl)-2-hydroxy-1-naphthyl]-sulfid, $C_{36}H_{46}O_2S$, F. 190° (Bzl. + Bzn.); 95%. Die stabilisierende Wrkg. der Prodd. u. ihre dunkelfärbende Wrkg. gegenüber den Elastomeren stehen zwischen denjenigen der Kondens.-Prodd. von Diphenylamin u. Aceton u. der Stabilisatoren aus Trialkylphenylphosphiten. R. K. Müller. 7226☐

Beschleuniger und Alterungsschutzmittel für Kautschuk. 1. Mitt. Zusammenstellung der Rohmaterialien. 2. Mitt. Herstellung und Vertrieb. L. M. Dadson. (Rubber Plastics Weekly **140,** Nr. 70, 336—42, 4/3. 1961; 380—84, 11/3. 1961; Imp.Chem. Ind., Dyestuffs Div.; engl.) — Die Ausgangsstoffe für Kautschukbeschleuniger (Thiazole, Sulfenamide, Dithiocarbamate, Thiurame, Xanthate, Guanidine u. Aldehyd/Amine) u.

Kautschukalterungsschutzmittel (Keton/Amine, Aldehyd/Amine, Phenylnaphthylamine, substituierte Diphenylamine, p-Phenyldiamine, substituierte Phenole, phenol. Sulfide u. Phenylalkane), ihre Produktion sowie Verpackungsprobleme werden besprochen. R. Schäff. 7226□

Verstärkende Silikatfüllstoffe. J. R. Barasc. (Rev. gén. Caoutchouc **38,** 85—88, Jan. 1961; Soc. Silfrance; franz.) — Kurze Übersicht über die Herst. u. Anwendung der neuen französ. Silikatverstärkerfüllstofftypen *Zé-o-lex 23* u. *Zéosil P. 45.*
R. Schäff. 7226□

Die Beschleunigung der Vulkanisation von Naturkautschuk mit Tetramethylthiuramdisulfid durch Thioharnstoff und dessen Abkömmlinge. C. G. Moore, B. Saville und A. A. Watson. (Rubber Chem. Technol. **34,** 795—97, Juli/Sept. 1961; Welvyn Garden City, Herts., England, The Natur. Rubber Prod., Res. Assoc.; engl.) — Vgl. auch C. **1960,** 5664. — Vff. diskutieren einen Mechanismus für die Beschleunigung der „schwefelfreien" Vulkanisation von Naturkautschuk mit *Tetramethylthiuramdisulfid* (**I**) durch *Thioharnstoff* (**II**) u. dessen N-substituierte Derivate. Danach ist der geschwindigkeitsbestimmende Schritt der **I**-Vulkanisation die Bldg. von *Thiurampolysulfiden* aus **I** unter Mitwirkung von ZnO. Diese Rk. läuft langsam ab, während **I** in Ggw. von **II** schnell heterolyt. an der Disulfidbindung unter Bldg. eines Thioharnstoff–Dithiocarbaminsäure-Anions gespalten wird, das in Ggw. von Basen in ein *Perthiocarbaminat* (**III**)-Ion u. Cyanamid zerfällt. **III** bildet mit **I** schnell die Thiurampolysulfide, die dadurch in großer Menge für die Vernetzung des Kautschuks zur Verfügung stehen. Für ihre Auffassung werten Vff., daß **I** in sd. Na-Methylat-Lsg. langsam S abgibt, die S-Abspaltung unter gleichen Bedingungen in Ggw. von **II**, aber sehr schnell vor sich geht. Außerdem dürften *N.N-Tetraalkylthioharnstoffe* nach diesem Mechanismus keinen Beschleunigereffekt haben, während Thioessigsäureanionen eine beschleunigende Wrkg. haben müßten. Beide Voraussetzungen werden in der Praxis bestätigt. A. Gude. 7228□

Rezeptur-technologische Besonderheiten der Anwendung von Caprongeweben bei der Herstellung von Gummi–Gewebematerialien und ihre Eigenschaften. M. G. Maisels, W. G. Rajewski, I. T. Gridunow und L. P. Stogowa. (Kautschuk u. Gummi [UdSSR] **20,** Nr. 2, 11—15, Febr. 1961; Wiss. Forschungsinst. der Gummi-Ind.; russ.) — Vgl. C. **1962,** 15081. — Die Herst. u. die Eigg. von *gummierten Caprongeweben* (1516, 1520) werden beschrieben. Zur Erzielung einer guten Bindung Gummi–Gewebe wird ein Durchtränken mit einem Harz vorgesehen. Es werden Gummierungen auf verschiedener Basis (*Smoked sheets, SKI, SKB-35, Nairit, SKN-18, -26, SKS-30A, -30-1, -30 ARM -15, -30 AM -33, SKMWP -15, Piperylen-* u. *Butylkautschuk*) u. mit verschiedenen Harzen (*Methylol-Polyamid PFE 2/10, Polyamid-Epoxid PEM-2* (**I**), *Epoxid-Amin Nr. 89,* **II**; *Melamin-Polyamid PFM 12, Harnstoff–Formaldehyd MFF*) untersucht. Die allg. günstigsten Bindungen werden mit **II** u. für die unpolaren Kautschuke mit **I** erzielt. Da **II** in wss. Lsg. verarbeitet werden kann (**I** in Aceton/A. 1:1) ist ihr Vorzug zu der geben (Bindung 1,4—1,6 kg/cm). Die Durchtränkung erfolgt in üblicher Weise mit Trocknung bei 120—130°, die Geschw. gegenüber Baumwollgeweben muß verringert werden. Vor dem Kalandrieren, das bei etwas erhöhten Temp. erfolgt, muß auch hier eine Gewebetrocknung vorgesehen werden. Die Vulkanisation erfolgt in 30—60 Min. bei 243°. Die Eigg. des gummierten Gewebes ergeben sich aus denen der Gummierung u. des Caprons. Im einzelnen wird auf die mechan. (hohe bleibende Verformung), chem. (KW-Stoffbeständigkeit), dielektr. Eigg., die Alterung (maximale Einsatz-Temp. 150°), den Abrieb, die Gasdurchlässigkeit u. die Lagentrennung eingegangen. O. Kramm. 7230□

Mechanisch-dynamische Eigenschaften und Übergang in den Glaszustand bei cis-Polybutadien. M. Baccaredda und E. Butta. (Chim. e Ind. [Milano] **42,** 978—81, Sept. 1960; Pisa, Univ., Ist. di Chim. appl. e ind.; ital.) — Vgl. C. **1960,** 8024. — Für Polybutadien (**I**) mit ca. 95% cis-1.4-Bindungen wird der Glaspunkt (GP) durch Messung der Schall-Geschw. u. der inneren Streuung bei —170 bis —20° u. 5—20 kHz nach der elektrostat. Meth. bestimmt. Der GP von cis-**I** liegt bei —95°. Dieser GP wird mit dem für beliebig polymerisiertes **I** beobachteten GP von —50° verglichen. Der Unterschied wird auf die Verschiedenheit der Struktur zurückgeführt.
R. K. Müller. 7248□

Das Eindruck- und Einstichverhalten von Kautschukvulkanisaten. G. S. Yeh und D. I. Livingston. (Rubber Chem. Technol. **34,** 937—52, Juli/Sept. 1961; Akron, Ohio, Goodyear Tire & Rubber Co., Res. Div.; engl.) — Beim Auftragen des log der Eindringtiefe eines zylindr. Stempels in Vulkanisate gegen den log der dazu nötigen Kraft entsteht eine aus 2 Geraden mit unterschiedlicher Steigung bestehende Kurve. Die erste Gerade gilt bis etwa zur Eindringtiefe des doppelten Stempeldurchmessers u. gehorcht der Timoshenko-Gleichung. Die 2. Gerade hat eine steilere Steigung. Aus den Glei-

chungen beider Geraden läßt sich der Young-Modul mit befriedigender Übereinstimmung berechnen. Eindringtiefe u. Eindringkraft liefern wertvolle Aussagen über Zähigkeit u. Vulkanisationsgrad sowie über Abrieb u. Straßen-Verh. von Vulkanisaten.
A. Gude. 7248 □

Die Quellung von Butadien–Acrylonitril-Gummi in Flüssigkeiten. Philip H. Starmer und Carl H. Lufter. (Rubber Chem. Technol. **34,** 964—74, Juli/Sept. 1961; Berichtigung: **35,** [1962], 257; Avon Lake, Ohio, B. F. Goodrich Chem. Comp., Developm. Center; engl.) — Unterss. der Quellung von *Nitrilkautschukvulkanisaten* als Funktion des Acrylonitril-Geh., zeigen für viele Lsgm. Gauß-Kurven. Die mathemat. Auswertung zeigt, daß zur Beschreibung der Quellungskurve für unpolare Lsgm. 2 Parameter benötigt werden, die mit den Dispersionskräften im Zusammenhang stehen. Zur Beschreibung der Quellungskurven in polaren Lsgm. sind zusätzlich 2 Parameter notwendig, die mit elektrostat. Kräften zusammenhängen. A. Gude. 7248 □

Inhibierung von Naturkautschukverhärtung. B. C. Sekhar. (Rev. gén. Caoutchouc **38,** 101—03, Jan. 1961; Kuala Lumpur, Malaya, Rubber Res. Inst.; franz.) — Für die Hypothese, daß Aldehydgruppen an der Polyisoprenkette hauptsächlich die Gel-Bldg. im Kautschuk bei der Lagerung verursachen, wird weiteres Beweismaterial erbracht. Eine einfache Meth. zur Best. der Zahl dieser Aldehydgruppen pro Kautschuk-Mol. u. Unterss. über die Beziehung zwischen dem Aldehydgruppen-Geh. u. der Kautschukverhärtung während beschleunigter Lager-Verss. werden beschrieben.
R. Schäff. 7248 □

Neues zur chemischen Analyse von Füllstoffen in Vulkanisaten. Fr. Glander. (Kautschuk u. Gummi **10,** Nr. 8, WT 201—WT 204, Aug. 1957; dt.) — Vf. berichtet über eine neue Dest. von Rußen u. ZnO in Vulkanisaten. Beides erfolgt bei 950° im H_2-Strom. H_2 wird als Inertgas gewählt, weil etwa vorhandener O_2 abgefangen wird. Dann wird der Ruß bei 950° verbrannt. Der Ruß-Geh. errechnet sich aus den einzelnen Wägungen. Bei der Ermittlung des Ruß-Geh. bei 450° wird der Asche-Geh. mitgefunden. Der Rückstand bei der Rußbestimmung bei 950° weniger dem vorgenannten Wert ergibt den Geh. an ZnO. — 9 Tabellen. F. Schipke. 7248 □

Firestone Tire & Rubber Co., Akron, übert. von: Robert J. Reid, Canal Fulton, und Otis D. Cole, Akron, Ohio, V.St.A., **Formenherstellung.** Vulkanisierformen für die *Herst. von Kautschukformartikeln* werden hergestellt, indem man um ein vorgefertigtes Modell herum eine fl. Mischung aus abgebautem Kautschuk vom Molgew. 5000—11000, einem Vulkanisiermittel u. einem Dithiocarabamatbeschleuniger gießt u. die Mischung in Berührung mit dem Modell 1—24 Std. bei 100—200° F vulkanisiert. — Zeichnung. (**A. P. 2983699** vom 20/5. 1957, ausg. 9/5. 1961.) W. Overbeck. 7221

Firestone Tire & Rubber Co., übert. von: Alvin W. Warren, Akron, Ohio, V.St.A., **Luftdichte Innenauskleidung für schlauchlose Reifen,** bestehend aus 100 (Teilen) eines Polymerisats, das $\geqq$ 50 Naturkautschuk u. den Rest Butylkautschuk, Butadien–Acrylsäurenitril-Kautschuk oder Polychlorbutadien enthält, $\geqq$ 30 eines weichen thermatom. Rußes u. $\geqq$40 Kaolin. — Zeichnung. (**A. P. 2 979 470** vom 10/8. 1955, ausg. 11/4. 1961.) W. Overbeck. 7221

Farbenfabriken Bayer Akt.-Ges., Deutschland (Erfinder: Anton Robert Heinz), **Koagulieren von Kautschukmilch oder Kunstkautschuklatex.** Der Latex, der mit wasserlösl. Boraten oder Phosphaten gepuffert ist, wird in ein Koagulierbad vom pH 1,5—4,5 gegeben, daß eine Lsg. wasserlösl. Al- oder Ti-Salze u. wasserlösl. Alkali- oder Erdalkalimetallsalze enthält. — 2000 (g) eines 32% ig. Polychloroprenlatex (pH 5,5; mit 5 $Na_4P_2O_7$ gepuffert) werden in ein Bad aus 10 $Al_2(SO_4)_3$ 18 W. u. 15 $CaCl_2$ in 4000 W. in 30 Sek. gerührt: Krümeliges, nicht verklebendes Koagulat. (**F. P. 1 240 384** vom 13/11. 1959, ausg. 20/12. 1960. D. Prior. 14/11. 1958.) M. Pankow. 7225

Dunlop Rubber Co. Ltd., England, **Herstellung elastomerer Kohlenwasserstoffmischpolymerisate** aus aliphat. Monoolefinen (Äthylen bis Decen), mit gerader oder verzweigter Kette u. ungesätt. KW-Stoffen mit einer Ringbrücke (ungesätt. Derivv. von Bicyclo-[2.2.1]-heptan, z. B. 1.4-Endomethylenhydrindien-(2.6) (I), von Bicyclo-[2.2.2]-octan, z. B. Bicyclo-[2.2.2]-octaen-(2), Bicyclo-[2.2.2]-octadien-(2.5), von Bicyclo-[3.2.1]-octan, von Bicyclo-[3.3.1]-nonan oder von Bicyclo-[3.2.2]-nonan), in Ggw. von Ziegler-Katalysatoren. Die Polymeren können in der für Kautschuk üblichen Art mit gleichen Zusatz- u. Füllstoffen vulkanisiert werden. — Je 50 (g) Propylen u. Buten-(1) werden in 500 cm³ PAe. (Kp. 100—200°) bei —60° unter N_2 mit 5 **I** u. 100 cm³ PAe. versetzt, 20 cm³ Triisobutyl Al eingetropft, u. 1 cm³ VCl_4 wird in 50 cm³ PAe. zugegeben: Nach 1 Std. *gummielast. Produkt.* (**F. P. 1 207 844** vom 17/7. 1958, ausg. 18/2. 1960. E. Prior. 17/7., 16/11. 1957 u. 20/6. 1958.) M. Pankow. 7225

Dunlop Rubber Co. Ltd., London, England, **Herstellung von Mischpolymerisaten aus aliphatischen Monoolefinen und ungesättigten vernetzten cyclischen Kohlenwasserstoffen** [ungesätt. Derivv. von Bicyclo-[2.2.1]-heptan, Bicyclo-[2.2.1]-hepten-(2) oder -heptadien-(2.5), Bicyclopentadien (I) = 1.4-Endomethylenhydrindien-(2.6)] durch Rk. in Ggw. oberflächenakt. Katalysatoren aus Verbb. der Metalle der Untergruppen b der Gruppen 4—7 des Period. Syst. oder der Gruppe 8 u. einer Verb. aus einer der folgenden Gruppen: a) metallorgan. Verbb. der Gruppen 1—4, bes. 2 u. 3 des Period. Syst.; b) Metallhydride oder Organometallhydride; c) Organometallhalogenide. — In ein mit Äthylen-Propylen-Mischung ausgespültes Gefäß gibt man 300 cm^3 PAe. (Kp. 40 bis 60°), dann 10 ml Triisobutyl-Al in 100 cm^3 einer filtrierten Lsg. mit 1 ml $HfCl_4$, zusammen mit 10 g I unter gleichmäßigem Einleiten des Olefinmaterials u. wäscht nach 1 Std. das feste transparente Prod. mit CH_3OH. Das *gummiartige Material* kann man mit den üblichen Kautschukzusatzstoffen, wie Ruß, ZnO, Stearinsäure, S u. Beschleunigern mischen u. vulkanisieren. (**Jap. A. S. 13 844/1960** vom 17/7. 1958, ausg. 21/9. 1960. E. Prior. 17/7. 1957.) M. Pankow. 7225

Polymer Corp. Ltd., übert. von: Charles A. McKenzie und Robert F. Killey, Sarnia, Ontario, Canada, **Polymerisation von Butylkautschuk.** Ein Gemisch eines Isoolefins mit einem konjugierten C_{4-6}-Diolefin, bes. Isobutylen u. Isopren, wird in einem inerten Verdünnungsmittel, dessen Ep. nahe der Polymerisations-Temp. liegt, z. B. CH_3Cl, auf —40 bis —164° gekühlt u. durch Zufuhr eines in CH_3Cl gelösten Friedel-Crafts-Katalysators polymerisiert, wobei die Temp. so gewählt wird, daß am Kühlmantel eine zusammenhängende Schicht des Lsgm. auskristallisiert u. die Rk.-Masse mit einer Fließgeschw. von 4—8 feet/Sek. zirkuliert. (**Can. P. 559 786** vom 7/6. 1956, ausg. 1/7. 1958.) L. Großner. 7225

Esso Research and Engineering Co., übert. von: Kenneth W. Powers, Nixon, und Alfred L. Miller, Cranford, N.J., V.St.A., **Butylkautschuk-Kunstharz-Dispersionen.** Bei der Herst. von Butylkautschukdispersionen in W. mit einem Phosphat als Stabilisator u. einem Emulgator unter Zusatz eines Phenols u. eines damit verharzbaren Aldehyds wird zur Verringerung der Löslichkeit des Phosphats u. zur Verhinderung des Gelatinierens eine O-Verb. eines Metalls der Gruppen II a, II b u. IV a zugesetzt, z. B. CaO, MgO, PbO, ZnO, $Zn(OH)_2$, $Mg(OH)_2$. (**A. P. 2 996 468** vom 2/2. 1959, ausg. 15/8. 1961.) W. Overbeck. 7225

Farbenfabriken Bayer Akt.-Ges., Leverkusen (Erfinder: D. Rosahl und H. Esser, Köln), **Herstellung von Polychloroprenemulsionen** zur Gewinnung von lichtfesten u. wenig klebenden *Filmen* durch Polymerisation eines mit säureaktivierter Bleicherde gereinigten stabilisatorfreien 2-Chlorbutadiens-(1.3) (I) bei 10—60° in Ggw. eines freie Radikale bildenden Katalysators mit 0,1 Gew-% eines langkettigen Alkylmercaptans als Regulator u. 1—10 Gew.-% einer oberflächenakt. Paraffinsulfonsäure als Emulgiermittel (% bezogen auf I-Gew.) unter in W. emulgierenden Bedingungen. — 100 (Gew.-Teile) W., 3—5 Na-Paraffinsulfonat mit 12—18 C-Atomen, 0,5 $Na_4P_2O_7$, 100 I (mit Bleicherde vom Stabilisator befreit), 0,05 n-Dodecylmercaptan u. 0,005 $K_2S_2O_8$ werden bei 35° gerührt; wenn die Umwandlung zu ca. 80% erfolgt ist, wird die Rk. mit 1—2 Bis-[2-hydroxy-3-cyclohexyl-5-methylphenyl]-methan unterbrochen. 100 des kautschukartigen Prod., 5 $ZnCl_2$, 1 koll. S, 1,5 Zn-Diäthyldithiocarbamat u. 10 Ton werden als Film 80 Min. bei 100° vulkanisiert. (**Jap. A.S. 13 846/1960** vom 29/12. 1958, ausg. 21/9. 1960. D. Prior. 4/1. 1958.) M. Pankow. 7225

E. I. du Pont de Nemours & Co., Wilmington, Del., übert. von: Charles E. Aho, Louisville, Ky., V.St.A., **Kontinuierliche Polymerisation von Chloropren** in wss. Emulsion unter Rühren u. im mehrstufigen Verf., wobei in der 1. Stufe unter Zusatz von 2—10 (%) Emulgator u. der Hälfte des erforderlichen Katalysators zu $\leq$10, bes. 2—5, polymerisiert wird u. in 5 weiteren Stufen unter Zusatz des restlichen Katalysators der gewünschte Polymerisationsgrad erreicht wird. — Verf.-Schema. (**Can. P. 561 336** vom 22/4. 1955, ausg. 5/8. 1958.) L. Großner. 7225

General Electric Co., übert. von: Maynard C. Agens, Schenectady, N.Y., V.St.A., **Herstellung von Organopolysiloxanelastomeren.** Ein fl. Methylpolysiloxan mit 1,9—2 Methylgruppen je Si-Atom wird mit 0,5—15% Dialkylphosphit, bes. Dimethyl- oder Dibutylphosphit, unter Einleitung eines feuchten Inertgasstroms bis zur Bldg. eines halbfesten Prod. erhitzt; nach Zusatz von 0,1—1 (Gew.-Teilen) Ruß u. 0,05—0,5 ZnO wird heiß ausgehärtet. (**Can. P. 559 660** vom 21/6. 1955, ausg. 1/7. 1958.) L. Großner. 7225

Canadian General Electric Co. Ltd., Toronto, Ontario, Canada, übert. von: Moyer M. Safford, Schenectady, N.Y., V.St.A., **Herstellung von Dimethyl-**

silicongummi. Ein fl. polymeres Dimethylsiloxan mit 1,98—2 Methylgruppen je Si-Atom u. $\leqq$2 Mol-% copolymerisiertem Monomethylsiloxan wird mit 1—50% SO_2Cl_2 bei Zimmer-Temp. bis 175° bis zur Umwandlung in ein festes, elast. Prod. umgesetzt, das, ggf. nach Zusatz von Füllstoffen, mit Benzolperoxid heiß gehärtet wird. (**Can. P. 559 980** vom 10/6. 1947, ausg. 8/7. 1958.) L. Großner. 7225

W. G. Gruber, M. M. Fomitschewa und L. Ss. Muchina, **Herstellung von Siloxankautschuk,** bes. von Polydimethylsiloxankautschuk SKT, durch Polymerisation cycl. niedermol. Siloxane mit $Al_2(SO_4)_3 \cdot 2\ H_2O$ u. H_2SO_4 als Katalysatoren, wobei den Katalysatoren zur Herabsetzung der Rk.-Temp. von 100° auf Raum-Temp. geringe Mengen Na_2SO_3 zugesetzt werden. (**UdSSR. P. 122 874** vom 27/12. 1958.) L. Großner. 7225

Godfrey L. Cabot, Inc., Boston, Mass., V.St.A. (Erfinder: Eli M. Dannenberg, Raymond P. Rossman und Herman F. Mark), **Ohne Schwefel vulkanisierbare Polymere,** dad. gek., daß sie ein Mischpolymerisat verschiedener Olefine u. $\geqq$0,5% (auf das Polymer bezogen) eines organ., bei Temp. <ca. 93° stabilen u. bei Temp. >ca. 135° sich zersetzenden Peroxids enthält. — Man mischt z. B. gleiche Teile Äthylen u. Propylen bei ca. 93°, fügt unter weiterem Mischen 75 (Teile) Ruß u. 3 tert.-Butylperoxid auf 100 Mischpolymerisat zu, bildet Blätter aus der Masse u. erhitzt diese in einer Presse 60 Min. auf 163° zur Bldg. eines elastomeren Produkts. — Beispiele. (**Belg. P. 567 253** vom 29/4. 1958, ausg. 12/8. 1960. **E. P. 852 035** vom 26/2. 1958, ausg. 19/10. 1960. **Aust. P. 230 747** vom 11/2. 1958, ausg. 10/11. 1960. Alle A. Prior. 29/4. 1957.) G. Vogel. 7225

Farbenfabriken Bayer Akt.-Ges., Deutschland (Erfinder: Ernst Herdieckerhoff und Paul Schneider), **Alterungsschutzmittel für Kautschuk** aus den Rk.-Prodd. von aromat. OH-Verbb. u. Mischungen von Styrol u. ungesätt. Derivv. mit quatern. C-Atom, wie α-Methylstyrol, Isobutylen, Camphen, die in Ggw. von Kondens.-Mitteln, wie Friedel-Crafts-Katalysatoren, bei 50—150° umgesetzt werden. Nimmt man dehydratisierende Katalysatoren, so kann man die ungesätt. Derivv. auch in Form der tert.-Alkohole zusetzen, z. B. als tert.-Butanol, das bei der Rk. in Isobutylen übergeht. — 94,1 (g) Phenol u. 25 Bleicherde werden bei 160—170° in 3 Std. mit einer Mischung von 114,7 Styrol u. 143,5 α-Methylstyrol gerührt u. bei dieser Temp. noch 8 Std. gehalten. Man versetzt mit 200 cm^3 Chlf., filtriert, entfernt das Lsgm. u. dest. bis 155° u. 15 mm Nebenprodd. ab: Klare Fl., von der 1% in der Kautschukmischung verwendet werden. (**F. P. 1 207 516** vom 24/6. 1958, ausg. 17/2. 1960. D. Prior. 24/6. 1957.) M. Pankow. 7227

Farbenfabriken Bayer Akt.-Ges., Deutschland (Erfinder: Robert Seydel, Theo Kempermann, Willy Hahn und Rudolf Stroh), **Alterungsschutzmittel für Elastomere,** wie Kautschuk oder synthet. Kautschuk, bestehend aus Phenolen mit KW-Stoffsubstituenten in den beiden o-Stellungen, die auch in m-Stellung CH_3-Gruppen enthalten können, wobei die Summe der C-Atome in o- oder m-Stellung $\geqq$9 beträgt, z. B. 2-Methyl-6-[tert.-octyl]-dodecyl-, -[1-phenyläthyl]-nonyl- oder -[1.1-dimethylbenzyl]-phenol, 2-Äthyl-6-[α-methylcyclohexyl]-phenol, 2-[sek.-Butyl]-, 2-[tert.-Butyl]-, 2-Isopropyl-6-cyclohexylphenol, 2-[tert.-Butyl]-5-[α-methylcyclohexyl]-phenol; 3-Methyl-2.6-di-[tert.-butyl]-phenol oder -dicyclohexylphenol, 3-Methyl-2-[1-phenyläthyl]-6-dodecylphenol. — Vermeidung der sog. Elefantenhautbildung. (**F. P. 1 223 988** vom 13/5. 1959, ausg. 21/6. 1960. D. Prior. 13/5. 1958.) M. Pankow. 7227

Takujo Kimishima, Tokyo, Japan, **Alterungsschutzmittel für Kautschuk** aus Verbb. der Formel RNH·R''·NHR' (R = C_{6-10}-Cycloalkyl; R' = R oder n- oder verzweigter Alkylrest; R'' = p-Arylen), wie N.N'-Dicyclohexyl-, N.N'-Di-[methylcyclohexyl]-, N.N'-Bis-[dimethylcyclohexyl]- (I), N-Dimethylcyclohexyl-N'-äthylhexyl-, N.N'-Di-[cyclohexylmethyl]-, N.N'-Di-[β-cyclohexyläthyl]-, N.N'-Di-[tert.-butylcyclohexyl]-p-phenylendiamin, N.N'-Di-[dimethylcyclohexyl]-p-toluylendiamin. Zur Herst. von I hydriert man Handels-Xylenol (Kp. 201—207°) mit 3% Raney-Ni bei 180—200° u. 50—100 kg/cm^2 zu Dimethylcyclohexanol, wovon 400 (g) mit 138 p-Nitroanilin u. 3 Raney-Ni bei 100° u. 50—100 kg/cm^2 H-Druck bis zum Aufhören des H-Verbrauchs, dann bei 140° u. endlich 15 Std. bei 196° unter Wasserentfernung gehalten werden. Bei 50—60° wird filtriert u. Ausgangsmaterial durch Vakuum-Dest. wiedergewonnen: I, Kp. 235—255°; n_D^{30} 1,547. (**Jap. A. S. 15 698/1960** vom 22/9. 1958, ausg. 19/10. 1960.) M. Pankow. 7227

Oliver W. Burke jun., Grosse Pointe, Mich., und Eastman Kodak Co., Rochester, N.Y., übert. von: Eldon Everett Stahly, Birmingham, Mich., V.St.A., **Ozonschutzmittel für Kautschuk,** bestehend aus einem p-Phenylendiamin mit je einer Methylgruppe an jedem N u. einer tert.-Alkylgruppe mit 8—12 C-Atomen, z. B.

N.N'-Dimethyl-N-N'-di-(tert.-octyl)-p-phenylendiamin oder N.N'-Dimethyl-N-N'-di-(1.1.3.3-tetramethylbutyl)-p-phenylendiamin. — 2 Diagramme. (**A. P. 3 009 899** vom 14/2. 1958, ausg. 21/11. 1961.) W. Overbeck. 7227

Firestone Tire & Rubber Co., übert. von: Harry E. Albert, Akron, Ohio, V.St.A., **Ozonschutzmittel für Kautschuk,** bestehend aus dem neutralisierten Rk.-Prod. von 0,5—2 (Mol) S_2Cl_2 oder SCl_2 mit 1 N.N'-Dialkyl-p-phenylendiamin, worin jede Alkylgruppe 1—12 C-Atome enthält. — Vgl. A. P. 2 905 655; C. **1960,** 17638. (**A. P. 2 991 271** vom 31/1. 1956, ausg. 4/7. 1961.) W. Overbeck. 7227

Kokusaku Pulp Kogyo Kabushiki Kaisha (Erfinder: Gen Okada, Rei Mikawa, Shozo Wada, Akito Sugimatsu, Takashi Anzai und Tadashi Iwamida), Tokyo, Japan, **Herstellung von Füllstoffen für Kautschuk und plastische Massen.** Man hydrolysiert Cellulose sauer bis zu 85—99%, trocknet das Prod. in der Wärme u. zerkleinert. — Man verteilt 1 g Cellulose in 20 Liter 2n H_2SO_4, erwärmt ca. 2½ Std. auf 90°, filtriert, wäscht, rührt mit 30 Liter W. auf, versetzt mit verd. NaOH bis pH 7—7,5, filtriert ab, trocknet bei 100° bis zu 5% Wasser-Geh. u. pulvert zu einem 100-Maschen-Pulver, von dem man 10 (Gew.-%) mit 55 Styrolkautschuk SBR, 45 High Styrene Resin Polysar-SS-250, 50 Hisil 233, 15 Ton, 8 Cumaronharz, 1 Alterungsschutzmittel, 5 ZnO, je 1 Stearinsäure, Wachs u. Triäthanolamin, 2 Glycerin, 1,5 DM- u. 0,3 TT-Beschleuniger u. 2,5 S mischt: Verbesserung des Moduls u. der Härte. (**Jap. A. S. 14 921/1960** vom 22/12. 1958, ausg. 10/10. 1960.) M. Pankow. 7227

Tokuyama Soda Kabushiki Kaisha (Erfinder: Tadao Harima und Yoichi Uchiyama), Tokuyama, Japan, **Herstellung komplexer Pigmente als Füllstoff für Kautschuk** durch Umsetzung von wasserlösl. Alkalisilicat mit Erdalkalimetallsalzen u. Einleiten von CO_2-haltigem Gas in die Rk.-Mischung. — Man verd. 1,15 kg Na-Silicat (SiO_2/Na_2O = 3,1; 26,4% SiO_2) bei 30° mit 5 Liter W. u. 2,3 Liter Abwasser vom NH_3–Soda-Prozeß (12 g/100 cm³ $CaCl_2$, 14 g/100 cm³ NaCl) mit 5 Liter W., gibt gleiche Mengen beider Fll. zusammen, zieht das Rk.-Prod. am unteren Teil des Rk.-Raumes kontinuierlich ab, bläst in den Brei 40 Min. bei 15° 10 Vol.-% CO_2 enthaltendes Gas, bis Phenolphthalein keine Färbung mehr gibt, filtriert, trocknet bei 110°, pulvert u. gibt 90 des Prod. in eine Mischung aus je 50 GR-S u. Kautschuk nebst den üblichen Vulkanisations- u. Beschleunigungsmitteln. Die Werte des Vulkanisats für Modul, Zugfestigkeit u. Dehnung liegen unter denen einer mit dem gleichen Füllstoff, aber ohne CO_2-Behandlung, hergestellten Mischung. (**Jap. A. S. 15 578/1960** vom 27/12. 1958, ausg. 18/10. 1960.) M. Pankow. 7227

Imperial Chemical Industries Ltd., London, übert. von: Geoffrey S. Davy, Arthur Lambert und Gwyn E. Williams, Manchester, Lancashire, England, **Kautschuke** werden stabilisiert durch Einmischen von 0,25—2% eines Antioxydationsmittels, das man durch Friedel-Crafts-Alkylierung eines p-Alkoxyphenols, bes. p-Methoxy-, p-Äthoxy-, p-[n-Butoxy]- oder p-Nonyloxyphenol, mit einem tert.-C_{4-8}-Alken, bes. 1-Methylcyclopenten, 1-Methylcyclohexen, Methyl-1-methylcyclopenten oder Methyl-1-methylcyclohexen, erhält, z. B. 2-[tert.-Butyl]-4-äthoxyphenol. (**Can. P. 562 701** vom 8/7. 1955, ausg. 2/9. 1958.) Eberhard Riedel. 7227

E. I. du Pont de Nemours & Co., übert. von: Richard W. Bell, Ernest Cseudes und Herbert F. McShane jun., Wilmington, Del., V.St.A., **Stabilisieren von kautschukartigen Butadien–Styrol-Copolymerisaten** gegen die Gel-Bldg. beim Verarbeiten bei $>135°$ durch Zusatz von (1.) $\geqq 0,75$ (% des Polymerisats) eines Diarylamins oder des Rk.-Prod. von 2 Mol Aceton u. 1 Mol Diphenylamin u. (2.) $\geqq 0,1$ (a) eines Polyols der Formel $HOCH_2(CHOH)_4CH_2X$, in der X = —OH oder niederes Alkyl-NH, (b) NH_4-Citrat oder (c) einem Acetat des N-Alkylglucamins mit 1—4 C-Atomen im Alkyl. (**A. P. 2 999 840** vom 9/6. 1959, ausg. 12/9. 1961.) W. Overbeck. 7227

Zaidan Hojin Nippon Kagaku Seni Kenkyujo (Erfinder: Junji Yoshikawa und Shinzo Yamashita), Kyoto, Japan, **Verbesserung der Festigkeit von Butylkautschukvulkanisaten.** Durch Zusatz von N-Chlorisocyanursäure (**I**) zu der Butylkautschukmischung. — So werden 100 (Teile) Butylkautschuk mit 2,3 **I**, 50 Ruß, je 1 Stearinsäure, Beschleuniger DM u. TT, 5 ZnO u. 2 S gemischt u. bei 157—158° in der Presse vulkanisiert. — Zur Herst. von **I** werden 30 g Cyanursäure in 800 cm³ 50%ig. wss. KOH gelöst, u. bei 0° wird unter Rühren Cl_2 eingeleitet. Nach 4 Std. weißer Nd., der nach Trocknen 50 g **I**, F. 240°, gibt. (**Jap. A. S. 14 781/1960** vom 19/4. 1958, ausg. 6/10. 1960.) M. Pankow. 7227

Zaidan Hojin Nippon Kagaku Seni Kenkyujo, Kyoto (Erfinder: Junji Yoshikawa, Shinzo Yamashita, Kyoto, und Takazo Yamamoto, Toyonaka), Japan, **Verbesserung der Festigkeit von Butylkautschukvulkanisaten** durch Zusatz geringer Mengen von N-Chlormelaminen mit 2 u. mehr Cl-Atomen, z. B. Di-,

Tri- oder Hexachlormelamin. — Zur Herst. von *Trichlormelamin* suspendiert man 65 (g) Melamin in 1 Liter W., gibt 58 $Ca(OH)_2$ zu u. leitet 2 Std. Cl_2 ein, wobei die Temp. bis 50° ansteigt: gelborangefarbenes Produkt. — Das *Dichlormelamin* erhält man bei 25° ohne $Ca(OH)_2$-Zusatz, das *Hexachlormelamin* nach Zusatz von Essigsäure mit NaClO. (**Jap. A. S. 14 782/1960** vom 10/6. 1958, ausg. 6/10. 1960.) M. Pankow. 7227

Dominion Rubber Co. Ltd., Montreal, Quebec, Canada, übert. von: Alfred N. Iknayan, Grosse Pointe Farms, Mich., Lester C. Peterson und Harvey J. Batts, Indianapolis, Ind., V.St.A., **Butylkautschuk.** Ein Gemisch aus 100 (Teilen) eines Copolymeren aus 90—99,5% Isobutylen u. 10—0,5% eines aliphat. konjugierten C_4—C_6-Diolefins, 30—70 Kohle, 0,02—0,75 p-Chinondioxim (I) u. 0,1—0,3 eines Oxydationsmittels werden auf 275° F erhitzt, bis mehr als 20%, aber weniger als 80% des gebildeten Prod. in Bzl. unlösl. bleiben. Der Kautschuk kann ggf. vulkanisiert werden. Nach Can. P. 561 687 wird die 0,075—0,2 I enthaltende Mischung 10—30 Min. auf wenigstens 300° F erhitzt — Diagramm. (**Can. PP. 561 685** vom 21/8. 1953, ausg. 12/8. 1958. A. Prior. 12/11. 1952 u. **561 687** vom 16/11. 1954, ausg. 12/8. 1958.) Eberhard Riedel. 7227

Farbenfabriken Bayer Akt.-Ges., Leverkusen, **Stabilisieren von Kautschukmilchschaum.** Außer den in D. A. S. 1 103 573 ; C. **1961**, 15224 genannten Fettsäureestern werden die entsprechenden Ester von Alkylcarbaminsäuren, z. B. der *Saccharoselaurylcarbaminsäureester*, als Stabilisatoren verwendet. (**E. P. 871 486** vom 31/12. 1959, ausg. 28/6. 1961. D. Prior. 5/1. u. 12/9. 1959.) W. Overbeck. 7227

Mathieson Chemical Corp., Baltimore, Md., übert. von: Jones Kamlet, Easton, Conn., und Edward C. Soule, Niagara Falls, N.Y., V.St.A., **Schaummittel** für natürlichen oder synthet. Kautschuk aus 1 (Mol) Hydrazinsulfat u. 1—2 Na-, K-, NH_4- oder Ca-Nitrat. (**Can. P. 555 681** vom 17/7. 1954, ausg. 8/4. 1958. A. Prior. 28/7. 1953.) S. Böttcher. 7227

Deutsche Gold- und Silber-Scheideanstalt vormals Roessler, Deutschland, **Wärmestabilisierender verstärkender Füllstoff für Siliconkautschuk** aus Mischungen von Si-Oxid u. TiO_2. Man zersetzt flüchtige Verbb. dieser Elemente bei höherer Temp. in gasförmiger Phase in Ggw. von oxydierenden u. hydrolysierenden Stoffen, vereinigt die Aerosole u. koaguliert sie gemeinsam zu Aerogelen. (**F. P. 1 238 633** vom 10/10. 1959, ausg. 2/12. 1960. D. Prior. 28/11. 1958.) M. Pankow. 7227

Firestone Tire & Rubber Co., Akron, übert. von: Richard W. Kibler, Cuyahoga Falls, Ohio, V.St.A., **Herstellung von Bis-(6-alkyl-2.2.4-trimethyl-1.2-dihydrochinolin)-monosulfid** der allg. Formel I, worin R eine Alkylgruppe mit 6 bis 20 C-Atomen ist, dad. gek., daß man ein entsprechendes 6-Alkyl-2.2.4-trimethyl-1.2-dihydrochinolin pro 2 Mol in einem inerten Lsgm. bei 50—70° mit 1—4 Mol SCl_2 umsetzt u. entstehende HCl neutralisiert. — Antioxydans bei der Kautschuk-Synth., einschließlich Butadien–Isopren-Copolymerem, u. Vulkanisation. (**A. P. 2 988 533** vom 24/7. 1959, ausg. 13/6. 1961.) W. Heyer. 7227

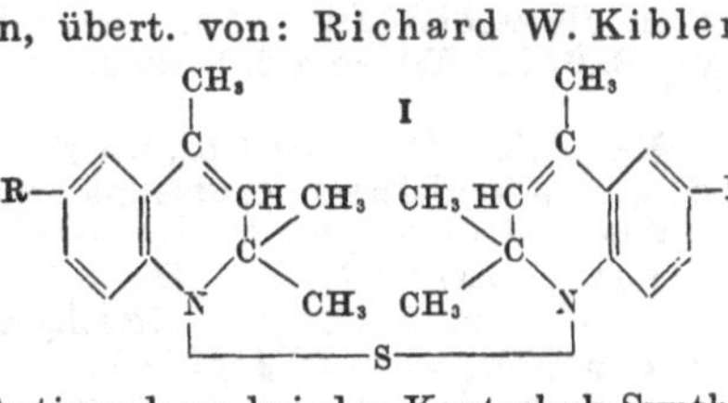

Firestone Tire & Rubber Co., Akron, übert. von: Richard W. Kibler, Cuyahoga Falls, Ohio, V.St.A., **Polysulfide von in 6-Stellung substituierten 2.2.4-Trimethyl-1.2-dihydrochinolinen** der allg. Formel I, worin x = 2—4 ist u. R eine Alkylgruppe mit 1—20 C-Atomen, eine Cycloalkylgruppe mit 5—8 C-Atomen, eine ggf. durch einen KW-Stoff-Rest substituierte Arylgruppe mit 6—20 C-Atomen, eine Alkoxygruppe mit 1—20 C-Atomen, eine ggf. durch eine Alkylgruppe substituierte Aryloxygruppe mit 6—20 C-Atomen, eine Dialkylaminogruppe mit 2—10 C-Atomen, eine Arylaminogruppe mit 6—12 C-Atomen oder eine Aralkylgruppe mit 1—3 C-Atomen in der Alkylgruppe darstellt, werden erhalten, wenn man ein entsprechendes 2.2.4-Trimethyl-1.2-dihydrochinolin in einem Lsgm., wie Bzl., Toluol, Xylol, Pentan, Hexan, PAe., Chlf., CCl_4 oder Trichloräthylen unter Zugabe einer Base, die bei der Rk. frei werdenden HCl neutralisiert, bei bes. 30—50° mit Schwefelmonosulfid (S_2Cl_2), bes. in Ggw. von in S_2Cl_2 gelöstem S, umsetzt. — Aus 2.2.4-Trimethyl-1.2-dihydro-6-äthoxydihydrochinolin in Bzl. erhält man durch Zugabe von NaOH-Lsg. u. S_2Cl_2, in welchem bei 120° freier S gelöst wurde, Rk. bei 50° u. Abdestillieren des Bzl. bei $Kp._{35}$ 140° eine viscose

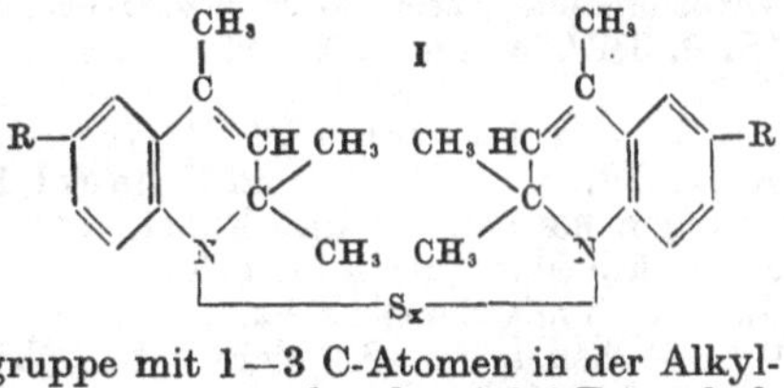

Fl., die 29,48% S enthält, d. h. auf 1 Mol 6-Äthoxy-2.2.4-trimethyl-1.2-dihydrochinolin 3 Atome S besitzt. — Verw. beim *Vulkanisieren.* (**A. P. 2 988 540** vom 16/6. 1959, ausg. 13/6. 1961.) W. Heyer. 7229

Firestone Tire & Rubber Co., Akron, Ohio, übert. von: Lloyd O. Bentz, Lancaster, Pa., und George E. P. Smith jun., Akron, Ohio, V.St.A., **Vulkanisationsbeschleuniger,** bestehend aus einem 0,1—10%ig. Zusatz von *N-(1-Methylcyclohexyl)-2-benzothiazolsulfenamid* oder *N-(1-Methylcyclopentyl)-2-benzothiazolsulfenamid.* — Vgl. E. P. 817 566; C. **1960,** 15926. (**A. P. 2 996 483** vom 31/12. 1956, ausg. 15/8. 1961.) W. Overbeck. 7229

Farbenfabriken Bayer Akt.-Ges., Deutschland (Erfinder: Friedrich Loher, Ernst Roos und Theo Kempermann), **Vulkanisationsbeschleuniger für Chlorbutadienpolymere,** bestehend aus Thiosemicarbaziden $R(R^1)N \cdot NH \cdot CS \cdot NHR^2$ ($R—R_2$ = H u./oder KW-Stoff-Reste), wie Thiosemicarbazid (F. 182—183°), 4-[tert.-Butyl]- (F. 138—139°), 4-[tert.-Octyl]- (F. 85—87°), 4-Phenyl- (F. 140—141°), 1-Phenyl- (F. 200—201°), 4-Allyl- (F. 98—99°), 1.4-Diphenyl- (F. 177°), 4-Äthyl-4 [p-tolyl]-1-methyl- (F. 121°), 4-Methyl- (F. 137—138°), 1.1.4-Trimethyl- (F. 154—155°), 1.1-Dimethyl-4-äthyl- (F. 96°), 1.1-Dimethyl-4-[tert.-butyl]- (F. 152°) oder 1-Methyl-1-cyclohexyl-[4-tert.-butyl]-thiosemicarbazid (gelbes Öl). — Verbesserung der Elastizität, gute Alterung, geringe Neigung zur Vorvulkanisation. (**F. P. 1 235 575** vom 3/6. 1959, ausg. 4/11. 1960.) M. Pankow. 7229

Esso Research and Engineering Co., übert. von: Theodore Lemiszka, Roselle, Leon S. Minckler jun., Metuchen, und Delmer L. Cottle, Highland Park, N.J., V.St.A., **Vulkanisieren von Chlor- oder Brombutylkautschuk** ohne S oder Metalloxid erfolgt unter Zusatz von 0,1—30 Gew.-% einer *Mercaptobenzothiazol*-Verb., z. B. von 2-Mercaptobenzothiazol, Di-2-benzothiazyldisulfid, 2-Mercaptothiazolin, Zn-2-Mercaptobenzothiazol, oder entsprechenden Cu-, Na-, Bi-, Fe-, Sn-, Cr-, Pb- oder Al-Verbindungen. (**A. P. 2 992 202** vom 29/10. 1958, ausg. 11/7. 1961.) W. Overbeck. 7229

Firestone Tire & Rubber Co., Akron, übert. von: Warren E. Phillips, Cuyahoga Falls, Ohio, V.St.A., **Butylkautschuk-Vulkanisation.** Die Vulkanisation erfolgt nach Zusatz eines 2.6-Dimethylol-4-KW-Stoff-Phenols u. $\geqq$3% eines Fichtenharzes oder -öls oder deren Hydrierungs-Prod. 5 Min. bis 3 Std. bei 200—400° F. — Verw. bes. für Heizschläuche. — 2 Zeichnungen. (**A. P. 2 996 465** vom 13/2. 1959, ausg. 15/8. 1961. **E. P. 875 351** vom 2/2. 1960, ausg. 16/8. 1961. A. Prior. 13/2. 1959.) W. Overbeck. 7229

Hercules Powder Co., übert. von: Harold Boardman, Wilmington, Del., V.St.A., **Vulkanisierter Kautschuk.** Natur- oder Synth.-Kautschuk, bes. konjugierte Diolefin- oder Chloropren-Prodd., werden durch Erhitzen mit 0,1—10% eines Peroxids der Formel $Ar—C(R_1)(R_2)—O—O—CR_3(R_4)(R_5)$ (Ar = Arylrest, $R_1—R_5$ = H oder Alkylreste), bes. Methyl-[α.α-dimethylbenzyl]-peroxid, vulkanisiert. (**Can. P. 562 406** vom 19/8. 1955, ausg. 26/8. 1958.) Eberhard Riedel. 7229

Canadian Industries Ltd., Montreal, Quebec, Canada, **Faserverstärkter Kautschuk.** Fasern aus hochpolymerem *Polymethylenterephthalat* werden erst mit einer Schicht *Triallylcyanurat,* die auch Polyvinylchlorid u. Weichmacher enthalten kann, u. dann mit einer solchen aus einer Dispersion von *Vinylpyridin-Copolymerisat* u. *Resorcin-CH_2O* überzogen. Eine Polymerisation der ersten Schicht durch Erwärmen wird vor oder gleichzeitig mit dem Härten der zweiten Schicht durchgeführt. Das so vorbehandelte Fasermaterial wird wie üblich in Kautschuk eingebettet u. verarbeitet. (**E. P. 882 025** vom 22/6. 1959, ausg. 8/11. 1961. Can. Prior. 28/6. 1958.) W. Overbeck. 7231

Esso Research and Engineering Co. (Erfinder: Francis Paul Baldwin, Alfred Lewis Miller und Samuel Burns Robison), **Verbessern der Haftfestigkeit von natürlichen und künstlichen Fasern,** wie Baumwolle, Reyon, Nylon usw., an natürlichem oder künstlichem Kautschuk, bes. Butylkautschuk (I). Man überzieht die Fasern mit einem Latex, der aus 1—25 (%) Kautschuk, bes. Naturkautschuk oder **I,** 0,1—5 Phenol, 0,2—3 Aldehyd, bes. CH_2O, u. 67—98 W. besteht, trocknet, erhitzt u. bringt darauf eine Schicht Zement auf, der 5—150 (Teile) Füllstoffe u. 100 bromierten **I** enthält, wobei der **I** $\geqq$0,5% Br, jedoch $\leqq$3 kombinierte Br-Atome pro Doppelbindung enthält, u. verdampft das Lösungsmittel. Die vorbehandelten Fasern dienen zur *Herst. von Fahrzeugbereifungen.* (**Aust. P. 232 033** vom 2/5. 1958, ausg. 16/2. 1961. A. Prior. 3/5. 1957.) C. Lüttgen. 7231

Dominion Rubber Co. Ltd., Montreal, Quebec, Canada, übert. von: Louis H. Howland, Watertown, und Bernhard N. Larsen, West Haven, Conn., V.St.A.,

Weichmacher für Butadiencopolymere. 100 (Teile) eines Butadiencopolymeren werden mit einem Monovinylpyridin, bes. 2-Methyl-5-vinylpyridin, 100 Kohle, 1 eines fl. Aceton-Diphenylamin-Kondens.-Prod. u. 1 2.5-Di-[tert.-butyl]-p-kresol bei 300° F verknetet, gekühlt, mit einem Vulkanisationsmittel u. einem Beschleuniger versetzt, geformt u. vulkanisiert. (**Can. P. 563 426** vom 1/3. 1956, ausg. 16/9. 1958.)
Eberhard Riedel. 7231

Columbia-Southern Chemical Corp., Pittsburgh, Pa., V.St.A. (Erfinder: Ralph Frank Wolf), **Transparente Kautschukvulkanisate,** bestehend aus dem Vulkanisat einer Mischung aus Kautschuk, hydratisierter SiO_2 mit einer Teilchengröße von 0,01—0,05 μ u. einem Refraktionsindex von 1,450—1,465, $\leqq$2 (% auf Kautschuk) S u. ohne nennenswerte Menge trübender Stoffe neben den üblichen Vulkanisiermitteln. (**E. P. 871 928** vom 20/3. 1958, ausg. 5/7. 1961. A. Prior. 21/3. 1957.)
W. Overbeck. 7231

Dominion Rubber Co. Ltd., Montreal, Quebec, Canada, übert. von: Lucian P. Dosmann, South Bend, Ind., V.St.A., **Säurefester Butylkautschuk** besteht aus einer $>$300° F verkneteten Mischung von 100 (Teilen) eines Copolymeren aus 90 bis 99,5% Isobutylen u. 10—0,5% eines konjugierten C_{4-6}-Diolefins, 50—70 Kohle mit einer Oberfläche $<$8 acres per pound, 0,025—0,1 p-Dinitrosobenzol, 10—40 Polyäthylen mit Molgew. 8000—12000, 15—70 Polyisobutylen mit Molgew. $>$150000 u. ggf. 1,5—3,5 Zinkoxid. (**Can. P. 562 015** vom 25/8. 1955, ausg. 19/8. 1958. A. Prior. 14/9. 1954.)
Eberhard Riedel. 7231

Esso Research and Engineering Co., übert. von: Francis P. Baldwin, Colonia, und Samuel B. Robison, Roselle, N.J., V.St.A., **Kautschukgewebebindung.** Zur Verbesserung der Bindefestigkeit an Kautschuk, bes. Butylkautschuk, werden die Textilien zunächst mit einem Phenol-CH_2O-Harz u. dann mit Brom-Butylkautschuk ($\geqq$0,5 Gew.-% Br-Geh.) überzogen. — Verw. bes. als Textileinlage im *Reifenbau.* — 1 Zeichnung. (**A. P. 2 968 588** vom 19/12. 1955, ausg. 17/1. 1961.)
W. Overbeck. 7231

Borg-Warner Corp., Chicago, Ill., V.St.A., **Verbinden von Kautschuk mit Metall.** Die Oberfläche des unvulkanisierten Kautschuks u./oder des Metalls wird mit einer Lsg. von *Chlorkautschuk* u. einer aromat. Dinitroso-Verb., z. B. *p-Dinitrosobenzol,* in einem organ. Lsgm., z. B. Xylol, eingestrichen, worauf die beiden Teile zusammenvulkanisiert werden. (**E. P. 873 358** vom 6/10. 1958, ausg. 26/7. 1961. A. Prior. 10/10. 1957.)
W. Overbeck. 7231

Borg-Warner Corp., Chicago, Ill., V.St.A., **Verbinden von Kautschuk mit Metall.** Die Oberfläche des unvulkanisierten Kautschuks u./oder des Metalls wird mit einer Lsg. von z. B. 50—90 (%) Chlorkautschuk, 3—20 halogeniertem Polychlorbutadien, 7—30 chloriertem Styrol-Butadien-Copolymerisat u. 2—20 einer aromat. Dinitroso-Verb., z. B. p-Dinitrosobenzol, oder einem Chinondioxim mit einem milden Oxydationsmittel, z. B. p-Benzochinondioxim u. 2.2'-Dithio-bis-benzothiazol, in einem organ. Lsgm., z. B. Xylol, eingestrichen, worauf die beiden Teile zusammenvulkanisiert werden. (**E. P. 873 359** vom 24/10. 1958, ausg. 26/7. 1961. A. Prior. 29/10. 1957.)
W. Overbeck. 7231

Borg-Warner Corp., Chicago, Ill., V.St.A., **Verbinden von Kautschuk mit Metall.** Die Oberfläche des unvulkanisierten Kautschuks u./oder des Metalls wird mit einer Lsg. von *Chlorkautschuk, halogeniertem Polychlorbutadien,* einem Chinondioxim, z. B. *Benzochinondioxim* u. einem milden Oxydationsmittel, z. B. *2.2'-Dithio-bis-benzothiazol* oder *Tetramethylthiuramdisulfid,* in einem organ. Lsgm., z. B. Xylol, eingestrichen, worauf die beiden Teile zusammenvulkanisiert werden. (**E. P. 877 923** vom 13/10. 1958, ausg. 20/9. 1961. A. Prior. 29/10. 1957.)
W. Overbeck. 7231

„Semperit" Österreichisch-Amerikanische Gummiwerke Akt.-Ges., (Erfinder: Walter Herbig), Wien, Österreich, **Schuhsohle,** welche ganz oder teilweise aus zwei Gummischichten besteht, die unlösbar miteinander verbunden sind, wobei die als Laufsohle dienende Schicht eine geringere Härte aufweist als die durch Kleben mit dem Schuhboden zu verbindende Schicht. Letztere besteht aus einer porösen Gummischicht, die z. B. aus nachst. Mischung hergestellt ist: 70 (Teile) hochstyrolhaltiges Butadien-Polymerisat, 30 Naturkautschuk, 3 Stearinsäure, 40 heller Verstärkerfüllstoff, 5 Textilfasern, 4 ZnO, 5 Cumaronharz, 1,2 Beschleuniger, 3 S, 2 Farbstoff, 1 Alterungsschutzmittel, 3 Dinitropentamethylentetramin (Treibmittel). (**Oe. P. 219 456** vom 24/2. 1959, ausg. 25/1. 1962.)
M. F. Müller. 7231

Dasher Rubber & Chemical Corp., Fairport Harbor, Painesville, Ohio, V.St.A., **Regenerierverfahren.** Von Fasern befreite Abfälle von ganzen Reifen werden folgenden Aufarbeitungsgängen unterworfen: (1) Intensive Zerkleinerung unter mechan.

Druck während 1—4 Min. bei < 320° F (= ca. 160° C), bes. bei 150—250° F (= ca 65 bis 120° C), bis > 60% eine Siebmaschengröße 40 haben; 2. Abtrennung des 20-Maschen-Anteils; 3. erneute Zerkleinerung dieses Anteils bei 300—400° F (= ca. 150—250° C) bis zur Devulkanisation u. 4. Kalandrieren der Masse. (**E. P. 871 925** vom 19/11. 1957, ausg. 5/7. 1961.) W. Overbeck. 7233

E. I. du Pont de Nemours & Co., Wilmington, Del., übert. von: **Joseph C. Shivers jun.**, West Chester, Pa., V.St.A., *Elastische Copolyester.* (**Can. P. 563 070** vom 30/11. 1953, ausg. 9/9. 1958. A. Prior. 31/12. 1952. — C. **1958**, 11968 [E. P. 779 054].)

B. F. Goodrich Co., New York, N.Y., V.St.A. (Erfinder: **William Nevin Maclay**), *Emulsionspolymerisation kautschukbildender Monomerer.* (**E. P. 892 160** vom 17/9. 1959, ausg. 21/3. 1962. A. Prior. 22/9. 1958. — C. **1962**, 327 [D. A. S. 1 108 439].)

B. F. Goodrich Co., New York, N.Y., übert. von: **Richard T. Morrissey**, Cuyahoga Falls, Ohio, V.St.A., *Halogenieren von Butylkautschuk.* (**Can. P. 562 667** vom 1/2. 1954, ausg. 2/9. 1958. A. Prior. 2/3. 1953. — C. **1957**, 9792 [F. P. 1 099 182].)

Goodyear Tire & Rubber Co., übert. von: **Robert J. McCutcheon**, Akron, Ohio, V.St.A., *Butadien-Styrol-Kautschuk.* (**Can. P. 562 669** vom 7/7. 1954, ausg. 2/9. 1958. A. Prior. 5/3. 1954. — C. **1957**, 13825 [E. P. 775 971].)

Corning Glass Works, Corning, N.Y., übert. von: **Earl L. Warrick**, Pittsburgh, Pa., V.St.A., *Vulkanisierbare Organosiliciumverbindungen.* (**Can. P. 563 497** vom 28/5. 1955, ausg. 16/9. 1958. A. Prior. 3/10. 1944. — C. **1950/54**, 4307 S [E. P. 608 956].)

Dominion Rubber Co. Ltd., Montreal, Quebec, Canada, übert. von: **Byron A. Hunter**, Oxford, Conn., V.St.A., *Stabilisierter Kautschuk.* (**Can. P. 562 619** vom 12/9. 1952, ausg. 2/9. 1958. A. Prior. 12/10. 1951. — C. **1955**, 8515 [D. B. P. 924 532].)

Goodyear Tire & Rubber Co., Akron, Ohio, V.St.A., *Aus trisubstituierten Phenolen bestehende Oxydationsschutzmittel für Kautschuk.* (**E. P. 818 035** vom 12/9. 1955, ausg. 12/8. 1959. A. Prior. 31/3. 1955. — C. **1961**, 6706 [Jap. A. S. 9785/1958].)

Phillips Petroleum Co., übert. von: **Paul E. Campbell**, Bartlesville, Okla., V.St.A., *Entfärbung hydrierter Polymerer.* (**Can. P. 562 791** vom 16/11. 1955, ausg. 2/9. 1958. A. Prior. 27/12. 1954. — C. **1959**, 12714 [E. P. 788 967].)

Montecatini Soc. Gen. per l'Industria Mineraria e Chimica, Mailand, Italien, *Vulkanisieren von polymeren α-Olefinen.* (**Ind. P. 65 967** vom 29/11. 1958, ausg. 29/3. 1961. — C. **1962**, 1053 [Oe. P. 212 015].)

Goodyear Tire & Rubber Co., übert. von: **Carl R. Parks**, Akron, Ohio, V.St.A., *Vulkanisierung von Naturkautschuk.* (**Can. P. 562 673** vom 5/10. 1955, ausg. 2/9. 1958. A. Prior. 20/6. 1955. — C. **1961**, 1036 [Aust. P. 204 433].)

Goodyear Tire & Rubber Co., übert. von: **Carl R. Parks**, Akron, Ohio, V.St.A., *Vulkanisierung von Naturkautschuk.* (**Can. P. 562 674** vom 5/10. 1955, ausg. 2/9. 1958. A. Prior. 20/6. 1955. — C. **1961**, 1035 [E. P. 801 105].)

Imperial Chemical Industries Ltd., London, übert. von: **Arthur C. Baskett**, Croydon, Surrey, **George A. R. Matthews**, Letchworth, und **Hugh J. Spencer-Palmer**, Knebworth, Hertfordshire, England, *Kautschukartige Kunststoffe.* (**Can. P. 568 470** vom 10/4. 1953, ausg. 6/1. 1959. E. Prior. 10/4., 27/6. u. 13/11. 1952. — C. **1956**, 6258 [E. P. 733 624].)

Polyplastic, Paris, Frankreich, *Herstellen von Pfropfpolymerisaten.* (**E. P. 883 792** vom 25/11. 1957, ausg. 6/12. 1961. F. Prior. 4/11. 1956 u. 31/1. 1957. — C. **1959**, 17527 [Oe. P. 203 353].)

Polyplastic, Paris, Frankreich (Erfinder: **Yvan Landler** und **Pierre Lebel**), *Herstellung von gepfropften Copolymeren.* (**Aust. P. 230 341** vom 22/11. 1957, ausg. 13/10. 1960. F. Prior. 24/11. 1956, 31/1. u. 2/2. 1957. — C. **1959**, 17527 [Oe. P. 202 353].)

United Shoe Machinery Co. de France, Seine, Frankreich (Erfinder: **James Francis Leahy** und **John Peter Szumski**), *Herstellung von Kautschukmischungen.* (**F. P. 1 182 041** vom 5/9. 1957, ausg. 22/6. 1959. A. Prior. 7/9. 1956. — C. **1961**, 11923 [A. P. 2 912 388].)

United States Rubber Co., New York, N.Y., übert. von: **Mortimer S. Thompson**, North Woodbury, Conn., V.St.A., *Kunstkautschuk-Harz-Mischung.* (**A. P. 2 995 537** vom 8/1. 1958, ausg. 8/8. 1961. — C. **1963**, 717 [Aust. P. 227 761].)

Firestone Tire & Rubber Co., V.St.A., *Ölgestreckter synthetischer Kautschuk.* (**F. P. 1 181 852** vom 30/8. 1957, ausg. 19/6. 1959. — C. **1960**, 5998 [D. A. S. 1 069 376].)

B. F. Goodrich Co., New York, N.Y., übert. von: **Chalmer C. Curtis**, Cuyahoga Falls, Ohio, V.St.A., *Magnetische Kautschukmischung.* (**Can. P. 554 608** vom 9/7. 1951, ausg. 18/3. 1958. A. Prior. 21/10. 1950. — C. **1955**, 4953 [F. P. 1 048 643].)

Dunlop Rubber Australia Ltd. (Erfinder: **Richard Vincent Taggart** und **Richard Lawrence Dunn**), *Schutzüberzüge für Schaumstoffe.* (**Aust. P. 228 667** vom 18/12. 1957, ausg. 7/7. 1960. — C. **1961**, 326 [Belg. P. 561 798].)

Esso Research and Engineering Co., V.St.A. (Erfinder: **George E. Serniuk** und **Francis P. Baldwin**), *Herstellung von Butylkautschukreaktionsprodukten.* (**F. P. 1 178 976** vom 16/7. 1957, ausg. 19/5. 1959. A. Prior. 16/7. 1956. — C. **1962**, 13230 [D. A. S. 1 097 688].)

Esso Research and Engineering Co., V. St. A. (Erfinder: **Albert M. Gessler**, **Irving Kuntz** und **James V. Fusco**), *Umsetzung von chloriertem Butylkautschuk mit Ruß.* (**F. P. 1 177 585** vom 27/6. 1957, ausg. 27/4. 1959. A. Prior. 2/7. 1956. — C. **1962**, 8093 [E. P. 849 007].)

Esso Research and Engineering Co., V.St.A. (Erfinder: **Alfred L. Miller**), *Butylkautschukbindemittel.* (**F. P. 1 241 701** vom 5/3. 1956, ausg. 28/12. 1960. A. Prior. 1/11. 1955. — C. **1959**, 12399 [E. P. 788 771].)

United States Rubber Co., New York, N.Y., übert. von: **Robert W. Pooley**, South Bend, Ind., V.St.A., *Butyl-Zellkautschuk.* (**A. P. 3 010 916** vom 18/4. 1958, ausg. 28/11. 1961. — C. **1962**, 4749 [E. P. 852 940].)

Farbenfabriken Bayer Akt.-Ges., Leverkusen, übert. von: **Hans Holtschmidt**, Köln-Stammheim, und **Karl E. Müller**, Leverkusen-Bayerwerk, *Herstellung von Polyurethanen.* (**Can. P. 568 526** vom 23/11. 1954, ausg. 6/1. 1959. D. Prior. 30/11. 1953. — C. **1957**, 7803 [D. B. P. 952 940].)

Farbenfabriken Bayer Akt.-Ges., Leverkusen, *Herstellung elastomerer Polyurethane.* (**E. P. 887 708** vom 15/4. 1958, ausg. 24/1. 1962. D. Prior. 18/4. 1957. — C. **1960**, 16613 [D. A. S. 1 068 461].)

General Tire & Rubber Co., Akron, Ohio, V.St.A., *Herstellung von elastomeren Polyurethanen.* (**E. P. 896 198** vom 3/11. 1958, ausg. 9/5. 1962. A. Prior. 4/11. 1957. — C. **1962**, 4371 [F. P. 1 216 992].)

Goodyear Tire & Rubber Co., Akron, Ohio, V.St.A., *Elastomere Polyurethane.* (**Ind. P. 66 883** vom 28/2. 1959, ausg. 30/12. 1960. — C. **1961**, 18899 [D. A. S. 1 109 362].)

Goodyear Tire & Rubber Co. (Erfinder: **William Maine Larson** und **Thomas Griffith Mastin**), *Elastomere Polyurethane.* (**Aust. P. 230 201** vom 2/3. 1959, ausg. 29/9. 1960. A. Prior. 7/4. 1958. — C. **1961**, 18899 [F. P. 1 222 071].)

Dunlop Rubber Co. Ltd., London, übert. von: **Albert E. T. Nale**, Birmingham, Warwickshire, England, *Behandlung von Kautschukoberflächen.* (**Can. P. 563 388** vom 29/3. 1952, ausg. 16/9. 1958. E. Prior. 30/3. 1951. — C. **1954**, 8236 [D. B. P. 907 126].)

Food Machinery & Chemical Corp., V.St.A. (Erfinder: **Bernard Kestner Easton**, **Robert Weinberg** und **Albert Peniston Shuts**), *Behandlung der Oberflächen von vulkanisiertem Kautschuk.* (**F. P. 1 190 019** vom 24/10. 1957, ausg. 8/10. 1959. A. Prior. 24/10. 1956. — C. **1960**, 5022 [A. P. 2 873 213].)

General Tire & Rubber Co., übert. von: **Samuel Salem**, Akron, Ohio, V.St.A., *Verkleben von Hochpolymeren.* (**Can. P. 562 395** vom 28/2. 1955, ausg. 26/8. 1958. A. Prior. 4/3. 1954. — C. **1958**, 9924 [A. P. 2 766 164].)

United States Rubber Co., V.St.A. (Erfinder: **Paul Viohl** und **Pliny Otto Tawney**), *Verkleben von Butylkautschuk mit anderen Kautschuken.* (**F. P. 1 198 078** vom 7/3. 1958, ausg. 4/12. 1959. A. Prior. 6/5. 1957. — C. **1962**, 1053 [Belg. P. 565 759].)

Dominion Rubber Co. Ltd., Montreal, Quebec, Canada, übert. von: **Howard M. Buckwalter** und **Joseph M. Almand**, Detroit, Mich., V.St.A., *Auftragen von Kautschuk auf Textilmaterial.* (**Can. P. 561 686** vom 24/8. 1954, ausg. 12/8. 1958. A. Prior. 29/10. 1953. — C. **1958**, 12569 [E. P. 751 195].)

Esso Research and Engineering Co. (Erfinder: **Francis P. Ford** und **Samuel B. Robison**), *Schichtmaterial für Reifen und Riemen.* (**F. P. 1 198 552** vom 24/1. 1958, ausg. 8/12. 1959. A. Prior. 27/2. 1957. — C. **1962**, 3289 [E. P. 834 364].)

Dominion Rubber Co. Ltd., Montreal, Quebec, Canada, übert. von: **Ernest G. H. Bargmeyer**, Mishawaka, Ind., V.St.A., *Tauchwaren.* (**Can. P. 558 932** vom 9/3. 1953, ausg. 17/6. 1958. A. Prior. 30/4. 1952. — C. **1956**, 9871 [F. P. 1 085 067].)

Antonio Covelli, Buenos Aires, Argentinien, *Verschlußmasse für Fahrzeugschläuche.* (**Can. P. 559 493** vom 19/9. 1952, ausg. 1/7. 1958. A. Prior. 15/10. 1951. — C. **1955**, 8047 [E. P. 713 721].)

H_{13}. Ätherische Öle. Parfümerie. Kosmetik

Fettaldehyde in Citrusölen. Alfred Wagner. (Riechstoffe u. Aromen **5**, 154—57, Mai 1962. — Vortrag. — dt.) — Zusammenfassender Bericht über höhere Fettaldehyde in *Citrusölen* wie Orangen-, Citronen-, Mandarinen-, Tangerinen-, Sankan-, Bergamotte-, Petitgrain-, Neroli-, Lemongras-, Limette- u. Pampelmusenöl. Folgende Aldehyde kommen vor: *n-Octyl-*, *n-Nonyl-*, *n-Decyl-*, *n-Undecyl-* u. *Laurin-*, *n-Decen-(1)-* u. *Dodecen-(1)-aldehyd.* M. Wüstefeld. 7262◇

Physiologische Varietäten von Ocotea pretiosa. 4. Mitt. **Weitere Angaben über Nitrophenyläthan enthaltende Arten.** Otto Richard Gottlieb, Myrian Fineberg und Taveira Magalhaes. (Perfum. essent. Oil Rec. **53**, 299—301, Mai 1962; Rio de Janeiro, Brazil, Minist. Agricult., Inst. Quím. Agric.; engl.) — 3. vgl. Perfum. essent. Oil Rec. **53**, [1962], 219; vgl. C. **1961**, 3632. — Durch Geruchsprüfung kann festgestellt werden, ob Blatt- oder Holzmaterial von *Ocotea pretiosa* (O.p.) hinsichtlich des Geh. an äther. Ölen zur *Sassafras* (**IV**)- [*Safrol* (**III**)]- oder Zimtgruppe (*1-Nitro-2-phenyläthan*, **I**) gehört. Holz von O.p. gibt 0,7—0,9% äther. Öl. Zu den bereits bekannten Bestandteilen dieser Öle, **I** u. Methyleugenol (**II**), wurde jetzt noch **III** entdeckt. Geh. ist je nach Art pflanzlichen Materials verschieden (Frischlaub 0,5 bis 0,7%, luftgetrocknetes Material 1,2—1,5%), Öl aus Holz enthält gleiche Bestandteile. **I** kommt sehr selten natürlich vor, wurde bis jetzt nur in O.p. u. *Aniba canelilla* („casca pretiosa") gefunden. Die O.p.-Öle mit Zimtgeruch sind wahrscheinlich Gemische von **IV**- u. „casca-pretiosa"-Ölen. **II** u. **III** wurden durch Dampfphasenchromatographie bestimmt, **I** durch IR-Spektrum. H. Findeisen. 7262□

Der Fortschritt in der Parfümerie. Paul Z. Bedoukian. (Amer. Perfumer **77**, Nr. 4, 27—38, April 1962; engl.) — Übersicht. — 272 Literaturangaben. K. Dörfel. 7276◇

Duftende Blumen und Blätter. 4. Mitt. **Die Thymelaceen.** Edward S. Maurer. (Amer. Perfumer **77**, Nr. 4, 47—48, April 1962; London, W. J. Busch & Co. Ltd.; engl.) — 3. vgl. C. **1962**, 13604. — Überblick über die Gattung *Daphne* u. *Pimelia* u. Hinweis auf den seltenen Duft dieser Blumen. Bes. in Verbindung mit Weihrauch u. aromat. Hölzern ergeben sich interessante Duftschöpfungen. K. Dörfel. 7276◇

Natürliche Pflanzenhydrokolloide. 2. Mitt. George Meer jun. und William A. Meer. (Amer. Perfumer **77**, Nr. 4, 49—52, April 1962; New York, N.Y., Meer Corp.; engl.) — 1. vgl. C. **1963**, 3052. — In dieser Fortsetzung werden die chem. u. physikal. Eigg. sowie die Verw. von Agar, Guar-Gummi, Karaya-Gummi, Irish Moos u. Irish-Moos-Extrakten in Kosmetik u. Pharmazie beschrieben. K. Dörfel. 7284◇

Natürliche Pflanzenhydrokolloide. 3. Mitt. George Meer jun. und William A. Meer. (Amer. Perfumer **77**, Nr. 5, 49—55, Mai 1962; engl.) — 2. vgl. vorst. Referat. — Zusammenfassung aller Hydrokolloide, bes. ihrer Handelsformen, ihre Verw. in kosmet. Prodd., wie Emulsionen, Zahnpasta, Lotionen, Haarfixativen, Gelees, als Bindemittel für Tabletten u. neuerdings für Gesichtsmasken, werden beschrieben. Entsprechende Rezepte werden angegeben. K. Dörfel. 7284◇

Lokalanästhesie der Schleimhaut des Auges, hervorgerufen durch oberflächenaktive Substanzen in kosmetischen Zubereitungen. G. Martin, J. H. Draize und E. A. Kelley. (Proc. sci. Sect. Toilet Goods Assoc. **1962**, Nr. 37, 2—3, Mai; Washington, D.C., Treasury Dep., IRS, Alkohol Tax Unit u. Dep. Agricult.; engl.) — Die lokalanästhet. Wrkg. von oberflächenakt. Substanzen in der Schleimhaut des Auges ist bes. bei Shampoos infolge evtl. eintretender Schädigungen des Auges unerwünscht. %-Geh., wirksame Substanz u. Dauer der Anästhesie werden für folgende oberflächenakt. Substanzen angegeben: Igepal CO-530® (Nonylphenoxypolyoxyäthylenäthanol), Igepal CO-630®, Neutronyx 333® (Methoxypolyäthylenglykol 550-Cocosnußfettsäureester), Neutronyx 600® (Alkylphenolpolyglykoläther-9,5 Mol Äthylenoxid), Superamide B-5® (Cocosnußfettsäurediäthanolaminkondensat), Superamide L-9® (Laurinsäurediäthanolaminkondensat), u. zum Vgl. Butacainsulfat. Folgende Substanzen verursachen in der angegebenen Konz. einen erheblichen Anstieg der Schmerzschwelle ohne Anästhesie hervorzurufen: BTC® (Alkyldimethylbenzylammoniumchlorid), 0,25%; Hyamine 1622® (Diisobutylphenoxyäthoxyäthyldimethylbenzylammoniumchlorid), 0,125%; Igepon TN-74® (Na-N-Methyl-N-acyllaurat), 1,1%; Isothane Q-15® (Laurylisochinoliniumbromid), 0,25%; Sipon LT® (Triäthanolaminsalz von Laurylalkoholsulfat), 1,15%; Sulframin LW® (Na-Salz eines Alkylaminosulfats), 2,5%; Tetrosan 3.4-D® (Alkyldimethyl-3.4-dichlorbenzylammoniumchlorid), 0,25%. K. Hinterauer. 7284◇

Spektrophotometrische Methode zur Bestimmung von Geraniol in Rosenölen und synthetischen Mischungen. Y. P. Talwar, M. C. Nigam und K. L. Handa. (Riechstoffe u. Aromen **12**, 285—87, Sept. 1962; Jammu-Tawi, Indien, Reg. Res. Labor.; dt.) — Vff. beschreiben eine spektrophotometr. Meth. zur Best. von *Geraniol* (I) in Rosenöl u. synthet. Gemischen. Hierfür werden 1,0 g der zu untersuchenden Probe über 50 g Al_2O_3 (Grad I) chromatographiert, mit 150 ml Bzl. u. anschließend mit einem Bzl.-Ae.-Gemisch (3 : 1) eluiert. Das Eluat dest. man mit einem Bzl.–Ae.-Gemisch u. füllt mit 25 ml Methanol auf, nachdem die letzten Spuren des Lsgm. entfernt wurden, 0,5 ml dieser Lsg. werden mit 0,4 ml einer 6,25% ig. Lsg. aus Phloroglucin in Methanol u. 1 ml 2,5% ig. HCl gemischt u. bei 550 mμ im Spektronit 20 Colorimeter nach 4 Std. gemessen. An Hand der aufgestellten Eichkurve kann der I-Geh. bestimmt werden. Nach dieser Meth. untersuchte selbst hergestellte I-Geranylacetat-Gemische gaben gute übereinstimmende Werte. Weitere 3 untersuchte Rosenöle ergaben einen I-Geh., der innerhalb der vorgeschriebenen Grenzen lag. J. Seidemann. 7286◇

Analyse von Gemischen carboxylierter und sulfatierter anionischer Detergentien. Helene Achmeteli und Richard J. Savino. (Proc. sci. Sect. Toilet Goods Assoc. **1962**, Nr. 37, 4—5, Mai; Bristol-Myers Co.; engl.) — Eine neue Meth. zur direkten Best. von sulfatierten u. carboxylierten Detergentien (SD bzw. CD) verwendet als Bakteriostatica in kosmet. Zubereitungen, wird beschrieben. Der SD-Geh. wird durch Titration mit einer kation. Standard-Lsg. in Ggw. von Chlf. u. Methylenblau als Indicator bis zur Farbgleichheit der wss. u. der Chlf.-Phase als Endpunkt bestimmt. Der SD + CD-Geh. wird in gleicher Weise mit Dichlorfluorescein als Indicator bis zum Farbübergang von Grüngelb nach Rosa als Endpunkt bestimmt. K. Hinterauer. 7294□

Zur Messung der Hautlipoide mit dem Sebographen. P. Deyhle. (Parfümerie u. Kosmet. **43**, 69—78, März 1962; Tübingen, Univ.-Hautklinik; dt.) — Es werden zahlreiche Unterss. über die Entstehung der Dermatose (Störungen im Lipoid-Stoffwechsel der Hautoberfläche) sowie Meth. der quant. Best. des Hautfettes beschrieben. Bes. ausführlich wird der Röthsche Sebograph behandelt, der zur Erfassung u. Messung von Hautlipoiden bzw. spreitakt. Stoffen als techn. wenig aufwendige, aber rasche, zuverlässige Meth., mit gewissen Einschränkungen (Abhängigkeit vom Chemismus des Körpers, Klima), sehr geeignet ist. — 46 Literaturangaben. H. Franzen. 7294◇

Council of Scientific & Industrial Research, Neu Delhi (Erfinder: **Govind Ramachandra Kelkar** und **Sasanka Chandra Bhattacharyya**, Poona), Indien, *Gewinnung von Lactonen aus Costuswurzelöl.* (Niederl. P. 101 387 vom 10/3. 1958, ausg. 15/5. 1962. — C. 1960, 7363 [D. A. S. 1 065 966].)

Spezialchemie G. m. b. H., Deutschland, *Mittel zum Erweichen der Hornhaut.* (**F. P. 1 238 980** vom 17/9. 1959, ausg. 5/12. 1960. D. Prior. 17/9. 1958. — C. **1961**, 11552 [D. A. S. 1 085 649].)

Gillette Co., Boston, Mass. (Erfinder: **Donald D. Laiderman**, Park Forest, Ill.), V.St.A., *Haarwaschmittel.* (**D. A. S. 1 133 081** Kl. 30h vom 28/7. 1958, ausg. 12/7. 1962. A. Prior. 7/8. 1957. — C. **1962**, 3657 [E. P. 843 779].)

Ciba Akt.-Ges., Basel (Erfinder: **Erich Matter**, Riehen, **Otto Albrecht**, Neue Welt, und **Armin Hiestand**, Binningen), Schweiz, *Kationaktive Haarwaschmittel.* (**D. A. S. 1 131 848** Kl. 30h vom 3/1. 1958, ausg. 20/6. 1962. Schwz. Prior. 11/1. 1957. — C. **1961**, 7427 [Oe. P. 206 116].)

Ciba Akt.-Ges., Basel (Erfinder: **Erich Matter**, Basel, **Armin Hiestand**, Binningen, und **Otto Albrecht**, Neue Welt), Schweiz, *Herstellung neuer Alkylenpolyaminderivate.* (**Schwz. P. 359 444** vom 16/7. 1957, ausg. 28/2. 1962. — C. **1962**, 2567 [F. P. 1 207 728].)

Soc. Monsavon-l'Oréal, Paris, Frankreich, *Tertiäre Aminsalze zur Herstellung von Dauerwellen.* (**E. P. 891 600** vom 9/3. 1959, ausg. 14/3. 1962. F. Prior. 14/3. 1958. — C. **1961**, 7778 [F. P. 1 193 289].)

Soc. Monsavon-l'Oréal, Paris, Frankreich, *Mittel zur Verformung lebender Haare.* (**D. A. S. 1 129 657** Kl. 30h vom 17/5. 1958, ausg. 17/5. 1962. F. Prior. 20/5. 1957. — C. **1960**, 324 [F. P. 1 175 560].)

Soc. Monsavon-l'Oréal, Paris, Frankreich, *Haarfärbemittel.* (**E. P. 889 812** vom 1/1. 1959, ausg. 21/2. 1962. F. Prior. 8/1. 1958. — C. **1960**, 11497 [F. P. 1 189 619].)

H_{14}. Zucker. Kohlenhydrate. Stärke

Verarbeitung der Rübenschwänze. Karel Rais, Otomar Böhm und Oldřich Lisý. (Listy Cukrovarnické **76**, 13—16, 15/1. 1960; tschech.) — Beschreibung einer Aufarbeitungsanlage für Rübenschwänze u. Wirtschaftlichkeitsberechnung. E. Rotter. 7406 □

Beitrag zur Verfolgung der Entwicklung von Cercospora beticola unter Berücksichtigung ihrer Prognose. Miroslava Drachovská und Jaroslav Blažek. (Listy Cukrovarnické **74**, 53—61, 15/3. 1958; tschech.) — Unterss. über die Blattfleckenkrankheit bei Zuckerrüben geben Unterlagen für den geeigneten Zeitpunkt zur Spritzung. Einfl. der Witterung auf die Entw. des Pilzes wurde festgestellt; beste Bedingungen für Injektionen sind: Luftfeuchtigkeit über 90% oder Ndd. über 10 mm in 48 Stunden. E. Rotter. 7406 □

Enthärtung des Dünnsaftes mit Kationenaustauschern. 1. Mitt. Mechanismus des Ionenaustausches bei der Enthärtung und Regenerierung. Der Einfluß der Enthärtung auf die Dünnsaftqualität. František Durdík und Josef Buriánek. (Listy Cukrovarnické **76**, 2—7, 15/1. 1960; Zuckererzeugung **5**, [1961], 186; tschech.) — Die Enthärtung des Dünnsaftes hat keinen prakt. Einfl. auf die Qualität u. den Invertzuckergehalt. Die Reinheit wird nur unbedeutend erhöht, da nur wenig farb- u. N-haltige Stoffe zurückgehalten werden. Dagegen tritt eine Veränderung in der Zus. von Na^+, K^+ u. Ca^{2+} ein. Zuerst werden K^+ u. Ca^{2+} gebunden, die durch Na^+ ersetzt werden. Nach Erschöpfung der ausnutzbaren Kapazität des Austauschers sind ca. 75% der akt. Gruppen mit Ca^{2+} u. 25% mit K^+ beladen. Es wird kein Einfl. auf die Menge des Zuckers in Melassen festgestellt. E. Rotter. 7412 □

Einfluß des Invertzuckers auf die Sedimentations- und Filtrationsgeschwindigkeit des Schlammsaftes nach der ersten Saturation. Rudolf Osvald. (Listy Cukrovarnické **76**, 10—13, 15/1. 1960; tschech.) — Bereits Zusatz von 0,5% Invertzucker zum Rohsaft erhöht den Filtrations-Koeff. F_K im Diffusionssaft um 70% u. setzt die Sedimentations-Geschw. S um 50% herab. Das Vol. V des Sediments aus dem saturierten Saft steigt um 20%. Auch bei der progressiven Vorscheidung werden bei 0,5% Invertzucker die Werte F_K um 50% u. V um 15% erhöht, S um 50% herabgesetzt. E. Rotter. 7412 □

Auskochen der Verdampfungsanlage unter Verwendung von Komplexon und Regenerierung des benutzten Komplexons. Karel Čihal. (Listy Cukrovarnické **76**, 16—18, 15/1. 1960; tschech.) — Betriebs-Verss. zeigen, daß das Auskochen von verkrusteten Eindampfkesseln mit einer 5%ig. wss. Lsg. von *Äthylendiamintetraessigsäure* oder ihrem *Dinatriumsalz* [*Komplexon III*] zu befriedigenden Ergebnissen führt. Die Kosten sind doppelt so hoch wie bei der mechan. Beseitigung. Durch Regeneration mit HCl oder H_2SO_4 kann Komplexon für die weitere Verw. brauchbar erhalten werden. E. Rotter. 7414 □

Neue Betriebserfahrungen mit dem Strahlauswascher in der Kartoffelstärkeindustrie. R. Lock und H. Fritze. (Stärke **14**, 253—55, Juli 1962; Wunstdorf/Hannover, Starcosa G. m. b. H. & Co.; dt.) — Vff. berichten über ihre Erfahrungen bei der Verw. von Sieben aus Kunststoffgeweben (Nylon u. Perlon) für die Strahlauswascher in der Kartoffelstärkeindustrie unter Aufzeigung der Vorteile gegenüber Metallsieben. J. Seidemann. 7448 □

Die Hydratation der Stärke. 4. Mitt. Die Abhängigkeit der Sorptionswärme der Stärke von ihrer Hydratation. F. Schierbaum und K. Täufel. (Stärke **14**, 233—38, Juli 1962; Potsdam-Rehbrücke, Inst. für Ernährung der Dt. Akad. der Wiss.; dt.) —

3. vgl. C. **1963**, 1107. — Die Sorptionswärme wurde in Abhängigkeit vom Wasser-Geh., der Entwässerungsmethodik (Trocknung bei 20° bzw. im Trockenschrank) u. der Stärke(I)-Art untersucht, wobei festgestellt wurde, daß die Sorptionswärme für jede Stärkeart ausschließlich eine Funktion des Wasser-Geh. ist, aber unabhängig von einer gleichzeitigen Wärme-Einw. u. deren Dauer, sofern man Temp. unter 140° in Betracht zieht. Für den Wasser-Geh. 0 wurden bei Kartoffel-, Weizen-, Mais- u. Reis-I Werte der Sorptionswärme von 27,9; 25,2; 24,7 bzw. 24,3 cal·g^{-1} ermittelt. Bei Temp. über 140° sinkt die Sorptionswärme, bedingt durch das Auftreten kaltwasserlösl. gewordener I-Anteile. Weiterhin wurde durch Extrapolation auf die Sorptionswärme 0 die Menge an gebundenem W. für Kartoffel- (33,8%), Weizen- (30,5%), Mais- (28,0%) u. Reis-I (26,5%) berechnet. J. Seidemann. 7448□

Einfluß von oberflächenaktiven Stoffen und fettigen Zusätzen auf die Quellung und Lösung von Stärkekörnern. Virginia M. Gray und T. J. Schoch. (Stärke **14**, 239—46, Juli 1962; Argo, Ill., Corn Products Comp., Res. Dep., George M. Moffett Res. Labor.; engl.) — An Mais-, Wachshirse- u. Kartoffelstärke (I) wurde der Einfl. von polaren, oberflächenakt. Stoffen, z. B. höheren Fettsäuren (**II**), auf die Quellung u. Löslichkeit bei 50—95° nach der Meth. von Leach u. a. (C. **1961**, 2121) untersucht. Durch diese Stoffe wird die Quellfähigkeit u. die Löslichkeit der verwendeten **I**-Arten herabgesetzt. Jedoch hemmt Na-Laurylsulfat bis 85° die Hydratisierung von Mais- u. Kartoffel-**I**, während bei höheren Temp. die umgekehrte Wrkg. eintritt. Oberflächenakt. Stoffe vom Typ der kationakt. quart. Ammonium-Verbb. erhöhen wider Erwarten die Hydratisierung von Mais- u. Wachshirse-**I**, vermindern aber die Quellung u. Löslichkeit von Kartoffel-**I**, was auf eine Wechselwrkg. mit den Phosphatgruppen zurückgeführt wird. Abschließend bringen Vff. einige Angaben über den Einfl. verschiedener **II** (von Capryl- bis Ricinolsäure) auf Kartoffel-**I** bei 85° u. diskutieren den Mechanismus der Komplex-Bldg. von **I** mit **II** sowie den Einfl. der Mol.-Größe u. Menge der **II** auf den Quellungsvorgang u. die Brabender-Viscosität. J. Seidemann. 7448□

Die Ergebnisse von Stärkebestimmungen in Abhängigkeit von der Methodik. W. Kempf. (Stärke **14**, 246—52, Juli 1962; Ind. agric. aliment. **79**, 407—17, Mai 1962; Detmold, Bundesforschungsanst. für Getreideverarbeit.; dt.) — Bericht über Vgl.-Unterss. von Kartoffelstärke, Kartoffeltrockenpülpe, Mais, Reis, Weizenmehl u. Weizensüßkleber nach der Meth. von Baumann u. Großfeld [1937] sowie nach einer modifizierten Ewers-Meth. [1908] an zehn Unters.-Stellen. Es wurde hierbei festgestellt, daß beide Meth. für eine internationale Standardisierung u. Normung nicht geeignet erscheinen, da diese beiden Meth. keine Vorteile bieten u. die maximale Schwankungsbreite u. Abweichungen groß sind. Als internationale Standard-Meth. u. gleichzeitig als deutscher DIN-Norm-Vorschlag wurde die im wesentlichen auf der Original-Meth. von Ewers beruhende Meth. der Arbeitsgemeinschaft Getreideforschung Detmold, sowie die Meth. der Corn Industries Research Foundation, Inc., vorgeschlagen. — 20 Literaturangaben. J. Seidemann. 7490□

Einfache Verfolgung der Stärkehydrolyse. I. Rusznák, F. Péter und A. Gy. Gergely. (Acta chim. Acad. Sci. hung. **27**, 295—302, 1961; Budapest, Forsch. Inst. für Textilind.; dt.) — Es wird die Geschw. einer sauren, alkal., oxydativen u. enzymat. Kartoffelstärkehydrolyse untersucht, worin die dem Hydrolysat entnommene Probe mit W. genetzt u. danach mit Jod-Lsg. entwickelt wird. Die chromatograph. Best. werden durch polarograph. u. colorimetr. Messungen ergänzt. Die Abbau-Geschw. der Amylose u. des Amylopektins lassen sich gut verfolgen. W. Hampel. 7490□

American Sugar Refining Co., New York, N.Y., V.St.A., *Reinigung von Rohzuckersäften.* (**E. P. 889 823** vom 13/6. 1960, ausg. 21/2. 1962. A. Prior. 22/6. 1959. — C. **1962**, 1441 [A.P. 2 954 305].)

Aktiebolaget Separator, Stockholm, übert. von: **Svante Bierke**, Lidingo, Schweden, und **Mihajlo Mautner**, Zagreb, Jugoslawien, *Kontinuierliche Stärkehydrolyse.* (**A. P. 2 989 425** vom 18/11. 1958, ausg. 20/6. 1961. Schwed. Prior. 30/10. 1957. — C. **1960**, 12191 [D. A. S. 1 074 520].)

H_{15}. Gärungsindustrie

Die alkaliunlösliche Kohlenhydratfraktion der Bäckerhefe. Tomotaro Sato, Nobuzo Tsumura und Michio Fujisaki. (Rep. Food Res. Inst. [Tokyo] Nr. **14**, 71—73, Dez. 1959; jap.) R. Grundmann. 7506□

Die Konzentrierung von Maltase. A. W. Phillips. (J. Inst. Brewing **63**, 223—26, Mai/Juni 1957; Nutfield, Surrey, Brewing Ind. Res. Found.; engl.) — Durch fraktionierte Adsorption an Ca-Phosphatgel mit nachfolgender Chromatographie über Tonerde bei konst. pH mit Hilfe eines Konz.-Gefälles einer Puffer-Lsg. konnte die von einem Brauereistamm von *Sacch. cerevisiae* erzeugte Maltase gereinigt werden. Es wurden Fraktionen erhalten, deren Wirksamkeit auf der Grundlage ihrer opt. Dichte bei 280 mμ

200mal so groß war wie beim Ausgangsmaterial. Elution von Tonerde ohne vorherige Adsorption an Ca-Phosphat führte nur zu einer 4—5fachen Anreicherung von Maltase. — 18 Literaturangaben. H. G. Schultze-Berndt. 7508□

Die Kohlenhydrate beim Mälzen und Brauen. 10. Mitt. Ausbeuten und Eigenschaften von Würzen, die durch Maischen unter verschiedenen Bedingungen gewonnen wurden. G. Harris und I. C. MacWilliam. (J. Inst. Brewing **67** ([N. S.] **58**), 144—51, März/April 1961; Nutfield, Surrey, Brewing Ind. Res. Found.; engl.) — 9. vgl. C. **1962**, 13238. — Im Verlauf von 1std. Infusionsmaischen bei 65,5° wurde „Hexosekohlenhydrat" bei Maische-Konzz. von 8—42% zu mehr als 95% extrahiert; bei einem Malz mit hohem N-Geh. u. niedriger Diastat. Kraft (DK) durfte die Maische-Konz. 33% nicht übersteigen. Mit höheren Konzz. stiegen die Geh. an N-Verbb. in Übereinstimmung mit den Ergebnissen von Kolbach u. Simon. Wurde die Maisch-Temp. auf 62,7° herabgesetzt, so ergaben sich derartige Ausbeuten nur bei Konzz. bis zu 16—25%, gleichfalls bei einem modifizierten Kongreßverfahren. Dieses ergab bei Malz mit geringem N-Geh. niedrigere Ausbeuten an Hexosekohlenhydrat, aber höhere Extrakte als Infusion bei 65,5° wegen der größeren Löslichkeit der N-Verbb. u. der Pentosen. Durch 3std. Infusion bei 65,5° oder durch das abgewandelte Kongreß-Verf. wurden selbst bei Konzz. von 50% alle verwertbaren Kohlenhydrate extrahiert. Bei 62,7° durfte die Konz. auch bei niedrigem Malz-N-Geh. 33—42% nicht übersteigen. Die Vergärbarkeit der bei 62,7° gemaischten Würzen war höher, sie wurde durch Verkürzung der Maischdauer auf ½ Std. u. Überschwänzen bei höherer Temp verringert. — 28 Literaturangaben. H. G. Schultze-Berndt. 7544□

Die Kohlenhydrate beim Mälzen und Brauen. 11. Mitt. Hinweis auf eine Änderung des üblichen Verfahrens des Infusionsmaischens. R. D. Hall, G. Harris und I. C. MacWilliam. (J. Inst. Brewing **67** ([N. S.] **58**), 151—53, März/April 1961; engl.) — 10. vgl. vorst. Referat. — Wurden Malze von hoher Qualität durch ½std. Infusionsmaischen bei 62,7° mit anschließendem Überschwänzen bei 73 9° verarbeitet, so unterschieden sich die Ausbeuten u. die Zus. der Würzen nicht wesentlich von den 2 Std. bei 65,5° gemaischten Würzen. Die bei niedrigerer Temp. gemaischten Würzen hatten einen höheren Anteil an Lundin-Fraktion B (u. weniger A), was sich durch geringere Fällung von Hopfenharzen hopfensparend (20% weniger) auswirkte. Biere aus diesen Würzen glichen normalen Bieren hinsichtlich Geschmack, Schaumhaltbarkeit u. Stabilität. — 15 Literaturangaben. H. G. Schultze-Berndt. 7544□

Die Kohlenhydrate beim Mälzen und Brauen. 12. Mitt. Ausbeute und Eigenschaften von Würzen, die mit Rohfrucht hergestellt wurden. G. Harris und I. C. MacWilliam. (J. Inst. Brewing **67** ([N. S.] **58**), 154—58, März/April 1961; engl.) — 11. vgl. vorst. Referat. — Wurden 50% Maisflocken, Gerstenflocken, Reisflocken, Weizenstärke oder Weichweizenhandelsmehle mit 50% Malz 1 Std. bei einer Maische-Konz. von 16% bei 65,5° gemaischt, so war die Kohlenhydratausbeute zufriedenstellend. Der etwa um die Hälfte herabgesetzte N-Geh. läßt diese Würzen bes. als Substrat für kontinuierliche Gärungen (geringerer N-Bedarf) geeignet erscheinen. Eine Verlängerung der Maischdauer auf 3 Std. u. Verminderung des Rohfruchtanteils auf 25% gab bei Weichweizenmehlen auch bei 50%ig. Maische-Konz. gute Kohlenhydratextraktion. Allg. war die Ausbeute bei 65,5° besser als bei 62,7° Maisch-Temp., bei Maisflocken war kein Unterschied. Maisstärke ließ sich nur nach vorheriger Verkleisterung verarbeiten. Wurde Maisstärke vorverkleistert, so waren die Ergebnisse bei pH-Einstellung auf 5,2 gut. Weizeneiweißstoffe beeinträchtigten im Labor. den Würzeablauf nicht. Weichweizenmehle könnten als Rohfrucht Verw. finden.
H. G. Schultze-Berndt. 7544□

Erfahrungen mit dem Kieselgur-Bierfilter „Destila". Karel Obrhel, Jaroslav Složil und Václav Potěšil. (Kvasný Průmysl **8**, 154—59, Juli 1962; Brno, n.p., Jihomorav. pivovary; tschech.) — Um die biolog. Stabilität u. die Glanzfeinheit des Bieres zu erhöhen, hat man Betriebs-Verss. mit dem Kieselgur-Bierfilter „Destila" durchgeführt. Durch chem. u. mikrobiolog. Analysen wurde bestätigt, daß die günstigsten Ergebnisse ein Gemisch von 40% Hyflo Super Gel u. 60% inländ. Kieselgur F_2 ermöglicht. Auf 1 hl Bier wurden 80 g Kieselgur verwendet. Die durch Kieselgur filtrierten Biere waren den massefiltrierten auch in den Betriebskosten überlegen.
J. Spinka. 7550◇

Zur Kenntnis der Eiweißstoffe des Weines. 5. Mitt. Allgemeine Eigenschaften des „löslichen" Traubenproteins. W. Diemair, J. Koch und E. Sajak. (Z. Lebensmittel-Unters. u. -Forsch. **116**, 7—13, 15/11. 1961; Frankfurt/M., Univ.-Inst. für Lebensmittelchem.; Mainz, Inst. für Getränkeforschung GmbH; dt.) — 4. vgl. C. **1962**, 15434. — Durch Ultrafiltration u. doppelte $(NH_4)_2SO_4$-Fällung aus Traubenmost isoliertes u. gereinigtes „lösl." Traubenprotein (0,1%) besitzt in Salz-Lsgg. einen definierten Koagulationspunkt. 0,1% Traubenprotein, in ultrafiltriertem, eiweißfreiem Wein gelöst, flockt beim Erhitzen nicht aus, da vermutlich der Elektrolyt-Geh. (ca. 1%) des Weines zu gering ist. Sofort nach Zusatz von 5% einer gesätt. $(NH_4)_2SO_4$-Lsg. tritt jedoch die Ausflockung ein. Die papierelektrophoret. Ermittlung der I.P. des Traubenproteins von sechs verschiedenen deutschen Rebsorten bestätigte die Sortenspezifität des „lösl.“ Traubenproteins. Die verschiedenen I.P. liegen zwischen pH 3,3 u. 3,7 u. somit im gleichen Bereich wie der pH-Wert des Weines. Daraus dürften sich auch die früheren widersprechenden Angaben über die Ladung des Weineiweißes erklären. Das Weineiweiß stellt ein echtes Protein mit relativ niedrigem Molgew. dar, ist aber nicht zu den Proteosen zu rechnen, da diese nicht koagulieren. Dieses Protein läßt sich vom Ultrafilter „Lsg. 60“ quant. zurückhalten, flockt bei der Dialyse gegen bidest. W. teilweise (9,5% des Gesamtproteins) aus. Die papierelektrophoret. Wanderung des „lösl.“ Traubenproteins entspricht der von γ-Globulin. Mit $(NH_4)_2SO_4$ läßt es sich bei einem Sättigungsgrad von 0,5 zu 75% ausfällen, ohne daß eine Fraktionierung erfolgt. Bei einem Sättigungsgrad von 0,6 tritt vollständige Fällung ein. Auf Grund dieser Eigg. wird angenommen, daß es sich bei dem „lösl.“ Traubenprotein um ein globulinartiges, niedermol. Protein, möglicherweise ein Bruchstück eines hochmol. Globulins, handelt. — 25 Literaturangaben. W. Kreipe. 7554□

Submerse Produktion von Gäressig aus Spiritus. Heřman Thom. (Kvasný Průmysl 8, 159—60, Juli 1962; Olomouc, n. p., Severomorav. lihovary a konzerv.; tschech.) — Zu den Verss. werden eine submerse Essigkammer (5 m^3) u. als Nährsalze K-, Ca-, Mg- u. Ammonphosphate u. -Sulfate in Gesamtmenge von 300 g pro 100 Liter Spiritus verwendet. Der Inhalt der Essigkammer wird auf 30° erwärmt, u. nach 20 Std. wird die Lüftung erhöht, bis der Spiritus-Geh. in der Gär-Fl. auf 0,2% sinkt. Die trübe Fl. läßt man absitzen, klärt mit 50 Liter Milch 100 hl Essig, u. nach 2—4 Wochen wird filtriert. Auf 1 Liter Spiritus wird 1,9 m^3 Luft verbraucht. J. Spinka. 7564◇

Die biologische Bildung von Acetylmethylcarbinol aus Diacetyl. Carlo Galoppini. (Agrochimica [Pisa] 1, 223—26; Juni 1957; Pisa, Univ., Ist. di Chim. Agr.; ital.) — Bei der Essigsäuregärung alkohol. Lsgg. mit *Acetobacter ascendens* verzögert Zusatz von 0,01% Diacetyl (I) zum Substrat das Mikroorganismenwachstum. Blockierung einer fortgeschrittenen Gärung wird durch Zufügen von 0,04% I erreicht. Setzt man I dagegen während der Gärung in kleinen Anteilen nach u. nach zu (insgesamt 0,015%), so verläuft die Gärung normal u. nach 12 Tagen Gärzeit ist kein I mehr vorhanden; dagegen ist ein Acetylmethylcarbinol (II)-Geh. von 0,014% nachweisbar (Anfangs-Geh. von II = 0). R. Woller. 7564□

Die mikrobiologische Gewinnung von Citronensäure aus ägyptischen Rohmelassen. 2. Mitt. **Faktoren, welche die Säuregewinnung aus alkoholbehandelten Melassen bestimmen.** Ezz Eldin M. Taha und Tahany A. Elzainy. (J. Chem. U.A. R. 3, 109—17, 1960; Cairo, Dokki, Nat. Res. Centre; engl.) — 1. vgl. Egypt. J. Chem. 2, [1959], 157. — Die Ausbeute an *Citronensäure* bei der Vergärung von *Melasse* läßt sich durch Zugabe von Methylalkohol wesentlich verbessern. Beste Ausbeuten von 67% wurden erreicht, wenn die Gärung 10 Tage lang bei 30° lief. Mit dem Anstieg des pH vom Anfangswert vergrößert sich die Säureausbeute u. erreicht bei pH 6 ein Maximum. M. Ulmann. 7578□

Bestimmung von Fruchtestern im Branntwein mit papierchromatographischem Verfahren. A. Osztrovszky und J. Ujszászi. (Acta chim. Acad. Sci. hung. 27, 285—93, 1961; Budapest, Forschungsinst. für Gärungsind.; dt.) — Aus den Obstdestillaten werden die Ester mit Ae. extrahiert u. nach einem modifizierten *Hydroxamsäure*-Verf. bestimmt. Durch absteigende Papierchromatographie der nur für das Säureradikal der Ester charakterist. Hydroxamate (I) mit der oberen Phase des Gemisches Amylalkohol + Essigsäure + W. (4:2:5) werden die I getrennt u. mit $FeCl_3$-Lsg. sichtbar gemacht, ausgeschnitten u. photometr. durch Vgl. mit Eich-Lsgg., nämlich der I von Ameisen-, Essig-, Propion-, n-Butter-, Isobutter- u. Benzoesäure bestimmt, deren R_F-Werte ziemlich weit voneinander abweichen. Es ergeben sich wertvolle Hinweise auf die Qualität u. Quantität u. auch auf das Vork. der Ester in den Destillatfraktionen. W. Hampel. 7596□

Die Bierfarbe und die Nephelometrie von Formazintrübungen. H. E. Jansen. (J. Inst. Brewing 63, 204—10, Mai/Juni 1957; Rotterdam, Heinekens Bierbrouwerij; engl.) — Durch Zugabe von Formazinsuspensionen (2,5 g reines Hexamethylentetramin werden in 25 ml dest. W. gelöst, 25 ml 1%ig. Lsg. von reinem Hydrazinsulfat zugefügt; nach 24 Std. werden 10 ml dieser „Stammsuspension“ zu 100 ml dest. W. gegeben = „Standardsuspension“) zu Bier oder W. lassen sich Trübungen mit sehr reproduzierbaren nephelometr. Werten erzielen. Die Trübungsintensitäten waren den zugesetzten Formazinmengen proportional. An Bieren von verschiedener Farbe wurde deren Einfl. auf die Trübungen bestimmt. Zwischen der Bierfarbe u. der Proportionalität zwischen Trübungswert u. Formazinmenge ergab sich eine Beziehung. Der Einfl. der Farbe auf die Biertrübung kann bei hellen Bieren im Bereich von 6—10 EBC-Einheiten vernachlässigt werden. H. G. Schultze-Berndt. 7600□

Die Bestimmung von Molybdän im Most und Wein. 10. Mitt. H. Eschnauer und R. Neeb. (Z. Lebensmittel-Unters. u. -Forsch. **116,** 1—4, 15/11. 1961; Mainz, Johannes-Gutenberg-Univ., Inst. für anorgan. Chemie u. Kernchemie; dt.) — 9. vgl. C. **1962,** 1062. — Für die Best. von Mo-Spuren im Most u. Wein eignet sich bes. gut ein modifiziertes Rhodanidverfahren. Nach dem Aufschluß des Mostes oder Weines werden 20—40 ml der ca. 0,5—1,5n salzsauer gemachten Aufschluß-Lsg. (ca. 0,5—10 μg Mo) mit 0,5 ml ca. 10%ig. $FeCl_3$-Lsg., 1 ml 40%ig. KCNS-Lsg. u. 2 ml ca. 40%ig. $SnCl_2$-Lsg. versetzt. Nach 3—5 Min. gibt man 3 ml der Farbreagens-Lsg. [1 g o-Dichlorbenzyltriphenylphosphoniumchlorid (Eulan NK der Farbenfabriken Bayer, Leverkusen) in 100 ml W. gelöst] zu u. extrahiert die durch die Fällung des schwerlösl. Phosphoniumrhodanids getrübte Lsg. mit 10 ml Chloroform. In der filtrierten organ. Phase erfolgt die colorimetr. Mo-Best. mit Hilfe des Spektralphotometers „Zeiss Opton M 4 Q" bei 468 mμ. Diese Meth., auch zur Mo-Best. in anderen organ. Substanzen verwendbar, ist gegen Störungen aller Art verhältnismäßig unempfindlich, weist eine recht gute Reproduzierbarkeit auf u. das Aufschluß-Verf. arbeitet prakt. verlustlos. Der Mo-Geh. 16 verschiedener Weiß- u. Rotweine lag zwischen 0,0008 u. 0,010 mg/Liter Wein. Die Unters. des Verh. von Mo während der Gärung u. des anschließenden Weinausbaus bei einem Wein zeigte, daß nach den ersten 7 Tagen der Gärung etwa die Hälfte des ursprünglich vorhandenen Mo verbraucht worden war. Offenbar wird es von der Hefe für ihre Stoffwechselvorgänge u. ihr Wachstum benötigt. Im weiteren Verlauf der Gärungs- u. Ausbauprozesse war die Abnahme des Mo-Geh. jedoch vergleichsweise gering. W. Kreipe. 7606□

Zur Bestimmung des „löslichen" Proteins in Most und Wein. W. Diemair, J. Koch und E. Sajak. (Z. Lebensmittel-Unters. u. -Forsch. **116,** 5—7, 15/11. 1961; Frankfurt/M., Univ.-Inst. für Lebensmittelchem.; Mainz, Inst. für Getränkeforschung GmbH; dt.) — Um die von Koch u. Schwahn [1958] beschriebene Meth. zur Best. von „lösl." Traubenprotein, bei der es aus Most u. Wein durch $(NH_4)_2SO_4$ ausgefällt sowie nach dem Reinigen u. Gefriertrocknen papierelektrophoret. untersucht wird, zu vereinfachen, nahm man statt der zeitraubenden $(NH_4)_2SO_4$-Fällung die Isolierung des Proteins durch Ultrafiltration vor. Diese gelingt mit dem Druckfiltrationsgerät MD 75-15 der Membranfiltergesellschaft, Göttingen, über das Ultracellafilter „Lsg. 60". 100 ml Wein oder Most sind bei einer N_2-Auflage von 15 atü in ca. 15 Std. filtriert. Im Filtrat läßt sich kein Protein mehr nachweisen. Der Rückstand kann direkt vom Filter nach dem Vermischen mit 0,2 ml Veronalpuffer (pH 8,6) auf das Elektropherogramm aufgetragen u. in der üblichen Weise der Elektrophorese unterworfen werden. Da sich bei dieser Arbeitsweise die Analysendauer von mehreren Tagen auf 24 Std. verkürzt, tritt nicht die sonst stattfindende leichte Denaturierung des gefällten Proteins ein, auf Grund derer offenbar das Pherogramm nur 2 Fraktionen auftrennt. Vielmehr läßt sich das gewonnene Protein in 4 Fraktionen zerlegen. W. Kreipe. 7606□

Beitrag zur Untersuchung der spektrophotometrischen Bestimmung von Sorbinsäure in Weinen. A. Maurel und Touye. (C. R. hebd. Séances Acad. Agric. France **48,** 268—72, 7/3. 1962; franz.) — Vff. fanden für *Sorbinsäure* (I)-Lsgg. (4 mg I/Liter) nicht den bekannten Absorptionswert (λ_{max} 256 mμ), sondern 3 Spitzen: λ_{max} 258 mμ bei opt. Dichte 0,86; λ_{max} 193 mμ bei opt. Dichte 0,50 u. λ_{max} 192 mμ bei opt. Dichte 0,45. Verss. mit pH-Werten von 2—12,2 (durch Zusatz von wss. HCl-, $NaHCO_3$-, $CuSO_4$- oder $NaHCO_3$ + $CuSO_4$-Lsgg.) zeigten, daß I bei pH 5,9 drei Spitzen mit λ bei 192,5 bzw. 194 bzw. 256 mμ u. bei pH 8—12,2 3 bzw. 2 Spitzen, darunter eine bei 254 mμ besitzt, die in Ggw. von A. auf 249 mμ erniedrigt ist. — Man dest. 20 ml Wein im Jaulmes-App. in Ggw. eines Weinsäurekristalls (ca. 2 g) mit Dampf, fängt 300 ml Destillat (in 8 Einzelfraktionen) auf, stellt vor der I-Best. λ_{max} auf 254 mμ ein, verd. z. B. 1 (Vol.) des Destillats mit 3 einer wss. Lsg. von 0,5 g $NaHCO_3$ u. 0,0018 g krist. $CuSO_4$ im Liter (zur Oxydation des SO_2) u. ermittelt den I-Geh. durch Vgl. der gefundenen opt. Werte mit den Werten von Lsgg. mit bekanntem I-Titer. Tabelle für pH u. λ_{max} im Original. G. Vogel. 7606□

Kritische Betrachtungen zum Nachweis eines Zucker- beziehungsweise Spritzusatzes zu Wein auf Grund des Gehaltes an Glycerin und 2.3-Butylenglykol (Verfahren Rebelein). H. Rentschler. (Mitt. Gebiete Lebensmittelunters. Hyg. [Bern] **52,** 521—26 1961; Wädenswil, Schweiz, Eidgen. Vers.-Anst.; dt.) — Der Vortragende stellt zu Rebelein's Formel für die Errechnung des K-Wertes: K = Glycerin x 2.3-Butylenglykol/Alkohol³ (g/Liter) [K-Wert (= K·10^6) von naturreinen Weinen mit Normalreife = 6—7; von Spätlesen >7; von gezuckerten Weinen = 4—6; von gespriteten Weinen <4] fest: 1. Zuckerzusatz von 2,5 kg/hl Maische oder Most erniedrigt den K-Wert um 1 Einheit, z. B. bei 5 kg Zucker/hl von 6 auf 4. — 2. Einfl. der mittleren Gär-Temp.: Wenn z. B. der K-Wert bei 25° 7 beträgt, so beträgt er bei 5° 4,25 bzw. bei 40° 9,76. — 3. Edelfaule Trauben enthalten schon ca. 1% Glycerin u. erhöhen dadurch den K-Wert beträchtlich (Vorsicht bei Schlüssen auf Naturreinheit). — 4. Entschleimung des Mostes mit SO_2 erniedrigt den K-Wert um ca. 1 Einheit. — 5. Weinkrankheiten: Essigstich senkt, Milchsäurestich (Bldg. von Mannit, der die Glycerin-Best. stört) erhöht den K-Wert; *Bacterium tartarophtorum* zersetzt Glycerin teilweise oder völlig u. erniedrigt dadurch den K-Wert enorm, so daß solche Weine nach obiger Formel als stark gespritet gelten müßten. — 6. Obstweinzusatz (enthaltenes Sorbit stört die Glycerin-Best.) erhöht den K-Wert. G. Vogel. 7606◇

Untersuchung zum Nachweis roter Hybridencharaktere in Säften und Weinen (Erweiterung der Methode von Ribéreau-Gayon). Gerhard Reuther. (Z. Lebensmittel-Unters. u. -Forsch. **113**, 480—84, 13/12. 1960; Würzburg, Bayer. Landesanst. für Wein-, Obst- u. Gartenbau, Inst. für Züchtungsforschung; dt.) — Durch einige method. Erweiterungen der papierchromatograph. Meth. von Ribéreau-Gayon [1958] wurde vom Vf. ein sicheres Verf. zum exakten Nachw. von Wildrebenfarbstoffen in Beeren u. Weinen der in Europa im Ertrag befindlichen roten Hybriden entwickelt. — Arbeitsvorschrift. M. Winiker. 7606□

Kontrollmethoden bei der Erzeugung von Milchsäure. 4. Mitt. Reinheit von milchsauren Salzen. M. Gärtner und A. Šepitka. (Chem. Zvesti **12**, 651—56, Nov. 1958; Bratislava, Odd. glycidov a biochém. Chem. ust. Slov. akad. vied; slowak.) — 3. vgl. C. **1960**, 6689. — Auf der Grundlage von Unterss. auf dem Gebiet der Reinheits-Best. von milchsaurem Ca wird eine geeignete Art der Berechnung der Zwischen- u. Endprodd. der Milchsäureerzeugung beschrieben. Die einzelnen Best. eignen sich gut zur raschen Eliminierung von Betriebsabnormalitäten. Es wird für die Berechnungen eine zugehörende Graphik beigefügt. C. Kozák. 7616□

H_{17}. Fette. Seifen. Wasch- und Reinigungsmittel usw.

Kontinuierliche Seifenherstellung. M. Fock. (Fette, Seifen, Anstrichmittel **63**, 695—97, Aug. 1961; Busto Arsizio, Italien, G. Mazzoni S.p.A.; dt.) — Inhaltlich ident. mit der C. **1962**, 18680 referierten Arbeit. H. Franzen. 7910□

Die Chlorisocyanursäuren und ihre Salze als Bestandteile neuzeitlicher Wasch-, Bleich- und Desinfektionsmittel. K. Lindner. (Fette, Seifen, Anstrichmittel **63**, 451—55, Mai 1961; Berlin-Lichterfelde; dt.) — Überblick über die Herst. der Chlorisocyanursäuren u. ihrer Alkalisalze, ferner über ihre bleichenden, antibakteriellen u. geringfügigen tox. Eigg. sowie über ihre Verträglichkeit mit den anderen, die Wasch-, Reinigungs-, Scheuer-, Polier- u. Desinfektionsmittel aufbauenden Komponenten. H.-P. Rettig. 7912□

Ein neues Verfahren zur Entfernung von Graphit von Nylonspitze. David C. Hardman. (Amer. Dyestuff Reporter **51**, 27 (582)—32 (587), 6/8. 1962; engl.) — Die beiden Verff., die heute in der Praxis zum Waschen von Nylonspitze verwendet werden, benötigen 2—16 Std. u. verursachen durch Dehnungen Verzerrung der Muster. Eine neu konstruierte Maschine behandelt die Spitze durch stärkeren Angriff auf den Schmutz, der in den Unebenheiten der Faseroberfläche durch mechan., elektrostat. oder sorptive Kräfte festgehalten wird. Die Spitze wird den Quetschwalzen in laschem Zustand vorgelegt, so daß in einem einzigen Waschbad der Schmutz in einer $^1/_4$—$^1/_2$ Std. entfernt wird. L. Jentgen. 7912□

Lithiumhypochloritbleichen. R. B. Ellestad. (Soap chem. Specialties **37**, Nr. 9, 77—79, 122—23, Sept. 1961; Bessemer City, N.C., Lithium Corp. of America; engl.) — Vf. beschreibt die zunehmende Anwendung von Trockenbleichen für Wäsche mit Li-Hypochlorit (I) in Haushalten u. Fabriken. Verss. zeigten, daß I mit 35% verwertbarem Chlor dieselbe Wrkg. auf die Farbe von gefärbten Baumwollfabrikaten hat wie das bisher verwendete Na-Hypochlorit (II). Auch nach wiederholten Waschvorgängen u. Bleichen, veranlaßte I keine größere Herabsetzung der Fadenfestigkeit als II. Auf die im Vgl. zu anderen handelsüblichen Bleichmitteln besseren Eigg. von I, die starke Bleichkraft, die hohe Ergiebigkeit, die schnellere Wasserlöslichkeit u. größere Haltbarkeit in der Verpackung, wird an Hand von Diagrammen hingewiesen. H. Franzen. 7912□

Produkte und Rohstoffe der europäischen Putzmittelindustrie. W. Sapper. (Seifen-Öle-Fette-Wachse **87**, 689—93, 11/10. 1961; Farbwerke Hoechst AG., Werk

Gersthofen; dt.) — Vortrag. — Vf. gibt an Hand einiger Grundrezepte (europäischer u. amerikan. Typ) einen ausführlichen Überblick über die Prodd. der europäischen Putzmittelindustrie (halbpastöses u. fl. Bohnerwachs, Schuhcreme, ionogene u. nichtionogene Selbstglanzemulsion, Autopolitur), die sich qual. von den amerikan. unterscheiden, ferner über wichtige Rohstoffe (Esterwachse auf Basis von Rohmontanwachs, nichtoxydierte Polyäthylenwachse, Mikrowachse, bes. Hoechst-Wachse KSS, KSE, KPS u. solche der O-Gruppe) sowie über Putzmittel auf Lsgm.-Basis (Testbenzin, Terpentinöl). H. Franzen. 7916□

Entwicklung von „säureempfindlichen" Polymeren für Bohnerwachs. Robert J. Turner. (Soap chem. Specialties **37,** Nr. 12, 143—44, 151—53, 272, Dez. 1961; Woodstock, Ill., Morton Chem. Co.; engl.) — Übersicht über geschichtliche Entw., Ansätze, Eigg. u. Anwendung von Bohnerwachs auf Grundlage von Polystyrol, Polymethacrylat u. deren Mischpolymerisaten, bes. von Polymeren mit Oberflächenschichten, die durch Einw. von verd. Säuren aufgeweicht (teilweise), lösl. gemacht oder dispergiert u. dadurch beseitigt werden können. W. Wesly. 7926□

Infrarotspektrophotometrische Untersuchung der unverseifbaren Fraktionen von gepreßten, raffinierten und solchen Olivenölen, die durch Umesterung erhalten wurden. 2. Mitt. M. Brogioni und U. Franconi. (Olearia [Roma] **16,** 113—21, Mai/Aug. 1962; Perugia, Labor. Chim. Provinc.; ital.) — 1. vgl. C. **1962,** 1455. — Das zu untersuchende Olivenöl wird mit alkohol. KOH verseift, das Unverseifbare in näher angegebener Weise mit PAe. extrahiert u. der PAe.-Extrakt gewaschen. Die unverseifbaren Anteile werden in einer besonderen App. (Abb.) vom PAe. unter vermindertem Druck befreit u. in einer Beckman-IR_4-App. spektrophotometr. untersucht. Untersucht wurden mehr als 120 Muster der unverseifbaren Anteile von Olivenölen aller Typen, bes. von Sansaölen u. solchen Ölen, die mittels Alkali raffiniert oder direkt oder indirekt umgeestert worden waren. Die Unterss., die durch zahlreiche, eingehend besprochene IR-Spektrophotogramme belegt werden, lassen erkennen, daß es die IR-spektrophotometr. Unters. des Unverseifbaren der Olivenöle ermöglicht, umgeesterte Öle von Jungfern- u. auch raffinierten Ölen u. raffinierte Sansaöle von mittels Druck-Verf. raffinierten Olivenölen zu unterscheiden. H. P. Fiedler. 7932◇

Untersuchung über die analytische Chemie der oberflächenaktiven Stoffe. 2. Mitt. Quantitative spektrophotometrische Bestimmung des Natriumalkylarylsulfonats mittels UV-Absorption. A. Arpino und V. De Rosa. (Riv. ital. Sostanze grasse **39,** 386—93, Aug. 1962; Milano, Staz. Speriment. Olii e Grassi; ital.) — Unterss. über die Möglichkeit der direkten quant. Best. des Na-Alkylarylsulfonats (I) in Sulfonatpasten bzw. in Netzmittelgemischen mittels UV-Absorptionsmessungen. Die Extinktions-Koeff. verschiedener im Handel befindlicher I werden errechnet, um mögliche Unterschiede zu ermitteln u. um I von dem nichtsulfonierten Anteil, von anorgan. Salzen u. organ. Additiven zu unterscheiden. Die Absorptionskurven der verschiedenen untersuchten Muster werden wiedergegeben u. diskutiert. Abschließend wird festgestellt, daß die Best. der UV-Absorption ein wichtiges analyt. Verf. ist, um I quant. zu bestimmen. H. P. Fiedler. 7942◇

E. F. Drew & Co., Inc., New York, N.Y., V.St.A., *Herstellung neutraler Triglyceride von höheren Fettsäuren.* (**Niederl. P. 100 079** vom 25/1. 1952, ausg. 15/1. 1962. A. Prior. 10/2. 1951. — C. **1955,** 10649 [Schwed. P. 140 692].)

Unilever N. V., Rotterdam (Erfinder: **Lukas Hans Ruiter,** Vlaardingen, und **Johannes Martinus van Schaik,** Amsterdam), Niederlande, *Hydrierung ungesättigter Fettsäuren.* (**Niederl. P. 100 095** vom 22/1. 1960, ausg. 15/1. 1962. E. Prior. 23/1. 1959. — C. **1962,** 7007 [E. P. 867 751].)

Unilever N. V., Rotterdam, Niederlande (Erfinder: **J. Schulz** und **E. Lischka**), *Hydrolytische Fettspaltung.* (**Belg. P. 557 436** vom 11/5. 1957, ausg. 11/3. 1960. D. Prior. 12/5. 1956. — C. **1958,** 11692 [D. A. S. 1 011 554].)

H_{18a}. Holz. Cellulose. Zellstoff. Papier. Papierdruck. Celluloid. Linoleum

Inkludierung von in flüssigem Ammoniak gequollener Cellulose. W. I. Scharkow, O. A. Dmitrijewa und N. P. Potapowa. (J. angew. Chem. [UdSSR] **34,** 1133—39, Mai 1961; russ.) — Nach Vorquellung in W. mit Bzl. inkludierte *Cellulose* (**I**), enthaltend 4,2% Bzl., läßt sich wohl leichter acetylieren als nicht inkludiertes Material, zeigt jedoch gegenüber einer Hydrolyse, Äthanolyse oder Dioxanolyse keine erhöhte Aktivität. Wird dagegen in fl. NH_3 bei -58^0 (1 Std.) vorgequollene I mit Chlf., Dichloräthan oder CCl_4 bei 15^0 inkludiert, so wird eine Äthanolyse beschleunigt u. die Widerstandsfähigkeit gegenüber einer therm. Behandlung bei 200^0 in Kerosin erniedrigt. Auch gibt nach NH_3-Quellung inkludierte u. anschließend therm. behandelte I bei der Hydrolyse wesentlich größere Ausbeuten an *Glucose.* Mehrfache Wiederholung dieser Operation führt zu noch besseren Ausbeuten. Aus der großen Anzahl der von Vff. gebrachten mannigfaltigen Inkludierungs-Verss. ergibt sich, daß es sich hier um recht verschiedene Prozesse handelt. Man kann es mit einem einfachen Festhalten organ. Lsgm. an der zugänglichen inneren Oberfläche der I zu tun haben, in anderen Fällen treten die organ. Moll. zwischen die Makromoll. der I, ihre zugängliche innere Oberfläche vergrößernd.

M. Ulmann. 7954□

Zur Frage der wechselnden Geschwindigkeit der Hydrolyse von leicht hydrolysierbaren Polysacchariden der Hemicellulosen pflanzlicher Gewebe. I. I. Korolkow. (J. angew. Chem. [UdSSR] **34**, 1139—42, Mai 1961; russ.) — Unter der Annahme, daß in den *Hemicellulosen* verschiedener pflanzlicher Materialien (Maisstrünke, Baumwollsamenschalen, Bagasse, Schilf, Tanne, Birke, Sonnenblumensamenschalen u. Buche) 2 sich in der Hydrolysierbarkeit unterscheidende Fraktionen von Polysacchariden vorliegen, wird eine Gleichung gebracht, welche die Hydrolysierbarkeit der Polysaccharide unter einheitlichen Gesichtspunkten wiederzugeben gestattet. Für jede der 2 Fraktionen wird eine Geschw.-Konst. der Hydrolyse angegeben. Berechnete u. gefundene hydrolyt. Löslichkeit der Polysaccharide zeigen genügende Übereinstimmung.

M. Ulmann. 7954□

Über die chemischen Veränderungen der Aufschlußlösung und des Holzrückstandes beim Prozeß der Gewinnung von Sulfitzellstoff. Ju. N. Nepenin und P. A. Demtschenkow. (J. angew. Chem. [UdSSR] **34**, 1143—46, Mai 1961; Forsttechn. Kirow-Akad.; russ.) — Vergleichende Sulfitaufschlüsse von Tannenholz auf der Basengrundlage von Na_2O (0,8%), Na_2SO_4 (1,85%), Na_2O + Na_2SO_4 (0,4 + 0,93%) u. *CaO* (0,72%) ergaben, daß bei Na_2SO_4 der Aufschlußprozeß am schnellsten verläuft, doch ist die Menge von 1,85% für einen vollständigen Aufschluß zu gering. Bei Na_2O u. CaO wird die Cellulose des Holzes kaum zerstört, Na_2O bewirkt eine schnelle Delignifizierung. An reduzierende Substanzen hat man bei Na_2SO_4 oder Na_2O + Na_2SO_4 die größten Ausbeuten. Den kleinsten S-Verbrauch findet man bei Na_2SO_4, hauptsächlich wegen der relativ geringen Bldg. von H_2SO_4. M. Ulmann. 7962 □

Die Verbrennbarkeit von Zigarettenpapier. J. Navarro Sagristá. (Afinidad **17** (37), 179—89, Juli/Aug 1960; span.) — Die Best. der Porosität von *Zigarettenpapier* u. die komplexometr. Best. des Geh. an CaO u. MgO in seiner Asche wird zur Ermittlung des *Verbrennbarkeitsgrades* u. der Verbrennbarkeitsindices für das Papier u. die Zigaretten ausgewertet. R. K. Müller. 7984□

H_{18b}. Textilfasern

Die Anwendung niedrigviscoser Präparate der Carboxymethylcellulose für die Stabilisierung beschwerter Tonsuspensionen. M. S. Finkelstein, I. M. Timochin, R. Ss. Ssatimbajew, I. P. Podlegajew und A. I. Malinina. (Hochschulnachr. [Baku], Erdöl Gas [UdSSR] **5**, Nr. 4, 25—27, 1962; Moskau, Gubkin-Inst. für Erdölchemie u. Gasindustrie, Namagan, Kunstfaserwerk; russ.) — Die Unterss. finden mit dem stabilisierenden Präp. *KMZ*, Veresterungsgrad 80—87, Polymerisationsgrad 150 bis 600 u. einem Tonbrei mit 12,5 (%) Ton, 50 $BaSO_4$, 34 W. u. 3,5 NaCl statt. Optimale Stabilisierungs-Eigg. ergeben sich bei einem Veresterungsgrad von 85 u. einem Polymerisationsgrad von ca. 250. Es werden zwei Varianten für die Anwendung des Stabilisators in Kunstfaserwerken angegeben. J. Lehmberg. 8034

Die Technik zur Herstellung von Mischungen mit Synthetics. F. Szymanowski. (Chemiefasern **12**, 539—43, Aug. 1962; dt.) — Eine Melangier-Vorr. wird beschrieben, die das *Mischen* von *Synthetics* (**A**) u. *Zellwolle* im Vlies ermöglicht. Das Mischen von **A** mit *Baumwolle* auf der Strecke, sowie das Mischen von **A** mit *Wolle* wird besprochen. Das Mischverf. im Einprozeß wird ausführlich erläutert. Auf Besonderheiten bei der Verarbeitung von Chemiefasern auf Baumwollmaschinen wird hingewiesen.

I. Beßer. 8040□

Über das Chlorieren von Wolle. M. Dominik. (Melliand Textilber. **41**, 875—79, Juli 1960; Aachen, TH, Dt. Wollforsch.-Inst.; dt.) — Ausführlich werden das verwendete Material, die physikal.-technolog. u. chem. Unterss. u. deren Auswertung beschrieben. Die Ausrüstung erfolgt nur mit *Hypochlorit* bei verchiedenem pH-Wert u. unterschiedlicher Menge an akt. Cl. Bei Verw. von 3—4% akt. Cl bei einem pH von 8,0 kann eine Chlorierung durchgeführt werden, die gute Antifilzeffekte bringt u. bei der die Schädigung in tragbaren Grenzen gehalten werden kann. Zur Verbesserung der Egalität der Ausrüstung kann eine Verlängerung des Flottenverhältnisses oder eine Abkühlung des Behandlungsbades von Nutzen sein. Der Rk.-Mechanismus für die Haupt- u. Primär-Rk. der Ausrüstung mit Hypochlorit wird beschrieben. — Diskussion. I. Beßer. 8060◇

Polyflox, eine neue dehnungsarme Viscosefaser. W. Albrecht. (Melliand Textilber. **42,** 861—63, Aug. 1961; dt.) — Ausführlich wird auf Eigg. u. Verarbeitung einer neuen, unter der Bezeichnung „*Polyflox*" geführten *Spezialzellwolle* eingegangen, die durch ihren hohen Naßmodul (13 g/Tag), ihre niedrige Trocken- u. Naßdehnung u. ihre hohen Festigkeits-Eigg. gek. ist. H. Sontag. 8074□

Über die Wirkung des Zinksulfats in Spinnbädern bei der Fadenbildung von Celluloseregeneratfäden aus Viscose. Hermann Klare und Anneliese Gröbe. (Z. Chem. **2,** 15—19, 1962; Teltow/Seehof, DAW zu Berlin, Inst. für Faserstoff-Forsch.; dt.) — Unterss. über die Wrkg. u. Rk.-Weise von *$ZnSO_4$* im *Spinnbad* beim Verspinnen von *Viscose* werden beschrieben. An der Oberfläche des spinnenden Fadens kommt es zur Ausbildung einer sehr dünnen Zn-Cellulosexanthogenat (**A**)-Haut (Cuticula, **B**), die isoliert werden kann. Ihre Stärke dürfte ca. 1000 Å betragen. Beim Verspinnen modifizierter Vicosen bildet sich eine bes. feinstrukturierte, für H_2SO_4 u. einige andere Spinnbadbestandteile schwer durchlässige (**B**), hinter der im Fadeninnern kein **A** gebildet wird. **B** ist infolgedessen nicht selektiv durchlässig für Zn^{2+}. Die Abhängigkeit der Manteldicke techn. Viscosefäden von der $ZnSO_4$-Konz. im Spinnbad ist nach den Vers.-Ergebnissen anzuzweifeln. Der Mechanismus der Faden-Bldg. in Ggw. von $ZnSO_4$ wird in folgender, zeitlich getrennter, Reihenfolge angegeben: Bldg. von aus **A** bestehender **B** unmittelbar hinter der Düse; Neutralisieren des Alkalis hinter B u. Sol–Gel-Umwandlung vor bzw. bis zum N-Punkt; Regeneration des Cellulosexanthogenatgels zu Cellulosehydratgel (Abspaltung von — ▭>C(S)$S^{(-)}$-Gruppen). I. Beßer. 8074◇

Zur Frage der Zinkcellulosexanthogenatbildung beim Spinnen von Viscosefäden mit $ZnSO_4$-haltigem Spinnbad. A. M. van de Ven. (Faserforsch. u. Textiltechn. **13,** 262—44, Juni 1962; Arnheim, Niederlande, A.K.U.[Algem. Kunstzijde Unie N.V.] u. Konzernges. Zentrales Forsch.-Inst.; dt.) — Kontroll-Unterss. über die von Klare u. Mitarbeitern auf Grund von Unterss. am frisch gesponnenen *Viscosecapillarfaden* getroffenen Feststellungen über den Bldg.-Mechanismus hochfester *Celluloseregeneratfasern*, führen zu abweichenden Ergebnissen, die zur Diskussion gestellt werden.
I. Beßer. 8074◇

Mechanik des Knitterns von Geweben. 3. Mitt. **Zugkräfte an Doppelgarn.** Megumu Suzuki. (Chem. high Polymers [Tokyo] **15,** 531—42, 1958; Ueda, Shinshu Univ., Fac. of Sericult. and Text.; jap., Auszug: engl.) — Am Beispiel von *Acetatgarn* werden die örtlichen *Zugbeanspruchungen* bei Knickung der Gewebe an Hand der Elastizitätsgesetze u. durch Differentialgeometrie theoret. analysiert. Die lokalen Spannungen lassen sich mit jenen an der Außenseite von einfachen Fasern vergleichen. L. Schuler. 8076□

Untersuchung der Reaktion von Polyvinylalkohol mit Jod mittels Röntgenstrahldiagrammen. Noboru Okada und Ichiro Sakurada. (Chem. high Polymers [Tokyo] **15,** 559—63, 1958; Kyoto, Univ., Inst. for Chem. Res.; jap., Auszug: engl.) — 11%ig. wss. Lsgg. von *Polyvinylalkohol* (**I**) bzw. frisch gesponnene **I**-Faser werden mit einer *J_2–KJ-Lsg.* zur Rk. gebracht; beide Prodd. geben ganz ähnliche *Röntgenschichtdiagramme*, wesentlich verschieden von jenem von reinem **I**. Auch in gestrecktem Zustand u. nach 30 Min. bei 100° zeigen die J-Prodd. die gleiche starke, aber diffuse Schichtlinie (Innenseite, meridional) von ca. 5,4 Å. Die von West [1947] beobachtete Linie von 3,0 Å tritt nicht auf. 1 Jahr nach dem Verspinnen gibt die Faser nach J_2–KJ-Behandlung die 3,0 Å-Linie. Beim Verseifen von Polyvinylacetat ändert sich die äquatoriale Interferenz: Bei 88%ig. Verseifung zeigt sich keine der beiden Interferenzen, bei 95%ig. Verseifung dagegen tritt die 3,0-Å-Linie auf. Nach den bisherigen Verss. scheint dieses Diagramm nur bei Verw. von alter oder erhitzter **I**-Faser aufzutreten. Wahrscheinlich bildet J_2 nicht nur Polymerisations-Prodd., deren Form von der Mikrostruktur der **I**-Faser beeinflußt wird, sondern auch Mol.-Komplexe mit **I**-Molekülen.
L. Schuler. 8080□

Untersuchungen über Acrylfasern. 1. Mitt. **Über das Verstrecken von Acrylonitril-Vinylidenchlorid-Copolymerisatfasern.** Isao Okamura. (J. Soc. Textile Cellulose Ind., Japan [Sen-i Gakkaishi] **13,** 861—65, Dez. 1957; Iwakuni, Yamaguchi Prefecture/Japan; Teikoku Rayon Co. Ltd., Res. Inst.; jap., Auszug: engl.) — Unterss. über das *Verstrecken* von *Fasern*, die aus einer acetonhaltigen Lsg. eines *Copolymerisats* aus 40% *Acrylonitril* u. 60% *Vinylidenchlorid* erhalten werden zeigen, daß die besten Ergebnisse erhalten werden, wenn diese in 120—140° heißen, gesätt. wss. $CaCl_2$-Lsgg. um das 4—5fache verstreckt werden. Die Verstreckungs-Geschw. soll zwischen 8 bis 15 m/min liegen. H. G. Fröhlich. 8080□

Die Polyesterfaser in der heutigen Textiltechnik. W. Brennecke. (Chemiefasern **12,** 536—38, Aug. 1962; dt.) — Ein Überblick über die techn. Anwendung von *Polyesterfasern*, sowie deren Verarbeitung zu *Textilien*, wird gegeben. I. Beßer. 8080□

Über die Wasserabsorption an granuliertem Polyäthylenglykolterephthalat und ihren Einfluß an die Schmelzstabilität. Georg Sych und Christa Reichel. (Faserforsch. u. Textiltechn. **13**, 256—61, Juni 1962; Premnitz, VEB Chemiefaserwerk „Friedrich Engels", Lanonbetrieb; dt.) — App. u. die Durchführung der *Wasser-Best.* von *Polyäthylenglykolterephthalat* (**A**)-Granulat durch Fischer-Titration u. durch Trocknung werden beschrieben. Die Fehlergrenzen beider Meth. werden ermittelt. Aus der Gew.-Zunahme von getrocknetem **A** wird die Wassersorption bei 22 ± 2° u. verschiedenen relativen Luftfeuchtigkeiten, sowie die maximale Feuchtigkeitsaufnahme bestimmt. Granulatproben verschiedener Korngröße zeigen ein unterschiedliches Verh. im Wasseraufnahmevermögen. Verss. über den Einfl. des Wasser-Geh. im Polymeren auf seine *Schmelzstabilität* unter gleichen Bedingungen (Temp., Aufschmelzzeit, Katalysatorkombination) zeigen, daß **A** gegenüber W. eine große Empfindlichkeit besitzt. Granuliertes **A**, das über 0,1% Feuchtigkeit enthält, ist nicht mehr für die Herst. einer Faser hoher Qualität geeignet, wenn eine vorhergehende Trocknung unterbleibt.
I. Beßer. 8080◇

Die Bildung von Glasfasern und die Verfahren zu ihrer Herstellung. L. Forshaw und P. E. Jellyman. (Res. appl. in Ind. **14**, 397—404, Okt. 1961; Armskirk, Lancashire, Pilkington Bros. Ltd., Res. Labor.; engl.) — Übersicht über die Grundzüge der von *Glasfasern* u. ihre techn. Erzeugung. — 11 Literaturhinweise.
W. Wesly. 8082□

Farbenfabriken Bayer Akt.-Ges., Leverkusen, *Oberflächenbehandlung von Textilien.* (**E. P. 872 525** vom 19/11. 1957, ausg. 12/7. 1961. D. Prior. 30/11. 1956. — **C. 1960**, 15618 [D. A. S. 1 073 432].)

Farbenfabriken Bayer Akt.-Ges., Leverkusen, *Stilbenaufheller.* (**E. P. 878 942** vom 4/10. 1957, ausg. 4/10. 1961. D. Prior. 4/10. 1956. — **C. 1959**, 13088 [D. A. S. 1 051 784].)

Monsanto Chemicals Ltd. (Erfinder: **Jean Colle** und **René Leclercq**), *Hydrophobiermittel für poröse Güter, insbesondere Textilien.* (**Aust. P. 230 161** vom 10/2. 1958, ausg. 29/9. 1960. Belg. Prior. 15/2. 1957. — **C. 1962**, 6260 [E. P. 847 414].)

Bradford Dyers' Association Ltd., Bradford, England (Erfinder: **Geoffrey Howard Crawshaw, John Gwynant Evans** und **George William Madaras**), *Siloxan-Hydrophobierung.* (**E. P. 881 661** vom 9/4. 1957, ausg. 8/11. 1961. — **C. 1962**, 7016 [Aust. P. 227 195].)

J. R. Geigy Soc. An., Basel, Schweiz, *Arylsulfonarylamide.* (**Belg. P. 571 064** vom 9/9. 1958, ausg. 15/12. 1961. Schwz. Prior. 10/9. 1957. — **C. 1962**, 7382 [F. P. 1 216 956].)

Unilever N. V., Niederlande, *Behandeln von Keratinfasern.* (**F. P. 1 252 871** vom 3/2. 1960, ausg. 10/5. 1961. E. Prior. 5/2. 1959. — **C. 1962**, 11780 [D. A. S. 1 122 490].)

Montecatini Soc. Gen. per l'Industria Mineraria e Chimica, Mailand, Italien, *Herstellung kristalliner Polyolefine mit hoher Farbstoffaffinität.* (**E. P. 875 758** vom 14/2. 1958, ausg. 23/8. 1961. It. Prior. 19/2. u. 4/10. 1957. — **C. 1960**, 15619 [F. P. 1 201 501].)

Union Carbide Corp., New York, N.Y., V.St.A., *Fäden aus Vinylpolymeren.* (**E. P. 878 217** vom 17/1. 1958, ausg. 27/9. 1961. A. Prior. 18/1. 1957. — **C. 1960**, 14918 [D. A. S. 1 077 374].)

Farbwerke Hoechst Akt.-Ges., vormals Meister Lucius & Brüning, Frankfurt/M., *Kontinuierliche Herstellung von Polyvinylalkoholfäden.* (**E. P. 876 595** vom 19/2. 1958, ausg. 6/9. 1961. D. Prior. 19/2. 1957. — **C. 1958**, 11113 [D. A. S. 1 022 750].)

Stockholms Superfosfat Fabriks Aktiebolag, Stockholm, Schweden, *Vernetzen von Polyacrylnitrilen.* (**Jap. A. S. 16 041/1960** vom 16/5. 1958, ausg. 24/10. 1960. Schwed. Prior. 17/5. 1957. — **C. 1962**, 4036 [E. P. 852 936].)

Montecatini Soc. Gen. per l'Industria Mineraria e Chimica, Mailand, Italien (Erfinder: **A. Bonvicini**), *Verbesserung der färberischen Eigenschaften von Polyacrylnitrilfäden.* (**Belg. P. 569 270** vom 9/7. 1958, ausg. 7/4. 1961. It. Prior. 10/7. 1957. Zusatz zu Belg. P. 535 833; C. 1960, 15957. — **C. 1962**, 5153 [F. P. 73 830].)

Farbenfabriken Bayer Akt.-Ges., Leverkusen, *Polyamidschmelzspinnverfahren.* (**E. P. 875 019** vom 21/2. 1958, ausg. 16/8. 1961. D. Prior. 8/3. 1957. — **C. 1959**, 15873 [D. A. S. 1 055 174].)

Toyo Koatsu Industries, Inc., Tokyo, Japan, *Herstellung von Polyharnstoffen.* (**E. P. 875 748** vom 19/10. 1959, ausg. 23/8. 1961. Jap. Prior. 22/10. 1958. — **C. 1962**, 12886 [D. A. S. 1 123 828].)

Toyo Koatsu Industries, Inc., Tokyo, Japan (Erfinder: **Yanosuke Inaba, Koji Kimoto** und **Hiromi Iyyama**), *Herstellung mono-ω-Aminoalkylharnstoffgruppierungen aufweisender Polyharnstoffe.* (**E. P. 879 932** vom 24/11. 1959, ausg. 11/10. 1961. — **C. 1962**, 12886 [D. A. S. 1 123 829].)

H_{19}. Brennstoffe. Erdöl. Mineralöle

Untersuchung über den Kohlenaufbau durch das kernmagnetische Resonanzverfahren. Yuzō Sanada. (J. Fuel Soc. Japan **41**, 172—86, März 1962; Resources Res. Inst.; jap.; Auszug: engl.) — Messungen der Intensität der Absorptionslinien von *kernmagnet. Resonanzspektren* werden zur Deutung der in *Kohlen* u. *Modell-KW-Stoffen* vorliegenden *H-Atome* herangezogen. Die Ergebnisse stimmen mit denjenigen im infraroten u. Röntgenbereich gut überein. Die Temp.-Abhängigkeit dieser Erscheinungen vermittelt weitere Erkenntnisse. I. Bramer. 8126□

Die Gewinnung von geformtem metallurgischem Koks und rauchlosem Energiebrennstoff aus schlecht backenden Kohlen des Irkutsker Bassins. A. L. Perepelitza und A. Ss. Fedotow. (Nachr. sibir. Abt. Akad. Wiss. UdSSR **1958,** Nr. 7, 40—52; Ostsibir. Zweigstelle der Akad. der Wiss. der UdSSR; russ.) — Die Unterss. werden über den Geh. an flüchtigen Stoffen, an S, über die Festigkeit, Porosität u. Korngröße der sibir. Kohle angestellt u. Gleichgewichts-Best. bei der Verkokung sowie Verss. über die Verbesserung der mechan. Festigkeit des Kokses durchgeführt. Zwei neue Verarbeitungsschemata u. -Anlagen werden besprochen u. die Vers.-Ergebnisse in Diagrammen u. 8 Tabellen niedergelegt. J. Lehmberg. 8144

Die Thermoplastifikation als Verarbeitungsmethode für Sapropel- und Cannel-Kohlen. Ss. G. Aronow, M. G. Skljar, O. N. Bragilowskaja, L. G. Ssinzerowa, M. A. Ssofronowa und W. I. Schusstikow. (Chem. Technol. Brennstoffe Öle [UdSSR] **7,** Nr. 1, 34—40, Jan. 1961; Charkow, Forsch.-Inst. für Kohlechemie; russ.) — Wolhyn. Kohle kann auf dem Wege der Thermoplastifikation mit Erfolg zu chem. Grundstoffen, bes. für die Kunststoff-Herst., verarbeitet werden. Der Mechanismus des Prozesses wird untersucht. Das Wesen der Plastifikation besteht in einer partiellen Destruktion der organ. Kohlemasse bei gleichzeitiger Disproportionierung von H der Kohle, der freie Valenzen in den sich bildenden Radikalen substituiert. H. V. Adolphi. 8174□

Ein Vergleich von Propan- und Kohlendioxid-Lösungsmittel-Spülverfahren. L. W. Holm. (A.I.Ch.E. Journal **7,** 179—84, Juni 1961; Crystal Lake, Ill., Pure Oil Comp.; engl.) — Die *Entfernung* von *Öl* aus *porösen Körpern* läßt sich in besserem Maße als bisher durch Anwendung eines von einem Gasstrom gefolgten Propanstoßes bzw. eines von einem Wasserstrom gefolgten CO_2-Stoßes erreichen. Beide Verff. werden hinsichtlich ihres Wrkg.-Grades bei der Anwendung an Petroleumreservoirs verglichen. Dazu werden in *Spülverss.* am verkleinerten maßstabgetreuen Modell die Einfl. der Art des porösen Körpers, der Porengeometrie, des Verhältnisses Länge/Weite des Flutungsmusters, der Viscosität des strömenden Mediums u. der Mischbarkeit auf die relative Ölausbeute bestimmt. Während bei Anwendung des älteren (Wasserspül-)Verf. 35—40% des Restöls zurückgewonnen werden, werden mit den neuen Verff. Werte von 60—80% erreicht. J. Martins. 8188□

Aufbau und Eigenschaften aromatischer Verbindungen in Öl aus schwefelhaltigen Erdölen. W. A. Potanina und L. G. Sherdewa. (Chem. Technol. Brennstoffe Öle [UdSSR] **5,** Nr. 5, 26—31, Mai 1960; Allunions Forsch.-Inst. für Verarbeitung von Erdöl u. Erdgas u. Produktion synthet. Kraft- u. Treibstoffe; russ.) — Aromat. Verbb. aus Ölen stellen Fraktionen dar, die verschieden sind nach ihrem Aufbau (Struktur- u. Gruppen-Zus.) u. Geh. an S-Verbb. (N- u. O-Verbb. fehlen prakt.). Eine wichtige Eig. der Struktur des cycl. Teiles des mittleren Mol. der untersuchten Fraktionen aromat. Verbb. ist der gemischte Charakter der Cyclen (aromat. u. naphthen.) u. die bedeutende Anzahl kurzer Seitenketten. Diese Fraktionen werde durch eine geringere Ringanzahl u. größere Anzahl an Paraffinketten im mittleren Mol., im Gegensatz zu aromat. Verbb. aus Extrakten, charakterisiert. Dabei sind die mittleren Moll. der Fraktionen aromat. Verbb. aus Restöl reicher an Paraffinketten als Fraktionen aus Destillatöl. Fraktionen aromat. Verbb. unterscheiden sich in Abhängigkeit von ihrem Aufbau nach Stabilität, Verdampfung, Lack-Bldg., Zähigkeits- u. Temp.-Eigg. (Labor-Meth.). Dabei sind Fraktionen aus Restöl stabiler als Fraktionen, die aus Destillatöl gewonnen wurden. W. Hantzsch. 8188□

Der Einfluß einiger Zusätze auf die Korrosionsfestigkeit von Abdichtungszementen in den Schichtwässern Baschkiriens. A. Ja. Lipowetzki, W. E. Leirich, W. Ss. Danjuschewski und S. N. Danilina. (Hochschulnachr. [Baku] Erdöl Gas [UdSSR] **4,** Nr. 1, 95—98, 1961; Moskau, Gubin-Inst. für Erdölchem. u. Gas-Ind.; russ.) — Vgl. C. **1961,** 15884. — Der Zusatz von bestimmten Mengen *$CaCl_2$* u. *NaCl* zum Zementbrei führt zur Bldg. von Zementstein, der widerstandsfähig gegen die Einw. von Schichtwässern ist. Durch Zusatz von *Furfurylalkohol* wird die Korrosionsfestigkeit des Zementsteins bedeutend erhöht. W. Hantzsch. 8190□

Der Austausch von Ätznatron bei der Gewinnung des Demulgators NTschK durch Ablauge und Kochsalz. Ch.. K. Dadaschew, M. F. Skworzowa und Ss. P. Petrossjan. (Chem. Technol. Brennstoffe Öle [UdSSR] **7,** Nr. 1, 31—34, Jan. 1962; russ.) — Es wird nachgewiesen, daß zur Neutralisation der Ausgangs-Prodd. für den Demulgator *NTschK* an Stelle frischer Lauge die Ablaugen der Bzn.-Laugewäschen verwendet werden können. Die demulgierenden Eigg. der auf diese Weise gewonnenen Demulgatoren unterscheiden sich kaum von denen der Demulgatoren auf Basis reiner Lauge. Als zweckmäßig wird eine zweistufige Neutralisierung mit NaCl angesehen. H. V. Adolphi. 8190□

Ein aussichtsreiches Schema des Erdöl-Forschungsinstitutes der Baschkirischen SSR für die Verarbeitung hochschwefelhaltiger Erdöle. I. I. Kantor. (Chem. Technol. Brennstoffe Öle [UdSSR] **7,** Nr. 1, 14—19, Jan. 1962; russ.) — Für das Öl des neu erschlossenen Arlansker Feldes im Norden Baschkiriens wurde ein bes. Verarbeitungsschema aufgestellt, das den im Gegensatz zum Romaschkiner Öl hohen S- u. Teer-Geh. dieses Öls berücksichtigt u. die größte Wirtschaftlichkeit aufweist. Auf Vakuum-Dest. u. Crackanlagen wird verzichtet, da der S- u. V-Geh. in den Rückstandsheizölen nicht ohne erheblichen Kostenaufwand in den erforderlichen Grenzen gehalten werden kann. Vorgeschlagen wird die Dest. in atmosphär. Kolonnen u. die Verkokung. Nachgeschaltet sind Reforminganlagen, Raffination, Entparaffinierung u. Gasverarbeitung. S wird restlos in Form von H_2SO_4 gewonnen. Die Ausbeute ist etwa folgende: Helle Prodd. (Bzn. u. Dieselkraftstoff aus Dest. u. Verkokung) 56,6%, Heizöl aus der Verkokung 34,2%, Koks 5,0%, Rest Paraffin, H_2SO_4 u. Gase. H. V. Adolphi. 8192□

Untersuchung der Prozesse der Adsorptionsreinigung von Mineralölen. N. N. Grjasew und Ss. M. Rachowskaja. (Chem. Technol. Brennstoffe Öle [UdSSR] 5, Nr. 11, 23—29, Nov. 1960; Saratow, Automobilwerk u. Chem. Forsch.-Inst. der Tschernyschewski-Univ.; russ.) — Die Adsorption organ. Säuren aus bin. u. 3-Komponentengemischen (Cetan (I) + Essigsäure (II) + Laurinsäure; I + II + Palmitinsäure (III), I + II + α-Methylnaphthalin; Transformatorenöl + Ölsäure + III u. a.) durch Kieselerde des Wolgagebietes u. ähnliche synthet. Adsorbenten wird untersucht. Über die Reihenfolge der Adsorption organ. Säuren aus energet. Ölen u. apolaren Lsgm. sowie über ihre Orientierung auf der Oberfläche der Sorbenten wird berichtet. Es wird ein Schema gebracht, das die Adsorption organ. Säuren aus apolaren Lsgm. als Monomere u. Dimere erklärt. W. Hantzsch. 8194□

Komplexbildung von Harnstoff unter Verwendung von Wasser als Aktivator. I. Batori. (Chem. Technol. Brennstoffe Öle [UdSSR] 5, Nr. 5, 21—26, Mai 1960; Ungar. Wiss. Forsch.-Inst. für Erdöl u. Naturgas; russ.) — In Ggw. von W. als Aktivator erfolgt eine günstige Komplex-Bldg. bei der Entparaffinierung von Erdöl nur bei Verw. von kristallinem *Harnstoff*, wenn der Geh. an W. 10% nicht übersteigt. Eine „Impfung", d. h. Zugabe bestimmter Mengen des in anderen Verss. hergestellten Komplexes (autokatalyt. Prozeß) ändert schroff die Schnelligkeit der Komplexbildung. Mit der Vergrößerung der Impfmenge verkürzt sich die Induktionsperiode, u. bei Anwendung des Impfungskomplexes in statu nascendi fehlt sie ganz. Die im Labor. entwickelte Meth. wurde in halbindustriellen Verhältnissen überprüft. Dabei wurde festgestellt, daß die Harnstofftechnologie bei Anwendung von W. als Aktivator mit Erfolg in der Industrie angewendet werden kann, bes. zur Gewinnung von *Ceresin* aus Petrolatum. Eine Anlage ähnlicher Art soll auf dem Erdölverarbeitungswerk in Almaschfüsit errichtet werden. W. Hantzsch. 8194□

Hydrierungsreinigung von schwefelreichen Kerosin-Gasöldestillaten des Arlansker Erdöls. Ss. P. Rogow, D. L. Goldstein, L. Ossipow und A. W. Agafonow. (Chem. Technol. Brennstoffe Öle [UdSSR] 6, Nr. 8, 13—19, Aug. 1961; Allunions-Forsch.-Inst. für Verarbeitung von Erdöl und Erdgas u. Produktion synthet. Kraft- u. Treibstoffe; russ.) — Die Kerosin-Gasöl-Destillate des Arlansker Erdöls enthalten 2,4—2,8% *S*. Die Hydroraffination findet in Ggw. von Al-Co-Mo-Katalysatoren bei 380° u. 50 at statt. Der S-Geh. im Dieselöl sinkt auf 0,11—0,16%. Die Octanzahl von Bzn. aus den prim. Destillaten u. den Destillaten der Verkokung beträgt 45—50, für die Prodd. des katalyt. Crackens ca. 70. Um Sommer-Dieselöl zu erhalten, werden Verss. mit den hydrierten Destillaten bei 300 at u. 350—425° in Ggw. von Al-W-Ni (Geh. an WO_3 22,5%, an NiO 3,11%) durchgeführt. Für die 200—350°-Fraktion wächst der Hydrierungsgrad der aromat. KW-Stoffe bei Steigerung der Temp. von 350 auf 425° bedeutend. Das Destillat der prim. Dest. wird leichter hydriert als das des katalyt. Crackens. Über die Eigg. des Brennstoffs, die Ausbeute u. den H-Verlust geben die Resultate von Gleichgewichts-Verss. Auskunft. J. Lehmberg. 8194□

Zur Frage der Absonderung von Ammoniumsalzen der Naphthensäuren aus dem Erdöl. A. A. Agajew. (Hochschulnachr. [Baku], Erdöl Gas 5, Nr. 4, 59—63, 1962; Aserbaidshan. Asisbekow-Inst. für Erdöl u. Chem.; russ.) — Das Ausscheiden von *NH_4*-Salzen der *Naphthensäure* (I) aus schweren Balachany- bzw. Binagady-Erdölen erfolgt durch Einw. eines stat. elektr. Feldes mit dem Spannungsgradienten 3 kV/cm. Die Acidität des Erdöls fällt von 2,64 auf 1,33 bzw. von 2,04 auf 1,3 bei 50° u. 30 Minuten. Eine Extraktion mit alkohol. Lsg. senkt die Acidität weiter bis auf 0,361 bzw. 0,682. Durch Bldg. einer festen Emulsion entsteht zwischen den Elektroden eine Kette disperser Wassertropfen längs der Kraftlinien des elektr. Feldes, wodurch nach kurzer Zeit die Fällung stark nachläßt. Um dies zu verhindern u. die Wrkg. zu erhöhen, wird ein kombiniertes Verf. erprobt, das in einer kurzfristigen Anwendung der Impuls-Meth., die den hohen Spannungsgradienten von 30 kV/cm zuläßt u. bei der durch die kurze Wrkg. des elektr. Feldes die Emulsion zerstört wird, besteht. Danach erfolgt Sedimentation im stat. Feld bei dem Gradienten 2,5 kw/cm. Die Fällung ist sehr stark u. findet in viel kürzerer Zeit statt. Durch Erwärmung wird NH_3 abgespalten u. es bleiben I, Mineralsalze, unverseifbare Stoffe u. mechan. Verunreinigungen zurück. Die Ausbeute an gereinigter I wird tabellar. gebracht. Sie ist 1,5mal höher als bisher. Die angewandten Agentien lassen sich völlig regenerieren, außerdem fällt eine Reihe kostspieliger App. fort. J. Lehmberg. 8194□

Katalytisches Niedertemperaturcracken von festen Kohlenwasserstoffen. N. I. Tschernoshukow und L. M. Rogatschewa. (Hochschulnachr. [Baku], Erdöl Gas [UdSSR] 3, Nr. 2, 99—106, 1960; Moskau, Gubkin-Inst. für Erdölchem. u. Gas-Ind.; russ.) — Das katalyt. Niedertemp.-Cracken von festen KW-Stoffen, die man nach der Entparaffinierung von Ölen erhält, kann zur Konz. von festen KW-Stoffen mit niedrigem F. im Cracking-Rohstoff angewandt werden. Als Rohstoffe hierfür kann Gatsch aus der Entparaffinierung von Destillatölen u. Petrolatum aus der Entparaffinierung von Restölen dienen. Die Durchführung dieses Prozesses erfolgt durch Kontaktraffination von Ölen oder in Syst. des kontinuierlichen katalyt. Crackens. W. Hantzsch. 8196□

Die Gewinnung von Lösungsbenzinen aus schwefelhaltigem Erdöl. M. A. Mironow und Je. I. Worobjewa. (Chem. Technol. Brennstoffe Öle [UdSSR] 5, Nr. 5, 32 bis 36, Mai 1960; Grosny, Erdölverarb. Werk; russ.) — Aus östlichen Erdölen kann man Lsg.-*Benzine.* (BR-1 u. BR-2) für die *Gummi*-Industrie erhalten, das den Anforderungen von GOST 443-56 entspricht. Die Ausbeute an Lsg.-Benzin. aus B-59 des S-haltigen Erdöls hängt von der Fraktions-Zus. des Benzins B-59 ab u. beträgt 30—35%. Die Gewinnung von Lsg.-Benzinen aus Erdölen ohne S-Geh. verlangt einen großen Oleumverbrauch (bis 21%). Bei der Gewinnung von Lsg.-Benzinen aus Gemischen von Erdölen mit u. ohne S-Geh. sinkt der Oleumverbrauch nach Labor.-Angaben bis 11—13%. Eine Variante der gleichzeitigen Gewinnung von Extraktions-Benzinen (GOST 462-51) u. Lsg.-Benzinen, (GOST 43-56) wird beschrieben. Das Extraktions-Bzn. genügt allen Anforderungen des Standards. W. Hantzsch. 8200□

Über einige Fragen der Technologie des Prozesses des katalytischen Reformierens. G. N. Massljanski, N. R. Burssian, G. D. Kamuscher, A. A. Potapowa, I. L. Garanin und N. W. Tschernikow. (Chem. Technol. Brennstoffe Öle [UdSSR] 6, Nr. 8, 1—8, Aug. 1961; Allunions-Forsch.-Inst. für Prozesse der Erdölchemie; russ.) — Labor.-Verss. werden mit einer *Benzin*-Fraktion hauptsächlich aus östlichem Erdöl in Ggw. von *Pt* bei maximal 500° u. ~40 at durchgeführt. Bei der Gewinnung von Bzn. mit einer Octanzahl von ~75 beträgt der Wärmeeffekt des Prozesses 60—70 kcal bei einem Geh. von 25% Naphthenen u. 105 kcal bei einem Geh. von 40% Naphthenen. Die Ausbeute an aromat. KW-Stoffen beträgt 50—55 (%) im 1. Reaktor, 25—35 im 2. u. 15—25 im 3., wenn der Geh. an Naphthenen 20—30 nicht übersteigt; bei 50 werden für die Rk. 4 Stufen benötigt. Die günstigste Verteilung des Katalysators auf die einzelnen Reaktoren wird diskutiert. J. Lehmberg. 8200□

Resultate der Arbeit einer Anlage für das katalytische Reforming an einem Platinkatalysator. Ja. G. Ssorkin, Ju. F. Ssokow, I. A. Ssannikow und L. G. Nikitina. (Chem. Technol. Brennstoffe Öle [UdSSR] 5, Nr. 11, 8—11, Nov. 1960; russ.) — Der Betrieb von 18 Monaten einer katalyt. Reforming-Anlage beweist die Zuverlässigkeit u. Einfachheit des beschriebenen Schemas. Die App. u. die Ausrüstung arbeiten im wesentlichen zufriedenstellend. Die Octanzahl des gewonnenen *Bzn.* aus der Fraktion 86—162° beträgt >72. Aus der engen Fraktion (63—115°) erhält man ein Katalysat, aus dem 16—20% aromat. KW-Stoffe gewonnen werden können. Ein Katalysator der Marke *AP-52* ist ca. 8 Monate verwendbar. Die Benzingewinnung mit einer Octanzahl von 78—80 erfordert die Anwendung eines aktiveren Katalysators u. auch die Vorbereitung des Rohstoffes durch Hydroraffination. W. Hantzsch. 8200□

Über die Betriebseigenschaften des Brennstoffes vom Typus T, der mit dem Antioxydans F Tsch-16 stabilisiert ist. I. W. Roshkow, K. I. Klimow, Je. N. Kornilowa und A. W. Wilenkin. (Chem. Technol. Brennstoffe Öle [UdSSR] 5, Nr. 11, 49—53, Nov. 1960; russ.) — Treibstoff (*Tr.*) mit 30% Cracking-Komponenten u. einem Zusatz von 0,05% des Antioxydans *FTsch-16* besitzt eine hohe Oxydationsstabilität. Diesen Tr. kann man mindestens 2½ Jahre ohne Einbuße seiner guten Qualitäten sogar im Süden lagern. Der Tr. mit dem Zusatz FTsch-16 besitzt außer den Antioxydations-Eigg. auch eine hohe Verschleißfestigkeit. Er übertrifft in dieser Hinsicht den ihm in bezug auf Viscosität gleichwertigen *T-2* u. entspricht dem *TC-1.* W. Hantzsch. 8204□

Octancharakteristik von Gemischen mit Alkylbenzin. W. W. Polschinski. (Chem. Technol. Brennstoffe Öle [UdSSR] 5, Nr. 11, 29—34, Nov. 1960; Tatar. Forsch.-Inst. für Erdöl; russ.) — Beim Vermischen von Alkyl-Benzin. mit Komponenten des Automobil-Benzin zwecks Einstellung der erforderlichen Klopffestigkeit werden Abweichungen der Octanzahlen von den Berechnungswerten beobachtet. Aus diesem Grunde wurden Formeln für bin. u. Mehrkomponentengemische ausgearbeitet, wonach die Ermittlung der mittleren Octanzahlen möglich ist. Die Komponenten-Zus. von Automobilbenzine kann dadurch passend ausgewählt werden. W. Hantzsch. 8206□

Die Gewinnung von restlichem Dieselöl aus dem Erdöl von Neftjanyje Kamni durch Adsorptionsreinigung. R. Sch. Kulijew, F. I. Ssamedowa, N. I. Tschikarewa, G. T. Mussajew und L. P. Krylow. (Erdöl-Wirtsch. Aserbaidshan [UdSSR] **41,** Nr. 7, 34—37, Juli 1962; russ.) — Durch Adsorptionsreinigung mit Alumosilicat kann restliches Dieselöl mit guten Antikorrosions- u. Antioxydations-Eigg. aus dem Erdöl von Neftjanyje Kamni entweder durch Reinigung des entasphaltierten Masuts oder durch Reinigung des Compounds aus entasphaltiertem Goudron u. dem Destillat Autol-10 erhalten werden. Aus Masut gewonnenes Dieselöl zeigt bessere physikal.-chem. Eigg. u. bessere Stabilität bei geringerem Verbrauch an Adsorbentien. W. v. Füner. 8212□

Niedrig erstarrende Destillate des Typus MK-8 aus devonischem Tujmasy-Erdöl. Ss. E. Krein, Je. N. Kalaitan, S. Sch. Abramowitsch, D. O. Golberg, Ju. W. Stupischin und N. I. Smirnowa. (Chem. Technol. Brennstoffe Öle [UdSSR] **5,** Nr. 11, 11—14, Nov. 1960; russ.) — Das Devon-Erdöl aus Tujmasy kann ebenso wie die Erdöle aus Balachany, Dessor u. Anastasjew zur Gewinnung eines hochwertigen, niedrig erstarrenden Schmieröles vom Typ *MK-8* verwendet werden. Das Öl *MSs-6,* das aus dem Transformatorendestillat des Devon-Erdöls durch Verengung seiner Fraktions-Zus. gewonnen wird, weist eine geringere Viscosität als MK-8-Öl (6 cSt. bei 50°), eine flache Viscositäts- u. Temp.-Kurve, einen niedrigen Ep. u. eine hohe Stabilität bei niedrigen Temp. auf. Eine gute Stabilität gegen Oxydation des Öles MSs-6 wird durch Zugabe von 0,2% Jonol erreicht. W. Hantzsch. 8220□

Die Betriebseigenschaften der wichtigsten Öle auf Grund verschiedener Reinigungsmethoden. N. G. Putschkow, M. Ss.. Borowaja, G. P. Beljantschikow, R. G. Selenskaja und Je. G. Ssewerow. (Chem. Technol. Brennstoffe Öle [UdSSR] **7,** Nr. 1, 53—59, Jan. 1962; Allunions-Forsch.-Inst. für Verarbeitung von Erdöl u. Erdgas u. Produktion synthet. Kraft- u. Treibstoffe; russ.) — Zus. u. Betriebs-Eigg. von *Motorenölen* aus verschiedenen Rohölen u. auf Grund verschiedener Reinigungs-Verff. werden untersucht. Einige verwendete Öle werden mit Zusätzen gemischt u. ihre Anwendbarkeit untersucht. Bessere Betriebs-Eigg. der Motorenöle aus östlichen Erdölen werden durch intensivere selektive u. adsorptive Reinigung sowie durch Hydrierung erreicht. Öle unterschiedlicher Veredelungstechnologie zeigen unterschiedliche Empfindlichkeit gegen Zusätze. H. V. Adolphi. 8220□

Untersuchung des Einflusses des Zusatzes AsNII-10 auf die Stabilität und die Antiverschleißeigenschaften von Ölen. A. M. Kulijew, I. M. Orudshewa und P. Ss. Mamedowa. (Erdöl-Wirtsch. Aserbaidshan [UdSSR] **41,** Nr. 7, 38—39, Juli 1962; russ.) — Der Zusatz AsNII-10, ein Prod. der Kondens. von *1.1'-Dihydroxy-4.4'-di-tert.-amyldiphenyl-2.2'-sulfid* mit *Di-tert.-amylphenoxychloranhydrid der phosphorigen Säure,* verbessert in Mengen von 0,5% bedeutend die Stabilität u. die Antiverschleiß-Eigg. von Flugmotoren-, Transformatoren-, Diesel- u. synthet. Ölen. W. v. Füner. 8220□

Ein kontinuierliches Filtrationsverfahren mit Hilfe von Schallschwingungen. A. Ss. Jermilow und N. K. Wolobujew. (Chem. Technol. Brennstoffe Öle [UdSSR] **5,** Nr. 11, 54—57, Nov. 1960; Allunions-Forsch.-Inst. für Verarbeitung von Erdöl u. Erdgas u. Produktion synthet. Kraft- u. Treibstoffe; russ.) — Die Grundelemente der Konstruktion eines Schallfilters für Schmiermittel werden beschrieben. Auch für die Fraktionierung feiner Suspensionen wird ein günstiges Konstruktionsschema gebracht. Weitere Unterss. bei Anwendung von Schallschwingungen müssen je nach der Verw. des Filters auf die mögliche Erweiterung des Bereiches der Frequenzen u. auf die Aufstellung technolog. Parameter der Filtration für konkrete Syst. ausgedehnt werden. W. Hantzsch. 8220□

Ein Extraktor mit rotierenden Scheiben für die Reinigung von Ölfraktionen durch Furfurol. W. I. Kutukowa, Je. W. Wosnessenskaja und R. K. Stojanowitsch. (Chem. Technol. Brennstoffe Öle [UdSSR] **5,** Nr. 5, 16—21, Mai 1960; Allunions-Forsch.-Inst. für Verarbeitung von Erdöl u. Erdgas u. Produktion synthet. Kraft- u. Treibstoffe; russ.) — Resultate der durchgeführten Arbeit u. auch die vorhandenen Literaturangaben über die industrielle Verw. von App. ähnlichen Typs zeigen, daß bei der Reinigung von Destillaten für Schmieröle, bes. von solchen mit niedriger Viscosität, durch *Furfurol* es zweckmäßig ist, Extraktoren mit rotierenden Scheiben anstatt der Gegenstromkolonnen anzuwenden. W. Hantzsch. 8220□

Kohlenwasserstoffe verstreuter Bitumina in Carbonatgesteinen der Unteren Kreide Westgrusiniens. A. N. Gussewa und A. A. Trochowa. (Hochschulnachr. [Baku], Erdöl Gas [UdSSR] **5**, Nr. 4, 15—17, 1962; Moskau, Lomonossow-Univ.; russ.) — Der Geh. an KW-Stoffen in den *Bitumina* von 4 westgrusin. Erdölfeldern schwankt zwischen 24 u. 65%. Je höher die Bitumen-Konz. im Gestein ist, um so niedriger ist gewöhnlich der KW-Stoff-Geh. im Bitumen. Chromatograph. Unterss. zeigen, daß in den Carbonatgesteinen der Unteren Kreide hauptsächlich Paraffin-KW-Stoffe enthalten sind. J. Lehmberg. 8224□

Makroschnellmethode zur Bestimmung von Kohlenstoff und Wasserstoff in organischen Stoffen. P. Ss. Makowetzki. (Chem. Technol. Brennstoffe Öle [UdSSR] **5**, Nr. 11, 70—72, Nov. 1960; Wärmeenerget. Inst. der Akad. der Wiss. der UkrainSSR; russ.) — Eine Schnellmeth. zur Best. von *C* u. *H* in Brennstoffen in einem rekonstruierten Quarzrohr mit porösen Quarztrennwänden wurde entwickelt. Die Quarztrennwände ermöglichen eine schnelle Verbrennung (30 Min.) jedes beliebigen fl. u. leichtflüchtigen Stoffes mit befriedigenden Resultaten. Die Meth. läßt sich mit Erfolg zur Best. von C u. H der organ. Stoffe in Werks-Labor. anwenden. W. Hantzsch. 8242□

Differentialthermoanalyse verschiedener Steinkohlen- und Torfarten. D. Rousstchev. (Chim. analytique [4] **43**, 325—29, Juli 1961; Sofia, Inst. de Chim. ind., Chaire des Combustibles; franz.) — *Steinkohlen* u. *Torfe* verschiedener Herkunft u. verschiedenen Alters werden *differentialthermoanalyt.* in Luft bis zu einer Temp. von 1000° untersucht. Die erhaltenen Kurven lassen Aussagen zu über Wasserabgabe, Oxydation, Entweichen flüchtiger Anteile usw. Die Diagramme sind je nach Alter u. Herkunft der Probe verschieden u. charakteristisch. Es lassen sich z. B. sichere geochem. Beziehungen zwischen verschiedenen Lagerstätten herstellen oder Schlüsse auf das Alter der Probe ziehen. B. Krebs. 8246□

Chemische Untersuchungen über den Schwefelgehalt japanischer Kohlen. 1. Mitt. Einführung und Verteilung von Schwefelverbindungen in der Kohle. Yoshiaki Miura. (J. Fuel Soc. Japan **41**, 209—23, März 1962; Yawata Iron and Steel Co., Ltd., Yawata Works, Techn. Res. Inst.; jap., Auszug: engl.) — Die Ermittlung des *S-Geh.* erfolgt unter Anwendung der Red.-Meth. von Radmacher. Der Geh. an organ. S beträgt ca. 80% des Gesamt-S-Gehaltes. Bei 84—86% C, 4—5% H u. >40% bzw. bei 20—30% flüchtigen Bestandteilen ergeben sich die höchsten Geh. an organ. Schwefel. Für die Entstehung des S-Geh. wird ein teilweiser Austausch von O- durch S-Atome angenommen. I. Bramer. 8246□

Aromatische Kohlenwasserstoffe der Benzin-Ligroin-Fraktion des paraffinhaltigen Erdöls von Nebit-Dag. A. A. Dawidjanz. (Hochschulnachr. [Baku], Erdöl Gas [UdSSR] **4**, Nr. 9, 67—72, 1961; Aserbaidshan, Asisbekow-Inst. für Erdöl u. Chem.; russ.) — In der Ligroinfraktion der Direktdest. von paraffinhaltigem Erdöl aus Nebit-Dag wurden 6 aromat. KW-Stoffe festgestellt: p-Äthyltoluol, Mesitylen, Pseudocumol, p-Cymol, Durol u. Naphthalin. W. Hantzsch. 8252□

Die Abtrennung schwefelhaltiger Verbindungen von aromatischen Kohlenwasserstoffen mit Hilfe von Adsorption. N. I. Tschernoshukow und K. A. Schtschegrowa. (Hochschulnachr. [Baku], Erdöl Gas [UdSSR] **5**, Nr. 1, 51—56, 1962; Moskau, I. M. Gubkin-Inst. für Erdölchem. u. Gas-Ind.; russ.) — Bei Unters. der chem. Zus. der Ölfraktionen von Erdölen stören die anwesenden S-Verbb. die Strukturermittlung der aromat. KW-Stoffe. Zur Abtrennung der S-Verbb. wurde die Anwendungsmöglichkeit der Adsorptions-Meth. geprüft. Die Adsorption von *Phenylnonylsulfid* (**I**), *Didecylsulfid* (**II**), *Tetralylnonylsulfid* (**III**), *α-Decylthiophen* (**IV**), *Dodecylbenzol* (**V**), *Bzl.* u. *α-Methylnaphthalin* (**VI**) an bei 700° aktiviertem Al_2O_3 bei Zimmer-Temp. aus Lsgg. in *n-Heptan* bei verschiedenen Konzz. wurde untersucht. Die ermittelten Isothermen sind durch die Langmuir-Gleichung beschrieben. Da die S-haltigen Verbb. bedeutend stärker adsorbiert werden als die aromat. Verbb., konnten Gemische von **I** mit **V**, sowie von **V** mit **VI** u. **I** chromatograph. getrennt werden. Als Desorptionsmittel dienten zuerst n-Heptan, danach Bzl. u. Bzl./Alkohol. Auch aus der aromat. Fraktion 350—400° des Romaschkin-Erdöls werden die S-Verbb. chromatograph. abgetrennt. W. v. Füner. 8252□

Spektralanalyse der Asche von gebrauchten Motorenölen, Ölkohle und Sedimenten. K. I. Simina, G. G. Worobjew und M. I. Orlowa. (Chem. Technol. Brennstoffe Öle [UdSSR] **5**, Nr. 5, 50—56, Mai 1960; Allunions-Forsch.-Inst. für Verarbeitung von Erdöl u. Erdgas u. Produktion synth. Kraft- u. Treibstoffe; russ.) — Eine Meth. der quant. Best. von 24 Elementen in gebrauchten Motorenölen, Ölkohlen, Sedimenten u. anderen ähnlichen Prodd. wird entwickelt. Die Dauer der Analyse von 7 Proben beträgt 40 Std.

(auf die Best. eines Elementes entfallen 14 Min.). Die Reproduzierbarkeit der Resultate beträgt in den Vers.-Labor. im Laufe eines Jahres für 11 Elemente 2,6—11,1%, im Durchschnitt 6,9%. Diese Meth. kann auch für andere Erdöl-Prodd. (Schmiermittel, Brennstoffe u. a.) angewendet werden. W. Hantzsch. 8254□

Universal Oil Products Co., Des Plaines, Ill., V.St.A., *Herstellung von Leichtbenzin.* (**E. P. 876 702** vom 23/6. 1960, ausg. 6/9. 1961. A. Prior. 26/6. 1959. — C. **1962**, 13633 [D. A. S. 1 125 102].)

Alpha Molykote Co., Stamford, Conn., V.St.A., *Herstellung von festhaftenden hochschmierwirksamen Überzügen auf Oberflächen.* (**E. P. 847 800** vom 7/11. 1956, ausg. 14/9. 1960. A. Prior. 4/1. 1956. — C. **1960**, 7054 [D. A. S. 1 067 959].)

H_{20}. Schieß- und Sprengstoffe. Zündmittel

Billige Sprengstoffe mit Wasserzusatz — „Schlämme". G. F. von Krogh. (Tidsskr. Kjemi, Bergves. Metallurgi **21**, 217—20, 10/12. 1961; Refstad, Haerens Våpentekniske Korps.; norw.) — Merkmale u. Anwendbarkeit der *Schlammsprengstoffe* (**A**) werden beschrieben, die aus einem Oxydationsmittel, wie NH_4NO_3, $NaNO_3$, $NaClO_3$, u. einem Sensibilisator, wie Trinitrotoluol, bestehen, dispergiert im Salzgemisch oder unter Zusatz der Wasser-Lsg. der Salze sowie einem koll. Emulgator, wie „Guar gum", Na-Carboxymethylcellulose oder Alginat. Die Leistung von **A** wird erhöht durch Zusatz von Al-Pulver. Diese zuerst von Cook u. Farnum angegebenen Sprengstoffgemische werden in Abhängigkeit vom Mischungsverhältnis, vom Wasser-Geh. u. dem Bohrlochdurchmesser, bes. in Steinbrüchen u. beim Eisenerzabbau, erörtert. E. Borchers. 8304□

Ammoniumnitrat-Wettersprengstoffe. Adolph v. Mitterer und Ben T. Phillips jun. (Mining Congr. J. **47**, 72—75, April 1961; California Salt Co., Internat. Minerals and Chem. Corp.; engl.) — Mehrere *Ammoniumnitratsprengstoffe* werden hinsichtlich der Sicherheit, der Wrkg. u. des Preises mit häufig verwendeten, kommerziellen Sprengstoffen verglichen. Vor allem in kleineren Sprenglöchern sind die NH_4NO_3-Sprengstoffe bzgl. der erwähnten Faktoren weit überlegen. H. Pförtner. 8304□

Sprengstoffe aus Ammoniumnitrat und Öl. R. Heggstad und A. M. Heltzen. (Tekn. Ukebl. **108**, 197—205, 2/3. 1961; NTNF, Fjellsprengningsutvalget; norw.) — Das Gemisch aus *NH_4NO_3-Grieß* u. 5—6% *Heizöl* gibt bei Initialzündung mit Zusatz von Dynamit oder TNT eine gute Sprengwrkg., wobei aber die Korngröße u. der optimale Bohrlochdurchmesser von Einfl. sind. Das Ergebnis von Verss. mit Ölzusätzen von 1—12% Diesel- sowie Heizöl u. von prakt. Sprengungen wird mitgeteilt, ebenso der Einfl. der Detonations-Geschw., der Empfindlichkeit, der Ladedichte sowie die Sicherheitsvorschriften u. Kosten. E. Borchers. 8304□

Halogen- (und Azido-) formamidinsalze von Sauerstoffsäuren. Walter Sauermilch. (Explosivstoffe **9**, 256—57, Nov. 1961; Sythen bei Haltern, Westf., Wasag-Chem. AG, Wiss. Zentrallabor.; dt.) —Durch langsame Zugabe einer möglichst konz. Sauerstoffsäure zu einer Lsg. von Halogeniden des Halogenformamidins (durch Rk. von Cyanamid mit 30—40%ig. Halogenwasserstoffsäure) entstehen unter Kühlung die *„Sauerstoffsalze" des Halogenformamidins.* Die Sulfate, Nitrate u. Trichloracetate fallen sofort kristallin an, die Perchlorat-Lsg. wird im Vakuum eingedampft. Das Bromformamidinnitrat ist nur bei bes. intensiver Kühlung u. sofortiger Abtrennung gewinnbar. Auch das *Azidoformamidinnitrat* gehört in diese Gruppe, ist jedoch nur auf dem Umweg über Aminoguanidin darstellbar. Alle diese Verbb. zerfallen beim Neutralisieren in Cyanamid (oder Dicyandiamid), Halogenwasserstoff u. Sauerstoffsäure.
H. Pförtner. 8304□

Die Herstellung von Perchloraten. 1. Mitt. James E. Reynolds und Thomas W. Clapper. (Chem. Engng. Progr. **57**, Nr. 11, 138—40, 143, Nov. 1961; Amer. Potash & Chem. Corp.; engl.) — Die für den *Antrieb* von *Raketen* benötigten *Perchlorate* werden bei allen Herstellern nach dem gleichen Verf., der *anod. Oxydation* von *$NaClO_3$* zu *$NaClO_4$*, gewonnen. Aus dem Na-Salz werden die anderen Perchlorate durch Rk. mit NH_4Cl, KCl u. LiCl hergestellt. Andere Meth. zur Herst. von Perchloraten, wie die Oxydation mit Persulfat, Einw. starker Mineralsäuren u. elektrolyt. Herst., haben noch keine prakt. Anwendung gefunden. Das gebräuchliche Verf. wird an Hand neuerer Patente beschrieben. F. Rosendahl. 8310□

Die Herstellung von Perchloraten. 2. Mitt. **Diskussion des Gleichgewichtsfeuchtigkeitsgehaltes, Kristallisationsverfahren, Kaliumperchlorat und Lithiumperchlorat.** James E. Reynolds und Thomas W. Clapper. (Chem. Engng. Progr. **57**, Nr. 12, 94—97, Dez. 1961; engl.) — 1. vgl. vorst. Referat. — Das in Kristallen von NH_4ClO_4 (**I**) eingeschlossene W. bietet insofern Probleme, als es einige Zeit dauert, bis das W. an die

Oberfläche kommt. Durch zu langes Trocknen entstehen Gefahrenmomente. Das Problem wird dadurch gelöst, daß I in Beutel verpackt wird, die das an die Oberfläche kommende W. absorbieren können. Die Gewinnung großer I-Kristalle macht Schwierigkeiten, da I-Kristalle leicht brechen u. I dimorph ist. Durch geeignete Maßnahmen können große Kristalle erzielt werden. *$KClO_4$* (II) wird auf Grund seiner geringen Löslichkeit in W. quant. kristallin gewonnen; die Mutterlauge enthält alle Verunreinigungen. II kann bei höherer Temp. gewonnen werden, da eine merkliche Zers. erst bei 455° einsetzt. *$LiClO_4$* (III) ist stark hygroskop. u. schwer zu handhaben. Großtechn. wird es bisher nicht hergestellt. Am vorteilhaftesten wird III durch Rk. von LiCl mit I gewonnen. F. Rosendahl. 8310□

H_{21}. Leder. Gerbstoffe

Beitrag zur Kenntnis der Bestandteile von Sumach. 4. Mitt. E. Durio, A. Catino und E. Danieli. (Cuoio-Pelli-Mater. concianti **37,** 61—70, April 1961; Turin, Univ., Ist. di Chim. gen. e di Chim. fis.; ital.) — 3. vgl. C. **1963,** 2305. — Vff. untersuchten die Zus. der Gerbfraktionen aus Sumachextrakt (I) mit Hilfe der IR-Spektroskopie, der Craig-Gegenstromverteilung, der Säulenchromatographie u. der Elektrophorese, wobei *Gallussäure* (II) u. vermutlich eines ihrer Glucosid-Derivv. als Hauptkomponenten gefunden wurden. Die mit II, mit der Phenolfraktion u. mit dem I-Rückstand ausgeführten Gerbverss. bestätigten bei der opt. Unters., daß die beim Gerben mit I festgestellte Erscheinung der negativen Doppelbrechung (vgl. l. c.) einer mechan. absorbierten Fraktion u. nicht einer Gerbstoffkomonente von I zuzuschreiben ist. G. Platzer. 8336□

Die Anwendung höherer Temperaturen für die Beschleunigung des Gerbprozesses von Unterleder. A. N. Michailow und W. G. Ssutschkow. (Leder- u. Schuhwaren-Ind. [UdSSR] **3,** Nr. 12, 14—17, Dez. 1961; russ.) — Da die *Chromgerbung* die Hitzebeständigkeit des Leders bis zu 105° erhöht, kann die nach einer Chromvorgerbung folgende vegetabil. Nachgerbung bei 50—55° erfolgen, vorausgesetzt, daß die Chromgerbung vollständig durchgefärbt hat. Die Dauer der Nachgerbung wird um 50% verkürzt ohne die Lederqualität zu schädigen. J. v. Schroeder. 8336□

Chemische Materialien und Farbstoffe für die Industrie. G. W. Uwarow. (Leder- u. Schuhwaren-Ind. [UdSSR] **3,** Nr. 11, 14—17, Nov. 1961; russ.) — Außer bekannten werden einige neue Chemikalien für die Lederindustrie besprochen, darunter β-Naphthol, Netzmittel As-20 u. NB, Dispergator NF, Ausgleicher A zum Egalisieren der Farbstoffe. Es wird auf die Notwendigkeit hingewiesen, mehr frostbeständige Filmbildner bereitzustellen, wie Emulsion M-1-58 (Copolymer von Methyl- u. Butylacrylat). Auf die neuen Farbstoffe, die Cr oder Cu im Mol. enthalten, u. die neue Liste mit 91 Farbstoffen des Forschungsinstituts wird hingewiesen. J. v. Schroeder. 8338□

Über Deckfärbungen von Leder mit Nitrocellulose. M. F. Danilow. (Leder- u. Schuhwaren-Ind. [UdSSR] **3,** Nr. 9, 24—26, Sept. 1961; russ.) — Die organ. Lsgm. beim Spritzverf. mit Nitrocellulosefarben lassen sich durch W. mit 1,5—2,5% Netzmittel *OP-10* ersetzen. Die Lsgg. bleiben mehrere Tage gebrauchsfähig. Der mangelnde Glanz der Leder kann durch einen Lacküberzug behoben werden. J. v. Schroeder. 8358□

Polarographische Untersuchung von Cystin, Cystein, S^{2-}, SO_3^{2-}, $S_2O_3^{2-}$ und SO_4^{2-} im alkalischen Zersetzungsgemisch von Keratin. J. Čerňák, A. Blažej, J. Stefanec und B. Sileš. (Acta chim. Acad. Sci. hung. **27,** 87—98, 1961; Bratislava, Slovakian TU, Dep. of Chem.; engl.) — Es werden Verss. beschrieben zur Kenntnis des Spaltmechanismus der Disulfidbindung im alkal. Medium. Bei der polarograph. Unters. der alkal. Spaltprodd., pH $>$ 11, von Keratin werden Cystin, Cystein, S^{2-}, SO_3^{2-}, $S_2O_3^{2-}$ u. SO_4^{2-} gefunden; eine bes. Unters.-Meth. wird beschrieben u. diskutiert. Sie hat Bedeutung für die Woll- u. Ledertechnologie. — 20 Literaturangaben. W. Hampel. 8362□

Pierre Vidal, Frankreich, **Enthaaren von frischen Häuten** bei vorheriger Bestrahlung, z. B. mit β-, γ- oder Röntgenstrahlen, zum Zwecke der Sterilisation. (**F. P. 1 241 215** vom 29/7. 1959, ausg. 23/12. 1960.) M. F. Müller. 8335

Farbenfabriken Bayer Akt.-Ges., Deutschland (Erfinder: Heinrich Spahrkäs und Gustav Mauthe), **Gerben** unter Verw. einer *Al–Cr–Tannin–Komplex-Verb.* als Gerbstoff. Diese Verb. wird erhalten aus einer wss. Lsg. von Al- u. Cr-Sulfat. (**F. P. 1 244 477** vom 24/9. 1959, ausg. 23/1. 1961. D. Prior. 25/9. 1958.) M. F. Müller. 8337

Dow Corning Corp., V.St.A. (Erfinder: Donald E. Findlay), **Wasserabstoßendmachen von Leder** durch Imprägnieren mit einer Dispersion eines wasserlösl. Zr-Salzes, so daß wenigstens 0,5% Zr (berechnet auf trocknes Leder) aufgenommen werden. Danach wird getrocknet u. ein Material aufgetragen, welches 5—70 (Gew.-%) eines Methylpolysiloxanharzes, 15—80 eines Polysiloxans der allg. Formel $X_zSiO_{4-z/2}$ u. 15—50 einer Verb. der Formel I oder des partiellen Hydrolysats davon enthält, welches

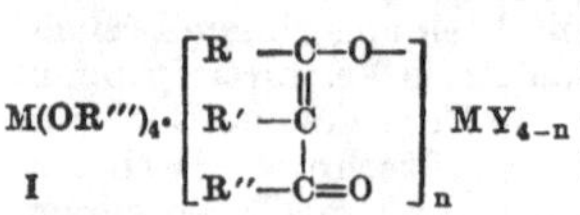

in aliphat. KW-Stoffen lösl. ist (X = Alkyl- oder Alkylenrest mit mindestens 6 C-Atomen oder monocycl. Arylrest; z = 2—2,9; M = Zr oder Ti; R''' = ggf. OH-Gruppen enthaltender aliphat. KW-Stoffrest mit wenigstens 13 C-Atomen; R = aliphat. oder Alkoxyrest; R' = H oder Alkyl; R'' = Alkyl- oder Alkoxyrest; n = 0,75—4; Y = Alkoxyrest). Geeignete wasserlösl. Zr-Salze sind z. B. das Acetat, Formiat, Propionat, Benzoat, Oxychlorid, Sulfat, Nitrat, Oxybromid, Oxyfluorid. Nach der Behandlung mit dem Zr-Salz wird durch Zusatz von $NaHCO_3$ oder NH_3 auf pH 5—8 gebracht u. das Leder getrocknet. Danach wird das Leder mit Siloxan-Verbb. behandelt, welche aus folgenden 3 Verbb. bestehen: A) Siloxanharz, B) Siloxan-Fl. u. C) Organotitanat oder Organozirkoniumverbindung. Verbb. A) sind die Rk.-Prodd. von Methylchlorsilanen, Methylalkoxysilanen oder Hexamethyldisilixanen mit einem SiO_2-Sol; Verbb. B) sind Dimethyl-, Vinylmethyl-, Vinyläthyl-, Dipropyl-, Methylxenylsiloxan sowie Copolymere von Diorganosiloxanen mit Triorganosiloxanen, wie Trimethyl-, Phenyldimethyl-, Amyldimethylsiloxan. **(F. P. 1 248 256** vom 4/2. 1960, ausg. 2/3. 1961. A. Prior. 11/3. 1959.) M. F. Müller. 8341

Farbenfabriken Bayer Akt.-Ges., Deutschland (Erfinder: Martin Meister und Gustav Mauthe), **Wärme- und wasserwiderstandsfähiges Leder** (bes. gegen heißes W.) wird erhalten durch Behandlung mit einer wss.-alkal. Lsg., welche 1 Mol HCHO u. 1—1,5 Mol Resorcin enthält. — Die Lsg. enthält z. B. 17 (g) Resorcin, 3,5 Na_3PO_4 u. 25 ml einer 30%ig. HCHO-Lösung. **(F. P. 1 245 447** vom 21/1. 1960, ausg. 27/1. 1961. D. Prior. 22/1. 1959.) M. F. Müller. 8341

Nopco Chemical Co., Newark, N.J., V.St.A. (Erfinder: Charles A. Fetscher und Stanley Lipowski), **Wasserundurchlässigmachen von gegerbtem Leder** durch Imprägnieren mit einer Lsg. eines Al-Salzes einer aliphat. Monocarbonsäure mit 12 bis 24 C-Atomen, z. B. Laurin-, Stearin- oder Ölsäure, in einem aromat. KW-Stoff, z. B. Bzl., Toluol oder Xylol. **(F. P. 1 237 736** vom 19/5. 1959, ausg. 25/11. 1960. **E. P. 850 726** vom 26/5. 1959, ausg. 5/10. 1960. Beide A. Prior. 11/7. 1958.) M. F. Müller. 8341

Giovanni Pacchiani, Florenz, Italien, **Farbdruckverfahren für Leder.** Zur Vorbehandlung werden wenigstens 3 Schichten von Wasserfarben aufgebracht, die von Schicht zu Schicht abnehmende Konzz. an Acryl-, Vinyl- oder Superpolyamidharzen enthalten, z. B. 50 (%), 25 u. 15 Harz, bezogen auf das Gew. des Pigments. Als Druckpaste verwendet man ein Gemisch, welches, bezogen auf das Pigment, 200 des zur Grundierung verwendeten Harzes u. 50 eines höheren Alkohols enthält. Es wird bei ca. 150° fixiert, z. B. in einer hydraul. Gerberpresse. Um Glanz zu erzielen, kann noch mit einem Lack nachbehandelt werden. **(It. P. 541 730** vom 16/9. 1955.)
K. Koebke. 8341

Rohm & Haas Co., Philadelphia, übert. von: Sam Loshaek, Hatboro, und Walter W. Toy, Philadelphia, Pa., V.St.A., **Flexible Überzüge auf Leder.** Man trägt auf das Leder zunächst eine wss. Dispersion auf, die neben mehrwertigen Metallionen (z. B. von Al, Ca u. Zr) u. einem nichtionogenen Dispergiermittel noch 1—60 (Gew.-%) eines wasserunlösl. Mischpolymerisats von ungesätt. Monomeren, u. a. 3—12 Mol-% carboxylgruppenhaltiger Verbb., enthält. Durch Erhitzen werden die teilweise neutralisierten Mischpolymeren koalesziert. Hernach wird eine Dispersion von 2—20 eines filmbildenden Additionspolymerisats (I) in organ. Lsgm., welche noch 1—65, bezogen auf I, eines Polyisocyanats enthält, aufgebracht. Wenigstens eine der Dispersionen ist pigmentiert. Bei I handelt es sich um solche aus Monomeren der Gruppe Vinyl- oder Vinylidenchlorid, Vinylacetat oder -propionat, Acrylnitril, Methacrylnitril sowie Alkylester der Acryl- u. Methacrylsäure. **(A. P. 2 884 336** vom 27/1. 1955, ausg. 28/4. 1959.)
P. Krug. 8359

Rohm & Haas Co., Philadelphia, übert. von: Sam Loshaek, Hatboro, Pa., V.St.A., **Flexible Überzüge auf Leder.** Auf das Leder wird zunächst die 2—20%ig. Dispersion eines Additionspolymerisats (I) in organ. Lsgm., welche noch 20—100 (Gew.-%), bezogen auf I, eines Polyester-Weichmachers, 5—100, bezogen auf I, eines Pigments sowie 1—65, bezogen auf I u. Weichmacher, eines organ. Polyisocyanats enthält, aufgebracht. Nach dem Trocknen, spätestens nach 24 Std., wird als Deckschicht eine Lsg. von I u. einem Polyester-Weichmacher (15—80, bezogen auf I) in organ. Lsgm. aufgetragen. Während des Trocknens erfolgt eine Rk. der in der Grundierung noch vorhandenen nichtausreagierten Isocyanatgruppen mit den im Decküberzug vorhandenen reaktiven H-Atomen. Bei I handelt es sich um Prodd., die aus Monomeren der Gruppe Vinylchlorid, Vinylacetat, Vinylpropionat, Vinylidenchlorid, Acryl- oder Methacrylnitril sowie Alkylestern der Acryl- oder Methacrylsäure hergestellt sind. (**A. P. 2 884 340** vom 27/1. 1955, ausg. 28/4. 1959.) P. Krug. 8359

Böhme Fettchemie G. m. b. H. (Erfinder: Jürgen Plapper und Rudi Heyden), *Imprägnieren von Leder.* (**Aust. P. 231 620** vom 21/5. 1958, ausg. 26/1. 1961. D. Prior. 28/6. 1957. — C. **1959,** 15235 [D. A. S. 1 053 716].)

H_{22}. Leim. Klebstoffe usw.

Die Verklebung von Polyamidteilen mit anderen Werkstoffen. K.-H. Küssner. (Plaste u. Kautschuk **9,** 322—24, Juli 1962; Schkopau, VEB Chem. Werke Buna, Anwendungstechn. Abt.; dt.) — Polyamid wird in Verss. verklebt mit: a) Polyamid (gelingt mit Plastasol L 47, einem vorkondensierten Phenolharz, Härtung mit 15% Toluolsulfonsäure-Lsg. drucklos bei Raum-Temp.); b) Stahl, mit Plastasol L 47 u. Polyvinylbutyral oder mit einer Haftschicht von glasfaserverstärktem Polyester u. Phenol-Formaldehyd-Harz, wasser-, öl- u. benzinfeste Verklebung; c) Holz; d) Preßmasse; e) Piacryl u. f) glasfaserverstärktes Polyesterharz können allein mit Plastasol L 47 verklebt werden; g) Keramik, mit glasfaserverstärktem Polyester u. Plastasol L 47; h) Leder: Polyvinylchloridacetat als Haftvermittler; i) Gummi: Porokreppkleber W 19 A u. Piaflex LT 40 (Polymethylmethacrylatlack). K. Gröbe. 8380□

Probleme der Gummi-Metall-Bindung. Stewart L. Brams. (Rubber Wld. **142,** Nr. 4, 67—75, Juli 1960; West Alexandria, Ohio, Dayton Chem. Prod. Labor., Inc.; engl.) I. Koschitzki. 8380

Metallklebverbindungen und ihr Festigkeitsverhalten bei verschiedenen Beanspruchungen. F. Mittrop. (Schweissen u. Schneiden **14,** 394—401, Sept. 1962; Aachen, TH, Inst. für Kunststoffverarbeitung; dt.) — Übersicht. — 66 Literaturangaben. F. Vier. 8380□

Eigenschaften und Anwendungsbedingungen der Metallklebemittel. Erwin O. Genzsch. (Gas- u. Wasserfach, Ausg. Gas **103,** 997—1000, 14/9. 1962; Bensheim/Bergstraße; dt.) — Übersicht über Einteilung der Klebemittel für Metalle, ihre Eigg., Festigkeit der Klebeverbindungen, Vorbehandlung der Klebeflächen, Erhöhung der Wärmefestigkeit von Klebeverbindungen u. Entw. von Spezialklebern. W. Wesly. 8380

Studien zur Haftfestigkeit von Plasten. 3. Mitt. Zur Kenntnis von Kombinationsklebstoffen aus Duro- und Thermoplasten. L. Dimter, H. Schulz und K. Thinius. (Plaste u. Kautschuk **9,** 318—20, Juli 1962; Leipzig, Inst. für chem. Technol. der Plaste; dt.) — 2. vgl. C. **1960,** 5657. — Ziel der vorliegenden Arbeit ist der Aufbau eines Klebstoffes, dessen filmbildende Komponenten aus Duro- u. Thermoplasten so aufgebaut sind, daß eine Verb. der verschiedensten Metalle mit sich selbst oder anderen Stoffen erreicht wird. Günstig erweisen sich in bezug auf Verträglichkeit Polyvinylacetale (mit noch freien OH-Gruppen) zusammen mit Phenol-Formaldehyd-Harz. Technolog. am günstigsten zu verarbeiten, bes. auf unebenen Flächen, ist der Kombinationsfilm (Dicke 100—150 μ), selbsttragend oder mit einem Stützgewebe auf Glasfaser- oder Polyamidgewebegrundlage versehen (Plastaphenal-Kleber). K. Gröbe. 8380□

Studien zur Haftfestigkeit von Plasten. 4. Mitt. Über die Änderung der Eigenschaften von Kombinationsklebstoffen aus Duroplasten und Thermoplasten durch Alterung. L. Dimter, H. Schulz und K. Thinius. (Plaste u. Kautschuk **9,** 320—22, Juli 1962; dt.) — 3. vgl. vorst. Referat. — Der Abfall der Klebefestigkeit wird in der Hauptsache durch die Weiterkondens. des Phenol-Formaldehyd-Harzes hervorgerufen, welche eine Viscositätserhöhung bedingt, die schließlich das Harz als Klebstoff ungeeignet macht. Die Klebverbindung mit Al mittels eines Kombinationsklebefilms besitzt nach Alterung unter Luftabschluß noch nach 120 Tagen seine Ausgangsfestigkeit, an der Luft tritt schon nach 60 Tagen ein Absinken um mehr als 10% ein. Bewitterung, Beizbad, Öl oder Bzn. sind ohne Einfl. auf die Klebeigg., die Wasserfestigkeit übertrifft die aller anderen Metallklebstoffe. K. Gröbe. 8380□

Verklebungsstudien an Packstoffen. 2. Mitt. Zur Bewertung der Ergiebigkeit von Klebstoffen. Werner Bartusch. (Adhäsion **6,** 1—8, Jan. 1962; München, Inst. für Lebensmitteltechnol. u. Verpackung; dt.) — 1. vgl. C. **1957,** 2373. — Vf. zeigt, daß rheolog. oder mittels Vers.-Klebungen die Ergiebigkeit von Klebstoffen befriedigend, ihr Gebrauchswert aber nicht erschöpfend gek. werden. Eine Kritik des Schälvers. zur Best. der Nahtfestigkeit von Packstoffklebestellen wird gegeben. R. Schäff. 8380□

Verwendung von Steinmehlen bei der Oberflächenleimung von Papierbahnen. E. Leorato. (Ind. Vernice **15,** 7—9, Jan.; 103—14, April 1961; ital.) — Bei der Endausrüstung von Papierbahnen konnten durch Verw. vorbehandelter Steinmehle auf Kieselgur-Basis als Füllmittel in Verleimungsemulsionen im Vgl. zu üblichen Hilfsmitteln, wie Kaolin, Talcum, Kreide, Silicaten usw., die Papier-Eigg. wesentlich verbessert werden. Für die Verss. dienten die Handelsmarken Ceratom M.W. 27 u. M.W. 13 der Eagle Picher mit 88,79% SiO_2, deren Zus. u. physikal. Eigg. sowie Verw. in wss. Kunstharz-Emulsionen auf Styrol/Butadien-, Acryl- u. Vinylbasis, Formulierungen, Anwendungsweise u. Einfl. auf die Güte-Eigg. der Papierproben ausführlich beschrieben werden. A. Sander. 8382□

Technologische Untersuchungen und Festigkeitsuntersuchungen an Metallklebverbindungen. H. Schlegel. (Plaste u. Kautschuk **9**, 332—34, Juli 1962; Halle/Saale, Zentralinst. für Schweißtechnik der DDR; dt.) — Es wurden Verss. unternommen, Leichtmetalle sowie Stahl zu verkleben. Hierbei wurden verwendet: a) Polykoll B (Polyesterklebstoff, dem bereits ein Kalthärter zugesetzt ist); b) Liozian LM; c) Epoxidharzkleber (bes. interessant im Zusammenhang mit Addukthärtern); d) Hartgummimasse weiß (Synthesekautschukbasis, wird vorteilhaft eingesetzt, falls eine Warmhärtung möglich). Vor allem bei Leichtmetallen muß die Metalloberfläche vor einer Verklebung gründlich vorbereitet werden. K. Gröbe. 8382□

Ein kombinierter Klebstoff für das Ankleben von Gummisohlen. F. A. Ssapegin. (Leder- u. Schuhwaren-Ind. [UdSSR] **3**, Nr. 9, 21—23, Sept. 1961; russ.) — Der neue Klebstoff *ZNIRP-KP-33* (ZNIKP = Zentrales Forschungs-Inst. für die Leder- u. Schuhwarenindustrie) gibt mit Polyvinylchlorid (50:50) in 70—80% Äthylacetat u. 30—20% Butylacetat unter Zusatz eines Verstärkers einen Klebstoff, bei welchem das Aufrauhen der Klebflächen nicht mehr erforderlich ist. Zum Trocknen werden IR-Strahlen bei 110—120° empfohlen. J. v. Schroeder. 8388□

Eigenschaften von Harnstoffleim für Holzspanplatten. Elvio Cianetti und Elsa Moscarelli. (Rassegna Chim. **12**, Nr. 1, 21—24, Jan./Febr. 1960; Roma, Univ., Ist. di Merceologia; ital.) — Für die Aufstellung einer Qualitätsnorm eines auf Basis von Harnstoffharzen hergestellten u. zur Fertigung von Holzspanplatten verwendeten Leims sind folgende Daten zu berücksichtigen: Viscosität bei 20° u. deren Veränderung mit der Zeit, freie wasserlösl. Amine nach Wärmehärtung, unlösl. nach Verdünnen mit W. oder mit NH_3-W., freier Formaldehyd u. Trockenrückstand. Die für die Qualifizierung ausgeführten Vers.-Ergebnisse werden besprochen (Diagramme). G. Platzer. 8416□

Chemische Fabriek Wed. P. Smits & Zoon N. V., Utrecht, Niederlande, **Entfettung von Knochen** u. ähnlichem kollagenhaltigem Material durch Zerkleinerung u. nachfolgenes Zentrifugieren in Ggw. von warmem Wasser. Die Entfettung gelingt vollständiger u. man erhält ein für die *Leim- u. Gelatine*-Herst. unmittelbar geeignetes Prod., wenn man die Zerkleinerung bei 60—90° durchführt. Bis mindestens 90% des Materials soll eine Teilchengröße von 3—50 mm besitzen. (**Niederl. P. 100 113** vom 14/7. 1954, ausg. 15/1. 1962. E. Prior. 15/7. 1953.) F. Böhm. 8385

Corn Products Co., V.St.A., übert. von: Helmut Roederer und Walter Zinke, Hamburg, **Herstellung eines wasserbeständigen Etikettenklebstoffs.** Man gibt unter Rühren u. Erhitzen eine konz. Verteilung nichtgelatinierter Stärke (I), die im Röntgentest ein „A"-Diagramm zeigten, in einen wss. Stärkekleister u. verkleistert **I.** Der Gesamt-Stärke-Geh. wird auf 20—35% eingestellt. Während oder nach der Herst. kann man geringe Mengen alkal. Stoffe, wie Alkali oder Ammoniak, Weichmacher, wie Dextrose, Emulgiermittel, wie Fettalkoholsulfonate, u. Schutzmittel zusetzen. (**A.P. 2 999 030** vom 4/6. 1958, ausg. 5/9. 1961. D. Prior. 5/6. 1957.) P. Krug. 8385

Dunlop Rubber Co. Ltd., London, England (Erfinder: Charles Moss und Sheila Marian Child), **Klebstoff auf Basis von Kautschuklatex.** Man gibt ein proteolyt. Enzym, z. B. Trypsin, zum Latex, läßt zweckmäßig 1—2 Tage stehen u. fügt dann ein Stabilisierungsmittel, z. B. Methylcellulose, zu. Der Klebstoff kann durch Zusatz von organ. Lsgm. oder Harzen, wie Polyisobutylen, modifiziert werden. (**E. P. 853 572** vom 30/6. 1956, ausg. 9/11. 1960.) P. Krug. 8389

Farbenfabriken Bayer Akt.-Ges., Leverkusen, **Klebstoffe.** Sie bestehen aus der Lsg. eines synthet. Elastomeren (z. B. Mischpolymerisat aus Butadien–Acrylnitril oder Butadien–Styrol) u. eines wärmehärtenden Kondens.-Prod. von Formaldehyd mit z. B. Phenol in organ. Lsgm., wie Methyläthylketon, mit weiterem Zusatz eines oder mehrerer Chromate, wie Zn-Chromat oder K-Dichromat, ggf. im Gemisch mit einem Metalloxid. Die Mittel sind bes. zum Verkleben von Metallen mit Metallen, Kunstofffolien mit Geweben oder auch zur Verbesserung der Haftung von Polyvinylchloridaufträgen geeignet. (**E. P. 871 296** vom 30/5. 1958, ausg. 28/6. 1961. D. Prior. 31/5. u. 26/11. 1957.) P. Krug. 8389

Algalite S. r. l., Mailand, Italien, **Carbamidharzleim für Holz** erhält man, indem man ein Carbamid (Harnstoff) u. einen Aldehyd (CH_2O, Furfurol) in Ggw. von neutralisierter Sulfit- oder Sulfatablauge zur Rk. bringt. (**It. P. 541 356** vom 27/5. 1955. Schwz. Prior. 12/4. 1955.) K. Koebke. 8389

Soc. Nouvelle des Colles (Sonoco), Haute Garonne, Frankreich, **Klebstoffe, besonders zum Leimen von Holz.** Harnstoff (I), Phenol (II) u. Formaldehyd (III) werden im beheizten Autoklaven mit Rückflußkühler bei pH 4—5 mit HCl, H_2SO_4 oder HCOOH nebst Härtemittel bei normalem Druck u. 94—100° bis zur Viscosität von 1—8 Poise erhitzt. Das mol. Mischungsverhältnis für I + II : III ist 1 : 1,5 bis 1 : 2,2; für I : III 1 : 9 bis 9 : 1. — Verw. des Leimes für *Sperrholz, Preßplatten, Textilien* u. *Schichtstoffe*, ferner zum Kleben von Zement auf Holz, Preßstein auf Holz usw. (**F. P. 1 221 776** vom 2/1. 1959, ausg. 3/6. 1960.) H. Meltzer. 8389

Oka Shinko Kabushiki Kaisha (Erfinder: Naboru Taguchi, Shin Mizutani und Ki Jitsuka), Tokyo, Japan, **Holzverklebung.** Man streicht auf eine Bindefläche des Holzmaterials ein Gemisch aus Borax u. fl. Harnstoff- oder Melaminharz u. auf die andere Fläche eine sulfaminsäurehaltige Vinylacetatemulsion u. drückt die Flächen kurz zusammen. — Man streicht auf eine Seite ein Gemisch von 6 (Teilen) Borax u. 100 71%ig. Harnstoffharz-Fl. u. auf die andere Bindefläche ein Gemisch aus 15 Sulfaminsäure u. 100 Vinylacetatemulsion mit 46% Harz-Geh. u. preßt 5 Sek. mit 2—4 kg/cm² zusammen. (**Jap. A.S. 15 040/1960** vom 16/6. 1958, ausg. 11/10. 1960.) M. Pankow. 8389

E. I. du Pont de Nemours & Co., übert. von: Charles A. Young, Wilmington, Del., V.St.A., **Klebstoffmischungen,** enthaltend a) ca. 100 (Gew.-Teile) eines Polyurethans (I); b) 20—40 Ruß oder durch Verbrennen gewonnener SiO_2; c) 2—10 eines organ. Diisocyanats sowie d) 800—3000 eines inerten Lsgm. mit Kp. zwischen 50—150°, z. B. Tetrahydrofuran, Dimethylformamid oder Cyclohexanon. Bei I handelt es sich um Prodd., die aus einem Polyalkylenglykoläther mit Molgew. von 750—3000 u. einem Überschuß eines organ. Diisocyanats mit weiterem Zusatz eines Kettenverlängerers (W. oder organ. Verbb. mit zwei funktionellen Gruppen zur Rk. mit Isocyanatgruppen) hergestellt sind. (**A. P. 2 953 489** vom 12/3. 1956, ausg. 20/9. 1960.) P. Krug. 8389

B. B. Chemical Co., Boston, übert. von: Eric C. Johnson, Somerville, Mass., V.St.A., **Durch Erhitzen in flüssigen Zustand übergehende Klebstränge zum Verkleben von Metallblechen.** Die in einer Stärke von $^1/_4$—$^1/_8$″ angefertigten Klebstränge bestehen aus Gemischen von 10—30 (Gew.-%) eines Glycidylpolyäthers mit endständigen Epoxygruppen u. 90—70 eines Harzgemisches mit Polyäthylen als Hauptkomponente u. weiteren Zusätzen von einem KW-Stoffharz sowie einem kautschukartigen Mischpolymerisat. (**A. P. 2 940 888** vom 11/10. 1955, ausg. 14/6. 1960.) P. Krug. 8389

Comp. de Produits Chimiques „Boston", Frankreich (Erfinder: Thomas Clifton Morris, Eric Clifford Johnson und Hans Christopher Paulsen), **Klebeband** mit thermoplast. Klebstoff, der aus einem harzartigen Polyamid einer polymerisierten Polyenfettsäure u. einer geringeren Menge eines Polyepoxidharzes (z. B. eines Glycidylpolyätherharzes von mehrwertigen Phenolen u. mehrwertigen Alkoholen oder Gemischen) sowie 5—15 Gew.-% (bezogen auf das Polyamid) Weichmacher besteht. Das Polyamid ist z. B. das Rk.-Prod. der dimeren Sojaölfettsäure mit Äthylendiamin. Das Band besteht aus einem Gemisch von Polyäthylen mit einem Isobutylenpolymeren u. einem KW-Stoff-Harz, z. B. einem Polyterpen, wie Poly-β-pinen, oder den Polymerisations-Prodd. von Mineralölcrackprodukten. — 25 (Gew.-Teile) Polyäthylen (Molgew. 1800), 35 β-Pinenharz (F. 135°), 40 eines Mischpolymerisats aus 98 Isobutylen u. 2 Isopren, 2 Antioxydationsmittel, z. B. ein alkyliertes Phenol, werden bei 150° gemischt. — 12 Abbildungen. (**F. P. 1 243 802** vom 25/8. 1954, ausg. 18/1. 1961. A. Prior. 18/8. u. 30/11. 1953.) M. F. Müller. 8389

T. J. Smith & Nephew Ltd., Kingston-upon-Hull, England (Erfinder: James Dow und David Austin Lickman), **Druckempfindliche Klebestreifen.** Als Träger verwendet man einen Film aus Polyvinylchlorid, das mit dem Methylester von hydrierter Abietinsäure weichgemacht worden ist. Dieser Weichmacher wandert nicht in die Klebmischung aus. Als Klebstoff verwendet man z. B. eine Gummi-Lsg., die noch ZnO, ein Harz sowie ein Antioxydationsmittel enthält. (**E. P. 865 329** vom 7/1. 1959, ausg. 12/4. 1961.) P. Krug. 8389

A. Boake, Roberts & Co. Ltd. (Erfinder: Herbert Walter Chatfield, Geoffrey Albert Weeks), ***Epoxydierte Öle.*** **(Aust. P. 231 640 vom 22/7. 1958, ausg. 26/1. 1961. E. Prior. 22/7. 1957. — C. 1960, 14575 [D. A. S. 1 081 876].)**

Imperial Chemical Industries of Australia and New Zealand Ltd., Melbourne, Australien, *Klebstoff für Polyäthylen.* (Ind. P. 65 872 vom 19/11. 1958, ausg. 22/11. 1960. Aust. Prior. 29/11. 1957. — C. 1962, 12529 [E. P. 859 728].)

Johns-Manville Corp., New York, N.Y., übert. von: **Arthur J. Bruno** und **Joseph Dec**, Martinsville, N.J., V.St.A., *Druckempfindlicher Kleber.* (Can. P. 563 200 vom 23/11. 1956, ausg. 9/9. 1958. — C. 1958, 5851 [A. P. 2 789 096].)

Milton Alfred Bergstedt, *Klebstreifen.* (Aust. P. 231 637 vom 11/7. 1958, ausg. 26/1. 1961. — C. 1962, 1096 [E. P. 852 585].)

Charles Bartell, Waltham, Mass., V.St.A., *Klebestreifenrolle.* (E. P. 891 692 vom 15/7. 1958, ausg. 14/3. 1962. A. Prior. 15/7. 1957. — C. 1962, 12529 [D. A. S. 1 114 082].)

Permacel Tape Corp., New Brunswick, übert. von: **Milton A. Bergstedt**, Linden, N. J., V.St.A., *Bedrucktes Klebeband.* (Can. P. 562 975 vom 2/7. 1955, ausg. 9/9. 1958. A. Prior. 17/8. 1954. — C. 1961, 9270 [Aust. P. 219 313].)

H_{24}. Photographie

Über den Mechanismus der Alterung von infrachromatischen Schichten. A. Ss. Cheinman. (J. wiss. angew. Photogr. Kinematogr. [UdSSR] **6**, 142—43, März/April 1961; Allunions-Kinophoto-Forsch.-Inst.; russ.) — Vf. stellt fest, daß die Alterung von mit Farbstoffen versehenen infrachromat. Schichten kein Zerstörungsprozeß der Prodd. der chem. Sensibilisierung ist, daß jedoch die Alterung der Schichten ohne Farbstoff ein Oxydationsprozeß ist. Die Vers.-Ergebnisse bestätigen den Mechanismus der Alterung, wie er in einer vorhergehenden Arbeit des Vf. (J. wiss. angew. Photogr. Kinematogr. [UdSSR] **5**, [1960], 297) vorgeschlagen wurde. C. Kozák. 8590□

Über die Sensibilisierungsspektren von Dicarbocyaninfarbstoffen. E. B. Lifschitz und Ss. W. Natansson. (J. wiss. angew. Photogr. Kinematogr. [UdSSR] **6**, 92—96, März/April 1961; Allunions-Kinophoto-Forsch.-Inst.; russ.) — Vff. untersuchen die Sensibilisierungsspektren in der AgJ-AgBr-Negativemulsion der symm. u. asymm. Dicarbocyaninfarbstoffe der Strukturen **A** bzw. **B**, wobei Z = Benzthiazol, Benzoxazol, Thiazolin,

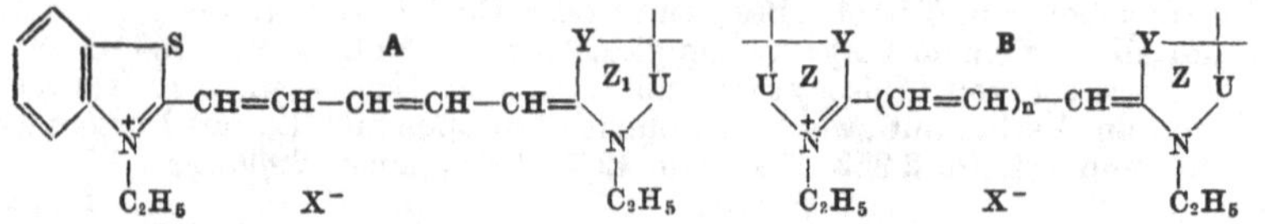

1.3.4-Thiodiazol, 3.3-Dimethylindolenin u. Chinolin-2; Z_1 = Benzoxazol, 3.3-Dimethylindolenin, Thiazolin, 4-Methylthiazol oder Chinolin-2; Y = S, O, $C(CH_3)_2$, —CH=CH—; U = C oder N; n = 0, 1, 2 oder 3; X = Säurerest ist. Bei den untersuchten Farbstoffen wurde eine starke Neigung zur Bldg. von J-Aggregaten u. nicht nur von verschiedenen H-Zuständen, u. zwar auch solcher mit schwacher photograph. Wirkung festgestellt. Sie unterscheiden sich grundsätzlich nicht — durch den Charakter ihrer Absorptions- u. Sensibilisierungsspektren — von den entsprechenden Farbstoffen mit einer kürzeren Polymethinkette. C. Kozák. 8604□

Der Einfluß des Molekulargewichtes von synthetischen hydrophilen Kolloiden auf deren Schutz- und Reifvermögen für Halogensilberkristalle. H. Dehio, G. Polla-Mattiot, M. Gillio-Tos und G. Saini. (J. photogr. Sci. **10**, 302—05, Sept./Okt. 1962; Ferrania, Savona, Ferrania S.p.A., Labor. Ricerche; engl.) — Vff. untersuchten wasserlösl.. *Polymere* von *Acrylamid, N-Methyl-* u. *N.N-Dimethylacrylamid* auf ihr Schutzvermögen für Halogensilber sowie auf ihren Einfl. auf dessen physikal. Reifung. Die Best. des Schutzvermögens wurde nach einer modifizierten Meth. analog Evva (C. **1958**, 5851) vorgenommen. Das Wachstum der Halogensilberkörner während der physikal. Reifung wurde nach der nephelometr. Meth. von Ammann-Brass verfolgt. — Es zeigte sich, daß das Schutzvermögen der polymeren Acrylamide gegen die Sedimentation von Halogensilber mit ihrem Molgew. ansteigt. Den stärksten Effekt zeigen die polymeren N-Methylacrylamide. Die Wrkg. für AgBr u. AgCl ist deutlich verschieden. Der Ammann-Test zeigte, daß mit ansteigendem Molgew. das Kornwachstum verringert wird. Es wird diskutiert, ob die beobachteten Effekte von der Viscositätszunahme u. der Löslichkeitsabnahme der Acrylamide in Abhängigkeit von ihrem Polymerisationsgrad beeinflußt werden. — 8 Literaturhinweise. W. Günther. 8610□

Lichtquellen für die Kurzzeitphotographie. D. P. C. Thackeray. (J. photogr. Sci. **10**, 271—79, Sept./Okt. 1962; Sunninghill, Berks., Vickers Res. Ltd.; engl.) — Vf. gibt einen Überblick über Lichtquellen, die in der Kurzzeitphotographie Verw. finden. Es werden chem. u. elektron. Blitzgeräte unterschieden. Kurze Charakterisierung, Anwendungsbeispiele. — 17 Literaturhinweise. W. Günther. 8614□

Die Entwicklung eines Halogensilberkornes. G. I. P. Levenson. (J. photogr. Sci. **10**, 280—87, Sept./Okt. 1962; Wealdstone, Harrow, Middlesex, Kodak Ltd., Res. Labor.; engl.) — Vf. gibt einen krit. Überblick über den derzeitigen Stand der Kenntnisse vom

Mechanismus der photograph. Entwicklung. Es wird der Unterschied zwischen der Bild- u. der Schleier-Entw. erörtert, wobei bes. auf die Bldg. des fadenförmigen Ag hingewiesen wird, die durch die katalyt. Wrkg. der Entw.-Zentren erklärt wird. Die klass. Theorien (Ostwald-Abegg, Schwarz u. Urbach, Sheppard u. Meyer, Gurney u. Mott) werden mit der Theorie über den katalyt. Mechanismus der Entw. verglichen. Ferner wird auf die steigende Bedeutung der Temp.-Koeff. als Ausdruck für die Aktivierungsenergie hingewiesen. Es wird der Vers. gemacht, das Redoxpotential so zu erklären, daß der Entwickler als Lsgm. für das Halogensilberkorn reagieren kann, weil er die Eig. besitzt, in Lsgg. die Ag-Ionen-Konz. niedrig zu halten. — 21 Literaturhinweise. W. Günther. 8618☐

Untersuchungen über eine gleichmäßige isotherme Entwicklung von Kernemulsionen. D. Kniffen. (Suppl. nuovo Cimento Nr. 1, (zu [10] **21**), 55—68, 1961; St. Louis, Mo., Washington Univ., Dep. of Phys.; engl.) — 600 μm dicke Ilford-G5-Platten wurden im Bevatron mit Positivteilchen von 1,86 GeV/c (80% Protonen, 20% Pionen) belichtet u. unter verschiedenen Bedingungen entwickelt. Es konnte eine gleichmäßige Tiefen-Entw. erzielt werden, wenn man den Entw.-Prozeß bei 10° durchführt. Folgender Entwickler hat sich hierbei gut bewährt: 3,8 g Amidol, 6,7 g Na_2SO_3, 0,8 g KBr, W. auf 1000 ml. Angaben über die Korngröße, über die Untergrundkorndichte u. die Verzerrung bei den verschiedenen Entwicklungsmethoden. — 17 Literaturhinweise. W. Günther. 8618☐

Mikrokontrast und Unschärfe in Abbildungssystemen. N. W. Lewis und T. V. Hauser. (J. photogr. Sci. **10**, 288—301, Sept./Okt. 1962; London, Dollis Hill, Post Office Res. Stat.; engl.) — Zur Beurteilung der Bildqualität bei Fernsehaufzeichnungen hat sich die Kenntnis des „Mikrokontrastes“ als nützlich erwiesen. Vff. beschreiben eine Meth. zur Best. des Mikrokontrastes mit Hilfe von Spaltwiedergabetesten. Unschärfen, die durch den Kontrastverlust in feinen Details verursacht werden, können auf diese Weise gemessen werden. Beispiele für Testkarten sind abgebildet. — 16 Literaturhinweise. W. Günther. 8652☐

Die Faktoren, die die photographische Wiedergabe bestimmen. G. C. Farnell und P. G. Powell. (J. photogr. Sci. **10**, 261—70, Sept./Okt. 1962; Wealdstone, Harrow, Middlesex, Kodak Ltd., Res. Labor.; engl.) — Vff. stellen Überlegungen an, von welchen Faktoren die Wiedergabe eines Originals durch photograph. Verff. abhängt. Hierbei werden verschiedene Stufen betrachtet. Die sensitometr. Wiedergabe wird zunächst von den physikal. Eigg. der Emulsionsschicht beeinflußt, z. B. von der mittleren Korngröße oder von der Kornverteilung. Es wird die Beziehung zwischen maximaler Dichte, Belichtung u. Gamma behandelt. Im allg. verringern sich Gamma u. maximale Dichte, wenn das Korn wächst, während Empfindlichkeit u. Körnigkeit steigen. — In zweiter Linie wird die Wiedergabe u. die Bildqualität vom Typ des Entwicklers beeinflußt, wobei dessen Induktions- u. Red.-Periode eine Rolle spielen. — Ein weiterer sehr wichtiger Faktor ist die Strahlung, mit der die Schicht belichtet wird, z. B. mit sichtbarem Licht, Röntgenstrahlung oder geladenen Teilchen. — Schließlich sind Reziprozitätsfehler, Temp.-Abhängigkeit der Empfindlichkeit u. Spektralsensibilisierung als wichtige Faktoren zu berücksichtigen. — Aus prakt. Überlegungen wird gefordert, photograph. Materialien unter Vgl.-Bedingungen zu testen, bei denen diese Faktoren beachtet werden. W. Günther. 8660☐

Goodyear Tire & Rubber Co., übert. von: **Marcia C. Shaffer**, Akron, Ohio, V.St.A., *Photographisches Filmmaterial.* (**Can. P. 562 672** vom 24/9. 1955, ausg. 2/9. 1958. A. Prior. 8/6. 1955. — **C. 1958**, 9107 [D. A. S. 1 012 524].)

Gevaert Photo-Producten N. V., Antwerpen, Belgien, *Photographischer Rohfilm.* (**Belg. P. 563 475** vom 24/12. 1957, ausg. 17/6. 1960. — **C. 1963**, 1525 [E. P. 865 123].)

Adelphi Research & Mfg. Co., übert. von: **John F. Cipriano**, Philadelphia, Pa., V.St.A., *Papier für photographische Zwecke.* (**Can. P. 555 871** vom 3/11. 1953, ausg. 15/4. 1958. A. Prior. 25/11. 1952. — **C. 1957**, 5747 [A. P. 2 705 685].)

Gevaert Photo-Producten N. V., Mortsel (Erfinder: **Andor John Conix**, Antwerpen), Belgien, *Herstellung linearer aromatischer Polyanhydride.* (**Schwz. P. 362 233** vom 27/10. 1956, ausg. 14/7. 1962. E. Prior. 28/10. 1955 u. 28/8. 1956. — **C. 1960**, 1050 [Jap. A. S. 2147/1958].)

N. V. Philips' Gloeilampenfabrieken, übert. von: **Tijs W. van Rijssel, Harke Jan Houtman** und **Hendrik Jonker**, Eindhoven, Niederlande, *Herstellung photographischer Bilder.* (**Can. P. 556 055** vom 25/3. 1952, ausg. 15/4. 1958. Niederl. Prior. 28/3. 1951. — **C, 1955**, 7130 [D. B. P. 923 636].)

Canadian Kodak Co. Ltd., Toronto, Ontario, Canada, übert. von: **Henry C. Yutzy** und **Burt H. Carroll**, Rochester, N.Y., V.St.A., *Aufnahme- und Kopierverfahren.* (**Can. P. 555 912** vom 4/2. 1954, ausg. 15/4. 1958. A. Prior. 18/7. 1953. — **C. 1957**, 13534 [D. A. S. 1 003 036].)

Canadian Kodak Co. Ltd., Toronto, Ontario, Canada, übert. von: **Thomas H. Farrell** und **Robert E. Kugler**, Rochester, N.Y., und **Daniel I. Mayne jun.**, Indianapolis, Ind., V.St.A., *Rohfilmmaterial.* (**Can. P. 561 662** vom 27/9. 1954, ausg. 12/8. 1958. A. Prior. 22/4. 1954. — **C. 1957**, 13860 [D. A. S. 1 006 258].)

Farbwerke Hoechst Akt.-Ges., vormals Meister Lucius & Brüning (Erfinder: **Johannes Heyna, Ludwig Wilhelm Berlin** und **Erich Schinzel**), Frankfurt/M., *Härten von Proteinen.* (**Jap. A. S. 14 932/1960** vom 19/3. 1959, ausg. 10/10. 1960. D. Prior. 19/3. 1958. — **C. 1962**, 8854 [D. A. S. 1 100 942].)

Canadian Kodak Co. Ltd., Toronto, Ontario, Canada, übert. von: **William H. Griggs** und **Martin Salo**, Rochester, N.Y., V.St.A., *Transparentpapier mit Poly-α-methylstyrolüberzug.* **(Can. P. 560 284** vom 28/8. 1953, ausg. 15/7. 1958. A. Prior. 9/2. 1953. — **C. 1959,** 16834 [A. P. 2 805 160].)

Canadian Kodak Co. Ltd., Toronto, Ontario, Canada, übert. von: **Jean E. Jones**, Rochester, N.Y., V.St.A., *Übersensibilisierte Emulsionen mit Aminocarbocyaninen.* **(Can. P. 560 285** vom 2/2. 1955, ausg. 15/7. 1958. A. Prior. 20/7. 1954. — **C. 1957,** 311 [A. P. 2 704 719].)

Canadian Kodak Co. Ltd., Toronto, Ontario, Canada, übert. von: **Jean E. Jones**, Rochester, N.Y., V.St.A., *Übersensibilisierungsmittel mit einfachen Cyaninfarbstoffen.* **(Can. P. 560 289** vom 9/9. 1955, ausg. 15/7. 1958. A. Prior. 8/3. 1955. — **C. 1959,** 16834 [F. P. 1 150 697].)

Kodak Soc. An., Brüssel, Belgien (Erfinder: **J. E. Jones**), *Optisch sensibilisierte photographische Emulsion.* **(Belg. P. 571 507** vom 25/9. 1958, ausg. 23/2. 1962. A. Prior. 30/9. 1957. — **C. 1962,** 16554 [A. P. 2 961 318].)

Canadian Kodak Co. Ltd., Toronto, Ontario, Canada, übert. von: **Edward B. Knott**, Wealdstone, Middlesex, England, *Sensibilisierungsfarbstoffe.* **(Can. P. 555 914** vom 6/5. 1954, ausg. 15/4. 1958. A. Prior. 25/9. 1953. — **C. 1959,** 9448 [F. P. 1 109 675].)

Kalle Akt.-Ges., Deutschland, *Entfernung von Entwicklerpigmenten von unfixierten elektrophotographischen Schichten.* **(F. P. 1 245 265** vom 14/1. 1960, ausg. 1/2. 1961. D. Prior. 14/1. 1959. — **C. 1962,** 8856 [D. A. S. 1 107 078].)

Agfa Akt.-Ges. (Erfinder: **Edith Weyde**), *Material für das Silbersalz-Diffusionsverfahren.* **(Aust. P. 232 377** vom 16/1. 1959, ausg. 23/2. 1961. D. Prior. 20/1. 1958. — **C. 1960,** 702 [D. A. S. 1 055 953].)

Polaroid Corp., übert. von: **Edwin H. Land**, Cambridge, und **Meroe M. Morse**, Boston, Mass., V.St.A., *Schutzschichten für Silberbilder.* **(Can. P. 563 400** vom 9/4. 1954, ausg. 16/9. 1958. A. Prior. 1/7. 1953. — **C. 1957,** 2899 [D. B. P. 950 041].)

Kodak (Australasia) Proprietary Ltd. (Erfinder: **Keith Elden Whitmore** und **John Williams**), *Absaugeverfahren für Farbstoffbilder.* **(Aust. P. 227 854** vom 8/4. 1958, ausg. 19/5. 1960. A. Prior. 10/7. 1957. — **C. 1961,** 3879 [D. A. S. 1 089 636].)

Minnesota Mining & Mfg. Co., V.St.A. (Erfinder: **Richard Owen**), *Hitzeempfindliches Kopierpapier.* **(F. P. 1 235 668** vom 21/7. 1959, ausg. 16/11. 1960. A. Prior. 21/7. 1958. — **C. 1962,** 368 [A. P. 2 916 395].)

Kalle & Co. Akt.-Ges., Deutschland, *Elektrophotographische Bilderzeugung.* **(F. P. 1 245 317** vom 15/1. 1960, ausg. 1/2. 1961. D. Prior. 15/1. 1959. — **C. 1962,** 2609 [D. A. S. 1 107 680].)

Kalle Akt.-Ges., Wiesbaden, *Photoelektrisch leitende Schichten für die Elektrophotographie.* **(Oe. P. 220 948** vom 27/5. 1960, ausg. 25/4. 1962. D. Prior. 30/5. 1959. — **C. 1962,** 19076 [D. A. S. 1 131 988].)

Gevaert Photo-Producten N. V., Belgien (Erfinder: **Maurice Antoine de Ramaix**), *Herstellung von Farbstoffmasken.* **(Aust. P. 230 219** vom 30/12. 1957, ausg. 6/10. 1960. E. Prior. 31/12. 1956. — **C. 1960,** 14247 [D. A. S. 1 063 900].)

Hans Hörner, Deutschland, *Herstellung von Hochdruckformen.* **(F. P. 1 244 836** vom 11/1. 1960, ausg. 25/1. 1961. D. Prior. 12/1. 1959. — **C. 1961,** 9273 [D. A. S. 1 095 665].)

Radio Corp. of America, New York, N.Y., übert. von: **Raymond W. James**, Lexington, und **Joseph Shulman**, Dorchester, Mass., V.St.A., *Photoleiter.* **(Can. P. 560 435** vom 18/11. 1955, ausg. 15/7. 1958. A. Prior. 15/12. 1954. — **C. 1958,** 13148 [F. P. 1 136 146].)

National Cash Register Co., übert. von: **Peter L. Foris**, Dayton, Ohio, V.St.A., *Photoempfindliches Material.* **(A. P. 3 001 873** vom 22/3. 1956, ausg. 26/9. 1961. — **C. 1960,** 7060 [D. A. S. 1 073 865].)

Farbenfabriken Bayer Akt.-Ges., Leverkusen (Erfinder: **Wolf-Dietrich Schellenberg, Otto Bayer, Werner Siefken**, Leverkusen, und **Heinrich Rinke**, Köln), *Verfahren zur Herstellung lichtempfindlicher Verbindungen.* **(Schwz. P. 355 952** vom 13/12. 1956, ausg 15/9. 1961. D. Prior. 25/1. 1956. — **C. 1960,** 11175 [D. A. SS. 1 036 802 u. 1 063 803].)

Renker-Belipa G. m. b. H., Deutschland, *Herstellung von Diazotypiematerial.* **(F. P. 1 241 629** vom 26/11. 1959, ausg. 23/12. 1960. D. Prior. 26/11. 1958. — **C. 1962,** 15471 [D. A. S. 1 112 892].)

Kalle & Co. Akt.-Ges., Wiesbaden, *Material für die Elektrophotographie.* **(E. P. 874 634** vom 13/8. 1959, ausg. 10/8. 1961. D. Prior. 20/8. 1958. — **C. 1963,** 383 [D. A. S. 1 120 875].)

Redaktionsschluß: 25. Januar 1963

Herausgeber: Prof. Dr. Heinrich Bertsch, Berlin, u. Prof. Dr. Dr. h. c. Wilhelm Klemm, Münster. Chefredakteure und verantwortlich für den Inhalt: Dr. Eugen Klever, Berlin W 30, Geisbergstraße 39, Fernsprecher: 249541 u. Prof. Dr.-Ing. Eberhard Leibnitz, Berlin N 4, Schiffbauerdamm 19, Fernsprecher: 425571.

Verlag: Akademie-Verlag GmbH, Berlin W 8, Leipziger Str. 3—4 (Fernsprecher: 220441, Telex-Nr. 011773, Postscheckkonto Berlin 35021), und Verlag Chemie, GmbH, Weinheim/Bergstr. (Fernsprecher: Weinheim 3635 [Sammelnummer]; Fernschreiber: 0465516 chemieverlwhn; Postscheckkonten: Frankfurt/M. 145314 u. Berlin [West] 7430). Bestellnummer: 1007/134. Das Chemische Zentralblatt erscheint wöchentlich. Preis des Jahrganges einschl. Autoren-, Patent-, Sach- u. Formelregister: DM 1200,—; einseitig bedruckte Ausgabe: DM 1350,—. Abgabe der Zeitschrift nur mit sämtlichen Registern. Abbestellungen nur bis spätestens 6 Wochen vor Ablauf des Kalenderjahres.

Satz u. Druck: VEB Leipziger Druckhaus, Leipzig, III/18/203. IV. 63.
Veröffentlicht unter der Lizenznummer 1273 des Presseamtes beim Vorsitzenden des Ministerrates.
Printed in Germany.

FSC
www.fsc.org
MIX
Papier | Fördert
gute Waldnutzung
FSC® C083411

Kolibri 360 GmbH
Ferdinand-Jühlke-Straße 7
99095 Erfurt, Deutschland
produktsicherheit@kolibri360.de